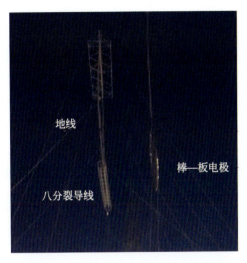

图 1.46 1000kV 模拟实验布置示意图

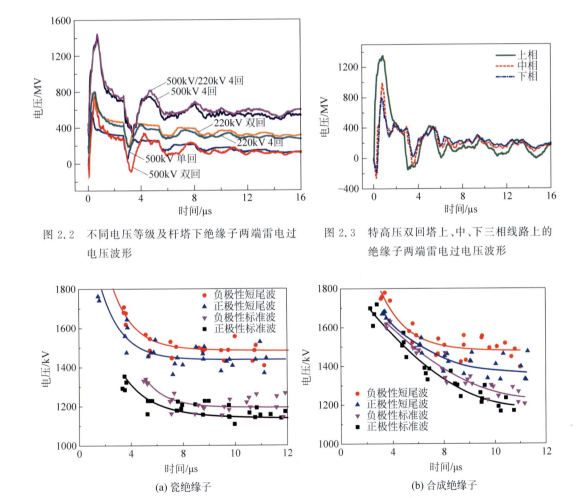

图 2.2 不同电压等级及杆塔下绝缘子两端雷电过电压波形

图 2.3 特高压双回塔上、中、下三相线路上的绝缘子两端雷电过电压波形

(a) 瓷绝缘子

(b) 合成绝缘子

图 2.12 短尾波和标准波 220kV 瓷绝缘子和合成绝缘子的伏秒特性对比

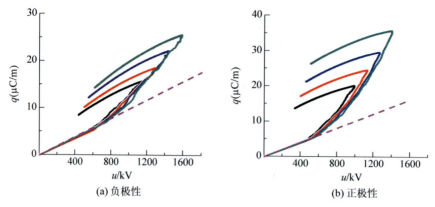

图 3.7 LGJ630/45 导线雷电冲击电晕伏库特性曲线

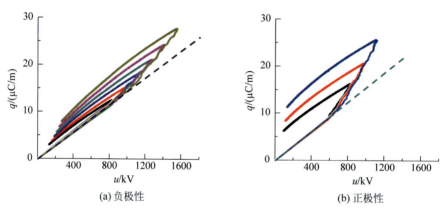

图 3.8 2×LGJ630/45 s450 导线雷电冲击电晕伏库特性曲线

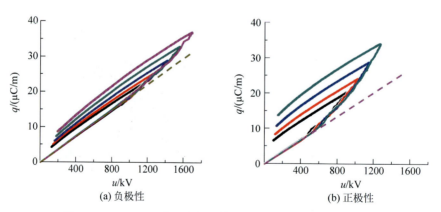

图 3.9 4×LGJ300/50 s450 导线雷电冲击电晕伏库特性曲线

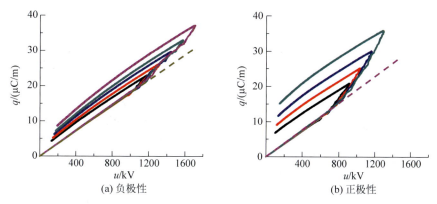

图 3.10 4×LGJ500/35 s450 导线雷电冲击电晕伏库特性曲线

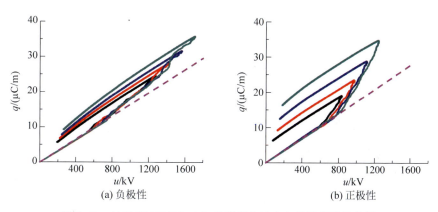

图 3.11 4×LGJ630/45 s450 导线雷电冲击电晕伏库特性曲线

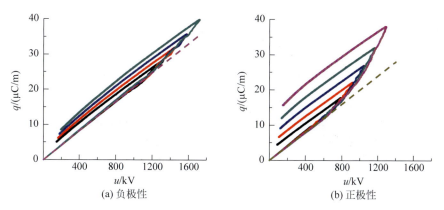

图 3.12 6×LGJ300/50 s375 导线雷电冲击电晕伏库特性曲线

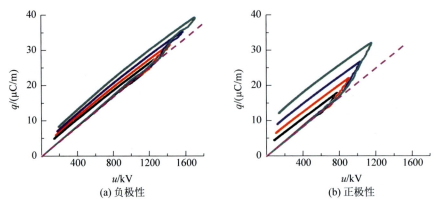

图 3.13　6×LGJ400/35 s400 导线雷电冲击电晕伏库特性曲线

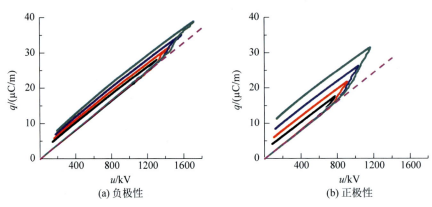

图 3.14　6×LGJ630/45 s400 导线雷电冲击电晕伏库特性曲线

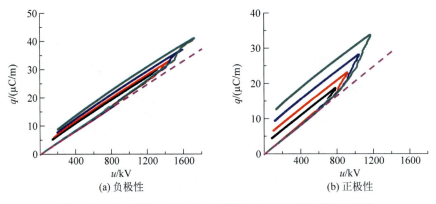

图 3.15　6×LGJ630/45 s450 导线雷电冲击电晕伏库特性曲线

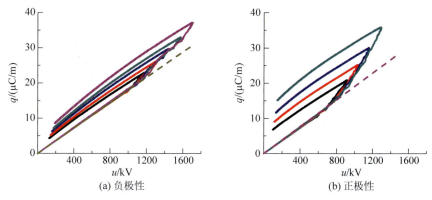

图 3.10 4×LGJ500/35 s450 导线雷电冲击电晕伏库特性曲线

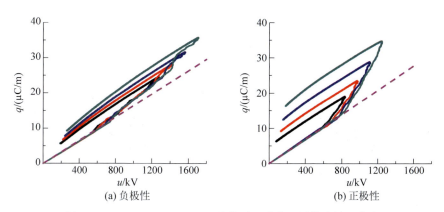

图 3.11 4×LGJ630/45 s450 导线雷电冲击电晕伏库特性曲线

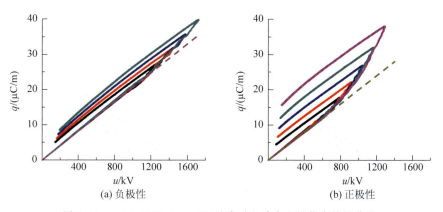

图 3.12 6×LGJ300/50 s375 导线雷电冲击电晕伏库特性曲线

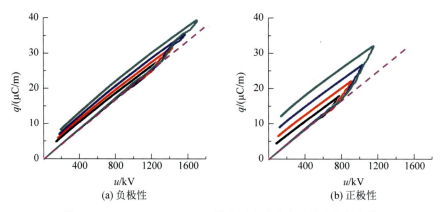

图 3.13　6×LGJ400/35 s400 导线雷电冲击电晕伏库特性曲线

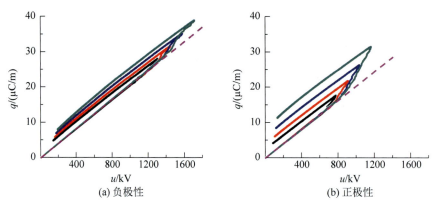

图 3.14　6×LGJ630/45 s400 导线雷电冲击电晕伏库特性曲线

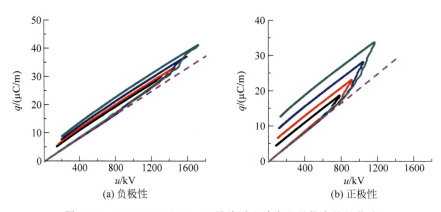

图 3.15　6×LGJ630/45 s450 导线雷电冲击电晕伏库特性曲线

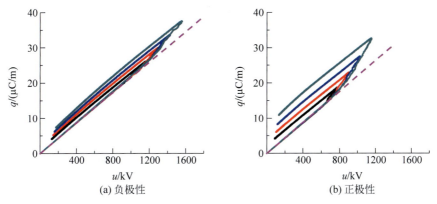

图 3.16 6×LGJ630/45 s500 导线雷电冲击电晕伏库特性曲线

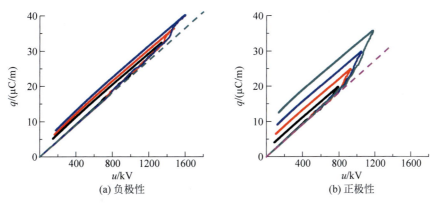

图 3.17 8×LGJ500/35 s400 导线雷电冲击电晕伏库特性曲线

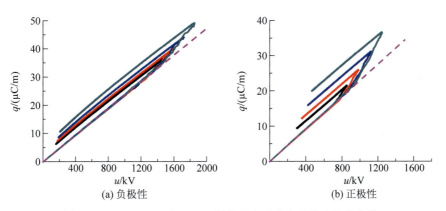

图 3.18 8×LGJ630/45 s400 导线雷电冲击电晕伏库特性曲线

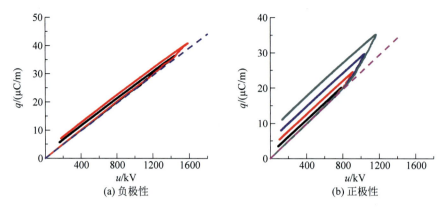

图 3.19　10×LGJ630/45 s350 导线雷电冲击电晕伏库特性曲线

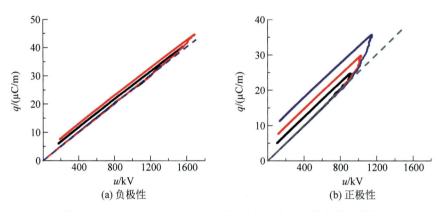

图 3.20　12×LGJ630/45 s300 导线雷电冲击电晕伏库特性曲线

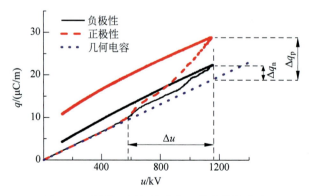

图 3.21　导线不同极性冲击下伏库特性曲线

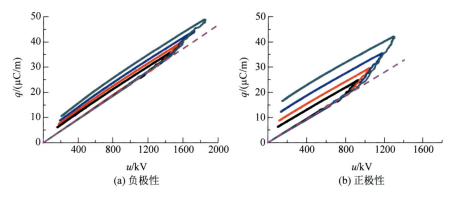

图 3.30　8×LGJ630/40 s450 导线雷电冲击电晕伏库特性曲线

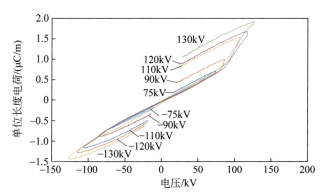

图 3.39　无直流电压时不同冲击电压下的伏库特性曲线

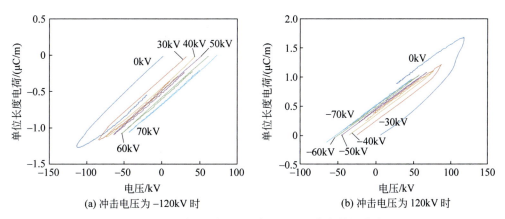

图 3.40　施加不同正极性直流电压的伏库特性曲线

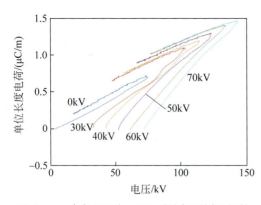

图 3.41 冲击电压为 75kV 时施加不同正极性直流电压的伏库特性曲线

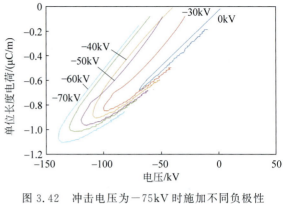

图 3.42 冲击电压为 -75kV 时施加不同负极性直流电压的伏库特性曲线

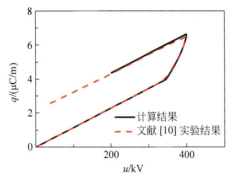

图 3.46 单导线正极性雷电冲击伏库特性曲线实验值与计算值对比

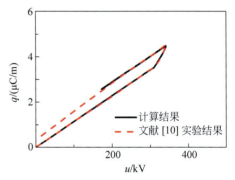

图 3.47 单导线负极性雷电冲击伏库特性曲线实验值与计算值对比

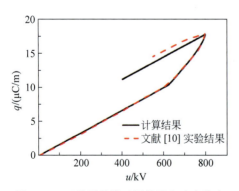

图 3.48 四分裂导线正极性雷电冲击伏库特性曲线实验值与计算值对比

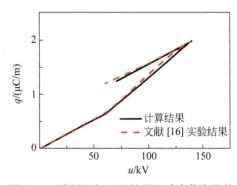

图 3.49 线板电极正极性雷电冲击伏库特性曲线实验值与计算值对比

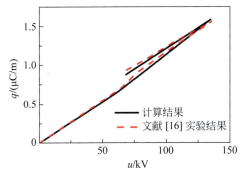

图 3.50 线板电极负极性雷电冲击伏库特性曲线实验值与计算值对比

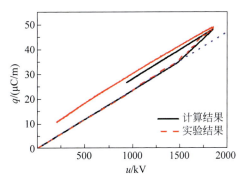

图 3.51 8×LGJ630/45 s400 导线负极性雷电冲击电晕伏库特性实验与计算结果对比

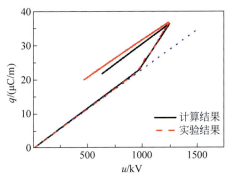

图 3.52 8×LGJ630/45 s400 导线正极性雷电冲击电晕伏库特性实验与计算结果对比

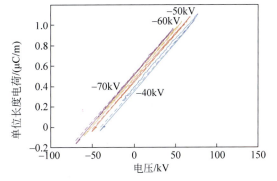

图 3.53 不同幅值负极性直流预电压下施加 120kV 冲击电压的伏库特性曲线

实线为测量结果,虚线为仿真结果

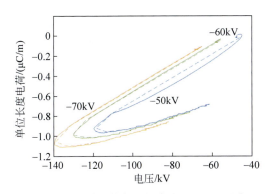

图 3.54 不同幅值负极性直流预电压下施加 −75kV 冲击电压的伏库特性曲线

实线为测量结果,虚线为仿真结果

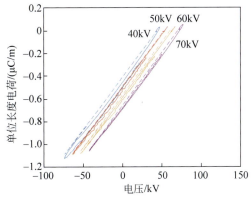

图 3.55 不同幅值正极性直流预电压下施加 −120kV 冲击电压的伏库特性曲线

实线为测量结果,虚线为仿真结果

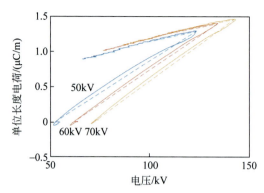

图 3.56 不同幅值正极性直流预电压下施加 75kV 冲击电压的伏库特性曲线
实线为测量结果,虚线为仿真结果

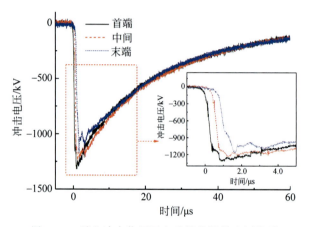

图 3.63 雷电冲击作用下实验线段沿线电压波形

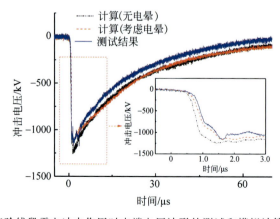

图 3.64 实验线段雷电冲击作用时末端电压波形的测试和模拟计算结果的比较

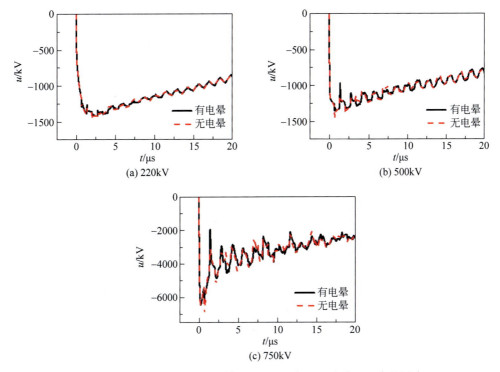

图 3.89 雷击杆塔时冲击电晕对不同电压等级杆塔塔顶电位的影响

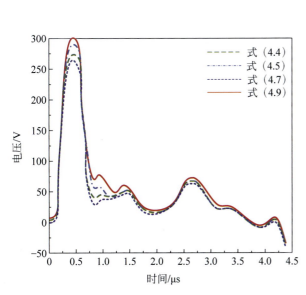

图 4.3 采用不同模型计算得到的塔顶电压

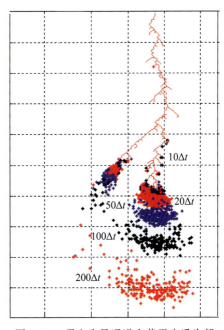

图 6.29 雷电先导通道在若干步后头部位置的分布

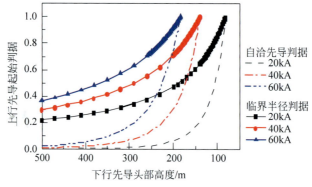

(a) 不同回击电流峰值下的仿真结果（$y=50$m）

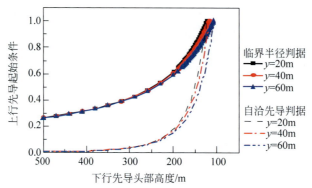

(b) 不同下行先导距线路距离下的仿真结果（$I_m=30$kA）

图 6.45 雷电发展过程中两种上行先导判据的比较

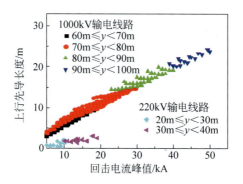

图 6.89 220kV 和 1000kV 导线的上行先导长度对比

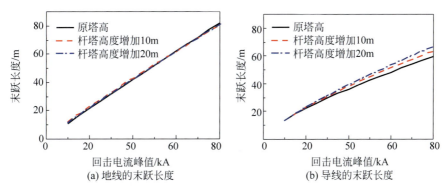

(a) 地线的末跃长度　　(b) 导线的末跃长度

图 6.96　杆塔高度对导线和地线末跃长度的影响

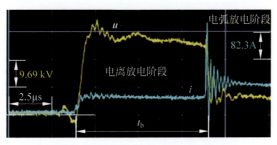

图 7.14　土壤击穿的放电时延

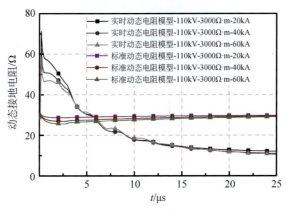

图 7.44　标准动态电阻模型和实时动态电阻模型下的动态接地电阻

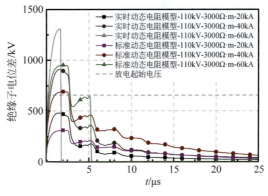

图 7.45　标准动态电阻模型和实时动态电阻模型下的绝缘子电位差

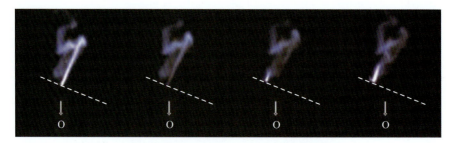

图 8.5 阳极弧根第一种类型跳跃现象

图 8.13 正在燃烧的长间隙交流电弧的图像

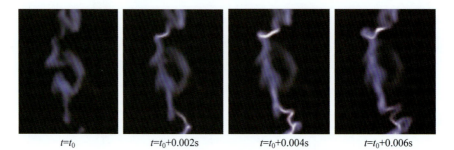

图 8.14 长间隙交流电弧弧柱的短路现象

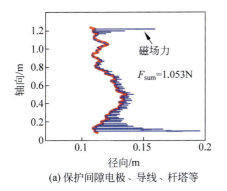 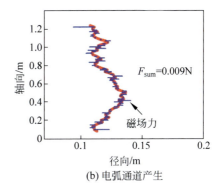

(a) 保护间隙电极、导线、杆塔等　　　　　(b) 电弧通道产生

图 8.15　由通过保护间隙电极、导线、杆塔等中的电流和电弧通道电流产生的磁场力分布

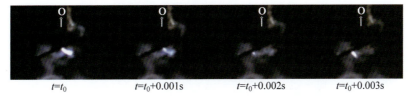

图 8.16　长间隙交流电弧弧柱与上电极的短路现象

(a) 单串合成绝缘子　　　　(b) 双串合成绝缘子　　　　(c) 玻璃绝缘子

图 8.47　优化设计的并联保护间隙安装在不同的绝缘子上

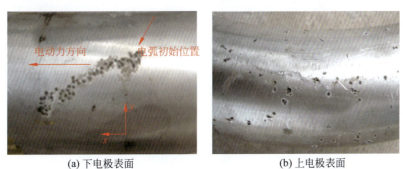

(a) 下电极表面　　　　　　　　(b) 上电极表面

图 8.62　上下电极表面灼烧痕迹

图 8.74 实验前后 110kV 绝缘子串用下招弧角

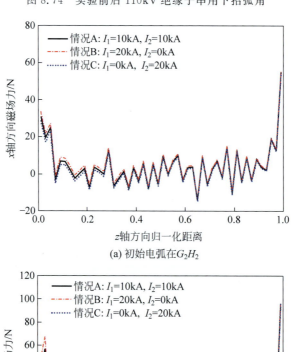

(a) 初始电弧在 G_2H_2

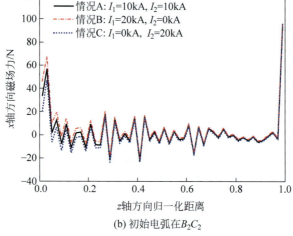

(b) 初始电弧在 B_2C_2

图 8.76 线路两侧存在不同电源情况时不同位置初始电弧磁场力计算结果

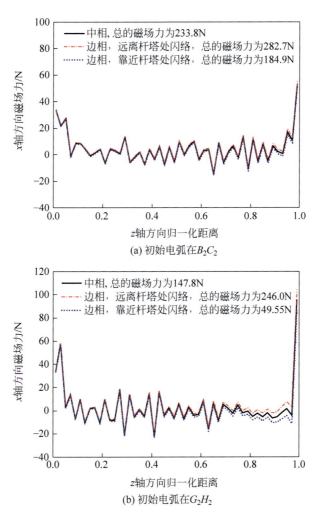

(a) 初始电弧在B_2C_2

(b) 初始电弧在G_2H_2

图 8.78 中相和边相不同位置初始电弧磁场力计算结果

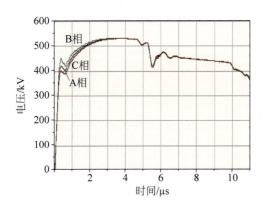

图 9.20 未装避雷器时横担电位

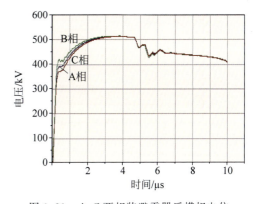

图 9.21 A、C 两相装避雷器后横担电位

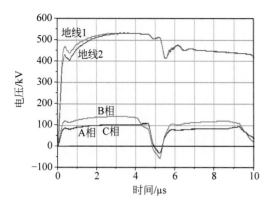

图9.22 没有安装避雷器时地线电位及各相的耦合电位

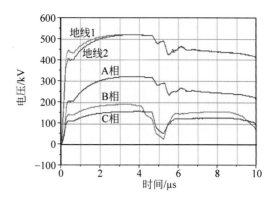

图9.23 A相安装避雷器后地线电位及各相的耦合电位

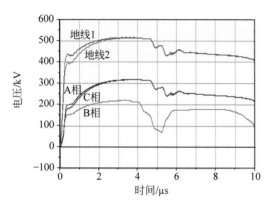

图9.24 在A、C两相装避雷器后地线电位及各相的耦合电位

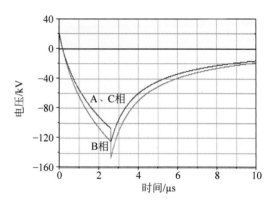

图9.25 未装避雷器时导线上感应电压

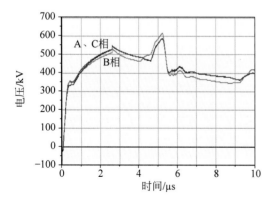

图9.26 未装避雷器时绝缘子承受电压

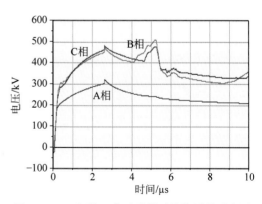

图9.27 A相装1支避雷器时绝缘子承受电压

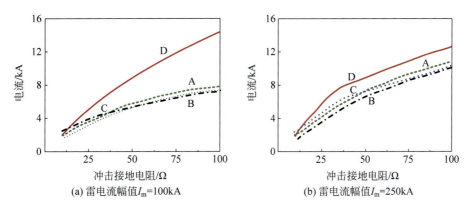

(a) 雷电流幅值 I_m=100kA

(b) 雷电流幅值 I_m=250kA

图 9.30　ZnO 避雷器雷电放电电流 I_{ZnO} 与雷击杆塔冲击接地电阻的关系

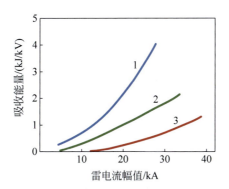

图 9.37　绕击时避雷器吸收的雷电放电能量与绕击雷电流幅值的关系

1—110kV 线路；2—220kV 线路；3—500kV 线路

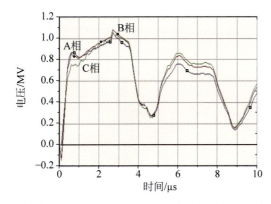

图 10.26　雷击塔顶时同回三相绝缘子承受的电压波形

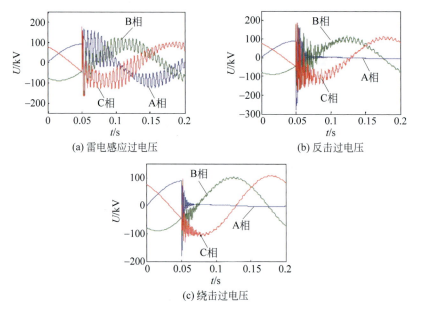

图 11.45　不同类型雷击电压波形示例

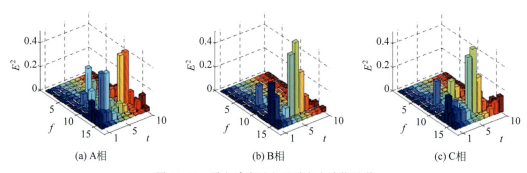

图 11.46　雷电感应过电压时变小波能量谱

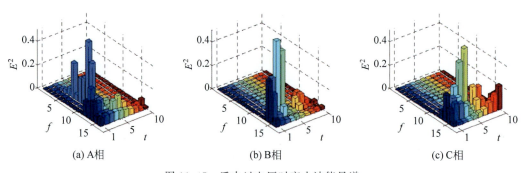

图 11.47　反击过电压时变小波能量谱

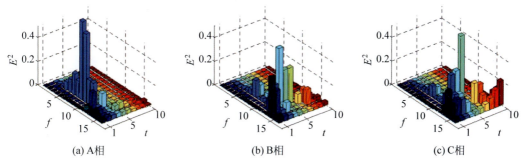

图 11.48 绕击过电压时变小波能量谱

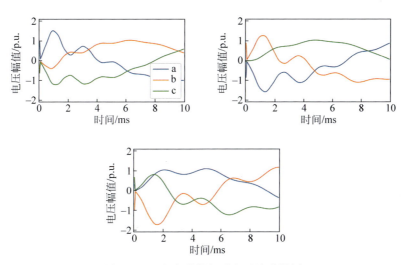

图 11.51 电容器投切过电压波形举例

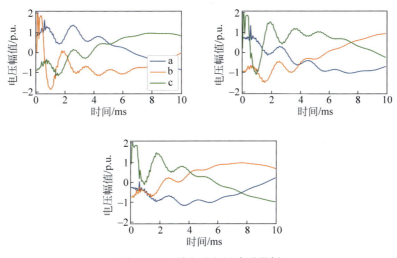

图 11.52 雷电过电压波形举例

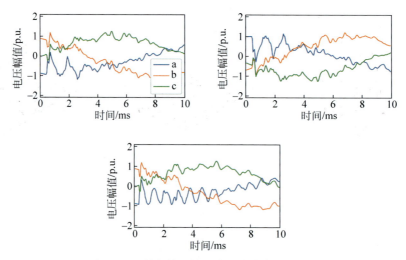

图 11.53 单相接地输电线短路故障波形举例

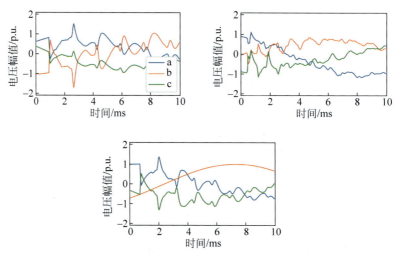

图 11.54 非单相接地输电线短路故障波形举例

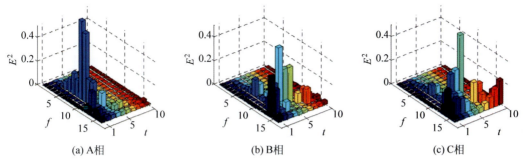

图 11.48 绕击过电压时变小波能量谱

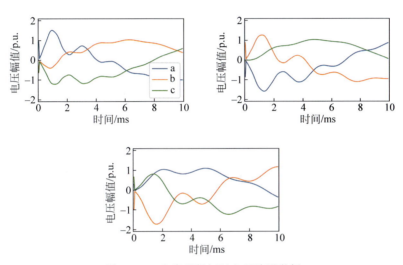

图 11.51 电容器投切过电压波形举例

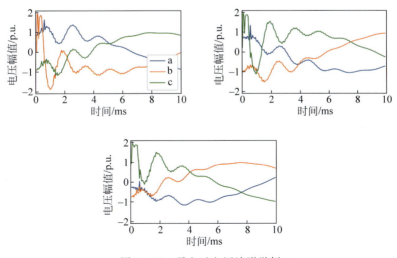

图 11.52 雷电过电压波形举例

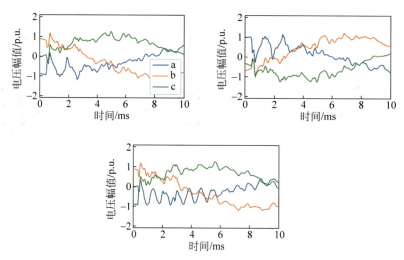

图 11.53 单相接地输电线短路故障波形举例

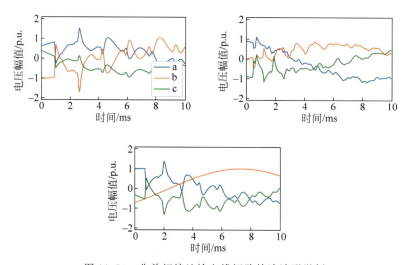

图 11.54 非单相接地输电线短路故障波形举例

清华大学学术专著

Lightning Protection of Transmission Lines

输电线路雷电防护

何金良 著
He Jinliang

清华大学出版社
北京

内 容 简 介

本书全面系统地介绍了输电线路雷电防护基础理论及防护技术，着重阐明雷击输电线路时，从雷电下行先导击中线路，雷电流流经线路及杆塔，然后经接地装置入地的全物理过程的放电特性及雷电电磁暂态传播机理，以及绝缘子、线路、杆塔、接地装置的电磁暂态分析模型及雷击输电线路的全物理过程计算方法，接地装置、绝缘子并联保护间隙、线路避雷器及同塔多回线路不平衡绝缘等雷电防护技术，还介绍了输电线路雷击故障监测及辨识的最新研究成果。

本书可作为电力行业和其他相关行业的工程技术与设计人员的专业培训教材及工程参考用书，也可作为本科生相关课程的教材。

版权所有，侵权必究。举报: 010-62782989，beiqinquan@tup.tsinghua.edu.cn。

图书在版编目(CIP)数据

输电线路雷电防护/何金良著. —北京: 清华大学出版社, 2024.4
(清华大学学术专著)
ISBN 978-7-302-62760-9

Ⅰ. ①输… Ⅱ. ①何… Ⅲ. ①输电线路－防雷 Ⅳ. ①TM726

中国国家版本馆 CIP 数据核字(2023)第 031228 号

责任编辑: 孙亚楠
封面设计: 傅瑞学
责任校对: 王淑云
责任印制: 沈　露

出版发行: 清华大学出版社
网　　址: https://www.tup.com.cn, https://www.wqxuetang.com
地　　址: 北京清华大学学研大厦 A 座　　邮　编: 100084
社 总 机: 010-83470000　　邮　购: 010-62786544
投稿与读者服务: 010-62776969, c-service@tup.tsinghua.edu.cn
质量反馈: 010-62772015, zhiliang@tup.tsinghua.edu.cn

印 装 者: 三河市龙大印装有限公司
经　　销: 全国新华书店
开　　本: 185mm×260mm　　印　张: 38.5　　插　页: 11　　字　数: 966 千字
版　　次: 2024 年 4 月第 1 版　　印　次: 2024 年 4 月第 1 次印刷
定　　价: 298.00 元

产品编号: 098311-01

前　　言

　　公元前1500年，殷商甲骨文中出现了"雷"字，在年代稍晚的西周青铜器上发现了"电"字，指的是闪电。古代将雷电奉为保佑一方的神灵，多惩罚暴君及恶人。如我国古代神话中有雷公电母，北欧神话中有战神、农神、雷神三神合一的托尔，日本神话中也有雷神等。再者，雷电被视作权力的象征，希腊神话中众神之主宙斯以闪电作为武器。

　　有关雷电的最早文字记载出自东汉哲学家王充（27—约97年），他在《论衡》中对雷电进行了描述："雷者火也。以人中雷而死，即询其身，中火则须发烧焦。"元代末刘基（刘伯温）（1311—1375年）在《刘文正公文集》中讲，"雷何物也？曰雷者，大气之郁而激发也，阴气团于阳，必迫，迫极而迸，迸而声为雷，光为电"。中国古代对雷电的认知只停留在观察自然界，作理性思辨。

　　雷电直到近代才被科学地认识。关于雷电的大部分科学知识主要是20世纪以来获得的。17世纪欧洲发现了正电和负电。伦敦皇家学会馆长Francis Hauksbee首次将实验室人工产生的电与闪电联系起来，1706年他观察摩擦起电的放电不仅产生电火花，而且产生类似雷鸣的声音，认为其与雷电类似。1752年富兰克林进行了著名的风筝实验，雷电在240m长的缠绕钢丝的麻绳上产生了20cm的电火花，第一次向人们揭示了雷电只不过是一种大气火花放电现象的秘密。富兰克林随后发明了避雷针，想法是从尖端物体容易被雷击产生的。避雷针的发明不仅使人类在生活上免遭自然灾害，而且在哲学上和科学上也是一件大事。从这个时代起，电学的发展由思辨物理学领域进入了对宇宙考虑的阶段，从幽深的书斋走进了大自然。

　　雷电是雷云积累电荷的释放，可以看作一个功率强大的瞬态电流源沿着一个导电的等离子通道注入地面被击物体，破坏力极强。雷电是威胁人类的重大自然灾害，全球每年发生约14亿次，一次严重雷击事故损失巨大。联合国将雷电列为"最严重的十大自然灾害之一"，美国将其列为"最严重的两大天气灾害"。

　　远距离大容量输电是解决我国能源与负荷逆向分布、区域电力资源平衡、新能源高效消纳的必然选择。截至2019年年底，我国已建成220kV及以上的架空输电线路75.5×10^4km，配电线路582×10^4km。电网遍布各地，极易遭受雷击。据统计，日本50%以上电力系统事故是由雷击输电线路引起的。国际大电网会议统计了美国、苏联等12个国家总长为32700km的275~500kV电压等级输电线路连续三年的运行资料，雷害事故占总事故的60%。我国电网故障分类统计表明，超高压线路雷击事故占线路全部跳闸事故的40%~70%，高居首位。更为严重的是，雷害可引发大面积停电，给社会带来巨大损失。

　　超特高压线路输送容量巨大，对供电可靠性的要求更高。但超特高压线路工作电压更高，使输电线路导线对雷电下行先导的诱导作用增强，也使得从导线产生的上行先导的随机性增加，导致雷击过程及路径具有复杂性，使雷电绕击成为超特高压线路跳闸的主要原因。

同时，特高压及同塔多回线路杆塔高度达到了百米级，改变了局域的雷电活动，使线路走廊的落雷密度增加，加之雷电活动具有复杂性、随机性，并且随着城市的发展，温室效应、热岛效应也会导致雷电活动异常。所有这些因素表明，输电线路雷电防护问题十分艰巨，且日趋迫切。雷电防护技术是大电网及各行业安全乃至公共安全的基石！

我国超特高压电网的建设也促进了防雷技术的发展。高速摄影及记录示波器、雷电定向定位仪、地中放电观测技术等现代化测量技术用于雷电及其效应的观测，野外雷电观测、火箭引雷及长空气间隙人工雷电放电实验研究的进展，不断丰富了人们对于雷电的认识，使人们能够更加科学地模拟雷击输电线路的物理过程。随着对绝缘子的雷电闪络特性、杆塔的雷电冲击特性、线路的冲击电晕特性、接地装置周围土壤的雷电放电效应的认知加深，研究人员提出了基于全波过程的雷电电磁暂态的分析方法，实现了雷电防护的精确分析和设计；加之绝缘子防雷保护间隙、线路避雷器及雷电监测技术的发展，进一步实现了雷电防护技术的多样化和差异化。到目前为止，我国基本突破了长期制约电力系统雷电防护的雷击机理、计算方法及防护技术等重大技术难题，基本实现了输电线路雷电防护的"可算""可控"和"可视"。

清华大学电机工程与应用电子技术系吴维韩、张纬钹、高玉明、黄维纲、张芳榴等教授，从1960年开始开展雷电过电压、特别是数值计算方法的研究，为我国电磁暂态数值计算方法的发展和推广做出了重要贡献。为了表彰吴维韩教授在电磁暂态分析等方面的杰出贡献，2022年他被IEEE能源电力学会授予顾毓琇奖。从20世纪90年代开始，清华大学高电压与绝缘技术研究所何金良教授、曾嵘教授、张波教授、胡军教授、余占清副教授、庄池杰副教授在接地技术、雷电绕击计算方法、绝缘子防雷保护间隙、高性能压敏电阻及线路避雷器、线路雷击故障监测等方面开展了深入的基础理论、计算方法及关键技术的研究，其成果已广泛应用于我国输电线路雷电防护工程，以及世界各国电网防雷工程。何金良教授因此获得IEEE赫尔曼·哈尔普林输配电奖，并与曾嵘教授和张波教授先后获得IEEE电磁兼容学会技术成就奖。

因此，有必要对长期以来取得的输电线路雷电防护基础理论及技术成果做一次系统、全面的总结，以惠及更多的科技工作者和工程技术人员，同时也以此为起点，为更深入的防雷基础理论和核心技术突破打下坚实的基础。本书是多年来清华大学电机工程与应用电子技术系及国内外研究工作的系统总结。清华大学吴维韩教授、高玉明教授、曾嵘教授、张波教授、胡军教授、余占清副教授、庄池杰副教授，博士后M.Nayel、赵媛，博士生高延庆、康鹏、谷山强、王顺超、杨鹏程、吴锦鹏、李志钊、王希、欧阳勇、赵洪峰、薛芬、肖凤女、陈坤金、韩志飞，硕士生李雨、王辉、张薛巍、董林、嵇士杰、李谦、安建伟等的研究工作为本书的完成做出了贡献，特此感谢。

全书共分为11章，第1章介绍雷电物理及雷击线路特征，第2章介绍输电线路外绝缘雷击闪络特性，第3章介绍输电线路雷电冲击电晕特性，第4章介绍输电线路杆塔雷电冲击响应特性及模拟，第5章介绍输电线路的雷电过电压，第6章介绍输电线路雷电绕击防护，第7章介绍输电线路杆塔接地装置，第8章介绍绝缘子并联保护间隙，第9章介绍线路避雷器，第10章介绍同塔多回输电线路的不平衡绝缘，第11章介绍输电线路雷击故障监测及辨识。

本书由清华大学电机工程与应用电子技术系何金良教授统一规划和主编。曾嵘教授为

第 1 章和第 6 章提供了资料，张波教授为第 3 章和第 7 章提供了资料，余占清副教授为第 8 章提供了资料，庄池杰副教授、陈坤金博士为第 11 章提供了资料。作者希望尽可能反映数十年来国内外学者及工程技术人员在输电线路雷电防护领域的研究成果，但难免挂一漏万，希望读者多提宝贵建议和批评指正。在撰写过程中，作者参考了大量的国内外相关论文及书籍，已列入每章的参考文献中，在此对其作者表示诚挚的谢意，但参考文献也难免有疏漏，敬请谅解。

  在本书的撰写过程中国内外学者提出了很多宝贵意见。瑞士洛桑联邦理工学院 Farhad Rachidi 教授审阅了全书，并为本书作序。另外还有很多业界同仁为本书的出版提供了资料及意见，在此一并致以诚挚的谢意。由于作者的理论水平和实际经验有限，书中的疏漏和不足之处敬请读者指正。

何金良

2022 年 3 月于清华园

Preface

Electrical power transmission is a very important sector of global energy delivery, which links the energy production centers, still consisting mostly of large power plants, with the consumers. Within this context, lightning constitutes one of the most serious threats to the safety of electrical power transmission. Lightning's importance is set to increase as its level of incidence, characteristics, and intensity are affected by modified weather patterns and as we move to more vulnerable sources of energy, such as wind and solar farms. Current research indicates a correlation between the number of lightning flashes and the temperature.

Prof. Jinliang He is a world-renowned expert in lightning protection. He and his co-workers have done pioneering contributions to lightning protection technologies, especially in the analysis method of the lightning striking process, lightning impulse grounding technology, surge arresters for transmission lines, and the development of advanced sensors for monitoring faults in transmission lines.

Extra-high voltage and ultra-high voltage (EHV and UHV) overhead transmission lines always suffer serious shielding failure accidents, which happen when a lightning flash strikes phase conductors bypassing the overhead ground wires. Statistical data on EHV transmission lines have revealed that the recorded lightning failure rates were much higher than those estimated by the conventional electro-geometric model (EGM). Prof. He and his co-workers conducted sophisticated high-voltage laboratory experiments to simulate upward leaders from transmission-line conductors and obtained key parameters of upward leaders, including the initial electrical field intensity, extension speed, and electric charge distribution along upward leader channels. Further, the obtained experimental results allowed them to develop a lightning shielding failure analysis method. All these fundamental works have significantly improved our understanding of the lightning striking process to transmission lines, particularly in the case of lightning interaction with power transmission lines, and have made solid contributions to the development of efficient protective measures. The lightning shielding failure analysis method developed by Prof. He and his team for EHV/UHV transmission lines provides an accurate statistical probability of lightning shielding failure of transmission lines, which is of fundamental importance to optimally design the overhead ground wires to reduce lightning shielding failure accidents. The method is an effective tool in simulating the lightning-striking process to buildings as well. A software tool based on his proposed analysis method has been developed and widely used, especially for 1000kV ac, +/− 800kV, and +/− 1100kV dc UHV transmission lines in China. The shielding failure analysis method has been recommended in the CIGRE Technical Brochure (TB) 704 "Evaluation of lightning shielding analysis methods for EHV/UHV DC and AC transmission lines" prepared by the CIGRE Working Group C4.26 under the leadership of Prof. He. In my opinion, the CIGRE TB 704 constitutes the most comprehensive and up-to-date reference for the implementation of advanced methods of lightning shielding analysis for EHV and UHV transmission lines.

The impulse characteristics of transmission-line tower grounding systems largely determine the lightning performance of transmission lines under back-flash-over conditions. Prof. He and his co-workers have significantly contributed to improving our knowledge of the lightning impulse characteristics of grounding systems for transmission-line towers. The lightning impulse characteristics of different grounding systems for transmission-line towers were experimentally obtained. Prof. He has developed a nonlinear transmission line model to simulate the lightning impulse transient characteristics of grounding systems, including ionization phenomena in the soil. He has also proposed simple formulas to calculate the impulse grounding impedance and the effective length of various transmission-line tower grounding systems. The developed model and simple formulas have been recommended in the Chinese National Grounding Standard GB50065-2012, CIGRE Technical Brochure 543 "Guideline for Numerical Electromagnetic Analysis Method and its Application to Surge Phenomena", CIGRE Technical Brochure 785 "Electromagnetic computation methods for lightning surge studies with emphasis on the FDTD method", IEEE Std 1863^{TM}-2019 "IEEE Guide for Overhead AC Transmission Line Design", and Telecommunication Union standard ITU-T K.125.

Prof. He is one of the pioneers in developing advanced ZnO varistors and polymeric-housing surge arresters for lightning protection of transmission lines. He invented advanced commercial ZnO varistors with a high voltage gradient and high energy absorption capability, which are much higher than those of conventional ZnO varistors. The advanced ZnO varistors have been suggested for worldwide application by CIGRE Working Group C4/A3.53, for which Prof. He served as the convenor. He also invented line ZnO surge arresters with polymeric houses and whole-solid-insulation structures for lightning protection of transmission lines installed in parallel with insulators on a transmission line. This new structure not only makes the surge arrester smaller and lighter but also solves the problem of pressure relief, because the design does not leave any air gap inside, therefore eliminating the risk of explosion of surge arresters. The developed line surge arresters are considered to be a very effective lightning protection technology for power transmission lines. More than 300,000 line surge arresters have been deployed in China.

Lightning strikes can induce cascading accidents in large power grids. To avoid such effects, efficient monitoring of lightning transients is needed. Prof. He has been a leader in the development of wide-band and large-range current sensors based on the tunneling magnetoresistance effect for monitoring lightning transients and lightning-induced faults in power systems. The developed current sensors have been applied to build a wide area distributed sensor network along transmission lines for monitoring lightning accidents. An unsupervised fault identification and classification method based on deep learning were proposed to quickly locate lightning-induced faults. This work has been suggested in CIGRE Working Group C4.61 "Lightning transient sensing, monitoring, and application in electric power systems", of which professor He is the convenor.

Prof. He's research works have resulted in significant advances in the field of lightning protection of power transmission systems. As a result, Prof. He has gained a worldwide reputation and obtained major international awards and honors. He was elected as Fellow of IEEE in 2008, Fellow of IET in 2011, HPEM Fellow in 2018, and CSEE Fellow in 2020. Prof. He was the recipient of the IEEE Herman Halperin Electric Transmission and Distribution Award presented by the IEEE President, the IEEE's most prestigious honor, and the highest international award in the field of electric power transmission in the world. This award was given to him for his innovative contributions to lightning protection of electric power transmission systems. Other recognitions Prof. He has received include the IEEE Technical Achievement Award from the IEEE EMC Society in 2010, the Hoshino Prize from the Institute of Electrical Installation Engineers of Japan in 2013, the Distinguished Contribution Award from Asia-Pacific International Conference on Lightning (APL) in 2015, and the Rudolf Heinrich Golde Award from the International Conference on Lightning Protection (ICLP) in 2016. Due to his outstanding achievements in the field of electric power transmission, he was appointed as a foreign correspondent academician of the Academy of Sciences of the Institute of Bologna, Italy, on October 11th, 2022, and became a member of this ancient academic association.

The present book "Lightning Protection of Power Transmission Lines" by professor Jinliang presents a comprehensive and systematic analysis of various aspects of lightning protection technologies for transmission lines. The book comprises a logically organized sequence of 11 chapters that are, at the same time, self-contained and can therefore also be read separately. The book starts with an introductory chapter presenting a general review of lightning physics and its characteristics. The following chapters present various topics related to lightning protection of power transmission lines in a thorough manner, from lightning flashover and corona characteristics, to the lightning impulse response of transmission towers, lightning overvoltages, shielding failure, grounding systems, and protection and monitoring devices and systems.

I think that this book represents an extremely useful piece of knowledge for scientific researchers and advanced engineers working in the area of lightning protection. I wholeheartedly wish the author all the editorial success he deserves.

Prof. Farhad Rachidi, EPFL, Lausanne, Switzerland

目 录

第1章 雷电物理及雷击线路特征 ... 1
  1.1 雷电放电 ... 1
    1.1.1 雷电放电物理过程 ... 1
    1.1.2 雷电放电的主要阶段 ... 4
    1.1.3 雷电放电类型 ... 9
    1.1.4 多重雷电放电 ... 10
    1.1.5 雷击选择性及雷击定位 ... 11
  1.2 雷电参数 ... 12
    1.2.1 雷电参数研究方法 ... 13
    1.2.2 雷电日和雷电小时 ... 17
    1.2.3 地面落雷密度 ... 18
    1.2.4 雷电流的波形 ... 19
    1.2.5 雷电流的幅值 ... 25
    1.2.6 先导电荷密度 ... 28
    1.2.7 先导发展速度 ... 29
  1.3 雷电放电模型 ... 31
    1.3.1 雷电放电过程模型 ... 31
    1.3.2 雷电主放电模型 ... 32
    1.3.3 雷电先导简化模型 ... 34
    1.3.4 雷电放电产生的电磁场 ... 35
  1.4 输电线路上行先导特性 ... 38
    1.4.1 雷击输电线路观测 ... 38
    1.4.2 雷击输电线路模拟实验 ... 40
    1.4.3 输电线路上行先导的形态 ... 42
    1.4.4 地线对导线上先导特性的影响 ... 45
    1.4.5 地线保护角对导线上先导特性的影响 ... 50
    1.4.6 模拟线路上行先导的主要特征 ... 56
  参考文献 ... 58

第2章 输电线路外绝缘雷电闪络特性 ... 65
  2.1 雷击时绝缘子串上作用的波形特征 ... 65
  2.2 绝缘子雷击闪络过程 ... 67
  2.3 外绝缘雷电冲击特性 ... 68

  2.3.1 标准雷电波作用下的线路绝缘强度 ……………………………… 68
  2.3.2 短波尾波与标准波的雷电冲击特性比较 ………………………… 72
 2.4 绝缘子的雷电冲击闪络模型 ………………………………………………… 74
  2.4.1 压控开关模型 ……………………………………………………… 74
  2.4.2 伏秒特性模型 ……………………………………………………… 74
  2.4.3 破坏效应系数模型 ………………………………………………… 77
  2.4.4 绝缘子雷击闪络先导发展模型 …………………………………… 78
 2.5 运行绝缘子的雷击闪络统计 ………………………………………………… 86
 参考文献 ………………………………………………………………………………… 87

第3章 输电线路雷电冲击电晕特性 …………………………………………………… 90
 3.1 雷电冲击电晕特性测试方法 ………………………………………………… 90
  3.1.1 同轴电极实验装置 ………………………………………………… 91
  3.1.2 线板电极实验装置 ………………………………………………… 92
  3.1.3 实验线段 …………………………………………………………… 93
 3.2 输电线路雷电冲击电晕特性 ………………………………………………… 93
  3.2.1 导线雷电冲击电晕伏库特性曲线 ………………………………… 93
  3.2.2 正极性雷电冲击电晕起晕时延 …………………………………… 98
  3.2.3 雷电冲击电压参数对伏库特性曲线的影响 ……………………… 100
  3.2.4 导线参数对雷电冲击电晕伏库特性曲线的影响 ………………… 102
  3.2.5 天气对导线雷电冲击电晕特性的影响 …………………………… 104
  3.2.6 实验线段雷电冲击电晕实验 ……………………………………… 106
  3.2.7 直流电压下导线冲击电晕特性 …………………………………… 108
 3.3 雷电冲击电晕伏库特性计算公式 …………………………………………… 113
 3.4 导线雷电冲击电晕特性模型及数值计算方法 ……………………………… 116
  3.4.1 冲击电晕伏库特性数值计算模型 ………………………………… 116
  3.4.2 冲击电晕空间电荷数值计算方法 ………………………………… 117
  3.4.3 直流电压下冲击电晕特性的数值计算 …………………………… 123
 3.5 雷电冲击波沿输电线路的传播特性 ………………………………………… 132
  3.5.1 沿线冲击电压测量及分析 ………………………………………… 132
  3.5.2 无直流电压时雷电波沿长距离线路传播 ………………………… 134
  3.5.3 空间电荷作用下雷电波沿导线的传输特性 ……………………… 134
  3.5.4 叠加同极性直流电压时雷电波沿导线的传输特性 ……………… 137
  3.5.5 空间电荷作用下多重雷击沿导线的传输特性 …………………… 140
 3.6 冲击电晕对波过程的影响 …………………………………………………… 142
  3.6.1 冲击电晕引起波的衰变和变形 …………………………………… 142
  3.6.2 冲击电晕后导线的动态波阻抗 …………………………………… 142
 3.7 冲击电晕对雷电过电压的影响 ……………………………………………… 143
  3.7.1 冲击电晕的电磁暂态模型 ………………………………………… 143
  3.7.2 冲击电晕对变电站雷电侵入波的影响 …………………………… 145

  3.7.3 冲击电晕对线路绕击耐雷水平的影响 ··· 145
  3.7.4 冲击电晕对输电线路反击耐雷水平的影响 ······································ 147
 参考文献 ··· 148

第 4 章 输电线路杆塔雷电冲击响应特性及模拟 ······································· 153
 4.1 输电电路杆塔的冲击阻抗 ·· 154
  4.1.1 金属杆塔的冲击阻抗 ·· 154
  4.1.2 不同雷电作用方式时的杆塔冲击阻抗 ·· 157
  4.1.3 带接地引线的绝缘塔 ·· 160
 4.2 杆塔的等值电感模型 ·· 161
  4.2.1 杆塔的电感模型 ·· 161
  4.2.2 拉线塔 ·· 162
  4.2.3 塔底地平面的冲击效应 ·· 162
 4.3 杆塔的多波阻抗模型 ·· 162
  4.3.1 变波阻抗无损传输线模型 ·· 163
  4.3.2 多波阻抗无损传输线模型 ·· 164
  4.3.3 多层杆塔有损传输线模型 ·· 166
  4.3.4 非均匀传输线模型 ·· 168
 4.4 频变传输线模型 ·· 168
  4.4.1 基于有理逼近的杆塔电路模型 ·· 169
  4.4.2 二端口网络模型 ·· 172
 4.5 准静态假设下复杂导体结构暂态的时域求解方法 ·· 174
  4.5.1 准静态下复杂导体结构的时域 PEEC 模型 ·· 174
  4.5.2 改进的回路电流法 ·· 176
  4.5.3 方法验证 ·· 178
  4.5.4 准静态模型与传输线方法以及全波方法的比较 ···································· 179
 参考文献 ··· 181

第 5 章 输电线路的雷电过电压 ·· 185
 5.1 输电线路雷电过电压分类 ·· 185
 5.2 雷电沿线路的传播 ·· 186
  5.2.1 波的传播 ·· 186
  5.2.2 雷击输电线路的等值电路模型 ·· 191
 5.3 雷击杆塔的反击过电压 ·· 193
  5.3.1 雷击塔顶 ·· 193
  5.3.2 雷击避雷线档距中央时的过电压 ·· 195
  5.3.3 工作电压的影响 ·· 197
 5.4 输电线路的感应过电压 ·· 198
  5.4.1 输电线路感应过电压的产生机理 ·· 198
  5.4.2 雷击线路附近大地时导线上的感应过电压 ·· 199
  5.4.3 避雷线的屏蔽作用 ·· 200

	5.4.4 雷击线路塔顶时导线上的感应过电压	201
5.5	雷击绕击导线时的过电压	202
5.6	输电线路的雷击跳闸率	203
	5.6.1 建弧率	203
	5.6.2 雷击跳闸率	204
	5.6.3 雷击闪络率的加权方法	205
	5.6.4 线路雷击跳闸影响因素分析	208
5.7	雷电过电压的数值计算方法	209
	5.7.1 波在平行多导线系统传播的静电方程	210
	5.7.2 单导线的波过程数值计算方法	212
	5.7.3 平行多导体线路波过程计算方法	215
5.8	输电线路的防雷保护措施	216
	5.8.1 防雷措施分类	216
	5.8.2 耦合地线	218
	5.8.3 防雷措施的综合决策	219
参考文献		222

第6章 输电线路雷电绕击防护 … 224

- 6.1 避雷线保护 … 224
  - 6.1.1 避雷线的保护原理 … 224
  - 6.1.2 避雷线的保护范围 … 225
  - 6.1.3 避雷线保护角 … 226
  - 6.1.4 绕击率 … 227
- 6.2 电气几何模型 … 227
  - 6.2.1 电气几何模型的基本原理 … 227
  - 6.2.2 雷电击距 … 230
  - 6.2.3 最大绕击雷电流及雷电绕击率 … 236
- 6.3 先导发展法 … 238
  - 6.3.1 先导发展法原理 … 238
  - 6.3.2 雷云模型 … 246
  - 6.3.3 下行先导模型 … 248
  - 6.3.4 上行先导起始判据 … 249
  - 6.3.5 先导发展速度 … 255
  - 6.3.6 末跃发生的判据 … 256
  - 6.3.7 空间电场计算方法 … 257
  - 6.3.8 雷电绕击数值计算方法的实现 … 259
  - 6.3.9 先导发展法的验证 … 260
- 6.4 影响线路绕击特性的因素 … 262
  - 6.4.1 工作电压对先导发展过程的影响 … 262
  - 6.4.2 同塔多回特高压线路雷电绕击特性 … 264

  6.4.3　雷击单回特高压线路的中相导线 …………………………………………… 268
  6.4.4　雷击落点沿线路分布特征 …………………………………………………… 271
  6.4.5　地形对特高压直流线路绕击特性的影响 …………………………………… 273
 6.5　不同模型应用范围讨论 ………………………………………………………………… 276
  6.5.1　不同模型原理的比较 ………………………………………………………… 276
  6.5.2　不同模型的统计学特性比较 ………………………………………………… 277
  6.5.3　电气几何法和先导发展法的适用范围 ……………………………………… 280
 6.6　电气几何模型的修正 …………………………………………………………………… 280
 参考文献 …………………………………………………………………………………… 287

第7章　输电线路杆塔接地装置 …………………………………………………………… 293
 7.1　对输电线路杆塔接地装置的要求 ……………………………………………………… 293
  7.1.1　对输电线路杆塔接地电阻的要求 …………………………………………… 294
  7.1.2　土壤电阻率及杆塔接地装置接地电阻的季节系数 ………………………… 294
 7.2　输电线路杆塔接地装置的结构 ………………………………………………………… 296
  7.2.1　输电线路杆塔接地装置的基本结构 ………………………………………… 296
  7.2.2　利用自然接地极作为杆塔接地装置 ………………………………………… 299
 7.3　钢筋混凝土自然接地的特性 …………………………………………………………… 300
  7.3.1　钢筋混凝土接地装置的作用 ………………………………………………… 300
  7.3.2　混凝土的吸湿性能 …………………………………………………………… 301
  7.3.3　钢筋混凝土接地装置的通流能力 …………………………………………… 302
 7.4　杆塔接地装置的接地电阻计算方法 …………………………………………………… 303
  7.4.1　外包混凝土的垂直接地极的接地电阻 ……………………………………… 303
  7.4.2　装配式钢筋混凝土基础的接地电阻 ………………………………………… 304
  7.4.3　不同结构的输电线路杆塔接地装置接地电阻的计算方法 ………………… 305
  7.4.4　利用系数 ……………………………………………………………………… 307
 7.5　土壤的雷电冲击放电特性及击穿机理 ………………………………………………… 311
  7.5.1　土壤的冲击放电现象 ………………………………………………………… 311
  7.5.2　土壤的冲击放电特性 ………………………………………………………… 313
  7.5.3　电弧通道电阻率 ……………………………………………………………… 315
  7.5.4　土壤的冲击放电时延特性 …………………………………………………… 316
  7.5.5　土壤的临界击穿场强 ………………………………………………………… 317
  7.5.6　土壤的冲击电击穿机理 ……………………………………………………… 319
  7.5.7　土壤放电模型 ………………………………………………………………… 321
 7.6　接地装置冲击特性的简单等效电路计算方法 ………………………………………… 322
  7.6.1　表征接地装置性能的模型 …………………………………………………… 323
  7.6.2　接地导体的简单电路模型 …………………………………………………… 324
  7.6.3　十字形接地装置的等效电路模型及计算方法 ……………………………… 326
 7.7　考虑时变及频变特性的接地装置雷电冲击暂态计算模型 …………………………… 329
  7.7.1　建立冲击暂态计算模型的基本思路 ………………………………………… 329

          7.7.2 等效电路的构建及元件参数的计算……………………………… 329
          7.7.3 频变电路的时域求解…………………………………………… 333
          7.7.4 土壤电离的等效处理…………………………………………… 335
          7.7.5 计算模型的验证………………………………………………… 337
          7.7.6 土壤电离效应与参数频变效应对接地装置冲击特性的影响… 338
    7.8 输电线路杆塔接地装置冲击特性………………………………………… 339
          7.8.1 各种因素对杆塔接地装置冲击接地电阻的影响……………… 340
          7.8.2 各种因素对接地装置冲击系数的影响………………………… 343
          7.8.3 计算冲击系数的经验公式……………………………………… 344
          7.8.4 接地极的冲击有效长度………………………………………… 347
          7.8.5 不同接地装置模型对线路防雷计算结果的影响……………… 351
    7.9 冲击条件下杆塔接地装置的优化设计…………………………………… 352
          7.9.1 水平接地极长度与数量的最优化设计………………………… 352
          7.9.2 垂直接地极位置的最优化设计………………………………… 354
    7.10 低电阻率降阻材料及其应用……………………………………………… 355
          7.10.1 低电阻率降阻材料降低接地电阻的原理……………………… 355
          7.10.2 低电阻率降阻材料的工频降阻性能…………………………… 356
          7.10.3 裹有低电阻率降阻材料的接地极的冲击降阻性能…………… 358
    参考文献…………………………………………………………………………… 359

第8章 绝缘子并联保护间隙……………………………………………………… 366
    8.1 绝缘子并联保护间隙概述………………………………………………… 366
    8.2 雷击闪络后绝缘子表面交流电弧运动特性……………………………… 367
          8.2.1 阳极弧根运动特性……………………………………………… 368
          8.2.2 阴极弧根运动特性……………………………………………… 370
          8.2.3 弧柱运动特性…………………………………………………… 372
          8.2.4 电弧整体运动特性……………………………………………… 374
    8.3 电弧运动特性模拟方法…………………………………………………… 374
          8.3.1 电弧空间模型…………………………………………………… 374
          8.3.2 电弧时间模型…………………………………………………… 376
          8.3.3 电弧运动仿真模型……………………………………………… 380
          8.3.4 电弧运动仿真流程……………………………………………… 382
    8.4 绝缘子并联保护间隙设计………………………………………………… 385
          8.4.1 并联保护间隙的功能及设计原则……………………………… 385
          8.4.2 绝缘子并联保护间隙设计……………………………………… 386
          8.4.3 各种并联保护间隙结构………………………………………… 388
          8.4.4 合成绝缘子并联保护间隙优化设计结构……………………… 398
    8.5 并联保护间隙"导弧"性能分析…………………………………………… 399
          8.5.1 电极倾角对电弧运动速度的影响……………………………… 399
          8.5.2 复合绝缘子均压环"导弧"性能分析…………………………… 401

8.5.3 并联保护间隙放电定位率 ············ 405
8.5.4 不同环状电极的电弧运动特性 ············ 408
8.6 并联保护间隙与绝缘子的雷电冲击绝缘配合及防雷效果 ············ 414
8.6.1 与绝缘子的雷电冲击绝缘配合 ············ 414
8.6.2 采用并联保护间隙后的线路防雷效果 ············ 418
8.7 并联间隙工频大电流耐受特性 ············ 421
8.7.1 并联间隙工频大电流燃弧特性实验 ············ 421
8.7.2 电弧作用下绝缘子及保护间隙电极烧蚀情况分析 ············ 422
8.7.3 绝缘子间隙大电流通流能力实验 ············ 423
8.8 架空线路并联保护间隙安装方式 ············ 423
8.8.1 不同位置初始电弧所受磁场力分析 ············ 423
8.8.2 并联保护间隙安装角度对电弧磁场力的影响 ············ 426
8.8.3 并联保护间隙安装方式 ············ 427
8.9 气吹灭弧并联保护间隙 ············ 428
8.9.1 气吹灭弧并联保护间隙的防雷保护原理 ············ 429
8.9.2 气吹灭弧并联保护间隙的灭弧特性 ············ 432
8.9.3 气吹灭弧并联保护间隙的喷射气体灭弧过程模拟 ············ 432
8.9.4 气吹灭弧并联保护间隙的防雷效果 ············ 435

参考文献 ············ 436

第9章 线路避雷器 ············ 439

9.1 线路避雷器设计 ············ 439
9.1.1 线路避雷器结构 ············ 439
9.1.2 带串联间隙的线路避雷器本体设计 ············ 440
9.1.3 对线路避雷器的基本要求 ············ 443
9.1.4 氧化锌压敏电阻 ············ 443
9.2 线路复合外套避雷器的串联间隙设计 ············ 451
9.2.1 串联间隙的结构型式 ············ 451
9.2.2 线路避雷器与绝缘子串的雷电冲击绝缘配合 ············ 452
9.2.3 带串联间隙的避雷器的工频过电压耐受特性 ············ 456
9.2.4 带间隙的避雷器的操作冲击耐受性能 ············ 457
9.2.5 线路避雷器用于限制输电线路操作过电压的探讨 ············ 458
9.2.6 不同间隙结构对雷电冲击绝缘配合的影响 ············ 459
9.2.7 串联间隙尺寸 ············ 460
9.3 线路避雷器与绝缘子串并联时的间距要求 ············ 461
9.3.1 线路避雷器和绝缘子之间的"横放电"现象 ············ 461
9.3.2 线路避雷器和绝缘子并联时的间距要求 ············ 462
9.4 线路避雷器提高线路耐雷水平的机理 ············ 465
9.4.1 安装避雷器后的电磁暂态过程分析 ············ 465
9.4.2 线路避雷器提高线路耐雷水平的机理 ············ 468

9.5 对线路避雷器通流能力的要求 … 468
9.5.1 雷击杆塔时线路避雷器的雷电放电电流波形 … 468
9.5.2 雷击杆塔时线路避雷器的雷电放电电流幅值 … 469
9.5.3 雷击杆塔时线路避雷器吸收的雷电放电能量 … 471
9.5.4 绕击时线路避雷器的雷电放电电流和吸收的雷电放电能量 … 473
9.6 线路避雷器的应用效果 … 473
9.6.1 线路避雷器的应用情况 … 473
9.6.2 线路避雷器对线路耐雷水平的影响 … 476
9.6.3 线路避雷器改善线路绕击耐雷水平的效果 … 481
参考文献 … 483

第10章 同塔多回输电线路的不平衡绝缘 … 489
10.1 同塔多回输电线路雷击特性 … 489
10.1.1 同塔多回输电线路雷击故障统计 … 489
10.1.2 雷电反击特性 … 493
10.1.3 同塔多回输电线路雷电绕击特性 … 498
10.1.4 同塔多回输电线路雷击跳闸故障复原分析 … 505
10.2 不平衡绝缘技术 … 507
10.2.1 相间不平衡绝缘 … 508
10.2.2 回路间不平衡绝缘 … 509
10.2.3 不同类型绝缘子混合使用 … 510
10.2.4 不同电压等级不平衡绝缘 … 511
10.2.5 不平衡绝缘技术的应用 … 514
10.3 优化相序排列及导线排列方式 … 515
10.3.1 优化相序排列的防雷效果 … 515
10.3.2 优化导线布置的防雷效果 … 516
10.4 同塔多回线路安装避雷器实现差绝缘 … 518
10.4.1 同塔双回线路安装线路避雷器的效果 … 518
10.4.2 同塔4回线路安装线路避雷器的方法 … 522
10.4.3 应用效果 … 523
10.5 安装绝缘子并联保护间隙 … 524
10.6 平衡高绝缘方案 … 525
10.7 差异化防雷技术措施 … 526
10.7.1 世界各国采取的同塔多回输电线路防雷措施 … 527
10.7.2 新建同塔多回线路差异化防雷设计措施 … 527
10.7.3 运行线路差异化防雷改造措施 … 528
参考文献 … 530

第11章 输电线路雷击故障监测及辨识 … 531
11.1 传感器 … 531
11.1.1 电流/磁场传感器 … 532

11.1.2　电压/电场传感器 ……………………………………………… 540
　11.2　雷电与雷击故障的监测 …………………………………………………… 547
　　　11.2.1　基于雷电定位系统的输电线路雷击监测 ……………………… 547
　　　11.2.2　分布式雷击故障监测 …………………………………………… 547
　　　11.2.3　光学观测技术 …………………………………………………… 549
　　　11.2.4　电流和电压反演 ………………………………………………… 549
　11.3　雷电故障暂态信号的时频分析方法 ……………………………………… 551
　　　11.3.1　小波变换 ………………………………………………………… 551
　　　11.3.2　雷电故障暂态信号的小波变换特征 …………………………… 557
　　　11.3.3　雷击时暂态电流的小波能量谱特征 …………………………… 558
　11.4　人工智能技术在输电线路故障识别中的应用 …………………………… 562
　　　11.4.1　诊断方法概述 …………………………………………………… 562
　　　11.4.2　通过稀疏自编码器实现暂态波形分类 ………………………… 565
　　　11.4.3　利用卷积神经网络实现输电线路故障分类 …………………… 568
　11.5　基于电流行波的雷击故障定位 …………………………………………… 571
　　　11.5.1　暂态信号行波特征 ……………………………………………… 571
　　　11.5.2　故障定位的行波法 ……………………………………………… 572
　　　11.5.3　分布式传感器对应的故障定位行波法 ………………………… 572
　11.6　基于时域电磁反演的线路雷击故障定位方法 …………………………… 575
　　　11.6.1　电磁时域反演的基本原理 ……………………………………… 575
　　　11.6.2　基于 EMTR 的线路短路故障定位方法 ……………………… 576
　　　11.6.3　反演过程包含短路支路的 EMTR 方法 ……………………… 577
　　　11.6.4　反演过程不含短路支路的 EMTR 方法（EMTR-Ⅱ） ……… 580
　　　11.6.5　考虑故障阻抗的 EMTR 故障定位模型 ……………………… 581
　　　11.6.6　针对高阻抗故障的 EMTR 定位方法（EMTR-Ⅲ） ………… 584

参考文献 …………………………………………………………………………… 586

第1章
雷电物理及雷击线路特征

输电线路雷电防护是以对雷电物理及雷击输电线路特征的认知为基础的。雷电的源头是雷云，带电荷的雷云"孕育"成熟后产生向下发展的下行先导，同时地面物体产生向上发展的上行先导，二者"汇合"就发生了雷击。雷击输电线路后沿线路传播，经杆塔入地，也可以同时导致线路闪络。本章主要介绍与输电线路雷电防护相关的雷电物理基本知识及关键参数，同时介绍国内外在实验室开展的雷击输电线路实验获得的雷击线路特征，以及上行先导起始条件及上行先导发展速度、通道内的电荷等关键上行先导参数。1.1~1.3节是对原有书稿相关章节的补充和完善[1]。

1.1 雷电放电

1.1.1 雷电放电物理过程

雷电是一种大电流的大气静电放电，通常被称为"闪电"。雷电放电由带电的雷云引起。雷电指积雨云中的异性电荷之间（云内），或云间的异性电荷之间（云间），云中电荷和空气之间、云中电荷和大地之间的放电过程。在电力系统通常为最后一种情况，称为云地闪击。除了云对地闪电中的雷电直击输电线路外，闪电对高压输电线路一般不具危害。但所有闪电，特别是云对地的闪电，都有可能造成绝缘水平很低的架空配电线路的闪络，影响架空配电线路的安全运行。

对雷云带电起因的解释有很多。一般认为雷云是在有利的大气和大地条件下，由潮湿的热气不断上升进入稀薄大气层冷凝的结果。强烈的上升气流穿过云层，水滴被撞，分裂带电。轻微的水沫带负电，被风吹得较高，形成大块的带负电的雷云，大的水珠带正电，凝聚成雨下降，或悬浮在云中，形成局部的带正电的区域。雷云底部大多带负电，在地面感应出大量的正电荷。雷云和大地之间形成高电场，电位差达数兆到数十兆伏。超过大气的游离放电临界电场强度（约为30kV/cm，有水滴存在时约为10kV/cm），形成云间或云对地的火花放电，产生强烈的光和热，使空气急剧膨胀振动，发生霹雳轰鸣，而放电通道中的电流达几十至几百千安，这就是雷电[2]。

一般认为雷暴云内的空间电荷呈垂直的偶极性或三极性结构。电荷分布区与温度相对应，雷暴云上部-60~-25℃的区域为正电荷分布区，-25~-10℃的区域为负电荷分布区,有时在负电荷层下部 0℃ 区域附近还有一个小的正电荷区。研究表明,实际的雷暴云电荷结构比垂直分布的偶极性或三极性电荷结构复杂得多。除了主正电荷区、主负电荷区和底部次正电荷区以外,电荷结构还可能会发生倾斜,呈现多层正负极性电荷层层层交叠,甚至反极性的电荷结构,不同极性的电荷也可能在同一高度。除了三极性、偶极性电荷结构,还有准反极性电荷结构,如果偶极性可被视为缺少底部正电荷区的三极性,准反极性则可被视为缺少主正电荷区的三极性结构。不同季节、地区的雷暴特征不一样。我国南方地区多为偶极性电荷结构,北方地区多为三极性电荷结构,青海高原地区多为准反极性电荷结构,但也有可能出现正常结构[3]。

大多数雷电发生在云间。对地放电的雷云大多数带负电,因此形成的雷电流极性也为负。雷电定位系统多年的观测表明,云地闪击中负极性闪击约占 95.7%[4]。根据国内外实测,75%～90% 的雷电流是负极性的,因此电气设备的防雷保护和绝缘配合通常都取负极性的雷电冲击波进行研究分析。进行更为细致的防雷分析时,一般取负极性雷电流占 90% 左右,正极性雷电流占 10% 左右。

一次典型的负地闪所包含的各种物理过程随时间的发展如图 1.1 所示[5]。如图 1.1 中 $t=0$ 对应的图所示,雷云电荷结构分为三层,从上至下依次为主正电荷区 P、主负电荷区 N 和下层次正电荷区 p。在雷暴云的成熟阶段,主正电荷区总电荷量约为 50C,主负电荷区总电荷量约为 100C,而次正电荷区的电荷量在 10C 以下。主正电荷区的电荷密度在 $0.5\sim1.0\text{nC/m}^3$,高度在 $5\sim8\text{km}$ 以上,主负电荷区的电荷密度在 1nC/m^3 左右,高度在 $3\sim6\text{km}$,而次正电荷区的电荷密度小于 0.5nC/m^3,高度在 $2\sim4\text{km}$ 以下[3]。最初 N 和 p 之间会因为某种原因产生放电形成预击穿,即在云层内部形成初始的放电,预击穿过程为下行梯级先

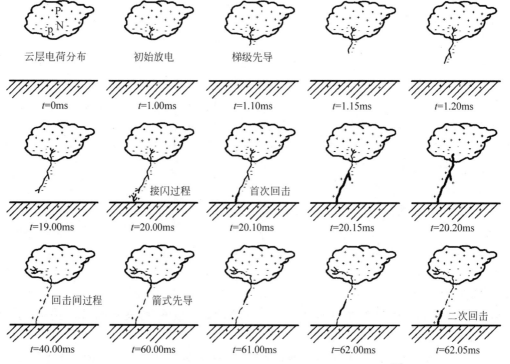

图 1.1 一次负地闪所包含的各种物理过程随时间的发展[5]

导形成创造条件,接着内部放电朝下向云层外部空间发展形成下行先导,下行先导呈梯级先导向下发展,之后从地面产生上行先导。当下行先导和上行先导接近、二者头部之间的电场超过空气间隙的击穿场强时,二者头部之间的空气被击穿,形成接闪过程,即产生末跃过程,接着产生首次回击过程。

在首次回击后,将产生回击间过程,如 J 过程和 K 过程,接着产生箭式先导(直窜先导),然后形成第二次回击过程。

当云中的负电荷中心 p 的电场强度达到 10kV/cm 时,雷云内部就会发生放电击穿过程,即发生初始放电。电子获得足够大的动能与气体分子碰撞,使其游离而产生大量离子,游离后的气体变为导电介质,伴随气体发光现象,这部分导电的气体称为流注。流注沿着电场作用的方向逐级向下延伸,但是由于电子运动的惯性和碰撞的概率,每个电子的运动方向并非垂直向下,诸多随机因素导致导电气体向下发展的方向并不垂直向下[5]。这一段暗淡的光柱在照片上显示的是一条弯曲有分叉的折线段。雷电观测表明,先导放电并非一次就能完成整个放电过程,而是呈间歇性的脉冲发展过程,每次间歇时间约为几十微秒。先导生长一定长度后,出现生长停滞,然后继续生长[6],如图 1.2 所示,称为梯级先导或梯式先导。当背景电场超过 100kV/m 时,其逐步向地面生长[7]。梯级先导的平均发展速度为 1.5×10^5m/s,变化范围在 $1\times10^5\sim2.6\times10^6$m/s[7]。其他学者研究表明[8],当先导接近地面时,速度可能在 $0.3\times10^5\sim3.9\times10^6$m/s 之间变化,平均值在 $1\times10^5\sim6\times10^5$m/s 之间。近期的人工引雷实验表明,先导发展过程的速度是非均匀的,4 次火箭引雷获得的上行先导发展过程的二维平均速度为 10^5m/s,局部速度在 $2\times10^4\sim1.8\times10^5$m/s[9]。而单个梯级推进速度则达到了 5×10^7m/s,单个梯级的平均长度为 50m 左右,其变化范围在 3~200m。但随着梯级先导接近地面,梯级变短,其长度接近 10m[7]。梯级先导每步发展大约需要 $1\mu s$,但梯级间的间歇时间为 $30\sim125\mu s$,具体时间从先导初始阶段的约 $50\mu s$ 到接近地面时的约 $10\mu s$ 不等[7]。

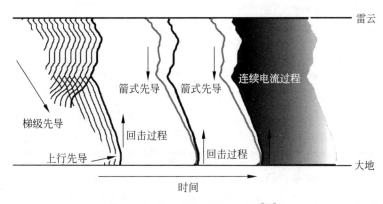

图 1.2 雷电放电的发展过程[10]

经世界气象组织(World Meteorological Organziation,WMO)确认,2020 年 4 月发生在美国南部的一次闪电长度约为 768km,是有记录以来最长的闪电。这种超级闪电很难用传统的地面设备进行测量,本次是由气象学家使用地球同步卫星上的闪电测绘仪获得的。2020年 6 月测量到的一次闪电,横跨乌拉圭和阿根廷边境,持续了 17s,是迄今为止探测到的持续时间最长的闪电。这种长度和持续时间的超级闪电为雷电预警和雷电防护带来了新课题。

图 1.3 所示为 50000fps 拍摄速度下获得的下行先导分支头部的照片。可以看出,下行先导的每个分支头部都呈"蝌蚪"状,由球状头部和拖尾构成。下行先导头部放电形成球状流注区。头部放电导致下行先导的生长发展,同时也会使先导头部的球形电荷区尺寸增加,当尺寸足够大时,电荷球表面的电场无法维持放电,导致先导生长停滞。经过一段时间后,头部的电荷消散,球形头部直径减小,表面场强又能超过空间临界基础场强而再次发生表面放电,先导继续生长,即先导发展呈现梯级放电的形式。

梯级先导内部为热芯,该热芯被电晕套包围[11],如图 1.4 所示。据估计,热芯直径为 $0.2 \sim 1m$,电晕套直径 $2R_0$ 约为 6m。

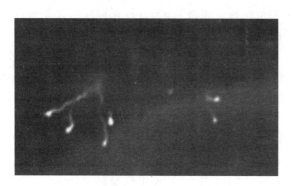

图 1.3 在 50000fps 的拍摄速度下获得的下行先导头部照片(中国气象科学研究院吕伟涛研究员提供)

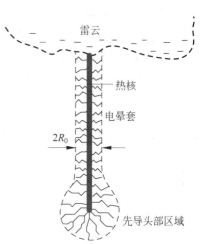

图 1.4 先导结构

梯级先导充当将电荷从云端传送到地面物体的导电路径。先导头部的几何形状和电荷密度会产生很高的电场,导致头部周围的空气产生雪崩状电离。这些电离细丝称为"流注",它们在先导头部形成一个流注区,即图 1.3 所示的球形区域。流注区包括正流注区和负流注区。正流注从流注区边缘向后延伸至先导头部,负流注从流注区边缘延伸一小段距离,进入剩余间隙。流注是先导的前身,它们提供电流加热空气以形成先导。流注的导电性不如先导,但其沿长度方向保持恒定的电压梯度,对于正极性流注约为 500kV/m,对于负极流注约为 1000kV/m。最初,沿先导通道的梯度与流注的梯度大致相同,但随着先导通道升温,其梯度迅速降低至约 1kV/m 的极限值。

当梯级先导接近地面时,接地物体周围的电场增加,最高电场出现在接地结构的顶端。在某一点上,电场变得足够高,足以使空气电离,从而在高电场区域触发流注的形成。如前所述,当流注电流加热空气时[12],流注合并为先导通道,从而建立上行先导。如果先导头部的流注区提供足够的能量来维持热流注通道,则它将朝下行先导发展。

1.1.2　雷电放电的主要阶段

带负电荷的雷云向下对地放电的基本过程称为下行负闪电,可用图 1.5 来表示,包括如下几方面的物理过程[1,13]。

(1) 先导放电阶段

雷云中的负电荷逐渐积聚,同时在附近地面上感应出正电荷。当雷云与大地之间局部电场强度超过大气游离临界场强时,就开始有局部放电通道自雷云边缘向大地发展。这一放电阶段称为先导放电,由于向下发展,该先导称为下行先导。先导放电通道具有导电性,因此雷云中的负电荷沿通道分布,并且继续向地面延伸,地面上的感应正电荷也逐渐增多,如图1.5(a)所示。

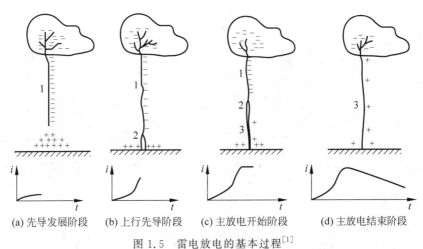

(a) 先导发展阶段　(b) 上行先导阶段　(c) 主放电开始阶段　(d) 主放电结束阶段

图 1.5　雷电放电的基本过程[1]

1—先导放电通道；2—强游离区；3—主放电通道

(2) 主放电阶段

下行先导通道发展到临近地面时,由于局部空间电场强度的增加,常在地面突起处出现正电荷的先导放电向上朝天空发展,这种先导称为上行先导,如图1.5(b)所示。图1.6为一次下行先导发展过程中,从4个塔顶部产生的上行先导的照片[14]。当下行先导到达地面或与上行先导相遇时,会因大气强烈游离在通道端部产生高密度的等离子区,此区域自下而上迅速传播,形成一条高导电率的等离子体通道,使下行先导通道以及雷云中的负电荷与大地的正电荷迅速中和,这就是主放电过程,或回击过程,如图1.5(c)、图1.5(d)所示。

图1.7所示为采用高速摄影机(拍摄速度为50000fps)拍摄得到的一次完整的雷击过程,包括下行先导和上行先导的发展、末跃及回击过程。

图 1.6　从4个信塔顶部产生的上行先导[14]

下行和上行先导通常都沿最高电场的方向发展,但发展模式存在明显的随机性,因此它们不完全沿着最高电位梯度的路径发展。这是由先导头部的电晕和流注的屏蔽效应造成的。然而,在末跃之前的先导发展的最后几步中,如果背景电场变得足够强,足以克服流注

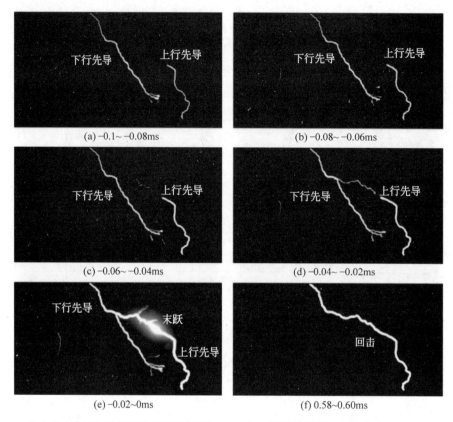

图 1.7 采用高速摄影机(拍摄速度为 50000fps)拍摄得到的一次完整的雷击过程

图中时间对应为每幅图像的曝光时间，时间的 0 点设置为末跃发生后形成回击的时刻[15]

的局部电位梯度效应，先导可能相向发展[12]，如图 1.8 所示。当上行先导和下行先导的间隙被流注区桥接时，就会形成末跃[12]。最终末跃的长度可以根据先导通道的电位(它是回击电流的函数)和先导通道内 500kV/m 的平均电压梯度估计值来确定。几个上行先导可能会与下行先导竞争连接，最终首个满足跳跃条件的上行先导与下行先导汇合。

图 1.9 所示为日本横山茂教授提供的一次下行先导和上行先导发展过程的观测结果[6]。

图 1.10 所示为 Berger 和 Vogelsanger 采用纹影摄影(streak photograph)于 1966 年拍摄得到的负下行先导击中瑞士 San Salvatore 山顶 55m 高塔的接闪过程，这种照相机的胶片在固定棱镜后连续移动，快门一直打开[16]，整个过程大约在 300μs 内完成。下行梯级先导从图片的左上角发展到 A 点处，正极性上行先导因发光强度相对较弱而无法拍摄到。正极性上行先导可能也是梯级发展，从 55m 高塔的顶部起始，发展到 B 点处产生分叉，一条分支向左上部发展，另一支向右朝与从下行梯级先导端部 A 点发展的朝下发展的放电通道回合。末跃过程发生在 A、B 两点之间。从左侧的上行先导判断，末跃大致发生在靠近 A 点的位置。

先导放电发展的平均速度较低，回击发展速度比梯级先导快得多，在 $2\times10^7 \sim 2\times10^8$ m/s，平均为 5×10^7 m/s。回击通道的直径平均为几厘米，在 $0.1\sim23$ cm。回击过程是中和云中电

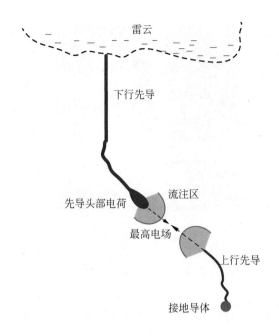

图 1.8 下行先导与接近地面物体产生的上行先导

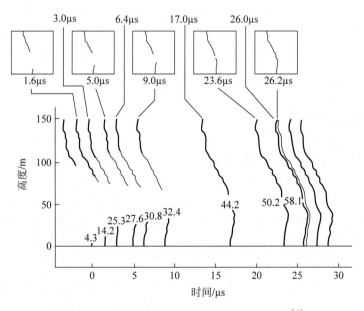

图 1.9 一次下行先导与上行先导的发展过程[6]

荷的主要过程。发热产生高温,形成很亮的通道,其温度可达 10^4 K 量级[7]。地闪所中和的云中负电荷绝大部分在先导放电过程中被储存在先导的主放电通道和分支中。回击过程中,地面的正电荷不断将这些负电荷中和,称为主放电或主回击。

与先导放电和主放电阶段对应的电流变化也表示在图 1.5 中。先导发展过程产生的电

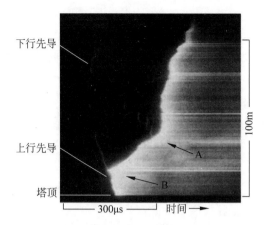

图 1.10　Berger 等拍摄得到的负下行先导击中瑞士 San Salvatore 山顶 55m 高塔的接闪过程[16]

流不大,约为数百安,而主放电的发展速度很快,产生的脉冲电流达几十甚至几百千安。

(3) 箭式先导

云中分布的电荷被绝缘的空气相互分隔,形成不同极性的电荷团。由梯级先导到回击完成地闪的第一次放电闪击过程,经过几十毫秒后又出现了第二次放电闪击。电荷的迁移聚集需要时间,待迁移到负电荷中心后,可以沿已有离子的原先通道再次放电。这时云中发出的流注不再像梯级先导那样逐级缓慢发展,而是快速发展,称为箭式先导或直窜先导,如图 1.2 所示,平均发展速度为 2×10^6 m/s,变化范围为 $1 \times 10^6 \sim 2.1 \times 10^7$ m/s[7]。当到达地面上空一定距离后,再次引发地面窜起的回击,形成第二个完整的放电回击,如图 1.1 所示。

在某些地区,一次地闪只包含一次放电闪击,称为单闪击地闪。多闪击地闪的各闪击间隔平均时间为 50ms,在 3~380ms。一次地闪的平均持续时间在 0.2s 左右,其变化范围为 0.01~2s。

(4) 回击间过程[17]

回击间过程包括发生于地闪回击间或回击后电场变化较慢的连续电流过程(C)和 J 过程,以及叠加于其上的小而快速变化的 M 分量和 K 过程。如图 1.2 所示的云地闪络的连续电流过程,是雷云中的电荷在回击之后沿闪电热电离通道对地的持续放电过程,该过程可引起慢而大幅度的地面电场的变化,且云下的闪电通道持续发光。负地闪中的回击沿先导通道从地面到云间的传播一般在 100μs 量级的时间内完成。在此期间,先导通道底部的电流增加到峰值后又衰减到峰值电流的 1/10。在回击传播阶段之后,回击通道底部仍有约 1kA 的电流流动,持续时间为 1ms 左右,该电流称为中间电流。有时中间电流过程后还有 100A 的电流流动,称为连续电流。J 过程是在回击之间发生在云内的过程,简称击间过程,代表回击之间除去梯级先导过程 L 和回击过程 R 的过程,以相对稳定的电场变化为特征,持续时间为几十毫秒。该过程不伴随云地之间先导通道亮度的突然增加。J 过程产生的电场变化通常与连续电流产生的电场变化有明显的差别,而且较连续电流产生的电场变化小。M 分量指在回击过程之后通道微弱发光阶段通道亮度的突然增加,并伴随有电场的快速变化。有人认为 M 过程实际上是一个没有明显回击的先导过程,一次完整的 M 过程称为小型后续回击。K 过程指在地闪回击之间或最后一个回击之后以及云闪后期相对小的快电场变化过程,其叠加在回击之间及云闪后期的慢电场变化及 J 过程上。在几十千米的距离上测量得到的云闪和地闪的 K 过程波形呈梯级状或者斜坡状。一般认为,K 过程不伴随有云地之间明显的通道发光,原因是 K 过程中没有先导到达地面,只在云内产生电荷的微小调整。

两次回击之间的时间间隔约为几十毫秒,但如果主放电通道中在回击之后有连续电流流过的话,时间间隔可能会增加到 0.1s。连续电流约在 100A 左右,是云中电荷直接向地面的转移。由连续电流产生的电场变化比较缓慢,持续时间约为 100ms,一次可将几十库伦的电荷从雷云输送到地面。25%~50%的地闪过程中包含有连续电流过程。在连续电流阶段的脉冲型电场变化称为 M 分量。图 1.11 所示为发生于 20km 处(图 1.11(b)实际为 19km 处)的两次多回击地闪过程的毫秒级光学和电场变化过程示意图[18]。图 1.11(a)所示地闪过程包含了前面所述的所有回击间过程。该次地闪包含了 8 次回击过程(标记为 $R_1 \sim R_8$),有明显的连续电流过程。并非所有的地闪过程都包含了所有云间过程,如图 1.11(b)所示的另一次包含了 9 次回击的地闪过程,没有连续电流过程发生。图中 R 为回击过程。

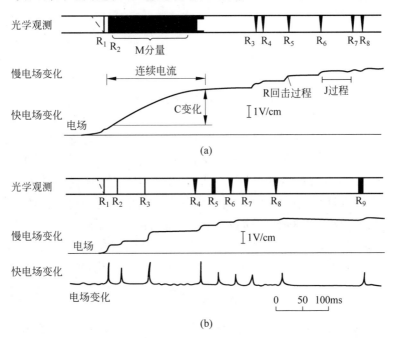

图 1.11　发生于 20km 处的两次多回击地闪过程的毫秒级光学和电场变化过程示意图[18]

1.1.3　雷电放电类型

根据放电雷云电荷的极性,雷电可分为下行负闪电、上行正闪电、下行正闪电和上行负闪电,如图 1.12 所示[1]。图中箭头为先导发展方向,而主放电方向与之相反。上行闪电通常仅能在有效高度超过 100m 的高层结构或特高压输电线路杆塔上观察到。巴西和美国的观测结果表明,只有 1/4 的上行先导会与下行先导汇合产生回击[19],且峰值电流通常较低,不太可能发生在普通输电线路结构上。因此,在评估输电线路的雷电性能时,通常不考虑上行闪电。第五类是双极闪电,在同一次闪电中同时传递正、负电荷。双极闪电通常由高大建筑物的上行闪电引起,因此对典型的输电线路一般也不用考虑。

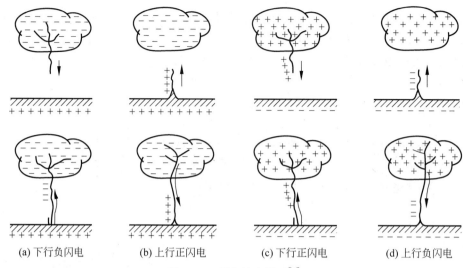

(a) 下行负闪电　　(b) 上行正闪电　　(c) 下行正闪电　　(d) 上行负闪电

图 1.12　雷电放电类型[1]

1.1.4　多重雷电放电

人眼观察到的一次闪电，往往包含多次先导—主放电的重复过程，如图 1.13 所示[2]。根据高速摄影机照片绘制的多重雷电放电过程如图 1.14 所示，图中还绘出了相应的放电电流波形[10]。

发生多重放电的原因可作如下解释。雷云是一块大介质，电荷不容易在其内部运动。在雷云集聚电荷的过程中，有可能形成若干个密度较高的电荷中心。如图 1.13(a)~(c) 所示，第一次先导—主放电过程主要泄放第一个电荷中心及已传播到先导通道中的负电荷。这时第一次冲击放电过程虽已结束，但雷云内两个电荷中心之间的流注放电已经开始，如图 1.13(d) 所示。主放电通道放电完成后，热游离通道内的介质恢复需要一定的时间，因此放电完成后的主放电通道仍然保持着高于周围大气的导电率，由第二个及更多个电荷中心发展起来的先导—主放电以更快的速度沿着先前的放电通道发展，如图 1.13(e)、图 1.13(f) 所

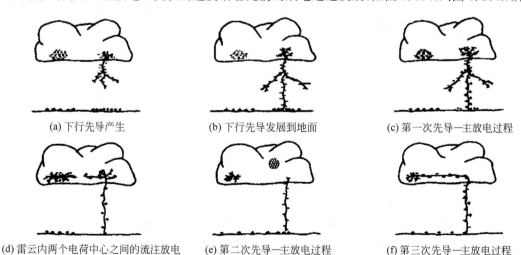

(a) 下行先导产生　　(b) 下行先导发展到地面　　(c) 第一次先导—主放电过程

(d) 雷云内两个电荷中心之间的流注放电　　(e) 第二次先导—主放电过程　　(f) 第三次先导—主放电过程

图 1.13　多重雷电放电发展过程示意图[2]

示,出现了多次重复的放电过程。第二次及以后的冲击放电的先导阶段发展时间较短,一般没有分叉,如图1.13(e)所示。观测结果表明,第一次冲击放电的电流幅值最高,第二次及以后的冲击放电的电流幅值都比较低,但对绝缘水平很低的配电线路仍具有危害性。而且,多次放电增加了雷电放电的总持续时间,对电力系统的运行同样会带来不利的影响。

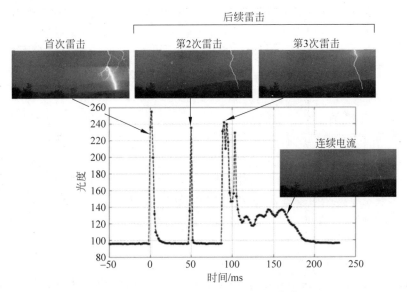

图1.14 负极性雷击过程的光度[10]

图1.14为通过光度观察到的负极性闪电的典型过程[10]。近年的研究表明,超过80%的云对地闪击包含2个及以上的放电过程[20],显著高于以前研究的45%~55%的范围。典型的负极性雷击由3~5次放电过程组成。3~5次的占25%,10次以上的占4%,平均为3次放电,最高可达42次。大多数正极性雷电只含一次雷击。典型雷击的持续时间为10~100ms,统计分布的中值约为200A。持续电流是一种低幅度的电流现象,平均雷电放电间隔约为60ms。如包含具有长持续电流的雷电放电,雷电放电时间间隔可能短于1ms,长达数百毫秒。持续时间超过40ms的持续电流通常被划分为长持续电流,其中负极性雷电占27%,正极性雷电占70%。长持续电流的持续时间中位数在负雷击中约为145ms,在正雷击中约为165ms。

测量结果表明,首次放电的电流通常比后续放电高2~3倍。然而,大约1/3的云地放电包含至少一个后续放电,其峰值电流高于首次雷击放电[21]。一次云到地放电所涉及的总能量简单估计约为1GJ或278kW·h,但大部分能量在产生过热空气、雷电、可见光和紫外线时被消耗掉,只有1‰~1%的电能可用,但峰值功率可高达1000GW[22]。

1.1.5 雷击选择性及雷击定位

雷击地面物体具有选择性。引起雷电放电定向过程的只能是导致发展中的先导流注区域的电场产生畸变的地面物体。雷击选择性大致遵循如下基本原则:

(1) 对于空旷地区,由于物体的尖端效应,一般雷击比较高的物体。

(2) 在山区,雷击山顶物体,另外山坡迎风面的物体、山体夹沟中的迎风带中的物体也易遭受雷击。

(3) 雷击与地质条件有关,如果地下有矿物质,则地面物体容易遭受雷击。

瑞士森蒂斯塔(Säntis Tower)在1884—1970年没有建立观测塔时平均年雷击次数为10次,在1971年建立了84m的观测塔,1971—1997年的年平均雷击次数为43次;1998年将塔的高度增加到了123.5m,1998—2010年的年平均雷击次数增加到了55次,这充分说明了高塔的引雷效应增强。目前随着同塔多回线路及特高压线路的建设,杆塔高度已经超过了100m,如同塔4回500kV线路杆塔高度达到了105~136m,同塔双回1000kV线路杆塔高度超过了100m,这将导致吸引更多的雷电朝线路发展,截获更多的雷电,线路雷击次数增加。同时,随着特高压杆塔的尺寸增加,避雷线和导线的距离也在增加,特别是同塔多回线路,避雷线离下回线路的距离增加很多,这将导致导线上行先导发展的随机性凸显出来,雷击导线的次数增加。

研究自然界雷电发展过程需要长期观察并积累数据。至今,雷电的一些发展过程,如向地面发展时的定向过程,尚未在自然条件下得到深入有效的研究。

如图1.15(a)所示[2],如果地面物体高度相对于先导高度较小,则地面物体不会影响先导发展。而如果先导离地面较近,则地面物体会吸引先导朝之发展,如图1.15(b)所示。考虑到若地面上的物体(线路的杆塔、导线和避雷线)没有形成上行先导,则雷电放电向该物体定向发展的实际可能性很小,一般将雷电先导发展的定向过程与从地面物体上产生的上行先导联系起来。如果线路导线悬挂高度 $h=20\mathrm{m}$,则按目前采用的定向高度 $5h=100\mathrm{m}$,在不发生上行先导条件下,计算得到的100m高度的电场强度比雷电先导流注区域的电场强度要小得多,这时地面物体很难影响雷电放电的定向过程。另外计算结果表明,当雷电先导发展到比地面物体高得多的地方时,就可以满足从地面物体发展上行先导的条件。

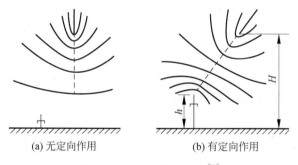

(a) 无定向作用　　　　(b) 有定向作用

图1.15　雷电先导的定向[2]

根据以上分析可以认为,将雷电定向与地面物体产生上行先导联系在一起,例如将地面物体和它附近某一点之间的电位差达到临界击穿值,即发生上行先导,作为雷电放电定向的判据更为合理。

1.2　雷电参数

雷电活动特性是输电线路防雷设计的基础。过去,由于缺乏科学手段,电力部门对雷电活动的了解非常贫乏且粗糙,只能依赖气象部门取得基础数据。防雷保护设计需要以准确的雷电参数为依据。与输变电工程雷电防护相关的雷电参数有雷暴日、地面落雷密度、雷电流幅值及波形,三者决定了线路雷击闪络率及变电站雷电侵入波故障率。可以说,雷电参数研究经历了从最初的"听其声"到目前的"观其形"的过程。

目前积累最完整的雷电参数只有雷电日的分布。随着电力系统的发展,雷电及其防护问题的研究日趋迫切,高速摄影、记录示波器、雷电定向定位仪、雷电定位系统、卫星雷电探测系统等现代化测量技术用于雷电观测,加之人工触发雷电(通常称为火箭引雷)、长空气间隙人工雷电放电实验研究的进展,不断丰富了人们对雷电的认识。

雷击的严重程度可以用对输电线路部件的物理损坏程度来描述,也可以用线路绝缘闪络来描述。这两个方面都与雷电流的大小及雷电参数有关。雷电参数包括极性、放电次数及放电之间的时间间隔。雷电流参数包括峰值电流、最大上升速率(即陡度)、平均上升速率、波前持续时间、持续时间、电荷转移量及比能量[22]。

1.2.1 雷电参数研究方法

最早由雷电观测站的工作人员人工记录每次雷电发生的时间来获得防雷分析的一个基本参数,即单位面积单位时间内的雷击次数。一些替代观测技术已经或目前正在应用于描述区域雷电活动特征。其中一些方法还提供了有关记录雷击的附加信息,包括发生时间、雷电流峰值和波形,这些信息有助于输电线路防雷设计,或进行线路的雷击故障定位和分析。

每种探测和测量方法在确定特定地理位置的雷电参数方面都有其优点和局限性,但使用多个数据源(世界上很多地方都可以使用),可以选择合理的值来估计输电线路的雷电性能。选择适当的地面落雷密度(ground flash density,GFD)值时,应考虑以下因素[22]:

(1) 地面落雷密度的长期平均值用作性能计算的基础。

(2) GFD 的长期平均值应基于至少 10 年的数据,以获得区域 GFD 的合理取值。

(3) 获取 GFD 数据的优先来源从最好到最差依次为雷电定位系统、雷电计数器、卫星雷电探测系统,最后是在没有其他选择的情况下(如在北极和南极),可采用雷暴日。

任何一年的 GFD 可能与长期平均值存在显著差异。这将导致年停运率出现类似变化,因此实际某年线路性能可能与计算的长期平均值存在显著差异。这可能是由于 GFD 每年的自然波动,也可能是由于给定区域内雷击分布的随机性。

1. 人工记录方法及雷电计数器

我国气象部门在全国各地建立了气象观测站,记录每天的雷电及闪电数据,可从国家气象局获取。

直到 20 世纪 80 年代末,大多数有关地闪密度的具体信息都是通过在各国应用 10kHz 雷电计数器(lightning flash counter,LFC)获得的[23]。这些设备将 1s 时间窗口和 20km 检测半径内的所有第一点、后续点和多点雷击称为一次闪电[24]。尽管 LFC 网络形成的地闪密度分布显示出非常低的空间分辨率(大于 $1200km^2$ 的网格),但普遍认为比较稳定。通过这些计数器收集的历史数据可以为雷击性能计算提供有价值的输入,这些 LFC 可以为从卫星或全球探测网络等其他来源获得的 GFD 提供有用的地面真实数据。但是,在与提供单个雷击数据的雷电定位系统进行任何相互比较时,应考虑特定 LFC 的闪电分组算法,例如 CIGRE 10kHz LFC 中的 1s/20km 分组模型。

2. 雷电定位系统

传统的雷电参数不能全面地反映全国各个区域的雷电活动特征。目前,雷电定位监测技术及其系统已广泛应用于国内外电网,是当前监测雷电的主要技术平台。我国自1993年第1套雷电定位系统(lightning location system,LLS)在安徽电网投入工程应用以来,我国电网已建立了覆盖29个省域的LLS。LLS测量的地闪发生时间、位置、雷电流幅值、极性等长期监测数据,可以为电力系统提供具有地域特征的雷电日和地面落雷密度数据。近年来国网电力科学研究院(原武汉高压研究所)在统计方法方面开展了很多卓有成效的工作[25]。另外,中国气象科学研究院也正在构建全国气象系统的雷电监测及预警系统。

广域雷电定位系统由站间距离为100~200km的多个雷电地闪探测站、中心站和应用终端组成。雷电地闪发生时会产生强烈的极低频/低频电磁波辐射,在广域空间内主要沿地表传播。探测站依据电磁波的波形特征辨识出雷电地闪信号,将地闪信号强度、极性、入射方向、到达探测站时刻等信息发送给中心站。中心站联合多个探测站的数据解算出雷电地闪发生的时刻、位置,并反演计算出雷电流幅值。

雷电定位系统利用闪电放电辐射的电磁波来探测和定位,通常用于检测极低频(very low frequency,VLF)至低频(low frequency,LF)范围内的地闪信号能量。云对地闪击的位置通过磁测向(magnetic direction finding,MDF)、到达时间(time of arrival,TOA)及其组合确定[26]。接收到的信号强度与雷击距离信息一起进行分析,以推断雷电流的峰值甚至波形。这使得闪电探测网络能够提供更多的信息,而不仅仅是探测到的雷击数。额外数据通常包括日期和时间、位置、极性和峰值电流。然而,有许多因素可能会显著影响这些导出参数的准确性,这使得其不适用于雷电性能研究。两个比较成熟的雷电定位系统是北美闪电探测网络(North American Lightning Detection Network,NALDN)和欧洲闪电探测合作组织(European Organization for Cooperation in Lightning Detection,EUCLID)[26]。根据GLD360 LD网络5年数据得出的GFD图可以参见文献[27]。

3. 卫星雷电探测系统

利用卫星进行雷电探测活动可以极大地提高探测范围。美国已发射静止气象卫星,装载了记录闪电信号的观测仪器。

采用卫星进行雷电探测,始于1970年美国空军发射的军用气象太阳同步轨道卫星DMSP,其携带的高分辨率扫描仪可以获取可见光和红外图片。1995年发射的气象卫星装载的光学瞬态探测器视野为1300km×1300km,空间分辨率为10km。1997年发射的热带降雨探测任务卫星TMRR则进行了进一步的改进,安装了闪电成像传感器,其视野为600km×600km,空间分辨率则上升到4km[28]。星载雷电探测系统可以提供闪电发生时间和持续时间、发生地点的经纬度、闪电光辐射能等信息。

从1995年到2000年3月,装有光学瞬态探测器(optical transient detector,OTD)的低地球轨道卫星被用于跟踪世界各地的闪电活动[29]。OTD的设计和定位使得其几乎可以覆盖全球所有通常发生闪电的区域。OTD能够在白天和夜间条件下检测闪电,检测效率为40%~65%,具体取决于外部条件,如闪烁和辐射。根据OTD数据,现在估计全球每年发生超过12亿次闪电(云内加上云地放电)。大部分探测到的闪电活动都在热带辐合带(intertropical convergence zone,ITCZ),陆地上的闪电远多于海洋上的闪电[22]。

1997年,第二种光学传感器——闪电成像传感器(lightning imaging sensor,LIS)被放置在轨道上,用于研究白天和夜间云对地、云对云和云内闪电及其在全球的分布[30]。LIS

的灵敏度是其前身 OTD 的 3 倍,检测效率达 90%。LIS 的定位使其能够在最容易发生闪电的位置(纬度±35°)观测闪电。仪器记录发生时间和测量辐射能,并确定闪电事件在其视野内的位置。

雷电探测卫星每年提供约 10^6 次闪电记录[31],从而绘制出覆盖全球大部分地区的闪电活动地图。NASA LIS/OTD 科学团队制作了网格卫星闪电密度图。它给出了全球各地的总雷电活动,包括云内闪电和云对地闪电,因此不能直接应用于地面物体(如输电线路)的雷击研究。

对于没有雷电定位系统的地区,可以利用卫星雷电探测系统得到的闪电密度 N_t 来估算地面的落雷密度 γ。将基于卫星闪电探测器的数据与世界各地的其他地闪密度测量结果进行比较后发现,卫星闪电密度与 GFD 的平均比率为 4∶1,但可能在 3∶1~5∶1 变化[33]。一般建议地面落雷密度取闪电密度的 1/3,即 $\gamma=N_t/3$[34]。对于特定关注的区域,可以通过确定适当的转换因子,根据卫星数据估计局部 GFD。转换系数可通过卫星闪电密度与相应地闪密度或从闪电计数器获得的平均闪电密度进行比较来确定[22]。

4. 雷电流波形监测

雷电流波形监测装置是了解各地雷电流幅值及波形的最直接的手段。自然雷电监测主要手段分为高塔观测和火箭引雷。通过在高塔上安装监测装置直接获取自然雷的波形参数[35-37],但也存在难以在特定高塔位置捕捉到自然雷的缺点。由于雷电具有较大的随机性,可能在多年的观测时间里,只能获得为数不多的几次自然雷数据。另外,由于上行先导的发展特性受地面形态和建筑物高度的影响很大,而观测实验的地点一般是高塔,这使得通过观测实验得到的物理参数受到一定的限制。

目前专业书籍中提供的雷电流幅值及波形主要是通过安装在高山或高塔上的雷电流波形监测装置提供的,如安装在 Mont San Salvatore 的 Berger 塔上的监测装置,1943—1972 年共监测到了 101 次负的首次雷击电流波形和 135 次后续雷击电流波形。目前最为著名的是安装在多伦多电视塔上的雷电流监测装置[22]。

不同物体对雷电的吸引作用不同,因此输电线路和高塔的雷电流监测结果存在差异。高塔或高山上的观测塔的雷电流监测结果对输电线路的防雷设计有一定的参考作用,但考虑到雷电流波形与实际的杆塔结构及杆塔高度具有重要的关联性,这些监测结果用于线路防雷时可能会偏高。另外,输电线路的工作电压对雷电的吸引作用可能会导致雷击概率的增加。

用于输电线路雷电防护的雷电流参数,最好是在类似输电线路杆塔的接地结构上直接测量得出,如桅杆、烟囱和输电线路。理想情况下,此类结构的高度应小于 70m,以避免包含上行雷的数据,并减少结构底部和顶部的波的反射对波形的影响。

LLS 的基本功能是通过测量雷电放电产生的电磁场来定位雷击点,但也用于反演雷电波形参数。一般认为 LLS 获得的雷电流参数的准确性不是很高。LLS 采用简化的表达式从测量得到的雷电放电电磁场来反演获得雷电峰值电流甚至波形的估计值,分析公式基于回击速度的平均值,将峰值场与峰值电流联系起来。目前有 3 个适用于输电线路雷电性能研究的雷电流测量数据集[22]:

(1) 瑞士圣萨尔瓦托山站(Monte San Salvatore station, MSS):Berger 等(1975)通过直接测量地面雷击电流,编制了温带地区最大的数据库。瑞士圣萨尔瓦托山站的测量塔[38]

的测量结果后来由 Anderson 和 Eriksson(1980)修订[39]。

(2) 日本输电线路杆塔(transmission line tower in Japan, TLJ): 20世纪90年代开始, 为了促进输电线路雷电防护工作的发展, 日本在其 500kV 同塔双回输电线路(包括降压到 500kV 运行的 1000kV 特高压输电线路)杆塔上安装了 60 套雷电流波形监测装置, 杆塔高度为 40~140m, 平均高度为 90m。到 2004 年年底共记录了 120 个雷电流波形[40]。Takami 和 Okabe(2007)根据在日本输电线路测量塔上的结果, 编制了另一个重要数据库, 塔高为 60~140m[41]。

(3) 巴西 Morro do Cachimbo 站(Morro do Cachimbo station, MCS): Silveira 和 Visacro 汇编了巴西 Morro do Cachimbo 站 60m 高测量塔上的雷电直接测量数据, 这是唯一的热带地区统计结果[42-43]。

我国已开展了雷电流波形监测装置的研究, 并已将其安装在输电线路上。清华大学 2008 年 5 月在山东电网公司泰安市供电公司 220kV 党红线和天楼线上安装了两套雷电流波形记录装置[23], 如图 1.16 所示。其基本原理是通过柔性罗戈夫斯基线圈的电磁耦合采集雷电流波形信号, 然后通过现场的信号处理系统进行处理, 将数据压缩打包通过 GPS 发送到远端的接收装置。该系统的电源由太阳能电池提供。为了有效捕捉雷电流, 在杆塔顶部安装了一根避雷针, 线圈套在其上。

图 1.16　山东泰安安装的雷电流波形记录系统[23]

5. 雷电放电过程及闪络路径拍摄

随着照相及摄像技术的发展, 安装高速照相机和高速摄像机拍摄雷电放电过程及闪络路径是近年来雷电研究的一个重要方向, 为更深刻地揭示雷电放电过程提供了有效手段。此外, 拍摄得到的雷击线路的图片及过程还为分析模型的建立提供重要依据。日本已在输电线路附近安装了高速照相机来拍摄雷击杆塔的图像[41], 1.4.1 节中的图 1.34 和图 1.35 给出了雷击输电线路的照片。

6. 火箭引雷

获取雷电流波形的另一种方法是火箭引雷。为了克服测量装置数年只能获取较少自然雷数据的难题, 火箭引雷实验逐渐进入学者们的视野[44-46]。引雷方式主要有两种, 即传统引雷和高度引雷。传统引雷通过火箭的尾部和地面用金属线直接连接, 用来观测上行先导的发展特性和形态; 高度引雷在火箭末端链接绝缘线, 用来研究下行先导的末跃过程。火箭引雷的优点是能够较好地控制雷电的发生, 并可以通过调整触发时间来分析不同起始条件对应的先导特征。但火箭引雷数据是在雷云还没有完全孕育成熟的情况下获得的, 测得的雷电流幅值明显低于监测装置的记录结果, 通过火箭引雷得到的物理参数和自然雷存在一定的差别,但具有一定参考作用。

国际上火箭引雷研究的主要单位是佛罗里达大学的雷电研究中心,我国的中国气象科学研究院等机构也开展了大量的火箭引雷实验[17]。

1.2.2 雷电日和雷电小时

线路防雷设计中主要采用的雷电参数是年雷电日。我国的年雷电日是根据气象部门在全国各地建立的气象观测站的多年观测结果统计得到的。雷电日一般指一年中有雷电活动的天数,一天中只要听见一次以上雷声就算一个雷日。气象部门关于雷电日的定义是这样的:听到中等强度及以上的雷声或观测到闪电的天数,而不分云内、云间及云地闪击。年雷电日 T_d 为一个地区一年中的平均雷电日数。另外,雷电日包含了云间放电,并不全是可能危及输电线路安全的云地闪络,而且远距离的雷电由于听觉原因也有可能漏统计。过去认为海拔越高,雷电越少,其实我国西藏的雷电日达40日以上。比雷电日更接近实际雷电活动情况的参数是雷电小时,指每个雷电日内雷电活动的持续时间,一个小时内只要听见一次以上雷声就算一个雷电小时。

可以看出,雷电日只是对雷电活动的粗略刻画,雷电日少并不意味着雷击次数少,雷电日高并不意味着雷击次数多。目前我国很大一个地域甚至一个省都采用同一雷电日参数来进行防雷设计,无法考虑雷电的地域性。

不足15日为少雷区,超过40日为多雷区,超过90日为强雷区。另外,雷电活动具有季节性和地域性。根据年平均雷电日的分布情况,我国可以大致分为四个雷区:

(1) 西北地区受地区条件的影响,年平均雷电日一般为15日以下。

(2) 长江以北的大部分地区(包括华北、东北)年平均雷电日一般为15～40日。

(3) 长江以南的地区年平均雷电日一般在40日以上。

(4) 在北纬23°以南的地区年平均雷电日在80日以上,尤其在海南岛、雷州半岛、台湾部分地区,年平均雷电日超过了120日,是我国防雷的重点地区。

前人总结和归纳出了雷电活动的一些规律,大致如下:

(1) 热而潮湿的地区比冷而干燥的地区易受雷击。

(2) 雷暴次数是山区大于平原,平原大于沙漠,陆地大于湖海。

(3) 雷暴的高峰出现在每年的7月和8月,活动时间多在14:00～22:00。

实际中,雷击活动受到多种条件的影响,如大气电场、水气湿度、地表结构和地质状况等因素。因此,雷电活动在实际情况中因时因地而异,因气候状况和地质状况的不同而有所差别。在世界大多数地区,雷电活动的强弱可以从由年雷电日数据绘制的世界等雷电日图得到[26]。雷电日水平是基于历史记录的地平面观察数据得出的平均数,它是一个地区雷电活动的指标。世界上具体地区更为详细的雷电日数据可由当地气象部分统计数据得到。

雷电活动的强弱与落雷概率(雷击可能性)是两个不同的概念。事实上,统计云对地闪击的雷电日对输电线路的防雷设计更为有用,因为对输电线路构成威胁的主要是云对地闪击。而雷电定位系统记录的正是所在区域的云对地闪击数据,一年中雷电日的天数可以利用数据库通过划分区域统计。可以认为雷电定位系统统计到的雷电日更适合于电力系统的防雷设计。

与气象部门的雷电日数据相比,用雷电定位系统统计出来的雷电日数据要低一些。气象部门的雷电日数据主要依据工作人员的观测记录,不论是云内、云间还是云地放电,也会记录为一个雷电日。对于没有雷电定位系统的区域,则最好采用卫星雷电探测系统提供的数据。当然,雷电定位系统的检测效率不是100%,且难以探测到雷电流小且远离探测站的云地闪击。

1.2.3 地面落雷密度

雷电活动更为详细的描述可以从地面落雷密度 γ 图得到。地面落雷密度 γ 是指每个雷电日每平方千米地面上的平均落雷次数,表征雷云对地放电的频数和强烈程度。

地面落雷密度图的制作需要借助雷电监测网络得到的数据。北美和世界其他地方都使用了雷电定位系统和闪电计数网络。这些网络积累了丰富的数据,可以提供详细的地面落雷密度图。地面落雷密度图提供的数据比气象数据详细和准确得多。定位系统还提供比雷电日更有用、更详细的测量值,除了闪电发生的频率,网络还可以同时记录日期、时间、位置、雷击次数、雷电流峰值的估计值和极性。

从 GFD 映射获得的数据的置信度取决于每个网格单元的雷击事件数,而每个网格单元的事件数又取决于网格单元的大小和观察期[47]。为了获得可用的估计值,每个网格单元的推荐事件数应至少为 80[47],最好为 400[34]。这些分别对应于 ±20% 或 ±5% 的不确定度。因此,对于 $1km^2$ 的网格,中等雷暴活动区域(5 次$/(km^2 \cdot a)$)需要 16 年的数据才能获得所需的 80 次计数,而对于 $\gamma = 1$ 次$/(km^2 \cdot a)$ 的区域,则需要 80 年的数据[47]。在这种情况下,应增加网格大小,以便在合理的时间内达到必要的计数,缺点是会降低空间分辨率的准确性。

在世界上很多地区,雷电定位系统已经积累了丰富的数据。由于 LLS 记录的是雷击而不是闪电,因此,从 LLS 数据中获得的地面落雷密度估计值将取决于将雷击换算为闪电的方法[48]。在这一点上,需要重点考虑的是闪电中的一些雷击可能不遵循同一路径而导致多个地面雷击点[49]。观测结果表明,30%~50% 的闪电都是如此。虽然雷击点之间的距离通常在 2km 以内,但也可能高达 8km,在极端情况下(即大闪电)可达 700km。IEC 62858 在建议将雷击换算为闪电的算法中认识到了这一现象。在评估地面物体(如输电线路)的雷击风险时,如果只有整体的地闪密度可用,则应采用 1.5~1.7 的修正系数,以补偿每个闪电可能有多个地面雷击点的事实[50]。

输电线路的可靠性取决于其暴露在闪电下的程度。为确定暴露情况,输电线路设计人员需要知道每年单位面积、单位时间的闪络次数。根据 1995 年 4 月至 2003 年 3 月卫星观测数据分析得到的中国及周边地区 0.5°×0.5° 网格点的闪电密度(包括了云间闪络和云地闪络)分布图可以看出[51],我国陆地闪电的相对高低密度区的分布特点以图中点线为分界线可划分东、西部。东部湿润地区包括北回归线以南地区,北纬 33° 以南、东经 103° 以东地区和北纬 33° 以北、东经 110° 以东陆地地区。西部区域为分界线以西的西部高原及内陆干旱地区(以下简称西部寒旱地区),包括亚欧大陆腹地、远离海洋的高原及内陆干旱气候区,大都属于闪电相对低密度区。两大区域的闪电密度分布差异较大:东部湿润地区闪电密度平均值为 6.67 次$/(km^2 \cdot a)$,西部寒旱地区闪电密度平均值为 1.90 次$/(km^2 \cdot a)$,两者之比为 3.5。我国华南地区既是雷暴日高值区,也是闪电密度最大值区;西北地区是雷暴日的最低值区,也是闪电密度的最低值区;青藏高原及邻近地区是雷暴日的次高值区,却是闪电密度的次低值区;华北、华中是雷暴日的次低值区,却是闪电密度的次高值区[51]。

我国东部湿润地区高闪电密度中心常出现在南北或东北—西南走向、海拔 500～1500m 以下的中尺度山脉附近,包括山脉两侧的丘陵和山坡。但闪电低密度的中心常出现在山间盆(谷)地和滨湖平原地区以及三面或四面环山的平原或盆地,东北平原和四川盆地属于后一种情况。九岭山—罗霄山脉(海拔 500～1500m)等山脉地区的闪电密度平均值为 11.32 次/(km²·a),较其两侧鄱阳湖平原和洞庭湖平原要高 60%。而在西部寒旱地区,祁连山南麓青海湖地区闪电密度平均值为 6.09 次/(km²·a),显著高于祁连山北麓和其南侧阿尼玛卿山的 1.77 次/(km²·a),唐古拉山与念青唐古拉山两山之间的盆地的闪电密度平均值为 3.69 次/(km²·a),显著高于这两个山脉地区的 1.61 次/(km²·a)。这种地形与闪电密度分布形态的对应关系跟东部湿润地区的情况明显不同,产生这种特殊分布形态的原因可能是该山间盆地或河谷地带是有利于外来水汽输入西部寒旱地区的重要通道。另外,这些山脉相对高差超过 1500～2000m,阻挡低层暖湿空气,使之难以爬越山体,加上高原山顶处在雪线以上,在山间盆地或河谷地带形成了有利于强对流发展的地形条件[51]。

我国一般取地面落雷密度 $\gamma=0.07$ 次/(km²·d)(对应 40 雷电日),国外取值一般在 0.1～0.2。地面落雷密度 γ 可以用多种方法估计,其与年雷电日的关系为

$$\gamma = 0.023 T_d^{0.3} \tag{1.1}$$

式中,T_d 为年雷电日,γ 的单位为次/(km²·d)。

IEEE 推荐的计算公式为[34]

$$\gamma = 0.04 T_d^{1.25} \tag{1.2}$$

另外,地面落雷密度也可用年雷电小时估算[52]:

$$\gamma = 0.054 T_h^{1.1} \tag{1.3}$$

式中,T_h 为年雷电小时数。

注意式(1.2)、式(1.3)并不能满足各地 γ 与 T_d 或 T_h 的关系,各地可根据雷电定位系统来统计拟合得到当地的 γ 与 T_d 或 T_h 的关系,这需要积累很多年的数据才能获得比较精确的平均值。电力系统防雷设计一般采用地面落雷密度分布图来估计系统所在区域的直击雷和感应雷的强度情况,进一步可用来优化线路路径、保护措施等。因此,一张高精度、高分辨率的地面落雷密度分布图对电力系统防雷设计很有价值。过去地面落雷密度数据是通过雷电日数据用经验公式估计得到的,而现在可以通过雷电定位系统来更为准确地获得地面落雷密度分布图。如果记录数据的年数足够长,则有利于获得各地区的精确统计数据,并区分地区差异。

雷电定位系统记录云地闪击的雷击点位置、发生时间及雷电流大小等数据,利用这些数据,可以分析得到地面落雷密度(次/(km²·a))分布图[4]。统计采用的方格越小,地面落雷密度分布图越精确、越有用,但要求统计的数据增加。

闪电和雷击故障率每年都变化很大[52-53]。雷电活动每年测量数据的历史标准偏差变化范围在平均值的 20%～50%。对 10km×10km 的小范围,地面落雷密度估计的标准偏差会更大,为平均值的 30%～50%。对如 500km×500km 的更大范围,地面落雷密度的标准偏差更小,为平均值的 20%～25%。在雷电活动水平低的地区,相对标准偏差较高。

1.2.4 雷电流的波形

1. 高塔监测结果

一些国家借助测量塔对通道底部电流进行了测量工作,提出了雷电流数据的统计特征。

Berger 等在瑞士 San Salvatore 山顶两个 70m 高的塔顶监测,得到了 101 个回击电流波,统计分析得到的首次回击和后续回击的归一化电流波形如图 1.17 所示[38]。该山的海拔高度为 915m。

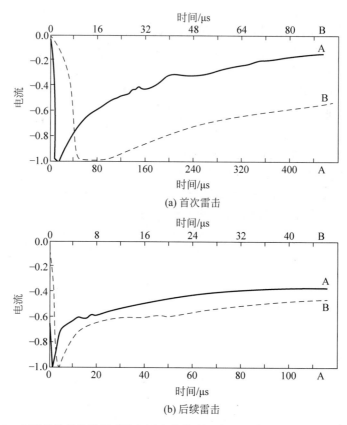

图 1.17　由测量结果统计得到的负回击的首次回击和后续回击的归一化电流波形

图中 A、B 对应不同的时间尺度[38]

表 1.1 为 CIGRE 推荐的负极性下行闪电的对数正态分布参数[23],对于主放电电流,可采用以下解析表达式:

$$i(t) = \frac{I_0}{\eta} \cdot \frac{(t/\tau_1)^n}{1+(t/\tau_1)^n} \exp(-t/\tau_2) \quad (1.4)$$

$$\eta = \exp\left[-\left(\frac{\tau_1}{\tau_2}\right)\left(n\frac{\tau_2}{\tau_1}\right)^{1/n}\right] \quad (1.5)$$

式中,I_0 为通道头部电流幅值;τ_1 为波前时间常数;τ_2 为延迟时间常数;η 为幅值校正因子;n 为 2~10 的常数。式(1.4)优于通常使用的双指数函数,因为它呈现出一种与双指数函数相反的特点,即在 $t=0$ 处电流幅值随时间的导数为零,这与测得的主放电电流波形更为一致。此外,在该式中可以通过分别独立地改变 I_0、τ_1、τ_2 来调节电流幅值、最大电流变化率和传输的电荷。为与典型实验观察到的整个电流波形更加吻合,一般采用两个式(1.4)的指数函数来表示通道基部的雷电流。

表 1.1　负主放电电流统计量[23]

雷　　击	超过 95% 的概率		超过 50% 的概率		超过 5% 的概率	
	首次	后继各次	首次	后继各次	首次	后继各次
I_m/kA	14	4.6	30	12	80	30
$(di/dt)_{max}/(kA/\mu s)$	5.5	12	12	40	32	120

2. 火箭引雷测量结果

获取雷电流波形的另一种方法是火箭引雷。图 1.18 所示是美国 NASA(1985 年、1987 年、1988 年)和法国(1986 年)通过火箭引雷获得的雷电流幅值 I_m 及波头部分的 di/dt 之间的关联关系图,图中 n 为测试数据数量[54]。1985 年 31 个测试数据得到的 di/dt 为 4.61~48.8,1986 年 9 个测试数据得到的 di/dt 为 2.51~25.3,1987 年 44 个测试数据得到的 di/dt 为 5.31~36.3,1988 年 29 个测试数据得到的 di/dt 为 5.01~41.5。

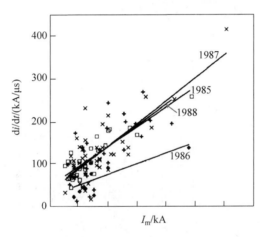

图 1.18　美国 NASA(1985 年、1987 年、1988 年)和法国(1986 年)通过火箭引雷得到的雷电流幅值 I_m 及波头部分的 di/dt 之间的关联关系图[54]

3. 输电线路雷电波形监测装置监测结果

清华大学研制的雷电流波形记录装置安装在泰安 220kV 党红线 121 号杆塔顶部,于 2009 年 6 月 19 日记录了一次负极性雷电流波形,如图 1.19(a)所示。波形的峰值为 57.5kA,波形为 7.2/85μs[23]。这是文献报导的我国在输电线路上监测得到的首个雷电流波形。日本学者在输电线路上监测得到的雷电流的实测波形如图 1.19(b)所示[40],波形的峰值为 130.2kA,波头时间为 7.6μs。

4. 多重雷击波形

典型的雷击由下行先导闪络(一般带负电荷)、第一个上行回闪,然后是两个或更多的下行先导闪络组成,每个下行先导伴随一个正的回闪。在第一个闪络之后的多重雷击,其幅值平均为第一次闪络的 40%。在多重闪络之间一般存在连续的电流过程,一个典型的雷击可

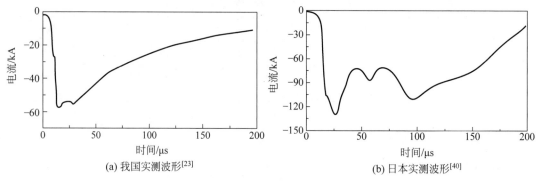

图 1.19　雷电流的实测波形

能由 20 个闪络组成。雷电流一般在主放电后还有一系列的后续雷击。一次完整的雷击过程如图 1.20 所示，实际上是短时雷击和长时雷击的叠加，包括幅值很大的首次雷击，以及幅值减小的后续雷击，同时也包括长时间的低幅值的连续放电过程，在 IEC 标准中用方波来等效，典型的雷电特征参数见表 1.2[55]。

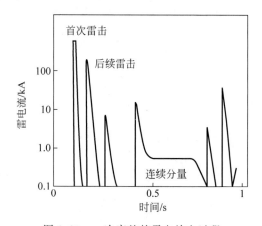

图 1.20　一次完整的雷电放电过程

表 1.2　典型的雷电特征参数[55]

参　　数	数　值	参　　数	数　值
电位/MV	30	雷击之间的时间间隔/ms	30
电流幅值/kA	34	连续电流/A	140
最大 di/dt/(kA/μs)	40	连续电流时延/ms	150

图 1.21 所示为南非观测得到的负极性雷电闪击平地上的 60m 高塔时得到的主放电电流及两次后续回击电流波形[56]。

5. 标准雷电流波形

标准雷电流波形如图 1.22(a)所示，可用双指数式表示：

$$i = I_0(e^{-\alpha t} - e^{-\beta t}) \tag{1.6}$$

式中，α、β 为指数；I_0 为系数。等效雷电流波形如图 1.22(b)所示，波前时间 τ_f 为过曲线上

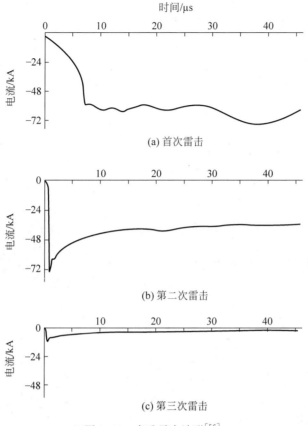

(a) 首次雷击

(b) 第二次雷击

(c) 第三次雷击

图 1.21 多重雷击波形[56]

$0.3I_m$ 和 $0.9I_m$ 的点的直线与时间轴的交点 O_1 及与 $i=I_m$（I_m 为波形幅值）的直线的交点对应的时间差，而波尾时间 τ_t 为 O_1 及与曲线上 $0.5I_m$ 点对应的时间差。

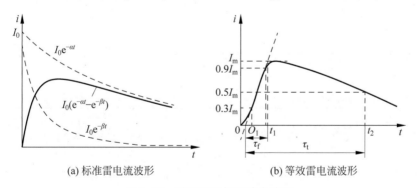

(a) 标准雷电流波形　　　　(b) 等效雷电流波形

图 1.22 雷电流的标准冲击波形

如图 1.19 所示，在线路杆塔塔顶测量得到的雷电流波头部分呈"凹"形，因此将雷电流波形用凹波形来表征。以一个负极性雷电流波形为例，IEEE[34] 采用的 CIGRE 雷电流推荐波形[23] 如图 1.23 所示，推荐的参数值列在表 1.3 中[34]。纵坐标 I_{TRIG} 表示波形记录的触发值，I_{10}、I_{30}、I_{90}、I_{100} 分别表示起始峰值的 10%、30%、90% 和 100%，横坐标 $T_{10/90}$ 表示 I_{90} 与 I_{10} 对应的时间差。典型统计结果平均值包括峰值 31.1kA，$T_{10}=4.5\mu s$，$T_{30}=$

2.3μs,波头时间 3.83μs,半波时间 77.5μs,$S_{10}=5$kA/μs,$S_{30}=7.2$kA/μs[38-39,57]。另外,防雷中需要注意的是,一个雷电通常包含多次后续雷击。

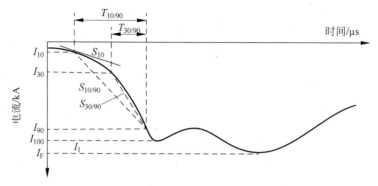

图 1.23 以一个负冲击为例的冲击波前参数的定义

表 1.3 CIGRE 推荐的负极性下行闪电的对数正态分布参数[23]

参数		首次雷击		后续雷击	
		平均值	对数标准偏差	平均值	对数标准偏差
波前时间/μs	$T_{f10/90}=T_{10/90}/0.8$	5.63	0.576	0.75	0.921
	$T_{f30/90}=T_{30/90}/0.6$	3.83	0.553	0.67	1.013
	$T_{fmax}=I_F/S_m$	1.28	0.611	0.308	0.708
陡度/(kA/μs)	最大陡度 S_m	24.3	0.599	39.2	0.852
	10%处的陡度 S_{10}	2.6	0.921	18.9	1.404
	10%和90%两点确定的陡度 $S_{10/90}$	5.0	0.645	15.4	0.944
	30%和90%两点确定的陡度 $S_{30/90}$	7.2	0.622	20.1	0.967
峰值/kA	起始峰值 I_1	27.7	0.461	11.8	0.530
	最终峰值 I_F	31.3	0.484	12.3	0.530
	I_1/I_F	0.9	0.230	0.9	0.207
波尾 t_0/μs		77.5	0.557	30.2	0.933
电荷 Q/C		4.65	0.882	0.938	0.882
$\int i^2 dt/(\text{kA}^2 \cdot \text{s})$		0.057	1.373	0.0055	1.366
多重雷击时间间隔/ms		—	—	35	1.06

雷电流波头时间大多为 1~5μs,平均为 2~2.5μs,而雷电流波尾时间为 20~100μs,平均为 50μs,我国在防雷保护中推荐采用的雷电流波形为 2.6/50μs,雷电流陡度取 $\bar{a}=\dfrac{I_m}{2.6}$kV/μs,I_m 为雷电流的幅值。

关于雷电流波形有两点值得商榷。一是双指数波只是对雷电流波形的一种简单描述,并不能从物理意义层面满足对波形的描述。从物理意义来说,雷电流波形在零点的电流值为 0,同时在零点的 di/dt 也应等于 0;二是凹波形的实质是杆塔与接地装置连接处的负反射波返回塔顶后,将塔顶雷电流波形抵消掉一部分的结果。如果被击杆塔的结构参数及接地装置的冲击特性已知,则可以通过计算反演得到实际的雷电流波形。

1.2.5 雷电流的幅值

对于脉冲波形的雷电流,幅值指脉冲电流所达到的最高值;波头时间指电流上升到幅值的时间;陡度是电流随时间上升的变化率;持续时间衰减到波峰一半的时间(到一半值的时间),也称为"半峰值时间"或"波尾时间"。在大多数研究中,持续时间采用中值。值得注意的是,MCS(巴西)的持续时间中值比 MSS(瑞士)约小 25%[22]。

长期以来,我国采用磁钢棒记录雷电流产生的磁场以得到雷电流幅值。浙江省电力实验研究院自 1962 年到 1988 年,历时 27 年,通过安装磁钢棒对 220kV 新杭线 I 回路的雷电流进行了长期的监测,通过对新杭 I 线的 106 个雷击塔顶的雷电流幅值数据和其中 97 个负极性数据的统计,得到了雷电流幅值超过 I_m 的概率 P 为[58]

$$\lg P = -I_m/88 \tag{1.7}$$

式中,I_m 为雷电流幅值,单位为 kA;P 为雷电流幅值超过 I_m 的概率。该公式已写入我国国家标准《交流电气装置的过电压保护和绝缘配合设计规范》(GB/T 50064—2014),在我国输电线路防雷设计中采用。基于某一线路的雷电参数推广到全国所有线路的防雷设计,明显是不得已而为之的结果。雷电活动具有明显的地域性,不同地区的雷电流幅值概率特性相差很大。即使同一地区,由于微地形、微气候的不同,雷电流幅值概率也相差很大。一个最明显的实例是,三峡库区蓄水后,附近输电线路的雷击闪络率明显增加,其原因是蓄水后导致了微地形的变化,低电阻率的水对雷电下行先导的发展具有明显的诱导作用。

CIGRE 工作组 33.01[23]采用指数正态分布来近似表征电流峰值 I_m 的概率分布。雷电流幅值超过 I_m 的概率可用下式计算[59]:

$$P = \frac{1}{1+(I_m/a)^b} \tag{1.8}$$

式中,a、b 为与被统计地区雷电活动相关的参数。

IEEE 推荐采用式(1.8)来计算雷电流幅值的概率,对于首次雷击,$a=31$,$b=2.6$,95% 的雷电流大于 10kA,而 5% 的雷电流大于 96kA;对于后续雷击,$a=12$,$b=2.7$[34]。正极性雷电流的电荷平均值为 85C,对应式(1.8)的 $a=34$,$b=1.5$。可以看出,自然界的正极性雷电流虽然只占 10% 左右,但其含有更多的电荷,幅值也更大。

雷电定位系统在提供地面落雷密度数据的同时,也能提供每次雷击对应的雷电流幅值。其基本原理是通过测试雷电放电产生的电场,然后根据假设的雷电通道模型来反演得出雷电流的幅值。可以根据各地雷电定位系统数据采用式(1.8)来拟合,如我国重庆地区拟合得到的 $a=37$,$b=2.8$[60]。

如图 1.24 所示,无论是 IEEE 推荐计算公式,还是广东省雷电定位系统统计结果,在雷电流幅值的分布上都呈现一定的堆积特征,雷电流的幅值集中出现在 10~50kA 的范围,IEEE 公式与实际统计结果更相近,而与我国规程推荐公式(1.7)相差较大。

雷电定位系统反演得到的雷电流幅值无法保

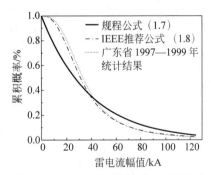

图 1.24 雷电定位系统统计得到的广东省雷电流幅值的累积概率

证准确度,原因是监测得到的雷电回击过程产生的电场实际上包含了地面、树木、山体、建筑物等的反射波,因此监测得到的数据是已畸变的数据。源数据的不准确,必然导致分析结果存在较大的误差。但各地得出的雷电流幅值的趋势还是可信的。如何改善雷电定位系统反演得出的雷电流幅值的准确度是各国科学家目前正在着力研究的课题,一是通过火箭引雷实验,二是通过雷电流波形监测装置的实测结果来进行标定。

根据 Berger 等在瑞士 San Salvatore 山顶高塔的测量结果及其他科学家的测量结果可以总结出雷电流幅值出现的概率曲线,如图 1.25(a)所示[38],图中纵坐标为雷电流幅值超过对应横坐标的雷电流幅值的概率。图中 1 对应首次负雷击,2 对应后续雷击,3 对应首次正雷击,虚线对应拟合直线。图 1.25(b)和图 1.25(c)分别为闪电通道电荷和雷击转移电荷

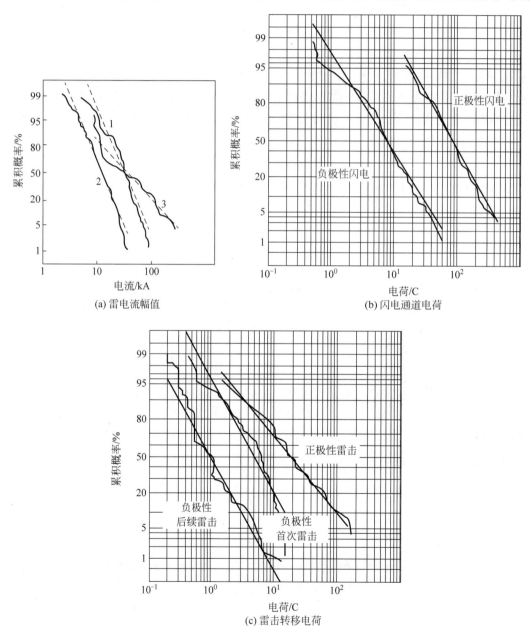

图 1.25 雷电流幅值及闪电通道电荷和雷击转移电荷的概率曲线[38]

的累积概率曲线。

日本 Takami 等在 1994—2004 年的 20 年间，在 1000kV 的 UHV 输电线路上监测得到了 120 个负极性首次回击的雷电流波形和 15 个正极性首次回击波形[61]，如图 1.26 所示[40]。图 1.26(a)～(d)分别为统计得到的负极性首次回击的雷电流幅值、波前时间、电流最大上升率、半波时间的累积概率分布曲线，并与其他观测结果进行了比较。最大上升率指电流的最大变化率，大致出现在第一个峰值稍早的部位。该参数对反击闪络有较大的影响。与 Berger 等的高塔监测结果比较可以看出，线路杆塔与高塔的雷电流幅值监测结果概率分布基本一致，幅值小于 10kA 时有些差别。但二者波头时间的概率分布相差较大。

从图 1.26(e)所示的雷电流幅值与电流最大上升率的相关性可以看出，二者基本呈线性关系，相关度为 84.6%。因此，在防雷保护设计中，一般用最大上升率来将雷电流看作随其线性增加的波形。

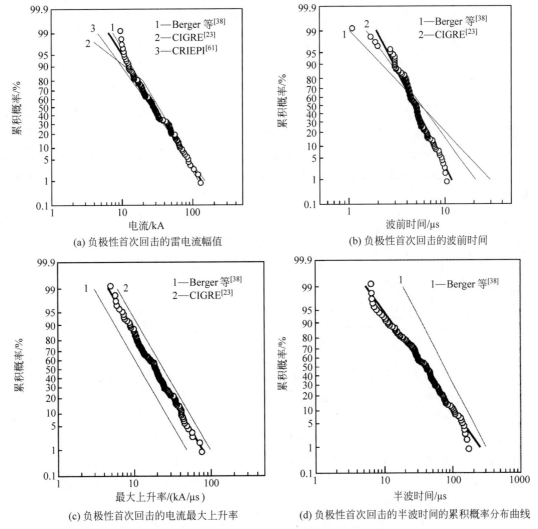

(a) 负极性首次回击的雷电流幅值　　(b) 负极性首次回击的波前时间

(c) 负极性首次回击的电流最大上升率　　(d) 负极性首次回击的半波时间的累积概率分布曲线

图 1.26　从日本 UHV 输电线路统计得到的负极性首次回击的雷电流幅值、波前时间、电流最大上升率、半波时间的累积概率分布曲线，以及雷电流幅值与最大上升率之间的关系[40]

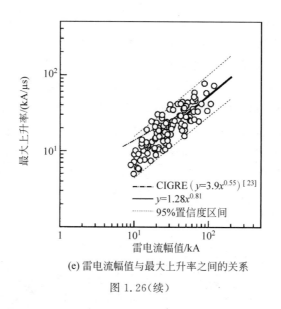

(e) 雷电流幅值与最大上升率之间的关系

图 1.26(续)

1.2.6 先导电荷密度

下行先导充当将电荷从云端传送到地面物体的导电路径。结果表明,首次回击电流与梯级先导通道中存储的电荷之间存在密切的关系。

研究人员对 Berger[62] 获得的回击电流波形进行了不同方式的积分,进而得到不同的电荷总量。对 0~2ms 区间内的电流进行积分得到的入地电荷 Q 和回击电流峰值 I_m 之间的关系为

$$Q = 34.3 \times 10^{-3} I_m^{1/0.7} \tag{1.9}$$

Golde[63-64] 认为电流 25kA 和 1C 的先导电荷量相对应,提出如下计算公式:

$$Q = 4.36 \times 10^{-5} I_m \tag{1.10}$$

Eriksson[65] 对公式进行了修正,得到:

$$Q = 7.987 \times 10^{-3} I_m^{1/0.7} \tag{1.11}$$

Dellera[66] 积分从 0 时刻到第一次出现峰值之间的电流,得到:

$$Q = 76 \times 10^{-3} \times I_m^{0.68} \tag{1.12}$$

Cooray[67] 积分 0~100μs 范围的电流,得到:

$$Q_{100\mu s} = 61 \times 10^{-3} I_m \tag{1.13}$$

同时得到了电荷总量:

$$Q = 0.5 Q_{100\mu s} = 30.5 \times 10^{-3} I_m \tag{1.14}$$

上行先导电荷密度 q_L 是指先导内总电荷 Q 和先导通道长度 L 的比值,或者先导电流 I_L 和先导发展速度 v_L 的比值 $q_L = Q/L = I_L/v_L$。q_L 主要受环境湿度和施加的电压波形影响[68],在实验室长间隙放电中测量得到的 q_L 一般在 20~50μC/m 的范围内变化[69]。Lalande[70] 等基于火箭引雷实验得到 q_L 为 65μC/m 左右。Shindo[71] 在真实雷电条件下,对 200m 烟囱上起始的先导进行观测,电荷密度起始时约为 0.2mC/m,发现先导电荷密度在发展过程中呈现逐渐变大的趋势,当上行先导长度达到 150m 时,上行先导线电荷密度达

到 1mC/m,如图 1.27 所示[71]。

Lalande[70]通过火箭引雷实验,研究负极性雷电条件下线路上先导的起始和发展过程,其中线路的高度为 50m。图 1.28 给出了放电电流的时变过程,t_1 在 4.0ms 时刻先导起始,4.4ms 时刻放电击穿,先导电流呈现不断变大的趋势。

取下行先导发展速度为 $2×10^5$ m/s,将上行先导速度表示为 v_L,先导电流表示为 I_L,上行先导电荷密度表示为 q_L。若 $I_L=2A$,认为 $v_L=5×10^4$ m/s,对

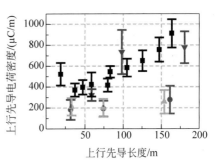

图 1.27 Shindo 观测获得的真实雷电条件下的先导电荷密度[71]

应的 $q_L=I_L/v_L=40\mu C/m$,和实验室实测相似;当 $I_L=40A$ 时,假设 $v_L=2×10^5$ m/s,对应的 $q_L=I_L/v_L=200\mu C/m$,和实验结果相差较远。因此,在真实雷电作用下,上行先导电荷密度随着时间发展呈现不断增大的趋势,且与实验室得到的电荷密度值相差较大。

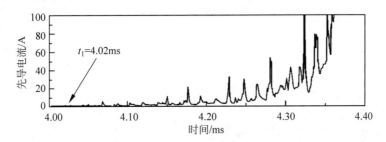

图 1.28 先导电流随时间的变化[70]

然而,当前尚不清楚电荷沿先导的确切分布情况。为便于建模,不同专家假设电荷均匀分布、线性增加或指数增加。对于线性和指数增加的电荷分布,假设电荷密度朝着先导头部增加。

1.2.7 先导发展速度

随着雷电负极性下行先导逐渐接近地面,从地面上的高塔、树木、建筑物上产生的正极性先导会向上发展,直至上行先导和下行先导相接。在下行负极性先导从云端向地面发展的过程中,先导头部离地面几百米的区域内,下行发展速度基本在 $8×10^4 \sim 3.9×10^6$ m/s 的范围内变化[8]。同时在下行先导产生的电场作用下,上行正极性先导不断发展,其中涉及的物理特征,如电流、速度等,主要受对应的回击电流峰值和平均下行先导发展速度影响[72]。表 1.4 为不同学者从自然雷和火箭引雷实验中测得的先导发展速度数据。

表 1.4 实验测量或自然界中观测到的上、下行先导速度

学　　者	上行先导发展速度/(cm/μs)	下行先导速度/(cm/μs)
Berger,1966[73]	2～30	18～22
Laroche 等,1985[74]	1	—
Yokoyama 等,1990[75]	8～27	40～240
Shao 等,1995[76]	—	20

续表

学　者	上行先导发展速度/(cm/μs)	下行先导速度/(cm/μs)
Lalande 等,1998[77]	5.7	13
Wada 等,2003[78]	6~140	—
Saba 等,2007[79]	22~77	—
Kong 等,2008[80]	—	1~38
Biagi 等,2009[81]	5.6	—
Yoshida 等,2010[82]	220~330	—
Wang and Takag 等,2011[83]	—	100~250
吕伟涛等,2011[84]	8.6~41.4	8.6~54.9
Jiang 等,2013[85]	2~18	—

大部分文献中记载,上行先导受到雷云产生的环境电场的影响逐渐发展,高塔上起始或火箭引雷产生的上行先导发展速度在 $10^4 \sim 1.4 \times 10^6$ m/s 之间变化[73,78,86];意大利 Les Renardières 实验室[69]通过实验室长间隙放电测得正极性上行先导的速度约为 10^4 m/s;Laroche[74]等测得火箭引雷中上行正极性先导起始阶段的发展速度为 10^4 m/s 左右;Yukio[87]等发现在冬天暴风雨进行的引雷实验中,上行正极性先导发展速度呈现逐渐增大的规律,击穿前一时刻的速度为起始时刻速度的 5~10 倍;Yokoyama[75]测量了雷电下行先导和 80m 高塔上起始的上行先导的速度,其中三次雷击击穿时刻下行先导和上行先导对应的速度分别为 5.9×10^6 m/s 与 1.3×10^6 m/s、2.1×10^6 m/s 与 2.9×10^6 m/s、6.9×10^5 m/s 与 5×10^5 m/s。上行先导平均速度在 $(0.8 \sim 2.7) \times 10^5$ m/s 的范围内变化,下行先导在向地面发展的过程中速度从 4×10^5 m/s 增大到 2.4×10^6 m/s;Wada[78]等记录了从日本 200m 高塔上起始的上行正极性先导的速度,从 0.6×10^5 m/s 变化到 1.4×10^6 m/s。更低的正极性上行先导速度也在一些实验中测得,如 Saba[79]记录了两条正极性先导的速度分别为 2.2×10^5 m/s 和 7.8×10^5 m/s,平均值为 4.99×10^5 m/s。另外,Saba[88]还记录了 9 条正极性上行先导的 39 次局部速度,分布在 $0.23 \times 10^5 \sim 13.0 \times 10^5$ m/s,几何平均值为 1.8×10^5 m/s。正极性先导一般呈现较低的密集型,和负极性先导相比较难被拍摄到。Kong[80]记录了自然雷情况下下行正极性先导的 2D 发展速度,发现其在 $(0.1 \sim 3.8) \times 10^5$ m/s 范围内变化。Biagi[81]发现一次引雷实验里,在先导发展的最初 100m 过程中,上行正极性先导以稳定的 5.6×10^4 m/s 向上发展。Jiang[85]给出了在离地 130~730m 区域内上行先导的速度,速度在 $2.0 \times 10^4 \sim 1.8 \times 10^5$ m/s 内变化,平均 2D 速度为 1.0×10^5 m/s。虽然速度的变化很明显,但上行发展过程中速度逐渐增大的规律仍然存在。王道宏等[83]测量得到下行先导在离地 272~93m 过程中的发展速度在 10^6 m/s 左右,随着向地面逐渐接近(离地 45m 左右),下行发展速度增大到 2.5×10^6 m/s。值得注意的是,以上提到的速度均为先导的二维平面观测速度,略低于实际发展速度。Yoshida[80]通过获取两条上行正极性先导的 VHF 源,成功测得源位于离地 1.1~2.4km 和 1.5~3.7km 位置处的上行先导发展速度,平均 3D 发展速度分别为 2.2×10^6 m/s 和 3.3×10^6 m/s。

关于上、下行先导速度的比值,Eriksson[65]假定在雷击模拟的数值计算中此比例为 1:1,Dellera[66]认为此比例在上行先导发展的最初阶段为 1:4,在接近击穿的阶段趋近于 1:1,这是因为上、下行先导头部之间的平均电场会对速度的比值产生影响。

1.3 雷电放电模型

1.3.1 雷电放电过程模型

Cooray 建立了首次回击及其可能的物理过程,如图 1.29 所示[6]。如图 1.29(a)所示,当下行先导头部离地不远时,其头部的流注区与地面接触,导致回击在流注区内发展(图 1.29(b)),发展

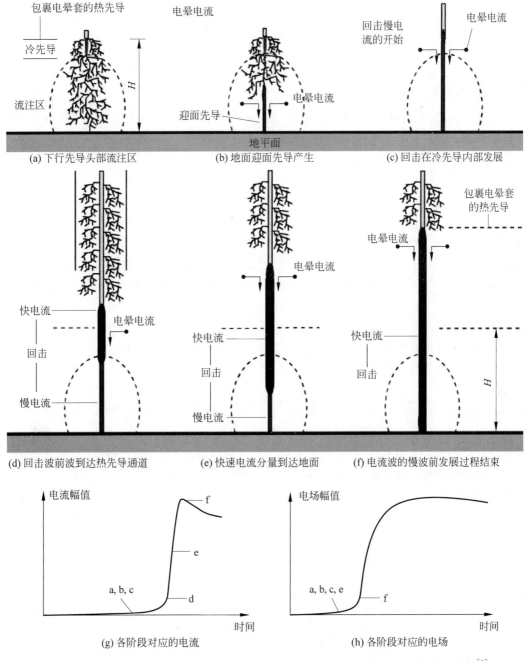

图 1.29 首次回击及其可能的物理过程以及由此产生的通道底部电流和远点的辐射场[6]

速度随高度的增加而增加,而同时产生通道底部电流和运区辐射场波形的缓慢波前部分。如图 1.29(c)所示,回击在冷先导内部发展,刚到达热先导部分,回击发展速度仍随高度的增加而增加,同时通道底部电流继续其缓慢发展过程,而运区辐射场波形开始发展其快速增加的波前部分。如图 1.29(d)所示,回击波前部分到达热先导通道(即电弧区),回击通道的电流快速增加,回击速度几乎接近光速;辐射场的快速发展部分也在该时间段产生。如图 1.29(e)所示,快速电流分量到达地面,电流波的慢波前发展过程在此结束,回击通道的底部电流快速增加。各阶段对应的电流大小反映在图 1.29(g)、图 1.29(h)中。

该模型认为,通道底部电流的慢波前部分是由上行先导与下行先导的汇合产生的,其优点是可将底部电流作为输入而用于工程应用,其基本参数为通道底部电流、梯级先导通道靠近地端的单位长度电荷密度及回击发展速度。

1.3.2 雷电主放电模型

雷电电磁场作为感应过电压耦合计算的源头,多年来,国内外已提出很多主放电电流运动模型对其进行模拟。雷电主放电模型是研究雷电对不同目标及系统的效应、表征各种雷电电磁环境特征的基础,可以分为四类[89-91]:气体动力学模型、电磁模型、分布式电路模型和工程模型。

1. 气体动力学模型(gas dynamic model)

气体动力学模型主要关注雷电通道的径向演化及其相关冲击波。该模型由质量、动量、能量守恒相关的三个气体动力学方程,再加上两个状态方程,以及通道电流随时间变化的假设组成。通过求解可以得到温度、压力以及质量密度在径向坐标上随时间的变化规律。

2. 电磁模型(electromagnetic model)

电磁模型采用有损细线天线近似表示雷电主放电通道,通过求解麦克斯韦方程来得到沿雷电通道的电流分布及相关的电磁场的全波解。

3. 分布式电路模型(distributed-circuit model)

雷电主放电的分布式电路模型通常将雷电通道处理为 RLC 传输线(R 和 L 为雷电通道单位长度的串联电阻和串联电感,C 为单位长度的并联电容),通过求解电报方程得到电压和电流随时间变化的特性。

4. 工程模型(engineering model)

工程模型基于对从地面向雷云传播的雷电主放电电流波形的认识,假设沿雷电通道的纵向电流波形。雷电主放电电流波形的传播速度可以任意假设。

研究人员已经提出了多种主放电电流的工程模型,如 BG(Bruce-Golde)模型[92]、传输线(transmission line,TL)模型[93]、MULS(Master、Uman、Lin 和 Standler)模型[94-95]、运动电流源(traveling current source,TCS)模型、修正传输线(modified transmission line,MTL)模型[96]。两个更趋向于雷闪物理本质的雷电主放电模型由 Diendorfer 和 Uman[97]、Cooray[98] 分别提出,二者的表达式较为复杂。

所有主放电模型使用的都是同一通道基部电流,它们的差别仅在于通道基部电流随时间和高度的表达式不同。各种模型描述的电流随高度和时间的变化特性可以采用下式统一表示[91]:

$$I(z',t) = u(t - z'/v_f) P(z',t) I(0, t - z'/v) \tag{1.15}$$

式中,u 为单位阶跃函数;P 为衰减函数;$I(0, t - z'/v)$ 为从底部注入的雷电流;v_f 为主放电电流波头的传播速度;v 为电流波的传播速度。在 TL 模型中,在通道底部向通道注入一个指定的电流波,电流波向上传播的速度 $v = v_f$,不考虑衰减。而在 TCS 模型中,假设一个电流源,其波头向上运动的速度为 v_f,同时在雷电通道内注入一个电流波,以光速 c 向下运动。

在 MTL 模型中[96],雷电流密度假设沿通道向上传播时按指数规律衰减,而没有被中和的先导通道中的电流为 0:

$$\begin{cases} i(z',t) = i(0, t - z'/v)\exp(-z'/\lambda), & z' \leqslant vt \\ i(z',t) = 0, & z' > vt \end{cases} \tag{1.16}$$

式中,v 为主放电速度;λ 为衰减常数,它使得电流幅值随高度减小。这种衰减不代表通道损耗,也不是考虑初始峰值强度随高度的衰减,而是考虑先导电晕层储存的和主放电阶段随后释放的电荷效应。Nucci 等借助文献[94]公布的实验结果确定的 λ 值等于 2km[96]。MTL 模型是 TL 模型的改进,这使得净电荷可以借助主放电电流随高度的差异从先导通道中移走,其结果与实验数据更加吻合。

MULS 模型最初由 Lin、Uman 和 Standler(LUS)提出,后来由 Master、Uman、Lin 和 Standler 修改。该模型假定在主放电过程中流过如下三种形式的电流,分别与不同的物理过程相联系。

(1) 均匀电流 I_u:假定是高度 H 处云电荷源提供的先导电流的延续,这一分量在 LUS 和 MULS 中相同,它可通过测量紧接着初始电场峰值后所谓线性斜坡区域的斜率由近电场 $E_{close}(r = 1 \sim 10 \text{km})$ 推导而来[92]。

$$I_u = \frac{2\pi\varepsilon_0 (H^2 + r^2)^{3/2}}{H} \cdot \frac{dE_{close}(r,t)}{dt} \tag{1.17}$$

(2) 击穿脉冲电流 I_p:为短周期向上传播的电流脉冲,与位于主放电波头向上传播的电击穿相联系。击穿脉冲最初被 Lin、Uman 和 Standler[94]处理成传输线电流,考虑到雷电流随高度衰减,由 Master、Uman、Lin 和 Standler[95]改为随高度指数衰减:

$$\begin{cases} i_p(z',t) = i_p(0, t - z'/v)\exp(-z'/\lambda_p), & z' \leqslant vt \\ i(z',t) = 0, & z' > vt \end{cases} \tag{1.18}$$

式中,λ_p 是击穿脉冲电流衰减常数。

(3) 电晕电流 i_c:该电流模拟最初储存在先导通道周围电晕层中的电荷径向向内然后向下运动的结果。这一分布可以采用沿通道的分布电流源来模拟,其函数形式是双指数且幅值沿通道随高度减小。当向上传播的击穿脉冲到达其高度时,所有分布电流源接通。电晕电流假定流向通道以光速 c 入地。电晕源在 z'' 处产生的电晕电流表示如下:

$$\begin{cases} di_{cs}(z'',t) = 0, & t \leqslant t' \\ di_{cs} = I_0 \exp(z''/\lambda_c) \times \{\exp[-\alpha(t-t')] - \exp[-\beta(t-t')]\}, & t > t' \end{cases} \tag{1.19}$$

式中，I_0，α 和 β 是确定假定单个电晕源双指数波形的参数；λ_c 为衰减常数，它使电晕源随高度减小；$t' = z''/v + t_{on}$，t_{on} 是击穿脉冲电流从零到峰值的时间。高度 z' 处由于其上的所有电晕源产生的电晕电流可以沿通道长度对式(1.19)积分得到。该模型在数学上复杂，可调参数比需要的多，而且其原始公式没有出现通道基部电流。尽管如此，MULS 模型依然是物理上最近似的模型之一，并且研究表明 MULS 模型也可以看成指定了通道底部电流的雷电主放电模型。除了均匀电流外，该模型与 MTL 模型等值。

MULS 模型的电晕电流在数学上可以表示为一个改进的向上运动的电流波，同时以衰减常数 λ_c 按指数规律衰减[99]：

$$\begin{cases} i_c(z',t) = i_c(0, t-z'/v)\exp(-z'/\lambda_c), & z' \leqslant vt \\ i_c(z',t) = 0, & z' > vt \end{cases} \quad (1.20)$$

假设主放电在地面处的电流为

$$i_c(0,t) = \frac{I_0}{p_1}\{\exp[-t/\lambda_c(1/v+1/c)] - \exp(-\alpha t)\} + \frac{I_0}{p_2}\{\exp(-\beta t) - \exp[-t/\lambda_c(1/v+1/c)]\} \quad (1.21)$$

式中

$$\begin{cases} p_1 = \alpha(1/v + 1/c) - 1/\lambda_c \\ p_2 = \beta(1/v + 1/c) - 1/\lambda_c \end{cases}$$

由于式(1.16)、式(1.18)与式(1.20)形式相同，可以得出结论：除去均匀电流的 MULS 模型等值于 MTL 模型。两个模型等值(除去均匀电流)的前提是假设 MULS 模型的击穿脉冲电流分量和电晕电流与 MTL 模型有相同的衰减常数。这种情况下，从相同的通道基部电流开始，两个模型预测了相同的沿雷电通道的电流的时间空间分布，即两种模型产生的空间电磁场相同。

1.3.3 雷电先导简化模型

下行先导内的电荷分布比较复杂，为了简化计算模型，假设电荷沿通道从顶部到头部线性分布，先导头部呈半球形，其半径为 r_0，下行先导模型如图 1.30 所示[100]。计算时云层高度 H_c 取 2.5km。

先导通道内的总电荷 Q 与预期雷电流幅值 I_m 之间存在的关系[64]如下：

$$Q = \left(\frac{I_m}{25}\right)^{1/0.7} \quad (1.22)$$

式中，Q 为先导通道内总电荷，单位为 C；I_m 为预期雷电流幅值，单位为 kA。

文献[101]采用下式表示先导通道内的总电荷 Q 与预期雷电流幅值 I_m 之间存在的关系：

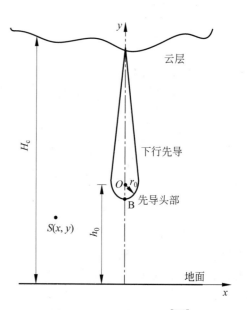

图 1.30 下行先导模型[100]

$$Q = 9\tau r_0 \tag{1.23}$$

$$I_m = 1.56\tau^2 \tag{1.24}$$

式中,r_0 为先导头部半径;τ 为估计的雷电通道线电荷密度,$\tau = 10^{-4}$ C/m。以上两种表示方式是近似的,其进一步的精确描述取决于雷电放电模型的完善。

采用图 1.30 所示先导模型,先导头部 $h = H_c$ 时,先导通道线电荷密度为 $\sigma = 0$,在头部 $h = h_0$ 时,线电荷密度达到最大值 $\sigma = \sigma_M$。在整个先导通道中设电荷密度按线性分布,则通道总电荷可表示为

$$Q = \frac{\sigma_M(H_c - h_0)}{2} + Q_0 \tag{1.25}$$

式中,Q_0 为半球内的电荷,它对外界的作用近似集中在球心处。先导头部半球内的电荷为[100]

$$Q_0 = \frac{2Qr_0}{H_c - h_0} \frac{\pi}{6} = \frac{\pi Q r_0}{3(H_c - h_0)} \tag{1.26}$$

在通道离地高度 h 处的线电荷密度为

$$\sigma = (H_c - h)\frac{\sigma_M}{H_c - h_0} = (H_c - h)\frac{2(Q - Q_0)}{(H_c - h_0)^2} \tag{1.27}$$

考虑先导在地中的镜像,空间中任一点 $S(x, y)$ 的电位为[102]

$$V_S = \frac{-2Q}{4\pi\varepsilon(H_c - h_0)^2}\left[\int_{h_0}^{H_c}(H_c - h)\left(\frac{1}{r_1} - \frac{1}{r_2}\right)dh\right] - \frac{Q_0}{4\pi\varepsilon}\left(\frac{1}{r_3} - \frac{1}{r_4}\right) \tag{1.28}$$

式中,

$$\begin{cases} r_1 = \sqrt{(y-h)^2 + x^2} \\ r_2 = \sqrt{(y+h)^2 + x^2} \\ r_3 = \sqrt{(h_0-y)^2 + x^2} \\ r_4 = \sqrt{(h_0+y)^2 + x^2} \end{cases}$$

先导头部 B 点的电势可按上式积分得到,取 $x = 0, y = h_0 - r_0$:

$$V_B = \frac{-Q}{2\pi\varepsilon(H_c - h_0)^2}\left[(H_c - h_0 + r_0)\ln\frac{H_c - h_0 + r_0}{r_0} - (H_c + h_0 - r_0)\ln\frac{H_c + h_0 - r_0}{2h_0 - r_0}\right] - \frac{Qr_0}{12\varepsilon(H_c - h_0)}\left(\frac{1}{r_0} - \frac{1}{2h_0 - r_0}\right) \tag{1.29}$$

在实际应用中,如果先导头部与地面任一物体之间的电位差超过了空气的临界击穿场强,则地面物体发生上行先导,导致雷击该物体。

1.3.4 雷电放电产生的电磁场

雷电放电过程如图 1.31(a)所示[103],带负电荷的雷云向地面产生先导放电,到达地面附近时,与地面产生的带正电荷的上行先导突然结合,发生雷云负电荷的中和,形成主放电,主放电通道从地面以速度 v 向雷云发展。主放电的速度为光速的 $1/20 \sim 1/2$。雷击线路附近地面时,雷电通道周围空间电磁场的急剧变化会在附近线路的导线上产生感应过电压。

在雷电放电的先导阶段,线路处于雷云及先导通道与大地构成的电场之中。由于静电感应,导线轴向上的电场强度将正电荷(与雷云电荷异号)吸引到最靠近先导通道的一段导线上,形成束缚电荷,导线上的负电荷被排斥而向两侧运动,经由线路泄漏电导和系统中性点进入大地。由于先导放电的平均速度较低,导线束缚电荷的聚集过程也较缓慢,由此呈现出的导线电流很小,故一般不考虑先导阶段形成的空间电磁场。当先导与地面带正电的上行先导突然接触时,发生正负电荷的中和,形成回闪,一般称为主放电。主放电向上发展,直至雷云层。

正雷电放电过程如图1.31(b)所示[93],带正电荷的主放电向上发展,但没有负雷电放电的中和过程发生。

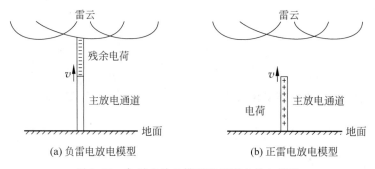

图 1.31 负雷电放电模型和正雷电放电模型

如图1.31(a)所示的负雷电放电过程,主放电通道的雷电流将产生矢量位$\boldsymbol{A}$,同时,先导通道的残余电荷由于快速变化也将产生标量位ϕ,二者产生的总空间入射电场为

$$\boldsymbol{E}^{\mathrm{i}} = -\nabla\phi - \frac{\partial \boldsymbol{A}}{\partial t} \tag{1.30}$$

而对于如图1.31(b)所示的正雷电放电过程,主放电通道的雷电流将产生矢量位$\boldsymbol{A}$,同时,主放电通道的电荷产生标量位ϕ。

如图1.32(a)所示,雷电主放电通道在P点产生的矢量位为

$$\boldsymbol{A} = \frac{\mu_0}{4\pi} \int_0^{z'} \frac{I_0(z, t-R/c)}{R} \mathrm{d}z \tag{1.31}$$

图1.32(a)所示的负雷电产生的标量位为

$$\phi = \frac{1}{4\pi\varepsilon_0} \int_{z'}^{H} \frac{q_0(z', t-R/c)}{R} \mathrm{d}z' \tag{1.32}$$

图1.36(b)所示的正雷电产生的标量位为

$$\phi = \frac{1}{4\pi\varepsilon_0} \int_0^{z'} \frac{q_0(z', t-R/c)}{R} \mathrm{d}z' \tag{1.33}$$

式中,I_0为主放电电流;q_0为单位长度的电荷;H为雷云的高度,计算时一般取2km。对于图1.32(b)所示的正雷电,其同时产生的标量位和矢量位由Lorentz条件可得:

$$\phi = -c^2 \int_0^t \nabla \cdot \boldsymbol{A} \mathrm{d}\tau \tag{1.34}$$

如图1.32所示,如果假设大地是理想导体,高度为z'处的长度为$\mathrm{d}z'$的微段,在时域内空间一点产生的电磁场分别为[104]

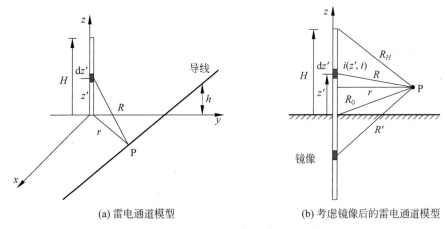

(a) 雷电通道模型　　　　(b) 考虑镜像后的雷电通道模型

图 1.32　雷电通道模型计算用坐标系统

$$dE_r(r,\phi,z,t) = \frac{dz'}{4\pi\varepsilon_0}\left[\frac{3r(z-z')}{R^5}\int_0^t i(z',\tau-R/c)d\tau + \frac{3r(z-z')}{cR^4}i(z',t-R/c) - \right.$$

$$\left. \frac{r(z-z')}{c^2R^3}\frac{\partial i(z'-t-R/c)}{\partial t}\right] \tag{1.35}$$

$$dE_z(r,\phi,z,t) = \frac{dz'}{4\pi\varepsilon_0}\left[\frac{2(z-z')^2-r^2}{R^5}\int_0^t i(z',\tau-R/c)d\tau + \frac{2(z-z')^2-r}{cR^4}i(z',t-R/c) - \right.$$

$$\left. \frac{r^2}{c^2R^3}\frac{\partial i(z'-t-R/c)}{\partial t}\right] \tag{1.36}$$

$$dB_\phi(r,\phi,z,t) = \frac{\mu_0 dz'}{4\pi}\left[\frac{r}{R^3} + i(z',t-R/c) + \frac{r}{cR^2}\frac{\partial i(z'-t-R/c)}{\partial t}\right] \tag{1.37}$$

式中，$i(z',t)$ 为 $z=z'$ 处主放电通道处的电流；μ_0 和 ε_0 分别为真空中的电导率和磁导率。

主放电通道在任一点产生的电磁场为式(1.34)、式(1.35)、式(1.36)在 $[0,z']$ 内的积分，同理可得到雷电放电通道镜像在该点产生的电磁场。

对于阶跃电流，当 $t<R_0/c$ 时，P 点的电磁场为 0；当 $R_0/c<t<H/v+R_H/c$ 时，阶跃电流(没有包括对应的镜像)在 P 点的电磁场为

$$B_\phi(r,\phi,z,t) = \frac{\mu_0 I}{4\pi r}\left\{\frac{z}{\sqrt{r^2+z^2}} - \frac{z-z'_{max}}{\sqrt{r^2+(z-z'_{max})^2}} + \frac{vr^2}{c[r^2+(z-z'_{max})^2]}\right\} \tag{1.38}$$

$$E_r(r,\phi,z,t) = \frac{It}{4\pi\varepsilon_0}\left\{\frac{r}{[r^2+(z-z'_{max})^2]^{3/2}} - \frac{r}{(r^2+z^2)^{3/2}}\right\} +$$

$$\frac{Ivr(z-z'_{max})}{4\pi\varepsilon_0 c^2[r^2+(z-z'_{max})^2]^{3/2}} \tag{1.39}$$

$$E_z(r,\phi,z,t) = \frac{It}{4\pi\varepsilon_0}\left\{\frac{z-z'_{max}}{[r^2+(z-z'_{max})^2]^{3/2}} - \frac{z}{(r^2+z^2)^{3/2}}\right\} -$$

$$\frac{Ivr^2}{4\pi\varepsilon_0 c^2[r^2+(z-z'_{max})^2]^{3/2}} \tag{1.40}$$

式中，I 为阶跃电流的幅值；v 为主放电的发展速度。$z'_{\max}$ 从 $z'_{\max}+\sqrt{r^2+(z-z'_{\max})^2}/c=t$ 中计算得到。上述三式的最后一项为主放电头部与先导通道中的电荷发生中和引入的修正项，当先导发展到了雷云顶部产生的场到达了点 P 后，则该项为 0，$z'_{\max}=H$。因此，当 $t>H/v+R_H/c$ 时：

$$B_\phi(r,\phi,z,t)=\frac{\mu_0 I}{4\pi r}\left[\frac{z}{\sqrt{r^2+z^2}}-\frac{z-z'_{\max}}{\sqrt{r^2+(z-z'_{\max})^2}}\right] \tag{1.41}$$

$$E_r(r,\phi,z,t)=\frac{It}{4\pi\varepsilon_0}\left\{\frac{r}{[r^2+(z-z'_{\max})^2]^{3/2}}-\frac{r}{(r^2+z^2)^{3/2}}\right\} \tag{1.42}$$

$$E_z(r,\phi,z,t)=\frac{It}{4\pi\varepsilon_0}\left\{\frac{z-z'_{\max}}{[r^2+(z-z'_{\max})^2]^{3/2}}-\frac{z}{(r^2+z^2)^{3/2}}\right\} \tag{1.43}$$

阶跃电流镜像产生的电磁场仿此可以得到。对于复杂的主放电电流模型产生的电磁场，则可以由阶跃电流产生的电磁场根据丢阿摩尔（Duhamel）积分求得。另外，也可以对电流波形和阶跃响应进行卷积积分求得。

丢阿摩尔积分的基本原理是将一任意波形分解为时间间隔为 $d\tau$ 的一系列阶跃波函数，如图 1.33 所示，分别求出各阶跃函数的解后叠加得到总的结果，其数学表达式为[2]

$$u=e(0)y(t)+\int_0^t e'(\tau)y(t-\tau)d\tau \tag{1.44}$$

式中，$e(t)$ 为任意电流波形；$y(t)$ 为单位阶跃函数的解。

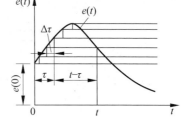

图 1.33　任意波分解为阶跃函数

1.4　输电线路上行先导特性

1.4.1　雷击输电线路观测

评估输电线路防雷性能的一个重要部分是确定有多少雷电击中线路及这些击中线路的雷电分别击中避雷线和导线的比例。地面突出物，如输电线路、高塔或风力发电机，将导致局部电场增强，对下行先导具有吸引作用，成为形成上行先导的可能位置。可以通过模拟下行先导的发展、上行先导的起始和生长以及末跃过程来评估地面物体的引雷效应[22]。

输电线路的雷击图像将确定雷击前的先导路径，这将有助于开发合适的输电线路雷击分析方法。日本学者通过安装高速照相机捕捉到了大量的输电线路雷击时先导路径的典型轨迹[41]。通过对日本特高压线路雷击的观察，可以确定四种不同的可能性：成功屏蔽或屏蔽失效，伴随着闪络或耐受。图 1.34 给出了四种不同的雷击输电线路的照片[41]。在大多数情况下，杆塔或架空地线能够拦截雷击，如图 1.34(a)所示。然而，当杆塔或架空地线拦截大电流的雷击时，杆塔电位的增加可能导致绝缘子闪络，如图 1.34(b)所示。众所周知，雷电流越大，对应的击距也越大，因此屏蔽效能也增加。幅值较小的雷电绕击相导线的情况如图 1.34(c)所示，一般不会导致绝缘子闪络。而如果较大幅值的雷电流绕击相导线，导线的电位增加将导致线路绝缘子闪络，从而引发接地故障，图 1.34(d)中给出了此类事件的照片。

(a) 雷击塔顶　　　　　　　　　(b) 反击闪络

(c) 雷电绕击上相导线　　　　　(d) 雷击中相导线闪络

图 1.34　雷击输电线路的四种不同情况[41]

日本学者对降压到 500kV 运行的美井—岩城 500kV 同塔双回垂直排列的 1000kV 特高压输电线路进行了雷击统计[41],统计了垂直布置方式下相导线的位置与雷击次数之间的关系,这对于分析输电线路的雷电性能非常重要。每相记录的直接雷击次数为上相 34 次(43%),中相 27 次(34%),下相 18 次(23%)。

图 1.35 为雷击南美岩崎(Minami-Iwaki)输电线路上相导线的照片。可以看出,最初几乎垂直的闪电通道在雷击时几乎水平地转向导线。对图 1.34(c)中所示的事件进行了类似的观察,图中未看到通道的垂直部分。几乎所有拍摄的绕击雷电在与导线接闪区域都存在水平或略微朝下发展的轨迹。

雷击输电线路过程与雷击高塔类似。国内外学者观测了大量的雷击高塔或高层建筑的放电过程。图 1.36 所示为广州国际金融中心西塔发生雷击的放电过程[81],其中塔顶有两根上行先导先后起始,开始时右侧先导较明显并且发展较快,之后两先导均衡发展,而最终左侧上行先导与下行先导连通,通道贯穿,进而产生后续回击。

图 1.35　雷击垂直排列的同塔双回线路的上相导线[41]

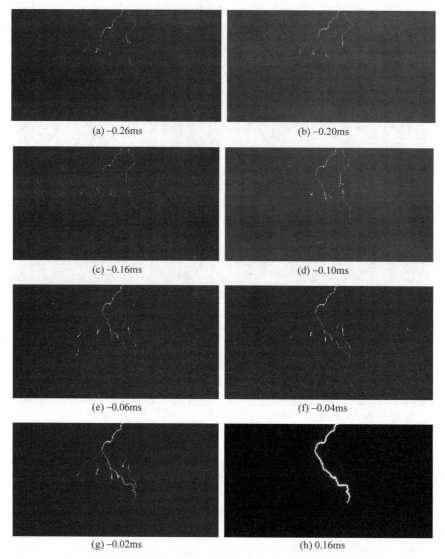

图 1.36　雷电击中广州国际金融中心西塔上的放电过程[105]

1.4.2　雷击输电线路模拟实验

为了应对观测实验的不确定性，20 世纪 70 年代，学者们开始在实验室中开展长空气间隙实验来补充或验证观测实验的结果。实验室长空气间隙实验的优点在于可以根据关注点的不同，主动控制空气间隙外部工况，研究外部条件对各放电物理参数的影响，但缺点是由于实验室条件的限制，必须对长间隙实验和自然雷击情况下的等效性进行论证，尽可能地仿真自然雷击情况。

空气间隙包括棒—板、棒—棒及线—板间隙。最初阶段的空气间隙实验是用以探索放电机理和电气设备的绝缘特性，直到 20 世纪 60—70 年代，长空气间隙实验从传统领域逐渐走上和雷电研究相结合的道路，Les Renardières 实验室[69,106-108]通过大量的现场实验研究长间隙放电的物理机理，为雷电绕击问题的研究打好了基础。

除了传统空气间隙实验,一些学者尝试利用操作波电压发生装置进行实验来模拟自然雷在地面建筑物、线路等产生的电场,仿真导线遭受雷电绕击的情况,即为绕击模拟实验。绕击模拟实验一般分为缩比模拟和等比模拟两种,等比模拟主要用于避雷针等防雷措施上的先导发展研究,而缩比模拟多用于电气几何模型击距、防雷措施的保护特性研究。

1926年,Peek[109]等针对避雷针开展了与雷电屏蔽特性相关的模拟实验。1941年,Wagner[110]在Peek实验的基础上,在与地面垂直的棒电极上施加时间为$60\mu s$的正极性冲击电压来研究避雷针的屏蔽特性。20世纪80年代,Suzuki等[111-112]进行了正负极性雷电作用下棒—棒、棒—线间隙的放电实验,认为实验室环境中无法模拟全过程的雷击现象,但可以模拟雷击的末跃过程。1989年,Gary和Hutzler[113-114]提出了在实验室中模拟自然雷电作用下上行先导起始的方法。他们利用板电极作为高压电极,比较电极和真实雷电在大地某物体上施加的电场和电场变化率,研究了板电极模拟实验和真实雷电的等效关系。在此之后,学者在前人所提出的自然雷模拟方法上,利用缩比模型进行模拟实验,对击距系数、先导起始和发展特性以及雷电保护措施进行研究,先后采用了20:1[115]、63:1的仿真导线[116]获取绕击概率曲线。同时,他们还采用装有侧针的10:1和20:1的缩比导线,研究侧针存在所发挥的作用并观测上行先导。

前人的模拟实验受冲击电压发生器的限制,一般都采用缩比模型[117]。原因是其实验结果较为直观,实验较易实施,且能保持空间电荷产生前电场的一致性和时间的可比性,相对应的等比实验则需要论证实验与自然条件下的等效性[118-122]。缩比模型的基本原理如下。

缩小空间尺度时,有

$$L_{等} = kL_{实} \tag{1.45}$$

式中,k为缩尺比例,$k<1$;下标"等"表示等效实验系统;下表"实"表示实际系统。若施加的电压按k倍缩小,则缩比模型实验中空间各点的电位分布可根据下式得到:

$$u_{等} = ku_{实} \tag{1.46}$$

由电磁学基本理论可知,空间电场符合下式:

$$E = f\left(\frac{u}{L}\right) \tag{1.47}$$

结合式(1.45)、式(1.46)、式(1.47),可得:

$$E_{等} = f\left(\frac{u_{等}}{L_{等}}\right) = f\left(\frac{ku_{实}}{kL_{实}}\right) = f\left(\frac{u_{实}}{L_{实}}\right) = E_{实} \tag{1.48}$$

式(1.48)表明,当两种情况下外部电压源相同、形状大小和电压幅值都基于同样的比值缩小时,那么两种情况下空间电场在对应位置上相同。但是真实情况下这种模型存在难以克服的内在问题。首先是电压源的不等效性。当导线表面的电场增大到一定数值时,表面放电,流注开始起始,进而通过热电离过程转化为先导。对比缩比模型和实际工况,在上行先导起始时,空间内都存在大量的自由电荷,而对于电荷位移速度和电荷量等物理量来说,缩比模型与实际工况不可能存在缩比关系,即缩比模型下的空间电荷分布与实际工况存在着本质的不同,缩比模型与实际工况的等效性无法成立。其次是电学参数的不等效性,包括流注—先导转化过程中必须达到的临界电荷量、对应的温度、积累的热量、流注及先导通道的内部电场等参数不会随空间尺寸和电压幅值的缩比而发生改变,也就是说,在流注起始后,缩比模型和实际工况的等效性也难以成立。因此,长期以来缩比模型实验存在较大争议。另外,根据前人的观测情况,缩比实验一般难以在实验放电过程中观测到上行先导的存在,由于从先导产生到间隙击穿的过程相对短暂,很难清晰有效地捕捉到先导的发展过程。

清华大学在昆明特高压工程实验基地进行了等比模拟实验[119-126],对棒—板电极与导线、地线之间的间隙进行放电实验,仿真真实雷电作用下线路上行先导的起始状况,搭建了冲击—直流的联合加压模拟实验平台。图 1.37 给出了导、地线同时存在的模拟实验原理图。地线接地,导线经过水阻连接交流发生器,通过电流测量及高速摄像机拍照。学者们对导线、地线的上行先导特性、两线之间的相互影响、地线保护角的影响等问题进行研究分析,研究了导线上施加不同电压情况下上行先导的起始和发展特性,为上行先导起始阶段的建模提供了实验依据。

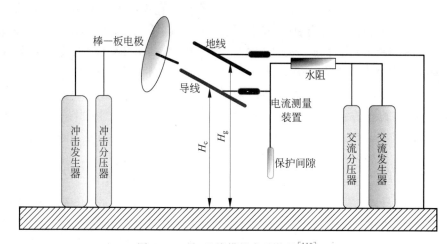

图 1.37　导、地线模拟实验装置[119]

1.4.3　输电线路上行先导的形态

影响上行先导起始的参数包括下行先导头部的电荷量、下行先导头部与地面物体之间的距离,以及地面物体高度。影响架空线路上行先导起始和形成的另一个因素是导线上的工作电压瞬时值。以负极性下行先导为例,导体周围产生的电场要么增强(在正极性电压的情况下)、要么削弱(在负极性电压的情况下)上行先导的形成。影响上行先导生长的因素包括地面物体及其接地装置的阻抗、下行先导的发展速度[22]。

为了研究真实输电线路中地线和导线的先导特性,推荐采用操作冲击波实验来等价真实雷击过程[122],研究考虑工作电压时的上行先导特性。分析表明,采用 $200/2000\mu s$ 的操作冲击波实验时在导线表面产生的电场与自然雷击时接近,采用如图 1.42 所示的棒—板结合电极(圆板直径为 8m、棒长 2m)模拟下行先导,相比于棒电极,更容易在导线表面产生高场强,促使上行先导的产生[120]。清华大学王希模拟了 110kV、220kV、500kV 和 1000kV 电压等级交流线路在地线和导线同时存在情况下的上行先导特性,表 1.5 所示为模拟实验中的导线和地线参数[119]。

表 1.5 不同电压等级模拟实验中的导线和地线参数

	交流电压等级			
	110kV	220kV	500kV	1000kV
导线类型	1×LGJ300/40	1×LGJ300/40	4×LGJ400/35	8×LGJ630/45
子导线半径/mm	23.94	23.94	26.82	33.60
导线分裂数	1	2	4	8
分裂间距/m	—	0.4	0.45	0.4
导线高度 H_c/m	15	20	27	34
地线类型	JLB 1A-95	JLB 40-150	JLB 40-150	JLB 20A-240
地线高度 H_g/m	20	26	35	44

实验结果包括来自相导线的电流和由高速 CCD 摄像机捕获的放电路径。实验采用型号为 Phantom V12 的 CCD 高速摄像机,两台 CCD 的夹角为 75°,从不同角度拍摄放电路径,然后分析得到三维放电路径,获取真实的放电路径长度[125]。根据这些结果,可以提取上行先导长度、速度、电荷和单位长度电荷等信息。实验时施加 200/2000μs 负操作冲击波,幅值约为 3042kV,上电极与导体之间的间隙为 6m。

图 1.38 和图 1.39 分别给出了 110kV 导线、地线模拟实验中分别在导线上电压相位角达到 0°和 90°的时刻触发棒—板电极上的冲击电压所对应的先导发展过程,其中每一帧的分辨率为 176×160,时间间隔约为 10.09μs。由图 1.38 可以看出,由于相对于导线来说,地线的外径较小,表面电场强度较大,因此当导线上没有施加交流电压时,地线更容易引发流注和先导,先导发展更为明显。而随着触发冲击时导线上瞬时电压增大,导线上起始的先导越发明显。当触发相位角在 0°～30°范围内,如图 1.39 所示,图中上方为棒—板电极,下方为导线。从照片可明显观察到导线上存在亮点和不连续先导。进一步增大导线上的瞬时电压,如图 1.39 所示,可观察到一定长度的连续的上行先导,此时导线上起始的先导长度甚至长于地线上的先导,导致棒—板电极对导线、地线同时放电或率先对导线放电。

图 1.38 110kV 导、地线模拟实验中触发相位角为 0°时的先导发展形态[119]

当施加在四分裂导线上的 1000kV 交流电压相位角为 30°、瞬时电压幅值为 408kV 时,施加在棒—电极上的幅值约 3042kV 的负极性 200/2000μs 操作电压触发,6m 的间隙发生击穿。图 1.40 给出了捕捉到的先导发展过程和对应的先导电流。CCD 高速摄像机的拍摄

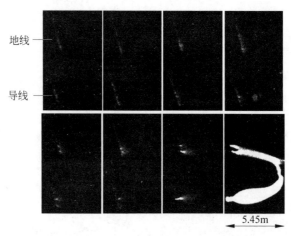

图 1.39　110kV 导、地线模拟实验中触发相位角为 90°时的先导发展形态[119]

间隔为 8.32μs，每帧照片的分辨率是 128×256。电流测量装置串接在模拟导线和交流发生器之间来测量线路上的先导电流。当电极上施加较高的电压，模拟线路表面的电场使得线路产生电晕，流注和先导相继起始，此时测得电流中很大部分为空气间隙中电容产生的电容电流，从总电流中去除电容电流即为流注及上行先导的放电电流，如图 1.40(b)所示。

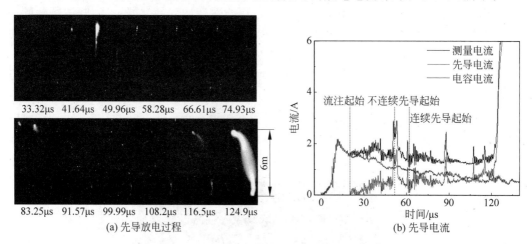

图 1.40　导线上先导的放电过程和电流[119]

以施加操作波的时刻为计时零点，经过 124.9μs 间隙击穿。在 49.96μs 前后导线右侧出现亮点，认为有不连续先导起始，之后放电进入黑暗阶段，直到 66.61μs 发现另一亮点，之后先导连续地向电极侧发展，即连续先导起始。随着导线右侧处先导逐渐发展，导线左侧及其他位置形成的不连续先导被削弱，在 124.9μs 时刻，唯一的先导通道前端的流注和电极侧先导相接后，完成主放电，间隙击穿。结合照片和电流一起观察，可以比较精确地确定流注的起始时间为 21.01μs，即放电电流的过零时刻；不连续先导在 51μs 左右起始，连续先导的起始时间为照片中重新出现亮点的 66.61μs 附近出现较大电流脉冲的 62.2μs 时刻，最后间隙在 123μs 左右击穿。

当施加在四分裂导线上的 1000kV 交流电压达到峰值，即相位角为 90°、瞬时电压幅值为 816kV 时，施加在棒—板电极上的负极性操作电压波触发。典型的先导放电过程如图 1.41

所示(每张照片左边为电极侧,右边为导线侧)[119]。过程中出现多根先导同时起始并发展的现象,结合图 1.41(a)和图 1.41(b)观察,可以看出在先导起始最初阶段有 8～10 处出现不连续先导。随着先导的发展,其中 4～5 处先导头部电场强度较大,其他几处的先导逐渐被削弱。在击穿前有两根先导始终占优,发展情况相似,最后末跃前两条击穿路径同时出现。当导线上瞬时电压幅值较高时,导线表面电场较大,较易出现两根或更多根先导同时发展并击穿的情况。

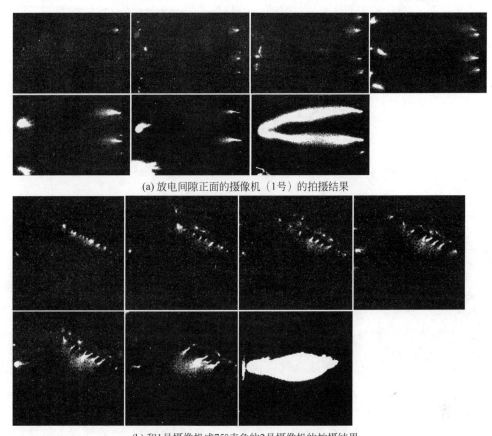

(a) 放电间隙正面的摄像机（1号）的拍摄结果

(b) 和1号摄像机成75°夹角的2号摄像机的拍摄结果

图 1.41 多根先导同时起始情况下两台 CCD 高速摄像机拍摄的先导发展过程[119]

图 1.42 所示为模拟雷击±800kV 直流特高压线路时,在导线上施加 800kV 直流电压时导线上行先导的发展过程[121]。

1.4.4 地线对导线上先导特性的影响

110kV 电压等级导、地线同时存在时的实验布置如图 1.43 所示[119],其中地线高度为 20m,导线高度为 15m。实验布置中地线保护角为 0°时,尽量保证棒—板电极的棒端距离两根线的最短距离均为 6m。测量得到的棒端离导线的垂直距离为 2.47m,水平距离为 5.35m。在导线上交流电压分别达到 0°、30°、60°、90°相位角,也就是瞬时幅值分别是 0kV、45kV、78kV 和 90kV 的时刻,触发施加在棒—板电极上的固定不变幅值为 3042kV 的 200/2000μs 负操作波。

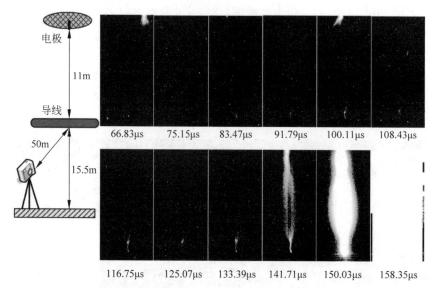

图 1.42　11m 模拟间隙的导线施加 800kV 直流电压时导线上行先导的发展过程[121]

图 1.43　110kV 线路模拟实验现场布置[119]

由于需要同时针对导线和地线,特别是在不同地线保护角条件下进行实验,受实验条件所限,仅进行了保护角为 0°、-5°和+5°情况下的实验。

在地线保护角为 0°时,表 1.6 从流注起始时间、不连续先导起始时间、先导起始时间、先导发展速度、先导单位电荷密度以及击中概率的角度来对比地线存在与否两种情况下的先导特性。其中击中导线概率和击中地线概率分别指的是在多次放电中,棒—板电极和导线之间的间隙及棒—板电极和地线之间的间隙击穿的概率。考虑到放电实验的随机性和发散性,每个工况进行了十次重复放电。随着导线上触发相位角的增大,导线上的流注和先导更早起始,与之相反的是地线上的流注和先导随着导线上触发相位角的增大而更晚起始。和无地线、单根导线的实验结果相比,明显可以看出地线的存在使得导线上的流注和先导更晚起始。

结合先导电流和放电图片,对先导发展速度和电荷密度进行分析可以发现,导线上先导的速度和电荷密度都呈现逐渐减小的趋势。由于 110kV 模拟实验中导线上的最高瞬时电压较小,只有约 90kV,当触发相位角为 0°～60°时,全部为电极—地线间隙击穿,而当触发相位角为 90°时,电极—地线之间的间隙击穿的概率也仅为 20%,所以无法得知导线上先导发展速度和先导单位电荷密度的变化情况。

值得注意的是,随着导线上触发瞬时电压增大,击中导线的概率增大。当导线和地线上起始的先导处于可以相互竞争的发展状况时,例如触发相位角 90°、击中地线和导线的概率分别是 80%和 20%时,本应低于 60°时对应的 34.05μC/m 突然增大(见表 1.6 中的 37.30μC/m),竞争状况下地线上先导的电荷密度急剧增大。

表 1.6 110kV 模拟实验中地线存在、地线不存在两种情况下的先导特性平均值[119]

	冲击触发角/(°)	击中概率/%	流注起始时间 t_s/μs	不连续先导起始时间 t_1/μs	连续先导起始时间 t_{cl}/μs	间隙击穿时间 t_b/μs	先导发展速度/(cm/μs)	单位电荷密度/(μC/m)
导、地线同时存在时导线	0	0	28.87	41.40	—	—	—	—
	30	0	31.40	41.38	—	—	—	—
	60	0	29.01	34.70	51.27	—	—	—
	90	20	28.85	37.13	50.89	114.2	0.99	32.87
导、地线同时存在时地线	0	100	20.67	22.40	58.15	117.8	1.13	39.43
	30	100	21.71	28.98	66.66	125.3	0.96	39.79
	60	100	23.18	25.81	72.33	134.5	0.85	34.05
	90	80	23.71	28.39	67.69	110.9	0.89	37.30
单根导线	0	—	8.95	23.10	45.40	135.4	1.00	42.3
	30	—	9.79	20.57	34.64	128.1	1.02	41.5
	60	—	9.01	20.56	32.99	117.8	1.10	47.1
	90	—	8.15	19.24	21.85	114.2	1.04	46.8

220kV 交流线路模拟实验采用二分裂导线，导线高度为 20m，地线高度为 26.2m，实验布置如图 1.44 所示，通过调整地线来改变地线保护角。保护角为 0°时，棒—板间隙的棒端到导线垂直高度差为 3.1m，水平最短距离为 5.08m，棒端到地线和导线的最短距离基本相等，为 6m，并且在棒—板电极上施加固定不变 3042kV 操作电压。地线保护角为 +5°时，导线向远离棒—板电极的方向移动，两线的水平距离为 0.7m，导线到棒端的最近水平距离为 5.03m，垂直距离为 3.13m。

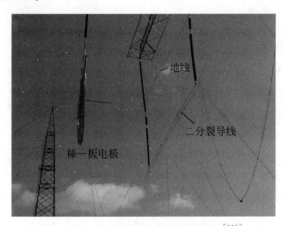

图 1.44 220kV 模拟实验现场布置[119]

对应触发相位角 0°、30°、60°和 90°的导线上瞬时电压幅值分别是 0kV、90kV、156kV 和 180kV。表 1.7 给出了 220kV 模拟线路的地线保护角为 0°时，导、地线同时存在和地线不存在两种情况得到的先导起始和发展特性。此种情况下，所有放电均对上方的地线，对导线的放电概率为 0。可见，随着导线上电压幅值增大，电极更容易对导线放电，地线上流注、先导的起始滞后，导线上的起始时间提前。由于导线上施加的工频电压的增加，地线上对应的先导发展减缓，并且先导上的电荷密度也随着减小。

表 1.7 220kV 模拟实验中地线存在、地线不存在两种情况下的先导特性平均值[119]

	冲击触发角/(°)	击中概率/%	流注起始时间 t_s/μs	不连续先导起始时间 t_1/μs	连续先导起始时间 t_{cl}/μs	间隙击穿时间 t_b/μs	先导发展速度/(cm/μs)	单位电荷密度/(μC/m)
导、地线同时存在时导线	0	0	39.30	50.48	—	—	—	—
	30	0	29.12	45.42	—	—	—	—
	60	0	18.34	40.49	—	—	—	—
	90	0	14.34	37.19	—	—	—	—
导、地线同时存在时导线	0	100	9.92	18.56	37.39	88.0	1.72	51.64
	30	100	10.27	26.87	41.37	96.3	1.23	41.23
	60	100	10.83	25.04	43.34	98.9	1.21	40.71
	90	100	16.48	28.46	45.89	95.2	1.21	39.19
单根导线	0	—	31.90	36.03	71.11	154.3	1.17	36.4
	30	—	23.93	31.88	67.58	128.5	1.18	39.4
	60	—	20.22	32.18	50.30	116.2	1.20	41.0
	90	—	21.89	28.54	45.20	113.9	1.19	40.2

与 110kV 模拟实验结果类似,具有屏蔽作用的地线的存在使得导线上的流注和不连续先导起始较晚,并难以形成有效的连续先导,避免绕击导线的发生。

500kV 模拟线路中地线对地高度为 34.3m,导线对地高度为 27m,导线为四分裂。实验布置如图 1.45 所示。地线保护角为+5°时,导线和棒—板间隙棒端的最近水平距离为 4.9m,垂直距离为 3.67m,使得导线到棒端的最近距离为 6.1m 左右。对应触发相位角 0°、30°、60°和 90°的 500kV 模拟线路导线上瞬时电压幅值分别是 0kV、204kV、353kV 和 408kV。表 1.8 给出了 500kV 模拟实验中,地线的存在对先导起始和发展特性的影响。随着导线上触发相位角的增大,导线上先导起始提前,地线上的先导起始滞后。与地线上先导的变化规律相反,随着导线上触发相位角的增大,导线上先导发展速度和先

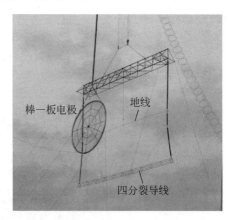

图 1.45 500kV 模拟实验布置[119]

导单位电荷密度逐渐增大。与不存在地线、单根导线的实验结果对比,可以看出在地线存在的情况下,导线上流注和先导的起始减缓,先导发展速度和单位电荷密度明显较小。

表 1.8 500kV 模拟实验中地线存在、地线不存在两种情况下的先导特性平均值[119]

	冲击触发角/(°)	击中概率/%	流注起始时间 t_s/μs	不连续先导起始时间 t_1/μs	连续先导起始时间 t_{cl}/μs	间隙击穿时间 t_b/μs	先导发展速度/(cm/μs)	单位电荷密度/(μC/m)
导、地线同时存在时导线	0	0	39.47	81.18	—	—	—	—
	30	50	35.13	46.34	55.56	124.6	1.216	15.91
	60	100	31.52	34.94	43.38	103.5	1.438	18.02
	90	100	25.92	29.77	36.76	97.2	1.502	22.63

续表

	冲击触发角/(°)	击中概率/%	流注起始时间 t_s/μs	不连续先导起始时间 t_1/μs	连续先导起始时间 t_{cl}/μs	间隙击穿时间 t_b/μs	先导发展速度/(cm/μs)	单位电荷密度/(μC/m)
导、地线同时存在时导线	0	100	14.80	20.41	51.23	102.3	1.473	37.04
	30	50	18.47	29.39	57.82	103.5	1.250	43.74
	60	0	23.16	33.93	64.87	—	—	—
	90	0	23.79	36.59	—	—	—	—
单根导线	0	—	36.46	60.27	63.04	150.2	1.11	26.99
	30	—	23.86	49.16	50.69	120.6	1.28	29.36
	60	—	18.82	38.50	43.06	100.8	1.45	37.09
	90	—	20.86	29.73	32.70	94.4	1.44	38.23

对1000kV交流线路进行模拟,采用八分裂导线,导线高度为34m,地线高度为43m。图1.46给出了1000kV模拟实验的布置,实验结果见表1.9。地线保护角为0°时,地线和导线到棒端的最近水平距离均为4.8m,垂直距离为4.4m,实际点点距离均为6.5m。地线保护角为+5°时,棒端到地线的最近水平距离为5.1m,垂直距离为4.65m,棒端到导线的最近水平距离为4.35m,垂直距离为4.7m。地线保护角为-5°时,棒端到地线的最近水平距离为5.2m,垂直距离为4.65m,棒端到导线的最近水平距离为4.25m,垂直距离为4.7m。对应触发相位角0°、30°、60°和90°的1000kV模拟线路导线上瞬时电压幅值分别为0kV、408kV、706kV和816kV。对比地线存在与否两种情况

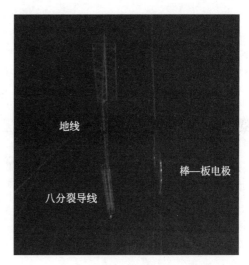

图1.46 1000kV模拟实验布置示意图[119]
(见文前彩图)

的先导特性可以看出,虽然先导发展速度变化不大,但先导电荷密度变化却很明显。当地线存在时,地线对导线的屏蔽作用使导线上的流注、不连续先导、连续先导起始更晚、先导发展更慢、先导电荷密度更小。

表1.9 1000kV模拟实验中地线存在、地线不存在两种情况下的先导特性平均值[119]

	冲击触发角/(°)	击中概率/%	流注起始时间 t_s/μs	不连续先导起始时间 t_1/μs	连续先导起始时间 t_{cl}/μs	间隙击穿时间 t_b/μs	先导发展速度/(cm/μs)	单位电荷密度/(μC/m)
导、地线同时存在时导线	0	0	33.28	—	—	—	—	—
	30	57	29.89	78.58	84.38	119.3	1.54	16.28
	60	100	25.13	65.73	67.49	94.9	1.62	16.29
	90	100	25.69	43.61	46.53	73.2	1.69	19.13

续表

	冲击触发角/(°)	击中概率/%	流注起始时间 t_s/μs	不连续先导起始时间 t_l/μs	连续先导起始时间 t_{cl}/μs	间隙击穿时间 t_b/μs	先导发展速度/(cm/μs)	单位电荷密度/(μC/m)
导、地线同时存在时导线	0	100	19.94	24.60	50.40	118.3	1.31	31.66
	30	43	21.08	35.85	62.67	122.6	1.29	39.65
	60	0	26.08	49.01	—	—	—	—
	90	0	22.35	47.65	—	—	—	—
单根导线	0	—	29.09	117.03	123.44	175.3	1.54	22.71
	30	—	27.29	73.95	74.66	116.1	1.81	27.31
	60	—	20.60	53.22	53.22	87.2	1.75	39.48
	90	—	16.95	37.66	37.66	67.4	2.03	37.64

1.4.5 地线保护角对导线上先导特性的影响

对于如图1.43所示的110kV模拟线路,针对每一种工况反复进行10次实验,得到电极—导线和电极—地线击穿的概率,见表1.10。可以看出,随着导线上触发相位角的增加,击中导线的概率升高,离电极越近,击中的概率也提高。

表 1.10　110kV模拟实验中随地线保护角变化击中地线、导线概率的变化情况[119]

地线保护角/(°)	相位角/(°)	击中概率/%	
		电极—地线	电极—导线
+5	0	100	0
	30	62.5	37.5
	60	0	100
	90	0	100
0	0	100	0
	30	100	0
	60	100	0
	90	80	20
−5	0	100	0
	30	100	0
	60	100	0
	90	100	0

表1.11给出了不同地线保护角情况下的先导起始特性。随着保护角的减小,地线对导线的屏蔽作用加强,地线相对更加接近棒—板电极,地线上的不连续或连续先导更早起始;相应地,同样触发相位角条件下,导线上的不连续或连续先导起始时间随着保护角的减小而呈现增大的趋势。

表1.11也给出了对应不同地线保护角的先导发展特性平均值。可以发现,较小地线保护角意味着地线离棒—板电极的距离较短,电极—地线间隙更容易被击穿,地线表面上的电场强度较强,地线上先导发展速度和先导单位电荷密度都随之增大。

表 1.11　110kV 模拟实验中不同地线保护角对应的先导起始特性平均值[119]

地线保护角/(°)	触发相位角/(°)	导线 C/地线 G	流注起始时间 t_s/μs	不连续先导起始时间 t_1/μs	连续先导起始时间 t_{cl}/μs	先导发展速度/(cm/μs)	单位电荷密度/(μC/m)
+5	0	C	27.86	41.03	57.33	—	—
	30	C	23.22	31.35	51.97	0.89	32.50
	60	C	20.93	27.42	42.63	0.97	27.72
	90	C	20.15	27.80	38.56	0.97	29.13
	0	G	16.31	27.34	60.94	0.99	38.70
	30	G	17.24	24.52	59.27	0.92	36.84
	60	G	19.91	32.69	70.68	—	—
	90	G	20.34	31.08	73.03	—	—
0	0	C	28.87	41.40	—	—	—
	30	C	31.40	41.38	—	—	—
	60	C	29.01	34.70	51.27	—	—
	90	C	28.85	37.13	50.89	0.99	32.87
	0	G	20.67	22.40	58.15	1.13	39.43
	30	G	21.71	28.98	66.66	0.96	39.79
	60	G	23.18	25.81	72.33	0.85	34.05
	90	G	23.71	28.39	67.69	0.89	37.30
−5	0	C	25.19	41.24	—	—	—
	30	C	21.92	36.15	—	—	—
	60	C	21.06	35.82	—	—	—
	90	C	19.29	38.90	—	—	—
	0	G	18.68	21.90	42.50	1.33	41.46
	30	G	20.66	24.94	46.57	1.36	40.32
	60	G	20.76	26.03	51.29	1.23	36.97
	90	G	21.43	25.53	52.73	1.22	33.91

表 1.12 给出了 220kV 模拟线路保护角为 +5°时放电击中导线或者地线的概率，相位角低于 60°时不会击中导线，60°时击中导线概率为 22.2%，相位角增大到 90°时概率增大到 62.5%。

表 1.12　220kV 模拟实验中随地线保护角变化击中地线、导线概率的变化情况[119]

地线保护角/(°)	相位角/(°)	击中概率/%	
		电极—地线	电极—导线
+5	0	100	0
	30	100	0
	60	77.8	22.2
	90	37.5	62.5
0	0	100	0
	30	100	0
	60	100	0
	90	100	0

表 1.13 给出了 220kV 模拟实验中不同地线保护角对应的先导起始特性平均值。与地线保护角为 0°时相比，保护角为+5°时，地线相对远离导线，地线上的先导起始大大滞后。例如，触发相位角为 0°时，地线上流注起始时间从 9.92μs 增大到 26.37μs，连续先导起始时间从 37.39μs 增大到 66.8μs。而导线上的流注和先导在地线保护角增大的条件下，更容易起始和发展。地线保护角为+5°时，虽然棒端和导线之间的距离保持不变，但地线相对远离导线，对导线的屏蔽和影响作用减弱，导线上先导容易起始，绕击更容易发生在导线上。

表 1.13 220kV 模拟实验中不同地线保护角对应的先导起始特性[119]

地线保护角/(°)	触发相位角/(°)	导线 C/地线 G	流注起始时间 t_s/μs	不连续先导起始时间 t_1/μs	连续先导起始时间 t_{cl}/μs	先导发展速度/(cm/μs)	单位电荷密度/(μC/m)
+5	0	C	34.77	54.81	—	—	—
	30	C	31.02	40.75	—	—	—
	60	C	10.54	37.60	48.54	0.71	31.25
	90	C	10.74	29.18	38.30	0.65	37.12
	0	G	26.37	28.37	66.80	1.18	28.82
	30	G	27.05	30.20	64.17	0.90	27.54
	60	G	29.83	33.54	62.98	1.02	33.38
	90	G	30.68	34.84	70.84	1.20	34.25
0	0	C	39.30	50.48	—	—	—
	30	C	29.12	45.42	—	—	—
	60	C	18.34	40.49	—	—	—
	90	C	14.34	37.19	—	—	—
	0	G	9.92	18.56	37.39	1.72	51.64
	30	G	10.27	26.87	41.37	1.23	41.23
	60	G	10.83	25.04	43.34	1.21	40.71
	90	G	16.48	28.46	45.89	1.21	39.19

从上行先导发展速度和先导单位电荷密度来看，与地线保护角为 0°时的数据相比，保护角为+5°时由于地线距离更远，在同样冲击操作电压作用下，地线上的先导速度减缓，电荷密度也减小。另外，随着触发相位角的增大，击中导线的概率更大，特别是在击中地线和击中导线概率基本相同，导、地线上先导发展呈现竞争态势的情况下，如触发相位角为 60°或 90°时，地线上的平均先导速度和平均电荷密度均突然明显增大。

表 1.14 和表 1.15 分别给出了 500kV 模拟线路三种地线保护角情况下击中导、地线的概率，以及流注、先导起始时间平均值[119]。

表 1.14 500kV 模拟实验中随地线保护角变化击中地线、导线概率的变化情况[119]

地线保护角/(°)	相位角/(°)	击中概率/%	
		电极—地线	电极—导线
+5	0	62.5	37.5
	30	0	100
	60	0	100
	90	0	100

续表

地线保护角/(°)	相位角/(°)	击中概率/%	
		电极—地线	电极—导线
0	0	100	0
	30	50	0
	60	0	100
	90	0	100
-5	0	100	0
	30	100	0
	60	100	0
	90	75	25

表 1.15　500kV 模拟实验中不同地线保护角对应的先导起始特性平均值[119]

地线保护角/(°)	触发相位角/(°)	导线 C/地线 G	流注起始时间 t_s/μs	不连续先导起始时间 t_1/μs	连续先导起始时间 t_{cl}/μs	先导发展速度/(cm/μs)	单位电荷密度/(μC/m)
+5	0	C	41.94	67.22	75.30	1.169	12.52
	30	C	34.25	37.37	47.58	1.419	16.24
	60	C	29.32	31.73	38.85	1.562	19.95
	90	C	25.93	27.04	33.26	1.590	22.31
	0	G	20.56	31.05	61.26	1.189	31.09
	30	G	22.70	39.14	—	—	—
	60	G	26.34	36.28	—	—	—
	90	G	24.93	37.43	—	—	—
0	0	C	39.47	81.18	—	—	—
	30	C	35.13	46.34	55.56	1.216	15.91
	60	C	31.52	34.94	43.38	1.438	18.02
	90	C	25.92	29.77	36.76	1.502	22.63
	0	G	14.80	20.41	51.23	1.473	37.04
	30	G	18.47	29.39	57.82	1.250	43.74
	60	G	23.16	33.93	64.87	—	—
	90	G	23.79	36.59	—	—	—
-5	0	C	—	—	—	—	—
	30	C	46.09	65.81	—	—	—
	60	C	33.24	39.86	52.23	1.256	16.61
	90	C	28.85	35.10	43.96	1.347	18.56
	0	G	21.63	24.37	45.03	1.368	37.42
	30	G	25.16	27.65	54.96	1.303	35.63
	60	G	27.07	31.53	55.69	1.290	33.13
	90	G	27.79	34.71	53.09	1.118	38.74

图 1.47 给出了不同触发相位角对应的导、地线上先导的起始时间随地线保护角的变化情况。结合图表可以看出，随着保护角的减小，由+5°到 0°再到-5°，导线上的连续先导起

始时间大幅增大,而地线上的先导起始时间减小,即起始提前。同时随着导线上工作电压幅值增大,导线上先导起始提前,地线上先导起始滞后。

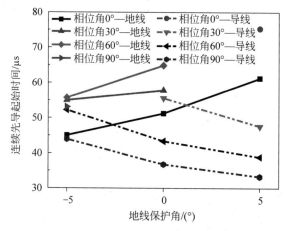

图1.47 500kV模拟实验中连续先导起始时间随地线保护角的变化[119]

地线保护角为−5°时,随着触发相位角的增大,若放电始终无法击中导线的话,当触发相位角为90°时,按照规律,先导电荷密度应当小于相位角60°时的33.13μC/m。但是此时击中导线的概率为20%,击中导线、地线可能性同时存在,导线、地线上的先导发展呈现竞争关系,导致导线上的平均单位电荷密度突然增大为38.74μC/m。同样情况下,地线保护角为0°、触发相位角为30°时的地线先导电荷密度43.74μC/m。

表1.16、表1.17分别给出了1000kV模拟线路三种地线保护角情况下击中导、地线的概率,以及流注、先导起始时间[119]。

表1.16 1000kV模拟实验中随地线保护角变化击中地线、导线概率的变化情况[119]

地线保护角/(°)	相位角/(°)	击中概率/%	
		电极—地线	电极—导线
+5	0	100	0
	30	0	100
	60	0	100
	90	0	100
0	0	100	0
	30	43	57
	60	0	100
	90	0	100
−5	0	100	0
	30	100	0
	60	0	100
	90	0	100

表 1.17　1000kV 模拟实验中不同地线保护角对应的先导起始特性平均值[119]

地线保护角/(°)	触发相位角/(°)	导线 C/地线 G	流注起始时间 t_s/μs	不连续先导起始时间 t_1/μs	连续先导起始时间 t_{cl}/μs	先导发展速度/(cm/μs)	单位电荷密度/(μC/m)
+5	0	C	26.42	—	—	—	—
	30	C	25.98	50.03	53.8	1.78	14.70
	60	C	20.70	30.54	33.54	1.90	20.01
	90	C	20.29	21.83	25.78	1.91	21.39
	0	G	21.56	26.82	72.82	1.33	34.12
	30	G	25.18	54.74	73.52	1.11	34.87
	60	G	26.08	52.38	—	—	—
	90	G	22.68	56.73	—	—	—
0	0	C	33.28	—	—	—	—
	30	C	25.89	58.54	64.71	1.54	16.28
	60	C	25.13	41.77	45.17	1.62	16.29
	90	C	25.69	28.67	33.92	1.69	19.13
	0	G	19.94	24.60	50.40	1.31	31.66
	30	G	21.08	35.85	62.67	1.29	39.65
	60	G	26.08	49.01	—	—	—
	90	G	22.35	47.65	—	—	—
−5	0	C	26.49	—	—	—	—
	30	C	25.54	70.58	70.58	1.20	10.96
	60	C	23.62	47.39	49.52	1.57	15.82
	90	C	23.13	35.03	40.93	1.67	13.14
	0	G	22.34	25.62	48.24	1.29	52.62
	30	G	27.41	31.20	61.44	1.30	34.92
	60	G	31.31	62.68	—	1.35	36.15
	90	G	30.86	62.36	—	—	—

由图 1.48 可以大致看出和 500kV 模拟线路类似的规律，随着地线保护角的增大，导线上的先导起始提前，地线上的先导呈现滞后的趋势。随着导线上瞬时电压幅值的增大，导线上先导起始提前，地线上滞后。

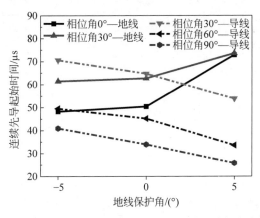

图 1.48　1000kV 模拟实验中连续先导起始时间随地线保护角的变化[119]

由表 1.27 先导发展特性的对比可以看出,随着导线上瞬时电压幅值的增大,放电更容易击中导线,此时导线上先导发展速度和电荷密度均呈增大趋势,而地线上两者均呈现相反的规律。特别是当导线电压达到某临界值时,放电击中导线和击中地线的概率基本一致,此时地线上的先导电荷密度会在导线的影响下突然增大。

1.4.6 模拟线路上行先导的主要特征

综合上文实验结果可以看出,随着地线保护角的减小,地线离电极的相对距离增大,地线上先导的平均发展速度和平均电荷密度都随之增大,而导线上的先导速度和电荷密度呈现出和地线上相反的减小趋势。给定相同的触发相位角,导线上先导的发展速度大于地线上先导的速度,导线上先导的电荷密度则小于地线。这主要是由于相对于导线来说,地线上的表面电场较大,造成先导上较大的电荷密度和发展速度,而导线上较大的交流电压幅值也能造成较大的发展速度和电荷密度,两种效果相反的因素共同作用导致了这种情况。

对不同电压等级的模拟导线上先导的起始和发展特性进行对比,发现电压等级越高,线路上的先导发展速度越大,电荷密度越小,其中涉及电压幅值、导线高度、导线分裂数等因素的共同作用。

将本节实验测得的先导发展速度与表 1.2 所示的自然雷和火箭引雷实验中在高塔或建筑物上观测得到的先导特性进行对比,发现表 1.2 中的上行先导发展速度远远大于长间隙放电实验中的数据。其原因在于自然雷观测实验中测到的是先导发展一段时间之后的发展速度,而模拟实验中测得的是先导起始阶段及发展数十微秒之内的速度。因此,模拟实验结果是对自然雷和火箭引雷观测结果的重要补充。

分析前面不同电压等级线路以及同一电压等级线路在不同触发角下的上行先导特性可知,工作电压对线路流注及上行先导起始时间、上行先导发展速度等都有较大影响[118]。表 1.18 给出了统计得到的不同直流运行电压对应的流注、不连续和连续起始时间等[119]。图 1.49 给出了连续先导起始时间随导线上瞬时电压的变化情况。采用直流电压发生器和分压器在导线上施加电压,高度为 25m 的六分裂导线的分裂间距为 0.45m,分裂导线半径为 16.8mm,在电极上施加 200/2000μs 操作冲击电压,棒—板电极和导线间的间隙为 7m,在导线上分别施加 0kV、100kV、200kV、500kV 和 800kV 电压进行多次放电实验。

表 1.18 导线上施加直流电压情况下的先导起始特性[119]

运行电压/kV	冲击电压 幅值/kV	流注起始 时间 t_s/μs	不连续先导 起始时间 t_l/μs	连续先导 起始时间 t_{cl}/μs	$t_{cl}-t_s$/μs
800	2019.6 (1.15 U_{50})	12.0	42.8	75.1	63.3
	2138.3	11.8	44.8	52.6	40.9
	2257.5	11.7	42.8	47.8	36.1
	2378	11.6	40.3	42.2	30.7
500	2494.9 (1.15 U_{50})	21.6	56.2	93.9	72.3
	2613.6	21.2	58.5	78.1	56.7
	2732.4	20.8	56.2	72.4	51.3

续表

运行电压/kV	冲击电压幅值/kV	流注起始时间 t_s/μs	不连续先导起始时间 t_l/μs	连续先导起始时间 t_{cl}/μs	$t_{cl}-t_s$/μs
200	2813.7 (1.15 U_{50})	33.6	90.3	109.7	76.5
	2934.7	31.2	86.4	103.6	72.3
100	3062.4 (1.15 U_{50})	34.7	98.5	112.4	77.5
	3171.8	32.9	93.8	108.6	75.9
0	3207.6 (1.15 U_{50})	35.9	106.8	114.2	78.3
	3326.3	34.6	100.6	112.4	78.1

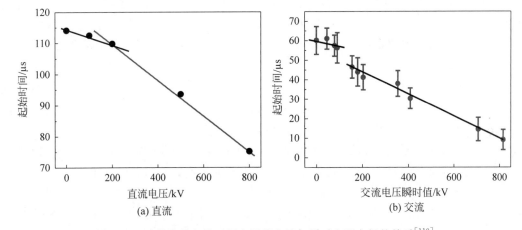

图 1.49 连续先导起始时间和导线上施加瞬时电压之间的关系[119]

当导线上运行电压增大时,流注和先导起始较快,运行电压很明显地提高了导线表面的电场,使得流注更容易起始。当运行电压超过 200kV 时,先导起始时间随运行电压的变化率很明显高于低电压情况下的变化率,也就是说,当运行电压低于 200kV 时,瞬时电压对先导特性的作用较小。当运行电压超过 200kV 时,先导起始和发展受直流或交流运行电压影响较大,这种影响在运行电压低于 200kV 情况下较弱。

上文分别给出了同一电压等级中不同触发相位角、导线分裂数和导线对地高度对先导起始和发展特性的影响,这里进一步探讨同一电压等级不同触发相位角带来的影响。需要探究的是,这种影响究竟是由电压幅值还是电压相位角的作用造成的,也就是说,是电场强度还是电场变化率的作用。因此,这里对相同电压幅值、不同相位角时刻触发冲击电压波所得的先导起始和发展特性进行比较,如表 1.19 所示。其中导线采用对地高度为 25m 的四分裂导线,放电间隙为 6m,固定冲击电压峰值为 3042kV。可以看出,只要触发时刻的瞬时电压幅值相同,那么对应的流注起始时间、先导起始时间、先导发展速度和单位电荷密度等特性均相似。因此,这些因素和触发相位角及交流电压峰值的关系不大。

表 1.19　在导线上施加不同幅值交流电压,相同电压瞬时值对应的先导特性[119]

交流电压等级/kV	触发相位角/(°)	电压瞬时值/kV	流注起始时间 t_s/μs	不连续先导起始时间 t_1/μs	连续先导起始时间 t_{cl}/μs	先导发展长度/m	先导发展速度/(cm/μs)	单位电荷密度/(μC/m)
500	90	408	20.86	29.73	32.70	0.70	1.44	38.23
1000	30	408	21.35	31.58	34.86	0.71	1.42	37.47
500	30	204	23.86	49.16	50.69	0.76	1.28	29.36
220	90	180	24.75	49.82	51.10	0.74	1.30	30.29
220	30	90	30.89	52.98	54.87	0.84	1.06	27.47
110	90	90	31.10	53.45	55.31	0.83	1.10	27.80
500	15	106	31.95	53.60	55.45	0.86	1.08	26.33

文献中给出的上行先导长度观测数据主要是建筑物(高塔、烟囱等)上产生上行先导的结果。Eriksson 在观测到的 60m 高的通信塔上产生迎面上行先导,击穿时上行先导发展的长度约为 65m,对应的回击电流峰值为 87kA[65];Yokoyama 对日本 80m 高微波通信塔的冬季雷击观测结果显示,发生雷击时上行先导长度(用上行先导头部与塔顶之间距离近似表示)为 25～125m,但只给出了正极性雷电与负极性雷电出现次数的比值约为 1∶2,没有给出具体每次雷击的极性[75];广东的观测数据显示,在负极性下行雷电作用下,300m 起重机顶部产生上行先导,发生击穿时上行先导长度为 175～240m;人工引雷实验中观测到正极性上行先导从 50m 高的竖直的接地线上产生,发生击穿时上行先导长度约为 20m。最近在广州的雷击观测表明,对应一个下行先导,从不同大楼上产生的 9 个上行先导的长度在 1.2～35.6m 的范围[127]。由以上野外观测数据可以看出,建筑物越高,发生雷击时上行先导的长度越长。但从以上输电线路雷击模拟实验数据来看,先导发展长度大约在 1m 以下,与自然雷击引起的上行先导长度相处较远,主要是由于实验条件的限制,无法模拟下行先导与线路距离很远时的上行先导的发展情况,可以看作对上行先导起始阶段的模拟。

参考文献

[1] 何金良,曾嵘. 配电线路雷电防护[M]. 北京:清华大学出版社,2013.
[2] 张纬钹,何金良,高玉明. 过电压防护及绝缘配合[M]. 北京:清华大学出版社,2002.
[3] CHEN S M,DU Y,FAN L M,et al. A lightning location system in China: Its performances and applications[J]. IEEE Transactions on Electromagnetic Compatibility,2002,44(4): 555-560.
[4] 张廷龙,郄秀书,袁铁,等. 中国内陆高原地区典型雷暴过程的地闪特征及电荷结构反演[J]. 大气科学,2008,32(5): 1222-1228.
[5] UMAN M A. The lightning discharge[M]. New York: Academic Press,1987.
[6] COORAY V. The lightning flash[M]. London: The Institution of Electrical Engineers,2003.
[7] 虞昊. 现代防雷技术基础[M]. 北京:清华大学出版社,1995.
[8] RAKOV V A,UMAN M A. Lightning: physics and effects[M]. Cambridge: University Press,2003.
[9] JIANG R,QIE X S,WANG C X,et al. Propagating features of upward positive leaders in the initial stage of rocket-triggered lightning[J]. Atmospheric Research,2013,129: 90-96.
[10] CIGRE TECHNICAL BROCHURE 855. Effectiveness of line surge arresters for lightning protection

of overhead transmission lines[R]. Paris：CIGRE,2021.

[11] HILEMAN A R. Insulation coordination for power system[M]. Routledge：CRC Press,2018.

[12] COORAY V. Lightning elecgtromagnetics［M］. London：The Institution of Engineering and Technology,2012.

[13] 解广润. 电力系统过电压[M]. 北京：水利电力出版社,1985.

[14] WARNER T A. Observations of simultaneous upward lightning leaders from multiple tall structures[J]. Atmospheric Research,2012,117：45-54.

[15] LU W,QI Q,MA Y,et al. Two basic leader connection scenarios observed in negative lightning attachment process[J]. High Voltage,2016,1(1)：11-17.

[16] BERGER K,VOGELSANGER E. Phootographische blitzuntersuchgen der Jahre 1955-1965 auf dem Monte San Salvatore［J］. Bulletin des Schweizerischen Elektrotechnischen Vereins，1966，57：599-620.

[17] 王道宏,郄秀书,郭昌明. 雷电与人工引雷[M]. 上海：上海交通大学出版社,2000.

[18] KITAGAWA N,BROOK M,WORKMAN E J. Continuing currents in cloud-to-ground lightning discharges[J]. Journal of Geophysical Research,1962,67(2)：637-647.

[19] SABA M M F,SCHUMANN C,WARNER T A,et al. Upward lightning flashes characteristics from high-speed videos[J]. Journal of Geophysical Research：Atmospheres,2016,121(14)：8493-8505.

[20] CIGRE TECHNICAL BROCHURE 549. Lightning parameters for engineering applications［R］. Paris：CIGRE,2013.

[21] IEEE STD 1243-1997. IEEE guide for improving the lightning performance of transmission lines[S]. New York：The Institute of Electrical and Electronics Engineers,Inc. ,1997.

[22] CIGRE TECHNICAL BROCHURE 839. Procedures for estimating the lightning performance of transmission lines-new aspects[R]. Paris：CIGRE,2021.

[23] CIGRE TECHNICAL BROCHURE 63. Guide to procedure for estimating the lightning performance of transmission lines[R]. Paris：CIGRE,1991.

[24] ANDERSON R B,VAN NIEKERK H R,PRENTICE S A,et al. Improved lightning flash counter[J]. Electra,1979,66：85-98.

[25] 陈家宏,冯万兴,王海涛,等. 雷电参数统计方法[J]. 高电压技术,2007,33(10)：6-10.

[26] CIGRE TECHNICAL BROCHURE 376. Cloud-to-ground lightning parameters derived from lightning location systems—the effects of system performance[R]. Paris：CIGRE,2009.

[27] SCHULZ W,NAG A. Lightning geolocation information for power system analyses[J]. Lightning Interaction with Power Systems,2020.

[28] 袁铁,郄秀书. 卫星观测到的我国闪电活动的时空分布特征[J]. 高原气象,2004,23(4)：488-494.

[29] Lightning Data at GHRC DAAC-Lightning Research ｜ GHRC Lightning［EB/OL］. ［2022-08-07］. https://ghrc. nsstc. nasa. gov/lightning/index. html.

[30] Lightning Imaging Sensor（LIS）｜ NASA Global Precipitation Measurement Mission[EB/OL]. [2022-08-07]. https://gpm. nasa. gov/missions/TRMM/satellite/LIS.

[31] LINGS R J. EPRI AC transmission line reference book-200kV and above[R]. EPRI,Palo Atto CA：2005. 1011974.

[32] CECIL D J,BUECHLER D E,BLAKESLEE R J. Gridded lightning climatology from TRMM-LIS and OTD：Dataset description[J]. Atmospheric Research,2014,135：404-414.

[33] CHISHOLM W A. Estimates of lightning ground flash density using optical transient density[C]// Proceedings of the 2003 IEEE PES Transmission and Distribution Conference and Exposition (IEEE Cat. No. 03CH37495). IEEE,2003,3：1068-1071.

[34] IEEE STD 1410-2010. IEEE guide for improving the lightning performance of electric power

overhead distribution lines[S]. New York: The Institute of Electrical and Electronics Engineers, Inc. ,2010.

[35] ASAKAWA A,MIYAKE K,YOKOYAMA S,et al. Two types of lightning discharges to a high stack on the coast of the sea of Japan in winter[J]. IEEE Transactions on Power Delivery,IEEE, 1997,12(3): 1222-1231.

[36] YOKOYAMA S,ASAKAWA A,MIYAKE K,et al. Leader and return stroke velocity measurements using advanced measuring system on progressing feature of lightning discharge (ALPS) [C]// Proceedings of the 25th International Conference on Lightning Protection: ICLP 2000 (Greece). 2000: 66-71.

[37] SABA M M F,CAMPOS L Z S,BALLAROTTI M G,et al. Measurement of cloud-to-ground and spider leader speeds with high-speed video observations[C]//Proceedings of the 13th International Conference on Atmospheric Electricity,ICAE,Beijing,China. 2007.

[38] BERGER K. Parameters of lightning flashes[J]. Electra,1975,41: 23-37.

[39] ANDERSON R B. Lightning parameters for engineering application[J]. Electra,1980,69: 65-102.

[40] TAKAMI J,OKABE S. Observational results of lightning current on transmission towers[J]. IEEE Transactions on Power Delivery,2007,1(22): 547-556.

[41] TAKAMI J,OKABE S. Characteristics of direct lightning strokes to phase conductors of UHV transmission lines[J]. IEEE Transactions on Power Delivery,2006,22(1): 537-546.

[42] VISACRO S,SOARES JR A,SCHROEDER M A O,et al. Statistical analysis of lightning current parameters: Measurements at Morro do Cachimbo Station[J]. Journal of Geophysical Research: Atmospheres,Wiley Online Library,2004,109(D1).

[43] SILVEIRA F H,VISACRO S. Lightning parameters of a tropical region for engineering application: Statistics of 51 flashes measured at Morro do Cachimbo and expressions for peak current distributions[J]. IEEE Transactions on Electromagnetic Compatibility, IEEE, 2019, 62 (4): 1186-1191.

[44] LALANDE P,BONDIOU-CLERGERIE A,BACCHIEGA G, et al. Observations and modeling of lightning leaders[J]. Comptes Rendus Physique,2002,3(10): 1375-1392.

[45] LALANDE P,BONDIOU-CLERGERIE A,LAROCHE P,et al. Leader properties determined with triggered lightning techniques[J]. Journal of Geophysical Research: Atmospheres,1998,103(D12): 14109-14115.

[46] BONDIOU A,GALLIMBERTI I. Theoretical modelling of the development of the positive spark in long gaps[J]. Journal of Physics D: Applied Physics,1994,27(6): 1252.

[47] DIENDORFER G. Some comments on the achievable accuracy of local ground flash density values [C]//Proceedings of the 29th International Conference on Lightning Protection, Uppsala, Sweden, June 23-26,2008: paper no. 2-8.

[48] IEC 62858. Lightning density based on lightning location systems (LLS)-General principles[S]. Geneva: International Electrotechnical Commission,2019.

[49] PéDEBOY S. Identification of the multiple ground contacts flashes with lightning location systems[C]// Proceedings of the 22nd International Lightning Detection Conference. Broomfield,USA,April 2-3,2012.

[50] PéDEBOY S. Review of the lightning dataset and lightning locating systems performances as recommended by the IEC 62358 standard[C]//Proceedings of the International Colloquium on Lightning and Power Systems,Delft,Netherlands,Oct. 7-9,2019.

[51] 马明,陶善昌,祝宝友,等.卫星观测的中国及周边地区闪电密度的气候分布[J].地球科学,2004, 34(4): 298-306.

[52] MACGORMAN D R,MAIER M W,RUST W D. Lightning strike density for the contiguous United

States from thunderstorm duration records[R]. National Severe Storms Lab. ,National Oceanic and Atmospheric Administration,Norman,USA,1984.

[53] Anderson R B,Eriksson A J,Kroninger H. Lightning and thunderstorm parameters[C]//Proceedings of the IEEE Conference Publication 236: Lightning and Power Systems,London,UK,1984.

[54] LETEINTURIER C,HAMELIN J H,EYBERT-BERARD A. Submicrosecond characteristics of lightning return-stroke currents[J]. IEEE transactions on electromagnetic compatibility,1991,33(4): 351-357.

[55] IEC 62305-1-2003. Protection against lightning-Part 1: General principles[S]. Geneva: International Electrotechnical Commission,2003.

[56] ERIKSSON A J. Research paper no 4: Lightning and tall structures[J]. Transactions of the South African Institute of Electrical Engineers,SAIEE,1978,69(8): 238-252.

[57] CHOWDHURI P,ANDERSON J G,CHISHOLM W A,et al. Parameters of lightning strokes: a review[J]. IEEE Transactions on Power Delivery,2005,20(1): 346-358.

[58] 孙萍,郑庆均,吴璞三,等. 220kV 新杭线Ⅰ回路 27 年雷电流幅值实测结果的技术分析[J]. 中国电力,2006(7): 74-76.

[59] ANDERSON J G. Transmission line reference book: 345kV and above[M]. Palo Alto: Electric Power Research Institute,1982.

[60] 白云庆,印华,吴高林,等. 重庆电网输电线路防雷计算中参数的选取[J]. 高电压技术,2007,33(12): 162-163.

[61] SUBCOMMITTEE FOR POWER STATIONS AND SUBSTATIONS, LIGHTNING PROTECTION DESIGN COMMITTEE. Guide to lightning protection design of power stations, substations and underground transmission lines (in Japanese)[R]. Tokyo: Central Research Institute of Electric Power Industry,1995.

[62] BERGER K. Methods and results of lightning records at Monte San Salvatore from 1963-1971[J]. Bulletin des Schweizerischen Elektrotechnischen Vereins,1972,63: 21403-21422.

[63] GOLDE R H. The frequency of occurrence and their distribution of lightning flashes to transmission lines[J]. Transactions of the American Institute of Electrical Engineers,1945,64: 902-910.

[64] GOLDE R H. Lightning protection[M]. London: Edward Arnold,1973.

[65] ERIKSSON A J. The lightning ground flash-an engineering study[D]. Pretoria: University of Natal,1979.

[66] DELLERA L,GARBAGNATI E. Lightning stroke simulation by means of the leader propagation model. Part 1: description of the model and evaluation of exposure of free standing structures[J]. IEEE Transactions on Power Delivery,2008,23(4): 2201-2206.

[67] COORAY V,RAKOV V,THEETHAYI N. The lightning striking distance-revisited[J]. Journal of Electrostatics,2007,65(5-6): 296-306.

[68] GALLIMBERTI I. The mechanism of long spark formation[J]. Le Journal de Physique Colloques,1972,40(C7): 193-250.

[69] LES R G. Positive discharges in long air gaps—1975 results and conclusions[J]. Electra,1977,53: 131-132.

[70] LALANDE P,BONDIOU-CLERGERIE A,BACCHIEGA G,et al. Observations and modeling of lightning leaders[J]. Comptes Rendus Physique,2002,3: 1375-1392.

[71] SHINDO T,MIKI M. Characteristics of upward leaders from tall structures[C]//Proceedings of the 7th Asia-Pacific International Conference on Lightning. Chengdu,China,Nov. 1-4,2011.

[72] BECERRA M,COORAY V. A self-consistent upward leader propagation model[J]. Journal of Physics D: Applied Physics,2006,39(16): 3708-3715.

[73] BERGER K. The earth flash[M]//R H GOLDE. Physics of lightning. New York: Academic Press, 1977: 119-190.

[74] LAROCHE P. Triggered lightning flash characteristics[C]//Proceedings of the 10th International Aerospace and Ground Conference on Lightning and Static Electricity, Paris, France, 1985.

[75] YOKOYAMA S, MIYAKE K, SUZUKI T, et al. Winter lightning on Japan sea coast-development of measuring system on progressing feature of lightning discharge[J]. IEEE Transactions on Power Delivery, 1990, 5(3): 1418-1425.

[76] SHAO X M, KREHBIEL P R, THOMAS R J. Radio interferometric observations of cloud-to-ground lightning phenomena in Florida[J]. Journal of Geophysical Research, 1995, 100(D2): 2749-2783.

[77] LALANDE P, BONDIOU-CLERGERIE A, LAROCHE P. Leader properties determined with triggered lightning techniques[J]. Journal of Geophysical Research, 1998, 103(D12): 14109-14115.

[78] WADA A, ASAKAWA A, SHINDO T, et al. Leader and return strokes speed of upward-initiated lightning[C]//Proceedings of the 12th International Conference on Atmospheric Electricity, Versailles, France, 2003: 9-13.

[79] SABA M M F, CAMPOS L Z S, BALLAROTTI M G, et al. Measurement of cloud-to-ground and spider leader speeds with highspeed video observations[C]//Proceedings of the 13th International Conference on Atmospheric Electricity, Beijing, China, Aug. 13-17, 2007: 13-17.

[80] KONG X, QIE X, ZHAO Y. Characteristics of downward leader in a positive cloud-to-ground lightning flash observed by high-speed video camera and electric field changes[J]. Geophysical Research Letters, 2008, 35(5): L05816.

[81] BIAGI C J, JORDAN D M, UMAN M A, et al. High-speed video observations of rocket-and-wire initiated lightning[J]. Geophysical Research Letters, 2009, 36(15): L15801.

[82] YOSHIDA S, BIAGI C J, RAKOV V A, et al. Three-dimensional imaging of upward positive leaders in triggered lightning using VHF broadband digital interferometers[J]. Geophysical Research Letters, 2010, 37(5): L05805.

[83] WANG D, TAKAGI N. A downward positive leader that radiated optical pulses like a negative stepped leader[J]. Journal of Geophysical Research, 2011, 116(D10): D10205.

[84] LU W, CHEN L, ZHANG Y, et al. Unconnected upward leaders observed in Guangzhou during 2009-2010[C]//Proceedings of the 7th Asia-Pacific International Conference on Lightning. Chengdu China, Nov. 1-4, 2011: 609-613.

[85] JIANG R B, QIE X S, WANG C X, et al. Propagating features of upward positive leaders in the initial stage of rocket-triggered lightning[J]. Atmospheric Research, 2013, 129-130: 90-96.

[86] YOKOYAMA S, ASAKAWA A, MIYAKE K, et al. Leader and return stroke velocity measurements using advanced measuring system on progressing feature of lightning discharge (ALPS)[C]// Proceedings of International Conference on Lightning Protection, Rhodes, Greece, Sept. 18-22, 2000: 18-22.

[87] YUKIO K, HORII K, HIGASHIYAM Y, et al. Optical aspects of winter lightning discharges triggered by the rocket-wire technique in Hokuriku District of Japan[J]. Journal of Geophysical Research, 1985, 90(D4): 6147-6157.

[88] SABA M M F, CUMMINS K L, WARNER T A, et al. Positive leader characteristics from high-speed video observations[J]. Geophysical Research Letters, 2008, 35(7): L07802.

[89] RIZK F. Modeling of lightning incidence to tall structures Part I: Theory[J]. IEEE Transactions on Power Delivery, 1994, 9(1): 162-171.

[90] RAKOV V A, UMAN M A. Review and evaluation of lightning return stroke models including some aspects of their application[J]. IEEE Transactions on Electromagnetic Compatibility, 1998, 40(4):

403-426.

[91] BETZ H D,SCHUMANN U,LAROCHE P. Lightning: principles,instruments and applications-review of modern lightning research[M]. Switzerland: Springer,2009.

[92] BRUCE C E R,GOLDE R H. The lightning discharge[J]. Journal of the Institution of Electrical Engineers-Part Ⅱ: Power Engineering,1941,88(6): 487-505.

[93] UMAN M A,MCLAIN D K. Magnetic field of lightning return stroke[J]. Journal of Geophysical Research,1969,72(28): 6899-6190.

[94] LIN Y T,UMAN M A,STANDLER R B. Lightning return stroke models[J]. Journal of Geophysical Research,1980,85(C3): 1571-1583.

[95] MASTER M J,UMAN M A,LIN Y T,et al. Calculation of lightning return stroke electric and magnetic fields above ground[J]. Journal of Geophysical Research,1981,86(C12): 12127-12132.

[96] NUCCI C A,MAZZETTI C,RACHIDI F,et al. On lightning return stroke models for LEMP calculations[C]//Proceedings of the 19th International. Conference on lightning protection,Graz,Austria,1988.

[97] DIENDORFER G,UMAN M A. An improved return stroke model with specified channel-base current[J]. Journal of Geophysical Research,1990,95(9): 13621-13644.

[98] COORAY V. A model for subsequent return strokes[J]. Journal of Electrostatics,1993,30: 343-354.

[99] NUCCI C A,MAZZETTI C,RACHIDI F,et al. On lightning return stroke models for LEMP calculations[C]//Proceedings of the 19th International. Conference on lightning protection,Graz,Austria,1988.

[100] 黄炜纲.直流架空线路绕击闪络率初探[J].雷电与静电,1989,(9): 1-5.

[101] ANTSUDOV K V,BAZUTKIN V E. Problems of lightning protection of 1150kV power transmission lines[C]//Proceedings of the 21st International Conference on Lightning Protection,Berlin,Germany,September 21-25,1992: 55-60.

[102] HE J L,TU Y P,ZENG R,et al. Numeral analysis model for shielding failure of transmission line under lightning stroke[J]. IEEE Transactions on Power Delivery,2005,20(2): 815-822.

[103] SCHONLAND B J F. Progressive lightning IV-The discharge mechanism[J]. Proceedings of the Royal Society of London. Series A-Mathematical and Physical Sciences,1938,164(916): 132-150.

[104] MASTER M J,UMAN M A. Transient electric and magnetic fields associated with establishing a finite electrostatic dipole[J]. American Journal of Physics,1983,51(2): 118-126.

[105] LU W,ZHANG Y,CHEN L,et al. Attachment processes of two natural downward lightning flashes striking on high structures[C]//Proceedings of the 30th International Conference on Lightning Protection (ICLP). Cagliari,Italy,Sept. 13-17,2010.

[106] LES R G. Research on long air gap discharges at Les Renardières[J]. Electra,1972,23: 53-157.

[107] LES R G. Research on long air gap discharges—1973 results[J]. Electra,1974,35: 47-155.

[108] LES R G. Negative discharges in long air gaps at Les Renardières—1978 results[J]. Electra,1981,74: 67-218.

[109] PEEK F W. Dielectric phenomena in high-voltage engineering[M]. New York and London: McGRAW-HILL Book Company,1929.

[110] WAGNER C F. The relation between stroke current and the velocity of the return stroke[J]. IEEE Transactions on Power Apparatus and Systems,1963,82(5): 609-617.

[111] SUZUKI T,MIYAKE K,KISHIZIMA I. Study on experimental simulation of lightning strokes[J]. IEEE Transactions on Power Apparatus and Systems,1981,100(4): 1703-1711.

[112] SUZUKI T,MIYAKE K,SHINDO T. Discharge path model in model test of lightning strokes to

[113] GARY C, HUTZLER B, CRISTESCU D, et al. Laboratory aspects regarding the upward positive discharge due to negative lightning[J]. Revue roumaine des sciences techniques. Electrotechnique et énergétique, 1989, 34(3): 363-377.

[114] GARY C, HUTZLER B. Laboratory simulation of the ground flash[J]. RGE, 1989, 3: 18-24.

[115] TANIGUCHI S, TSUBOI T, OKABE S, et al. Improved method of calculating lightning stroke rate to large-sized transmission lines based on electric geometry model[J]. IEEE Transactions on Dielectrics and Electrical Insulation, IEEE, 2010, 17(1): 53-62.

[116] 文习山. 特高压交流输电线路中相绕击模拟实验研究[J]. 电网技术, 2008, 32(16): 1-4.

[117] 钱冠军. 侧针对改善特高压交流输电线路雷电屏蔽的实验观测[J]. 高电压技术, 2010, 36(1): 103-108.

[118] TECHNICAL BROCHURE 704. Evaluation of lightning shielding analysis methods for EHV and UHV DC and AC transmission lines[R]. Paris: CIGRE, 2017.

[119] 王希. 110-1000kV 交流输电线路上行先导特征及其应用[D]. 北京: 清华大学, 2015.

[120] LI Z Z, ZENG R, YU Z Q, et al. Research on the upward leader emerging from transmission line by laboratory experiments[J]. Electric Power Systems Research. 2013, 94: 64-70.

[121] ZENG R, LI Z Z, YU Z Q, et al. Study on the influence of the DC voltage on the upward leader emerging from a transmission line[J]. IEEE Transactions on Power Delivery, 2013, 28(3): 1674-1681.

[122] 李志钊. 特(超)高压输电线路上行先导起始机理及其发展特征研究[D]. 北京: 清华大学, 2014.

[123] WANG X, YU Z Q, HE J L, et al. Characteristics of upward leader emerging from single phase conductor with different voltage class[J]. IEEE Transactions on Power Delivery, 2015, 30(4): 1833-1842.

[124] WANG X, HE J L, YU Z Q. Influence of ground wire protection angle on upward leader from 110-1000kV AC lines[C]//Proceedings of International Conference of Lightning Protection, Shanghai, China, Oct. 12-17, 2014: 1128-1133.

[125] WANG X, HE J L, YU Z Q, et al. Reconstitution of two-dimension leader path to three-dimension image in long-gap discharge[C]//Proceedings of the 8th Asia-Pacific International Conference on Lightning (APL2015), Nagoya, Japan, June 23-27, 2015.

[126] WANG X, HE J L, RACHIDI F. Influence of ground wire on the initiation of upward leader from 110 to 1000kV AC phase line[J]. Electric Power Systems Research, 2016, 130: 103-112.

[127] QI Q, LYU W T, YING M, et al. High-speed video observations of natural lightning attachment process with framing rates up to half a million frames per second[J]. Geophysical Research Letters, 2019, 46(21): 12580-12587.

第 2 章
输电线路外绝缘雷电闪络特性

输电线路的外绝缘包括两部分，一是绝缘子，二是空气间隙，包括导线对杆塔、导线对导线的间隙。雷击输电线路可能造成绝缘子闪络或绝缘间隙击穿，进而引起跳闸，或进一步演变为永久故障。因此，了解绝缘子的闪络特性及间隙的击穿特性是输电线路雷电防护的基础。当雷击中地线或杆塔后，在避雷线、杆塔及导线上出现雷电过电压，这时需要根据绝缘子的闪络特性来判断是否会发生闪络、何时发生闪络、闪络概率如何，进而预测闪络带来的后果。绝缘子雷电冲击闪络特性及其模型是输电线路防雷分析的基础，对于准确计算输电线路的雷电过电压水平及线路防雷设计十分重要。

2.1 雷击时绝缘子串上作用的波形特征

一般采用标准雷电波（$1.2/50\mu s$）测试得到绝缘子串的50%雷电冲击放电电压（U_{50}）和伏秒特性，它准确地反映了标准雷电波作用下绝缘子串的冲击绝缘特性。但在实际电力系统中，系统遭受雷击时真正加到绝缘子上的雷电过电压波形却千差万别，绝缘子承受的电压波形与标准雷电波在形状和波头、波尾时间上都有着很大的差别。实验研究表明，施加的冲击电压的波形对绝缘闪络强度有显著影响。具体地说，更短的波尾时间（小于$50\mu s$）会导致闪络电压的增加。因此，在评估输电线路绝缘的雷电冲击耐受特性时，有必要根据标准雷电波测试结果调整到不同的波形对应的U_{50}。

图 2.1 为绝缘子两端雷电过电压波形示意图[1]。当雷电流由杆塔顶部传到底部时，由于杆塔的波阻抗与接地装置的接地电阻不同，将产生负反射波返回到杆塔塔顶，导致塔顶电压下降。该下降对应的时间t_{RG}与杆塔的高度及结构有关，而下降幅度与杆塔波阻抗及接地装置接地电阻有关。在此之后，传导到相邻杆塔的雷电流产生反射波，使得电压进一步下降。该时间t_{RT}与杆塔间档距有关。由于这两个距离都较短，使得雷电过电压在达到峰值后很快就下降，从而具有

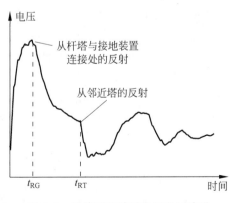

图 2.1 绝缘子两端雷电过电压波形

了短尾波的特点。

对不同电压等级、不同杆塔情况下绝缘子两端的电压波形进行分析,包括500kV的单回塔、同塔双回塔、同塔4回塔,220kV的单回塔、同塔双回塔及500kV/220kV并架的同塔4回塔。其中杆塔间档距均为405m,接地电阻均为10Ω。50kA的雷电流从避雷线注入,为2.6/50μs的标准雷电流波形,雷电通道波阻抗为300Ω。所得的波形如图2.2所示[2]。可以看到,在不同的杆塔情况下,绝缘子两端雷电过电压波形都是短尾波,且得到的波形具有很好的一致性,具有非常类似的特征。这表明不同杆塔及电压等级不会影响雷电过电压波形的短波尾特性。

另外也对同塔双回1000kV特高压线路雷电过电压波形进行了计算。其中杆塔采用多波阻抗模型进行建模,杆塔接地电阻为10Ω,杆塔之间的档距为405m。计算得到的同侧上、中、下三相线路上的绝缘子两端波形如图2.3所示。可以看到,波形在达到峰值后很短的时间内就发生了跌落,使得整个波形的波前时间只有不到2μs。相对于上相,中相与下相具有更短的波尾时间。

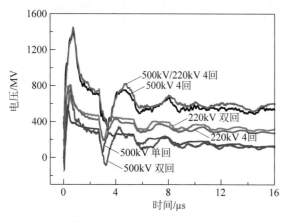

图2.2 不同电压等级及杆塔下绝缘子两端雷电过电压波形[2](见文前彩图)

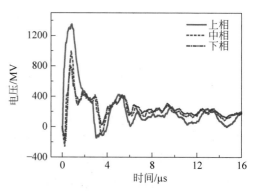

图2.3 特高压双回塔上、中、下三相线路上的绝缘子两端雷电过电压波形(见文前彩图)

研究表明,随着杆塔接地电阻的增大与档距的变大,绝缘子上雷电过电压的波尾时间会变长。但无论是选择何种雷电流波形,或是不同的接地电阻与档距,得到的都是短波尾的波形,其波尾时间为2~10μs。

针对绝缘子两端波形的实测结果较少。但从一些实验结果中仍可以看出雷电过电压波形的短波尾特点。如在塔顶注入两种不同波头时间的矩形脉冲电流,测量杆塔上不同位置处的响应电压等。可以看到电压波形在经过峰值后很短的时间内就跌落了,其对应的波尾时间不到1μs。而注入缓波头的电流使得波尾时间也仅为3.5μs左右[3]。也有文献记录了两次雷击杆塔时绝缘子两端电压波形,尽管在接近20μs时绝缘子发生了闪络,仍然可以看出电压波形的峰值持续时间很短,即波尾很短,约为6μs[4]。另外,安装线路避雷器也会对波形有一定的影响,记录结果表明杆塔在遭受雷击时绝缘子两端的雷电过电压波形仍具有短波尾特征,其波尾时间在5μs以下。

对于建立间隙或绝缘子闪络模型的实验来说,采用符合实际情况的短尾波是十分必要的。从国际上来看,在20世纪80年代中期之前,多采用标准雷电冲击波建立闪络模型。而从 20 世纪 80 年代末开始,几乎所有文献都采用了短尾波建立闪络模型。表 2.1 中给出了不同文献中实验时使用波形的波尾时间。可以看到,不同研究中采用的波形的波尾时间均小于 20μs。而实际情况中的波尾时间均小于 10μs,有时甚至低于 1μs。因此,有人建议采用 1/5μs 的双指数波进行空气间隙或绝缘子雷电闪络实验更为合适[5],且已经有很多针对该波形的实验数据。为综合考虑,可以选择 10μs 左右的波尾时间,其既比较容易实现,也与实际比较接近。

表 2.1 不同文献中实验时使用波形的波尾时间

实验类型	文献	采用波形	波尾时间/μs
绝缘性能实验	[3]	双指数波	10
	[6]	2.0/20μs 双指数波	20
闪络模型实验	[7]	1.6/18μs 双指数波尾截波	18
	[8]	1.0/4.0μs 双指数波或 1.2/3.2μs 双指数波	4.0/3.2
	[9]	2.4/18μs 双指数波尾截波	18
	[2]	1.10/6.5μs(110kV)、1.10/15.7μs(220kV)和 1.40/11.0μs(500kV)双指数波尾截波	6.5～15.7

CIGRE 导则 63 中指出[10],作用在线路绝缘子上的雷电冲击电压波的波尾取决于避雷线的冲击阻抗 Z_g、杆塔的接地电阻 R_g 及档距 l_{sp}。波尾时间 t_h 可由下式大致估算:

$$t_h = 0.693 \frac{Z_g l_{sp}}{c R_g} \tag{2.1}$$

式中,Z_g、R_g 的单位为 Ω;l_{sp} 的单位为 m;c 为光速。波尾时间 t_h 的单位为μs,对于单地线线路,t_h 典型值为 5～20μs,对于双避雷线线路,典型值在 2～10μs 的范围。

另外,需要考虑绝缘击穿所需的时间,这取决于外加电压大小。在较高的外加电压下发生击穿的时间更短,这种特性对应的曲线称为伏秒特性曲线(或 V—t 曲线)。在考虑改善线路防雷性能的措施时,绝缘击穿的时机非常重要。这些措施大多数都是在离绝缘子一定距离的地方实施的,例如,接地装置通常至少 20m 远。这意味着在它能够影响施加在绝缘子上的电压之前存在一个时延,如果时延太长,在其对绝缘子上的电压波产生影响前,绝缘子已经发生闪络[11]。

2.2 绝缘子雷击闪络过程

图 2.4 和图 2.5 所示分别为短波尾波作用时 500kV 瓷绝缘子和复合绝缘子的典型闪络过程[2],绝缘子上方为模拟横担,施加雷电波,下方为接地的模拟导线。图 2.4 中为 29 片 XP-7 型瓷绝缘子。可见,首先在模拟导线侧产生先导,如图 2.4(a)所示,然后先导沿瓷绝缘子逐步爬升,如图 2.4(b)～(e)所示,同时上方下行先导也逐步发展,如图 2.4(d)～(e)所示,最后绝缘子击穿,如图 2.4(f)所示。

典型的 500kV 带均压环的合成绝缘子闪络过程如图 2.5 所示,首先在模拟横担和模拟导线侧的均压环上均产生先导,如图 2.5(a)所示,然后先导沿合成绝缘子表面空气间隙逐步发展,如图 2.5(b)～(e)所示,最后绝缘子闪络,如图 2.5(f)所示。

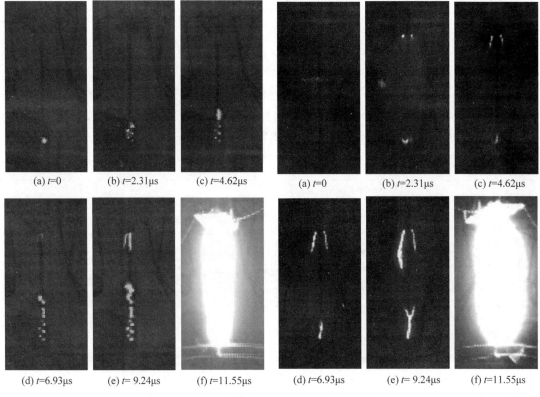

图 2.4　500kV 瓷绝缘子的典型击穿过程[2]　　　　图 2.5　500kV 复合绝缘子的典型击穿过程[2]

实验表明[12],随着波尾时间的变化,放电路径也会发生变化,如图 2.6 所示。在标准雷电冲击电压波作用下,放电几乎都是绝缘子与导线连接处均压环对上横单放电;波尾时间减小到 30μs 时,部分对上横担放电、部分沿均压环放电,而波尾继续减小到 20μs 时,全部都沿均压环放电,即沿绝缘子表面放电。

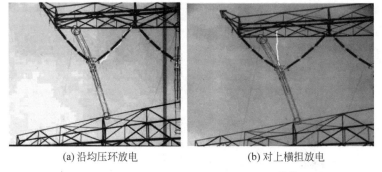

(a) 沿均压环放电　　　　　　　(b) 对上横担放电

图 2.6　两种典型的雷电冲击放电路径[12]

2.3　外绝缘雷电冲击特性

2.3.1　标准雷电波作用下的线路绝缘强度

输电线路雷击过电压具有持续时间短、波前时间快的特点。典型过电压的波前时间为

$0.1 \sim 20\mu s$，总持续时间（半峰值对应的时间）小于 $300\mu s$[13]。设备及线路的雷电冲击特性一般采用 $1.2/50\mu s$ 的标准雷电冲击波测试。

输电线路雷电冲击强度估算方法可参见 CIGRE 导则 72[1]，它基于所谓的"间隙系数"方法，即根据具有相同绝缘长度的棒—板间隙确定绝缘强度，并应用适当的校正系数或间隙系数来调整绝缘配置的差异。间隙系数与用于估算线路操作冲击强度的间隙系数相同。根据该方法，雷电冲击闪络强度可采用如下公式估算[1,14]。

棒—板间隙 50% 雷电冲击强度 U_{50_rp}(kV)：

$$U^+_{50\_rp} = 525d \quad (\text{正极性}) \tag{2.2}$$

$$U^-_{50\_rp} = 950d^{0.8} \quad (\text{负极性}) \tag{2.3}$$

式中，d 为间隙长度，$1m \leqslant d \leqslant 8m$。间隙系数 k_g 用来估算间隙的雷电冲击强度。间隙的正极性雷电冲击强度为

$$U^+_{50} = (0.75 + 0.25k_g)U^+_{50\_rp}(\text{kV}) \tag{2.4}$$

而对于长度小于 7m 的间隙，其负极性雷电冲击绝缘强度为

$$U^-_{50} = (1.51 + 0.51k_g)U^-_{50\_rp}(\text{kV}), \quad k_g \leqslant 1.44 \tag{2.5}$$

$$U^-_{50} = 0.776U^-_{50\_rp}(\text{kV}), \quad k_g > 1.44 \tag{2.6}$$

输电线路典型的间隙因素，对于导线—横担，$k_g \approx 1.45$，而对于导线—塔窗，$k_g \approx 1.25$。

绝缘子的存在可能会影响间隙的击穿强度，这在很大程度上取决于绝缘子的类型（即盘型、长棒型或复合绝缘子）。由于单元间电容的差异，以及具有相同轴向长度的绝缘子干弧距离的差异[1]，因此很难给出一般规则。但对于长度 d 的间隙可采用如下方式进行保守估计[14]：

$$U^+_{50} = 560d \quad (\text{正极性}) \tag{2.7}$$

$$U^-_{50} = 605d \quad (\text{负极性}) \tag{2.8}$$

二者的估计结果对于不使用木材或绝缘材料作为支撑结构的传统输电线路是有效的。

中国电力科学研究院对不同电压等级的直流输电线路间隙雷电冲击耐受特性进行了测试[15-19]。在六分裂导线上施加正极性雷电冲击电压，通过对 ±800kV 直流线路 V 型串塔头空气间隙进行的正极性 50% 雷电冲击放电特性实验，获得了不同空气间隙距离的 50% 雷电冲击放电电压数据、±800kV 直流线路 V 型串塔头空气间隙距离与正极性 50% 雷电冲击放电电压的关系曲线，以及 ±660kV 同塔双回杆塔上层间隙距离与正极性 50% 雷电冲击放电电压的关系曲线，如图 2.7 所示。±1100kV 直流杆塔间隙正极性雷电冲击放电特性测试采用八分裂导线，模拟导线分别采用 V 形复合绝缘子和 210kN 瓷绝缘子串悬吊，在北京和海拔 4300m 的西藏高海拔实验基地户外场分别进行了测试，得到了分裂导线对立柱间隙在正极性雷电冲击电压下的放电特性，示于图 2.7 中。±800kV

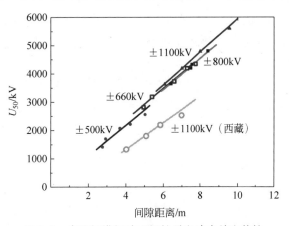

图 2.7 直流杆塔间隙正极性雷电冲击放电特性

雷电冲击放电电压与空气间隙距离保持着较好的线性关系,并与±500kV、±660kV、±1100kV的特性曲线有较好的延续性。在实验过程中可以看到,雷电冲击放电路径总是沿着高压电极到接地体的最短距离路径发展,闪络电弧呈明亮的直线状。由实验结果可算得,北京和西藏两地的雷电冲击放电电压梯度分别为591kV/m和354kV/m,二者的比值约为1.67。

北京地区±1100kV直流线路杆塔空气间隙正极性雷电冲击50%放电电压U_{50}与间隙距离的关系式为[17]

$$U_{50} = 585d \qquad (2.9)$$

西藏±1100kV直流线路杆塔间隙正极性雷电冲击50%放电电压与间隙距离的关系式为[17]

$$U_{50} = 345d \qquad (2.10)$$

式中,U_{50}为50%雷电冲击放电电压,单位为kV;d为间隙距离,单位为m。比较式(2.9)和式(2.10)可看出,雷电放电特性具有良好的线性度,在空气间隙距离10m的范围内没有明显的饱和性。

理论研究和运行经验都表明,雷击引起直流线路绝缘闪络并建弧后,直流系统可以重新启动,不会导致线路停止运行,因此雷电放电间隙不应成为杆塔尺寸设计的控制因素。

IEEE 1862—2014给出了对1000kV交流单回和同塔双回特高压线路导线对塔身空气间隙的50%雷电冲击放电电压特性测试结果。当风偏角约为10°时,1000kV交流特高压输电线路猫头塔和杯形塔侧相导线对塔身空气间隙的50%雷电冲击闪络电压特性如图2.8所示[20]。

1000kV同塔双回架空输电线路中相导线(绝缘子分别为Ⅰ型串和Ⅴ型串)至下横担空气间隙的雷电冲击闪络电压实验布置如图2.9所示,距离导线最近的下横担宽度为5.5m。空气间隙50%标准雷电冲击闪络电压特性如图2.10所示[20]。

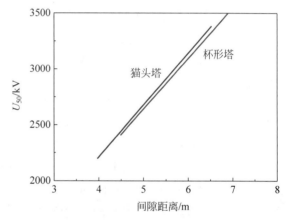

图2.8 风偏角为10°时单回1000kV输电线路侧相导线对塔身间隙的50%雷电冲击闪络电压特性[20]

从图2.7、图2.8和图2.10可以看出,间隙的50%雷电冲击放电电压与间隙距离呈线性关系。

《交流电气装置的过电压保护和绝缘配合设计规范》(GB/T 50064—2014)规定,海拔高度为1000~3000m的地区架空输电线路在雷电过电压作用下所需的空气间隙不应小于表2.2所列数值[21],海拔高度1000m及以下地区范围的不同架空输电线路在雷电过电压作用下所需的空气间隙不应小于表2.3所列数值[21]。在绝缘配合中,空气间隙应留有一定的裕度。

对于1000kV单回交流特高压输电线路,雷电过电压下的空气间隙距离对杆塔塔头尺寸不起控制作用,一般不予规定。但为了避免中相导线遭受幅值相对较小的雷击,两根地线之间的距离不应超过地线与相导线垂直距离的5倍[20]。对于同塔双回线路,为满足线路雷击跳闸率的要求,确保导线对其下方横担有足够的间隙距离,海拔高度500m、1000m和

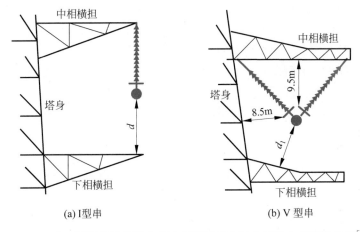

图 2.9 1000kV 同塔双回线路中相空气间隙雷电冲击闪络电压实验布置[20]

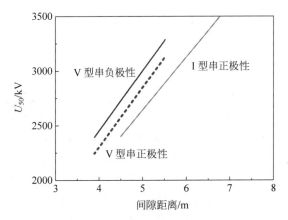

图 2.10 1000kV 交流同塔双回线路中相导线至底部塔身空气间隙的 50% 雷电冲击闪络电压特性[20]

1500m 对应的最小间隙分别为 6.7m、7.1m 和 7.6m。

表 2.2 海拔高度 1000~3000m 地区范围内架空输电线路的空气间隙[21]

系统标称电压/kV	20	35	66	110	220
海拔高度/m	1000	1000/2000/3000	1000	1000/2000/3000	1000/2000/3000
空气间隙/m	0.35	0.45/0.495/0.54	0.65	1.0/1.1/1.2	1.9/2.09/2.28

表 2.3 海拔高度 1000m 及以下地区不同架空输电线路相对地的空气间隙[21]

系统标称电压/kV		220	330	500	750	1000
空气间隙/m	单回架空线路		2.2	3.3	4.2	
	双回架空线路		2.2	3.0(1.8)/3.3(2.0)	3.7(1.6)/4.2(1.8)	7.1
	紧凑型架空线路	1.9	2.3	3.3		

注：括号内数据为对应的操作过电压倍数；同塔双回线路采用垂直排列，为 I 型绝缘子串。

表 2.3 中外绝缘放电电压实验数据应在海拔高度为 0m 的标准气象条件下给出。如果外绝缘所在地区海拔高度高于 0m，应对放电电压进行校正。在海拔高度 2000m 及以下地

区,各种作用电压下的外绝缘空气间隙放电电压 U_H 按下式校正[21]:

$$U_H = k_a U_0 \quad (2.11)$$

$$k_a = \exp[m(H/8150)] \quad (2.12)$$

式中,U_0 为海拔高度为 0m 时空气间隙的放电电压,单位为 kV;k_a 为海拔校正系数;H 为海拔高度,单位为 m;m 为系数,对于雷电冲击电压,$m=1$。

另外,有地线的线路需要防止雷击档距中央地线造成的反击地线,档距中央导地线间距应满足如下要求[21]:

(1) 系统最高电压在 7.2~252kV 范围的输电线路,15℃无风时档距中央导线和地线间的最小距离宜按下式计算:

$$S_1 = 0.012l + 1 \quad (2.13)$$

式中,l 为档距长度,单位为 m。

(2) 系统最高电压在 252~800kV 范围的输电线路,15℃无风时档距中央导线和地线间的最小距离宜按下式计算:

$$S_1 = 0.015l + 1 \quad (2.14)$$

2.3.2 短波尾波与标准波的雷电冲击特性比较

研究表明,在各类非标准波作用下,空气间隙具有完全不同于标准波作用下的放电电压和放电特性。清华大学针对 110kV、220kV 和 500kV 瓷绝缘子和合成绝缘进行了系统的短尾波冲击特性实验,同时也进行了标准雷电波冲击特性实验来作为对比[22]。在实验中,考虑横担和导线的影响,在绝缘子试品上方挂有模拟横担,下方根据电压等级的不同分别挂有单根、二分裂和四分裂模拟导线。220kV 和 500kV 合成绝缘子加装均压环,以尽可能模拟真实情况。

瓷绝缘子串试品采用 XP-7 型普通悬式瓷绝缘子,其中 110kV 瓷绝缘子实验试品为 7 片,绝缘长度为 0.95m;220kV 实验试品为 14 片,绝缘长度为 1.96m;500kV 实验试品为 29 片,绝缘长度为 4.14m。110kV 合成绝缘子试品不带有均压环,长度为 1.05m;220kV 和 500kV 合成绝缘子试品均带有均压环,均压环间距分别为 2.02m 和 4.15m。根据 GB/T 16927.1 和 IEC 60060.1 标准规定,雷电冲击波的波头时间为 1.2μs,容许偏差为±30%;半峰值时间为 50μs,容许偏差为±20%。施加在 110kV、220kV 和 500kV 试品上的短尾波分别为 1.10/6.5μs、1.10/15.7μs 和 1.40/11.0μs,符合相关标准规定。110kV 和 220kV 实验在沙河实验基地室内实验大厅完成,500kV 实验在其户外实验场进行。

不同极性标准波和短尾波下 110~500kV 瓷绝缘子和合成绝缘子间隙的 50%放电电压值见表 2.4。可以看出短波尾波作用下绝缘子的 50%放电电压明显增加,以其为基准,无论是瓷绝缘子还是合成绝缘子,短尾波冲击实验的 50%放电电压比标准波冲击实验高出 15%~30%。

表 2.4 不同电压等级的瓷绝缘子和合成绝缘子的 50%放电电压 U_{50}[22] 单位:kV

绝缘子类型	电压等级/kV	极性	短尾波	标准波	δ/%
瓷绝缘子	110	负极性	864	630	27.1
		正极性	794	608	23.4
	220	负极性	1471	1176	20.1
		正极性	1426	1115	21.8
	500	负极性	2855	—	—
		正极性	2700	—	—

续表

绝缘子类型	电压等级/kV	极性	短尾波	标准波	δ/%
合成绝缘子	110	负极性	944	643	31.9
		正极性	881	638	27.6
	220	负极性	1484	1203	18.9
		正极性	1403	1189	15.3
	500	负极性	3222	2542	21.1
		正极性	3056	2331	23.7

不同极性标准波和短尾波下 110~500kV 瓷绝缘子和合成绝缘子的伏秒特性曲线如图 2.11~图 2.13 所示。相同击穿时间、相同极性下，短尾波的击穿电压比标准波高 15%~30%。负极性短尾波的伏秒特性曲线普遍高于正极性，与标准波的规律相同。

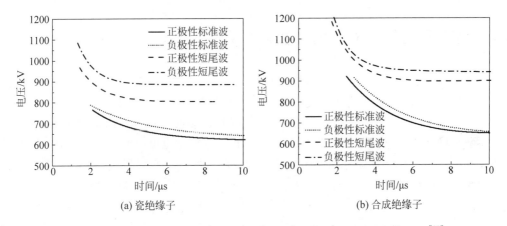

图 2.11 短尾波和标准波 110kV 瓷绝缘子和合成绝缘子的伏秒特性对比[22]

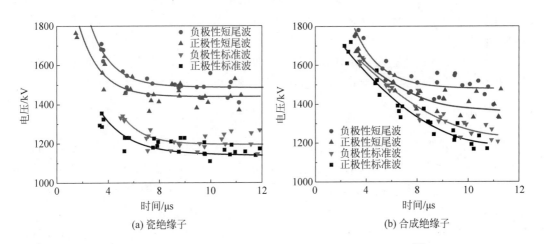

图 2.12 短尾波和标准波 220kV 瓷绝缘子和合成绝缘子的伏秒特性对比[2]（见文前彩图）

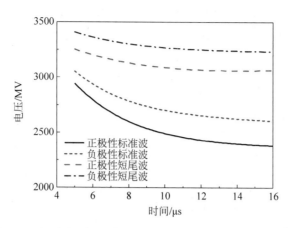

图 2.13 短尾波和标准波 500kV 合成绝缘子伏秒特性对比[22]

2.4 绝缘子的雷电冲击闪络模型

绝缘子冲击闪络模型是准确计算输电线路雷电过电压的基础。当雷击输电线路时,需要根据绝缘子的闪络特性来判断是否发生闪络、何时发生闪络、闪络概率如何,进而预测线路中的电压电流变化。因此,绝缘子闪络模型就是从击穿的物理规律出发得到的在冲击电压作用下绝缘子的端口特性。从简化的观点来看,闪络模型也可以称为闪络判据,即当绝缘子两端的电压满足什么条件时,绝缘子发生闪络。

绝缘子的闪络模型大致可以分为四类:压控开关模型[23-24]、伏秒特性模型[25]、破坏效应系数模型[26]和先导发展模型[7-8,10,25,27-33]。除了利用击穿电压或伏秒特性进行判断的简单模型外,描述绝缘子闪络的模型主要有两类:一类模型为积分方法,或称为破坏效应模型,主要考虑电压波形对于时间的积分,当积分值超过一定阈值时认为发生闪络。另一类模型为物理方法,或称为先导发展模型,主要考虑击穿过程中流注与先导的发展,当先导发展贯通整个间隙时,认为发生闪络。这两种模型的共同点是可以由给定的电压波形预测闪络,也可以得到一定条件下击穿的伏秒特性曲线。两种模型各有优缺点,但后者的物理背景使得该模型具有更广阔的应用空间,其对击穿过程的解释也具有一定的物理意义。

2.4.1 压控开关模型

绝缘子闪络过程包含电离、流注、先导过程。判断绝缘闪络的根据主要有定义法和先导长度法。定义法主要利用绝缘上承受电压的峰值来判断绝缘是否闪络。在电磁暂态分析时,一般将绝缘子处理为理想开关,压控开关模型是最简单的雷击闪络模型[31]。当绝缘子两端的电压峰值超过其 50% 放电电压时,根据绝缘的放电时延可判断绝缘闪络时刻。该方法过于简单,无法考虑作用在绝缘子上的电压波形。先导长度法则是利用空气放电的物理机制,计算间隙中先导放电发生过程,当放电的先导长度达到间隙长度时,绝缘闪络。

2.4.2 伏秒特性模型

与简单的压控开关模型不同,伏秒特性模型[25]考虑了电压作用时间对闪络的影响,即与绝缘子的伏秒特性曲线相关。绝缘子的伏秒特性曲线可以通过实验获得。根据伏秒特性模型,可以有两种方法确定闪络(图 2.14)[1]:一是当绝缘子两端的电压波形与伏秒特性曲线相交时,认为绝缘子发生闪络;二是考虑电压波形的最大值,作其延长线并与伏秒特性曲线相交,认为闪络发生在交点时刻。第一种方法考虑了实际绝缘子两端电压的波形变化,但这种判断方法可能出现与伏秒特性曲线的定义不符的情况。因为伏秒特性是根据已出现的电压最大值与击穿时刻确定的。相比之下,第二种方法更符合伏秒特性的定义,但只考虑了波形的峰值,因此也不能很好地反映波形的变化对绝缘子闪络的影响。此外,也可以综合这两种方法:如果电压波形的波头与伏秒特性曲线相交,则认为在交点处时刻发生闪络,称为波前闪络;否则考虑电压波形的最大值,作其延长线并与伏秒特性曲线相交,认为在此交点时刻发生闪络,称为波尾闪络。

在判断绝缘是否闪络时,一般采用标准冲击波下实验得到的绝缘伏秒特性曲线和伏秒特性定义来判断绝缘子串是否闪络。对于波尾闪络,伏秒特性定义的判据可进一步描述如下:如图 2.15 所示[1],曲线 1a 为绝缘子串上所出现的电压,曲线 2 为绝缘子在标准冲击波作用下所得到的伏秒特性曲线。判断时根据曲线 1a 的峰值作水平延长线,与伏秒特性曲线 2 交于 F 点,故认为绝缘子将于 t_F 时刻闪络。根据这个判据,很容易发现对于电压波 a 与 b,无论波头时间多长,也无论电压波过峰值后怎样变化,闪络时间都一样,即用这种判据得出绝缘的闪络结论是完全一样的。也就是说,在判断绝缘闪络与否时只考虑电压峰值,而未计及电压波形的影响,这与实验结果不一致。这种闪络判据忽略了雷电过电压波形的差别对放电发展的影响,只从过电压波的峰值来判断绝缘的闪络情况,因而其模拟计算结果会有较大的误差。这种误差在单回线路模拟计算中只是带来一个比实际情况更苛刻的结果,而在同杆并架线路的模拟计算中就可能带来比实际高很多的双回同时跳闸率。

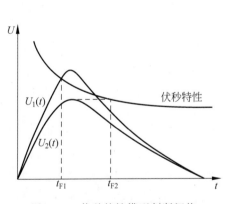

图 2.14 伏秒特性模型判断闪络

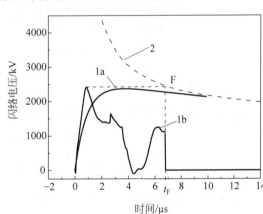

图 2.15 伏秒特性定义法判断绝缘子闪络示意图

50%雷电冲击放电电压和伏秒特性是用标准雷电波(1.2/50μs)实验得出的,它准确地反映了标准雷电波作用下,绝缘子串的冲击绝缘特性。通过对空气间隙或绝缘子进行实验,在标准雷电冲击电压下,间隙的闪络电压随闪络时间的变化可以采用下式计算[25]:

$$U_f = k_1 d + \frac{k_2 d}{t^{0.75}} \tag{2.15}$$

式中,d 为间隙长度;k_1 和 k_2 为实验获得的常数。式(2.15)定义了当电压波或最大电压水平延伸线与电压—时间曲线相交时,绝缘就会击穿。该模型有其内在缺陷,即对于较大的间隙,不考虑电压在交叉点前的变化,这与物理过程不一致。

但在实际电力系统中,系统遭雷击时真正加到绝缘子上的雷电过电压波形千差万别,绝缘子承受的电压波形与标准雷电波在波形形状和波头、波尾时间上都有着很大的差别。通过研究各种不同电压波形下绝缘特性间的相互关系和绝缘闪络击穿机理,可以得到一种根据标准波下所得的绝缘伏秒特性数据来计算非标准绝缘伏秒特性数据的方法(因为绝大多数实验所得的是标准波下的伏秒特性),借此就可以利用标准波伏秒特性曲线数据来判断非标准波电压作用下绝缘的闪络击穿情况[32-33]。在标准雷电波作用下,绝缘子伏秒特性曲线上各时刻的闪络电压与绝缘子片数近似呈线性关系。在 t 时刻闪络的闪络电压可以采用下式计算[34]:

$$U(t) = kn + m \tag{2.16}$$

式中,k 和 m 为拟合系数;n 为绝缘子片数;$U(t)$ 为闪络时间为 t 的标准波闪络电压幅值,单位为 MV。拟合后 k 和 m 的结果列于表 2.5 中[34]。

表 2.5 50%雷电闪络电压与绝缘子片数线性关系的拟合系数[34]

		闪络时间/μs						
		14	10	7	5	4	3	2
正极性	m	0.9317	0.9993	0.8274	0.67945	0.65921	0.8364	1.54804
	k	0.0477	0.0475	0.0558	0.06545	0.07008	0.07305	0.0674
负极性	m	0.3726	0.4471	0.2761	0.21597	0.10435	−0.02522	−0.4824
	k	0.0754	0.0764	0.0871	0.09524	0.10597	0.1178	0.14395

对非标准条件下线路雷电冲击绝缘强度已有广泛研究[2,7,23,25,27,29]。最简单的模型是比较线路绝缘上施加的电压和 V-t 曲线对应的电压。在仿真过程中,绝缘子电压超过 V-t 曲线的时刻视为发生了闪络。伏秒特性可以用以下关系式来描述[11]:

$$U_{\mathrm{br}}(t_{\mathrm{br}}) = (a t_{\mathrm{br}}^b + U_0) d \tag{2.17}$$

式中,U_{br} 为施加电压的峰值,单位为 kV;t_{br} 为间隙击穿的时间,单位为 μs;d 为间隙长度,单位为 m;U_0 为单位距离上的临界闪络电压值,低于该值时可能不会发生击穿,单位为 kV/m;a 和 b 为由实验确定的常数。

广为采用的伏秒特性关系式为[23-24,35]:

$$U_{\mathrm{br}}(t_{\mathrm{br}}) = (710 t_{\mathrm{br}}^{-0.75} + 400) d \tag{2.18}$$

但是,尚不清楚这种关系如何与前面介绍的 50%击穿强度 U_{50} 的计算相关联。在 1982 年和 2006 年版的 EPRI 红皮书中[35-36],临界闪络电压以击穿时间 t_{br} 为 6μs 时进行评估,对应结果为 585kV/m;在原始曲线中,最大击穿时间为 14μs,对应结果为 498kV/m[25];IEEE 工作组假设临界闪络电压 CFO 对应于 16μs 的击穿电压[23],对应 CFO 为 488kV/m,随后在 IEEE 指南中近似为 490kV/m[37]。

为了便于比较,式(2.16)以 50%放电电压 U_{50} 为参考进行归一化:

$$\frac{U_{\mathrm{br}}(t_{\mathrm{br}})}{U_{50}} = 1.455 t_{\mathrm{br}}^{-0.75} + 0.82 \quad (t_{\mathrm{br}} < 16\mu s) \tag{2.19}$$

Hileman 提出了该公式的另一种形式[14]:

$$\frac{U_{\mathrm{br}}(t_{\mathrm{br}})}{U_{50}} = 1.39 t_{\mathrm{br}}^{-0.5} + 0.58 (t_{\mathrm{br}} < 11 \mu\mathrm{s}) \tag{2.20}$$

该模型得出间隙越大、先导速度越大的错误结论，并且没有考虑电压在交叉点前的变化，这与物理过程不一致。然而，这是简化反击计算的一种方法，即可直接手工计算[35]。

2.4.3 破坏效应系数模型

为了克服开关模型和伏秒特性模型的缺点，研究者提出了破坏效应系数模型 (disruptive effect model)[33]，也称积分模型，来详细研究电压波形的变化对绝缘子闪络的影响。该模型主要考虑电压波形的积分值，也称为积分模型。具体来说，该模型认为在一定水平以上的电压值才会对间隙或绝缘子的绝缘性能造成破坏效应，而这种效应是随着电压对时间的积分——破坏效应系数 DE 的增长而增长的。当该系数超过破坏效应系数阈值 D_c 对应的时刻 t_{br} 时，认为间隙或绝缘子发生闪络，如图 2.16 所示[33]。

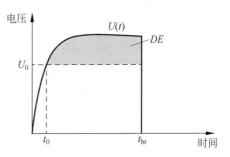

图 2.16 破坏效应系数模型的示意图[33]

破坏效应系数模型认为绝缘闪络是在破坏效应 DE 的作用下完成的，DE 不仅与承受电压值有关，而且与电压作用时间有关[33]。该方法现在已经应用在非标准波绝缘强度的各个领域。DE 的计算方法为[38-40]

$$DE = \int_{t_0}^{t_{\mathrm{br}}} (U(t) - U_0)^k \mathrm{d}t \tag{2.21}$$

式中，$U(t)$ 是绝缘承受电压瞬时值；t_0 是承受电压 $U(t)$ 第一次大于 U_0 的时间；U_0 是阈值电压；k 是经验常数。这些系数没有明确的物理意义，可能因不同类型的绝缘子或间隙而异。计算模型参数的确定应优先选择仍能使所选 V-t 曲线得到充分拟合的最小 k 值[40]。

以上这些常数都可通过在实验测得的伏秒特性曲线上取点来联立求解方程或拟合而获得。为简化起见，可以选择 $U_0 = 0$ 或 $k = 1$。若选择 $k = 1$，则以上积分变为电压波形的面积，可以用等面积法获得参数值。这种选择也被验证具有更高的精度。但是在有的情况下，选择 $U_0 = 0$ 或 $k = 1$ 均无法得到理想的结果，就需要对三个参数都进行拟合。

对于每一种特定绝缘，认为存在一个经验常数 k、阈值电压 U_0 和阈值破坏效应系数 D_c 与闪络相联系。绝缘击穿判断的过程实际上是计算破坏效应系数 DE 并判断是否达到阈值破坏效应系数 D_c 的过程。实际应用中，利用 U_0、k 和 D_c 这三个参数来判断绝缘在某一电压波下是否闪络和计算闪络时间的方法比较简单，直接利用 U_0 和 k 对电压波进行积分，当积分值达到或超过 D_c 时，按破坏效应系数法，就被判为绝缘闪络。

可采用分析法和广度搜索法相结合的原则，应用最优目标优化的方法，充分考虑 k、U_0、D_c 参数以及初始点对最后预测结果的影响[34]，从而计算出全局最优的参数 k、U_0 和 D_c。28 片绝缘子串破坏效应系数法描述闪络的最佳参数为 $U_0 = 1.2709 \mathrm{kV}$，$k = 2.5$，$D_c = 1.73 \times 10^{10}$。

分析表明，破坏效应系数法参数中最优积分阈值电压基本上随绝缘子片数增多而增大，但与绝缘子的 50% 放电电压 U_{50} 无特别关系。破坏效应系数法虽然预测结果较为准确，但是预测结果与破坏效应系数法参数的取值直接相关联。这些参数没有明确的物理含义，且分散性较大,缺乏系统的科学解释,因此破坏效应系数法实际应用比较困难。

总体来说,经过数年的研究,破坏效应系数模型已经为大多数类型的绝缘子建立了较为准确的闪络模型。通过对参数的调整,该模型可以拟合任意一条伏秒特性曲线,因此也获得了较为广泛的应用。对于不同类型的绝缘子,以及各种非标准波下的实验结果,该模型都可以获得理想的拟合效果。可以说,从实用的角度来讲,该模型是最优的。但其缺点也很明显,主要是公式中的常数缺乏明确的物理意义,其应用所需数据必须基于实验获得,使得该模型的应用范围受到限制。

2.4.4 绝缘子雷击闪络先导发展模型

1. 先导发展模型基本原理

先导发展模型(leader progression model),又称物理模型,是从空气间隙击穿过程的物理本质出发得到的。物理模型考虑了闪络发展的不同阶段及其对外加电压的依赖性,以确定绝缘何时闪络[2,7-8,27-29]。对于长空气间隙,其击穿包含电晕、流注发展、先导发展、主放电等几个阶段。先导发展模型主要通过计算其中各阶段的发展时间来预测闪络过程。

当绝缘子两端的电压上升后,在绝缘子端部会出现电晕。当电压继续上升并超过流注起始电压后,流注开始从绝缘子端部发展。当流注通道发展到贯穿整个间隙后,电离波开始从流注末端向绝缘子端部反向传播,加速空气分子的离子化过程,并引起电流的上升。这个过程中通道的亮度较低,而流过间隙的电流会先上升,完成流注过程后基本降到零。

此后先导开始发展,其主要特征是一条明亮的通道从绝缘子端部开始向间隙中延伸,与从另一端发展的先导相交。在此过程中,电流会呈指数形式上升。当先导通道贯穿整个间隙后,经历一段时间的气体升温,最终完成击穿。

如图2.17所示[10],雷电冲击下的放电发展包括几个连续的物理阶段,即电晕起始、流注发展和先导发展。该模型综合了这些物理阶段的发展时间[27-29]。

间隙击穿时间t_B可以认为是电晕起始时间t_c、流注发展时间t_s、电离波传播时间t_i、先导发展时间t_L和气体升温时间t_T这几部分时间的和,即击穿时间可以写成[39]

$$t_B = t_c + t_s + t_i + t_L + t_T \quad (2.22)$$

在式(2.22)中,电离波传播时间t_i与其他时间相比非常小,一般可认为包含在先导发展时间t_L中,气体升温时间t_T实验测得的值一般小于0.1μs,因此计算中t_T也可以忽略。另外,实际计算中流注起始时间t_c一般也可忽略或直接包含在流注发展时间中。这样,式(2.22)可简化为

$$t_B = t_s + t_L \quad (2.23)$$

即对一定的空气间隙,可以认为其击穿时间由流注发展时间与先导发展时间组成。由此可见,先导发展模型的关键在于计算流注发展时间与先导发展时间。

参照图2.18,按照以下步骤评估闪络过程[11]:

(1) 绝缘配置与在绝缘子施加电压的电源一起建模。准确地模拟源阻抗很重要,因为物理模型包括预放电电流的估计,在弱源或在闪络电路中存在外在阻抗(如避雷器)的情况下可能影响闪络发展。

(2) 电晕起始时间通常被忽略,因为雷电冲击快速上升到U_0,并且电晕起始电压远低

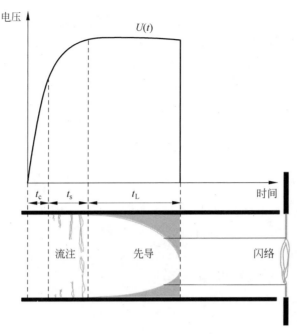

图 2.17 雷电冲击作用时绝缘放电的发展过程[10]

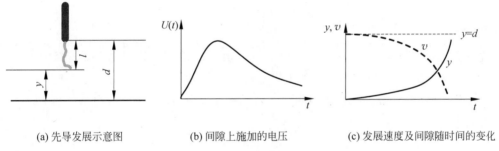

(a) 先导发展示意图　　(b) 间隙上施加的电压　　(c) 发展速度及间隙随时间的变化

图 2.18 采用先导发展模型计算闪络的示意图

于击穿电压。

(3) 评估流注阶段时间 t_s 时,通常假设"当绝缘上的瞬时电压对应的电场达到固定值 E_0 时,流注放电完成"来进行简化。作为粗略的近似值,E_0 可以假设等于 50% 放电电压对应的场强,即 U_{50}/d。通常忽略流注电流。

(4) 最后,先导发展时间可以根据流注跨越间隙长度后先导开始发展的假设来估算。先导长度 $l=d-y$ 可以通过先导发展速度 v 来计算,而先导发展速度 v 是先导长度和绝缘上电压 $U(t)$ 的函数。预放电电流也可将其视为先导发展速度的函数来进行计算。当先导跨越整个间隙长度 d 时,闪络发生。当剩余间隙中的瞬时电压对应的电场低于 E_0 时,先导传播停止。

先导发展法以实验为依据,明确地分析了空气间隙击穿的过程。因此,该方法在对空气间隙的击穿描述和计算上有着坚实的实验与物理基础。但由于绝缘子串的闪络与空气间隙的击穿还不完全相同,因此对绝缘子串的闪络应用先导发展法计算时,在参数选择和其他物理行为等各方面都要开展进一步的研究。

2. 绝缘子串等效间隙长度

先导发展模型以空气间隙击穿实验为依据,因此在应用先导发展法判断绝缘子串的闪络时,必须首先给出计算绝缘子串闪络的等效间隙长度 L,可将等效间隙长度 L 视为间隙距离 d。

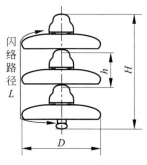

图 2.19 盘形绝缘子串闪络路径

对于一般的盘形绝缘子串,绝缘子串的闪络路径如图 2.19 所示,其中 L 为闪络路径,H 为绝缘子串长度,h 为单个绝缘子高度,D 为绝缘子宽度。从图中可看出绝缘子闪络路径 L 的长度应为

$$L = (n-1)h + D \tag{2.24}$$

式中,n 为绝缘子串中绝缘子个数。

分析表明,全局优化的绝缘子串最优等效间隙长度与绝缘子串片数成正比,并且介于用式(2.24)和式(2.25)计算出的间隙闪络距离之间:

$$L = nh \tag{2.25}$$

在应用先导发展法计算绝缘子串闪络时间时,其与实验的伏秒特性曲线数据预测误差最小的最佳等效间隙长度可以采用下式计算[7]:

$$L_{op} = (n-1)h + 0.5(H+D) \tag{2.26}$$

3. 先导发展模型闪络判据

先导发展模型表明,空气间隙击穿时间主要由流注发展时间和先导发展时间组成,即 $t_B = t_s + t_L$。因此,几乎所有研究者的工作都着重于流注发展时间和先导发展时间的计算,研究者不同,导出的计算公式也各不相同。合成绝缘子串闪络计算的流注发展时间 t_s 可用以下公式获得[7]:

$$t_s = \frac{1}{k_1 E_p / E_{50} - k_2} \tag{2.27}$$

式中,E_{50} 为 50% 放电电压对应的平均场强;E_p 为闪络前间隙出现的最大平均场强,二者单位均为 MV/m;从空气间隙的实验数据中得出的常数 $k_1 = 1.25, k_2 = 0.95$。只有当实际间隙中的平均场强达到 E_{50} 时,才认为流注开始发展。流注发展时间是根据最大平均场强确定的,而经过这段时间后流注发展结束。当流注发展结束后,就认为先导开始发展。因此,也可以认为 E_{50} 就是先导起始场强。但可以看到,流注发展的计算中只利用了电场峰值而获得流注的整体发展时间。这可以简化整个先导发展模型的计算过程,从而将流注过程计算转化为先导起始条件,经过一段时间后开始计算先导的发展。这种方法虽然比较简便,但可能流注发展结束后,场强还未达到峰值,因此并不符合常理。

另一种考虑流注发展的方式是计算绝缘子上出现的平均电压。对一定长度的绝缘子,当平均电压达到某一阈值时,认为流注发展完成,即[8]

$$\frac{1}{t_s} \int_0^{t_s} U(t) dt > k_1 d + k_2 \tag{2.28}$$

式中,t_s 为流注发展时间;d 为间隙长度。与前一种方法不同,这种方法具体考虑了电压变化对流注发展的影响,因此在物理上也更加合理。在绝缘子闪络模型研究中采用此种方法。

对于先导发展阶段,由于其与闪络时刻密切相关,就需要更深入地考虑任意时刻先导的发展。许多研究者提出了不同的公式来计算先导发展速度。这些公式多数将先导发展速度与先导发展过程中剩余间隙的场强关联起来。其中一个典型的公式为[8]

$$v_L = k_0 \left[\frac{U(t)}{d-x} - E_0 \right] \quad (2.29)$$

式中,v_L 为先导发展速度,单位为 m/μs;E_0 为与绝缘子间隙性质相关的常数,一般取 500kV/m;d 为绝缘子长度,单位为 m;$U(t)$ 为作用在绝缘子串上的瞬时电压,单位为 kV;x 为先导发展长度,则 $d-x$ 为剩余间隙长度;k_0 表征先导发展速度与暂态电场之间的关系。先导长度 x_L 由先导发展速度来表征,按式(2.29)给出的先导发展速度来模拟先导长度的变化,当先导长度达到绝缘子长度时,认为间隙发生闪络。可以看到,如果 x 指一侧的先导长度 x_L,则对于瓷绝缘子,$x=x_L$,而对于合成绝缘子,其先导从两侧同时发展,则 $x=2x_L$。从式(2.29)可以看出,先导发展应当满足条件:

$$\frac{U(t)}{d-x} > E_0 \quad (2.30)$$

即先导发展剩余空气间隙的平均场强应大于临界场强 E_0。该临界场强可以认为就是前面提到的先导起始场强 E_{50}。如果一定时间内该条件均不满足,则认为此次先导发展失败。

先导发展速度的另一种计算公式为[7]

$$v_L = k_3 d e^{k_4 \frac{U(t)}{d}} \left[\frac{U(t)}{d-x} - E_0 \right] \quad (2.31)$$

式中,k_3、k_4 为针对空气间隙实验数据计算出的经验值,$k_3=170$,$k_4=1.5\times10^{-3}$。

绝缘子串闪络与空气间隙击穿不完全一样,因此,E_{50} 及 k_0、k_1、k_2、k_3、k_4 这些参数会有所变化。分析得到的 28 片绝缘子串的先导发展模型等效间隙长度和 E_0 分别为 4.17m 和 536.6kV/m。在线路的防雷计算中,可以用先导发展模型作为绝缘闪络判据,来判断非标准冲击波作用下绝缘是否闪络,并确定其闪络电压和闪络时间。

由以上先导与流注发展的模型不难得到,先导间隙发展的必要条件是 $U/(d-x)-E_0>0$,即 $U/(d-x)>E_0$,也就是说,剩余先导间隙空气平均场强不能大于 E_0,$v_L>0$,先导向前传播。如果在先导发展的过程中,这一条件不满足,则先导发展停滞,等待满足条件再发展。如果等待到一定时间(具体根据伏秒特性考虑),考虑到复合效应,则可以认为一次先导发展失败,绝缘没有闪络。

式(2.30)表示当间隙上的平均电压高于某阈值时,流注发展结束,公式考虑了电压变化对流注发展的影响。式(2.31)描述了先导发展速度与先导长度变化的关系,当先导长度达到绝缘子串的长度时绝缘子发生击穿。

对同塔多回输电线路的计算结果表明,当绝缘子模型采用先导发展模型时,线路的反击耐雷水平随着杆塔接地电阻的变大而显著减小,而当绝缘子模型采用伏秒特性模型时则基本不变。显然,伏秒特性模型的结果与实际运行经验相差甚远。伏秒特性模型的绝缘子击穿电压只与过电压的峰值有关,它不能反映过电压波形对击穿电压的影响,因此不够准确。

4. 先导发展法闪络判据参数

多年来,不同学者提出了不同的发展时间计算公式,表2.6中汇总了不同学者提出的公式和实验条件[2]。可以看出一个有趣的现象,即大多数实验都是基于空气间隙而不是绝缘子,因此,由这些公式和参数建立的绝缘子先导发展模型的有效性值得商榷。

表 2.6 不同学者提出的流注发展时间与先导发展时间计算公式[2]

学者	间隙类型	间隙长度/m	波形/μs	极性	流注发展 公式	流注发展 参数	先导发展 公式	先导发展 参数
Wagner, 1961[27]	棒—棒	1~3	1.5/50	+	—	$v_s \approx 3 \times 10^5$ m/s	$v_L = k_1 d\left(\dfrac{U(t)}{d-x} - E_0\right)$	$k_1 = 1 \times 10^3$ m/(kV·s); $E_0 = 500$ kV/m; $k_0 = 320$ μC/m
Suzuki, 1977[34]	棒—板	1~5	2.5/53	+	$v_s = k_1 U_p - k_2 d + k_3$	$k_1 = 1.63 \times 10^3$ m/(kV·s); $k_2 = 0.5 \times 10^6$ s^{-1}; $k_3 = 0.5 \times 10^6$ m/s	$v_L = k_1 \dfrac{(U(t)-E_L d)(U(t)-E_L x)}{d-x}$; $i = k_0 d(v_L - 0.25 \times 10^6)$	$k_1 = 1.0$ m^2/(kV^2·s); $E_L = 250$ kV/m; $k_0 = 78.6$ μC/m^2
Suzuki, 1977[34]	棒—板	1~5	2.5/53	−		$k_1 = 1.93 \times 10^3$ m/(kV·s); $k_2 = 0.77 \times 10^6$ s^{-1}; $k_3 = 0.77 \times 10^6$ m/s	—	—
Shindo, 1985[29]	棒—板	1~5	2.5/53	+	$t_s = \dfrac{k_1}{k_1 E_p/E_0 - k_2}$	$k_1 = 0.5 \times 10^{-3}$ s·kV/m; $k_2 = 300$ kV/m	$v_L = U(t)\left(k_1 \dfrac{U(t)}{d-x} + k_2 \dfrac{i(t)}{d-x} \cdot \dfrac{x}{d}\right)$; $i = k_0 U(t) v_L$	$k_1 = 0.2$ m^2/(kV^2·s); $k_2 = 3$ m^2/(kV·A·s); $k_0 = 500$ μF/m
Shindo, 1985[29]	棒—板	2~5	2.5/53	+		$k_1 = 0.5 \times 10^{-3}$ s·kV/m; $k_2 = 420$ kV/m		$k_1 = 0.1$ m^2/(kV^2·s); $k_2 = 2.5$ m^2/(kV·A·s); $k_0 = 500$ μF/m
Shindo, 1985[29]	棒—棒	2~5	2.5/53	−		$k_1 = 0.5 \times 10^{-3}$ s·kV/m; $k_2 = 500$ kV/m		$k_1 = 0.05$ m^2/(kV^2·s); $k_2 = 5$ m^2/(kV·A·s); $k_0 = 500$ μF/m
Pigini, 1989[7]	棒—板	2~4	1.6/50	±	$t_s = \dfrac{1}{k_1 E_p/E_0 - k_2}$	$k_1 = 1.25 \times 10^6$ s^{-1}; $k_2 = 0.95 \times 10^6$ s^{-1}	$v_L = k_1 d \cdot e^{k_2 U(t)/d} \cdot \left(\dfrac{U(t)}{d-x} - E_0\right)$	$k_1 = 170$ m/(kV·s); $k_2 = 1.5 \times 10^{-3}$ m/kV; $k_0 = 100 \sim 700$ μC/m
Pigini, 1989[7]	棒—棒	1-3	1.6/18	±		$k_1 = 400$ kV/m; $k_2 = 50$ kV		
Pigini, 1989[7]	绝缘子	3.36	0.5/50	±				
Motoyama, 1996[8]; Mozumi, 2003[41]	棒—板	0.4	1.0/4.0	+	$\dfrac{1}{t_s}\displaystyle\int_0^{t_s} U(t)\mathrm{d}t > k_1 d + k_2$	$k_1 = 400$ kV/m; $k_2 = 50$ kV	$v_L = k_1 d\left(\dfrac{U(t)}{d-x} - E_0\right)$; $i = k_0 v_L$	$k_1 = \begin{cases} 2.5, & 0<x<d/2 \\ 0.42, & d/2<x<d \end{cases}$ m^2/(V·s); $E_0 = 750$ kV/m; $k_0 = 410$ μC/m
Motoyama, 1996[8]; Mozumi, 2003[41]	棒—板	1-3	1.2/3.2	+				
Motoyama, 1996[8]; Mozumi, 2003[41]	棒—棒	0.4	1.0/4.0	−		$k_1 = 460$ kV/m; $k_2 = 150$ kV		
Motoyama, 1996[8]; Mozumi, 2003[41]	棒—棒	1-3	1.2/3.2	−				

注：表中 U 单位为 kV；U_p 为间隙电压最大值，单位为 kV；i 单位为 A；d 单位为 m；单位为 s；t_s 单位为 μs。

CIGRE 在其技术导则中推荐了先导发展模型[10]。当流注发展时间 t_s 对应的电压 $U(t_s)$ 满足下式时,就可以认为流注得到充分发展:

$$U(t_s) = E_0 d \quad (2.32)$$

式中,d 为绝缘子或间隙长度;E_0 为绝缘子或间隙的 50% 放电电压对应的场强,见表 2.6。

先导发展速度为

$$v_L = k_1 U(t) \left(\frac{U(t)}{d-x} - E_0 \right) \quad (2.33)$$

式中 k_1 和 E_0 取值见表 2.7。

表 2.7 CIGRE 推荐的闪络模型的常数取值[10]

绝缘型式	极性	$k_1/[\mathrm{m}^2/(\mathrm{V}^2 \cdot \mu\mathrm{s})]$	$E_0/(\mathrm{kV/m})$
空气间隙,柱状及长棒型绝缘子	+	0.8	600
	−	1.0	670
盘状绝缘子	+	1.2	520
	−	1.3	600

另外,先导电流为

$$i_L = k_0 v_L \quad (2.34)$$

式中,k_0 为 400μC/m。由于测量存在的问题,通常很难准确估计先导电流。加上流注传播已经完成,也导致了误差。在平均梯度达到临界值的瞬间之后,任何可能的进一步流注过程都已经包括在先导传播时间中,并可能导致电流计算的不准确,但所产生的误差并不大。

另外,清华大学对不同电压等级的不同绝缘子进行了标准波和短尾波雷电冲击实验,确定其先导发展法闪络判据中的参数[22]。试品包括瓷绝缘子,以及 110kV、220kV、500kV 合成绝缘子,对应的绝缘子间隙长度分别为 1m、2.02m 和 4.15m。利用高速摄像机拍摄到的图片测量先导发展长度 x,同时计算先导发展速度 v_L,查看电压波形数据得到各时间点对应的电压幅值 $U(t)$,结合先导速度、电压波形和电流波形计算流注起始时间和流注发展时间 t_s,再结合电压波形数据计算流注发展时间上的平均电压 $\frac{1}{t_s}\int_0^{t_s} U(t)\mathrm{d}t$。

合成绝缘子、瓷绝缘子在短尾波和标准雷电冲击电压波作用下的击穿电压与绝缘子长度的关系分别如图 2.20 和图 2.21 所示。在各种绝缘子和电压极性下,根据实验数据可以拟合得到 k_1 和 k_2,见表 2.8。

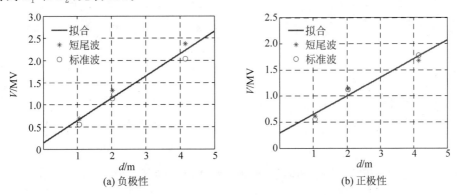

图 2.20 合成绝缘子长度与平均击穿电压的关系

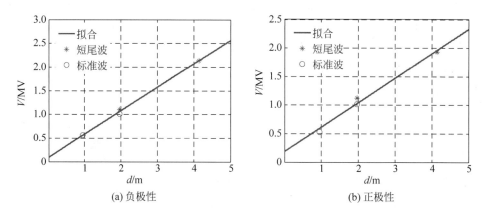

(a) 负极性 (b) 正极性

图 2.21 瓷绝缘子长度与平均击穿电压的关系

表 2.8 流注发展时间拟合系数

绝缘子类型及冲击极性	$k_1/(\text{kV/m})$	k_2/kV
合成绝缘子,负极性	503	139
合成绝缘子,正极性	356	291
瓷绝缘子,负极性	494	92
瓷绝缘子,正极性	428	186

110kV、220kV 和 500kV 合成绝缘子、瓷绝缘子在正、负极性短尾雷电冲击电压波作用下的先导发展速度与平均电场关系分别如图 2.22 和图 2.23 所示[2]。结合图 2.21~图 2.23 的伏秒特性测试结果,通过拟合可得到短波尾雷电冲击电压波作用下流注发展常数及先导发展速度,见表 2.9[2]。

根据 110kV、220kV 和 500kV 合成绝缘子、瓷绝缘子在短尾波和标准雷电冲击电压波作用下的绝缘子长度与平均电压关系的实验结果[22],拟合得到了 110kV、220kV 和 500kV 以及全部电压等级合成绝缘子雷击闪络模型,可以得到式(2.29)中的常数 k_0 和 E_0,见表 2.10。对于盘型绝缘子,$x=d-l$,而对于复合绝缘子,$x=d-2l$。

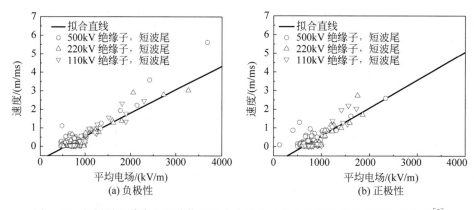

(a) 负极性 (b) 正极性

图 2.22 短尾雷电冲击电压波作用下合成绝缘子先导发展速度与平均场强关系[2]

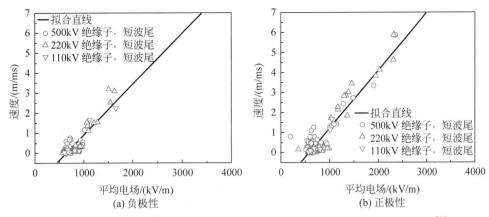

图 2.23 短尾雷电冲击电压波作用下瓷绝缘子先导发展速度与平均场强关系[2]

表 2.9 实验得到的流注发展模型和先导发展速度拟合常数[2]

类 型	k_1/(kV/m)	k_2/kV	k_0/[m²/(kV·μs)]	E_0/(kV/m)
合成绝缘子,负冲击	500	140	1.3	570
合成绝缘子,正冲击	360	290	1.5	620
瓷绝缘子,负冲击	490	90	2.5	640
瓷绝缘子,正冲击	430	190	2.9	580

表 2.10 先导发展速度拟合常数[22]

绝缘子类型及雷电冲击极性	110kV		220kV		500kV		总	
	k_0/[m²/(kV·μs)]	E_0/(kV/m)	k_0/[m²/(kV·μs)]	E_0/(kV/m)	k_0/[m²/(kV·μs)]	E_0/(kV/m)	k_0/[m²/(kV·μs)]	E_0/(kV/m)
合成,负极性	1.58	696	1.41	661	1.69	519	1.47	597
合成,正极性	1.60	658	1.62	682	1.42	523	1.52	598
瓷,负极性	2.99	640	2.70	599	2.93	531	2.76	590
瓷,正极性	2.56	614	2.89	604	3.02	535	2.94	584

将绝缘子的闪络模型嵌入电磁暂态计算程序(如 EMTP、PSCAD)后,就可以采用不同的闪络模型来分析输电线路的雷电冲击特性。负极性和正极性雷击时,同塔双回 220kV 和同塔双回 500kV 输电线路的反击耐雷水平计算结果见表 2.11[22],其中 220kV 双回线路中接地电阻为 10Ω,绝缘子串长 2.32m,500kV 双回线路中接地电阻为 10Ω,绝缘子串长 5.30m。可以看出,新的先导发展模型得到的反击耐雷水平和旧的先导发展模型计算结果存在一定差异,但也在工程实际的合理范围内。

表 2.11 负极性时线路的反击耐雷水平计算比较   单位:kA

雷电极性	电压等级	规程法	合成绝缘子模型	瓷绝缘子模型
负极性	220kV 线路	80	212	166
	500kV 线路	158	412	358
正极性	220kV 线路	80	201	150
	500kV 线路	158	397	334

利用表 2.4 的短波尾雷电冲击实验得出的参数,可以建立模型嵌入 PSCAD 软件,模拟正、负雷电冲击下的瓷绝缘子及复合绝缘子的雷击闪络过程。通过在绝缘子上施加与实验相同的短尾脉冲击波,可以得到不同强度的雷电冲击下绝缘子击穿时间。以 500kV 合成绝缘子为例,计算结果与实验获得的电压—时间曲线如图 2.24 所示[2],两条曲线具有很好的一致性,因此可以推断,模型与实验结果吻合得很好。

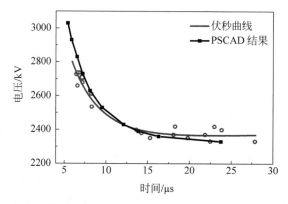

图 2.24　500kV 合成绝缘子在负极性短波尾雷电冲击波作用下的伏秒特性测试结果与采用闪络模型计算的结果的比较[2]

2.5　运行绝缘子的雷击闪络统计

对广东省 2001—2008 年的 110～500kV 输电线路不同绝缘子的雷击闪络特性的统计表明[42],500kV 线路合成绝缘子雷击闪络比例较大,220kV、110kV 线路合成、玻璃绝缘子雷击闪络比例相差不大(表 2.12),绝缘子雷击受损比例主要受不同类型绝缘子挂网比例、绝缘水平、雷电活动分散性影响。

表 2.12　雷击闪络绝缘子类型统计

绝缘子类型	500kV		220kV		110kV	
	跳闸/次	占比/%	跳闸/次	占比/%	跳闸/次	占比/%
合成	9	69.2	45	45.0	185	52.6
玻璃	4	30.8	54	54.0	164	46.6
瓷	0	0.0	1	1.0	3	0.9

2008 年,深圳线路合成、玻璃、瓷绝缘子挂网串数占比分别为 30.3%、60.2%、9.5%,对应雷击跳闸占比分别为 36.9%、52.6%、10.5%。据此计算不同绝缘子雷击闪络率:合成绝缘子比玻璃绝缘子高 39%、比瓷绝缘子高 10%,玻璃绝缘子比瓷绝缘子低 21%,即挂网绝缘子雷击闪络率由高至低为合成绝缘子、瓷绝缘子、玻璃绝缘子。

据此评价各类绝缘子防雷性能之优劣尚不充分,但可基本认定广东挂网合成绝缘子实际绝缘水平普遍低于玻璃绝缘子,原因是广东早期防污调爬合成绝缘子存在电弧距离较短、与相应电压等级玻璃或瓷绝缘子电气性能不等效的情况,同时运行表明合成绝缘子耐受雷电流及工频电弧性能不如玻璃绝缘子。

我国其他省也出现了为了提高线路的防污性能而改用合成绝缘子后,防雷性能变差的问题。湖北省该问题比较突出,到2006年,主网线路在多雷区仍有1196支普通型合成绝缘子。由于合成绝缘子两端均压环短接了部分空气间隙,使其耐雷水平比同样安装高度的瓷绝缘子偏低。湖北省普通型合成绝缘子雷击闪络在黄石、黄冈等地均有发生。因此湖北省提出,在雷击多发区域,不宜使用合成绝缘子。

可以从合成绝缘子的50%放电电压来分析均压环导致的防雷性能变差的问题。华东电力实验研究院曾就瓷绝缘子与合成绝缘子的雷电冲击闪络性能做了实验研究,实验中施加单一的雷电冲击电压,表2.13为实验数据。

表 2.13　合成绝缘子与瓷绝缘子雷电冲击闪络性能的比较

电压等级/kV	类别	型式	结构高度 H/mm	干弧距离 h/mm	50%放电电压/kV	
					正极性	负极性
110	合成绝缘子	FXB1.2-110/100	1180	1000	670	681
	瓷绝缘子	XP-7×7	1022	1022	695	670
		XP-7×8	1168	1168	780	760
220	合成绝缘子	FXB1.2-220/100	2150~2240	1900	1190	1200
	瓷绝缘子	XP-7×13	1898	1898	1185	1190
		XP-7×14	2044	2041	1265	1275
		XP-7×15	2190	2190	1345	1360

上述实验表明,合成绝缘子与瓷绝缘子串的雷电冲击放电特性均由绝缘子串两端电极的距离决定。在相同环境条件下,如果绝缘子两端电极间的干弧距离相等,则冲击放电电压相等。装有均压环的绝缘子的冲击放电特性由环间距离决定,与绝缘子本身是瓷或合成绝缘子无关。

因此,运行线路将瓷绝缘子更换为合成绝缘子,如果导线至横担间距不变,因合成绝缘子两端金具长,伞裙直径小,电极两端干弧距离比原瓷绝缘子串短,所以雷电冲击放电电压较低。例如,110kV合成绝缘子结构高度为1180mm,干弧距离为1000mm,比8片普通瓷绝缘子的结构高度大,但仅有7片绝缘子的雷电冲击放电水平。为提高合成绝缘子的耐雷水平,应通过增加有效干弧距离来解决。

参考文献

[1] 何金良.时频电磁暂态分析理论与方法[M].北京:清华大学出版社,2015.
[2] WANG X,YU Z Q,HE J L. Breakdown process experiments of 110-to 500-kV insulator strings under short tail lightning impulse[J]. IEEE Transactions on Power Delivery,2014,29(5): 2394-2401.
[3] 王小川,曾嵘,何金良,等. 短尾波下空气间隙的放电特性实验及仿真[J]. 高电压技术,2008,34(5): 925-929.
[4] ISHII M,KAWAMURA T,KOUNO T,et al. Multistory transmission tower model for lightning surge analysis[J]. IEEE Transactions on Power Delivery,1991,6(3):1327-1335.
[5] KAWAI M, AZUMA H. Design and performance of unbalance insulation in double-circuit transmission lines[J]. IEEE Transactions on Power Apparatus and System,1965,84(9):839-846.

[6] 易辉,张俊兰. 超高压线路短尾波绝缘特性实验[J]. 高电压技术,2002,28(6):16-17.

[7] PIGINI A, RIZZI G, GARRAGNATI E, et al. Performance of large air gaps under lightning overvoltages: experimental study and analysis of accuracy of predetermination methods[J]. IEEE Transactions on Power Delivery,1989,4(2):1379-1392.

[8] MOTOYAMA H. Experimental study and analysis of breakdown characteristics of long air gaps with short tail lightning impulse[J]. IEEE Transactions on Power Delivery,1996,11(2):972-979.

[9] AB KADIR M, COTTON I. Application of the insulator coordination gap models and effect of line design to backflashover studies[J]. Electrical Power and Energy Systems,2010,32(5):443-449.

[10] TECHNICAL BROCHURE 63. Guide to procedures for estimating the lightning performances of transmission lines[R]. Paris:CIGRE,1991.

[11] TECHNICAL BROCHURE 839. Procedures for estimating the lightning performances of transmission lines-new aspects[R]. Paris:CIGRE,2021.

[12] 潘震东. 500kV 同塔 4 回线路真型塔冲击电压的实验研究[J]. 华东电力,2009,37(2):200-204.

[13] IEC STD 60071-1. Insulation coordination-Part 1: definitions, principles and rules[S]. Geneva: International Electrotechnical Commission,2006.

[14] HILEMAN A R. Insulation coordination for power systems[M]. Boca Raton:CRC Press,2018.

[15] 孙昭英,廖蔚明,丁玉剑,等. ±800kV 直流输电工程空气间隙放电特性实验及间隙距离选择[J]. 电网技术,2008,32(22):8-12.

[16] 丁玉剑,廖蔚明,孙昭英,等. ±1000kV 直流输电线路塔头间隙冲击放电特性实验及海拔校正研究[J]. 中国电机工程学报,2011,31(34):156-162.

[17] 丁玉剑,律方成,李鹏,等. ±1100kV 特高压直流杆塔间隙放电特性[J]. 电网技术,2018,42(4):1032-1038.

[18] 张文亮,廖蔚明,丁玉剑,等. 不同海拔地区同塔双回±660kV 直流线路杆塔空气间隙距离的选择[J]. 中国电机工程学报,2008,28(34):1-6.

[19] 张文亮,谷琛,廖蔚明,等. 超/特高压直流输电线路塔头间隙冲击放电特性研究[J]. 中国电机工程学报,2010,30(1):1-5.

[20] IEEE STD 1862-2014. IEEE recommended practice for overvoltage and insulation coordination of transmission systems at 1000kV AC and above[S]. New York:The Institute of Electrical and Electronics Engineers,Inc.,2014.

[21] GB/T 50064—2014. 交流电气装置的过电压保护和绝缘配合设计规范[S]. 北京:中国计划出版社,2014.

[22] 清华大学. 高压输电线路雷击闪络特性及精确仿真模型研究[R]. 北京:清华大学,2013.

[23] Review of research on nonstandard lightning voltage waves[J]. IEEE Transactions on Power Delivery,1994:9(4):1972-1981.

[24] Bibliography of research on nonstandard lightning voltage waves[J]. IEEE Transactions on Power Delivery,1994,9(4):1982-1990.

[25] DARVENIZA M, POPOLANSKY F, WHITEHEAD E R. Lightning protection of UHV transmission lines[J]. Electra,1975,41(7):39-69.

[26] CALDWELL R O, DARVENIZA M. Experimental and analytical studies of the effect of nonstandard waveshapes on the impulse strength of external insulation[J]. IEEE Transactions on Power Apparatus and Systems,1973,92(4):1420-1428.

[27] WAGNER C F, HILEMAN A R. Mechanism of breakdown of laboratory gaps[J]. AIEE Transactions on Power Apparatus and Systems,1961,80(3):605-618.

[28] SUZUKI T, MIYAKE K. Experimental study of breakdown voltage-time characteristics of large air gaps with lightning impulses[J]. IEEE Transactions on Power Apparatus and Systems,1977,96(1):

227-233.

[29] SHINDO T, SUZUKI T. A new calculation method of breakdown voltage-time characteristics of long air gaps[J]. IEEE Transactions on Power Apparatus and Systems, 1985, 104(6): 1556-1563.

[30] Modeling guidelines for fast front transients[J]. IEEE Transactions on Power Delivery, 1996, 11(1): 493-505.

[31] 何金良. 时频电磁暂态分析理论与方法[M]. 北京: 清华大学出版社, 2015.

[32] UDO T. Switching surge and impulse sparkover characteristic of large gap spacing and long insulator strings[J]. IEEE Transactions on Power Apparatus and Systems, 1965, 84(4): 304-309.

[33] TECHNICAL BROCHURE 72. Guidelines for the evaluation of the dielectric strength of external insulation[R]. Paris: CIGRE, 1992.

[34] 周东平. 三峡电站500kV同杆并架出线防雷研究[D]. 北京: 清华大学, 1998.

[35] ANDERSON J G. Transmission line reference book. 345kV and above[M]. Second edition. Palo Alto: Electric Power Research Institute, 1982: Chapter 12.

[36] EPRI AC transmission line reference book-200kV and above[M]. Third edition. Palo Alto: Electric Power Research Institute, 2005.

[37] IEEE STD 1243. IEEE guide for improving the lightning performance of transmission lines[S]. New York: The Institute of Electrical and Electronics Engineers, Inc., 1997.

[38] WITZKE R L, BLISS T J. Surge protection of cable-connected equipment[J]. Transactions of the American Institute of Electrical Engineers, 1950, 69(1): 527-542.

[39] WITZKE R L, BLISS T J. Co-ordination of lightning arrester location with transformer insulation level[J]. Transactions of the American Institute of Electrical Engineers, 1950, 69(2): 964-975.

[40] CHISHOLM W A. New challenges in lightning impulse flashover modeling of air gaps and insulators[J]. IEEE Electrical Insulation Magazine, 2010, 26(2): 14-25.

[41] MOZUMI T, BABA Y, ISHII M, et al. Numerical electromagnetic field analysis of archorn voltages during back-flashover on a 500-kV twin-circuit line[J]. IEEE Transactions on Power Delivery, 2003, 18(1): 207-213.

[42] 清华大学, 广东电网公司电力科学研究院. 广东电网同塔多回输电线路雷击特性及差异化防护技术研究与应用[R]. 北京: 清华大学, 2012.

第 3 章
输电线路雷电冲击电晕特性

雷电作用于输电线路导线时,导线表面产生冲击电晕后,与施加电压同极性的离子会在导线附近大量堆积,学者通常称之为电晕套。电晕套的径向导电性能良好,而轴向导电性能较差,从导线外部特性来看,电晕套相当于增加了导线直径,导致了导线对地电容及对地电导的增加,但对导线的电感影响非常小。因此,冲击电晕将影响雷电在输电线路上的波传播过程,对电力系统的电磁暂态过程及输电线路的耐雷水平均有影响。电晕对输电线路上过电压波形的影响可以追溯到 1931 年 Brune 和 Eaton 的研究[1]。Skilling 和 Dykes 指出,电晕的影响是由于在导体周围形成电晕空间电荷所需的能量损失[2],可以用时间延迟来表示。该时间延迟适用于雷电或操作冲击的波前部分,而尾部则假定不受电晕的影响。

如果不计冲击电晕进行绝缘配合设计,会对绝缘要求过严。因此在进行输电线路过电压计算及变电站雷电侵入波计算时,有必要考虑冲击电晕的影响,准确地预测过电压值及输电线路的耐雷水平。本章主要内容参考了相关的博士论文[3-4]。

3.1 雷电冲击电晕特性测试方法

早在 20 世纪初,电晕现象就引起了学者的关注。Peek 在对电晕现象进行了初步的研究后指出,当外加电场超过了空气介质强度后,电晕就会发生,并在大量实验的基础上,给出了同轴电极中导线的起晕场强计算公式[5-6]。

1954 年,Wagner、Gross 和 Lloyd 首次利用实验线段进行了冲击电晕研究,在长度约为 2400m 的户外实验线段首端施加雷电冲击,并利用分压器实测了沿线冲击波形的衰减和畸变[7]。1955 年,Wagner 和 Lloyd 在高压实验室内,利用内外径分别为 0.198cm 和 30.5cm 的同轴圆筒电极以及间距 3m 的线板电极对导线雷电冲击电晕伏库特性进行了测量[8]。

20 世纪 60 年代,Davis 和 Cook 公布了他们测得的两种同轴电极的冲击电晕伏库特性曲线[9]。Бочковский 利用内外径分别为 0.185cm 和 1.5m 的同轴电极进行雷电冲击电晕实验,并归纳了已有文献的实验结果,提出了导线雷电冲击电晕伏库特性经验公式[10]。

20 世纪 70 年代,Ouyang 和 Kendall 在 33kV 线路上进行了雷电冲击电晕实验,并实测了沿线冲击电压波形[11]。Maruvada 等利用 5.5m×5.5m 的电晕笼对单根导线、四分裂和六分裂真型导线进行了雷电、操作冲击电晕实验[12],实验中只开展了正极性雷电冲击实验,没有开展自然界中最为常见的负极性雷电冲击实验。

20 世纪 80 年代,Gary 等总结了其在同轴电极中对单导线、2～4 分裂导线进行的雷电冲击电晕实验结果,提出了雷电冲击电晕伏库特性曲线经验公式[13]。

20 世纪 90 年代,Podporkin 等利用 30m 的架空线段进行了雷电冲击电晕实验,并获得了相应的导线冲击电晕伏库特性曲线经验公式[14]。Noda 等利用实验线段的地线进行了冲击电晕实验研究[15]。

我国从 20 世纪 80 年代开始对冲击电晕进行相关实验研究。武汉高压研究所在户外实验线段上进行了冲击电晕实验,获得了 500kV 线路 4×LGJ300 s450 导线的雷电冲击伏库特性曲线[16]。清华大学利用实验室内的小电晕笼和线板电极对标准雷电冲击以及振荡雷电冲击下导线电晕特性进行了研究[17-21]。后来随着特高压建设,我国在武汉和北京都建设了特高压电晕笼和特高压实验线段,开展特高压电晕特性研究。

冲击电晕实验研究主要采用同轴电极、线板电极及实验线段三种方式。实验时同步测量冲击电压值及冲击电晕产生的空间电荷量,获得导线冲击电晕伏库特性曲线,从导线的电晕伏库特性、电晕放电过程中电压与电荷之间的相互关系出发,描述了冲击电晕的放电特性。

3.1.1 同轴电极实验装置

同轴电极实验装置俗称为电晕笼,其典型结构如图 3.1 所示[22]。电晕笼外层为屏蔽笼,直接接地,内层为电晕测量笼,屏蔽笼与电晕测量笼之间利用支柱绝缘子支撑。屏蔽笼和电晕测量笼均采用金属网格结构。为了防止生锈,电晕笼笼体材料一般选用不锈钢或镀锌钢。为解决端部效应问题,电晕笼一般分为三段,中间段笼体为测量段,处于该段笼体内的导线表面电场大小趋于一致,用于相关实验的测量;测量段的两边各有一段笼体与其绝缘,此部分用于克服由于端部效应而引起的导线表面电场畸变,称为防护段。

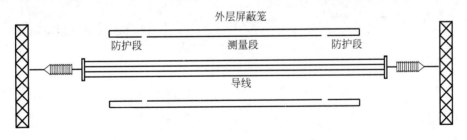

图 3.1 电晕笼结构示意图[22]

实验时,在悬挂于电晕笼中的导线上施加冲击电压,利用安装在冲击电压发生器高压侧的分压器测量电压信号 u,在电晕笼内层和外层之间安装测量电容,根据电容两端电压可以推导空间电荷 q,同步记录电压与电荷信号,即可获得导线的伏库特性曲线[9,13,17-18]。这种方法具有实验费用低、占地面积小、实验参数易调整、实验条件易控制等优点,既适用于实验室内的小规模模拟实验,也适用于户外的大型模拟实验研究。此实验方法成本较低,且可以利用同一套实验系统对不同型号的导线进行实验研究。在目前冲击电晕的研究中,电晕笼方法被广泛使用。

如图 3.2 所示,冲击电晕实验系统主要由三部分构成:冲击电压发生装置、电晕模拟装置(电晕笼)和测量装置(包括分压器、测量电容及数据采集系统等)。受电晕笼规模限制,被试导线的分裂数不能过多,分裂间距不能过大。

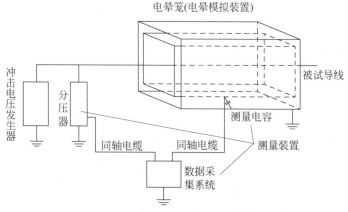

图 3.2 冲击电晕实验系统[22]

我国特高压交流实验基地的特高压电晕笼如图 3.3 所示,其截面为 8m×8m 的方形,测量段长度选为 25m,防护段长度为 5m。笼体采用单厢式、刚性双层结构设计,笼体上方装设了淋雨系统,可模拟不同雨量情况对导线电晕效应的影响。电晕笼两端配备通用导线连接金具,可分别组装 1~12 分裂的导线,进行相应的冲击电晕实验。

图 3.3 特高压电晕笼[3]

3.1.2 线板电极实验装置

典型的线板电极结构如图 3.4 所示。它实质上是电晕笼的敞开形式,各构成部分及其作用与同轴电极相同,两者的实验方式也相似。这种实验装置电极之间的电场分布更接近

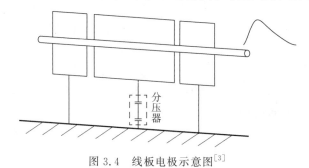

图 3.4 线板电极示意图[3]

于实际架空线的电场分布,实验结果也更符合实际情况。但是这种实验结构中,电极处于敞开的空间,周围物体对电场分布有一定的影响,且空间电磁场干扰会给实验增加难度。这种实验方法多用于研究等比例缩小尺寸的导线冲击电晕特性,但是缩小尺寸的实验结果与实际导线之间的等效性尚需进一步研究[8,18]。

3.1.3 实验线段

通常利用实际线路或者实验线段研究冲击电压波形在沿线传输中的衰减和畸变,将冲击电压发生器安装至线路首端施加冲击电压,在沿线不同位置安装分压器,测量各点冲击电压波形[1,7-8],如图 3.5 所示。

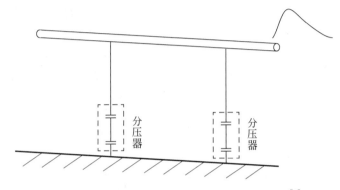

图 3.5 实验线段冲击电压衰减畸变实验接线图[3]

实验中导线表面电晕状况与实际线路非常接近,测量所得的波形非常直观地展示了冲击电晕的影响,实验得到的数据具有较高的可靠性。但是这类实验需要非常大的实验场地和较高电压等级的实验设备,实验费用也较昂贵。由于电磁波传输速度较快,如果实验线段过短,电磁波在线路端部进行多次折反射,则无法获得准确的冲击电压波形,故需要很长的实验线段。实验中需要沿线安装多组分压器进行测量,成本非常高,且研究对象较为固定,无法对多种型号的导线进行实验,国内外仅有少数单位进行过这种实验[14-16]。

3.2 输电线路雷电冲击电晕特性

当输电线路导线周围电场强度超过空气击穿场强时,导线附近的空气会产生电晕放电。输电线路的电晕放电特性与诸多因素有关,随导线结构、分裂数、分裂间距、子导线半径、相间距离、离地高度、边相或中相等因素的不同而有很大的差异,这些因素通过影响导线表面电场强度来影响导线电晕特性。

3.2.1 导线雷电冲击电晕伏库特性曲线

冲击电晕伏库曲线是描述导线冲击电晕特性的主要方法,是计算波的衰减变形的基础。伏库特性是波传播过程中,导线上的冲击电压瞬时值 u 与导线上及其周围电晕套内的总电荷 q 的关系:$q=f(u)$。其曲线如图 3.6 所示[23]。

伏库特性曲线一般可分为三部分[23]:施加在导线上的电压 $u<u_0$(导线起晕电压)阶

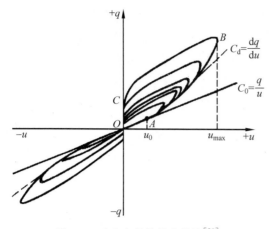

图 3.6 冲击电晕的伏库特性[23]

段对应图中的 OA 段,这个阶段导线尚未起晕,导线电荷随电压值线性上升,曲线的斜率为导线对地几何电容值 C_0。当导线电压 u 超过 u_0 后(AB 段),导线表面产生电晕放电,大量的电荷被激发聚集在导线附近的区域内,表现在伏库特性曲线上为电荷量增加的速度超过了电压上升的速度,曲线偏离导线的几何电容线向上翘。一般将伏库特性曲线的拐点 A 对应的电压值认为是导线的起晕电压。当导线上的电压达到冲击电压峰值 u_{max} 之后(BC 段),进入冲击波尾阶段,导线电压值会逐渐下降,由于冲击电压下降速度较快,空间电荷复合消散很少,主要是导线表面的电荷量随着导线电压下降而减小,下降的曲线接近于一条直线,直线斜率为 C_0。

包括特高压 8 分裂导线在内的 14 种不同型号导线在不同幅值雷电冲击电压作用下的伏库特性曲线如图 3.7～图 3.20 所示[3]。受实验设备所限,实验中的雷电冲击电压波形为 $2.6/60\mu s$。

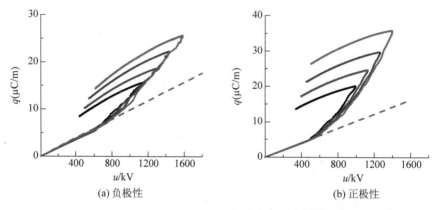

图 3.7 LGJ630/45 导线雷电冲击电晕伏库特性曲线[3](见文前彩图)

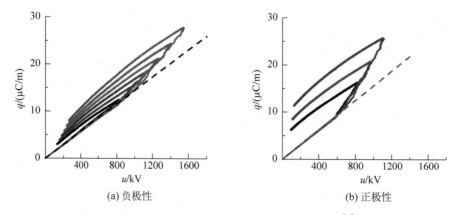

图 3.8 2×LGJ630/45 s450 导线雷电冲击电晕伏库特性曲线[3](见文前彩图)

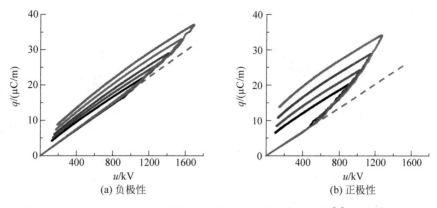

图 3.9 4×LGJ300/50 s450 导线雷电冲击电晕伏库特性曲线[3]（见文前彩图）

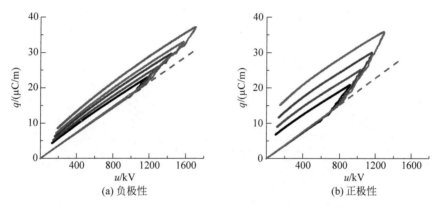

图 3.10 4×LGJ500/35 s450 导线雷电冲击电晕伏库特性曲线[3]（见文前彩图）

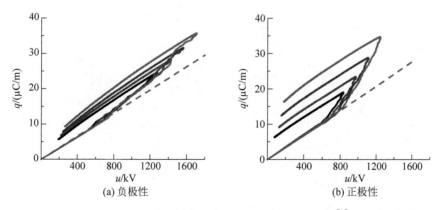

图 3.11 4×LGJ630/45 s450 导线雷电冲击电晕伏库特性曲线[3]（见文前彩图）

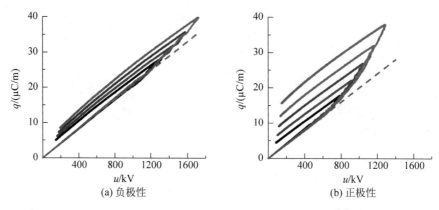

图 3.12　6×LGJ300/50 s375 导线雷电冲击电晕伏库特性曲线[3]（见文前彩图）

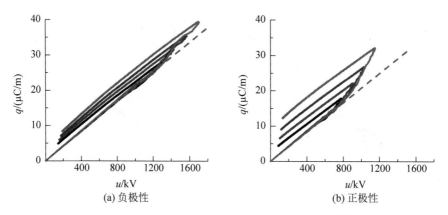

图 3.13　6×LGJ400/35 s400 导线雷电冲击电晕伏库特性曲线[3]（见文前彩图）

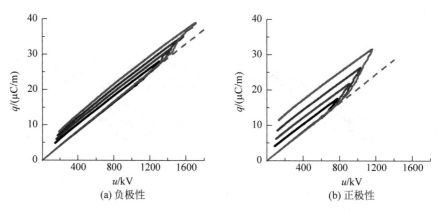

图 3.14　6×LGJ630/45 s400 导线雷电冲击电晕伏库特性曲线[3]（见文前彩图）

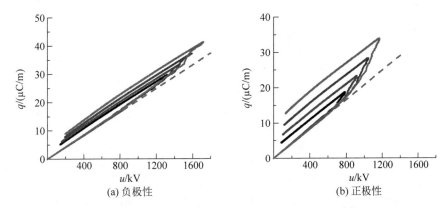

图 3.15　6×LGJ630/45 s450 导线雷电冲击电晕伏库特性曲线[3]（见文前彩图）

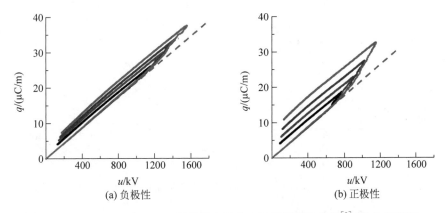

图 3.16　6×LGJ630/45 s500 导线雷电冲击电晕伏库特性曲线[3]（见文前彩图）

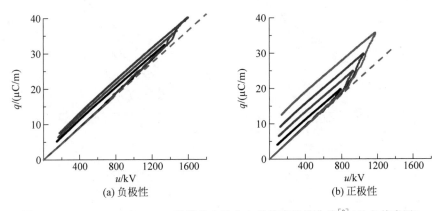

图 3.17　8×LGJ500/35 s400 导线雷电冲击电晕伏库特性曲线[3]（见文前彩图）

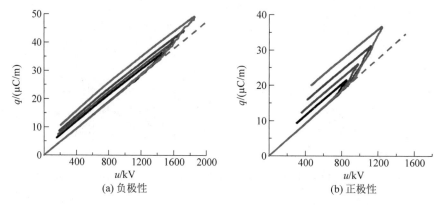

图 3.18　8×LGJ630/45 s400 导线雷电冲击电晕伏库特性曲线[3]（见文前彩图）

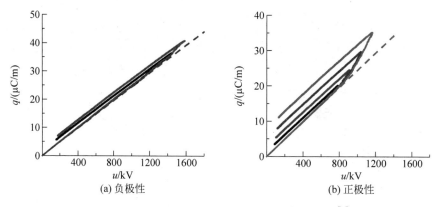

图 3.19　10×LGJ630/45 s350 导线雷电冲击电晕伏库特性曲线[3]（见文前彩图）

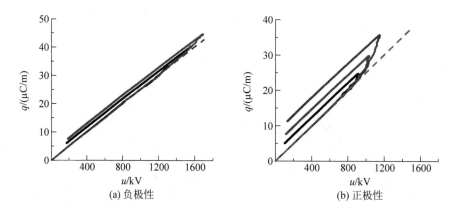

图 3.20　12×LGJ630/45 s300 导线雷电冲击电晕伏库特性曲线[3]（见文前彩图）

3.2.2　正极性雷电冲击电晕起晕时延

导线伏库特性曲线拐点对应的电压值可以认为是导线的起晕电压。对比前面介绍的特高压导线在不同幅值雷电冲击下的伏库特性曲线结果可以发现，在负极性雷电冲击下，不同曲线拐点一致；但在正极性冲击下，曲线拐点均不一致。正极性雷电冲击下，冲击电压幅值越高,其拐点对应的电压值也越高[12],这个现象在操作冲击电晕实验中并未出现。分析表明,该现象是由正极性冲击起晕时延导致的。在导线电压达到起晕电压后,导线表面并不会立即产生电晕放电,需经过短暂的起晕时延 Δt,冲击电晕才会激发电荷至附近的区域内。这个起晕时延的数量级较小,在波头时间较长的操作冲击实验中表现并不明显,但是对波头时间较短的雷电冲击实验影响较大。雷电冲击电压变化速率快,冲击电压达到导线起晕电压后经过一定的时延 Δt,空间电荷才开始产生,这段时间内导线电压已上升了 Δu,在伏库特性曲线上表现为导线的拐点电压比其起晕电压值略高。正极性电晕以空气分子电离为主,起晕速度较慢,Δu 较大;而负极性电晕以导线表面激发自由电子为主,起晕速度较快,Δu 较小。实验中雷电冲击波头时间保持不变,雷电冲击电压的幅值越高,其波头上升速率越大,Δu 越大。因此,在不同幅值的正极性雷电冲击下,导线伏库曲线拐点不一致;而在负极性冲击下 Δu 很小,曲线拐点几乎重合。

为了进一步研究正极性雷电冲击下导线起晕时延特性,本节将几种典型导线的起晕电压(参考相应的操作冲击实验结果)与伏库特性曲线中拐点对应的视在起晕电压进行对比,如表 3.1 所示。在正极性雷电冲击下,导线的视在起晕电压 u_0' 比其实际起晕电压 u_0 高 12%～91%,故不能简单地将实验中正极性雷电冲击导线伏库特性曲线的拐点对应的电压值认为是导线的起晕电压。对导线正极性起晕时延对比分析表明,同一种导线的起晕时延相差不大,不同导线的起晕时延有一定的差别。起晕时延与导线参数之间并没有表现出明显的规律性,不同导线的起晕时延 Δt 为 0.4～0.9μs。

表 3.1 不同导线的正极性雷电冲击起晕时延[3]

导线型号	起晕电压 u_0/kV	冲击幅值 u_{max}/kV	视在起晕电压 u_0'/kV	偏差(($u_0'-u_0$)/u_0)/%	起晕时延 Δt/μs
4×LGJ300/50 s450	410	1026	620	51.2	0.45
		1150	710	73.2	0.59
		1274	780	90.2	0.65
4×LGJ500/35 s450	430	1039	740	72.1	0.74
		1166	780	81.4	0.70
		1298	820	90.7	0.67
4×LGJ630/45 s450	450	980	710	57.8	0.78
		1117	770	71.1	0.76
		1247	810	80.0	0.71
6×LGJ300/50 s375	530	1046	800	50.9	0.76
		1169	870	64.2	0.83
		1291	920	73.6	0.81
6×LGJ400/35 s400	540	910	770	42.6	0.88
		1034	800	48.1	0.75
		1154	840	55.6	0.69
6×LGJ630/45 s400	560	912	760	35.7	0.80
		1037	810	44.6	0.70
		1164	840	50.0	0.62

续表

导线型号	起晕电压 u_0/kV	冲击幅值 $u_{\max}$/kV	视在起晕电压 u_0'/kV	偏差(($u_0'-u_0$)/u_0)/%	起晕时延 Δt/μs
8×LGJ500/35 s400	625	935	780	24.8	0.60
		1052	820	31.2	0.53
		1180	850	36.0	0.45
8×LGJ630/45 s400	640	984	800	25.0	0.50
		1130	860	34.4	0.47
		1247	900	40.6	0.50
10×LGJ630/45 s350	700	914	800	14.3	0.72
		1046	860	22.9	0.73
		1166	920	31.4	0.70
12×LGJ630/45 s300	770	918	860	11.7	0.85
		1039	900	16.9	0.84
		1155	970	26.0	0.86

导线起晕电压越高,其视在起晕电压与其实际起晕电压越接近,但该现象并不表明导线的起晕时延会随着起晕电压的升高而减小。造成该现象的原因是受电晕笼尺寸的限制,施加在导线上的冲击电压值不能过高,否则会击穿导线与笼壁之间的空气间隙。尤其是正极性冲击,其空气间隙击穿电压更低。对于分裂数较多的导线,空气间隙较小,可施加的冲击电压幅值较低,而导线的起晕电压值比较高,因此起晕电压与施加在导线上的冲击电压幅值较为接近。冲击电压在即将达到峰值时,其电压上升率会减小,电压在导线起晕时延内变化较小,表现在导线的伏库特性曲线上即为视在起晕电压与起晕电压值相差不大。如果实验中电晕笼足够大,施加的冲击电压足够高,则在起晕电压较高的导线上,视在起晕电压与实际起晕电压值之间也会有较大的差别。

3.2.3 雷电冲击电压参数对伏库特性曲线的影响

冲击电压极性对导线伏库特性曲线有很明显的影响。图 3.21 所示为同一导线在不同极性的雷电冲击下的伏库特性曲线[3]。在未起晕阶段,正负极性冲击下导线的伏库曲线几乎完全重合,电荷 q 随着电压 u 的增大而线性增加,曲线的斜率为导线的几何电容值。在达到起晕电压 u_0 后,曲线偏离导线几何电容值出现上翘,这意味着对应的电容增加了,电晕后的电容称为"动态电容"。正极性电晕产生的空间电荷明显多于负极性电晕,其曲线上升的速率非常快,迅速偏离了导线的几何电容线,拐点非常明显。而负极性电晕曲线上升较为缓慢,在起晕电压时刻看不出明显的变化,但在电压远超过起晕电压后能看到明显的曲线偏离。在达到冲击电压峰值时,正极性电晕产生的空间电荷 Δq_p 远多于负极性电晕产

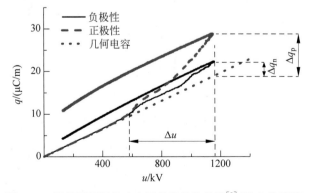

图 3.21 导线不同极性冲击下伏库特性曲线[3](见文前彩图)

生的空间电荷 Δq_n。在冲击电压波尾阶段,电荷量 q 随着电压值的下降而下降,在两种极性下电荷下降的曲线几乎平行。由此可见,冲击电压的极性对位于起晕电压及峰值电压之间的曲线影响很大。

导线表面产生电晕放电之后,会在导线附近形成一个空间电荷区域,在外部表现为导线对地电容量增大。为了比较电容量增加的大小,将导线伏库特性曲线上升段的平均动态电容 C_d 定义为

$$C_d = \frac{\Delta q}{\Delta u} \tag{3.1}$$

为了方便对比不同导线的平均动态电容值,采用导线的几何电容值 C_0 作为基值对 C_d 进行归一化处理,定义 C_d/C_0 为导线的相对动态电容。以 $8 \times$ LGJ500/35 s400 导线为例,不同极性冲击电压下导线的相对动态电容变化如图 3.22 所示。随着施加在导线上的冲击电压峰值增大,导线冲击电晕相对动态电容值也相应增加。施加在导线上的电压超过其起晕电压后,导线表面产生电晕,其对地电容值明显增加,大于其几何电容。导线上的电压值越高,在导线表面产生的电晕放电越激烈,产生的空间电荷量越大,对应的导线相对动态电容值也越高。正极性冲击电晕比负极性冲击电晕更为激烈,对于图 3.22 中所示的导线,正极性冲击下导线平均动态电容值达到了其几何电容值的 1.5 倍以上。

雷电冲击电晕过程中引起的能量损耗为

$$W = \int u i \, dt \tag{3.2}$$

根据 $i \, dt = dq$,电晕能量损耗表达式简化为

$$W = \int u \, dq \tag{3.3}$$

由式(3.3)可知,冲击电晕放电过程产生的能量损耗可以用伏库特性曲线包围的面积进行计算。$8 \times$ LGJ500/35 s400 导线不同极性雷电冲击下电晕能量损耗如图 3.23 所示。随着导线上施加的冲击电压值的增大,对应的导线电晕能量损耗也随之增加。导线冲击电压值越高,导线表面产生的冲击电晕也就越激烈,电晕损耗也越大。

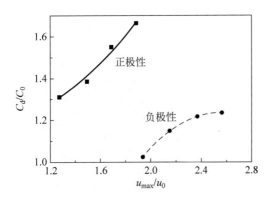
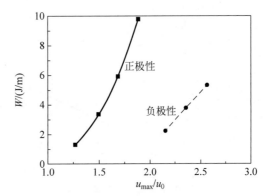

图 3.22　$8 \times$ LGJ500/35 s400 导线不同极性冲击下导线相对动态电容曲线[3]

图 3.23　$8 \times$ LGJ500/35 s400 导线不同极性冲击下电晕损耗曲线[3]

对比不同极性下导线的电晕损耗曲线可知,在相同幅值的冲击电压下,正极性冲击电晕的损耗比负极性冲击电晕的损耗大。且随着冲击电压幅值的增加,正极性冲击电晕损耗上

升的速度远高于负极性冲击电晕。根据冲击电晕放电的微观物理过程分析[19],负极性冲击电晕的放电过程可能主要是碰撞电离。而正极性冲击电晕很快由碰撞电离发展为流注放电,流注放电比碰撞电离更为强烈。所以,正极性电晕的放电比负极性电晕更为激烈,发展更为迅速,在导线冲击电晕损耗曲线上表现为正极性冲击电晕损耗更大。随着冲击电压峰值的增大,正极性冲击电晕增加的速度更快,曲线上升速度更快。

3.2.4 导线参数对雷电冲击电晕伏库特性曲线的影响

由3.2.1节中所示的不同导线冲击电晕伏库特性曲线可以很直观地看出,导线参数对伏库特性曲线有明显的影响。随着导线分裂数的增加、分裂间距增大以及子导线半径增加,伏库特性曲线拐点对应的电压值明显上升,起晕后曲线相应的部分上升速度降低,同时曲线包围的面积也会减小。本节以正极性雷电冲击电晕为例,对导线参数与导线伏库特性曲线之间的影响进行讨论,主要是导线分裂数、导线分裂间距及子导线半径的影响。

1. 导线参数对相对冲击电晕动态电容的影响

将不同导线的冲击电晕平均动态电容做归一化处理后,不同导线的冲击电晕相对动态电容如图3.24～图3.26所示,可以看出导线参数对冲击电晕相对动态电容有较大影响。

图3.24表明,导线的冲击电晕相对动态电容值随着导线分裂数的增加而增大。这是由于在导线电压达到了其起晕电压之后产生电晕放电,导线的分裂数越多,其等效表面积越大,产生的空间电荷量越多。在对导线电压进行归一化处理之后,导线电晕产生的空间电荷量成为影响导线相对动态电容的主要因素,因此分裂数越多的导线相对动态电容曲线值越大。同理,在相同的分裂数及分裂间距下,子导线的半径越大,导线产生冲击电晕放电的区域面积越大,相对动态电容值也越高,如图3.25所示。

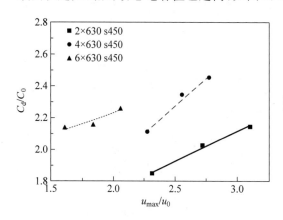

图3.24 导线分裂数对雷电冲击相对动态电容的影响[3]

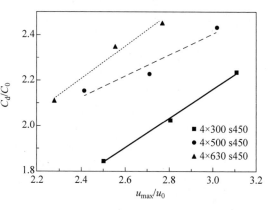

图3.25 子导线半径对雷电冲击相对动态电容的影响[3]

然而导线分裂间距与冲击电晕相对动态电容并非正相关。由图3.26可知,分裂间距450mm的六分裂导线相对动态电容最大,分裂间距500mm的导线相对动态电容值最小。分裂间距通过影响导线表面电场分布而影响导线相对动态电容,分裂间距越小,子导线之间的相互影响就越大,导线表面电场分布越不均匀。随着导线分裂间距 r_b 的增加,子导线表面电场分布越均匀,产生的空间电荷量越小,所以 500mm 分裂间距的导线相对动态电容值最小。

对于 400mm 与 450mm 分裂间距的导线来说,动态电容值归一化的参数 C_0 取代了表面电场分布,成为影响导线相对动态电容值的主要因素。分裂间距大的导线,其几何电容值 C_0 越大,归一化之后的相对动态电容值 C_d/C_0 越小。因此 450mm 分裂间距的导线相对动态电容值反而比 400mm 间距导线小。

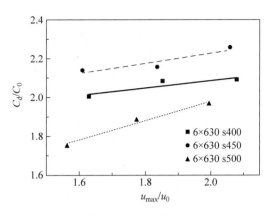

图 3.26 导线分裂间距对雷电冲击相对动态电容的影响[3]

2. 导线参数对冲击电晕能量损耗的影响

导线参数对雷电冲击电晕能量损耗有一定的影响,其中导线分裂数是主要影响因素,子导线半径影响次之,导线分裂间距相应最小。图 3.27 表明,随着导线分裂数的增大,导线冲击电晕能量损耗迅速上升。这是由于在一定电压下,子导线数量越多,产生的空间电荷量越大,产生的能量损耗也更大。图 3.28 中不同分裂间距的导线产生的电晕能量损耗区别不大,但随着分裂间距的增加,冲击电晕能量损耗值略微上升。这是由于分裂间距增加使子导线表面电场分布更加均匀,产生电晕放电的区域变大,能量损耗增加。但导线表面电场变化产生的能量损耗与冲击电压在导线上产生的损耗相比非常小,因此不同分裂间距导线冲击电晕能量损耗区别并不明显。如图 3.29 所示,不同子导线半径对冲击电晕能量损耗影响比较明显。子导线半径越大,导线起晕后其周围的空间电荷区域就越大,因此产生的能量损耗也越大。

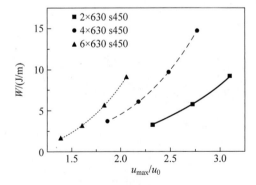

图 3.27 导线分裂数对雷电冲击电晕能量损耗的影响[3]

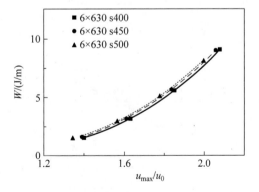

图 3.28 导线分裂间距对雷电冲击电晕能量损耗的影响[3]

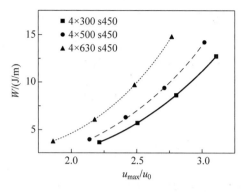

图 3.29　子导线半径对雷电冲击电晕能量损耗的影响[3]

3.2.5　天气对导线雷电冲击电晕特性的影响

在实际线路运行中,雷击输电线路一般在雨天发生。我们知道,在降雨条件下导线的工频电晕通常比在好天气情况下更为激烈。对我国同塔双回特高压线路采用的 8×LGJ630/45 s400 导线开展了干燥导线、湿导线两种状态下的电晕效应实验,分别用于模拟好天气、小雨天气条件。湿导线状态用于模拟实际导线在雨后或在小雨情况下,水滴挂在导线表面不连续滴落的状态。在电晕笼实验中,先将人工淋雨装置打开,对导线喷淋 10~15min 后关闭淋雨系统,等待 2~3min,待导线表面不再滴水,开始进行冲击电晕实验。由于实验中导线上施加电压较高,导线表面水滴很快被烧干,因此湿导线状态持续时间较短,须在 5~8min 内完成导线冲击电晕伏库特性曲线的测量工作。

实验获得的 8×LGJ630/45 s400 导线在小雨天气下的伏库特性曲线如图 3.30 所示[3],在小雨天气下导线的伏库特性曲线特点与好天气下一致,在导线未起晕阶段电荷随电压线性上升,在冲击电压峰值之后曲线下降斜率近似于几何电容 C_0。由于雨滴对导线表面状态影响较大,起晕电压 u_0 与冲击电压峰值 u_{max} 之间的曲线部分有所变化,其余阶段曲线变化不大。以正极性雷电冲击为例,本节对比研究了两种天气条件下导线的视在起晕电压、相对动态电容和能量损耗之间的区别。

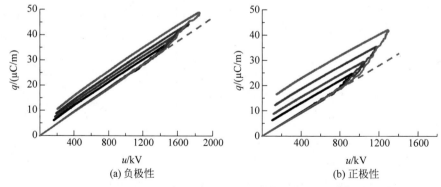

图 3.30　8×LGJ630/40 s450 导线雷电冲击电晕伏库特性曲线[3](见文前彩图)

1. 天气对视在起晕电压的影响

由于正极性电晕存在起晕时延,无法获得导线准确的起晕电压,本节仅以导线伏库特性曲线拐点对应的视在起晕电压为例,定性分析天气对起晕电压的影响。图 3.31 给出了不同天气条件下导线的视在起晕电压,两种天气条件下施加的雷电冲击电压波形比较接近,导线的起晕时延值可近似认为相差不大。小雨天气下导线的起晕电压比好天气下的视在起晕电压值低。这是由于小雨条件下,导线表面积聚的大量水滴会影响导线表面电场分布。水滴使电场畸变更为明显,导线在较低的电压下很容易产生电晕放电现象。导线在小雨天气下视在起晕电压降低了约 10%,可以推测导线的实际起晕电压值的降幅也在 10% 左右。

2. 天气对冲击电晕相对动态电容的影响

图 3.32 对比了两种天气条件下导线的相对动态电容,在小雨天气下导线的相对动态电容值会增加。这是由于水滴使导线表面电场发生畸变,导线表面更容易产生电晕放电现象。在相同的电压作用下,小雨天气下导线表面的放电点更多,导线周围区域内空间电荷量更大,因此其相对动态电容值也更大。

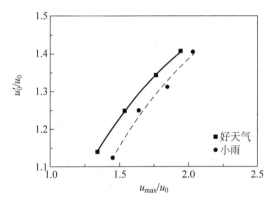

图 3.31 天气对导线视在起晕电压的影响[3]

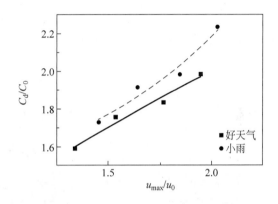

图 3.32 天气对导线相对动态电容的影响[3]

3. 天气对冲击电晕能量损耗的影响

如图 3.33 所示,小雨天气下导线冲击电晕能量损耗比晴天大。冲击电压峰值较低时,二者能量损耗相差不大,随着冲击电压幅值增大,小雨天气下导线的冲击电晕能量损耗快速上升,与晴天的能量损耗曲线之间差别更为明显。在小雨天气下导线在较低的电压即可产生电晕,其电离的空间电荷量比晴天多,损耗的能量也更大。在冲击电压峰值较低时,电晕放电点较少,其电离的空间电荷量较少,受天气影响较小。而在电压较高的情况下,电晕过程会产生大量的空间电荷,电晕过程受导线表面情况影响更大,故在峰值较高的雷电冲击下,两种天气下冲击电晕的能量损耗相差更为明显。

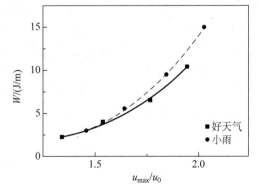

图 3.33 天气对冲击电晕能量损耗的影响[3]

3.2.6 实验线段雷电冲击电晕实验

在特高压交流基地的 500kV 实验线段上进行了相应的雷电冲击电晕实验[22]。在实验线段首端施加雷电冲击,由于冲击电晕的影响,雷电冲击电压波形会随着传输距离的增加产生衰减畸变,利用冲击电压分压器可以实测沿线的冲击电压值。500kV 实验线段全长 200m,仅有一相导线,导线型号为 $4\times$LGJ630/45 s450。线段两端的耐张塔挂点高度分别为 21.6m 和 18.6m。计算结果表明,实验线段导线雷电起晕电压约为 880kV,低于冲击电压发生器可产生的雷电冲击电压。实验现场布置平面如图 3.34 所示,实验系统由冲击电压发生器、实验线段、分压器、波纹管及匹配阻抗构成。

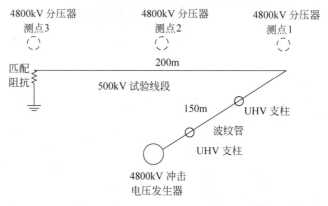

图 3.34 实验线段冲击电晕实验布置[3]

为了模拟实际线路的电磁暂态过程,避免线路末端反射波对冲击电压波形的测量结果造成影响,实验线段末端需要通过匹配电阻接地。由于雷电冲击中有大量的高频分量,会在电感两端产生较大压降,为了避免接地电抗的杂散电感对电磁暂态过程的影响,实验采用了无感绕法的电阻接地。考虑到电阻的外绝缘特性,最终选取 6 只 50Ω 无感电阻串联组成匹配电阻,如图 3.35 所示。

冲击电压发生器与实验线段相距约 150m,实验中无法直接将高压线直接引至实验线段处。故在冲击本体与实验线段中间安装两只特高压支柱绝缘子作为挂点,将高压线引至线路处。为防止引线电晕对实验结果造成影响,将高压引线安装在波纹管内。实验现场布置如图 3.36 所示。分压器安装在实验线段首端、中部和末端三个位置进行测量,如图 3.37 所示。

在实验线段首端施加负极性雷电冲击,冲击电压发生器级电压为 130kV,分压器安装在线路末端,测量线段上的冲击电压波形。测量结果如图 3.38 中的点线所示。根据电晕笼实验获得的导线负极性雷电冲击电晕伏库特性曲线建立相

图 3.35 500kV 实验线段匹配接地电阻[3]

图 3.36 实验线段冲击电晕实验现场布置[3]

图 3.37 实验线段冲击电晕实验分压器布置(从左到右为线路首端、中部、末端)[3]

应的电晕计算模型,仿真计算得到的线路末端电压如图 3.38 中的实线和虚线所示,其中实线为不考虑冲击电晕的计算结果,虚线为考虑冲击电晕影响的计算结果。实验结果与考虑电晕后的计算结果波形较为接近,且二者冲击的峰值很接近,实验结果幅值为 1205kV,考虑电晕后计算结果为 1222kV。如果仿真中不考虑电晕的影响,则冲击峰值达到了 1295kV,比实验结果高 7.5%。

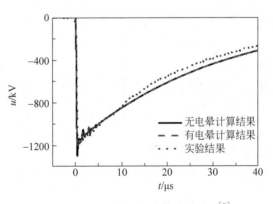

图 3.38 实验波形与计算波形对比[3]

实验结果与仿真结果在波尾部分吻合得不是很好,这是由于在电晕过程中还存在发光发热等现象,会损耗一部分能量,而在电晕仿真计算中忽略了这部分因素。实际线路电晕损耗的能量比仿真结果大,故实验中电压波尾部分下降速度较快。

考虑冲击电晕影响后,仿真计算结果与实验实测结果较为接近,可认为电晕笼冲击电晕实验结果较为准确,且实验结果可以有效地推广至实际线路的仿真计算中。

3.2.7 直流电压下导线冲击电晕特性

前面介绍的冲击电晕特性没有考虑工作电压的影响。但实际线路的冲击电晕是在工作电压作用下产生的,工作电压必然会对导线电晕特性产生影响。特别是直流输电线路,工作电压作用时导线电晕产生的空间电荷对雷电冲击电晕的影响更为严重,清华大学肖凤女研究了直流叠加雷电冲击电压的导线电晕特性,模拟直流线路运行时的雷击情况[4]。实验采用直流—冲击联合加压实验回路,用直流电压发生器产生直流电压,用冲击电压发生器模拟绕击在直流线路上的雷电过电压,通过测试获得直流与冲击电压同时作用下的冲击电晕特性。其中正极性曲线测量条件为:温度18.5℃,相对湿度62%,气压94.3kPa。负极性曲线测量条件为:温度13℃,相对湿度67%,气压93.4kPa。实验采用的导线直径为0.55cm,雷电冲击电压波前时间均为3.0μs。

由于不确定空间电荷对冲击起晕电压的影响,在进行直流叠加冲击的电晕实验前,需首先进行一组没有叠加直流电压的实验作为对比。没有叠加直流电压时,施加不同正/负极性的冲击电压得到的伏库特性曲线如图3.39所示。

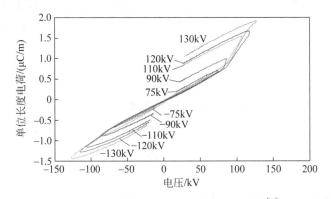

图3.39 无直流电压时不同冲击电压下的伏库特性曲线[4](见文前彩图)

比较正负极性冲击电压作用下的伏库特性曲线可以看出,正极性电晕产生的空间电荷明显多于负极性电晕,其曲线上升的速率非常快,迅速偏离了导线的几何电容线,曲线拐点非常明显。而负极性电晕曲线上升较为缓慢,在起晕电压时刻看不出明显的变化,在电压远超过起晕电压后才能明显看到曲线偏离。在达到冲击电压峰值时,正极性电晕产生的空间电荷远多于负极性电晕。

冲击电晕过程中引起的能量损耗可以采用式(3.3)计算,它为伏库特性曲线包围的面积。随着在导线上施加的冲击电压值的增加,导线表面产生的冲击电晕越激烈,对应的导线电晕能量损耗也随之增加。在正极性冲击电压作用下,电晕更为剧烈,伏库特性曲线包围的范围更大,这也意味着电晕损耗在正极性冲击下更大。对比不同极性下导线的电晕损耗曲线可知,在相同幅值的冲击电压作用下,正极性冲击电晕的损耗比负极性冲击电晕的损耗大。且随着冲击电压幅值的增加,正极性冲击电晕损耗上升的速度远高于负极性冲击电晕。根据冲击电晕放电的微观物理过程分析[24-25],负极性冲击电晕的放电过程可能主要是碰撞电离,而正极性冲击电晕由碰撞电离很快发展为流注放电,流注放电比碰撞电离更为强烈。所以正极性电晕的放电比负极性电晕更为激烈,发展更为迅速,表现在导线冲击电晕损耗曲线上为正极性冲击电晕损耗更大。随着冲击电压幅值的增大,正极性冲击电晕增加的速度更快,曲线上升速度也更快。

在分析电晕对应的传输线方程参数时,需要准确判断起晕电压。起晕电压可以通过伏库特性曲线的拐点进行判断。与此同时,伏库特性曲线的斜率也可反映起晕状态,由图 3.39 分析得到的起晕电压、波前等效电容见表 3.2[4]。对于直径为 0.55cm 的导线,导线与内笼之间的几何电容为 9.4pF。由表 3.2 可见,当没有直流电压时,导线波前未起晕段的等效电容与几何电容一致,正、负极性雷电冲击的起晕电压均约为 70kV。

表 3.2 无直流电压时不同冲击电压下的等效电容及起晕电压

冲击电压/kV	波前等效电容/pF	起晕电压/kV
75	9.2	73
90	9.4	73
110	9.3	72
120	9.1	72
130	10.0	72
−75	9.4	—
−90	9.1	−70
−110	9.5	−70
−120	9.5	−70
−130	9.3	−70

观测直流电压为 0 时的伏库特性曲线。当冲击电压为 120kV 时,无论是正、负极性都能观察到明显的冲击电晕现象。因此,在分析直流电压影响时,冲击电压采用 120kV。图 3.40 为施加不同正极性的直流电压得到的伏库特性曲线。图 3.40(a)施加的冲击电压为−120kV。当直流预电压为正极性、叠加负极性冲击电压时,伏库特性曲线随直流电压的增大上移,包围的面积缩小,意味着冲击电晕减弱。冲击波前曲线没有消晕过程。这是因为在起晕时,导线表面的电场强度维持在起晕场强,这时只要施加反极性电压,导线电位降低,导线表面电场就不能维持起晕,因此不存在消晕现象。

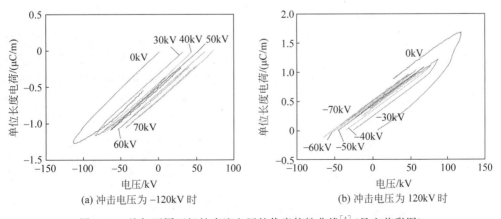

图 3.40 施加不同正极性直流电压的伏库特性曲线[4](见文前彩图)

表 3.3 为从伏库特性曲线获得的波前等效电容和起晕电压。当存在直流预电压时,空间电荷对冲击的波前等效电容影响很小,伏库特性曲线的斜率与没有空间电荷情况下的斜率基本一致。导线的直流起晕电压为 28.1kV。当直流电压为 40kV 时,导线附近已经起晕强烈,此时可以观察到伏库特性曲线微小的拐点,大约对应电压为 −62kV,小于没有直流电压情况下的 −72kV。这是因为导线表面电位是导线等效电荷和空间电荷共同作用的结果,当存在负极性的空间电荷时,为保持导线表面电位,导线等效电荷应比没有空间电荷时大。根据高斯定理,导线表面的电场强度比没有空间电荷时大,更容易达到起晕场强,因此存在空间电荷时的起晕电压要比没有空间电荷时的起晕电压小。当施加了直流预电压,但在直流预电压下未起晕时,施加冲击电压时的起晕电压仍应与直流预电压为 0 时相同,为 −72kV。在 30kV 直流预电压下,冲击起晕电压较之略有减小,而在 40kV 直流预电压下,减小幅度变大。由此可见,在直流预电压为 30kV 时,导线刚刚起晕,而在直流预电压为 40kV 时起晕已较为剧烈。由此可见预设的 28.1kV 直流起晕电压满足实验结果。当直流电压进一步增加时,由于已达不到反向冲击起晕电压,伏库特性曲线表现为一条直线。

表 3.3 施加不同正极性直流电压时的等效电容及起晕电压[4]

冲击电压 −120kV			冲击电压 120kV		
直流电压/kV	波前等效电容/pF	起晕电压/kV	直流电压/kV	波前等效电容/pF	起晕电压/kV
0	9.5	−72	0	9.1	72
30	9.4	−70	−30	9.0	70
40	9.8	−62	−40	9.5	64
50	9.5	—	−50	9.1	—
60	9.5	—	−60	9.5	—
70	9.4	—	−70	9.4	—

图 3.40(b)施加的冲击电压为 120kV,当直流电压为负极性、叠加正极性冲击电压时,伏库特性曲线随直流电压的增大而下移,曲线包围的面积减小,冲击电晕减弱。当存在直流预电压起晕时,空间电荷对动态电容的影响很小,伏库特性曲线的斜率与没有空间电荷情况下的斜率基本一致。

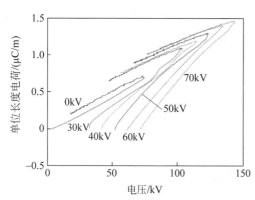

图 3.41 冲击电压为 75kV 时施加不同正极性直流电压的伏库特性曲线[4](见文前彩图)

图 3.41 所示为当冲击电压为 75kV 时,施加不同正极性直流电压得到的伏库特性曲线。表 3.4 给出了波前等效电容。当直流电压和冲击电压同极性时,由于本身在直流电压下就已经起晕,叠加冲击电压之后继续起晕,观察不到明显的起晕电压对应的拐点。不同于反极性时的冲击起晕电压,同极性叠加时,冲击起晕电压与直流起晕电压相同。叠加同极性直流电压时的伏库特性曲线斜率明显大于没有直流电压的情况,如图 3.41 和表 3.4 所示。随着直流电压的增加,伏库特性曲线的起始斜率逐渐增大,这

是由于导线已处于起晕状态,相当于从一开始就进入了起晕阶段,此时电压越高,斜率越大。

表 3.4　冲击电压为 75kV 时施加不同正极性直流电压时的等效电容[4]

直流电压/kV	冲击电压/kV	波前等效电容/pF
0	75	9.2
30	75	10.9
40	75	13.9
50	75	18
60	75	22
70	75	21.2

图 3.42 所示为当冲击电压为－75kV 时,施加不同负极性的直流电压得到的伏库特性曲线(相对湿度为 94.2%),表 3.5 所示为波前波尾处的等效电容。由图 3.39～图 3.42 可见,当冲击电压与直流电压同极性时,伏库特性曲线包围的范围随直流电压的增大而增大。因此,施加直流电压时,电晕损耗比没有直流电压时更大,电压波沿线传输会衰减得更快,这对线路防雷有利。而当冲击电压与直流电压反极性时,伏库特性曲线包围的范围随直流电压的增大而减小。因此,有直流电压存在时,电晕损耗比没有直流电压时更小,电压波沿线传输过程中会衰减较慢,电晕对线路防雷的效应减弱。在实际运行中,由于雷电的极性多为负极性,较容易绕击正极性直流线路,这种情况下的冲击电晕特性导致雷电冲击沿线衰减比较慢。

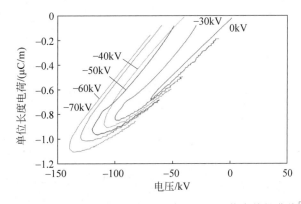

图 3.42　冲击电压为－75kV 时施加不同负极性直流电压的伏库特性曲线[4](见文前彩图)

表 3.5　冲击电压为－75kV 时施加不同负极性直流电压时的等效电容($D=0.55$cm)[4]

直流电压/kV	波前等效电容/pF	直流电压/kV	波前等效电容/pF
0	9.4	－50	10.9
－30	9.5	－60	11.7
－40	10	－70	12.1

在负极性直流电压为 70kV 的条件下,施加不同正极性的冲击电压得到的伏库特性曲线基本重合,从伏库特性曲线得到的波前等效电容见表 3.6。

施加 70kV 正极性直流电压时获得的波前等效电容见表 3.7。施加异极性冲击电压时,伏库特性曲线的斜率远小于施加同极性冲击电压时伏库特性曲线的斜率。由此可见,同极性的雷电过电压对伏库特性曲线的影响更为剧烈。

表 3.6　直流电压为 −70kV 时不同冲击电压下的等效电容($D=0.55$cm)[4]

冲击电压/kV	波前等效电容/pF	冲击电压/kV	波前等效电容/pF
75	9.5	120	9.5
90	9.7	130	9.3
110	9.4	−75	12.1

表 3.7　直流电压为 70kV 时不同冲击电压下的等效电容($D=0.55$cm)[4]

冲击电压/kV	波前等效电容/pF	冲击电压/kV	波前等效电容/pF
−90	9.5	−130	9.0
−110	9.1	75	21.2
−120	9.1		

以上分析均基于 3.0μs 波前时间的冲击电压。在实验中同样也对 1.2μs 和 1.8μs 的波前时间冲击电压进行了测量,波前等效电容与起晕电压见表 3.8。在不同的波前时间下,波前等效电容及冲击起晕电压均没有大的变化。表 3.9 为 70kV 直流预电压情况下,施加不同波前时间的 −75kV 和 130kV 冲击电压对应的波前等效电容。

表 3.8　无直流电压时不同波前时间冲击电压下的等效电容及起晕电压[4]

| 冲击电压/kV | 波前等效电容/pF | | 起晕电压/kV | |
	1.2μs	1.8μs	1.2μs	1.8μs
75	9.3	9.2	70	72
90	9.5	9.3	71	71
110	9.1	9.4	71	70
120	9.3	9.3	70	73
130	9.4	9.4	73	69
−75	9.2	9.5	−66	−66
−90	9.5	9.3	−67	−65
−110	9.3	9.4	−70	−72
−120	9.1	9.3	−69	−71
−130	9.3	9.6	−70	−70

表 3.9　70kV 直流预电压情况下不同波前时间冲击电压下的等效电容($D=0.55$cm)[4]

波前时间/μs	冲击电压/kV	波前等效电容/pF
1.2	75	19.2
	−130	9.3
1.8	75	20.0
	−130	9.5
3.0	75	21.2
	−130	9.8

不同的波前时间对于伏库特性曲线斜率影响很小,但伏库特性曲线的电压最大值略有差别。可以认为在选定的波前时间范围(标准雷电冲击电压波左右)内,波前时间对伏库特

以上分析均是基于 0.55cm 直径的导线。为了分析导线直径对冲击电晕特性的影响，在实验中也对 0.96cm 直径的导线进行了测量。从直径 0.96cm 的导线在无直流预电压时、不同冲击电压下的伏库特性曲线得到的波前等效电容与起晕电压见表 3.10。可以看出，0.96cm 直径导线的波前等效电容明显大于 0.55cm 直径的导线，这是因为其几何电容计算值约为 10.4pF。由于其导线的半径较大，导线附近电场比 0.55cm 直径的导线附近电场均匀，因此更难起晕，起晕电压约为 100kV。

表 3.10 无直流电压时不同冲击电压下的等效电容及起晕电压（$D=0.96$cm）[4]

冲击电压/kV	波前等效电容/pF	起晕电压/kV
75	10.0	—
90	10.0	—
110	10.1	101
120	10.2	100
130	10.0	103
−75	10.3	—
−90	10.2	—
−110	10.0	−100
−120	10.1	−103
−130	10.5	−105

在 70kV 直流预电压情况下，施加 −75kV 和 130kV 冲击电压的伏库特性获得的波前等效电容见表 3.11。在反极性冲击电压作用下，伏库特性曲线的斜率与几何电容接近，直径较大的导线斜率略大，这是因为几何电容较大。0.55cm 直径导线的几何电容为 9.4pF，0.96cm 直径导线的几何电容为 10.4pF。而在同极性冲击电压作用下，直径较大的导线斜率略小，其原因是在同极性冲击电压作用下，从一开始导线就处于起晕状态，而直径较大的导线附近电场比直径较小的导线附近电场均匀，起晕强度较小，从而使得空间电荷较少，因此曲线的斜率较小。

表 3.11 70kV 直流预电压下施加冲击电压时不同直径导线的等效电容[4]

导线直径/cm	冲击电压/kV	波前等效电容/pF
0.55	75	21.2
0.55	−130	9.8
0.96	75	14
0.96	−130	10.0

3.3 雷电冲击电晕伏库特性计算公式

国内外学者通过实验提出了多种冲击电晕伏库特性曲线的经验公式。

1. Бочковский 公式

Бочковский 在 1966 年综合了其在同轴圆柱电极中进行的雷电冲击电晕实验结果以及

文献中的结果,提出了雷电冲击电晕伏库特性公式。我国学者于 20 世纪 80 年代将此公式引入雷电过电压计算工作中,是目前我国冲击电晕计算中比较常用的经验公式[10]:

$$\frac{q}{q_0} = A + B \left(\frac{u}{u_0}\right)^{\frac{4}{3}} \tag{3.4}$$

式中,q 为电压瞬时值为 u 时的电晕电荷量;q_0 为起晕电压 u_0 对应的导线电荷量。正极性时,常数 $A=0$,$B=1.02$;负极性时,$A=0.15$,$B=0.85$。此式对分裂导线也基本适用。

2. Gary 公式

1989 年,Gary 等[13]根据电晕笼中 1~4 分裂导线实验结果推导出的导线冲击电晕伏库特性等值电容计算公式为

$$C_c = C_0 \cdot \eta \cdot (u/u_0)^{\eta-1} \tag{3.5}$$

式中,η 为修正系数,可以根据表 3.12 计算。表 3.12 中 r 为导线半径,单位为 cm;n 为导线分裂数。

表 3.12 Gary 冲击电晕公式修正系数[13]

导线类型	正 极 性	负 极 性
单导线	$0.22r+1.2$	$0.07r+1.12$
分裂导线	$1.52-0.15\ln n$	$1.28-0.08\ln n$

3. Suliciu 公式

罗马尼亚人 Suliciu 于 1981 年提出了另一种冲击电晕模型[26-27],他将处理黏塑性的力学方程用来描述冲击电晕伏库特性的描述上,将电晕电流表示为

$$i_c = \frac{dq_c}{dt} = \begin{cases} 0, & g_2 \leqslant 0 \\ g_2, & g_1 \leqslant 0 < g_2 \\ g_1 + g_2, & 0 < g_1 \end{cases} \tag{3.6}$$

$$g_j = k_j [(C_j - C_0)(v - v_j) - q_c] \quad j = 1, 2 \tag{3.7}$$

式中,C_0 为导线的几何电容;v_1、v_2 为临界电压,且 $v_1 > v_2 > 0$;C_1、C_2 为动态电容,满足 $C_2 > C_1 > C_0$;k_1、k_2 为电弛豫系数,且有 $k_1 > 0$,$k_2 > 0$;q_c 为发生电晕某一时刻,总电荷与几何电容决定的电荷之差,可表示为 $q_c(t) = q(t) - C_0 v(t)$。除几何电容 C_0 外,其余参数需要根据已有的实验数据进行拟合。

4. Podporkin 公式

Podporkin 和 Sivaev 于 1997 年根据其在 30m 架空线路上进行的雷电冲击电晕实验结果,提出了导线冲击电晕经验公式[14]。

对于单根导线:

$$\frac{q}{q_0} = \left(\frac{u}{u_0}\right)^{[1.17+(u/u_0)ah^{-0.87}]} \tag{3.8}$$

式中,h 为导线对地高度。对正极性冲击,$a=0.08$;对负极性冲击,$a=0.036$。

对于分裂导线：

$$\frac{q}{q_0} = \left(\frac{u}{u_0}\right)^{[1.12-0.008n+(u/u_0)(0.023+an)h^{-0.87}]} \tag{3.9}$$

对正极性雷电冲击，$a=0.037$；对负极性雷电冲击，$a=0.015$。

5. 特高压线路冲击电晕模型

通过对我国1000kV特高压交流线路所采用的导线进行雷电冲击电晕实验，得到了不同分裂导线的负极性雷电冲击电晕特性[28]：

$$q = \begin{cases} C_0 u, & u < u_0 \\ C_0 u (u/u_0)^k, & u \geqslant u_0 \end{cases} \tag{3.10}$$

$$C_c = \frac{dq}{du} - C_0 = \begin{cases} 0, & u < u_0 \\ [(k+1)(u/u_0)^k - 1]C_0, & u \geqslant u_0 \end{cases} \tag{3.11}$$

式中，k 为导线系数，见表3.13；C_c 为雷电冲击电晕产生的电容。分裂导线的几何电容可以采用下式计算：

$$C_0 = 2\pi\varepsilon_0/\ln(2h/r_{eq}), \quad r_{eq} = r_b\sqrt[n]{nr_0/r_b} \tag{3.12}$$

式中，r_0 为子导线的半径；r_b 为分裂导线的分裂半径；h 为导线对地高度；n 为导线分裂数。

表3.13 不同分裂导线在负极性雷电冲击电晕时的导线系数[29]

分裂导线	k	分裂导线	k
2×LGJ630/45 s450	0.180	8×LGJ630/45 s400	0.138
4×LGJ630/45 s450	0.123	10×LGJ630/45 s350	0.067
6×LGJ630/45 s400	0.111	12×LGJ630/45 s300	0.064
8×LGJ500/35 s400	0.105		

电晕起始电压可以采用下式计算：

$$u_0 = q_0/C_0$$
$$q_0 = 2\pi\varepsilon_0 n r_0 E_{av}$$
$$E_{av} = E_0/[1 + r_0(n-1)/r_b]$$
$$E_0 = 30\delta m(1 + 0.3/\sqrt{\delta r_0})$$

式中，E_0 为导线电晕起始场强，可以采用皮克公式计算；δ 为相对空气密度；m 为导线表面粗糙系数，可取0.82。

6. 我国过电压规程推荐公式

我国现行规程计算电晕影响所依据的负极性伏库特性经验公式如下：

$$q = 1.32 C_0 u \left(1 + \frac{2u}{h}\right) \tag{3.13}$$

式中，C_0 为几何电容，单位为μF；u 为作用电压，单位为MV；h 为导线对地高度；单位为

m；q 为电荷量，单位为 C。

3.4 导线雷电冲击电晕特性模型及数值计算方法

3.4.1 冲击电晕伏库特性数值计算模型

目前，关于冲击电晕对电磁暂态影响的计算方法，大部分是建立在导线冲击电晕伏库特性的基础上的。实验可以较为准确地获得导线伏库特性曲线，但由于相关实验比较复杂且实验成本较高，目前国内外的冲击电晕特性实测数据较少，无法提供足够的冲击电晕计算参数。有学者基于气体放电的机理，提出了几种计算冲击电晕伏库特性的模型。

1. 电晕套模型

电晕套模型是目前应用较为广泛的计算冲击电晕特性的模型[30]。一般认为，只要导线表面场强高于电晕起始场强，导线就会从表面向外发射电荷，计算交流电晕的电晕套方法因此被推广至冲击电晕计算[31]。电荷在电场的作用下向外运动，在每一计算时步判断导线表面是否发射电荷，由此计算冲击电晕产生的空间电荷值。

有学者提出假设，认为电晕放电产生的电荷集中在与导线同轴的电晕套中[32]，如图 3.43 所示。r_0 为导线半径，r_c 为电晕套半径，h 为导线对地高度。电晕过程中，电晕套边界场强维持在 E_c 不变[33-34]。根据空间电场分布可以推导空间电荷分布，从而计算冲击电晕下导线伏库特性曲线。然而这种方法仅适用于导线附近电场接近一维均匀分布的情况，对于导线表面电场分布不均匀的分裂导线，这种方法不适用。

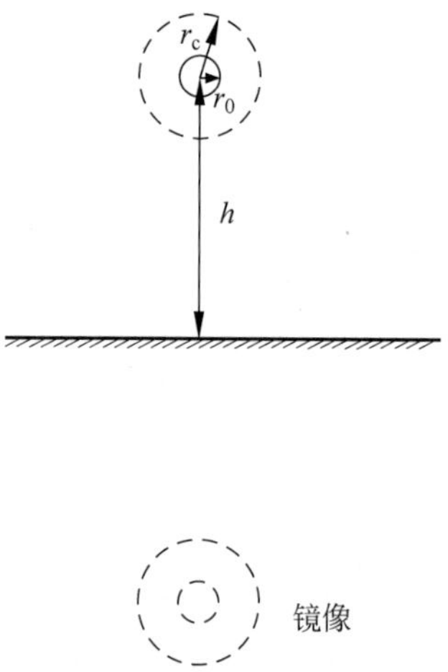

2. 微观物理模型

更为精细的计算需考虑冲击电晕放电的微观过程。可将电晕视为一代又一代电子崩的产生和发展过程。新一代

图 3.43 电晕套模型

电子崩是由空间电子崩在电离过程中产生的光子在电极表面释放的光电子产生的，它起始于电极表面附近。将电子崩等效为沿轴电极均匀分布的线电荷，在模拟计算时，考虑空间分布的集中线电荷，利用模拟电荷法计算电场分布进而推导空间电荷量[18,35]。这种方法仅适用于电场分布一维对称的单根导线冲击电晕计算。

由于子导线之间的相互屏蔽，分裂导线附近空间区域内的电场分布并不是简单的一维对称，需要建立新的计算模型。1995 年，Podporkin 提出了一种简化模型[36]，认为分裂导线的冲击电晕产生的空间电荷主要分布在以子导线为顶点的一个三角形区域内，通过计算这个区域内的空间电荷得到导线的冲击电晕伏库特性。2010 年，李伟提出了新的计算方法，将空间进行有限元剖分，利用迎风差分法计算冲击电晕过程中的空间电荷分布[37]。

3.4.2 冲击电晕空间电荷数值计算方法

对于分裂导线冲击电晕研究,无法直接应用电晕套等简化的假设,而是需要将分裂导线周围区域进行有限元剖分,从泊松方程和空间离子流方程出发,计算空间电荷分布情况,进而求得导线的冲击电晕伏库特性曲线。

当冲击电压值超过导线的起晕电压后,导线表面附近的空间内会电离出大量的空间电荷,电荷分布符合泊松方程:

$$\nabla^2 \Phi(t) = -[\rho^+(t) - \rho^-(t)]/\varepsilon_0 \tag{3.14}$$

离子流方程为

$$J^+(t) = \rho^+(t)[\mu^+ E(t) + W(t)] \tag{3.15}$$

$$J^-(t) = \rho^-(t)[\mu^- E(t) - W(t)] \tag{3.16}$$

电流连续性方程:

$$\frac{\partial \rho^+(t)}{\partial t} = -\nabla \cdot J^+(t) - R\frac{\rho^+(t)\rho^-(t)}{e} \tag{3.17}$$

$$\frac{\partial \rho^-(t)}{\partial t} = \nabla \cdot J^-(t) - R\frac{\rho^+(t)\rho^-(t)}{e} \tag{3.18}$$

总空间电荷密度为

$$\rho(t) = \rho^+(t) - \rho^-(t) \tag{3.19}$$

总电流密度为

$$J(t) = J^+(t) + J^-(t) \tag{3.20}$$

空间电荷密度和电流密度满足方程:

$$\frac{\partial \rho(t)}{\partial t} = -\nabla \cdot J(t) \tag{3.21}$$

式中,$\Phi(t)$ 为电位,单位为 V;ρ^+、ρ^- 分别为空间正、负电荷密度,单位为 C/m^3;ε_0 为空气介电常数,计算中取 $8.854 \times 10^{-12} F/m$;$J^+(t)$ 和 $J^-(t)$ 分别为正、负极性离子流密度,单位为 A/m^2;μ^+ 和 μ^- 分别为正、负离子迁移系数,计算中分别取 $1.4 \times 10^{-4} m^2/(V \cdot s)$ 和 $1.8 \times 10^{-4} m^2/(V \cdot s)$;$W(t)$ 为风速,单位为 m/s;R 为电荷复合系数,计算中取 $2.2 \times 10^{-12} m^3/s$;$e$ 为电子电荷量,$1.602 \times 10^{-19} C$。

在计算中采用了如下假设:
(1) 导线表面电晕放电是均匀的;
(2) 计算的区域较大,导线表面的离子层厚度可以忽略;
(3) 正、负离子迁移系数和复合系数是固定值;
(4) 空间电荷的扩散效应与迁移相比很小,予以忽略。

空间电场分布与电荷量可通过分别求解泊松方程(式(3.14))及电流连续性方程(式(3.17)、式(3.18))得到。在每一时步,通过模拟电荷法求解空间标称场分布,然后通过有限元法求解空间电荷场分布。根据空间电场分布计算结果更新导线表面状况,对于导线表面场强刚达到起晕条件的区域,将其表面起始电荷量设置为一个比 Peek 公式计算结果略高的值。对于已起晕的区域,则根据其上一步的计算结果对表面电荷量进行更新。固定计算所得的空间电场分布不变求解空间电荷量。

为避免产生数值振荡,可以采用迎风体积法求解电流连续方程。为解决计算中时步过小的限制,可引入 Crank-Nicolson 方法。然而这种计算方法不仅需要知道上一时步的电场分布,也需要知道下一时步的电场分布。由于电场分布取决于电荷分布,在电场与电荷量紧密相关联的问题中很难预测下一时步的电场,因此在每一时步的计算结束前需要对结果进行一次迭代修正。固定计算所得的电荷密度不变,重新计算空间电场。多次迭代,直到电场和电荷分布达到稳定状态。

电位 $\Phi(t)$ 由两部分组成,一部分是导线电荷产生的电位 $\varphi(t)$,另一部分是空间电荷产生的电位 $\psi(t)$。导线表面电荷产生的电位 $\varphi(t)$ 由导线电压值决定,可以利用模拟电荷法进行计算。空间电荷产生的电位 $\psi(t)$ 可以通过传统的有限元法进行计算。将空间区域划分为若干三角形网格,假设每个网格内的空间电荷均匀分布,电荷密度值统一取网格中心点的电荷密度。

在每一时步计算之前,要根据上一步的计算结果更新导线表面的电荷密度。如果导线上的冲击电压极性为正,正电荷由导线表面运动至导线附近的空间内,负电荷由导线附近的空间运动至导线表面,导线表面电场垂直于导线表面指向导线附近空间区域。如果冲击电压极性为负,则情况正好相反。

Peek 通过大量的实验总结得到了交流线路电晕起始场强[5-6]。如果认为导线在冲击电压下的起晕场强和交流线路的起晕场强相同,则可以根据式(3.22)计算导线表面起晕场强:

$$E_c = mA\delta\left(1 + \frac{B}{\sqrt{\delta r_{con}}}\right) \tag{3.22}$$

式中,δ 为空气相对密度;r_{con} 为导线半径,单位为 cm;m 为导线表面粗糙系数,对于绞线一般取 0.82;$A = 31.0 \text{kV/cm}, B = 0.308 \text{cm}^{1/2}$。

当导线表面电场由某一个低于起晕场强值升高至起晕场强时,计算中对相应区域的导线表面电荷密度赋一个初值。对于场强低于起晕场强的区域,表面电荷密度保持为 0 不变。当冲击电压为正极性时,对于刚达到起晕条件的导线,其表面电荷量为

$$\rho_i^+ = \begin{cases} \dfrac{E_i - E_c}{E_{max} - E_c}\rho_0, & E_i \geqslant E_c \\ 0, & E_i < E_c \end{cases} \tag{3.23}$$

$$\rho_i^- = 0 \tag{3.24}$$

式中,ρ_i^+ 为第 i 个表面点的正电荷量;ρ_i^- 为第 i 个点相应的负电荷量;E_i 为 i 点表面的电场强度;E_{max} 为导线表面的最大场强值;ρ_0 为计算中在导线表面设置的初始电荷密度,可以由以下公式计算[38]:

$$\rho_0 = \frac{E_g}{E_c}\frac{8\varepsilon_0 U_c(U_{con} - U_c)}{r_{con}H_{con}U_{con}(5 - 4U_c/U_{con})} \tag{3.25}$$

式中,E_g 为地电位点表面电场强度;U_c 为导线起晕电压;U_{con} 为导线电压值;H_{con} 为导线对地高度。当冲击电压为负极性时,相应的 $\rho_i^+ = 0$,ρ_i^- 可以通过式(3.23)进行计算。

如果 i 点在上一时步已经起晕,且当前时刻表面电场 E_i 仍高于导线的起晕场强,则 i 点表面电荷密度更新为

$$\rho_i(n+1) = \rho_i(n)\left(1 + \frac{E_i - E_c}{E_i + E_c}\right) \tag{3.26}$$

本章的计算没有采用 Kaptzov 假设,起晕后导线表面电场并不是一直维持在导线起晕场强 E_c 不变,而是在计算中根据导线表面情况进行调整,使导线表面场强值维持在起晕场强附近。如果某一点的场强值高于导线的起晕场强,则会在导线表面放置电晕电荷,这些电荷会沿电场方向被激发至导线附近的空间区域内,在导线周围形成一个同极性电荷聚集区。受到这个区域内同极性电荷的抑制作用,导线表面电场值会降低。当导线表面场强低于起晕场强时,导线表面电晕停止发展,导线表面电晕电荷量置为 0。随着时间增加,导线附近区域内的同极性空间电荷会背向导线移动,电荷远离导线后,对导线表面电场的抑制作用减弱,导线表面场强值增加,直到导线表面重新开始产生电晕放电为止。采用这种方法,计算中起晕导线表面场强会自动调整,但始终维持在起晕场强附近。

根据式(3.16)~式(3.18)可以推导电流连续性方程为

$$\frac{\partial \rho^+(t)}{\partial t} = -\nabla \cdot [\rho^+(t)\boldsymbol{V}^+(t)] - R\frac{\rho^+(t)\rho^-(t)}{e} \quad (3.27)$$

$$\frac{\partial \rho^-(t)}{\partial t} = -\nabla \cdot [\rho^-(t)\boldsymbol{V}^-(t)] - R\frac{\rho^+(t)\rho^-(t)}{e} \quad (3.28)$$

式中,$\boldsymbol{V}^+(t) = \mu^+\boldsymbol{E}(t) + \boldsymbol{W}(t)$,$\boldsymbol{V}^-(t) = -\mu^-\boldsymbol{E}(t) + \boldsymbol{W}(t)$ 分别表示正、负电荷的运动速度。

应用式(3.27)、式(3.28)分析三角形网格中的电荷分布。根据之前的假设,网格中电荷均匀分布,电荷密度为网格中心点的电荷密度。由于空间电荷和电场分布之间相互紧密关联,计算下一时步空间电荷密度时,只能参考上一时步得到的电荷运动速度近似计算。计算时步较小时,电荷运动速度在每一时步内变化非常小,这种简化计算的误差是可接受的。

对第 i 个网格的电流连续性方程(3.27)两边进行积分,并且用 Green 公式做分部积分可得:

$$\iint_{S_i}\frac{\partial \rho^+(t)}{\partial t}\mathrm{d}s = -\int_{L_i}\rho^+(t)\boldsymbol{V}^+(t) \cdot \boldsymbol{n}_i\mathrm{d}l - \iint_{S_i}R\frac{\rho^+(t)\rho^-(t)}{e}\mathrm{d}s \quad (3.29)$$

式中,S_i 和 L_i 分别为网格 i 的面积和边长;$\boldsymbol{n}_i$ 为网格 i 的外向单位法向量。由于电荷假设为均匀分布在网络中,该积分可以简化为

$$\frac{\partial \rho^+(t)}{\partial t}S_i = -\sum_{x=j,k,m}\rho_{ix}^+(t)\boldsymbol{V}_{ix}^+(t) \cdot \boldsymbol{n}_{ix}L_{ix} - R\frac{\rho_i^+(t)\rho_i^-(t)}{e}S_i \quad (3.30)$$

式中,$\rho_{ix}^+(t)$ 为网格 i 和 x 边界上的正电荷密度;$\boldsymbol{V}_{ix}^+(t)$ 为边界上电荷的运动速度;L_{ix} 为边界的长度。

计算网格边界电荷密度 $\rho_{ix}^+(t)$ 时采用迎风差分法[37]。由于空间电场幅值很高,电荷主要做迁移运动,可以认为网格边界上的正、负电荷密度只与其正、负电荷运动方向背对的单元(迎风单元)相关,如图 3.44 所示[3]。在图中网格 i 与网格 x 边界上的正电荷密度只与网格 i 相关,负电荷密度只与网格 x 相关。对于位于计算区域边缘的网格,如果电荷运动方向由计算区域边缘指向网格内部,则网格边界上的电荷

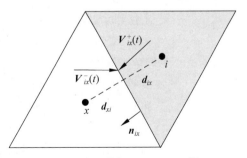

图 3.44　计算网格边界电荷[3]

量为 0,表示在计算区域边缘(例如大地)并不产生电荷。这个过程可以用以下方程来描述。对于计算区域内部的网格：

$$\rho_{ix}^{+}(t)=\begin{cases}\rho_{i}^{+}(t), & V_{ix}^{+}(t)\cdot n_{ix}>0\\ \rho_{x}^{+}(t), & V_{ix}^{+}(t)\cdot n_{ix}<0\end{cases} \quad (3.31)$$

对于边缘网格：

$$\rho_{ix}^{+}(t)=\begin{cases}\rho_{i}^{+}(t), & V_{ix}^{+}(t)\cdot n_{ix}>0\\ 0, & V_{ix}^{+}(t)\cdot n_{ix}<0\end{cases} \quad (3.32)$$

网格边界上的电荷运动速度 $V_{ix}^{+}(t)$ 可以根据网格中心点的场强插值计算求得。对于内部网格,电荷运动速度计算公式为

$$V_{ix}^{+}(t)=V_{i}^{+}(t)\frac{d_{xi}}{d_{xi}+d_{ix}}+V_{x}^{+}(t)\frac{d_{ix}}{d_{xi}+d_{ix}} \quad (3.33)$$

式中,d_{xi} 为 x 网格中心点到网格边界的距离；d_{ix} 为 i 网格中心点到网格边界的距离,如图 3.44 所示。对位于计算区域边缘的网格来说,电荷运动速度仅由相应的网格决定。

类似地,负电荷的电流连续性方程为

$$\frac{\partial\rho_{i}^{-}(t)}{\partial t}S_{i}=-\sum_{x=j,k,m}\rho_{ix}^{-}(t)V_{ix}^{-}(t)\cdot n_{ix}L_{ix}-R\frac{\rho_{i}^{+}(t)\rho_{i}^{-}(t)}{e}S_{i} \quad (3.34)$$

考虑到空间电荷的迁移和复合过程,式(3.33)及式(3.34)都是非线性方程。求解 i 网格的正、负电荷密度之前必须知道相邻网格的电荷密度。因此,处理这两个非线性方程的过程中需要将这部分相邻网格一起处理,不可避免地要求解一个大规模的非线性矩阵方程,计算量非常大。为了解决这个问题,引入了 Strang 算子分裂方法[39]。

式(3.30)及式(3.34)可以解耦为两个相互独立的方程：

$$\begin{cases}\dfrac{\partial\rho_{i}^{+}(t)}{\partial t}=-R\dfrac{\rho_{i}^{+}(t)\rho_{i}^{-}(t)}{e}\\ \dfrac{\partial\rho_{i}^{-}(t)}{\partial t}=-R\dfrac{\rho_{i}^{+}(t)\rho_{i}^{-}(t)}{e}\end{cases} \quad (3.35)$$

$$\begin{cases}\dfrac{\partial\rho_{i}^{+}(t)}{\partial t}=-\sum_{x=j,k,m}\rho_{ix}^{+}(t)V_{ix}^{+}(t)\cdot n_{ix}L_{ix}/S_{i}\\ \dfrac{\partial\rho_{i}^{-}(t)}{\partial t}=-\sum_{x=j,k,m}\rho_{ix}^{-}(t)V_{ix}^{-}(t)\cdot n_{ix}L_{ix}/S_{i}\end{cases} \quad (3.36)$$

式(3.35)是描述空间电荷非线性复合过程的方程,参数仅与 i 网格内部的正、负电荷量相关,可以单独求解。式(3.36)描述了空间电荷的迁移过程,参数仅与相邻网格相关,在计算中需要将这些网格一起处理。但是式(3.36)是一个线性方程组,对其进行求解并不复杂。计算中采用 Newton-Raphson 迭代法求解二维非线性方程(3.35),考虑到前向欧拉法的稳定性问题,引入 Crank-Nicolson 法。将式(3.35)在时域中进行差分可得：

$$\begin{cases}\dfrac{\rho_{i}^{+}(t+\Delta t)-\rho_{i}^{+}(t)}{\Delta t}=-\dfrac{R}{e}\dfrac{\rho_{i}^{+}(t+\Delta t)\rho_{i}^{-}(t+\Delta t)+\rho_{i}^{+}(t)\rho_{i}^{-}(t)}{2}\\ \dfrac{\rho_{i}^{-}(t+\Delta t)-\rho_{i}^{-}(t)}{\Delta t}=-\dfrac{R}{e}\dfrac{\rho_{i}^{+}(t+\Delta t)\rho_{i}^{-}(t+\Delta t)+\rho_{i}^{+}(t)\rho_{i}^{-}(t)}{2}\end{cases} \quad (3.37)$$

该二维非线性方程组可用 Newton-Raphson 迭代法求解,空间电荷的初始值可根据上一时步的计算结果确定。

将式(3.37)在时域中进行差分处理可得

$$\begin{cases} \rho_i^+(t+\Delta t) + \sum_{x=j,k,m} K_{ix}^+(t)\rho_{ix}^+(t+\Delta t) = \rho_i^+(t) - \sum_{x=j,k,m} K_{ix}^+(t)\rho_{ix}^+(t) \\ \rho_i^-(t+\Delta t) + \sum_{x=j,k,m} K_{ix}^-(t)\rho_{ix}^-(t+\Delta t) = \rho_i^-(t) - \sum_{x=j,k,m} K_{ix}^-(t)\rho_{ix}^-(t) \end{cases} \quad (3.38)$$

式中,$K_{ix}^+(t) = \Delta t \boldsymbol{V}_{ix}^+(t) \cdot \boldsymbol{n}_{ix} L_{ix}/(2S_i)$,$K_{ix}^-(t) = \Delta t \boldsymbol{V}_{ix}^-(t) \cdot \boldsymbol{n}_{ix} L_{ix}/(2S_i)$,均为相应的系数。采用迎风法求解网格边界上的电荷密度,然而由于下一时步的电场分布情况是未知的,网格边界上的电荷密度只能通过当前时步的计算结果来估算。利用式(3.38)求解区域内所有的网格,可以得到两个 $N \times N$ 的稀疏矩阵,分别为正电荷和负电荷的计算方程,N 为剖分的网格数。这个方程描述了两个相邻时步内空间电荷的关系。如果已知上一时步的空间电荷分布,就可以通过这个方程求解下一时步的空间电荷分布。

综上所述,空间电荷的迁移和复合过程求解流程为:

(1) 在第 n 时步以 $\rho(n)$ 为初始值,$\Delta t/2$ 为步长,利用 Newton-Raphson 迭代法求解空间电荷复合计算方程(3.37),得到电荷密度 $\rho'(n)$;

(2) 以 $\rho'(n)$ 为初始值,Δt 为步长,求解空间电荷迁移线性方程(3.38),得到电荷密度 $\rho''(n)$;

(3) 以 $\rho''(n)$ 为初始值,$\Delta t/2$ 为步长,再次用 Newton-Raphson 迭代法求解空间电荷复合计算方程(3.37),求解所得的 $\rho(n+1)$ 即为下一时步的电荷密度。

根据以上所述计算方法,网格边界电荷由上一时步计算所得的场强值决定。然而根据 Crank-Nicolson 差分法[40],计算网格边界电荷过程中采用的场强值应该是上一时步和下一时步场强的平均值。如果仅仅根据上一时步的场强值计算网格边界电荷,计算结果的准确性会降低,因此需要针对计算结果进行相应的迭代计算以保证结果准确性。

假设在计算中获得了下一时步的电荷密度,可以根据电荷密度计算下一时步的场强。根据下一时步的场强值以及上一时步的场强可以求得场强平均值。根据平均场强值可以重新计算边界电荷运动速度,根据上文中介绍的方法求解电流连续性方程,可得一个新的下一时步电荷密度。

前向欧拉法是条件稳定的。如果计算中采用前向欧拉法将电流连续性方程在时域中进行分离,时间步长的选择必须保证节点间电荷密度信息的传递速度小于电荷迁移速度,否则随时间的演进计算结果将发散,如图 3.45 所示。

步长 Δt 应小于空间电荷通过 i 网格时间的 $1/2$,空间电荷运动速度为 $\boldsymbol{V}_{ij}^+(t)$ 在法向量 $\boldsymbol{n}_{ij}$ 上的投影,则有[41]

$$\Delta t \leqslant \frac{h_{ij}}{2|\boldsymbol{V}_{ij} \cdot \boldsymbol{n}_{ij}|} \quad (3.39)$$

式(3.39)表示对每一计算的网格,时间步长有最大值的限制。而过小的时间步长将增大计算量。对计算步长的最大限值与网格内的电

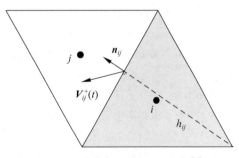

图 3.45 时间步长限制示意图[3]

场强度、风速以及网格大小相关。在导线表面附近的区域,电场值比较大,所以 $|V_{ij} \cdot n_{ij}|$ 较大。为了保证导线表面附近计算的精度,对于导线附近的区域网格划分比较密,h_{ij} 较小。两方面的结果都要求计算步长 Δt 非常小。在本章的计算中,要求 Δt 为 10^{-12} s 量级。远离导线的区域电场强度较小,网格划分也比较稀疏,对计算步长 Δt 的要求没有那么严格。在一般的时域差分方法中时间步长是固定的,为使计算稳定,时间步长必须选满足所有单元要求的最小值。以标准雷电冲击为例,计算时间为 $50\mu s$,导线表面信息达到地面所需的计算量超过了 10^7 步,这么大规模的计算是不能接受的。

无条件稳定的 Crank-Nicolson 方法可用来克服这种步长限制,然而为了准确描述冲击电压变化对电晕的影响,步长也不能过大,一般计算中时步取为 $\Delta t = T/40$,T 为冲击电压的波头时间。

国内外学者曾经进行过不同导线的冲击电晕伏库特性实验工作。基于本节的冲击电晕数值计算方法,将计算结果与已有的电晕笼和线板电极的实验结果进行比较分析。

文献[12]曾经利用电晕笼进行过一系列冲击电晕实验,雷电冲击波形为 $2.6/50\mu s$。实验中采用的电晕笼截面为 $5.5m \times 5.5m$,半径为 $1.52cm$ 的单导线雷电冲击电晕实验结果和计算结果对比如图 3.46 和图 3.47 所示,计算结果与实验结果吻合较好。计算正极性雷电冲击电晕时,设置起晕时延为 $0.25\mu s$。

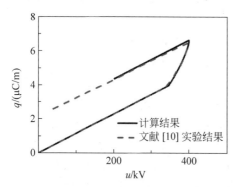

图 3.46 单导线正极性雷电冲击伏库特性曲线实验值与计算值对比[3](见文前彩图)

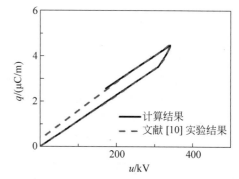

图 3.47 单导线负极性雷电冲击伏库特性曲线实验值与计算值对比[3](见文前彩图)

文献[12]中也对分裂导线的雷电冲击电晕特性进行了实验研究,但仅限于正极性雷电冲击。选取四分裂导线实验结果进行对比分析,子导线的半径为 $1.52cm$,但分裂间距文中未介绍,根据实验结果可以估算其子导线分裂间距约为 $9cm$。由图 3.48 可以看出,计算结果与实验结果吻合得较好。

本方法也适用于计算电晕笼中分裂导线的冲击电晕特性。电晕笼中导线附近的电场分布可近似认为是一维均匀分布。而在实际线路中,导线附近的电场为二维分布,电场不均匀。文献[18]利用线板电极对几种分裂导线进行了雷电冲击电

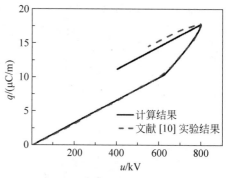

图 3.48 四分裂导线正极性雷电冲击伏库特性曲线实验值与计算值对比[3](见文前彩图)

晕研究,雷电冲击波形为 1.2/50μs。实验中采用的四分裂导线直径为 1mm,分裂间距为 10mm,分裂导线对板高度为 0.5m。根据图 3.49 及图 3.50 的结果对比可知,数值计算结果与实验结果较为接近,可认为本章方法也适用于线板电极的冲击电晕计算。

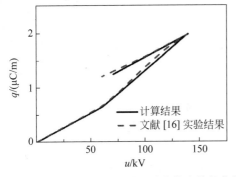 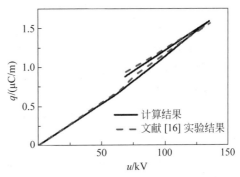

图 3.49 线板电极正极性雷电冲击伏库特性曲线实验值与计算值对比[3](见文前彩图)

图 3.50 线板电极负极性雷电冲击伏库特性曲线实验值与计算值对比[3](见文前彩图)

对特高压同塔双回采用的 8×LGJ630 s400 导线在电晕笼中的雷电冲击电晕开展了实验研究。雷电冲击电压波形为 2.6/60μs,子导线半径为 1.68cm,分裂间距为 400mm,实验结果与计算结果对比如图 3.51 及图 3.52 所示,二者比较吻合。

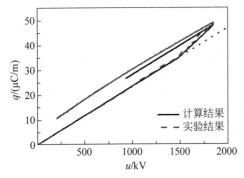 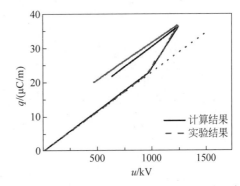

图 3.51 8×LGJ630/45 s400 导线负极性雷电冲击电晕伏库特性实验与计算结果对比[3](见文前彩图)

图 3.52 8×LGJ630/45 s400 导线正极性雷电冲击电晕伏库特性实验与计算结果对比[3](见文前彩图)

在冲击电压峰值附近,计算所得的空间电荷量比实验结果略小,这可能是由于计算中过小地估计了实验中空间电荷的迁移速度。但是总体来说,冲击电晕数值计算结果与我国导线的冲击电晕特性较为吻合,可以将此方法推广至计算其他导线的冲击电晕特性,弥补实验中实验导线涵盖范围不全的不足,为冲击电晕电磁暂态计算提供模型。

3.4.3 直流电压下冲击电晕特性的数值计算

直流电压下导线周围存在空间电荷。当前求解空间电荷存在时的电场和离子流场的主流方法为基于 Deutsch 假设的解法[42-45]和基于迭代思想的数值解法(如有限元等方法)[46-52]。但基于 Deutsch 假设的解法忽略了空间电荷对电场的畸变作用,空间电场计算不精确。有限元方法等数值解法采用迭代的方式,通过轮流求解合成电场和离子流场从而获得稳定解,稳定性较好,但当计算区域是复杂模型或大尺寸的建筑物时计算量巨大。清华大学提出用特征线法来求解直流交叉跨越输电线路下方的电场和离子流场[53-57]。该方法比 Deutsch 假设考虑了空间电荷的作用,精确度高;在求解空间电荷的过程中,放弃了有限元等数值方法,而是采用了特征线这种解析方法进行求解,避免了大规模的数值计算,计算量减少,计算时间大大缩短。

在直流线路运行时,直流导线附近的离子流场会影响线路上暂态过电压的冲击电晕特性。目前所有的研究都针对雷电波沿空载线路传输时的冲击电晕[58-69]。由于暂态过电压的时间很短,冲击电晕还没能发展到周围空间,计算范围较小,因此以往通常采用 FEM 法。但当空间存在离子流场时,FEM 法的计算规模将会急剧增大,因此,本节介绍采用特征线法计算离子流场中冲击电晕的动态发展过程[4]。

1. 时域特征线法求解冲击电晕下的离子流场

根据 Poisson 方程、电流密度方程、电流连续性方程,可以推导出离子流场中关于电荷密度的偏微分方程:

$$\begin{cases} \dfrac{\partial \rho^+(t)}{\partial t} = -(k^+ E(t) + W(t)) \cdot \nabla \rho^+(t) - \dfrac{k^+}{\varepsilon_0} \rho^+(t)^2 + \left(\dfrac{k^+}{\varepsilon_0} - \dfrac{R}{e}\right) \rho^+(t) \rho^-(t) \\ \dfrac{\partial \rho^-(t)}{\partial t} = (k^- E(t) - W(t)) \cdot \nabla \rho^-(t) - \dfrac{k^-}{\varepsilon_0} \rho^-(t)^2 + \left(\dfrac{k^-}{\varepsilon_0} - \dfrac{R}{e}\right) \rho^-(t) \rho^+(t) \end{cases}$$

(3.40)

式中,$E(t)$为合成电场强度;$\rho^+(t)$和$\rho^-(t)$分别为正、负电荷密度;k^+和k^-分别为正、负离子迁移率;R为正负离子复合系数;e为电子电荷量;$W(t)$为风速;ε_0为空气介电常数。

以$\rho^-(t)$为例,令$v = k^- E(t) - W(t)$,

$$(k^- E(t) - W(t)) \cdot \nabla \rho^-(t) = v \cdot \nabla \rho^-(t) = \left(\dfrac{\partial \rho^-(t)}{\partial x} v_x + \dfrac{\partial \rho^-(t)}{\partial y} v_y + \dfrac{\partial \rho^-(t)}{\partial z} v_z\right)$$

(3.41)

将式(3.41)代入式(3.42),并将等式两边同除以v_x,

$$\dfrac{\partial \rho^-(t)}{\partial t} = v_x \left(\dfrac{\partial \rho^-(t)}{\partial x} + \dfrac{\partial \rho^-(t)}{\partial y} \dfrac{v_y}{v_x} + \dfrac{\partial \rho^-(t)}{\partial z} \dfrac{v_z}{v_x}\right) - \dfrac{k^- \rho^-(t)^2}{\varepsilon_0} + \left(\dfrac{k^-}{\varepsilon_0} - \dfrac{R}{e}\right) \rho^-(t) \rho^+(t)$$

(3.42)

根据电场线的定义$\mathrm{d}x/v_x = \mathrm{d}y/v_y = \mathrm{d}z/v_z$,沿电场线,

$$\dfrac{\mathrm{d}\rho^-(t)}{\mathrm{d}x} = \dfrac{\partial \rho^-}{\partial x} + \dfrac{\partial \rho^-}{\partial y}\dfrac{\mathrm{d}y}{\mathrm{d}x} + \dfrac{\partial \rho^-}{\partial z}\dfrac{\mathrm{d}z}{\mathrm{d}x} + \dfrac{\partial \rho^-}{\partial t}\dfrac{\mathrm{d}t}{\mathrm{d}x} = \dfrac{\partial \rho^-}{\partial x} + \dfrac{\partial \rho^-}{\partial y}\dfrac{v_y}{v_x} + \dfrac{\partial \rho^-}{\partial z}\dfrac{v_z}{v_x} + \dfrac{\partial \rho^-}{\partial t}\dfrac{\mathrm{d}t}{\mathrm{d}x}$$

(3.43)

把式(3.43)代入式(3.42),则式(3.42)可以变为

$$\dfrac{\partial \rho^-(t)}{\partial t} = v_x \left(\dfrac{\mathrm{d}\rho^-(t)}{\mathrm{d}x} - \dfrac{\partial \rho^-(t)}{\partial t}\dfrac{\mathrm{d}t}{\mathrm{d}x}\right) - \dfrac{k^- \rho^-(t)^2}{\varepsilon_0} + \left(\dfrac{k^-}{\varepsilon_0} - \dfrac{R}{e}\right) \rho^-(t) \rho^+(t)$$

(3.44)

由于负电荷的移动方向与电场方向相反,$\mathrm{d}x/\mathrm{d}t = -v_x$,因此$\mathrm{d}t/\mathrm{d}x = -1/v_x$,式(3.44)左右相消,可得:

$$\frac{\mathrm{d}\rho^-(x,y,z,t)}{\mathrm{d}x} = \frac{k^-}{v_x \varepsilon_0}(\rho^-(t))^2 - \frac{1}{v_x}\left(\frac{k^-}{\varepsilon_0} - \frac{R}{e}\right)\rho^+(t)\rho^-(t) \tag{3.45}$$

至此，关于负电荷密度的偏微分方程就转化为沿电场线方向的常微分方程。正电荷密度的推导过程与负电荷类似，其沿电场线方向的常微分方程为

$$\frac{\mathrm{d}\rho^+(x,y,z,t)}{\mathrm{d}x} = -\frac{k^+}{v_x \varepsilon_0}(\rho^+(t))^2 + \frac{1}{v_x}\left(\frac{k^+}{\varepsilon_0} - \frac{R}{e}\right)\rho^+(t)\rho^-(t) \tag{3.46}$$

对于 $\rho^-(t)$ 的求解，定义第一类电场线，$\rho^+(t)=0$，式(3.45)有解析解：

$$\rho^-(t) = -\frac{1}{M(x-x_0) - 1/\rho_0^-(t)} \tag{3.47}$$

其中，$M = \dfrac{k^-}{\varepsilon_0 v_x}$。

定义第二类电场线，$\rho^+(t) \neq 0$，式(3.45)有解析解：

$$\rho^-(t) = \frac{D\mathrm{e}^{Dx+C}}{M(1-\mathrm{e}^{Dx+C})} \tag{3.48}$$

其中，$D = -\dfrac{\rho^+(t)}{v_x}\left(\dfrac{k^-}{\varepsilon_0} - \dfrac{R}{e}\right)$，$C = \ln\left(\dfrac{\rho_0^-(t)}{\rho_0^-(t) + D_0/M_0}\right) - D_0 x_0$。

对于 $\rho^+(t)$ 的求解，定义第一类电场线，$\rho^-(t)=0$，式(3.45)有解析解：

$$\rho^+(t) = -\frac{1}{M(x-x_0) - 1/\rho_0^+(t)} \tag{3.49}$$

其中，$M = -\dfrac{k^+}{\varepsilon_0 v_x}$。

定义第二类电场线，$\rho^-(t) \neq 0$，式(3.47)有解析解：

$$\rho^+(t) = \frac{D\mathrm{e}^{Dx+C}}{M(1-\mathrm{e}^{Dx+C})} \tag{3.50}$$

其中，$D = \dfrac{\rho^-(t)}{v_x}\left(\dfrac{k^+}{\varepsilon_0} - \dfrac{R}{e}\right)$，$C = \ln\left(\dfrac{\rho_0^+(t)}{\rho_0^+(t) + D_0/M_0}\right) - D_0 x_0$。

对于同轴圆柱型电晕笼而言，同极性起晕时为第一类电场线，反极性起晕时为第二类电场线。模型的边界条件为：内笼的电位为0，导线上的电位等于此时导线上施加的电压减去内笼上测得的电压。因此，在不同的时刻，边界条件中仅有导线上的电位发生改变。在计算中使用了如下假设：

（1）导线表面电晕放电是均匀的；

（2）计算的区域较大，导线表面的离子层厚度可以忽略；

（3）正、负离子迁移系数和复合系数是固定值；

（4）空间电荷的扩散效应与迁移相比很小，予以忽略；

（5）起晕时导线表面电场强度维持在冲击起晕场强不变。

当起晕时，认为电压变化导致的电荷的变化量全部逸散到空气中，导线表面电场强度维持起晕场强，导线上电荷始终为 $2\pi\varepsilon_r E_c$。逸散出的电荷认为均匀充斥在 Δt 时间内电荷能够移动的范围中，因此电荷移动的距离应为

$$\Delta l = kE_c \Delta t \tag{3.51}$$

对于同轴电晕笼,在 Δl 范围内电荷密度增加量为

$$\Delta\rho = \Delta Q / [\pi(r+\Delta l)^2 - \pi r^2] \tag{3.52}$$

计算流程如下:

(1) 根据特征线法求出直流预电压下的空间电荷分布。

(2) 设 t_1 时刻施加冲击电压,此时导线电位发生变化,由于导线电位是导线上电荷与空间电荷共同作用的结果,根据电位和此时的空间电荷分布可求出导线上电荷量。

对于电晕笼,空间电荷 $\rho(r)$ 在导线上产生的电位 u_ρ 为

$$u_\rho = \int_{r_0}^{r_1} \frac{2\pi r\rho(r)}{4\pi\varepsilon_0 r} \mathrm{d}r = \int_{r_0}^{r_1} \frac{\rho(r)}{2\varepsilon_0} \mathrm{d}r \tag{3.53}$$

式中,r_1 为电晕笼半径;r_0 为导线半径。

导线上的电位 u 可以通过从导线到电晕笼电场的积分进行计算:

$$u = \int_{r_1}^{r_0} E(r) \mathrm{d}r \tag{3.54}$$

而根据高斯定理,空间电场 $E(r)$ 可以表示为

$$E(r) = \frac{Q_0 + \int_{r_0}^{r} 2\pi r\rho(r)\mathrm{d}r}{2\pi r\varepsilon_0} \tag{3.55}$$

式中,Q_0 为上一时刻导线上的电荷量。

这一时刻导线上电荷量 Q 在导线上产生的电位 u_0 应为 $u - u_\rho$,由此可求出这一时刻导线上电荷量 Q 为

$$Q = u_0 C_0 = 2\pi\varepsilon_0 u_0 / \ln\frac{r_1}{r_0} \tag{3.56}$$

式中,C_0 为导线的几何电容。

(3) 依据高斯定理,根据这一时刻导线上电荷量求出导线表面电场强度 $E_{\max}$:

$$E_{\max} = \frac{Q}{2\pi r_0 \varepsilon_0} \tag{3.57}$$

(4) 如果导线表面电场强度 $E_{\max}$ 大于起晕场强 E_c,则导线上多余的电荷全部逸散到空气中,导线上电荷剩余能维持起晕场强的电荷量。如果导线表面电场强度小于或等于起晕场强,则没有电荷逸散。

(5) 根据(4)中的空间电荷分布,根据式(3.55)求出 t_1 时刻的电场分布。

(6) 根据电场分布,更新空间电荷分布。

(7) 仿真时长增加 Δt,重复步骤(2)~步骤(6),直到冲击计算时间截止。

(8) 计算终止时刻的电场分布。

2. 空间电荷作用下的电晕起始场强

由于在仿真过程中需要判断是否起晕,因此需要设定导线的电晕起始场强。电晕起始场强仅与导线尺寸相关,与导线高度等因素无关,因此可以通过实验获取。根据 3.2.7 节的分析,直径 0.55cm 导线的直流起晕电压为 28.1kV,换算为电晕起始场强为 17.3kV/cm。当冲击与直流同极性时,冲击起晕电压与直流起晕电压相同,当冲击与直流反极性时,冲击起晕场强根据没有直流电压时的冲击起晕电压获得。直流电压为 0 时,冲击起晕电压大约

为 72kV,由此推得电晕起始场强为 44.4kV/cm。保持电晕起始场强不变,利用时域特征线法求取当直流电压为 0 时的冲击电晕电压。计算结果见表 3.14 和表 3.15[4]。

表 3.14 不同直流电压下施加不同反极性冲击电压时的起晕电压和电晕起始场强[4]

直流电压/kV	冲击电压/kV	起晕电压 (Q-V 曲线)/kV	起晕电压 (仿真)/kV	电晕起始 场强/(kV/cm)
0	−120	−72	−72	44.4
30	−120	−70	−69.7	44.4
40	−120	−62	−61.6	44.4
50	−120	—	—	44.4
60	−120	—	—	44.4
70	−120	—	—	44.4

表 3.15 不同直流电压下施加不同反极性冲击电压时的起晕电压和电晕起始场强[4]

直流电压/kV	冲击电压/kV	起晕电压 (Q-V 曲线)/kV	起晕电压 (仿真)/kV	电晕起始 场强/(kV/cm)
0	120	72	72	44.4
−30	120	70	69.7	44.4
−40	120	64	61.6	44.4
−50	120	—	—	44.4
−60	120	—	—	44.4
−70	120	—	—	44.4

由表 3.14 和表 3.15 可见,仿真结果得到的冲击起晕电压与 Q-V 曲线得到的冲击起晕电压一致。因此,冲击电晕起始场强与直流预电压的大小无关,空间电荷对冲击电晕起始场强基本无影响。

3. 时域特征线法实验验证

根据电晕笼内笼上的电流连续性,可以提出该仿真方法的验证条件为内笼上流入的电流 i_1 与流出的电流 i_2 相等。内笼上流入的电流 i_1 可以通过仿真求得。电晕笼内的电流密度由两部分组成:一部分是空间电荷移动形成的离子流密度,另一部分是电场变化形成的位移电流密度。

$$\boldsymbol{J} = k\rho\boldsymbol{E} + \frac{\partial \boldsymbol{D}}{\partial t} \quad (3.58)$$

式中,$\boldsymbol{J}$ 为内笼上的电流密度。内笼上流入的电流为

$$i_1 = J_n S \quad (3.59)$$

式中,J_n 为 $\boldsymbol{J}$ 的法向分量。

内笼上流出的电流 i_2 可以通过实验测量数据计算得到。已知内外笼之间的积分电容 C_m,内外笼的几何电容 C_0,内外笼之间电阻 R_m,测量得到内外笼之间电压为 u_c,则

$$i_2 = \frac{u_c}{R_m} + (C_m + C_0)\frac{\mathrm{d}u_c}{\mathrm{d}t} \quad (3.60)$$

如果 i_1 与 i_2 的波形一致,则可证明算法有效。采用直流电压为 -40kV,施加幅值为 120kV,3.0μs 波前时间计算冲击电压[4],计算结果与测量结果一致,证明前述仿真方法有效。

根据电流积分可以得到内笼上注入和流出电荷的关系为

$$q = (C_m + C_0)u_c(t) + \int \frac{u_c(t)}{R_m} dt \tag{3.61}$$

$$q = \int \left(i_{J2} + \iint_{S'} \frac{\partial D}{\partial t} \cdot dS' \right) dt \tag{3.62}$$

式中,u_c 为内笼上测得的电压;i_{J2} 为电晕笼上流过的离子电流。

式(3.61)为通过测量得到的电荷信号 q,代表了流出内笼的电流积分。式(3.62)为仿真计算得到的 q,代表了流入内笼的电流积分。式(3.61)与式(3.62)的 q 应相等。图3.53~图3.56展示了在不同极性和幅值的直流预电压下施加冲击电压的伏库特性曲线的计算和仿真结果[4]。对比结果证明了本节中提出的仿真方法的有效性。

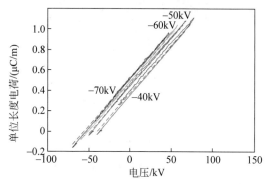

图 3.53　不同幅值负极性直流预电压下施加 120kV 冲击电压的伏库特性曲线[4]（见文前彩图）
实线为测量结果,虚线为仿真结果

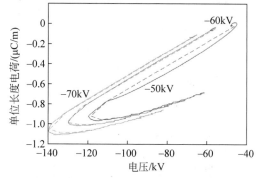

图 3.54　不同幅值负极性直流预电压下施加 -75kV 冲击电压的伏库特性曲线[4]（见文前彩图）
实线为测量结果,虚线为仿真结果

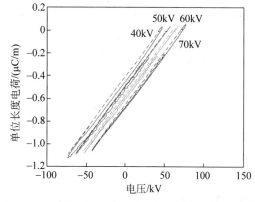

图 3.55　不同幅值正极性直流预电压下施加 -120kV 冲击电压的伏库特性曲线[4]（见文前彩图）
实线为测量结果,虚线为仿真结果

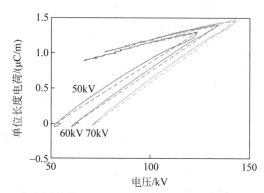

图 3.56　不同幅值正极性直流预电压下施加 75kV 冲击电压的伏库特性曲线[4]（见文前彩图）
实线为测量结果,虚线为仿真结果

由于时域特征线法基于 Kaptzov 假设,认为当导线起晕时,导线表面电场强度维持在起晕场强。根据图 3.53~图 3.56,仿真结果与测量结果一致,可间接证明冲击电晕过程中,Kaptzov 假设成立。

4. 空间电荷的动态分布

当有空间电荷预先存在时,伏库特性实验测量得到的信号 q 与电荷总量 q_{sum} 并不等效,二者之间相差空间原始的电荷量 q_0 以及从内笼上流出的电荷量 q_J。以直流预电压为 $-40kV$、冲击电压为 $120kV$ 为例,图 3.57 所示为仿真出的电荷信号 q 与电荷总量 q_{sum} 的关系。二者之间几乎只差了一个直流偏置,二者对电压的偏导一致。这是因为在选定的电晕笼尺寸下,内笼上流出的电荷量 q_J 相对于电荷总量而言很少,因此,在冲击过程中,q_J 的作用很小。q 和 q_{sum} 之间相差的部分即为空间预电荷总量。

图 3.58 为直流预电压为 $-40kV$、冲击电压为 $120kV$ 时,波前时间(3.0μs)内沿径向的电荷密度分布。图 3.59 和图 3.60 给出了直流电压为 $-40kV$、冲击电压为 $120kV$ 时,仿真计

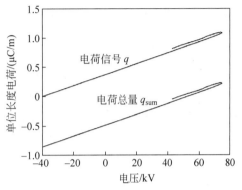

图 3.57 修正后的电荷信号 q 及电荷总量 q_{sum} 的对比[4]

算得出的波前时间(3.0μs)内总电荷量、导线上电荷量、空间电荷量和导线表面的电晕电流沿径向的电荷密度分布。反极性冲击电压施加后,0~0.8μs 时间范围内由于电场强度小于起晕场强,表面不起晕,在表面的一小段范围内电荷密度为 0。此时空间电荷受到的电场力方向沿径向向外,0 电荷密度范围逐渐增大。0.8~1.4μs 时间范围内,由于正极性冲击电压的作用,在导线附近空间电荷受到的电场力方向转为沿径向向内,0 电荷密度范围逐渐减小。

0~1.4μs 这一时间段反映在图 3.59 和图 3.60 中,导线上的电荷量随电压成线性变化,空间电荷移动速度较慢,几乎保持不变,总电荷量随电压成线性变化,对电压的偏导为几何电容。由于此时导线表面不起晕,导线表面电晕电流为 0。到 1.4μs 时,导线表面达到正极性起晕场强,出现正电荷。此时正电荷仅分布在导线周围很小的范围内,因此电荷密度很大。这一时刻所对应的电压值即为图 3.59 导线上电荷量曲线转为不变的拐点或者空间电荷增加的拐点,以及图 3.60 出现电晕电流的拐点处的电压,为 60kV。1.4~2.2μs 时间范围内,冲击电压波形斜率增加,正电荷逐渐增加。此时正电荷受到的电场力沿径向向外,空间原有的负电荷受到的电场力沿径向向内,正负电荷发生复合。2.2~3μs,随着冲击电压波形斜率逐渐减小至 0,导线表面空间正电荷密度也逐渐减小。这一时间段反映在图 3.59 中。由于导线起晕,根据 Kaptzov 假设,导线表面的电场强度保持在起晕场强不变。根据高斯定理,导线上的电荷量保持不变,多出的电荷全部扩散到空间中,正极性空间电荷量增大。但正极性的电荷量与空间中原有的负电荷量抵消,因此总电荷量在负半轴呈现减小的趋势,并且当其进入正半轴后,总电荷量逐渐增大。由于起晕电压较高,产生的正极性电荷较少,因此这一段总电荷量难以观察到明显的曲线拐点。但从总电荷量与电压的关系曲线包围的

面积看,仍能观察到反向起晕现象。由于导线表面起晕,出现图 3.60 中的电晕电流,由于起晕阶段导线表面的电场强度维持起晕场强,导线表面的离子流密度 $J=k\rho E$,冲击电晕产生的离子流的变化规律应与 ρ 的变化规律相同。电晕电流在达到起晕电压的瞬间发生突变,然后随着电压的增大先增大后减小,当电压达到峰值时,电晕电流减小到 0。

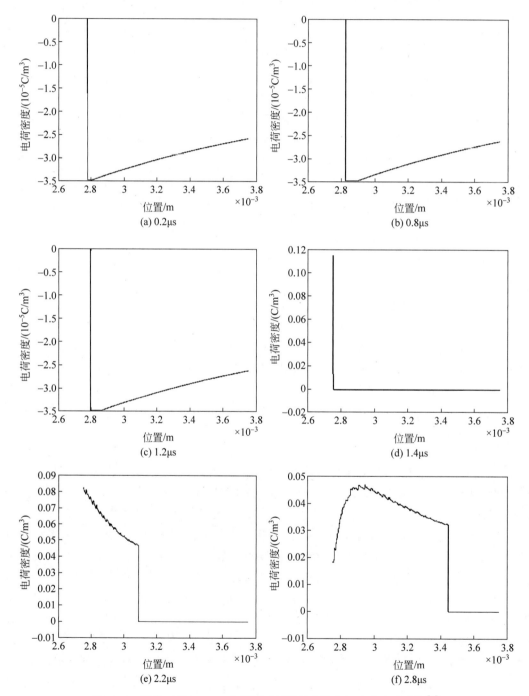

图 3.58 波前时间(3.0μs)内不同时刻沿径向的空间电荷密度分布[4]

直流预电压为 -40kV,冲击电压为 120kV

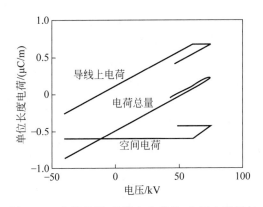 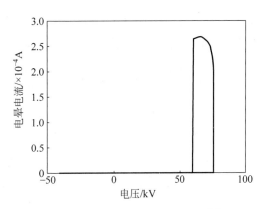

图 3.59 电荷总量、导线上电荷量、空间电荷量与电压的关系[4]

直流为 −40kV,冲击为 120kV

图 3.60 电晕电流与电压的关系[4]

直流为 −40kV,冲击为 120kV

较大时间尺度下,不同时刻空间电晕产生的电荷的发展变化过程如下。2~4μs 处于波前时间,冲击电压幅值增加,正电荷区域不断扩大,直到冲击电压达到峰值。4~7μs,当冲击电压超过峰值之后,导线不再起晕,由于此时导线附近的正电荷向外移动,导线附近出现未起晕的空腔;负电荷向内移动,有些负电荷未能与正电荷发生复合便来到未起晕空腔内,致使导线附近的电荷密度呈现出负电荷状态。7~17μs 时,正电荷继续向外移动,并且由于移动范围的增大,电荷密度降低,正电荷区域变大,负电荷无法穿越,使得导线附近的电荷密度为 0。17~40μs 时,随着时间的继续增加,正电荷继续向外扩散,电荷密度继续降低。当冲击电压达到峰值之后,导线表面不再起晕,电晕电流为 0。空间电荷移动速度较慢,因此,导线上的电荷量随电压的下降线性下降,而空间电荷量基本不变。因此,总电荷量随电压的下降线性下降,表现在图 3.59 中,总电荷量与电压的关系曲线的斜率为几何电容。

对于直流电压与雷电冲击电压同极性的情况,在直流预电压为 −60kV、冲击电压为 −75kV、波前时间为 3.0μs 时,仿真得到的总电荷量、导线上电荷量、空间电荷量和电晕电流如图 3.61 和图 3.62 所示。1~3μs 时,由于在直流预电压下已经起晕,因此,在冲击电压下继续起晕,导线附近出现高密度负极性电荷,并随着电压的升高,负极性电荷逐渐向外扩散。反映在图 3.61 中,导线上的电荷量从一开始就保持不变,而空间电荷量逐渐增加,总电荷量逐渐增加,总电荷量随电压增加的斜率与空间电荷量增加的斜率相同。这也就意味着,如果起晕强度增强,总电荷量与电压之间的关系曲线的斜率也会增大。这也解释了伏库特性曲线斜率随直流预电压的增加逐渐增加的现象。由于从一开始就处于起晕状态,电晕电流从一开始就不为 0,随着电压的增加达到峰值,电晕电流逐渐减小到 0。当时间达到 3μs、电压达到峰值之后,电压逐渐回落,起晕状态消失,在导线附近出现电荷为 0 的真空带,并随着电压的逐渐降低,冲击电晕产生的负极性电荷逐渐向外扩散,真空带范围不断增大。这一时间段内,由于导线不再起晕,电晕电流为 0,而空间电荷移动速度较慢,随电压的下降几乎保持不变,导线上电荷量随电压下降线性下降。因此,总电荷量随电压的下降线性下降,曲线下降的斜率为几何电容。

图 3.61 中起晕段导线上电荷量的值与图 3.59 不同,这是由于二者所使用的起晕场强不同。图 3.59 中由于施加了反极性电压,其所对应的起晕场强是冲击起晕场强,即 44.4kV/cm。

而图 3.61 中由于从一开始导线就处于起晕状态,起晕场强与直流下的起晕场强相同,为 24.7kV/cm,因此二者导线上的电荷量截然不同。

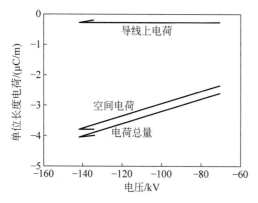

图 3.61 电荷总量、导线上电荷量、空间电荷量与
电压的关系[4]

直流为 -60kV,冲击为 -75kV

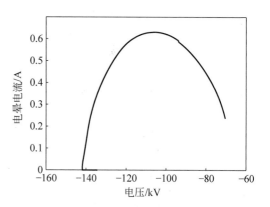

图 3.62 电晕电流与电压的关系[4]

直流为 -60kV,冲击为 -75kV

3.5 雷电冲击波沿输电线路的传播特性

3.5.1 沿线冲击电压测量及分析

在 3.2.6 节的实验中,测试了首端施加雷电冲击电压时沿线三个测点的电压波形。以负极性 140kV 的雷电冲击电压为例,沿线电压分布如图 3.63 所示[3]。在线段首端测量结果中,波头振荡较为激烈,而线路中部和末端振荡相对较小。这是由于冲击本体是通过 150m 的波纹管与实验线段连接的。在波纹管与导线连接部分,波阻抗发生了突变,电磁波在这段波纹管中产生多次折反射,会在冲击电压波形上叠加一个振荡波。在沿线传输过程中,高频的振荡波衰减较快,因此在线路首端的振荡较为明显,而在线路中部及末端振荡较小。由于振荡波位于波头位置,对于冲击波头时间和峰值均有一定的影响,尤其是在线路首端,很难将振荡波形与冲击波形区分。另外,连接分压器与导线之间的波纹管也会产生高频振荡,导致测量波形产生畸变,但这部分振荡可以通过数据处理消除,获得导线上的冲击电压波形。

线路中部和末端电压波形的差别主要表现在波头部分,二者在波尾部分的电压波形几乎是重合的。受冲击电压发生器的限制,实验电压不能继续增加,而 500kV 实验线段起晕电压约为 880kV,最大冲击电压幅值比线路起晕电压高约 50%,因此冲击电晕的衰减畸变效应表现得不明显。实验中在线路中部冲击电压的幅值为

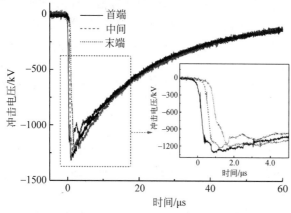

图 3.63 雷电冲击作用下实验线段沿线电压波形[3]
(见文前彩图)

1302kV,线路末端线路电压为1248kV,下降了约4%。冲击电晕对电压波头时间的影响在实验中表现得并不明显,这是由于实验线段距离较短,仅有200m,且冲击电压幅值较小。由于电晕现象不激烈,故冲击电压波形畸变很小,冲击电晕导致波头时间略有增加。

将有电晕和无电晕实验线末端的模拟瞬时电压与实测电压进行比较,如图3.64所示[3]。计算的波形与实测波形基本吻合,尤其是二者之间的冲击电压幅值吻合得很好。模拟结果表明,考虑电晕效应时,线路末端电压峰值由1251kV降至1172kV。然而,测量结果和计算结果之间的偏差在波尾处很明显,在测量波形中减小得更快,这是因为在模拟过程中没有模拟$Q\text{-}V$曲线的滞后。

采用$8 \times \text{LGJ}630/45 \text{ s}400$分裂导线的雷电冲击电晕模型,对华东地区运行的双回特高压交流系统进行了雷电冲击电晕仿真研究。输电线路由若干长度为50m的分布参数段表示,电晕电容模型则连接在各段之间的接头处。发生50kA的雷电流绕击特高压同塔双回线路时,是否考虑线路冲击电晕计算得到的雷电过电压沿线路传播时的衰减特性如图3.65所示[3]。为了便于比较,图3.65(b)中已经将由于测量位置不同产生的延时消去了。不考虑导线雷电冲击电晕时,在2km范围内,雷电过电压波形和幅值并没有明显变化,线路本身对雷电过电压并没有产生明显的衰减畸变作用。考虑冲击电晕影响后,雷电过电压波形产生了明显的衰减和畸变,其峰值由7000kV下降至6000kV,波头时间由$5.5\mu s$增大至$6.5\mu s$。特高压同塔双回线路起晕电压约为2000kV,在图中也可以明显地看到,在电压低于2000kV的部分,波形并没有产生明显的变化,而在电压大于2000kV的部分,冲击电压波形畸变非常明显。冲击电晕可以使雷电冲击电压波形产生明显的衰减畸变,冲击电压的幅值会降低而波头时间增大。

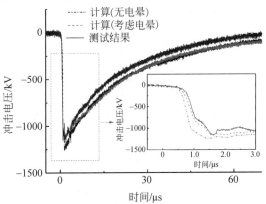

图3.64 实验线段雷电冲击作用时末端电压波形的测试和模拟计算结果的比较[3]
(见文前彩图)

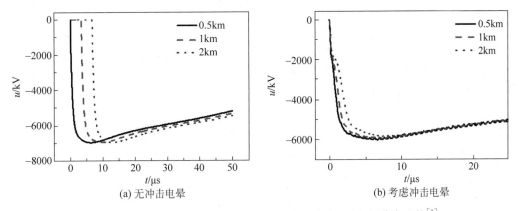

图3.65 考虑雷电冲击电晕前后输电线路上的雷电过电压分布比较[3]

3.5.2 无直流电压时雷电波沿长距离线路传播

将时域特征线法和时域有限差分法(finite-difference time-domain,FDTD)应用到实际线路中。实验数据参考文献[39],实验采用单根导线,导线半径为 2.54cm,离地高度为 26.2m,施加 1/75μs 冲击电压波,电压波幅值为 −1640kV,起晕电压为 673kV。伏库特性曲线仿真与实验结果对比如图 3.66 所示[4]。仿真结果与实验结果基本吻合。根据仿真求出的 C_d 参数,对传输线方程进行求解,并与文献[39]中线路上 660m 和 1300m 处的电压波形作对比,对比结果如图 3.67 及图 3.68 所示。

由图 3.67 及图 3.68 可见,冲击电晕对过电压传输的衰减作用是显著的。电压注入点的电压幅值为 1640kV,在 660m 处电压幅值已经衰减到 1500kV,在 1300m 处衰减到 1450kV。并且电压的波头变形严重,波头变缓,但未起晕段的电压波形则没有明显变化。与长距离的过电压沿线波形的对比结果证明本章建立的模拟方法是有效的。

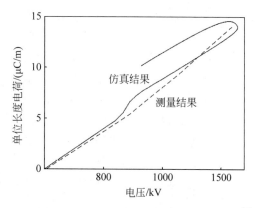

图 3.66 1/75μs 1640kV 冲击电晕伏库特性曲线[4]

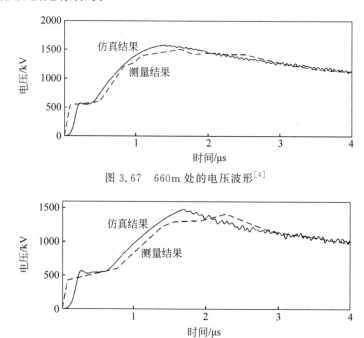

图 3.67 660m 处的电压波形[4]

图 3.68 1300m 处的电压波形[4]

3.5.3 空间电荷作用下雷电波沿导线的传输特性

3.4.3 节给出了求解传输线方程的方法,并通过电晕笼实验的结果以及文献中长距离的测量结果验证了方法的有效性。然而我们更关心的是空间电荷作用下的过电压沿长距离传输线的传输特性。本节针对±1100kV线路来分析雷击过电压在运行直流输电线路上的传输特性。

采用时域有限差分法对单极运行方式进行计算。线路导线为八分裂 JL/G3A-1000/45 型,子导线直径为 4.2cm,导线高度为 26m,分裂间距为 500mm。由于自然界中的雷是以电流波的形式注入导线的,且多为负极性,较容易绕击正极性导线,因此设置直流预电压为 +1100kV,雷电流波形为 2.5/50μs,负极性,注入导线的雷电流幅值为 25kA。

不考虑冲击电晕时,导线的波阻抗约为 300Ω,则导线上的过电压幅值应为 −3750kV。根据导线的尺寸计算导线的几何电容值为 15.014pF,该型号导线的 $R_0 = 0.028\Omega$。

首先计算不存在直流电压时传输线方程参数以及导线上不同位置处的电压波形作为参考。由于总电荷量对电压的偏导与伏库特性实验测量的电荷 q 对电压的偏导一致,而在实际线路中,无法给定边界计算电荷 q,因此,用总电荷量与电压的关系曲线来表征动态电容 C_d。总电荷量与电压的关系如图 3.69 所示,导线的冲击起晕电压约为 1861kV。

直流预电压为 1100kV 时的总电荷量与电压的关系如图 3.69 所示。与没有施加直流预电压时对比,导线的起晕电压略有减小,约为 1795kV,这是由于反极性空间电荷的作用。为维持导线的电位,导线上需要有更大的电荷量才能抵消反极性空间电荷的影响,因此在较低的电压下就能达到产生起晕场强的导线电荷量,起晕电压略微降低。当有直流预电压时,总电荷量与电压的关系曲线在起晕段的斜率略小于没有直流预电压的情况。这是由于受原有的空间电荷的影响,冲击电晕的强度略有降低,导线表面电晕电流较小,如图 3.70 所示。

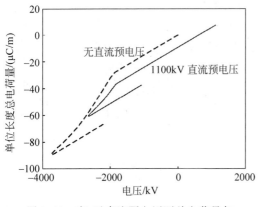

图 3.69 有、无直流预电压下总电荷量与电压的关系[4]

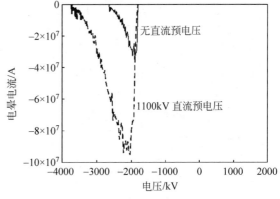

图 3.70 有、无直流预电压下电晕电流与电压的关系[4]

受直流预电压影响,线路上实际的电压峰值较小,总电荷量与电压的关系曲线包围的面积比没有直流预电压时小得多,因此雷电电磁暂态在传播过程中的损耗较小。

下面对空间电荷作用下冲击电晕沿线的衰减进行分析。为方便地观察直流电压的影响,首先计算没有直流电压时雷电波沿线的波形作为对比。为确保电压波形是由于动态电容作用而发生的变化,认为导线是无损的,即 $R_0 = 0$。

电压波在 0m、500m、1000m、1500m 及 2000m 处的波形如图 3.71 所示。可见当电压未超过起晕电压时,电压波的沿线传输基本不变,而超过起晕电压的部分产生了很大的延迟效应和衰减。

电压波在 0m、500m、1000m、1500m 及 2000m 处的波形如图 3.72 所示。与没有直流情况下相似,未起晕段的电压波形维持一致。

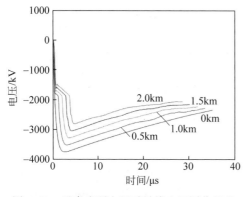 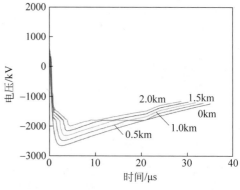

图 3.71 无直流预电压时导线上不同位置处的电压波形[4]

图 3.72 直流电压为 1100kV 时导线上不同位置处的电压波形[4]

分别绘制 500m、1000m、1500m 以及 2000m 处没有直流预电压、有直流预电压以及没有冲击电晕时的雷电过电压波形,如图 3.73 所示。通过对比可以发现,有直流预电压存在时,雷电波形需达到更高的电压才能起晕,因此其电晕损耗小,波形衰减比没有直流预电压情况下更慢。

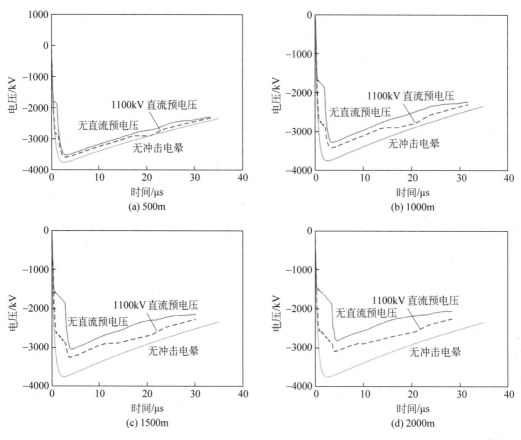

图 3.73 线路上不同位置的有直流电压、无直流电压及无冲击电晕时的雷电过电压波形对比[4]

表 3.16 给出了考虑冲击电晕时有、无直流预电压时过电压最大值及衰减比例。衰减比例的参考值为不考虑冲击电晕时的过电压最大值-3749kV。可以看出,反极性的直流预电压导致雷电波衰减变慢。随着传播距离的增大,这种差别也越来越明显。雷击传播1km后,直流预电压会使雷电过电压的幅值上升约3.6%,而传播2km后,直流预电压的影响上升至7.4%。随着距离的进一步增大,这种影响会更加明显。

表 3.16 考虑冲击电晕时有、无直流预电压时的过电压最大值及衰减比例[4]

传播距离/m	没有直流预电压、考虑冲击电晕时的过电压		有直流预电压、考虑冲击电晕时的过电压	
	最大值/kV	衰减比例/%	最大值/kV	衰减比例/%
500	-3513	6	-3579	4.5
1000	-3278	12.6	-3412	9
1500	-3048	18.7	-3255	13
2000	-2814	25	-3087	17.6

直流线路的行波保护主要是依据一定时间内电压的变化率 du/dt、一定时间内的电压变化量 Δu 和一定时间内的电流变化量 Δi 进行保护。当线路上的行波超过整定值时,保护动作。目前的行波保护的采样率较低,一般为 20kHz,采样间隔为 50μs,在这样的采样间隔下,未引发故障的雷电过电压很难被监测到。随着技术的进一步发展,直流线路检测系统的采样率逐渐升高,很多高频信号能够被监测到,其中也包括雷击过电压。而通常雷电过电压的幅值和变化率都较高,为使线路行波保护能够避免对雷电过电压的误判,需要对线路上雷电过电压的波形特性进行分析。

表 3.17 给出了在不同的传输距离下考虑冲击电晕但没有直流预电压、考虑冲击电晕且有直流预电压时的 du/dt。没有考虑冲击电晕时的 du/dt 为 1500kV/μs。冲击电晕会使过电压的波形变缓,du/dt 随传播距离的减少而大幅度减小,到 2km 处 du/dt 几乎缩小至不考虑冲击电晕时的一半。而反极性的直流预电压会使 du/dt 减小的速度变慢,体现在过电压波形上,就是波形波头更加难以变缓。

表 3.17 不同传输距离处考虑冲击电晕时有、无直流预电压时的 du/dt[4]

传播距离/m	没有直流预电压、考虑冲击电晕时的 du/dt/(kV/μs)	有直流预电压、考虑冲击电晕时的 du/dt/(kV/μs)
500	1071	1108
1000	926	989
1500	738	861
2000	601	749

3.5.4 叠加同极性直流电压时雷电波沿导线的传输特性

对于直流电压与雷击过电压极性相反的情况,受直流预电压的影响,线路上实际的过电压并不高。而直流电压与雷击过电压同极性时,线路上的电压很高。

仿真参数与 3.5.3 节相同,直流预电压为 1100kV,雷电流与直流预电压极性相同,为正极性,幅值为 25kA。有、无直流预电压时的总电荷量与电压的关系如图 3.74 所示。

由于在直流预电压下就已经起晕,从雷电压施加的初始时刻,总电荷量与电压的关系曲线就进入了起晕段,并且起晕段的斜率比没有直流预电压时的高。这是由于在同极性空间电荷作用下,电晕强度有一定的增强,电晕电流较没有直流预电压时高,如图 3.75 所示。

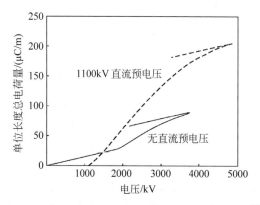

图 3.74　有、无直流预电压下总电荷量与电压的关系[4]　　图 3.75　电晕电流与电压的关系[4]

由于从一开始就起晕,相当于在雷电压的整个波头时间范围内都在起晕,图 3.75 中曲线包围的面积比没有直流预电压时更大,这意味着雷电波在传输过程中的损耗较大。

电压波在 0m、500m、1000m、1500m 及 2000m 处的波形如图 3.76 所示。当电压未达到起晕电压时,沿线的电压波基本不变,但超过起晕电压后的电压波形发生了明显的相移和衰减。

电压波在 0m、500m、1000m、1500m 及 2000m 处的波形如图 3.77 所示。可以看出,随着距离的增加,电压波的波头略有延迟,电压的幅值降低。与图 3.76 不同的是,由于从一开始就处于起晕状态,整个电压波头的传输速度都减缓了,因此从图 3.77 中看不出波头延缓的效果。图 3.78 给出了在线路各处有、无直流预电压时过电压波形的对比。从对比结果可以看出,由于在直流预电压下雷击初始时刻就开始起晕,整个波形较没有直流预电压的情况到达计算点的时刻有延迟,且随着距离的增加,延迟的时间越来越长。

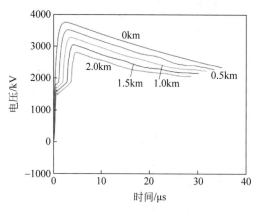 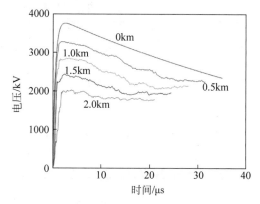

图 3.76　直流预电压为 0kV 时导线上不同位置处的雷电过电压波形[4]　　图 3.77　直流预电压为 1100kV 时导线上不同位置处的雷电过电压波形[4]

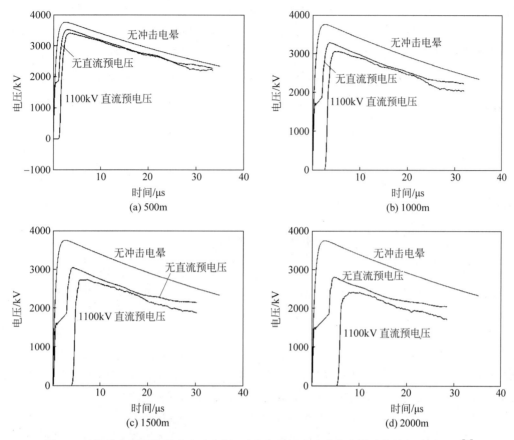

图 3.78 线路上不同位置有直流电压、无直流电压及无冲击电晕时的雷电波形对比[4]

表 3.18 反映了在考虑冲击电晕但没有直流预电压、考虑冲击电晕且有同极性直流预电压两种情况下雷电过电压最大值及其衰减比例。衰减比例参考值为不考虑冲击电晕时的过电压最大值 3749kV。在同极性直流预电压的作用下,雷电波的衰减普遍比没有直流预电压时大。并且随着距离的增加,衰减比例增大。当传播距离达到 2km 时,过电压幅值已经衰减到原波形的 35%。可见冲击电晕和同极性的直流预电压对雷电波的衰减作用非常大。

表 3.18 有、无直流预电压时不同传输距离处考虑冲击电晕的过电压最大值及衰减比例[4]

传播距离/m	没有直流预电压、考虑冲击电晕时的过电压		有直流预电压、考虑冲击电晕时的过电压	
	最大值/kV	衰减比例/%	最大值/kV	衰减比例/%
500	3515	6	3396	9
1000	3280	12.5	3050	19
1500	3043	19	2735	27
2000	2814	25	2428	35

同极性直流预电压下雷电波的 du/dt 与反极性情况下不同。反极性时过电压波形都发生了一定的时延,整个波头变缓,因此 du/dt 随传播距离逐渐减小。而同极性下,整个波头的传输速度都下降了,而其波形的完整度较好,因此 du/dt 比没有直流预电压时大得多,

并且 du/dt 的衰减速度也较没有直流预电压时慢。没有考虑冲击电晕时的 du/dt 为 1500kV/μs。表 3.19 给出了不同传输距离处考虑冲击电晕时有、无直流预电压时的 du/dt 的衰减特性。

表 3.19 不同传输距离处考虑冲击电晕时有、无直流预电压时的 du/dt[4]

传播距离/m	没有考虑冲击电晕时的 du/dt/(kV/μs)	没有直流预电压、考虑冲击电晕时的 du/dt/(kV/μs)	有直流预电压、考虑冲击电晕时的 du/dt/(kV/μs)
500	1500	1088	1337
1000	1500	903	1130
1500	1500	725	992
2000	1500	601	711

3.5.5 空间电荷作用下多重雷击沿导线的传输特性

在直流架空线路的实际运行经验中,有时会出现多重雷击下、闪络发生在后续雷击过程中的现象。本节中重点分析两重雷击作用下的情况[4]。如果两重雷参数相同,考虑电晕特性后雷电过电压的传输特性之间的差别。

线路的参数和雷电流参数仍按照 3.5.3 节选取。直流预电压为 1100kV,施加负极性雷电流,雷电流幅值为 25kA,两次雷击之间的时间间隔取 200μs。此时的总电荷量与电压的关系如图 3.79 所示,图中可见明显的磁滞回线,并且二次雷击的起晕电压较首次雷击更高。首次雷击的起晕电压对应图中的 a 点,其值为 −1795kV,二次雷击的起晕电压对应图中的 b 点,其值为 −1847kV。这是因为首次雷击时空间中电荷为正极性,总电荷量为正值,随着首次雷击发生冲击电晕,产生的负极性空间电荷较大,且充斥在导线附近,致使当首次雷击过去之后,导线周围的负极性电晕电荷仍未散开。虽然在图中的 cd 段,由于逐渐恢复直流电压,导线重新起晕,但起晕产生的正极性电荷马上与导线附近的负极性电荷复合,总电荷量减小的速度加快。此时总电荷量仍然为负值,没有恢复正常运行时的状态,当二次雷击来临时,为维持导线上的电位,导线上的电荷应比周围围绕正极性电荷时更小,更难达到起晕场强,因此二次雷击的起晕电压较高。图 3.80 给出了两重雷击下冲击电晕的电晕电流与电压的关系。

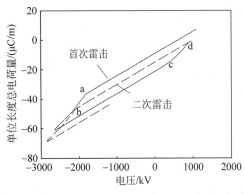

图 3.79 首次雷击和二次雷击时的总电荷量与电压的关系[4]

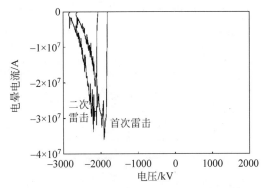

图 3.80 首次雷击和二次雷击时电晕电流与电压的关系[4]

图 3.81 为首次雷击和二次雷击时导线上各点的电压波形,图 3.82 分别是 1km 和 2km 处首次雷击和二次雷击的电压波形的对比。不考虑冲击电晕时的雷电过电压最大值为 3749kV。表 3.20 所示为不同传输距离处考虑冲击电晕时第一次雷击和第二次雷击的最大值及衰减比例。可以看出,第二次雷击的起晕电压略高,其电晕强度较小,电晕损耗小,波峰比首次雷击更难以衰减。因此,雷击换流站的进线段时,后续雷击更容易侵入换流站,对换流站的设备产生影响。

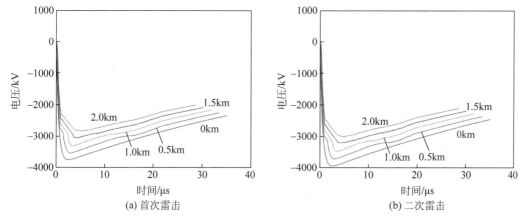

图 3.81 两重雷击时导线上各点电压波形[4]

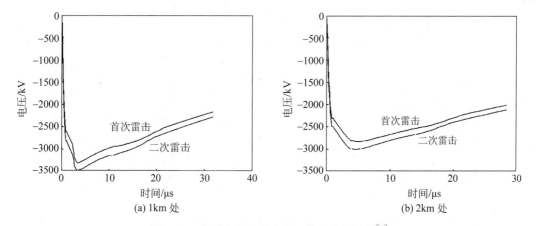

图 3.82 导线上首次雷击和二次雷击的区别[4]

表 3.20 不同传输距离处考虑冲击电晕时首次雷击和后续雷击的过电压最大值及衰减比例[4]

传播距离/m	首次雷击		二次雷击	
	最大值/kV	衰减比例/%	最大值/kV	衰减比例/%
1000	−3318	11.5	−3487	7.0
2000	−2830	24.5	−3006	19.8

以原始波形的 1500kV/μs 为基准。冲击电晕后首次雷击传输 1km 和 1.5km 后,du/dt 分别衰减到 912kV/μs 和 548kV/μs,而二次雷击传输 1km 和 1.5km 后,du/dt 分别衰减到 1005kV/μs 和 642kV/μs,可见传输相同距离后二次雷击约比首次雷击的 du/dt 大 6%。因此,对于多重雷击的情况,后续雷击波形的衰减和变形都小于首次雷击。

3.6 冲击电晕对波过程的影响

3.6.1 冲击电晕引起波的衰变和变形

在雷电及操作冲击作用下,引起波的衰减和变形的决定因素是电晕[23]。实验表明,天气条件对电晕畸变没有显著影响。为简化分析,可以略去其他因素的影响。参照无损线的波动方程,对电晕线路有:

$$\begin{cases} -\dfrac{\partial u}{\partial x} = L_0 \dfrac{\partial i}{\partial t} \\ -\dfrac{\partial i}{\partial x} = \dfrac{\partial q}{\partial t} = \dfrac{\partial q}{\partial u} \cdot \dfrac{\partial u}{\partial t} = C_d \dfrac{\partial u}{\partial t} \end{cases} \tag{3.63}$$

其中动态电容 C_d 由式(3.64)可得:

$$C_d = \frac{dq}{du} = MC_0 \left(\frac{u}{u_0}\right)^{\frac{1}{3}} \tag{3.64}$$

式中, C_0 为几何电容。正极性时,常数 $M=1.35$;负极性时, $M=1.13$。

计及电晕损耗时的波速度为

$$v_c = \frac{1}{\sqrt{L_0 C_d}} \tag{3.65}$$

v_c 小于光速。可以计算波经过传播距离 l 后的时延为

$$\Delta t = \frac{l}{v_c} - \frac{l}{c} = 3.33\left(D\sqrt[6]{\frac{u}{u_0}} - 1\right)l \tag{3.66}$$

式中, D 为常数,正极性时为1.17,负极性时为1.06。

由此可见,波头上对应一定电压值的传播速度减小了。将冲击电晕引起波的衰减变形等值为各电压瞬时值传播速度的不同程度的减慢,如图3.83所示。可以看出,电压越高,速度越慢。电晕产生的时延效应发生在波头部分,波尾部分并不产生时延效应。图3.84所示为冲击电晕引起波的衰减的实测结果(实线)与式(3.66)计算结果(虚线)的比较[23]。原始电压波为负极性,线路电晕起始电压在图3.84(a)中为230kV,在图3.84(b)中为100kV。

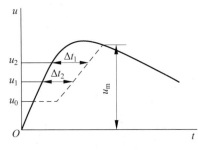

图3.83 冲击电晕影响下波动变形和衰减[23]

导线电晕后的等值波速度并不是电磁波传播速度,而是冲击电晕产生后,导线附近产生大量的空间电荷,消耗了部分能量,使冲击波形发生了衰减畸变。直观上可以理解为波形的某一部分传播速度降低了。

3.6.2 冲击电晕后导线的动态波阻抗

下面讨论冲击电晕对导线波阻抗的影响。设无电晕时导线的几何波阻抗 Z_0 为

$$Z_0 = \frac{u}{i} = \sqrt{\frac{L_0}{C_0}} \tag{3.67}$$

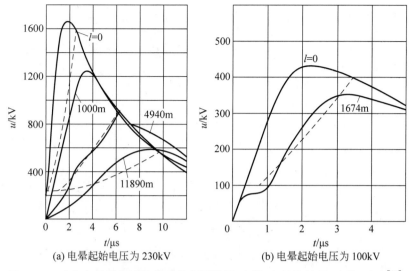

(a) 电晕起始电压为 230kV　　(b) 电晕起始电压为 100kV

图 3.84　冲击电晕引起波的衰减的实测结果（实线）与计算结果（虚线）对比[23]

发生冲击电晕后，动态波阻抗 Z_d 为

$$Z_d = \frac{\mathrm{d}u}{\mathrm{d}i} = \sqrt{\frac{L_0}{C_d}} \tag{3.68}$$

由此得 $\mathrm{d}i = \sqrt{\frac{C_d}{L_0}}\mathrm{d}u$，积分后为

$$i = \int_0^u \sqrt{\frac{C_d}{L_0}}\mathrm{d}u \tag{3.69}$$

以式(3.64)所示的伏库特性为例，将其动态电容 C_d 代入式(3.64)中进行积分，即可得出考虑冲击电晕影响以后单导线的等值波阻抗 Z_c 的计算公式：

$$Z_c = \frac{u}{i} = \frac{Z_0}{\frac{u_0}{u}\left(1 - \frac{6\sqrt{M}}{7}\right) + \frac{6\sqrt{M}}{7}\sqrt[6]{\frac{u_0}{u}}} \tag{3.70}$$

考虑冲击电晕后，线路波阻抗降低 20%～30%。

当导线发生电晕以后，在导线周围积聚起空间电荷，好像增大了导线半径。这主要使导线的自波阻抗减小。由导线之间的耦合系数 $k = Z_{12}/Z_{11}$ 可知，冲击电晕使耦合系数增大了。严格地说，电晕使导线间的耦合系数随电压瞬时值而变化，电压越高，耦合系数越大。但为方便起见，工程应用上一般只用一定范围的电晕校正系数 k_i 来估算冲击电晕的影响。设原来的几何耦合系数为 k_0，则冲击电晕时的耦合系数为

$$k = k_i k_0 \tag{3.71}$$

对不同的作用电压和导线结构，$k_i = 1.1 \sim 1.5$。

3.7　冲击电晕对雷电过电压的影响

3.7.1　冲击电晕的电磁暂态模型

研究冲击电晕伏库特性的主要目的是更精确地计算冲击电晕对线路过电压等电磁暂态

的影响。国内外学者曾提出了多种考虑冲击电晕对电磁暂态影响的方法,在此做一些简单的介绍。

1. 电压变形时延作图法

当导线电压超过电晕起始电压 u_0 后,导线表面发生电晕放电现象,在导线附近产生大量的空间电荷。由于这部分空间电荷层的径向导电性良好而轴向导线性较差,故认为线路起晕后,导线电感不发生变化,而导线电容明显增大。根据导线对地电容值可以推导计算冲击电压波速度 v_c 及冲击电压波传播距离 l,波头超过电晕起始电压 u_0 的各电压瞬时值的时延如图 3.85 所示[23]。这种利用经验公式计算冲击电晕对冲击波形衰减畸变的影响的方法,曾在我国的工程计算中被采用,计算结果完全依赖于导线冲击电晕伏库特性曲线的准确性。

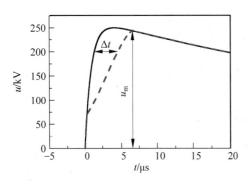

图 3.85 冲击电晕造成的电压波头时延示意图

2. 差分法求解冲击电晕线路方程

差分法是一种直接求解线路波动方程的数值方法,从时间和空间上对方程进行离散化,用差商代替导数,将线路的微分方程转化为代数形式,再根据初始条件和边界条件进行求解[70]。建立考虑冲击电晕的线路微分方程差分格式[71]。在电磁暂态计算中考虑冲击电晕影响时,方程中的电位系数矩阵与线路电压之间存在非线性关系,这种关系是由冲击电晕的伏库特性决定的。

3. 电路元件模拟法

可以通过在 PSCAD/EMTDC 程序中增加特殊元件来模拟线路冲击电晕。大部分学者在仿真计算中将线路划分为多段,在各段线路之间接入模拟冲击电晕效应的等效电容,如图 3.86 所示,由二极管、电容和恒压源组成。

仿真中将传输线分为若干段,在每段线路之间插入电晕的等效电容 C_d,模拟导线的冲击电晕动态电容。以负极性雷电冲击为例。在线路电压幅值较低的情况下,动态电容值非常小,对线路波过程几乎没有影响;在线路电压幅值大于导线起晕电压 u_0 后,接入动态电容,

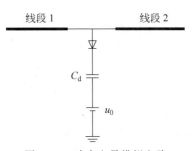

图 3.86 冲击电晕模拟电路

对线路的波过程产生影响;在冲击电压下降阶段,二极管自然关断,导线对地电容降为 0,对线路波过程没有影响。这个过程中,导线对地电容的变化与导线雷电冲击伏库特性曲线规律几乎一致,可以近似模拟冲击电晕对线路电磁暂态过程的影响。在电磁暂态计算软件中,分割后的每段线路长度 l 不能超过仿真步长 Δt 内电磁波传输的距离,否则会使计算结果准确度降低。但每段线路也不能过短,否则会使仿真计算量加大,同时仿真时步增加也会产生较大的累计误差,影响计算结果的准确性。通过多次仿真计算,导线每段长度为 $50\sim100$m

进行仿真计算较为理想[27]。

由于上述方案中模拟电路比较简单,因此模拟冲击电晕伏库特性效果不太理想,可以采用多组电路元件,分段线性模拟冲击电晕伏库特性,使模拟结果与实际更为接近[69]。另外,也可以采用非线性元件模拟冲击电晕效应,例如采用非线性电阻和非线性电容组成冲击电晕模拟电路[72],进一步推导非线性电阻和电容的计算公式,但公式中的部分参数需要通过冲击电晕实验获得。

总体来说,目前国内外相关的电磁暂态仿真计算中电晕模型都是基于已有实验结果,因此实验结果的有效性值得关注。实验结果与工程中采用的电磁暂态计算软件相结合后,可以建立相应的冲击电晕模型,较为精细地模拟架空线路冲击电晕情况,并应用于变电站雷电侵入波、线路操作过电压以及杆塔耐雷特性等电磁暂态仿真计算中。

3.7.2 冲击电晕对变电站雷电侵入波的影响

精确的过电压计算是确保电网安全及技术经济最优的基础。一方面,冲击电晕可以使雷电冲击电压波形产生明显的衰减畸变,冲击电压的幅值降低,波头时间增大,这种冲击波形的改变对于变电站内设备绝缘设计影响很大。变电站内的设备大多是感性负载,冲击幅值下降可以降低施加在设备上的雷电过电压值,波头时间增大可以降低感性负载的匝间电压值,设备运行安全裕度更大。另一方面,如果在设备设计中考虑冲击电晕对于雷电过电压的影响,可以避免过于保守的设备绝缘设计,降低工程造价。另外,电晕后,线路外部特性上可认为线路对地电容以及导线间的电压耦合系数加大,部分补偿了杆塔上导线和地线之间的电位差,有利于提高杆塔的耐雷水平。

以 1000kV 特高压同塔双回输电工程浙北变电站为例。计算结果表明,考虑冲击电晕后,可以使站内设备的过电压水平下降 3% 左右。计算发现,高抗处是全站设备中安全裕度最小的设备,如果不考虑冲击电晕的影响,高抗过电压值会超过允许最大过电压,需要新增一组避雷器来降低过电压。而考虑冲击电晕的影响后,不新增这组避雷器也能将高抗处的过电压值下降至可接受范围。

3.7.3 冲击电晕对线路绕击耐雷水平的影响

对于特高压输电线路来说,雷电绕击已经取代了雷电反击成为影响线路雷击跳闸的主要因素。雷电绕击线路后,绝缘子两端会产生较高的电压导致其闪络,因此绕击耐雷水平对线路的安全运行有较大的影响。冲击电晕会使雷电冲击电压波形产生较为明显的衰减畸变,降低雷电冲击的峰值。同时,冲击电晕也会造成导线的等值半径增大,地线与导线之间的互电容增加,电压耦合系数变大,绝缘子两端的压差降低,绝缘子不易发生闪络。这两者都有利于提高线路的耐雷水平。本节针对考虑冲击电晕后特高压线路的杆塔耐雷水平变化进行分析研究。

以简单的 3 导体系统为例,考虑雷电冲击下导线与地线之间的耦合系数,导体 1、2 代表两根地线,导体 3 为导线,1'、2'、3' 为导体的镜像。将导线 3 与地线之间的互容值 C_{31}、C_{32} 与导线 3 对地电容值 C_3 相除即可得导线地线之间互容电容与导线对地电容之间的系数 k_i。

$$k_1 = C_{31}/C_3$$

$$k_2 = C_{32}/C_3 \tag{3.72}$$

导线与地线之间的互容分别为 C_{31}、C_{32}，导线对地电容为 C_3。在导线未起晕阶段，$C_3 = C_0$；导线起晕后，$C_3 = C_d$。由于导线起晕后对地电容值会大幅增加，$C_d > C_0$，从而导线与地线之间的电容耦合增大为 $k_i C_d$，有效降低了绝缘子两端的压降，可以提高杆塔耐雷水平。

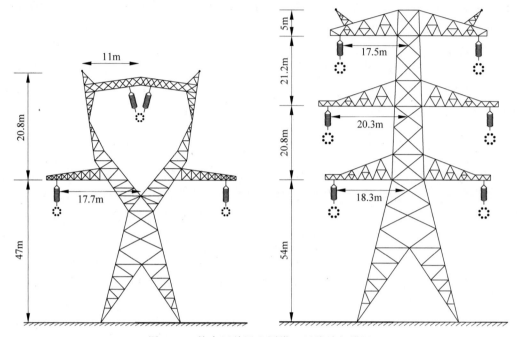

图 3.87 特高压单回和同塔双回线路杆塔图

将式(3.72)推广至多导体系统中，可以计算交流线路每相导线对地电容分布，进而计算冲击电晕引起的导线与地线之间耦合电容的变化，仿真计算冲击电晕对杆塔耐雷水平的影响。

如图 3.87 所示为我国特高压单回和同塔双回线路杆塔。不同特高压线路的导线与地线之间的电容耦合系数见表 3.21[3]。对单回线路，中相导线与地线之间的电容耦合系数比边相大；对双回线路，上相导线与地线之间的电容耦合系数比其余两相大。这是由于单回线路的中相导线与双回线路的上相导线离地高度均较大，而与地线距离较近，导致导线与大地之间的电容耦合减小，而与地线之间的电容耦合增大。故发生雷电绕击后，在单相线路中相导线和双回线路上相导线绝缘子闪络的概率较低。

表 3.21 特高压导线与地线之间的电容耦合系数[3]

线 路	导 线	k_1	k_2
单回	边相	0.059	0.030
	中相	0.131	0.131
双回	上相	0.141	0.046
	中相	0.037	0.021
	下相	0.014	0.010

考虑冲击电晕前后线路的耐雷水平对比见表 3.22。计算中绝缘子闪络电压参照 IEEE

推荐公式 $V_t = k_{f1} + k_{f2}/t^{0.75}$。式中,$t$ 的单位为 μs;对于特高压线路,$k_{f1}=4200$,$k_{f2}=7455$。考虑冲击电晕的影响后,特高压线路的雷电绕击耐受电流值会增大,特高压单回线路杆塔的最大耐受绕击电流由 29kA 上升至 34kA,增加幅度为 17.2%,特高压双回线路杆塔的最大耐受绕击电流由 32kA 上升至 36kA,增加幅度为 12.5%。考虑冲击电晕前后绝缘子两端电压明显降低,更不易发生闪络故障,故线路的绕击耐雷水平会更高[3]。

表 3.22 冲击电晕对特高压线路绕击耐雷水平的影响[3]

线路	导线	不考虑电晕/kA	考虑电晕/kA	提高程度/%
单回	边相	29	34	17.2
	中相	31	36	16.1
双回	上相	33	37	12.1
	中相	34	38	11.8
	下相	32	36	12.5

3.7.4 冲击电晕对输电线路反击耐雷水平的影响

计及冲击电晕的影响后,冲击电压的幅值会降低,波头时间会增大,有利于提高设备绝缘裕度。另外,线路的冲击电晕会产生大量的离子,正、负离子由于体积和运动速度差别较大,会在导线周围堆积空间电荷。其径向导电性能良好,轴向导电性能较差,线路外部特性上可认为线路对地电容及导线间的电压耦合系数加大,部分补偿了杆塔上导线和地线之间的电位差,有利于提高杆塔的耐雷特性。输电线路电晕导致雷电过电压波形衰减畸变,同时由于电晕导致导线等效直径的增加而造成避雷线和相导线之间耦合系数的增加,这两方面都有利于降低绝缘子两端电压,提高杆塔反击耐雷水平。以图 3.88 所示的 750kV、500kV 及 220kV 电压等级的典型杆塔为例进行了反击耐雷水平计算比较[3]。

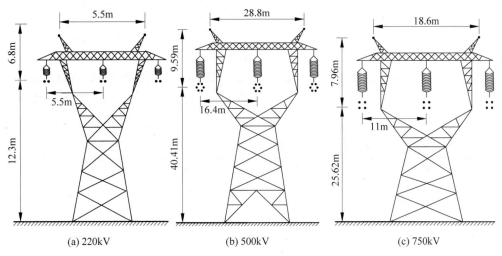

图 3.88 用于分析的三种典型直线塔

三个电压等级线路采用的地线型号均为 GJ-80,直径为 11.5mm。750kV 线路绝缘子的伏秒特性采用 IEEE 公式。根据实验结果[73],可以近似获得其伏秒特性曲线参数为 $k_{f1}=3164$,$k_{f2}=4212$。500kV 及 220kV 线路的绝缘子伏秒特性曲线可以采用实验拟合公式,分

别为[74-75]

$$V_t = 2270 + 1315 \times e^{-t/5} + 2500 \times e^{-t/0.9} + 1900 \times e^{-t/0.6} \tag{3.73}$$

$$V_t = 1350 + 598 \times e^{-t/4} + 2256 \times e^{-t/0.83} \tag{3.74}$$

冲击电晕对降低冲击电压峰值及陡度的作用比较明显,如图 3.89 所示。在三种电压等级下,电晕都在冲击电压波前部分产生了衰减和畸变,塔顶电位的峰值有所下降。

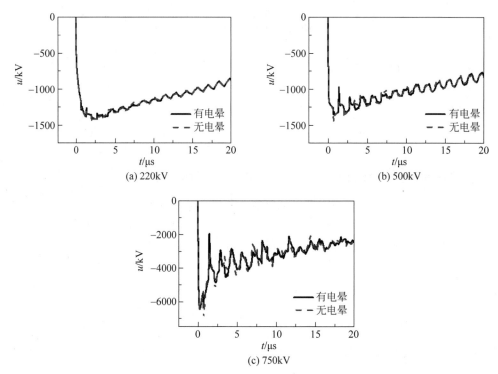

图 3.89 雷击杆塔时冲击电晕对不同电压等级杆塔塔顶电位的影响[3](见文前彩图)

假设各电压等级杆塔的接地电阻均为 30Ω,考虑冲击电晕前后杆塔的反击耐雷水平结果见表 3.23[3]。超高压系统中的仿真结果表明,考虑冲击电晕影响后,雷击杆塔过程中塔顶电位值有所下降,冲击电晕有助于提高线路的杆塔反击耐雷水平。线路电压等级越低,耐雷水平提升的程度越高。

表 3.23 冲击电晕对杆塔反击耐雷水平的影响[3]

线路等级/kV	不考虑电晕耐雷水平/kA	考虑电晕耐雷水平/kA	提高程度/%
220	110	120	9.1
500	170	180	5.9
750	270	280	3.7

参考文献

[1] BRUNE O, EATON J R. Experimental studies in the propagation of lightning surges on transmission lines[J]. Transactions of the American Institute of Electrical Engineers, 1931, 50(3): 1132-1138.

[2] SKILLING H H, DYKES P K. Distortion of traveling waves by corona[J]. Transactions of American Institute of Electrical Engineers, 1937, 56(7): 850-857.

[3] 杨鹏程. 1000kV 特高压交流输电线路冲击电晕特性研究[D]. 北京：清华大学，2012.

[4] 肖凤女. 空间电荷作用下直流架空输电线路雷电波传播特性研究[D]. 北京：清华大学，2020.

[5] PEEK F W. The law of corona and the dielectric strength of air[J]. Transactions of the American Institute of Electrical Engineers, 1911, 30(6): 1889-1965.

[6] PEEK F W. Dielectric phenomena in high voltage engineering[M]. New York: McGraw Hill Book Company, 1929.

[7] WAGNER C F, GROSS I W, LLOYD B L. High-voltage impulse tests on transmission lines[J]. Transactions of the American Institute of Electrical Engineers. Power Apparatus and Systems, Part Ⅲ, 1954, 73(1): 196-210.

[8] WAGNER C F, LLOYD B L. Effects of corona on traveling waves[J]. Transactions of the American Institute of Electrical Engineers. Power Apparatus and Systems, Part Ⅲ, 1955, 74(3): 858-872.

[9] DAVIS R, COOK R W E, STANDRING W G. The surge corona discharge[J]. Proceedings of the IEE Monographs, 1961, 108(13): 230-239.

[10] Б Б БОЧКОВСКИЙ. Импульсная корона на одночиных и расщепленных проводах. Электричество, 1966, 7: 22-27.

[11] OUYANG M, KENDALL P G. Tests on distortion and attenuation of waves on an overhead line[J]. IEEE Transactions on Power Apparatus and Systems, 1975, 94(2): 498-507.

[12] MARUVADA P S, MENEMENLIS H, MALEWSKI R. Corona characteristics of conductor bundles under impulse voltages[J]. IEEE Transactions on Power Apparatus and Systems, 1977, 96(1): 102-115.

[13] GARY C, CRISTESCU D. Distortion and attenuation of travelling waves caused by transient corona[J]. Electra, 1990, 131(7): 170-183.

[14] PODPORKIN G V, SIVAEV A D. Lightning impulse corona characteristics of conductors and bundles[J]. IEEE Transactions on Power Delivery, 1997, 12(4): 1842-1847.

[15] NODA T, ONO T, MATSUBARA H, et al. Charge-voltage curves of surge corona on transmission lines two measurement methods[J]. IEEE Transactions on Power Delivery, 2003, 18(1): 307-314.

[16] 杜世光，马维存，唐和生，等. 500kV 输电线路、4×300mm 分裂导线冲击电晕伏库特性的实验研究[J]. 高电压技术，1989(2): 1-6.

[17] 张小青. 非标准雷电波下电晕特性的研究[D]. 北京：清华大学，1991.

[18] 王小平. 雷电波的电晕放电特性及其在传播中的衰减变形[D]. 北京：清华大学，1993.

[19] 张小青，吴维韩，张芳榴，等. 振荡冲击波下电晕伏库特性[J]. 中国电机工程学报，1991, 11(2): 54-59.

[20] 张小青，吴维韩，黄炜纲. 冲击电晕特性的计算模型[J]. 清华大学学报（自然科学版），1992, 32(4): 72-78.

[21] 王小平，黄炜纲，吴维韩. 负极性冲击电晕的微观数学物理模型[J]. 中国电机工程学报，1993, 13(2): 1-7.

[22] 唐剑. 1000kV 特高压交流输电线路电晕放电的环境效应研究[D]. 北京：清华大学，2009.

[23] 张纬钹，何金良，高玉明. 过电压防护及绝缘配合[M]. 北京：清华大学出版社，2002.

[24] 杨鹏程，徐涛，叶奇明，等. 导线雷电冲击电晕特性实验研究[J]. 中国电机工程学报，2012, 32(28): 164-170.

[25] 杨鹏程，陈水明，何金良，等. 基于电晕笼的导线操作冲击电晕特性实验研究[J]. 中国电机工程学报，2012, 32(34): 165-172.

[26] SULICIU M, SULICIU I. A rate type constitutive equation for the description of the corona effect

[J]. IEEE Transactions on Power Apparatus and Systems,1981,PAS-100(8): 3681-3685.

[27] CARNEIRO S J, MARTI J R. Evaluation of corona and line models in electromagnetic transients simulations[J]. IEEE Transactions on Power Delivery,1991,6(1): 334-342.

[28] YANG P C, CHEN S M, HE J L. Lightning impulse corona characteristic of 1000kV UHV transmission lines and its influences on lightning overvoltage analysis results[J]. IEEE Transactions on Power Delivery,2013,28(4): 2518-2525.

[29] HE J L, ZHANG X, YANG P C, et al. Attenuation and deformation characteristics of lightning impulse corona travelling along bundled transmission lines[J]. Electric Power Systems Research, 2015,118: 29-36.

[30] SEMLYCA A, HUANG W. Corona modelling for the calculation of transients on transmission lines[J]. IEEE Transactions on Power Delivery,1986,1(3): 228-239.

[31] AFGHAHI M, HARRINGTON R J. Charge model for studying corona during surges on overhead transmission lines[J]. IEE Proceedings on Generation, Transmission and Distribution 1983,130(1): 16-21.

[32] COORAY V. Charge and voltage characteristics of corona discharges in a coaxial geometry[J]. IEEE Transactions on Dielectrics and Electrical Insulation,2000,7(6): 734-743.

[33] WATERS R T, RICKARD T E S, STARK W B. The structure of the impulse corona in a rod/plane gap. I. The positive corona[J]. Proceedings of the Royal Society of London. Series A, Mathematical and Physical,1970,315(1520): 1-25.

[34] WATERS R T, ALLIBONE T E, DRING D, et al. The structure of the impulse corona in a rod/plane gap. II. The negative corona: propagation and streamer/anode interaction[J]. Proceedings of the Royal Society of London. Series A, Mathematical and Physical,1979,367(1730): 321-342.

[35] ABDEL-SALAM M, STANEK EK. Mathematical-physical model of corona from surges on high-voltage lines[J]. IEEE Transactions on Industry Applications,1987,IA-23 (3): 481-489.

[36] PODPORKIN G V. Calculating the switching surge critical flashover voltage of phase-to-ground and phase-to-phase bundle conductor gaps[J]. IEEE Transactions on Power Delivery, 1995, 10 (1): 365-373.

[37] LI W, ZHANG B, ZENG R, et al. Dynamic simulation of surge corona with time-dependent upwind difference method[J]. IEEE transactions on magnetics,2010,46(8): 3109-3112.

[38] ABDEL-SALAM M, AL-HAMOUZ Z. A finite-element analysis of bipolar ionized field[J]. IEEE Transactions on Industry Applications,1995,31(3): 477-483.

[39] GANESAN L, JOY THOMAS M. Studies on the influence of corona on overvoltage surges[J]. Electric Power Systems Research,2000,53: 97-103.

[40] E BURMAN. Consistent supg-method for transient transport problems: stability and convergence[J]. Computer Methods in Applied Mechanics and Engineering,2010,199(17-20): 1114-1123.

[41] ZHAO T, SEBO S A, KASTEN D G. Calculation of single phase AC and monopolar DC hybrid corona effects[J]. IEEE Transactions on Power Delivery,1996,11(3): 1454-1463.

[42] MARUVADA P S. Electric field and ion current environment of HVDC transmission lines: Comparison of calculations and measurements[J]. IEEE Transactions on Power Delivery,2012,27 (1): 401-410.

[43] YANG Y, LU J Y, LEI Y Z. A calculation method for the electric field under double-circuit HVDC transmission lines[J]. IEEE Transactions on Power Delivery,2008,23(4): 1736-1742.

[44] LI W, ZHANG B, ZENG R, et al. Discussion on the Deutsch assumption in the calculation of ion flow field under HVDC bipolar transmission lines[J]. IEEE Transactions on Power Delivery,2010,25(4): 2759-2767.

[45] LUO Z,CUI X,ZHANG W,et al. Calculation of the 3-D ionized field under HVDC transmission lines[J]. IEEE Transactions on Magnetics,2011,47(5):1406-1409.

[46] TAKUMA T,KAWAMOTO T. A very stable calculation method for ion flow field of HVDC transmission lines[J]. IEEE Transactions on Power Delivery,1987,2(1):189-198.

[47] LIU J,ZOU J,TIAN J,et al. Analysis of electric field, ion flow field, and corona los of same-tower double-circuit HVDC lines using improved FEM[J]. IEEE Transactions on Power Delivery,2008, 24(1):482-483.

[48] YIN H,ZHANG B,HE J,et al. Time-domain finite volume method for ion-flow field analysis of bipolar high-voltage direct current transmission lines [J]. IET Generation, Transmission & Distribution,2012,6(8):785-791.

[49] ZHANG B,HE J,ZENG R,et al. Calculation of ion flow field under HVDC bipolar transmission lines by integral equation method[J]. IEEE Transactions on Magnetics,2007,43(4):1237-1240.

[50] YANG F,LIU Z,LUO H,et al. Calculation of ionized field of HVDC transmission lines by the meshless method[J]. IEEE Transactions on Magnetics,2014,50(7):200406.

[51] MARUVADA P S. Influence of wind on the electric field and ion current environment of HVDC transmission lines[J]. IEEE Transactions on Power Delivery,2014,29(6):2561-2569.

[52] ZHANG B,YIN H,HE J,et al. Computation of ion-flow field near the metal board house under the HVDC bipolar transmission line[J]. IEEE Transactions on Power Delivery,2013,28(2):1233-1234.

[53] ZHANG B,MO J,YIN H,et al. Calculation of ion flow field around HVDC bipolar transmission lines by method of characteristics[J]. Transactions on Magnetics,2015,51(3):1-4.

[54] 李伟. 交直流并行输电线路混合场特性及其环境效应的研究[D]. 北京:清华大学,2010.

[55] XIAO F N,ZHANG B,LIU Z. Calculation of accumulated charge on surface of insulated house near dc transmission lines by method of characteristics[J]. IEEE Transactions on Magnetics,2019,55(6):1-5.

[56] XIAO F N,ZHANG B,MO J H,et al. Calculation of 3-d ion-flow field at the crossing of hvdc transmission lines by method of characteristics[J]. IEEE Transactions on Power Delivery,2018, 33(4):1611-1619.

[57] XIAO F N,ZHANG B,LIU Z R. Calculation of ion flow field around metal building in the vicinity of bipolar HVDC transmission lines by method of characteristics[J]. IEEE Transactions on Power Delivery,2019,35(2):684-690.

[58] SHENG C,ZHANG X. Modeling of corona under positive lightning surges [J]. Journal of Electrostatics,2013,71(5):848-853.

[59] JOHNSON T,JAKOBSSON S,WETTERVIK B,et al. A finite volume method for electrostatic three species negative corona discharge simulations with application to externally charged powder bells[J]. Journal of Electrostatics,2015,74(74):27-36.

[60] JESUS C D,BARROS M T. Improved modelling of corona for surge propagation studies[C]// Conference on Electrical Insulation and Dielectric Phenomena. IEEE,1995.

[61] SAFAR Y A,SAIED M M. A model for simulating corona in the electromagnetic transients on transmission lines[J]. Computers & Electrical Engineering,2003,29(6):653-665.

[62] GALLAGHER T J,DUDURYCH I M. Model of corona for an EMTP study of surge propagation along HV transmission lines[J]. IET Proceedings-Generation Transmission and Distribution,2004, 151(1):61-66.

[63] AL-TAI M A,ELAYYAN H S B,GERMAN D M,et al. The simulation of surge corona on transmission lines[J]. IEEE Transactions on Power Delivery,1989,4(2):1360-1368.

[64] LI X R,MALIK O P,ZHAO Z D. Computation of transmission line transients including corona

effects[J]. IEEE Transactions on Power Delivery,1989,4(3):1816-1822.
[65] LI X R,MALIK O P,ZHAO Z. A practical mathematical model of corona for calculation of transients on transmission lines[J]. IEEE Transactions on Power Delivery,1989,4(2):1145-1152.
[66] MARUVADA P S,NGUYEN D H,HAMADANI-ZADEH H. Studies on modeling corona attenuation of dynamic overvoltages[J]. IEEE Transactions on Power Delivery,1989,4(2):1441-1449.
[67] RICKARD D A,DUPUY J,WATERS R T. Verification of an alternating current corona model for use as a current transmission line design aid[J]. IEE Proceedings A Science,Measurement and Technology,1991,138(5):250-258.
[68] JESUS C D,BARROS M T. Modelling of corona dynamics for surge propagation studies[J]. IEEE Transactions on Power Delivery,1994,9(3):1564-1569.
[69] MARTI J R,CASTELLANOS F,SANTIAGO N. Wide-band corona circuit model for transient simulations[J]. IEEE Transactions on Power Systems,1995,10(2):1003-1013.
[70] INOUE A. Propogation analysis of overvoltage surges with corona based upon charge versus voltage curve[J]. IEEE Transactions on Power Apparatus and Systems,1985,PAS-104(3):655-662.
[71] 张纬钹. 特征—差分法计算冲击电晕影响下多导线输电系统的波过程[J]. 高电压技术,1984(2):35-42.
[72] LEE K C. Non-linear corona models in an electromagnetic transients program (EMTP)[J]. IEEE Transactions on Power Apparatus and Systems,1983,102(9):2936-2942.
[73] 刘振,郭洁,赵丹丹,等. 750kV紧凑型单回线路空气间隙的放电特性[J]. 高电压技术,2009(6):1370-1376.
[74] 靳希,陈守聚,鲁炜,等. 线路装耦合地线后耐雷水平计算与过电压分析[J]. 高电压技术,2004(6):17-18,21.
[75] 聂定珍,周沛洪,戴敏,等. ±500kV同杆双回直流线路雷电性能的研究[J]. 高电压技术,2007(1):148-151,155.

第 4 章
输电线路杆塔雷电冲击响应特性及模拟

  雷击避雷线或塔顶时,绝缘子闪络由绝缘子悬挂点(一般指塔顶)电位与导线电位差来确定,因此杆塔模型对计算塔顶电位来判断线路是否闪络至关重要。关于反击时的线路雷击响应分析,最初用集总电阻串联集总电感模拟杆塔的特性来计算塔顶过电压。20世纪30年代,Jordan首先提出了用于过电压计算的"冲击阻抗"概念[1],并提出了建立在诺依曼感应方程之上的杆塔冲击阻抗的理论公式。此后的很多研究者沿用了这一概念来采用简化公式计算杆塔的冲击阻抗,进而估计杆塔上的雷电冲击电压。

  实际输电线路杆塔雷电冲击特性测量,主要以在实验室进行模拟实验为主。1958年Breuer等在345kV同塔双回输电线路杆塔上进行了特性测试,发现杆塔冲击阻抗从开始的135Ω降低到60Ω[2]。Fisher等采用缩尺模型研究了杆塔的冲击响应[3]。Breuer[2]首先提出了"反射法"来测量杆塔的冲击阻抗和反击过电压,Hara、Ishii、Yamada等相继用直接法进行了测量[4-6],并根据实验结果各自提出了基于杆塔结构的冲击阻抗经验公式。这些实验均比较了注入杆塔顶部的电流为水平方向与垂直大地方向两种情况下所对应的冲击过电压的差异。实验测量中施加的模拟雷电冲击源是比标准雷电流上升沿陡得多的斜坡函数,所测得的冲击阻抗值比雷电流下的情况普遍偏高。

  理论分析方面,Lundholm[7]、Wagner和Hileman[8]、Sargent和Darveniza[9]、Okumura和Kijma[10]等先后将杆塔简化为简单的几何结构,从麦克斯韦方程出发,推导了基于电磁场理论的冲击阻抗方程,并采用解析法进行求解。这种方法可以从矢量位的角度很好地解释实验中发现的电流入射方向不同造成的结果差异。但该方法只能求解结构简单的杆塔,方程求解过程非常复杂,常被用来进行定性分析。近几年随着计算机技术的快速发展,数值分析方法发展很快,目前有数值电磁场理论建模和行波理论建模两种方法。电磁场数值计算中较多地考虑到杆塔的细线结构,用矩量法计算得到杆塔上任一点的电场和电流的频域值,对电场按照合适的路径积分得到电位,然后结合反傅里叶变换来获得杆塔的时域冲击响应。行波理论建模方法较多,比较好的方法是将杆塔按结构分为若干层建立的多层传输线模型,便于用电磁暂态程序(如 EMTP、PSCAD)进行仿真,但是建模时所需的一些参数需要实验测量才能得到。目前这两种建模在进行计算时仅考虑了杆塔地上结构的影响,没有考虑接地类型以及强电流下土壤电离效应和高频趋肤效应的影响。

  Grecv 和 Rachidi 将杆塔分析模型进行了分类[11]。从理论上,可分为时域方法[8-9,12]

和频域方法[5,13-14]，也可以分为基于电路和传输线理论[13,15-17]、波导理论[18]和电磁场理论[10,12,14]等方法。从实验来分，可分为比例模型[3,6,16,19]及真型杆塔测试[6]。

4.1 输电电路杆塔的冲击阻抗

一般采用冲击阻抗来表征杆塔的雷电冲击特性。雷电流一定时，冲击阻抗值对塔顶电位起着决定性作用。降低杆塔冲击阻抗能降低塔顶电位，从而减少输电线路雷击故障。尽管冲击阻抗是电磁波教科书中一个已经被很好地定义了的量，但不同文献在进行杆塔的电磁暂态分析时，也采用了相同的名称来处理描述不同定义的量。

杆塔的时变冲击阻抗定义为[8]

$$z(t) = \frac{u(t)}{i(t)} \tag{4.1}$$

式中，$u(t)$ 为塔顶电压；$i(t)$ 为从塔顶注入的冲击电流。

另一种时变冲击阻抗定义为[9,14]

$$z(t) = \frac{u(t)}{\max[i(t)]} \tag{4.2}$$

通常将杆塔冲击阻抗定义为一个恒定值[10,12]：

$$Z_T = \frac{\max[u(t)]}{I} \tag{4.3}$$

式中，I 为塔顶电压达到最大值时对应的冲击电流值。

值得注意的是，在上述所有时域定义中，产生的冲击阻抗不仅取决于杆塔的几何结构和电气参数，还取决于注入的冲击电流[20]。

4.1.1 金属杆塔的冲击阻抗

仿真表明，杆塔的冲击阻抗 Z_T 变化 $\pm 10\%$ 时，线路的反击跳闸率相应变化 $\pm(10\sim 20)\%$[21]，其变化对超高压输电线路影响更大。为了获得更为准确的冲击阻抗计算公式，国内外学者对杆塔波阻抗进行了大量的实验和理论研究，得出了不同的计算方法。

杆塔冲击阻抗计算公式最早由 Jordan 于 1934 年提出[1]。基于诺埃曼感应公式，假定从塔底到塔顶的电流分布相同，同时忽略塔底反射波的影响，将杆塔近似为一个与杆塔同高、半径为杆塔平均半径的垂直圆柱体，电流在杆塔上运动的波速度假定为光速 c，从而推导出杆塔冲击阻抗的计算公式：

$$Z_T = 60\ln\frac{H_t}{r} + 90\frac{r}{H_t} - 60 \tag{4.4}$$

式中，Z_T 为杆塔冲击阻抗，单位为 Ω；H_t 为杆塔高，单位为 m；r 为杆塔半径，单位为 m。

Wagner 等采用电磁场理论推导得出波阻抗，计算仅考虑了由流入杆塔内部的电流产生的矢量电压，Z_T 表达式为[8]

$$Z_T = 60\ln\frac{\sqrt{2}ct_t}{r} \tag{4.5}$$

式中，t_t 为雷电波在杆塔中的传播时间，单位为 s。该式表明杆塔冲击阻抗随波在杆塔中的

传播而变化,波在塔顶时冲击阻抗最低,随着波从塔顶往下传播而增加。而日本原武久等通过实验将上式修正为[22]

$$Z_T = 60\ln\left(\frac{2ct_t}{r} - 2\right) \tag{4.6}$$

Sargent 和 Darveniza 将杆塔等效为圆锥模型,通过电磁场理论分析得出冲击阻抗计算式:

$$Z_T = 60\ln\left(\frac{\sqrt{2}}{\sin\theta}\right) = 60\ln\left(\frac{\sqrt{2}\sqrt{H_t^2 + r^2}}{r}\right) \tag{4.7}$$

式中,θ 为圆锥杆塔模型高与母线的夹角,单位为°;H_t 为圆锥杆塔高度,单位为 m;r 为圆锥杆塔模型半径,单位为 m。

IEEE 和 CIGRE 的工作组推荐的计算杆塔平均冲击阻抗的计算公式为[23-24]

$$Z_T = 60\ln\cot\left(0.5\arctan\frac{r_{eq}}{H_t}\right) - 60 \tag{4.8}$$

式中,r_{eq} 为杆塔的等效半径,单位为 m。

Menemenlis 和 Chun 提出的公式为[20]

$$Z_T = 50 + 35\sqrt{H_t} \tag{4.9}$$

Chisholm 提出了平均波阻抗的概念[18]:

$$Z_{Tav} = \frac{1}{H_t}\int_0^{H_t} Z_T(h)\,dh \tag{4.10}$$

若为圆柱塔,则

$$Z_{Tav} = 60\left(\ln\frac{\sqrt{2}H_t}{r} - 1\right) \tag{4.11}$$

不同类型杆塔的波阻抗不同。文献[25]通过实验研究和分析得到了表 4.1 所示的三种最常见杆塔类型的冲击阻抗计算公式。

表 4.1 三种不同型式杆塔的波阻抗[25]

杆塔类型	直立塔	酒杯塔	门型塔
图例			
冲击阻抗计算公式	$60\ln\left(\dfrac{\sqrt{2}\sqrt{H_t^2+r^2}}{r}\right)$	$60\left(\ln\dfrac{2\sqrt{2}H_t}{r}-1\right)$	$\dfrac{Z_1+Z_2}{2}$ $Z_1 = 60\ln\dfrac{H_t}{r} + 90\dfrac{r}{H_t} - 60$ $Z_2 = 60\ln\dfrac{H_t}{b} + 90\dfrac{b}{H_t} - 60$

为了进一步提高计算精度，Yamada 等将杆塔等效为圆锥和圆柱，推导得出的杆塔波阻抗计算式为[18]

$$Z_T = 60\ln\frac{H_t}{r_{eq}} - 60 \tag{4.12}$$

式中，r_{eq} 为杆塔的等效半径，$r_{eq} = (r_1 h_2 + r_2 H_t + r_3 h_1)/H_t$。其中，$r_1$ 为塔顶半径，单位为 m；r_2 为塔架中部半径，单位为 m；r_3 为塔基半径，单位为 m；h_1 为从杆塔底部到中部的高度，单位为 m；h_2 为从中部到顶部的高度，单位为 m；H_t 为杆塔的总高度（$h_1 + h_2$），单位为 m。

表 4.2 为 CIGRE C4.23 工作组推荐的用于雷电冲击特性计算的四种理想塔型的冲击阻抗 Z_T 估算公式[26]。式中 r 为杆塔半径，单位为 m；d 为塔腿间距，单位为 m；t_t 为雷电波经过杆塔的时间，单位为 s；c 为光速。分析表明，杆塔的冲击阻抗在 150~250Ω。

表 4.2 四种通用塔型的冲击阻抗及行波时间

圆柱型[18]	锥型[18]	腰型[23]	门型[27]
$Z_T = 60\left[\ln\left(\cot\frac{\theta}{2}\right) - 1\right]$	$Z_T = 60\left[\ln\left(\cot\frac{\theta}{2}\right)\right]$	$Z_T = 60\left[\ln\left(\cot\frac{\theta}{2}\right)\right]$	$Z_T = \dfrac{Z_1 Z_2}{Z_1 + Z_2}$
$\theta = \arctan\left(\dfrac{r}{H_t}\right)$		$\theta = \arctan\left(\dfrac{r_{av}}{H_t}\right)$	$Z_1 = 60\left[\ln\left(\sqrt{2}\dfrac{2H_t}{r}\right) - 1\right]$
		$r_{av} = \dfrac{r_1 h_2 + r_2 H_t + r_3 h_1}{H_t}$	$Z_2 = \dfrac{d\,60\ln\left(\dfrac{2H_t}{r}\right) + H_t Z_2}{H_t + d}$
	$t_t = \dfrac{H_t}{0.85c}$		$t_t = \dfrac{1}{cZ_T}\dfrac{H_t Z_1 (d + H_t) Z_2}{H_t Z_1 + (d + H_t) Z_2}$

半径为 r、高度为 h 的杆塔段的冲击阻抗为[28]

$$Z_T = 60\cosh^{-1}\left(\frac{h}{r}\right) \tag{4.13}$$

波在杆塔段上经过的时间 $t_t = h/c$。以上公式对于圆形塔都是适用的。对于箱型（或矩形）结构，可以采用其等值半径 r_{eq} 代入上式进行计算，式（4.12）对于垂直的或水平的杆塔段都有效。对于格状结构杆塔的等效半径，必须使两种形状的周长相等。如长和宽分别为 a 和 b 的杆塔的等值半径为

$$r_{eq} = \frac{a + b}{\pi} \tag{4.14}$$

对于由多根垂直导体构成的杆塔，Hara 提出的波阻抗计算公式为[29]

$$Z_{T,n} = 60\left(\ln\frac{2\sqrt{2}H_t}{r_{eq}} - 2\right) \tag{4.15}$$

式中 r_{eq} 为多导体系统的等值半径：

$$r_{eq} = \begin{cases} \sqrt{rd}, & n=2 \\ \sqrt[3]{rd^2}, & n=3 \\ \sqrt[4]{2^{0.5}rd^3}, & n=4 \end{cases}$$

式中，r 为单根导体的半径，d 为相邻导体间的距离。

以上模型计算得到的波阻抗会有一定的差异，图 4.1 所示为不同公式计算得到的垂直杆塔波阻抗的对比[30]。图 4.1 采用的四种模型在考虑塔脚阻抗的影响时都存在问题，Menemenlis-Chun 公式计算得到地面处 $h=0$ 对应的冲击阻抗为 50Ω。该值使模型对低于 15Ω 的接地阻抗不敏感。而 Wagner 公式会计算得到负阻抗，模拟中忽略了带有负值的部分。Jordan-Bailman 和 Sargent-Darveniza 公式在高度 $h=0$ 时分别计算得到阻抗值为 0 和 0.3466Ω，这导致反射系数接近 1，而与杆塔的接地阻抗无关。

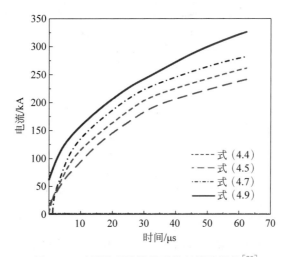

图 4.1 不同模型计算得到的杆塔波阻抗[30]

日本学者 Ishii 等在如图 4.2(a) 所示的杆塔上注入电流，并测量得到了塔顶的电压响应，如图 4.2(b)、图 4.2(c) 所示[31]。图 4.3 所示为采用不同波阻抗模型对图 4.2 的测试进行模拟得到的杆塔塔顶电压[30]。令人欣慰的是，这些简单公式的计算结果都相当接近实验波形。Menemenlis-Chun 公式得到的过电压最高，而 Sargent-Darveniza 公式的计算结果最低，但最接近实验值。这里应该指出的是，Menemenlis-Chun 公式是唯一一个不包括垂直导体半径的公式。

通常，如果注入电流的波头时间小于两倍波经过杆塔的时间，意味着从杆塔底部的反射波不会对塔顶电压的最大值产生影响，这时塔顶电压与杆塔的波阻抗成正比。图 4.2 的计算结果与这一致。

4.1.2 不同雷电作用方式时的杆塔冲击阻抗

雷击塔顶相当于雷电流垂直注入，而输电线路雷击在很多情况下是雷击避雷线后沿避雷线传播而水平作用在塔顶，杆塔的波阻抗与电流的注入方式有关[5]，这导致雷击塔顶时与雷电流沿避雷线水平注入塔顶时对应的杆塔波阻抗不同。Chisholm 认为杆塔的冲击响

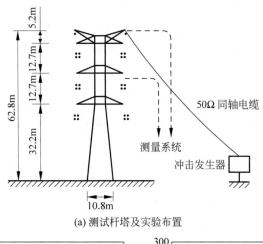

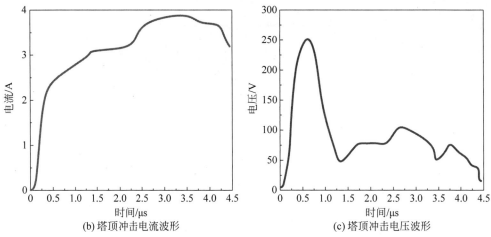

图 4.2　测量得到的 500kV 杆塔塔顶的冲击电流和冲击电压波形[31]

图(a)中冲击发生器与杆塔连接电缆长度为 300m

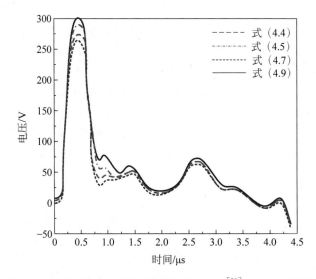

图 4.3　采用不同模型计算得到的塔顶电压[30]（见文前彩图）

应对于水平作用于塔顶的雷电波不同于垂直作用于塔顶的雷电波,而 Wanger 圆柱模型和 Sargent 的圆锥模型均为雷电垂直作用在塔顶时推导得到的,因此不能用于分析沿避雷线水平作用于塔顶的雷击情况。Motoyama 推导了水平和垂直雷击时冲击阻抗的复杂计算公式[12],计算得到垂直雷击时模型杆塔波阻抗为 151Ω,水平雷击时为 121Ω。以图 4.4 所示的日本同塔双回交流 1000kV 特高压杆塔为例,垂直注入时的平均波阻抗为 150Ω,水平注入时则为 135Ω[5]。

在以下四种不同雷电冲击施加方式下,对如图 4.5 所示的 500kV 同塔双回超高压线路杆塔的冲击阻抗进行了计算和实际测量[32]:

(1) 电流注入线保持水平并在 Y 轴的正方向上;
(2) 电流注入线与水平面成 30°角并在 YZ 平面的正方向上;
(3) 电流注入线保持垂直并在 Z 轴的正方向上;
(4) 电流注入线保持水平并在 X 轴的负方向上。

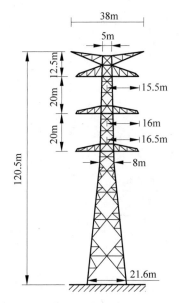
图 4.4 日本交流特高压线路杆塔结构[5]

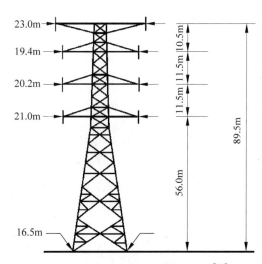
图 4.5 500kV 同塔双回线路杆塔[32]

采用 FDTD 法和测试得到的日本 500kV 超高压杆塔冲击阻抗结果如图 4.6 所示,得到的冲击阻抗见表 4.3。可以看出,不同注入方式下,杆塔的冲击阻抗相差很大。

对于沿避雷线水平作用于塔顶的雷击,Chisholm 基于圆锥天线理论提出采用倒圆锥模型来分析杆塔的冲击阻抗[16],得到:

$$Z_T = 60\ln\cos\frac{\theta}{2} = 60\ln\cos\left(0.5\arctan\frac{r}{H_t}\right) \quad (4.16)$$

式中,θ 为倒圆锥杆塔模型高与母线夹角,单位为°。

Chisholm 采用时域反射计测量了 500kV 双回路杆塔和 1:75 的比例模型杆塔的冲击阻抗和和波传播时间。实验结果验证了垂直雷击适用于圆柱和圆锥模型。但雷电水平作用和垂直作用存在差异:对于水平作用的雷电冲击,倒圆锥塔 Z_T 不变,而对于垂直作用的雷电冲击,圆柱和圆锥塔则在塔顶的阻抗高,塔底的阻抗低。倒圆锥塔模型得到的绝缘子电压高于

Sargent 的圆锥模型,雷电水平作用时的冲击阻抗约高 21Ω,波传播时间长 10%～30%,这两个因素导致了较高的跳闸率。

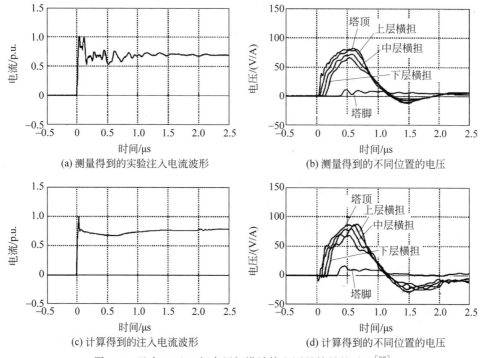

图 4.6　日本 500kV 超高压杆塔计算和测量结果的对比[32]

表 4.3　四种雷电注入方式时对应杆塔冲击阻抗[32]

位　置		冲击阻抗/Ω			
		塔顶	上横担	中横担	下横担
方式一	测量结果	128	120	106	95
	计算结果	130	129	118	101
方式二	测量结果	136	126	111	99
	计算结果	141	141	129	108
方式三	测量结果	—	—	—	—
	计算结果	167	163	150	127
方式四	测量结果	141	133	117	104
	计算结果	146	144	135	115

4.1.3　带接地引线的绝缘塔

由玻璃纤维增强聚合物(fiber reinforced polymer,FRP)或复合材料等绝缘材料制成的输电线路杆塔,杆塔的冲击阻抗由杆塔接地线决定。当传导雷电流时,该导线将处于全电晕状态,这将降低其冲击阻抗。这种影响可根据接地线电晕计算方法来建模[33]。电晕半径 r_c 由下列方程迭代确定:

$$r_c = \frac{U}{E_0 \ln \frac{2h}{r_c}} \qquad (4.17)$$

式中，U 为反击时线路闪络电压的估计值，可估计为线路绝缘的 50% 放电电压的 1.8 倍，单位为 kV；E_0 为电晕不会进一步扩展的极限电晕电场，单位为 kV/m，建议值为 1500kV/m；h 为接地导体高度，一般采用杆塔高度，单位为 m。

电晕半径的计算初始值通常取 0.01m。对于 145kV 及以下系统的绝缘支撑结构，大多数引下线位于干弧距离小于或等于 2m 的绝缘杆上，因此电晕半径的上限为 0.25m。接地线周围的电晕包络线将改变导线电容，但不会改变其电感，从而得出以下电晕冲击阻抗公式：

$$Z_c = 60\left(\sqrt{\ln\frac{2h}{r_c}\ln\frac{2h}{r}} - 1\right) \tag{4.18}$$

式中，r 为接地引下线的半径，单位为 m。

电晕还将延缓雷电波沿导线的传播速度，雷电波传播时间的保守估计为

$$t_t = \frac{H_t}{0.85c} \tag{4.19}$$

4.2 杆塔的等值电感模型

采用电磁计算方法对输电线路杆塔的雷电冲击响应进行分析，可以准确地获得三维结构杆塔的电磁暂态现象[34]，但这种方法计算复杂，不适用于一般的雷电性能研究。另外，基于电路的模型精确度不是很高，但更容易理解和使用。输电线路杆塔最常用的模型是集中参数模型，或采用电感、具有特定波阻抗或变波阻抗的传输线来表征，在 CIGRE 技术导则 TB63 中进行了总结[23]。

4.2.1 杆塔的电感模型

早期输电线路的杆塔高度一般小于 30m，在输电线路防雷计算中忽略杆塔上的波过程，用特定值的电感模拟杆塔。1950 年，AIEE 的技术报告将杆塔等效为特定参数的电感[35]。输电线路杆塔用于雷电暂态分析的最简单的模型就是用集总参数电感表示，可以采用下式来估算杆塔的电感[23]：

$$L_t = \frac{Z_T}{c}H_t \tag{4.20}$$

式中，Z_T 为杆塔的波阻抗；H_t 为杆塔高度；c 为光速。

《交流电气装置的过电压保护和绝缘配合》(DL/T 620—1997) 给出了不同结构杆塔的单位长度电感 L_t 值，见表 4.4[36]。

表 4.4 不同杆塔单位长度等值电感的参考值[36]

杆 塔 类 型		$L_t/(\mu H/m)$
钢筋混凝土	单杆（无拉线）	0.84
	单杆（有拉线）	0.42
	双杆（无拉线）	0.42
铁塔		0.50
门型铁塔		0.42

杆塔类型		$L_t/(\mu H/m)$
木杆	门型(2 引线)	0.84
	AH 型(4 引线)	0.60

电感模型简单、方便,并能用数学公式直接计算出输电线路反击耐雷水平,我国规程的防雷计算就采用此模型。但将杆塔视为等值电感,不能反映雷击塔顶时雷电流在杆塔上的传播过程及反射波对杆塔各节点电位及绝缘子串上电压随时间变化的过程。

4.2.2 拉线塔

很多杆塔采用金属绳或拉线来加固。拉线可降低杆塔的总电感,并且降低绝缘子串上的电压。对于典型的拉线坡度(3∶1),拉线之间的互耦可以忽略不计。一般采用表面积模型进行计算。以方型塔为例,4 根拉线呈 $45°$,拉线长度为 70.7m,拉线半径为 0.02m。拉线的冲击阻抗 Z_{guy} 和波在拉线上经过的时间 t_{guy} 分别为[23]

$$Z_{guy} = 60\ln\frac{2h}{r} - 60 = 451(\Omega)$$

$$t_{guy} = \sqrt{2}\,\frac{H_T}{c} = 235.7(ns)$$

则每根拉线的电感为

$$L_{guy} = Z_T t_{guy} = 106.3(\mu H)$$

杆塔的总电感为杆塔与 4 根拉线的并联电感,为 $13.5\mu H$。

4.2.3 塔底地平面的冲击效应

利用缩比模型、人工引雷及理论分析,对冲击波沿杆塔传播在塔底反射进行研究。结果表明,塔底的初始反射不是将接地装置采用集总电阻情况下的预测值[18,37]。在简化计算中,这种影响可以忽略不计。利用 FDTD、矩量法和电路理论计算的雷电反击情况下绝缘子电压的比较表明,如果忽略地的冲击响应可能会导致分析得到的绝缘子电压有较大误差。

可以将良好接地的杆塔的起始冲击响应近似为以杆塔高度为函数的电感,可采用下式估计[38]:

$$L_{GP} \approx 60t_t \ln\frac{t_f}{t_t} \tag{4.21}$$

式中,t_t 为波经过杆塔的时间,单位为 s;t_f 为雷电流的波前时间,单位为 s。

4.3 杆塔的多波阻抗模型

雷电流频谱从接近直流到几十兆赫兹,其波形可被视为大量(严格地说是无限)频率分量的叠加,每个频率分量具有特定的波长,速度为自由空间中的光速。如果雷击物体的高度相当于或大于其中一些波长,通常是与雷电回击波形的初始上升部分相关的最短波长,则物体的行为(在相应的频率下)是分布式电路,而不是集总电路。

采用单一的常数波阻抗来模拟杆塔是由于高杆塔的出现需要考虑雷电波从塔顶运动到塔基的时间。输电线路杆塔的行波特性可以采用一条常参数无损均匀传输线来模拟,传输线的特征参数可以采用表 4.1 给出的参数来描述,与其结构有关。

实际上,波阻抗是波沿水平导体传播的概念。水平导体单位长度的电感和电容都相同,因此全线的波阻抗都相同。而同一杆塔的不同部分粗细程度也不相同,导致分布电感和分布电容差异更大。波沿杆塔传播时,不同高度的杆塔部分由于分布电感和分布电容都不同,使沿杆塔不同位置的波阻抗都不相同,特别是对于特高压输电线路,杆塔高度很高,杆塔上、下波阻抗相差更大。因此,用一个固定的波阻抗来描述全杆塔的波过程显然是一种简单的等值。为了更准确地估计连接着杆塔不同位置的绝缘子上的电压,可以将杆塔分为几个串联元件,每个元件具有不同的冲击阻抗,以计算相导体高度处的电压,从而获得更精确的绝缘子上电压的估计值,即绝缘子连接点高度处杆塔上的电压减去绝缘子悬挂的相导线上的电压。

4.3.1 变波阻抗无损传输线模型

为了改善单一波阻抗模型带来的计算误差,可以进一步将杆塔分成若干段,根据每段的等效半径和高度计算每段的波阻抗,等效为分段的无损传输线,该方法称为变波阻抗模型[26],如图 4.7 所示。杆塔各段的波阻抗都可以采用式(4.13)计算。

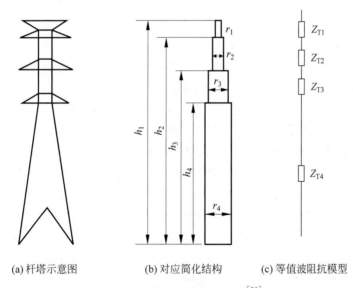

(a) 杆塔示意图　　　　(b) 对应简化结构　　　(c) 等值波阻抗模型

图 4.7　变阻抗的传输线模型[26]

如图 4.7 所示,在没有横担的情况下,冲击波沿没有横担的杆塔的传播时间实际上等于塔的高度除以光速。对于带有横担的杆塔,实验发现由于横臂增加了额外的平均路径长度,冲击波沿塔的传播速度大约会延缓到光速的 85%。可以在如图 4.7 所示的模型基础上,增加横担来进一步提高计算的精度。横担可以等效为具有特定冲击阻抗的短传输线[28],式(4.13)对于垂直的或水平的杆塔段都有效,因此可以用来计算横担的波阻抗。对于箱型横担,等效半径可以采用下式计算:

$$r_{eq} = \frac{a + 2b}{2\pi} \quad (4.22)$$

对于三角形锥型横担,等效半径 r_{eq} 为

$$r_{eq} = \frac{a+2b}{2\pi} \tag{4.23}$$

对于方型截面杆塔,其冲击阻抗可以处理为电容模型[39-40],其自电容为

$$C_T = \varepsilon_0 C_f \sqrt{4\pi S_T} \tag{4.24}$$

$$C_f = \frac{\sqrt{2k}}{\ln(4k)} \tag{4.25}$$

式中,k 为纵横比,为最大高度与最大宽度之比;S_T 为截面积,单位为 m^2。

当杆塔电容已知后,其冲击阻抗 Z_T 与波经过其时间 t_t 的关系为 $t_t = Z_T C_T$。对高 h_t 为 50m、截面边长 w 为 2.5m 的典型自立双回线路杆塔的冲击阻抗和电感可以计算得到:

$$k = h_t/w = 20, \quad A_T = 4 \times 50 \times 2.5 = 500(m^2), \quad C_f = 1.443,$$
$$C_T = 1.01nF, \quad t_t = 167ns, \quad Z_T = 165\Omega, \quad L_T = 27.5\mu H$$

在此例中,对于 $di/dt = 25kA/\mu s$ 的雷电流,在塔顶产生的电位为 690kV。大多数雷电特性模拟都假设塔顶电压沿杆塔线性降低到塔底电压。

4.3.2 多波阻抗无损传输线模型

为了进一步改善计算精度,很多学者通过杆塔的雷电冲击实验提出了多波阻抗模型。在实际线路或者杆塔上施加冲击电流,通过测量塔顶或塔身不同位置的对地电压计算冲击阻抗值。根据测量方法的不同,实验测量分为直接法和反射法。直接法指将模拟雷电流注入塔顶,通过分压器测得塔身某点和一端接地的测量线之间的电压来计算绝缘子串两端的电压,接地系统和土壤电阻率的影响已经直接包含在测量结果中[4-6,29-30,41]。通过直接法测量可以建立多层杆塔仿真模型[5-6]。反射法指将雷电流通过传输线注入塔顶,通过观察导线上的反射波来计算瞬态冲击阻抗以获得杆塔的冲击阻抗[2]。通过测量获得电流在塔身的传播速度为光速的70%～80%[41],但建模时一般认为雷电流在塔身的传播速度为光速。现场实验测量的优点是不需要复杂的电磁场理论分析,缺点是雷电流产生和传播的速度非常快,产生的瞬态电流、电压较高,对测量系统的要求较苛刻,而且测量的代价较大,重复性较差,在实际杆塔上开展实验研究的费用很高。因此有研究者采用缩比模型进行测量,但几何尺寸的缩小使得雷电波在模拟杆塔上的传播时间大大缩短,对测量要求更加苛刻,不容易获得精确的测量结果。

1990 年,日本学者 Hara 对单根垂直导体及其带横担的情况和多导体系统进行了大量实验,对获得的数据进行分析拟合,推导出杆塔冲击阻抗经验公式[4]。通过直接法测量出不同半径、不同高度及不同相邻导体间距下的导体冲击阻抗,拟合得到了冲击阻抗的解析表达式。测量原理如图4.8所示,用电压示波器测得顶部电压,用光电转换仪传送到地面。

多波阻抗模型将杆塔的塔身、支架和横担分别用无损传输线表示[4]。图4.9和图4.10所示分别为同塔双回直线塔和杯型塔对应的多波阻抗模型[42]。

第 k 层杆塔主体部分阻抗为[29]

$$Z_{Tk} = 60\left(\ln\frac{2\sqrt{2}h_k}{r_{ek}} - 2\right) \tag{4.26}$$

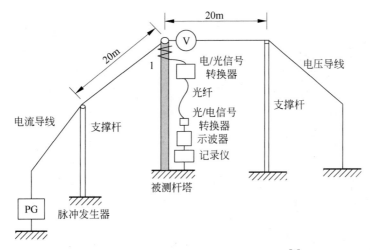

图 4.8　T.Hara 的杆塔冲击阻抗测量原理[4]

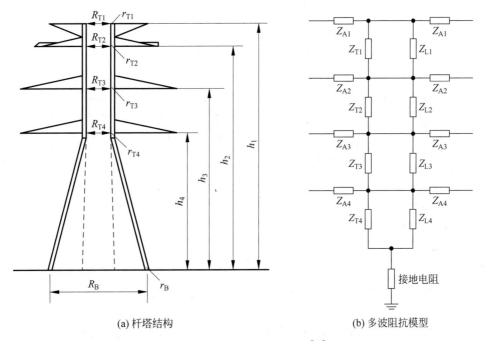

(a) 杆塔结构　　　　　(b) 多波阻抗模型

图 4.9　同塔双回直线塔模型[42]

式中,r_{ek} 为第 k 层杆塔等效半径,在单根均匀粗细导体时就是导体的半径 r,在如图 4.11 所示的类似杆塔塔身那样相同的四根圆台柱状导体组成的多导体系统时[29]:

$$r_{ek} = 2^{1/8}(r_{Tk}^{1/3} r_B^{2/3})^{1/4}(R_{Tk}^{1/3} R_B^{2/3})^{3/4} \tag{4.27}$$

式中,r_{Tk} 为杆塔间竖直支柱的半径;r_B 为杆塔底部支柱半径;R_{Tk} 为杆塔主体水平支柱间的距离;R_B 为杆塔底部支柱间的距离。

测量发现增加支架后多导体系统的波阻抗减小约 10%,因此每层支柱的波阻抗 Z_{Lk} 为该层杆塔主体波阻抗 Z_{Tk} 的 9 倍,即[29]

$$Z_{Lk} = 9Z_{Tk} \tag{4.28}$$

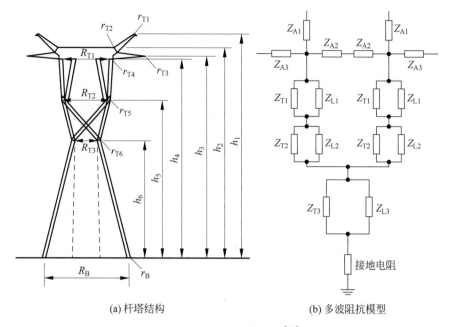

(a) 杆塔结构　　　　　　　(b) 多波阻抗模型

图 4.10　酒杯型杆塔模型[42]

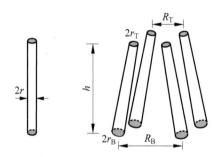

图 4.11　单根垂直导体和多导体系统[29]

横担的波阻抗 Z_{Ak} 为

$$Z_{Ak}=60\ln\frac{2h_k}{r_{Ak}} \tag{4.29}$$

式中,h_k 为杆塔主体的高度;r_{Ak} 为杆塔横担的等值半径,可取其与塔柱连接处截面半径的 1/2,或与塔柱连接处横担宽度的 1/4。

4.3.3　多层杆塔有损传输线模型

前面的模型都是基于无损传输线,而雷电流在实际杆塔传播过程中会发生衰减。图 4.12 所示为莫斯科 540m 高的奥斯坦基诺(Ostankino)塔顶部(533m 处)、中部(272m 处)和底部(47m 处)附近记录的向上负极性雷电的典型回击电流波形[43](该图源自俄文文献[44])。不同高度处电流波形的差异表明雷电沿高塔传播时存在明显的衰减特性,高塔具有分布式有损传输线特性。

日本学者 Sawada 等最先提出了多层杆塔有损传输线模型[6]。Ishii 等对多层杆塔模型进行了更为深入的研究[31],用无损线和 R-L 并联电路来表示杆塔被三层横臂分为四部分

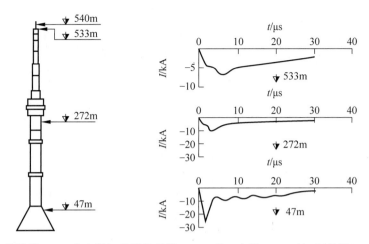

图 4.12 莫斯科 540m 高奥斯坦基诺塔顶部(533m 处)、中部(272m 处)和底部(47m 处)附近记录的向上负极性雷电的典型回击电流波形[43]

中的各个部分,如图 4.13 所示。电阻表征行波在杆塔中的衰减,并联电感则表征这种衰减随时间的变化。模型中的传输线波阻抗 Z_{T1}、Z_{T2}、Z_{T3}、Z_{T4},传播速度 v_t,衰减系数 γ 均由实际线路测量得到,每层电阻 R 和电感 L 由衰减系数计算得到。

模型各部分参数采用直接测量法,通过水平注入陡波前电流测量而得。各段杆塔的高度 h_1、h_2、h_3、h_4 分别为 5.2m、12.7m、12.7m、32.2m,杆塔底部边长为 10.8m。该模型取特高压杆塔测得的各部分波阻抗 $Z_{T1}=Z_{T2}=Z_{T3}=Z_{t1}=220\Omega$,$Z_{T4}=Z_{t2}=150\Omega$;$L/R=2t_t$,其中波在杆塔中的传播时间 $t_t=H_t/v_t$,传播速度 v_t 为光速;衰减系数 γ 为 0.8,阻尼系数 α 为 1。衰减电阻 R_1、R_2、R_3、R_4 分别为 8.32Ω、20.37Ω、20.37Ω、33.47Ω;衰减电感 L_1、L_2、L_3、L_4 分别为 3.49μH、8.53μH、8.53μH、14.01μH。其他研究计算得到的该杆塔对应的波阻抗及波速度分别为 170Ω 和 300m/μs[9]、115Ω 和 240m/μs[41]。

采用杆塔的冲击阻抗模型、变波阻抗模型及多层杆塔模型对特高压杆塔的雷电反击过电压分析的结果表明,多层杆塔模型计算得到的引起线路反击闪络的最小雷电流比其他两种模型小 20%,说明多层杆塔模型的计算结果偏于保守[31]。

如果去掉多层杆塔模型中的 R-L 并联电阻部分[45],只留下冲击阻抗,则几乎所有的反击都发生在上相和中相的正极性电压区域。这种趋势与实测结果一致,但反击在每相上发生的概率不均匀。

Yamada[6] 等同样采用直接测量法,通过

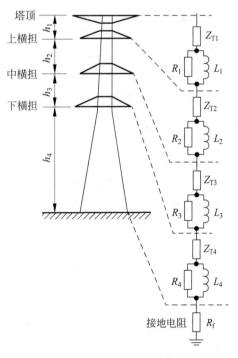

图 4.13 多层杆塔模型[31]

塔顶的脉冲发生器发射的斜角平顶波电流注入塔顶，得到了绝缘子串、横担、导线和塔基电压的雷电波响应特性。基于测量结果运用拉普拉斯变换计算了相对于 $1/70\mu s$ 的斜角平顶波电流的响应波形，并推导了每层电阻 R_i 和电感 L_i 的计算式：

$$R_i = -\frac{2Z_{t1}h_i \ln\sqrt{\gamma}}{h_1+h_2+h_3} \quad (i=1\sim 3) \tag{4.30}$$

$$R_4 = -2Z_{t2}\ln\sqrt{\gamma} \tag{4.31}$$

$$L_i = \alpha R_i \frac{2H_t}{v_t} \quad (i=1\sim 4) \tag{4.32}$$

式中，$H_t = h_1 + h_2 + h_3 + h_4$。对于日本的特高压杆塔，通过测量取杆塔模型参数为 $Z_{t1} = Z_{t2} = 120\Omega, \gamma = 0.7, \alpha = 1$。

4.3.4 非均匀传输线模型

为了考虑杆塔冲击阻抗的非均匀特性，Almeida 等将杆塔等效为有限差分传输线模型[46]。采用 Ishii 从 500kV 杆塔测量获得的杆塔上部冲击阻抗 220Ω、下部 150Ω，将杆塔分成 314 段，每段冲击阻抗之间的比值为 0.9988。用非均匀传输线来表征塔中行波的畸变。Oufi 得到了指数电源下波阻抗随杆塔上位置的变化函数[47]，用这种参数随空间变化的传输线来模拟杆塔可以获得电流和电压按指数变化情况下的频域解，但是用电磁暂态程序（electro-magnetic transient program，EMTP）分析起来比较困难。为了方便使用 EMTP 进行分析，将波阻抗变化的传输线用多层波阻抗为不同常数的传输线来模拟杆塔，波阻抗按下式计算[20]：

$$Z_c(x) = 50 + 35\sqrt{x} \tag{4.33}$$

式中，波阻抗的单位为 Ω；x 为地面到塔上某层之间的距离，计算得到的两个波阻抗取平均值作为该层的波阻抗值。分层数多的模型要比分层少的模型更加符合 s 域的解析推导结果。

4.4 频变传输线模型

前面定义的时域阻抗（式(4.1)~式(4.3)）直接与施加的激励源波形相关。

冲击阻抗的频域替代方法是谐波阻抗[6]，它不依赖于激励源，只依赖于塔和介质的几何和电磁特性。频域分析的一个基本要求是系统是线性的，这使得这种方法不适用于非线性现象的建模。众所周知，系统函数（如谐波阻抗）是冲激响应的傅里叶变换。由于脉冲函数具有恒定的频谱，可以简单地通过确定电压 $V(\omega)$ 作为对单位稳态时谐电流激励 $I(\omega) = 1A$ 的响应来评估谐波阻抗，频率范围高达瞬态研究所需的最高频率。

可以采用参数随频率变化的传输线来模拟塔中行波波形的畸变。Nagaoka 用 EMTP 建立了波阻抗为常数、传播常数随频率变化的均匀传输线模型[48]。Kato 使用了波阻抗和传播常数都随频率变化的模型，得到的阶跃电压激励下响应波头呈指数上升[49]。

根据傅里叶变换，上述定义中的塔顶电压 $v(t)$ 可以写作如下形式：

$$v(t) = \frac{1}{2\pi}\int_{-\infty}^{+\infty} V(\omega)e^{j\omega t}d\omega = \frac{1}{2\pi}\int_{-\infty}^{+\infty} Z(\omega)I(\omega)e^{j\omega t}d\omega \tag{4.34}$$

其中 $I(\omega)$ 为塔中流过的电流的频谱：

$$I(\omega) = \int_{-\infty}^{+\infty} i(t) e^{-j\omega t} dt$$

式(4.34)中的 $Z(\omega)$ 为注入单位冲击电流时每个频点对应的电压值，它只与杆塔的自身结构和材料有关，因此对于特定的杆塔，该值不随激励波形的形状和大小变化。

4.4.1 基于有理逼近的杆塔电路模型

通过测量可以获得雷电冲击波作用下杆塔的冲击阻抗特性。该阻抗呈现频变特性。对于具有频变特性的阻抗 $Z_T(\omega)$，可以采用网络综合的方法，选择一个线性网络使它具有 $Z_T(\omega)$ 的频率特性。如果能用有理分式表达这一特性，该等值网络就可以通过 R、L、C 元件来实现。实际计算时只可能知道 Z_T 在各个频率点的离散值，因此第一步需找出一个有理函数来拟合 $Z_T(\omega)$，该方法称为有理逼近。

有理逼近最常用的方法是矢量匹配法（vector fitting method，VFM）。矢量匹配法是 Bjorn Gustavsen 提出的一种稳定、有效的拟合方法[50-52]，采用一阶有理分式和的形式对频域函数进行逼近拟合，与其他拟合方法相比具有迭代次数少、求解速度快、算法稳定性好等优点，因此特别适用于电力系统中有关频变效应的建模。矢量匹配法用实数极点拟合平滑曲线，用复数极点拟合具有谐振性质的曲线，且不需要预估曲线的零点、极点。该方法是电路计算中频率响应特性拟合的常用方法，采用高阶有理函数在很宽的频率范围内对实测频率响应特性进行拟合。一般的拟合方法用于此问题会遇到数值问题，特别是在该频率响应有噪声的情况下问题更为严重。

采用矢量匹配法将杆塔的复频域冲击阻抗 $Z_T(s)$ 用如下有理函数形式进行拟合[53-56]：

$$Z_T(s) = \sum_{n=1}^{N} \frac{c_n}{s - a_n} + d + sh \tag{4.35}$$

式中，极点 a_n 及其对应留数 c_n 既可以是实数，也可以是共轭复数；d 和 h 为实数；N 为极点个数。

当得到杆塔阻抗的有理函数逼近式后，可以在有理逼近表达式的基础上进行电路建模，从而得到杆塔的电路模型。假设在左半平面有 K 对共轭复数极点：

$$\left.\begin{array}{l} a_{2n-1} = -p_{rn} + jp_{in} \\ a_{2n} = -p_{rn} - jp_{in} \end{array}\right\}, \quad n=1,2,\cdots,K \tag{4.36}$$

式中，p_{rn} 和 p_{in} 分别为共轭复数极点的实部和虚部，$p_{rn} > 0$，共轭复数极点对应的留数为

$$\left.\begin{array}{l} c_{2n-1} = -c_{rn} + jc_{in} \\ c_{2n} = -c_{rn} - jc_{in} \end{array}\right\}, \quad n=2K+1, 2K+2, \cdots, N \tag{4.37}$$

式中，c_{rn} 和 c_{in} 分别为留数的实部和虚部。

另外，设 $N-2K$ 个实数极点为 $a_n < 0, n = 2K+1, 2K+2, \cdots, N$，其对应的留数为 c_n，$n = 2K+1, 2K+2, \cdots, N$。

由以上分析可以得到：

$$Z_T(s) = \sum_{n=1}^{K} z_{1n}(s) + \sum_{n=2K+1}^{N} z_{2n}(s) + z_3(s) \tag{4.38}$$

其中，

$$z_{1n}(s) = \frac{2c_{rn}s + 2c_{rn}p_{rn} - 2p_{in}c_{in}}{s^2 + 2p_{rn} + p_{rn}^2 + p_{in}^2} \tag{4.39}$$

$$z_{2n}(s) = \frac{c_n}{s - a_n} \tag{4.40}$$

$$z_3(s) = d + sh \tag{4.41}$$

由式(4.38)可知,冲击阻抗由三部分组成,分别对每一部分函数建立等值电路模型。$z_{1n}(s)(n=1,2,\cdots,K)$写为[56]

$$z_{1n}(s) = \frac{s\dfrac{2c_{rn}}{p_{rn}^2 + p_{in}^2} + \dfrac{2(c_{rn}p_{rn} - p_{in}c_{in})}{p_{rn}^2 + p_{in}^2}}{s^2\dfrac{1}{p_{rn}^2 + p_{in}^2} + s\dfrac{2p_{rn}}{p_{rn}^2 + p_{in}^2} + 1} \tag{4.42}$$

可以改写为对应的电感、电容和电阻表达式[53]:

$$z_{1n}(s) = \frac{sL_{1n} + R_{1n}}{s^2 L_{1n}C_{1n} + sR_{1n}C_{1n} + 1} + \frac{sL_{2n}}{s^2 L_{2n}C_{2n} + sG_{2n}L_{2n} + 1} \tag{4.43}$$

其中,

$$R_{1n} = \frac{2(c_{rn}p_{rn} - p_{in}c_{in})}{p_{rn}^2 + p_{in}^2}, \quad G_{2n} = \frac{2p_{rn}^2}{c_{rn}p_{rn} + c_{in}p_{in}} \left(\text{或 } R_{2n} = \frac{1}{G_{2n}} = \frac{c_{rn}p_{rn} + c_{in}p_{in}}{2p_{rn}^2} \right)$$

$$L_{1n} = \frac{c_{rn}p_{rn} - p_{in}c_{in}}{(p_{rn}^2 + p_{in}^2)p_{rn}}, \quad L_{2n} = \frac{c_{rn}p_{rn} + p_{in}c_{in}}{(p_{rn}^2 + p_{in}^2)p_{rn}}$$

$$C_{1n} = \frac{p_{rn}}{c_{rn}p_{rn} - p_{in}c_{in}}, \quad C_{2n} = \frac{p_{rn}}{c_{rn}p_{rn} + p_{in}c_{in}}$$

根据式(4.38)可以建立对应的电路模型[53],如图 4.14 所示。

实数极点 $z_{2n}(s)(n=2K+1, 2K+2, \cdots, N)$ 可写为

$$z_{2n}(s) = \frac{1}{sC_n + G_n} \tag{4.44}$$

其中,

$$C_n = \frac{1}{c_n}, \quad G_n = -\frac{a_n}{c_n} \left(\text{或 } R_n = \frac{1}{G_n} = -\frac{c_n}{a_n} \right)$$

$z_{2n}(s)$ 对应的电路模型如图 4.15 所示。

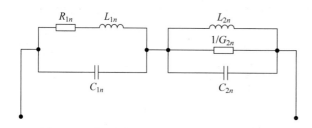 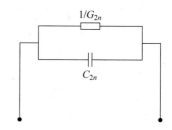

图 4.14　共轭复数极点 $z_{1n}(s)$ 对应的电路结构　　图 4.15　实数极点 $z_{2n}(s)$ 对应的电路结构

式(4.38)中 $z_3(s)$ 对应的电路模型如图 4.16 所示,其中 $R_3 = d, L_3 = h$。

当把 K 个 $z_{1n}(s)$ 对应的电路模型、$(N-2K)$ 个 $z_{2n}(s)$ 对应的电路模型和 $z_3(s)$ 对应的电路模型串联起来,就得到 $Z_T(s)$ 对应的电路模型,即对图 4.14、图 4.15、图 4.16 的输出函数求和[56],就可以得到杆塔冲击阻抗 $Z_T(s)$ 对应的等效电路模型,如图 4.17 所示。

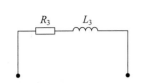
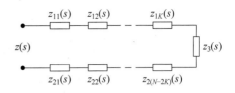

图 4.16　$z_3(s)$ 对应的电路结构　　　　图 4.17　杆塔冲击阻抗 $Z_T(s)$ 对应的电路模型[56]

利用电磁场数值计算方法求出的杆塔冲击阻抗是对应频点变化的离散值,利用矢量匹配法对其进行有理函数拟合,可以得到 s 域的解析表达式。对图 4.4 所示的日本交流特高压线路杆塔阻抗的频域特性进行拟合,得到的阻抗有理函数的极点和留数见表 4.5[56]。阻抗特性经过矢量匹配得到的有理函数为 4 阶,无实数极点,有 4 对共轭复数极点,其等效电路模型中的元件参数列于表 4.6[56]。

表 4.5　UHV 塔的阻抗有理函数的极点和留数[56]

编　号	阻抗函数极点/10^7	阻抗函数留数/10^8
1	$-0.000866+0.001708i$	$0.000252+0.000122i$
2	$-0.000866-0.001708i$	$0.000252-0.000122i$
3	$-0.051136+0.338409i$	$4.603675-0.532143i$
4	$-0.051136-0.338409i$	$4.603675+0.532143i$
5	$-0.083085+1.006738i$	$3.429420+0.288668i$
6	$-0.083085-1.006738i$	$3.429420-0.288668i$
7	$-0.312845+1.909216i$	$7.513970+8.280973i$
8	$-0.312845-1.909216i$	$7.513970-8.280973i$

表 4.6　UHV 塔等效电路基于共轭复数极点的元件参数[56]

k	R_k/Ω	$L_{1k}/\mu H$	$L_{2k}/\mu H$	$C_{1k}/\mu F$	$C_{2k}/\mu F$	G_k/mS
1	0.0498	2.8700	134.4559	949.2422	2027.35	351.3039
2	70.9434	69.3666	9.2380	0.00123	0.9241	9.4514
3	0.1113	0.6700	6.7886	0.1463	0.1443	2.3988
4	71.9184	11.4942	15.5092	0.000232	0.0172	1.0778

对我国 500kV 紧凑型线路杆塔阻抗频变特性进行分析,得到的阻抗有理函数的极点和留数见表 4.7[56]。其阻抗函数频域值采用矢量匹配法拟合成的有理函数为 4 阶,有 2 个实数极点,3 对共轭复数极点,其等效电路模型中基于共轭复数极点和实数极点的元件参数分别列于表 4.8 和表 4.9[56]。

表 4.7　紧凑型线路杆塔的阻抗有理函数的极点和留数[56]

编　号	阻抗函数极点/10^7	阻抗函数留数/10^8
1	-0.000616	0.000440
2	-0.033760	0.013174
3	$-0.080299+0.057905i$	$8.634844-1.086125i$
4	$-0.080299-0.057905i$	$8.634844+1.086125i$

续表

编 号	阻抗函数极点/10^7	阻抗函数留数/10^8
5	0.067425+0.994531i	0.157836+0.357150i
6	0.067425−0.994531i	0.157836−0.357150i
7	−0.306152+1.844390i	8.900131+7.643666i
8	−0.306152−1.844390i	8.900131−7.643666i

表 4.8 紧凑塔等效电路基于共轭复数极点的元件参数[56]

k	R_k/Ω	$L_{1k}/\mu H$	$L_{2k}/\mu H$	$C_{1k}/\mu F$	$C_{2k}/\mu F$	G_k/mS
1	75.8746	47.3325	31.9000	61.8745	91.8079	14.7169
2	7.6543	5.3487	57.0522	188.1115	17.6357	2.5237
3	62.5466	11.9040	165.4473	26.7384	1.9238	1.0100

表 4.9 紧凑塔基于实数极点的元件参数[56]

k	$C_k/\mu F$	G_k/mS
7	−370411.7	129.315
8	378.6	538.252

将表 4.8 和表 4.9 中的元件参数分别代入图 4.18,可以得到两个杆塔各自的等效电路模型[56],也用于电磁暂态计算软件进行线路仿真。

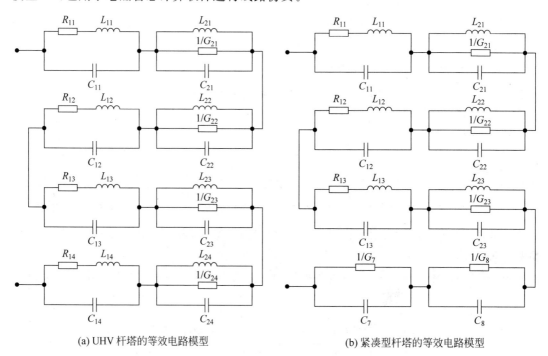

(a) UHV 杆塔的等效电路模型　　(b) 紧凑型杆塔的等效电路模型

图 4.18 杆塔的等效电路模型[56]

4.4.2 二端口网络模型

4.4.1 节介绍了如何由特定杆塔的频域特性建立杆塔阻抗电路模型,本节将在此基础上分析二端口杆塔电路模型建立过程[53]。建立杆塔 T 型二端口等效电路,如图 4.19 所示,其中节点 $1'$ 和 $2'$ 为塔脚接地端,节点 1 为雷击杆塔点,节点 2 为杆塔电位的待求点。利用杆塔频率特性采用矢量匹配方法,能够较容易求得点 2 对应的复频域内冲击阻抗函数 $\boldsymbol{Z}_{11}$ 和 $\boldsymbol{Z}_{22}$,以及点 1 和点 2 间的互冲击阻抗函数 $\boldsymbol{Z}_{12}$。分别将点 1 和大地、点 2 和大地作为 T 型等效电路模型的两个端口,则此二端口的开路阻抗矩阵 $\boldsymbol{Z}$ 可以表示为

$$\boldsymbol{Z} = \begin{bmatrix} \boldsymbol{Z}_{11} & \boldsymbol{Z}_{12} \\ \boldsymbol{Z}_{21} & \boldsymbol{Z}_{22} \end{bmatrix} \tag{4.45}$$

式中,$\boldsymbol{Z}_{12} = \boldsymbol{Z}_{21}$。

开路阻抗矩阵 $\boldsymbol{Z}$ 可以由 T 型二端口等效电路模型的各支路阻抗表示,即

$$\begin{cases} \boldsymbol{Z}_{11} = z_{11} + z_{12} \\ \boldsymbol{Z}_{22} = z_{22} + z_{12} \\ \boldsymbol{Z}_{12} = z_{12} \end{cases} \tag{4.46}$$

则各支路阻抗可以表示为

$$\begin{cases} z_{11} = \boldsymbol{Z}_{11} - \boldsymbol{Z}_{12} \\ z_{22} = \boldsymbol{Z}_{22} - \boldsymbol{Z}_{12} \\ z_{12} = \boldsymbol{Z}_{12} \end{cases} \tag{4.47}$$

由此即可求出图 4.19 所示二端口等效电路各支路阻抗 z_{11}、z_{12} 和 z_{22} 对应的电路模型。将其按照 T 型等效电路模型组合,即可得到杆塔二端口电路模型。值得注意的是,根据电网络理论可知,网络函数的极点是网络的固有频率。对于二端口电路模型,每个端口对应的有理函数的极点来自同一个网络,因此这几个函数的极点应该来自同一组极点。如果针对每个阻抗单独应用矢量匹配法进行有理函数逼近,求得的函数极点一般各不相同。因此需要形成二端口网络函数矩阵进行联合求解。同时,为了保证杆塔等效二端口网络的稳定性,需要保证二端口的无源性。

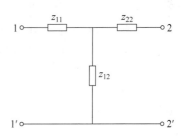

图 4.19 杆塔的二端口等效电路模型[53]

在冲击阻抗二端口等效电路模型的一端施加雷电冲击,即可求得另一端口的电位变化情况。由于建立了杆塔上任意两点对大地的二端口等效电路模型,可以根据以上步骤求得杆塔上任意点遭受雷击时,杆塔上任意部位的电位变化情况。以单回杆塔为例,对于雷击杆塔问题,一般需要求解 3 个绝缘子挂点处电压,以判断绝缘子是否击穿。应用上述杆塔二端口模型建模方法,可以以杆塔雷击点和三相导线对杆塔的可能放电点分别建立 3 个二端口网络进行求解,进而可以分别求解雷击后 3 个绝缘子悬挂点处过电压波形。

以如图 4.20 所示的 ZBC2 酒杯型杆塔为例,塔高 53.5m,横担距离地面高度为 48m。以右边避雷线在杆塔的悬挂点为 A 点,施加标准雷电波激励,通过仿真可得从 A 点对应的杆塔冲击阻抗值。建立 A 点到大地为等效支路的单端口频率特性等效电路。拟合阶数取 8 阶,求得此时频率特性拟合函数的极点和留数,可得 A 点到大地的支路等效电路模型,如图 4.21 所示[53]。

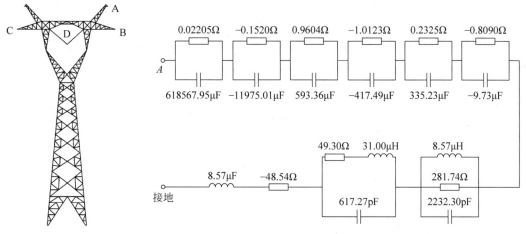

图 4.20　ZBC2 型杆塔　　　　图 4.21　ZBC2 杆塔等效支路电路模型[53]

4.5　准静态假设下复杂导体结构暂态的时域求解方法

除了等值的集中参数模型外,电磁场计算方法也用于多导体的传输线杆塔建模,如时域有限差分法、矩量法(method of moments,MoM)、部分单元等效电路(partial element equivalent circuit,PEEC)和混合电磁模型(hybrid electromagnetic model,HEM),这使得三维导体系统中的瞬态电流分布和由此产生的电磁场都能得到自洽的全波解[34,57]。

由电磁场理论可知,当研究对象与所考虑的电磁波波长相比较小时,可采用准静态假设(electro-magneto quasi-static,EMQS),源点和场点之间的时延可以忽略。对于雷电产生的电磁暂态,其能量绝大部分集中在 1MHz 以内。因此,对于空间尺度小于百米的输电线路的导体结构,可以应用准静态的方法进行分析。采用准静态假设后,格林函数及时域积分方程的形式将大为简化,导体结构可以采用 PEEC 模型求解[58]。PEEC 模型通过空间离散将抽象的积分方程表示为集总电路的形式。基于 PEEC 模型和准静态假设的方法多为频域分析[59-61],不适于直接仿真瞬态问题,且不易嵌入电路仿真器中求解。本节介绍一种改进的回路电流法[62],该方法是一种基于准静态假设的时域计算方法,将输电线路杆塔的复杂导体结构化为状态方程的形式,适于嵌入 PSCAD/EMTDC 中联合外电路求解。另外,本节方法采用导体电流和节点电荷作为状态变量,因此不存在电场积分方程(electric field integral equation,EFIE)的低频不稳定问题[63],适于求解低频能量较大的雷电瞬态过程。

4.5.1　准静态下复杂导体结构的时域 PEEC 模型

输电线路杆塔可以视为复杂导体结构。当土壤导电性较好时,可以假设大地为理想导体,地面的影响可以用镜像法进行处理。本节主要研究此类情况下复杂导体结构暂态过程的时域计算方法。准静态假设认为源点和场点之间没有时延,积分方程中的格林函数里不存在延迟因子,则矢量磁位和标量电位可以用以下积分方程计算:

$$\bm{A}(\bm{r}) = \frac{\mu}{4\pi} \int_{v'} G_A(\bm{r}, \bm{r}') \bm{J}(\bm{r}') \mathrm{d}v' \qquad (4.48)$$

$$\phi(\boldsymbol{r}) = \frac{1}{4\pi\varepsilon}\int_{v'} G_\phi(\boldsymbol{r},\boldsymbol{r}')\rho(\boldsymbol{r}')\mathrm{d}v' \tag{4.49}$$

式中,ε 为介电常数;$\boldsymbol{r}$ 为场点的位置向量;$\boldsymbol{r}'$ 为源点的位置向量;v' 为导体结构。式中 G_A 和 G_ϕ 分别为矢量磁位和标量电位对应的半空间格林函数,应用镜像法可得:

$$G_\phi(\boldsymbol{r},\boldsymbol{r}') = \frac{1}{|\boldsymbol{r}-\boldsymbol{r}'|} - \frac{1}{|\boldsymbol{r}-\boldsymbol{r}''|} \tag{4.50}$$

式中,$\boldsymbol{r}''$ 为源点 $\boldsymbol{r}'$ 关于地面的镜像。细导线处的电场值可以通过矢量磁位和标量电位的值得到:

$$\boldsymbol{E} = -\nabla\phi - s\boldsymbol{A} \tag{4.51}$$

式中,s 为 Laplace 算符。再由导体内电流和电场的本构关系可知:

$$\boldsymbol{E} = \frac{\boldsymbol{J}}{\sigma} \tag{4.52}$$

式中,σ 为导体结构的电导率。结合式(4.51)和式(4.52)可得:

$$\nabla\phi(\boldsymbol{r}) + s\boldsymbol{A}(\boldsymbol{r}) + \frac{\boldsymbol{J}(\boldsymbol{r})}{\sigma} = 0 \tag{4.53}$$

如图 4.22 所示,细线导体结构可以离散为细线段(filament),细线的表面可离散为面片(patch),每个节点对应的面片从节点位置延伸到与节点相连的导体段的中点处。以图 4.22 中的节点 n_i 为例,与之相连的面片为图中的粗线部分[64]。

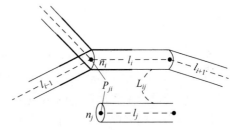

图 4.22 细线结构的离散[64]

经以上离散,式(4.53)和式(4.49)变为以下电路方程的形式:

$$\boldsymbol{V}_b = (s\boldsymbol{L}_b + \boldsymbol{R}_b)\boldsymbol{I}_b = \boldsymbol{Z}_b\boldsymbol{I}_b = \boldsymbol{T}\boldsymbol{\phi}_n \tag{4.54}$$

$$\boldsymbol{\phi}_n = \boldsymbol{P}\boldsymbol{Q} \tag{4.55}$$

式中,$\boldsymbol{V}_b$、$\boldsymbol{I}_b(N_b\times 1)$ 分别为支路电压向量和支路电流向量,N_b 为导体结构离散后细线段的数目;$\boldsymbol{R}_b(N_b\times N_b)$ 为支路电阻矩阵,它仅在对角线上存在非零元素;$\boldsymbol{L}_b(N_b\times N_b)$ 为部分电感矩阵;$\boldsymbol{T}$ 为细线结构拓扑图的关联矩阵;$\boldsymbol{Q}(N_n\times 1)$ 为与节点关联的表面电荷量,N_n 为导体结构离散后的节点数;$\boldsymbol{\phi}_n(N_n\times 1)$ 为节点的电位值;$\boldsymbol{P}(N_n\times N_n)$ 为电位系数矩阵。

部分电感矩阵 $\boldsymbol{L}_b$ 的对角线元素为自电感值,其他元素则为部分互电感值,矩阵元素的计算方法如下:

$$L_{b,ij} = \frac{\mu}{4\pi}\int_{l_i}\int_{l_j} G_A(\boldsymbol{r},\boldsymbol{r}')\mathrm{d}l_i\mathrm{d}l_j \tag{4.56}$$

因为式(4.53)中含有双重积分,直接应用数值方法计算非常耗时,可以采用文献[65]中给出的解析表达式计算导段的自电感和部分互电感。理想导体地面的影响通过在地面下放置镜像导体段来考虑。

由于电荷分布在导体表面,所以式(4.46)中的积分区域仅为细线结构的表面,因此电位系数矩阵的计算公式为

$$P_{ij} = \frac{1}{4\pi\varepsilon} \frac{1}{a_j} \int_{p_j} G_\phi(\mathbf{r}_i, \mathbf{r}_j) \mathrm{d}p_j \tag{4.57}$$

式中,ε 为介电常数;p_j 为与 j 个节点相关联的面片;a_j 为这些面片的总面积;$\mathbf{r}_i$ 为第 i 个节点的位置向量。可采用高斯数值积分计算上式。

分析可知,式(4.54)和式(4.55)分别为支路和节点之间的耦合。回路电流法适于在时域考虑支路耦合但不易考虑节点耦合,节点电压法则适于在时域考虑节点耦合但不易考虑支路耦合,任一方法都难兼顾二者。选择回路电流法为基本模型。为了能有效地考虑节点之间的电容耦合,可在地电位参考点和节点之间增加额外的虚拟支路,称此虚拟支路为容性支路(或径向支路),支路上的电流为流入与该节点相连面片上的位移电流总和。最终,建立起如图 4.23 所示的电路图,该电路中包含感性支路(或轴向支路)、容性支路和端口支路。采用 V_{bk} 和 I_{bk} 表示第 k 类支路上的电流和电压,用 N_{bk} 表示第 k 类支路的数目,一般来讲外端口数 N_{b3} 要比 N_{b1} 和 N_{b2} 小得多。

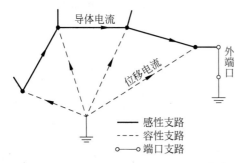

图 4.23 导体结构离散之后的拓扑图[64]

4.5.2 改进的回路电流法

一般来说,传统的回路电流法适合求解支路之间的电感耦合问题,而节点电压法适合求解节点之间的电容耦合问题。细线导体结构离散后的电路拓扑中既含有电容耦合又含有电感耦合。由于在频域中阻抗矩阵为 $\mathbf{Z}_b = \mathbf{R}_b + s\mathbf{L}_b$,而采用节点电压法需要计算 $\mathbf{Z}_b$ 的逆,这导致求解不得不在频域逐点进行,无法在时域方法中应用。

另外,节点电压法分析电容耦合问题需要应用电容矩阵,而电容矩阵是电位系数矩阵 $\mathbf{P}$ 的逆。采用改进的回路电流法分析此种电路可以有效地考虑电容和电感耦合,并且避免了求解阻抗矩阵 $\mathbf{Z}_b$ 和电位系数矩阵 $\mathbf{P}$ 的逆。另外,本方法的最终数学模型为状态方程的形式,适于在时域进行求解,并能结合模型降阶(model order reduction,MOR)方法进行快速求解。

用 $\mathbf{M}(N_m \times N_b)$ 代表电路拓扑的回路矩阵,其中 N_m 为回路数目。根据与每个回路相关联支路的类型,将 $\mathbf{M}$ 分解为三个子矩阵 $\mathbf{M}_1(N_m \times N_{b1})$,$\mathbf{M}_2(N_m \times N_{b2})$ 和 $\mathbf{M}_3(N_m \times N_{b3})$,具体分解方法如图 4.24 所示。

由基尔霍夫电压定律(Kirchhoff voltage laws,KVL)可知,回路的总电压为零:

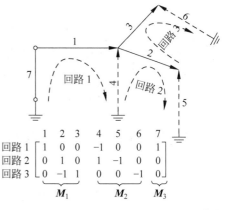

图 4.24 回路矩阵 $\mathbf{M}$ 与三个回路子矩阵[64]

$$\begin{bmatrix} \mathbf{M}_1 & \mathbf{M}_2 & \mathbf{M}_3 \end{bmatrix} \begin{bmatrix} \mathbf{V}_{b1} \\ \mathbf{V}_{b2} \\ \mathbf{V}_{b3} \end{bmatrix} = \mathbf{M}_1 \mathbf{V}_{b1} + \mathbf{M}_2 \mathbf{V}_{b2} + \mathbf{M}_3 \mathbf{V}_{b3} = 0 \tag{4.58}$$

由于 V_{b2} 为容性支路两端的电压，也就是节点与参考地之间的电压，因此 V_{b2} 也是节点电位：

$$V_{b2} = \boldsymbol{\phi}_n = PQ_n \tag{4.59}$$

支路电流则等于与支路相关的回路电流的代数和：

$$M_k^T I_m = I_{bk} \quad (k=1,2,3) \tag{4.60}$$

式中，$I_m(N_m \times 1)$，是回路电流值。对于感性支路，可从式(4.54)得到以下方程：

$$V_{b1} = (sL_{b1} + R_{b1})I_{b1} \tag{4.61}$$

将式(4.59)、式(4.60)和式(4.61)代入式(4.58)可得：

$$M_1 R_{b1} M_1^T I_m + s M_1 L_{b1} M_1^T I_m + M_2 PQ_n + M_3 V_{b3} = 0 \tag{4.62}$$

而容性支路的电流等于流入节点的电流，也就是节点电荷量对时间的导数，在 Laplace 域可以表示为

$$I_{b2} = M_2^T I_m = sQ_n \tag{4.63}$$

结合式(4.62)和式(4.63)并将其写为时域形式可得：

$$L\dot{x} = -Rx + EV_{b3} \tag{4.64}$$

$$I_{b3} = E^T x \tag{4.65}$$

式中，

$$L = \begin{bmatrix} M_1 L_{b1} M_1^T & 0 \\ 0 & -I \end{bmatrix}, \quad R = \begin{bmatrix} M_1 R_{b1} M_1^T & M_2 P \\ M_2^T & 0 \end{bmatrix}, \quad E = \begin{bmatrix} -M_3 \\ 0 \end{bmatrix}, \quad x = \begin{bmatrix} I_m \\ Q_n \end{bmatrix}$$

式中，$I(N_n \times N_n)$ 为单位矩阵，$x((N_m + N_n) \times 1)$ 为状态变量。

由于电荷量的量纲较大，所以 Q_n 中的元素远小于 I_m 中的元素。相应地，$M_2 P$ 的元素比矩阵 R 中的其他元素大许多，这使得矩阵 R 条件数较大，不利于数值求解。为此可将矩阵中与电荷 Q_n 相关的元素除以常数 η 以改善矩阵性态：

$$L = \begin{bmatrix} M_1 L_{b1} M_1^T & 0 \\ 0 & -I/\eta \end{bmatrix}, \quad R = \begin{bmatrix} M_1 R_{b1} M_1^T & M_2 P/\eta \\ M_2^T & 0 \end{bmatrix}, \quad x = \begin{bmatrix} I_m \\ \eta Q_n \end{bmatrix}$$

常数 η 的值取为矩阵 P 的 2 范数：

$$\eta = \| P \|_2 \tag{4.66}$$

状态方程(4.64)和方程(4.65)可以直接利用梯形积分法离散：

$$x^{n+1} = \left(L + \frac{\Delta t}{2}R\right)^{-1} \left[\left(L - \frac{\Delta t}{2}R\right)x^n + \frac{\Delta t}{2}E(V_{b3}^{n+1} + V_{b3}^n)\right] \tag{4.67}$$

$$I_{b3}^{n+1} = E^T x^{n+1} \tag{4.68}$$

整理以上两式可得：

$$I_{b3}^{n+1} = G_{eq} V_{b3}^{n+1} + I_{in}^{n+1} \tag{4.69}$$

式(4.69)中，

$$G_{eq} = \frac{\Delta t}{2} E^T \left(L + \frac{\Delta t}{2}R\right)^{-1} E \tag{4.70}$$

$$I_{in}^{n+1} = E^T \left(L + \frac{\Delta t}{2}R\right)^{-1} \left[\left(L - \frac{\Delta t}{2}R\right)x^n + \frac{\Delta t}{2}EV_{b3}^n\right] \tag{4.71}$$

$$x^{n+1} = \left(L + \frac{\Delta t}{2}R\right)^{-1} \left[\left(L - \frac{\Delta t}{2}R\right)x^n + \frac{\Delta t}{2}E(V_{b3}^{n+1} + V_{b3}^n)\right] \tag{4.72}$$

以上各式等效于一个多端口电路,其形式如图 4.25 所示。$G_{eq}(N_{b3} \times N_{b3})$ 为从出口看进去的等效导纳矩阵,$I_{in}^{n+1}(N_{b3} \times 1)$ 为可控电流源,其值在每个时步通过历史值进行更新。以上各方程的求解顺序为:

(1) 应用式(4.71)更新 I_{in};

(2) 求解方程(4.69)得到端口电流 I_{b3}^{n+1} 和电压 V_{b3}^{n+1},如果将以上多端口模型嵌入 PSCAD 中,则方程(4.69)会被纳入 EMTDC 整体线性方程组中自动求解;

(3) 应用式(4.72)更新状态变量 x^{n+1};

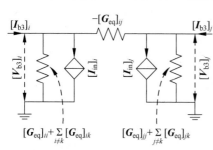

图 4.25 多端口模型示意图:以其中两个端口为例[62]

(4) 进入下一个时步计算。

可见,本方法只需计算一次矩阵的逆(式(4.70))。一旦得到 G_{eq} 的值,则每个时步只需进行几次矩阵-向量乘法的计算。相比而言,传统的频域方法则需要计算几十、上百个频点,每个频点需要求解一次矩阵的逆。另外,当研究的问题未知量数目很大时,求解系统矩阵的逆变得极其费时,且每个时步的矩阵-向量相乘也变得十分耗时,这时可以采用模型降阶的方法将状态方程(4.64)和方程(4.65)化为低阶的形式,下面将给出简要的介绍。

对于形如式(4.64)的状态方程,学者们提出了许多模型降阶的方法。本章推荐采用较成熟的互连线无源降阶宏模型算法(passive reduced-ordered interconnent macromodeling algorithm,PRIMA)[66]。应用 PRIMA 算法进行降阶计算的复杂度跟求解一次方程(4.64)的复杂度相同。降阶后的低阶模型可以表示为

$$\tilde{L}\tilde{x} = -\tilde{R}\tilde{x} + \tilde{E}V_{b3} \tag{4.73}$$

$$I_{b3} = -\tilde{E}^T\tilde{x} \tag{4.74}$$

式中 $\tilde{x}(q \times 1)$,q 是降阶之后方程的阶数,一般来讲,q 将远低于原方程阶数:

$$\tilde{L} = X^T L X, \quad \tilde{R} = X^T R X, \quad \tilde{E} = X^T E \tag{4.75}$$

式(4.75)中 X 为对 $-R^{-1}L$ 和 $-R^{-1}E$ 进行块状 Arnoldi 算法得到的块状 Krylov 子空间。显然低阶系统式(4.73)和式(4.74)可以通过本节前部分所述的方法求解。

另外值得注意的是,当矩阵 R_b 里的元素大小差异较大时,PRIMA 算法变得效率很低,因此需要保证矩阵 R_b 里的元素不应差别太大。如果细线导体上存在较大的集总参数阻抗,则应将其分担到数个导体段上。如果细线结构中存在的阻抗值非常大,则最有效的方法是将与阻抗相关的导体段设为端口,再在端口上接入所要考虑的阻抗。

4.5.3 方法验证

以一个缩尺杆塔结构为仿真对象[5],应用 NEC-2 计算其上的暂态电压和电流,并与他人的实验结果比较,验证 NEC-2 模型的正确性。NEC-2 是基于矩量法的频域计算软件,此软件可以分析自由空间和上半空间细线天线的散射问题,时域结果通过对频域结果做快速傅里叶反变换(inverse Fourier fast transform,IFFT)得到。本节将给出应用本节方法分析

此导体系统得到的计算结果,导体的结构如图 4.26 所示。计算中,导体上设置了 3 个外端口,一个与冲击源相连,一个与 10kΩ 电压测量电阻相连,一个与 0.1mΩ 的电流测量电阻相连。本章方法的计算结果与 NEC-2 的计算结果以及 Hara 等[4,29]的实验结果进行了比对,如图 4.27 所示。三种方法计算结果基本吻合,但本节方法得到的结果与 NEC-2 的计算结果之间存在很小的差别,这是由于本节计算模型没有考虑端口支路(一般为集总元件)与其他支路之间的电感耦合,而 NEC-2 则是通过在已有支路上添加集总元件考虑激励和负载,因此 NEC-2 中这些支路和其他支路之间是有电感耦合的。对于如图 4.28 所示的实验杆塔,真型塔实验结果与仿真结果的对比如图 4.29 所示,二者吻合较好。

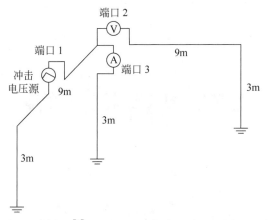

图 4.26　缩尺杆塔实验系统的结构[5](中间为缩尺杆塔,两侧分别为电流引线和电压测量引线)

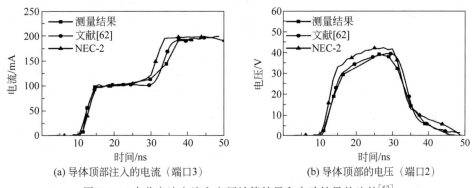

(a) 导体顶部注入的电流(端口3)　　(b) 导体顶部的电压(端口2)

图 4.27　本节方法电流和电压计算结果和实验结果的比较[62]

值得指出的是,在 NEC-2 中要求导体段的长度大于 $10^{-3}\lambda$(λ 是所分析频率对应的电磁波波长),否则计算结果将不准确。这是由于 NEC-2 的基本方程为电场积分方程,该方程存在低频不稳定问题。此种缺陷使得应用 NEC-2 分析低频率分量变得精度很低。对于雷电暂态问题,低频分量的能量较多,且对暂态的幅值和晚时波形都有较大的影响,因此应用 NEC-2 分析慢波头的雷击暂态可能会产生较大误差。本节方法引入了电荷作为状态变量,不存在低频不稳定问题,计算结果比 NEC-2 方法更贴近实验结果。

4.5.4　准静态模型与传输线方法以及全波方法的比较

计算雷击在导体结构上产生的电磁暂态时,需要对不同走向、拓扑复杂的细线导体结构

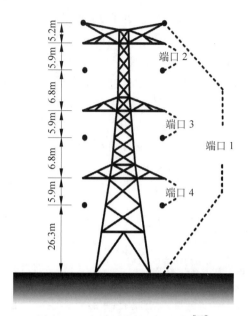

图 4.28 实验杆塔的二维结构[62]

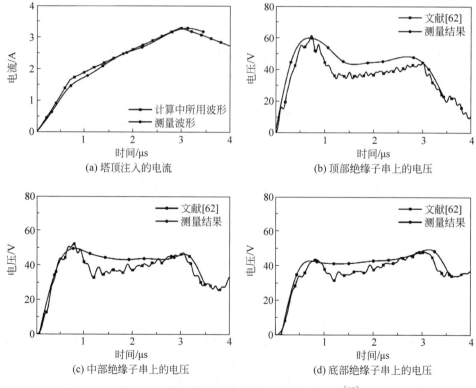

图 4.29 真型塔实验结果与仿真结果的对比[62]

建模。相应的计算模型大致可分为两类:基于传输线的模型和全波仿真模型。

基于传输线的模型假设细线结构周围的电磁场为横电磁波模式(transverse electromagnetic mode,TEM),即电场分量和磁场分量只有与传播方向(传输线走向)垂直的分量,任意走向的细线结构往往用非均匀传输线进行模拟,传输线的电感和电容由导体的距地高度决定。此类方法易于建模,且适于在电路仿真软件(例如 EMTP、PSCAD 等)中建模,主要缺点是采用了传输线的假设,使其很难考虑任意走向的导体之间的电磁耦合,因此用其计算拓扑复杂、走向任意的导体结构时,可能会产生较大的误差。

全波模型则是将细线结构视为天线,不对电磁场分布做任何假设,因此可以视为精确模型。最常用的一类全波计算方法是矩量法[67]。此方法首先在频域建立电场积分方程,然后应用矩量法进行离散得到易于求解的线性方程组。此类方法多在频域求解,如果需要计算瞬态问题,则需借助 IFFT。当瞬态过程是快波头、长响应的问题时,矩量法需要计算多个频点,因此在计算宽频带问题时非常耗时。本节方法考虑了任意两段导体之间的电磁耦合,所以精度上优于基于传输线的方法,然而,由于采用了准静态假设,所以精度上又不如基于 EFIE 的矩量法。从求解域来讲,本节方法为直接时域方法,适于仿真暂态问题,也适于嵌入电路仿真器 PSCAD/EMTDC 中联合外电路求解,所以在这方面优于频域矩量法。本节方法与传输线方法、矩量法的综合比较见表 4.10[62]。

表 4.10 本节方法与传输线方法、矩量法的综合比较[62]

方　法	基本方程	采用的假设	精　度	直接瞬态仿真	嵌入 EMTDC
传输线方法	电报方程	TEM 假设	低	适合	较易
频域矩量法	EFIE	无	高	不适合	较难
本节方法	PEEC、EMQS	EMQS 假设	适中	适合	适中

然而,当导体结构的尺度与电磁场对应的波长可比时,准静态假设不再成立,需要建立全波模型进行求解。时域全波模型较准静态模型要复杂得多,已有的方法仍存在不少问题,需要首先解决全波时域方法的几个主要问题来实现有损半空间内外导体结构的时域全波仿真[62]。

参考文献

[1] JORDAN C A. Lightning computations for transmission lines with overhead ground wires, Part Ⅰ [J]. General Electric Review, 1934, 34: 180-185.

[2] BREUER G D, SCHULTZ A J, SCHLOMANN R H, et al. Field studies of the surge response of a 345-kV transmission tower and ground wire[J]. Transactions of the American Institute of Electrical Engineers. Part Ⅲ: Power Apparatus and Systems, 1957, 76(3): 1392-1396.

[3] FISHER F A, ANDERSON J G, HAGENGUTH J H. Determination of lightning response of transmission lines by means or geometrical models[J]. Transactions of the American Institute of Electrical Engineers. Part Ⅲ: Power Apparatus and Systems, 1959, 78(4): 1725-1734.

[4] HARA T, YAMAMOTO O, HAYASHI M, et al. Empirical formulas of surge impedance for single and multiple vertical cylinder[J]. IEEJ Transactions on Power and Energy, 1990, 110(2): 129-137.

[5] ISHII M, BABA Y. Numerical electromagnetic field analysis of tower surge response[J]. IEEE Transactions on Power Delivery, 1997, 12(1): 483-488.

[6] YAMADA T, MOCHIZUKI A, SAWADA J, et al. Experimental evaluation of a UHV tower model for lightning surge analysis[J]. IEEE Transactions on Power Delivery, 1995, 10(1): 393-402.

[7] LUNDHOLM R, FINN R B, PRICE W S. Calculation of transmission line lightning voltage by field

concepts[J]. Transactions of the American Institute of Electrical Engineers. Part Ⅲ：Power Apparatus and Systems,1957,76(3)：1271-1281.

[8] WAGNER C F,HILEMAN A R. A new approach to the calculation of the lightning performance of transmission lines[J]. Transactions of the American Institute of Electrical Engineers. Part Ⅲ：Power Apparatus and Systems,1956,75(3)：1233-1256.

[9] SARGENT M A, DARVENIZA M. Tower surge impedance[J]. IEEE Transactions on Power Apparatus and Systems,1969,88(5)：680-687.

[10] OKUMURA K,KIJIMA A. A method for computing surge impedance of transmission line tower by electromagnetic field theory[J]. The transactions of the Institute of Electrical Engineers of Japan. B,1985,105(9)：733-740.

[11] GRECV L,RACHIDI F. On tower impedances for transient analysis[J]. IEEE Transactions on Power Delivery,2004,19(3)：1238-1244.

[12] MOTOYAMA H, MATSUBARA H. Analytical and experimental study on surge response of transmission tower[J]. IEEE Transactions on Power Delivery,2000,15(2)：812-819.

[13] AMETANI A,KASAI Y,SAWADA J,et al. Frequency-dependent impedance of vertical conductors and a multiconductor tower model[J]. IEE Proceedings-Generation, Transmission and Distribution,1994,141(4)：339-345.

[14] DAWALIBI F P,RUAN W,FORTIN S,et al. Computation of power line structure surge impedances using the electromagnetic field method[C]//Proceedings of IEEE/PES Transmission and Distribution Conference and Exposition,Atlanta,USA,2001.

[15] GUITERREZ R J A,MORENO P,NAREDO J L,et al. Non uniform line tower model for lightning transient studies[J]. IEEE Transactions on Power Delivery,2004,19(2)：490-496.

[16] CHISHOLM W A,CHOW Y L,SRIVASTAVA K D. Lightning surge response of transmission towers[J]. IEEE Transactions on Power Apparatus and Systems,1983 (9)：3232-3242.

[17] BARROS M, ALMEIDA M E. Computation of electromagnetic transients on nonuniform transmission lines[J]. IEEE Transactions on Power Delivery,1996,11(2)：1082-1091.

[18] CHISHOLM W A,JANISCHEWSKIJ W. Lightning surge response of ground electrodes[J]. IEEE Transactions on Power Delivery,1989,4(2)：1329-1337.

[19] BERMUDEZ J L,GUITERREZ J A,CHISHOLM W A,et al. A reduced-scale model to evaluate the response to tall towers hit by lightning[C]//Proceedings of International Symposium on Power Quality (SICEL),Bogota,Colombia,2001.

[20] MENEMENLIS C,CHUN Z T. Wave propagation on nonuniform lines[J]. IEEE Transactions on Power Apparatus and Systems,1982 (4)：833-839.

[21] 张志劲.500kV 同杆双回输电线路耐雷性能研究[D].重庆：重庆大学,2002.

[22] 牧原,曾楚英.杆塔波阻抗的研究[J].高电压技术,1992,18(2)：9-13.

[23] CIGRE TECHNICAL BROCHURE 63. Guide to procedures for estimating the lightning performance of transmission lines[R]. Paris：CIGRE,1991.

[24] WHITEHEAD J T,CHISHOLM W A,ANDERSON J G,et al. Estimating lightning performance of transmission line 2—updates to analytical models[J]. IEEE Transactions on Power Delivery,1993,8(3)：1254-1267.

[25] 解广润.电力系统过电压[M].北京：水利电力出版社,1985.

[26] TECHNICAL BROCHURE 839. Procedures for estimating the lightning performance of transmission lines-new aspects[R]. Paris：CIGRE,2021.

[27] IEEE PES Lightning Performance of Overhead Lines Working Group 15.09.08. IEEE FLASH v2.05 [CP/OL]. Software available at https://sourceforge.net/projects/ieeeflash/,2010.

[28] RAYMOND J. EPRI AC transmission line reference book-200kV and above (third edition)[M]. Palo Alto: Electric Power Research Institute,2005: 1011974.

[29] HARA T,YAMAMOTO O. Modeling of a transmission tower for lightning surge analysis[J]. IEE Proceedings-Generation,Transmission and Distribution,1996,143(3): 283-289.

[30] GUTIDRREZ J,MORENO P,GUARDADO L,et al. Comparison of transmission tower models for evaluating lightning performance[C]//Proceedings of IEEE Bologna Power Tech Conference, Bologna,Italy,2003.

[31] ISHII M,KAWAMURA T,KOUNO T,et al. Multistory transmission tower model for lightning surge analysis[J]. IEEE Transactions on Power Delivery,1991,6(3): 1327-1335.

[32] MOTOYAMA H,KINOSHITA Y,NONAKA K,et al. Experimental and analytical studies on lightning surge response of 500-kV transmission tower[J]. IEEE Transactions on Power Delivery, 2009,24(4): 2232-2239.

[33] ANDERSON G J. Transmission line reference book-345kV and above (second edition),chapter 12[M]. Palo Alto: Electric Power Research Institute,1982: EL-2500.

[34] CIGRE TECHNICAL BROCHURE 785. Electromagnetic computation methods for lightning surge studies with emphasis on the FDTD method[R]. Paris: CIGRE,2019.

[35] AIEE COMMITTEE REPORT. A method of estimating lightning performance of transmission line[J]. Transactions of the American Institute of Electrical Engineers. Part III,Power apparatus and systems,1950, 69(2): 1187-1196.

[36] DL/T 620—1997. 交流电气装置的过电压保护和绝缘配合[S]. 北京: 中国电力出版社,1997.

[37] BABA Y,RAKOV V A. On the interpretation of ground reflections observed in small-scale experiments Simulating lightning strikes to towers[J]. IEEE Transactions on Electromagnetic Compatibility,2005,47(3): 533-542.

[38] CHISHOLM W A,ANDERSON J G. Guide for transmission line grounding: A roadmap for design, testing,and remediation: Part I -theory book[M]. Palo Alto: Electric Power Research Institute, 2006: 1013594.

[39] CHISHOLM W A,CHOW Y L. Travel time of transmission towers[J]. IEEE Transactions on Power Apparatus and Systems,1985,104(10): 2922-2928.

[40] CHOW Y L,YOVANOVICH M M. The shape factor of the capacitance of a conductor[J]. Journal of Applied Physics,1982,53(12): 8470-8475.

[41] KAWAI M. Studies of the surge response on a transmission line tower[J]. IEEE Transactions on Power Apparatus and Systems,1964,83(1): 30-34.

[42] 张晓华. 输电线路杆塔精细建模及冲击特性的研究[D]. 北京: 华北电力大学,2014.

[43] RAKOV V. Transient response of a tall object to lightning[J]. IEEE Transactions on Electromagnetic Compatibility,2021,43(4): 654-661.

[44] GORIN B N,SHKILEV A V. Measurements of lightning currents at the Ostankino tower[J]. Electrichestrvo,1984,8: 64-65.

[45] ITO T,UEDA T. Lightning flashovers on 77-kV systems: observed voltage bias effects and analysis[J]. IEEE Transactions on Power Delivery,2003,18(2): 545-550.

[46] ALMEIDA M E,CORREIA D. Tower modelling for lightning surge analysis using electro-magnetic transients program[J]. IEE Proceedings-Generation,Transmission and Distribution,1994,141(6): 637-639.

[47] OUFI E A,ALFUHAID A S,SAIED M M. Transient analysis of lossless single-phase nonuniform transmission lines[J]. IEEE Transactions on Power Delivery,1994,9(3): 1694-1700.

[48] NAGAOKA N,AMETANI A. A development of a generalized frequency-domain program—FTP[J]. IEEE

transactions on power delivery,1988,3(4):1996-2004.

[49] KATO S,NARITA T,YAMADA T,et al. Simulation of electromagnetic field in lightning to tall tower[C]//Proceedings of the Eleventh International Symposium on High Voltage Engineering, London,UK,1999.

[50] GUSTAVSEN B,SEMLYEN A. Rational approximation of frequency domain responses by vector fitting[J]. IEEE Transactions on Power Delivery,1999,14(3):1052-1061.

[51] GUSTAVSEN B. Improving the pole relocating properties of vector fitting[J]. IEEE Transactions on Power Delivery,2006,21(3):1587-1592.

[52] DESCHRIJVER D,MROZOWSKI M,DHAENE T,et al. Macromodeling of multiport systems using a fast implementation of the vector fitting method[J]. IEEE Microwave and Wireless Components Letters,2008,18(6):383-385.

[53] 赵媛,李雨,邓春,等.输电线路杆塔雷电冲击阻抗及等效二端口电路模型分析[J].高电压技术, 2014,40(9):2911-2916.

[54] 巩学海.变电站电磁环境特征的研究[D].北京:清华大学,2008.

[55] 蒋焕文,孙续.电子测量[M].北京:中国计量出版社,1988.

[56] 李冰.输电线路杆塔遭受雷击时的瞬态特性分析[D].北京:华北电力大学,2005.

[57] CIGRE TECHNICAL BROCHURE 543. Guideline for numerical electromagnetic analysis method and its application to surge phenomena[R]. Paris:CIGRE,2013.

[58] RUEHLI A. Equivalent circuit models for three-dimensional multiconductor systems[J]. IEEE Transactions on Microwave Theory and Techniques,1974,22(3):216-221.

[59] ANTONINI G,CRISTINA S,ORLANDI A. PEEC modeling of lightning protection systems and coupling to coaxial cables[J]. IEEE Transactions on Electromagnetic Compatibility,1998,40(4): 481-491.

[60] 张波,崔翔,赵志斌,等.大型变电站接地网的频域分析方法[J].中国电机工程学报,2002,22(9): 59-63.

[61] 张波,崔翔,赵志斌,等.计及导体互感的复杂接地网的频域分析方法[J].中国电机工程学报,2003, 23(4):77-80.

[62] 王顺超.有损半空间内外复杂导体结构电磁暂态时域计算方法研究[D].北京:清华大学,2012.

[63] MAUTZ J,HARRINGTON R. An E-field solution for a conducting surface small or comparable to the wavelength[J]. IEEE Transactions on Antennas and Propagation,1984,32(4):330-339.

[64] WANG S C,HE J L,ZHANG B,et al. A time-domain multiport model of thin-wire system for lightning transient simulation[J]. IEEE Transactions on Electromagnetic Compatibility,2010,52(1): 128-135.

[65] GROVER F W. Inductance calculations[M]. New York:Van Nostrand,1946.

[66] ODABASIOGLU A, CELIK M, PILEGGI L. PRIMA: passive reduced-order interconnect macromodeling algorithm[J]. IEEE Transactions on Computer-Aided Design of Integrated Circuits and Systems,1998,17(8):645-6512.

[67] HARRINGTON R F. Field computation by moment methods[M]. New York:MacMillan,1986.

第 5 章
输电线路的雷电过电压

雷击输电线路时,当绝缘子两端的电位差超过绝缘子的放电电压时会导致绝缘子闪络,当导线对杆塔的电位差超过间隙的放电电压时会导致间隙击穿,从而导致变电站断路器跳闸或形成永久性短路接地故障。如果雷击与变电站相连的输电线路进线段,则雷击塔顶或避雷线造成线路闪络或雷电绕击导线,雷电将沿导线侵入变电站,有可能导致变电站设备的破坏。本章参考已出版的著作[1-2],主要介绍输电线路雷电过电压的形成及雷电电磁暂态传播的计算方法。

5.1 输电线路雷电过电压分类

如图 5.1 所示,1 为雷击塔顶,2 为雷电绕击导线,3 为雷击避雷线,4 为雷击线路附近。雷击对输电线路的危害可以用雷电过电压表示,其成因可分为两种:

(1)雷电直击过电压:雷电直接击中杆塔、避雷线或者导线引起的线路过电压,包括图 5.1 中的 1、2、3。

(2)雷电感应过电压:雷击线路附近大地或其他物体或线路,由于电磁感应在导线上产生的过电压,为图 5.1 中的 4。

感应过电压只对 35kV 及以下的线路有威胁,关于雷电感应过电压的分析详见本书作者的著作《配电线路雷电防护》[3]。雷电直击过电压是造成直流线路雷击故障的主要因素,根据雷击线路的不同部位可以分为两种:

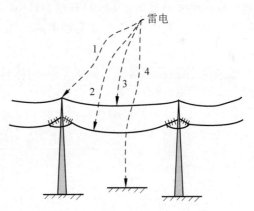

图 5.1 雷击输电线路部位示意图

(1)反击:雷击线路杆塔或者避雷线时,雷电流通过雷击点阻抗使该点对地电位升高。当雷击点与导线之间的电位差超过线路绝缘的冲击放电电压时,会对导线发生闪络,在导线上产生过电压。线路正常运行时,避雷线及杆塔接地,电位为零,而雷击杆塔或避雷线时,杆塔或者避雷线的电位高于导线(绝对值),故通常称为反击。

(2) 绕击：雷电绕过避雷线击于导线，直接在导线上引起过电压，当雷电流较大时会造成绝缘子闪络。绕击导致了避雷线的屏蔽失效，因此在英文中"绕击"的字面意思为"屏蔽失效"(shielding failure)。一般来说，绕击电流都比较小，较大电流的雷电先导会被从避雷线上产生的上行先导拦截而无法击于导线。

输电线路的防雷性能一般用耐雷水平来衡量，分为反击耐雷水平和绕击耐雷水平。反击耐雷水平为雷击塔顶或避雷线时输电线路能够耐受不导致线路闪络的最大雷电流幅值；绕击耐雷水平为雷击导线时输电线路能够耐受不导致线路闪络的最大雷电流幅值。

直流线路雷击机理和交流线路无异，但有某些独特性能。直流线路雷击闪络并建弧后，不存在断路器跳闸问题，定电流调节器使直流线路故障电流增大倍数远小于交流。在控制调节系统作用下，自动快速地完成降压、去能、灭弧、再起动等程序，消除故障，恢复送电。为了提高再起动成功率，可采用"多次自动再起动"或"降压再起动"。其间只要在线路去能后保证一段无压时间(0.2~0.5s)，让弧柱充分去游离而恢复其绝缘强度即可。

对于 500kV 及以上的交流线路和 ±500kV 及以上的直流线路，雷电反击造成的故障减少，但雷电绕击问题更为突出。

5.2 雷电沿线路的传播

雷击输电线路后以波过程的形式沿线路传播，并产生雷电过电压。在介绍雷电过电压的计算之前，先简单介绍波过程的基本理论[2]，进而获得雷击时的等效电路。

5.2.1 波的传播

如图 5.2 所示，无损传输线单位长度的电感 L_0 和电容 C_0 都是常量。假设线路首端到线路上某一点的距离为 x，可以将线路看成是由许多长度为 $\mathrm{d}x$ 的线路单元电路串联而成，每一线路单元具有电感 $L_0\mathrm{d}x$ 和电容 $C_0\mathrm{d}x$。电源 E 合闸于无损线，合闸后向电容充电，在导线周围建立起电场，靠近电源的电容立即充电，并向相邻的电容放电。由于线路电感的作用，较远处的电容要间隔一段时间才能充上一定数量的电荷，并向更远处的电容充电。电容依次充电，线路沿线逐渐建立起电场，形成电压，电压波以一定的速度沿线路传播。随着线路电容的充电，将有电流流过导线的电感，在导线周围建立起磁场。因此，和电压波相适应，还有一个电流波以同样的速度沿 x 方向流动。

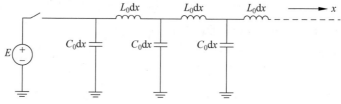

图 5.2 波在均匀无损线上的传播

电压波和电流波沿线路的流动，实际上就是电磁波沿线路的传播过程。传输线上的电压波 u 和电流波 i 不能随意变化，二者的关系由波阻抗 Z 来约束：

$$Z = \frac{u}{i} = \sqrt{\frac{L_0}{C_0}} \tag{5.1}$$

对于架空线路,波速度 v 为光速 c;而对于电缆线路,约为光速的一半。电压波和电流波的传播也伴随着能量的传播:

$$\frac{1}{2}(vL_0)i^2 = \frac{1}{2}(vC_0)u^2 \tag{5.2}$$

即导线周围在单位时间内获得的磁场能量与电场能量相等。这就是说,电流波和电压波沿导线的传播过程实际上就是电磁能量传播的过程。

如图 5.3 所示的单根均匀无损线,线路上的电压 $u(x,t)$ 和电流 $i(x,t)$ 都是距离和时间的函数。根据回路电压关系和节点电流关系可以得到:

$$\begin{cases} u = L_0 \mathrm{d}x \dfrac{\partial i}{\partial t} + u + \dfrac{\partial u}{\partial x} \mathrm{d}x \\ i = C_0 \mathrm{d}x \dfrac{\partial u}{\partial t} + i + \dfrac{\partial i}{\partial x} \mathrm{d}x \end{cases} \tag{5.3}$$

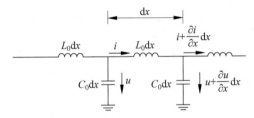

图 5.3 单根无损线的等值电路

将式(5.3)化简为一阶偏微分方程组:

$$\begin{cases} -\dfrac{\partial u}{\partial x} = L_0 \dfrac{\partial i}{\partial t} \\ -\dfrac{\partial i}{\partial x} = C_0 \dfrac{\partial u}{\partial t} \end{cases} \tag{5.4}$$

由式(5.4)可得对应的二阶微分方程:

$$\begin{cases} \dfrac{\partial^2 u}{\partial x^2} = L_0 C_0 \dfrac{\partial^2 u}{\partial t^2} = \dfrac{1}{v^2} \dfrac{\partial^2 u}{\partial t^2} \\ \dfrac{\partial^2 i}{\partial x^2} = L_0 C_0 \dfrac{\partial^2 i}{\partial t^2} = \dfrac{1}{v^2} \dfrac{\partial^2 i}{\partial t^2} \end{cases} \tag{5.5}$$

这就是单根无损传输线的波动方程,其所描述的线路暂态电压和电流不仅是时间 t 的函数,而且也是距离 x 的函数。电压波和电流波具有完全相同的形式,其解也应具有完全相同的形式。

采用运算微积求解上述波动方程,得到均匀无损单导线波动方程的解:

$$\begin{cases} u(x,t) = u_\mathrm{f}(x-vt) + u_\mathrm{b}(x+vt) \\ i(x,t) = i_\mathrm{f}(x-vt) + i_\mathrm{b}(x+vt) \end{cases} \tag{5.6}$$

可以采用行波的概念来分析波动方程解的物理意义。

如图 5.4 所示,对于电压波的分量 $u_\mathrm{f}(x-vt)$,若观察者由任一时间 t_1 开始,从任一点 x_1 出发,沿 x 方向以速度 v 运动,对于任何时刻及所处位置 x:

$$x - vt = [x_1 + v(t-t_1)] - vt = x_1 - vt_1 = 常数$$

因此 $u_f(x-vt)$ 值不变,即 t 增加,以速度 v 向 x 方向运动。同样电压波的另一分量 $u_b(x+vt)$ 值不变,t 增加,以速度 v 向 x 反方向运动。

式(5.10)简写为

$$u = u_f + u_b \tag{5.7}$$

$$i = i_f + i_b \tag{5.8}$$

电压波与电流波通过波阻抗 Z 相互联系。但不同极性的行波向不同方向传播。电压波符号取决于导线对地电容上相应电荷的符号,与运动方向无关;电流波符号不但与相应电荷有关,还与运动方向有关。根据习惯规定:沿 x 正方向运动的正电荷相应的电流波为正方向,则如图 5.5 所示,前行波 u_f 与 i_f 方向相同,反行波 u_b 与 i_b 总是异号:

$$u_f / i_f = Z \tag{5.9}$$

$$u_b / i_b = -Z \tag{5.10}$$

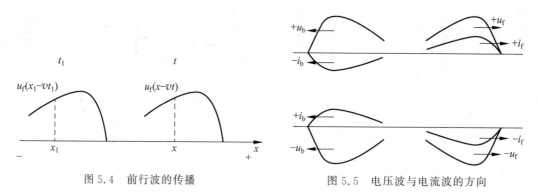

图 5.4　前行波的传播　　　　图 5.5　电压波与电流波的方向

式(5.8)可变为

$$i(x,t) = i_f + i_b = \frac{1}{Z}[u_f(x-vt) - u_b(x+vt)] \tag{5.11}$$

式(5.7)~式(5.10)是反映无损线波过程基本规律的四个基本方程,加上初始条件和边界条件,就可以计算出导线上的电压和电流。分布参数线路的波阻抗与集中参数电路的电阻虽然有相同的量纲,但在物理意义上有本质的不同。单根无损线波过程有以下特点:

(1) 波阻抗 Z 表示同一方向传播的电压波与电流波之间的比例大小;

(2) 不同方向的行波,Z 前面有正负号;

(3) 既有前行波,又有反行波,$u/i \neq Z$:

$$\frac{u}{i} = \frac{u_f + u_b}{i_f + i_b} = Z \frac{u_f + u_b}{u_f - u_b} \neq Z$$

(4) Z 只与单位长度的电感 L_0 和电容 C_0 有关,与线路的长度无关,导线结构及布置形式确定后,波阻抗也随之确定。

波在线路传播过程中会遇到线路参数突然改变的情况而导致波的折反射,如:

(1) 从电力系统的架空线进入波阻抗较小的电缆,或从电缆进入架空线路;

(2) 线路中间或末端有集中参数阻抗。

如图 5.6(a)所示,波阻抗为 Z_1 的线路 1 与波阻抗为 Z_2 的线路 2 在 A 点相连,幅值等

于 E 的无限长的直角波自无穷远沿线路 1 传来。当波到达节点 A 后即发生折射和反射。折射波通过节点 A 向线路 2 方向传播,反射波自节点 A 返回向线路 1 反方向传播。因此,线路 1 上除了前行波 u_{1f}、i_{1f} 外,将出现反行波 u_{1b}、i_{1b},总的电压、电流为

$$u_1 = u_{1f} + u_{1b}, \quad i_1 = i_{1f} + i_{1b} \tag{5.12}$$

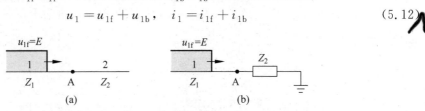

图 5.6 波的折反射

设线路 2 为无限长或其末端的反射波尚未返回,则线路 2 只有前行的折射波,没有反射波,因此

$$u_2 = u_{2f}, \quad i_2 = i_{2f} \tag{5.13}$$

根据边界条件,在节点 A 只能有一个电压和电流,即 $u_1 = u_2$,$i_1 = i_2$。通过求解可以得到:

$$u_{2f} = \frac{2Z_2}{Z_1 + Z_2} E = \alpha E, \quad u_{1b} = \frac{Z_2 - Z_1}{Z_1 + Z_2} E = \beta E \tag{5.14}$$

式中,u_{2f} 为入射波 u_{1f} 经过节点 A 后进入线路 2 的折射波;u_{1b} 为节点 A 返回线路 1 的反射波;α 和 β 分别为电压波的反射系数和折射系数。根据式(5.14)有

$$\alpha = \frac{2Z_2}{Z_1 + Z_2}, \quad \beta = \frac{Z_2 - Z_1}{Z_1 + Z_2} \tag{5.15}$$

折射系数与反射系数的关系为

$$\alpha = 1 + \beta \tag{5.16}$$

以上介绍的波的折、反射系数虽是根据两段不同波阻抗的线路推导而来,但也适用于末端接有不同负载电阻的情形。如果线路末端开路,相当于 $Z_2 = \infty$,则计算得到折射系数 $\alpha = 2$,反射系数 $\beta = 1$。这时线路末端 $u_2 = u_{2f} = 2E$,反射波电压 $u_{1b} = E$,线路末端电流 $i_2 = 0$。则反射波电流为

$$i_{1b} = -\frac{u_{1b}}{Z_1} = -\frac{E}{Z_1} \tag{5.17}$$

如图 5.7 所示,随着反射波反行,在反射波到达以后的线路上,线路电压上升到 2 倍,线路电流下降到 0。

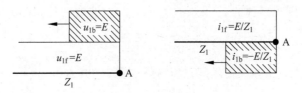

图 5.7 线路末端开路时的折、反射

如果线路末端短路,相当于 $Z_2 = 0$,则计算得到折射系数 $\alpha = 0$,反射系数 $\beta = -1$。这时线路末端 $u_2 = u_{2f} = 0$,反射波电压 $u_{1b} = -E$。线路末端的电流 $u_2 = 0$,则反射波电流为

$$i_{1b} = -\frac{u_{1b}}{Z_1} = -\frac{E}{Z_1} = i_{1f} \tag{5.18}$$

反射波到达范围内,线路上的总电压为 $u_1 = u_{1f} + u_{1b} = 0$,总电流为 $i_1 = i_{1f} + i_{1b} = 2E/Z_1 = 2i_{1f}$。如图 5.8 所示,线路末段发生短路时,发生电压波负的全反射和电流波正的全反射,结果使线路末端电压下降到 0,电流上升到 2 倍,并逐步向首端发展。

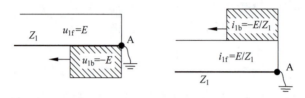

图 5.8　线路末端短路时的折、反射

基于前行波、反行波的关系,可分别得到以下两个行波特征方程:

$$u(x,t) + Zi(x,t) = 2u_f(x - vt) \tag{5.19}$$

$$u(x,t) - Zi(x,t) = 2u_b(x + vt) \tag{5.20}$$

式(5.19)和式(5.20)分别为前行波和反行波的特征线方程,如图 5.9 所示。前行波特征线在 u-i 坐标平面上是斜率为 $-Z$ 的直线。特征线的位置需由边界条件和起始条件来决定,一般可由观察者在线路始端所观察到的 $2u_f(x-vt)$ 决定。每一种情况表现在特征线上只有一个固定的点,不随时间变化。若有什么原因,例如线路上遇到反行波,使 $u(x,t)$ 或 $i(x,t)$ 发生变化,则 u、i 的变化将沿着特征线进行。

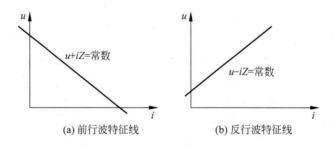

(a) 前行波特征线　　(b) 反行波特征线

图 5.9　前行波和反行波特征线

对于前行波特征线方程,若取 $x-vt=$ 常数,则 $u_f(x-vt)=$ 常数,因此式(5.19)为常数。因为线路无损,所以波沿线路传播时没有衰减和变形,当观察者以速度 v 沿 x 方向与前行波一起运动时,则观察到的 $u+iZ$ 的大小为前行波的两倍,保持不变。该结论从线路首端($x=0$)到末端($x=l$)都成立。可见 $u(x,t)+Zi(x,t)$ 作为一个整体也具有前行波的特性。

同样可描述反行特性方程式(5.20)的物理意义:若观察者沿 x 的反方向以同一速度 v 运动,则他在线路上任意一点 x 于 t 时刻所观察到的 $u(x,t)-Zi(x,t)$ 的值始终不变,等于两倍反行电压波的值 $2u_b(x+vt)$。反行特征线的位置也需要由边界条件和起始条件来决定,一般可由线路末端的 $2u_b(x,t)$ 决定。

5.2.2 雷击输电线路的等值电路模型

为了简化波过程的计算，可采用集总参数等效电路来计算波在节点的折、反射。如图 5.10 所示，任意波形的电压前行波沿无限长线路到达节点 A 时产生折反射，Z_2 可以是任意的集总参数阻抗，也可以是另一条无穷长线路的波阻抗，在 A 点的边界条件为

$$u_{1f}(t)+u_{1b}(t)=u_2(t), \quad i_{1f}(t)+i_{1b}(t)=i_2(t) \tag{5.21}$$

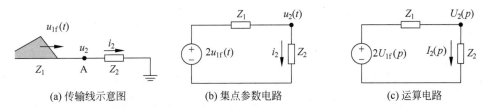

图 5.10 电源为电压源的传输线集总参数等值电路

将 $i_{1f}(t)=u_{1f}(t)/Z$，$i_{1b}(t)=-u_{1b}(t)/Z$ 代入式(5.21)有

$$2u_{1f}(t)=u_2(t)+Z_1 i_2(t) \tag{5.22}$$

式(5.22)可表示为图 5.10(b)所示的集总参数电路：线路波阻抗 Z_1 用数值相等的集总参数电阻来代替，线路入射电压波的两倍作为等值电压源。这就是折射波 $u_2(t)$ 的等值电路法则，也称彼德逊法则。利用这一法则就可以将分布参数电路波过程中的许多问题简化为集总参数电路的暂态计算。电压波可以是任意波形，节点上的阻抗也可以是任意阻抗，包括由电阻、电感、电容等组成的复合阻抗，阻抗 Z_2 写成运算微积形式 $Z_2(p)$，因此可以采用图 5.10(c)所示的运算电路。如果为电流源，如雷电流，则采用图 5.11 所示的电流源等值电路较方便。

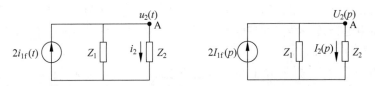

图 5.11 电源为电流源的传输线集总参数等值电路

前述计算折射波的等值电路的适用范围：入射波必须沿分布参数线路传播而来，和节点相连的线路必须无穷长。如果 Z_1 和 Z_2 是有限长线路的波阻抗，则只适用于线路端部的反射波尚未返回节点的时间内。

图 5.12 所示为下行负闪电的简化雷电主放电计算[1]。发生主放电时，图 5.12 中的开关 S 突然闭合，主放电过程可看作沿波阻抗为 Z_0 的无限长的雷电通道自天空向地面传导的前行电压波 u_0 和前行电流波 i_0（$u_0=i_0 Z_0$）。图中 Z 是被击中物体与大地（零电位）之间的阻抗，σ 是先导放电通道中的电荷线密度。开关闭合前相当于先导放电阶段，由于它发展速度相对较低，可以忽略地面上感应电荷的移动速度，故认为 A 点仍保持零电位，如图 5.12(a)所示。S 突然闭合，相当于主放电开始，大量正、负电荷沿先导通道逆向运动，如图 5.12(b)所示，并使来自雷云的负电荷中和。这表现为有幅值甚高的主放电电流（雷电流）i 通过阻抗 Z，此时 A 点的电位也突然上升到 $u=iZ$，如图 5.12(c)所示。显然，电流 i 的大小与先导通道的电荷密度以及主放电的发展速度有关，且受阻抗 Z 的影响。先导通道

的电荷密度很难测定,主放电的发展速度也只能根据高速摄影来确定,唯一容易测知的是主放电开始以后流过阻抗 Z 的电流 i。电流 i 及其引起的 A 点电位升高 iZ,是我们最为关心的参数。

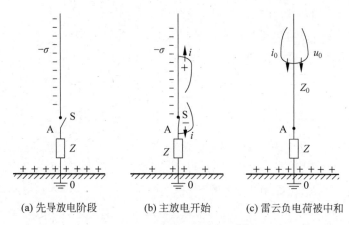

(a) 先导放电阶段　　　(b) 主放电开始　　　(c) 雷云负电荷被中和

图 5.12　主放电计算模型[1]

采用彼德逊法则将下行负闪电主放电等效为戴维南电路,如图 5.13 所示为计算等效电路,通过被击电路的电流为

$$i = 2i_0 \frac{Z_0}{Z_0 + Z} \tag{5.23}$$

在被击物体上产生的电位为

$$u = iZ \tag{5.24}$$

如果 $Z = Z_0$,则 $i = i_0$,这一般是不可能的。如果 $Z \ll Z_0$,则 $i \approx 2i_0$,Z 小于 30Ω 即可。国际上习惯将雷击低接地阻抗物体时流过该物体的电流定义为雷电流,可以看出,定义中的雷电流是沿雷电通道传播而来的雷电流的两倍。应当注意的是,在防雷计算时,如果施加雷电流为 i,则图 5.13 中的 $2i_0 = i$,而不是 $2i$。

雷电通道等值波阻抗 Z_0 在不同的雷电流幅值 I_m 下宜区别对待,Z_0 随雷电流幅值变化的规律可按照图 5.14 确定[4]。

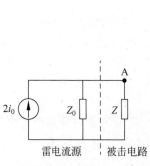
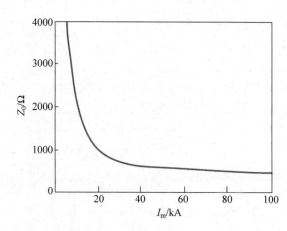

图 5.13　下行负闪电主放电计算等效电路　　图 5.14　雷电流通道波阻抗和雷电流幅值的关系[4]

5.3 雷击杆塔的反击过电压

5.3.1 雷击塔顶

如图 5.15(a)所示[1],在雷击塔顶的先导放电阶段,导线、避雷线和杆塔上虽然都会感应出异号的束缚电荷,但由于先导放电发展速度较慢,如果不计工作电压,导线上的电位仍为零,避雷线和杆塔的电位也为零。在主放电阶段,先导通道中的负电荷与杆塔、避雷线以及大地中的正电荷迅速中和,形成雷电冲击电流。此时如图 5.15(b)所示[1],负极性的雷电冲击波沿杆塔向下和沿避雷线向两侧传播,使塔顶电位不断升高,并通过电磁耦合使导线电位发生变化,同时由塔顶向雷云迅速发展的正极性雷电波,引起空间电磁场的迅速变化,又使导线上出现正极性的感应雷电波。作用在线路绝缘子串上的电压为塔顶电位与导线电位之差。这一电压一旦超过绝缘子串的冲击放电电压,绝缘子串就会发生闪络。

1. 塔顶电位

对于一般高度的杆塔,在工程中近似采用图 5.16 所示的集中参数等值电路[1]。图中 L_t 为杆塔等值电感,R 为塔角接地装置的冲击接地电阻,i_t 为经杆塔入地的电流;未考虑相邻杆塔及其接地电阻的影响。L_s 为杆塔两侧一档避雷线并联的电感,i_s 为流过 L_s 的电流。当绝缘子串闪络后,还要考虑两侧导线的分流作用,如图中虚线所示,其中 Z_c 为每侧导线的等值波阻抗。由于避雷线等的旁路作用,只有部分雷电流经杆塔入地。将杆塔电流表示为 $i_t=\beta i$,β 称为杆塔分流系数,即杆塔电流与雷电流之比。

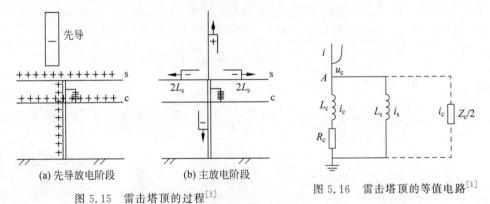

图 5.15 雷击塔顶的过程[1]　　图 5.16 雷击塔顶的等值电路[1]

设雷电流可表示为三角波。其幅值为 I_m,波头时间为 τ_f,波头陡度为 a,波尾陡度为 $-a$。在波头部分,雷电流可表示为 $i=at$,塔顶电位为

$$u_t = R_i i_t + L_t \frac{di_t}{dt} = \beta\left(R_i i + L_t \frac{di}{dt}\right) \tag{5.25}$$

根据以上等值电路,绝缘子闪络前的杆塔分流系数 β 为

$$\beta = \frac{1}{1+\dfrac{L_t}{L_s}+\dfrac{R_t}{L_s}t} \tag{5.26}$$

β值与陡度 a 无关,但随时间而变化。绝缘子闪络后,杆塔分流系数 β 为

$$\beta = \frac{1}{1 + \frac{L_t}{L_s} + \frac{R_t}{L_s}t + \frac{2L_t}{Z_c t} + \frac{2R_i}{Z_c}} \tag{5.27}$$

式中,Z_c 为导线波阻抗。

在波尾部分,雷电流可以看作在斜角波电流 at 基础上,再叠加一个斜角波 $-a'(t-\tau_f)$,a' 为后者的陡度。在 $-a'(t-\tau_f)$ 分量下的分流系数为

$$\beta' = \frac{1}{1 + \frac{L_t}{L_s} + \frac{R_t(t-\tau_f)}{L_s} + \frac{2L_t}{Z_c(t-\tau_f)} + \frac{2R_i}{Z_c}} \quad (t \geqslant \tau_f) \tag{5.28}$$

波尾部分的杆塔分流系数 β_t 则可由 $i_t = \beta_t[at - a'(t-\tau_f)] = \beta at - \beta a'(t-\tau_f)$ 得到:

$$\beta_t = \frac{\beta at - \beta a'(t-\tau_f)}{at - a'(t-\tau_f)} \tag{5.29}$$

对于单避雷线和双避雷器的 110kV 线路,杆塔分流系数分别为 0.9 和 0.86。对于单避雷线和双避雷器的 220kV 线路,杆塔分流系数分别为 0.92 和 0.88。对于双避雷器的 500kV 输电线路,杆塔分流系数为 0.88。

2. 导线电位

闪络前,与塔顶相连的避雷线具有与塔顶相同的电位 u_t。由于避雷线与导线之间的电磁耦合作用,在导线上将出现耦合电位 ku_t,k 为导线和避雷线之间的耦合系数,考虑发生冲击电晕时增大的影响。耦合电位的极性与雷电流相同。此外,雷击塔顶时,由于空间电磁场的突然变化,在导线上还会出现幅值为 $ah_c(1-k)$ 的感应过电压 u_i,h_c 为导线悬挂点高度。感应过电压随时间的变化规律与主放电的发展速度等因素有关。可近似认为随时间线性变化,雷电流达到幅值时感应过电压也达到最大。即在波头阶段,

$$u_i = -ah_c(1-k)\frac{t}{\tau_f} \tag{5.30}$$

规程推荐的反击时感应过电压分量可以采用下式计算:

$$u_i = -\frac{60ah_{c,t}}{k_b c}\left[\ln\frac{h_T + d_R + k_b ct}{(1+k_b)(h_T + d_R)}\right]\left(1 - \frac{h_{s,av}}{h_{c,av}}k\right) \tag{5.31}$$

$$k_b = \sqrt{i/(500+i)} \tag{5.32}$$

$$d_R = 5i^{0.65} \tag{5.33}$$

式中,u_i 为感应过电压分量,单位为 kV;i 为雷电流瞬时值,单位为 kA;k_b 为主放电速度与光速之比;$h_{c,t}$ 为导线在杆塔处的悬挂高度,单位为 m;$h_{c,av}$ 和 $h_{s,av}$ 分别为导线和避雷线对地平均高度,h_T 为杆塔高度,单位为 m;d_R 为雷击杆塔时的上行先导长度,单位为 m。

导线电位 u_c 为耦合电位和感应电位之和:

$$u_c = ku_t - ah_c(1-k)\frac{t}{\tau_f} \tag{5.34}$$

闪络后,导线电位等于塔顶电位。

3. 绝缘子串上的电压及其闪络

作用在绝缘子串上的电压 u_{ins} 为塔顶电位与导线电位之差,即

$$u_{\text{ins}} = u_t - u_c = u_t - \left[ku_t - ah_c(1-k)\frac{t}{\tau_f}\right]$$
$$= (1-k)\left[u_t + ah_c\frac{t}{\tau_f}\right] = (1-k)\left[\beta\left(R_i i + L_t\frac{di}{dt}\right) + ah_c\frac{t}{\tau_f}\right] \tag{5.35}$$

绝缘子串上的电压 u_{in} 达到绝缘子串50%放电电压时，绝缘子串就发生闪络。

输电线路耐受雷电的能力用耐雷水平来衡量，它为不致引起线路绝缘闪络的最大雷电流幅值。令式(5.35)中的 $t=\tau_f, i=I$，对斜角波 $a=di/dt=I/\tau_f$，绝缘子上的电压幅值为

$$U_{\text{ins}} = (1-k)\left[\beta\left(R_i + \frac{L_t}{\tau_f}\right) + \frac{h_c}{\tau_f}\right]I \tag{5.36}$$

由 $U_{\text{ins}} \leqslant U_{50\%}$ 即可求得雷击塔顶反击时的耐雷水平，即

$$I_1 = \frac{U_{50\%}}{(1-k)\left[\beta\left(R_i + \frac{L_t}{\tau_f}\right) + \frac{h_c}{\tau_f}\right]} \tag{5.37}$$

目前我国国家标准《交流电气装置的过电压保护和绝缘配合设计规范》(GB/T 50064—2014)中规定了不同电压等级的输电线路的反击耐雷水平，见表5.1[4]。标准较高和较低值分别对应杆塔冲击接地电阻为7Ω和15Ω，雷击时工作电压取峰值且与雷电流极性相反。发电厂和变电站进线段杆塔的反击耐雷水平不宜低于表中对应的较高数值。对于1000kV特高压交流线路，在一般地区(土壤电阻率小于500Ω·m)，线路的耐雷水平不宜低于200kA[5]。

表5.1 不同电压等级的输电线路的反击耐雷水平[4]

	系统标称电压/kV						
	35	66	110	220	330	500	750
单回线路反击耐雷水平/kA	24~36	31~47	56~68	87~96	120~151	158~177	208~232
同塔双回线路反击耐雷水平/kA	—	—	50~61	79~92	108~137	142~162	192~224

直流线路发生雷击闪络的后果不像交流线路那么严重，直流输电系统处理故障的手段也比较多样化，因此可适当降低对其耐雷性能的要求，减小耐雷水平、增大容许雷击故障率。±500kV直流输电线路的反击耐雷水平取为100~150kA。在确定直流线路防雷设计准则时，可取雷击引起的一极故障率典型值为0.63次/(100km·a)。而直流线路防雷性能分析在很大程度上可以沿用交流线路的做法。

5.3.2 雷击避雷线档距中央时的过电压

根据模拟实验和实际运行经验，雷击避雷线档距中央约有10%的概率。雷击避雷线档距中央时也会在雷击点产生很高的过电压。不过由于避雷线半径较小，雷击点离杆塔较远，强烈的电晕衰减作用使过电压波传播到杆塔时，已不足以使绝缘子闪络，所以通常只需考虑雷击避雷线对导线的反击问题。

如图5.17(a)所示，由于雷击点离杆塔较远，过电压波到达两侧杆塔入地及在其上产生负反射波再回到雷击点，其间可能需要经过一段较长的时间。因此，在杆塔接地的反射波返

回以前,雷击点电压仍可用彼德逊等值电路计算。设档距长度为 l,避雷线波阻抗为 Z_s,雷电流为 i,雷电通道波阻抗为 Z_0,略去导线对避雷线的耦合,其电流源彼德逊等值电路如图 5.17(b)所示。

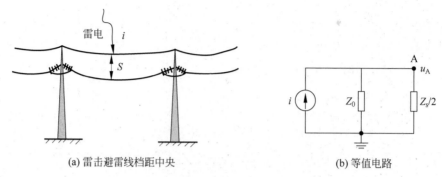

(a) 雷击避雷线档距中央 (b) 等值电路

图 5.17 雷击避雷线档距中央及其等值路

由图 5.17(b)可以求得雷击点电压 u_A 为

$$u_A = i\frac{Z_0 \cdot \frac{Z_s}{2}}{Z_0 + \frac{Z_s}{2}} = i\frac{Z_0 Z_s}{2Z_0 + Z_s} \tag{5.38}$$

电压波 u_A 向两侧避雷线传播,经 $0.5l/v_s$ 时间到达杆塔,v_s 为雷电波沿避雷线的波速。杆塔接地产生的负反射波又经 $0.5l/v_s$ 时间返回雷击点。若此时雷电流尚未达到幅值,即 $2\times 0.5l/v_s = l/v_s$ 小于雷电流波头时间 τ_f,则因负反射波来不及使雷击点电压下降,所以雷击点 A 的最高电位 u_A 将出现在时刻 $t = l/v_s$。设雷电流为具有陡度 α 的斜角波头,即波头部分 $i = \alpha t$,则根据式(5.10),雷击点避雷线的最高电位为

$$U_A = \alpha \frac{l}{v_s} \cdot \frac{Z_0 Z_s}{2Z_0 + Z_s} \tag{5.39}$$

由于避雷线与导线间的耦合作用,在导线上将耦合出电压 kU_A,所以此时避雷线雷击点与导线间空气间隙 S 上所承受的最高电压为

$$U_S = (1-k)U_A = (1-k)\alpha\frac{l}{v_s} \cdot \frac{Z_0 Z_s}{2Z_0 + Z_s} \tag{5.40}$$

可见,U_S 与档距长度 l 直接有关。当 U_S 超过空气间隙 S 的 50%冲击放电电压 $U_{50\%}$ 时,将发生避雷线对导线的反击,造成系统接地短路。需要根据线路档距长度,确定档距中央不发生反击的最小允许间隙距离 S。由空气间隙的冲击放电特性可知,$U_{50\%} = 750S$kV,其中 S 为间隙距离,单位为 m。根据不闪络条件 $U_S \leq U_{50\%}$,由式(5.40)可得允许间隙距离 S 为

$$S \geq \frac{(1-k)\alpha}{750v_s} \cdot \frac{Z_0 Z_s}{2Z_0 + Z_s}l \tag{5.41}$$

在工程近似计算中,考虑到强烈的冲击电晕影响,取 $k = 0.25$,$Z_s = 350\Omega$,$v_s = 0.75c = 225$m/μs(c 为光速);取雷电流陡度 $\alpha = 30$kA/μs,并按雷击点无折反射条件,即 $Z_0 \approx Z_s/2$ 考虑,代入式(5.41)可得:

$$S \geq 0.0117l$$

一般线路档距中央避雷线与导线间的距离宜按以下公式确定:

$$S \geqslant 0.012l + 1 \tag{5.42}$$

式中,l 为档距长度,单位为 m;加 1m 是考虑杆塔和接地体中波过程的影响。

对大跨越档距,若 $l/v_s > \tau_f$,则来自杆塔接地的负反射波尚未返回雷击点之前,雷电流已过峰值,所以避雷线雷击点的最高电位 U_A 由雷电流幅值决定。由式(5.40)及 $U_S=(1-k)U_A$ 可得档距中央避雷线与导线间间隙所受的最高电压为

$$U_S = (1-k)\frac{Z_0 Z_s}{2Z_0 + Z_s} I_m \tag{5.43}$$

国内外的长期运行经验表明,雷击避雷线档距中央引起导、地线空气间隙闪络非常罕见,可能是由于根据空气间隙的击穿强度来确定间隙距离,在机理上不那么符合实际。一种解释是认为闪络前,导、地线间的预击穿电流降低了间隙上的电位差。一般情况下,在线路防雷的工程计算中,只要导、地线间的空气距离满足式(5.42)的要求,雷击避雷线档距中央引起的线路闪络跳闸率就可忽略。

5.3.3 工作电压的影响

计算交流线路耐雷性能时,工作电压对电压等级较低的线路(220kV 及以下)影响较小。但 330kV 及以上的超高压线路,工作电压几乎已占绝缘子串闪络电压的 10% 左右,其作用已不容忽视。直流架空线路的工作电压对线路耐雷性能的影响更显得重要。

交流线路上的工作电压按正弦规律变化,随雷击瞬间的不同而具有不同的瞬时值与极性。虽然在三相导线中必定有一相或二相的极性与雷电极性相反,但其电压值不应取相电压幅值 U_m,而可按统计观点取半周期内的平均值,即

$$U = \frac{\int_0^{T/2} u(t)\mathrm{d}t}{T/2} = 0.637 U_m = 0.637 \frac{U_{ac} \times \sqrt{2}}{\sqrt{3}} = 0.52 U_m \tag{5.44}$$

式中,U_{ac} 为交流线路的额定电压有效值,单位为 kV。

直流线路上的工作电压恒定不变,双极线路必有一极的极性与雷电相反,故起作用的电压在额定电压相等($U_{ac}=U_{dc}$)的情况下,直流下的工作电压分量几乎等于交流下的 1.9 倍。在三相交流下,三相导线之间的最大电位差为

$$U_{max} = \sqrt{2} U_{ac} \tag{5.45}$$

而在直流下,两极导线之间的电位差永远为 $2U_{dc}$,等于交流的 1.4 倍。

因此,雷击塔顶时直流线路两极绝缘子串同时发生闪络的概率远小于三相交流线路两相绝缘子串同时闪络的概率,从而显示出良好的不平衡绝缘特性。而交流线路为了达到不平衡绝缘的效果,则两回路绝缘子片数或串长必须相差悬殊。

计入直流工作电压后,无论在干燥还是淋雨的条件下,异极性直流电压的存在使 50% 冲击闪络电压降低的数值均略小于该直流电压,在 $U_{dc}=300\sim600$kV 的范围内,可用下式来近似求得 50% 冲击闪络电压值:

$$U'_{50\%} = U_{50\%} - U_{dc} + 100 \tag{5.46}$$

式中,$U'_{50\%}$ 与 $U_{50\%}$ 分别为有 U_{dc} 与无 U_{dc} 时的绝缘子串 50% 冲击闪络电压。

计入直流工作电压的影响后,就可以借用交流线路的方法来估算直流线路的耐雷水平了。如果沿用我国有关规程针对交流线路所推荐的耐雷水平计算公式,超高压直流线路的

耐雷水平应为

$$I = \frac{U_{50\%} - U_{dc} + 100}{(1-k)\beta R_i + \left(\dfrac{h_a}{h_t} - k\right)\beta \dfrac{L_t}{2.6} + \left(1 - \dfrac{h_g}{h_c}k_0\right)\dfrac{h_c}{2.6}} \tag{5.47}$$

式中,k_0 为导、地线间的几何耦合系数;k 为导、地线间的耦合系数;β 为杆塔分流系数;R_i 为杆塔冲击接地电阻,单位为 Ω;L_t 为杆塔电感,单位为 μH;h_a 为横担高度,单位为 m;h_t 为杆塔高度,单位为 m;h_c 为导线的平均对地高度,单位为 m;h_g 为避雷线的平均对地高度,单位为 m。

直流线路两极导线上的工作电压极性相反。当雷闪击中杆塔或地线时,横担上将出现雷电过电压,异极性导线的绝缘子串上受到的将是这一雷电过电压与直流工作电压之和,另一极导线的绝缘子串上受到的电压为二者之差。因此直流线路的一极更容易遭受雷击闪络,导致直流线路的雷击故障率更高。由于超高压及特高压直流线路的工作电压和绝缘子串的耐压值相比,其影响不容忽视,且雷闪的极性通常为负(占 90% 以上),所以在雷电流超过线路耐雷水平时,正极导线绝缘子串将首先发生闪络,负极导线通常就不会再发生绝缘闪络。由于直流输电系统的两极具有运行上的独立性,这时负极线仍能继续正常送电(可送一半容量或更多)。因此,一条双极直流线路天然地具有不平衡绝缘的特性。

5.4 输电线路的感应过电压

雷云对地放电过程中,由于放电通道周围空间电磁场的急剧变化,附近线路的导线上会产生感应过电压[1,3]。虽然感应过电压形成的物理解释目前有比较一致的认识,但是由于雷电放电过程的原始数据难以准确确定,导致不同的研究者采用了不同的感应过电压计算方法,计算结果也相差较大。

5.4.1 输电线路感应过电压的产生机理

在雷电放电的先导阶段(假设为负先导),线路处于雷云及先导通道与大地构成的电场之中。由于静电感应,导线轴向上的电场强度 E_x 将正电荷(与雷云电荷异号)吸引到最靠近先导通道的一段导线上,形成束缚电荷,如图 5.18(a)所示。导线上的负电荷被排斥而向两侧运动,经由线路泄漏电导和系统中性点进入大地。由于先导放电的平均速度较低,导线束缚电荷的聚集过程也较缓慢,由此而呈现出的导线电流很小,相应的电压波 $u = iZ$ 也可忽略不计(Z 为导线波阻抗)。同时,导线维持原工作电压不变。如果忽略工作电压,则认为导线具有地电位。因此在先导放电阶段,尽管导线上有了束缚电荷,但它们在导线上各点产生的电场与先导通道负电荷放电所产生的电场相平衡而被抵消,结果使导线仍保持地电位。

在下行先导发展的同时,由地面凸起物产生的迎面先导向上发展。当下行先导和上行的迎面先导发展到一定程度时,二者之间发生强烈的放电,上行先导中的正电荷迅速与下行先导中的负电荷中和,这一过程称为回击,在我国的文献中一般称为主放电。主放电开始以后,如图 5.18(b)所示,先导通道中的负电荷自下而上被迅速中和。相应电场迅速减弱,使导线上的正束缚电荷迅速释放,形成电压波向两侧传播。由于主放电的平均速度很快,导线上的束缚电荷的释放过程也很快,所以形成的电压波 $u = iZ$ 幅值可能很高。这种过电压就

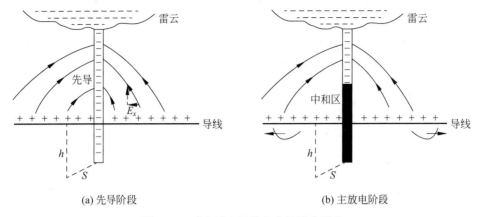

(a) 先导阶段　　　　　　　　(b) 主放电阶段

图 5.18　感应过电压静电分量形成原理

是感应过电压的静电分量。

在主放电过程中,伴随着雷电流冲击波,在放电通道周围空间出现甚强的脉冲磁场,如图 5.19 所示。其中一部分磁力线穿过导线－大地回路,产生感应电势,这种过电压是感应过电压的电磁分量。

实际上,感应过电压的静电分量和电磁分量都是在主放电过程中由统一的电磁场突变同时产生的。由于主放电的速度比光速小得多(一般为光速的 1/20～1/2),主放电通道和导线基本上互相垂直,互感不大,电磁感应较弱,因此电磁感应分量要比静电感应分量小得多,并且两种分量出现最大值

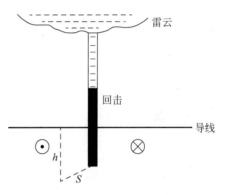

图 5.19　感应过电压的电磁分量形成原理

的时刻也不相同。所以在总的感应过电压幅值中,静电分量将起主要作用。

从产生静电分量角度来看,雷电流幅值大,是由于先导通道的电荷密度大,或由于主放电速度高。电荷密度越大,其产生的场强越高,导线上感应的束缚电荷也越多,主放电阶段释放的束缚电荷也越多,导致静电分量加大。导线平均高度越高,导线对地电容越小,释放出同样的束缚电荷所呈现的电压也就越高。雷击点距离导线的距离越近,导线上的束缚电荷越多,释放后的过电压也越高。

从产生电磁分量来看,雷电流幅值增大、雷击点距离导线拉近,都将导致导线－大地回路中各部分的磁通随时间的变化率加大,从而导致感应过电压的电磁分量增加。

与直击雷相比,感应过电压的特点为:波形较平缓,波头时间由几微秒到几十微秒,而波长可达数百微秒。

5.4.2　雷击线路附近大地时导线上的感应过电压

从以上基本过程的分析可见,感应过电压的静电分量和电磁分量的最大值都是出现在距雷击点最近的一段导线上。根据电磁场理论,计及镜像的作用,当雷电流为直角波时,导线上离雷击点最近的一点的感应过电压静电分量的最大值 U_c 为

$$U_c = k_c(v) \frac{h_{c,av}}{S} I_m \tag{5.48}$$

电磁分量的最大值 U_m 为

$$U_m = k_m(v) \frac{h_{c,av}}{S} I_m \tag{5.49}$$

两者之和就是感应过电压的最大值 U_i

$$U_i = U_c + U_m = [k_c(v) + k_m(v)] \frac{h_{c,av}}{S} I_m = k \frac{h_{c,av}}{S} I_m \tag{5.50}$$

式中，I_m 为雷电流幅值，单位为 kA；$h_{c,av}$ 为导线对地平均高度，单位为 m；S 为导线与雷击点的水平距离，单位为 m；k_c、k_m、k 分别为静电感应、电磁感应及感应过电压系数，具有电阻的纲量；v 为主放电速度。实际上主放电速度有限，k 与 v 的关系不大。

实际雷电流不是直角波，而是具有一定的波头长度，这使 k 值比直角波时小些。k 值可根据线路实测结果和模型确定。规程建议，当 $S > 65$m 时，取 $k = 25\Omega$，所以雷击线路附近大地时导线上的感应过电压可由下式近似计算：

$$U_i \gg 25 \frac{I_m h_{c,av}}{S} \tag{5.51}$$

根据国内外现场实测数据分析得到的 $k = 32.1\Omega$，采用该值的分析结果与数值分析结果非常接近。

由上式可知，感应过电压与雷电流幅值 I_m 及导线平均高度 h 成正比，与雷击点至线路的距离 S 成反比。

从产生静电分量的角度看，雷电流幅值大，是由于先导通道的电荷密度 σ 大，或者由于主放电速度 v 高。σ 越大，其电场强度越强，导线上的束缚电荷越多，v 越高，一定时间内被释放的束缚电荷越多，这都使静电分量加大。导线平均高度越高，导线对地电容越小，释放出同样的束缚电荷所呈现的电压就越高。雷击点至导线的距离越近，导线上的束缚电荷越多，释放后的过电压也越高。

从产生电磁分量的角度看，雷电流幅值大、雷击点离导线近都使导线—大地回路中各部位的磁通密度加大。导线平均高度高，加大了回路的面积，因而都增大了回路中磁通随时间的变化率。这些都会导致感应过电压电磁分量的增高。

由式(5.50)计算出感应过电压 U_i 的大小后，还应注意其极性与雷云电荷也即与雷电流的极性相反。

由于雷击地面时，被击点的自然接地电阻较大，式(5.50)中最大雷电流幅值一般不会超过 100kA，可按 $I_m \leqslant 100$kA 进行估算。实测表明，感应过电压的幅值一般为 300～400kV，这可能引起 35kV 及以下电压等级的线路闪络，而对 110kV 及以上电压等级的线路，则一般不至于引起闪络。且由于各相导线的感应过电压基本上相同，所以相间闪络更无可能。

与直击雷过电压相比，感应过电压还具有以下特点：波形较平缓，波头由几微秒到几十微秒，而波长可达数百微秒。

5.4.3 避雷线的屏蔽作用

以上讨论的是无避雷线的情况。对有避雷线的线路，由于接地避雷线的电磁屏蔽作用，会使导线上的感应过电压降低。其原理可作如下解释：避雷线与大地相连保持地电位，可以看作将一部分"大地"引入导线的近区。对于静电感应，其影响是增大了导线的对地电容，从而使导线对地电位降低。对于电磁感应，其影响相当于在导线－对地回路附近增加了一个地线－大地的短路环，从而抵消了一部分导线上的电磁感应电势。这样，避雷线总的屏蔽效果是降低了导线上的感应过电压。

下面应用叠加原理来计算避雷线对导线上感应过电压的影响。设导线和地线的平均对地高度分别为 h_c 和 h_s，如图 5.20 所示。

如果避雷线没有接地，则根据式(5.51)可知导线和避雷线上的感应过电压 U_c 和 U_s 分别为

$$U_c = 25 \frac{I_m h_c}{S} \qquad (5.52)$$

$$U_s = 25 \frac{I_m h_s}{S} = U_c \frac{h_s}{h_c} \qquad (5.53)$$

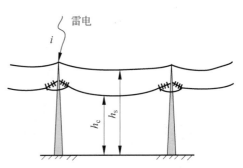

图 5.20 避雷线对导线的屏蔽作用计算图

但避雷线实际上是接地的，其电位为零。为了满足这一条件，可以设想避雷线上又叠加了一个 $-U_s$ 的电压，而它又将在导线上产生耦合电压 $k(-U_s)$，k 为避雷线和导线之间的耦合系数。

于是，线路有避雷线时，导线上的实际感应过电压 U_c' 将为

$$U_c' = U_c - kU_s = U_c \left(1 - k \frac{h_s}{h_c}\right) \approx U_c (1 - k) \qquad (5.54)$$

上式表明，避雷线使导线上的感应过电压下降为原来的 $1-k$。耦合系数越大，导线上的感应过电压越低。

5.4.4 雷击线路塔顶时导线上的感应过电压

式(5.50)只适用于雷击线路附近大地距离 $S \geqslant 65\text{m}$ 的情况。如前所述，线路的等值宽度约为 $10h_s$，若避雷器的平行高度 $h_s = 13\text{m}$，线路两侧的受雷宽度就有 65m。所以对于一般高度的高压超高压线路，更近的落雷将由于引线的引雷作用而击于线路。

雷击线路塔顶时，迅速向上发展的主放电引起周围空间电磁场的突然变化，也会在导线上感应出与雷电流极性相反的过电压。在导线－大地回路中由于雷电通道电流所产生的电磁感应远小于杆塔电流所产生的电磁感应分量，而后者将按杆塔电感压降的形式计及，故而在感应过电压中主要考虑静电分量。

对一般高度的线路，无避雷线时导线上的感应过电压的最大值可按下式计算：

$$U_i = a h_c \qquad (5.55)$$

式中，U_i 为感应过电压，单位为 kV；a 为感应过电压系数，单位为 kV/m，其值等于以 kA/μs 为单位的雷电流平均陡度值。

有避雷线时，由于避雷线的屏蔽作用，导线上的感应过电压将降低为

$$U_i' = (1-k)U_i = a h_c (1-k) \qquad (5.56)$$

5.5 雷击绕击导线时的过电压

我国 110kV 及以上的高压线路一般都装有避雷线,以免导线直接遭受雷击。安装避雷线后,可能发生雷电绕过避雷线击中导线的情况,如图 5.21 所示,特别是同塔多回线路及特高压线路,绕击概率很高。

发生绕击时,雷电流的幅值较小。但是一旦绕击形成很高的冲击过电压,就有可能使线路绝缘子闪络,或侵入变电站危及电气设备的安全。雷电绕击率指一次雷击线路中出现绕击的比率。根据模拟实验与运行经验,绕击率与避雷线对外围导线的保护角、杆塔的高度以及沿线路的地形地貌地质条件有关。雷电绕击输电线路将在第 6 章介绍。

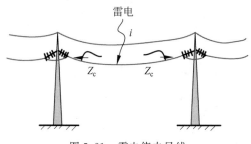

图 5.21 雷电绕击导线

忽略避雷线和导线的耦合作用,以及杆塔接地的影响,导线着雷点 A(图 5.22)的电位计算,可简化如图 5.22(b)所示。从 A 点看,雷击放电可以等值为幅值为 $i/2$ 的雷电流波,或幅值等于 $U_0 = iZ_0/2$ 的雷电压波,沿波阻抗为 Z_0 的雷电通道传播到达 A 点。设导线为无限长(即不考虑导线远端返回 A 点的反射波)。根据彼得逊法则,可以得到计算 A 点电位的等值电路(图 5.22)。其中 $Z_c/2$ 为导线的等值波阻抗,即 A 点两侧导线波阻抗 Z_c 的并联。

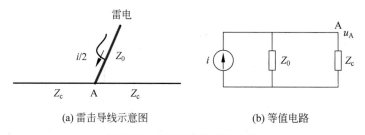

(a) 雷击导线示意图　　　(b) 等值电路

图 5.22 绕击导线的等值电路

流经 A 点的雷电流为

$$i_A = i \frac{Z_0}{Z_0 + Z_c/2} = i \frac{2Z_0}{2Z_0 + Z_c} \tag{5.57}$$

A 点电位为

$$u_A = i_A \frac{Z_c}{2} = i \frac{Z_0 Z_c}{2Z_0 + Z_c} \tag{5.58}$$

绕击过电压的极性及波形与雷电流完全相似,其幅值为

$$U_A = I \frac{Z_0 Z_c}{2Z_0 + Z_c} \tag{5.59}$$

近似中假设 $Z_0 \approx Z_c/2$,

$$U_A = I \frac{Z_c}{4} \tag{5.60}$$

若取 $Z_c \approx 400\Omega$(我国现行规程),则

$$U_A = 100I \quad (5.61)$$

绕击耐雷水平指绕击时线路所能承受的雷电流幅值,由线路绝缘子冲击放电电压决定。由式(5.59)和式(5.61)可以得到如下公式来简单估算线路的绕击耐雷水平:

$$I_2 = U_{50\%} \frac{2Z_0 + Z_c}{Z_0 Z_c} \quad (5.62)$$

$$I_2 = \frac{U_{50\%}}{100} \quad (5.63)$$

规程推荐雷电为负极性时,绕击耐雷水平 I_2 可按下式计算[4]:

$$I_2 = \left(U_{50\%} + \frac{Z_0 Z_c}{2Z_0 + Z_c} U_{ph}\right) \frac{2Z_0 + Z_c}{Z_0 Z_c} \quad (5.64)$$

式中,U_{ph} 为导线工作电压瞬时值,单位为 kV。

5.6 输电线路的雷击跳闸率

5.6.1 建弧率

雷电过电压引起交流线路跳闸停电需要具备双重条件。首先雷电流必须超过线路耐雷水平,引起线路绝缘闪络,但闪络持续时间只有几十微秒,线路开关还来不及跳闸。其次冲击闪络继而转化为稳定的交流电弧后才会导致线路跳闸。这些过程都具有随机性。另外,由于交流电流的过零现象,可能导致电弧熄灭。工程设计中采用雷击跳闸率作为一个综合指标,来衡量输电线路防雷性能的优劣。交流线路的雷击闪络率与雷击引起的跳闸率不同,只有一部分雷击闪络导致跳闸。雷击跳闸率又可称为雷击故障率。

在线路冲击闪络的总数中能转化为稳定电弧的比例,称为建弧率。建弧率 η 与弧道中的平均电场强度(也就是沿绝缘子串或空气间隙的平均运行电压梯度)E 有关,也与闪络瞬间工频电压的瞬时值和去游离条件有关。根据实验室实验数据和线路运行经验确定的建弧率计算公式为

$$\eta = (4.5E^{0.75} - 14) \times 10^{-2} \quad (5.65)$$

式中,E 为绝缘子串的平均运行电压梯度,单位为 kV/m。对中性点有效接地系统,有

$$E = \frac{U_n}{\sqrt{3} l_1} \quad (5.66)$$

对中性点绝缘、消弧线圈接地系统,有

$$E = \frac{U_n}{2l_1 + l_2} \quad (5.67)$$

以上两式中,U_n 为系统额定电压,单位为 kV;l_1 为绝缘子串长度,单位为 m;l_2 为木横担线路的线间距离,单位为 m,对铁横担和钢筋混凝土横担线路,$l_2 = 0$。若 $E \leqslant 6$kV/m,建弧率很小,可以近似认为 $\eta = 0$。

输电线路的雷击跳闸率是指在雷电活动强度都折算为 40 个雷电日和线路长度都折算为 100km 的条件下,每年因雷击引起的线路跳闸次数,单位为次/(100km·a)。显然,它是

各种可能发生的雷击跳闸率之和。对于110kV以上的线路,雷击线路附近地面的感应过电压不足以引起线路闪络。如前所述,雷击避雷线档距中央引起的闪络跳闸极为罕见,可以忽略不计。因此在求线路雷击跳闸率时,只需分析雷击塔顶和绕击导线两种情况。

直流输电线路的工作电压与故障电流都没有过零现象,冲击闪络一般均导致建弧,尤其是超/特高压直流线路更是如此,因而可取建弧率等于100%。在直流线路的情况下,"雷击闪络率"亦即"雷击故障率",二者可以通用,但不宜采用"雷击跳闸率"这个术语,因为直流线路上没有断路器,无闸可跳。

5.6.2 雷击跳闸率

(1) 雷击塔顶时的跳闸率。每年 T_d 个雷电日时100km线路遭受雷击的次数 N:

$$N = \gamma T_d \frac{28h_s^{0.6} + b}{1000} \times 100 = 0.1\gamma T_d (28h_s^{0.6} + b) \tag{5.68}$$

式中,γ 为地面落雷密度,单位为 $1/(km^2 \cdot d)$;b 为线路等值受雷宽度,单位为 m,$b = 10h_s$;h_s 为避雷线平均高度,单位为 m。

设 n_1 为 N 次雷击中,击中塔顶引起跳闸的次数:

$$n_1 = NgP_1\eta \tag{5.69}$$

式中,g 为击杆率,即雷击杆塔次数占雷击线路总数的比例,与避雷线根数和地形有关。规程建议取值:无避雷线、单根和两根避雷线时,平原线路对应的击杆率分别为1/2、1/4、1/6,丘陵对应为不考虑、1/3、1/4。P_1 为雷电流幅值超过雷击杆塔耐雷水平 I_1 的概率。

(2) 雷电绕击导线时的跳闸率。线路绕击跳闸率 n_2:

$$n_2 = NgP_aP_2\eta \tag{5.70}$$

式中,P_a 为绕击率;P_2 为雷电流幅值超过绕击耐雷水平 I_2 的概率。

(3) 线路总跳闸率。不计雷击避雷线档距中央时,线路总跳闸率 n 为雷击杆塔跳闸率与绕击跳闸率之和:

$$n = n_1 + n_2 = NgP_1\eta + NgP_aP_2\eta = N\eta g(P_1 + P_aP_2) \tag{5.71}$$

线路雷击跳闸率受雷电流幅值及极性、雷电先导入射角,以及雷击线路部位和瞬时工作电压等随机因素的影响,具有随机性。雷击跳闸率计算本质上是概率统计,计算时考虑的随机变量越多,计算结果的可信度越高,但计算量也随之增加。考虑计算精度要求和计算量,计算中可只将雷电流幅值和雷电先导入射角作为随机因素考虑,将雷电流极性、雷击线路瞬时工作电压和雷击线路部位作为确定因素来考虑。计算时雷击线路瞬时工作电压,对交流线路取线路相电压有效值,直流线路取极线工作电压。对于雷击线路部位,反击跳闸率计算中取为杆塔顶部,绕击跳闸率计算中取为绝缘子悬挂导线处[6]。

雷击跳闸率可采用区间组合法来计算。将雷电流幅值和雷电先导入射角两个随机变量划分为多个区间,然后以典型量代表区间变量,分区间进行确定性计算,最后将各区间对应的雷击跳闸率按区间出现概率加权求和来获得线路雷击跳闸率[6]。

(4) 直流线路的双极闪络故障率。当击中塔顶或地线的雷电流很大时,即使一极导线已发生反击闪络,塔顶电压仍将继续升高,有可能导致另一极随后也发生闪络。由于双极直流线路具有天然的不平衡绝缘特性,在分析双极直流架空线路时,除和交流线路一样要计算雷击塔顶引起一极闪络故障率外,还应验算双极闪络率,并在选择防雷措施时综合考虑。这也是直流线路防雷设计中需要重视的一大特点。

双极闪络率的计算方法与一极闪络率基本相似,但也应注意下列差别:由于大多数雷闪的极性为负,正极线首先发生反击闪络,然后塔顶电位仍继续升高并达到负极线的闪络值,才可能发生第二极(负极)的反击闪络。在计算造成第二极闪络的最小雷电流时,应注意工作电压的影响相反、引起双极闪络的塔顶电位较高。一极闪络后,杆塔分流系数将变小,耦合系数将变大。

(5) 雷击跳闸率或雷击故障率(针对直流线路)的推荐指标。南方地区年雷暴日高,对不同电压等级典型杆塔的雷击跳闸率的推荐指标(折算为40雷电日)规定如下:

① 平原地形下500kV线路推荐最大跳闸率为0.081次/(100km·a),山地地形下500kV线路推荐最大跳闸率为0.17次/(100km·a)。

② 平原地形下220kV线路推荐最大跳闸率为0.25次/(100km·a),山地地形下220kV线路推荐最大跳闸率为0.43次/(100km·a)。

③ 平原地形下110kV线路推荐最大跳闸率为0.83次/(100km·a),山地地形下110kV线路推荐跳闸率为1.18次/(100km·a)。

国家电网公司在其企业标准中对不同电压等级单回杆塔的雷击跳闸率或雷击故障率(针对直流线路)折算为40雷电日(对应地闪密度2.78次/(km²·a))后的控制参考值S'为[6]:0.525次/(100km·a)(110kV线路)、0.315次/(100km·a)(220kV线路)、0.2次/(100km·a)(330kV线路)、0.14次/(100km·a)(500kV线路)、0.1次/(100km·a)(750kV线路)、0.1次/(100km·a)(1000kV线路)、0.15次/(100km·a)(±400kV线路)、0.15次/(100km·a)(±500kV线路)、0.1次/(100km·a)(±660kV线路)、0.1次/(100km·a)(±800kV线路)。同塔双回1000kV线路的雷击跳闸率折算为40雷电日后的控制参考值为0.14次/(100km·a)。

线路走廊实际平均地闪密度N_g不同时,线路实际雷击跳闸率(或雷击故障率)控制参考值S按$S=S'N_g/2.78$进行换算。可以根据计算得到的线路某一杆塔对应水平档距段的雷击跳闸率(或雷击故障率)或者线路平均雷击跳闸率(或雷击故障率)来划分雷击风险等级[6],小于$0.5S$为等级Ⅰ,$0.5\sim1.0S$为等级Ⅱ,$1.0\sim1.5S$为等级Ⅲ,大于$1.5S$为等级Ⅳ。

5.6.3 雷击闪络率的加权方法

线路雷击闪络率与线路的塔型、绝缘强度和接地电阻,以及当地的雷电活动特性、微地形、微气候等诸多因素有关。它们分别影响线路的反击闪络率和绕击闪络率,进而决定线路的防雷性能。

一般来说,山顶、风口、山坡地迎风面处的杆塔容易遭受雷击。山区地形主要有山峰、山脊和山谷三种基本地形。山区线路地形可分为山坡线路(包括沿山脊外坡水平走线和沿山峰外坡水平走线两种)、山顶线路(包括位于山峰顶部和位于山脊顶部两种)、爬坡线路(包括沿山坡上下方向和垂直山脊方向两种)以及跨谷线路(包括经过山谷和跨越山谷两种),如图5.23所示[7]。从各种地形下导线、地线和地面的相对位置来看,经过山谷的线路(图5.23(d))遭受雷击概率很小;爬坡线路(图5.23(e)、图5.23(f))沿档距方向导线地线地面的相对位置基本相同,遭雷击可能性基本同于平地的情况。在防雷分析中,应针对基本地形计算各种塔型在每种地形下的雷击闪络率,同时分析山高和坡度变化对闪络率的影响。进而按各种基本地形所占比例,通过加权方法求出整条线路绕击闪络率。

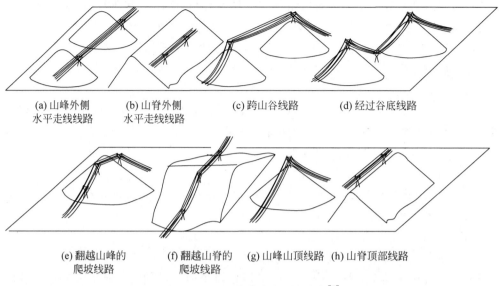

图 5.23 山区线路沿线地形分类[7]

由于实际线路中每一基杆塔的塔型、尺寸、绝缘强度、地形和接地状况都各不相同,其防雷性能也千差万别。但是,由于实际线路杆塔的总数很大,对每一基杆塔逐一地进行闪络率分析工作量十分巨大。因此要分析线路整体的防雷性能,比较可行的方法是根据影响线路防雷性能的各个参数的统计规律,将线路分为若干类型,并对每种类型线路的雷击闪络率进行计算。在此基础上,再根据每种线路所占的比例,通过加权求和的方法求得线路整体的防雷性能,步骤如图 5.24 所示[8]。先根据基本地形的绕击闪络率通过加权求得高山大岭、一般山地和丘陵三类地形下的绕击闪络率,然后通过加权计算出线路总的绕击闪络率。两次加权计算中所需比例系数包括高山大岭、一般山地和丘陵三种地形线路的比例,以及斜坡、山脊、跨谷三种山区线路基本地形在高山大岭和丘陵地形中所占的比例。通过不同的坡角和山谷深度来反映丘陵、一般山地与高山大岭的差别。反击闪络率也是通过两步加权,即地形条件的加权和接地情况的加权来计算的。为了在计算中反映不同接地情况的影响,可分别用 5Ω

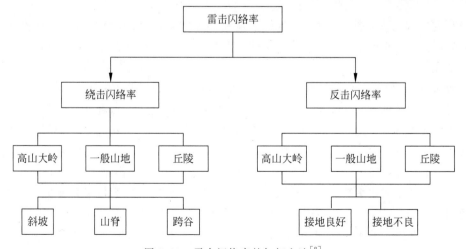

图 5.24 雷击闪络率的加权方法[8]

和 15Ω 冲击接地电阻表示接地良好和接地不良的情况。同时要考虑高山大岭、一般山地和丘陵三类地形的接地不良杆塔的比例。

云广±800kV 特高压直流输电线路起点为云南楚雄换流站，在云南境内途经云南楚雄、昆明、曲靖，线路长度共计 287km，直线塔 546 基，耐张塔 137 基。特高压云南段位于云贵高原上，地势高，起伏大，地形复杂。云南段线路海拔 2000m 以上，绝大部分覆冰 20mm 以下，污区主要以轻污区与中污区为主，绝缘子串长度为 10.6m。云南段线路地处高原，地势起伏很大，全段都为山地，其中丘陵占 21%。一般山地占 43%，高山大岭占 36%。表 5.2 所示为云广±800kV 特高压直流输电线路云南段闪络率分析结果。

表 5.2 云广±800kV 特高压直流输电线路云南段闪络率

		地形及比例		典型绕击率	每类地形平均绕击率	总绕击率		
地线保护角 −15°	绕击闪络率	丘陵 21%	斜坡	0	0	0	0	0.0124
			山顶	0	0			
			跨谷	0	0			
		一般山地 43%	斜坡	0.0031	0.00093	0.00186	0.0008	
			山顶	0.0031	0.00093			
			跨谷	0	0			
		高山大岭 36%	斜坡	0.0361	0.0108	0.0323	0.0116	
			山顶	0.0361	0.0108			
			跨谷	0.0267	0.0107			
		地形比例	接地电阻/Ω	典型反击率	每类地形平均反击率	总反击率		
	反击闪络率	丘陵 21%	5	0.00004	0.000038	0.00007	0.000015	0.000104
			20	0.00063	0.000032			
		一般山地 43%	5	0.00004	0.000036	0.000099	0.000043	
			20	0.00063	0.000063			
		高山大岭 36%	5	0.00004	0.000034	0.000129	0.000046	
			20	0.00063	0.000095			
		地形及比例		典型绕击率	每类地形平均绕击率	总绕击率		
地线保护角 −8°	绕击闪络率	丘陵 21%	斜坡	0.0248	0.00744	0.05992	0.01258	0.2136
			山顶	0.0248	0.00744			
			跨谷	0.1126	0.04504			
		一般山地 43%	斜坡	0.1205	0.03615	0.16906	0.07270	
			山顶	0.1205	0.03615			
			跨谷	0.2419	0.09676			
		高山大岭 36%	斜坡	0.2898	0.08694	0.3564	0.12830	
			山顶	0.2898	0.08694			
			跨谷	0.4518	0.18072			
		地形比例	接地电阻/Ω	典型反击率	每类地形平均反击率	总反击率		
	反击闪络率	丘陵 21%	5	0.00004	0.000038	0.00007	0.000015	0.000104
			20	0.00063	0.000032			
		一般山地 43%	5	0.00004	0.000036	0.000099	0.000043	
			20	0.00063	0.000063			
		高山大岭 36%	5	0.00004	0.000034	0.000129	0.000046	
			20	0.00063	0.000095			

5.6.4 线路雷击跳闸影响因素分析

通过统计广东省2001—2008年的110～500kV输电线路的雷击数据,得到了不同因素对线路雷击跳闸率的影响情况。

(1) 落雷密度的相关影响。如图5.25所示,110kV线路雷击跳闸率与落雷密度相关性最强,220kV线路次之,500kV线路相关性最弱。110kV线路相关性,如清远、肇庆、茂名跳闸率较高,其中肇庆、茂名落雷密度高于全省平均值;汕头、揭阳、潮州、河源跳闸率较低,落雷密度也均低于全省平均值。

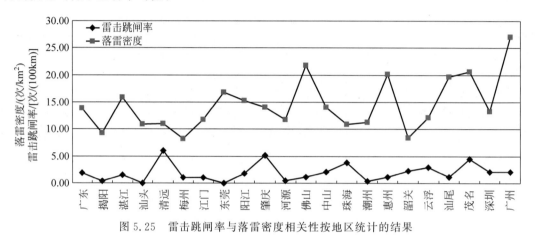

图 5.25 雷击跳闸率与落雷密度相关性按地区统计的结果

雷电存在分散性,不同电压线路覆盖范围不同,且地区落雷密度与线路走廊落雷密度并不完全等同。落雷密度并不能完全表征雷电强度,雷电强度还与雷电流幅值、波形等参数有关。雷电探测站的分布不均衡,探测站安装地形、数量变化及个别探测站或系统故障停运等因素导致雷电探测效率、探测精度动态变化,会影响广东省不同年份、不同地区之间雷电数据的可比性。

(2) 雷电反击、绕击比例。根据雷击跳闸杆塔地形、接地电阻、雷电流幅值、故障相数、排列位置、保护角等参数,统计得到雷电绕击占比:500kV线路为92.3%,220kV线路为56.0%,110kV线路为40.6%,见表5.3,500kV、220kV线路以雷电绕击跳闸为主,110kV线路以反击为主。

表 5.3 线路雷电反击、绕击跳闸占比

电压等级	反击跳闸			绕击跳闸		
	次数/次	占比/%	跳闸率/[次/(100km·a)]	次数/次	占比/%	跳闸率/[次/(100km·a)]
500kV	1	7.7	0.02	12	92.3	0.25
220kV	44	44.0	0.30	56	56.0	0.38
110kV	209	59.4	1.15	143	40.6	0.79

(3) 雷击跳闸杆塔地形特点。统计雷击杆塔地形,处山地或丘陵的占76%,其中山顶占40.8%、山腰占15.3%;处平原或其他地区占24%。可见山区雷电强烈及土壤电阻率较

高,线路跳闸率高。而雷击边相地形,处下山侧的占 24%,处上山侧的占 14%,可见下山侧边导线大地屏蔽效果差,易遭雷电绕击。

(4) 雷击跳闸杆塔接地电阻分布。500kV 杆塔接地电阻均小于 20Ω,对应雷电流大多为 60kA 以下,远未达到反击耐雷水平,与 500kV 绕击跳闸比例高相一致,见表 5.4。杆塔电阻小于 10Ω 的跳闸比例,220kV 线路为 67%,高于 110kV 线路的 47.1%,与 220kV 绕击跳闸比例高于 110kV 线路相一致。

表 5.4 雷击跳闸杆塔接地电阻分布

接地电阻/Ω	500kV		220kV		110kV	
	跳闸/次	占比/%	跳闸/次	占比/%	跳闸/次	占比/%
$R<5$	3	23.1	28	28.0	79	22.4
$5\leqslant R<10$	5	38.5	39	39.0	87	24.7
$10\leqslant R<15$	2	15.4	12	12.0	83	23.6
$15\leqslant R<20$	3	23.1	11	11.0	55	15.6
$R\geqslant 20$	0	0.0	10	10.0	48	13.6

(5) 雷击跳闸雷电流幅值分布。500kV 线路 120kA 以下雷电流占比为 92.3%,基本为绕击跳闸;220kV 线路 60kA 以下雷电流占比为 63.8%,大多为绕击跳闸;110kV 线路 60kA 以下雷电流占比为 37.5%,大多为反击跳闸,见表 5.5。

表 5.5 雷击跳闸雷电流幅值分布

雷电流幅值/kA	500kV		220kV		110kV	
	跳闸/次	占比/%	跳闸/次	占比/%	跳闸/次	占比/%
$I_m<30$	5	38.5	30	30.2	58	16.6
$30\leqslant I_m<60$	4	30.8	34	33.6	74	20.9
$60\leqslant I_m<90$	2	15.4	6	5.9	78	22.2
$90\leqslant I_m<120$	1	7.7	8	7.6	61	17.2
$120\leqslant I_m<150$	0	0.0	4	4.2	30	8.4
$I_m\geqslant 150$	1	7.7	18	18.5	52	14.7

5.7 雷电过电压的数值计算方法

对于输电线路的雷电防护,设计是关键。如果能够在线路设计时充分论证,因地制宜地提出适合于每条输电线路的防雷设计方案,将对线路的雷电防护起到事半功倍的作用。而如果对线路的防雷设计不重视,则会由于防雷设计不到位引起运行中一系列问题,导致花费大量的人力物力来进行线路的防雷改造[9]。

防雷设计及防雷措施等是否合理,直接与雷电过电压分析技术相关。目前主要采用电磁暂态程序来分析线路的反击过电压,对各种防雷措施的防雷效果进行评估。因此,防雷分析是对线路防雷性能和各种防雷措施效果进行评价的基础,也是进行防雷决策研究的基本前提。

输电线路雷电过电压分析的基本原理是基于波过程理论。20 世纪 60 年代,随着计算机技术的发展,不列颠哥伦比亚大学(University of British Columbia,UBC)的 Dommel 教授提出了基于计算机的电磁暂态数值分析方法[10]。目前电磁暂态数值计算技术已形成比较成熟的算法和计算程序。

基于 5.2 节介绍的波过程理论,可以实现雷击输电线路时的全波过程雷电电磁暂态分析。全波过程的输电线路雷电电磁暂态分析方法的要点是:所有相关的设施,包括导线、绝缘子、间隙、杆塔、接地装置等,均采用能反映其电磁暂态真实过程的分析模型。图 5.26 所示为全波过程的输电线路雷电暂态分析模型[11]。

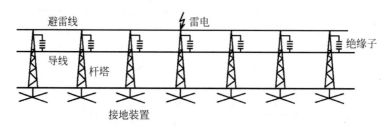

图 5.26 全波过程的输电线路雷电暂态分析模型

绝缘子的雷电闪络判据,杆塔、接地装置、保护间隙等的电磁暂态模型分别在第 2 章、第 4 章、第 8 章和第 9 章进行介绍。通过建立系统的等值电路模型,在每个时步内,可将整个系统等效为由集中参数的电阻和等效电流源构成的电路,然后采用基尔霍夫定律求解。基于全波过程的电磁暂态传播过程分析方法能同时考虑地上输电线路和地下接地装置的实际波过程,分析结果更为准确。

5.7.1 波在平行多导线系统传播的静电方程

假定导线和大地无损,则可以认为波沿平行多导线传播是平面电磁波运动,各导线中的波具有同一传播速度 v(等于光速 c),导线中的电流可由单位长度上的电荷 q 的运动求得,而且各导线上的电荷相对静止。所以只要引入波速 v,就可以从麦克斯韦静电方程出发来研究平行多导线系统中的波过程。设有 n 根平行导线,其静电方程的矩阵形式为

$$U = PQ \tag{5.72}$$

式中,$U=[u_1,u_2,\cdots,u_n]^T$ 为各导线上的电位(对地矩阵)列向量;$Q=[q_1,q_2,\cdots,q_n]^T$ 为各导线单位长度上的电荷列向量;P 为电位系数矩阵,其对角元素和非对角元素 P_{kk}、P_{km} 分别为第 k 根导线的自电位系数,第 k 根导线与第 m 根导线的互电位系数:

$$\begin{cases} P_{kk} = \dfrac{1}{2\pi\varepsilon_0}\ln\dfrac{H_{kk}}{r_k} \\ P_{km} = \dfrac{1}{2\pi\varepsilon_0}\ln\dfrac{H_{km}}{D_{km}} \end{cases} \tag{5.73}$$

式中,r_k、H_{kk}、H_{km}、D_{km} 的值如图 5.27 所示。

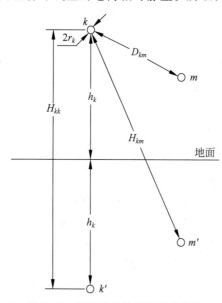

图 5.27 平行多导体线路及其镜像

将静电方程(5.72)右边乘以 v/v,波的传播速

度 $v=1/\sqrt{\mu_0\varepsilon_0}$，空气导磁系数 $\mu_0=4\pi\times10^{-7}\mathrm{H/m}$，空气介电常数 $\varepsilon_0=10^{-9}/(36\pi)=8.85\times10^{-12}\mathrm{F/m}$。考虑到 $q_k v=i_k$ 为第 k 根导线中的电流，即

$$Qv=i \tag{5.74}$$

$i=[i_1,i_2,\cdots,i_n]^{\mathrm{T}}$ 为各导线上的电流列向量，则式(5.74)可改写为

$$u=Zi \tag{5.75}$$

式(5.75)为平行多导线系统的电压方程，式中 $Z=P/v$ 为平行多导线的波阻抗矩阵。其中导线 k 的自波阻抗及其与导线 m 的互波阻抗分别为

$$\begin{cases} Z_{kk}=\dfrac{P_{kk}}{v}=\dfrac{1}{2\pi}\sqrt{\dfrac{\mu_0}{\varepsilon_0}}\ln\dfrac{H_{kk}}{r_k} \\ Z_{km}=\dfrac{P_{km}}{v}=\dfrac{1}{2\pi}\sqrt{\dfrac{\mu_0}{\varepsilon_0}}\ln\dfrac{H_{km}}{D_{km}} \end{cases} \tag{5.76}$$

将 μ_0、ε_0 值代入式(5.76)可得 $\dfrac{1}{2\pi}\sqrt{\dfrac{\mu_0}{\varepsilon_0}}=60$，可将之简化。

在一根导线上传播的波会在其他临近平行导线上感应产生耦合波。如图5.28所示，当接通直流电源 E 后，导线1上出现 $u_1=E$ 的前行波。在对地绝缘的导线2上虽然没有电流，但会感应产生电压波。根据式(5.4)可以列出两根平行导线的电压方程为

$$\begin{cases} u_1=Z_{11}i_1+Z_{12}i_2 \\ u_2=Z_{21}i_1+Z_{22}i_2 \end{cases} \tag{5.77}$$

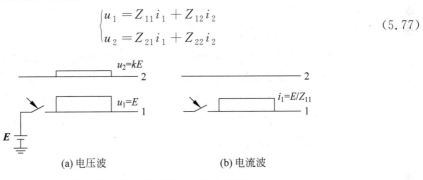

(a) 电压波　　　　　　　　(b) 电流波

图5.28　多导线系统中的耦合作用

考虑到 $i_2=0$，$Z_{12}=Z_{21}$，式(5.77)变为 $u_1=Z_{11}i_1$，$u_2=Z_{12}i_1$。消去 i_1 可得：

$$u_2=\frac{Z_{12}}{Z_{11}}u_1=ku_1=kE \tag{5.78}$$

式中，$k=Z_{12}/Z_{11}$ 为导线1对导线2的耦合系数。因为 $Z_{12}<Z_{11}$，所以 $k<1$。由式(5.76)可知，Z_{12} 随导线之间距离的减小而增大，因此两根导线越靠近，其耦合系数越大。

导线间的耦合系数是输电线路防雷计算的重要参数。由于耦合作用，当导线1上有电压波作用时，导线1、2之间的电位差不再等于 E，而是比 E 小，即 $u_1-u_2=(1-k)E<E$。导线之间的耦合系数越大，其电位差越小，这对线路防雷有利。例如常用避雷线来保护输电线路，当雷击避雷线时，其电位将升高。避雷线与导线之间的绝缘是否闪络，与彼此之间的耦合系数关系很大。为了改善线路的防雷性能，可在输电线路杆塔上布置一根或多根耦合地线来改善线路的防雷性能，其原理就是进一步增大耦合系数。

下面讨论避雷线对导线的耦合系数的计算。如图5.29所示，输电线路采用两根避雷线，它们通过金属杆塔彼此连通，假设 $Z_{11}=Z_{22}$、$Z_{13}=Z_{31}$、$Z_{23}=Z_{32}$。

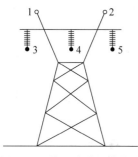

图 5.29 输电线路杆塔结构

由式(5.75)列出避雷线 1、2 和导线 3 的电压方程:

$$\begin{cases} u_1 = Z_{11}i_1 + Z_{12}i_2 + Z_{13}i_3 \\ u_2 = Z_{21}i_1 + Z_{22}i_2 + Z_{23}i_3 \\ u_3 = Z_{31}i_1 + Z_{32}i_2 + Z_{33}i_3 \end{cases} \quad (5.79)$$

由于 $Z_{11}=Z_{22}$,$i_1=i_2$,$u_1=u_2$,且 $i_3=0$,因此以上方程可以改写为

$$\begin{cases} u_1 = (Z_{11}+Z_{12})i_1 \\ u_3 = (Z_{13}+Z_{23})i_1 \end{cases} \quad (5.80)$$

由此可得避雷线 1、2 对导线 3 的耦合系数为

$$k_{1,2\text{-}3} = \frac{u_3}{u_1} = \frac{Z_{13}+Z_{23}}{Z_{11}+Z_{12}} = \frac{Z_{13}/Z_{11}+Z_{23}/Z_{11}}{1+Z_{12}/Z_{11}} = \frac{k_{13}+k_{23}}{1+k_{12}} \quad (5.81)$$

式中,k_{12}、k_{13} 和 k_{23} 分别为导线 1、2,1、3 和 2、3 之间的耦合系数。由式(5.81)可见 $k_{1,2\text{-}3} \neq k_{13}+k_{23}$。

5.7.2 单导线的波过程数值计算方法

一个电网络通常包括有各种集中参数元件和分布参数元件,这些元件可以是线性的,也可以是非线性的。集中参数元件包括电阻、电感和电容元件。典型的分布参数元件是平行多导体传输线。平行多导体传输线之间存在电磁耦合。

对于电力系统过电压(包括雷电过电压和各种不同类型的操作过电压),通常需要计算快速的暂态过程,特别需要较精确地计算分布参数线路上的暂态过程,即计算线路上的电磁波传播过程。暂态计算方法往往因计算线路波过程的方法不同而不同,比较广泛使用的是贝杰隆(Bergeron)特征线法。Bergeron 特征线法由于 Dommel 等的研究和完善[10],现在已经成为国际上普遍采用的数值计算方法。该方法通过将复杂的电网络建立等值电路模型,在离散的时间上进行迭代计算。

根据特征线方程的物理概念,如图 5.30(a)所示,若观察者在时刻 $t-\tau$ 从节点 k 出发(传播时间 $\tau=l/v$),则在 t 时刻到达 m 点。从前行特征方程可以得到如下方程:

$$u_k(t-\tau) + Zi_{km}(t-\tau) = u_m(t) + Z[-i_{mk}(t)] \quad (5.82)$$

化简式(5.82)可以得到:

$$i_{mk}(t) = \frac{1}{Z}u_m(t) + I_m(t-\tau) \quad (5.83)$$

其中,

$$I_m(t-\tau) = -\frac{1}{Z}u_k(t-\tau) - i_{km}(t-\tau) \quad (5.84)$$

根据式(5.84)可以得到如图 5.30(b)右端所示的线路末端 m 在时刻 t 的等值计算电路。

同样,观察者可以随反行波从末端节点 m 运动到始端节点 k,根据反行特征方程:

$$u_m(t-\tau) - Z[-i_{mk}(t-\tau)] = u_k(t) - Zi_{km}(t) \quad (5.85)$$

可以得到:

5.7 雷电过电压的数值计算方法

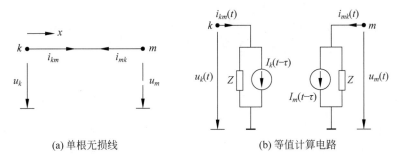

(a) 单根无损线   (b) 等值计算电路

图 5.30 单根无损线的等值计算电路

$$i_{km}(t) = \frac{1}{Z}u_k(t) + I_k(t-\tau) \tag{5.86}$$

式中,

$$I_k(t-\tau) = -\frac{1}{Z}u_m(t-\tau) - i_{mk}(t-\tau) \tag{5.87}$$

将式(5.86)中的时间 t 用 $t-\tau$ 代替后代入式(5.87),可得到等值电流源的另一种递推公式:

$$I_k(t-\tau) = -\frac{2}{Z}u_m(t-\tau) - I_m(t-2\tau) \tag{5.88}$$

式(5.88)不再需要计算 i_{km} 和 i_{mk},可简化和加快运算。同样可得到等值电流源 $I_m(t-\tau)$ 的递推公式:

$$I_m(t-\tau) = -\frac{2}{Z}u_k(t-\tau) - I_k(t-2\tau) \tag{5.89}$$

电网中存在集总元件。对于集总电感,图 5.31(a)所示的线性电感的暂态过程可以用电磁感应定律来描述:

$$u_L(t) = u_k(t) - u_m(t) = L\frac{di_{km}}{dt} \tag{5.90}$$

式中,$i_{km}(t)$ 表示经过电感由节点 k 流向节点 m 的电流,而 $u_k(t)$ 和 $u_m(t)$ 分别表示两端点对地(电位参考节点)的电压。

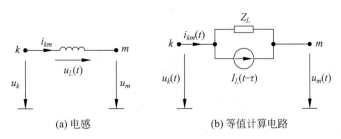

(a) 电感   (b) 等值计算电路

图 5.31 电感的等值计算电路

设已知 $t-\Delta t$ 时刻经过电感的电流和两端的节点电压分别为 $i_{km}(t-\Delta t)$、$u_k(t-\Delta t)$、$u_m(t-\Delta t)$,我们来计算 t 时刻的电流和节点电压。式(5.90)改写成积分形式:

$$i_{km}(t) - i_{km}(t-\Delta t) = \frac{1}{L}\int_{t-\Delta t}^{t} u_L(t)dt \tag{5.91}$$

根据梯形积分公式,式(5.91)可写成

$$i_{km}(t) = \frac{1}{R_L}[u_k(t) - u_m(t)] + I_L(t - \Delta t) \tag{5.92}$$

式中电感的等值电流源为

$$I_L(t - \Delta t) = i_{km}(t - \Delta t) + \frac{1}{R_L}[u_k(t - \Delta t) - u_m(t - \Delta t)] \tag{5.93}$$

式中,R_L 是电感 L 的等值电阻,$R_L = 2L/\Delta t$。根据电感的暂态等值计算公式(5.92)可以画出如图 4.3(b)所示的等值计算电路。将式(5.92)中的 t 用 $t - \Delta t$ 代替,然后代入式(5.93)可得电感等值电流源的新递推公式:

$$I_L(t - \Delta t) = I_L(t - 2\Delta t) + \frac{2}{R_L}[u_k(t - \Delta t) - u_m(t - \Delta t)] \tag{5.94}$$

对于集总电容,如图 5.32(a)所示的电容元件上的电压和电流的关系可以表示为

$$i_{km}(t) = C\frac{du_C(t)}{dt} = C\frac{d[u_k(t) - u_m(t)]}{dt} \tag{5.95}$$

或写成积分形式:

$$u_k(t) - u_m(t) = u_k(t - \Delta t) - u_m(t - \Delta t) + \frac{1}{C}\int_{t-\Delta t}^{t} i_{km}(t)dt \tag{5.96}$$

运用梯形积分公式,从式(5.96)可以得到:

$$i_{km}(t) = \frac{1}{R_C}[u_k(t) - u_m(t)] + I_C(t - \Delta t) \tag{5.97}$$

式中电容的等值电流源的递推公式为

$$I_C(t - \Delta t) = -I_C(t - 2\Delta t) - \frac{2}{R_C}[u_k(t - \Delta t) - u_m(t - \Delta t)] \tag{5.98}$$

式中,R_C 和 $I_C(t - \Delta t)$ 分别为电容 C 的等值电阻和反映历史的等值电流源,$R_C = \Delta t/(2C)$。根据等值计算公式(5.97)可以得到电容的等值计算电路,如图 5.32(b)所示。

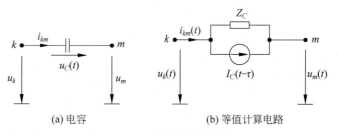

图 5.32 电容的等值计算电路

对于集中电阻,如图 5.33 所示,其暂态过程与历史纪录无关。电压和电流的关系可以由下式决定:

$$i_{km}(t) = \frac{1}{R}[u_k(t) - u_m(t)] \tag{5.99}$$

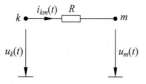

图 5.33 电阻的等值计算电路

从前面采用 Bergeron 特征线法处理分布参数线路以及采用梯形积分处理储能元件可以看出,电路中只包括集总参数和等值电流源。在等值计算电路中线路两侧节点独

立分开,拓扑上没有直接联系,通过等值电流源间接联系。

根据以上分析可以看出,线路、电感、电容等元件的暂态计算等值电路都是由等值电阻和等值电流源并联而成的诺顿电路。经过等值以后网络的暂态计算变为在各个时间离散点上一系列的直流电阻网络的分析计算。对每一个时间离散点,已知外加电源和反映网络历史记录的各等值电流源数值以后,可以对离散网络进行求解,例如用节点法求解网络节点电压。然后可以根据计算结果更新等值电流源的数值,准备进行下一步的计算。反复循环求解离散网络就可以得到此网络的暂态解。

5.7.3 平行多导体线路波过程计算方法

多导线无损线路上的波动过程可用偏微分方程描述:

$$\begin{cases} \dfrac{\partial U}{\partial x} = -L \dfrac{\partial I}{\partial t} \\ \dfrac{\partial I}{\partial x} = -C \dfrac{\partial U}{\partial t} \end{cases} \tag{5.100}$$

式中,U 和 I 分别为 n 根导线对地电压和导线中电流的列向量,都是沿线距离 x 和时间 t 的函数。L 和 C 分别为线路上单位长度的电感和电容参数矩阵,因为导线之间存在电磁耦合,所以这些参数矩阵都是 n 阶方程,属于满阵,各元素都是实数。电容参数矩阵 C 可以由电位系数矩阵 P 求逆计算得到。

将式(5.100)转化为二阶偏微分方程:

$$\begin{cases} \dfrac{\partial^2 U}{\partial x^2} = LC \dfrac{\partial^2 U}{\partial t^2} \\ \dfrac{\partial^2 I}{\partial x^2} = CL \dfrac{\partial^2 I}{\partial t^2} \end{cases} \tag{5.101}$$

以上方程和单导线波动方程在形式上相似。

求解多导线线路波过程的基本方法是运用矩阵特征值和特征向量原理,采用矩阵相似变换,将波动方程(5.101)中 LC 或 CL 转换为对角阵。变换以后的波动方程变成 n 个互相独立的模量上的波动方程,因此就可以采用求解单导线波过程的 Bergeron 计算方法,分别对每个模量进行求解。得到模量上的波过程解以后再反变换到相量,得到相量上的波过程解。这种求解多导线线路上波过程的方法通常称作模变换方法,也称作相—模变换方法[10,12-15]。

设 S 和 Q 分别为多导线线路上电压和电流列向量 U 和 I 的变换矩阵,它们都属于 n 阶非奇异方阵,则可以有

$$\begin{cases} U = S U_m \\ I = Q I_m \end{cases} \tag{5.102}$$

式中,U_m 和 I_m 分别为模量上的电压和电流列向量。以上表达式也可以写成另外的形式:

$$\begin{cases} U_m = S^{-1} U \\ I_m = Q^{-1} I \end{cases} \tag{5.103}$$

将式(5.103)代入波动方程(5.101),就可以得到模量上的波动方程:

$$\begin{cases} \dfrac{\partial^2 \boldsymbol{U}_m}{\partial x^2} = \boldsymbol{S}^{-1}\boldsymbol{LCS}\dfrac{\partial^2 \boldsymbol{U}_m}{\partial t^2} \\ \dfrac{\partial^2 \boldsymbol{I}_m}{\partial x^2} = \boldsymbol{Q}^{-1}\boldsymbol{CLQ}\dfrac{\partial^2 \boldsymbol{I}_m}{\partial t^2} \end{cases} \quad (5.104)$$

模变换就是要选取一定的模变换矩阵 $\boldsymbol{S}$ 和 $\boldsymbol{Q}$ 对矩阵乘积 $\boldsymbol{LC}$ 和 $\boldsymbol{CL}$ 分别进行相似变换,成为对角阵:

$$\begin{cases} \boldsymbol{S}^{-1}\boldsymbol{LCS} = \boldsymbol{\Lambda}_u \\ \boldsymbol{Q}^{-1}\boldsymbol{CLQ} = \boldsymbol{\Lambda}_i \end{cases} \quad (5.105)$$

式中,$\boldsymbol{\Lambda}_u$ 和 $\boldsymbol{\Lambda}_i$ 分别为电压和电流对角线矩阵,其对角线元素分别为 λ_{u1}、λ_{u2},…,λ_{un} 和 λ_{i1}、λ_{i2},…,λ_{in}。

根据矩阵的特征值和特征向量原理,$\boldsymbol{\Lambda}_u$ 和 $\boldsymbol{\Lambda}_i$ 的对角线元素分别为 $\boldsymbol{LC}$ 和 $\boldsymbol{CL}$ 的特征值,而变换矩阵 $\boldsymbol{S}$ 和 $\boldsymbol{Q}$ 的第 i 个列向量分别对应于 $\boldsymbol{\Lambda}_u$ 和 $\boldsymbol{\Lambda}_i$ 的第 i 个对角线元素的特征向量,各向量之间线性无关。

将相似变换公式(5.105)代入式(5.104),可以得到:

$$\begin{cases} \dfrac{\partial^2 \boldsymbol{U}_m}{\partial x^2} = \boldsymbol{\Lambda}_u \dfrac{\partial^2 \boldsymbol{U}_m}{\partial t^2} \\ \dfrac{\partial^2 \boldsymbol{I}_m}{\partial x^2} = \boldsymbol{\Lambda}_i \dfrac{\partial^2 \boldsymbol{I}_m}{\partial t^2} \end{cases} \quad (5.106)$$

在以上模量上的波动方程中,因为 $\boldsymbol{\Lambda}_u$ 和 $\boldsymbol{\Lambda}_i$ 都是对角阵,所以经过模变换以后,可以将在相量上相互之间有电磁联系的多导线线路上的波过程简化为 n 个相互独立的模量上相当于单导线的波过程。

关于雷电电磁暂态数值计算方法可详见文献[2]。

5.8 输电线路的防雷保护措施

5.8.1 防雷措施分类

GB 50064 规定,有地线的输电线路的反击耐雷水平见表 5.1。如果无法达到要求或需要进一步提高线路的防雷性能则需要因地制宜,采取差异化的防雷措施。

输电线路防雷措施主要有如下几类[16]:

(1) 装设避雷线;
(2) 降低杆塔接地电阻;
(3) 加装耦合地线;
(4) 加强绝缘;
(5) 安装引弧角;
(6) 采用不平衡绝缘方式(差绝缘);
(7) 装设自动重合闸;
(8) 安装线路避雷器。

5.8 输电线路的防雷保护措施

输电线路雷电防护措施可分为两类。一类是堵的方法,即不让输电线路闪络,措施包括加避雷线、降低接地电阻、增强绝缘、加装耦合地线、安装线路避雷器等。对于同塔多回线路,则采用不平衡绝缘方式,牺牲一回线路来保障其他回路正常工作。另一类是疏的方法,与绝缘子并联一个引弧角,将雷击闪络在其上发生,同时也将在绝缘子表面闪络形成的续流电弧引开,防止雷击闪络时的续流在绝缘子表面燃烧而烧毁绝缘子,交流线路通过自动重合闸来切除故障,直流系统则通过换流阀的降压运行来切除。我国线路防雷遵循的是堵的方法,国外则主要遵循的是疏的方法。

输电线路雷击闪络后,经自动重合闸装置消除工频续流,可以继续运行。只有出现自动重合闸无法消除的永久性故障时线路才退出运行。输电线路采用哪一类防雷措施主要是由电力运行部门对雷害事故的考核方式决定的。我国目前考核的是雷击闪络率。而欧美、日本等国际上大多数国家考核的都是雷击故障率。较为常见的防雷措施有如下几种。

(1) 安装引弧角。可以与绝缘子并联一个引弧角来避免雷击闪络时续流在绝缘子表面燃烧而烧毁绝缘子。国外输电线路上的引弧角的雷电放电电压一般为绝缘子的80%,这样可确保雷击闪络发生在引弧角上,避免绝缘子被烧毁。这种设计思想导致绝缘子片数增加从而增加线路造价,但可实现线路闪络故障后不用寻线,减轻电力工人的劳动强度。

在我国已有线路上推广使用引弧角,无法增加绝缘子。为了不降低线路绝缘强度,引弧角间隙的长度与绝缘子基本一致,雷电放电电压略低于绝缘子,这时雷击闪络可能在绝缘子表面形成。目前的设计思路是通过优化间隙形状,将雷击后的续流电弧在电动力的作用下引到引弧角的间隙上燃烧,从而保护绝缘子。

(2) 架设耦合地线。耦合地线为在线路杆塔不同位置布置的接地线。可以加强地线对导线的耦合,同时起分流作用,使线路绝缘上的过电压降低。运行经验表明,耦合地线可将线路雷击跳闸率降低50%左右,效果显著。

(3) 加强绝缘。对于大跨越高杆塔地段等特殊线段,落雷机会增多;塔高等值电感大,塔顶电位高;感应过电压高;绕击的最大雷电流幅值大,绕击率高。这些都增加了线路的雷击跳闸率。可以在高杆塔上增加绝缘子串的片数,加大跨档距的导、地线之间的距离,以加强线路绝缘。雷击高风险杆塔宜采用加强绝缘措施[6],对于雷击风险等级Ⅲ地区的线路,可将220kV以上线路的绝缘子(串)长度增加10%~15%;220kV及以下单回线路的绝缘子(串)长度增加10%~15%,220kV及以下同塔双回线路的一回增加15%左右,而另一回不变,构成不平衡绝缘。对于雷击风险等级Ⅳ地区的线路,可将220kV以上线路的绝缘子(串)长度增加20%;220kV及以下单回线路的绝缘子(串)长度增加20%,220kV及以下同塔双回线路的一回增加15%左右,而另一回不变,构成不平衡绝缘。

(4) 采用不平衡绝缘方式。为了降低雷击时同塔双回路的同时跳闸率,可考虑采用不平衡绝缘方式,一般将一回线路的绝缘子片数增加。雷击时绝缘子片数少的回路先闪络,闪络后的导线相当于地线,增加了对另一回路导线的耦合作用,使其耐雷水平提高不再发生闪络,保证一回线路供电。

(5) 安装线路避雷器。在输电线路上与绝缘子串并联安装线路避雷器,在交流系统中已被证明是最有效的防雷措施。其基本原理是雷击时通过限制绝缘子两端的电位差,从而避免被保护的绝缘子串的闪络。缺点是保护范围小,一般只能保护左、右各半个档距。因此,线路避雷器一般安装在雷电活动比较强或土壤电阻率高的线段杆塔上。目前直流系统的电压等级一般都在±500kV及以上,电压等级高,直流避雷器造价高于交流避雷器,因此，线路避雷器目前在直流线路上应用相对较少，但目前已在400~±1000kV直流线路上安装线路避雷器。

以上防雷措施除耦合地线外，将会在后面的章节详细介绍。

5.8.2 耦合地线

除了安装接地线外，在线路不同位置增加耦合地线也可以提高线路的反击耐雷水平，降低反击跳闸率[17-19]。耦合地线一般主要应用于接地电阻较高的线路。耦合地线提高耐雷水平的机理包括两方面。一方面，耦合地线可以增加导线和地线间的耦合作用，雷击塔顶时在导线上产生更高的感应电压，从而减小绝缘子串承受的冲击电压；另一方面，耦合地线可以降低杆塔的分流系数，特别是在接地电阻较高时，可使雷电流易于通过邻近杆塔的接地装置散流，从而降低塔顶电位。无论在高、低土壤电阻率地区，耦合地线都可以显著提高杆塔绝缘的耐雷水平。220kV单避雷线的新杭线Ⅰ回线路在1963年安装了一条耦合地线，长期的监测表明，平均接地电阻为16.8Ω，单避雷线的分流百分数为19.2%，耦合地线的分流百分数为15.2%，即耦合地线中的分流是单避雷线的79.2%。同时，安装耦合地线还能适当地降低雷电的绕击作用。对一条220kV典型线路进行计算，增加一条耦合地线后，线路的耐雷水平增大7%~13%，线路的反击跳闸率减小15%~30%。

耦合地线架设方式的不同对线路反击耐雷性能将产生不同的影响。耦合地线应用中的一个主要问题是要校核耦合地线和相导线之间的距离，特别是要考虑风偏后的距离，防止发生耦合地线和导线之间的工频闪络。对于220kV同塔4回线路及220/500kV同塔4回线路来说，可以采用两种耦合地线方式，一是在最上层横担中央架设一条耦合地线（相当于三条避雷线），二是在最下层横担中央处架设一条耦合地线。针对220kV同塔4回线路杆塔，对采用不同耦合地线架设方式时的线路反击耐雷水平进行了对比计算，结果见表5.6。

表5.6 不同耦合地线方式对典型220kV同塔4回杆塔耐雷水平的影响

耦合地线方式		不同接地电阻的耐雷水平/kA					
		5Ω	10Ω	15Ω	20Ω	25Ω	30Ω
无	单回	117	97	78	64	56	50
	双回	131	104	78	64	56	50
	3回	187	106	84	72	65	58
	4回	189	108	86	74	66	60
上层横担耦合地线	单回	140	110	86	70	60	54
	双回	158	110	86	70	60	54
	3回	184	120	88	74	68	62
	4回	192	126	88	76	68	62
中层横担耦合地线	单回	136	112	86	70	60	54
	双回	152	112	86	70	60	54
	3回	188	114	88	74	68	62
	4回	194	114	88	76	68	62
下层横担耦合地线	单回	130	110	86	70	60	54
	双回	146	110	86	70	60	54
	3回	188	112	88	74	68	62
	4回	194	124	88	76	68	62

续表

耦合地线方式		不同接地电阻的耐雷水平/kA					
		5Ω	10Ω	15Ω	20Ω	25Ω	30Ω
上下层横担耦合地线	单回	160	122	90	76	64	58
	双回	181	122	90	76	64	58
	3回	188	135	92	78	68	62
	4回	195	140	92	80	70	64

分析表明,采用下层横担耦合地线与上层横担耦合地线比较,其保护与作用范围不同。采用下层横担耦合地线方案,可有效提高下层两回线路耐雷水平;采用上层横担耦合地线方案则能有效提高上层两回线路耐雷水平。在安装上层横担耦合地线后,由于耦合地线对上层线路的分流保护作用,接地电阻较大时,下层两回线路率先闪络。比较不同接地电阻的计算结果发现,在接地电阻较小时,耦合地线起到的作用更好。较大的接地电阻下,耦合地线起到的作用有限。对于提高双回和多回耐雷水平,较好的安装耦合地线方案是在下层安装耦合地线。若成本允许,则在上下两层均安装耦合地线效果更好。

目前,耦合地线在我国主要用于已有线路防雷性能的改善。但从总体效果来讲,采用耦合地线对改善耐雷水平的效果不太明显,与增加两片绝缘子的作用基本相同。而从增加耦合地线的经济性来看,其费用远远超过增加绝缘子片数等措施。增加耦合地线的费用包括增加耦合地线的材料和施工费用,以及杆塔基础和重量增加的费用等。日本电力中央研究院对500kV同杆双回线路的计算结果见表5.7。表5.7中 L 为当前条件下绝缘子串长;杆塔应力和铁塔重量单位为吨;并以当前条件下故障率100%、总费用为1来描述改造前后的效果和费用情况。可以看出,在雷击性能改善效果相似情况下,采用耦合地线的总费用约为增加绝缘的4.5倍。因此在使用耦合地线时应对效果和费用做综合比较,多数情况下该方法的性价比较低,从技术经济的角度不推荐采用耦合地线。另外,增加耦合地线时还要考虑增加耦合地线带来的杆塔力学问题。

表5.7 500kV同杆双回线路增加耦合地线和增加绝缘强度的防雷效果比较

线路名称	措施	杆塔基础应力/t	铁塔质量/t	费用系数	总故障率/%	单回故障率/%	双回故障率/%
太平洋侧500kV同杆双回线路	当前条件	204.1	75.9	1.00	100	100	100
	$L+0.5m$	210.0	77.1	1.01	76	83	51
	$L+1m$	215.9	78.3	1.03	61	71	26
	耦合地线	213.8	86.4	1.09	84	94	37
日本海侧500kV同杆双回线路	当前条件	209.0	81.0	1.00	100	100	100
	$L+0.5m$	214.6	83.5	1.02	86	91	60
	$L+1m$	220.2	86.0	1.04	73	82	33
	耦合地线	218.8	92.8	1.09	64	72	37

5.8.3 防雷措施的综合决策

防雷措施应因地制宜。要在充分调研沿线雷电活动、地形、地质等条件的基础上,分析各种防雷措施的应用效果。不同防雷措施适用不同的场景。防雷措施需要从技术、经济两方面来考虑,主要因素包括防雷改进效果、改造费用、运行维护、对系统运行的影响等。不同特点的线路对于每个因素的重视程度不同,因而采用的防雷措施也不同。防雷措施的选择要强调地域性,关注不同地区防雷技术的差异化。可以采用工程决策理论及统计理论来确定分析不同措施在不同地区线路、不同杆塔的防雷效果。

层次分析法的思路是将要解决的问题分层系列化。首先,根据问题的性质和要达到的目标,将问题分解为不同的组成因素,按照因素之间的相互影响和隶属关系将其分层聚类组合,形成一个递阶的、有序的层次结构模型。其次,对模型中每一层次因素的相对重要性,依据人们对客观现实的判断给予定量表示,再利用数学方法确定每一层次全部因素相对重要性次序的权值。最后,通过综合计算各层因素相对重要性的权值,得到最低层(方案层)相对于最高层(总目标)的相对重要性次序的组合权值,以此作为评价和选择方案的依据[16,20]。

层次分析法又称多目标决策方法,如图 5.34[16]所示。其用于输电线路防雷分析的基本原理是对不同措施的防雷效果、费用、施工难度、运行维护等进行综合评估,得出不同线段的推荐防雷措施。多目标决策分析的基本信息包括两部分:其一是各种方案对判断准则的权重,通常由决策矩阵表示;其二是决策目标对各种准则的敏感性及关注程度,一般表示为各准则对目标的权重。对于多数实际情况,每一种方案(准则)对特定准则(目标)的权重是无法准确给出的。这种情况下要求决策者给出各种方案(准则)两两之间权重的比较结果,形成判断矩阵,再通过线性最小二乘或求解特征向量的方法确定每种方案权重。

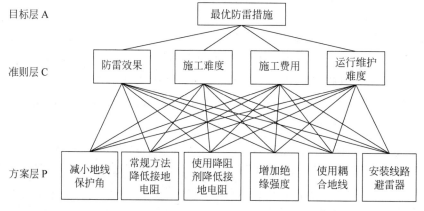

图 5.34　防雷措施综合确定的多目标决策方法[16]

层次分析法将复杂工程决策过程层次化、数量化,通过分层递阶结构对各种方案进行评价。其优点是能将定性分析与定量分析相结合,最终给出各个方案的权重关系;缺点是在对方案两两比较过程中主观性较大,可能造成决策信息丢失。

在获得基本决策信息的基础上,需结合对决策结果的要求,选择适当的决策方法进行分析,得到指导性结论。输电线路防雷措施的决策还可以采用如下几种分析方法对问题进行研究。

(1) 逼近于理想解的排序法。一种近似于简单加权法的决策方法。该方法通过设想使各项准则都达到最优(最劣)的"理想解"和"负理想解",然后在目标空间上按各方案与最优解的距离进行排序,最终获得各种措施的优先关系。该方法的优点是可以通过规范化处理,直接应用决策信息,不会造成信息丢失;缺点是对加权过程的处理比较简化,得到的定量结果指导意义不强。

(2) 线形分配法。线形分配法最突出的特点是所需要的信息量比较少。它不需要给出决策矩阵,只要知道各方案对每种准则的优先次序即可进行决策判断。该方法可作为层次分析法和排序法的补充,在已知信息不足的情况下对各种措施进行优先判断。应用多目标工程决策方法可以合理推荐不同地区的防雷措施。

(3) 贝叶斯统计方法。该方法通过对数据进行概率分析生成分类器(决策规则),来对新数据依据概率的方法进行分类,考虑防雷措施的技术经济性指标,将防雷措施按照被推荐的程度进行排序,实现对输电线路各基杆塔的防雷措施配置的优化选择。

以 500kV 直线猫头塔为例,山区线路局部地形对绕击跳闸率有明显影响,因此分析中考虑两种典型地形情况:山坡外侧线路(地面倾角为 20°)和跨越山谷线路(山谷深度为 40m)。设土壤电阻率为 1000Ω·m(杆塔接地电阻为 15Ω),绝缘水平取 28 片 160kN 瓷绝缘子。采用各种防雷措施后的雷击跳闸率如图 5.35 所示(计算时雷电日为 80 日)。可见,

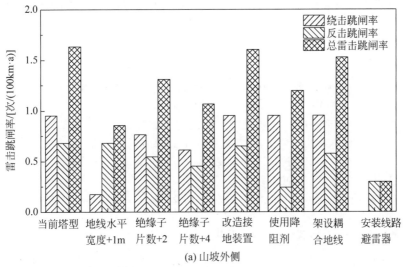

(a) 山坡外侧

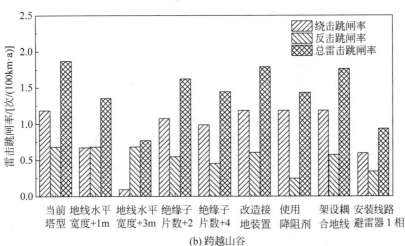

(b) 跨越山谷

图 5.35　500kV 直线猫头塔采用各种防雷措施的效果[16]

无论是山坡外侧线路还是跨越山谷线路,从雷击跳闸率的改进效果来看,作用最为明显的是线路避雷器,其次为减小保护角、降低杆塔接地电阻和增加绝缘强度。不同地区实现不同措施的费用不同,可以根据不同措施的实施费用,分析得到不同塔型及不同地形条件下采用各种防雷措施的效果与费用之比,从而从技术、经济角度确定不同区域应采用的防雷措施。

防雷分析及防雷措施的选择是一项"细致活",应逐基杆塔建立微地形特性,结合雷电参数的地域特性,综合评估线路的防雷特性和防雷措施的有效性,因地制宜,提出不同区域线段的防雷措施。对于已投运的输电线路,减小屏蔽角、提高绝缘水平等措施受到杆塔结构的限制,最有效的方法是安装线路避雷器。因此,应在输电线路设计时一步到位,充分考虑线路的防雷问题。对于新建线路,减小输电线路的雷击故障的一般方法是尽量减小避雷线的屏蔽角,降低杆塔接地装置的冲击接地电阻,适量安装线路避雷器。

对 500kV 以下的输电线路,改善杆塔接地装置的雷电冲击特性能有效改善线路的防雷性能。对于不同电压等级的输电线路,安装线路避雷器都是最为有效的线路防雷措施,可实现 100% 消除被保护线段的雷击跳闸事故。但线路避雷器的保护范围有限,其应用的投资较高。在不可能全线安装线路避雷器时,应充分利用雷电定位系统开展线路避雷器的选址。

参考文献

[1] 张纬钹,何金良,高玉明. 过电压防护及绝缘配合[M]. 北京:清华大学出版社,2002.
[2] 何金良. 时频电磁暂态分析理论与方法[M]. 北京:清华大学出版社,2015.
[3] 何金良,曾嵘. 配电线路雷电防护[M] 北京:清华大学出版社,2013.
[4] GB/T 50064—2014. 交流电气装置的过电压保护和绝缘配合设计规范[S].
[5] GB/Z 24842—2009. 1000kV 特高压交流输变电工程过电压和绝缘配合[S].
[6] Q/GDW 11452—2015. 架空输电线路防雷导则[S].
[7] 耿屹楠,曾嵘,李雨,等. 输电线路防雷性能评估中的复杂地形地区模型[J]. 高电压技术,2010,36(6):1501-1505.
[8] 何金良. ±800kV 云广特高压直流线路雷电防护特性(特约专稿)[J]. 南方电网技术,2013,7(1):21-27.
[9] 曾嵘,何金良,陈水明. 输电线路雷电防护技术研究(二):分析方法[J]. 高电压技术,2009,35(12):2910-2916.
[10] DOMMEL H W. Digital computer solution of electromagnetic transients in single and multiphase networks[J]. IEEE Transactions on Power Apparatus and System,1969,88(4):388-399.
[11] ZENG R,KANG P,ZHANG B,et al. Lightning transient performances analysis of substation based on complete transmission line model of power network and grounding systems[J]. IEEE Transactions on Magnetics,2006,24(4):875-878.
[12] NAREDO J L. The effect of corona on wave propagation on transmission lines[D]. Vancouver,Canada:Department Electrical Engineering,University of British Columbia,1992.
[13] 吴维韩,张芳榴,等. 电力系统过电压数值计算[M]. 北京:科学出版社,1989.
[14] DOMMEL H W. Transformer models in the simulation of electromagnetic transients[C]// Proceedings of the 5th Power Systems Computation Conference,Cambridge,England,1975.
[15] BRANDWAJN V,DOMMEL H W,DOMMEL I I. Matrix representation of three-phase N-winding transformer for steady-state and transient studies[J]. IEEE Transactions on Power Apparatus and Systems,1982,101(6):1369-1378.

[16] 王希,李振,彭向阳,等.耦合地线架设位置及根数对500/220kV同塔4回线路防雷特性影响[J].高电压技术,2012,38(4):863-867.
[17] WANG X,LI Z,HE J L. Impact of coupling ground wire on lightning protection effect of multi-circuit tower[C]//Proceedings of International Conference of Lightning Protection(ICLP2012),Vienna,Austria,2012.
[18] WANG X,LI Z,HE J L. Improving the lightning protection effect of multi-circuit tower by installing coupling ground wire[J]. Electric Power Systems Research,2014,113(SI):213-219.
[19] 何金良,曾嵘,陈水明.输电线路雷电防护技术研究(三):防护措施[J].高电压技术,2009,35(12):2917-2923.
[20] 张志劲,孙才新,蒋兴良,等.层次分析法在输电线路综合防雷措施评估中的应用[J].电网技术,2005,29(14):68-72.

第 6 章
输电线路雷电绕击防护

雷击输电线路包括雷击塔顶、雷击避雷线和雷电绕击导线。输电线路直击雷防护的基本措施是安装避雷线(架空地线),通过避雷线来拦截雷电,经杆塔流入大地;其次是通过避雷线位置的优化,防止雷电绕击导线而造成的雷电绕击闪络。

如图 6.1 所示,雷击输电线路过程实际上是地线、导线及地的三方竞争,从三者中产生的上行先导,哪个先与雷电下行先导连接,决定了雷击位置。输电线路雷击分析方法的研究经历了经验公式、电气几何模型到数值计算方法(包括先导发展模型及分形模型)的过程。另外,在实验室开展的雷击输电线路实验对于上行先导的认识也起到了很好的促进作用。大量的研究成果已总结在 CIGRE 技术导则 704 中[1]。本章主要介绍输电线路雷电绕击评估的主要分析方法。

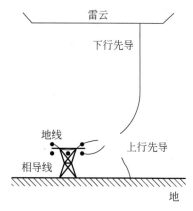

图 6.1 雷击输电线路

6.1 避雷线保护

6.1.1 避雷线的保护原理

富兰克林于 1752 年发明了避雷针,想法源于"尖端物体容易被雷击",后来出现了采用避雷线来防止大尺寸的物体(如建筑物、输电线路)被雷击的方法。

避雷线的保护原理是,当雷云放电接近地面时,使地面电场发生畸变。避雷线上会形成局部电场集中的空间,可以影响雷电先导放电的发展方向,引导雷电向避雷线放电,再通过接地引下线和接地装置将雷电流引入大地,从而使被保护物体免遭雷击。虽然避雷线的高度比较高(必须高于被保护物体),但在雷云—大地这个高达几千米、方圆几十千米的大电场内的影响是很有限的。雷云在高空随机漂移,先导放电的开始阶段随机地向任意方向发展,不受地面物体的影响。如第 1 章所述,当雷电下行先导发展到某一高度时才会朝地面某物体定向发展,此时地面物体产生了向上发展的上行先导,当下行先导和上行先导头部之间的电位差达到空气间隙的临界击穿电压时,二者之间的空气间隙击穿,形成末跃,下行先导与上行先导汇合形成雷击。一般简单地认为,当先导放电向地面发展到某一高度 H 以后,才会在一定范围内受到避雷线的影响,对避雷线放电。H 称为定向高度,与避雷针的高度 h 有关。据模拟实验,当 $h \leqslant 30\mathrm{m}$ 时,$H \approx 20h$;当 $h < 30\mathrm{m}$ 时,$H \approx 600\mathrm{m}$[2]。

6.1.2 避雷线的保护范围

避雷线(架空地线)的保护原理与避雷针相同,但其对雷云与大地电场的畸变影响比避雷针小。所以引雷作用和保护宽度比避雷针要小。避雷线主要保护输电线路,也可保护发变电站。近年来许多国家采用避雷线保护 500kV 及以上的变电站。

图 6.2 为单根避雷线的保护范围示意图。避雷线高度不大于 30m 时,图中的 $\theta = 25°$。设避雷线高度为 h,被保护物体高度为 h_x,则避雷针的有效高度为 $h_a = h - h_x$,在 h_x 高度时避雷线每侧的保护范围 r_x 的计算公式如下[3]。

当 $h_x \geqslant h/2$ 时:
$$r_x = 0.47(h - h_x)p = 0.47 h_a p \quad (6.1)$$
当 $h_x \leqslant h/2$ 时:
$$r_x = (h - 1.53 h_x)p \quad (6.2)$$
式中,p 为考虑避雷线高度影响的校正系数,$h \leqslant 30\mathrm{m}$ 时,$p=1$;$30\mathrm{m} < h \leqslant 120\mathrm{m}$ 时,$p = 5.5/\sqrt{h}$。

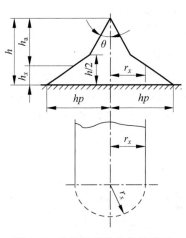

图 6.2 单根避雷线的保护范围

对于两根避雷线,如图 6.3 所示,避雷线外侧的保护范围按单根避雷线的计算方法确定。两避雷线之间各横截面的保护范围应由通过两避雷线及保护范围边缘最低点 O 的圆弧确定,圆弧半径为 R_o。O 点的高度按下式进行计算:
$$h_o = h - \frac{D}{4p} \quad (6.3)$$
式中,D 为两避雷线间的距离。两侧的保护宽度为 $2r_x$:
$$r_x = 1.5(h_o - h_x) \quad (6.4)$$

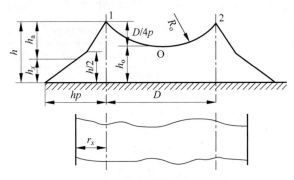

图 6.3 两根等高避雷线的保护范围

两避雷线端部的外侧保护范围按单根避雷线保护范围计算。两线间端部保护最小宽度 b_x 应按下列方法确定。

当 $h_x \geqslant h/2$ 时:

$$b_x = 0.47(h_o - h_x)p \tag{6.5}$$

当 $h_x \leqslant h/2$ 时：

$$b_x = (h_o - 1.53h_x)p \tag{6.6}$$

6.1.3 避雷线保护角

采用避雷线保护输电线路时，常用保护角来表示避雷线对导线的保护效果。如图 6.4 所示，保护角指避雷线和导线的连线与过避雷线和地面的垂直线之间的夹角 α，当避雷线位于导线内侧时为正保护角，当避雷线位于导线的外侧时则为负保护角。对于低电压等级的输电线路，保护角取 20°～30°时就认为导线处于避雷线保护范围内。而随着电压等级的提高，需要采用负保护角才能对导线形成有效屏蔽。

GB 50064 规定，少雷区除外的其他地区 220kV 及以上电压等级线路应沿全线架设双避雷线。110kV 线路可沿全线架设地线，在山区和强雷区，宜架设双地线。在少雷区可不沿全线加装避雷线，但应装设自动重合闸装置。杆塔处避雷线对边导线的保护角应符合下列要求[3]：

(1) 对于单回路，330kV 及以下线路的保护角不宜大于 15°，500～750kV 线路的保护角不宜大于 10°。

(2) 对于同塔双回或多回线路，110kV 线路的保护角不宜大于 10°，220kV 及以上线路的保护角不宜大于 0°。

(3) 单地线线路保护角不宜大于 25°。

(4) 重覆冰线路的保护角可适当加大。

(5) 多雷区和强雷区的线路可采用负保护角。

双避雷线线路，杆塔处两根避雷线之间的距离不应大于导线与地线间垂直距离的 5 倍。

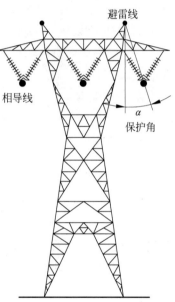

图 6.4 避雷线的保护角

雷击高风险杆塔，绕、反击跳闸率比值大于 0.8 时，保护角宜按照表 6.1 选取。减小保护角后杆塔上两根地线之间的距离不应超过导线与地线间垂直距离的 5 倍。

表 6.1 重要线路雷击高风险杆塔保护角[3]

电压等级/kV	回路形式	保护角/(°)
110～750	单回	≤5
	同塔双(多)回	≤0
1000	单回	≤-4
	同塔双(多)回	≤-5
±400	—	≤5
±500	单回	≤5
	同塔双(多)回	≤0
±660		≤0
±800		≤-10
±1100		≤-10[4]

统计广东省 2001—2008 年的 110~500kV 输电线路的雷击数据,可以发现保护角对线路雷击跳闸率有明显影响。500kV、220kV、110kV 线路保护角小于 15°占比分别为 92.4%、56.2%、30.9%,见表 6.2。在相同保护角范围内,随电压等级和杆塔高度增加,线路跳闸(主要是绕击)比例明显增加。

表 6.2 雷击跳闸地线保护角分布

保护角/(°)	500kV		220kV		110kV	
	跳闸/次	占比/%	跳闸/次	占比/%	跳闸/次	占比/%
$\alpha<10$	6	46.2	9	8.8	37	10.5
$10\leqslant\alpha<15$	6	46.2	47	47.4	72	20.4
$15\leqslant\alpha<20$	0	0.0	25	25.4	135	38.4
$20\leqslant\alpha<25$	1	7.7	17	16.7	86	24.5
$\alpha\geqslant 25$	0	0.0	2	1.8	22	6.2

6.1.4 绕击率

绕击概率简称绕击率,指一次雷击线路出现绕击的比率。根据模拟实验与运行经验,绕击率与避雷线对外围导线的保护角、杆塔的高度以及沿线路的地形、地貌及地质条件有关。

最初对于输电线路的绕击分析是通过实验室的模拟实验得到的。后来各国学者根据运行经验和研究,提出了不同的经验公式。苏联学者 Костенко 和 Бургсдорф 分别在 1949 年和 1958 年提出了与保护角相关的绕击率计算经验公式[5]。Костенко 经过进一步的研究发现,绕击率不仅与保护角有关,而且与杆塔高度有关,又于 1961 年提出了与避雷线保护角和杆塔高度相关的绕击率计算公式。我国学者在线路绕击率方面积累了大量的实测和运行数据,根据 110~220kV 线路长期积累的运行数据,提出了平地和山区线路的绕击率计算公式[6]。

平原地区线路绕击率 P_α:

$$\lg P_\alpha = \alpha \frac{\sqrt{h}}{86} - 3.90 \tag{6.7}$$

山区线路绕击率绕击率 P_α:

$$\lg P_\alpha = \alpha \frac{\sqrt{h}}{86} - 3.35 \tag{6.8}$$

式中,P_α 为线路雷电绕击率;α 为避雷线保护角,单位为°;h 为杆塔高度,单位为 m。

在很长的一段时间里,我国一直推荐应用以上两个公式来计算线路的雷电绕击率,并写入相关规程。公式体现了绕击率和地线保护角及线路高度相关。

6.2 电气几何模型

6.2.1 电气几何模型的基本原理

电气几何模型是指将雷电的放电特性与线路的结构尺寸联系起来而建立的一种几何计算模型。电气几何模型采用击距作为基本的雷电拦截参数。击距是指由雷云向地面发展的先导放电通道头部与被击物体之间的临界击穿距离,即雷电下行先导与被击物体间满足发生末跃条件时,下行先导头部与导体(或结构)上的雷击点之间的距离。闪电击中物体的最后阶段主要由下行先导头端与地面物体之间间隙中的平均电场控制。自 20 世纪 60 年代以来,击距已被广泛用于架空输电线路的雷电绕击分析。

一般认为 Armstrong、Whitehead 和 Brown 在 1968 年提出了电气几何模型[7-8]。我国学者朱木美在 1963 年通过模拟实验提出了与 Whitehead 等的电气几何模型相似的模型[9-11]。但早在 1945 年,为了评估避雷线提供的保护并计算输电线路的雷击概率,Golde 就提出了雷击电气几何理论[12],认为雷击地面物体的必要条件是地面物体上产生上行流注的同时,下行先导与该物体之间的空气间隙满足击穿条件,假设当接地物体表面场强足够在接地物体上产生上行流注放电时,认为雷电先导将击中该物体。假设先导通道中电荷呈指数分布,他提出了一种数值方法,用于估计下行雷电先导下方的电场,它是先导通道中电荷的函数。在雷电下行先导发展过程中,地面电场持续增大。在 Golde 后来的研究中[13-14],考虑先导通道中电荷与回击电流有关,给出了击距和回击电流之间的关系图。随后,从 20 世纪 60 年代开始,不同学者提出了不同击距计算公式,旨在提供一种工程工具,用于评估架空输电线路屏蔽雷击相导线的有效性。尽管这些模型背后的动机是为了弥补屏蔽设计缺陷[15-16],但电气几何模型对我们理解雷电连接到线路导体的机理做出了重大贡献。

电气几何模型以雷电先导电位和相应的对避雷线、导线及大地的击距来判定雷击位置。在由雷云向地面发展的先导放电通道头部到达被击物体的击距以前,击中点是不确定的。一般认为闪电梯级先导垂直下降,不受地面物体干扰,直到它到达一个识别点,在该点与最有可能被击中的地面物体的距离等于击距距离。若雷电下行先导头部未进入避雷线、导线或大地的击距范围内,则向地面发展的先导维持向下的发展方向;若首先进入某一物体的击距范围,则雷击该物体。电气几何模型忽略了雷击物体最后阶段之前的物理过程,尽管它很简单,但能够直接估计地面物体对下行先导的吸引能力。

为了更好地模拟下行先导发展过程,假定先导接近地面时入射角 ψ 服从某一给定的概率分布函数,垂直方向落雷密度最大时,水平方向落雷密度下降到零。具体分布函数根据现场经验确定。对于较高杆塔,先导入射角 ψ 的概率分布密度函数可按下式计算[2]:

$$P_g(\psi) = 0.75\cos^3\psi \tag{6.9}$$

式中,先导入射角 ψ 的单位为°。

图 6.5 为电气几何模型计算线路导线、避雷线引雷宽度示意图,图中 ABDE 是利用地线击距 r_s、导线击距 r_c 和大地击距 r_g 作图绘制得到的连续曲线。当雷电先导头部落入 AB 弧面,雷电将击中地线,使导线得到保护,称弧 AB 为保护弧,保护弧 AB 在地平面的投影 A′B′ 被称为地线的引雷宽度 D_s。若先导头部融入 BD 弧面,则雷电击中导线,称弧 BD 为暴露弧,暴露弧在地平面的投影 B′D′ 被称为相导线引雷宽度 D_c。若先导头部融入 DE 平面,则雷电击中大地,称 DE 平面为大地捕雷面。

图 6.6 给出了电气几何法的应用示意图。对于幅值为 I_i 的雷电流,先分别计算出击距 r_s、r_g 和 r_c,以击距为半径,分别以避雷线 S 和导线 C 为中心画弧 A_iB_i 和 B_iD_i,相交于点 B_i;以 r_g 为对地距离,平行于地面画直线 D_iE_i,和 B_iD_i 相交于点 D_i。随着雷电流幅值增大,暴露弧 BD 逐渐缩小,当雷电流幅值增大到最大绕击导线电流 I_{max} 时,地线的保护弧与大地的捕雷面相交于 B_m 点,暴露弧 BD 缩小为 0,对应的导线引雷宽度 D_c 也缩小为 0,这

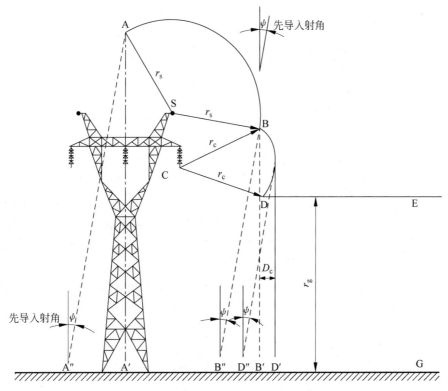

图 6.5 电气几何模型

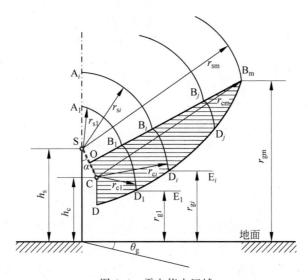

图 6.6 雷电绕击区域

时即不再发生绕击。减小保护角将导致雷电绕击导线的区域变小,甚至消失。整个空间分为 3 个区域,上部为雷击避雷线区,下部为雷击大地区,中间的条纹区域为雷电绕击导线区。当雷电先导头部进入条纹区域时,将发生雷击导线。如果雷电对避雷线和导线的击距相等,则 OB_m 线为地线与导线连线的中垂线,雷电先导头部在该线的下部时雷击导线,在其上部时雷击避雷线;弧段 DD_1B_m 上任一点满足到导线的距离为对导线的击距 r_c、到地的垂直距

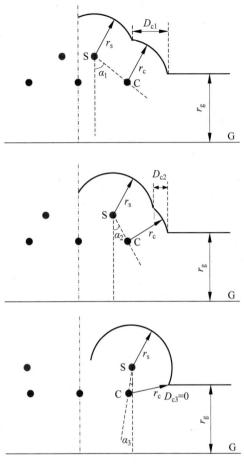

图 6.7　不同保护角对应的保护效果图

离为对大地击距 r_g。图中 h_s 和 h_c 分别为避雷线和导线对地高度。

如图 6.5 所示，利用电气几何模型计算线路导、地线的引雷宽度时，一般假设雷电先导垂直于大地入射，单侧地线的引雷宽度 D_s 为保护弧 AB 在大地上的垂直投影长度，即线段 A′B′ 的长度；单侧导线的引雷宽度 D_c 为暴露弧 B′D′ 在大地上的垂直投影长度，即线段 B′D′ 的长度。如果考虑到雷电先导以角度 ψ 入射时，应以角度为 ψ 的射线做弧段在大地上的投影，单侧地线的引雷宽度 D_s 为线段 A″B″ 的长度，导线引雷宽度 D_c 为线段 B″D″ 的长度。

如图 6.7 所示，随着避雷线外移，保护角减小，对应的导线引雷宽度 D_c 也减小。当避雷线处于导线外侧，呈负保护角 α_3 时，对应的导线引雷宽度 D_{c3} 缩小为 0，这时导线处于避雷线的完全保护之中。

如图 6.6 所示，如果地面存在倾角 θ_g，则同样可以简单地进行坐标旋转来进行分析，这里不再赘述。分析时，取档距内导线、地线的对地平均高度，有时还要计及风速的影响。

电气几何模型已广泛应用于输电线路的绕击分析。其主要问题在于研究者们根据不同的运行数据或仿真条件得到的击距公式不同，根据不同击距公式计算得到的输电线路绕击率相差较大，且各击距公式的适用条件不明确[17]。

6.2.2　雷电击距

1. 击距与雷电流的关系

电气几何模型基于雷电击距的概念，一般采用击距来定量描述雷击地面物体，当雷电下行先导头部与地面物体的距离小于等于雷电击距时，则雷击发生。击距的大小与先导头部的电位有关，因而与先导通道的电荷密度有关。后者又决定了随后出现的雷电流的幅值大小，所以认为击距是雷电流幅值的函数。研究者们采用简化的理论分析、实验室长间隙放电实验、仿真计算、雷击缩比实验等方法得到了击距与回击电流峰值、杆塔高度、运行电压等因素的关系。总体来说，电气几何模型是对复杂的物理过程的粗糙的工程模拟。

最早认为击距只与雷电流峰值有关。击距公式推导主要有两种思路。一是首先将下行先导电位 V_s 与回击电流峰值 I_m 联系起来，然后将击距 r_s 与下行先导电位 V_s 联系起来，从而得到击距公式 $r_s = f(I_m)$；二是首先假设下行先导通道的总电荷 Q、电荷在下行先导通道中的分布及上行先导的起始条件,从而得到击距 r_s 与先导通道总电荷 Q 的关系 $r_s = f(Q)$,再根据先导通道总电荷 Q 与回击电流峰值 I_m 关系的经验公式 $Q = f(I_m)$,得到击距 r_s 与回击电流峰值 I_m 的关系 $r_s = f(I_m)$。一般将击距和雷电流的关系表征为

$$r = A I_m^B \tag{6.10}$$

式中,I_m 为雷电流幅值,单位为 kA;r 为对物体的击距,单位为 m;A 和 B 为击距常数。

Wagner[18]在他的回击模型中推导出回击速度和雷电流之间的关系如图 6.8 所示。该模型使用建立放电所需的能量作为基础,该能量是通过棒—棒间隙的实验室测试确定的,并推导得到了下行先导的电位 V_s 是回击速度 v 的函数:

$$V_s = \frac{120v}{1 - 2.2v^2} \tag{6.11}$$

式中,V_s 的单位为 MV;v 的单位为以光速为基准的标幺值。

因此,为了估计预期雷电流的击距,可以从图 6.8 中估计回击速度(为相对光速的标幺值),然后借助式(6.11)计算下行先导的电位。击距等于该电位除以"临界击穿场强",即除以下行先导头端与地面物体之间间隙的平均击穿场强。假设雷击的最后阶段受长气隙的雷电冲击击穿特性控制,采用 600kV/m 作为"临界击穿场强"[19]。600kV/m 是击穿场强的上限,导致绕击分析结果偏于保守。击距越短,提供足够屏蔽以防止雷击相导线所需的屏蔽角越小。之后,Hileman[20]按照式(6.10)的形式,进一步得到了击距和雷电流幅值之间的关系,得出 $A = 14.2, B = 0.42$。

Young 等[22]修改了 Wagner 和 Hileman 模型,根据架空输电线路雷击性能的现场数据对其进行了校正。他们提出了新的回击速度—回击电流关系,如图 6.8 所示,临界击穿场强在 550~600kV/m 之间变化,当避雷线高度大于 18m 时降低。考虑到垂直向下的下行先导击于高塔的最后阶段与相对较长的棒—棒间隙的负击穿相似,由于棒—棒间隙击穿场强低于棒—板间隙,这种变化似乎是合理的。这项工作是对架空输电线路雷电性能的开创性研究,清楚地强调了输电线路随塔高增加而减小保护角的必要性。Young 等推导得到了下行先导对线路和对大地的击距(表 6.3)。

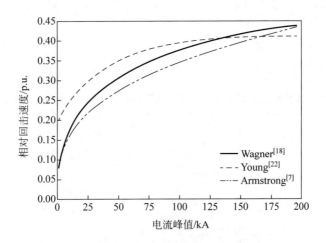

图 6.8 回击速度与回击电流峰值之间的关系[21]

在早期研究中,考虑到下行先导击中地面物体的最后阶段在性质上与实验室长间隙放电的最后跳跃阶段在许多方面是相似的,Armstrong 和 Whitehead[7]根据棒—棒长空气间隙的操作冲击放电实验结果及 Wagner 回击模型得到了击距公式。Armstrong 和 Whitehead 对 Wagner 回击模型[18]简化得到了回击电流与回击速度之间的关系如图 6.8 所示,拟合得到二者之间的关系:

$$I_m = 2400v^3 \quad (6.12)$$

进一步推导得到先导头部电位与回击电流峰值的关系:

$$V_s = 3.7 I_m^{2/3} \quad (6.13)$$

式中,V_s 为先导头部电位,单位为 MV;I_m 为回击电流峰值,单位为 kA。

Armstrong 和 Whitehead 比较 Watanabe[23]的棒—棒间隙波头时间为 180μs 的负极性操作冲击实验结果和 Paris[24] 120/4000μs 的负极性操作冲击实验结果,如图 6.9 所示,拟合得到如下关系式:

$$r_s = 1.4 V_s^{1.2} \quad (6.14)$$

式中,r_s 为间隙长度,单位为 m;V_s 为间隙放电电压,单位为 MV。

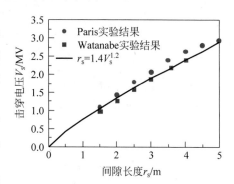

图 6.9 棒—棒间隙放电电压与间隙长度的关系[25]

以上实验中的间隙长度均不超过 5m。将式(6.14)外推以确定击距与先导头部电位的关系。

由式(6.13)和式(6.14)得到击距与回击电流峰值的关系:

$$r_s = 6.72 I_m^{0.8} \quad (6.15)$$

Armstrong 和 Whitehead 模型存在的主要问题:①棒电极的长度、施加电压的波头时间、环境条件等均影响间隙 50% 放电电压;②在确定击距与先导头部电位的关系时,将实验室结果进行简单外推,应用到防雷计算中没有充分的依据;③在击距公式推导过程中采用棒—棒间隙的实验结果,该实验结果更适合于分析雷击避雷针的情况,将其用于输电线路雷电绕击分析可能存在问题。

表 6.3 给出了相关学者推荐的如式(6.10)形式的对导线的击距公式中的常数 A 和 B 的取值。目前普遍采用的是 IEEE 标准推荐的 $A=10, B=0.65$[26]。

表 6.3 相关学者推荐的对导线的击距公式中的系数 A、B 和对地击距系数 γ 的取值

学 者	A	B	γ
Wagner[18-19,27]	14.2	0.42	1
Young[22]	27/γ	0.32	当 $h<18m$ 时,$\gamma=1$;当 $h>18m$ 时,$\gamma=(462-h)/444$
Armstrong,Whitehead[7]	6.72	0.80	0.9
Brown,Whitehead[8]	7.1	0.75	0.9
Love[28]	10	0.65	1
Whitehead[29]	9.4	0.67	1
Suzuki[30]	3.3	0.78	1

续表

学　者	A	B	γ
Anderson[31]、IEEE WG[32]	8	0.65	β_1
IEEE1410 标准[33]	8	0.65	0.9
IEEE1423 标准[26]	10	0.65	β_2

注：对于特高压线路，$\beta_1=0.64$，对于超高压线路 $\beta_1=0.8$，其他线路 $\beta_1=1$；导线对地高度 h 小于 40m 时，$\beta_2=0.36+0.17\ln(43-h)$；而当 $h>40\text{m}$ 时，$\beta_2=0.55$。

不考虑雷击物体形状和邻近效应等其他因素的影响时，一些学者认为导线击距 r_c、大地击距 r_g、地线击距 r_s 均等于 r，如式(6.10)所示。但一般认为对地线击距 r_s 与对导线击距 r_c 相等，而与对大地击距 r_g 不同。很多学者通过引入对大地的击距系数 γ 来描述大地击距和地线击距的比值：

$$r_g = \gamma r_s \tag{6.16}$$

式中，击距系数 γ 为线路处大地的地形和地质的综合影响系数。γ 值在 $0.6\sim1.0$ 的范围内。当地面有树、其他突起的易放电物或地面隆起时，γ 值接近于 1，但当地面平滑无突出的易放电物体时，雷击地面的击穿场强增大，γ 值减小。单回线路的 γ 值推荐为 0.8，对于同塔双回线路，下相取 0.8，上、中相取 0.7[4]。表 6.3 给出了相关学者推荐的 γ 取值。通过长间隙放电实验及模拟分析表明，击距系数随线路高度的增加而减小，除了采用表 6.3 中 IEEE1423 标准推荐的计算公式外，还可以采用下式计算[34]：

$$\gamma = 1.066 - \frac{h_s}{240.5} \tag{6.17}$$

图 6.10 为按表 6.3 中列出的不同电气几何模型预测的回击电流与对地击距的变化关系。尽管不同模型估计的击距存在显著差异，特别是随着雷电流的增加，差距更大，但电气几何模型依然被广泛应用于架空线路的防雷设计和运行分析。此外，Love 的击距被广泛应用于根据 IEC62305 标准[35]设计常见结构的防雷系统，该表达式将"滚球半径"与对应的可接受保护级别的回击电流值联系起来。IEEE 标准 1410[33]和 1243[26]采用电气几何模型来指导配电线路和架空线路的防雷设计。对前面介绍的传统电气几何模型的研究，包括 Anderson[31]、Mousa 和 Srivastava[36]等的研究进一步增进了学界对雷击地面物体机理的

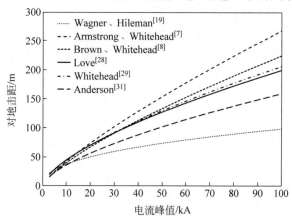

图 6.10　不同电气几何模型预测的回击电流与对地击距的变化关系[21]

理解。然而,在这个方向上,正如 Armstrong 和 Whitehead[7]早先认识到的那样,电气几何模型更应被视为一个试探性的步骤,随着现场数据的增加,它会得到进一步修正,以减小其预测与现场观测数据之间的差异。

日本的大量运行数据表明[37-39],高电压等级及同塔多回架空输电线路雷击数据的现场观测结果与传统的 EGM 计算结果不同。与传统方法计算的雷击率相比,特高压输电线路(500kV 电压等级运行)和 500kV 输电线路避雷线的实际雷击率分别高出约 5 倍和约 3 倍。Taniguchi 等提出了一种基于运行数据的改进 EGM 模型[40],改进的重点是参考最新的空气间隙击穿特性和回击速度分布来修正击距,另外也考虑了实际电流波形的分布。

击距公式 $r=6.72I_\mathrm{m}^{0.8}$ 是根据 Wagner[18]给出的先导电压与 Paris[24]和 Watanabe[23]提出的几米长空气间隙负操作冲击放电特性之间的关系推导出来的。先导电压 V_s 表示为[18]

$$V_\mathrm{s} = 60 \frac{I_\mathrm{m}}{v} \ln \frac{2r_\mathrm{g}}{d} \tag{6.18}$$

式中,v 是回击速度(以光速的倍数表示),I_m 是接地电阻为 0 对应的回击电流幅值,r_g 是对地的击距,d 是远高于 r_g 高度处先导的预期电晕半径。

如果假设等式(6.18)中的 $2r_\mathrm{g}/d$ 为常数,则电压仅为回击速度和回击电流幅值的函数。在传统的 EGM 中,速度假定为恒定值,因此击距只是雷击电流幅值的函数。可以采用观测得到的回击电流分布来改进电气几何模型[41]。此外,可以采用如下空气间隙的 50%放电电压计算公式来计算先导头部与避雷线间间隙的击穿电压[42]:

$$V_{50} = 0.817 l^{0.7} \tag{6.19}$$

式中,V_{50} 为空气间隙的 50%放电电压,单位为 MV;l 为间隙长度。

根据实测数据[41],由此可以得到考虑回击速度 v 后的击距常数 $A=0.338v, B=1.43$。计算中对大地的击距系数 γ 取 0.9,采用改进的模型可以得到比传统模型更大的击距。这一改进解决了计算的地线雷击率与现场观测所得雷击率之间的差异。此外,还再现了每相导线的雷击概率。

2. 击距与杆塔高度的关系

研究表明,击距不仅与雷电流幅值有关,还与导线高度有关。击距又称为吸引半径。Eriksson 最早提出的吸引半径计算公式为[20]

$$R = 0.67 h^{0.6} I_\mathrm{m}^{0.74} \tag{6.20}$$

式中,h 为避雷线或导线的平均高度,为了偏严估计,取避雷线或导线的悬挂点高度 h_s 或 h_c。

吸引半径计算公式可以表示为如下更为普适的公式:

$$R = ah^b I_\mathrm{m}^c + dh^e \tag{6.21}$$

相关学者推荐的吸引半径计算公式中的系数 a、b、c、d、e 取值见表 6.4。

表 6.4 相关学者推荐的吸引半径计算公式(6.21)中的系数取值

学 者	a	b	c	d	e
Eriksson[20]	0.67	0.6	0.74	0	0
Rizk[43]	1.57	0.45	0.69	0	0

续表

学　者	a	b	c	d	e
Yuan[44]	52.47	0	0.49	0.35	1
Borghetti[45]	0.028	1	1	3	0.6
Cooray,Becerra[46]	2.17	0.5	0.57	0	0
Sima[47]	0.83	0.47	0.73	0	0

式(6.21)用于分析对避雷线的击距 r_s，也可用于计算不考虑工作电压影响时先导对导线的击距 r_c。式(6.20)和式(6.21)用于分析避雷线的吸引半径 R_s，也可用于计算不考虑工作电压影响时导线的吸引半径 R_c。

我国国家标准 GB/T 50064 推荐采用如下公式计算对地击距[3]：

$$r_g = \begin{cases} 3.6 + 1.7\ln(43 - h_{cav})I_m^{0.65}, & h_{cav} < 40\text{m} \\ 5.5 I_m^{0.65}, & h_{cav} \geqslant 40\text{m} \end{cases} \quad (6.22)$$

式中，h_{cav} 为导线的平均高度，单位为 m。

输电线路额定电压对雷电绕击的影响体现在两方面：一是线路额定电压越高，与相导线的击距越大；二是随着输电线路额定电压的增加，架空地线与相导线之间的距离变大，架空地线对相导线的保护能力可能变弱。

3. 工作电压对击距的影响

若计及工作电压的影响，则雷电对导线的击距 r_c 与对避雷线的击距不同，对导线的击距 r_c 可表示为[5]

$$r_c = (1 - K_i) r_s \quad (6.23)$$

K_i 为工作电压对导线击距的影响系数，可利用下式近似计算：

$$K_i = \frac{r_c - r_c'}{r_c} = \frac{r_c - (r_c E_{av} + u_c)/E_{av}}{r_c} = -\frac{u_c}{r_c E_{av}} \quad (6.24)$$

式中，u_c 为导线上的工作电压瞬时值，E_{av} 为空气间隙的平均击穿场强。负极性时，取 $E_{av} = 500\text{kV/m}$。若为负极性雷击，导线工作电压为正时，K_i 为负值；导线工作电压为负时，K_i 为正值。

考虑线路工作电压后，相导线的击距也可以采用如下修正公式来计算[48]：

$$r_c = 1.63(5.015 I_m^{0.578} - 0.001 u_c)^{1.125} \quad (6.25)$$

式中，u_c 为工作电压的瞬时值，单位为 kV。

另外，大气参数也会对击距产生影响，如湿度增加，击距则减小[49-50]，限于篇幅，本书不再赘述。

4. 雷电拦截半径

前面的击距计算方法一般没有考虑上行先导。Armstrong 和 Whitehead 首先指出了击距是一个统计量[7]，并在屏蔽设计中通过使用"有效"击距来考虑统计特性，"有效"击距考虑一个标准偏差(10%)，低于平均击距分布[29,51-53]。考虑上行先导后，击距应为末跃发生时下行先导和上行先导头部之间的距离。引入拦截半径来衡量地面物体对雷电的吸引能力，拦截半径为末跃发生时下行先导头部与被击物体之间的距离。有学者通过比例模型实验研究了地面结构的雷电拦截概率，获得了击距和拦截半径的概率分布[54-59]，引入统计方法而不是确定方法来解决雷击地面物体的问题。地面结构的雷电拦截概率取决于在拦截路径上的物体产生的上行先导发展程度，并受到相邻物体产生的上行先导的影响。地面结构的拦截半径分布近似为正态分布，均值 R_{ic} 称为临界拦截半径，临界拦截半径及对应的标准偏差 σ 的拟合公式为[56]

$$R_{ic} = 6.2 h^{0.3} I_m^{0.455} \tag{6.26}$$

$$\sigma = 13.5 h^{-0.43} I_m^{0.28} \tag{6.27}$$

式中，h 为导体高度，单位为 m。

图 6.11 给出了导体高度为 10m 和 40m 对应的临界拦截半径[56]，2.5% 的拦截概率意味着拦截失败，97.5% 意味着拦截成功。雷击拦截概率相对于平均值的离散度随着回击电流的增加而增加，但随着导体高度的增加而显著减小。对于给定的回击电流，拦截可能发生在拦截半径范围内；对于较低的导体高度，拦截半径比平均半径更大。

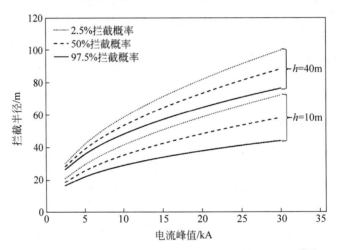

图 6.11 导体高度为 10m 和 40m 对应的临界拦截半径[56]

6.2.3 最大绕击雷电流及雷电绕击率

击距公式(6.10)对应的最大绕击雷电流 I_{MSF} 为[1]

$$I_{MSF} = \left[\frac{h_s + h_c}{2A(\gamma - \sin\alpha)} \right]^{\frac{1}{B}} \tag{6.28}$$

幅值为 I_m 的雷电流绕击导线时对应的导线引雷宽度 D_c 可以根据图 6.12 来计算[1]：

$$D_c = \begin{cases} A I_m^B \cos\theta - \cos(\alpha + \beta_1), & I_m > \left(\dfrac{h_c}{A\gamma}\right)^{\frac{1}{B}} \\ A I_m^B [1 - \cos(\alpha + \beta_1)], & I_m \leqslant \left(\dfrac{h_c}{A\gamma}\right)^{\frac{1}{B}} \end{cases} \tag{6.29}$$

$$\alpha = \arctan\frac{\Delta R}{h_s - h_c}, \quad \beta_1 = \arcsin\frac{\sqrt{\Delta R^2 + (h_s - h_c)^2}}{2AI_m^B}, \quad \theta = \arcsin\left(\gamma - \frac{h_c}{AI_m^B}\right)$$

对应于吸引半径公式(6.20),对应的最大绕击雷电流 I_{MSF} 为[1]

$$I_{MSF} = \left[\frac{\Delta R + \sqrt{\Delta R^2 + m^2(n^2 - 1)}}{0.67h_c^{0.6}(n^2 - 1)}\right]^{\frac{1}{0.74}} \tag{6.30}$$

幅值为 I_m 的雷电流绕击导线时对应的导线引雷宽度 D_c 可以根据图 6.13 来计算[1]:

$$D_c = 0.67h_c^{0.6}I_m^{0.74}\left[1 - \cos\left(\alpha - \beta_2 + \frac{\pi}{2}\right)\right] \tag{6.31}$$

$$m = \sqrt{(h_s - h_c)^2 + \Delta R^2}, \quad n = (h_s/h_c)^{0.6}, \quad \beta_2 = \arccos\frac{r_c^2 - r_s^2 + n^2}{2nr_c}$$

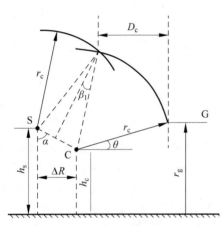

图 6.12 雷击线路时导线的引雷宽度(不考虑杆塔高度对击距的影响)

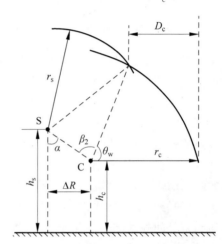

图 6.13 雷击线路时导线的引雷宽度(考虑杆塔高度对吸引半径的影响)

对应于吸引半径公式(6.21),对应的最大绕击雷电流 I_{MSF} 为[1]

$$I_{MSF} = \left[\frac{(h_s - h_c)\tan\alpha - d(h_s^e - h_c^e)}{a(h_s^b - h_c^b)}\right]^{\frac{1}{c}} \tag{6.32}$$

如图 6.5 所示,雷电流幅值为 I_m 时,雷电绕击导线的概率为

$$X(I_m) = \frac{D_c}{D_s} = \frac{\overline{B'D'}}{\overline{A'D'}} = \frac{r_c(\cos\theta_1 - \cos\theta_2)}{r_c\cos\theta_1 + (h_s - h_c)\tan\theta + \frac{b}{2}} \tag{6.33}$$

采用电气几何模型分析线路绕击时,设雷电流的概率密度为 $p(I)$,将雷电流幅值分为很多区间 ΔI,则幅值为 I_i 的雷电流出现的概率为

$$P(I_i) = p(I_i)\Delta I \tag{6.34}$$

绕击总次数为

$$n_2 = \sum_{I_2}^{I_{max}} 100\gamma B'C'T_d p(I_i)\Delta I \tag{6.35}$$

式中,n_2 为绕击总次数,单位为次/(100km·a);T_d 为年雷电日;γ 为地面落雷密度,单位

次/($km^2 \cdot d$);I_2 为引起闪络的最小绕击雷电流,单位为 kA。

6.3 先导发展法

6.2 节介绍的电气几何模型忽略了雷击过程中的大部分物理过程。在过去的几十年里,雷电研究取得了显著进展,对雷击过程的物理特性有了更深入的理解。实际雷击过程包括从雷云发展的上行先导、从地面物体向上发展的上行先导,以及二者连接的末跃过程。从地面上的物体起始的向上发展的上行先导在确定下行先导走向方面起着主导作用。随着计算机计算能力的大大加强,雷电的动态模拟成为可能,可以通过模拟雷电先导发展的完整过程来进行防雷分析。这一类模拟雷击物理过程的分析方法称为先导发展法(leader progression model,LPM)。

6.3.1 先导发展法原理

先导发展法通过对雷电下行先导和线路上行先导发展过程的模拟来确定雷击线路的位置。雷电通道的总电荷量 Q 与雷电流的幅值 I_m 存在一定关系,且通道内电荷满足一定规律的分布,如线性分布和指数分布等。先导发展法的基本原理是,雷电先导向下发展的过程中,在雷云和下行先导通道中电荷的影响下,地面物体上的表面电场逐渐变大,地面物体及输电线路的杆塔、避雷线、导线上将会产生上行先导。上行和下行先导按照一定的方向和速度发展,当上行先导和下行先导头部之间的平均场强增大到间隙的 50% 放电电压值或头部之间的距离缩短到特定数值时,上下行先导头部之间的间隙击穿,二者连通。过去也有人认为,当下行先导头部与导线、避雷线或地面间的平均电场强度,或是导体或地面附近的电场强度达到空气间隙的临界击穿场强时,将从该物体上产生上行先导,雷电直击该物体。

先导发展法能够将空间电场的变化情况、地面建筑物的结构、导线及地线的几何结构和导线上运行电压的作用考虑进去,相对真实地体现了绕击的放电过程,更加符合物理机理。先导发展法实现了对雷击物理过程的模拟,可以揭示雷击输电线路的行为特性。通过模拟上万次雷击,实现从长期运行统计结果的角度来审视线路的雷击概率。

先导发展法涉及雷云模型、下行先导模型、上行先导起始条件、先导发展速度、先导电荷密度、击穿条件等几方面的关键参数。先导发展法的主要模型包括 Dellera[60] 和 Rizk[40] 的先导发展模型、电磁场数值计算模型[61]、自洽先导发展模型[62-63] 和分形模型[64-65]。

1. Dellera 和 Rizk 的先导发展模型

1990 年前后,Dellera、Rizk 分别提出了先导发展法的概念[40,60]。如图 6.14(a)所示为雷击线路的 Dellera 先导发展模型,开始时下行先导垂直向下,接近地面物体后,雷电通道的发展总是沿着电场强度最大的方向发展,图 6.14(b)所示为 Rizk 模型,下行先导一直垂直向下发展,而上行先导沿着电场强度最大的方向发展。

2. 电磁场数值计算模型

假设雷电先导垂直向下发展,对包括雷电下行先导、输电线路在内的系统采用电磁场理论计算不同时刻的电场分布,在每一时步根据如下基本假设来判断雷击位置[5]:

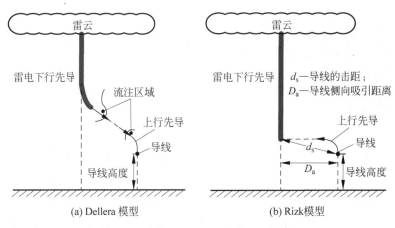

图 6.14　Dellera 和 Rizk 的先导发展模型

(1) 雷电绕击导线的基本条件：在雷电先导作用下，考虑到导线上的工作电压影响，导线表面场强大于其临界击穿场强，导线表面产生电晕；导线与先导头部之间平均场强大于棒－导线空气间隙的临界击穿场强，从导线上产生上行先导。

(2) 雷击避雷线的基本条件：避雷线表面场强大于其临界击穿场强，避雷线表面产生电晕；避雷线与先导头部之间平均场强大于棒－导线空气间隙的临界击穿场强，从避雷线表面产生上行先导。

(3) 雷击大地的基本条件：先导头部至地面的垂直距离间的平均场强大于棒－板空气间隙的临界击穿场强，从地面产生上行先导。

3. 自洽先导发展模型

实际导线表面的电晕区形状如图 6.15 所示[66]。假设雷电作用下输电线路上的电晕区域由圆锥和球面包围来模拟实际电晕，如图 6.16 所示。自洽先导起始判据的基本思路是[63]：采用由圆锥和球面组成的电荷区来模拟导、地线上的电晕流注区[66]，用细线来模拟与电晕区相连的上行先导。分析表明，环形模拟电荷数量 N 对电晕区域电荷总量有一定的影响，随着模拟电荷数量 N 的增大，电晕区域电荷总量是收敛的，一般建议 N 取 8[25]。在雷电下行先导向地面发展的过程中计算电晕区里的电荷量，如果该电荷量超过了一定数值，则认为先导起始。

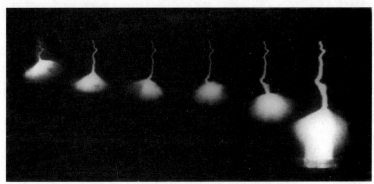

图 6.15　实验获得的电晕区域形状[66]

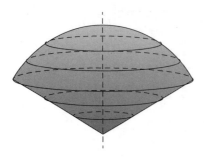

图 6.16 上行先导电晕区域模拟[25]

根据实验室长空气间隙放电实验结果,正极性上行先导产生后,先导随其头部流注区的发展而持续发展[66],如图 6.17(a)所示,可以采用如图 6.18 所示的模型来模拟。而负极性上行先导则不同,在发展过程中会出现空间的正电晕区域,然后接着在两端产生电晕区,先导头部有正极性流注区,如图 6.17(b)所示。

为了更加精确地仿真上行先导的发展过程,考虑上行先导前方流注区域对先导发展速度的影响,Marley 提出了自洽先导发展模型,用于模拟建筑物上产生的上行先导[63]。自洽模型能够自洽地计算得到先导发展过程中的先导物理特征量,包括单位电荷密度、电场、先导通道半径和发展速度。模型的模拟结果和火箭引雷实验测得的上行先导电流、起始时间、上下行先导接触点等呈现很好的一致性。在考虑下行先导向地面方向运动过程中产生的电场、流注和未成形先导产生的空间电荷等条件下,该模型模拟了上行先导的发展过程。

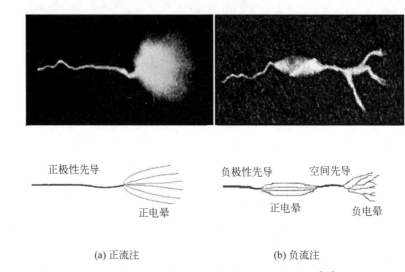

图 6.17 正极性和负极性先导照片及原理图[66]

图 6.18 先导通道和头部电晕区域的模型示意图[25]

为了计算上行先导通道前方流注区域的电荷总量,首先要假设流注区域电荷的形状和分布。假设流注区域内电场强度恒定从而得到流注区域的电位分布,计算雷云与雷电下行先导作用下流注区域的电位分布,两者的交点处为流注区域的范围。假设上行先导发展一步前后流注区域的电位变化由流注区域的电荷引起,根据模拟电荷法计算得到流注区域的电荷量 ΔQ;假设随着流注向先导的转变,流注区域电荷转化为上行先导通道的电荷,即

$$\Delta Q = \Delta L \cdot q_L \tag{6.36}$$

式中,q_L 为上行先导电荷密度;ΔL 为上行先导发展的长度。若已知上行先导电荷密度,就可以得到上行先导发展的长度,进而在计算中更新下一步上行先导通道头部的位置。

仿真中最早出现的流注在 $t=0$ 时起始,不直接考虑出现的辉光电晕[67],但辉光电晕产生的注入粒子引起的流注起始延迟需被考虑到流注起始条件中。当流注内部的电荷量超过 $1\mu C/m$ 时[68],流注将转化为先导。第一个上行先导段的电晕电荷经计算得到后,接下来就可以计算得到下一个生长出的新先导段的长度,采用 Bondiou 和 Gallimberti 提出的先导电流 I_L 和上行先导速度 v_L 之间的如下关系来确定[69]:

$$v_L = \frac{I_L}{q_L} \tag{6.37}$$

式中,q_L 为实现从流注电晕过渡到先导前端活动区域中新生长的先导段所需的单位长度电荷。假设先导的生长由先导头部收集的电流决定,因为丝状流注放电会聚到其中。该电流决定了先导头部的能量输入,用于从流注过渡到新的先导通道段。参数 q_L 表示流注区生长出新的先导段所需的每单位长度的电荷。由计算时一个时步内先导头部产生的电荷除以 q_L 来确定先导生长的长度。

第 i 个先导段通道半径 a_L 和电位梯度 E_L 通过 Gallimberti[68]的仿真模型计算得到:

$$a_{L(i)}(t) = \sqrt{a_{L(i)}^2(t-\Delta t) + \frac{(\gamma-1)E_{L(i)}(t-\Delta t)\Delta Q(t-\Delta t)}{\pi m p_0}} \tag{6.38}$$

$$E_{L(i)}(t) = E_{L(i)}(t-\Delta t) \cdot \frac{a_{L(i)}^2(t-\Delta t)}{a_{L(i)}^2(t)} \tag{6.39}$$

式中,p_0 为大气压;m 为定容比热和定压比热之比。上行先导的连续传播可以用前面的方程建模,模型中涉及的一些参数取值为:上行先导的起始长度为 2cm[63],新生长的先导段的起始直径为 1mm[68]、头部曲率半径为 0.025mm,正流注的电压梯度为 $4.5\times10^5\text{V/m}$,新的先导段产生前的电压梯度为 $4.5\times10^5\text{V/m}$[70]。

先导单位电荷密度 q_L 由先导通道中电荷总量 C 除以长度 L 得到。通过实际雷击情况下的实验数据可以发现,先导电荷密度在先导发展过程中不断变大,甚至达到 $200\mu C/m$,和长间隙放电模拟实验得到的集中在 $15\sim40\mu C/m$ 的电荷密度值差别较大。由于实验中上行先导长度一般仅为几米,而自然雷作用下先导可以达到几十米,因此可以认为实验室得到的先导电荷密度主要适用于线路上先导起始阶段的模拟。

基于 Gallimberti 的流注—先导转化理论[66,68],先导发展速度可以表示为

$$v_L = K\left[f_{\text{ert}} + f_v\left(\frac{\Delta l_t/v_L}{\Delta l_t/v_L + \tau_{vt}}\right)\right]\int_r^{l_t} JE\mathrm{d}l \tag{6.40}$$

式中,f_{ert} 为电子、转动和平移三种形式不同的激发能量所占的比例;f_v 为振动激发能量所占的比例;τ_{vt} 为振动的弛豫时间;Δl_t 是流注区域转为先导的长度,有 $\Delta l_t = l_t - r$,r 为先导头部的曲率半径;$\frac{\Delta l_t/v_L}{\Delta l_t/v_L + \tau_{vt}}$ 为在流注转化为先导的时间范围内能够转化为热能的能量在振动能中所占的比例。$\int_r^{l_t} JE\mathrm{d}l$ 为转化区域中能够获取的能量。转换区域的热能被释放出来,导致先导通道前方温度升高,直到满足流注向先导转换的条件。

根据文献中给出的各参数的典型值,假设所有的能量都是振动激发形式,即 $f_{\text{ert}}=0$、$f_v=1$,$r=25\mu m$,$\tau_{vt}=100\mu s$。假设流注转换区域长度 $\Delta l_t=0.1m$,转换区域的平均电场强度 $E=450\text{kV/m}$,电流密度 J 近似为先导电流 I_L 与转化区域在某半径上的面积的比值,K

为常数，对上述公式进行简化[63,68]：

$$v_L = K\left[f_{ert} + f_v\left(\frac{\Delta l_t/v_L}{\Delta l_t/v_L + \tau_{vt}}\right)\right]\int_r^{l_t} JE\,dl$$

$$= K\frac{\Delta l_t}{\Delta l_t + \tau_{vt}v_L}\int_r^{l_t}\left(\frac{I_L}{\pi(\sqrt{3}\,l)^2}E\right)dl$$

$$= K\frac{1}{3\pi}\frac{\Delta l_t}{\Delta l_t + \tau_{vt}v_L}I_L E\left(\frac{1}{r} - \frac{1}{l_t}\right)$$

$$= K'\frac{\Delta l_t}{\Delta l_t + \tau_{vt}v_L}q_L v_L E\left(\frac{1}{r} - \frac{1}{l_t}\right) \tag{6.41}$$

实验室长空气间隙放电实验中测得的正极性先导发展速度在 $1\sim3\,\text{cm}/\mu\text{s}$，正极性先导通道电荷密度在 $20\sim50\,\mu\text{C/m}$[70]。根据雷击输电线路模拟实验[71]，得到上行先导发展速度 $v_L = 1.85\,\text{cm}/\mu\text{s}$ 时上行先导单位长度电荷 $q_L = 48.0\,\mu\text{C/m}$。Lalande 等基于火箭引雷实验得到 q_L 为 $65\,\mu\text{C/m}$ 左右[72]。Shindo 在真实雷电条件下[73]，对 200m 烟囱上起始的先导进行观测，发现电荷密度最大达到几百微库每米，并且发现先导电荷密度随着先导发展呈现逐渐变大的趋势。将模拟实验得到的上行先导发展速度与上行先导电荷密度的关系代入上述公式，得到 $K' = 2.257\times10^{-11}$。

将第 1 章实验获得的不同电压等级线路在不同相位角触发工况下得到的平均先导发展速度和先导电荷密度代入计算，如 1000kV 电压等级导线、8 分裂、触发相位角为 90°时，对应的平均先导发展速度 v_L 和平均电荷密度 q_L 分别是 $2.03\,\text{cm}/\mu\text{s}$ 和 $37.64\,\mu\text{C/m}$，代入式（6.41）得到 K' 为 3.144×10^{-11}，由此得到含有 v_L 和 q_L 两个变量的第一个方程。给定雷电下行先导速度为 $2\times10^5\,\text{m/s}$。

自洽先导发展方法的计算步骤如下：

（1）如图 6.19 所示，下行先导端部表示为 N，校验点表示为 M，首先给出 N 和 M 间的背景电位分布，表示为 $U_{0i}(i=1,2,\cdots,n)$。

（2）已知流注区域的电场固定为 450kV/m，上行先导通道的电场则固定为 50kV/m，t_{k-1} 和 t_k 时刻的先导头部流注区域的电位分布分别是 $U_{(k-1)i}(i=1,2,\cdots,n)$ 和 $U_{ki}(i=1,2,\cdots,n)$，t_{k-1} 时刻的先导长度表示为 L_{k-1}。

（3）背景电位分布 U_{0i} 和 t_k 时刻上行先导前方流注区域的电位分布 U_{ki} 之间的部分即为流注区，而从 t_{k-1} 到 t_k，区域内的电位变化主要受区域内电荷的影响，因此由此部分电荷引起的电位变化为 $U_i = U_{ki} - U_{(k-1)i}(i=1,2,\cdots,n)$，如图 6.20 所示。

（4）由于电位 $U_i(i=1,2,\cdots,n)$ 是由 $q_i(i=1,2,\cdots,n)$ 共同作用产生的，那么求解方程 $\boldsymbol{Aq} = \boldsymbol{U}$，即可得到各环形电荷 q_i 的电荷量 Q。

（5）根据 $Q = q_L L = q_L v_L \Delta t$ 可以得到含有 v_L 和 q_L 两变量的第二个方程，结合式（6.41）中 q_L 与

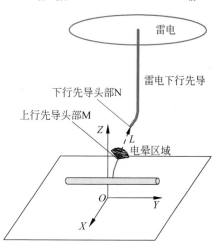

图 6.19 自洽先导发展模型[25]

v_L 的关系的第一个方程,即可求得 t_k 时刻上行先导发展速度 v_L,进而求得先导发展长度 $L = v_L \Delta t$。

(6) 更新下行先导、上行先导的位置,重复以上步骤(1)~(5)计算。

使用自洽先导发展模型计算雷电流幅值分别是 15kA、20kA 和 25kA 情况下对应的上行先导发展速度,和第 1 章中绕击模拟实验得到的发展速度相比,两者相接近,如图 6.21 所示[74]。

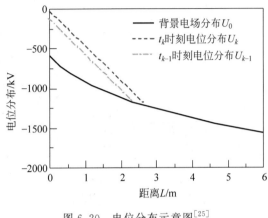

图 6.20 电位分布示意图[25]　　图 6.21 对比实验和模拟分别得到的先导速度[74]

利用自洽先导发展模型计算出上行先导电荷密度的变化情况,如图 6.22 和图 6.23 所示[74]。图 6.22 中线路对地高度为 50m,雷电下行先导头部和线路间的水平距离为 30m,回击电流幅值分别为 35kA、45kA 和 55kA。图 6.23 中雷电流幅值为 55kA,下行先导头部和线路的水平距离为 30m,线路对地高度分别为 15m、30m 和 50m。随着先导的发展,上行先导单位电荷密度从 30μC/m 逐渐增大到 200μC/m,呈现随时间逐渐变大的趋势。

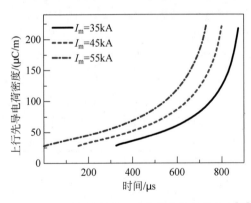 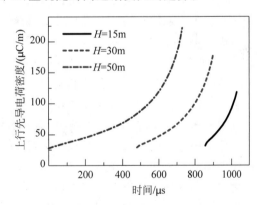

图 6.22 不同幅值的电流对应的先导电荷密度[74]　　图 6.23 不同线路对地高度对应的先导电荷密度[74]

采用自洽先导发展模型仿真雷击线路过程,其中线路高度取 15.5m,回击电流峰值取 20kA(200μs 波头时间对应的雷电流),下行先导与导线之间的水平距离取 30m。实验中测量的先导电流和仿真得到的先导电流如图 6.24 所示,其中 0 时刻上行先导产生。实验中上行先导发展持续 71μs,击穿时上行先导长度为 1.28m;仿真中 $t = 71\mu s$ 时,上行先导的长度为 1.34m。仿真得到的上行先导发展的初始阶段的先导电流变化、上行先导长度均与实验结果接近。

Lalande 的人工引雷实验中,正极性上行先导从 50m 长的接地线上产生,采用自洽先导发展模型仿真雷击线路过程,其中线路高度取 50m,回击电流峰值取 15kA,下行先导距离导线的水平距离取 0m。比较人工引雷实验中测量的先导电流和仿真得到的先导电流如图 6.25 所示,其中 0 时刻上行先导产生。仿真得到的先导电流变化趋势与人工引雷实验中测量的先导电流变化趋势类似。

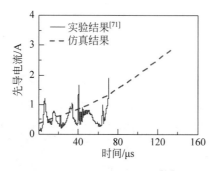

图 6.24　先导电流变化[25]

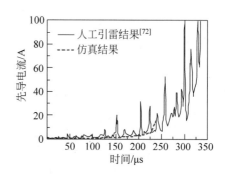

图 6.25　先导电流变化[25]

输电线路雷电绕击模拟实验对板棒—导线间隙施加负极性操作电压,模拟导线上的上行先导起始阶段,使得导线周围电场幅值及电场随时间的变化率与真实雷电下近似[75-76]。实验中导线高度为 15.5m,间隙距离为 7m,击穿前上行先导长度为 1m 左右。实验中产生的电场幅值和电场随时间的变化率与回击电流峰值为 20kA 左右的自然雷电作用效果类似。

4. 分形模型

自然界的雷电放电是一种超长间隙的放电现象。由于其跨度巨大,发展过程中会受到各种不确定因素的影响,如自然界的背景噪声、空间电场、气象条件等,从而呈现出弯曲分叉的随机放电路径和明显的分形特征,给研究者和工程师研究雷击过程带来了很大的困难。20 世纪 90 年代开始,分形理论被用来模拟雷电的发展过程[64,77-81],将介质放电模型(dielectric breakdown model,DBM)应用于雷电模拟中。分形模型(fractal model,FRM)由于在唯象层次上与自然界雷电的相似性而被采用。由于雷电发展过程中所呈现出的随机性,使得雷击落点的分布是一个统计学上的结果,而分形模型恰恰能够给出真正统计学上的结果。

分形模型采用分形理论来模拟先导的发展过程,先导通道采用电荷密度的形式来表征。当上行和下行先导头部之间的平均场强达到空间间隙的临界击穿场强时,则认为先导之间的空气间隙被击穿从而确定雷击点。一般对导线的空气间隙的临界击穿场强取 500kV/m。而对于大地,考虑其引雷能力较弱,击穿场强可取为 750kV/m[65]。

先导发展规则是分形模型中的核心算法,它决定了先导分形路径的特征。分形模型一般采用介质放电模型[77]的发展规则,考虑了先导发展中的随机性因素。其发展示意图如图 6.26 所示。

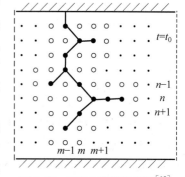

图 6.26　DBM 模型示意图[65]

假设在某个时间步 t_0，雷云和地（相当于平板间隙）中已经得到如图 6.26 所示的放电通道，其中大的实心黑点代表放电通道中在不同时刻的位置点 (m,n)，连接通道点的直线代表放电通道。在下一个时间步 $t_0+\mathrm{d}t$，放电将向已生成通道周围点 (m',n') 发展，这些点构成了通道的潜在放电点，在图中用白色圆圈表示。放电从通道点 (m,n) 向某个潜在放电点 (m',n') 发展的概率 $p_{m'n',mn}$ 与两点之间的局部场强有关：

$$p_{m'n',mn} = \frac{E_{m'n',mn}^{\eta}}{\sum E_{m'n',mn}^{\eta}} \tag{6.42}$$

式中，$E_{m'n',mn}$ 为两点之间的平均场强，可通过电场计算得出；η 为概率发展指数，用来调节分形模拟中先导通道的特征。

可以看出，η 是影响式 (6.42) 的关键参数。通过计算不同取值下模拟出的雷电先导通道的分形维数，对比实际观测到的雷电先导通道的分形维数，可以确定 η 的合理取值。按照式 (6.42) 计算出的发展概率随机抽取下一步的发展方向，如此循环，直到间隙击穿。

即使观察同一条闪电同通道，不同的观测角度甚至不同的照相技术都会得到不同的结果，即观测结果是在不同平面的二维投影，但分形维数 D 的观测结果大都在 1.1~1.4 的范围内[82]。三维 (3D) 模拟的通道比较复杂，如图 6.27 所示，其中 η 取值为 1.1。

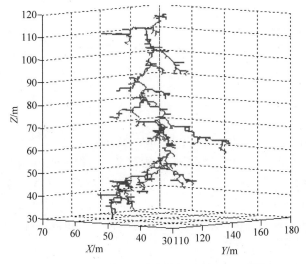

图 6.27 三维模拟得到的先导通道示例[65]

图 6.28 所示为三维模拟中不同发展概率指数下所得通道的二维投影的分形维数[65]。随着发展概率指数 η 的增加，通道的分形维数逐渐减小，即通道的分叉和弯曲程度都逐渐减小。要使得分形维数落在 1.1~1.4 这个合理范围，三维模拟中发展概率指数 η 的取值要控制在 1.15~1.40 的范围。

假设已经生成一段先导通道，是否可以预测未来某一时刻先导通道发展成什么样子？经验告诉我们，由于发展过程中的随机性，无法预先给出确切的描述，但通道的发展一般会在尖端处（先导头部）进行，因为此处有足够强的电场。这就是所谓的尖端效应。

图 6.29 所示是基于一段已经生成的先导，通过多次模拟，画出未来 10、20、50、100、200 个时间步 Δt 时先导头部位置的分布图[65]。落点区域呈现扇形，这表明随着时间间隔的增

大,分散性越来越大,预测的可靠性越来越低。同时,这一结果也间接说明了为什么可以在下行先导模拟中将下行先导起始点在模拟区域上边界随机选取。

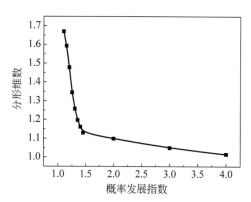

图 6.28　三维模拟的发展概率指数与二维投影的分形维数的关系[65]

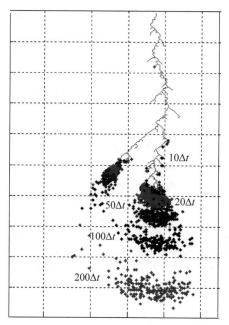

图 6.29　雷电先导通道在若干步后头部位置的分布[65]（见文前彩图）

6.3.2 雷云模型

雷云模型会影响计算空间内的背景电场和电位分布。观测表明,雷云中电荷由主正电荷区 P、主负电荷区 N 和云层底部正电荷区 P 组成[83-85],如图 6.30 所示。

根据雷云中电荷的观测数据,得到两种简化的雷云模型:一是只考虑负电荷区的单极模型,二是考虑正电荷区和负电荷区的双极模型。Dellera 提出的雷云单极模型假设雷云总电荷为 8C,均匀分布在高 2km、直径为 10km 的范围内[60];Rakov 和 Uman 提出的雷云单极模型假设雷云总电荷为 20C,高度为 5km[85]。Vargas 和 Torres 提出采用雷云双极模型[86-87],正、负电荷中心的高度分别为 11km 和 6km,分别均匀分布在半径为 2km 的球内部,正、负电荷区电荷密度相同,可以表示为回击电流峰值 I 的函数 $\rho_+ = \rho_- = 0.0156 I_m$,如图 6.31 所示。

以雷云区域中心在大地上的投影为原点建立如图 6.32 所示三维坐标系[25],采用三种雷云模型计算雷云与大地之间沿着 z 轴方向的电位和电场分布,如图 6.33 和图 6.34 所示[25]。在距地面高度 0～500m 范围内,三种雷云模型的电场分布和电位分布接近,电场强度在 5～

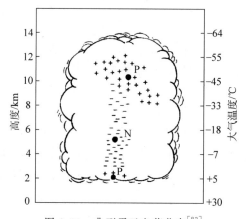

图 6.30　典型雷云电荷分布[83]

10kV/m；在靠近雷云处，采用双极模型得到的电场强度接近100kV/m，远大于单极模型的计算结果。

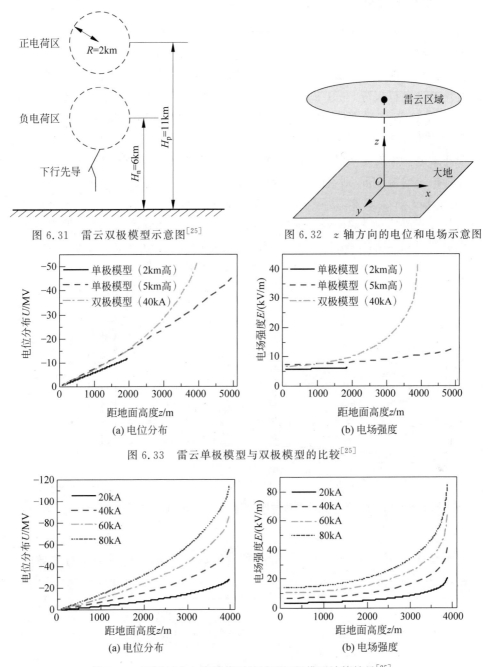

图6.31 雷云双极模型示意图[25]

图6.32 z轴方向的电位和电场示意图

(a) 电位分布

(b) 电场强度

图6.33 雷云单极模型与双极模型的比较[25]

(a) 电位分布

(b) 电场强度

图6.34 不同回击电流峰值下的雷云双极模型计算结果[25]

对雷云作用下空间各处电场强度的观测数据表明，接近大地处电场强度约为10kV/m，接近雷云处电场强度约为100kV/m[85]，因此双极模型更加符合物理实际。根据雷云作用下的电场和电位分布，结合下行先导通道轴向电场强度仿真下行先导电荷密度分布时，选用雷云双极模型更为合适。由于输电线路雷电绕击过程主要受靠近大地几百米范围内的空间电场和电位分布的影响,因此可以采用单级模型进行简化处理。

6.3.3 下行先导模型

下行先导内的电荷分布规律及电荷总量是建立下行先导模型的基础。为便于建模,不同专家假设电荷分布均匀、线性增加或指数增加。对于线性和指数增加的电荷分布,假设电荷密度朝着先导头部增加。文献中推导下行先导通道中电荷的方法主要是对 Berger 测得的回击电流波形进行积分,由于积分的时间范围不同,得到的下行先导电荷总量也不同。Berger 和 Vogelsanger 对测得的回击电流波形前 $100\mu s$ 进行积分,得到了下行先导通道内电荷与电流之间基本满足线性关系 $Q=0.061I_m$[88-89]。不同学者提出了不同的下行先导内总电荷与雷电流幅值之间的关系式,已在 1.2.6 节中进行了详细介绍,这里不再赘述。假设下行先导电荷均匀分布,则不同研究者得到的下行先导电荷密度如图 6.35 所示[25]。可以看出,除了 Berger 公式外,其他公式的计算结果比较接近。

下行先导通道具有高导电性。假设下行先导通道的电场强度 E 恒定,得到通道表面 n 个匹配点电位为 $U_i = EL_i - U_{i\text{-cloud}}$,其中 L_i 为第 i 个匹配点处对应的先导长度,$U_{i\text{-cloud}}$ 表示雷云电荷对该点电位的影响。如图 6.36 所示,用电荷密度分段线性的线电荷模拟下行先导通道的电荷分布 Q,根据模拟电荷法求解电位方程 $U=AQ$ 得到电荷分布。

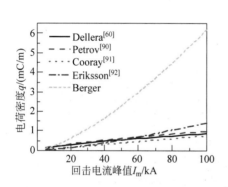

图 6.35 不同研究者得到的下行先导电荷密度[25]

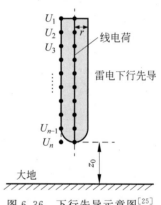

图 6.36 下行先导示意图[25]

采用雷云双极模型,下行先导从 4km 处开始发展,分析回击电流峰值 I_m、下行先导通道轴向电场强度 E、通道半径 r、下行先导头部到距离地面高度 z_0 等对下行先导通道电荷密度的影响,如图 6.37~图 6.39 所示[25]。

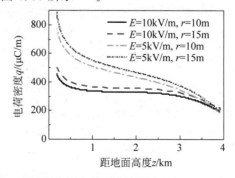

图 6.37 E、r 对下行先导电荷密度的影响($I_m=40\text{kA}, z_0=95\text{m}$)[25]

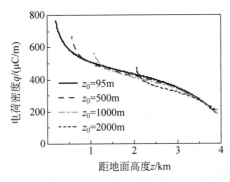

图 6.38 不同下行先导发展位置下电荷密度的变化($I_m=40$kA,$E=5$kV/m,$r=10$m)[25]

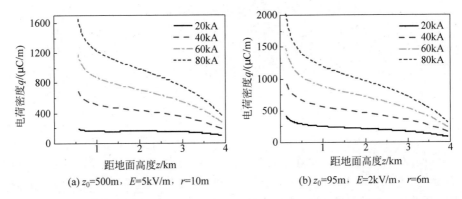

(a) $z_0=500$m,$E=5$kV/m,$r=10$m   (b) $z_0=95$m,$E=2$kV/m,$r=6$m

图 6.39 回击电流峰值 I_m 对下行先导电荷密度的影响[25]

根据雷电观测数据[93],下行先导通道半径在 1~10m 范围内。在计算中下行先导通道半径取 6m、轴向电场强度 E 取 2kV/m,其头部距地面高度为 95m 时,仿真得到的下行先导通道电荷密度的平均值与文献中的数据对比见表 6.5。

表 6.5 下行先导通道电荷密度的仿真结果与文献数据对比[25]

回击电流峰值/kA	下行先导通道平均电荷密度/(μC/m)				
	Dellera[60]	Petrov[90]	Cooray[91]	Eriksson[92]	仿真结果[25]
20	291.4	329.7	152.5	144.2	210.8
40	466.9	528.3	305.0	388.1	461.8
60	615.1	696.0	457.5	692.7	712.7
80	748.0	846.4	610.0	1044.7	963.7

采用模拟电荷法可以得到下行先导通道电荷密度分布情况,但仿真中涉及的参数对结果影响较大。为了简化计算,可以选用 Dellera 提出的下行先导电荷密度函数 $Q=0.076I_m^{0.68}$[60]。

6.3.4 上行先导起始判据

正极性先导起始过程如图 6.40 所示。当正极性电极表面电场足够高以产生流注时,首次流注电晕(a first streamer corona)出现(t_1 时刻),即流注起始。流注起始后,从电极处产

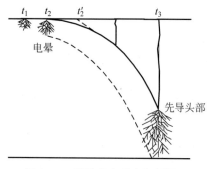

图 6.40 实验室中长空气间隙正极性先导发展的示意图

生许多分支形成圆锥状分布[94],这些分支流注从一个共同的主干上发展起来。由于电极表面电场随着施加电压的增大而增大,导致第二次电晕出现(t_2 时刻)[95-96]。第二次电晕的主干温度可以达到 1500K 左右,达到先导发展的临界值,从而完成从流注到先导的转变,产生不稳定先导(unstable leader)。若先导头部的可利用的能量足够高以保持通道的加热并产生新的先导段,则先导开始随着它头部的流注发展而持续发展(t'_2 时刻),产生稳定先导(stable leader)。

雷电下行先导放电的定向过程是与从地面物体产生上行先导联系在一起的。也就是说,雷电放电的定向过程取决于下行先导所产生的电场会导致在导线、避雷线或大地发展出上行先导。采用先导发展模型分析雷击过程,上行先导起始条件决定上行先导起始时刻,从而影响雷电下行先导最终击中的位置。上行先导起始模型主要有临界半径判据[96]、通用起始判据[97]、临界击穿场强判据[61]、电场增强判据[90,98]以及自洽先导起始判据[95]。

1. 临界半径判据

长空气间隙正极性放电实验现象表明,对棒—板间隙施加冲击电压,对电极尺寸大于临界值的间隙,放电电压随着电极尺寸的减小而减小,直到达到临界尺寸;此后随着尺寸减小,放电电压几乎不变。在此基础上假设具有临界尺寸电极的间隙放电电压最小,尺寸小于临界尺寸的间隙放电电压与此相等;当电极尺寸大于或等于临界半径时,电晕起始电压 U_i 与先导起始电压 U_1 相等[96]。

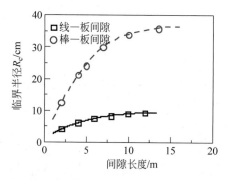

图 6.41 临界半径与间隙长度的关系[96]

临界半径判据认为,如果对某电极所加电压为电晕起始电压时上行先导起始,则将该电极的实际半径定义为不大于该电极半径的任何电极的临界半径[96]。在 230/3000μs 的操作冲击电压下,对棒—板间隙和线—板间隙来说,观测到临界半径随着间隙长度的增大而增大,临界半径的饱和值分别为 0.36m 和 0.1m,如图 6.41 所示[96]。

分裂导线的临界半径主要由分裂数决定,分裂间距对其影响很小[17]。当分裂导线取临界半径时,导线的电晕起始电压等于先导起始电压,从而计算得到二分裂、四分裂、六分裂、八分裂导线的临界半径分别为 7cm、4cm、3cm、2cm[17,99]。

Dellera 和 Garbagnati[60]将临界半径判据应用于判断雷电作用时物体上行先导的产生,对临界半径判据进行了验证。实验结果表明,临界半径判据也适用于在一电极上施加负极性冲击电压,在接地电极上产生正极性先导的情况。这种情况与负极性雷电下行先导作用下,接地物体上产生正极性上行先导类似。

2. 通用起始判据

Rizk 采用两种方法推导了实验室棒—板、线—板长间隙放电正极性先导产生的间隙击穿判据,并将实验室结果应用到雷电作用下上行先导起始的判断。

在第一种方法中,假设正极性连续先导起始时刻的电位与即将发生末跃时的电位相等[97],间隙击穿场强 E_s 取 400kV/m,由 Carrara 和 Thione[96]实验结果得到棒—板间隙持续先导起始电压与间隙长度的关系。

另一种方法假设持续先导起始的条件为[100]: ①当流注达到临界强度时,流注根部的流注主干区域形成,流注强度用流注电荷与施加电压的比值 Q_0/U_i 表示,Q_0/U_i 随着高压电极几何结构的不同而变化; ②先导头部的电场达到临界值。先导头部电场是施加的电场和流注电晕区、镜像电荷在先导头部产生的电场的叠加。在以上假设基础上对实验结果拟合,得到先导起始电压,将其应用于雷电先导作用下垂直导体和水平导线的上行先导起始判断。将实验室长间隙放电实验中电极上的施加电压等效为在雷云与下行先导作用下地面物体的感应电压。Rizk 用两种推导方法得到相同的上行先导起始电压判据为[43]

$$垂直导体: U_i = 1556 \Big/ \left(1 + \frac{3.89}{h}\right) \tag{6.43}$$

$$水平导体: U_i = 2247 \Big/ \left(1 + \frac{5.15 - 5.49\ln a}{h \ln(2h/a)}\right) \tag{6.44}$$

式中,U_i 为先导起始电压,单位为 kV;h 为垂直或水平导体高度,单位为 m;a 为导线临界半径,单位为 m。

Rizk 提出的雷电感应电压起始判据是基于实验室棒—板间隙、线—板间隙放电实验获得的,实验时在棒或线上施加正极性电压,棒或线上产生正极性先导;但负极性为主的雷电作用下棒或导线上产生上行先导等效于棒上施加负极性电压,另一侧的棒或导线上产生正极性先导,与实验室长间隙放电实验的布置不同。另外,Rizk 判据以线—板间隙先导起始电压为基础,推导过程中以空间场强为基础,没有考虑导线工作电压。若考虑导线上工作电压的影响,则上行先导的起始条件变为

$$E_{pc} + E_{ic} - E_{sc} = E_c \tag{6.45}$$

式中,E_{pc} 为导线工频电压在导线处产生场强;E_{ic} 为雷电先导在导线上产生的场强;E_{sc} 为流注空间电荷在导线处产生的场强;E_c 为先导产生的临界场强。则按照 Rizk 的思路,将场强转化为电压关系:

$$\beta U_{pc} + U_{ic} - \alpha U_{sc} = U_c \tag{6.46}$$

式中,U_{pc} 和 U_{sc} 分别为导线电压和流注区域电位;βU_{pc}、U_{ic} 和 αU_{sc} 分别为导线、雷电先导和流注电荷在导线附近产生的电位;U_c 为上行先导产生的临界电压值;α、β 为常数。由于目前还缺乏相关的实验数据来对原有判据进行修正,因此将该判据用于超高压线路的防雷计算有一定局限性。

3. 临界击穿场强判据

作为近似产生上行先导的判据可以有两种选择[61]: ①在导线、避雷线或大地附近朝雷电先导头部方向取给定的距离,如 3m 或 10m,当间隙中的电压超过临界击穿电压时就在该

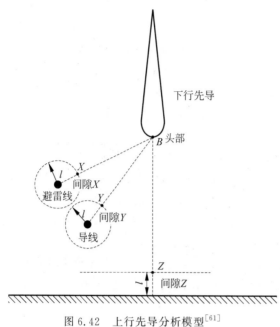

图 6.42 上行先导分析模型[61]

地面物体上发展上行先导,如图 6.42 所示;②雷电先导头部与导线、避雷线或大地之间的平均场强达到临界击穿场强时,就在该地面物体上发展上行先导。采用第一种产生上行先导的判据在计算过程中发现,当满足②时,①也自动满足,计算时线—棒间隙长度取为 10m,文献[61]中 10m 间隙的击穿电压推荐取 1700kV 或 2300kV,对导线、避雷线和大地取相同数值。

Golde 建议采用正极性雷电流时先导与导线、避雷线及大地的平均临界击穿场强都为 300kV/m,负极性雷电流时都为 500kV/m[101]。但在一般情况下,雷击地面的电场强度要比雷击导线及避雷线的电场强度大,特别是在地面没有突出的易放电物的情况下。计算中对负极性雷电先导与地面的平均临界击穿场强取 750kV/m[61],1~4m 的棒—板间隙的实验结果也基本上为 750kV/m[102]。计算时可采用上面的数值,并考虑 5% 的标准偏差。

4. 电场增强判据

根据电极端部电场大小和流注区域长度判断上行先导起始的方法称为电场增强模型(field intensification model)或场增强的临界范围(critical range of field intensification)。

Petrov 和 Waters[90]认为当下行先导迫近地面物体时,地面物体端部电场增加且强电场的范围增大。地面物体端部的流注持续发展,直到电场达到流注的最小电场 E_s。正极性流注电场强度 E_s 为 400~500kV/m,负极性流注电场强度 E_s 为 1000kV/m。定义地面物体端部到电场等于 E_s 处的距离为流注区域长度 x_0。当流注区域长度达到临界长度 L_s 时,上行先导产生并发展。设正极性上行先导单位长度电荷密度为 q_u,半球形流注区域的半径为 L_u。上行先导和流注区域同时增长,故流注区域内单位半径的电荷与先导中单位长度的电荷相等。流注区域电荷 $q_u L_u$ 在流注区域半球形表面产生的电场 $E_u = q_u/2\pi\varepsilon_0 L_u$,当该场强等于流注区域场强 E_s 时,流注区半径 L_u 为临界长度 L_s,电荷密度 q_u 为临界电荷密度 $q_{u\text{-cr}}$,则流注区域的临界长度 $L_s = q_{u\text{-cr}}/(2\pi\varepsilon_0 E_s)$。

Akyuz 和 Cooray[103]根据流注区域的长度判断上行先导的起始,认为流注区长度大于等于 3m[94]时流注转变为先导。Alessandrov 和 Bazelyan 等[67]使用数值方法对电晕起始到先导产生的各阶段进行了模拟,发现当流注区电压降 $\Delta U_{st} \geq 400$kV 时,流注转变为先导,这相当于流注区长度约为 1m。

电场增强判据在推导流注临界长度的过程中做了大量简化,没有考虑雷云电荷、下行先导通道电荷及地面物体对电场强度的影响。

5. 自洽先导起始判据

自洽先导起始判据[62-63,95]的基本思路是采用环形电荷来模拟导、地线上的电晕区,在雷电下行先导向地面发展的过程中计算电晕区里的电荷量。如果该电荷量超过了一定数值,则认为先导起始。

如图 6.43 所示,电晕区域的轴线方向沿着下行先导头部 N 与线路校验点 M 的连线方向。根据模拟电荷法求电晕区域的电荷量,电位校验点放置在电晕区域的轴线 MN 上,电晕区域用环形电荷表示。判别先导起始与否的具体步骤[74]:

(1) 首先给出 N 和 M 间的电位分布,表示为 $U_{0i}(i=1,2,\cdots,n)$。

(2) 已知电晕区的电场强度恒定在 450 kV/m,在电晕区域中多个环形电荷 $q_i(i=1,2,\cdots,N)$ 的共同作用下产生的电位 $U_i=450L_i-U_{0i}(i=1,2,\cdots,N)$,$L_i$ 为电晕区第 i 个环形电荷的长度。

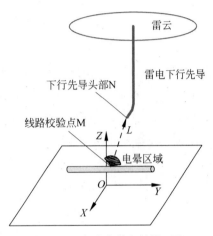

图 6.43 自洽先导起始模型及电晕区域[25]

(3) 由于电位 $U_i(i=1,2,\cdots,N)$ 是由 $q_i(i=1,2,\cdots,N)$ 共同作用造成的,那么求解方程 $Aq=U$,即可得到各个环形电荷 $q_i(i=1,2,\cdots,N)$ 的电荷量。

(4) 将 $q_i(i=1,2,\cdots,N)$ 电荷相加即得到电晕区域的总电荷量 Q,若 Q 超过临界值 Q_c,那么认为线路上的先导达到起始条件。若未超过,则下行先导继续向地面方向发展,重复以上计算。

采用如图 6.18 所示的由圆锥和球面组成的电晕区域形状来构建算法中的电晕区域。电晕区域的轴线是 MN 两点的连线方向,采用模拟电荷法来获得电晕区域中各个环形电荷的电荷量时,各环形电荷放置在轴线 MN 连线上。

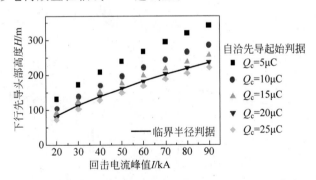

图 6.44 临界半径判据与自洽先导起始判据的比较[25]

Gallimberti[68]利用热力学方程进行计算,认为流注转化为先导所需的注入电荷量大约为 1 μC,电晕区域的电荷量超过 1 μC 时先导得以起始。这里对上文中实验所得的电流曲线进行积分处理,对流注起始到不连续先导起始的时间段内的电流波形进行积分,可以得到各种不同导线工况分别对应的注入电荷量,即临界电荷量 Q_c,例如八分裂和二分裂导线对应的流注转化为不连续先导所需的注入电荷量分别为 $5.36\mu C$ 和 $1.49\mu C$。

6. 不同模型的比较

为了得到上行先导起始时电晕区域电荷量的临界值,在相同的条件下分别用自洽先导起始判据与临界半径判据进行仿真,在自洽先导模型中电晕区域电荷量的临界值 Q_c 分别取 $5\mu C$、$10\mu C$、$15\mu C$、$20\mu C$、$25\mu C$,记录导线产生上行先导时下行先导头部的高度 H 随回击电流峰值 I_m 的变化,如图 6.44 所示[25]。

当自洽先导模型中电晕区域电荷临界值 Q_c 取 $20\mu C$ 时,在不同回击电流峰值条件下,采用临界半径判据与自洽先导起始判据仿真得到的上行先导起始时下行先导头部高度最为接近。当 Q_c 取 $20\mu C$ 时,比较采用这两种判据在雷电下行先导发展过程中,上行先导起始条件随下行先导头部高度的变化,如图 6.45 所示[25]。其中,对临界半径理论来说,上行先导起始判据是线路表面场强与临界场强之比;对自洽先导模型来说,上行先导起始判据是电晕区域电荷量与电晕区域电荷临界值 Q_c 之比。当上行先导起始判据大于等于 1.0 时,导线产生上行先导。

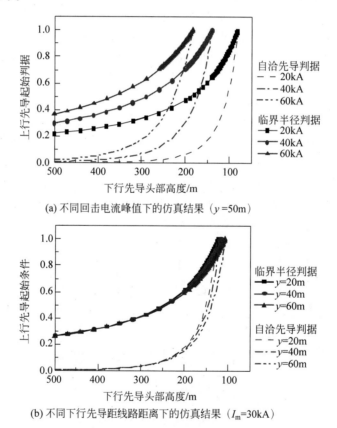

(a) 不同回击电流峰值下的仿真结果($y=50m$)

(b) 不同下行先导距线路距离下的仿真结果($I_m=30kA$)

图 6.45 雷电发展过程中两种上行先导判据的比较[25](见文前彩图)

由以上结果可以看出,当电晕区域电荷临界值取 $20\mu C$ 时,采用自洽先导起始判据和临界半径判据得到的上行先导起始时刻基本相同。模拟结果表明,当电晕区域总电荷 $\Delta Q \geqslant 1\mu C$ 时会产生不稳定先导[62],这与输电线路绕击模拟实验[71,75-76,104]获得的 $4\mu C$ 比较接近。

雷电先导向下发展过程中,采用不同上行先导起始判据计算得到的先导起始条件如图 6.46 所示[74]。计算选取最简单形式的线路结构:一根水平导线半径为 10cm(单导线线—板间隙导线临界半径饱和值),位于地面上方 60m;回击电流峰值为 40kA 的雷电先导位于导线侧向 80m 处。图中横轴为雷电先导头部高度,纵轴为导线处电压(或场强)与各种起始判据计算得到的临界电压(或场强)之比,该值达到 1 时上行先导产生。

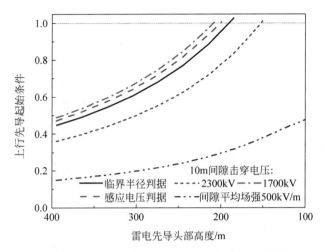

图 6.46 不同判据计算的上行先导起始条件[74]

从图 6.46 可以看出,使用间隙平均场强 500kV/m 和 10m 间隙 2300kV 电压的判据对判断上行先导产生来讲比较严格,而这将会低估地面物体的引雷能力。另外,临界半径判据与 Rizk 雷电先导感应电压判据和 10m 间隙 1700kV 击穿电压判据的计算结果十分相似。

对于特高压线路,导线工作电压对雷击过程有比较明显的影响,导线与地线的引雷能力存在明显差异。因此在建立适于特高压线路绕击计算的先导发展模型时,必须保证选择的判据能够正确反映工作电压的影响。

6.3.5 先导发展速度

由于自然雷发生时上行先导远长于实验室实验观测到的先导长度,实验室获取的先导速度和电荷密度数据主要适用于先导起始和发展最初阶段的模拟,与自然界观测到的先导发展阶段的数据互为补充。

在对雷击过程的仿真中,Eriksson[92]和 Rizk[104]等假设在雷电发展过程中上、下行先导发展速度相等;Dellera[60]假设上行先导刚产生时,上、下行先导速度比为 1:4,即将击穿时速度比为 1:1,这是因为上下行先导头部之间的平均电场会对速度的比值产生影响。

上行先导发展速度对输电线路雷电击穿路径有较大影响。以典型 ±800kV 直流输电线路雷击过程为例,计算中下行先导发展速度取 2×10^5 m/s,当上行先导发展速度分别取 5×10^4 m/s、2×10^5 m/s 时,仿真结果如图 6.47 所示[25],其中回击电流峰值取 30kA,下行先导与线路中心的水平距离取 70m。当上行先导发展速度取 5×10^4 m/s 时,下行先导击中导线 4;取 2×10^5 m/s 时,击中地线 2。

上行先导发展速度受多个因素的影响,包括回击电流峰值、下行先导发展速度、杆塔高

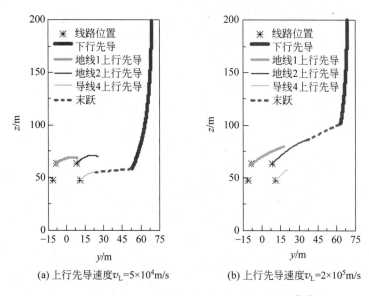

(a) 上行先导速度 $v_L=5\times10^4$ m/s   (b) 上行先导速度 $v_L=2\times10^5$ m/s

图 6.47　±800kV 直流输电线路雷电绕击过程[25]

度、离导线的水平距离以及周围的背景电场等[63]。下行先导发展速度越大,背景电位的绝对值越大,上行先导前方流注区域越长,流注区域电荷量越大,导致上行先导发展速度越快。

图 6.48 所示为回击电流峰值分别取 35kA、45kA、55kA 时上行先导发展速度变化[25],其中 0 时刻是指 I_m 取 55kA 时上行先导的起始时刻。在仿真中导线高度取 50m,下行先导与导线之间的侧向距离取 30m,下行先导发展速度取 2×10^5 m/s。回击电流峰值越大,导线上产生上行先导时刻越早,上行先导发展初始速度均为 1×10^4 m/s,速度逐渐增加,击穿时达到约 1×10^5 m/s。

导线高度对上行先导发展速度的影响如图 6.49 所示[25],下行先导发展速度取 2×10^5 m/s,与导线之间的侧向距离取 30m,其中 0 时刻 60m 高导线的上行先导产生。随着下行先导的发展,下行先导头部与上行先导之间距离越小,上行先导发展速度变化越快。

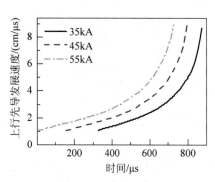

图 6.48　回击电流峰值对上行先导发展速度的影响[25]

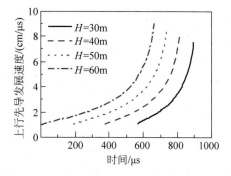

图 6.49　导线高度 H 对上行先导发展速度的影响($I_m=35$ kA)[25]

6.3.6　末跃发生的判据

关于末跃的出现有两种判据:一是认为当上行先导和下行先导的间隙被流注区桥接

时,就会形成末跃[5];二是认为在雷云和雷电下行先导作用下,当地面物体的感应电压大于上行先导起始电压或表面场强大于临界电离场强时,该物体上产生上行先导。同时当上、下行先导头部之间的平均场强达到临界击穿场强,或之间的电位差超过临界击穿电压[5]时,形成末跃,发生雷电击穿。对应的上、下行先导头部之间的距离则为末跃长度。

6.3.7 空间电场计算方法

1. 空间电场计算方法

下行先导在空间和地面物体上产生的电磁场是判断雷击地面物体的基础。我们可以根据前面介绍的雷云模型及下行先导模型及其电荷的分布形式采用电磁场理论来进行计算。由于雷电先导发展速度相对缓慢,此过程可以假设为准静态场,即可利用静电场的理论来研究雷电先导的发展过程。电场计算一般采用模拟电荷法,通过在导线上设置模拟电荷来满足静电场边界条件。

存在下行雷电先导时,多导线系统的表面电荷密度可以由叠加原理来求解[102],由避雷线及导线组成的 n 根多导线系统中,第 i 根导线上的电位可表示为

$$V_i = P_{i1}Q_1 + P_{i2}Q_2 + \cdots + P_{in}Q_n + V_{Si} \quad (i=1,2,\cdots,n) \tag{6.47}$$

其中,V_{Si} 为雷电先导在第 i 根导线上产生的感应电势,可以由式(1.28)求得;Q_i 为第 i 根导线的表面电荷;P_{ij},P_{ii} 为电位系数[105]:

$$P_{ii} = \frac{1}{2\pi\varepsilon_0}\ln\frac{2h_i}{r_i}$$

$$P_{ij} = \frac{1}{2\pi\varepsilon_0}\ln\frac{d'_{ij}}{d_{ij}}$$

式中,h_i 为第 i 根导线的离地高度;r_i 第 i 根导线的半径,d_{ij} 为第 i 根和第 j 根导线之间的距离,d'_{ij} 为第 i 根与第 j 根导线的镜像之间的距离。

式(6.47)也可用矩阵形式表示:

$$\boldsymbol{V} = \boldsymbol{P}\boldsymbol{Q} + \boldsymbol{V}_S \tag{6.48}$$

可得到表面电荷表示式:

$$\boldsymbol{Q} = \boldsymbol{P}^{-1}(\boldsymbol{V} - \boldsymbol{V}_S) \tag{6.49}$$

下行先导内电荷在导线上产生感应电势,由于电荷的运动较慢(1.5×10^5 m/s),避雷线上的电压为零,导线的电势将通过在导线产生表面电荷而维持线路的工作电压,则式(6.48)和式(6.49)中的 $\boldsymbol{V}=\boldsymbol{0}$。我们可得到:

$$\boldsymbol{Q} = \boldsymbol{P}^{-1}\boldsymbol{V}_S \tag{6.50}$$

一般认为当导线表面场强达到临界击穿场强时,导线表面将产生电晕。第 i 根导线表面场强 E_i 可以由单位长度导线上的表面电荷 Q_i 来计算:

$$E_i = \frac{Q_i}{2\pi r_i\varepsilon_0} \tag{6.51}$$

式中,r_i 为第 i 根导线半径。

获得电荷分布后,就可以采用叠加原理计算得到空间任意位置的电位,然后根据不同的上行先导起始判据来确定导线表面上行先导的产生和是否发生雷击,以及发生雷击时雷电

位置。

在分析下行先导时,由于下行先导运行很慢以及交流电压的周期性,一般忽略交流电压对下行先导在导线表面产生的电荷的影响。但当分析先导头部和地面物体间的平均电场来确定先导是否击在该物体上时,则要考虑工频电压来确定最大的雷击电流。当下行先导为负极性时,则考虑最大的正工频电压。但当计算雷击故障率时,由于交流工频电压的周期性,从统计的角度来看,则不应考虑工频电压。

2. 导线精细计算方法[25]

在输电线路雷电绕击仿真中,线路表面场强影响线路上行先导起始的判断。在下行先导发展过程中,地线表面保持零电位,导线表面为运行电压。采用模拟电荷法仿真导线和地线对周围电场强度的影响时,根据唯一性定理在导线和地线内放置模拟电荷,从而近似地等效导线和地线的表面电位对导线和地线外求解场域的影响。

考虑到实际导体中的感应电荷是连续分布的,在导线轴线上放置电荷密度为分段线性的线电荷,如图 6.50 所示。将导线离散 m 段,源点(实心圆)位于每个离散段的端点,匹配点(空心圆)位于源点正上方的导线表面。对源点处的线电荷密度进行线性插值得到轴线上各处的电荷密度。

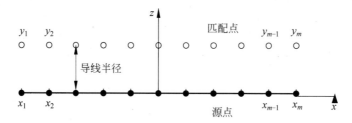

图 6.50　分段线性的线电荷模型中源点与匹配点相对位置[25]

导线表面各匹配点处的电位为 $U=[\varphi_1,\varphi_2,\cdots,\varphi_m]$,导线轴线上各源点处线电荷密度为 $Q=[\tau_1,\tau_2,\cdots,\tau_m]$,根据每个匹配点可列出电位方程,求解得到导线轴线上各源点处线电荷密度。在导线表面选取校核点,校核点与匹配点的位置不重合。根据各源点处线电荷密度计算校核点的电位,分析计算方法的准确性。若准确度满足计算要求,可采用该方法计算导线外求解场域的电场和电位分布。

分析表明[25],在雷电作用下,将模拟电荷放置在不分裂导线的轴线上,计算得到导线表面电位的误差为 0.47%。与在导线内放置四根模拟电荷相比,导线表面电场强度的计算误差为 0.80%。

对于分裂导线,如图 6.51(a)所示,在子导线内放置 4 个模拟电荷时导线表面电位误差小,但由于电位方程 $U=AQ$ 维数较大,计算效率不高,可对子导线内放置 1 个模拟电荷的方法进行改进。考虑到子导线的相互影响,将模拟电荷放在偏离轴线的位置,如图 6.51(b)所示。分析表明,对于六分裂导线,在雷电作用下,当模拟电荷偏离分裂导线轴线的位置为 5mm 时,导线表面电位误差和导线表面电场强度误差均降到 1.0%以下。对于八分裂导线,导线的运行电压为 1000kV,当模拟电荷偏离分裂导线轴线的位置为 2.5mm 时,可以将导线表面电位误差和导线表面电场强度误差均降到 1.0%以下。

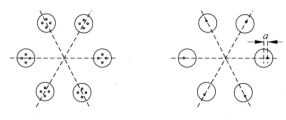

(a) 子导线内放置4个模拟电荷　　(b) 子导线内放置1个模拟电荷

图 6.51　模拟电荷的位置示意图[25]

6.3.8　雷电绕击数值计算方法的实现

利用上文所述的雷电先导发展法,可以计算出位于某一位置、雷电流幅值一定的雷电先导的落雷位置(击中导线、地线或大地)。输电线路雷电绕击分析的先导发展法数值计算时[61],将先导、输电线路、地面物体等在内的整个场域剖分为网格,逐步计算雷电下行先导头部落在不同网格时,先导头部、导线、避雷线和地面附近的电场强度分布。当先导头部与导线、避雷线或地面间的平均电场强度或者导体或地面附近的电场强度达到空气间隙的临界击穿场强时,将从该物体上产生上行先导,雷电直击该物体。

如图 6.52 所示,将沿垂直输电线路的剖面划分为水平方向和垂直方向步长均为 d 的网格。假定下行雷电先导头部处在$[i,j]$网格中,求出绕击导线的雷电流的范围。改变先导头部在垂直方向的位置,并比较各点的绕击范围,可以得到处在第 j 带内的绕击雷电流的范围为$[I_{ma}, I_{mb}]$。则每百千米每年在第 j 带内雷电流大于等于 I_{mc} 的绕击导线的次数为

$$N_{cj} = 0.1\gamma T_d \int_{I_{mc}}^{I_{mb}} P(I) dI \tag{6.52}$$

式中,$P(I)$为雷电流幅值超过 I 的概率,计算公式见式(1.6),γ 为地面每雷电日每平方千

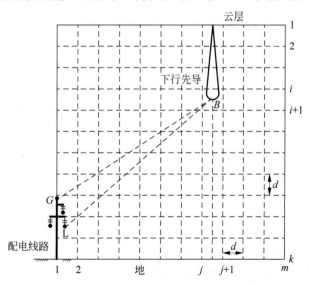

图 6.52　雷击输电线路计算模型[61]

米每年的落雷次数；T 为每年雷电日数。式(6.52)为 I_{mc} 大于等于 I_{ma} 时的次数，如果 I_{mc} 小于 I_{ma}，每百平方千米每年的绕击次数则为

$$N_{cj} = 0.1\gamma T_d \int_{I_{ma}}^{I_{mb}} P(I) dI \tag{6.53}$$

当 I_{mc} 大于 I_{mb} 时，绕击次数为 0。

大于等于 I_{mc} 的雷电流幅值每百千米每年的绕击导线的次数 N_c 为

$$N_c = \sum_{j=1}^{m} N_{cj} \tag{6.54}$$

另外，每百千米每年的雷绕击导线的总次数 N 为

$$N = 0.1\gamma T_d \sum_{j=1}^{m} \int_{I_{ma}}^{I_{mb}} P(I) dI \tag{6.55}$$

在上面的二维计算模型的基础上，增加沿导线方向的剖分，可实现三维计算[106]。如图 6.53 所示，将线路沿线区域划分为面积为 S_i (m^2) 的正方形区域，然后计算雷电先导位于该区域内时可能发生绕击的雷电流幅值范围 (I_{1i}, I_{2i})，则可得到该段线路每百平方千米每年的绕击跳闸率可表示为

$$N = 0.1 T_d \gamma \sum_i S_i \int_{I_{2i}}^{I_{1i}} P(I) dI \tag{6.56}$$

需要指出的是，当线路的绕击耐雷水平 $I_c < I_{1i}$ 时，计算中的积分边界按式(6.55)和式(6.56)中选取，为 (I_{1i}, I_{2i})；当 $I_{1i} < I_c < I_{2i}$ 时，积分区域选择 (I_c, I_{2i})；当 $I_c > I_{2i}$ 时，认为该区域不会发生绕击跳闸。

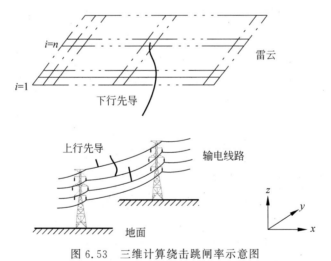

图 6.53 三维计算绕击跳闸率示意图

6.3.9 先导发展法的验证

日本 1000kV 同塔双回交流特高压线路塔型如图 6.54 所示[38]，采用 500kV 降压运行。1998—2004 年共发生雷电绕击故障 81 次，其中 79 次为负极性雷击。其中上、中、下相导线发生绕击的次数分别为 34、27、18，分别占总绕击次数的 43%、34%、23%，即上层导线发生绕击的概率最大，而下层导线的绕击率最低。日本特高压双回线路采用双避雷线，三层导线

均为负保护角,且保护角绝对值的大小关系为上相>中相>下相。按照传统的 EGM 模型,由于下相导线保护角>中相>上相,因而从绕击率来讲应该下层导线最高,上层最低。采用 EGM 计算得到的上、中、下相导线的绕击率占比分别为 26.8%、34.9%、38.3%,与运行经验的规律恰恰相反。

图 6.55 为负极性雷电先导位于线路中心侧向 100m、雷电流 15kA 时导线及地线上上行先导起始条件的发展情况[107]。其中虚线和实线分别对应导线和地线的情况,计算时各相电压取最高工作电压正极性峰值。三种情况下地线上的表面场强基本相同,其差异源于计算选取的电压相位不同。在同等情况下,上层导线最容易产生上行先导,因而发生绕击的可能性最大。对于中相和下相导线,其上行先导的产生总是落后于地线。在地线产生上行先导之后,如果雷电流较小,或雷电先导距离线路较远,雷电先导还将继续发展直至发生雷击,如图 6.56 所示[107]。

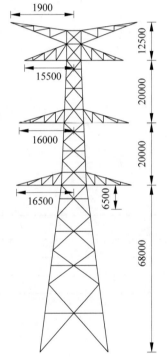

图 6.54 日本特高压线路同杆双回塔
单位:mm

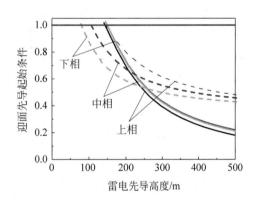

图 6.55 各层导线上行先导起始条件[107]

在这一过程中,中相和下相导线会相继产生上行先导。在上行先导与雷电先导相对发展过程中,当满足跃变条件时,即发生雷击。因此从产生上行先导的角度看,导线发生绕击的概率为上相>中相>下相。从图 6.56 中可以看出,中相或下相导线发生绕击时,导线上上行先导的产生都晚于地线。只有当雷电先导下降到比较低的高度时,导线上才会产生上行先导。当雷电流较大时,雷电先导位于较高高度时即对地面物体发生放电,一般不会击中导线。因此绕击中相和下相的雷击,雷电流幅值都比较小。

表 6.6 为使用雷电先导法计算得到的同杆双回线路各相导线的绕击闪络率占比,与运行数据非常接近。

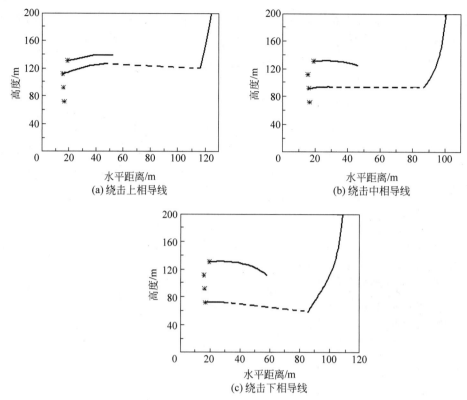

图 6.56 雷电绕击发展过程[107]

实线为地线情况,虚线为导线情况

表 6.6　各相导线的绕击闪络率占比　　　　　　　　　　单位：%

来　　源	上　　相	中　　相	下　　相
先导发展法	50.6	26.6	22.8
EGM 模型	26.8	34.9	38.3
日本运行数据	43.0	34.0	23.0

6.4　影响线路绕击特性的因素

6.4.1　工作电压对先导发展过程的影响

通过实验获得了在导线上施加工作电压时的雷电绕击特性。实验采用的六分裂导线对地高度为 15.5m,分裂导线半径为 16.8mm,棒—板电极和导线之间的最近距离为 7m,在棒—板电极上施加 2952kV 的 200/2000μs 负极性冲击波,在导线先后作用 500kV 直流或 500kV 交流电压峰值(在交流达到最大值处触发电极上的冲击波)。表 6.7 给出了施加相同幅值的直流和交流电压时对应的流注起始时间、不连续和连续先导起始时间[74]。与施加直流电压相比,交流电压条件下导线上的流注、不连续和连续先导都提前起始,也较快地从流注转化为先导。这种区别主要是由施加交流和直流电压的导线周围的空间电荷分布不同造成的。直流电晕和交流电晕在发展过程上有很大不同。

表 6.7　施加相同幅值的交流和直流电压时对应的先导起始特性[74]

电　压	冲击电压幅值/kV	流注起始时间 t_s /μs	不连续先导起始时间 t_1/μs	连续先导起始时间 t_{cl}/μs
500kV(直流)	2952	27.6	57.2	68.8
	3188	19.4	44.1	58.0
500kV(交流)	2952	19.7	43.3	49.9
	3188	16.3	34.6	37.7

交流电压作用下,电压的大小和极性都会发生改变,在一个电压周期内电晕会经历多个放电阶段。交流电晕出现时,在电压幅值为正值的过程中,电晕产生正离子。在电压幅值变为负值之后,之前这些正离子在电场作用下向导线方向运动,聚集在导线周围并和电子中和为中性粒子。因此每个周期总量很小的离子都被束缚在导线周围很小的范围内,无法形成稳定的、范围广泛的离子流场。

在极性不变的直流电压条件下,电晕导致大量离子的出现,进而形成稳定的游离层,电荷受到电场的拉动作用向空间扩散,形成范围更加广泛的离子流场,使得发展了一段距离的流注被离子流包围,流注头部的电场强度减弱,抑制了电离过程的发展,从而影响了流注向先导的转化及连续先导的形成。

图 6.57 给出了交流和直流电压两种情况下的不连续先导起始前所需的注入电荷量[74],其中每点代表一次放电。从中看出,在导线上施加直流电压的情况下,不连续先导起始需要的注入电荷量较大,而交流电压作用下流注和上行先导更容易起始。

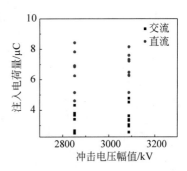

图 6.57　交流和直流电压条件下先导起始所需的电荷[74]

图 6.58 和图 6.59 分别给出了施加相同幅值的直流电压和交流电压两种情况下的先导发展速度和单位电荷密度[74]。当施加的电压幅值相同时,直流和交流情况下的先导发展速度和电荷密度大致呈现一致的规律,随着先导发展的进行,先导长度增大,上行先导发展速度随之增加。而在先导发展过程中单位电荷密度均集中在 15～40 μC/m 的范围内。

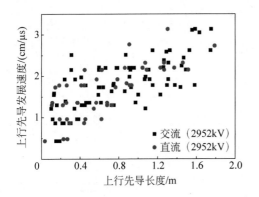

图 6.58　直流和交流情况下的先导发展速度[74]

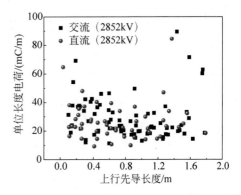

图 6.59　直流和交流情况下的先导电荷密度[74]

相对于同样幅值的直流电压,交流电压情况下,导线上的流注和先导更容易起始,并且有相同的先导发展速度,因此在末跃前有更长的先导发展时间,交流线路中的导线更容易发生绕击。因此,在线路雷电绕击计算中,用于交流和直流线路的计算方法应有所不同。

6.4.2 同塔多回特高压线路雷电绕击特性

以特高压1000kV、500kV交流同塔4回线路为研究对象。上层的两回线路为特高压1000kV交流,下层的两回线路为500kV线路,塔型如图6.60所示。线路沿线70%为平地地形,30%为丘陵地形,上层1000kV交流线路中绝缘子长度为9m,采用八分裂导线,分裂间距为0.45m;下层500kV线路绝缘子长度为4.5m,采用四分裂导线,分裂间距为0.45m,杆塔的基准呼高均为39m。图6.61给出了杆塔4回导线的相位排布和位置坐标,其中横坐标为导线距离杆塔中轴线的距离,纵坐标为导线的对地距离。

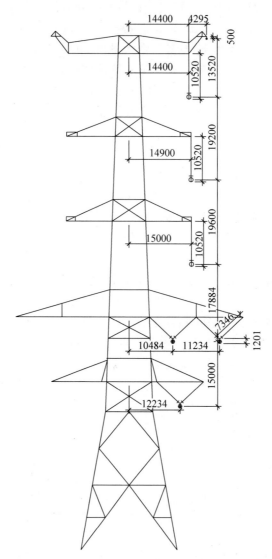

图6.60 特高压1000kV、500kV交流同塔4回杆塔

单位:mm

对杆塔不同相序排列、不同呼称高度、不同地面倾角、不同地线保护角情况下杆塔各层导线的绕击性能进行研究,给出各层绕击跳闸率,其中雷电日统一取为40d/a。

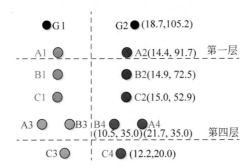

图 6.61　特高压交流 1000kV、500kV 同塔 4 回杆塔导线排布及位置坐标

1. 交流相序排列对绕击跳闸率的影响

考虑 1000kV 交流双回和 500kV 交流双回不同相序排列带来的绕击特性的影响,线路共 4 回线路,分别命名 1000kV 交流双回为左 1 回、右 1 回,500kV 交流双回为左 2 回、右 2 回。由于一般来说雷电会从一侧绕击导线,另一侧导线的相位相序对被绕击侧影响不大,所以计算中假定绕击杆塔右侧导线,左侧导线相位相序排布和被绕击侧相同。每回线路的相序排列会产生一定影响,所以这里给出排除左右两回异相序之外的所有相序组合,如图 6.62 所示。

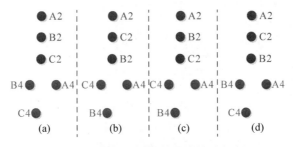

图 6.62　同塔 4 回线路相序排列方式

(a)排列为正相序 ABCABC,(b)排列为逆相序 ACBACB,(c)排列为 1000kV 正序、500kV 逆序、异相序 ABCACB,(d)排列为 1000kV 逆序、500kV 正序、异相序 ACBABC,假定左右两回相序相同。分别对四种相序排列进行绕击跳闸率计算,雷击采用正极性雷,地面倾角为 0 度,跨谷深度取为 0m,给出 A 相导线处于不同相位点对应的绕击跳闸率,四回线路中同相导线上相位角相等,一个周期每 30°为一点,共取 12 个点,如图 6.63 所示[74],图中(a)、(b)、(c)、(d)分别对应上述四种相序排列。

由于不同相位点各导线上的工频电压不同,结合导线所在的位置因素,导致不同导线引雷难易程度不同,即绕击跳闸率不同。第四层外侧导线上工频电压为负值时,由于计算中雷击采用正极性雷,这种情况下更容易发生绕击,特别是 A 相相位角为 210°和 330°情况下跳闸率最大。因此在其他绕击率计算中,一般考虑绕击最严重的情况,取 210°或 330°相位点进行计算。将各个相位点得到的绕击跳闸率加权平均可以得到,当地面倾角为 0°,跨谷深

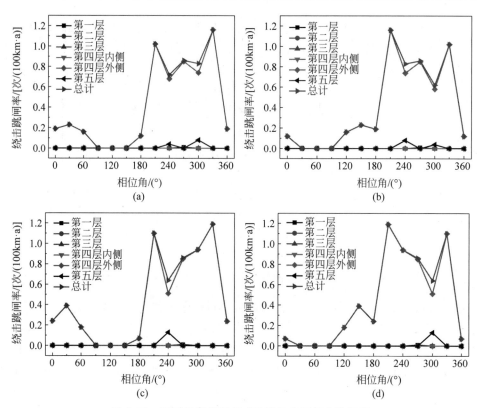

图 6.63 不同相序排列方式对应的分层绕击跳闸率

度为 0m 时,平均总绕击跳闸率为 0.4075 次/(100km·a)。此外,计算表明,不同的相序排列和相角差异在平均意义下的绕击跳闸率相差不大。

2. 杆塔呼称高度对绕击跳闸率的影响

分析表明[74],随着杆塔呼称高度(简称"呼高")的增大,避雷线和导线的对地距离增大,更容易引雷,总绕击跳闸率呈线性升高。由于杆塔第四层共有 4 根导线,外侧导线比里侧导线多向外伸出 10m 左右,大大增加了引雷的概率,因此分层计算跳闸率时可以发现绕击闪络集中在第四层外侧导线上。杆塔呼高的变化在一定程度上可以理解为跨谷线路中跨谷深度的变化。跨谷深度较小时,来自大地的屏蔽保护效果较明显,地线上更容易产生上行先导,与地线上的上行先导相比,导线上的上行先导长度较短。随着跨谷深度的增加,来自大地的保护效果减弱,导线上行先导的起始概率增大,导线上上行先导的长度大于地线上的上行先导长度,更容易发生绕击,绕击跳闸率增大。

3. 地面倾角对绕击跳闸率的影响

考虑到输电线路的地形多样,一般跨越平原、丘陵、山地等,因此这里计算出地面倾角对应的线路绕击跳闸率来反映地形对绕击特性的影响,其中相位选为绕击闪络最严重的情况。图 6.64 给出了不同地面倾角对应的绕击路径情况[74]。在其他参数相同的情况下,较大的地面倾角意味着山坡外侧的导线存在较强的引雷能力,随着倾角的变大,下行先导逐渐向导线侧运动,上、下行先导之间的距离减小,两者之间的电场强度随之增大,更易发生末跃。

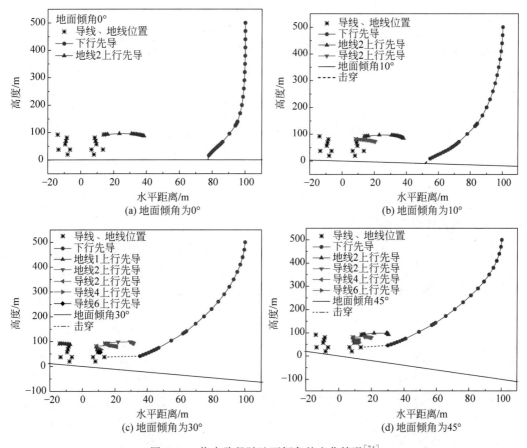

图 6.64 绕击路径随地面倾角的变化情况[74]

较大的地面倾角对应较大的绕击率,这是因为存在地面倾角时,外侧的导线离大地的距离相对较大,来自大地的屏蔽保护效果较弱,绕击容易发生。

4. 地线保护角对绕击跳闸率的影响

表 6.8 给出了不同地线保护角(地线对第一层导线)对应的各层绕击跳闸率。可以看出,在其他杆塔和环境地形条件一致的情况下,较大的地线保护角对应较大的绕击跳闸率,特别是在正保护角的情况下,跳闸率快速增加。

表 6.8 不同地线保护角对应的各层绕击跳闸率 单位:次/(100km·a)

地线保护角	−30°	−25°	−20°	−15°	−10°	−5°	0°	5°	10°	15°	20°
第一层跳闸率	0.00	0.00	0.00	0.06	0.23	0.54	1.12	1.92	2.76	3.48	4.34
第二层跳闸率	0.00	0.00	0.00	0.00	0.00	0.00	0.00	0.00	0.00	0.00	0.00
第三层跳闸率	0.00	0.00	0.00	0.00	0.00	0.00	0.00	0.00	0.00	0.00	0.00
第四层内侧跳闸率	0.00	0.00	0.00	0.00	0.00	0.00	0.00	0.00	0.00	0.00	0.00
第四层外侧跳闸率	0.24	0.48	0.87	0.88	0.84	0.85	0.84	0.86	0.93	0.91	0.93
第五层跳闸率	0.00	0.00	0.00	0.00	0.00	0.00	0.00	0.00	0.00	0.00	0.00
总绕击跳闸率	0.24	0.48	0.87	0.94	1.07	1.39	1.96	2.78	3.70	4.38	5.26

6.4.3 雷击单回特高压线路的中相导线

特高压线路由于杆塔尺寸大、工作电压高,可能会产生雷击中相导线的特殊现象。以如图 6.65 所示的 1000kV 晋东南—南阳交流特高压 ZMP2 杆塔为例,计算不同电流幅值的雷电先导位于杆塔侧向 10m 时,先导头部高度与上行先导产生条件的关系。其中纵轴定义为场强比值,表示导线表面场强与起始判据的比值,场强比值达到 1 时上行先导产生。考虑到负极性雷击,计算时为考虑最严重情况,中相导线电压取正极性最高工作电压,$1000 \times 1.1 \times \sqrt{2/3} = 898 \text{kV}$。

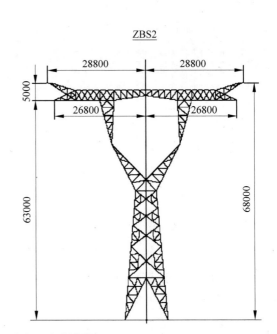

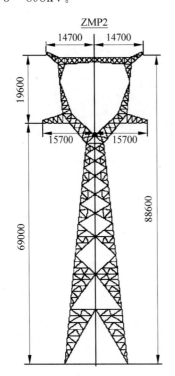

图 6.65 特高压直线塔塔型
单位:mm

图 6.66 中实线代表避雷线上的上行先导起始条件,虚线代表中相导线的上行先导起始条件[107]。可以看出,当雷电先导高度较高时,导线上由于工作电压的影响,表面场强更大,场强比值更高。随着雷电先导的向下发展,导线和地线的表面场强都随之增大,且由于地线高度较高地线表面场强的增大速度要快于导线的表面场强。当雷电流幅值较小时,雷电先导需要下降到较低高度才能使地面物体产生上行先导(图中 20kA 情况)或达到间隙击穿条件(图中 10kA 情况)。在这一前提下,当地面物体满足先导产生条件时,地线的

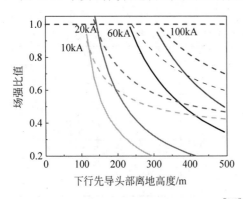

图 6.66 上行先导起始条件与雷电流的关系[107]

表面场强已经高于导线,因而雷击会优先击中地线。当雷电流幅值较大时,雷电先导在很高的高度时地面物体即满足先导产生条件,此时导线表面场强仍然高于地线,因此优先击中导线。这样就出现了较小的雷电流击中地线,而当雷电流大于一定值时击中导线的现象。这与一般边相导线绕击的规律恰恰相反。这主要是由导线、地线与雷电先导的相对位置,以及雷电流幅值的不同造成的。另外,在大电流下行先导作用下,当下行先导在很高的位置时,从中相导线产生的上行先导已经高出避雷线很多,从而导致下行先导与中相导线的上行先导相接。

图 6.67 给出了发生边相和中相绕击时地面物体先导起始条件随雷电先导高度的变化情况。绕击的雷电流幅值分别为 5kA 和 100kA,雷电先导位于导线侧向 60m,实线对应地线,而虚线对应相导线。对于雷击边相导线的情况,当先导高度较高时,随着雷电先导下降,地线上场强比值的增大速度高于导线;而当雷电先导下降到一定高度时,导线上场强比值的增大速度迅速增加,有可能使导线上率先产生上行先导。发生在外边相的绕击主要是由这种情况产生的。由于此时雷电先导的高度较低,因而发

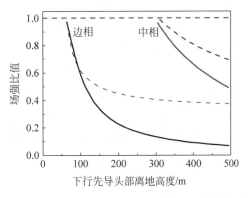

图 6.67 中相绕击与边相绕击的比较[107]

生此类绕击的雷电流通常较小。雷击中相导线则是由大电流在较高的位置时发生的。

中相导线的大电流绕击问题是特高压交流线路防雷中出现的新问题。在现有的超高压线路中,由于避雷线水平间距较小,导线工作电压较低,使得中相导线能够得到避雷线的良好保护。俄罗斯 1150kV 交流输电线路运行中发生过中相绕击。图 6.68 所示为线路中的转角塔。中间相塔上的磁钢棒记录了该转角塔大约发生了 10 次中间相绕击的现象,记录的雷电电流大小在 4.8~34.4kA,其中有 6 次中间相绕击雷电流高于 11.8kA。

图 6.68 俄罗斯 Kokchetav 至 Ekibastuz 的 1150kV 交流输电线路的转角塔[107]

按照一般的规律,直线酒杯塔与猫头塔相比,地线水平宽度更大,中相导线高度更高,其地线对中相导线的保护作用要弱于猫头塔,因而其中相绕击率应该更高。而分析表明,ZBS2 酒杯塔的中相的绕击率却明显低于 ZMP2 猫头塔,这似乎与通常的规律相悖。下面将从电场的角度对这一问题进行分析。

图 6.69 为 100kA 雷电先导位于线路中心侧向 4m 时,先导高度与上行先导起始条件的

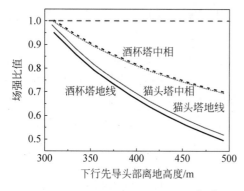

图 6.69 猫头塔与酒杯塔的比较[107]

关系。计算中两种杆塔地线高度相同。可以看出,当雷电先导位于相同高度时,酒杯塔地线的表面场强大于猫头塔地线的表面场强。而对于中相导线,由于猫头塔中相导线高度较高且导线间距离较近,使得其中相导线的表面场强高于酒杯塔。基于以上两方面的原因,酒杯塔中相导线和地线的表面场强之差小于猫头塔,因而酒杯塔地线的表面场强更容易在先导的发展过程中超过中相导线的表面场强,从而在地线上优先产生上行先导。所以酒杯塔地线对中相导线的屏蔽效果更好,其发生中相绕击的概率小于猫头塔。

ZBS2 酒杯塔中相绕击与猫头塔绕击问题的不同之处,除了大电流绕击概率较小外,还有一个特点就是可能发生小电流绕击。发生这一现象主要是由于地线水平宽度较大,小电流的雷电先导可能下降到较低的高度,进而直击中相导线。图 6.70 为地线高度相同时两种塔型在小电流雷击时的计算结果。计算中雷电流为 10kA,位于杆塔中心侧向 4m 处。可以看出,小电流的雷电先导在下降过程中,猫头塔在上行先导产生之前间隙平均场强就已经满足击穿条件,原因是猫头塔地线水平间距较小,地线距离雷电先导头部更近。而对于酒杯塔,由于地线水平间距大,雷电先导头部可以进一步向下发展,直至导线上产生上行先导。

总体来说,对于大电流雷击,酒杯塔地线对中相导线的屏蔽效果要优于猫头塔,发生中相大电流绕击的概率低于猫头塔;而当雷电流较小且位于地线内侧时,酒杯塔地线对中相导线的屏蔽效果较弱,有可能发生小电流中相绕击。两方面因素综合比较,由于可能发生大电流绕击的电流幅值范围较大(大于某临界电流)且可能发生的空间范围也较大,因此其对总绕击率的贡献远大于小电流绕击。进而可以判断,猫头塔总的中相绕击率要高于酒杯塔。

为了防止中相绕击,在晋东南—南阳特高压交流线路特高压变电站进线段采用三根避雷线,即在塔顶两根避雷线的中间加装一根避雷线,如图 6.71 所示。

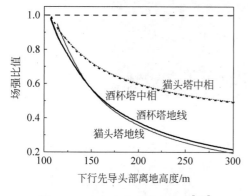

图 6.70 中相小电流雷击情况[107]

图 6.71 特高压变电站进线段采用三根地线防止中相绕击

6.4.4 雷击落点沿线路分布特征

对图 6.72(a)所示的 ±800kV 直流线路,平均档距为 400m。将一个档距内雷击点的区域分成表 6.9 所示的 7 部分,档距中央和两端的长度各占总长度的 1/2。不考虑弧垂和考虑弧垂(避雷线和导线弧垂分别为 15m 和 10m)时的计算结果见表 6.9,计算采用分形模型,模拟雷击 1000 次。负极性雷绕击负极导线的概率(f、g)要明显小于绕击正相导线的概率(d、e),这与物理概念及实际运行经验一致。负极导线较正极导线不易产生上行先导,因而发生绕击的概率也低得多。

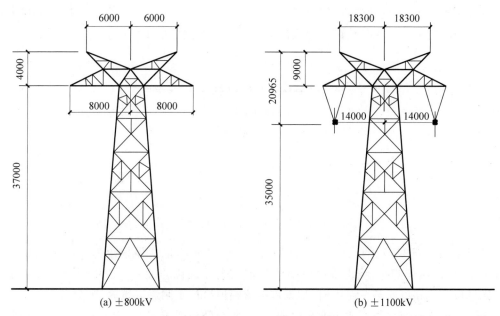

图 6.72 特高压直流线路直线塔塔头结构

单位:mm

表 6.9 不考虑弧垂和考虑弧垂时的雷击落点分布

落 点	概率(模拟次数:1000)	
	不考虑弧垂	考虑弧垂
a—杆塔	0.300	0.294
b—档距中央避雷线	0.292	0.271
c—档距两端避雷线	0.336	0.335
d—档距中央正极导线	0.032	0.049
e—档距两端正极导线	0.029	0.032
f—档距中央负极导线	0.006	0.011
g—档距两端负极导线	0.005	0.008

在考虑弧垂的情形下,绕击概率比未考虑弧垂时大,而档距中央正极性导线的绕击概率已经超出左右两段绕击概率之和,同时档距中央避雷线上的落雷概率明显减小,说明这一部分输电线路将是防雷的软肋。考虑弧垂后,实际上是考虑到输电线路各个截面处保护角不

同。如果避雷线的弧垂比相导线的弧垂更大,档距中央处保护角就增大,屏蔽可能失效。

图 6.73 是根据考虑弧垂情形的计算结果绘制的线路长度方向的绕击分布。绕击最有可能发生在档距中段。图中所示仅是绕击次数,不是绕击跳闸的次数,小电流绕击(即绕击电流小于耐雷水平)并不能造成跳闸。线路的正、负极导线对负极性雷的耐雷水平分别为 32.9kA 和 23.3kA。统计结果表明,负极导线发生小电流绕击的比例为 14/19,正极导线为 42/81,正负极绕击跳闸率之比约为 8∶1,与我国南方电网公司多条直流线路的长期运行统计结果(8~10∶1)比较接近。

分形模拟方法能计算一个档距内雷击落点的分布情形,明确指出档距中央的正极导线这一防雷薄弱环节,为优化避雷线与导线的排列方式提供了一个有潜力的方法。工程中可以适当地控制避雷线和相导线或极导线的弧垂来降低线路的绕击概率。

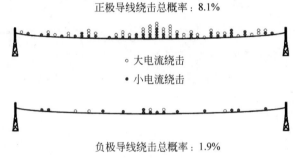

图 6.73 考虑弧垂时沿线绕击分布[64]

对于图 6.72(b)所示的±1100kV 线路,图 6.74 所示为地线保护角为 −8°、杆塔位于地面倾角 40°的山坡外侧时,绕击雷电流幅值与雷电先导位置的关系。图中阴影区域表示当雷电先导位于线路侧向某一距离时,如果雷电流幅值恰位于阴影区域内,则会发生绕击。绕击闪络率等于雷电流幅值在阴影面积内的积分,阴影部分面积越大,绕击率也越高;积分过程中要以雷电流的幅值概率作为权重。从图中可以看出,发生绕击的雷电先导距线路较远,同时雷电流幅值较高。在这种情况下,增加绝缘子片数只能避免小电流绕击引起的闪络,而对上述幅值范围的大电流绕击没有改善作用,因此增加绝缘强度对绕击闪络率的改善作用较小。

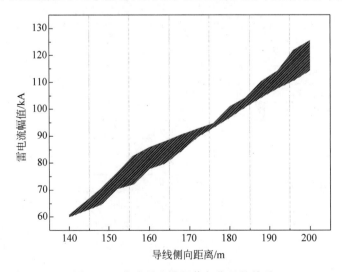

图 6.74 绕击雷电流幅值与位置的关系

6.4.5 地形对特高压直流线路绕击特性的影响

如5.2.3节所述,山区地形主要由山峰、山脊和山谷三种基本地形组成,典型地形可以用斜坡外侧线路、跨谷线路和山脊顶部线路三种来表示。线路绕击分析应计算不同地形的雷电绕击闪络率,进而按照各种基本地形所占的比例,通过加权的方法求出整条线路的绕击闪络率。

Dellera等[60]采用先导发展模型最早分析了三种地形对雷击420kV输电线路的影响,如图6.75所示。图中LD(lateral distance)表示下行先导能够击中输电线路的侧向距离,SFW(shielding failure width)表示下行先导绕击导线的宽度。可以看出,在平原地区没有雷电绕击闪络发生;对于山坡上的线路,下行先导只能绕击外侧导线,外侧的雷击侧向距离很宽,而内侧的雷击侧向距离很小;而对于山顶线路,下行先导绕击一侧导线与雷电绕击山坡外侧线路类似。

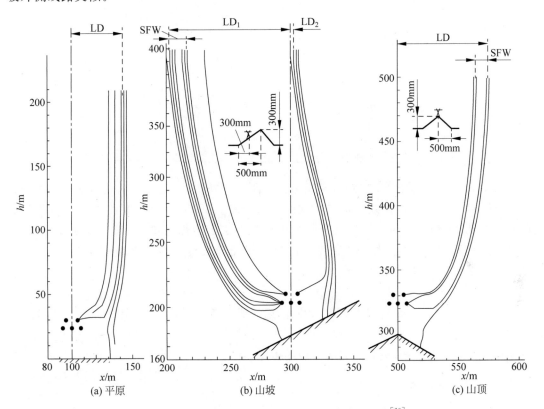

图 6.75 三种地形对雷击420kV输电线路的影响[60]

下面结合如图6.72(b)所示的±1100kV直流特高压线路介绍三种地形下的雷电绕击特征。其平均弧垂为18m,地线平均弧垂为13m,导线对地线平均高度为35m。

1. 山坡外侧线路

图6.76为自立式铁塔在不同的绝缘强度下绕击闪络率随地线保护角与地面倾角的变化情况。雷电日统一取为60d/a。直流线路由于两极工作电压不同,绕击特性具有明显的极性特征,加之自然界以负极性雷电为主,正极线路遭绕击的可能性远大于负极线路,因而

计算时选取正极线路位于山坡下坡方向的最严峻条件进行计算。可以看出,在相同地面倾角和雷电活动条件下,随着地线保护绝对值的减小,绕击闪络率增大,当地线保护角为正时,绕击闪络率急剧增大。在相同的地线保护角和雷电活动条件下,随着地面倾角的增大,绕击闪络率增大,特别是在地线屏蔽较差的情况下(地线保护角绝对值很小或为正),绕击闪络率随地面倾角增加而增大。这是因为当地面倾角存在时,处于山坡外侧的线路距地面的高度增加,地面的屏蔽作用变弱,导线更容易受到绕击。特别是当地线屏蔽不利时,绕击闪络率增加更快。

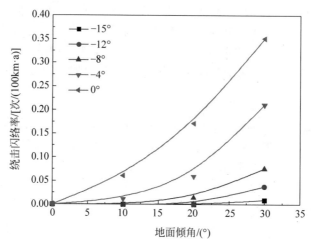

图 6.76 自立式直线塔(76 片 210kN 绝缘子)绕击闪络率随地面倾角的变化

从图 6.77 可以看出,雷电绕击多发生在线路水平外侧,雷电先导从近似水平的方向击中导线。这一现象与许多线路雷击的观测结果相符。另外,虽然避雷线上的上行先导长度与导线几乎相同,但由于正极性导线的上行先导头部电压较高,因而更容易发生雷击。此外大量计算表明,发生绕击时导线上产生上行先导长度在数米至数十米范围内,上下行先导间最终击穿的间隙距离在 40~200m,这与雷击过程中梯级先导的长度范围基本相同。

进一步分析图 6.77 可以发现,在相同的地线保护角下,随着地面倾角的增大,位于山坡外侧的导线的引雷能力增加,下行先导头部明显向导线方向偏移,增加了下行先导头部与上行先导头部之间的电场,更容易完成最后的击穿。

2. 山脊顶部线路

绕击分析时,山脊顶部和斜坡外侧基本是相同的,都通过改变地面倾角来表征。对于负极性雷击,如果正极导线位于斜坡外侧,则绕击几乎全部集中在正极线路,斜坡线路的外侧导线的绕击结果与山顶同极性一侧相同,但山脊顶部负极导线的绕击率高于斜坡内测负极导线的绕击概率。

3. 跨谷线路

由于跨越山谷使得线路档距中央位置导线距离地面位置较高,地面的屏蔽作用减弱,发生绕击的可能性增大。自立式直线塔在档距中央的绕击闪络率随山谷深度的变化情况如

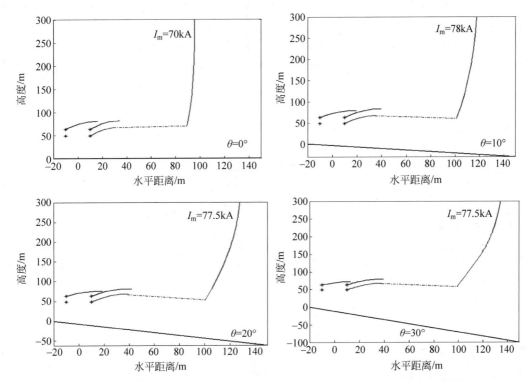

图 6.77 地线保护角为 0°时线路位于山坡外侧时绕击路径随地面倾角的变化情况

图 6.78 所示。在相同跨谷深度和雷电活动条件下,随着地线保护角绝对值的减小,绕击闪络率增大。当地线保护角为正时,绕击闪络率急剧增大。在相同的地线保护角和雷电活动条件下,随着跨谷深度的增大,绕击闪络率增大,特别是在地线屏蔽较差的情况下(地线保护角绝对值很小或为正),绕击闪络率随跨谷深度增加而增大。这是因为当线路跨谷时,导线距离地面高度增加,地面屏蔽作用减小,因此更容易受到绕击。特别是当地线屏蔽不利时,绕击闪络率增加更快。

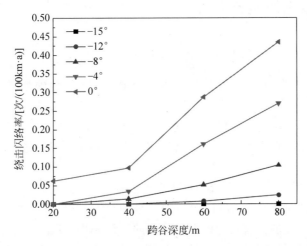

图 6.78 自立式直线塔(76 片 210kN 玻璃绝缘子)绕击闪络率随山谷深度的变化

图 6.79 给出了在不同的跨谷深度下线路发生绕击时下行先导与上行先导的路径。在跨谷深度较小的时候,地面的屏蔽作用较强,此时地线上更容易起上行先导,导线上行先导长度小于地线上行先导的长度。随着跨谷深度的增加,地面的屏蔽作用减弱,导线上出现上行先导的概率增大,且导线上行先导长度大于地线上行先导长度,此时容易发生绕击,绕击闪络率增大。

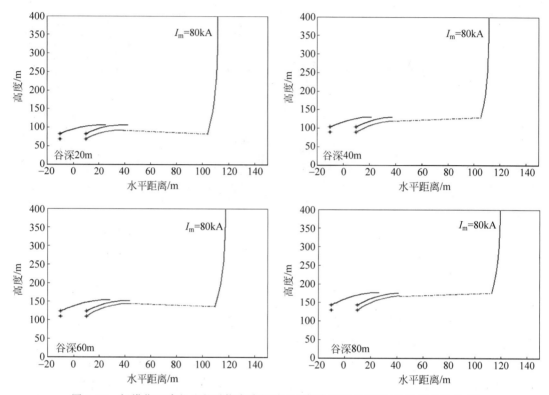

图 6.79 杆塔位于跨谷地段时绕击路径随地面倾角的变化情况(地线保护角为 0°)

6.5 不同模型应用范围讨论

6.5.1 不同模型原理的比较

EGM 模型基于击距理论,将最终的雷击点抽象为一个几何的计算过程,从几何的角度对线路的屏蔽效果进行分析。其关键参数是与雷电流幅值有关的击距,将复杂的雷击过程分析简化为几何作图问题,没有考虑雷击过程中的随机性。尽管它没有考虑雷电先导的发展过程,为了便于对比,可以等效地认为它考虑了下行先导的发展过程,并且恒定地垂直向下发展。

先导发展法[40,60-61,108]考虑了上、下行先导发展的动态过程,认为先导的发展过程始终向着电场最大的方向,由于地面物体对空间电场的畸变,导致下行先导都会朝线路一侧倾斜。对于相同位置起始的具有相同雷电流幅值的下行先导,其击中地面物体的位置是确定的,并且先导发展的路径也是确定的,即这个过程具有确定性的意义。

分形模型在考虑了上下行先导相对发展过程的基础上,利用分形理论细致刻画了先导发展的随机分叉机制。分形理论决定了先导发展过程的随机性和不确定性。对于相同位置起始的具有相同雷电流幅值的下行先导，它击中地面物体的位置是不确定的，而且先导发展的路径也是完全不一样的，即雷击地面物体的过程具有统计意义，必须多次模拟以得到统计性的结果，这更贴合自然界雷击的实际情况。另外，分形模型模拟出的下行先导通道图形与实际雷电通道也非常"形似"。

图6.80给出了相同位置起始的具有相同雷电流幅值的下行先导的发展路径[65]。为了清楚起见，分形模型的通道只给出了主通道的图形，没有给出分支细节。可以看出，FRM跨越了相对较大的横向跨度，并且每次模拟的路径都不相同，因此，分形模型是一种统计学模型。而LPM只能发展到距离下行先导起始点很近的区域，EGM则只能发展到正下方的区域。因此LPM实质上和EGM一样，并不具有统计学意义，其统计属性来源于雷电流幅值计算公式的统计属性。

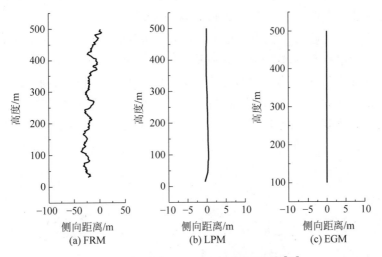

图6.80 不同模型的下行先导通道图形[65]

6.5.2 不同模型的统计学特性比较

雷电先导的随机性决定了评估其需要运用统计学的方法，因而任何一种模拟方法必须能够在宏观统计性上给出合理的解释才能应用于雷击性能的评估。

为此，将雷电先导发展的空间过程划分为几个阶段，以图6.72(a)为例，分别对各个阶段先导的统计学特征进行研究。这几个统计量包括：地面处落雷分布、相同位置起始的下行先导在不同时刻的位置分布，以及线路附近水平面落雷点分布。

1. 线路附近地面处落雷分布

线路附近地面落雷分布可以通过实际监测得到，因而可以该这个统计量随侧面距离的变化趋势验证模型的合理性。该统计量的变化规律可以从莫斯科电视塔修建前后其周边区域落雷密度的数据中得到。观测表明[109]，莫斯科电视塔修建后，相对修建前，其周围地面的落雷密度产生了如下变化：在电视塔附近的区域，由于电视塔的拦截作用，该区域的落雷密度大大减小甚至为0；稍微远离电视塔的区域，落雷密度较建塔之前有所提高；远离电视塔的区域，落雷密度与建塔前相差不多。

图 6.81 是分形模拟得到的图 6.72(a)所示直流线路附近地面落雷分布情况[65]。可以看到,分形模型给出了与莫斯科电视塔现场数据相似的规律,线路附近可以按照地面落雷密度变化情况分成 3 个区域:线路附近区域 A,线路远高于地面,此时线路可以看作避雷针,大地则可以看作被保护物体,由于线路的拦截作用,线路附近的大地被有效保护,从而落雷很少甚至没有;在离线路稍远的区域 B,由于线路对雷电下行先导的吸引作用,导致朝向线路发展的下行先导增多,然而由于发展到该区域的先导不足以对线路放电,因而在此区域的雷电先导将会击中大地,从而该区域地面落雷密度较平地条件时有所增加;在远离线路的区域 C,雷电先导受到线路的影响较小,可以忽略,因而该区域的落雷密度较平地条件时基本不变。

2. 相同位置起始的下行先导在不同时刻的位置分布

为了宏观地体现出雷电先导分形模型的统计性特征,考虑了分形模型从同一位置起始的具有相同雷电流的下行先导在不同时刻的落点分布,如图 6.82 所示[65]。其中雷电流幅值选取 40kA,下行先导起始位置为线路中心位置。分形模型的先导落点范围是一个具有一定角度的很宽的扇形区域,这与电气几何模型以及先导发展模型只能得出一个点的结果是不同的。这就意味着,利用分形模型进行模拟能够得到从远处起始到达线路区域的雷电先导。输电线路绕击事件很大程度上都是由雷电的侧面绕击造成的,因而分形模型能够较好地模拟出这样的情形。改变雷电流的大小,可以发现这个扇形区域的角度变化范围并不大,由此可以将这些角度的平均值作为分形模拟的一个统计学意义上的性质。

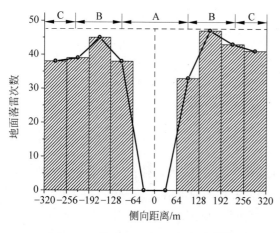
图 6.81 线路附近地面落雷分布[65]

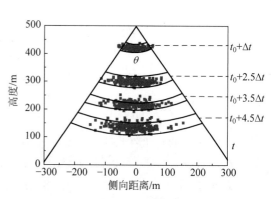
图 6.82 不同时刻的先导落点分布[65]

3. 线路附近水平面的落雷点分布

已进入或即将进入先导发展的最后阶段对应高度的水平面上的落点分布情况将会对最终的绕击结果产生直接影响。由于电气几何模型没有考虑上行先导的发展,因此,为了方便计算和对比,忽略上行先导的发展,转而采用击距的方法来近似选取近地面的高度值。

对于图 6.72(a)中的线路,考虑幅值为 40kA 的雷电流,相应的击距约为 109m。对于线路垂直上方的区域,影响线路的先导头部高度应为杆塔高度与击距之和,即约 150m;对于离开线路一定距离的区域,影响线路的先导头部高度要小于这个值;对于导线受影响的先导头部高度更低，近似取 130m 作为近地面处进行落点统计的高度。通过让下行先导从不同的位置起始的方式，考察在这个高度水平面上先导头部落点分布的情况。

图 6.83 给出了分形模型在 130m 水平面上的先导落点分布直方图[65]。在线路附近区域，由于线路较强的吸引作用，使得线路附近起始的先导很多落入该区域，先导落点相对较多；当离线路区域继续变远时，由于很大一部分被吸引到线路区域，因而落点逐渐减少；当离线路很远时，受到线路的吸引作用很弱，落点分布又逐渐增加，但是数值相差都不大。对于 40kA 以下的雷电流，在更高的高空，同一水平面上落点的分布将会近似均匀，这也是为什么可以将先导分形模拟的高度简化为 500m 的原因。即该电流下，在 500m 以上的高空，线路对下行先导发展的影响很小，可以等效认为在 500m 以上的高空先导垂直发展从而简化计算。对于更大的雷电流，则应适当调整初始高度。

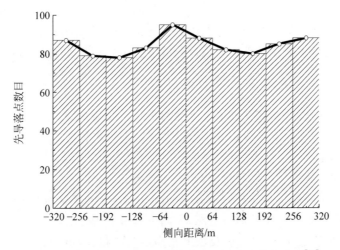

图 6.83　分形模型在 130m 高度水平面的先导落点分布[65]

图 6.84 给出了先导发展模型在同一高度上的落点分布情况[65]，在接近线路的区域内落雷密度稍有增加。电气几何模型的分布是最简单的均匀分布。可以看出，三种模型在近

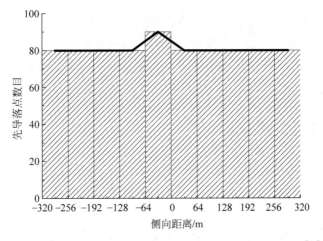

图 6.84　先导发展模型在 130m 高度水平面的先导落点分布[65]

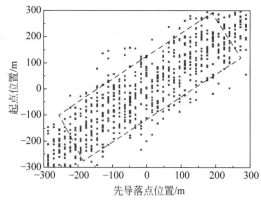

图 6.85 分形模型的先导起点—落点分布[65]

地面水平面上的分布相差不是太多,然而,组成这些落点的先导起始位置却是大不相同的,图 6.85 给出了分形模型的先导起始—落点分布情况[65]。

对于电气几何模型和先导发展模型,由于发展路径为垂直或者接近垂直,导致先导起点—落点分布图将近似为一条直线,即各个位置起始的先导只能到达正下方或者正下方很小范围的近地面位置。然而从图 6.85 可以看出,分形模型给出了相对分散的分布情况,它的起点—落点分布图近似为一个倾斜的矩形,这就意味着从相对较远处起始的下行先导仍能影响线路,相比于线路上方发展而来的先导,侧面发展来的先导更容易绕过避雷线的拦截而造成屏蔽失败。

6.5.3 电气几何法和先导发展法的适用范围

电气几何方法清晰简单,在许多情况下能给出比较正确的结果。但在一些情况下与实际相差较大。例如,在计算雷击线路总次数以及在雷击次数和物体高度的关系时,与实际运行结果有一定的差距。

从 1.4.6 节的实验结果可以看出,当运行电压超过 200kV 时,先导的起始和发展受直流或交流运行电压影响较大。这种影响在运行电压低于 200kV 情况下较弱。同时由于电气几何模型难以考虑输电线路的运行电压,因此更适用于运行电压低于 500kV 的单回输电线路的绕击分析,但不适用于 500kV 及以上超高压/特高压输电线路。原因是当工作电压达到 500kV 时,工作电压对相导体上行先导的产生影响较大,而当工作电压低于 500kV 时,工作电压对上行先导的影响较小。由于 EGM 难以考虑输电线路的工作电压,对于 500kV 及以上的超特高压线路,能够考虑交流瞬时运行电压的先导发展法或分形模型更为合适[1]。

另外,对于同塔多回输电线路,通常三相导体垂直布置,架空地线与底部相导体之间的距离变得很大,架空地线对底部和中间相导线的保护能力变弱,二者的上行先导的发展空间变大,雷击相导体的概率变大。因此最好采用先导发展法或分形模型来分析同塔多回线路的雷电绕击问题[1]。

6.6 电气几何模型的修正

采用先导发展法可以分析不同因素对雷击过程的影响来修正电气几何模型,考虑上行先导发展的长度引起的导线、地线对下行先导吸引范围的变化,分析线路高度对模型中各参数的影响。

采用先导发展模型对图 6.86 所示的三个电压等级的典型输电线路的雷电绕击过程进行仿真。在先导发展模型中,下行先导与输电线路的相对位置、回击电流峰值等参数均会影响雷电下行先导发展路径。下行先导与线路中心的水平距离 y 取不同值时,地线的击距随回击电流峰值的变化如图 6.87 所示[25]。可以看出,下行先导与线路中心的水平距离 y 对击距影响较小,故可以忽略该因素,对输电线路的击距与回击电流峰值之间的关系进行拟合。

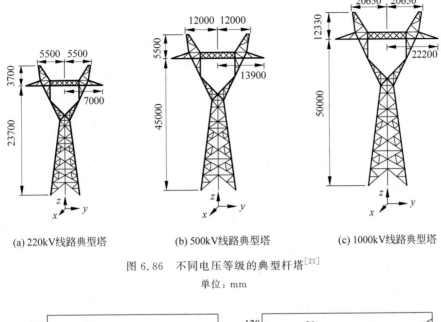

(a) 220kV线路典型塔　　(b) 500kV线路典型塔　　(c) 1000kV线路典型塔

图 6.86　不同电压等级的典型杆塔[25]

单位:mm

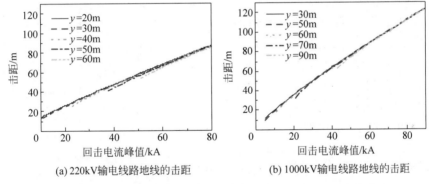

(a) 220kV输电线路地线的击距　　(b) 1000kV输电线路地线的击距

图 6.87　下行先导与线路中心的水平距离 y 对击距的影响[25]

对 220kV、500kV、1000kV 输电线路导线和地线的击距与回击电流峰值的关系进行拟合,得到图 6.88 所示结果。可以看出,随着电压等级的提高,导线和地线的击距均增大;同一电压等级输电线路地线的击距大于导线的击距。根据先导发展模型拟合得到的 500kV 地线击距、1000kV 导线的击距与 Cooray 提出的击距公式 $D=1.9I^{0.9}$ 较为接近。

采用先导发展模型对不同电压等级输电线路雷击过程仿真,得到雷电下行先导击中 1000kV 和 220kV 输电线路的导线时,导线的上行先导长度随回击电流峰值的变化如图 6.89 所示,其中 y 为下行先导与线路中心的水平距离。

220kV 输电线路发生绕击的回击电流峰值小于 20kA,在此范围内导线上产生的上行先导长度为 0.5～3m。对于特高压输电线路,发生雷击时导线的上行先导长度较大,图 6.86(c)所示的 1000kV 输电线路发生绕击的回击电流峰值小于 55kA,在此范围内导线上行先导长度

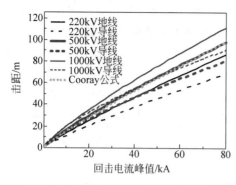
图 6.88 仿真得到的不同电压等级输电线路的击距[25]

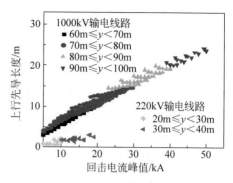
图 6.89 220kV 和 1000kV 导线的上行先导长度对比[25]（见文前彩图）

为 5~25m。发生雷电绕击时，1000kV 交流输电线路导线上行先导的长度明显大于 220kV 输电线路导线上行先导长度。

传统的电气几何模型不考虑雷击过程中上行先导的起始与发展过程，分别以导线、地线为圆心，以击距为半径作圆弧，表示导线、地线对雷电的吸引范围，当雷电下行先导头部达到导线（或地线）的吸引范围内，则击中导线（或地线）。采用传统的电气几何模型的思路，根据先导发展模型仿真结果拟合得到的导线、地线和地面的击距公式，得到 1000kV 输电线路发生绕击的雷电下行先导位置范围 Δy 随回击电流峰值的变化，与先导发展模型的仿真结果进行对比，如图 6.90 所示[25]。电气几何模型中未考虑上行先导长度的影响，由传统电气几何模型得到的 Δy 明显小于先导发展法模型的仿真结果。

当回击电流峰值分别取 10kA、25kA、40kA 时，分别以导线和地线为圆心，以击距为半径作圆，如图 6.91 所示。可以看出，雷电下行先导击中导线时，下行先导头部位于地线的吸引范围内，即按照传统的电气几何模型的思路，下行先导应该击中地线，说明传统的电气几何模型存在问题[110]。

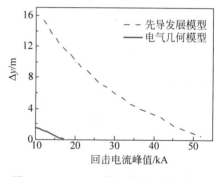
图 6.90 1000kV 输电线路发生绕击的下行先导范围 Δy[25]

当雷电下行先导击中特高压输电线路时，导线或地线上产生的上行先导长度为 5~25m，上行先导的长度与击距长度是可比的，这时如不考虑上行先导，则计算结果可能偏差较大。为了解决图 6.91 所示下行先导头部在地线吸引范围内仍击中导线的问题，考虑雷电击中导线（或地线）时，导线（或地线）产生的上行先导的长度，分别以发生雷电击穿时导线、地线的上行先导头部为圆心，以末跃长度为半径作圆弧，表示导线、地线对雷电的吸引范围，如图 6.92 所示[109]。雷电下行先导与线路中心的水平距离 y 取不同值时，击穿时上行先导头部的位置不同，再选取上行先导头部中间位置处的点作为圆心作圆。可以看出，雷电下行先导击中导线时，下行先导头部在地线的吸引范围外。

改进的电气几何模型如图 6.93 所示[109]。采用先导发展模型仿真雷击输电线路过程，下行先导朝着头部电场强度最大的方向发展。随着下行先导的发展，下行先导逐渐被输电

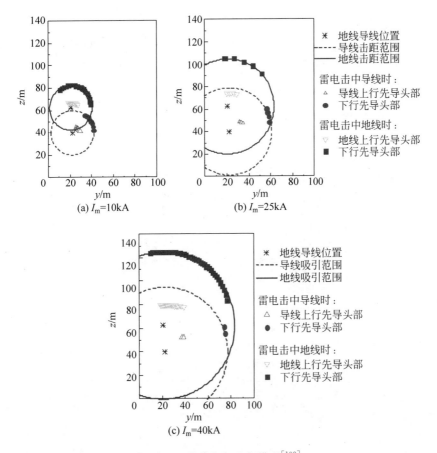

图 6.91 传统电气几何模型[109]

线路吸引,即下行先导不是垂直向下发展,因此会出现图 6.92(a)中雷电下行先导头部发展到 M 点处击中导线的情形。改进的电气几何模型重新定义了地线和导线对雷电的吸引范围:以上行先导头部为圆心、以末跃长度为半径的圆弧,考虑上行先导发展的长度对雷电击穿过程的影响。

根据仿真结果得到回击电流取不同值时发生绕击的下行先导位置范围为 $\Delta y \sim 2\Delta y$。考虑上行先导长度的影响改进电气几何模型,分别对发生击穿时导线和地线的上行先导长度、上行先导发展角度、末跃长度及地面击距这 7 个变量与回击电流峰值的关系进行拟合,得到图 6.92(c)所示的 1000kV 特高压交流输电线路酒杯塔的公式[109]:

导线的上行先导长度:
$$L_{\text{up-c}} = 0.85 I_{\text{m}}^{0.86} \tag{6.57}$$

地线的上行先导长度:
$$L_{\text{up-s}} = 2.64 I_{\text{m}}^{0.56} \tag{6.58}$$

导线上行先导的角度:
$$\theta_{\text{c}} = 50.57 \ln(0.54 \ln I_{\text{m}}) \tag{6.59}$$

地线上行先导的角度:
$$\theta_{\text{s}} = 0.33 I_{\text{m}} + 33.33 \tag{6.60}$$

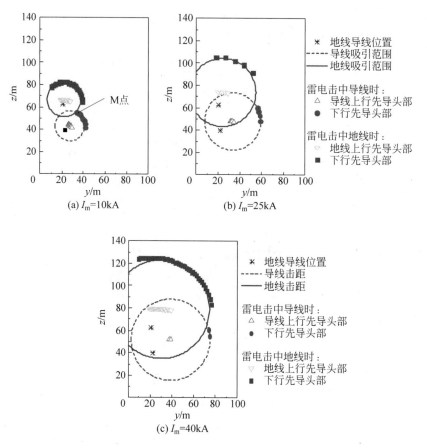

图 6.92 改进的电气几何模型[109]

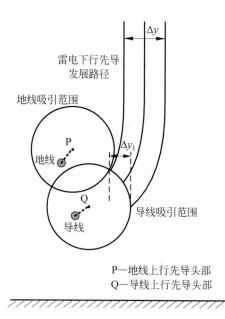

图 6.93 改进的电气几何模型示意图[109]

击中导线时末跃长度：
$$L_c = 2.61 I_m^{0.71} \tag{6.61}$$

击中地线时末跃长度：
$$L_s = 1.19 I_m^{0.97} \tag{6.62}$$

大地的击距：
$$D = 0.59 I_m^{1.002} \tag{6.63}$$

根据交流特高压输电线路酒杯塔地线保护角 $\alpha=4°$ 时的仿真结果，拟合得到的各变量公式。仿真地线保护角 α 取 $0°$、$-4°$。比较两种方法得到发生绕击的下行先导位置范围 Δy 随回击电流峰值的变化如图 6.94 所示。当 α 取 $0°$、$-4°$ 时，改进的电气几何模型的结果与先导发展模型的结果接近。

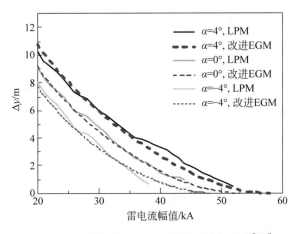

图 6.94 地线保护角 α 取不同值时结果对比[109]

随着输电线路高度的增大，线路的击距增大。在改进的电气几何模型中，没有直接采用击距分析导线和地线对雷电的吸引范围，而是将击距分解为两部分：导线和地线上产生的上行先导长度和击穿时上下行先导之间的距离，即末跃长度。

以上计算中 1000kV 交流酒杯塔呼高取 50m。将杆塔高度分别增大 10m、20m，对导线和地线的末跃长度、击穿时上行先导长度与回击电流峰值的关系进行拟合，如图 6.95、图 6.96 所示[25]。

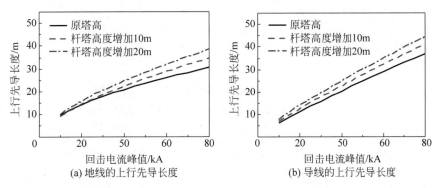

图 6.95 杆塔高度对导线和地线上行先导长度的影响[25]

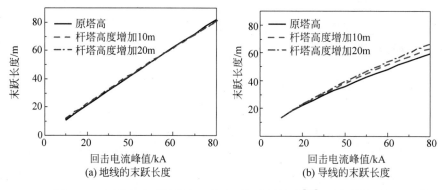

图 6.96 杆塔高度对导线和地线末跃长度的影响[25]（见文前彩图）

杆塔高度对发生雷电击穿时导线和地线的上行先导长度影响较为明显，输电线路越高，击穿时上行先导长度越大。杆塔高度对地线的末跃长度影响较小，随着杆塔高度增大，导线的末跃长度略有增大，但可以忽略。

考虑回击电流峰值 I_m、杆塔呼高 H 的影响，对改进的电气几何模型中涉及的上行先导长度、末跃长度等参数的变化规律进行拟合，得到以下公式[109]：

导线的上行先导长度：
$$L_{up\text{-}c} = (0.22967 + 0.01243H)I_m^{0.89933-7.75\times10^{-4}H} \tag{6.64}$$

地线的上行先导长度：
$$L_{up\text{-}s} = (3.51462 - 0.01746H)I_m^{0.34646+4.24\times10^{-3}H} \tag{6.65}$$

导线上行先导的角度：
$$\theta_c = 50.57\ln(0.54\ln I_m) \tag{6.66}$$

地线上行先导的角度：
$$\theta_s = (0.75 - 0.00833H)I_m - 50 + 2.58333H - 0.01833H^2 \tag{6.67}$$

击中导线时末跃长度：
$$L_c = (3.39627 - 0.01564H)I_m^{0.57202+0.00281H} \tag{6.68}$$

击中地线时末跃长度：
$$L_s = 1.19I_m^{0.97} \tag{6.69}$$

大地的击距：
$$D = 0.59I_m^{1.002} \tag{6.70}$$

采用改进的电气几何模型，根据拟合得到的各参数的公式计算在回击电流取不同值时发生绕击的下行先导位置范围 Δy 的变化，如图 6.97 所示[25]。

由图 6.97 可知，对特高压酒杯塔输电线路，改进电气几何模型与先导发展模型的计算结果相近。与传统的电气几何模型相比，改进的电气几何模型考虑了上行先导长度对最终雷电击穿过程的影响，也考虑了杆塔高度对上行先导长度和末跃长度等因素的影响。

在以上的分析中，针对特高压交流输电线路的酒杯塔得到了改进的电气几何模型。采用相同的思路对其他形式的线路进行分析，可以得到改进的电气几何模型中各参数随雷电流幅值及杆塔高度的变化。可以看出，以上介绍的改进的电气几何模型是针对特定电压等级的特定塔型得出的，是否能应用于其他电压等级、其他塔型还有待进一步探索研究。

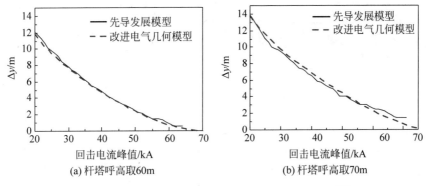

图 6.97 发生绕击的下行先导位置范围 Δy 的变化[25]

参考文献

[1] TECHNICAL BROCHURE 704. Evaluation of lightning shielding analysis methods for EHV and UHV DC and AC transmission lines[R]. Paris：CIGRE,2017.

[2] 张纬钹,何金良,高玉明. 过电压防护及绝缘配合[M]. 北京：清华大学出版社,2002.

[3] GB/T 50064—2014. 交流电气装置的过电压保护和绝缘配合设计规范[S]. 北京：中国计划出版社,2014.

[4] Q/GDW 11452—2015. 架空输电线路防雷导则[S]. 北京：国家电网公司,2015.

[5] 吴维韩,何金良,高玉明. 金属氧化物非线性电阻特性和应用[M]. 北京：清华大学出版社,1998.

[6] 刘继. 电气装置的过电压保护[M]. 北京：水利电力出版社,1982.

[7] ARMSTRONG H R,WHITEHEAD E R. Field and analytical studies of transmission line shielding[J]. IEEE Transactions on Power Apparatus and Systems,1968,PAS-87(1)：270-281.

[8] BROWN G W,WHITEHEAD E R. Field and analytical studies of transmission line shielding：Part II[J]. IEEE Transactions on Power Apparatus and Systems,1969,88(5)：617-626.

[9] 朱木美. 架空地线的保护范围及绕击率计算[J]. 华中工学院学报,1965,5(8)：1-14.

[10] 王晓瑜. 输电线路绕击的模拟实验研究[J]. 华中工学院学报,1965,5(8)：15-38.

[11] 王晓瑜. 几种雷电屏蔽分析模型物理基础的研究[J]. 高电压技术,1994,20(1)：12-16.

[12] GOLDE R H. The frequency of occurrence and the distribution of lightning flashes to transmission lines[J]. Transactions of the American Institute of Electrical Engineers,1945,64(12)：902-910.

[13] GOLDE R H. The lightning conductor[J]. Journal of The Franklin Institute,1967,283(6)：451-477.

[14] GOLDE R H. Lightning and tall structures[J]. Proceedings of the Institution of Electrical Engineers,1978,125(4)：347-351.

[15] PRICE W S,BARTLETT S C,ZOBEL E S. Lightning and corona performance of 330-kV lines on the American Gas and Electric and Ohio Valley Electric Corporation Systems[J]. Transactions of the American Institute of Electrical Engineers,Part III：Power Apparatus and Systems,1956,75(3)：583-597.

[16] ARMSTRONG H R,WHITEHEAD E R. A lightning stroke pathfinder[J]. IEEE Transactions on Power Apparatus and Systems,1964,83(12)：1223-1227.

[17] 李雨. 南方电网超高压交直流线路防雷策略研究[D]. 北京：清华大学,2007.

[18] WAGNER C F. The relation between stroke current and the velocity or the return stroke[J]. IEEE Transactions on Power Apparatus and Systems,1963,82(68)：609-617.

[19] WAGNER C F,HILEMAN A R. The lightning stroke-II[J]. Transactions of the American Institute

of Electrical Engineers. Part Ⅲ: Power Apparatus and Systems,1961,80(3): 622-636.

[20] ERIKSSON A J. An improved electrogeometric model for transmission line shielding analysis[J]. IEEE Trans. Power Del,1987,PWRD-2(3): 871-886.

[21] MIKROPOULOS P N, He J L, BERNARDI M. Lightning attachment to overhead power lines[M]// PIANTINI A. Lightning Interaction with Power Systems-Volume 1: Fundamentals and Modelling. London: The Institution of Engineering and Technology,2020.

[22] YOUNG F S, CLAYTON J M, HILEMAN A R. Shielding of transmission lines [J]. IEEE Transactions on Power Apparatus and Systems,1963,82(4): 132-154.

[23] WATANABE Y. Switching surge flashover characteristics of extremely long air gaps[J]. IEEE Transactions on Power Apparatus and Systems,1967,86(8): 933-936.

[24] PARIS L. Influence of air gap characteristics on line-to-ground switching surge strength[J]. IEEE Transactions on Power Apparatus and Systems,1967,86(8): 936-947.

[25] 李谦. 特高压输电线路雷电绕击分析方法及其应用研究[D]. 北京: 清华大学,2013.

[26] IEEE STD. 1243-1997. IEEE Guide for improving the lightning performance of transmission lines[S]. New York: The Institute of Electrical and Electronics Engineers,Inc. ,1997.

[27] WAGNER C F. A new approach to the calculation of the lightning performance of transmission lines[J]. Transactions of the American Institute of Electrical Engineers. Part Ⅲ: Power Apparatus and Systems, 1960,79(3): 589-603.

[28] LOVE E R. Improvements in lightning stroke modelling and applications to design of EHV and UHV transmission lines[D]. Denver,CO: University of Colorado,1973.

[29] WHITEHEAD E R. CIGRE survey of the lightning performance of EHV transmission lines[J]. Electra,1974,33: 63-89.

[30] SUZUKI T, MIYAKE K, SHINDO T. Discharge path model in model test of lightning strokes to tall mast[J]. IEEE Trans. on Power Apparatus and System,1981,100(7): 3553-3559.

[31] ANDERSON J G. Lightning performance of transmission lines,in Laforest J. J. (ED.),Transmission line reference book-345kV and above[M]. Palo Alto: EPRI,1987.

[32] IEEE WORKING GROUP. A simplified method for estimating lightning performance of transmission lines[J]. IEEE Trans. on Power Apparatus and System,1985,104(4),919-932.

[33] IEEE STD. 1410-2010. IEEE guide for improving the lightning performance of electric power overhead distribution lines[S]. New York: The Institute of Electrical and Electronics Engineers, Inc. ,2010.

[34] 李晓岚,尹小根,何俊佳. 击距系数的实验研究与理论分析[J]. 高电压技术,2008,34(1): 41-44.

[35] IEC STD 62305-1. Protection against lightning-part 1: General principles[S]. Geneva: International Electrotechnical Commission,2011.

[36] MOUSA A M, SRIVASTAVA K D. The implications of the electrogeometric model regarding the effect of height of structure on the median amplitude of collected lightning strokes[J]. IEEE Transactions on Power Delivery,1989,4(2): 1450-1460.

[37] SHINDO T. Lightning striking characteristics to tall structures[J]. IEEE Transactions on Electrical and Electronic Engineering,2018,13(7): 938-947.

[38] TAKAMI J, OKABE S. Characteristics of direct lightning strokes to phase conductors of UHV transmission lines[J]. IEEE Transactions on Power Delivery,2006,22(1): 537-546.

[39] TANIGUCHI S, TSUBOI T, OKABE S. Observation results of lightning shielding for large-scale transmission lines[J]. IEEE Transactions on Dielectrics and Electrical Insulation,2009,16(2): 552-559.

[40] TANIGUCHI S,TSUBOI T,OKABE S,et al. Improved method of calculating lightning stroke rate

to large-sized transmission lines based on electric geometry model[J]. IEEE Transactions on Dielectrics and Electrical Insulation,2010,17(1): 53-62.

[41] IDONE V P, ORVILLE R E. Lightning return stroke velocities in the thunderstorm research international program (TRIP)[J]. Journal of Geophysical Research: Oceans, 1982, 87 (C7): 4903-4916.

[42] TANIGUCHI S, OKABE S, ASAKAWA A, et al. Flashover characteristics of long air gaps with negative switching impulses[J]. IEEE Transactions on Dielectrics and Electrical Insulation,2008, 15(2): 399-406.

[43] RIZK F A M. Modeling of transmission line exposure to direct lightning strokes[J]. IEEE Transactions on Power Delivery,1990,5(4): 1983-1997.

[44] YUAN X. Investigation on the striking distance of lightning strokes to overhead lines[D]. Cookeville: Tennessee Technological University,2001.

[45] BORGHETTI A, NUCCI C A, PAOLONE M. Estimation of the statistical distributions of lightning current parameters at ground level from the data recorded by instrumented towers[J]. IEEE Transactions on Power Delivery,2004,19(3): 1400-1409.

[46] COORAY V, BECERRA M. Attractive radius and the volume of protection of vertical and horizontal conductors evaluated using a self consistent leader inception and propagation model-SLIM[C]// Proceedings of the 30th International Conference on Lightning Protection,Cagliari,Italy,2010.

[47] SIMA W, LI Y, RAKOV V A, et al. An analytical method for estimation of lightning performance of transmission lines based on a leader progression model[J]. IEEE Transactions on Electromagnetic Compatibility,2014,56(6): 1530-1539.

[48] 杜澍春,陈维江. 高压直流输电线路的雷电性能[J]. 中国电机工程学报,1992,12(2): 58-64.

[49] NAYEL M, ZHAO J, HE J. Significant parameters affecting a lightning stroke to a horizontal conductor[J]. Journal of Electrostatics,2010,68(50): 439-444.

[50] NAYEL M, ZHAO J, HE J. Analysis of shielding failure parameters of high voltage direct current transmission lines[J]. Journal of Electrostatics,2012,70(6): 505-511.

[51] GILMAN D W, WHITEHEAD E R. The mechanism of lightning flashover on high-voltage and extra-high-voltage transmission lines[J]. Electra,1973,27: 65-96.

[52] DARVENIZA M, SARGENT M A, LIMBOURN G J, et al. Modelling for lightning performance calculation[J]. IEEE Transactions on Power Apparatus and Systems,1979(6): 1900-1908.

[53] DARVENIZA L D, POPOLANSKY F, WHITEHEAD E R. Lightning protection of UHV lines[J]. Electra,1075,41: 39-69.

[54] MIKROPOULOS P N, TSOVILIS T E. Striking distance and interception probability[J]. IEEE Transactions on Power Delivery,2008,23(3): 1571-1580.

[55] MIKROPOULOS P N, TSOVILIS T E. Interception probability and shielding against lightning[J]. IEEE Transactions on Power Delivery,2009,24(2): 863-873.

[56] MIKROPOULOS P N, TSOVILIS T E. Interception probability and proximity effects: Implications in shielding design against lightning[J]. IEEE Transactions on Power Delivery, 2010, 25(3): 1940-1951.

[57] MIKROPOULOS P N, TSOVILIS T E. Estimation of lightning incidence to overhead transmission lines[J]. IEEE Transactions on Power Delivery,2010,25(3): 1855-1865.

[58] GRZYBOWSKI S, GAO G. Laboratory study of Franklin rod height impact on striking distance[C]// Proceedings of the 25th International Conference on Lightning Protection,Rhodes,Greece,2000: 334-339.

[59] GOTO Y, SATO Y, ONO I, et al. Model experiment of lightning discharge characteristics to power line[C]//Proceedings of the 25th International Conference on Lightning Protection,Rhodes,Greece,

2000: 311-317.

[60] DELLERA L, GARBAGNATI E. Lightning stroke simulation by means of the leader progression model part I: description of the model and evaluation of exposure of free-standing structures[J]. IEEE Transactions on Power Delivery,1990,5(4): 2009-2022.

[61] HE J L, TU Y P, ZENG R, et al. Numeral analysis model for shielding failure of transmission line under lightning stroke[J]. IEEE Transactions on Power Delivery,2005,20(2): 815-822.

[62] BECERRA M, COORAY V. A simplified physical model to determine the lightning upward connecting leader inception[J]. IEEE Transactions on Power Delivery,2006,21(2): 897-908.

[63] BECERRA M, COORAY V. A self-consistent upward leader propagation model[J]. Journal of Physics D: Applied Physics,2006,39(16): 3708-3715.

[64] HE J L, ZHANG X W, DONG L, et al. Fractal model of lightning channel for simulating lightning strikes to transmission lines[J]. Science in China Series E: Technological Sciences,2009,52(11): 3135-3141.

[65] 何金良,董林,张薛巍,等.输电线路防雷分析分形模型及其统计特性[J].高电压技术,2010,36(6): 1333-1340.

[66] GALLIMBERTI I, BACCHIEGA G, BONDIOU-CLERGERIE A, et al. Fundamental processes in long air gap discharges[J]. Comptes Rendus Physique,2002,3(10): 1335-1359.

[67] ALEKSANDROV N L, BAZELYAN E M, D'ALESSANDO F, et al. Dependence of lightning rod efficacy on its geometric dimension-A computer simulation[J]. Journal of Physics D: Applied Physics,2005,38(8): 1225-1238.

[68] GALLIMBERTI I. The mechanism of long spark formation[J]. Le Journal de Physique Colloques,1979,40(C7): 193-250.

[69] BONDIOU A, GALLIMBERTI I. Theoretical modeling of the development of the positive spark in long gaps[J]. Journal of Physics D: Applied Physics,1994,27: 1252-1266.

[70] LES RENARDIÉRES GROUP. Positive discharges in long air gaps—1975 results and conclusions [J]. Electra,1977,53: 31-132.

[71] LI Z, ZENG R, YU Z, et al. Research on the upward leader emerging from transmission line by simulation experiments[C]//Proceedings of the 7th Asia-Pacific International Conference on Lightning. Chengdu, China, 2011: 555-558.

[72] LALANDE P, BONDIOU-CLERGERIE A, BACCHIEGA G, et al. Observations and modeling of lightning leaders[J]. Comptes Rendus Physique,2002,3: 1375-1392.

[73] SHINDO T, MIKI M. Characteristics of upward leaders from tall structures[C]//Proceedings of the 7th Asia-Pacific International Conference on Lightning. Chengdu, China, 2011.

[74] 王希.110-1000kV 交流输电线路上行先导特征及其应用[D].北京:清华大学,2015.

[75] ZENG R, LI Z, YU Z, et al. Experimental research of the upward leader inception from transmission line[C]//Proceedings of the 7th Asia-Pacific International Conference on Lightning. Chengdu, China, 2011: 968-973.

[76] 李志钊,曾嵘,庄池杰,等.雷击输电线路上行先导起始与发展特性模拟实验研究[J].高电压技术, 2012,38(8): 2076-2082.

[77] NIEMEYER L, PIETRONERO L, WIESMANN H J. Fractal dimension of dielectric breakdown[J]. Physical Review Letters,1984,52(12): 1033-1036.

[78] RICHMAN C I. Fractal Geometry of Lightning Strikes[C]//Proceedings of Conference Record of IEEE Military Communications Conference. Monterey, IEEE, USA, 1990: 1085-1090.

[79] PETROV N I, PETROVA G N, ALESSANDRO F D. Quantification of the probability of lightning strikes to structures using a fractal approach[J]. IEEE Transactions on Dielectrics and Electrical

Insulation,2003,10(4):641-654.

[80] 张薛巍.雷电先导的分形模型及其应用.[D].北京:清华大学,2009.

[81] 董林.基于模拟电荷法的雷电先导分形特征研究[D].北京:清华大学,2010.

[82] KAWASAKI Z,MATSUURA K. Does a lightning channel show a fractal[J]. Applied Energy,2000, 67(1):147-158.

[83] UMAN M A,KRIDER E P. A review of natural lightning: experimental data and modeling[J]. IEEE Transactions on Electromagnetic Compatibility,1982,24(2):79-1139-2.

[84] 王道洪,郄秀书,郭昌明.雷电与人工引雷[M].上海:上海交通大学出版社,2005.

[85] RAKOV V A,UMAN A M A. Lightning: physics and effects[M]. Cambridge: Press Syndicate of the University of Cambridge,2003.

[86] VARGAS M,TORRES H. On the development of a lightning leader model for tortuous or branched channels-Part I: Model description[J]. Journal of Electrostatics,2008,66(9-10):482-488.

[87] VARGAS M,TORRES H. On the development of a lightning leader model for tortuous or branched channels-Part Ⅱ: Model results[J]. Journal of Electrostatics,2008,66(9-10):489-495.

[88] BERGER K. Methods and results of lightning records at Monte San Salvatore from 1963-1971[J]. Bull. Schweiz. Elektrotech. ver. 63 (1972) 21403-21422 (in German).

[89] BERGER K,VOGELSANGER. Measurement and results of lightning records at Monte San Salvatore from 1955-1963[J]. Bulletin des Schweizerischen Elektrotechnischen Vereins,1965,56: 2-22.

[90] PETROV N I,WATERS R T. Determination of the striking distance of lightning to earthed structures[J]. Proceedings of the Royal Society of London. Series A: Mathematical and Physical Sciences,1995,450(1940):589-601.

[91] COORAY V. A model for negative first return strokes in negative lightning flashes[J]. Physica Scripta,1977,55:119-128.

[92] ERIKSSON A J. The lightning ground flash-an engineering study[D]. Pretoria, South Africa: Faculty of Engineering,University of Natal,1979.

[93] 钱冠军,王晓瑜,汪雁,等.输电线路雷击仿真模型[J].中国电机工程学报,1999,19(8):39-44.

[94] LES RENARDIERS GROUP. Research on long air gap discharge at Les Renardieres-1973 results[J]. Electra,1974,35:49-155.

[95] BECERRA M. On the attachment of lightning flashes to grounded structure[D]. Uppsala University, 2008.

[96] CARRARA G,THIONE L. Switching surge strength of large air gaps: A physical approach[J]. IEEE Transactions on Power Apparatus and Systems,1976,95(2):512-524.

[97] RIZK F A M. Switching impulse strength of air insulation: leader inception criterion[J]. IEEE Transactions on Power Delivery,1989,4(4):2187-2195.

[98] CIGRE WORKING GROUP C4. 405. A review of simulation procedures utilized to study the attachment of lightning flashes to grounded structures[J]. Electra,2011,257:48-55.

[99] BRAMBILLA R,PIGINI A. Discharge phenomena in large conductor bundles[C]//Proceedings of the 4th International Conference on Gas Discharge. IEEE,Swansea,1976:86-89.

[100] RIZK F A M. A model for switching impulse leader inception and breakdown of long air-gaps[J]. IEEE Transactions on Power Delivery,1989,4(1):596-606.

[101] GOLDE R H. Lightning protection[M]. London: Edward Arnold,1973.

[102] CHOWDHURI P,GROSS E T B. Voltage surges induced on overhead lines by lightning strokes[J]. Proceedings of the Institution of Electrical Engineers,1967,114(12):1899-1907.

[103] AKYUZ M,COORAY V. The Franklin lightning conductor: conditions necessary for the initiation

of a connecting leader[J]. Journal of Electrostatics,2001,51-52:319-325.

[104] RIZK F. Modeling of lightning incidence to tall structures Part I: Theory[J]. IEEE Transactions on Power Delivery,1994,9(1):162-171.

[105] 吴维韩,张芳榴,黄炜纲,等.电力系统过电压数值计算[M].北京:中国科学出版社,1985.

[106] TAVAKOLI M R B,VAHIDI B. Transmission-lines shielding failure-rate calculation by means of 3-D leader progression models[J]. IEEE Transactions on Power Delivery,2010,26(2):507-516.

[107] HE J L, ZENG R. Lightning shielding failure analysis of 1000-kV ultra-high voltage AC transmission line[C]//Proceedings of International Council on Large Electric Systems (CIGRE), Paris,France,Aug. 22-27,2010:paper no. C4_201_2010.

[108] 曾嵘,耿屹楠,李雨,等.高压输电线路先导发展绕击分析模型研究[J].高电压技术,2008,34(10):2041-2046.

[109] ZHUANG C J,ZENG R,LI Q,et al. Improve the electrogeometric model by the analysis results of leader propagation model for transmission lines[C]//Proceedings of International Conference on Lightning Protection (ICLP). Shanghai,Beijing,2014:2020-2023.

第 7 章
输电线路杆塔接地装置

输电线路杆塔接地装置通过杆塔或引下线与避雷线相联,其主要作用是将直击于输电线路的雷电流引入大地,以减少雷击引起的停电和人身安全事故。线路杆塔接地装置的合理设计能有效改善线路的雷电防护水平。本章主要讨论输电线路杆塔接地装置的工频特性及雷电冲击特性,是对已出版图书相关章节的修订和补充完善[1-2]。

7.1 对输电线路杆塔接地装置的要求

输电线路雷电防护,除了采用架空地线减少雷电直击导线外,同时还要限制塔顶电位,降低塔顶与导线之间的电位差以防止反击。当雷击输电线路杆塔时,雷电流 i 经杆塔和接地装置流入地下,铁塔电位升高主要是因为杆塔和接地装置的综合效应。雷击塔顶时,塔顶电位为

$$V_\mathrm{t} = (1-\beta)\left(R_\mathrm{I} i + L \frac{\mathrm{d}i}{\mathrm{d}t}\right) \tag{7.1}$$

式中,R_I 为杆塔接地装置的冲击接地电阻;L 为杆塔的电感,一般与其高度成正比;β 为避雷线对雷电流的分流系数。

当塔顶电位 V_t 与输电线路相导线上由于感应和耦合的电位之差超过绝缘子串的放电电压时,绝缘子串发生闪络,可能会导致线路的停电事故,影响电力系统的正常运行。从式(7.1)可以看出,塔顶电位与杆塔接地装置冲击接地电阻呈线性关系。因此,输电线路杆塔接地装置的冲击特性直接影响输电线路的防雷效果,降低杆塔接地装置的接地电阻是提高线路耐雷水平的一项十分重要的措施。浙江电力实验研究所发布的新杭 220kV 线路 21 年雷击跳闸率变化统计结果表明,"改善接地是最有效的防雷改进措施"[3]。

从式(7.1)可知,冲击接地电阻值越低,雷击时加在绝缘子串上的电压就越低,发生反击闪络的概率就越低。所以在输电线路接地设计时,冲击接地电阻是一个相当重要的参数。在冲击电流作用下,接地装置的冲击接地电阻一般低于工频接地电阻,但是冲击接地电阻因土壤性质、冲击电流峰值及接地装置的几何形状不同而相差很大。因此,在实际的接地装置设计中仍以正常工频电阻值作为考虑的依据,同时考虑一定的降低裕度。为此,在输电线路设计中,如果工频接地电阻能达到 10~15Ω,设计上即被认为优良。在超高压输电线路中,

多以 10Ω 作为接地电阻的要求值[4]。

为了降低反击闪络率,就必须将接地电阻值降低到所要求的电阻值,这在高土壤电阻率地区十分困难。从技术经济比较的角度来看,降低接地电阻并不是上策,必须综合考虑其他防雷措施。

7.1.1 对输电线路杆塔接地电阻的要求

我国接地国家标准 GB/T 50065—2012《交流电气装置的接地设计规范》规定了不同土壤电阻率地区,线路杆塔工频接地电阻值应达到的相应标准[5]。对有避雷线的架空线路杆塔的工频接地电阻要求见表 7.1。输电线路杆塔接地装置的接地电阻指在工频电流作用时,拆开避雷线所测量得到的电阻值,一般为夏季测量得到的数值。应当说明的是,表 7.1 中所列数值也能满足继电保护可靠动作的需要。然而,按照输电线路继电保护灵敏度的要求,当短路发生在杆塔上或有避雷线参与作用时,针对不同场景计及避雷线连在一起的接地电阻不应大于 50~70Ω。如果按照单相自动重合闸有效性的要求,当单相接地发生在杆塔上或有避雷线参与作用时,针对不同场景其接地装置的电阻不应大于 20~80Ω。此外,接地装置的接地电阻还应按杆塔高度来规定。如果高度超过 35m,其接地电阻应取表 7.1 所列数值的一半。

表 7.1 对有避雷线的架空线路杆塔的工频接地电阻要求[5]

土壤电阻率/(Ω·m)	工频接地电阻 R/Ω
≤100	10
101~500	15
501~1000	20
1001~2000	25
>2000	30Ω 或敷设 6~8 根放射形接地体(总长度不超过 500m)或连续伸长接地体,阻值不作规定

7.1.2 土壤电阻率及杆塔接地装置接地电阻的季节系数

杆塔接地装置的接地电阻与土壤电阻率直接相关。电阻率需要通过测量来确定,或根据土壤的性质大致估算。被测电阻率取决于电流流经范围内不同地质的电阻率,该值为流经范围内各类地质电阻率的平均值。除均匀地质情况外,电阻率测量时并不是测量大地中任何特定地质的真电阻率,而是测量被测土壤所具有的各种不同地质电阻率的加权平均值,称为视在电阻率。表层土壤电阻率比深层土壤电阻率对测量得到的视在电阻率影响更大。

几乎所有的地中物质,其电阻率均随含水量或水中含盐量(或随二者)的增加而降低。非多孔物质含水量小,具有相对高的电阻率。非多孔物质包括花岗岩、玄武岩之类的火成岩和变质岩、致密的石灰岩及砂岩之类的沉积岩,电阻率在数千到数万欧米范围。其他高电阻率物质还包括多孔但含水很少或没有水分的物质,如干砂,以及包括多孔而又饱含水分但盐分极少的物质。清洁的砾石和砂即属于此类,正是这种特性使电阻率成为探测砾石沉积物的有效工具。而湿润土壤,特别是具有黏土的自由离子特性,大多数为低电阻率,潮湿区域黏性土壤的电阻率范围在 6~60Ω·m,较为干燥区域的电阻率则比较高。

在地下水位以上,能吸收和保持水分的土壤,如黏土和粉砂,比不能吸收和保持水分的土壤的电阻率低。在地下水位以下,能保持自由离子和悬浮电解质的土壤的电阻率低。

测量表明,冰蚀区和非冰蚀区的土壤、地下水和基岩沉积具有特殊的电阻率,非冰蚀区的土壤及地下水更是如此。这些类型地质的电阻率比冰蚀区的同类土壤的电阻率要低得多,这种情况应归因于非冰蚀区的高耐蚀黏土矿物质逐渐分解为低耐蚀黏土矿物质。

对地下水位以上物质的电阻率的影响因素还有地面地形。河谷下的土壤层或其他能够保存水分的地区,较山丘下或其他排水良好地区的同类土壤的电阻率要低。因此在跨越山丘和谷地进行断面测量时,用电阻率读数相同的等值线来表示类似的物质是不正确的。另外,延续的降雨期也能造成影响。

虽然地面地形使得对地下状态的解释更为复杂,但各类物质的电阻率在干或湿的情况下,仍趋于保持相同的高低层次却是一个不变的事实。因此对给定的地形来说,黏土比粉砂的电阻率低,粉砂比砂的低,砂则比砂与砾石的混合物低。

基岩电阻率明显地随基岩的种类、断裂程度及天气情况而变化。块状的分层石灰岩、砂岩和火成岩较薄的层状岩系具有较高的电阻率,这种岩系包含低电阻率的水分和土壤沉积。沉积基岩的页岩层也会降低岩石的电阻率。页岩基岩电阻率一般比其他沉积基岩的低。基岩老化后,其表面趋向于破裂和断蹋。由此形成的孔隙中填充着低电阻率物质,并吸收无法渗入下面的坚固岩石中去的水分,因此可见风化的基岩层上部的电阻率比坚固岩石的低。一般来说,基岩电阻率高,某些页岩和风化的玄武岩则例外,它们所反映的电阻率读数比较低。

土壤电阻率,特别是地表浅层的电阻率与土壤的化学成分、湿度及环境温度有直接的关系,即土壤电阻率随季节发生变化。在雨季,土壤潮湿,土壤电阻率较低。土壤的湿度与降水量、地下水状况及土壤的颗粒结构等诸多因素有关。一般输电线路杆塔接地装置埋设深度及大小有限,其接地电阻值将随土壤电阻率的季节变化而发生变化,如果敷设较深,则接地电阻值随季节变化的程度比敷设在浅层的接地装置小得多。通常接地装置接地电阻的最大值出现在冬季或夏季的干旱期。

设计输电线路接地装置时,上面一层土壤的土壤电阻率 ρ 应取其雷雨季节可能出现的最大值:

$$\rho = \psi \rho_M \tag{7.2}$$

式中,ρ_M 为测量或地质勘测得到的电阻率;ψ 为季节系数。表 7.2 列出了不同结构的接地装置的季节系数平均值[5]。

表 7.2 不同接地装置的季节系数[5]

接地装置结构	湿土的季节系数	干土的季节系数
埋深 0.5m 的水平接地极	1.8	1.4
埋深 0.8~1.0m 的水平接地极	1.45	1.25
长度为 2~3m 的垂直接地极	1.3	1.15
埋深为 2.5~2m 的深埋接地极	1.1	1.0

在设计线路接地装置时,整个输电线路路径会遇到各种不同性质的土壤。如果能对每个杆塔埋设地点的土壤电阻率进行实测,则能比较可靠地进行接地装置的设计。如果不能

对所有杆塔处的土壤电阻率进行测量,设计时可将其大致分为几种不同类型,每种类型取其土壤电阻率的平均值或典型值。

处理季节因素对季节系数影响的通常做法是根据测量时的气候条件及土壤性质确定合适的季节系数,将季节系数与测量得到的等值电阻率相乘,得到用于接地设计的实际土壤电阻率。这种做法明显存在欠妥之处,即受季节影响的土壤其实只是表层土壤,在雨季或冰冻季节,深层土壤很难受到影响。因此,正确的处理方法是将考虑季节影响的表层土壤和下层未受季节影响的土壤处理为双层或多层土壤模型[6],通过数值计算来分析季节因素对季节系数的影响。

7.2 输电线路杆塔接地装置的结构

7.2.1 输电线路杆塔接地装置的基本结构

输电线路杆塔基础一般以钢筋混凝土为主,本身就构成了有效的接地极。近年来采用的大型铁塔的基础尺寸相当大,在低电阻率地区,仅靠基础就可以获得所要求的接地电阻值。但是在高土壤电阻率地区,仅靠基础则不能满足接地电阻的要求,还需要另外设置接地极与杆塔相连,与混凝土基础共同构成杆塔接地装置。

在进行线路杆塔接地装置设计时,应该考虑以下几方面的因素:

(1) 应考虑将杆塔的钢筋混凝土基础作为自然接地极。钢筋混凝土具有较好的吸湿性能,利用其作为自然接地极能有效地降低接地电阻。

(2) 当钢筋混凝土不能保证达到所要求的电阻值时,应增设人工接地极。人工接地极的布置及其尺寸应视土壤电阻率和杆塔结构而定。为了让雷电流流经杆塔入地时能有多条通道,并尽可能利用单根水平接地极的泄流电导,人工接地装置宜做成单个的接地极,并布置在杆塔的各塔脚附近。

(3) 当线路处于土壤电阻率较高的地段时,若能将接地极埋设在处于地下水作用的良导电土壤层,则宜采用深埋式接地极。

通常在设计线路接地装置时所采用的结构型式,与选用的基础型式有关。从目前国外情况来看,为了减少施工工作量,往往在安装钢筋混凝土基座之前,在基坑底部预先敷设圆钢、型钢接地极,或者将接地极与塔柱共同埋入地中。为了达到规定的接地电阻值,应额外敷设水平延伸接地极或深埋式接地极。接地极一般由直径为 10~16mm 的圆钢制成,在某些情况下采用钢管或角钢作为垂直接地电极材料。

对于接地极的埋设深度,水平接地极的埋设深度不小于 0.5m,在耕地中埋设深度不小于 1m。在岩石土壤中埋设杆塔时,如果地表土层厚度不小于 0.1m,则允许将水平接地极埋设在岩石之上。深埋接地极埋深可达 20~30m。

在线路接地装置中通常采用以下几种结构的接地装置:

(1) 环形水平接地极:当土壤电阻率超过 100Ω·m 时,仅靠自然接地极很难达到所要求的接地电阻值,因此必须敷设附加的人工接地极。这时应考虑与基坑的大小和底座的布置相适应的、沿底座四周敷设的矩形或方形水平接地极,同时沿基坑布置几根垂直引线至地面上,与杆塔柱体进行电气连接。

在计算接地电阻时,垂直引线可视为接地装置的独立元件。环形接地极,普遍采用圆钢,因为在不同形状截面的金属导体中,圆形截面的导体在土壤中的腐蚀率最低。另外,在选择圆钢直径时,除了根据腐蚀率和运行年限确定其直径外,还要考虑到机械强度和热稳定性。

如前所述,环形接地极是在杆塔底座安装前敷设在基础坑底部,由于不需要开挖土方,所以这种接地极的造价比较低,而且在大气条件变化时,它在整个接地系统中所产生的散流电导的变化最小。当基坑底部的土壤电阻率比邻近地表层低很多时,特别宜于采用环形接地极。当$1.5\sim2.0m$厚的上层土壤的电阻率很低,并且下层导电性较差时,一般不采用深埋式接地极。为了扩大环形接地极的适用范围,当施工条件允许时,可酌情采用打入基础坑底部的垂直接地极。

(2) 水平带形接地极:通常适用于地表层土壤电阻率较低的情况,一般多采用水平放射状布置。不过,冲击电流的引入点应布置在水平接地极的中间,而不是布置在首端,因为接地极在流散冲击电流时存在有效长度,从中点引入雷电流,可以使接地极利用充分。

当雷击杆塔时,雷电流流经各个塔身及拉线。为使雷电流有较多的散流通道,并且使每个接地极得到充分利用,可将放射形接地极做成多组单根接地极的型式,设置在各塔脚旁,并将水平接地极与自然接地极和环形接地极可靠连接。一般来说,水平接地极的射线长度与数量取决于土壤电阻率。

根据运行经验,土壤电阻率大于$4000\Omega \cdot m$的线段,采用水平接地极连续延伸是有效的降阻方法。可沿输电线路经过的地下布置水平带形接地极,将一些杆塔接地极互相连接。这种装置不仅可保证线路有足够的耐雷水平,并且可以保证继电保护在单相接地故障时能正常动作。

(3) 深埋式接地极:当基坑下层土壤的电阻率比钢筋混凝土基础所在标高处要低得多时,可采用埋设很深的垂直接地极。这种深埋式垂直接地极可采用以下两种结构方案:一是在导电性能好的土壤中布置比较短的管状接地极,并与杆塔的塔基相连;二是采用单一的长垂直接地极,用机械施工方法将其深埋到能接触到下部导电性能好的土壤层。有时可视其必要性,电极埋深可达$15\sim20m$以上,并可采用组合式结构。

在工频电流下,采用深埋接地极的效果主要是让电极下部能深入到导电性能好的土壤层。一般来说,将接地极的长度增加,在电阻率不均匀的黏土或砂土中可使接地电阻下降,尤其在砂土中的垂直接地极的效果更好。例如,接地极的长度增长到$6m$,接地电阻可下降到$2.5m$时的$6.6\%\sim10\%$;而增长到$12m$时,可降低到$2.5m$时的$3.3\%\sim5\%$[2]。

在冲击电流作用时,由于形成了火花放电,全部垂直接地电极、包括埋在导电性能不良土壤中的部分,都对冲击散流起作用。此时,从其物理作用来说,冲击电流在深埋式垂直接地极流动的过程与水平延续伸长接地极相似,差别在于深埋式接地极的末端有比较好的散流作用。

但是,在各种情况下,深埋接地极总是作为靠近地表层的接地装置的组成部分。通常将深埋式接地极沿环形接地极的外环布置最为合理,可以减小接地极间的屏蔽作用。在埋设深埋式接地极时,在考虑土壤不均匀性的情况下,正确选择土壤电阻率的计算值和正确选定单个电极的最佳长度,对充分发挥接地极效能是非常重要的。

表7.3为高压输电线路常用的几种接地装置结构[2]。

表7.3 我国输电线路常用的几种接地装置结构[2]

接地装置名称	接地装置形状	实际接地极尺寸说明/m
(a) 铁塔接地装置		a：4；S：8～10；l：0～50
(b) 钢筋混凝土杆环形接地装置		d：2.5；l：0～14；l 不为0时，$l_2=0$；$l=0$ 时，$l_2=7$
(c) 钢筋混凝土杆放射型接地装置		a：1.5；d：10；l：5～53

日本输电线路设计中采用的接地装置的主要类型列在表7.4中[7]，其对应的结构如图7.1所示[2]。不同接地装置各有其优缺点，在应用中必须充分考虑现场状况、地质条件及其经济性。接地极与塔脚的连接引线应缠绕绝缘带或涂沥青，防止腐蚀。

表7.4 日本输电线路设计中接地装置的主要类型

接地装置类型	施工方法	概 要
埋设水平带形接地极、多重接地板、添加降阻材料	表层施工法	在地表较浅处(深度达30～80cm)水平埋设接地材料，施工简单。在大地电阻率较高的地区需要埋设很长的地线，这时采用接地板(片)的方法比较理想 添加降低接地电阻的化学材料，降低接地极周围土壤电阻率及接触电阻，增大电极的视在直径，从而降低接地电阻
打入长垂直接地极、钻孔布置的长垂直接地极	深层施工法	施工时，将长垂直接地极打入地中，或用钻机钻孔来布置长垂直接地极，可利用地层深处电阻率较低的土壤层，以增大接地装置的有效接地面积，从而降低接地电阻。比表层施工法费用高，在中间地层为坚固的岩石中，不适宜用打入法
带刺接地电极	表层和深层施工法	表层施工法、深层施工法均以降低工频电阻值为主要目的，而这种方法以降低冲击接地电阻为目的，降低冲击接地电阻的效果比较好

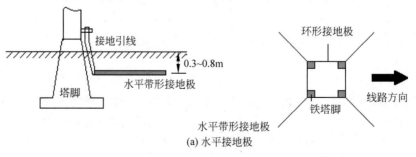

(a) 水平接地极

图7.1 日本常用输电线路杆塔接地装置结构[2]

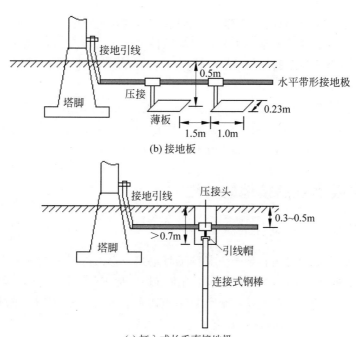

(b) 接地板

(c) 打入式长垂直接地极
连续式钢棒的标准直径为28mm，长为1.3m，标准连接根数为8根

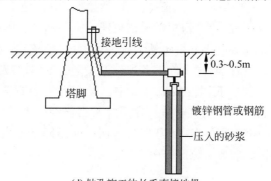

(d) 钻孔施工的长垂直接地极

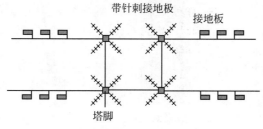

(e) 带针刺接地极
单根带针刺接地极长度为1.5m，针刺间隔为0.1m

图 7.1（续）

7.2.2 利用自然接地极作为杆塔接地装置

现在输电线路铁塔的基础一般由装配式钢筋混凝土基础构件现场装配而成，大大减少了建设时间。目前高压输电线路最常用的是由阶梯式钢筋混凝土底座或桩柱组成的基础，

它们起着自然接地的作用,因此将其称为自然接地极,其接地电阻称为自然接地电阻。

钢筋混凝土基础的钢骨架是由钢筋组成的网格结构,各钢筋互相焊接在一起,外面由混凝土层覆盖。当混凝土层的厚度达 30mm 以上时,在非腐蚀性土壤中的底座可不用沥青涂层。

国内外输电线路建设和运行的经验表明,利用钢筋混凝土基础作为自然接地极,不仅在技术上是可行的,而且具有较好的经济效益。因此,设计人员在进行线路接地装置设计时,应充分利用杆塔的钢筋混凝土作为自然接地极。杆塔与基础之间要有良好的电气连接。

7.3 钢筋混凝土自然接地的特性

7.3.1 钢筋混凝土接地装置的作用

利用钢筋混凝土作为杆塔接地装置是降低杆塔接地电阻的一种有效方法。输电线路杆塔基础、发变电站构筑物基础以及建筑物基础都有埋入地下的钢筋混凝土,利用钢筋混凝土作为接地装置的一部分具有降低接地装置接地电阻的作用。欧美各国及日本等从 20 世纪 50 年代末开始尝试用基础钢筋或混凝土包电极作为新型接地极,20 世纪 70 年代逐渐被各国采用。我国在 20 世纪 60 年代开始试用钢筋混凝土自然接地,20 世纪 70 年代初在电力部门的杆塔、建筑部门的基础中应用钢筋混凝土自然接地,20 世纪 70 年代中期将其列入电力设备过电压和接地设计规程,建筑物防雷规范也随后将基础自然接地列入国家标准。

图 7.2 所示为几种钢筋混凝土杆塔接地装置示意图。关于钢筋混凝土接地装置及建筑物钢筋混凝土基础接地极的性能,国内外学者进行了大量的工作,特别是在其通流能力方面作了比较细致的工作[8,12]。在我国的接地标准中已经列入了钢筋混凝土杆塔自然接地装置工频接地电阻的估算公式[5]。发变电站接地系统与钢筋混凝土基础相连,一方面能起到一定的降阻作用,如发电站的钢筋混凝土基础与地网相连是降低发电站接地电阻的主要措施;另一方面也能起到稳定接地电阻的作用。

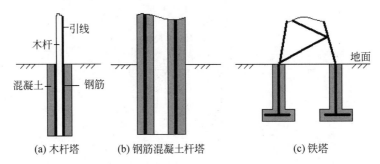

图 7.2 钢筋混凝土接地装置示意图

钢筋混凝土自然接地具有以下几方面的优点[13]:

(1)混凝土的电阻率比较均匀,有良好的导电条件。一般混凝土基础呈碱性,具有吸湿性能,满足了电解质导电的两个基本条件,即湿度和离子浓度。

(2)吸湿后的混凝土近似等效于金属电极直径的加大,能使电极长期保持低接地电阻,电性能稳定。混凝土能从土壤中吸收水分来保持本身的高含水量,且组织稠密,可长期保持低电阻率。

（3）在土壤电阻率高的地区，由于混凝土的吸湿作用，导致混凝土的电阻率比周围土壤的电阻率低，从而降低了接地电阻。

（4）钢筋混凝土自然接地的寿命比较长，因为金属电极在外部包裹的混凝土介质的保护下，腐蚀速度变慢，延长了电极的使用寿命。美国应用实例表明，应用22年的钢筋混凝土自然接地极仍然良好。

7.3.2 混凝土的吸湿性能

1. 水分对混凝土电阻率的影响

混凝土具有吸湿性。混凝土是一种毛细管多孔体介质，一般硅酸盐水泥熟料颗粒在长期硬化过程中，充分水化所需的水量占水泥质量的20%～25%，这相当于水灰比为0.2～0.25。但实际上，厂家所采用的水灰比要比上述数值大得多，过多的水将形成网状交叉的孔隙和毛细管。埋在土壤中的混凝土块呈现半导体特性，电阻率在30～90Ω·m。因此在中等或高电阻率土壤中，采用钢筋混凝土比直接采用普通电极具有更低的接地电阻。电极外包的混凝土降低了接地电极周围关键部位的电阻率，这类似于在电极周围进行化学处理来降低周围土壤的电阻率[13]。因此，吸湿性是混凝土能有效降低接地电阻的根源。虽然钢筋混凝土的这种特性有其优点，但也存在弊端。基础体内的钢筋与结构物必然存在电气连接，即使在施工时特别小心处理连接处，防止金属接触，但由于混凝土的半导体性质，它将起到电气连接的作用。因此，如果在钢筋混凝土中进行电隔离，实际上是不可能的。

将一块边长为100mm的混凝土立方体埋入装有细砂的密封容器中，用湿度传感器监视容器内的含水量，通过加水或烘干来调节容器中砂的含水量。实验前将混凝土块烘干。图7.3为不同土壤含水量H时，混凝土的吸水率ΔW随时间的变化曲线[2]。吸水率ΔW为吸水后增加的重量与吸水前重量的比值。混凝土是一种吸水性能较强的物质，多次实验表明，只要土壤含水量在1%以上，混凝土埋入土壤中1～6个月后，其吸收的水分可达到其实验前质量的5%～10%[14]。

图7.4所示为混凝土电阻率随时间的变化曲线[2]。随时间的增加，混凝土的电阻率明显减小。对于一定含水量的土壤，经过一定时间后，混凝土块的电阻率趋近一个饱和值，这时混凝土就呈现半导体特性，其电阻率$\rho_c < 200 \Omega \cdot m$。一般含水量较多的土壤中埋入的混凝土块的电阻率为25～45Ω·m。

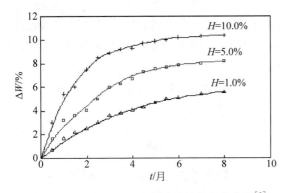

图7.3 混凝土块的吸水率随时间的变化曲线[2]

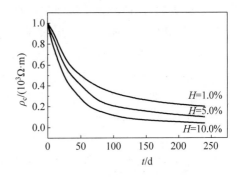

图7.4 混凝土块的电阻率随时间的变化曲线[2]

2. 钢筋混凝土接地装置中混凝土的等值利用系数

从前面的分析我们知道,混凝土吸收水分后具有半导体性质,因此在钢筋混凝土接地极中的混凝土可以等效为一定量的金属导体。混凝土不像降阻剂那样,具有 5Ω·m 以下的电阻率,在计算接地电阻时,可以直接等效为金属导体。吸收水分的混凝土的电阻率在 30Ω·m 左右,因此应考虑一定的折算系数。即计算接地电阻时,将混凝土折算为一定厚度的金属。

对垂直埋入地中的钢筋混凝土接地极的工频接地电阻可以采用下式计算[14]:

$$R = \frac{\rho}{2\pi L}\left(\frac{8L}{D_e} - 1\right) \tag{7.3}$$

式中,L 是接地极长度,单位为 m;D_e 是钢筋混凝土接地极的等值直径,单位为 m;ρ 为土壤电阻率,单位为 Ω·m。

由于埋入土壤中的混凝土吸收水分后的半导体性质,可以将其等值为一定截面积的导体,等值截面积 S 可表示为

$$S = S_s + K_c S_c \tag{7.4}$$

式中,S_s 为钢筋的截面积;S_c 为混凝土的截面积;K_c 为混凝土等值系数。根据等值截面积可以求出等值半径 D_e,然后根据式(7.3)计算出其工频接地电阻。

对长度为 0.5m、直径为 20mm 的钢筋,外面包裹上混凝土,钢筋混凝土的外径为 60mm。将其垂直埋在不同电阻率的土壤中约 2 个月后测量其工频接地电阻,测试结果见表 7.5[14]。在不同土壤电阻率情况下通过测试得到的等值系数保持非常接近的常数,基本上与土壤电阻率无关,平均等值系数 K_c 为 0.5。在工程应用中可以采用式(7.3)及式(7.4)比较精确地计算钢筋混凝土的工频接地电阻。

表 7.5 钢筋混凝土工频接地电阻、等值半径及等值系数[14]

土壤电阻率/(Ω·m)	100	200	1000	1500
测量的工频接地电阻/Ω	109	559	1108	1670
等值半径 D_e/mm	22.2	22.5	22.1	22.4
等值系数 K_c	0.495	0.504	0.493	0.506

7.3.3 钢筋混凝土接地装置的通流能力

实验表明,钢筋混凝土接地装置存在通流能力的限制。当钢筋混凝土接地装置通过大电流时,钢筋发热引起温度升高,能使混凝土与钢筋的结合力显著减小。当温度达到 390℃ 左右时,结合力将被全部破坏,混凝土与钢筋全部分离,混凝土层产生纵向和横向裂纹。为了保证钢筋混凝土接地装置可靠运行,一般要求钢筋通过电流时的温度不超过 100℃。此外,大电流在通过时将混凝土中的水分蒸发,也会导致其电阻率上升。

在实际应用中,钢筋混凝土接地装置对作用时间小于 5s 的交流电流允许通过的幅值范围为 1~10kA/m²,如果时间没有限制,则允许通过的交流电流范围为 1~10A/m²;考虑到腐蚀作用后,允许通过的直流电流为 0.06A/m²。因此,采取适当的措施后,钢筋混凝土电极能够作为辅助接地极。

国外学者对钢筋混凝土的最大通流能力进行了大量的现场实测[9-10,15-16]。若不考虑混

凝土中的水分蒸发,钢筋混凝土接地装置的短时过电流通过能力 I_{CE} 的理论值可以用 Ollendorf 公式计算[8]。它是无限持续电流 I_∞ 的 1.4 倍:

$$I_{CE} = 1.4 I_\infty = \frac{1.4}{R_Z}\sqrt{2\lambda_g \rho (T_v - T_a)} \tag{7.5}$$

式中,λ_g 为土壤的热导率,单位为 W/(m·℃);R_Z 为钢筋混凝土电极的接地电阻,单位为 Ω;ρ 为土壤电阻率,单位为 Ω·m;T_a 为环境温度,单位为℃;T_v 为防止水分蒸发的最大允许温度,单位为℃;I_∞ 为无限持续电流,单位为 A。

注意,式(7.5)没有考虑土壤中的水分蒸发时的冷却作用。大量的现场测试表明,该公式是可行的。如果要防止混凝土的破坏,实际施加的电流应小于式(7.5)的计算值,应用时可考虑 20%~25% 的安全裕度。短时通流能力 I_{CE} 也可以直接从图 7.5 中查得。

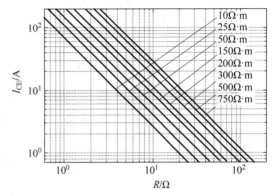

图 7.5 钢筋混凝土接地极的短时通流能力[13]

7.4 杆塔接地装置的接地电阻计算方法

对于钢筋混凝土杆塔来说,埋入地中部分可以作为接地装置的一部分来降低杆塔接地装置的接地电阻。国内外关于钢筋混凝土基础接地电阻的计算方法很多,这里只简单介绍几种主要的计算公式。计算钢筋混凝土基础的接地电阻除了可按前面介绍的将混凝土等效为一定厚度的导体外,也可以采用下面介绍的方法。

钢筋混凝土基础的接地电阻可按垂直接地极的计算公式进行计算。计算时应考虑到其特点,对于基桩的长度和直径以及底板的直径按其钢筋骨架的尺寸来选定,并视为整体。混凝土层可视为处在钢筋骨架与土壤之间附加的过渡电阻。

7.4.1 外包混凝土的垂直接地极的接地电阻

埋在单一媒质中的任意形状接地装置的接地电阻为[13]

$$R_{SM} = F(\rho, S_0, G) \tag{7.6}$$

埋在土壤与混凝土构成的双层媒质时对应的接地电阻为

$$R_{DM} = F(\rho_c, S_0, G) + F(\rho, S_I, G) - F(\rho_c, S_I, G) \tag{7.7}$$

式中,S_0 为给定电极的表面积,单位为 m^2;S_I 为双层媒质的界面面积,单位为 m^2;G 为由给定电极形状确定的几何因素;ρ 为土壤电阻率,ρ_c 为混凝土电阻率,单位为 Ω·m。

式(7.7)可以用来分析埋在土壤中被另一种电阻率不同的物质包围的任意形状接地极的接地电阻。这种接地极的典型实例如图 7.6 所示。

钢筋混凝土中的垂直接地电极的接地电阻 R_c 可以采用下式计算[9]:

$$R_c = \frac{1}{2\pi L_r}\{\rho_c \ln(D/d) + \rho[\ln(8L_r/D) - 1]\} \tag{7.8}$$

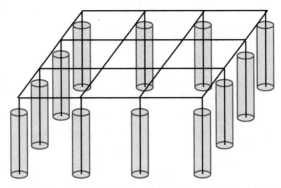

图 7.6 埋在土壤中被另一种电阻率不同的物质包围的任意形状的接地极的典型实例

式中，L_r 为垂直接地极的长度，单位为 m；d 是接地导体的直径，单位为 m；D 是混凝土外壳的直径，单位为 m。

长度为 L_r、直径为 d 的垂直接地极的接地电阻 R_r 为

$$R_r = \frac{\rho}{2\pi L_r}[\ln(8L_r/d) - 1] \tag{7.9}$$

由式(7.8)和式(7.9)可以得到钢筋混凝土垂直接地极的接地电阻为

$$R_c = \frac{1}{2\pi L_r}\{(\rho - \rho_c)[\ln(8L_r/D) - 1] + \rho_c[\ln(8L_r/d) - 1]\} \tag{7.10}$$

式中包括了两部分接地电阻，即内部包含钢筋的混凝土垂直接地极的接地电阻，以及埋在土壤中直径为 D 的混凝土垂直接地极的接地电阻。

另外，外包混凝土的垂直接地极的接地电阻也可以采用下式进行简单计算：

$$R = \frac{K_1 K_2 \rho}{2\pi L}\ln\frac{4L}{d} \tag{7.11}$$

式中，L 为钢筋基础总长度，单位为 m；d 为钢筋骨架截面的等值直径，单位为 m；K_1 为考虑混凝土层的电阻修正系数，$K_1 = 1.1$；K_2 为钢筋骨架并非连续引入的修正系数，$K_2 = 1.05$。

7.4.2 装配式钢筋混凝土基础的接地电阻

图 7.7(a)所示的装配式混凝土基础的接地电阻可以采用下式计算：

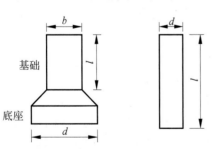

(a) 装配式钢筋混凝土基础　(b) 桩式基础

图 7.7 钢筋混凝土基础示意图[2]

对于基础底座：

$$R_G = \frac{1.1\beta\rho}{2D_k} \tag{7.12}$$

对于基桩：

$$R_L = \frac{1.1\beta\rho}{2\pi}\ln\frac{4l}{D_{kl}} \tag{7.13}$$

式中，β 为系数，取 1.05；l 为基桩长度，单位为 m；$D_k = \sqrt{4a^2/\pi}$，a 为底座边长，单位为 m；$D_{kl} = \sqrt{4b^2/\pi}$，b 为基桩宽度，单位为 m。

一个基础的接地电阻为

$$R_S = \frac{R_G R_L}{\eta(R_G + R_L)} \tag{7.14}$$

式中,η 为利用系数。

整个装配式杆塔基础的接地电阻为

$$R = \frac{R_S}{n\eta_1} \tag{7.15}$$

式中,η_1 为利用系数;n 为每个线路杆塔接地装置的基础底盘数,对于铁塔,一般为 4 个。

如图 7.7(b)所示基桩的接地电阻计算公式为

$$R = \frac{1.1\beta\rho}{2\pi l} \ln \frac{4l}{D_{k2}} \tag{7.16}$$

$$D_{k2} = \sqrt{4d^2/\pi}$$

式中,d 为桩基直径,单位为 m。

7.4.3 不同结构的输电线路杆塔接地装置接地电阻的计算方法

1. 具有水平接地极的铁塔接地装置的接地电阻

水平接地极就是将金属导体水平埋设在土壤中,深度为 30~80cm。包括塔脚和埋设地线在内的合成接地电阻 R 为

$$\frac{1}{R} = \eta \left(\frac{1}{R_t} + \frac{1}{R_h} \right) \tag{7.17}$$

式中,R_t 为四只塔脚的接地电阻,R_h 为水平接地极的接地电阻,η 为利用系数。

输电线路铁塔基础多采用倒"T"字型,如图 7.2 所示,每一个塔脚的接地电阻 R_{t1} 为

$$R_{t1} = \frac{K\rho}{2\pi l} \left(\ln \frac{4l}{r} - 1 \right) \tag{7.18}$$

式中,l 为基础埋入地下部分的长度;r 为基础体的等效半径,即与基础体埋入地下部分表面积相等的圆柱体半径;K 为基础底部的影响系数,标准倒"T"型基础的 $K=0.5$。

四只塔脚的综合接地电阻为

$$R_t = \frac{R_{t1}}{4\eta_T} \tag{7.19}$$

利用系数 η_T 为

$$\frac{1}{\eta_T} = 1 + \frac{l}{\sqrt{2}D} \frac{1 + 2\sqrt{2}}{\ln(4l/r) - 1} \tag{7.20}$$

式中,D 为塔脚间的距离。

2. 敷设接地板的铁塔接地装置的接地电阻

由于占用土地或其他原因使敷设带形水平接地极有困难时,可采用接地板。计算敷设接地板的杆塔接地装置接地电阻与埋设带形水平接地极的方法相同。一块接地板(埋设土壤中的金属板)的接地电阻 R_{S1} 为

$$R_{S1} = \frac{\rho}{2\pi a} \ln \frac{4a}{b} \tag{7.21}$$

式中,a 为接地板长度;b 为接地板宽度。

接地板通常是将数块连接成一条。一条接地板的接地电阻为 m 块接地板的并联接地电阻,应考虑 0.8~0.9 的利用系数。一基铁塔埋设多条接地板时,综合接地电阻为多条接地板的并联接地电阻,并考虑 0.8 左右的利用系数。

3. 环形接地装置接地电阻计算

通常环形接地极敷设在基础坑的底部,并与塔柱(或塔身)的接地引线相连。其接地电阻为

$$R_R = \frac{\rho}{2\pi^2 D}\left(\ln\frac{8D}{d} + \frac{\pi D}{4l}\right) \quad (7.22)$$

引线接地电阻为

$$R_L = \frac{\rho}{2\pi l}\ln\frac{4l}{d} \quad (7.23)$$

式中,$D=\sqrt{4AB/\pi}$,A、B 为环形接地极的边长;d 为环形接地极与引线的直径;l 为引线长度。

环形接地极与引线的共同接地电阻为

$$R_{RL} = \frac{R_R R_L/n}{\eta(R_R + R_L/n)} \quad (7.24)$$

带引线的环形接地极与基础底座的共同接地电阻为

$$R_\Sigma = \frac{RR_{RL}}{\eta_2(R + R_{RL})} \quad (7.25)$$

R 为基础底座的接地电阻。各式中的利用系数可参考表 7.6 中所列数据[2]。

表 7.6 不同结构的杆塔人工和自然接地装置接地电阻的计算公式[2]

接地装置结构	杆塔结构	接地电阻计算公式
n 根水平射线 $n<12$,每根长 60m 左右	各种杆塔	$R=0.062\rho(n+1.2)$
装配式基础周围敷设深埋式接地极	铁塔	$R=0.07\rho$
	门型杆塔	$R=0.04\rho$
	带 V 型拉线的门型杆塔	$R=0.045\rho$
装配式基础的自然接地极	铁塔	$R=0.1\rho$
	门型杆塔	$R=0.06\rho$
	带 V 型拉线的门型杆塔	$R=0.09\rho$
钢筋混凝土的自然接地极	单杆	$R=0.3\rho$
	双杆	$R=0.2\rho$
	带拉线的单双杆	$R=0.1\rho$
	一个拉线盘	$R=0.28\rho$
深埋式接地装置与装配式基础的自然接地极	铁塔	$R=0.05\rho$
	门型杆塔	$R=0.03\rho$
	带 V 型拉线的门型杆塔	$R=0.04\rho$

4. 杆塔接地装置接地电阻计算的经验公式

表 7.6 所示为不同结构的杆塔人工和自然接地装置接地电阻的计算公式[5]。需要说明的是,采用这些经验公式计算得到的结果只是一个非常粗略的估计值,在一些情况下可能存在很大的误差,只有当土壤比较均匀时计算结果才比较可靠,而当土壤不均匀时,可能与实际值相差过大。通过模拟实验得到的各种结构的接地装置的工频接地电阻的计算公式为[2]

$$R = \frac{\rho}{2\pi L}\left(\ln\frac{L^2}{Dh} + A\right) \tag{7.26}$$

式中,L 为水平接地装置的接地极总长度,单位为 m;对于表 7.3 中的铁塔接地装置,$L=4S+4l$;钢筋混凝土杆放射型接地装置,$L=d+4l$;钢筋混凝土杆环形接地装置 $l=0$ 时,$L=8d$;l 不为 0 时,$L=4l$;D 为接地导体直径,单位为 m;h 为埋深,单位为 m;A 为形状系数,水平接地极、铁塔接地装置、钢筋混凝土杆环形接地装置、钢筋混凝土杆放射型接地装置分别为 -0.6、1.76、1.0、2.0。

7.4.4 利用系数

为了确保接地装置获得所要求的散流电阻,目前都是将接地装置做成由不同形状接地极联合组成的复合接地装置。电流在复合接地极流散过程中,因各电极的电场互相叠加,围绕每个电极的电流密度变得不均匀。此时,参与围绕复合接地极散流的大地体积相应地减少了,从而增加了接地电阻,并且单根接地极相互之间的影响随着互相靠近的程度而增大。当相距一定时,互相之间的影响随着从接地极流出电流的增加而增大。

因此在计算接地装置的接地电阻时,要建立一种相互影响的概念,即要考虑利用系数。利用系数主要由接地电极间的距离及其尺寸来确定,其值小于 1。高压和超高压输电线路几种典型接地装置的利用系数见表 7.7~表 7.12[2]。

表 7.7 作为自然接地极的装配式钢筋混凝土基础及基桩的利用系数[2]

杆塔类型	基础布置图	工频利用系数	冲击利用系数
单柱式	装配式钢筋混凝土基础	0.6	0.4
门型直立式		0.9	0.8
拉线门型		0.9	0.8
耐张转角		0.9	0.8

续表

杆塔类型	基础布置图	工频利用系数	冲击利用系数
单柱式	桩基础 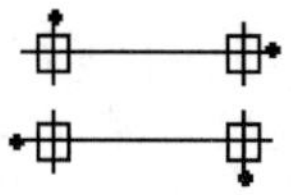	0.7	0.5
门型	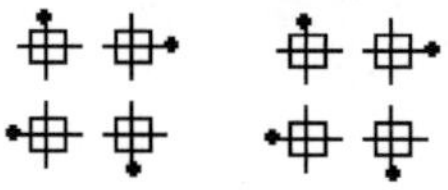	0.9	0.8

表 7.8 环型及引线和垂直电极组成的接地装置的利用系数[2]

杆塔类型	接地装置示意图	工频利用系数	冲击利用系数
单柱式	装配式钢筋混凝土基础 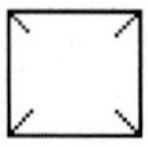	0.8	0.7
单柱式	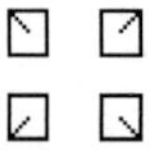	0.6	0.4
门型直立式	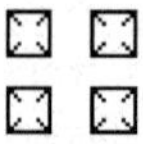	0.9	0.8
拉线门型		0.9	0.8
耐张转角	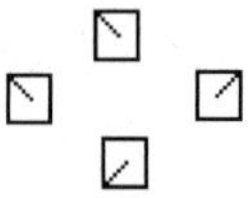	0.9	0.8
单柱式	桩基础 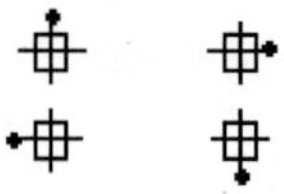	0.7	0.6
门型	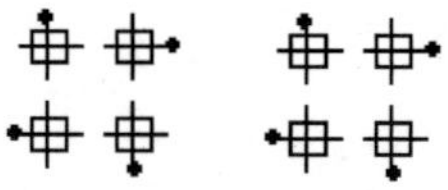	0.9	0.8

表 7.9 垂直与水平电极相连时接地装置的利用系数[2]

接地装置示意图	a/l	垂直电极数	工频利用系数	冲击利用系数
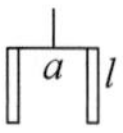	2	2	0.90	0.80
	3		0.95	0.85
	2	3	0.85	0.75
	3		0.90	0.80

续表

接地装置示意图	a/l	垂直电极数	工频利用系数	冲击利用系数
（a 为直径）	2	3	0.80	0.70
	3		0.85	0.75
	2	4	0.75	0.65
	3		0.80	0.70

表 7.10　环型引线—装配式钢筋混凝土基础接地装置的利用系数[2]

杆塔类型	接地装置示意图	工频利用系数	冲击利用系数
单柱式		0.85	0.75
单柱式		具有一个带环的底盘 0.7 杆塔 0.6	具有一个带环的底盘 0.6 杆塔 0.4
门型直立式		0.9	0.8
拉线门型		0.9	0.8
耐张转角		0.9	0.8

表 7.11　环型及引线—射线和垂直电极—射线型接地极的利用系数[2]

杆塔类型	接地装置示意图	工频利用系数	冲击利用系数
单柱式	装配钢筋混凝土基础	0.95	0.85
单柱式		0.90	0.80

续表

杆塔类型	接地装置示意图	工频利用系数	冲击利用系数
单柱式	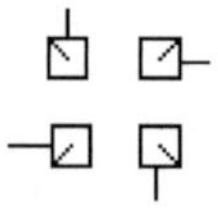	0.60	0.40
门型直立式	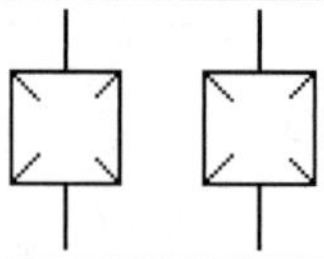	0.90	0.80
拉线门型	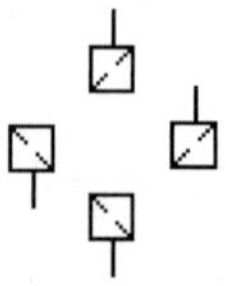	0.90	0.80
耐张转角	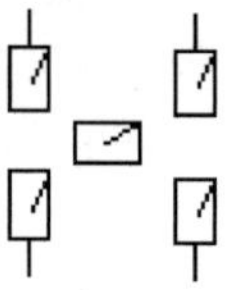	0.90	0.80
单柱式	桩基础 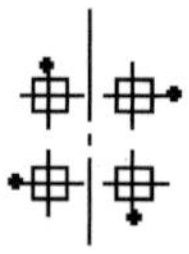	0.95	0.85
单柱式	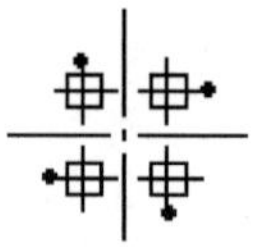	0.90	0.80
门型	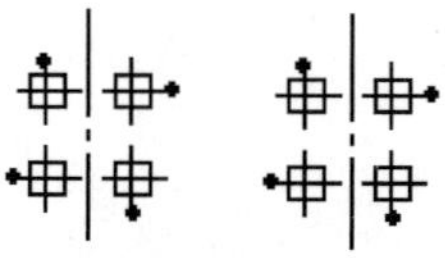	0.90	0.80

表 7.12 水平射线接地装置的利用系数[2]

接地装置示意图	射线长度 l/m	工频利用系数	冲击利用系数
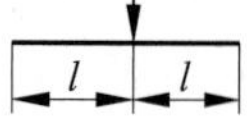	任意长度	1	1
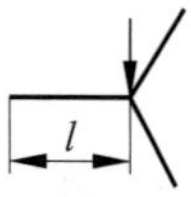	10	0.90	0.80
	20	0.93	0.83
	40	0.95	0.85
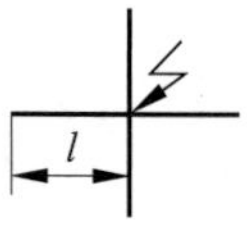	10	0.75	0.65
	20	0.80	0.70
	40	0.85	0.75

续表

接地装置示意图	射线长度 l/m	工频利用系数	冲击利用系数
	10	0.90	0.80
	20	0.93	0.83
	40	0.95	0.85
	10	0.90	0.80
	20	0.90	0.80
	40	0.90	0.80
	10	0.80	0.70
	20	0.83	0.73
	40	0.85	0.75
	10	0.93	0.83
	20	0.93	0.83
	40	0.95	0.85
	10	0.93	0.80
	20	0.93	0.80
	40	0.90	0.80

7.5 土壤的雷电冲击放电特性及击穿机理

杆塔接地装置的冲击暂态特性直接取决于土壤在大电流冲击作用下的电气特性。与工频及小电流冲击作用相比，土壤在大电流冲击作用下的电气特性将呈现两方面的特点。

一方面，土壤在大电流冲击作用下会发生放电现象。一旦如此，土壤电阻率将随电流增大而减小，从而呈现明显的非线性时变特性。作为一种固体（矿物质与有机质等）、液体（水溶液）和气体（空气）混合而成的非均匀物质，对土壤放电机理的研究要比单一均匀介质复杂得多，对土壤放电特征参数的获取也由于多样性和随机性等特点而很不容易，这对开展相应研究造成了诸多障碍。

另一方面，土壤作为一种三相混合的电介质，其电阻率、介电常数等电气参数会随着频率的变化而变化[11-21]。由于雷电冲击中包含了丰富的频率分量，土壤的频变特性将对杆塔接地装置冲击特性产生很大影响，有必要掌握土壤电气参数在雷电频谱内的取值范围和变化规律。

7.5.1 土壤的冲击放电现象

接地装置的雷电冲击特性在输电线路的雷电防护中具有重要作用。Towne 在 1928 年观测到垂直接地极在冲击电流作用下的接地电阻远小于工频接地电阻[17]，并将不同之处称为"火花电弧"。Bellaschi 观测了土壤电阻率在大的冲击电流作用下降低的现象[18-19]。在雷电流作用下的这种效应有利于降低接地装置的接地电阻，以及降低接地装置的暂态地电位升,提供更好的保护。

在雷电冲击下的土壤电阻率降低是由土壤电离引起的。当雷电冲击作用在接地体上时,电流流过接地体并泄放到土壤中去。接地体周围土壤中的暂态电场 E 为

$$E = J\rho_i \tag{7.27}$$

式中,J 为电流密度,ρ_i 为土壤电阻率。当电场强度 E 超过土壤的临界电离起始场强 E_c 时,土壤将被电离。临界电离起始场强简称为临界电离场强,又被称为临界击穿场强。

可以在接地体周围埋设 X 光感光胶片来获得土壤中的放电迹印[20-24],效果远好于普通的感光胶片。

土壤中的冲击放电图像因土壤类型、施加的冲击电压或冲击电流的不同而大相径庭[25-29]。图 7.8 所示为施加冲击电压时埋设在干沙中的接地极周围土壤的电离影像,施加的冲击电压波形为 $1.2/50\mu s$[24]。在靠近电极的内部区域,电离很强,电离通道难以辨别,但在电离区的边缘,电离通道非常明显。在接地极的端部,可以观测到分支状放电通道,而接地极两边则存在大量的接近平行的丛状放电通道。主要是因为沙的粒径很均匀,可以视为均匀土壤,因此较难形成分支状放电[1]。

图 7.9(a)所示为大幅值的冲击电流作用下接地极周围的土壤放电现象,接地极周围存在明显的火花放电路径。火花放电通道均匀地分布在接地极的周围,放电区域呈锥形区域,在区域的周围均匀分布着火花放电路径,这是电流从接地极的注入端到另一端逐渐减小的缘故。因此在接地极周围放电区域的模拟计算时,一般用不同直径的圆柱形来等效,端部为半球形放电区域[1]。图 7.9(b)给出了接地极周围土壤电离区的局部放大图。当施加的雷电流足够大时,火花放电通道根部发展为电弧放电,放电通道根部或主干部分变粗,即直径增加。

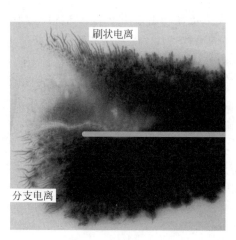

图 7.8 施加冲击电压时埋设在干沙中的接地极周围土壤的电离影像[24]

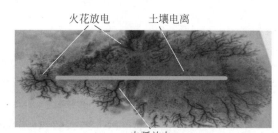

(a) 接地体周围的放电现象

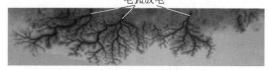

(b) 电弧放电通道

图 7.9 施加雷电冲击电流时接地极周围土壤的火花及电弧放电现象[24]

实验表明,湿黏土中的电离比沙中更强。在细沙中,沙粒尺寸均匀,沙粒之间的缝隙很小,因此干沙中的电离较弱。在湿黏土中,黏土颗粒的尺寸是非均匀的,黏土颗粒之间的缝隙大且湿润,因此湿黏土中的电离很强。一般来说,火花放电和电弧放电容易在非均匀土壤中发生,导致电流集中在几个通道中。

如图 7.8 所示，在均匀土壤中，电离通道很密。但在非均匀土壤中，电离通道比较稀疏，特别是实际中的非常不均匀的土壤中，电离通道较少，雷电冲击将发展成火花放电和电弧放电。自然雷击在地面形成的电弧放电通道也呈现类似的现象[30]。

土壤电离沿着土壤颗粒之间的间隙发展，如图 7.10 所示，电离通道发展为从接地极向外传播的几条流注通道[1]，传播速度及流注最终长度与施加的电流或电压、土壤电阻率及土壤均匀性等有密切的关系[31]。

一条电弧通道流过的电流粗略估计为 1kA，或为总电流的 5%，表面电弧观测到的水平范围达到 2m[32]。施加峰值为 1～30kA 的 8/20μs 雷电冲击电流作用时的电弧通道长度，在冲击电流达到 15kA 时有一个从 0.54～3.78m 的突然跳跃[30]。当冲击电流达到 30kA 时，电弧通道长度达到 5.12m。

土壤内部火花放电的记录很少。Rakov 在砂土中注入 20kA 冲击电流，发现放电通道朝着土壤电阻率小的区域发展[30]。因此，目前基于均匀土壤中接地极周围土壤均匀电离的模型并不是非常有效的模拟[33]。这种长电弧通道将比均匀电离模型降低接地极接地电阻更多[1]。

图 7.11 所示为接地极周围土壤的电离区域边沿的放大图，发现周边存在非连续的电离现象[23]。可以看出，每个放电都围绕土壤颗粒形成，此现象是由于土壤中的非均匀电场分布造成的。

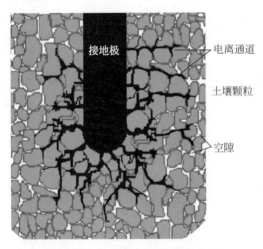

图 7.10　土壤中电离通道的传播[1]

图 7.11　接地极周围土壤中的非连续电离现象[23]

7.5.2　土壤的冲击放电特性

当冲击电流沿导体流入土壤时，导体周围的土壤将发生电离，从而导致电阻率降低。图 7.12 为土壤电阻率随外加冲击电流的变化图[25]。在 Liew 和 Darveniza[34] 的三阶段图和文献[1]提出的四阶段图的基础上，土壤放电过程可分为四个阶段，图中灰色区域为 Liew 提出的模型[34]：

(1) 非电离区：当电流密度小于临界电流密度 J_a 时，土壤中没发生电离，电阻率不随电流密度变化而变化，即 $\rho=\rho_0$，如图 7.12 中的直线 a 所示。

(2) 电离区：如图 7.12 中的曲线 b 所示，当电流密度超过起始电离值 J_a 时，土壤中开

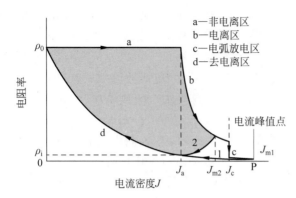

图 7.12 土壤放电过程中电阻率与电流密度的关系[25]

始出现电离,电阻率随电流密度增加而减小。随着电流密度增加,土壤电离区朝外发展,直到电离区的外部电场低于临界值[34]。土壤电阻率沿着曲线 b 从初始值 ρ_0 随时间衰减,如式(7.28)所示,此衰减对应击穿,假设电离区的增长呈时变增长[34],有

$$\rho = \rho_0 \exp(-t/\tau_1) \quad (7.28)$$

式中,τ_1 为电离时间常数。

电流密度达到峰值 J_{m2} 后开始减小。只要电流密度超过 J_a,就仍能为土壤电离提供能量,电离土壤的残余电阻率仍将沿曲线 2 减小,达到最低值 ρ_i。电离土壤的残余电阻率估计为电离前土壤电阻率的 1%~5%[35]。在模拟计算中,电离区土壤电阻率可以假设为零,将电离区视为接地导体直径增加了[34]。

该区域土壤电阻率呈非线性变化,因此也被称为非线性区。在该区的电场强度 E 和电流密度 J 呈现非线性关系[34]:

$$E = AJ^\beta \quad (7.29)$$

式中,A 和 β 是与土壤和施加电流有关的系数,$0 < \beta < 1$。一般很难测量产生土壤电离和火花放电的临界电流密度。E_c 定义为土壤的临界电离场强,即当与接地极接触的土壤产生火花放电的电场。另外,电场 E_e 定义为火花区域边沿的电场。当土壤中的电场达到 E_c,土壤中产生火花放电,而如果火花放电区域的边沿电场能达到 E_e,则火花放电将维持朝外发展[1]。一般假设 E_e 与 E_c 相等。但研究表明,E_e 远小于 E_c,这意味着维持和发展火花放电的电场相对于 E_c 来说是较低的,二者满足如下关系[1]:

$$E_e = E_c \sqrt{\frac{a}{a_i}} \quad (7.30)$$

式中,a 为接地导体的半径,a_i 为火花放电区域的等值半径。

(3) 去电离区(放电恢复区):当电流密度小于 J_a 时,随着电流减小,土壤电阻将沿着曲线 d 从 ρ_i 逐渐恢复到原始值 ρ_0[34]:

$$\rho = \rho_i + (\rho_0 - \rho_i)[1 - \exp(-t/\tau_2)](1 - J/J_c)^2 \quad (7.31)$$

式中,τ_2 为去电离时间常数;t 为从衰减开始算起的时间;J 为土壤的电流密度。根据实验结果估算得到 $\tau_1 = 2.0\,\mu s$,$\tau_2 = 4.5\,\mu s$。

(4) 电弧区:一旦电流密度达到临界击穿值 J_c,则在靠近导体表面的土壤中出现电弧放电,土壤的残余电阻率沿着曲线 c 陡然降低至非常小的值。

根据冲击放电实验结果,在电弧区,临界击穿电场满足[1]:

$$E_c = \frac{N}{\sqrt{a_i}} \quad (7.32)$$

根据不同的实验结果[36],系数 N 的最大值、平均值及最小值分别为 $1.78 \times 10^5\,V/\sqrt{m}$、$7.35 \times 10^4\,V/\sqrt{m}$ 和 $2.19 \times 10^4\,V/\sqrt{m}$。

典型的土壤电离过程：施加冲击电流时，随着电流从 0 增加到峰值，如果最大电流密度 J_{m2} 小于 J_a，则只存在非电离区，土壤电离不会发生。如果最大电流密度 J_{m2} 大于 J_a，则会发生土壤电离，随着电流从峰值衰减到 0，电阻率将沿曲线 2 达到最低值，然后沿曲线 d 恢复到起始值。土壤电阻率将沿曲线 a、b、2、d 变化。

如果最大电流密度 J_{m1} 大于 J_c，则出现非电离区、电离区、电弧区和去电离区。随着电流从峰值衰减到 0，电阻率将从接近 0（点 P）沿着曲线 1 和 d 恢复到起始值。土壤电阻率将沿曲线 a、b、c、1、d 变化。

7.5.3 电弧通道电阻率

根据以上分析，接地导体周围土壤的击穿过程及电阻率变化如图 7.13 所示。当雷电超过临界值 J_c 时，在接地导体周围出现电离区，在电离区外围的土壤电阻率保持不变。如果施加的雷电流特别高，则靠近导体周围会出现电弧区，电弧区外是非线性电离区。一般来说，电弧区的残余电阻率很低，可以假设为 0。在非线性电离区，土壤电阻率从较低的值过渡到正常值 ρ_0。

当土壤发生电弧放电时，会形成若干条放电通道，在土壤中准确观测电弧的数量与形状等参数比较困难。简单起见，假定电弧只有一条，并定义电弧通道单位长度的电阻为电阻率 $\rho_{arc}=R/\Delta r$，电阻 R 由击穿后电压和电流的峰值之比得到，Δr 为电弧长度，此时，ρ_{arc} 的单位应为 $\Omega \cdot m$。测试结果表明[37]，在相同实验条件下，电弧通道电阻率随电弧通道场强峰值的增加而降低，且呈逐渐饱和趋势，这是由于电弧通道场强越大，则土壤孔隙的空气击穿程度越高，自由电荷的数量和运动速度则越大；其次，对于不同颗粒尺寸和含水量的土壤而言，细颗粒土壤的通道剩余电阻率高于粗土壤，干燥土壤高于湿润土壤，而含水量不同的湿润土壤则差别不大，事实上，通道剩余电阻率的大小与许多因素有关，例如土壤的原始电阻率、放电程度等，因此很难通过简单分析进行解释和判断。

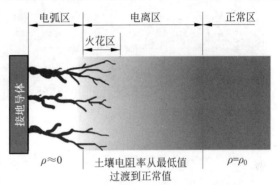

图 7.13 雷电流作用下接地导体周围土壤的击穿过程[25]

对不同土壤的电弧通道电阻率随电弧通道场强峰值的变化进行曲线拟合可以得到电弧通道电阻率计算的经验公式，这是从同轴结构的测试系统上得到的数据[37]。对于干燥土壤：

$$\text{粗颗粒 } \rho_{arc}=230+\frac{2}{E-110}\times 10^4$$
$$\text{细颗粒 } \rho_{arc}=460+\frac{3}{E-230}\times 10^4 \tag{7.33}$$

对于湿润土壤：

$$\text{粗颗粒 } \rho_{arc}=\frac{2.5}{E-18}\times 10^4 - 80$$
$$\text{细颗粒 } \rho_{arc}=\frac{15}{E-18}\times 10^4 - 400 \tag{7.34}$$

由于许多变量因素在实际应用中很难确定,因此拟合结果可作为参考。对电弧通道电阻率进行大致判断。从数据分布上看,细颗粒土壤的电弧通道电阻率在200~800Ω·m,粗颗粒土壤的电弧通道电阻率在400~1200Ω·m。

7.5.4 土壤的冲击放电时延特性

土壤放电实质上是由土壤颗粒之间的空隙在高压脉冲下击穿所导致。土壤在冲击作用下由电离发展至击穿,放电程度逐渐增强,直至形成电弧通道,需要一定的发展过程。土壤的电击穿特性与气隙相似,低于临界击穿电压时,不管冲击施加多长时间也不会出现击穿。高于临界击穿电压时,施加冲击电压 u 与击穿(出现冲击电流 i 的幅值)之间存在一定的时延 t_d,如图 7.14 所示[38]。施加冲击电压和击穿之间时延的变化是冲击特性(幅值、波形)、土壤特性(温度、水分、电阻率、土壤样品形状、土壤间隙长度)以及电极特性(形状、尺寸、材料)的函数[39],与击穿后的电流是均匀通过土壤还是沿通道通过无关。

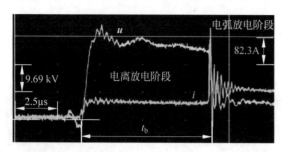

图 7.14 土壤击穿的放电时延[38](见文前彩图)

研究人员常常通过定义一些电气参数来表征土壤放电特性。观察图 7.14 的实验现象,土壤的冲击放电有如下特征参数:

(1) 放电临界场强:在非均匀冲击电场作用下,土壤的放电过程存在电离放电与电弧放电两个阶段,这与空气介质的情况类似。当导体附近场强达到某一临界值 E_c 时,认为土壤进入电离放电阶段。此时导体周围的土壤发生局部放电,但并未出现电弧,电离区域土壤电阻率下降,使得电压稍有下降而电流稍有上升。当电场进一步增强达到另一临界值 E_s 时,认为土壤进入电弧放电阶段,此时土壤中出现若干条放电通道,电弧通道电阻率很小,使得电压陡然下降而电流陡然上升。

(2) 剩余电阻率:无论是电离放电阶段还是电弧放电阶段,加在土壤上的电压并不会降至零,土壤放电后的电阻并不为 0。因此,虽然土壤放电后电阻率下降,但电离区域和电弧通道内仍存在一定的剩余电阻率。

(3) 放电时延:土壤在电弧放电阶段存在一定的时延现象,这是由于土壤颗粒间隙放电不断发展、能量逐渐集中直至形成电弧通道,需要一定的时间。

由于土壤冲击击穿的主要机理是土壤颗粒之间空气隙的电离引起的击穿,因此与气体间隙的击穿类似,土壤冲击击穿时延也可以分为升压时延、统计时延以及放电形成时延三个阶段,各个时间量的物理意义及它们之间的关系都与气体放电类似。其中,统计时延 t_s 是与土壤特性联系最为紧密的,可以部分揭示土壤的击穿机理和放电过程。土壤的击穿时延意味着可以用伏秒特性描述土壤的击穿特性。接地装置的雷电冲击放电时延将影响输电线路的雷电电磁暂态过程,最终影响线路的耐雷水平[40]。

测试结果表明,0.5m 的棒—板间隙中的潮湿黄黏土的冲击击穿时延在 3~20μs 的范围[38]。击穿时延受施加的冲击电压的影响很大,因此在实际雷电作用下,由于冲击电压很高,冲击时延现象可能会较弱。

7.5.5 土壤的临界击穿场强

多年以前人们已经发现[41-42],当大冲击电流注入时土壤电阻率会下降。这将有助于降低埋于土中的接地系统的接地电阻值,当然也将有助于降低大地表面的暂态接地电位升。实验研究已经证实[17-18],当泄漏电流幅值很高时接地体的接地阻抗值会下降。这一现象被认为是由土壤电离引起。几十年来,用大冲击电流对接地系统的接地电阻进行了大量的测量,得到的测量结果在数值上比用小的交流电流测量得到的结果要低很多。这一事实首先由 Towne 在 1929 年提出[17]。

当由于土壤电离而引起接地电极冲击阻抗减小时,对于土壤的电击穿特性和放电过程的研究便成了接地电极冲击阻抗课题的一部分。电极的冲击阻抗通常按照电极周围均匀电离区域来描述。电离区域内的阻抗认为可以忽略,并认为电离区域延伸至周围土壤中电场强度等于临界电离场强 E_c 的点。在任何考虑土壤电离的接地装置暂态模型中,临界电离场强 E_c 都是一个重要而关键的参数,选择合适的 E_c 对于接地装置暂态冲击特性有着重要的影响,而目前人们对这一参数还知之甚少。

很多学者都对土壤的击穿机理进行了研究。这些研究工作的一个很重要的目标就是确定土壤的临界电离场强 E_c,超过这一值将导致土壤击穿。根据不同学者进行的实验和测量,这一值从每米几十千伏到每米上千千伏不等。不同学者们对 E_c 的取值见表 7.13[25]。

表 7.13 不同实验获得的土壤临界电离场强值[25]

参 考 文 献	土壤类型或土壤电阻率/(Ω·m)	E_c/(kV/cm)
Towne[17]		1.6~5.2
Bellaschi[18-19]	100	3
	100	2.7
	85	1.27
	75	2.2
	300	4.25
Nor[43]（半球测试腔）	沙土	6.6(负冲击)
		5.5(正冲击)
Nor[43]（平板测试腔）	沙土	9.0(负冲击)
		7.9(正冲击)
Liew, Darveniza[35]	50	1~3
	60	0.5
	150	2
	300	0.5
He[29]	腐殖土	3.41
	黏土	5.04
	沙土—黏土	6.02
	沙土	9.91
Oettle[36]	湿土	6
Chisholm[44]	干土	18.5
Petropoulos[45]	290	8.3

续表

参考文献	土壤类型或土壤电阻率/(Ω·m)	E_c/(kV/cm)
Korsuntcev[46]	100	8
	180	10
	470	12
Mousa[47]		3
CIGRE[48]		4
Kosztaluk[49],Loboda[50]		5.6~9

Oettle[36]和Chisholm等[44]提出了用来预测集中接地体冲击阻抗的普适性评估曲线。在Oettle的冲击实验中使用了几种不同类型的土壤,得到的土壤临界电离场强在600~1850kV/m(分别对应于湿土和干土)。在雷暴及多雨季节,土壤中的水分含量增加。其临界电离场强在600~800kV/m。

Oettle提出的土壤临界电离场强与电阻率的关系为[36]

$$E_c = 241\rho^{0.215} \quad (7.35)$$

式中,E_c的单位为kV/m;ρ的单位为Ω·m。

表7.13中的土壤临界电离场强在0.5~18.5kV/cm的范围,数据主要来源于实验室的测试结果。实验室中所用土壤的不均匀性要小于户外土壤,因为土壤样品是经过筛分的,并且其中的水分经过了适度的、很好的混合搅拌。因此,据此推测实际土壤的临界电离场强将比前面所提到的值减小约50%,为300~400kV/m[36]。

Mousa在研究了不同学者进行的大量的冲击接地电阻测量实验之后,分析了土壤击穿机理和不同因素对其影响,提出了土壤的临界电离场强为300kV/m[47]。国际大电网会议(CIGRE)1994年的工作组报告中建议E_0取400kV/m[48]。应当注意的是,目前IEEE规定的计算线路雷击闪络率的方法并没有考虑土壤电离[51]。雷击闪络率对杆塔基础接地电阻值相当敏感,IEEE方法已经认为杆塔接地电阻高的线路,其雷击跳闸率在考虑土壤电离后可以减小偏差。但IEEE的一个工作组没有推荐任何值[52],只是引用了Oettle[36]提出的1000kV/m。

当实际应用对数据精度要求不高时,可在1~8kV/cm范围内大致估计取值。图7.15中给出了湿润土壤电弧起始场强与临界电离场强拟合曲线,两条曲线的趋势基本一致。从数值上看,土壤临界电离场强约为临界电弧起始场强的1/10。

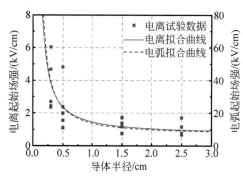

图7.15 土壤临界电离场强与临界电弧起始场强的关系[37]

研究表明,导体半径与土壤电阻率对电离起始场强和电弧起始场强的影响较大。清华大学张波教授通过对上百种土壤样本的测试[53],得到了计算接地导体的临界电离场强E_c和临界电弧起始场强E_s的拟合公式:

$$E_c = (19.916 + 30.861/\sqrt{r})\rho^{0.1} \quad (7.36)$$

$$E_s = (23.512 + 34.251/\sqrt{r})\rho^{0.2} \quad (7.37)$$

式中,r为接地导体半径,单位为m;ρ为土壤电阻率,单位为 Ω·m。

7.5.6 土壤的冲击电击穿机理

从微观结构来看,大多数土壤由基本的非导电粒子组成。粒子的表面覆盖着溶有盐分(及少量其他矿物质)的水,在土壤分子间的空穴中填充了空气。覆盖的水分提供了内联的水通道,水通道决定了土壤低电场的导电率。这种导电率(或电阻率)主要取决于土壤中存在的水分的含量和盐分量。一般土壤颗粒的尺寸在较大的范围内变化。土壤中的空气穴的平均尺寸取决于土壤颗粒的尺寸分布。例如,由很精细的灰尘状分子组成的土壤具有更小的空气穴尺寸,具有粗颗粒或碎石的砂状土壤则具有更大的空气穴尺寸。空气穴的形状一般相当不规则,特别是环绕的颗粒具有尖状的边缘时更不均匀。土壤间隙内空气穴的最大电场明显比具有相同结构和尺寸的空气间隙的最大电场要大[54]。

目前,关于土壤在高电压作用下的击穿机理有两种。一种机理认为土壤击穿的起始过程主要是电过程[55],是土壤颗粒之间的空气间隙产生的雪崩击穿引起的。空气间隙处的电场强度由于绝缘效应而得到增强[9,47]。当在空气穴的电场超过其起始击穿场强时则开始电离过程[56]。细小的、边缘锋利的微粒会引起局部电场的畸变,由于空气穴不规则形状的电场加强作用和土壤的相当大的电介质常数,在空气穴内击穿时整个间隙的平均电场比一个等值的空气间隙的击穿电场小得多。

Leadon 等的研究工作支持这一模型[57]。在空气中对土壤样品的电击穿特性进行实验,然后把土壤间隙中的空气用 SF_6 气体代替,再进行实验。分别对应空气和 SF_6 气体,测量得到与起始电弧有关的击穿特性。这些量的比值与同样气压下自由空气和 SF_6 气体的击穿场强之比差别不大。这种在土壤和自由气体击穿场强之间的吻合有力地证明了土壤中的起始电弧击穿涉及了土壤颗粒间隙中空气的电离。

另一种机理则认为土壤击穿过程主要是土壤水分中的热过程[53,58-60]。当先施加电压脉冲时,电流开始流过土壤,该电流主要是覆盖在土壤颗粒上的水分传导的。由于电流的加热作用,水分的温度开始上升,水的电阻率稍微降低。由于加热速度的局部非均匀性,产生热不稳定过程,电流汇集到更高温度(更低电阻率)区域。最后所有电流汇流到一个狭窄的通道,导致水分的蒸发,土壤击穿即沿这一蒸发通道产生。

实验结果也证实了空气隙击穿和热过程引起的水分蒸发的击穿同时存在的可能[45]。两种机理的作用范围不同。土壤相对比较干燥、水分含量不高时,更多的是空气击穿理论起作用;但当土壤具有较高的水分含量时,其导电率主要是由于水分存在,土壤水分中的热过程作用显著增强。热过程引起的水分蒸发的击穿控制了这个过程。

土壤中的击穿现象可解释为由于外加电场的作用[61],绝缘材料中的束缚电荷发生了非弹性位移。因此,在外加电场不断增高的时候,绝缘介质中的分子发生电离,并且最终导致击穿。即击穿是由外加电场作用下束缚电荷的非弹性位移引起的。

通过在真空中测试模拟月球土壤的电击穿与电气绝缘特性,进一步验证了土壤气隙对土壤击穿的贡献[62]。模拟月球土壤中不含有空气和水分。实验结果表明,当场强达到 60kV/cm 时,土壤发生击穿。这一数值远高于实验得到的 3.5~10kV/cm[45],同时也远高于大气条件下均匀空气隙的击穿场强 30kV/cm,即便是对干燥细沙的实验得到的起始击穿场强也不过 10kV/cm 左右。由此可见,土壤颗粒中的空气隙对土壤的击穿有着极其重要的影响。击穿发生的初期与阴极电子崩有关[62],这一因素也导致了电极之间土壤颗粒的电离。阴极表面的不规则电子发射对最初击穿的发生有所贡献。在电子离开阴极向阳极运动的过程中,会碰撞固体颗粒,从而导致颗粒分子的电离。如果击穿是由外加电场作用下束缚电荷的非弹性位移引起的,如同固体粒子的击穿一样[29],那么可以推断,这是由于个别土壤粒子的极化作用。

如果以上模拟月球土壤实验证明了土壤的击穿是电子高速运动碰撞固体颗粒,从而导致土壤颗粒分子的电离引起的,那么我们有充分的理由认为,干燥沙子的击穿是由于电子高速运动碰撞土壤颗粒间空气隙的气体分子,从而引起空气分子的电离并最终导致土壤击穿的。土壤颗粒大小对土壤起始击穿场强影响的实验更加有力地支持了这一观点[45]:相对干燥土壤的击穿主要是由土壤颗粒之间的空气间隙产生的雪崩击穿引起的。

对于土壤击穿前的长时间延迟现象可作如下解释[45]:土壤中的传导主要是介质性质的。在具有极薄的、不连续的水层区域,离子形成堆积,形成了电化学极化。这种电荷的积累是需要时间的,即迟豫时间,在 $10^{-7}\sim 1\mathrm{s}$ 之间变化。这种极化以及与此相关的迟豫时间导致土壤具有特别大并且非常分散的介电常数。当土壤中某些区域堆积出离子时,一些间隙中的电场强度被极度变形,并被加强。当电场强度超过某临界值时,空气间隙发生击穿。这将加速临近空气隙中的类似过程,并最终导致击穿。这一时间延迟是关于土壤类型、电极材料、电极类型和电场强度的复杂函数。

然而,根据电介质击穿的机理,热击穿所需的能量需要一定时间的积累,只有在长时间的电场作用下才可能发生。而在波形较陡、持续时间较短的雷电冲击作用下,电压、电流的发展过程都是微秒级的,根本无法积累到热击穿所需的能量,也无法完成相应的击穿过程。因此,在雷电冲击条件下,土壤中的热击穿几乎是不存在的,电击穿才是主导的因素。

事实上,如果考虑土壤冲击击穿时延所表现出的全部规律就会发现,只有从电击穿机理出发才能够得到很好的解释,热击穿理论则很难解释部分现象。例如,在临界击穿电压附近,电压的轻微增加会使得土壤冲击击穿时延下降很大,如果从热击穿理论考虑,冲击击穿时延值不应该有这样大的变化。实验中水分含量越大,土壤的冲击击穿时延也越大,而在热击穿理论中,水分越大,土壤电阻率越低,流过土壤的电流也越大,则热击穿应该越容易发生,冲击击穿时延也越短,这与实验结论矛盾。对同一含水量土壤,温度越低,土壤电阻率越高,根据热击穿理论,其临界击穿时延应该大幅上升,而实验所得结果却并非如此。对于潮湿黏土,密度越大,土壤电阻率越小,但土壤冲击击穿时延反而较大,这也与土壤的热击穿机理不一致。如果从电击穿的角度考虑,这些现象均能够得到很好的解释。由以上分析,可以得出一个倾向性的结论:土壤在冲击作用下的击穿机理主要是颗粒之间气体的电击穿。

另外,从以往支持热击穿理论的若干文献中可以看出,所谓"热击穿"的击穿时延往往较长,其数值一般要达到成百甚至上千微秒,而输电线路绝缘子串的闪络时间往往在 $3\sim 4\mu\mathrm{s}$。如果热击穿是土壤击穿的主要机理,那么在接地装置冲击暂态特性的研究中,考虑土壤的电离效应就变得毫无意义,这显然与事实不符。

基于土壤电击穿机理,可以对土壤击穿的一些基本现象进行解释[37]。首先,冲击极性对电弧起始场强的影响,负极性冲击下的电弧起始场强高于正极性冲击。这是由于土壤击穿本质上是由孔隙击穿积累和发展而来的。而对于每一个孔隙而言,一旦达到不均匀短间隙空气击穿的条件,就会引起孔隙击穿。随着电场持续增强,孔隙击穿不断发展,最终形成电弧贯穿正负极,土壤即被完全击穿。根据空气击穿理论,正极性冲击作用下流注发展容易,间隙更容易击穿,宏观上就表现为负极性冲击下的电弧起始场强高于正极性冲击。其次,对于含水量对电弧起始场强的影响,干燥土壤的击穿场强最高,对于湿润土壤,含水量较高土壤的电弧起始场强又高于含水量较低的土壤。这一看似反常的现象,事实上蕴含着其他放电机理。由于土壤孔隙的尺寸非常微小,一般在几十微米到几毫米之间,因此孔隙中放电不仅单纯由空气击穿所构成,还存在沿颗粒物表面的沿面放电。比较干燥和湿润土壤的物理特性,其差别在于湿润土壤固体颗粒表面覆盖了水分,而根据沿面放电的规律,湿闪相较干闪要容易许多,因此干燥土壤的击穿场强最高。对于不同含水量的湿润土壤而言,由于液态水的存在形式主要是以附着的方式覆盖在颗粒表面,这就意味着含水量越多的土壤颗粒表面的水分更"厚",从而"挤压"了孔隙中空气的体积,而水分厚度的增加导致水分通道电阻的降低,在相同电流作用下孔隙两端的电压更难达到击穿的要求。因此,越是湿润的土壤电弧起始场强越高。再次,对于颗粒直径对电弧起始场强的影响,粒径较小的土壤电弧起始场强要低于粒径较大的土壤。这是由于单个颗粒或孔隙的尺寸和形状虽然处于无规则的状态,但就其统计平均意义而言,孔隙尺寸取决于颗粒尺寸。颗粒尺寸较大的,相应的孔隙更大一些,因此击穿难度会更高。从前面提到的沿面放电的角度看,颗粒直径越大,代表沿面放电距离越大,反之就代表沿面距离越小,因此也会使得粒径较小的土壤电弧起始场强低于粒径较大的土壤。最后,对于导体半径对电弧起始场强的影响,半径越大则电弧起始场强越低,反之则电弧起始场强越高。这是由于半径越小的导体周围的电场越不均匀,沿径向衰减越快,因此,土壤要达到击穿的条件,就意味着导体周围的场强需更高一些。此外,半径增大意味着电场均匀程度的提高,极性效应有所减弱,正负极性电弧起始场强趋同。

7.5.7 土壤放电模型

目前已建立了多种仿真模型模拟土壤放电过程。这些模型主要基于电击穿机理,认为土壤放电主要由颗粒间孔隙击穿所造成。具体而言,计算模型可归纳为以下两类[37]。

(1) 电介质击穿模型

按照传统的土壤放电理论,电场强度一旦达到临界值,土壤作为复杂系统将无法保持能量平衡状态,从而发生放电现象。然而随着非线性科学中分形和混沌理论的发展,特别是在实验中观测到土壤放电通道中明显的分枝特征,研究者们意识到,土壤放电仅由确定性理论进行解释是不够的。土壤放电过程不仅有决定性因素,还有随机性因素,两者的竞争决定了土壤放电的发生和发展过程。因此,对于土壤放电机理的研究,与传统的确定性理论相比,非确定理论能够关注土壤放电发展过程和外形特性,使得对于土壤机理的认知进一步深入。

电介质击穿模型[24]以电介质击穿理论和分形理论为基础,将土壤放电过程中的随机统计特性和通道阻抗特性引入放电模型。其一般思路是:首先利用电磁场或电路理论,求取土壤空间电场分布;进而利用分形理论,确定放电发展方向与电场强度的概率模型,从而将微观放电机理与宏观几何特征联系起来。

该模型的特点在于,考虑了随机性因素在土壤放电过程中的作用。然而其将土壤视作单一媒质,忽略了土壤的固、液、气三相性,侧重于宏观方面的放电形式的模拟,没有与土壤击穿的微观机理联系起来。

(2) 多孔介质模型

多孔介质材料在自然界中广泛存在,它是由多相物质共存的一种组合体,其中没有固体骨架的部分称作孔隙,由液体和气体共同占有。多孔介质具有的特征可总结为两点:一是构成骨架的固体结构具有较大的体积和表面积,而孔隙则占据较小的空间;二是孔隙中存在多相物质,且能够互联互通,使得液体或气体可在孔隙中运动。

从这个角度而言,土壤是一种典型的多孔介质。它由固体颗粒构成骨架,而且在颗粒之间存在大小不一的孔隙,孔隙内由水分和空气填充。采用多孔介质模型能够较好地解释土壤的导电和放电机理。从导电机理上看,土壤导电取决于颗粒间孔隙水溶液中的离子;从放电机理上看,土壤放电取决于施加在颗粒间孔隙上的电场强度与孔隙电压耐受程度之间的关系。

以多孔介质模型为基础,从微观结构的角度出发,可以用固体颗粒和气体孔隙两相所组成的简化结构模型分析土壤导电、击穿的机理[63]。由于土壤的介观结构特征与电气特性,运用土壤多孔介质理论、Voronoi 网格理论、电介质击穿理论及放电分形理论,可以构建土壤冲击放电介观计算模型来分析土壤导电、放电、频变等宏观电气特性及其机理[37]。土壤冲击放电介观计算模型包括土壤颗粒骨架结构模型和孔隙电气特性模型,可有效模拟土壤微观放电过程,并能统一分析土壤导电、放电、频变等宏观电气特性。基于土壤介观计算模型分析不同因素对电弧起始场强的影响规律,计算结果与实验结果在趋势上相同,使得土壤冲击放电的现象与机理得到进一步验证和解释。另外有研究表明,土壤在雷电频谱范围内的频变特性主要由空间电荷极化过程引起。

7.6 接地装置冲击特性的简单等效电路计算方法

在雷电流作用下,接地极呈现两个不同的物理过程,一为具有频变特性的电感效应,二为土壤的非线性电离效应。电感效应雷电流阻碍电流沿导体流动而呈现高的接地阻抗,而土壤电离效应则类似于扩大接地导体的尺寸而降低接地阻抗。接地装置在雷电流作用下呈现时变和频变双重特性[64]。目前国内外已提出了多种方法计算接地装置在雷电流作用的电磁暂态特性,基本上可以归纳为三类[65]。

最初由于对接地装置在雷电流作用下的物理现象不甚清楚,提出了一些简单的公式来表征接地导体在雷电流作用下的动态过程[1],但这些公式不能同时考虑土壤的电离效应和频变效应[66-68]。

典型的模拟方法是基于电路或传输线理论来考虑土壤电离效应和频变效应[2,69-77],如 Grcev 等提出的垂直接地极的高频电路等效模型[77]。

电磁场模型是纯数值分析方法,基于矩量法[78-83]、时域差分法[84-87]、有限元法(finite element method,FEM)[88],比较重要的工作包括 Grcev 等提出的电磁模型[78]。

完善的计算方法应该能综合考虑土壤放电效应、参数频变特性及导体间电磁耦合效应,如新近提出的耦合计算方法[89-90],将电路模型与数值计算方法结合起来。

建立杆塔接地装置冲击暂态计算模型,是开展输电线路雷电电磁暂态特性研究及耐雷水平计算与评估的基础。本节及 7.7 节主要介绍接地装置雷电冲击暂态特性的主要计算模型。

7.6.1 表征接地装置性能的模型

在防雷分析计算中,选取合适的模型表征接地装置冲击暂态特性是准确评估耐雷水平的关键。当前,用于防雷分析的接地模型主要有固定电阻、标准动态电阻和时变动态电阻三种。

雷击架空地路及杆塔时,雷电流流经杆塔,通过接地装置流散到大地中去。接地装置在冲击电流的作用下,在其周围产生瞬变电磁场。靠近接地极的土壤的电场强度如果超过土壤的临界击穿场强,则在靠近接地导体的区域的土壤中产生火花放电,土壤被击穿。火花放电的形成使得靠近接地极的电压降大大减小,相当于接地极的尺寸增加。

在冲击电流作用下,接地装置的阻抗为暂态阻抗,随时间发生变化。一般将冲击电压的最大值与冲击电流的最大值之比定义为冲击接地电阻。图 7.16 所示为土壤击穿前后的典型电压和电流波形[1]。施加雷电冲击时,土壤样品上的电压随脉冲电压上升时间的增加而增加。当延迟时间 t_d 之后发生击穿时,电流迅速增加,电压急剧下降,电压幅值通常出现在电流幅值之前。冲击接地电阻是人为定义的,本身没有确切的物理意义。但如果知道接地装置的冲击接地电阻,就可以根据雷电流的大小估算出接地装置可能出现的最高暂态电位,这对防雷分析是有用的。冲击接地电阻明显不同于工频接地电阻。在冲击电流作用下,火花效应相当于增大了接地装置的导体的直径,从而降低了接地电阻。

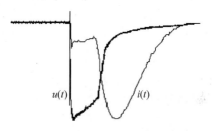

图 7.16 土壤击穿前后的典型电压和电流波形[1]

冲击接地电阻 R_I 与工频接地电阻 R 之比定义为冲击系数:

$$\alpha = \frac{R_I}{R} \tag{7.38}$$

在雷电流作用下,随着流过接地极的冲击电流的增大,电场强度也增大,土壤电阻率也随之降低。一般来说,当电场强度超过了土壤的击穿强度以后,便开始出现强烈的火花放电过程,使接地极附近的电场急剧下降,接地极的散流电阻值降低很多。随着时间的推移,火花放电转变为电弧放电,在电场强度逐渐升高的同时产生有很大时延的火花放电过程,引起土壤电阻率的下降,是冲击接地电阻降低的主要原因。由于火花放电具有很大的时延特性,所以冲击系数可在火花放电得到完全发展过程中的 3~6μs 的时延内进行测定。在时间更短的情况下,冲击系数可取为 1。土壤电阻率愈大,则火花放电的效应愈强,因而在高电阻率的土壤中接地极的冲击系数就较小。这时如果电流值不变,缩小接地极的尺寸,将引起流过接地极的电流密度增大。因此当减小接地极尺寸时,冲击系数就会降低。

这一定义比较简单且易于获得,在工程上使用很方便,因此被广泛应用在防雷分析计算中,作为评估雷电耐受水平的重要指标。其数值越大,线路的反击耐雷水平越低。长期以来,在输电线路防雷特性分析时,都是根据接地装置的实际结构估计对应的冲击系数,与工频接地电阻相乘得到一个固定的冲击接地电阻,称为固定电阻模型。固定电阻无法反映雷电冲击作用下土壤电离引起的时变特性,以及土壤、导体电气参数的频变特性对杆塔接地装置的阻抗特性的影响。因此使用固定电阻值与实际存在较大差异,并不能准确表征杆塔接地装置冲击暂态特性。

后续通过研究得到了土壤电阻率、接地装置几何尺寸及雷电流大小等参数对冲击接地电阻的影响特性及相应的计算公式，这被称为标准动态电阻(standard dynamic resistance,SDR)模型。CIGRE标准中提出了一个随冲击电流的变化而动态变化的冲击接地阻抗计算公式[91]：

$$R_I = \frac{R_0}{\sqrt{1+\frac{I_m}{I_c}}} \tag{7.39}$$

$$I_c = \frac{E_c \rho}{2\pi R_0^2} \tag{7.40}$$

式中，R_0 为工频接地电阻；I_m 为雷电流幅值，单位为 kA；I_c 为临界电离电流，单位为 kA；E_c 为临界电离起始场强，单位为 kV/m；ρ 为土壤电阻率，单位为 $\Omega \cdot m$。

标准动态电阻模型基于半经验公式而定义，在一定程度上考虑了土壤放电效应的影响，相比于固定值而言，其精确度有所提高。

标准动态电阻模型虽然是动态变化的，但也不是接地装置冲击暂态特性的准确体现。最为精确的方法是采用实时动态电阻 $R(t)$ (real-time dynamic resistance)来描述接地装置的实际雷电冲击暂态过程，其为接地装置上的冲击电压 $u(t)$ 与流过的雷电流 $i(t)$ 的比值，反映了杆塔接地装置实时的阻抗特性。然而要通过实验获得 $R(t)$ 并不十分方便，简便的方法是通过建立仿真模型计算接地装置冲击暂态特性来获得。

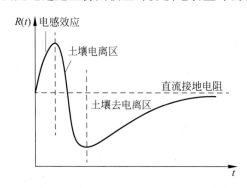

图 7.17 接地电阻随时间的变化特性[1]

实时动态接地电阻随时间变化示意图如图 7.17 所示[1]。对于雷电电流波形的波前区，对应的频率高，则接地极的感抗作用强；而波尾表现为低频，则接地极的感抗作用弱。当注入雷电流较小时，接地导体表现出强烈的感抗效应，因此电阻增大很大，感抗效应区的大小取决于外加电流的大小。当电流增大到使接地极周围的土壤电离时，土壤电离开始，使电阻显著降低。当外加雷电流进入波尾时，外加电流不能使土壤电离，曲线进入去电离区，土壤电阻率应恢复到其原始值 ρ_0，既与电流密度有关又与时间呈指数关系，且频率较低。因此导体的感抗作用较弱，接地电阻衰减到初始值，初始值为接地导体的直流接地电阻。

7.6.2 接地导体的简单电路模型

由于雷电流的频率很高，导体的感抗也就很大。感抗阻碍冲击电流向接地极的远端流动，不像工频时，电流沿导线均匀分布。因此，在冲击电流的作用下，由于导体感抗的阻碍作用，越靠近入地端的接地极流散的电流就越多，电流密度就越大，因此击穿的土壤厚度也就越大。所以在接地极周围，被击穿的土壤呈锥形，而不是一般认为的圆柱形，只不过可以等效成一定直径的同轴圆柱形而已，如图 7.18 所示[37]，可以抽象为图 7.19 所示的等效模型[92]，对应的等效电路模型如图 7.20 所示[92]。

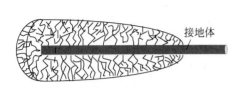

图 7.18 接地极周围形成的火花放电区域形状[52]

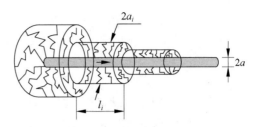

图 7.19 模拟接地极周围形成的火花放电区域的等效模型[92]

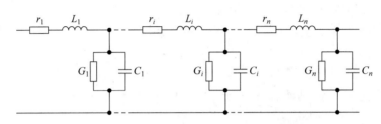

图 7.20 水平接地极的分布参数电路[92]

由于施加在接地体上的雷电流是时变函数，因此，接地体周围的火花放电区域也随施加在其上的雷电流大小的变化而变化，即接地体各单元段的等值半径在一定条件下随时间变化。为了模拟非线性的火花放电，接地体各单元段与其半径紧密相关的电气参数（包括对地电导 G 和对地电容 C）也是时变的。在此需要指出的是，接地体各单元段的金属电阻 r 和电感 L 并不随接地体的等值半径的变化而改变。因为在接地导体与土壤的分界处可近似地认为由导体向土壤中流散的电流的方向是与导体表面垂直的径向方向，而电阻与电感只与流过导体的轴向电流相关。根据电感和电阻的物理定义，可以认为它们是不随土壤中火花放电区域的变化而变化的。在雷电作用下，导线与大地中会出现趋肤效应，输电线路的电阻和电感具有频变特性，为频率的函数，简称频变参数。因此单位长度的接地导体的阻抗和导纳特性为

$$\begin{cases} Z(\omega) = r(\omega) + j\omega L(\omega) \\ Y(t) = G(t) + j\omega C(t) \end{cases} \tag{7.41}$$

对于埋深为 h，长为 l_i 的第 i 段水平接地极，其电阻、电感、电容及电导参数可采用如下公式计算[93]：

$$r_i = \frac{\rho}{2\pi l_i}\left[\frac{2h+a}{l_i} + \ln\frac{l_i + \sqrt{l_i^2 + a^2}}{a} - \sqrt{1+\left(\frac{a}{l_i}\right)^2} + \ln\frac{l_i + \sqrt{l_i^2 + 4h^2}}{2h} - \sqrt{1+\left(\frac{2h}{l_i}\right)^2}\right] \tag{7.42}$$

$$L_i \approx \frac{\mu_0 l_i}{2\pi}\left(\ln\frac{2l_i}{a} - 1\right) \tag{7.43}$$

$$C_i = C_i(a_i) + C_i(2h - a_i) \tag{7.44}$$

$$G_i = \frac{C_i}{\varepsilon\rho} \tag{7.45}$$

式(7.44)中

$$C_i(a_i) = \frac{2\pi\varepsilon l_i}{\dfrac{a_i}{l_i} + \ln\dfrac{l_i + \sqrt{l_i^2 + a_i^2}}{a_i} - \sqrt{1 + \left(\dfrac{a_i}{l_i}\right)^2}}$$

在接地装置的第 i 段和第 j 段间的互阻抗可以用图 7.21 所示的等效电路来描述[94]。假设第 i 段的电流沿轴向是均匀的,则第 i 段和第 j 段间的互电感可用下式计算:

$$L_{ij} = \frac{\mu_0}{4\pi} \int_{l_i} \int_{l_j} \frac{1}{D_{ij}} \mathrm{d}l_i \cdot \mathrm{d}l_j \tag{7.46}$$

式中, l_i 为第 i 段导体的积分路径; l_i' 为第 i 段导体表面的积分路径; l_j 为第 j 段导体的积分路径; D_{ij} 为积分路径上的微段 $\mathrm{d}l_i$ 和 $\mathrm{d}l_j$ 间的距离。

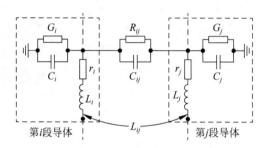

图 7.21 接地导体段间的互阻抗模型[94]

第 i 段和第 j 段间的互电阻 R_{ij} 和互电容 C_{ij} 可用下式计算[95]:

$$Z_{ij} = \frac{1}{4\pi l_i l_j (\sigma + \mathrm{j}\omega\varepsilon)} \left[\int_{l_i}\int_{l_j} \frac{1}{D_{ij}} \mathrm{d}l_i \mathrm{d}l_j + \frac{\sigma + \mathrm{j}\omega(\varepsilon - \varepsilon_0)}{\sigma + \mathrm{j}\omega(\varepsilon + \varepsilon_0)} \int_{l_i'}\int_{l_j} \frac{1}{D_{i'j}} \mathrm{d}l_i' \mathrm{d}l_j \right] \tag{7.47}$$

式中, ε_0 和 ε 分别为空气和土壤的介电常数; σ 为土壤导电率; $D_{i'j}$ 是积分路径上的微段 $\mathrm{d}l_i'$ 和 $\mathrm{d}l_j$ 之间的距离; l_i' 是第 i 段导体的镜像长度。

由于火花区域边界的电场强度可近似为土壤的临界击穿场强,则各段的等值半径可通过下式求得[94]:

$$J_i = \frac{E_c}{\rho} = \frac{\Delta i_i}{2\pi a_i l_i} \tag{7.48}$$

式中, J_i 为通过第 i 段导体流散的电流密度; Δi_i 为通过第 i 段导体向大地流散的电流; l_i 为第 i 段导体的长度。

根据各不同时刻各导体段流散的电流值由式(7.48)确定各导体段的等值半径(时变的),进而根据接地导体电气参数计算公式求得各导体段参数,从而根据电路理论计算出各点的电压电流值。即通过应用考虑了接地体非线性电气参数的节点分析法和合适的迭代算法,便可得到接地体的冲击响应。

7.6.3 十字形接地装置的等效电路模型及计算方法

线路杆塔接地装置的雷电流注入点和距离注入点最远点之间的距离,一般在 50m 以内。因此雷电流的波过程在接地装置中并不明显。将接地装置分为长度小于 $\lambda/6$ 的短导体段后,求出每段导体的集总参数等效电路,再按照电路方法求解。图 7.22 所示为一个十字形接地体的等效电路模型,以交点为节点划分出 4 个导体段。在电路分析法中,每个导体段为一个支路,支路相连的点为节点[96-97]。图中 R^a 和 L^a 代表支路的轴向电阻和电感,R^m 和 C^m 代表各支路之间的互阻和互容。

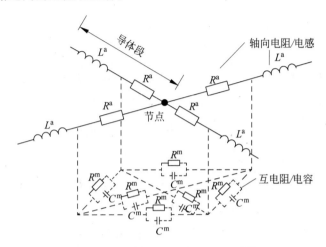

图 7.22 十字形接地体等效电路[96]

对于接地体之间的节点电位、泄漏电流和轴向电流,可以得到下列关系[96]:

$$\begin{pmatrix} A_{n\times b} & E_{n\times n} & 0_{n\times n} \\ 0_{n\times n} & Z^m_{n\times n} & -E_{n\times n} \\ Z^a_{b\times b} & 0_{b\times n} & -(A_{n\times b})^T \end{pmatrix} \begin{pmatrix} I^a_b \\ I^l_n \\ \Phi_n \end{pmatrix} = \begin{pmatrix} I^f_n \\ 0 \\ 0 \end{pmatrix} \quad (7.49)$$

式中,b 是导体段的个数,也是支路条数;n 是节点个数;I^a_b 是支路电流;I^l_n 是每个节点的泄漏电流;Φ_n 是各节点电位;I^f_n 是每个节点的外界注入电流。

第一个方程是节点的 KCL 方程,表示了节点泄漏电流、外界注入电流与导体段轴向电流之间的关系,式中 $A_{n\times b}$ 是节点和支路之间的关联矩阵,$E_{n\times n}$ 是单位矩阵。第二个方程是节点间互阻的约束方程,表示了各节点泄漏电流与各节点电位之间的关系。式中 $Z^m_{n\times n}$ 表示各节点之间的互阻互容。第三个方程是支路的约束方程,表示了导体段中轴向电流与导体段两端的节点电位之间的关系。式中 $Z^a_{b\times b}$ 是导体段支路的轴向阻抗矩阵。该式自动满足 KVL 方程。式(7.49)中一共有 $2n+b$ 个未知数和 $2n+b$ 个独立方程,因此可以求出各导体段泄漏电流、轴向电流和各节点电位。以支路电流 I^a_b 为未知数,化简方程为[96]

$$(A^T_{n\times b} Z^m_{n\times n} A_{n\times b} + Z^a_{b\times b}) I^a_b = A^T_{n\times b} Z^m_{n\times n} I^f_n \quad (7.50)$$

因为在接地体散流过程中导体间的阻性电流远大于容性电流,而且考虑容性电流后,在时域差分中计算中会带来不便,所以计算中可以忽略导体段之间的电容作用。因此,式(7.50)变为[96]

$$(A^T_{n\times b} R^m_{n\times n} A_{n\times b} + Z^a_{b\times b}) I^a_b = A^T_{n\times b} R^m_{n\times n} I^f_n \quad (7.51)$$

式中,$R^m_{n\times n}$ 表示了导体段之间的互阻。

在时域中式(7.51)表示为

$$A_{n\times b}^{\mathrm{T}}R_{n\times n}^{\mathrm{m}}A_{n\times b}I_b^{\mathrm{a}} + \left(R_{b\times b}^{\mathrm{a}} + L_{b\times b}^{\mathrm{a}}\frac{\mathrm{d}}{\mathrm{d}t}\right)I_b^{\mathrm{a}} = A_{n\times b}^{\mathrm{T}}R_{n\times n}^{\mathrm{m}}I_n^{\mathrm{f}} \tag{7.52}$$

因为 $R_{n\times n}^{\mathrm{m}}$ 是根据导体径向参数求得，所以式(7.52)中如果不考虑火花放电效应，则导体间互阻 $R_{n\times n}^{\mathrm{m}}$ 为常数。而杆塔接地装置尺寸小，因此计算中设 $R_{b\times b}^{\mathrm{a}}$ 和 $L_{b\times b}^{\mathrm{a}}$ 为常数。

为了仿真雷电流注入接地装置后时域中的响应，需要把公式(7.52)按照梯形积分公式离散化[96]：

$$A_{n\times b}^{\mathrm{T}}R_{n\times n}^{\mathrm{m}}A_{n\times b}\frac{I_b^{\mathrm{a}}(t)+I_b^{\mathrm{a}}(t-\Delta t)}{2} + R_{b\times b}^{\mathrm{a}}\frac{I_b^{\mathrm{a}}(t)+I_b^{\mathrm{a}}(t-\Delta t)}{2} +$$
$$L_{b\times b}^{\mathrm{a}}\frac{I_b^{\mathrm{a}}(t)-I_b^{\mathrm{a}}(t-\Delta t)}{\Delta t} = A_{n\times b}^{\mathrm{T}}R_{n\times n}^{\mathrm{m}}\frac{I_n^{\mathrm{f}}(t)+I_n^{\mathrm{f}}(t-\Delta t)}{2} \tag{7.53}$$

令 $S_{b\times b}^{\mathrm{a1}} = \frac{2L_{b\times b}^{\mathrm{a}}}{\Delta t} + R_{b\times b}^{\mathrm{a}}$，$S_{b\times b}^{\mathrm{a2}} = -\frac{2L_{b\times b}^{\mathrm{a}}}{\Delta t} + R_{b\times b}^{\mathrm{a}}$，则可以得到[96]：

$$I_b^{\mathrm{a}}(t) = (S_{b\times b}^{\mathrm{a1}} + A_{n\times b}^{\mathrm{T}}R_{n\times n}^{\mathrm{m}}A_{n\times b})^{-1}A_{n\times b}^{\mathrm{T}}R_{n\times n}^{\mathrm{m}}(I_n^{\mathrm{f}}(t)+I_n^{\mathrm{f}}(t-\Delta t)) -$$
$$(S_{b\times b}^{\mathrm{a1}} + A_{n\times b}^{\mathrm{T}}R_{n\times n}^{\mathrm{m}}A_{n\times b})^{-1}(S_{b\times b}^{\mathrm{a2}} + A_{n\times b}^{\mathrm{T}}R_{n\times n}^{\mathrm{m}}A_{n\times b})I_b^{\mathrm{a}}(t-\Delta t) \tag{7.54}$$

式(7.54)各时刻的 $S_{b\times b}^{\mathrm{a1}}$、$S_{b\times b}^{\mathrm{a2}}$、$A_{n\times b}$ 和 $R_{n\times n}^{\mathrm{m}}$ 都是已知参数，$I_n^{\mathrm{f}}(t)$ 和 $I_n^{\mathrm{f}}(t-\Delta t)$ 分别是本时刻 t 和上一时刻 $t-\Delta t$ 各点的雷电流注入值，$I_b^{\mathrm{a}}(t-\Delta t)$ 为上一时刻 $t-\Delta t$ 的各支路电流值。因此可以求出时刻 t 的支路电流 $I_b^{\mathrm{a}}(t)$。

通过时刻 t 的支路电流 $I_b^{\mathrm{a}}(t)$，可得知支路的节点泄漏电流 $I_n^{\mathrm{l}}(t)$[96]：

$$I_n^{\mathrm{l}}(t) = I_n^{\mathrm{f}}(t) - I_n^{\mathrm{l}}(t-\Delta t) - A_{n\times b}(I_b^{\mathrm{a}}(t)+I_b^{\mathrm{a}}(t-\Delta t)) \tag{7.55}$$

式(7.55)中求得的节点泄漏电流并不能计算出连接该节点的各导体段的泄漏电流密度，因此也不能推算出各导体段的等效半径。为此我们假设该点的泄漏电流依据相连导体段的长度，均匀地分配在与节点相连的导体段上。这里引入权重系数矩阵 $N_{n\times b}$，类似于关联矩阵，不同的是，有关联的位置不再用 1 表示，而代替为相连于同一节点的该导体段长度与相连于这点的所有导体段长度之和的比值。权重系数矩阵 $N_{n\times b}$ 为[96]

$$N_{n\times b} = (l_{ij})_{n\times b} = \begin{cases} \dfrac{L_j}{\sum_{p=1}^{q}L_p}, & \text{当节点 } i \text{ 与导体段 } j \text{ 关联} \\ 0, & \text{当节点 } i \text{ 与导体段 } j \text{ 不关联} \end{cases} \tag{7.56}$$

式中，L_j 为导体段 j 的长度，q 为与节点 i 关联的导体段个数，L_p 为与节点 i 关联的导体段 p 的长度。

则各导体段在时刻 t 的泄漏电流 $I_b^{\mathrm{l}}(t)$ 为[96]

$$I_b^{\mathrm{l}}(t) = N_{n\times b}^{\mathrm{T}}I_n^{\mathrm{l}}(t) \tag{7.57}$$

再根据式(7.58)求得各导体段发生火花放电时的等效半径 $r_b^{\mathrm{eq}}(t)$[96]：

$$r_b^{\mathrm{eq}}(t) = \frac{\rho I_b^{\mathrm{l}}(t)}{2\pi E_c L} \tag{7.58}$$

得知等效半径后便可以求得导体间的互阻 $R_{n\times n}^{\mathrm{m}}$ 等参数，循环计算，直到 $r_b^{\mathrm{eq}}(t)$ 值不变为止，再进入 $t+\Delta t$ 时刻的计算。

7.7 考虑时变及频变特性的接地装置雷电冲击暂态计算模型

在冲击条件下,土壤电离效应及参数频变效应使得接地装置暂态特性具有非线性特征。前面介绍的基于等效电路的方法只考虑了土壤的火花放电效应,但没有考虑 7.6.1 节中提到的频变特性。本节介绍能够综合考虑土壤放电效应、参数频变特性及导体间电磁耦合效应的时域计算模型[37,89]。

7.7.1 建立冲击暂态计算模型的基本思路

接地装置冲击暂态特性既是时变的又是频变的。因此,求解接地装置冲击暂态特性,本质上就是解决复杂导体在冲击条件下的时变及频变电磁暂态数值计算问题。最新的求解思路是:基于准静态假设,利用矩量法原理建立等效电路;采用矢量匹配法处理频变参数,并在时域下求解计算;利用等效扩径法处理土壤放电效应,并多次迭代求取收敛值。具体而言,可分为如下步骤:

(1) 将接地体分割为若干细线型导体段,导体与导体之间以节点相连,电位与电流为系统待求解的未知数。

(2) 在准静态假设条件下,运用矩量法原理,建立起该系统的等效电路。该等效电路中的元件参数基于电磁理论推导得到,且随频率变化而变化。

(3) 将该等效电路中的每一个频变元件进行矢量匹配,将频变的电路元件转化为电阻、电感和电容的串并联网络,进而可在时域下对等效电路进行求解。

(4) 在时域下利用 Bergeron 法对等效电路进行求解[98],从而得到当前时刻的电压电流分布情况。

(5) 根据电流分布情况,判断导体周围土壤是否发生电离。若是,则计算此时的导体等效半径及等效电路元件参数,进而重新计算电压电流分布情况,直至迭代至收敛的等效半径及相应的电压电流分布,再进行下一步计算。

上述迭代计算过程如图 7.23 所示[89],最终可以得到基于 Bergeron 法的等效计算方法,可以嵌入电磁暂态计算程序,实现整个输电线路雷电电磁暂态的计算。

7.7.2 等效电路的构建及元件参数的计算

1. 电流分布的假定

当冲击电流注入接地装置时,它既沿导体轴向流动,又沿导体径向泄漏至土壤。对接地装置进行剖分后,不妨设产生了 N 个节点、K 个导体段。为了方便建模计算,对电流分布作如下假定:对于每一个导体段而言,都将其视作细线结构,其轴向电流 I_l 沿轴线流动,且保持不变;但并不流出纵向电流,纵向电流均集中从导体段的两个端点流出;对于每一个节点而言,其泄漏电流 I_e 为连接到该节点的所有导体段的纵向电流和的 1/2。

图 7.24 为基于上述假定的电流分布,其中,I_l^k、I_l^{k-1}、I_l^{k-2} 分别为第 k、$k-1$、$k-2$ 段导体的轴向电流,I_e^n 为节点 n 处的泄漏电流,其数值等于第 k、$k-1$、$k-2$ 段导体径向电流和的 1/2。对于整个接地装置而言,N 个节点电压、N 个节点的泄漏电流以及 K 段导体的轴向电流是该计算模型待求的未知量。

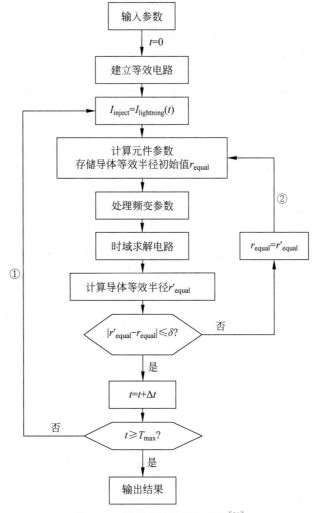

图 7.23　计算方法流程示意图[89]

2. 等效电路的构建

接地导体等效电路构建的根本思想在于利用导体表面上电位的连续性特征,将电磁场问题转化为电路问题进行求解。如图 7.25 所示,导体段 k 位于节点 n_1 和 n_2 之间,其表面内外电场强度的切向分量应当相等,即

$$E_{a,i}^k - E_{a,e}^k = 0 \tag{7.59}$$

式中,$E_{a,i}^k$ 为导体内表面电场的切向分量,$E_{a,e}^k$ 是导体外表面电场切向分量。

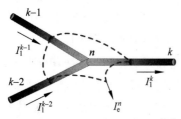

图 7.24　导体电流分布示意图[37]

图 7.25　第 k 段导体内外表面电场切向分量示意图[37]

按照定义，$E_{a,i}^k$ 表达式为

$$E_{a,i}^k = z_c^k I_1^k \tag{7.60}$$

式中，z_c^k 为导体 k 的单位内自阻抗，I_1^k 为导体 k 的轴向电流。

$E_{a,e}^k$ 表达式为

$$E_{a,e}^k = -j\omega \sum_{j=1}^{K} A_a^{j,k} - \sum_{i=1}^{N} \nabla \varphi^{i,k} \tag{7.61}$$

式中，$A_a^{j,k}$ 为第 j 段导体的轴向电流在第 k 段导体上产生的矢量磁位的轴向分量，$\varphi^{i,k}$ 是第 i 个节点的漏电流在第 k 段导体上产生的标量电位，ω 是角频率；$A_a^{j,k}$ 可表示为[99]

$$A_a^{j,k} = \frac{\mu I_1^j}{4\pi} \int_{l^j} \frac{1}{r} dl^j \frac{\boldsymbol{l}^k}{l^k} \tag{7.62}$$

式中，μ 为导体 j 与导体 k 之间磁介质的磁导率（若 j 与 k 相同，μ 应取导体的磁导率），I_1^j 为导体 j 的轴向电流，$\boldsymbol{l}^j$、$\boldsymbol{l}^k$ 分别为导体 j、导体 k 的长度向量，l^j 为导体 j 的长度，r 为导体 j 与导体 k 上两点之间的距离。

将式(7.60)、式(7.61)及式(7.62)代入式(7.59)，可得

$$Z_c^k I_1^k + j\omega \sum_{j=1}^{K} A_a^{j,k} + \sum_{i=1}^{N} \nabla \varphi^{i,k} = 0 \tag{7.63}$$

将式(7.63)沿导体 k 切向方向积分，左侧三项可分别进行表达。第一项为

$$\int_{l^k} z_c^k l_1^k \, dl = Z_c^k I_1^k \tag{7.64}$$

式中，Z_c^k 为导体 k 的内自阻抗，

$$Z_c^k = z_c^k l^k \tag{7.65}$$

第二项为

$$\int_{l^k} j\omega \sum_{j=1}^{K} A_a^{j,k} \, dl = j\omega \sum_{j=1}^{K} \int_{l^k} \left(\frac{\mu_0 I_1^j}{4\pi} \int_{l^j} \frac{1}{r} dl^j \right) \frac{\boldsymbol{l}^k}{l^k} dl = j\omega \sum_{j=1}^{K} L^{j,k} I_1^j \tag{7.66}$$

式中，$L^{j,k}$ 为导体 j 和导体 k 之间的互感，

$$L^{j,k} = \frac{\mu_0}{4\pi} \int_{l^k} \int_{l^j} \left(\frac{1}{r} d\boldsymbol{l}^j \right) d\boldsymbol{l} \tag{7.67}$$

第三项为

$$\int_{l^k} \left(\sum_{i=1}^{N} \nabla \varphi^{i,k} \right) dl = \sum_{i=1}^{N} (\varphi^{i,n_2} - \varphi^{i,n_1}) = \sum_{i=1}^{N} Z_e^{i,n_2} I_e^i - \sum_{i=1}^{N} Z_e^{i,1} \tag{7.68}$$

式中，Z_e^{i,n_1} 和 Z_e^{i,n_2} 分别为节点 i 与导体 k 的端点 n_1 和 n_2 之间的互阻抗，即当节点 i 泄漏出单位电流时，节点 n_1 和 n_2 上所产生的电位值为 Z_e^{i,n_1} 和 Z_e^{i,n_2}。

这样，积分后的式(7.68)可写为

$$Z_c^k I_1^k + j\omega \sum_{j=1}^{K} L^{j,k} I_1^j + \sum_{i=1}^{N} (Z_e^{i,k_2} - Z_e^{i,k_1}) I_e^i \tag{7.69}$$

根据上面的推导可将原有导体上的电磁关系转化为电路关系，从而建立起等效电路，如图 7.26 所示[89]。该电路中存在四类阻抗，其物理意义可分别解释如下：

(1) 导体自阻抗 Z_{ls}^k(longitudinal self-impedance)：表示导体 k 流过单位电流时引起导

体 k 自身的电压降,由两部分组成:内自阻抗 Z_c^k 和外自阻抗 $j\omega L^k$。

(2) 导体互阻抗 $Z_{lm}^{j,k}$ (longitudinal mutual-impedance):表示导体 j 流过单位电流时引起导体 k 的电压降。

(3) 节点自阻抗 Z_{es}^n (leakage self-impedance):表示节点 n 流出单位电流时引起节点 n 自身的地电位升。

(4) 节点互阻抗 $Z_{es}^{i,n}$ (leakage mutual-impedance):表示节点 i 流出单位电流时引起节点 n 的地电位升。

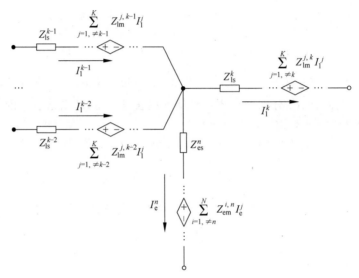

图 7.26 接地装置等效电路示意图[89]

3. 元件参数的计算

上述提到的电路元件参数的计算已有诸多成熟的研究,本节介绍基本思路和计算公式。下面提到的金属导体如无特殊说明,均为圆柱形。导体自阻抗 Z_{ls} 由内自阻抗和外自阻抗两部分构成:

$$Z_{ls} = Z_c + j\omega L \tag{7.70}$$

其中,内自阻抗 Z_c 的表达式为[100]

$$Z_c = \frac{j\omega\mu_c}{2\pi a \sqrt{j\omega\sigma_c\mu_c}} \cdot \frac{I_0(a\sqrt{j\omega\sigma_c\mu_c})}{I_1(a\sqrt{j\omega\sigma_c\mu_c})} \cdot l \tag{7.71}$$

式中,σ_c 和 μ_c 分别为导体的电导率和磁导率,a 和 l 分别为导体的半径和长度,I_0 和 I_1 分别为修正的第一类零阶和一阶贝塞尔函数。外自阻抗由外自电感造成,根据式(7.67),导体外自电感的表达式为[101]

$$L = \frac{\mu_c}{4\pi} \int_l \int_{l'} \frac{1}{r} dl' dl \approx \frac{\mu_c}{4\pi} \left(\ln\frac{l}{a} - 1 \right) \tag{7.72}$$

式中,μ_c 为导体的磁导率,l 和 l' 分别是处于导体轴线与表面的路径,r 是轴线上与表面上的两点之间的距离。

导体互阻抗 Z_{lm} 由导体间的互感造成,亦可根据式(7.67)进行积分求解。节点自阻抗

Z_{es} 和互阻抗 Z_{em} 的求取需要用到恒定电场下点电流源在复杂结构土壤中的格林函数 (Green's function)计算,可参考已有研究成果[102],在此不再赘述。

7.7.3 频变电路的时域求解

上文中介绍了建立等效电路的方法及求取元件参数的方法,下面将对上述电路进行时域求解。

1. 矩阵方程的建立

电路中含有 N 个节点、K 段导体,设电路的连接矩阵为 $\boldsymbol{A}$,节点泄漏电流向量为 $\boldsymbol{I}_e$、节点电位向量为 $\boldsymbol{\Phi}_e$、导体轴向电流为 $\boldsymbol{I}_l$、导体电压向量为 $\boldsymbol{U}_l$。根据电路结构关系,依据基尔霍夫电压和电流定律:

$$\begin{aligned} \boldsymbol{A}\boldsymbol{I}_l + \boldsymbol{I}_e &= \boldsymbol{I}_{in} \\ \boldsymbol{U}_l - \boldsymbol{A}^T\boldsymbol{\Phi}_e &= \boldsymbol{0} \end{aligned} \quad (7.73)$$

式中,$\boldsymbol{I}_{in}$ 为注入节点的电流向量。根据电路电气关系,可得:

$$\begin{aligned} \boldsymbol{\Phi}_e &= \boldsymbol{Z}_e \boldsymbol{I}_e \\ \boldsymbol{U}_l &= \boldsymbol{Z}_l \boldsymbol{I}_l \end{aligned} \quad (7.74)$$

式中,$\boldsymbol{Z}_e$ 为 $N \times N$ 节点阻抗矩阵,该矩阵对角线元素 (n,n) 为节点自阻抗 Z_{es}^n,非对角线元素 (i,n) 为节点互阻抗 $Z_{em}^{i,n}$;$\boldsymbol{Z}_l$ 为 $K \times K$ 导体阻抗矩阵,该矩阵对角线元素 (k,k) 为导体自阻抗 Z_{ls}^k,非对角线元素 (j,k) 为导体互阻抗 $Z_{lm}^{j,k}$。将式(7.74)代入式(7.73),消去节点电位 $\boldsymbol{\Phi}_e$ 和导体电压 $\boldsymbol{U}_l$,可得如下关系式:

$$\begin{pmatrix} \boldsymbol{A} & \boldsymbol{E} \\ \boldsymbol{Z}_l & -\boldsymbol{A}^T\boldsymbol{Z}_e \end{pmatrix} \begin{pmatrix} \boldsymbol{I}_l \\ \boldsymbol{I}_e \end{pmatrix} = \begin{pmatrix} \boldsymbol{I}_{in} \\ \boldsymbol{0} \end{pmatrix} \quad (7.75)$$

式中,$\boldsymbol{E}$ 为 $N \times N$ 的单位矩阵。至此得到了等效电路的矩阵方程。

2. 频变参数的处理

在上述方程中,矩阵 $\boldsymbol{Z}_e$ 和 $\boldsymbol{Z}_l$ 由一系列频变的元素组成,求解频变方程得到时域解主要有两种方法。

(1) 傅里叶变换方法:在频域下求解得到频域解之后,使用逆傅里叶变换,可得到时域解。这种方法的明显缺点是无法实时得到时域解,因此不便于考虑土壤电离的影响,也很难和实时动态仿真软件联合仿真。

(2) 有理化方法:通过对频变数据进行有理逼近,将元件参数转化为电阻、电感和电容等非时变元件的串并联网络,从而能够在时域下求解。这种方法能够实时得到时域解,从而能够很方便地处理土壤电离的影响,并且方便嵌入时域动态仿真软件。本文采用此方法进行求解,以 Z_{ls} 为例对处理过程进行说明。

首先,利用式(7.70)、式(7.71)和式(7.72)可采样获得一系列沿 Laplace 域分布的数据 $Z_{ls}(s)$,设采样数据点个数为 N_s,采样频率范围为 $f_{min} \sim f_{max}$。可以采用有理逼近来等效 $Z_{ls}(s)$[102]:

$$Z_{1s}(s) \approx hs + b + \sum_{p=1}^{P} \frac{c^p}{s - a^p} \tag{7.76}$$

式中，P 为极点个数，h、b、a^p、c^p 为常数。为了在采样频率范围内得到与 Z_{1s} 相同的阻抗特性，可用一系列简单非时变元件进行拟合，拟合关系式如下：

$$\begin{cases} L = h \\ R = b \\ C^p = \dfrac{1}{c^p}, R^p = \dfrac{c^p}{a^p}, \quad p = 1, 2, \cdots, P \end{cases} \tag{7.77}$$

以第 k 段导体为例，上述一系列电阻、电感和电容参数按图 7.27 所示方式组成电路网络[90]，即可实现对 Z_{1s} 的等效。此时将元件的等效电路代入系统等效电路，就形成了一个由一系列非频变的电阻、电感、电容联结而成的电路网络，该等效电路中不含频变元件，因此可在时域下求解。

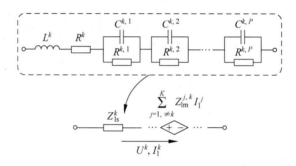

图 7.27　第 k 段导体自阻抗的矢量匹配等效[37]

在计算频变参数及实施矢量匹配过程中，有若干参数有待进行确定，主要有采样频率范围、采样频率间隔、极点数等。

3. 等效电路的求解

在时域下求解电路，其核心在于建立起相邻时步间的数值计算关系。由上文可知，接地装置等效电路中的每个支路具有相似的拓扑结构，如图 7.27 所示。下面将针对上述拓扑结构逐步建立暂态数值计算关系。

(1) 集中储能元件的暂态数值计算

对于电感和电容而言，其暂态过程可用常微分方程进行描述，求解电感和电容的暂态过程在数学上就表现为求解常微分方程[98]。以电感为例进行说明。

电感的电磁关系表征为

$$u_L = L \frac{\mathrm{d}i}{\mathrm{d}t} \tag{7.78}$$

利用梯形差分格式将其离散为

$$\frac{U_L(t) + U_L(t - \Delta t)}{2} = L \frac{I(t) - I(t - \Delta t)}{\Delta t} \tag{7.79}$$

式中，$U_L(t)$ 为电感支路的电压，$I(t)$ 为电感支路的电流。设若 $I(t)$ 为已知量，于是

$$U_L(t) = -U_L(t-\Delta t) + \frac{2L}{\Delta t}[I(t) - I(t-\Delta t)] \quad (7.80)$$

同理,可得到电容的表达式为

$$U_C(t) = U_C(t-\Delta t) + \frac{\Delta t}{2C}[I_C(t) + I_C(t-\Delta t)] \quad (7.81)$$

式中,$U_C(t)$ 为电容支路的电压,$I(t)$ 为电容支路的电流。对于电阻电容并联的结构,可同理推导得:

$$U_C(t) = \left(\frac{2RC - \Delta t}{2RC + \Delta t}\right)U_C(t-\Delta t) + \left(\frac{R\Delta t}{2RC + \Delta t}\right)I(t) + \left(\frac{R\Delta t}{2RC + \Delta t}\right)I(t-\Delta t) \quad (7.82)$$

式中,$I(t)$ 为整个支路的电流,即为电阻和电容的电流和。

(2) 频变元件拓扑结构的暂态数值计算

经过矢量匹配后的频变元件 Z_{1s}^k 形成了如图 7.5 的拓扑结构,其由 1 个电感、1 个电阻及 P 个电阻电容并联的简单元件串联而成。因此 Z_{1s}^k 两端的电压 U_{1s}^k 满足如下关系:

$$U_{1s}^k = U_L^k + U_R^k + \sum_{p=1}^{P} U_C^{k,p} \quad (7.83)$$

式中,U_L^k 为电感 L^k 两端的电压,U_R^k 为电阻 R^k 两端的电压,$U_C^{k,p}$ 为第 p 个电容 $C^{k,p}$ 两端的电压。将式(7.80)、式(7.82)代入式(7.83)可得:

$$\begin{aligned}U_{1s}^k(t) = &\left(\frac{2L^k}{\Delta t} + R^k + \sum_{p=1}^{P}\frac{R^{k,p}\Delta t}{2R^{k,p}C^{k,p} + \Delta t}\right)I(t) + \\&\left(-\frac{2L^k}{\Delta t} + \sum_{p=1}^{P}\frac{R^{k,p}\Delta t}{2R^{k,p}C^{k,p} + \Delta t}\right)I(t-\Delta t) - \\&U_L^k(t-\Delta t) + \sum_{p=1}^{P}\left[\frac{2R^{k,p}C^{k,p} - \Delta t}{2R^{k,p}C^{k,p} + \Delta t}U_C^{k,p}(t-\Delta t)\right]\end{aligned} \quad (7.84)$$

可以看出,最终得到的频变元件支路当前时刻的电压与支路当前时刻与前一时刻的电流和前一时刻每个子元件的电压有关。

按照上述计算方法,可将接地装置等效电路中所包含的所有频变元件进行处理,并在时域下求解,从而得到整个接地装置的电压和电流分布。值得注意的是,上面的方法中只涉及频变问题的处理,而不涉及时变问题的处理。

7.7.4 土壤电离的等效处理

1. 土壤电离的基本假定

当冲击电流足够大的时候,接地装置导体周围的场强将达到土壤的放电条件,土壤中将发生电离及电弧放电现象。由于电弧放电比较复杂,且其产生、发展及熄灭存在很强的不确定性,很难在接地计算中分析建模,因此目前还没有针对土壤中电弧放电等效模型的研究工作。

当土壤内场强超过电离起始场强而发生土壤电离放电时,其真实的形状比较复杂,但总体上可认为呈相对规则的圆柱形。许多研究中对导体周围的土壤电离的建模均基于此假设进行:当土壤周围发生电离时,假定放电区域是与导体为同轴的圆锥形,如图 7.1 所示,越靠近注入点则电离区域越大,反之则越小。与此同时,在土壤发生电离的区域内,其电阻率将远小于未发生电离的区域。以往的许多研究在建模时,大都认为其非常小,认为其接近导体的电阻率。然而,根据 7.5 节的介绍,在土壤发生电离的圆柱形区域内,剩余电阻率事实上要远大于导体的电阻率,因此不可忽视。也正是由此,还可进一步假设:在该圆柱形区域内,将只存在径向电流,轴向电流可以忽略,后者将集中地沿导体内部进行流动。

2. 等效半径的计算方法

若将导体分段足够小,则每一段导体周围的土壤发生电离所形成的区域可认为是圆柱形,即等效半径在该段导体长度内是相等的。在圆柱形边界上应满足如下关系:

$$\frac{E_c}{\rho} = J = \frac{1}{2\pi r_{eq} l}$$
$$r_{eq} = \frac{I\rho}{2\pi l E_c}$$
(7.85)

式中,E_c 为电离起始场强,单位为 kV/m;ρ 为土壤电阻率,单位为 $\Omega \cdot m$;J 为导体散流密度,单位为 kA/m^2;I 为导体散流值,单位为 kA;r_{eq} 为等效半径,单位为 m;l 为导体长度,单位为 m。

特别地,如果发生电离的土壤处在导体末端,则其电离的区域形状为半球形,此时:

$$J = \frac{E_c}{\rho} = \frac{I}{2\pi r_{eq}^2}$$
$$r_{eq} = \sqrt{\frac{I\rho}{2\pi E_c}}$$
(7.86)

通过上述公式可看出,等效半径的大小与电流分布情况密切相关,然而,电流分布取决于等效电路的元件参数,进而又取决于等效半径的大小。因此,需要在迭代中逐步寻找收敛值,这就是图 7.23 中迭代②存在的目的。

3. 剩余电阻的处理方法

对于放电区域的剩余电阻率处理,可等效为在导体和未发生电离的土壤之间插入了一个空心圆柱形导体。不妨设剩余电阻率为 ρ_{res},那么导体和未电离的土壤之间的剩余电阻 R_{res} 为

$$R_{res} = \frac{\rho_{res} \ln\left(\frac{r_{eq}}{a}\right)}{2\pi l}$$
(7.87)

式中,a 和 l 为导体段的半径和长度。R_{res} 的存在,使得土壤电离区域的表面电位与导体的表面电位之间存在一定电位差,该电位差主要由导体自身的轴向电流流向土壤时造成,因此需要在 4.2.3 节计算节点自阻抗 Z_{es} 时加上 R_{res}。

4. 储能元件的迭代关系

值得注意的是,在上文中经过矢量匹配后的电路网络中出现了诸多电感和电容等储能元件。对于节点自阻抗和节点互阻抗而言,一旦土壤发生电离,则这两类参数随即将发生变

化,这就意味着在某一时刻 $t+\Delta t$,等效电路中的电感和电容将发生突变,从而与上一时刻 t 的值不同。

以节点自阻抗 Z_{1s} 为例,其经过矢量匹配后的电路网络如图 7.28 所示,其中(a)表示 t 时刻的情况,(b)表示 $t+\Delta t$ 时刻的情况。若已知 t 时刻在收敛状态下,电感 $L(t)$ 的电流为 $I|_{t^+}$,电容 $C^i(t)$ 的电压为 $U^i|_{t^+}$,那么需要解决的问题是确定突变后电感 $L(t+\Delta t)$ 和电容 $C^i(t+\Delta t)$ 在 $t+\Delta t$ 时刻的初始状态 $I|_{(t+\Delta t)^-}$ 和 $U^i|_{(t+\Delta t)^-}$。

对此,有以下三种方式可供选择:一是保持电量统一,即将 t 时刻电压和电流的收敛值作为 $t+\Delta t$ 时刻的初始状态继承使用;二是保持场量统一,即将 t 时刻磁链和电荷的收敛值作为 $t+\Delta t$ 时刻的初始状态继承使用;三是保持能量统一,即将 t 时刻电感和电容存储能量的收敛值作为 $t+\Delta t$ 时刻的初始状态继承使用。

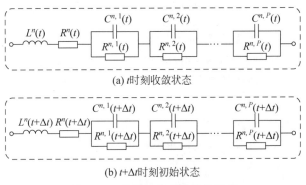

图 7.28 相邻时步下的元件状态

考虑到在电离瞬间存在复杂的能量交换和传递过程,电压和电流都可能发生突然变化,而电荷和磁链在电路发生变换之后则不会发生瞬间的迁移,因此采用第二种方式:

$$
\begin{aligned}
I\big|_{(t+\Delta t)^-} &= I\big|_{t^+} \frac{L(t)}{L(t+\Delta t)} \\
U^i\big|_{(t+\Delta t)^-} &= U^i\big|_{t^+} \frac{C(t)}{C(t+\Delta t)} \quad (i=1,2,\cdots,P)
\end{aligned}
\tag{7.88}
$$

7.7.5 计算模型的验证

在进行接地装置的雷电电磁暂态的精细计算时,应该进一步考虑土壤参数的频变特性。目前广为接受的土壤电阻率和介电常数频变特性计算公式如下[103]:

$$
\varepsilon_r(f) = \begin{cases} 192.2, & f < 10\text{kHz} \\ 7.6 \cdot 10^3 f^{-0.4} + 1.3, & f \geqslant 10\text{kHz} \end{cases}
\tag{7.89}
$$

$$
\rho(f) = \rho_0 \{1 + [1.2 \cdot 10^6 \rho_0^{0.73}] \cdot [(f-100)^{0.65}]\}
$$

式中,f 为频率,单位为 Hz;ρ_0 为土壤在 100Hz 条件下的土壤电阻率,单位为 $\Omega \cdot m$。

Grcev 采用了单根圆铜棒作为接地导体[104],圆铜棒的直径为 12mm、长度为 15m,水平埋设在 0.6m 深的土壤中。土壤在 100Hz 条件下的电阻率为 70$\Omega \cdot m$,为典型低电阻率土壤。冲击电流从圆铜棒的端点注入,峰值为 35A。实验测量了位于圆铜棒注入点 0m、3.5m 和 7m 共三个位置的冲击电压,电流和电压波形如图 7.29 所示[89]。

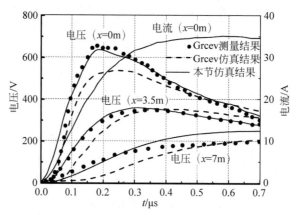

图 7.29　本节计算结果与 Grcev 的实验和计算结果对比[89]

可以看出,本节介绍的模型在不同测点均与实验测量结果非常接近,特别是在中间位置。在两端位置存在一定的偏差,这与导体剖分方式有关,在此不再展开分析。由于电流相对较小,因此在该验证中土壤电离效应被忽略了。

根据 Geri 等提供的实测案例[105],接地装置由水平埋设在 0.6m 深的单根圆铜棒构成,圆铜棒直径为 12mm,长度为 5m,土壤在 100Hz 条件下的电阻率为 42Ω·m,土壤的电离起始场强为 300kV/m。冲击电流在圆铜棒单端注入,峰值为 30kA。冲击电流和电压测量与计算结果如图 7.30 所示[89]。

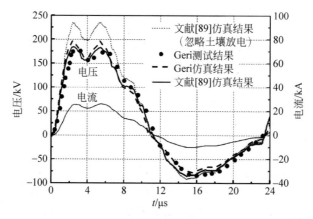

图 7.30　本节计算结果与 Geri 的实验和计算结果对比[89]

可以看出,与 Geri 的仿真结果相比,本节计算方法与测量结果更为接近。由于此例中冲击电流较大,也计算出了不考虑土壤电离时的结果,此时的冲击电压峰值将达到 230kV,与实际结果 175kV 相比大了 30%。可见,对于大电流冲击条件而言,有必要考虑土壤放电效应。

7.7.6　土壤电离效应与参数频变效应对接地装置冲击特性的影响

以 Visacro 的实验条件为基础[103]:接地装置相同,都是直径为 14mm、长度为 9.6m、水平埋设为 0.5m 的圆铜棒;土壤电阻率降低,100Hz 条件下由 1400Ω·m 降至 500Ω·m。同时,电离起始场强采用式(7.32)可计算得到为 180kV/m。研究峰值为 10kA 的 8/20μs 标准冲击电流波形作用下的雷电冲击特性。为了对比土壤电离效应和参数频变效应的影响效果,两种冲击作用下均仿真如下四种情形:两种效应均忽略、只忽略土壤电离效应、只忽略参数频变效应、两种效应均不忽略。仿真结果如图 7.31 所示[37]。

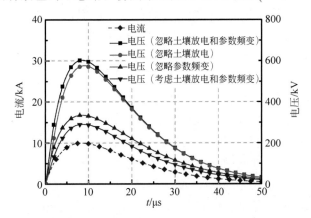

图 7.31 土壤电离效应与参数频变效应对接地装置冲击特性的影响[37]

可以看出,两种效应对杆塔接地装置冲击暂态效应的影响十分明显,忽略两种效应均会使得电压幅值增大,从而使仿真结果偏于保守。相较而言,参数频变效应的影响强于土壤电离效应,这与仿真计算中采用的土壤频变模型密切相关。

需要补充说明的是,7.5节对土壤放电现象进行了分析,明确了土壤电离放电和电弧放电的区别。目前所有分析模型考虑土壤放电的影响,主要是以均匀扩径的方式对土壤电离区域进行等效模拟,这种建模方式无法对电弧放电现象进行有效的模拟。一旦导体周围电场超过电弧起始场强,则不能再使用目前的模型模拟接地装置冲击暂态特性。在实验条件下,土壤发生电离放电现象较为常见,但电弧放电现象也是真实存在的[1],这有待开展进一步的研究。

7.8 输电线路杆塔接地装置冲击特性

由式(7.1)可知,塔顶电位与冲击接地电阻 R_I 密切相关。在其他因素一定时,R_I 越小,U_t 也就越小,线路反击闪络的概率也就越低。因此在线路杆塔的设计中,线路杆塔接地装置的冲击接地电阻取值会直接影响线路的防雷效果。

接地装置冲击特性实验研究方法分为真型实验和模拟实验[2]。真型实验是对实际中采用的接地装置进行冲击实验。这种方法的优点是可以直接得到接地装置的真实冲击特性。但在技术上改变与接地装置有关的参数,如改变土壤的电阻率等是不可能的,很难对接地极进行全面系统的研究。模拟实验很容易改变土壤电阻率、接地装置的几何尺寸、雷电流参数及接地装置的埋深等相关参数,可严格控制住实验对象的主要参数而不受外界条件的影响,使实验结果及反映的规律较准确。国内外的研究表明,如果严格按照模拟实验的理论来进行模拟实验,其结果是比较准确的,基本上是可信的。

雷电流流经接地装置,在地中的散流是相当复杂的。接地装置的冲击特性不仅与其结构尺寸、土壤电阻率、接地装置的埋深及雷电流参数等因素有关,而且频率很高的雷电流在地中流散时,电荷具有宏观的运动特性,它们在空间的分布随时间的变化而变化,具有时变场的特征,其暂态过程要用理论分析方法来进行研究是比较困难的。虽然到目前为止,国内外学者发表了很多关于接地极冲击特性的研究论文,但都是基于一些假设条件,对一些结构比较简单的水平接地极和垂直接地极建立了简化数学模型,如大多数研究者在研究时没有考虑火花效应,显然只能是对接地极的冲击特性的近似估计。

文献[41]和文献[42]曾介绍了在我国进行的接地装置的冲击实验的情况及结果,提供了一些有参考价值的结论,也介绍了在大型实验场地进行的冲击实验结果。但毕竟实验数据有限。可以利用这些宝贵的实验数据来检验模拟实验及模拟计算的结果。

从20世纪30年代以来,国内许多学者采用模拟实验的方法来研究接地装置的冲击特性[106-113]。苏联在这方面的研究较多,而且比较深入。特别是文献[93]从土壤的击穿机理开始,对单根接地导体和接地网的冲击特性进行了系统的研究。

应当注意,在考虑上述现象的同时,必须考虑到电压与电流扩散过程的波动特性。因为在冲击电流作用过程中,接地极的固有电感将阻止电流由接地极的入口流向远端,于是远端就不能像近端那样有效地流散电流,这就使得冲击系数上升,并且这种效应随着接地极长度的增加而增加。流散冲击电流时可以根据接地极的几何尺寸分为集中接地极和伸长接地极。若冲击电流作用时,接地极的电压分布与工频电流作用时的分布级别相同,则称为集中接地极;只有需计及电压与电流扩散波动过程的接地极才称为伸长接地极。

然而,接地极越长,离开其入端较远处的电压及所起到的流散冲击电流的作用就越小。应当指出,在导电性不良的土壤中,当冲击电流流过时,对延伸水平接地极来说,其特性主要是由其电容决定的,因为在电阻率大于$100\Omega\cdot m$的情况下,接地极的容抗与电导处于同样的数量级。由于电容决定了此时电流流散过程的波动特性及连续延伸接地极的全部阻抗值,也就决定了过渡过程的持续时间,并在过渡过程后才能稳定。对延续伸长接地极来说,当在中部流入斜角波冲击电流时,在电阻率等于$10000\Omega\cdot m$的土壤中,波阻抗的最大值出现在$\tau=0.3\mu s$,可达80Ω,随后波阻抗下降,在接近$\tau=4\mu s$时,将降低到初始值的一半。因此,当采用两条连续伸长接地极时,每基杆塔好像是有4条无限长的射线,不会产生反射波的不利影响。所以,当雷电流幅值($\tau=4\mu s$)流过时,这种型式接地极系统能达到20Ω左右接地电阻。因此在高土壤电阻率的地段,宜采用连续延伸接地极。输电线路的运行经验证明,当线路通过高土壤电阻率地段而采用连续延伸式接地极时,能有效地保证线路的耐雷水平[114]。

7.8.1 各种因素对杆塔接地装置冲击接地电阻的影响

通过对不同接地装置的大量模拟实验研究,可以看出影响接地装置冲击接地电阻的主要因素有接地装置的几何形状及尺寸、土壤电阻率、冲击电流的幅值及波形。在本节中涉及的接地装置结构有:①铁塔接地装置;②钢筋混凝土杆环形接地装置;③钢筋混凝土杆放射型接地装置;④从一端引流的水平接地极;⑤从中间引流的水平接地极;⑥垂直接地极。本节所介绍的内容是清华大学电机工程与应用电子技术系和重庆大学电气工程系有关科研的成果[68,90-94,106-113]。研究采用模拟实验的方法,对输电线路杆塔接地装置的冲击特性进行了比较全面的研究,总结出了一些有价值的结论。

1. 冲击电流幅值对冲击接地电阻的影响

图7.32为各种接地装置的冲击接地电阻与冲击电流的关系曲线[68]。可以看出,各种

接地装置在几何尺寸及土壤电阻率一定时,接地装置的冲击接地电阻随冲击电流幅值的增加而减小。随着冲击电流幅值的增加,接地装置冲击接地电阻的减小具有饱和的趋势,即当冲击电流幅值达到一定值以后,即使冲击电流增加很多,冲击接地电阻减小的幅度也很小。这与文献[41]和文献[42]在现场实验中得出的结论相同。

在冲击电流作用下,接地极周围具有瞬变电场。当电场强度达到土壤的临界击穿场强 E_0 时,接地极周围的土壤被击穿,产生火花放电,这相当于加大了构成接地装置的金属导体的直径 d。随着冲击电流幅值的增加,接地极周围被击穿的土壤的厚度也增加。而冲击接地电阻与 $\ln(1/d)$ 成正比,所以,冲击接地电阻随冲击电流的增加而减小。另外,$\ln(1/d)$ 与 d 的关系具有饱和性,因此冲击接地电阻随冲击电流幅值的增加也具有饱和性。

从实验结果中可以看出,土壤电阻率不同,同一接地装置的冲击接地电阻随电流增加而呈现的饱和特性也不相同。土壤电阻率越低,出现饱和趋势的冲击电流幅值也就越小。这是土壤电阻率较小时,导电性能也较好的缘故。

2. 接地装置的几何尺寸对冲击接地电阻的影响

图 7.33 所示为各种接地装置在冲击电流幅值和土壤电阻率一定时,接地装置的冲击接地电阻与其几何尺寸的关系曲线[68]。从图中可以看出,冲击接地电阻随接地装置的几何尺寸的增加而减小,减小到一定值以后具有饱和趋势。

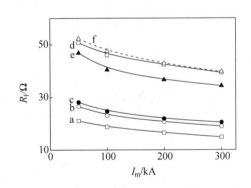

图 7.32 各种接地装置的冲击接地电阻与冲击电流幅值的关系曲线[68]
$\rho=3127\Omega\cdot m$,其中 a,b,c,e 和 f 的 $l=26m$;d 的 $l=60m$

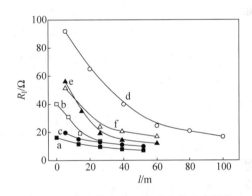

图 7.33 各种接地装置的冲击接地电阻与其几何尺寸的关系曲线[68]
$I_m=100kA, \rho=1.031k\Omega\cdot m$

接地极尺寸的增加,一方面,可以增加接地极的散流面积,使其冲击接地电阻减小;另一方面,由于接地极尺寸(主要指长度)的增加,接地极感抗增大,使得增加的接地极不能得到充分的利用。两方面因素作用的结果,导致冲击接地电阻具有饱和性。因此在冲击电流的作用下接地极具有有效长度 l_e。

从大量的实验结果中我们发现,冲击电流幅值一定时,随土壤电阻率的增加,接地极的有效长度将增加。这是因为土壤电阻率越高,土壤的导电性能就越低,接地极靠近冲击电流入地端流散的电流就相对减小,使接地极的有效长度相对增加。

图 7.34 所示为土壤电阻率一定时,不同冲击电流幅值下,冲击接地电阻随接地极的几何尺寸的变化曲线[68]。随着冲击电流幅值的增加,接地极上冲击电流密度也增加,这就需

要更多的接地极来流散冲击电流,导致有效长度增加。

3. 土壤电阻率对冲击接地电阻的影响

图 7.35 所示为冲击电流幅值 I_m 和接地极的几何尺寸一定时,接地极的冲击接地电阻随土壤电阻率的变化曲线[68]。我们知道,接地极的工频接地电阻是随土壤电阻率的增加而线性增加的。从图 7.35 中可以看出,接地装置的冲击接地电阻与工频接地电阻不同,它与土壤电阻率呈非线性关系增加,即土壤电阻率较小时,冲击接地电阻随电阻率增加而增加的速度较大,而当电阻率较大时,冲击接地电阻随电阻率增加而增加的速度减小。

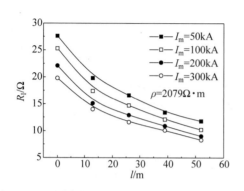 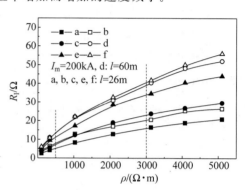

图 7.34 不同冲击电流幅值时铁塔接地装置的冲击接地电阻随几何尺寸变化的关系曲线[68]

图 7.35 各种接地装置的冲击接地电阻与土壤电阻率的关系曲线[68]

分析图中各曲线可以看出,冲击接地电阻随土壤电阻率变化的曲线基本上可以分成三段。当土壤电阻率小于 500Ω·m 时,土壤为良好土壤,导电性较好,在这个范围内,随着土壤电阻率的增加,冲击接地电阻增加很快,基本呈线性关系;土壤电阻率在 500～3000Ω·m 之间时,土壤为不良土壤,导电性较差,在这个范围内,冲击接地电阻随土壤电阻率的增加而增加的速度变慢,呈非线性关系;当土壤电阻率大于 3000Ω·m 时,土壤为极不良土壤,土壤的导电性很差,在这个范围内,随土壤电阻率的增加,冲击接地电阻也基本上呈线性增加,但增加的速度变得很慢。整个曲线在高电阻率区域呈现饱和趋势。

当土壤电阻率小于 500Ω·m 时,土壤电阻率越小,土壤的导电性能越好,就越容易将电流流散到土壤中去,同时土壤电阻率越低,土壤电阻率的增加对接地极周围场强的影响较小,土壤的击穿厚度增加不多,由此冲击接地电阻随土壤电阻率的增加而线性增加;土壤电阻率在 500～3000Ω·m 之间时,土壤的导电性能下降,只有通过击穿土壤才能将冲击电流流散出去。

根据 $E=\rho J$,在相同的电流密度 J 时,电阻率 ρ 的增加使接地极周围的场强 E 增加较多,土壤的击穿厚度也有所增加,使冲击接地电阻受电阻率的影响减弱,因此土壤电阻率增加,接地电阻的增加速度减弱;当土壤电阻率大于 3000Ω·m 时,土壤的导电性很差,土壤电阻率增加,使接地极周围场强增加的幅度变大,即土壤的击穿厚度增加较多,进一步削弱了电阻率对冲击接地电阻的影响,因此具有饱和趋势。

4. 接地装置设计时的结构选择

输电线路杆塔接地装置的冲击接地电阻不仅与冲击电流幅值、土壤电阻率及几何尺寸

有关,还与接地装置的结构有关。分析实验结果可以得出如下一些有参考意义的结果:

(1) 采用单根水平接地极时,在相同的土壤电阻率和雷电流幅值的情况下,中点引流比从接地极的一端引流的接地电阻要低。端点引流时的冲击接地电阻为从中点引流的冲击接地电阻的1.15倍左右。

(2) 钢筋混凝土杆环型接地装置的冲击接地电阻比较大,不宜在电阻率大于1000Ω·m的土壤中采用。

(3) 垂直接地极比水平接地极降低冲击接地电阻的效果更好,原因是它能立体地流散冲击电流。在满足技术经济要求的前提下,可以尽量采用水平接地极和垂直接地极相结合的复合接地装置来降低冲击接地电阻。长度相同时,垂直接地极的冲击接地电阻比水平接地极的冲击接地电阻减小35%左右。

(4) 如果施工比较困难,建议采用铁塔接地装置或钢筋混凝土杆放射型接地装置,这两种接地装置从塔基引出四根水平接地极,施工简单,效果也比较好。

(5) 接地极存在有效长度,当超过有效长度时,冲击系数有可能大于1。在实际工程中接地极的长度不得超过有效长度,否则即使工频接地电阻降下去了,线路的防雷效果也会不佳。

5. 冲击电流作用时的利用系数

应当指出,在冲击电流作用下,其屏蔽效应呈现得比工频电流时大,这是当冲击电流流过时,土壤电阻率下降的缘故。相当于增加了接地极的尺寸,好像接地极之间靠近了一样。所以接地装置的冲击利用系数要比工频电流时小。冲击电流作用时常见杆塔接地装置的利用系数列在表7.7～表7.12中。

7.8.2 各种因素对接地装置冲击系数的影响

冲击系数为冲击接地电阻与工频接地电阻的比值,因此它反映的是冲击和工频作用时接地装置的综合散流特性。通过对大量的实验数据进行综合分析,可以得到冲击电流、接地极的几何尺寸和土壤电阻率三个主要因素对接地装置冲击系数的影响规律。

1. 冲击电流幅值对接地装置冲击系数的影响

图7.36所示为接地装置尺寸及土壤电阻率一定时,冲击系数 α 随冲击电流幅值 I_m 的变化曲线[68]。各接地装置的冲击系数随冲击电流幅值的变化规律与冲击接地电阻随冲击电流的变化规律相同,即随冲击电流幅值的增加而增加,当冲击电流增加到一定值以后,具有饱和趋势。铁塔接地装置及钢筋混凝土杆接地装置的冲击系数受冲击电流幅值的影响比结构简单的水平接地极和垂直接地极要强,原因是结构复杂的接地装置分流的通道多,因此达到饱和的电流也比结构简单的接地极要大。

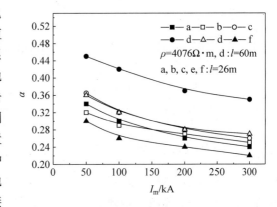

图7.36 各种接地装置的冲击系数与冲击电流幅值的关系曲线[68]

2. 接地装置几何尺寸对其冲击系数的影响

图 7.37 给出了冲击电流幅值及土壤电阻率一定时，各种结构的接地装置的冲击系数随几何尺寸的变化规律[68]。接地极几何尺寸的增加导致冲击系数的增加，当几何尺寸较小时，冲击系数的增加速度较快，而几何尺寸增加到一定值以后，冲击系数的增加速度变慢。垂直接地极的冲击系数随几何尺寸的增加而增加的速度最快。

由于接地装置的冲击接地电阻随其几何尺寸的增加而减小，当几何尺寸增加到一定值以后，接地极的电感作用加强，其冲击接地电阻下降呈饱和趋势，而其工频接地电阻随几何尺寸的增加而均匀地下降，因此冲击系数随几何尺寸的增加而增加。

3. 土壤电阻率对接地装置冲击系数的影响

图 7.38 所示为冲击电流及接地装置的几何尺寸一定时，土壤电阻率对冲击系数的影响[68]。随着土壤电阻率的增加，冲击系数减小。由于冲击系数是冲击接地电阻与工频接地电阻的比值，而工频接地电阻随土壤电阻率的增加而线性增加，因此冲击系数随土壤电阻率变化而变化的规律与冲击接地电阻随电阻率变化的规律相反。

当土壤电阻率小于 500Ω·m 时，土壤为良好土壤，在这个范围内，随着土壤电阻率的增加，冲击系数减小很快，基本呈线性关系；土壤电阻率在 500~3000Ω·m 时，土壤为不良土壤，导电性较差，在这个范围内，冲击系数随土壤电阻率的增加而减小的速度变慢，呈非线性关系；当土壤电阻率大于 3000Ω·m 时，土壤为极不良土壤，土壤的导电性很差，在这个范围内，随土壤电阻率的增加，冲击系数基本上呈线性关系减小，但减小的速度变得更慢。整个曲线在高电阻率区域呈现饱和趋势。

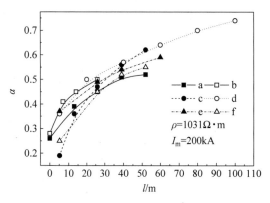

图 7.37 各种接地装置的冲击系数与接地装置几何尺寸的关系曲线[68]

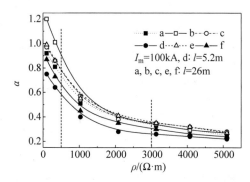

图 7.38 各种接地装置的冲击系数与土壤电阻率的关系曲线[68]

7.8.3 计算冲击系数的经验公式

冲击系数是反映输电线路杆塔接地装置冲击特性的一个重要参数，它可为防雷设计提供诸多方便。只要知道了接地装置的工频接地电阻，就可以根据冲击系数计算得到其冲击接地电阻。这样就解决了现场测量冲击接地电阻的困难，可用测量接地装置的工频接地电阻取代冲击接地电阻的测量。

输电线路杆塔接地装置的冲击接地电阻和冲击系数主要与冲击电流幅值、接地装置的几何尺寸及土壤电阻率有关。通过对大量的实验数据进行回归拟合可以得到计算冲击系数的经验公式。经验公式由三部分组成,分别反映了电阻率、几何尺寸及冲击电流幅值对冲击系数和冲击接地电阻的影响。各接地装置的冲击系数的具体计算公式如下[5,68,115]:

(1) 铁塔接地装置:

$$\alpha = 0.74\rho^{-0.4}(7.0+\sqrt{l})[1.56-\exp(-3.0I_m^{-0.4})] \quad (7.90)$$

(2) 钢筋混凝土杆环形接地装置:

$$\alpha = 2.94\rho^{-0.5}(6.0+\sqrt{l})[1.23-\exp(-2.0I_m^{-0.3})] \quad (7.91)$$

(3) 钢筋混凝土杆放射型接地装置:

$$\alpha = 1.36\rho^{-0.4}(1.3+\sqrt{l})[1.55-\exp(-4.0I_m^{-0.4})] \quad (7.92)$$

(4) 从一端施加冲击电流的水平接地极:

$$\alpha = 1.62\rho^{-0.4}(5.0+\sqrt{l})[0.79-\exp(-2.3I_m^{-0.2})] \quad (7.93)$$

(5) 从中间施加冲击电流的水平接地极:

$$\alpha = 1.16\rho^{-0.4}(7.1+\sqrt{l})[0.78-\exp(-2.3I_m^{-0.2})] \quad (7.94)$$

(6) 垂直接地极:

$$\alpha = 2.75\rho^{-0.4}(1.8+\sqrt{l})[0.75-\exp(-1.50I_m^{-0.2})] \quad (7.95)$$

式中,ρ 为土壤电阻率,单位为 $\Omega \cdot m$;l 为几何尺寸,单位为 m;I_m 为冲击电流幅值,单位为 kA。

由于线路接地装置对防雷的效果取决于冲击接地电阻值,接地极的冲击接地电阻为

$$R_I = \alpha R \quad (7.96)$$

即冲击接地电阻的计算可以根据前面的冲击系数计算公式得到的冲击系数乘以工频接地电阻得到。

采用冲击系数计算公式(7.94)得出的结果与湖北电力中心实验研究所1960年11月—1961年7月的现场实验结果[41]、刘继等[40]进行的现场实测结果进行了比较,见表7.14,可以看出采用我们通过模拟实验得到的经验公式的计算结果与文献中的实测结果比较接近。

表 7.14 20m 长的水平接地极在电阻率为 1000Ω·m 的土壤中冲击系数的比较[41]

冲击电流/kA	2	4	6	8
湖北中试所现场实验结果[42]	0.68	0.59	0.55	0.52
刘继等现场实验结果[41]	0.50	0.41	0.34	0.31
式(7.94)计算结果	0.63	0.59	0.57	0.55

文献中提供的几种典型接地装置的冲击系数见表 7.15~表 7.17[2],可能与前面介绍的经验公式计算结果有一定的差异。

表 7.15 自然接地极基础的冲击系数(电阻率小于 800Ω·m)[2]

幅值 I_m/kA	5	10	15	20
装配时钢筋混凝土基础(底盘)	0.9	0.6	0.4	0.3
桩基础	0.7	0.5	0.4	0.3

表7.16 环型接地装置的冲击系数[2]

环直径/m	100Ω·m			500Ω·m			1000Ω·m		
	20	40	80	20	40	80	20	40	80
4	0.60	0.45	0.35						
8	0.75	0.65	0.50	0.55	0.45	0.30	0.40	0.30	0.25
12	0.80	0.70	0.60	0.60	0.50	0.35	0.45	0.40	0.30

表7.17 $l=3m$ 的单根垂直接地极冲击系数[2]

冲击电流幅值 I_m/kA	100Ω·m	500Ω·m	1000Ω·m
5	0.90	0.70	0.55
10	0.85	0.60	0.45
20	0.75	0.45	0.30
40	0.60	0.30	—

在 GB/T 50065—2012《交流电气装置的接地设计规范》中[5]，杆塔自然接地极对冲击接地电阻的影响仅在 $\rho \leqslant 300\Omega \cdot m$ 时才加以考虑，采用如下公式计算杆塔自然接地极的冲击系数：

$$\alpha = \frac{1}{1.35 + \alpha_i I_m^{1.5}} \tag{7.97}$$

式中的系数 a_i，对钢筋混凝土杆、钢筋混凝土桩和铁塔的基础（一个塔脚）为0.053，对装配式钢筋混凝土基础（一个塔脚）拉线盘（带拉线棒）为0.038。

各种接地装置的冲击利用系数 η_i 可采用表7.18中的数据。工频利用系数 η 一般为 $\eta \approx \eta_i/0.9 \leqslant 1$，但接地棒与接线盘间，以及铁塔各个基础间，包括深埋式接地或自然接地的工频利用系数 $\eta \approx \eta_i/0.7$。

表7.18 接地装置的冲击利用系数

接地装置型式	接地导体的根数	冲击利用系数	备注
n 根水平射线（每根长10~80m）	2	0.83~1.0	较小值用于较短的射线
	3	0.75~0.90	
	4~6	0.65~0.80	
以水平接地极连接的垂直接地极	2	0.80~0.85	垂直接地极的极间距离 D 与垂直接地极的长度 l 之比为2~3，较小值用于比值等于2时的情况
	3	0.70~0.80	
	4	0.70~0.75	
	6	0.65~0.70	
沿装配式基础周围敷设的深埋式接地极	一个基础的各接地导体之间	0.7	
	铁塔的各基础间	0.4	
	门型、拉线门型杆塔的各基础间	0.8	
自然接地极	拉线棒与拉线盘间	0.6	
	铁塔的各基础间	0.4~0.5	
	门型、各种拉线杆塔的各基础间	0.7	
深埋式接地极与装配式基础间	各型杆塔	0.75~0.80	
深埋式接地极与射线间	各型杆塔	0.80~0.85	

7.8.4 接地极的冲击有效长度

接地极在冲击电流作用下与在工频电流作用下不同。在冲击电流作用下，接地极将呈现电感效应，阻碍电流向接地极远端流动。如果接地极过长，则在冲击电流作用下只有一部分被利用，即接地极具有有效长度[92,116]。

如图7.39所示为测量得到的沿水平和垂直接地极火花放电区域的形状[2]。从接地极首端向末端呈圆锥形，首端大，末端小，如果接地极长度很长，则靠近末端的一段接地极周围没有火花放电区域。从图中可见，垂直接地极和水平接地极一样具有有效长度。但如果接地极很短，则会在其端部形成电流集中的效应，在端部击穿的土壤形成类似球形的区域。

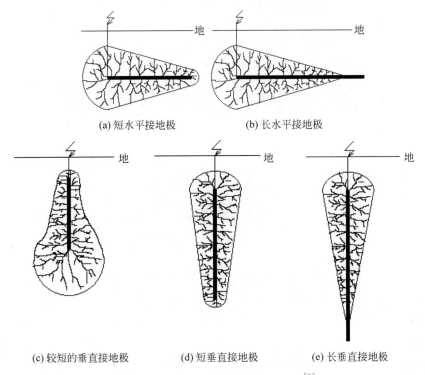

图 7.39 接地极的火花放电区域形状[2]

图7.40所示为采用分形理论对接地极在冲击电流作用的火花放电区域进行模型得到的不同接地体长度、不同土壤电阻率及不同临界击穿场强下的土壤放电图形[24]。算例中采用的是波形为 2.6/50μs、幅值为 50kA 的双指数雷电流波形，由接地体一端注入，接地体埋深为 1m。

接地体在冲击电流作用下的性能与在工频电流作用下不同。在冲击电流作用下，接地体将呈现明显的电感效应，阻碍电流向接地体远端流动。如果接地体过长，由导体另一末端流散的电流是有限的，从而在其周围土壤中产生的电场不足以引起土壤击穿，因此沿接地体形成的土壤击穿区域呈现明显的圆锥形。如图7.40(a)所示，从接地极首端向末端呈圆锥形，首端大，末端小。如果接地极长度很长，则靠近末端的一段接地极周围没有火花放电区域。对于长接地体，在冲击电流作用下只有一部分导体被有效利用，即接地体具有冲击有效长度。对比图7.40(a)和图7.40(d)可以帮助我们理解冲击有效长度的概念。如图7.40(a)

(a) $l=40m, \rho=100\Omega\cdot m, E_c=200kV/m, D=1.85$

(b) $l=40m, \rho=100\Omega\cdot m, E_c=100kV/m, D=1.94$

(c) $l=40m, \rho=500\Omega\cdot m, E_c=100kV/m, D=1.89$

(d) $l=10m, \rho=100\Omega\cdot m, E_c=200kV/m, D=1.92$

图 7.40　采用分形理论模拟得到的接地极的火花放电区域形状[24]

所示,当接地体较长且电阻率较低时,接地极的电感作用明显阻碍冲击电流向远端流动。越靠近电流注入点,流入土壤中的冲击电流越多,产生的击穿区域越大。接地体周围的击穿区域随接地体的长度逐渐减小,末端基本上没有击穿现象出现。接地体长度越小,电感效应越弱,泄漏电流在接地体上分布得越均匀,其结果使沿接地体形成的土壤电击穿区域也越均匀,如图 7.40(d)所示。对于不同类型的土壤,其临界击穿场强的不同、土壤中含水量的不同、土壤颗粒尺寸的不同,以及有机物、人造碎片等的存在都将改变临界击穿场强值。临界击穿场强 E_c 对土壤击穿有很大影响,不同 E_c 取值对放电图形的影响如图 7.40(a)和图 7.40(b)所示。对于相同接地体和冲击电流,土壤的临界击穿场强越小,土壤击穿程度越大,产生的放电区域也越大,接地体的有效长度也明显增加。图 7.40(b)和图 7.40(c)所示为接地体长度和临界击穿场强 E_c 相同时,土壤电阻率对放电图形的影响。可以看出,土壤电阻率越高,电击穿区域越小。图 7.40(c)中在接地体末端出现了端部效应;接地体末端的击穿区域稍微增大。对比图 7.40(a)、图 7.40(b)和图 7.40(c)可以得出如下结论:图 7.40(a)中的接地体长度大于其相应的有效长度,图 7.40(a)中的接地体末端没有被有效利用;图 7.40(b)中的接地体长度与其相应的有效长度基本相等。而图 7.40(c)中的接地体长度小于其相应的有效长度;在图 7.40(c)中的接地体末端出现了端部效应,而在图 7.40(a)和图 7.40(b)中并没有出现。

清华大学在甘肃金昌实验场对真型接地装置的电流分布进行了测试。在保持接地导体总长度相同的条件下，分别设计三种接地装置进行实验，如图7.41所示[52]。实验注入幅值约为10kA的冲击电流，三种接地装置的电流分布测试结果见表7.19[52]。可以看出，随着与电流注入点的距离增加，接地导体流过的电流大幅减少，这间接说明了圆锥形的放电区域。

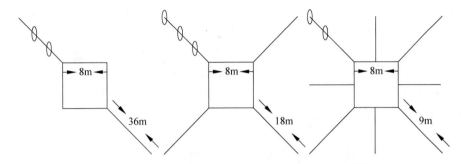

图7.41 真型接地装置电流分布特性实验示意图[37]

表7.19 接地装置水平伸长极电流分布实验结果[37]

序号	伸长极长度/m	伸长极数量	测点位置距伸长极首端的相对距离	测点电流占注入总电流的比例（单根伸长极）/%
1	9	8	1/2	7.22
			1	2.26
2	18	4	1/3	14.58
			2/3	7.13
			1	1.59
3	36	2	1/3	25.2
			2/3	8.0

由表7.19可以直观看出，伸长极越长的接地装置，其单根伸长极的电流占注入总电流的比例越高。其原因是，在总长度一定的条件下，长度越长则意味着数量越少，单根伸长极所承担的分流比例越高。若假定同一接地装置各个伸长极所承担的分流比例一致，可以粗略估计得到所有伸长极所承担的总的分流比例。伸长极越短的接地装置，其所有伸长极的电流占注入总电流的比例越高，也就意味着接地装置导体的总利用效率越高。这对开展接地装置优化设计具有重要启示。

有效长度是在一定的土壤电阻率下接地极末端反射回来的电压波对首端的影响不明显时的接地极长度[114,116]。对这种定义，在模拟计算时比较容易求出接地极的有效长度；而对于实验结果，则无法采用上述的定义来求取有效长度。我国国标GB/T 50065《交流电气装置的接地设计规范》[5]根据各种研究成果规定放射形接地极每根的最大长度，对应土壤电阻率小于等于500Ω·m、2000Ω·m、5000Ω·m分别为40m、80m、100m。

国内外学者对水平接地极的有效长度进行了一些实验及理论分析。印度的Gupta在1981年提出了单根水平接地极的有效长度l_e为[117]

$$l_e = 1.4(\rho\tau)^{0.5} \tag{7.98}$$

式中，ρ为土壤电阻率，τ为冲击电流波头时间。

1989年,武汉高压研究所在土壤电阻率小于50Ω·m的土壤中对20～60m的水平接地极进行了冲击实验,实验得出了接地极有效长度的计算公式为

$$l_e = 1.4(\rho\tau)^{0.6} \tag{7.99}$$

土壤电阻率为500Ω·m、1000Ω·m、2000Ω·m、3000Ω·m时,忽略火花效应后计算得出的水平接地极的有效长度分别约为45m、55m、80m、100m[114]。而考虑火花效应后,有利于接地极的散流,接地极的有效长度将小于前面忽略火花效应对应的值。因此,各种实验及分析得到的接地极的有效长度一般应小于前面对应的值。而采用式(7.98)和式(7.99)在电阻率低于500Ω·m时的计算结果低于前面的值,但当电阻率大于500Ω·m时,则远远大于前面的值,显然式(7.98)和式(7.99)存在较大的误差。

分析表明,将满足冲击接地电阻对接地体长度的导数小于某一规定值时的接地极长度定义为接地极的有效长度更为合适[92]:

$$-dR_I/dl \leqslant \tan\alpha \tag{7.100}$$

式中,α为满足式(7.100)的P点处切线与水平方向的夹角。

大量的计算表明,$\alpha=5°$时,冲击接地电阻变化很小。图7.42所示为模拟计算结果得到的土壤电阻率对水平接地极有效长度的影响,冲击电流幅值为10kA,接地极埋深为0.8m[92]。图7.43所示为模拟实验结果得到的不同冲击电流幅值时土壤电阻率对水平接地极有效长度的影响[92]。

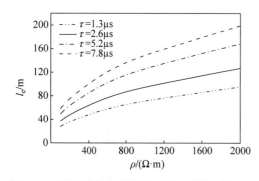

图7.42 不同冲击电流波头时间时土壤电阻率对水平接地极有效长度的影响[92]

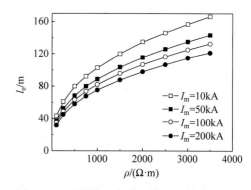

图7.43 不同雷电流时土壤电阻率对水平接地极有效长度的影响[92]

冲击电流幅值越大,有效长度越小,这是因为接地极在冲击电流作用下,如果冲击电流的波头时间固定不变,则冲击电流幅值越大,di/dt也就越大,接地极的电感作用就越大,有效长度就会越小。土壤电阻率越大,接地极的有效长度就越长,这是因为土壤的电阻率越大,就越阻碍接地极从靠近入地端向土壤中散流,冲击电流只有流向末端方向,有效长度就越长。通过对计算结果和实验结果的数据进行拟合,可以得到计算伸长接地极有效长度的公式[92,118]:

普通垂直接地极:

$$l_e = 9.21(\rho\tau)^{0.250}/I_m^{0.097} \tag{7.101}$$

单端注入电流的普通水平接地极:

$$l_e = 6.528(\rho\tau)^{0.379}/I_m^{0.097} \tag{7.102}$$

对于从中间点注入雷电流的水平接地极,其单臂有效长度为

$$l_e = 7.683(\rho\tau)^{0.379}/I_m^{0.097} \quad (7.103)$$

对于从中心点注入雷电流的四臂星形水平接地极,其单臂有效长度为

$$l_e = 8.963(\rho\tau)^{0.379}/I_m^{0.097} \quad (7.104)$$

采用降阻剂的垂直接地极:

$$l_e = 8.23(\rho\tau)^{0.250}/I_m^{0.097} \quad (7.105)$$

采用降阻剂的单端注入电流的水平接地极:

$$l_e = 5.222(\rho\tau)^{0.379}/I_m^{0.097} \quad (7.106)$$

对于从中间点注入雷电流的采用降阻剂的水平接地极,其单臂有效长度为

$$l_e = 6.531(\rho\tau)^{0.379}/I_m^{0.097} \quad (7.107)$$

对于从中心点注入雷电流的采用降阻剂的四臂星形水平接地极,其单臂有效长度为

$$l_e = 8.067(\rho\tau)^{0.379}/I_m^{0.097} \quad (7.108)$$

分析裹有降阻剂时的接地极与普通的接地极的有效长度可以看出,裹有降阻剂后接地极的有效长度明显减小,减小 10%~20%。这是因为接地极裹有降阻剂后相当于增大了接地极的截面积,有利于接地极的散流,因而有效长度减小。

7.8.5 不同接地装置模型对线路防雷计算结果的影响

在输电线路的防雷分析中,采用上文介绍的接地装置雷电冲击特性的固定电阻模型得到的仿真计算结果具有较大的误差。对于上文定义的接地装置雷电冲击特性的实时动态电阻模型和标准动态电阻模型,在每个时步的取值均与电流大小密切相关,因此更适合在耐雷水平的仿真计算中使用。通过分析得到了两种模型对应的不同电压等级输电线路耐雷水平见表 7.20[37]。两种模型在各种不同情况下的相对误差在 10% 左右,个别情况下达到 20% 以上。

表 7.20 基于接地装置标准动态电阻模型和实时动态电阻模型的耐雷水平计算结果[37]

电压等级/kV	土壤电阻率/(Ω·m)	耐雷水平/kA		相对误差(以实时动态电阻结果为基准)/%
		实时动态电阻	标准动态电阻	
110	500	122	143	17.2
	1000	87	106	21.8
	2000	64	72	12.5
	3000	56	62	10.7
220	500	193	205	6.22
	1000	153	169	10.5
	2000	117	126	7.69
	3000	103	110	6.80
5000	500	400	422	5.50
	1000	341	368	7.92
	2000	283	306	8.13
	3000	259	288	11.2
1000	500	530	540	1.89
	1000	490	513	4.69
	2000	446	484	8.52
	3000	438	460	5.02

为了从机理上研究两者的差别,将两种模型的动态接地电阻示于图 7.44,可见两种动态电阻模型的差异非常显著:

(1) 对于标准动态电阻模型而言,冲击接地电阻随着电流变化而反向变化,电流增加时阻值减小,电流降低时阻值增大。这种变化趋势主要是基于对土壤放电效果的评估,电流越大,土壤电离的程度越高,阻值越小,反之,则阻值越大。

(2) 对于实时动态电阻模型而言,在 $25\mu s$ 的区间范围内,其阻值是先上升后减小,与标准动态电阻模型完全不一致。这是由于在电流波前时间,电流变化率较大,接地装置感抗作用较强,即使此时土壤放电作用发挥效果,其阻抗也将不断增大;随着电流逐渐平缓,接地装置感性作用也渐渐减弱,其阻值逐渐减小,甚至低于工频接地电阻值。事实上,当电流继续平缓地减小至一定程度后,动态接地电阻值将会升高,恢复至工频接地电阻的大小,然而由于过程较长,在图中没有显示,在防雷中也不会造成实际影响。

因此,与实时动态电阻模型所描述的情形相比,标准动态电阻模型夸大了土壤放电效应,而忽略了导体感抗作用,实际情况下不会像标准动态电阻模型那样,在波前阶段迅速下降,在波尾阶段迅速恢复。

标准动态电阻模型与实时动态电阻模型的动态电阻变化趋势完全不同,基于两种模型所得到的耐雷水平因此存在一定差异。图 7.45 进一步对比了应用两种模型计算所得到的雷击输电线路时绝缘子上的电位差。由于动态电阻变化趋势迥异,相应的绝缘子电位差也有很大的差异:在波形上,标准动态电阻模型的绝缘子电位差波前小于实时动态电阻模型,波尾大于实时动态电阻模型;在数值上,标准动态电阻模型的绝缘子电位差小于实时动态电阻模型。这是两种模型计算造成耐雷水平计算差异的直接原因。

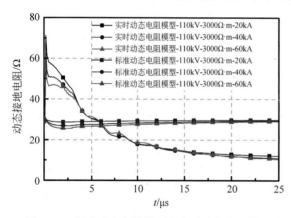

图 7.44 标准动态电阻模型和实时动态电阻模型下的动态接地电阻[37](见文前彩图)

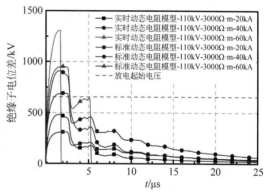

图 7.45 标准动态电阻模型和实时动态电阻模型下的绝缘子电位差[37](见文前彩图)

总之,在防雷分析中使用固定电阻模型会带来较大的误差,标准动态电阻模型夸大了土壤放电效应,而忽略了导体感性作用。实时动态电阻模型最能反映真实情况。

7.9 冲击条件下杆塔接地装置的优化设计

7.9.1 水平接地极长度与数量的最优化设计

在进行杆塔接地装置方案设计时,在保持接地导体总长度不变的条件下,讨论最优结构设计具有实际意义。如图7.46所示[37]，设导体总长度为T_1，水平接地极数量为n，长度为m，需确定n和m的最优配合。

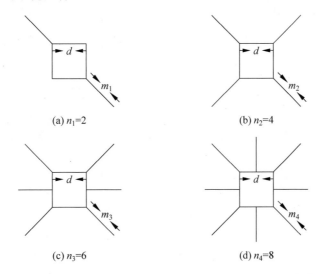

图7.46 水平接地极长度与数量的最优化设计实验装置[37]

分别采用钢和铜两种材质的导体，在不同土壤电阻率、不同导体总长度条件下，计算多种接地装置型式的工频接地电阻和冲击接地电阻。限于篇幅的原因在此不再列举具体仿真结果，仅将结论汇总如下[37,119-120]：在工频条件下，无论对于哪种材质，均应选择数量较少、长度较长的接地装置型式；在冲击条件下，接地装置最优型式视土壤电阻率、导体长度及材质等因素而定：

（1）对于铁磁性导体而言，在设计时应尽量设计为数量较多、长度较短的接地装置型式。

（2）对于铜导体而言，最优型式设计与导体总长度和土壤电阻率相关，对应的配合关系见表7.21。以第一行数据为例：在导体总长度为240m的设计条件下，土壤电阻率小于400Ω·m时应选取8根接地极的设计，以此类推。从规律上看，导体总长度越长、土壤电阻率越低，应尽可能选择数量越多、长度越短的接地装置型式，反之则应尽可能选择数量较少、长度较长的接地装置型式。

表7.21 伸长极总长度与数量最优化设计计算结果[37]

导体总长度/m	铜导体接地装置最优设计		
	$n=8$	$n=4$	$n=2$
240	$\rho\leqslant 400\Omega\cdot m$	$400\Omega\cdot m\leqslant\rho\leqslant 2600\Omega\cdot m$	$\rho\geqslant 2600\Omega\cdot m$
180	$\rho\leqslant 250\Omega\cdot m$	$250\Omega\cdot m\leqslant\rho\leqslant 1500\Omega\cdot m$	$\rho\geqslant 1500\Omega\cdot m$
120	$\rho\leqslant 100\Omega\cdot m$	$100\Omega\cdot m\leqslant\rho\leqslant 700\Omega\cdot m$	$\rho\geqslant 700\Omega\cdot m$
90	$\rho\leqslant 60\Omega\cdot m$	$60\Omega\cdot m\leqslant\rho\leqslant 430\Omega\cdot m$	$\rho\geqslant 430\Omega\cdot m$
60	$\rho\leqslant 20\Omega\cdot m$	$20\Omega\cdot m\leqslant\rho\leqslant 300\Omega\cdot m$	$\rho\geqslant 300\Omega\cdot m$
30	$\rho\leqslant 2\Omega\cdot m$	$2\Omega\cdot m\leqslant\rho\leqslant 100\Omega\cdot m$	$\rho\geqslant 100\Omega\cdot m$

将表7.21转化为图形语言进行描述，如图7.47所示。横轴表示土壤电阻率ρ，纵轴表示导体总长度L，两者所确定的坐标位置决定了最优设计。其中区域Ⅰ内最优设计为8根，

区域Ⅱ对应 4 根,区域Ⅲ对应 2 根。

拟合求取临界曲线 A 和 B 的表达式,从而可得判定条件[37]:

$$L\begin{cases} \geqslant 6.10\rho^{0.60}+22.0, & n=8 \\ \leqslant 8.00\rho^{0.45}-36.5, & n=2 \\ \text{其他}, & n=4 \end{cases} \quad (7.109)$$

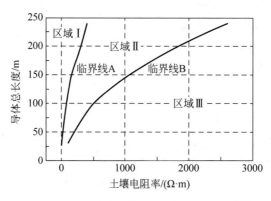

图 7.47　电阻率与导体总长度的最优配合[37]

7.9.2　垂直接地极位置的最优化设计

当使用垂直与水平组合接地极进行接地设计时,如图 7.48 所示,垂直接地极可沿水平接地极布置在首端(1 号)、中间(2 号)和末端(3 号)位置,需要考虑垂直接地极的最优位置。

利用计算模型,以冲击接地电阻为指标,可得到不同土壤电阻率、不同水平接地极长度条件下垂直接地极的最优位置,如图 7.49 所示。其中区域Ⅰ对应垂直接地极最优位置为首端,区域Ⅱ对应中间,区域Ⅲ对应末端。可见,当土壤电阻率越高、水平接地极越短时,垂直接地极应越靠近中心,反之,则应越靠近末端。事实上,冲击条件与工频条件不同的是,当垂直接地极布置于中心时,导体间电磁耦合使得垂直接地极散流效果受到影响;而布置于末端时,导体电流分布特性决定了垂直接地极无法充分发挥散流作用。因此,垂直接地极的最优位置取决于两方面因素的博弈。

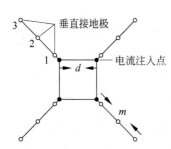

图 7.48　垂直接地极位置最优化设计实验装置[37]

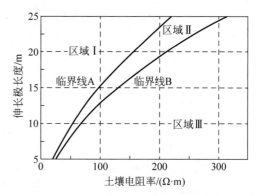

图 7.49　土壤电阻率与伸长极长度的最优配合[37]

拟合求取三个区域的两条临界线 A 和 B,可得到垂直接地极最优位置的判定依据[37]:

$$l \begin{cases} \geqslant 1.17\rho^{0.58} - 1.63, & 首端 \\ \leqslant 1.58\rho^{0.50} - 2.88, & 末端 \\ 其他, & 中间 \end{cases} \quad (7.110)$$

7.10 低电阻率降阻材料及其应用

目前国内外比较常用的降低接地电阻的方法是对局部土壤进行化学处理,提高接地装置周围地区土壤的导电性。化学方法处理土壤来降低土壤的电阻率的原理是在接地极周围的土壤中加入降阻材料,以改善土壤的导电性能,从而降低接地电阻。化学处理土壤一般采用的材料称为接地降阻剂,又称低电阻率降阻材料(low resistivity material,LRM)。接地降阻剂可分为无机和有机两类。有机类接地降阻剂由多种主导剂、添加剂、防腐剂和固化剂组成,经过科学配方、严格的理化性能和电性能测试研制而成的。无机类降阻剂与有机类接地降阻剂不同,产品为多种配方混合在一起,使用时只需将降阻剂粉末与一定比例的水混合即可使用。无机类接地降阻剂的外观一般为灰黑色固体粉末,干粉状态时的比重为 $1.2t/m^3$ 左右。降阻剂的 pH 值应在 7~12 的要求范围内。无机类低电阻率降阻材料按 1:1 与水混合后,室温下的电阻率一般小于 $2\Omega \cdot m$,我国《接地降阻剂技术条件》规定的最大值为 $5\Omega \cdot m$。EEE Std80—2000 认为,一些接地降阻材料具有长效性,化学物质不会扩散到周围土壤中;另外一些降阻料与局部土壤混合,将较慢地流失到周围土壤,导致周围土壤电阻率降低。

7.10.1 低电阻率降阻材料降低接地电阻的原理

接地电阻由接地电极的尺寸和土壤的电阻率决定,而主要又由接地极附近土壤的电阻率决定。一般降低接地电阻最有效的方法是增大接地极的尺寸。降低接地极附近土壤的电阻率在一定程度上相当于加大了接地电极的尺寸,可以起到降低接地电阻的作用。现在改善接地电极附近的土壤电阻率的最常用的方法是在接地极附近施加低电阻率降阻材料,达到降低土壤的散流电阻的目的。

如图 7.50 所示的垂直接地极,采用低电阻率降阻材料后,其接地电阻为

$$R = \frac{\rho}{2\pi l}\ln\frac{4l}{d_1} + \frac{\rho_1}{2\pi l}\ln\frac{d_1}{d} \quad (7.111)$$

式中,ρ_1 为采用低电阻率降阻材料区域的电阻率,单位为 $\Omega \cdot m$;ρ 为土壤电阻率,单位为

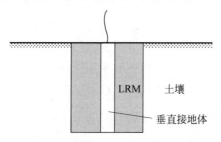

图 7.50 采用低电阻率降阻材料的垂直接地极示意图

$\Omega \cdot m$;l 为垂直接地极的长度,单位为 m;d 为垂直接地极的直径,单位为 m;d_1 为低电阻率降阻材料区域的直径,单位为 m。

因为 $d \ll l, d_1 \ll l, \rho_1 \ll \rho$,相当于垂直接地极的直径增加到了 d_1,这时式(7.111)变为

$$R = \frac{\rho}{2\pi l} \ln \frac{4l}{d_1} \tag{7.112}$$

对如图 7.51 所示的埋深为 h 的水平接地极采用低电阻率降阻材料后,其接地电阻为

$$R = \frac{\rho}{2\pi l} \ln \frac{l^2}{d_1 h} + \frac{\rho_1}{2\pi l} \ln \frac{d_1}{d} \tag{7.113}$$

式中,d_1 为低电阻率降阻材料区域的等值直径,单位为 m;l 为水平接地极的长度,单位为 m。当 $\rho_1 \ll \rho$ 时,相当于接地极的直径增加到了 d_1,式(7.113)变为

$$R = \frac{\rho}{2\pi l} \ln \frac{l^2}{d_1 h} \tag{7.114}$$

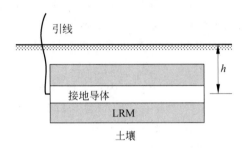

图 7.51 采用低电阻率降阻材料的水平接地极示意图

从上文的分析可以看出,无论是水平接地极还是垂直接地极,采用低电阻率降阻材料后都相当于增大了接地导体的直径,从而使接地电阻降低,起到了降阻作用。低电阻率降阻材料为颗粒极细的粉状结构,它与接地极及土壤的接触可以看成是面接触。加之浆状的低电阻率降阻材料在凝固前具有很好的可塑性,不但能与接地极很好地接触,也能与岩石很好地接触,这样就加大了接地极与土壤的接触面,尽可能地降低接地装置与土壤的接触电阻。

7.10.2 低电阻率降阻材料的工频降阻性能

1. 低电阻率降阻材料的吸水性能

低电阻率降阻材料具有良好的导电性,而吸收和保持水分则是保持良好的导电性的基础。实验表明,一块边长为 100mm 的低电阻率降阻材料立方体埋入土壤中,只要土壤中含水 1% 以上,低电阻率降阻材料埋入土壤中 1~3 个月后,吸收的水分可达其实验前质量的 5%~20%。

无机类低电阻率降阻材料埋入地下长期保持湿润,即使土壤干燥也能保持潮湿,使其具有很好的导电性能。测试表明,有机类低电阻率降阻材料的吸水率和失水率分别为 35% 和 2%。即使在干燥的地区仍保持凝胶状,俗称"豆腐状"。

2. 低电阻率降阻材料的降阻效果

低电阻率降阻材料长期埋入地下,即使土壤的温度、湿度随着季节的变化而变化,低电

阻率降阻材料的性能也基本上不受影响。图7.52所示为实验测得的一定含水量的降阻材料的电阻率随温度的变化曲线,温度对低电阻率降阻材料的性能影响很小,随温度增加其电阻率略有降低。即使低温达到-20℃,低电阻率降阻材料的电阻率也只有4Ω·m。当温度达到100℃时,电阻率降到0.9Ω·m左右。因此当接地极通过故障电流或雷电流时,接地极发热引起其周围的低电阻率降阻材料温度升高,将不影响低电阻率降阻材料的导电性能。经失水实验、水浸泡实验和冷热循环实验后,低电阻降阻材料电阻率分别为2.05Ω·m、2.50Ω·m和1.51Ω·m,具有很高的稳定性能。

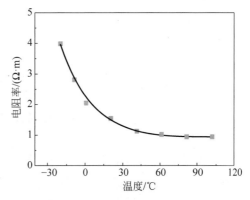

图7.52 低电阻率降阻材料的电阻率随温度的变化曲线[2]

实际接地极采用低电阻率降阻材料后的直径为20cm左右。对低电阻率降阻材料的降阻效果的模拟实验在接地导体裹上低电阻率降阻材料后大致经过15min后进行测量。结果表明,采用低电阻率降阻材料后接地装置的工频接地电阻降低23%~32%。土壤电阻率越高,降阻效果越明显。因此采用低电阻率降阻材料对电阻率较高的土壤具有特别重要的意义。接地电阻降低率η大致可以采用下式表示:

$$\eta = 0.236 + 1.9 \times 10^{-5} \rho \tag{7.115}$$

3. 低电阻率降阻材料的实际应用效果

在实际工程中,接地装置采用低电阻率降阻材料后,降低工频接地电阻的效果更加明显。埋入地下一段时间后,由于低电阻率降阻材料的高渗透能力,在接地极周围形成低电阻率区域,能显著降低接地电阻。

在不同电阻率的土壤中钻直径为30mm、深度为300mm的孔,孔中布置直径为10mm钢筋,并填充低电阻率降阻材料,约2天后测量其工频接地电阻,见表7.22。测量结果表明,采用低电阻率降阻材料后,接地极的接地电阻明显低于相同材料、相同尺寸的钢筋棒埋入相同土壤中的接地电阻,前者比后者降低约44%。

表7.22 采用和不采用低电阻率降阻材料的垂直接地极的工频接地电阻的比较

土壤电阻率/(Ω·m)	100	500	1000	1500
未采用降阻材料时的接地电阻/Ω	263	1355	2683	4024
采用降阻材料时的接地电阻/Ω	145	763	1489	2285
接地电阻降低率/%	44.9	44.4	44.5	44.2

在实际中采用低电阻率降阻材料的接地极经过较长一段时间后,降阻效果将明显优于上面实验的降阻效果,见表7.23,实际测量得到的降阻率达到50%~60%。实验时在不同土壤电阻率的地点打两个隔10m远、直径为100mm、深度为2m的孔,在两个孔中都布置直径为10mm的钢筋,然后一个孔中回填土壤,另一个孔中则灌入低电阻率降阻材料浆料,经

过 1 个月后测量二者的接地电阻。

表 7.23 低电阻率降阻材料的实际应用效果

土壤电阻率/(Ω·m)	521	985	1447	3385
未采用降阻材料时的接地电阻/Ω	271	516	763	1785
采用降阻材料时的接地电阻/Ω	111	236	342	787
接地电阻降低率/%	59.0	54.3	55.2	51.0

Jones 实测了采用膨润土的接地棒的降阻效果,接地棒深 3.2m,直径为 16mm,孔径为 152mm,实际降阻效果为 36%[122]。

由于降阻材料的电阻率很低,因此采用低电阻率降阻材料后,可以直接将裹上低电阻率降阻材料后接地极的直径作为接地极直径来计算其接地电阻。实际中测量得到的采用低电阻率降阻材料后接地极的接地电阻明显小于按公式计算得到的电阻值,原因可能与低电阻率降阻材料中的离子向土壤中扩散有关。

使用低电阻率降阻材料后不同接地装置的接地电阻 R_L 计算公式为

$$R_L = KR \tag{7.116}$$

式中,R 为未使用低电阻率降阻材料时的接地电阻值,单位为 Ω;K 为低电阻率降阻材料的降阻系数。低电阻率降阻材料的降阻系数 K 的取值与土壤电阻率的大小有关,土壤电阻率低时降阻效果差些,而土壤电阻率较高时则降阻效果相当明显。当 $\rho > 500 \Omega \cdot m$ 时,K 取较小值;当 $\rho < 500 \Omega \cdot m$ 时,K 取较大值。

用于工作接地系统和保护接地系统中的低电阻率降阻材料一般是流过工频电流,当系统发生短路时流过的工频短路电流可达几十千安。低电阻率降阻材料在工频电流作用下应保持性能不变。实验表明,低电阻率降阻材料在 5 次 100A 的工频电流作用后,电阻率降低约 12%,说明其工频电流耐受性能优异。

7.10.3 裹有低电阻率降阻材料的接地极的冲击降阻性能

1. 采用低电阻率降阻材料后在冲击电流作用下的火花放电过程

裹有低电阻率降阻材料的接地极在冲击电流作用下,其电位分布与常规接地极不同。由于低电阻率降阻材料的电阻率只有 2.5Ω·m 左右,因此作用在低电阻率降阻材料上的压降很小,绝大部分压降都作用在土壤上,如图 7.53(a)所示[2]。当作用在土壤上的场强超过土壤的临界击穿场强时,土壤产生火花放电而被击穿,如图 7.53(b)所示[2]。这时低电阻率降阻材料与被击穿的土壤相当于增大了接地极导体的直径,随着直径增大,散流面积增大,因而能更好地将电流散流到土壤中去。

2. 采用低电阻率降阻材料后降低冲击接地电阻的效果

分析比较各种接地装置采用和不采用低电阻率降阻材料时的冲击接地电阻的实验结果可以看出,采用降阻材料后降低冲击接地电阻的效果相当明显。土壤电阻率越高,降低接地电阻的效果就越明显。实验结果表明,电阻率从 331Ω·m 提高到 5103Ω·m,采用低电阻率降阻材料后的降阻效果从 0.25 提高到 0.45 左右。结构简单的接地极的降阻效果比结构

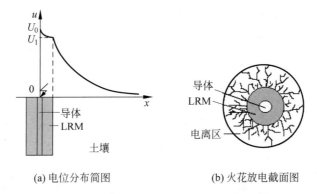

(a) 电位分布简图　　　　(b) 火花放电截面图

图 7.53　裹有低电阻率降阻材料的接地极在冲击电流作用下的电位分布及火花放电[2]

复杂的接地装置的降阻效果要好一些,原因是结构复杂的接地装置导体之间存在屏蔽作用。采用低电阻率降阻材料后的降阻率 η_I 可以用式(7.117)计算:

$$\eta_\mathrm{I} = a + 3.14 \times 10^{-5} \rho \tag{7.117}$$

式中,土壤电阻率 ρ 的单位为 $\Omega \cdot m$; a 在 0.24～0.29 的范围,结构复杂的接地装置取较小的值,结构简单的接地装置取较大的值。

现场对比实验表明[41],对 700～1400Ω·m 土壤电阻率范围的垂直接地极、水平接地极及水平圆环接地极,当低电阻率降阻材料为常规用量时,采用降阻材料后的降阻率为 21%～41.2%,实验时冲击电流幅值在 8～34kA 范围。这与根据常规用量进行的模拟实验结果是相当吻合的。当增加低电阻率降阻材料用量时,降阻率可达 45.4%～73.4%。

采用低电阻率降阻材料后接地装置的冲击接地电阻 R_IJ 可以采用式(7.118),通过对没有采用低电阻率降阻材料的接地装置的冲击接地电阻 R_I 计算得到:

$$R_\mathrm{IJ} = (1 - \eta_\mathrm{I}) R_\mathrm{I} \tag{7.118}$$

土壤电阻率增加,与常规接地极相比,采用低电阻率降阻材料的接地极的降阻效果也增加,土壤电阻率越高,降阻效果就越明显。因此,是否采用低电阻率降阻材料应视具体土壤情况进行技术经济比较而定,土壤电阻率很低时可不采用。

用于防雷接地装置的低电阻率降阻材料将流过幅值达几十千安,有时甚至达上百千安的雷电流,低电阻率降阻材料必须满足流散冲击电流的要求。实验表明,无机类接地低电阻率降阻材料在波形为 8/20μs 的 10kA 冲击电流作用 20 次后,其电阻率基本保持不变,因此具有很好的雷电流流散能力。

参考文献

[1] HE J L, ZENG R, ZHANG B. Methodology and technology for power system grounding[M]. Singapore: John Wiley & Sons, 2012.
[2] 何金良,曾嵘. 电力系统接地技术[M]. 北京:科学出版社,2007.
[3] 孙萍. 220kV 新杭线一回路雷电流幅值实测结果的统计分析[J]. 雷电与静电,1989,39(7):18-25.
[4] GB/T 50064—2014. 交流电气装置的过电压保护和绝缘配合设计规范[S]. 北京:中国计划出版社,2014.
[5] GB/T 50065—2011. 交流电气装置的接地设计规范[S]. 北京:中国计划出版社,2012.

[6] HE J L,ZENG R,GAO Y Q,et al. Seasonal influences on safety of substation grounding system[J]. IEEE Transactions on Power Delivery,2003,18(3):788-795.

[7] 绪方清一,横尾富. 架空送电线における接地工事と管理[J]. 电气评论,1986,605-612.

[8] OLLENDORF F. Erdstrome[M]. Stuttgart:Burkhauser-Verlag-baselubd,1969.

[9] FAGAN E J,LEE R H. The use of concrete-enclosed reinforcing rods as grounding electrodes[J]. IEEE Transactions on Industry and General Applications,1970,6(4):337-348.

[10] MILLER A. Stray current and galvanic corrosion of reinforced steel in concrete[J]. Material Performance,1976,15(5):20-27.

[11] 林维勇. 建筑物基础接地极的散流特性及其应用(上)[J]. 雷电与静电,1985(2):52-54.

[12] 林维勇. 建筑物基础接地极的散流特性及其应用(下)[J]. 雷电与静电,1985(3):48-51.

[13] IEEE Std 80-2000. Guide for safety in AC substation groundings[S]. New York:The Institute of Electrical and Electronics Engineers Incorporated,2000.

[14] 何金良,曾嵘,陈先禄,等. 钢筋混凝土杆塔接地装置研究[J]. 清华大学学报,1997,37(6):108-110.

[15] BOGAJEWSKI W,DAWALIBI F,GERVAIS Y,et al. Effects of sustained ground fault current on concrete poles[J]. IEEE Transactions on Power Apparatus and Systems,1982,101(8):2686-2693.

[16] CURDTS E B. Some of the fundamental aspects of ground resistance measurements[J]. Transactions of the American Institute of Electrical Engineers,Part I:Communication and Electronics,1958,77(5):760-767.

[17] TOWNE H M. Impulse characteristics of driven grounds[J]. General Electric Review,1929,605-609.

[18] BELLASCHI P L,ARMINGTON R E,SNOWDEN A E. Impulse and 60-cycle characteristics of driven grounds-II[J]. Transactions of the American Institute of Electrical Engineers,1942,61(3):349-363.

[19] BELLASCHI P L,ARMINGTON R E. Impulse and 60-Cycle characteristics of driven grounds-III effect of lead in ground installation[J]. Transactions of the American Institute of Electrical Engineers,1943,62(6):334-345.

[20] CABRERA V M,COORAY V. On the mechanism of space charge generation and neutralization in a coaxial cylindrical configuration in air[J]. Journal of Electrostatics,1992,28(2):187-196.

[21] CABRERA V M,LUNDQUIST S,COORAY V. On the physical properties of discharge in sand under lightning impulses[J]. Journal of Electrostatics,1993,30:17-28.

[22] CABRERA V M. Photographic investigations of electric discharges in sand media[J]. Journal of Electrostatics,1993,30:47-56.

[23] ZHANG B P,HE J L,ZENG R. Spatial discontinuous ionization phenomenon in inhomogeneous soil[J]. Science in China,Series E,Technological Sciences,2010,53(4):918-921.

[24] GAO Y Q,HE J L,ZOU J,et al. Fractal simulation of soil breakdown under lightning current[J]. Journal of Electrostatics,2004,61(3-4):197-207.

[25] HE J L,ZHANG B. Progress in lightning impulse characteristics of grounding electrodes with soil ionization[J]. IEEE Transactions on Industry Applications,2015,51(6):4924-4933.

[26] HE J L,ZHANG B. Soil ionization phenomenon around grounding electrode under lightning impulse[C]// Proceedings of 2013 Asia-Pacific International Symposium and Exhibition on Electromagnetic Compatibility,2013.

[27] HE J L,ZHANG B P. Photographic investigations on lightning impulse phenomena in soil[C]// Proceedings of CIGRE SC C4 2012 Hakodate Colloquium,2012.

[28] HE J L,YUAN J,ZHANG B. Photographic investigations on lightning impulse discharge phenomena in soil[J]. IEEE Transactions on Power and Energy,2013,133(12):1-7.

[29] HE J L,GAO Y Q,ZENG R,et al. Soil ionization phenomenon around grounding electrode under

lightning impulse[C]//Proceedings of the Ⅷ International Symposium on Lightning Protection, São Paulo, Brazil, 2005.

[30] RAKOV V A. edited by BETZ H D, SCHUMANN U H, LAROCHE P. Triggered lightning[M]// BETZ H D, SCHUMANN U, LAROCHE P. Lightning: principles, instruments and applications. Berlin: Springer, 2009: 44-47.

[31] WANG J P, LIEW A C, DARVENIZA M. Extension of dynamic model of impulse behavior of concentrated grounds at high currents[J]. IEEE Transactions on Power Delivery, 2005, 20(3): 2160-2165.

[32] NOR N M, HADDAD A, GRIFFITHS H. Characterization of ionization phenomena in soils under fast impulses[J]. IEEE Transactions on Power Delivery, 2005, 21(1): 353-361.

[33] RAKOV V A, UMAN M A, RAMBO K J, et al. New insights into lightning processes gained from triggered-lightning experiments in Florida and Alabama [J]. Journal of Geophysical Research: Atmospheres, 1998, 103(D12): 14117-14130.

[34] LIEW A C, DARVENIZA M. Dynamic model of impulse characteristics of concentrated earths[J]. Proceedings of the Institution of electrical Engineers, 1974, 121(2): 123-135.

[35] FISHER R J, SCHNETZER G H, MORRIS M E. Measured fields and earth potentials at 10 and 20 meters from the base of triggered-lightning channels[C]//Proceedings of the 22nd International Conference on Lightning Protection, 1993.

[36] OETTLE E E. A new general estimation curve for predicting the impulse impedance of concentrated earth electrodes[J]. IEEE Transactions on Power Delivery, 1988, 3(4): 2020-2029.

[37] 吴锦鹏. 雷电冲击下土壤放电过程及接地装置暂态特性[D]. 北京: 清华大学, 2015.

[38] HE J L, ZHANG B P, ZENG R, et al. Experimental studies of impulse breakdown delay characteristics of soil[J]. IEEE Transactions on Power Delivery, 2011, 26(3): 1600-1607.

[39] HE J L, ZHANG B P, KANG P, et al. Lightning impulse breakdown characteristics of frozen soil[J]. IEEE Transactions on Power Delivery, 2008, 23(4): 2216-2223.

[40] HE J L, WANG X, ZENG R, et al. Influence of impulse breakdown delay of soil on lightning protection characteristics of transmission line[J]. Electric Power Systems Research, 2012, 85: 44-49.

[41] 刘继, 叶涟远, 张学鹏, 等. 长效化学接地降阻剂接地体大电流冲击特性的研究[J]. 高电压技术, 1981(4): 1-8.

[42] 文闾成, 唐和生, 阮仕荣. 高电阻率土壤中接地体特性的实验[J]. 电力技术, 1962(9-10): 30-41.

[43] NOR N M, HADDAD A, GRIFFITHS H. Determination of threshold electric field Ec of soil under high impulse currents[J]. IEEE Transactions on Power Delivery, 2005, 20(3): 2108-2113.

[44] CHISHOLM W A, JANISCHEWSKYJ W. Lightning surge response of ground electrodes[J]. IEEE Transactions on Power Delivery, 1989, 4(2): 1329-1337.

[45] PETROPOULOS G M. The high-voltage characteristics of earth resistances[J]. Journal of the Institution of Electrical Engineers-Part Ⅱ: Power Engineering, 1948, 95(43): 59-70.

[46] KORSUNTCEV A V. Application of the theory of similitude to the calculation of concentrated earth electrodes[J]. Elektrichestvo, 1958, (5): 31-35.

[47] MOUSA A M. The soil ionization gradient associated with discharge of high currents into concentrated electrodes[J]. IEEE Transactions on Power Delivery, 1994, 9(3): 1669-1677.

[48] CIGRE Technical Brochure 63. Guide to procedures for estimating the lightning performance of transmission lines[C]//Proceedings of CIGRE, Paris, France, 1991.

[49] KOSZTALUK R, LOBODA M, MUKHEDKAR D. Experimental study of transient ground impedances[J]. IEEE Transactions on Power Apparatus and Systems, 1981, 100(11): 4653-4660.

[50] LOBODA M, SCUKA V. On the transient characteristics of electrical discharges and ionization

processes in soil[C]//Proceedings of the 23rd International Conference on Lightning Protection, Florence,Italy,1996.

[51] IEEE STD 1243-1997. Guide for improving the lightning performance of transmission lines[S]. New York: The Institute of Electrical and Electronics Engineers Incorporated,1997.

[52] IEEE WORKING GROUP REPORT. Estimating lightning performance of transmission lines Ⅱ-Updates to analytical models[J]. IEEE Transactions on Power Delivery,1993,8(3): 1254-1267.

[53] ZHANG B,LI Z Z,WANG S. Onset electric field of soil ionization around grounding electrode under lightning[J]. High Voltage,2020,5(5): 614-619.

[54] ERLER J W, SNOWDEN D P. High resolution of the electrical breakdown of soil[J]. IEEE Transactions on Nuclear Science,1983,30(6): 4564-4567.

[55] FLANAGAN T M, MALLON C E, DENSON R, et al. Electrical breakdown characteristics of soil[J]. IEEE Transactions on Nuclear Science,1982,29(6): 1887-1890.

[56] DICK W K, HOLLIDAY H R. Impulse and alternating current tests on grounding electrodes in soil environment[J]. IEEE Transactions on Power Apparatus and Systems,1978,97(1): 102-108.

[57] LEADON R E, FLANAGAN T M, MALLON C E, et al. The effect of ambient gas initiation characteristics in soil[J]. IEEE Transactions on Nuclear Science,1983,30(6): 4572-4576.

[58] SNOWDON D P, ERLER J W. Initiation of electrical breakdown of soil by water vaporization[J]. IEEE Transactions on Nuclear Science,1983,30(6): 4568-4571.

[59] VAN LINT V A J, ERLER J W. Electrical breakdown of earth in coaxial geometry[J]. IEEE Transactions on Nuclear Science,1982,29(6): 1891-1896.

[60] FLANAGAN T M,MALLON C E,DENSON R,et al. Electrical breakdown properties of soil[J]. IEEE Transactions on Nuclear Science,1981,28(6): 4432-4439.

[61] TAREEV B. Physics of dielectric materials[M]. Moscow: MIR Publishers,1975.

[62] KIRKICI H, ROSE M F, CHALOUPKA T. Experimental study on simulated lunar soil. High voltage breakdown and electrical insulation characteristics[J]. IEEE Transactions on Dielectrics and Electrical Insulation,1996,3(1): 119-125.

[63] 张宝平. 冻土雷电冲击击穿特性及击穿机理研究[D]. 北京: 清华大学,2010.

[64] GUO J,ZOU J,ZHANG B,et al. An interpolation model to accelerate the frequency domain response calculation of grounding systems using the method of moments[J]. IEEE Transactions on Power Delivery,2006,21(1): 121-128.

[65] GRCEV L. Time-and frequency-dependent lightning surge characteristics of grounding electrodes[J]. IEEE Transactions Power Delivery,2009,24(4): 2186-2196.

[66] GUPTA B R, THAPAR B. Impulse impedance of grounding grids[J]. IEEE Transactions on Power Apparatus and Systems,1980,99(6): 2357-2362.

[67] GRCEV L. Impulse efficiency of ground electrodes[J]. IEEE Transactions Power Delivery,2009, 24(1): 441-451.

[68] HE J L, ZENG R, TU Y P, et al. Laboratory investigation of impulse characteristics of transmission tower grounding devices[J]. IEEE Transactions Power Delivery,2003,18(3): 994-1001.

[69] VERMA R, MUKHEDKAR D. Impulse impedance of buried ground wire[J]. IEEE Transactions on Power Apparatus and Systems,1980,99(5): 2003-2007.

[70] OTERO A F, CIDRAS J, DEL ALAMO J L. Frequency-dependent grounding system calculation by means of a conventional nodal analysis technique[J]. IEEE Transactions Power Delivery,1999, 14(3): 873-878.

[71] PAPALEXOPOULOS A D, MELIOPOULOS A P. Frequency dependent characteristics of grounding systems[J]. IEEE Transactions Power Delivery,1987,2(4): 1073-1081.

[72] LIU Y, THEETHAYI N, THOTTAPPILLIL R. An engineering model for transient analysis of grounding system under lightning strikes: Nonuniform transmission-line approach[J]. IEEE Transactions Power Delivery, 2005, 20(2): 722-730.

[73] GERI A. Behavior of grounding systems excited by high impulse currents: the model and its validation[J]. IEEE Transactions Power Delivery, 1999, 14(3): 1008-1017.

[74] ZENG R, GONG X H, HE J L, et al. Lightning impulse performances of grounding grids for substations considering soil ionization[J]. IEEE Transactions Power Delivery, 2008, 23(2): 667-675.

[75] MAZZETTIE C, VECA G M. Impulse behaviour of grounding electrodes[J]. IEEE Transactions on Power Apparatus and Systems, 1983, 102(9): 3148-3154.

[76] OLSEN R, WILLIS M C. A comparison of exact and quasi-static methods for evaluating grounding systems at high frequencies[J]. IEEE Transactions Power Delivery, 1996, 11(3): 1071-1081.

[77] GRCEV L, POPOV M. On high-frequency circuit equivalents of a vertical ground rod[J]. IEEE Transactions Power Delivery, 2005, 20(2): 1598-1603.

[78] GRCEV L, DAWALIBI F. An electromagnetic model for transients in grounding systems[J]. IEEE Transactions Power Delivery, 1990, 5(4): 1773-1781.

[79] GRCEV L. Computer analysis of transient voltages in large grounding systems[J]. IEEE Transactions Power Delivery, 1996, 11(2): 815-823.

[80] DAWALIBI F P, WEI X, MA J X. Transient performance of substation structures and associated grounding systems[J]. IEEE Transactions on Industry Applications, 1995, 31(3): 520-527.

[81] 张波. 变电站接地网频域电磁场数值计算方法研究及其应用[D]. 北京: 华北电力大学, 2003.

[82] S. VISACRO, SOARES A. HEM: A model for simulation of lightning-related engineering problems[J]. IEEE Transactions on Power Delivery, 2005, 20(2): 1206-1208.

[83] YUTTHAGOWITH P, AMETANI A, NAGAOKA N, et al. Application of the partial element equivalent circuit method to analysis of transient potential rises in grounding systems[J]. IEEE Transactions on Electromagnetic Compatibility, 2011, 53(3): 726-736.

[84] TSUMURA M, BABA Y, NAGAOKA N, et al. FDTD simulation of a horizontal grounding electrode and modeling of its equivalent circuit[J]. IEEE Transactions on Electromagnetic Compatibility, 2006, 48(4): 817-825.

[85] VELAZQUEZ R. Analytical modeling of grounding electrode transient behavior[J]. IEEE Transactions Power Application System, 1984, 103(6): 1314-1322.

[86] TAKASHIMA T. High frequency characteristics of impedance to ground and field distributions of ground Electrodes[J]. IEEE Transactions on Power Apparatus and Systems, 1981, 100(4): 1893-1900.

[87] ALA G, FRANCOMANO E, TOSCANO E, et al. Finite difference time domain simulation of soil ionization in grounding systems under lightning surge conditions[J]. Applied Numerical Analysis & Computational Mathematics, 2004, 21(1): 90-103.

[88] HABJANIC A, TRLEP M. The simulation of the soil ionization phenomenon around the grounding system by the Finite Element Method[J]. IEEE Transactions Magnetics, 2006, 42(4): 867-870.

[89] WU J P, ZHANG B, HE J L, et al. A comprehensive approach for transient performance of grounding system in the time domain[J]. IEEE Transactions on Electromagnetic Compatibility, 2015, 57(2): 250-256.

[90] ZHANG B, WU J P, HE J L, et al. Analysis of transient performance of grounding system considering soil ionization by time domain method[J]. IEEE Transactions Magnetics, 2013, 49(5): 1837-1840.

[91] CIGRE Technical Brochure 839. Guide to procedures for estimating the lightning performance of

transmission lines-New Aspects[C]//Proceedings of CIGRE,Paris,France,2021.

[92] HE J L,GAO Y Q,ZENG R,et al. Effective length of counterpoise wire under lightning current[J]. IEEE Transactions on Power Delivery,2005,22(2):1585-1591.

[93] 高延庆. 土壤冲击击穿机理及接地系统暂态特性研究[D]. 北京:清华大学,2003.

[94] ZENG R,KANG P,ZHANG B,et al. Lightning transient performances analysis of substation based on complete transmission line model of power network and grounding systems[J]. IEEE Transactions on Magnetics,2006,24(4):875-878.

[95] SUNDE E D. Earth conduction effects in transmission systems[M]. New York:Dover Publications,1949.

[96] 何金良,孔维政,张波. 考虑火花放电的杆塔冲击接地特性计算方法[J]. 高电压技术,2012,36(9):2107-2111.

[97] 孔维政. 考虑土壤电离时杆塔接地装置冲击接地特性的研究[D]. 北京:清华大学,2010.

[98] 何金良. 时频电磁暂态分析理论与方法[M]. 北京:清华大学出版社,2015.

[99] BLADEL J V. Electromagnetic field[M]. New York:Hemisphere Publishing Corporation,1985.

[100] STOLL R L. The analysis of eddy currents[M]. Oxford:Oxford University Press,1974.

[101] 卡兰塔罗夫,采伊特林. 电感计算手册[M]. 陈汤铭,等译. 北京:机械工业出版社,1992.

[102] GUSTAVSEN B. Improving the pole relocating properties of vector fitting[J]. IEEE Transactions Power Delivery,2006,21(3):1587-1592.

[103] VISACRO S,ALIPIO R. Frequency dependence of soil parameters:experimental results,predicting formula and influence on the lightning response of grounding electrodes[J]. IEEE Transactions on Power Delivery,2012,27(2):927-935.

[104] GRCEV L D,MENTER F E. Transient electromagnetic fields near large earthing systems[J]. IEEE Transactions on Magnetics,1996,12(3):1525-1528.

[105] GERI A,GARBAGNATI E,VECA G M,et al. Non-linear behaviour of ground electrodes under lightning surge currents:computer modelling and comparison with experimental results[J]. IEEE Transactions on Magnetics,1992,28(2):1442-1445.

[106] 陈先禄,黄勇,张金玉,等. 输电线路杆塔接地装置的冲击接地电阻计算公式[J]. 电网技术,1996,20(6):9-12.

[107] 何金良. 输电线路杆塔接地装置冲击特性的研究[D]. 重庆:重庆大学,1991.

[108] 何金良,陈先禄. 输电线路杆塔接地装置冲击特性的模拟原理[J]. 清华大学学报,1993,34(4):38-43.

[109] 何金良,曾嵘,陈水明,等. 输电线路杆塔接地装置冲击系数及其拟合计算公式[J]. 清华大学学报,1999,39(5):4-8.

[110] 何金良,曾嵘,陈水明,等. 输电线路杆塔冲击接地电阻特性的模拟实验研究[J]. 清华大学学报,1999,39(5):9-12.

[111] 张波,余绍峰,孔维政,等. 接地装置雷电冲击特性的大电流实验分析[J]. 高电压技术,2011,37(3):548-554.

[112] 何金良,陈先禄,张金玉,等. 埋深对水平接地装置冲击特性的影响[J]. 电力建设,1993,14(8):8-11.

[113] 何金良,陈先禄,张金玉,等. 采用降阻剂后接地体的冲击特性[J]. 电力建设,1993,14(10):1-3.

[114] 解广润. 电力系统过电压[M]. 北京:水利电力出版社,1985.

[115] IEEE STD 1863-2019. IEEE guide for overhead AC transmission line design[S]. New York:The Institute of Electrical and Electronics Engineers,Inc.,2019.

[116] YOMAMOTO K,SUMI S,SEKIOKA S,et al. Derivations of effective length formula of vertical grounding rods and horizontal grounding electrodes based on physical phenomena of lightning surge

propagations[J]. IEEE Transactions on Industry Applications,2015,51(6): 4934-4942.

[117] GUPTA B P, THAPAR B. Impulse characteristics of grounding electrodes[J]. Journal of the Institution of Engineerings(India),1981,61(4): 178-182.

[118] TU Y P, HE J L, ZENG R. Lightning impulse performances of grounding devices covered with low-resistivity-materials[J]. IEEE Transactions on Power Delivery,2006,21(3): 1706-1713.

[119] WU J P, ZHANG B, HE J L, et al. Optimal position for driven rod of combined vertical and horizontal grounding electrodes under lightning[C]//Proceedings of the 31st International Conference on Lightning Protection, Vienna, Australia, 2012.

[120] WU J P, ZHANG B, HE J L, et al. Optimal design of tower footing device with combined vertical and horizontal grounding electrodes under lightning[J]. Electric Power Systems Research,2014,113(SI): 188-195.

[121] JONES W R. Bentonite rods assure ground rod installation in problem soils[J]. IEEE Transactions on Power Apparatus and System,1980,99(4): 1343-1346.

第 8 章
绝缘子并联保护间隙

绝缘子并联保护间隙是和我国传统的防雷保护方式不同的一种"疏导型"防雷保护方式。其防雷保护的基本思想为：在绝缘子串两端并联一对金属电极构成保护间隙，如图 8.1 所示。当架空线路遭受雷击时，并联间隙因冲击放电电压低于绝缘子串的放电电压而首先放电，随后产生工频短路电弧，电弧稳定在并联间隙端部进行燃烧，直至跳闸熄灭，有效地保护绝缘子串不受损伤。另外，即使闪络发生在绝缘子表面，短路电弧在电动力的作用下，也会向远离绝缘子串的方向运动，最后稳定在并联间隙端部进行燃烧，从而减轻或避免了其对绝缘子串的灼烧。本章主要介绍绝缘子并联保护间隙的结构优化设计、导弧能力及与线路绝缘子的配合等方面的研究内容[1-2]。

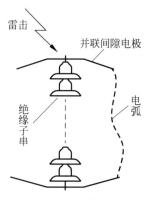

图 8.1 并联间隙防雷保护方式示意图

8.1 绝缘子并联保护间隙概述

在架空线路上采用并联保护间隙的优点有：
(1) 提高系统重合闸成功率，防止出现系统大事故；
(2) 降低线路的雷击事故率；
(3) 保护绝缘子不受损坏；
(4) 可以实现不巡线，大大减轻劳动强度，提高电力系统经济效益。

此外，目前高压架空线路上由于绝缘子的工频闪络，如污闪、湿闪、冰闪等造成的事故很多，给电力系统带来的损失也很严重。工频闪络对绝缘子的损伤也很严重，安装并联间隙的另一个优点是当绝缘子发生工频闪络时，能够有效将绝缘子表面的工频电弧拉向远处燃烧，有效地保护绝缘子。

各国对架空线路并联保护间隙的叫法相同，日本一般称之为"招弧角"，德国称之为"引弧保护装置"，我国称之为"防雷保护间隙"。鉴于并联间隙防雷保护方式的技术原理独特、结构简单、安装方便、经济性能优良等优点，其研究在国外开展较早。1989 年，IEC/TC22 对 18 个国家的高压和超高压架空输电线绝缘子串保护装置的采用情况所做的调查表明[3]：大多数高压和超高压交流架空线装有并联保护间隙，特别是欧洲和日本，不论电压高低，全部线路都安装保护装置。日本、德国、法国从 20 世纪 60 年代开始在线路绝缘子上安装并联保护间隙，从早期使用羊角引弧装置发展到现在，几乎所有新建高压及超高压线路的绝缘子串上都安装有形状各异的并联保护间隙[4]，积累了丰富的技术资料和运行经验，而且已将并联保护间隙防雷作为架空送电线路防雷保护的基本措施之一写入相应的标准。如日本电气学会 1979 年颁布的标准 JEC—207—1979《架空送电用架线金具》列出了在 66～154kV 电压等级架空输电线路各种绝缘子串上使用的并联保护间隙，包括 32 种型式、280 余种规格[5]。此外，该国在 500kV 架空输电线路的所有绝缘子都安装并联保护间隙，甚至 1000kV 线路的悬垂串、耐张串和硬跳线上也安装了并联保护间隙。

而我国在 20 世纪 90 年代以前，除了由于地理位置特殊而造成防雷困难的个别大跨越塔上使用了并联保护间隙，如南京大胜关 220kV 跨越塔和镇江市 220kV 谏泰线跨越塔[6]，在其他架空线路绝缘子串上很少安装并联保护间隙。原因在于两个方面：一方面，由于中华人民共和国成立后我国电力工业学习苏联技术，长期没有应用并联保护间隙防雷这一技术[7]；另一方面，过去开关设备性能水平比较落后，防雷侧重于降低雷击跳闸率。国内于 20 世纪 90 年代末开始开展绝缘子并联间隙的研究[6,8-24]，并逐渐投入使用。

典型的绝缘子并联保护间隙电极的设计分为棒状和环状两种。间隙电极的主要功能包括接闪和疏导工频续流电弧。棒状间隙电极结构简单，耗材较少且可以有效满足工作要求，因此在一般的瓷绝缘子和玻璃绝缘子中应用较广。典型的棒状并联保护间隙电极的结构，由上电极和下电极组成。与架空输电线相连的高压电极端部往往都有燃弧球的设计，以便于被引导的工频续流电弧最终在此处燃烧，实心体的设计可以减少电弧对间隙电极的烧蚀。

为了确保雷击闪络发生在并联保护间隙而不是在绝缘子表面，并联保护间隙电极之间的最小间距通常取与之并联的绝缘子（串）长度的 85% 左右。但由于我国架空输电线路绝缘等级比较低，安装的并联保护间隙不能像日本等国家那样将绝缘子短接 25% 左右，须保证间隙距离与绝缘子串的长度基本接近。当并联保护间隙的长度与绝缘子串长度基本接近时，实验表明，很难保证放电都在并联保护间隙之间发生，会有一部分雷击放电发生在绝缘子串表面，后续的工频续流将产生工频电弧。绝缘子的工频闪络也发生在绝缘子串表面。如何尽快将在绝缘子表面产生的工频电弧拉向并联保护间隙电极端部燃烧，从而有效保护绝缘子，是在我国现有的绝缘配合规程下，合理设计架空输电线路并联保护间隙防雷保护装置的难点。

8.2 雷击闪络后绝缘子表面交流电弧运动特性

了解沿绝缘子表面产生的交流电弧的特征及运动特性是并联保护间隙优化设计的基础。架空线路上的短路故障电弧一直是威胁电力系统安全送电的重要因素。长期以来，研究人员对短路故障电弧产生的原因，即空气击穿和绝缘子串闪络等研究比较多，对短路故障电弧的研究主要集中于其外部阻抗特性及利用外部阻抗特性研究短路电弧对电网所造成的影响等方面[25-34]。通过建立故障电弧的伏安特性模型，分析故障对引起的系统电磁暂态问题进行计算仿真。

在架空线路上出现的长间隙交流电弧，其特点决定了其运动特性与以往研究的其他电弧的运动特性有着诸多不同[1]：

(1) 与短间隙电弧比较。长间隙电弧的弧柱和两个弧根的运动特性不同。长间隙电弧弧根和弧柱之间存在相互作用，两个弧根由于距离太远，二者之间的相互作用可以忽略；而短间隙电弧没有弧柱部分，基本可以看作由两个弧根组成，两个弧根之间存在较强的相互作用。

(2) 与真空或低气压电弧比较。在架空线路上出现的长间隙交流电弧处在开放环境中，不存在逆安培定律方向运动的反常现象。

(3) 与弧根不动的电弧比较。在架空线路上出现的长间隙交流电弧在并联间隙电极上运动时，弧柱和两个弧根都在运动，特别是两个弧根在电极上的运动情况比较复杂，并且对弧柱也存在较强的作用，这与弧根固定在电极上不动的电弧的运动情况有着很大的差别。

(4) 与直流电弧比较。交流电弧由于电弧电流大小和极性都在不停变化而不停地熄灭和重燃，两个弧根的极性也在交替变换，从而使得交流电弧的运动情况远较电流基本不变的直流电弧复杂。

产生长间隙交流电弧不仅需要较大的电流，也需要较高的电压，因此对电源和开关的要求高。研究电弧的运动特性，需要对电弧的运动过程进行记录，记录的方法通常采用摄像法。电弧运动过程拍摄系统需要以高速、高分辨率和大存储量对长间隙交流电弧进行拍摄，通过加装减光镜实现对不同电流的电弧都能拍摄到清晰的图片。

长间隙交流电弧由弧柱和两个弧根组成，它们既有着独立的运动特性，又彼此相互作用，形成了长间隙交流电弧与其他电弧不同的运动特性。由于长间隙电弧的长度远大于弧根长度，因此两个弧根之间的影响可以忽略，但弧根与弧柱之间则存在比较强烈的相互影响，特别是下弧根对弧柱的影响和弧柱对上弧根的影响。此外，阴极弧根和阳极弧根由于形成机理不同，运动特性也不同，而两个弧根的极性随电弧电流极性的周期性变化，使电弧的运动更加复杂。

8.2.1 阳极弧根运动特性

当电极极性从阴极变为阳极后，在电极表面堆积和从电极中逸出的正离子开始加速向弧柱方向运动。由于正离子运动速度缓慢，在洛伦兹力的作用下，偏转半径较小，主要表现为向右运动。同时弧柱中的电子开始从弧柱沿着由正离子打开的电离通道加速向阳极进行运动，同样也会受到洛伦兹力的作用，也向右运动。当电子到达阳极后激发出新的正离子，正离子又开始向弧柱方向运动。这些运动的正离子和电子形成了阳极弧根，如图 8.2 所示[1]，图中 I 为电流，B 为磁感应强度。阳极弧根有一个典型的朝前倾斜的形状，如图 8.3 所示，图中虚线代表电极的表面[1]。

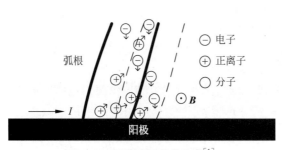

图 8.2 阳极弧根形成机理[1]

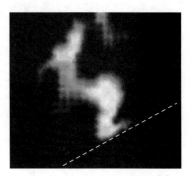

图 8.3 阳极弧根典型形状[1]

正离子和电子沿着洛伦兹力方向的偏转运动使得阳极弧根不断地向前运动。图 8.4 给出了阳极弧根在工频半个周期内从产生、发展一直到熄灭的过程[1]。相对于位置不变的参考点 O 来说,阳极弧根在各个时刻的位移比较明显。

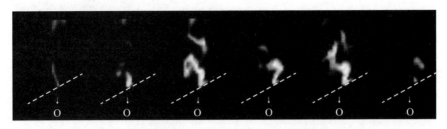

图 8.4　阳极弧根从产生、发展到熄灭的过程[1]

另外,阳极弧根也会出现跳跃现象。阳极弧根的跳跃现象有两种类型。第一种跳跃现象出现在弧根极性从阴极变为阳极时。一般来说,当电流过零后,阳极弧根应该在上一个阴极弧根熄灭的位置上产生,但由于弧根和弧柱的运动速度不同,因此,当上一个阴极弧根熄灭时,有可能出现弧柱的导电区域领先或落后于弧根的情况。如果此时该导电区域离阳极比较近或者已经和阳极接触,那么接下来阳极电弧则直接在此处产生,并不在上一个阴极弧根熄灭的位置。这一过程如图 8.5 所示[1],图中虚线代表电极的表面。

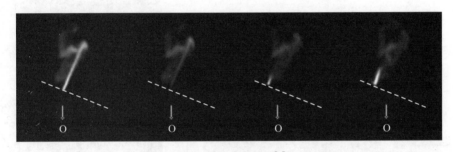

图 8.5　阳极弧根第一种跳跃现象[1](见文前彩图)

第二种跳跃现象出现在阳极弧根的一个发展周期内。当阳极弧根正在发展时,有可能出现由于电弧的某些导电区域距离阳极较近而发生击穿的情况,此时将会在发生击穿的地方形成一个新的阳极弧根。新产生的阳极弧根由于电阻小,将有更多的电子注入,因此逐渐壮大,而原来的阳极弧根则慢慢变小直至熄灭而被新产生的阳极弧根所代替,从而形成了阳极弧根的第二种类型的跳跃。该过程如图 8.6 所示[1]。

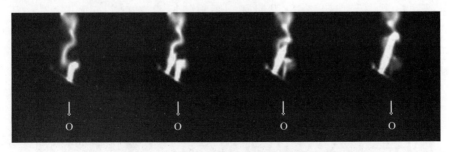

图 8.6　阳极弧根第二种跳跃现象[1]

阳极弧根的这两种类型的跳跃现象，都是由电弧与电极之间的短路现象造成，但跳跃式运动出现的次数较少。

概括起来，长间隙交流电弧阳极弧根的运动特性是：在磁场力的作用下向前不断运动，偶尔会出现由电弧与电极之间的短路现象造成的跳跃。

8.2.2 阴极弧根运动特性

阴极电弧电流主要是由阴极金属材料发射的电子束提供，电子束的发射方向垂直于阴极表面。由于速度较大，其在洛伦兹力的作用下偏转半径很大，因此可以近似为沿直线向外高速运动。从电极表面激发出的电子束对空气中的分子进行碰撞，激发出正离子，同时在电极表面也有少量的金属正离子逸出。电子、气体正离子、金属离子和未激发的空气分子就组成了阴极弧根，如图 8.7 所示[1]。

在阴极表面附近的正离子，由于质量较大和高速运动的电子束的影响，运动速度较慢，受到洛伦兹力的作用而向右偏转到达阴极表面，这是阴极弧根向前运动的一个推动力。但阴极表面正离子的数量特别少，因此对整个阴极弧根运动的影响较小，只能是在弧根与电极的接触部分产生一个向前的小分支，如图 8.8 所示。图中虚线代表电极的表面[1]。

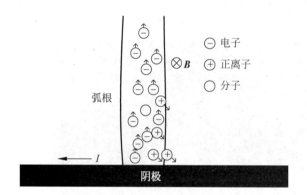

图 8.7 阴极弧根形成机理[1]

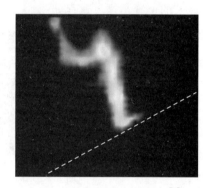

图 8.8 阴极弧根典型形状[1]

图 8.9 给出了阴极弧根在工频半个周期内从产生、发展到熄灭的过程[1]。在这个过程内，阴极弧根的位置固定不动。相对于位置不变的参考点 O 来说，阴极弧根的位置基本上没有改变。阴极弧根停滞不前主要是由于阴极弧根是由电极发射电子束形成的，电子束在电极上的发射点一般很难向其他区域扩展，因为这需要消耗更多的能量来使电子从金属表面发射出来。电子的运动速度较快，因此阴极弧根的长度也较长，特别是随着电流的增加，长度也会增加。

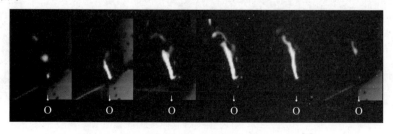

图 8.9 阴极弧根从产生、发展到熄灭的过程[1]

另外,阴极弧根不会发生跳跃现象。主要原因有两点:

(1) 当阴极弧根正在发展时,很难在电极上形成新的电子发射点,这与阴极弧根的电子发射点很难向其他区域扩展的原因一样。

(2) 即使非常偶然地在电极上产生了一个新的电子发射点,并形成了新的阴极弧根,由于旧的阴极弧根已经正在燃烧,电流较大,新产生的阴极弧根只能分得较小的电流,从而使得新的阴极弧根的电阻较大,更加难以分流更多的电流,在短短的半个工频周期内无法发展强大。由于阴极弧根是由电极发射电子形成的,一旦形成,不像阳极弧根那样容易熄灭,因此新产生的阴极弧根并不熄灭,而是等到电流过零后变为阳极弧根继续燃烧。图8.10给出了这一过程的照片[1]。在t_0时刻阴极弧根产生,而后在已经产生的阴极弧根的左侧(电弧向前运动的方向)产生新的阴极弧根。从图片中弧根的亮度可以看出,新的阴极弧根电流比旧的阴极弧根小很多。在接下来的过程中,两个阴极弧根并没有相互代替,而是各自独立发展,一直到电流过零。而后,阳极弧根从导电区域较集中的新的阴极弧根燃烧点产生,这其实也属于阳极弧根的第一种跳跃。在长间隙交流电弧沿着电极运动的过程中,两个阴极弧根共存的现象非常少见。

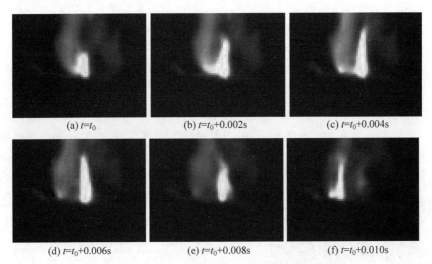

图8.10 两个阴极弧根共存的现象[1]

综上所述,长间隙交流电弧阴极弧根的运动特性是:停滞不前,并且不会发生跳跃现象。

阳极弧根和阴极弧根在电极上运动留下的痕迹,同时印证了上述通过观察电弧运动过程的拍摄图像揭示的阳极弧根和阴极弧根的运动特性。

图8.11所示为下弧根未发生跳跃现象的一段运动过程留下的痕迹[1]。可以看出,该痕迹是由一个圆斑接一个圆斑组成。这是因为阴极弧根在工频半个周期内停滞不前,造成电极表面金属熔化,留下一个圆斑;在下半个周期内,阴极弧根变为阳极弧根,阳极弧根从一个圆斑所在位置运动到相邻的下一个圆斑所在位置;再在接下来的半个周期内,阳极弧根变为阴极弧根,又停滞不前并造成电极表面金属熔化留下圆斑。这样,弧根在阴极弧根和阳极弧根不断转变的过程中,规则地向前运动,直到出现阳极弧根的跳跃现象为止。

图8.12给出的是弧根在运动过程中发生跳跃现象后在电极上留下的运动痕迹[1]。由

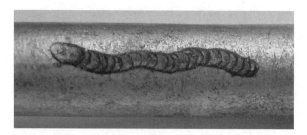

图 8.11　弧根在电极上的规则运动痕迹[1]

图 8.12　弧根在电极上的跳跃运动痕迹[1]

于电弧和电极之间发生短路的位置不固定,因此每次阳极弧根跳跃的距离也不相同。

图 8.11 和图 8.12 所提供的弧根在电极上留下的运动痕迹,充分地体现了阳极弧根和阴极弧根的运动特性。

8.2.3　弧柱运动特性

长间隙交流电弧弧柱的运动特性比较复杂,主要原因在于弧柱长度较长。对于短间隙电弧来说,整个电弧基本上没有弧柱部分,主要由两个弧根组成,一般具有相对规则的形状,并且在运动时整体的形状变化不大,因此运动特性比较简单。而对于长间隙电弧来说,由于弧柱所受到的磁场力沿长度方向并不相同,因此,弧柱在整体向磁场力方向运动的同时,弧柱的各段也会在局部上进行方向各异的运动。并且由于弧柱较长,又处在一个开放的大气环境中,气流对弧柱各段运动的影响也不同。这些原因使得长间隙交流电弧运动时呈现复杂多变的形状,一般是弯弯扭扭的形状,具有一种神秘的运动特性,如图 8.13 所示[23]。该现象被"Photonics Spectra"刊物以"交流电弧的神秘特性被揭示"为题进行了评述[35]。

由于电弧弧柱弯曲复杂的形状在不停地变化,因此可能会出现弧柱上不同位置的两段距离比较近,此时电弧可能会发生短路现象。被短路的弧柱段由于电阻较大,其流过的电流迅速减小,该弧柱段消失。图 8.14 给出了拍摄得到的弧柱短路现象发展过程[1]。长间隙交流电弧弧柱的短路现象发生频率较高。

长间隙交流电弧弧柱沿并联保护间隙电极运动的主要推动力是短路电流对其产生的磁场力。对于

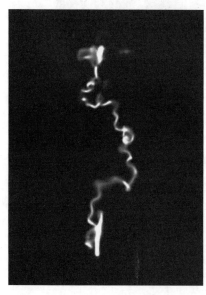

图 8.13　正在燃烧的长间隙交流电弧的图像[23]（见文前彩图）

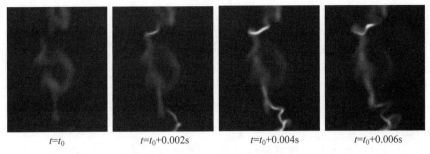

图 8.14　长间隙交流电弧弧柱的短路现象[1]（见文前彩图）

弧柱的任何一段来说，其所受磁场力 F_{sum} 可以分为两部分：一是电弧中的电流对其产生的磁场力；二是除了电弧之外并联保护间隙、导线、杆塔等中的电流产生的磁场力。其中，后者是电弧弧柱整体向磁场力方向运动的推动力，而前者主要是使电弧的形状更加复杂，对于电弧弧柱整体向磁场力方向的运动贡献几乎为零。如图 8.15 所示[1]，电弧通道受到的磁场力很小，因此在热浮力及风的作用下呈现飘忽不定的状态。同样，对于电弧弧柱与周围空气的传热过程来说，由于其是沿弧柱径向向四周同时传热，并且沿圆周的差别很小。因此，其对弧柱的影响只是使电弧的半径变化，而对于弧柱整体的运动影响很小。

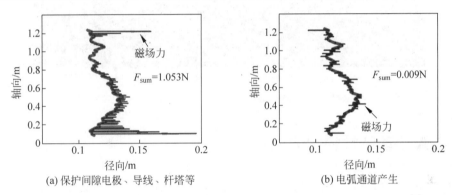

(a) 保护间隙电极、导线、杆塔等　　　(b) 电弧通道产生

图 8.15　由通过保护间隙电极、导线、杆塔等中的电流和电弧通道电流产生的磁场力分布[1]（见文前彩图）

下弧根的运动情况也会对长间隙交流电弧弧柱沿磁场力方向的运动产生一定的影响。一般来说，由于下弧根所受的磁场力较大，其运动速度较快。在长间隙交流电弧沿并联保护间隙电极向外运动时，下弧根往往领先于弧柱。它的燃烧对弧柱的向前运动起到了拖曳作用。当弧柱在磁场力的作用下向前运动时，将受到空气的阻力，这个阻力主要来自弧柱运动前方温度较低的气体的压力。弧柱向这部分气体传递热量的同时也完成了新的电弧通道的形成以及向前的运动。而弧根部分的运动使得弧柱即将到达的前方气体提前加热，为新的电弧通道的形成提供热量和动力，并且可能出现通过短路现象直接形成新的弧柱段。因此，弧柱在弧根的快速"拉动"下，逐渐向并联保护间隙的电极端部运动。如果下弧根保持不动，弧柱很难朝着磁场力的方向一直运动，而是在初始的位置附近不断地变化形状。

总之，长间隙交流电弧弧柱的运动特性是在磁场力的作用下向前运动，并且同时受到下弧根的拉扯作用。

8.2.4 电弧整体运动特性

观察长间隙交流电弧运动过程图像,分析阳极弧根、阴极弧根和弧柱的运动特性,可以得到比较清晰的电弧整体运动特性。

下弧根的运动特性比较规则,一般是交替出现的阳极弧根和阴极弧根运动特性的组合。其受到弧柱的影响,一般体现在由于弧柱和电极短路现象造成的阳极弧根的跳跃上,但这种现象出现得比较少。

弧柱的长度较长,各段运动情况比较复杂,其整体在磁场力的作用下向前运动,同时还会受到运动速度较快的下弧根的积极拖曳作用。

上弧根的运动特性更加复杂,主要是受到弧柱的影响。由于弧柱受热浮力的作用且与上弧根运动的速度不同,因此容易出现弧柱与上电极之间的短路现象。此时,上弧根会根据其当下的极性出现相应的阳极弧根跳跃或两个阴极弧根并存的现象。由于弧柱与上电极之间的短路现象发生得较多,因此,上弧根在进行规则的阳极弧根和阴极弧根交替运动的同时容易发生跳跃现象,从而表现出运动的不稳定特性。图8.16所示为拍摄得到的由于弧柱和上电极发生短路现象造成的上弧根的跳跃[1]。

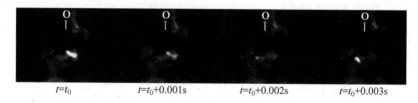

图 8.16　长间隙交流电弧弧柱与上电极的短路现象[1](见文前彩图)

8.3　电弧运动特性模拟方法

最初的电弧运动仿真主要针对运动特性比较简单的电弧,没有考虑电弧本身的运动特性,研究对象不是电弧比较短、形状简单,并且运动时间很短[36-37],就是只有弧柱在运动,弧根并不动[38-39]。后续研究根据长间隙交流电弧的运动特性,建立了电弧模型及运动方程,包括电弧的空间模型、时间模型及运动仿真模型[1]。

8.3.1　电弧空间模型

1. 电弧链式模型

早期的电弧运动仿真将电弧看作一个轴对称的圆柱体,并且假设电弧形状不随时间变化,这样就能使用气体动力学和传热学理论求解其运动特性。这种单一的长圆柱导电棒电弧模型过于简化,只能对短间隙电弧运动进行粗略模拟[36-37],对于形状复杂并且随时间不断变化的长间隙交流电弧来说是不适用的。对于长间隙交流电弧来说,电弧链式模型[38-40]是一个比较合适的选择。电弧链式模型将电弧分割成许多小段,每一小段上都可以近似看作轴对称的圆柱体。

架空线路上长间隙交流电弧的链式模型如图8.17所示[24]。电弧被看成由许多形状为圆

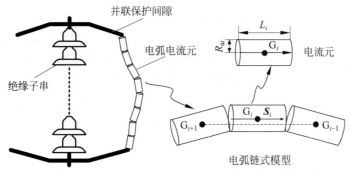

图 8.17 架空线路长间隙交流电弧链式模型[24]

柱形的电流元链接而成,每个电流元的位置由其重心确定,其轴向和柱体长度由相邻两个电流元来确定。假设 G_i 表示第 i 个电流元的重心,向量 $\boldsymbol{S}_i$ 表示从 G_{i+1} 指向 G_{i-1} 的向量:

$$\boldsymbol{S}_i = \frac{1}{2}\overrightarrow{G_{i+1}G_{i-1}} \tag{8.1}$$

电流元的轴向平行于向量 $\boldsymbol{S}_i$,长度 L_i 就等于向量 $\boldsymbol{S}_i$ 的模。设电流元流过的电弧电流为 I,则电流元中的电流向量 $\boldsymbol{I}_i$ 为

$$\boldsymbol{I}_i = I\frac{\boldsymbol{S}_i}{L_i} \tag{8.2}$$

每个电流元都会受到磁场力的作用,当电流元的长度足够小时,可以认为通过电流元长度的磁感应强度保持不变,以重心处的磁感应强度表示。

利用电弧链式模型,将电弧所受到的磁场力细化为每个电流元所受的磁场力,不仅能够考虑输电线路和并联保护间隙中电流产生的磁场对电弧的作用,也能够考虑整个电弧电流产生的磁场对电弧局部的作用,反映电弧形状的不断变化。

2. 电弧电流元分层模型

根据传热学的基本原理,圆柱体在介质中横向流动时,由于介质的黏性,会在圆柱体周围形成一个速度边界层。同时圆柱体又存在热量的传递,也存在一个热边界层。一般来说,根据边界层相似原理,对于气体来说,其普朗特数 Pr 约为 1,即速度边界层和热边界层中由扩散引起的动量和能量传递的相对效果是一样的,其厚度相等,因此可以将这两个边界层当作一个边界层。

对于电弧的单个电流元 i 来说,根据上面所述边界层理论[41],可将处在空气中运动的电流元与周围空气进行分层划分[40,42],如图 8.18 所示[1]。区域 1 为半径等于电流元半径 R_{ai} 的圆柱体区域,该区域通过电弧的全部电流;区域 2 为围绕在区域 1 电流元周围的厚度为 δ 的边界层,该区域电导率为零;区域 3 为包围在区域 2 外的无限空间的空气。

根据架空线路长间隙交流电弧的特点以及其在自

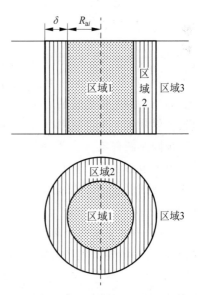

图 8.18 电弧电流元分层模型区域划分[1]

由空气中运动的实际情况,对电弧电流元分层模型做以下说明和假定:

(1) 区域 1 电流元和区域 2 热边界层为轴对称圆柱体,用二维圆柱坐标进行描述。

(2) 电弧电流元在空气中运动时,绝大部分的气体在电流元外部绕流通过,极少量穿过电流元。可以将电弧电流元看作不可穿透的固体来讨论[37]。

(3) 当电流元长度足够小时,电流元的各参数沿轴向的变化忽略不计,通过电流元长度的磁感应强度保持不变,以重心处的磁感应强度表示。

电弧电流元分层模型的优点在于,其三层模型不仅能够很好突出电弧的特点,并且能够根据气体动力学等理论推导出电弧电流元的运动控制方程。

8.3.2 电弧时间模型

1. 电弧电流元运动形式及速度控制方程

雷击闪络后形成的长间隙交流电弧处在一个随时间和空间位置不断变化的磁场中,电弧的位置和形状也在随时间改变,因此电弧整体的运动无法用单一的方程来描述,必须对时间和空间进行离散。采用电弧空间模型对电弧在空间上离散成电流元后,可以通过整合所有电弧电流元在各个离散时间段上的运动来得到电弧整体的运动,因此电弧电流元在每个离散时间段的运动成为问题的关键。

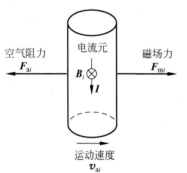

图 8.19 电流元受力示意图[24]

电弧电流元处在磁场中,受到磁场力的作用,导致电流元沿着磁场力方向运动。而根据牛顿黏性定律,运动的电流元又会受到空气的阻力,空气阻力的方向与电流元速度的方向相反,如图 8.19 所示[24]。

根据电弧电流元分层模型的假设以及牛顿第二定律,可以得到电流元在离散的一个时间段 Δt 里的速度方程:

$$\bm{F}_{mi} + \bm{F}_{ai} = m_i \frac{\Delta \bm{v}_{ai}}{\Delta t} \tag{8.3}$$

式中,$\bm{F}_{mi}$、$\bm{F}_{ai}$、m_i 和 $\bm{v}_{ai}$ 分别是第 i 个电流元所受的磁场力、空气阻力、质量和速度,t 是时间变量。为了精确模拟开域电弧的运动特性,可进一步计及热浮力对电弧运动的影响[21]。分析表明,由于热浮力使电弧竖直向上运动,在间隙上电极会偶尔发生上弧根和电极短路而引起弧根跳跃,这能合理解释实验过程中观察到的弧根不规则跳跃现象。

由于电弧的质量密度远小于空气[37],电流元从初始速度达到饱和速度的时间非常短,远小于 Δt[38],因此,式(8.3)中等号右端的项可以忽略,于是有

$$\bm{F}_{mi} + \bm{F}_{ai} = 0 \tag{8.4}$$

因此,电流元在每个离散时间段里的运动形式可以认为是匀速运动,其速度的大小和方向由式(8.4)确定。磁场力 $\bm{F}_{mi}$ 由式(8.5)确定:

$$\bm{F}_{mi} = L_i \bm{I}_i \times \bm{B}_i \tag{8.5}$$

式中,L_i 和 $\bm{I}_i$ 分别是第 i 个电流元的长度和电流矢量,$\bm{B}_i$ 是该电流元所在位置的磁感应强度。

根据空气动力学理论,空气阻力是关于电流元速度的函数。当圆柱体电流元在空气中运动时,就会形成速度边界层,它所受到的空气阻力为[37,41]

$$\boldsymbol{F}_{ai} = C_D(2R_{ai}L_i)\left(\frac{\rho \boldsymbol{v}_{ai}^2}{2}\right) = C_D R_{ai} L_i \rho \boldsymbol{v}_{ai}^2 \tag{8.6}$$

式中,C_D 是无量纲的阻力系数,它是雷诺数 Re 的函数,表 8.1 给出了光滑圆柱对应的取值[41];ρ 是空气的质量密度;R_{ai} 是电流元的半径。

表 8.1 横向流动中的光滑圆柱体的阻力系数[41]

雷 诺 数	C_D	雷 诺 数	C_D	雷 诺 数	C_D
0.1	48	10	2.5	1000	0.9
0.2	27	20	2.3	2000	0.85
0.4	19	40	2.2	6000	0.9
1	9	100	1.9	10000	1.3
2	6	200	1.6	20000	1.2
4	4	400	1.3	40000	1.0
6	2.7	600	1.0	100000	1.2

电弧电流元的半径 R_{ai} 一般只与电流有关系,根据实验数据可用下列经验公式表示[43]:

$$R_{ai} = 1.3 \times 10^{-3} \sqrt{I_i} \tag{8.7}$$

联立式(8.4)、式(8.5)和式(8.6),可以得到:

$$\boldsymbol{v}_{ai} = \sqrt{\frac{B_i I_i}{C_D \rho R_{ai}}} \boldsymbol{I}_i^0 \times \boldsymbol{B}_i^0 \tag{8.8}$$

因此,确定电流元速度 $\boldsymbol{v}_{ai}$ 的关键是磁场的计算。

2. 磁场计算方法

架空线路工频短路电流产生的磁场虽然属于动态场,但是由于频率比较低(约50Hz),可以作为准静态场处理。架空线路长间隙交流电弧所处位置的磁场主要由电极、横担、杆塔、架空导线等导体以及电弧本身的电流提供。由于电弧的形状在不停地改变,采用积分方程法,利用毕奥-萨伐尔定律直接对电流源区进行积分就可以得到电弧各个电流元所处位置的磁场[14,22]。

架空线路长间隙交流电弧的电流主要流过电弧、电极、横担、杆塔、导线、避雷线以及连接金具等。其中,电极、导线以及由圆柱形电流元组成的电弧具有圆柱体形状,横担、杆塔和连接金具等一般具有长方体形状,因此磁场的积分公式可以分为圆柱体和长方体两种形状的电流源区分别进行推导。

(1) 圆柱体电流源区磁场积分公式

电流密度为 $\boldsymbol{J}$、半径为 R_0、长度为 l 的圆柱体源区,在空间任意一点 P 产生的磁场可以做如下推导。如图 8.20 所示[24],以圆柱体源区的上表面的圆心 O 为坐标原点,以圆柱体

源区的对称轴为 z 轴，建立圆柱坐标系 (R,β,z)，并以过 P 点的平面为 $\beta=0$ 的平面，P 点坐标表示为 $(R_p,0,z_p)$。

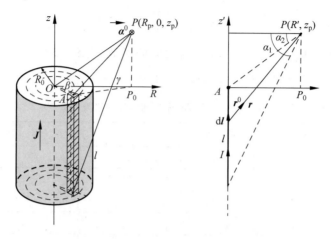

图 8.20　圆柱体电流源区磁场计算方法[24]

根据毕奥-萨伐尔定律，可以得到：

$$\boldsymbol{B} = \frac{\mu_0}{4\pi}\iiint_V \frac{\boldsymbol{J}(R)\times \boldsymbol{r}}{r^3}\mathrm{d}V$$

$$= \frac{\mu_0}{4\pi}\int_0^{2\pi}\int_0^{R_0}\boldsymbol{J}(R)\times\left(\int_{-l}^0 \frac{\boldsymbol{r}}{r^3}\mathrm{d}z\right)R\,\mathrm{d}R\,\mathrm{d}\beta \tag{8.9}$$

根据有限长度理想细直导线产生的磁感应强度的计算方法[44]，可以推导得到：

$$\boldsymbol{J}(R)\times\left(\int_{-l}^0 \frac{\boldsymbol{r}}{r^3}\mathrm{d}z\right) = \frac{\sin\alpha_1 - \sin\alpha_2}{R'^2}\boldsymbol{J}(R)\times \boldsymbol{R'} \tag{8.10}$$

式中，$R' = \sqrt{R_p^2 + R^2 - 2R_p R\cos\beta}$，$\sin\alpha_1 = \dfrac{z_p+l}{\sqrt{R'^2+(z_p+l)^2}}$，$\sin\alpha_2 = \dfrac{z_p}{\sqrt{R'^2+z_p^2}}$。联立式(8.9)和式(8.10)，得到：

$$\boldsymbol{B} = \frac{\mu_0}{4\pi}\int_0^{2\pi}\int_0^{R_0}\frac{\sin\alpha_1 - \sin\alpha_2}{R'^2}\boldsymbol{J}(R)\times \boldsymbol{R'}R\,\mathrm{d}R\,\mathrm{d}\beta$$

$$= \boldsymbol{\alpha}^0 \frac{\mu_0}{2\pi}\int_0^{\pi}\int_0^{R_0}\frac{(\sin\alpha_1-\sin\alpha_2)\cos\gamma}{R'}J(R)R\,\mathrm{d}R\,\mathrm{d}\beta \tag{8.11}$$

其中，

$$\cos\gamma = \frac{R_p^2 + R'^2 - R^2}{2R_p R'} = \frac{R_p - R\cos\beta}{\sqrt{R_p^2 + R^2 - 2R_p R\cos\beta}}$$

$$\boldsymbol{\alpha}^0 = \boldsymbol{J}^0 \times \overrightarrow{OP_0}^0$$

利用式(8.11)，只需要对圆柱体电流源区的截面进行离散后并数值积分，就能求得该源区在空间任意一点的磁感应强度。

（2）长方体电流源区磁场积分公式

电流密度为 $\boldsymbol{J}$、截面长宽分别为 m 和 n、长度为 l 的长方体源区，在空间任意一点 P 产生的磁场可以做如下推导。如图 8.21 所示,建立直角坐标系 (x,y,z),根据与圆柱体电流源区磁场积分公式相似的推导可以得到:

$$\begin{aligned}
\boldsymbol{B} &= \frac{\mu_0}{4\pi} \iiint_V \frac{\boldsymbol{J}(x,y) \times \boldsymbol{r}}{r^3} \mathrm{d}V \\
&= \frac{\mu_0}{4\pi} \int_{-n/2}^{n/2} \int_{-m/2}^{m/2} \boldsymbol{J}(x,y) \times \left(\int_{-l}^{0} \frac{\boldsymbol{r}}{r^3} \mathrm{d}z \right) \mathrm{d}x \, \mathrm{d}y \\
&= \frac{\mu_0}{4\pi} \int_{-n/2}^{n/2} \int_{-m/2}^{m/2} \frac{\sin\alpha_1 - \sin\alpha_2}{R'^2} \boldsymbol{J}(x,y) \times \boldsymbol{R}' \mathrm{d}x \, \mathrm{d}y \\
&= \boldsymbol{\alpha}^0 \frac{\mu_0}{2\pi} \int_{-n/2}^{n/2} \int_{-m/2}^{m/2} \frac{(\sin\alpha_1 - \sin\alpha_2)\cos\gamma}{R'} J(x,y) \mathrm{d}x \, \mathrm{d}y
\end{aligned} \quad (8.12)$$

其中,

$$R' = \sqrt{(x_p - x)^2 + y^2}$$

$$\sin\alpha_1 = \frac{z_p + l}{\sqrt{R'^2 + (z_p + l)^2}}, \quad \sin\alpha_2 = \frac{z_p}{\sqrt{R'^2 + z_p^2}}$$

$$\cos\gamma = \frac{x_p^2 + R'^2 - (\sqrt{x^2 + y^2})^2}{2x_p R'} = \frac{x_p - x}{\sqrt{(x_p - x)^2 + y^2}}$$

$$\boldsymbol{\alpha}^0 = \boldsymbol{J}^0 \times \overrightarrow{OP_0}^0$$

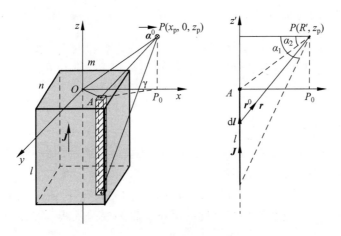

图 8.21 长方体电流源区磁场计算方法[1]

将圆柱体和长方体电流源区磁场积分作为基本磁场积分单元,通过对架空线路整个电流源区进行环路积分,就可以得到长间隙交流电弧各个电流元所处位置的磁场。短路电流的频率基本上仍然保持工频,不用考虑电流的高频分量产生的磁场,只需在对时间进行离散时将时间间隔设定得充分小,即可保证计算精度。图 8.22 所示为实验所得长间隙交流电弧电流的实际波形[1]。

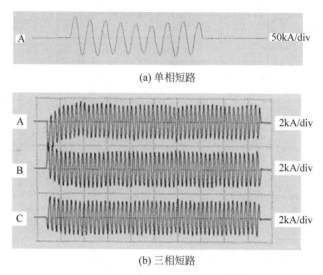

(a) 单相短路

(b) 三相短路

图 8.22　长间隙交流电弧电流实际波形[1]

8.3.3　电弧运动仿真模型

长间隙交流电弧运动仿真方法必须紧紧结合长间隙交流电弧的运动特性,对于电弧各个组成部分的运动特性需要建立相应的运动仿真模型。

1. 阳极弧根运动仿真模型

在 8.1 节中观测到,长间隙交流电弧阳极弧根的长度随电流的变化而变化。通过拍摄得到的小电流和大电流的电弧运动图像,可以总结得到阳极弧根长度 $l_{ar}(t)$ 与电流瞬时值 $i(t)$ 有以下近似关系:

$$l_{ar}(t) = k_{ar} \mid i(t) \mid^{1/3} \tag{8.13}$$

其中,k_{ar} 取 $0.01 \sim 0.015$。

和阴极弧根不同,阳极弧根并不是垂直于电极表面发展,而是一般与电极成一个角度 α。通过大量拍摄得到的电弧运动图像可以得到,阳极弧根一般与电极表面的法向朝磁场力方向偏 $15° \sim 30°$。结合 8.1 节中得到的阳极弧根的运动特性"在磁场力的作用下向前不断运动,偶尔会出现由于电弧与电极之间的短路现象造成的跳跃",可以建立阳极弧根的运动仿真模型。

如图 8.23 所示[1],当阳极弧根不发生跳跃时,在 t 时刻,阳极弧根长 $l_{ar}(t)$,根据电弧链式模型,可以分为 h 个电流元,编号从 i_{ar1} 到 i_{arh};在 $t+\Delta t$ 时刻,阴极弧根长度变为 $l_{ar}(t+\Delta t)$,根据长度的变化,电流元的个数增加或减少到 f 个,编号从 i_{ar1} 到 i_{arf}。在该时间步长 Δt 内,对于一直存在的电流元 G_{ari},

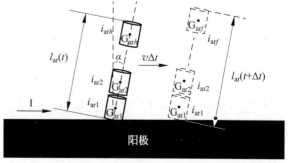

图 8.23　长间隙交流电弧阳极弧根运动仿真模型[1]

通过电弧运动控制方程求得电流元的平均运动速度为 $\boldsymbol{v}_{\mathrm{aari}}(t)$，那么在 $t+\Delta t$ 时刻，该电流元位置为

$$\overrightarrow{G_{\mathrm{ari}}(t+\Delta t)} = \overrightarrow{G_{\mathrm{ari}}(t)} + \boldsymbol{v}_{\mathrm{aari}}(t)\Delta t \tag{8.14}$$

新产生的电流元的位置根据电弧链式模型的假设，结合 $t+\Delta t$ 时刻已经存在的电流元进行求解。阳极弧根发生跳跃时的运动仿真，同样可以利用图 8.23 所示的仿真模型。与阳极弧根不发生跳跃时不同的是，阳极弧根发生跳跃后，弧根各电流元的位置不是利用式(8.14)求出，而是首先判断出电极上发生短路现象的位置，并由此来确定阳极弧根各个电流元的位置。

2. 阴极弧根运动仿真模型

长间隙交流电弧阴极弧根的长度也随电流的变化而变化。在相同的电流幅值下，阴极弧根的长度一般略大于阳极弧根的长度，同样，阴极弧根长度 $l_{\mathrm{cr}}(t)$ 与电流瞬时值 $i(t)$ 的近似关系如下：

$$l_{\mathrm{cr}}(t) = k_{\mathrm{cr}} \mid i(t) \mid^{1/3} \tag{8.15}$$

其中，k_{cr} 取 $0.015\sim0.02$。

根据 8.1 节总结得到的阴极弧根"垂直于电极表面，停滞不前，并且不会发生跳跃现象"的运动特性，可以建立其运动仿真模型。

如图 8.24 所示[1]，在 t 时刻，阴极弧根长 $l_{\mathrm{cr}}(t)$，根据电弧链式模型，可以分为 k 个电流元，编号从 i_{cr1} 到 i_{crk}；在 $t+\Delta t$ 时刻，阴极弧根长度变为 $l_{\mathrm{cr}}(t+\Delta t)$，根据长度的变化，电流元的个数增加或减少到 j 个，编号从 i_{cr1} 到 i_{crj}。在该时间步长 Δt 内，对于一直存在的电流元 G_{cri}，其重心位置没有改变，即

$$\overrightarrow{G_{\mathrm{cri}}(t+\Delta t)} = \overrightarrow{G_{\mathrm{cri}}(t)} \tag{8.16}$$

新产生的电流元的位置根据电弧链式模型的假设进行求解。

3. 弧柱运动仿真模型

如图 8.25 所示[1]，在 t 时刻，根据电弧链式模型，电弧弧柱被离散为若干个电流元，编号从 i_{lm} 到 i_{ln}，对于其中的任一电流元 i_{li}，通过电弧运动控制方程求得其运动速度为 $\boldsymbol{v}_{\mathrm{ali}}(t)$，那

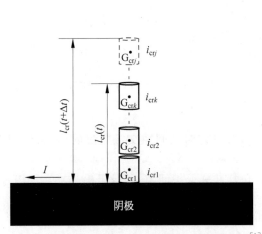

图 8.24 长间隙交流电弧阴极弧根运动仿真模型[1]

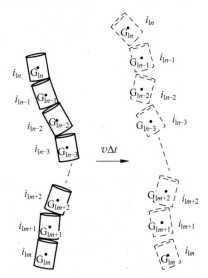

图 8.25 长间隙交流电弧弧柱运动仿真模型[1]

么在 $t+\Delta t$ 时刻,该电流元位置为

$$\overrightarrow{G_{1i}(t+\Delta t)}=\overrightarrow{G_{1i}(t)}+\boldsymbol{v}_{\text{al}i}(t)\Delta t \tag{8.17}$$

利用式(8.17),可以得到弧柱所有电流元在 $t+\Delta t$ 时刻的位置。由于各个电流元的运动方向不同,因此可能会出现开路和短路两种情况。开路是指两个相邻的电流元距离比较远,造成电流的不连续;短路是指任意两个电流元距离比较近,造成电流的短路。为保证电弧链的连续性和完整性,对于电流元的开路和短路情况,应当进行相应的调整。

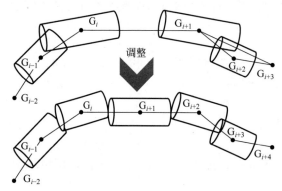

图 8.26 电流元开路情况调整[24]

(1) 开路情况。如果两个电流元之间的距离大于一定的值,需要在它们中间插入新的电流元,同时对电流元的编号做出相应的修改,如图 8.26 所示[24]。修正后的电弧链仍然符合电弧链式模型。电流元的断路情况体现了电弧在运动过程中不断拉长的现象。

(2) 短路情况。如果两个电流元之间的距离小于一定的值,需要在对它们进行合并,同时将被它们短路掉的电流元消去,对电流元的编号做出相应的修改,如图 8.27 所示[24]。修正后的电弧链仍然符合电弧链式模型。电弧的短路情况体现了电弧经常出现的短路现象。

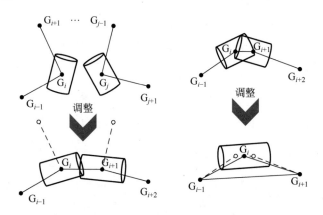

图 8.27 电流元短路情况调整[24]

对于弧根电流元和弧柱电流元之间的开路和短路情况,需要进行同样的调整。

8.3.4 电弧运动仿真流程

在建立电弧运动仿真模型后,通过编制程序,就可以对长间隙交流电弧的运动进行仿真。仿真的整个流程如下[1]:

(1) 初始化架空线路的各组成部分的信息,包括并联保护间隙、绝缘子串、导线、杆塔等电流源区的位置和形状参数,以及它们之间的连接关系等。

(2) 初始化 $t=0$ 时初始短路电弧的位置和形状。

(3) 按照 8.3.3 节介绍的电弧链式模型和电弧电流元分层模型,将电弧离散为各个电

流元组成的电弧链。

(4) 确定电弧电流的瞬时值,并根据8.3.2节建立的磁场计算方法,计算各电流元所在位置的磁感应强度 B_{ik}。

(5) 根据式(8.8)计算各个电流元在 $t_k \sim t_k + \Delta t$ 的时间段内的运动速度 v_{aik}。

(6) 根据电弧运动仿真模型,计算得到 $t = t_k + \Delta t$ 时,弧根和弧柱电流元的新位置。

(7) 在得到所有电流元运动后的位置后,对于电流元之间的开路和短路情况进行检查和修正,以保证电弧链的连续性和完整性。电流元的开路和短路情况检查和修正需要反复交替进行,直至整个电弧链不再出现这两种情况为止。

(8) 判断电弧的长度是否达到临界长度。如果达到或超过,提供给电弧的电压和电流将不足以维持电弧的继续燃烧,电弧将熄灭,在下个时间段里重新燃烧。大电流时(大于100A),电弧的临界长度以平均电压梯度1kV/m选择;小电流时(小于100A),电弧的临界长度与电弧电压和电流之间的关系由式(8.18)决定[45]:

$$l_{pk} = 0.63 I^{0.25} U \times 10^{-4} \tag{8.18}$$

式中,U 和 I 分别为电弧电压和电流的幅值。

(9) 跳转到步骤(4)进行下一个时间段的计算和仿真,直至系统跳闸,短路电流消失,电弧熄灭。

图8.28所示为常用的并联保护间隙外形结构[46],X_c、X_p 是上下电极端部到绝缘子(串)中心线的距离。Z_0 为绝缘子(串)的长度,Z 为并联间隙的最短距离。因为 Z 小于 Z_0,在架空线路遭受雷击时,并联间隙在最短距离处首先被击穿,即并联间隙的雷电冲击放电电压由 Z 决定。$Z = Z_0 - (Y_c + Y_p)$。Y_c、Y_p 即是上下并联间隙电极分别短接绝缘子(串)的高度。

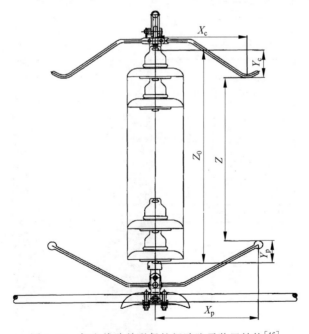

图8.28 架空线路并联保护间隙防雷装置结构[46]

110kV架空线路并联保护间隙的大电流电弧运动过程的仿真结果与实验的对比如图8.29所示[23],仿真结果与实验吻合得较好。110kV并联保护间隙的结构参数为 $X_c =$

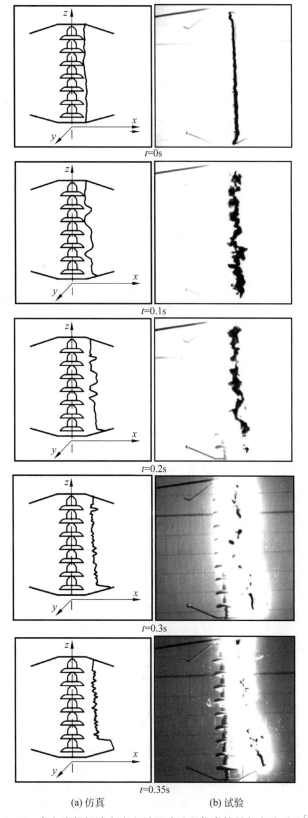

图 8.29　大电流长间隙交流电弧运动过程仿真结果与实验对比[23]

$400 \mathrm{mm}$, $X_\mathrm{p}=450\mathrm{mm}$, $Y_\mathrm{c}=80\mathrm{mm}$, $Y_\mathrm{p}=50\mathrm{mm}$, $Z_0=1022\mathrm{mm}$, $Z=892\mathrm{mm}$。短路电流的有效值为25kA,持续时间为0.2s。

8.4 绝缘子并联保护间隙设计

8.4.1 并联保护间隙的功能及设计原则

架空线路并联保护间隙的功能如下：

（1）接闪雷电：当线路遭遇雷电冲击时，多数先在间隙处闪络，从而避免绝缘子发生沿串闪络。

（2）转移疏导工频电弧：使雷击时少数发生在沿绝缘子串的闪络以及绝缘子串工频闪络产生的电弧，尽快沿着并联保护间隙电极向着远离绝缘子串的方向转移，直至将电弧疏导至电极端部稳定燃烧，从而有效保护绝缘子串。

（3）均匀工频电场：在一定程度上均匀了绝缘子串两端附近的工频电场，改善了绝缘子串的电压分布。

因此，并联保护间隙的结构设计也有与其功能相对应的三个目标，即遭遇雷击时尽可能使间隙先闪络、尽快地疏导工频电弧远离绝缘子和尽量地均匀工频电场。

对于并联保护间隙结构设计的第一个目标来说，主要通过改变间隙长度与绝缘子串长的比值，利用雷电冲击放电实验确定其伏秒特性曲线，使间隙与绝缘子串保持良好的绝缘配合来实现[47]。

架空线路绝缘子并联间隙的设计，首先要保证其雷电冲击放电发生在并联间隙装置上，同时又不会造成线路雷击跳闸率明显升高。对于并联保护间隙结构设计的第二个目标来说，主要涉及并联保护间隙电极的形状以及装置的安装方式。工频电弧实验表明[47]，并联保护间隙电极流畅的形状设计有利于工频电弧的疏导。在保证电极形状的流畅性的同时，上下电极的倾角对电弧运动的速度也是有影响的，下面将对此进行研究和分析。

并联保护间隙的设计主要包括招弧电极形状的设计、电极材料的选择以及电极几何尺寸和间隙距离的确定等。电极外形是否流畅决定了工频电弧能否被顺利疏导，电极材料决定了装置是否能耐住电弧灼烧等，电极几何尺寸决定了金具能否通过可见电晕和无线电干扰实验，间隙距离决定了电极的招弧保护效果和雷电 U_{50}。

我国难以采用日本等国家短接25%~30%绝缘距离的方式，以基本确保雷击放电都在并联保护间隙上发生，而不在绝缘子表面发生，从而避免工频电弧烧毁绝缘子。为了保证并联保护间隙首先击穿，需减小间隙距离，但会造成线路跳闸率上升，因此需要确定两种因素的平衡点；而当电弧形成后，要保证电弧快速运动到特定位置稳定燃烧，以保证绝缘子不受损坏。

工频电弧弧根在间隙电极上移动会造成电极的部分严重烧蚀，加深电极表面的粗糙程度，加剧场强的不均匀度。因此，对于接闪雷电而言，将起始电弧弧根的位置尽可能定位于实心球状的燃弧球处，比更快地转移电弧更加重要。

综合以上因素，并联保护间隙电极的设计需按照如下顺序进行选型：

（1）基于工频电场分布仿真结果，优化结构，控制导体表面场强，优化绝缘子电位分布，达到控制放电位置的目标；放电位置应集中在并联保护间隙上的预设位置。

(2) 根据雷电冲击放电特性,优化结构和参数(特别是并联保护间隙长度与绝缘子长度比例),控制放电路径和 U_{50};放电位置应集中在并联保护间隙上,并尽量提高 U_{50}。

(3) 根据大电流燃弧实验或电弧运动仿真,优化结构设计,使大电弧远离绝缘子燃烧,使小电弧尽快息弧。

(4) 根据工频电场分布仿真或工频电晕放电实验,优化结构参数,控制并联保护间隙电晕放电。

在 DL/T 1293—2013[46] 中,对绝缘子并联保护间隙提出了如下的电性能要求:

(1) 放电电压性能要求。应对绝缘子并联间隙进行雷电冲击 50% 放电电压和工频耐受电压实验确定并联间隙距离,其数值应与线路绝缘水平相配合,以保证并联间隙在雷电过电压下先于绝缘子放电,而在工频及操作过电压(不包括谐振过电压)下不放电。

(2) 雷电冲击伏秒特性。并联间隙雷电冲击(波头时间在 2~10μs)伏秒特性比被保护绝缘子(串)的雷电冲击伏秒特性至少低 10%。

(3) 工频电弧燃弧特性。并联间隙应能保证工频续流形成的电弧离开绝缘子、沿着并联间隙电极向外发展转移到并联间隙电极的端部上,从而保护绝缘子(串)不被电弧灼烧损伤。工频电弧燃弧特性实验的目的是验证并联间隙是否能使工频续流形成的电弧离开绝缘子、沿着并联间隙电极向外发展,从而保护绝缘子(串)。短路实验电流一般为 20kA(有效值),持续时间不低于 100ms,实验次数为 2 次;或由用户和制造单位确定实验电流、持续时间和实验次数。

(4) 短路电流通流能力。绝缘子并联间隙电极与绝缘子连接处、并联间隙电极焊接处需满足短路电流通流能力,一般实验电流宜为 20kA(有效值),持续时间为 0.2s;对于短路电流大的电力系统,实验电流宜为 40kA(有效值),持续时间为 0.2s;或由用户确定短路电流和持续时间。

8.4.2 绝缘子并联保护间隙设计

并联保护间隙电极属于输电线路绝缘子金具的一种,在一定程度上会影响绝缘子串表面的电场分布。此外,棒状电极由于结构不具有中心对称性,端部的电场分布也极其不均匀,电晕现象比较严重。对于 220kV 以下的瓷绝缘子串和玻璃绝缘子串,由于电压等级不太高,电晕现象并不十分明显;但对于复合绝缘子,一般只有端部电极,与玻璃和瓷绝缘子相比,主电容相对较小,杂散电容对绝缘子串表面的电位分布的影响相对较大,其表面的电场分布极不均匀,需要在安装中使用均压环的设计。环状电极就是在棒状电极的基础上融合均压环的思想,设计为有开口或无开头的环状。

根据架空线路电压等级的不同及所选用的绝缘子类型的不同,并联保护间隙也有不同的功能和形式。对于悬垂串,在 220kV 及以下架空线路一般以引弧为主,兼有改善绝缘子串电压分布的作用,因此多表现为如图 8.28 所示的棒形电极的形式。330kV 及以上架空线路,主要为了改善绝缘子串电压分布和屏蔽电晕,并兼有引弧的功能,因此多表现为均压屏蔽环的形式。对于复合绝缘子,由于电压分布更加不均匀,在 110kV 及以上架空线路都采用均压屏蔽环。

1. 环状电极的开口设计

如图 8.30(a)所示是闭口均压环的电弧运动过程[6]。起弧后,弧道电流由两个方向的电流供给,如图 8.30(a)中箭头所示,这两个方向的电流在电弧上产生的电动力方向相反,使得弧根沿环周的运动非常缓慢。当弧根从图中点 1 运动到点 2,再运动到点 3 时,电流 $I_1=I_2=I/2$,达到平衡,弧根受到电动力的合力可以近似为零。此时,弧根等离子流的喷射方向是不稳定的,很可能朝着绝缘子方向喷射,高温等离子流将在短时间内损坏绝缘子。所以目前复合绝缘子出厂时自带的均压环只能起到接闪雷电的作用,并不能很好地防止绝缘子受弧根的灼烧。

为使并联保护间隙引弧效果理想,可将闭口均压环改进成开口设计。开口均压环上电弧运动如图 8.30(b)所示[6]。将均压环改成开口环形电极,引弧效果将得到改善。不论起弧位置在哪,弧道电流都由单方向的电流供给,电弧将在电动力的推动下向端口前进,并且等离子流在大体上沿环形电极的径向喷出,稳定的喷射方向使绝缘子免遭烘烤,防护效果理想。

另外,对于 220kV 及以上架空线路绝缘子并联保护间隙来说,由于可见电晕和

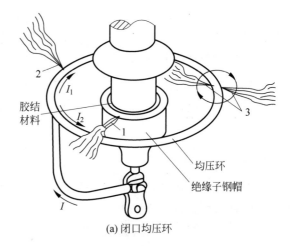

(a) 闭口均压环

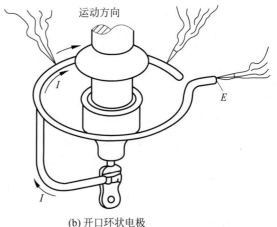

(b) 开口环状电极

图 8.30 环状电极上电弧运动示意图[6]

无线电干扰等的要求,高压侧电极端部需要设计成球形。端部设计成球形的另一个好处是,电极可以耐受多次电弧灼烧,减少现场更换次数。

2. 并联保护间隙电极材料选择

招弧电极主要可供选择的材料是铝和钢,二者主要材料特性的比较见表 8.2[20]。铝在减轻重量方面有明显的优势,但考虑到招弧电极对材料在热特性等方面的特殊要求,钢成为了电极材料的首选,归纳起来主要原因如下:

(1) 电弧弧根的运动速度更快,钢可以减少弧根在电极表面某一特定点上的停留时间,减轻弧根对电极的灼烧作用。

(2) 钢的燃烧热是铝的 1/5,燃烧产生的热量少,而且热辐射能力比铝弱,相较而言,更能降低装置对绝缘子热作用;热传导率低,不容易把热传导给绝缘子末端金具。

(3) 钢的熔点高,不容易发生熔化变形;受电弧灼烧时,单位热量的原料损失量较低,可经受住多次灼烧。

(4) 在相同尺寸下,钢质装置具有更高的机械强度。

因此,钢是制作招弧电极更为合适的材料。考虑到防腐蚀的需要,可在钢表面镀上一层锌。

表 8.2　钢和铝主要材料特性比较[2]

材料	密度/ (g/cm³)	熔点/℃	燃烧热/ (kJ/g)	熔化热/ (Ws/cm³)	热传导率/ [W/(K·cm³)]	抗拉强度/ (N/mm²)	特性阻抗/ [V/(A·cm)]
钢	7.85	1500	5.6	2104	0.54	400	15×10^{-6}
铝	2.7	620	30	1025	1.88	200	4×10^{-6}

3. 并联保护间隙电极截面大小确定

并联保护间隙在接闪雷电后流过工频续流，因此保护间隙的电极须具有一定的热稳定性，即在一定时间内承受短路电流的热作用而不至于发生热损坏。电力设备接地线设计技术规程中提供了校验电网热稳定的公式[48]：

$$S_g \geqslant I_g \sqrt{t_e}/c \tag{8.19}$$

式中，S_g 为接地线的最小截面积，单位为 mm^2；I_g 为流过接地线的短路电流稳定值，单位为 A；t_e 为短路电流的等效持续时间，单位为 s；c 为接地线材料的热稳定系数。

已知钢材料的热稳定系数为 70，将短路电流 50kA 和短路时间 0.2s 代入式(8.19)，计算得到保护间隙电极的截面应大于 $320mm^2$。考虑到招弧电极还受到空间开放电弧的机械力作用和热作用两方面的影响，设计截面大小时应留有充足的裕度，可选取截面大小为计算值的两倍，即 $640mm^2$。招弧电极由环电极和支撑棒两部分组成，其中环电极为空心圆管，当管径为 60mm 时，壁厚应大于等于 3.5mm；支撑棒为实心圆棒，直径应大于等于 30mm。

4. 并联保护间隙绝缘距离选择

电极间隙距离越短，对绝缘子串的保护效果越好，但同时雷电 U_{50} 下降也越多。并联保护间隙最远距离的确定，需要通过大量的雷击放电实验，在保证保护效果较为理想的前提下，优化出最大的间隙距离。最终的合理尺寸还需通过可见电晕实验和无线电干扰实验确定。

日本 NGK 公司对电极距离与保护效果的关系进行了研究[4]，结论是在瓷绝缘子串上安装并联保护间隙，选取间隙长度为绝缘子串绝缘高度的 75%，可以获得 96% 以上的保护效果。同时他们还研究得出干燥气象条件下并联保护间隙的标准雷电冲击击穿电压 U_{50} 与间隙距离 H 呈近似线性的关系，关系式为 $U_{50}=550H+80$[4]，U_{50} 的单位为 kV，H 的单位为 m。也就是说，为达到 96% 的保护效果，U_{50} 将会下降到原来的 75%。

8.4.3　各种并联保护间隙结构

并联保护间隙电极的基本结构，常见的有羊角状、球拍状、U 形及开口圆环形等[49]，如图 8.31 所示，最常用的并联保护间隙电极形状的基本形式为棒形和环形两类。

棒形结构是并联保护间隙中最简单的电极结构。两个棒形电极相对，其间保持一定的距离形成放电间隙，此间隙距离短于绝缘子长度，从而避免沿绝缘子串闪络，起到保护绝缘子的作用。在棒端安装两个金属球可以改善端头的电场分布，并防止端头受电弧烧蚀损坏过快；也可将棒端设计成羊角形，间隙放电时，电弧在上下电极相距最近处形成，之后电弧被迅速拉长，易于电弧的熄灭。环形结构能够对绝缘子起到良好的均压作用，分闭口环和开

8.4 绝缘子并联保护间隙设计

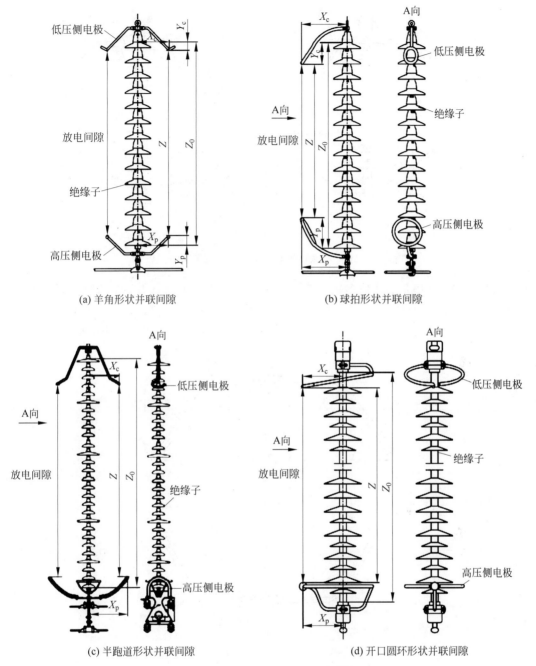

(a) 羊角形状并联间隙   (b) 球拍形状并联间隙

(c) 半跑道形状并联间隙   (d) 开口圆环形状并联间隙

图 8.31 几种常见的间隙结构[49]

口环两种结构。

日本早在 20 世纪 60 年代就已实现了并联保护间隙的标准化[5]。据 JEC—207—1979《架空送电用架空金具》所列,共有 32 种型式,280 余个规格,可适用于 66~154kV 各级电压架空线路的导线悬垂绝缘组合串和耐张绝缘组合串。图 8.32 给出了日本 154kV 架空线路悬垂绝缘子串的棒形结构间隙[5]。

棒形并联保护间隙一般将绝缘子串短接较多以确保雷击闪络发生在间隙之间,如日本的

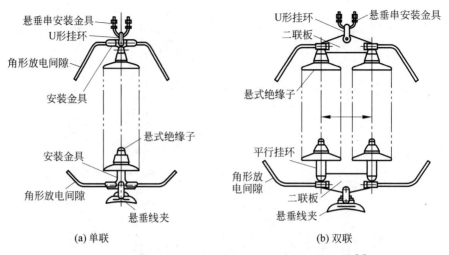

图 8.32 日本 154kV 架空线路悬垂绝缘子串的招弧角[5]

间隙长度与绝缘子串长的比值多数在 75%~85% 范围内。中国电力科学研究院研制出适用于 110kV、220kV 架空线路的并联保护间隙,并给出了可供用户选择的间隙参数与对应的雷击跳闸率[47],典型结构如图 8.28 所示。图 8.33 为 110kV 并联保护间隙上、下电极结构图[9]。

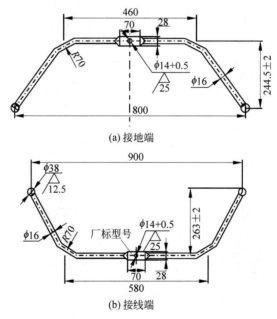

图 8.33 110kV 并联保护间隙上、下电极结构[9]
单位:mm

对于 110~500kV 瓷绝缘子串,X_c、X_p 在 350~600mm,为了避免因装设并联间隙而导致线路跳闸率的大幅度增加,Z/Z_0 不应小于 75%。Y_c、Y_p 应根据绝缘子(串)的实际片数以及预期的雷电跳闸指标经过核算确定。对于其他串长的悬垂串、耐张串以及复合绝缘子可参照 Z/Z_0 为 0.8~0.9 设计并联间隙[46]。对 500kV 并间隙保护装置雷电冲击实验结果表明,Z/Z_0 为 89.6% 和 84.7% 时对应的并联间隙在雷电冲击可能出现的幅值和波头时间范围内,能将雷电闪络定位在并联间隙端部电极之间,使闪络电弧远离绝缘子[10]。我国电力行业标准 DL/T 1293—2013 建议的不同电压等级的棒形并联保护间隙的参数见表 8.3[46]。Z_0 列的 155×32 中的 155 是绝缘子高度,32 是绝缘子片数,其他意义相同。

表 8.3 110kV、220kV 和 500kV 绝缘子(串)并联间隙电极推荐结构参数[46]

绝缘子(串)	Z_0/mm	Z/mm	X_c/mm	X_p/mm	Y_c/mm	Y_p/mm	Z/Z_0
500kV 悬垂串单联(间隙短接 3 片绝缘子)环型并联间隙电极	155×32	155×29	300/354	300/355	310	155	0.906
	155×28	155×25	300/354	300/355	310	155	0.893
	155×26	155×23	300/354	300/355	310	155	0.885
	155×23	155×20	300/354	300/355	310	155	0.870
500kV 耐张串(间隙短接 3 片绝缘子)开口环型或开口球拍型	155×32	155×29	380	400	310	155	0.906
	155×28	155×25	380	400	310	155	0.893
	155×26	155×23	380	400	310	155	0.885
	155×23	155×20	380	400	310	155	0.870
500kV 悬垂串环型并联间隙电极短接 450mm	4960	4510	400	400	225	225	0.909
	4650	4200	400	400	225	225	0.903
	4495	4045	400	400	225	225	0.900
	4360	3910	400	400	225	225	0.897
	4185	3735	400	400	225	225	0.892
	4050	3600	400	400	225	225	0.889
220kV 悬垂串(间隙短接 2 片绝缘子)	146×17	146×15	490	570	219	73	0.882
	146×16	146×14	490	570	219	73	0.875
	146×15	146×13	490	570	219	73	0.867
	146×14	146×12	490	570	219	73	0.857
	146×13	146×11	490	570	219	73	0.846
220kV 耐张串(间隙短接 2 片绝缘子)	146×17	146×15	490	570	146	146	0.882
	146×16	146×14	490	570	146	146	0.875
	146×15	146×13	490	570	146	146	0.867
	146×14	146×12	490	570	146	146	0.857
	146×13	146×11	490	570	146	146	0.846
110kV 悬垂串(间隙短接 1.5 片绝缘子)	146×10	146×8.5	400	450	146	73	0.850
	146×9	146×7.5	400	450	146	73	0.833
	146×8	146×6.5	400	450	146	73	0.813
110kV 悬垂串(间隙短接 1 片绝缘子)	146×7	146×6	400	450	73	73	0.857
110kV 耐张串(间隙短接 1.5 片绝缘子)	146×10	146×8.5	400	450	146	73	0.850
	146×9	146×7.5	400	450	146	73	0.833
	146×8	146×6.5	400	450	146	73	0.813
110kV 耐张串(间隙短接 1 片绝缘子)	146×7	146×6	400	450	73	73	0.857

DL/T 1293—2013《交流架空输电线路绝缘子并联保护间隙使用导则》在其附录 B 中给出了 110～500kV 输电线路绝缘子并联保护间隙的典型电极结构,如图 8.34～图 8.41 所示[46]。220kV 绝缘子并联间隙的下并联间隙电极可为带豁口的椭圆形,在下并联间隙电极总长度的 1/3 处开始分叉,两分叉的夹角小于等于 45°,端部留有 25～35mm 的豁口。

第8章 绝缘子并联保护间隙

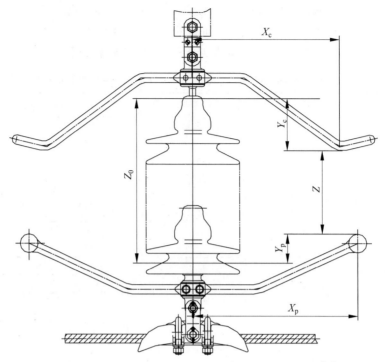

图8.34 110kV架空线路瓷(玻璃)绝缘子串并联间隙[46]

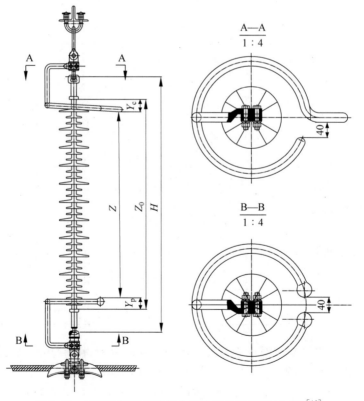

图8.35 110kV架空线路复合绝缘子并联间隙(A型)[46]

8.4 绝缘子并联保护间隙设计

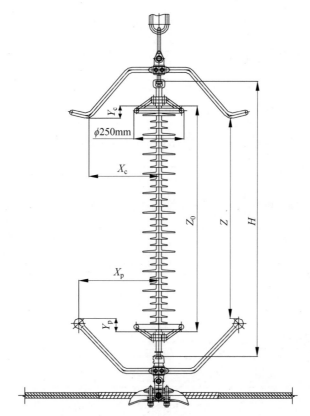

图 8.36　110kV 架空线路复合绝缘子并联间隙（B 型）[46]

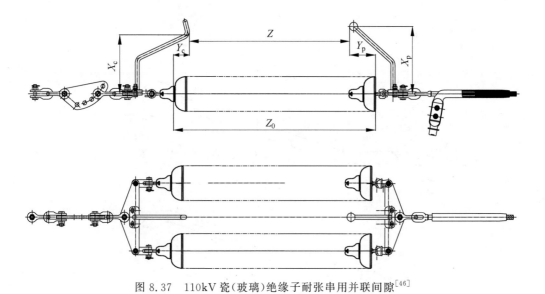

图 8.37　110kV 瓷（玻璃）绝缘子耐张串用并联间隙[46]

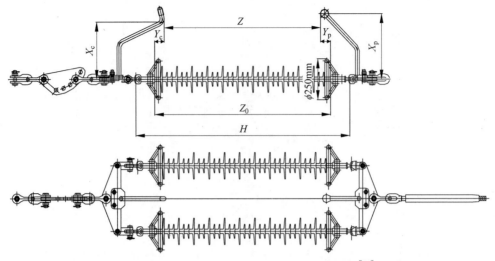

图 8.38　110kV 复合绝缘子耐张串用并联间隙[46]

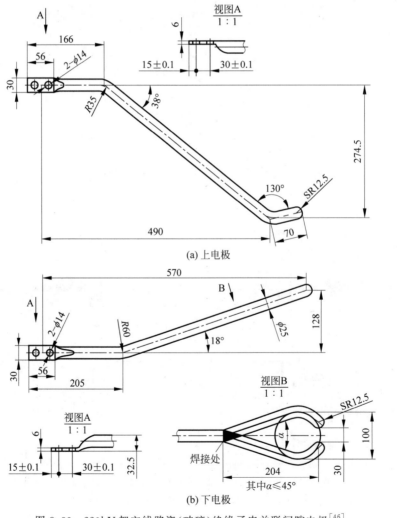

图 8.39　220kV 架空线路瓷(玻璃)绝缘子串并联间隙电极[46]

单位：mm

8.4 绝缘子并联保护间隙设计

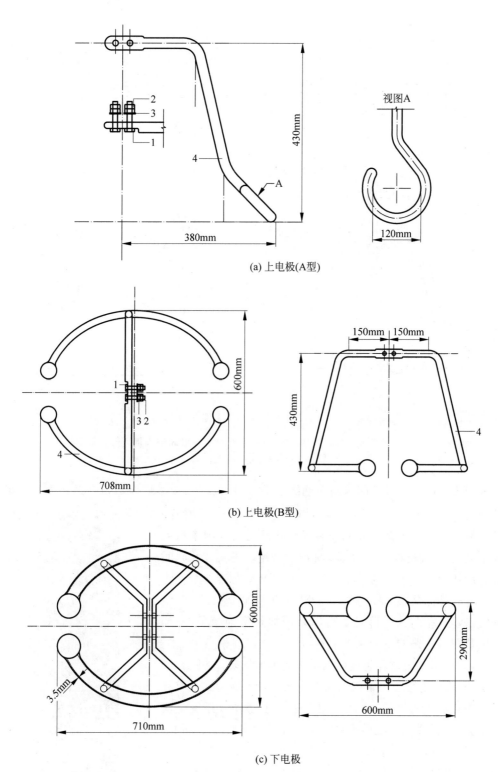

图 8.40　500kV架空线路瓷(玻璃)绝缘子串并联间隙电极[46]
1—螺杆；2—螺母；3—垫圈；4—电极

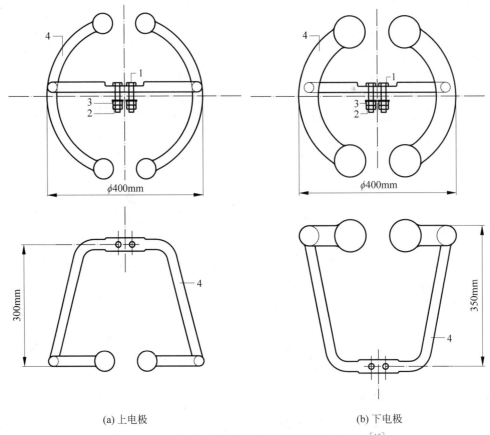

(a) 上电极　　　　　　　　(b) 下电极

图 8.41　500kV 架空线路复合绝缘子并联间隙电极[46]

1—螺杆；2—螺母；3—垫圈；4—电极

采用推荐的并联保护间隙具有绝缘子雷击闪络保护、转移疏导工频电弧和均匀电场分布的功能，但安装后会导致线路的雷击跳闸率有所增加。500kV 复合绝缘子安装并联间隙装置后线路雷击跳闸率最大提高幅度达 20% 左右[10]，220kV 标准复合绝缘子安装并联间隙装置后线路的雷击跳闸率增加 6.5%，110kV 标准复合绝缘子安装并联间隙装置后线路的雷击跳闸率增加 10.9%，但线路的雷击事故率将大大降低。可以采用加长型绝缘子，使加装间隙装置后线路的雷击跳闸率不增加[11]。

实际中使用的并联保护间隙的结构会更加复杂。如图 8.42 所示是 500kV 绝缘子并联保护间隙应用照片。该型式具有开口环形中最简单的结构，环体采用双边支撑会导致弧道电流由两个方向电流供给，使得弧根向环体端口运动变慢。500kV 复合绝缘子并联保护间隙最早于 2010 年 6 月 1 日在浙江溪浦 5446 线上投入试运行。

图 8.43 所示为 2010 年在广东试挂网运行的 220kV 悬垂复合绝缘子串的并联保护间隙。该型式下电极（高压侧）在结

图 8.42　500kV 输电线路绝缘子并联保护间隙

构上将并联保护间隙均压和引弧两部分功能分离,开口环起改善绝缘子末端电位分布的作用,带球头的棒形电极起接闪雷电的作用。

如图 8.44 所示为德国 RIBE 公司设计的 380kV 架空输电线路绝缘子串并联保护间隙[4]。与图 8.43 型式类似,只是将圆环均压环改成了椭圆环。其优点在于,如果装置顺着导线安装(即招弧棒方向和导线方向平行),能够在不改变相间绝缘距离的情况下,使放电电弧尽可能地远离绝缘子。

图 8.45 所示为德国 KP 公司设计的并联保护间隙[4]。将招弧棒和开口环的开口处焊接在一起,使得招弧棒不仅起引弧的作用,也起到支撑环体的作用,可以节省材料。但棒和环的连接处可能因为高温弧根灼烧导致脱焊。

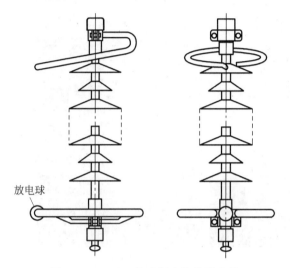

图 8.43 220kV 悬垂复合绝缘子串的并联保护间隙

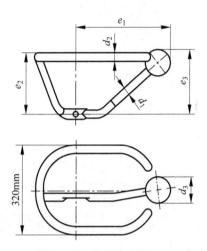

图 8.44 德国 RIBE 公司设计的 380kV 架空输电线路绝缘子串并联保护间隙[4]

如图 8.46 所示是华中科技大学研制的用于 500kV 输电线路悬垂四 I 串的并联保护间隙。上电极呈球拍状,下电极呈花瓣状[20]。日本 1000kV 架空输电线路悬垂双 I 串也采用类似结构[50]。

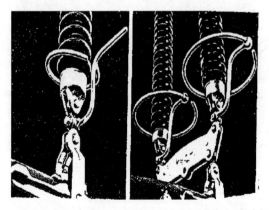

图 8.45 德国 KP 公司设计的并联保护间隙型式[4]

图 8.46 用于 500kV 输电线路悬垂四 I 串的并联保护间隙[20]

8.4.4 合成绝缘子并联保护间隙优化设计结构

国外并联保护间隙一般将绝缘子串短接较多,以确保雷击闪络发生在间隙之间,而不是发生在绝缘子表面。根据计算,这将导致线路的雷击跳闸率比规程值提高30%以上[47]。由于我国架空线路绝缘子串长度较国外短,因此不宜照搬国外经验,必须根据架空线路的实际情况进行设计。根据我国的线路绝缘子的实际情况,清华大学提出的新型并联保护间隙结构如图 8.47 所示。其为均压环和棒形间隙的结合体,安装时可以实现很少短接,甚至不短接合成绝缘子的绝缘距离。图 8.48 为下电极的局部放大图[2]。以 220kV 并联保护间隙为例,环棒结合型并联保护间隙的设计过程如下:

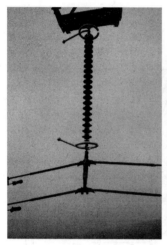  

(a) 单串合成绝缘子　　　(b) 双串合成绝缘子　　　(c) 玻璃绝缘子

图 8.47　优化设计的并联保护间隙安装在不同的绝缘子上[2]（见文前彩图）

(1) 并联保护间隙形状选择了环形,实现对绝缘子串的均压。

(2) 在均压环上设计了开口,实现电弧转移速度更快。根据仿真分析,15°的开口角得到的性能最为良好。

(3) 考虑到并联保护间隙受到空间开放电弧的机械力作用和热作用两方面的影响,设计截面大小时应留有充足的裕度,外径选择为 300mm,对应的表面电场强度不高于 25kV/cm。

图 8.48　优化设计的 220kV 并联保护间隙下电极实物[2]

(4) 短接距离选为两片绝缘子片长,即上下各 160mm,招弧球距均压环平面的高度差为 160mm。

(5) 招弧球直径选择为 40mm,其最高表面场强不高于 25kV/cm,符合电场强度的要求。

(6) 均压环管径选择为 40mm,其最高表面场强不高于 25kV/cm,符合电场强度的要求。

(7) 支撑杆上的招弧球主要用于引雷,其相对于其他部位短接距离较大,更容易接闪雷电。环体上的招弧球既可以防止雷电直击环体,也可以使电弧更快转移到末端,在拉弧的过程中更加能耐受电弧的烧蚀,保护环体。

新型并联保护间隙具有以下优点[2]:

(1) 正常运行时电极表面电场分布均匀,安装于 220kV 线路不产生可见电晕,起晕时的相电压有效值超过 200kV。

(2) 对高压输电线路复合绝缘子的保护成功率高,在不减少绝缘间隙的情况下,雷电波作用下电弧起始位置并联保护间隙电极间的概率接近 100%。

(3) 球电极区域放电概率高,在不减少绝缘间隙的情况下,雷电波作用下基本发生在球电极位置。

(4) 有利于电弧快速向远离绝缘子的方向移动。当放电位置在曲面环电极上时,电弧将迅速移动到球电极位置,10kA 电弧所需时间小于 30ms。

(5) 复合绝缘子安装并联保护间隙后干弧距离与设计干弧距离相同,装有并联保护间隙电极的复合绝缘子间隙绝缘强度基本不变。

(6) 并联保护间隙可耐受多次灼烧,雷击后不需要更换或维修。

8.5 并联保护间隙"导弧"性能分析

8.2 节分析了并联保护间隙的交流电弧运动的一些基本物理特性,为建立分析模型提供基本理论和具体参数。而实际的并联保护间隙的电极结构和参数都将导致其对交流电弧的"导弧"能力的不同。本节主要介绍不同的并联保护间隙的"导弧"性能的计算结果和实验结果。

8.5.1 电极倾角对电弧运动速度的影响

为了分析电极倾角对电弧运动速度的影响,对于相同的电极水平长度和间隙距离,设计两种不同结构的并联保护间隙,如图 8.49 所示[1]。结构 I 的上下两个电极从绝缘子串两侧开始向外延伸,一直保持水平形状,在端部向内弯折,形成间隙;结构 II 的上下两个电极则是从绝缘子串两侧水平向外延伸一段后,分别以 α 和 β 角度向内弯折,形成间隙。

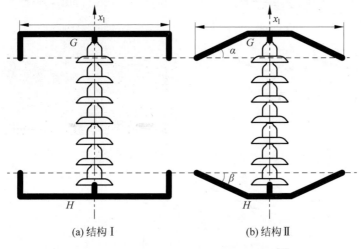

图 8.49 两种不同结构的并联保护间隙[1]

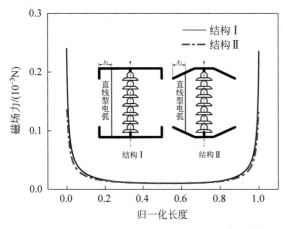

图 8.50 两种结构并联保护间隙直线型电弧所受磁场力[1]

可以从磁场力和电弧运动两个方面来分析并联保护间隙的"导弧"性能。

(1) 磁场力分析。对于结构Ⅰ和结构Ⅱ,假设电弧是理想的直线型,这样电弧本身对其各段产生的磁场力为零。此时,计算得到的电弧所受磁场力皆是由外部短路电流产生的。对于两种结构的并联保护间隙,当直线型电弧处于距离电极端部同样距离的位置时,电弧所受的沿水平方向的磁场力如图 8.50 所示[1]。结构Ⅰ电弧所受磁场力大于结构Ⅱ,特别是在电弧的两个弧根位置,前者几乎比后者大一倍。随着结构Ⅱ电极倾角的增大,二者磁场力的差距更加明显。由于电弧所受磁场力决定了电弧的运动速度,结构Ⅰ的电弧弧根运动速度将大大超过结构Ⅱ,而电弧整体的速度,前者也将大于后者。

(2) 电弧运动分析。假设初始电弧初始位置皆在距离电极端部相同距离的位置,即图 8.49 中的 GH 处。两种结构的并联保护间隙电弧的运动过程仿真结果如图 8.51 所示[1]。结构Ⅰ的电弧运动速度明显高于结构Ⅱ。当 $t=0.20\text{s}$ 时,结构Ⅰ的下弧根已经到达并联保护间隙电极端部,此时结构Ⅱ的下弧根还未运动到电极长度的一半距离。结构Ⅰ的上弧根在 $t=0.30\text{s}$ 时到达上电极端部,此时结构Ⅱ上弧根才运动到上电极长度的一半距离处。由于下弧根对弧柱运动的影响,结构Ⅰ的弧柱整体运动速度也高于结构Ⅱ。因此,上下电极倾角为零的并联保护间隙比上下电极有一定倾角的并联保护间隙具有更强的"导弧"性能。另外,间隙的距离没有改变,因此,其与绝缘子串的绝缘配合几乎不变,但均压性能可能有所降低。如果对并联保护间隙均压性能不做较多要求,并且安装形式满足要求,上下电极倾角为零的并联保护间隙结构无疑是一个比较优化的结构。

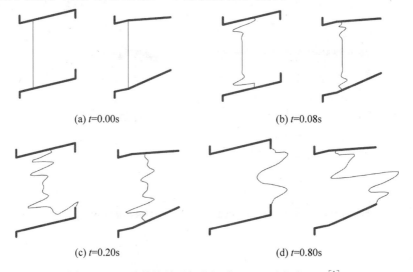

(a) $t=0.00\text{s}$　　(b) $t=0.08\text{s}$

(c) $t=0.20\text{s}$　　(d) $t=0.80\text{s}$

图 8.51 两种结构并联保护间隙电弧运动仿真过程[1]

8.5.2 复合绝缘子均压环"导弧"性能分析

由于复合绝缘子沿轴向电场分布很不均匀,在高压端会出现高场强区。如果其最大场强超过空气击穿场强,会发生严重的电晕放电,因此一般在复合绝缘子两端安装均压环。复合绝缘子的均压环不仅能够改善绝缘子端部场强和调整绝缘子串电压分布,同时还具有作为引弧装置的作用[6]。下面以500kV复合绝缘子均压环为例进行分析。

1. 复合绝缘子闭口均压环"导弧"性能[17]

500kV棒形悬式复合绝缘子一般采用在两端安装大小椭圆双环的形式,其中大均压环结构如图8.52所示[17]。500kV电压等级的大均压环的参数如下:均压环长为950mm、宽为400mm,双串中心距离为550mm,管径为120mm,高压侧环抬为160mm,低压侧环抬为80mm。分析中取短路电流有效值为40kA,持续时间0.1s。

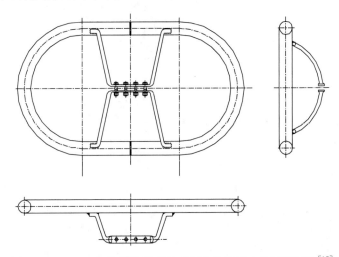

图8.52 500kV架空线路棒型悬式复合绝缘子大均压环结构[17]

对于500kV双I串和双V串棒形悬式复合绝缘子闭口均压环工频短路电弧,当初始位置出现在负荷侧时,仿真的工频短路电弧运动过程如图8.53和图8.54所示[17]。

500kV双I串和双V串闭口环工频短路电弧运动过程仿真结果表明,对于同样的初始短路电弧位置,双I串和双V串短路电弧的运动情况相似,具体如下[1]:

(1)当初始短路电弧出现在负荷侧时,短路电弧沿均压环运动,运动并不明显,主要在负荷侧左右徘徊,弧柱不断向外拉伸。

(2)当初始短路电弧出现在电源侧时,短路电弧沿着均压环向负荷侧运动,下弧根运动速度较快,弧柱运动较慢,上弧根由于受到弧柱的影响,运动速度较慢,弧柱不断向外拉伸。

(3)当初始短路电弧出现在其他位置时,短路电弧沿着均压环向负荷侧运动,上下弧根和弧柱运动速度都较快。当到达负荷侧后,短路电路沿着均压环在负荷侧左右徘徊。在此过程中,弧柱不断向外拉伸。

总体来说,500kV复合绝缘子闭口环"导弧"性能并不理想,无论初始短路电弧出现在负荷侧、电源侧还是其他位置,电弧总趋向于负荷侧运动。当电弧运动到负荷侧时,并不能

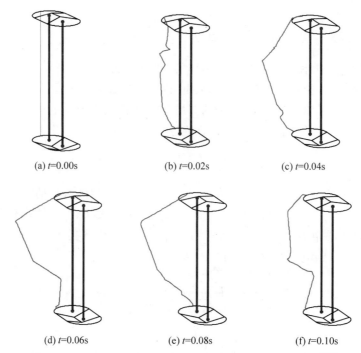

图 8.53　500kV 双 I 串闭口环工频短路电弧运动过程仿真[17]

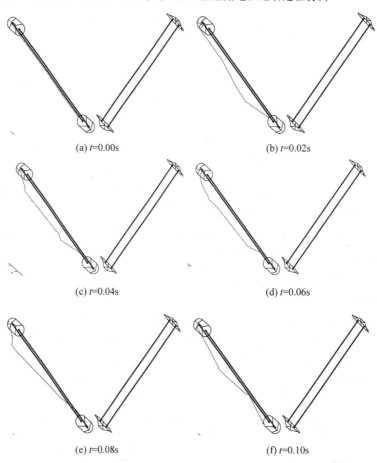

图 8.54　500kV 双 V 串闭口环工频短路电弧运动过程仿真[1]

稳定在负荷侧燃烧,而是继续沿着均压环向电源侧运动或者在负荷侧左右徘徊。特别是下弧根,更是可能再次到达电源侧。由于上下弧根不能同时稳定在负荷侧燃烧,从而造成绝缘子遭受弧柱灼烧的可能性增加。

2. 复合绝缘子开口均压环"导弧"性能[1]

可以采用开口均压环来改善均压环的"导弧"性能。开口环和闭口环的唯一区别是开口环在环体上留有一放电开口。就均压效果而言,二者之间并无明显差异。开口环由于在其开口处有较高的场强,因而具有较强的引弧作用,当线路产生过电压,且过电压值处于临界状态时,一般放电都发生在开口方向,而闭口环的放电并无明显规律。

对于闭口环来说,由于环体和支架对称布置,均压环上存在四个磁中性点。当弧根运动到这些磁中性点时,短路电流在均压环中对称分布,弧根产生的磁场相互抵消,弧根处于不稳定平衡状态,无法一直停留在磁中性点处,因此出现上面仿真结果中的"导弧"性能不理想的情况。

开口环设计思想是通过在环体上开口,改变电流的对称分布,从而消除均压环上的磁中性点,以保证短路电弧能在开口处稳定停留。由于线路产生的磁场力方向朝向负荷侧,因此只需在负荷侧开口即可,电源侧无须开口。

以750kV双I串棒形悬式复合绝缘子为例,对开口均压环的短路电弧运动过程进行仿真,对于初始位置分别出现在负荷侧开口端部、电源测和其他位置时,仿真的工频短路电弧运动过程如图8.55~图8.57所示[1]。

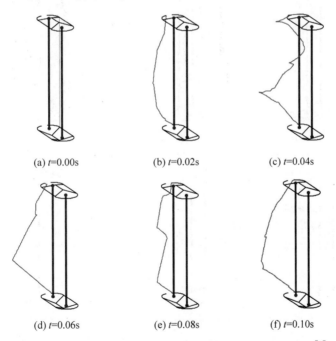

图8.55 750kV双I串开口环工频短路电弧运动过程仿真一[1]

双I串开口环工频短路电弧运动过程仿真结果表明[1]:

(1)当初始短路电弧出现在靠近负荷侧开口端部时,短路电弧沿着均压环向负荷侧运动,很快到达负荷侧开口端部处,并在此稳定燃烧。

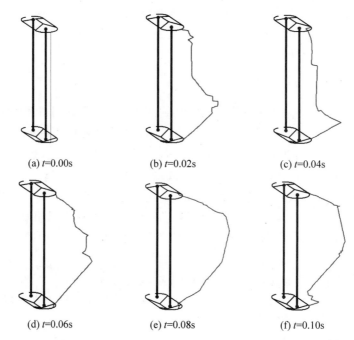

图 8.56 750kV 双 I 串开口环工频短路电弧运动过程仿真二[1]

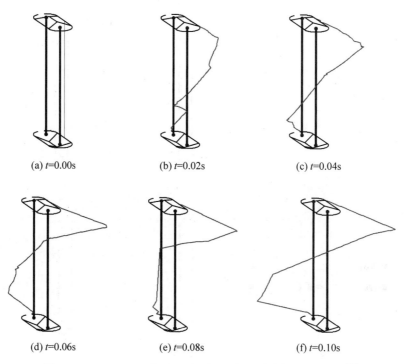

图 8.57 750kV 双 I 串开口环工频短路电弧运动过程仿真三[1]

(2) 当初始短路电弧出现在电源侧时,短路电弧沿着均压环向负荷侧运动,由于电弧受到向着电源侧的磁场力比闭口环时增大,因此运动速度较慢,并未到达负荷侧开口端部。

(3) 当初始短路电弧出现在其他位置时,短路电弧沿着均压环向负荷侧运动,由于电弧受到的向着电源侧的磁场力比闭口环时增大,运动速度较慢,因此虽然下弧根到达并停留在负荷侧开口端部,但弧柱和上弧根并未到达负荷侧开口端部。

总体来说,开口环"导弧"性能如下:无论初始短路电弧出现在负荷侧、电源侧还是其他位置,电弧总趋向于负荷侧运动。当电弧运动到负荷侧时,能够稳定在负荷侧燃烧。相较而言,开口环的"导弧"性能较闭口环要理想。因此,在国外一些复合绝缘子生产厂家中,与复合绝缘子相配套使用的均压环几乎全部都是开口环。

8.5.3 并联保护间隙放电定位率

招弧率为衡量并联保护间隙接闪雷电能力的基本要求指标,含义为 10 次闪络中发生在上下电极间的比例。定位率为 10 次闪络发生在定位球或招弧棒的比例,该指标是对并联保护间隙电极装置提出的更高要求。

对样品进行 10 次雷电冲击电压放电实验,实验采用高速摄像机记录,拍摄速度为 50000 帧/秒,即图像时间间隔为 20μs。图 8.58 选取了 500kV 环形并联保护间隙的雷电冲击闪络从起弧到击穿再到熄弧整个过程中的典型图片[2]。

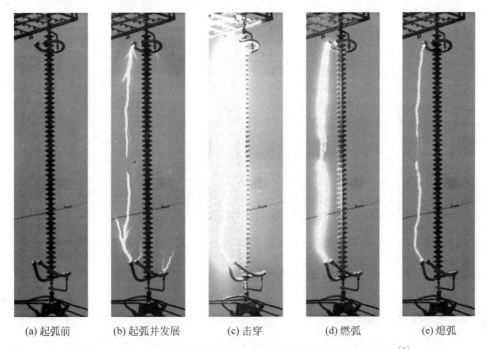

(a) 起弧前　(b) 起弧并发展　(c) 击穿　(d) 燃弧　(e) 熄弧

图 8.58　500kV 环形并联保护间隙雷电冲击电压放电闪络过程[2]

一方面,利用 10 次放电实验的图像统计起弧发生在定位球或招弧棒的比例(即招弧率)可以评价样品的引弧效果。另一方面,通过观察放电起始的图片,能够比较样品型式在改变某一结构参数时,放电起始特点的变化。

以图 8.59 所示的优化设计的电极为例来分析招弧效果。220kV 优化设计的环棒结合的并联保护间隙的下电极参数为:$D=400\text{mm}$,$\Phi=50\text{mm}$,$d_1=60\text{mm}$,$\theta=15°$,$h=146\text{mm}$(保持环体平放,没有倾斜)。上电极与下电极相比,参数均保持一致。上下电极环体位置与复合绝缘子第一个大伞齐平(与出厂自带的均压环位置相同),间隙距离 $H=2000\text{mm}$。

图 8.59 展示了该样品 10 次闪络的击穿路径图像[2]。

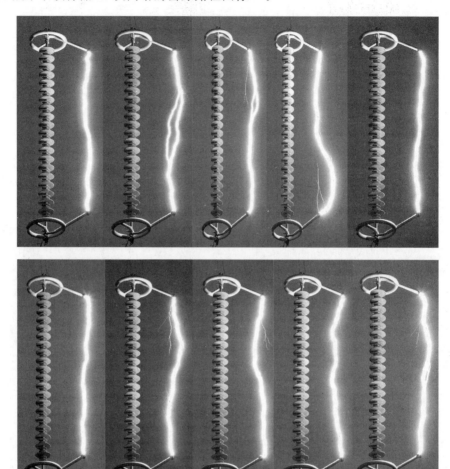

图 8.59　220kV 优化设计的环棒结合的并联保护间隙 10 次闪络的击穿路径图像[2]

10 次放电起弧均同时发生在上下电极的定位球上，故该样品的招弧率为 100%，定位率为 100%。不同的并联保护间隙样品在不同结构参数下的定位率统计结果见表 8.4[2]。并联保护间隙环体位置与原有绝缘子均压环相同。

表 8.4　四种 220kV 优化设计的环棒结合的并联保护间隙样品的定位率统计[2]

实验编号	样品形式	关键参数	定位率/%
1	开口环	$D=400$mm，下电极 $\theta=15°$，上电极 $\theta=30°$	40
2		$D=400$mm，下电极 $\theta=45°$，上电极 $\theta=30°$	40
3		$D=500$mm，下电极 $d_1=50$mm，上电极 $d_1=60$mm	90
4		$D=500$mm，下电极 $d_1=60$mm，上电极 $d_1=50$mm	40
5		$d_1=50$mm，下电极 $D=600$mm，上电极 $D=500$mm	60
6		$D=500$mm，$h=30$mm	60
7		$D=500$mm，$h=100$mm	80

续表

实验编号	样品形式	关键参数	定位率/%
8	开口环加招弧棒	$L=0\mathrm{mm}, h=0\mathrm{mm}$	30
9		$L=0\mathrm{mm}, h=100\mathrm{mm}$	70
10		$L=0\mathrm{mm}, h=150\mathrm{mm}$	100
11		$L=0\mathrm{mm}, h=200\mathrm{mm}$	100
13	均压引弧环一	$h=20\mathrm{mm}$	90
14		上下电极 $L_1=450\mathrm{mm}, L_2=350\mathrm{mm}, h=25\mathrm{mm}$	80
15		上下电极 $L_1=450\mathrm{mm}, L_2=350\mathrm{mm}, h=100\mathrm{mm}$	70
16		下电极 $L_1=430\mathrm{mm}, L_2=350\mathrm{mm}, h=30\mathrm{mm}$ 上电极 $L_1=350\mathrm{mm}, L_2=300\mathrm{mm}, h=30\mathrm{mm}$	70
17	均压引弧环二	下电极 $L_1=350\mathrm{mm}, L_2=250\mathrm{mm}, h=0\mathrm{mm}$ 上电极 $L_1=300\mathrm{mm}, L_2=200\mathrm{mm}, h=20\mathrm{mm}$	30
18		$h=20\mathrm{mm}$	80
19		下电极 $L_1=350\mathrm{mm}, L_2=250\mathrm{mm}, h=80\mathrm{mm}$ 上电极 $L_1=300\mathrm{mm}, L_2=200\mathrm{mm}, h=20\mathrm{mm}$	80

根据实验结果和图8.59,可得出以下结论[2]:

(1) 18组实验,接近200次放电,所有闪络均发生在上下电极,招弧率为100%。闭口均压环的雷电冲击电压放电实验表明,均压环安装在出厂位置时(与复合绝缘子第一个大伞位置齐平,保持绝缘距离与出厂时相同)招弧率也为100%。所以在复合绝缘子上安装并联保护间隙电极装置,在不改变原来绝缘距离的前提下,就能达到接闪雷电的效果,从而保护绝缘子。在这一点上与瓷绝缘子有很大差别。瓷绝缘子上安装电极时,需要将间隙短接到原来的75%,才能保证96%的效果。

(2) 实验结果表明,无论何种样品型式,只需使球头突出环平面的距离达150mm或以上时,就能保证大部分放电时,起弧点被定位在预设位置。短接距离 h 增加到30mm时,定位率达到100%。

(3) 当开口环环径 D 由500mm增大到600mm时,定位率降低,从90%降低到60%。说明环径增大,定位球上放电发展对环体表面放电的抑制作用减弱,因此选用400mm的开口环环径。

(4) 增大开口环的开口角度 θ 对定位率基本没有影响。虽然增大开口角度能加大定位球和环体的场强差值,但 $1\sim 2\mathrm{kV/cm}$ 的变化对定位率的提高几乎没有帮助。

(5) 定位球直径 $d_1=80\mathrm{mm}$ 比60mm有更高的定位率。定位球直径 d_1 从60mm增加到80mm,定位率从40%提高到90%。将招弧棒的球头水平向外伸出(改变 L)的定位闪络效果远不如沿绝缘子串方向让球头突出环平面(增大 h)明显。其原因是加大球头直径直接增加了球头最高点和环面的垂直距离,创造出空间上的领先优势,比通过减小球头直径来增大球和环体两者场强差值效果明显。同理,招弧棒水平向外伸出,增大了球头场强,但定位率仅为10%。

研究表明,提高招弧电极定位率的最关键参数是球头沿绝缘子方向突出环体表面的垂直距离 h。

经过大量的实验研究后,确定了较优的220kV电极结构型式,定位球到绝缘子的水平

距离 L 均为 400mm,定位球与环面垂直距离均为 150mm,球头位置与原有绝缘子均压环位置相同,即绝缘短接距离为零。图 8.60 为优化后电极的 10 次间隙放电图像[2],其 10 次放电的闪络路径均被定位在上下电极的球头处,定位效果很理想。此外,对比实验发现,在相同的情况下,开口环电极 10 次放电只有 2 次被定位在电极球头上,定位效果较差,所以样品的定位效果优于开口环。

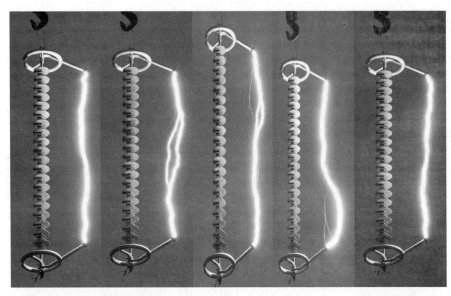

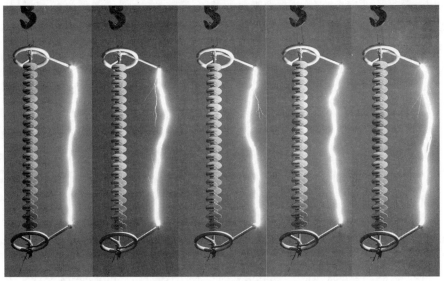

图 8.60 优化并联保护间隙的 10 次闪络的击穿路径图像[2]

8.5.4 不同环状电极的电弧运动特性

小电流实验时,开口环的安装方向背向负载侧。此时电弧的电动力方向朝向负载侧,开口环的开口方向与导线方向平行,导线和环体中电流产生磁场使电弧受到电动力作用,不考虑热浮力和风力作用时,该电动力理论上使电弧背向开口处运动。图 8.61 是从一段录像中截取的 5 帧图像[2],比较典型地描述了小电流电弧的运动特性。

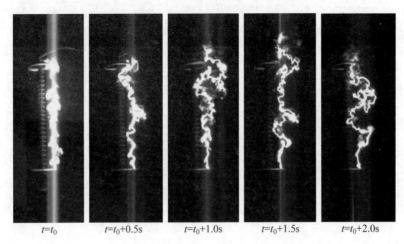

图 8.61　小电流电弧运动过程[2]

初始燃弧位置位于上下电极的环体时,电弧的下弧根基本保持静止不动,弧柱主要受热浮力作用呈现垂直方向上的不规则变化。由于弧柱在变化过程中容易和上电极发生短路而造成上弧根的跳跃,所以上弧根的运动主要受弧柱影响,呈现随机特性。

观察实验后上下电极受电弧灼烧后的痕迹,如图 8.62 所示[2],图 8.62(a)为下电极表面灼烧痕迹,图 8.62(b)为上电极表面灼烧痕迹。下电极的灼烧痕迹连成一片,且沿电动力方向有序排列,说明下弧根并非静止不动,而是从电弧初始位置缓慢稳定地往所受电动力方向(左)推进,2s 左右的时间内移动距离约为 5cm。上电极表面上没有连成一片的烧痕,呈现散乱细小的灼烧斑点,说明上弧根运动不稳定,在电极表面随机跳动。可见,60A 小电流作用下,在燃弧的 2s 时间里,下弧根从初始燃弧位置缓慢稳定地向前推进几厘米的距离,弧柱主要受热浮力作用呈现垂直方向上的不规则变化。

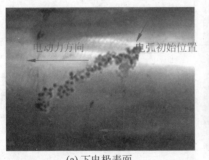 

(a) 下电极表面　　　　　　　　(b) 上电极表面

图 8.62　上下电极表面灼烧痕迹[2] (见文前彩图)

大电流与小电流电弧运动特性相比,其显著区别在于弧根的运动速度。如图 8.63 所示[2],其燃弧位置在环体上,在 10kA 电流时,上下弧根均受到电动力推动产生显著的运动,上下弧根在电弧 10ms 时刻(图 8.63(b)),均运动到了接近球头电极处。此外,观察大电流电弧的运动特性时发现,下弧根存在明显的回跳现象。如图 8.64 所示[2],箭头标记 t_0 时刻电弧所在位置,从 t_0 到 $t_0+0.6$ms 时刻,电弧快速沿电动力方向运动,但在 $t_0+1.0$ms 时

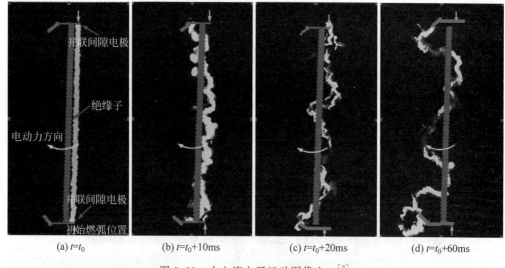

图 8.63 大电流电弧运动图像之一[2]

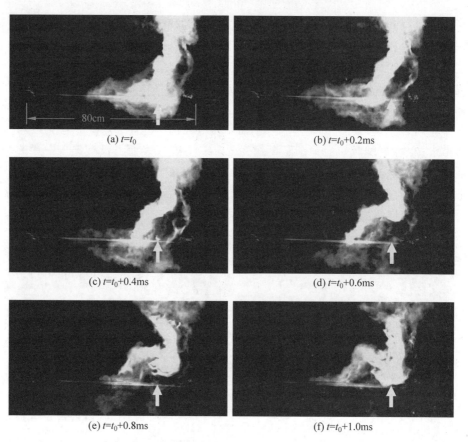

图 8.64 下弧根运动图像[2]

刻,电弧跳回到 t_0 时刻标记的位置。

与小电流电弧现象类似,在大电流情况下,上弧根仍因弧柱受热浮力随机飘动与上电极发生短接而产生跳动,图 8.63(c)中,上弧根跳回了初始燃弧位置附近。

弧柱的运动特性与小电流时也有相近之处,即弧柱在开放的大气环境中都呈现一个弯来弯去的形状,并且复杂的弯曲形状在不停地变化。但区别也很明显,弧柱沿电动力方向。分析其原因,大电流电弧的弧柱一方面受电动力作用,沿理论电弧运动轨迹朝球头方向运动,但运动落后于弧根;另一方面靠近弧根部分的弧柱段受到了快速运动的下弧根的积极"拉动"。这是因为领先的弧根使得弧柱将要到达的前方的空气加热,为新电弧通道的形成提供足够的热量,减小弧柱向前运动的空气阻力,从而积极"拉动"了弧柱向前运动。图 8.63(d)显示,尽管上下弧根都稳定在球头电极上,但由于部分弧柱的运动明显滞后于弧根,使得电弧对绝缘子造成伤害,保护效果不佳。

当电弧起始位置位于并联保护间隙电极的球头时,电弧运动情况如图 8.65 所示[2]。0.2s 的时间内,上下弧根均稳定在球头处,弧柱随机飘动现象明显。图 8.65(c)显示弧柱与绝缘子伞群有一定接触,对绝缘产生烧蚀作用,图 8.65(d)显示弧柱有沿电动力方向向外吹弧的趋势,使得电弧远离绝缘子。

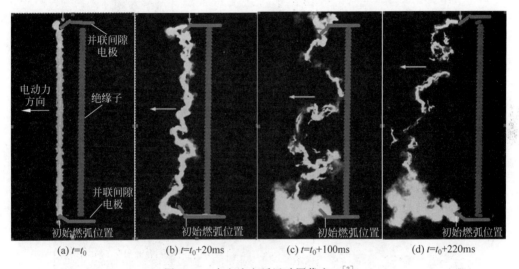

图 8.65 大电流电弧运动图像之二[2]

总体来说,在大电流情况下,弧根运动速度很快,在 10ms 内从环体表面距离球头最远处沿电动力方向转移到球头处。弧柱的运动受电动力和弧根"拉动"两方面的作用朝球头方向运动,但运动明显滞后于弧根,使得弧根尽管快速运动到球头,但因为下弧根的回跳现象和上弧根的短接跳跃现象,使得弧根又重新回到初始燃弧位置,如此反复运动使得电弧对绝缘子产生烧蚀伤害。当电弧起始位置位于上下电极球头时,在 0.2s 时间内,上下弧根一直稳定在电极球头上,弧柱因为随机飘动对绝缘子产生轻微的伤害。

下弧根交替出现阳极弧根和阴极弧根。在阳极弧根出现的工频半个周期内,弧根沿洛伦兹力方向向前推进;在阴极弧根出现的半个周期内,弧根停滞不前。

重新观察图 8.62 中下弧根的烧蚀痕迹,共有 80 个左右总体轨迹相对清晰但排列较不规则的圆斑。这是因为阴极弧根在半周期内停滞不前,造成电极表面金属熔化,产生圆斑。在接下来的半个周期内,阴极弧根变成阳极弧根,并移动到下一个圆斑位置,移动的过程中在电极表面停留的时间不足以使金属熔化。再接下来半个周期,阳极弧根变成阴极弧根,熔化金属表面留下圆斑。就这样周而复始,在 2s 左右的时间内留下 80 余个圆斑(工频电流弧根交替变换周期为 20ms,理论上 2s 产生 100 个圆斑)。从圆斑的排列看,弧根总体运动方

向为 x 方向，与电动力主要分量的方向一致，但在 y 方向上也发生了一定的偏移，并且 y 方向上偏移并非一直保持同一方向，呈现一定的随机特性。

弧根运动速度大小正比于电弧电流大小。小电流燃弧实验中维持 2s 左右 65A 的电弧电流，下弧根在 x 方向上运动了 5cm 左右，可知其速度约为 2.5cm/s。进一步通过观察大电流电弧的拍摄图像，从图 8.65 可估算得到下弧根的运动速度为 8cm/ms，即 8000cm/s。

上电极的不规则跳动使得电弧难以被稳定地控制在开口球头电极或招弧棒的球头上。图 8.66 分别展示了闭口均压环和不同样品上电极小电流电弧运动情况[2]，图中初始燃弧位置在端口球头电极上。经过比较发现对弧根控制相对较好的是最后一种，即带单招弧电极的均压环设计。

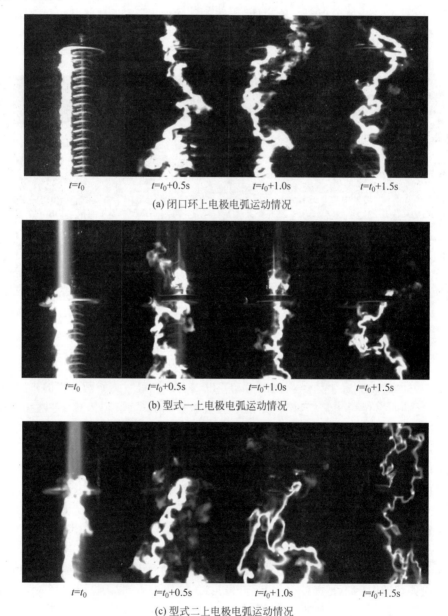

(a) 闭口环上电极电弧运动情况

(b) 型式一上电极电弧运动情况

(c) 型式二上电极电弧运动情况

图 8.66 闭口环及四种样品电极的电弧运动特性[2]

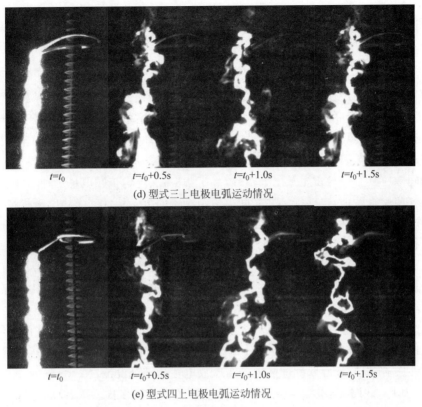

图 8.66(续)

对于型式四,球头水平向外伸出较多,与绝缘子中心的水平距离为 350~400mm。上弧根大部分时间被控制在电极端口的球头或者球头附近,即使弧柱与电极的环体发生短接使得上弧根暂时离开球头,由于弧柱中段受热浮力迅速往上运动,在很短的时间内,弧柱与球头便会接触,使得上弧根重新回到球头,此过程如图 8.67 所示[2]。在燃弧的 2s 时间内,这种型式只有在很少的时间内出现电弧弧柱与绝缘子表面接触的情况。说明在无风情况下,当球头与绝缘子中心水平距离为 400mm 以上时,可以使弧柱与绝缘子较少地发生接触,尽量减少电弧对绝缘子的热破坏。

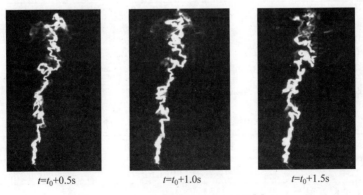

图 8.67 上弧根跳跃过程图像[2]

8.6 并联保护间隙与绝缘子的雷电冲击绝缘配合及防雷效果

8.6.1 与绝缘子的雷电冲击绝缘配合

并联保护间隙的工作原理要求并联间隙的距离小于绝缘子串的串长。架空线路遭雷击时，绝缘子串上产生很高的雷电过电压，但因保护间隙的雷电冲击放电电压低于绝缘子串的放电电压，故保护间隙首先放电。接续的工频电弧在电动力和热应力作用下，通过并联间隙所形成的放电通道被引至招弧角端部，固定在招弧角端部燃烧，从而保护绝缘子免于电弧灼烧。并联间隙应具有引导雷电放电、转移疏导工频电弧、均匀工频电场三种功能。这需通过一系列电气实验来验证，包括安装并联间隙后绝缘子的电晕特性和无线电干扰特性实验、工频大电流燃弧特性实验、不同长度复合绝缘子安装并联间隙后雷电冲击50%放电电压和雷电冲击伏秒特性实验。

并联保护间隙应与被保护的绝缘子串实现雷电冲击伏秒特性的配合。为了确保放电大部分在保护间隙发生，并联间隙雷电冲击（波头时间在 2~10μs）伏秒特性比被保护绝缘子（串）的雷电冲击伏秒特性至少低 10%。

架空线路并联间隙装置的设计，首先要保证其雷电冲击放电发生在并联间隙装置上，同时又不能造成线路雷击跳闸率明显地升高。为此进行了雷电冲击50%放电电压和雷电冲击伏秒特性实验，以验证并联间隙装置的雷电放电性能满足设计。

对于 110kV 线路，其绝缘子串型、串长和安装方式多种多样。单、双联绝缘子雷电冲击50%放电电压和雷电冲击伏秒特性相差不大，数据均在系统测量误差范围内，可忽略不计。双联绝缘子串分别为 FXBW4-110/100-1340、FXBW4-110/100-1240，上下端都安装均压环。二者的雷电冲击50%放电电压分别为 763kV 和 728kV，实测绝缘距离分别为 1135mm 和 1040mm。双联复合绝缘子雷电冲击伏秒实验结果见表 8.5。

表 8.5　双联绝缘子串雷电冲击伏秒实验结果

双联复合绝缘子 FXBW4-110/100-1340	时间/μs	10.27	7.06	4.76	3.51	2.34	—
	电压/kV	733	787	870	934	1056	—
双联复合绝缘子 FXBW4-110/100-1240	时间/μs	10.02	8.43	6.91	5.26	3.52	2.32
	电压/kV	812	825	846	918	1014	1167

安装并联间隙装置后，复合绝缘子雷电冲击50%放电电压实验结果见表 8.6。从拍摄到的照片可以看出，安装并联间隙后放电路径均在电极上，如图 8.68 和图 8.69 所示。从实验得到的数据可以看出，复合绝缘子安装并联间隙装置后雷电冲击50%放电电压均低于不安装并联间隙装置时的数值。

表 8.6　双联复合绝缘子安装并联间隙后雷电冲击 $U_{50\%}$ 实验结果

试品名称	FXBW4-110/100-1340		FXBW4-110/100-1240	
	实测间隙距离/mm	$U_{50\%}$/kV	实测间隙距离/mm	$U_{50\%}$/kV
直线串带并联间隙方案一	965	623	920	616
直线串带并联间隙方案二	1020	626	925	603

续表

试品名称	FXBW4-110/100-1340		FXBW4-110/100-1240	
	实测间隙距离/mm	$U_{50\%}$/kV	实测间隙距离/mm	$U_{50\%}$/kV
直线串带并联间隙方案三	1010	635	910	570
耐张串带并联间隙方案	1010	641	915	589

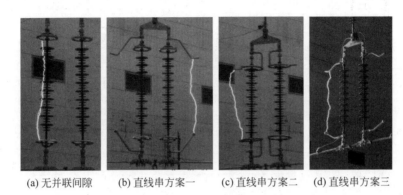

(a) 无并联间隙　　(b) 直线串方案一　　(c) 直线串方案二　　(d) 直线串方案三

图 8.68　双联绝缘子安装并联间隙前后的雷电冲击放电路径

图 8.69　双联绝缘子安装并联间隙后雷电冲击放电路径（耐张串方案）

对两种串长复合绝缘子，安装并联间隙装置后雷电冲击 50% 放电电压降低幅度不同。对三种直线串安装方案，FXBW4-110/100-1340 绝缘子的雷电冲击 50% 放电电压降低 16.8%～18.3%，FXBW4-110/100-1240 绝缘子的雷电冲击 50% 放电电压降低 15.4%～21.7%。三种并联间隙型式对放电电压影响程度不同。对 FXBW4-110/100-1340 绝缘子，三种并联间隙型式对放电电压的影响基本一致；对 FXBW4-110/100-1240 绝缘子，由于绝缘子串被并联间隙短接的距离所占比例较大，故并联间隙对放电电压的影响更加明显，且由于第三种并联间隙对电场的畸变较前两种型式严重，其数值下降最多。对于线路耐张串的安装方案，FXBW4-110/100-1340 绝缘子雷电冲击 50% 放电电压降低 15.9%，FXBW4-110/100-1240 绝缘子雷电冲击 50% 放电电压降低 19.1%。

两种长度的复合绝缘子安装并联间隙前后的雷电冲击伏秒特性实验结果见表 8.7。

表 8.7 雷电冲击伏秒特性实验结果

直线串方案一	FXBW4-110/100-1340	时间/μs	8.47	6.47	4.96	3.33	1.75	—
		电压/kV	675	679	721	803	1008	—
	FXBW4-110/100-1240	时间/μs	11.13	6.93	4.06	2.31	1.40	—
		电压/kV	626	648	725	851	1030	—
直线串方案二	FXBW4-110/100-1340	时间/μs	9.65	6.99	4.96	3.93	2.43	—
		电压/kV	659	704	770	822	987	—
	FXBW4-110/100-1240	时间/μs	11.20	9.13	5.72	3.68	2.62	2.12
		电压/kV	639	643	703	787	885	943
直线串方案三	FXBW4-110/100-1340	时间/μs	9.35	7.02	6.11	4.40	3.18	2.11
		电压/kV	654	675	695	761	845	985
	FXBW4-110/100-1240	时间/μs	8.32	7.25	5.73	4.39	2.92	1.96
		电压/kV	583	600	624	667	783	917
耐张串方案	FXBW4-110/100-1340	时间/μs	10.83	8.31	6.48	4.82	2.94	2.17
		电压/kV	642	664	678	721	847	974
	FXBW4-110/100-1240	时间/μs	8.25	6.00	4.84	2.73	1.97	8.25
		电压/kV	613	639	675	816	960	613

两种串长的复合绝缘子安装并联间隙装置后雷电冲击伏秒特性均低于不安装并联间隙装置时的数值,并联间隙可起到在雷电过电压下保护复合绝缘子的作用。安装并联间隙装置后,复合绝缘子的雷电冲击伏秒特性降低 15%~20%。这主要是由于并联间隙装置减小了绝缘距离。另外,并联间隙端部为球头造成局部电场有略微的畸变,也会使放电电压有所降低。

图 8.70 所示为 110kV 绝缘子串及并联间隙雷电冲击伏秒特性曲线[9]。为了便于安装间隙,在绝缘子串两端分别加装连接金具,然后将间隙安装在连接金具上。安装完成后,间隙实际短接绝缘子串长度约 19%。经校核,该短接距离满足线路电气距离的设计要求。可以看出,无论是正极性还是负极性的雷电冲击,并联间隙和绝缘子串均能形成良好的绝缘配合。

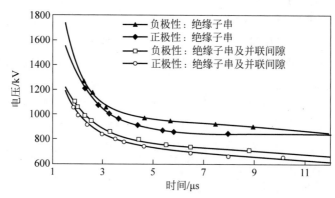

图 8.70　110kV 绝缘子串及并联间隙雷电冲击伏秒特性曲线[9]

图 8.71 所示为 220kV 绝缘子串及并联间隙雷电冲击伏秒特性曲线[47]。从图中可以看出,并联间隙对绝缘子起到了很好的保护作用。

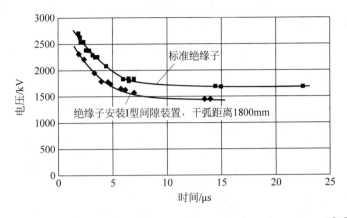

图 8.71　220kV 复合绝缘子安装并联间隙前后伏秒特性实验曲线[47]

不同长度的 500kV 合成绝缘子和瓷绝缘子串安装并联间隙装置前后合成绝缘子和瓷绝缘子串雷电冲击 50% 放电电压结果见表 8.8[51]。安装并联间隙后放电路径均在均压引弧环上。不论是瓷绝缘子串还是合成绝缘子,安装并联间隙后雷电冲击 50% 放电电压均低于不安装并联间隙装置时的数值。实验结果表明,瓷绝缘子串安装并联间隙装置后雷电冲击 50% 放电电压降低 80~100kV(约占 5%),原因是原 500kV 瓷绝缘子串不带上均压环,并联间隙装置将上端绝缘距离短接了约 310mm。合成绝缘子安装并联间隙装置后雷电冲击 50% 放电电压降低的较少,约 50kV(约占 2%),原因是原 500kV 合成绝缘子带上下均压环,并联间隙只将绝缘距离短接约 30mm,短接的 30mm 是由并联间隙端部的球头直径大于原均压环直径所致。另外,并联间隙为开口圆环,端部为球头,会造成局部电场略微的畸变,使放电电压有所降低。间隙距离与雷电冲击 50% 放电电压值之间具有较好的线性关系。可见,安装并联间隙装置对 500kV 线路绝缘子串的雷电冲击 50% 放电电压的影响很小。

表 8.8　500kV 绝缘子安装并联保护间隙前后的雷电冲击 $U_{50\%}$ 放电电压实验结果[51]

		片数/片	32	28	26
仅下端安装均压环	瓷绝缘子串	绝缘距离/mm	4875	4255	3945
		雷电冲击 $U_{50\%}$/kV	2710	2377	2230
上下两端安装均压环	合成绝缘子	长度/mm	4960	4360	4050
		绝缘距离/mm	4538	3938	3628
		雷电冲击 $U_{50\%}$/kV	2695	—	2162
安装并联间隙装置	瓷绝缘子串	片数/片	32	28	26
		绝缘距离/mm	4540	3920	3610
	合成绝缘子	长度/mm	4960	4360	4050
		绝缘距离/mm	4510	3910	3600
		雷电冲击 $U_{50\%}$/kV	2654	2278	2095

对不同长度的合成绝缘子和瓷绝缘子串,安装并联间隙前后的雷电冲击伏秒特性进行了实验,见表 8.9。安装并联间隙后放电路径均在均压引弧环上。不论是瓷绝缘子串,还是合成绝缘子,安装并联间隙装置后雷电冲击伏秒特性均低于不安装并联间隙。安装并联间隙装置后,瓷绝缘子串和合成绝缘子的雷电冲击伏秒特性降低约 5%。可见,安装并联间隙装置对 500kV 线路合成绝缘子的雷电冲击伏秒特性影响较小。

表 8.9 500kV 绝缘子安装并联保护间隙前后的雷电冲击伏秒特性实验结果[51]

绝缘子			并联间隙装置	项目	伏秒特性			
类型	串长	绝缘距离			1	2	3	4
瓷绝缘子串	32 片	4875	带均压环	时间/μs	4.8	5.35	6.17	6.85
				电压/kV	3724	3667	3565	3500
	32 片	4540	带并联间隙	时间/μs	3.66	4.24	5.25	7.18
				电压/kV	3790	3692	3552	3296
合成绝缘子	4050mm	3628	带均压环	时间/μs	4.0	5.0	7.2	8.0
				电压/kV	3027	2843	2589	2555
	4050mm	3600	带并联间隙	时间/μs	3.07	3.67	4.76	7.12
				电压/kV	3134	2992	2770	2523
	4960mm	4538	带均压环	时间/μs	4.36	5.75	6.93	9.01
				电压/kV	3717	3476	3300	3121
	4960mm	4510	带并联间隙	时间/μs	3.76	4.78	5.83	8.36
				电压/kV	3749	3541	3323	3112

8.6.2 采用并联保护间隙后的线路防雷效果

如果在输电线路现有绝缘配置的基础上安装并联间隙,将缩短绝缘距离,这将导致线路的雷击跳闸率增加,增加的幅度与缩短的绝缘距离直接相关。中国电力科学研究院对 500kV 典型杆塔安装定型设计的并联间隙前后线路雷击跳闸率进行了比较计算[51]。

对于合成绝缘子,并联间隙采用开口环状的均压引弧环,均压引弧环和绝缘子的相对位置与均压环和绝缘子的相对位置一致。瓷悬垂绝缘子的下均压引弧环和原均压环的相对位置一致,瓷绝缘子的上均压引弧环短接 2 片绝缘子(0.31m)。合成绝缘子的均压引弧环虽然位置和原均压环一致,但由于采用了开口环形,会造成局部电场略微的畸变,使放电电压有所降低。计算中杆塔工频接地电阻取 10Ω,杆塔接地电阻雷电冲击系数为 0.7,雷电冲击 $U_{50\%}$ 放电电压采用实验获得的曲线。计算结果见表 8.10。表中雷击跳闸率的升高比例一列,是安装并联间隙后线路雷击跳闸率比原安装均压环的线路雷击跳闸率增加的百分比,上行数字为平原线路升高比例,下行数字是丘陵地区升高比例。安装并联间隙后,线路雷击跳闸率较原雷击跳闸率增加了 0.05~0.31 次/(100km·a)不等,原雷电性能差的杆塔安装并联间隙后,线路雷击跳闸率增加幅度小。可见在雷电性能差的杆塔上安装并联间隙对线路运行的影响是可接受的。如果增加绝缘强度再安装并联间隙,使安装并联间隙后的线路的雷电冲击 $U_{50\%}$ 大于等于未安装前线路的雷电冲击 $U_{50\%}$,可将雷击跳闸率限制到原有的水平。

8.6 并联保护间隙与绝缘子的雷电冲击绝缘配合及防雷效果

表 8.10 500kV 典型杆塔安装并联间隙前后的雷击跳闸率（年 40 雷电日）[51]

塔型	采用的绝缘子	安装均压环或并联间隙	绝缘距离/m	雷电 $U_{50\%}$/kV	反击耐雷水平/kA		反击跳闸率 [次/(100km·a)]		绕击跳闸率 [次/(100km·a)]		总雷击跳闸率 [次/(100km·a)]		地形	雷击跳闸率的升高比例/%	
					单回	双回	单回	双回	单回	双回	单回	双回		单回	双回
同塔双回															
SZT41-42	4360mm 长合成绝缘子	均压环	3.94	2350	158	236	0.136	0.035	0.016		0.152	0.035	平原	20	21
							0.204	0.053	0.135		0.339	0.053	丘陵	/	/
	28 片双伞型瓷绝缘子	并联间隙	3.91	2278	151	224	0.162	0.047	0.021		0.183	0.047	平原	14	11
							0.243	0.071	0.142		0.385	0.071	丘陵	/	/
	4360mm 长合成绝缘子	均压环	4.26	2377	160	240	0.127	0.032	0.014		0.141	0.032	平原	26	28
							0.191	0.048	0.132		0.323	0.048	丘陵	/	/
	28 片双伞型瓷绝缘子	并联间隙	3.92	2289	152	227	0.157	0.044	0.020		0.177	0.044	平原	17	16
							0.236	0.066	0.141		0.377	0.066	丘陵	/	/
猫头塔															
ZM-45	4360mm 长合成绝缘子	均压环	3.94	2350	169		0.182		0.000		0.182		平原		
							0.273		0.511		0.784		丘陵		
	28 片双伞型瓷绝缘子	并联间隙	3.91	2278	162		0.220		0.001		0.221		平原	21	
							0.330		0.540		0.870		丘陵	/	
	4360mm 长合成绝缘子	均压环	4.26	2377	172		0.168		0.000		0.168		平原		
							0.252		0.469		0.712		丘陵		
	28 片双伞型瓷绝缘子	并联间隙	3.92	2289	163		0.214		0.001		0.215		平原	28	
							0.322		0.503		0.825		丘陵	/	
酒杯塔															
ZB13-36	4360mm 长合成绝缘子	均压环	3.94	2350	192		0.087		0.000		0.087		平原		
							0.131		0.000		0.131		丘陵		
	28 片双伞型瓷绝缘子	并联间隙	3.91	2278	184		0.108		0.000		0.108		平原	24	
							0.162		0.001		0.163		丘陵	/	

续表

塔型	采用的绝缘子	安装均压环或并联间隙	绝缘距离/m	雷电 $U_{50\%}$/kV	反击耐雷水平/kA	反击跳闸率/[次/(100km·a)]	绕击跳闸率/[次/(100km·a)]	总雷击跳闸率/[次/(100km·a)]	地形	雷击跳闸率的升高比例/%
ZB13-36	28片双伞型瓷绝缘子	均压环	4.26	2377	195	0.080	0.000	0.080	平原	30
						0.120	0.000	0.120	丘陵	/
		并联间隙	3.92	2289	185	0.104	0.000	0.104	平原	31
						0.156	0.001	0.157	丘陵	/
	4650mm长的合成绝缘子	均压环	4.23	2515	179	0.141	0.363	0.504	平原	9
						0.211	0.818	1.029	丘陵	/
		并联间隙	4.20	2460	173	0.163	0.384	0.547	平原	5
						0.244	0.841	1.085	丘陵	/
ZB13-48	32片双伞型瓷绝缘子	均压环	4.88	2710	199	0.084	0.292	0.376	平原	13
						0.126	0.740	0.866	丘陵	/
		并联间隙	4.54	2632	190	0.104	0.319	0.423	平原	7
						0.156	0.771	0.927	丘陵	/
拉线塔										
ZLMe-33	4360mm长的合成绝缘子	均压环	3.94	2350	183	0.103	0.000	0.103	平原	21
						0.155	0.000	0.155	丘陵	
		并联间隙	3.91	2278	175	0.125	0.000	0.125	平原	
						0.188	0.000	0.188	丘陵	
	28片双伞型瓷绝缘子	均压环	4.26	2377	185	0.096	0.000	0.096	平原	26
						0.144	0.000	0.144	丘陵	
		并联间隙	3.92	2289	176	0.121	0.000	0.121	平原	
						0.182	0.000	0.182	丘陵	

8.7 并联间隙工频大电流耐受特性

8.7.1 并联间隙工频大电流燃弧特性实验

工频电弧燃弧特性实验目的是研究带并联间隙绝缘子串遭雷击闪络后,并联间隙是否能使工频续流形成电弧离开绝缘子、沿着招弧角向外发展,从而保护绝缘子。如雷击导致离变电站较近的杆塔闪络,短路电流则和母线处短路电流相差不大。若在此处安装并联间隙,招弧角应满足短路电流的热稳定要求。

安装并联间隙后,电弧的弧根可固定于招弧电极上燃烧。弧柱对绝缘材料的影响要远小于弧根。与弧根不同,弧柱对绝缘材料不那么危险,即使在弧柱与绝缘材料直接接触的情况下,由弧柱引起的绝缘损坏也只有接触时间大于2s时才会发生。

根据以往实验结果可知,工频电弧弧根会严重烧伤绝缘子、弧柱在较长时间内也会烧伤绝缘子。并联间隙能否保护绝缘子不被工频电弧烧损需进行大电流燃弧特性实验。

对图8.72所示的悬垂串带并联间隙方案一和悬垂串带并联间隙方案二进行了大电流燃弧实验。实验时用熔丝将绝缘子串短接,以模拟在雷击闪络或污闪后形成的工频续流通道。由于每次实验的燃弧时间非常短暂(0.12s),电弧的运动过程只能通过高速摄像机拍摄,并结合实验后电弧在绝缘子、招弧角以及导线、联接金具等上面残留的痕迹,进行综合分析。

安装好并联间隙的110kV绝缘子悬挂在实验场的上方,下端接一根φ24mm的铁管,用于模拟导线。并联间隙的上下两端用镍铬电阻丝连接,用于模拟绝缘子雷击闪络情况。实验整体布置情况如图8.72所示。实验结果表明,二者都通过了20kA的工频短路电流实验,燃弧时间为0.12s。

(a) 悬垂串带并联间隙方案一　　(b) 悬垂串带并联间隙方案二

图8.72 大电流燃弧实验整体布置

从实验后试品的情况可知,尽管燃弧时间很短,但电弧还是转移到间隙电极的球头上,在球头上持续燃烧。且在模拟导线上有电弧烧蚀的痕迹,说明电弧在电动力的作用下向电源外侧运动。高速摄像机拍摄到的电弧运动轨迹也证明了这一点。尽管燃弧时间很短,但电弧还是转移到间隙电极的球头上。在模拟导线上有电弧烧蚀的痕迹,说明电弧在电动力的作用下向电源外侧运动。大电流燃弧实验结果表明设计的110kV并联间隙装置的设计满足设计要求。

8.7.2 电弧作用下绝缘子及保护间隙电极烧蚀情况分析

实验表明[13],在50kA大电流作用下,采用图8.28所示的并联保护间隙时,由于受热动力作用,如图8.73所示,电弧已运动到上招弧角的端部,下弧根飘移到真型导线上,绝缘子得到保护。从高速摄像机拍摄的照片可知,在紧贴绝缘子布置的熔丝熔断起弧后,0.01s左右的时间内电弧便可移动到招弧角端部灼烧。弧根将固定在招弧角端部燃烧一段时间,并仍受较大的热动力向外运动,这样便可保护绝缘子避免电弧灼烧。

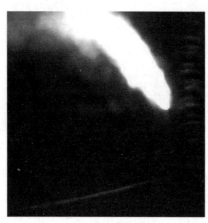 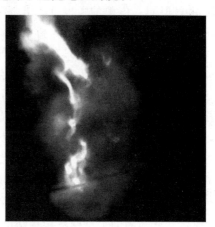

(a) 110kV并联间隙　　　　(b) 220kV并联间隙

图 8.73　大电流燃弧实验中高速摄像机拍摄到的电弧[13]

大电流电弧实验后,绝缘子表面硅橡胶出现发黑或发白的现象,表面的发黑可能是因为引弧铜丝受热熔化后氧化铜粉末覆盖在绝缘子伞群表面,或是因为绝缘子表面的RTV涂料层炭化;表面的发白可能是因为硅橡胶中阻燃剂成分$Al(OH)_3$受热变成Al_2O_3白色粉末,或者是因为硅橡胶热解产生SiO_2白色粉末。若安装并联保护间隙并且冲击放电闪络路径定位成功(初始燃弧位于球头处),则绝缘子的受损很轻微,这是因为弧根被稳定在球头处,只有弧柱中段在很短时间内接触到绝缘子串。若安装并联保护间隙但定位失败,则绝缘子的受损较严重,这是因为起弧点不在球头,尽管弧根能在短时间内运动到球头,但因为弧柱的运动明显滞后于弧根,使得弧根产生回跳,进而使电弧缠绕绝缘子,使绝缘子烧蚀严重。若安装均压环,则绝缘子的受损情况也比较严重,因为均压环对电弧的控制转移能力差,并且均压环尺寸较小,与绝缘子距离较近,对绝缘子热作用更显著[2]。

图 8.74　实验前后110kV绝缘子串用下招弧角[13](见文前彩图)

为了防止保护间隙电极被烧蚀,一般将电极末端加工为球状。图8.74为110kV绝缘子串用并联间隙实验后下电极照片。和未实验的电极相比,大电流实验后的下电极有一定的烧蚀,但应可保证至少连续灼烧 3 次而仍不改变并联间隙距离[13]。

8.7.3 绝缘子间隙大电流通流能力实验

为验证悬垂串带并联间隙的招弧角电极与绝缘子连接处、耐张串用并联间隙招弧角电极焊接处的大电流通流能力,中国电力科学研究院高电压研究所开关技术研究室动热稳定实验室进行了大电流通流能力实验(热稳定实验)。实验电流为 40kA,持续时间为 0.2s。

实验时将悬垂串带并联间隙上电极作为试品,固定在用以模拟复合绝缘子芯棒法兰的另一根上电极上,同时安装引流线,将引流线的导线线夹也固定于另一根上电极上。热稳定实验后,观测试品表面,悬垂串带并联间隙的上招弧电极和绝缘子芯棒连接处有熔焊现象,这主要是由于悬垂串带并联间隙的招弧角电极与绝缘子芯棒为线接触,在通过 40kA 大电流时产生局部电弧,发生熔焊现象。引流线导线线夹处无熔焊现象。热稳定实验后,耐张串用招弧角和三角联板连接处有轻微熔焊现象。招弧角电极焊接处正常。

为了便于运行维护,可在保护间隙电极的端部涂覆荧光热缩管封头以标记间隙是否闪络。当间隙闪络后,电弧受电动力作用运动到招弧电极端部,荧光热缩管被电弧破坏,运行巡线人员在线下更容易判断间隙是否闪络。

8.8 架空线路并联保护间隙安装方式

8.8.1 不同位置初始电弧所受磁场力分析

初始电弧出现在不同位置,会导致其所受磁场力不同[1],而这将决定初始电弧运动的方向。如果初始电弧朝着绝缘子串运动,会使绝缘子串得不到最有效的保护,从而无法完全达到并联保护间隙的保护效果。

初始电弧所受的磁场力主要取决于短路电流经过的路径,而这和初始电弧的位置与并联保护间隙的安装方式之间有很大关系。

图 8.75 所示为 110kV 架空输电线路并联保护间隙的结构和安装方式[1]。其中,α 是导线与并联保护间隙所成的角;直角坐标系 x 轴、y 轴和 z 轴分别为并联保护间隙电极伸展方向、垂直方向和绝缘子串方向。I_1 和 I_2 分别表示输电线路两侧的电源提供的短路电流。由于杆塔的尺寸较大,并且不同塔型结构不同,图中没有给出其具体结构。一般来说不同类型杆塔由于三相导线排列位置不同,其短路电流在杆塔中的路径也不同,杆塔中电流产生的对电弧的磁场力作用也不同。本书主要以猫头型等带塔窗的杆塔的中相并联保护间隙为例进行讨论,其短路电流在中相绝缘子串的两侧杆塔中对称分布。对于边相

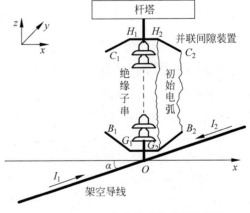

图 8.75 110kV 架空线路并联保护间隙结构和安装方式[1]

来说,短路电流在杆塔中的路径只能是绝缘子串一侧。

对于出现在两个典型位置 B_2C_2 和 G_2H_2 的初始电弧,当 $\alpha = 0°$,I_1 和 I_2 取不同值,即并联保护间隙顺着导线安装,并且线路两侧存在不同电源情况时,图 8.76 给出了电弧所受的磁场力[1]。

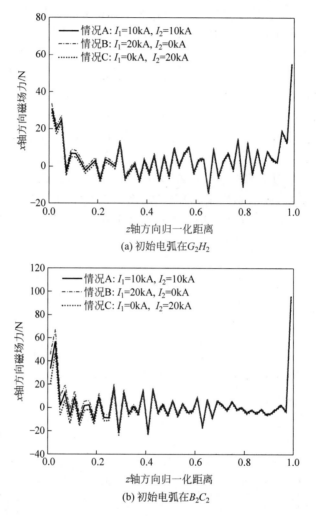

图 8.76 线路两侧存在不同电源情况时不同位置初始电弧磁场力计算结果[1](见文前彩图)

从图 8.76(a)可以看出,在并联保护间隙电极端部发生闪络时,电弧电流由单侧电源和双侧电源提供对初始电弧所受磁场力沿电弧长度方向的分布规律影响较小。但是整个电弧所受的沿 x 轴方向即沿并联保护间隙电极伸展方向的总磁场力在情况 A、情况 B 和情况 C 时分别为 229.8N、281.9N 和 177.7N。因此,对于相同大小的电弧电流,由单侧电源和双侧电源提供,电弧总的受力相差 1/5 左右;当线路只有单侧电源时,在远离和靠近电源侧闪络时,初始电弧受力相差 3/5 左右。因此,线路有单侧电源或双侧电源对初始电弧所受沿并联保护间隙电极伸展方向的磁场力的影响比较大,但都能保证电弧受力是远离绝缘子串,这和实验结果一致。

从图 8.76(b)可以看出,对于在靠近绝缘子串表面 G_2H_2 闪络的情况,电弧电流由单侧电源和双侧电源提供对初始电弧所受磁场力沿电弧长度方向的分布规律影响也较小,但比在 B_2C_2 处闪络时要大。但是整个电弧所受的沿并联保护间隙电极伸展方向的总磁场力在情况 A、情况 B 和情况 C 时分别为 146.2N、263.9N 和 28.4N。可以看出,线路有单侧电源或双侧电源不仅对初始电弧所受沿并联保护间隙电极伸展方向的磁场力影响较大,而且会影响到电弧受力是否始终远离绝缘子串。比较情况 B 和情况 C 可以看出,线路为单侧电源时,靠近电源侧闪络时初始电弧的受力减小为远离电源侧闪络时的约 1/10,如此小的力无法保证初始电弧始终朝着远离绝缘子串的方向运动,相反可能会出现朝向绝缘子串的方向运动,大大减弱了并联保护间隙保护绝缘子串的效果,在实验中也出现过比较吻合的现象。

从图 8.76 还可以看出[1],靠近初始电弧产生位置的电源提供的电流对电弧沿并联保护间隙电极伸展方向的磁场力是起减弱作用的,并且影响很大。对于单侧电源线路,当初始电弧分别在并联保护间隙电极端部和靠近绝缘子串表面产生时,靠近电源侧电弧受力比远离电源侧时减少约 2/5 和 9/10。因此,对于单侧电源线路,在安装和配置并联保护间隙时,尽量控制闪络点在远离电源的一侧;对于双侧电源线路,则要尽量控制并联保护间隙闪络点在远离提供较大短路电流的电源一侧。

其实,情况 B(I_1 提供全部短路电流时电弧在 G_2H_2 处产生)和情况 C(I_2 提供全部短路电流时电弧在 G_1H_1 处产生)是相同的。因此,如果初始电弧在比 G_2H_2 更靠近绝缘子串表面的位置产生,特别是出现就在绝缘子串表面发生闪络这种最严酷的情况时,情况 C 受力将变为负值,即朝向并联保护间隙另外一侧电极伸展方向,从而使得电弧先朝向并越过绝缘子串而后向并联保护间隙电极端部运动。而如果是双侧电源,特别是双侧提供相等短路电流的情况 A 时,当出现绝缘子串表面发生闪络时,电弧受力可能会出现比较小的值,此时电弧向并联保护间隙末端运动的能力大大减弱,将会出现一段时间内电弧在绝缘子串附近缓慢运动的情况。

图 8.77 所示为情况 A 时,电弧本身电流在其各段产生的沿 x 轴方向磁场力 F_1 和并联保护间隙、杆塔及导线等中的电流在电弧各段产生的沿 x 轴方向磁场力 F_2 的比较[1]。从图 8.77 中可以看出,F_1 分散在 0N 点附近,说明电弧本身电流对电弧各段产生不同方向的力,从而使得电弧的形状变得更加弯曲;F_2 在电弧的两个根部比较大,往中间逐渐减小,但

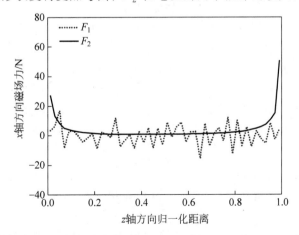

图 8.77 电弧本身电流和并联保护间隙、杆塔及导线等中的电流产生的电弧磁场力比较[1]

全部都大于0N,一方面说明并联保护间隙、杆塔及导线中电流对电弧产生的磁场力在弧根处较大,在弧柱处较小;另一方面也说明了并联保护间隙、杆塔及导线对电弧向并联保护间隙电极伸展方向的发展起了主要推动作用。

8.8.2 并联保护间隙安装角度对电弧磁场力的影响

当并联保护间隙以与导线成不同的角度安装,并且线路两侧存在不同电源情况时,B_2C_2 和 G_2H_2 处的电弧所受的沿并联保护间隙电极伸展方向的点磁场力见表 8.11[1]。可以看出,当并联保护间隙和导线之间的夹角 α 从 0°变为 90°时,情况 A 即双侧电源提供相等短路电流,电弧受到的沿并联保护间隙电极伸展方向的磁场力变化不大。这是因为导线中 I_1 和 I_2 对电弧产生的沿 x 轴方向磁场力都逐渐减小,但杆塔中电流对电弧产生的沿 x 轴方向磁场力却逐渐增加,二者改变量相差不大。情况 B 和情况 C 即单侧电源提供短路电流时,电弧受到的沿并联保护间隙电极伸展方向的磁场力,前者减小,后者增加,这主要是因为单侧电源提供的电流影响要大于不断改变的杆塔电流对电弧产生的磁场力,同时情况 B 和情况 C 时磁场力的变化趋势相反。I_1 和 I_2 对电弧产生的磁场力贡献不同,I_1 产生的磁场力沿 x 轴正向,而 I_2 产生的磁场力沿 x 轴负向。因此,当 α 角不断增加时,I_1 和 I_2 对电弧的总磁场力的贡献不断减小,造成总磁场力的变化趋势正好相反。

表 8.11 B_2C_2 和 G_2H_2 处初始电弧受到沿 x 轴方向的总磁场力[1]

$\alpha/(°)$	B_2C_2 处电弧磁场力/N			G_2H_2 处电弧磁场力/N		
	情况 A	情况 B	情况 C	情况 A	情况 B	情况 C
0	229.8	281.9	177.7	146.2	263.9	28.44
30	243.2	280.2	206.2	148.2	241.8	54.68
45	247.0	273.9	220.1	149.1	220.8	77.29
60	244.3	261.8	226.7	149.0	197.3	100.7
90	233.8	233.7	233.8	147.8	147.6	147.9

另外,$\alpha=90°$ 时,电弧受到的沿并联保护间隙电极伸展方向的总磁场力在各种情况下比较相近,并且都比较大。这主要是由于并联保护间隙垂直于导线安装时,导线中电流 I_1 和 I_2 对电弧磁场力的贡献几乎为零,同时并联保护间隙和杆塔能够保证电弧的受力是远离绝缘子串的。因此在双侧电源线路上安装和配置并联保护间隙时,如果无法判断提供主要短路电流的电源侧,可以采取 $\alpha=90°$ 的安装方式。

对于中相和边相来说,主要差别在于短路电流在杆塔中的路径不同。当并联保护间隙顺着导线安装,即 $\alpha=0°$ 时,对于中相,杆塔中电流对称分布,从而产生的磁场相互抵消,对电弧产生的磁场力近似为零;对于边相,短路电流在杆塔中的路径都位于初始电弧的同一侧,但由于对电弧产生的磁场力主要是沿 y 轴方向,即垂直于并联保护间隙电极伸展方向的,因此对沿并联保护间隙电极伸展方向的磁场力影响不大。但是,并联保护间隙垂直于导线安装即 $\alpha=90°$ 时,对于中相和边相,杆塔中的电流对电弧磁场力的贡献都比较大。图 8.78 给出了 $\alpha=90°$ 情况 A 时,初始电弧分别在中相和边相的 B_2C_2 和 G_2H_2 处时的磁场力比较[1]。

从图 8.78 可以看出,对于中相和边相来说,杆塔中的电流对初始电弧所受磁场力的沿

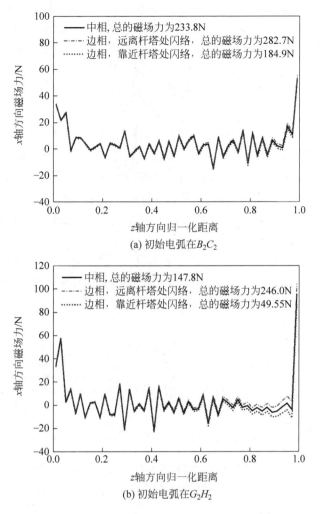

图 8.78 中相和边相不同位置初始电弧磁场力计算结果[1]（见文前彩图）

电弧长度方向的分布规律影响都较小，但是对总磁场力大小影响较大，特别是初始电弧在靠近绝缘子串表面处时更大。另外，对于边相来说，初始电弧在远离和靠近杆塔处时，磁场力相差很大，这说明当并联保护间隙垂直于导线安装时，杆塔对边相并联保护间隙电弧磁场力影响较大。因此，在安装和配置边相并联保护间隙时，应尽量控制闪络点远离杆塔，如只安装远离杆塔一侧的电极。

8.8.3 并联保护间隙安装方式

通过对雷击架空输电线路在并联保护间隙和绝缘子串表面上产生的初始电弧的磁场力的计算，文献[1]分析和总结了不同情况时初始电弧的受力规律，得到了 110kV 架空线路并联保护间隙安装方式的结论和建议：

(1) 架空输电线路遭遇雷击在并联保护间隙上产生的电弧，将会受到磁场力的作用。线路有单侧电源或双侧电源对初始电弧所受沿并联保护间隙电极伸展方向的磁场力影响比较大。当在电极端部闪络时，能保证电弧受力是远离绝缘子串，当在靠近绝缘子串闪络时，磁场力变小,无法保证初始电弧始终朝着远离绝缘子串的方向运动,相反可能会出现朝向绝缘子串的方向运动,大大减弱了并联保护间隙保护绝缘子串的效果。

(2) 在安装和配置并联保护间隙时,对于单侧电源线路,尽量控制闪络点在远离电源的一侧;对于双侧电源线路,则要尽量控制并联保护间隙闪络点在远离提供较大短路电流的电源一侧;在双侧电源线路上无法判断提供主要短路电流的电源侧时,可以采取 $\alpha=90°$ 即并联保护间隙垂直于导线的安装方式。

(3) 对于中相和边相,当并联保护间隙顺着导线安装时,杆塔中的电流对初始电弧受到的沿并联保护间隙电极伸展方向的磁场力影响较小;当并联保护间隙垂直于导线安装时,影响则较大,特别是初始电弧在靠近绝缘子串表面处时更大。在安装和配置边相并联保护间隙时,应控制闪络点远离杆塔,如只安装远离杆塔一侧的电极。

以上结论虽然是从 110kV 并联保护间隙获得,但对其他电压等级的并联保护间隙的安装同样具有指导作用。

当线路单端连接电源时,能够确定线路电流只从一侧流向另一侧,则只需安装单侧招弧电极,如图 8.79 所示。此种设计带来的必然结果是绝缘子表面的电场分布更加不均匀,因此只可以在瓷绝缘子、玻璃绝缘子或其他特种绝缘子串上使用。

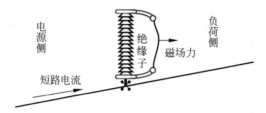

图 8.79 线路单端连接电源时复合绝缘子并联保护间隙的安装方法

当线路双端均连接电源时应计算闪络位置两端注入的电流大小,之后考虑线路两部分电流和杆塔流过的电流在电弧上产生的磁场力合力方向,确定安装方向。当两侧短路电流相当时,球头垂直于塔身向外安装。

8.9 气吹灭弧并联保护间隙

气吹灭弧并联保护间隙是指当输电线路遭受雷击或绝缘子串工频闪络时,间隙喷射气体灭弧来迅速切断暂态电弧,有效保护绝缘子串免受工频电弧的灼烧。其原理为:雷击时触发装置瞬间产生高速气流,在电弧处于"幼年"时就将电弧熄灭,即在暂态电流值为几安或者几十安时,气流就将电弧熄灭,最理想的情况是没有电弧产生,其原因是电流值小,能量不足以维持电弧产生。

气吹灭弧并联保护间隙起源于日本,日本电力工业中央研究院(Central Research Institute of Electric Power Industry,CRIEPI)高田裕隆等 1998 年首次开发了用于中断单线对地故障电流的灭弧角[52],并将其应用于 22~154kV 输电线路。到 2004 年日本开发出能切断均方根值 10kA、峰值 25kA 的工频短路电流的喷射气体灭弧防雷间隙,并应用于 66/77kV 输电线路[53]。喷射气体灭弧防雷间隙作为一种有效的低成本防雷措施,在一个工作电压的周期内独立切断故障电流,显著减小故障时因断路器(circuit breaker,CB)断开而造成的瞬时电源中断的影响。我国广西大学王巨丰教授经过长期研究[54-60],已将其应用在我国35～220kV输电线路上。

8.9.1 气吹灭弧并联保护间隙的防雷保护原理

气吹灭弧并联保护间隙结构如图8.80(a)所示[53]。其自行熄灭雷击闪络后的工频续流电弧的原理是在传统并联间隙的端部安装有圆柱形喷气切断续流部件,核心部件采用有机绝缘材料(聚酰胺树脂)制成(图8.80(b)所示),核心部件用绝缘罩保护,防止鸟的伤害。当雷击闪络产生故障电弧时,喷气切断续流部件内由聚酰胺树脂制成的内壁汽化,从端部喷射出高速、高压电弧射流。喷气切断续流部件的喷嘴结构增强了其冲击力,通过高速喷射气体产生的对流效应导致电弧功率损失增加,同时含有汽化气体的聚酰胺树脂高温电弧射流提高了其导热系数,通过促进冷却作用降低了电弧时间常数,故障电流因此中断。图8.81所示为高速摄像机捕捉到的故障电流峰值(左侧图)和电流零点附近(右侧图)普通并联间隙和气吹灭弧并联保护间隙的电弧喷射比较,间隙的左侧接高压,右侧接地。

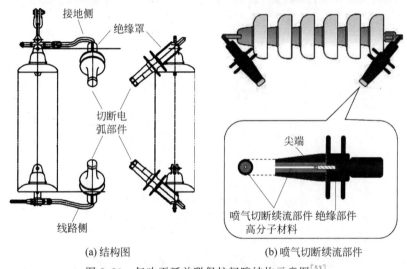

(a) 结构图　　　　　　　　(b) 喷气切断续流部件

图8.80　气吹灭弧并联保护间隙结构示意图[53]

我国开发的气吹灭弧并联保护间隙结构如图8.82所示[54],只在上电极安装喷射气流灭弧间隙,气流由间隙内可更换的产气丸产生。并联间隙的长度约为绝缘子串长度的75%左右,使间隙临界击穿电压小于绝缘子串的临界闪络电压,并联间隙能够优先于绝缘子串被击穿。雷击导致间隙击穿时,信号感应器优先接受信号并触发产气丸动作产生高速喷射气流,同时,雷电流瞬时疏导入地,间隙工频暂态电弧开始发展。因此,气流灭弧与工频暂态建弧几乎同步展开,工频电弧在建弧最初期即将受到强烈抑制。灭弧气流的增长发展与工频电弧及其他因素均无关,能够有效地提前灭弧起点,减小灭弧难度,缩短灭弧时间,实现绝缘"闪络不建弧"的效果,抑制工频建弧率。也可以在上下电极都安装喷气装置,提升灭弧能力。图8.83所示为高速摄像机拍摄到的灭弧过程[54]。

研究人员在西安高压电器研究所大容量检测实验室开展了工频电流灭弧实验。图8.84所示为气吹灭弧并联保护间隙的工频大电流灭弧实验结果[55]。实验表明,气吹灭弧并联保

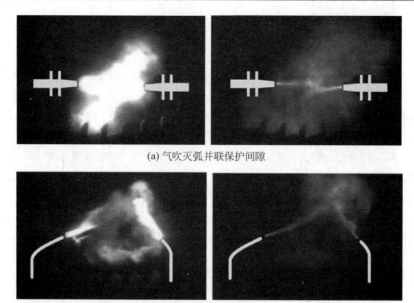

图 8.81 高速摄像机捕捉到的普通并联间隙和气吹灭弧并联保护间隙的电弧喷射比较[53]

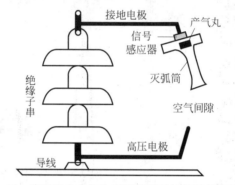

图 8.82 我国开发的气吹灭弧并联保护间隙结构图[54]

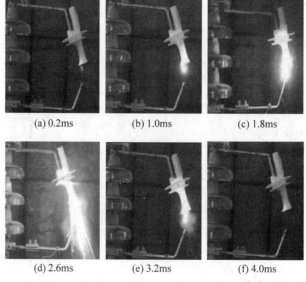

图 8.83 高速摄像机拍摄到的灭弧过程[54]

护间隙能在 10ms 内熄灭 10kA 工频续流电弧，而现阶段我国绝大多数继保装置的最快响应时间为 20ms，保证了灭弧时间远小于继保装置的最快动作时间，降低雷击跳闸率。

产气丸为 TNT 装药，灭弧筒为圆柱形轴对称结构，轴向长度为 240mm；端部为 70×30mm 立方体结构的 TNT 装药，质量为 40g。TNT 装药的外侧安装了环形石墨电极，使电弧能够到达电极处附近。如图 8.84 所示，气体发生装置响应雷电脉冲到喷射气流的时间约为 200μs，喷射气体快速强力地作用于早期电弧是装置熄灭工频续流电弧的主要原因。快速情况下，爆轰气流能够在 0.4ms 以内完全熄灭电弧。

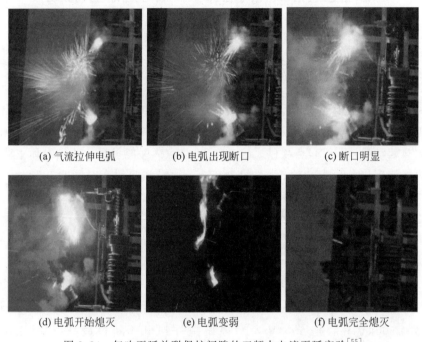

(a) 气流拉伸电弧　　(b) 电弧出现断口　　(c) 断口明显

(d) 电弧开始熄灭　　(e) 电弧变弱　　(f) 电弧完全熄灭

图 8.84　气吹灭弧并联保护间隙的工频大电流灭弧实验[55]

当故障电弧电流值一定时，灭弧时间随气流速度的增大而变短；当气流速度一定时，灭弧时间随故障电弧电流的增大而变长。针对 35kV 气吹灭弧并联保护间隙，当故障电弧电流值分别为 0.5kA、1.0kA、2.5kA、5.0kA 时，气流速度分别需达到 200m/s、220m/s、260m/s、480m/s，才能让灭弧时间降低到 3.8ms。气流速度直接影响了灭弧效果[56]。

针对雷击造成的 35kV 线路单相接地短路故障，采用 CCD 摄像机（8kfb/s）进一步分析了喷射气体作业时电弧形成的演变过程，如图 8.85 所示[56]。实验在标准气象条件下的室内实验室进行，排除外界气流的干扰。实验中，在电弧建立起的瞬间，通过采集到的信号触发气流发生器爆炸，在间隙电弧周围建立起几百倍于标准大气压的气流场作用于电弧。实验开始，升高压击穿间隙建立电弧，同时气体发生器触发爆炸形成气流场。气体发生器爆炸后，1ms 内形成的气流场可以达到 60MPa。图 8.85 中链条形状为电弧，光亮云团状为气流，随着气流膨胀光团亮度增大。图 8.85(c) 中电弧上半段受到高压气流作用，下半段没有受到高压气流影响，其形状基本保持不变。最后，由于电弧上半段被气流扯断，电弧随之熄灭。熄灭后没有出现重燃现象。

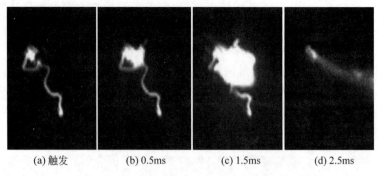

(a) 触发　　　　(b) 0.5ms　　　　(c) 1.5ms　　　　(d) 2.5ms

图 8.85　喷射气体作用下电弧形态的演变过程[56]

8.9.2　气吹灭弧并联保护间隙的灭弧特性

测试结果表明,我国研制的气吹灭弧并联保护间隙实现雷电同步诱导灭弧气体释放,可熄灭的工频续流达到 40kA(峰值),具有超强气体、超快速度、超长作用时间等特点[60]：

(1) 灭弧起动早：灭弧起点与建弧起点同步,具有灭弧能量释放的优先和主动优势。

(2) 灭弧响应快：灭弧气体波头时间为 0.05ms,是建弧暂态时间的 0.5%～1%,具有灭弧能量释放的快速响应优势。使灭弧气体作用到电弧时刻仍处于建弧早期几十安培的水平,通过灭弧响应快赢得强度优势,具有不对称性。

(3) 灭弧强度大：灭弧气体压力达到 120MPa,是气体作用与工频暂态电弧抗断力的 6800 倍,确保电弧可靠断开。

(4) 气体速度快：固相气体即把固态介质转化为气态介质,体积增加约 10^6 个数量级,具有体积小、能量大的优势。灭弧气体撕开电弧断口的速度达到 5m/ms,等效电弧断口强度增量达到 2500kV/ms,是 500kV 工频电压施加到电弧断口最高电压($500kV/\sqrt{3}=289kV$)的 8.6 倍。通过灭弧气体撕开电弧断口的速度快使得电弧抗重燃强度增量速度远快于恢复强度,确保电弧不会重燃。

(5) 气体维持时间长：灭弧气体半峰值时间为 120ms。多次回击的平均间隔时间为 50μs 级,多重雷击的间隔平均时间为 50ms 级,可以满足多次回击和 2 次多重雷击的防护需要。

气吹灭弧并联保护间隙通过主动快速熄灭电弧而降低雷电冲击闪络后的建弧概率,从而降低雷击跳闸率,也能实现多重雷击和回击有效防护。

气吹灭弧并联保护间隙的灭弧能力可通过改进间隙内部的产气材料,实现灭弧气体强度、速度、长度、维度的优化,满足不同短路电流和电压等级灭弧和重燃抑制的需要。

8.9.3　气吹灭弧并联保护间隙的喷射气体灭弧过程模拟

通过模拟气吹灭弧并联保护间隙的喷射气体灭弧过程,建立适用于电磁暂态程序的仿真模型,可以确定其应用效果和设计安装策略。具体地说,EMTP 仿真模型可以用来研究电力系统电压在电流中断过程中的波动,以及保护间隙切断故障电流与电力系统继电保护的协调性。

比较成熟的电弧模型有 Cassie 模型和 Mayr 模型[61]。Cassie 模型很适合于研究当等离子体温度为 8000K 或以上时，在大电流时间间隔内电弧电导的特性。Mayr 模型描述了电流过零时的电弧电导。

Cassie 模型假定电弧通道具有不变的温度、电流密度和电场强度。电弧电导的变化取决于电弧截面的变化，能量传递主要靠对流。Mayr 模型假定电弧温度的变化占主要作用，弧柱的尺寸和轮廓是不变的，热传导是主要的能量传递方式。

Cassie 模型和 Mayr 模型分别为

$$\frac{1}{G_c}\frac{dG_c}{dt} = \frac{1}{\theta_c}\left(\frac{v^2}{v_0^2} - 1\right) = \frac{1}{\theta_c}\left(\frac{i^2}{v_0^2 G_c^2} - 1\right) \tag{8.20}$$

$$\frac{1}{G_m}\frac{dG_m}{dt} = \frac{1}{\theta_m}\left(\frac{vi}{P_0} - 1\right) = \frac{1}{\theta_m}\left(\frac{i^2}{P_0 G_m} - 1\right) \tag{8.21}$$

式中，下标 c 对应 Cassie 模型，下标 m 对应 Mayr 模型；G 是电弧电导，v 是电弧电压，i 是电弧电流，θ 是电弧时间常数，P_0 是静态功率损失，v_0 是稳态电弧电压，即电弧电压的恒定部分。这些参数对于实际电弧并非严格不变，但是观察指出在电流过零点附近的短暂时间内，这些参数变化非常慢，可以假定不变。

1959 年，T. E. Browne 建议将 Cassie 模型与 Mayr 模型组合。Browne 模型是在大电流间隔时使用 Cassie 方程，而在电流过零时使用 Mayr 方程[62]。这两个模型的结合就是 Cassie-Mayr 模型：

$$\frac{1}{G} = \frac{1}{G_m} + \frac{1}{G_c} \tag{8.22}$$

该模型对于大电流已经实验证明，整个电压降发生在 Cassie 方程中，但是电流过零点前，Mayr 方程的贡献增加，而 Cassie 部分一直持续到零点。

将 Mayr 模型与 Cassie-arc 模型相结合用作并联间隙的电弧模型[52]，可以连续模拟从故障发生到故障清除的整个过程，电弧电导与电弧参数密切相关。通过实验获得了用于 77kV 输电线路主动灭弧保护间隙的计算模型中的主要电弧参数[52]，$\theta_c = 200\mu s$，$v_0 = 6.8kV$，$\theta_m = 37G_m^{0.38}\mu s$，$P_0 = 41G_m^{0.86}MW$。电弧模型已经在开关电弧研究中得到了大量的应用，对于 SF_6 压缩气体中的电弧，θ_c 在 $1\mu s$ 左右，θ_m 在 $0.1\sim 0.5\mu s$[61]。图 8.86 所示为模拟获得的主动灭弧并联保护间隙切断工频续流全过程的间隙电压、电流和电弧电导的变化特性[52]。Cassie 模型(式(8.20))独立作用范围从短路开始到电弧电导将为峰值 G_{peak} 的 90% 的区间，在峰值的 10%～90% 区间为 Cassie 和 Mayr 结合模型(式(8.22))联合作用阶段，当电弧电导小于 $10\%G_{peak}$，进入小电流区段，这时主要由 Mayre 模型(式(8.21))确定电弧电导。

图 8.87 和图 8.88 为通过计算得到的从故障发生到故障点故障清除全过程的短路电流和主动灭弧并联保护间隙两端的电压波形[52]。可以看出，考虑气吹灭弧并联保护间隙的电弧模型后，工频短路续流明显减小，说明气吹灭弧并联保护间隙具有降低工频续流的作用，同时短路电流作用的时间也缩短很多，表明雷击短路时采用气吹灭弧并联保护间隙后的电弧能量降低很多。其原因是线路和气吹灭弧并联保护间隙之间的电弧电阻导致短路阻抗和短路功率因数增加。

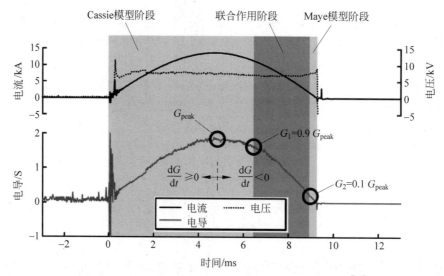

图 8.86　气吹灭弧并联保护间隙切断工频续流的模拟[52]

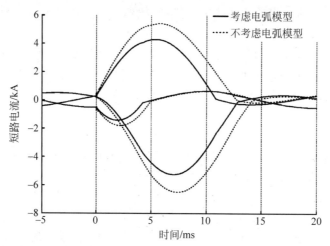

图 8.87　气吹灭弧并联保护间隙电弧模型对从故障发生到故障点故障清除的全过程的短路电流波形的影响[52]

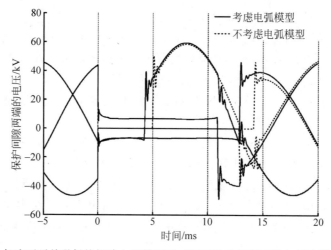

图 8.88　气吹灭弧并联保护间隙电弧模型对工频短路时间隙两端电压波形的影响[52]

从图 8.88 可以看出,采用气吹灭弧并联保护间隙的 EMTP 仿真模型后,能够真实地仿真气吹灭弧并联保护间隙两端的电压波形,而不考虑电弧模型时,由于忽略了气吹灭弧并联保护间隙之间的电弧电阻而导致电压为零,会产生不实际的模拟结果。

8.9.4 气吹灭弧并联保护间隙的防雷效果

如图 8.89 所示为日本在 77kV 输电线路的悬垂绝缘子和耐张绝缘子串上安装的气吹灭弧并联保护间隙[52]。自 2011 年开始,气吹灭弧并联保护间隙先后在我国多个供电局的 35kV、110kV、220kV 架空输电线路实验运行,如图 8.90 所示[57],取得了较好的效果。

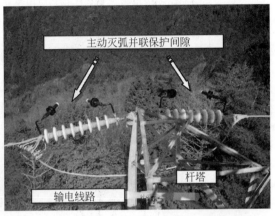

图 8.89 日本关西电力公司 77kV 架空输电线路安装的气吹灭弧并联保护间隙[52]

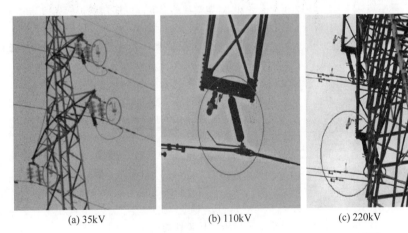

(a) 35kV (b) 110kV (c) 220kV

图 8.90 气吹灭弧并联保护间隙运行于不同电压等级输电线路[57]

如前所述,气吹灭弧并联保护间隙通过快速熄灭电弧来降低雷电冲击闪络后的建弧概率,从而降低雷击跳闸率。气吹灭弧并联保护间隙可以实现在断路器动作之前成功熄灭工频电弧且电弧没有重燃。引入灭弧率 β,β 指雷电冲击闪络转化为稳定工频电弧后主动灭弧保护间隙吹熄电弧的概率,与气体的喷射参数(喷射速度、喷射角度、喷射点位置与数量)以及电弧内导电离子密度、间隙伏秒特性及伏安特性、电弧的工频电流等诸多因素有关。分析表明,气流速度越大,灭弧防雷间隙的灭弧效果就越好,架空线路雷击跳闸率也就越小。根据实验室模拟及35kV线路实验段的运行情况,取经验值$\beta=0.6\sim0.7$。最新研究的灭弧率在$0.6\sim0.9$的范围[56]。β的取值还需要取得更多的运行经验后再进一步完善。引入灭弧率后,主动灭弧保护间隙将降低雷击时的建弧率η(单位为%):

$$\eta = (1-\beta)(4.5E^{0.75} - 14) \tag{8.23}$$

式中,E为绝缘子串的平均运行电位梯度(有效值),单位为kV/m。

参考文献

[1] 谷山强.架空线路长间隙交流电弧运动特性及其应用研究[D].北京:清华大学,2007.

[2] 清华大学技术报告.高海拔地区输电线路雷击特性参数分析和新型并联间隙研究[R].北京:清华大学,2016.

[3] CURLIER S.高压和超高压架空输电线路绝缘子串的保护装置采用和设计的调查分析[J].电力金具,1993(2):31-36.

[4] 陶可森.日、德、俄等国导线绝缘组合串的保护装置[J].电力金具,1993(2):37-44.

[5] 日本电气学会.电工技术手册(第三卷)[M].北京:机械工业出版社,1984.

[6] 罗真海,陈勉,陈维江,等.110kV、220kV架空输电线路复合绝缘子并联间隙防雷保护研究[J].电网技术,2002,26(10):41-47.

[7] 吴盛麟.对我国输电线路工作的几点建议[J].电网技术,1994,18(2):49-52.

[8] 孙谓清,陈龙元.招弧角设计介绍[J].电力金具,1991(1):1-5.

[9] 张耿斌,苏杰,任华,等.并联间隙在典型同塔三回线路中的应用[J].电瓷避雷器,2016(2):129-134.

[10] 廖永力,杨庆,罗兵,等.500kV交流线路复合绝缘子并联间隙应用研究[J].南方电网技术,2013,7(2):49-53.

[11] 陈维江,孙昭英,李国富,等.110kV和220kV架空线路并联间隙防雷保护研究[J].电网技术,2006,30(13):70-75.

[12] 陈维江,孙昭英,王献丽,等.35kV架空输电线路并联间隙防雷装置单相接地故障电弧自熄特性研究[J].电网技术,2007,31(16):22-25.

[13] 葛栋,冯海全,袁利红,等.绝缘子串并联间隙的工频大电流燃弧实验[J].高电压技术,2008,34(7):1499-1503.

[14] 赵亚平,李红,刘健,等.35kV架空送电线路防雷并联间隙的应用[J].电网技术,2007,31(1):118-120.

[15] 陈勉,吴碧华,罗真海.探讨高压架空送电线路采用"疏导"型思想的防雷保护[J].广东电力,2001,14(4):36-37.

[16] 谷山强,何金良,陈维江,等.架空输电线路并联间隙防雷装置电弧磁场力计算研究[J].中国电机工程学报,2006,26(7):140-145.

[17] 谷山强,何金良,陈维江,等.复合绝缘子均压环导弧性能的仿真分析[J].高电压技术,2007,33(7):22-25.

[18] 王磊,苏杰,谷山强,等.高海拔长绝缘子串并联间隙雷电冲击放电特性及其失效性[J].高电压技术,2014,40(5):1365-1373.

[19] 姜文东,王剑,张彩友,等.500kV线路绝缘子串并联间隙雷电冲击放电特性及其结构优化[J].高电压技术,2016,42(12):3788-3796.

[20] 林福昌,詹花茂,龚大卫,等.特高塔绝缘子串用招弧角的实验研究[J].高电压技术,2003,29(2):21-22.

[21] 司马文霞,谭威,杨庆,等.基于热浮力-磁场力结合的并联间隙电弧运动模型[J].中国电机工程学报,2011,31(19):138-145.

[22] GU S Q,HE J L,ZHANG B,et al. Movement simulation of long electric arc along the surface of insulator string in free air[C]//Proceedings of the 15th Conference on the Computation of Electromagnetic Fields (COMPUMAG2005),2005.

[23] GU S Q,HE J L,CHEN W J,et al. Motion characteristics of long ac arcs in atmospheric air[J]. Applied Physics Letter,2007,90(5):051501.

[24] GU S Q,HE J L,ZHANG B,et al. Movement simulation of long electric arc along the surface of insulator string in free air[J]. IEEE Transactions on Magnetics,2006,42(4):1359-1362.

[25] STROM A P. Long 60-cycle arc in air[J]. Transactions of the American Institute of Electrical Engineers,1946,65(3):113-118.

[26] TERZIJA V V,KOGLIN H J. On the modeling of long arc in still air and arc resistance calculation [J]. IEEE Transactions on Power Delivery,2004,19(3):1012-1017.

[27] TERZIJA V V,KOGLIN H J. Long arc in free air:laboratory testing,modelling,simulating and model-parameters estimation[J]. IEE Proceedings-Generation,Transmission and Distribution,2002, 149(3):319-325.

[28] TERZIJA V V,CIRIC R M,NOURI H. Fault currents calculation using hybrid compensation method and new arc resistance formula[C]//Proceedings of the 39th International Universities Power Engineering Conference (UPEC 2004),2004.

[29] DJURIC M B,TERZIJA V V. A new approach to the arcing faults detection for fast autoreclosure in transmission systems[J]. IEEE Transactions on Power Delivery,1995,10(4):1793-1798.

[30] FARZANEH M,FOFANA I,TAVAKOLI C. Dynamic modeling of dc arc discharge on ice surfaces [J]. IEEE Transactions on Dielectrics and Electrical Insulation,2003,10(3):463-474.

[31] FARZANEH M,ZHANG J,ABOUTORABI S S. Effects of insulator profile on the critical condition of ac arc propagation on ice-covered insulators[C]//Proceedings of the 2002 Annual Report Conference on Electrical Insulation and Dielectric Phenomena,2002.

[32] GODA Y,IWATA M,IKEDA K,et al. Arc voltage characteristics of high current fault arcs in long gaps[J]. IEEE Transactions on Power Delivery,2000,15(2):791-795.

[33] JOHNS A T,AGGARWAL R K,SONG Y H. Improved techniques for modeling fault arcs on faulted EHV transmission system[J]. IEE Proceedings-Generation,Transmission and Distribution, 1994,141(2):148-154.

[34] DARWISH H A,ELKALASHY N I. Universal arc representation using EMTP[J]. IEEE Transactions on Power Delivery,2005,20(2):772-779.

[35] GREENWOOD M A. The mysterious motion of long AC arcs understood[J]. Photonics Spectra, 2007,41(4):28-30.

[36] NOACK J P,FUCHS V. Dynamic equation and characteristics of a short arc moving in transverse magnetic field[J]. Proceedings of the Institution of Electrical Engineers,1974,121(1):81-84.

[37] MEUNIER G,ABRI A. A model for the current interruption of an electric arc[J]. IEEE Transactions on Magnetics,1984,20(5):1956-1958.

[38] HORINOUCHI K,NAKAYAMA Y,HIDAKA M,et al. A method for simulating magnetically driven arcs in a gas[J]. IEEE Transactions on Power Delivery,1997,12(1):213-218.

[39] TANAKA S,SUNABE K. Study on simple simulation model for DC free arc behaviour in long gap[C]// Proceedings of the XIV International Conference on Gas Discharges and their Applications,2002.

[40] 张晋. 低压断路器电弧动态数学模型及开断特性可视化仿真技术的研究[D]. 西安:西安交通大学,1999.

[41] 弗兰克·英克鲁佩勒,戴维·戴威特. 传热的基本原理[M]. 葛新石,王义方,郭宽良,译. 合肥:安徽教育出版社,1985.

[42] GURUPRASAD K P,SARMA C S,RAMAMOORTY M,et al. Investigation of the characteristics of an SF_6 rotating arc by a mathematical model[J]. IEEE Transactions on Power Delivery,1992,7(2):727-733.

[43] 王其平. 电器电弧理论[M]. 北京:机械工业出版社,1991.

[44] 刘继. 送电线路自动重合闸装置[M]. 上海:科技卫生出版社,1958.

[45] 马信山,张济世,王平. 电磁场基础[M]. 北京:清华大学出版社,1995.

[46] 中国电力科学研究院技术报告. 110kV、220kV架空线路并联间隙防雷保护研究[R]. 北京:中国电力科学研究院,2003.

[47] DL/T 1293—2013. 交流架空输电线路绝缘子并联间隙使用导则[S]. 北京:中国电力出版社,2014.

[48] GB/T 50065—2011. 交流电气装置的接地设计规范[S]. 北京:中国计划出版社,2011.

[49] Q/GDW 11452—2015. 架空输电线路防雷导则[S]. 北京:国家电网公司,2016.

[50] YASU M,MUROOKA M. Practical design of AC 1000kV insulator assemblies[J]. IEEE Transactions on Power Delivery,1988,3(1):333-340.

[51] 中国电力科学研究院技术报告. 500kV架空线路并联间隙防雷技术的研究[R]. 北京:中国电力科学研究院,2007.

[52] CHINO T,IWATA M,IMOTO S,et al. Development of arcing horn device for interrupting ground-fault current of 77kV overhead lines[J]. IEEE Transactions on Power Delivery,2005,20(4):2570-2575.

[53] OHTAKA T,IWATA M,TANAKA S,et al. Development of an EMTP simulation model of arcing horns interrupting fault current[J]. IEEE Transactions on Power Delivery,2017,25(3):2017-2024.

[54] 王巨丰,刘津濂,刘其良,等. 基于抑制建弧率的新型喷射气流灭弧防雷间隙机理研究[J]. 高电压技术,2014,40(9):2862-2870.

[55] 王巨丰,李世民,闫仁宝,等. 可主动快速熄灭工频续流电弧的灭弧防雷间隙装置设计[J]. 高电压技术,2014,40(1):40-45.

[56] 王巨丰,李国栋,董鲁飞,等. 高速气流作用下灭弧防雷间隙灭弧效果的研究[J]. 高电压技术,2016,42(2):598-604.

[57] 王巨丰,黄志都,王嬿蕾,等. 基于链式的爆炸气流场耦合电弧动态模型[J]. 中国电机工程学报,2012,32(7):154-160.

[58] 王巨丰,刘津濂,吴国强,等. 喷射气流灭弧条件下输电线路雷击跳闸率计算方法[J]. 高电压技术,2015,41(3):840-847.

[59] 王巨丰,陆俊杰,陈宙平,等. 喷射气体灭弧防雷间隙装置的研制[J]. 高电压技术,2009,35(8):1874-1878.

[60] 王巨丰. 气体灭弧原理及应用[M]. 北京:科学出版社,2020.

[61] MARTINEZ J A,MAHSEREDJIAN J,KHODABAKHCHIAN B. Parameter determination for modeling system transients—Part Ⅵ:circuit breakers[J]. IEEE Transactions on Power Delivery,2005,20(3):2079-2085.

[62] BROWNE T E. An approach to mathematical analysis of a-c arc extinction in circuit breakers[J]. Transactions of the American Institute of Electrical Engineers,1958,77(3):1508-1514.

第 9 章
线路避雷器

为了进一步降低输电线路的雷击故障率,提高供电可靠性,自 20 世纪 80 年代开始,避雷器已应用到输电线路上来降低线路雷击事故。一般将线路避雷器应用到线路雷电活动强烈或土壤电阻率高、降低接地电阻有困难的线段,可以大幅提高线路的耐雷水平,消除被保护线段的雷击闪络[1]。

9.1 线路避雷器设计

9.1.1 线路避雷器结构

线路避雷器与线路绝缘子串并联,雷电过电压作用时,避雷器动作,通过将与其并联的绝缘子串两端的电压钳制到低于绝缘子的雷电冲击耐受电压来防止绝缘子串闪络,线路避雷器保护原理如图 9.1 所示。用于线路防雷的避雷器有两种结构类型[2],一种是无间隙

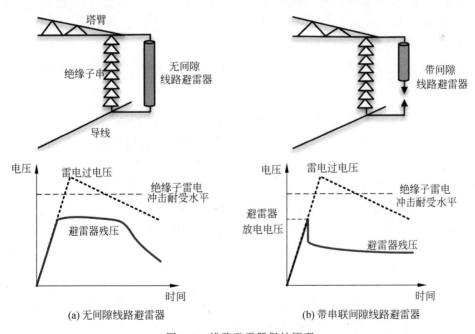

图 9.1 线路避雷器保护原理

型,避雷器与导线直接连接,它是电站型避雷器技术的延续;另一种为带间隙型,避雷器与导线通过空气间隙来连接。无间隙型线路避雷器具有吸收冲击能量可靠、无放电时延等优点。带间隙型线路避雷器只在雷电冲击使间隙击穿时才承受工频工作电压的作用,具有长期运行可靠性高、运行寿命长、免维护等优点。

表 9.1 为带间隙型的线路避雷器和无间隙线路避雷器的性能比较。无间隙线路避雷器用于提高线路耐雷水平时,可能存在的一个缺点是避雷器发生故障时会出现短路型故障,影响线路的正常供电。因此需要在线路避雷器下端安装故障脱落装置,当避雷器故障时,将连接线与避雷器脱开。

表 9.1 带间隙型和无间隙型线路避雷器性能比较

类 型	带 间 隙 型	无 间 隙 型
性能劣化	只在串联间隙动作时才承受工作电压的作用,很少劣化,可增加运行寿命	长期承受工作电压的作用
残压	适当提高荷电率,即减少阀片数量,使残压降低	比带串联间隙的残压高
故障安全性	不需要特殊的故障脱落装置	避雷器故障时需要特殊的脱落装置将避雷器与导线分离
放电时延	原则上有放电时延	无放电时延

为了克服无间隙 ZnO 避雷器用于线路防雷时可能存在的问题,线路防雷用避雷器一般采用带串联间隙的结构。由于有串联间隙的隔离作用,这种结构具有以下几个优点[3-4]:

(1) 线路正常运行时,避雷器不承受持续工频工作电压的作用,处于"休息"状态,避雷器阀片的荷电率可以取得高一些,雷电冲击残压可以随之降低。

(2) 避雷器只有在一定幅值的雷电过电压作用下串联间隙动作后,避雷器本体才处于工作状态,因此其外绝缘水平(绝缘外套爬电距离)可以低于无间隙避雷器。

(3) 正常设计的线路有足够的耐受操作过电压的能力,间隙距离可按操作过电压作用时不动作来确定,这样可以大大减轻避雷器动作负载能力的要求。同时也可以减少阀片数,使避雷器的结构紧凑化,并降低造价。

(4) 由于串联间隙的隔离作用,避雷器阀片很难发生老化。即使避雷器阀片劣化,也不至于影响线路的正常运行。

9.1.2 带串联间隙的线路避雷器本体设计

1. 避雷器的本体结构

带串联间隙的线路防雷用复合外套避雷器在结构上一般分成两部分:避雷器本体和串联间隙,避雷器本体结构类似于普通的复合外套避雷器。

为了克服瓷套氧化锌避雷器在运行中的缺陷,满足电力系统对保护装置所提出的新需求,并扩大其应用范围,自 20 世纪 80 年代开始研制复合外套氧化锌避雷器,将线路复合绝缘子的制备工艺应用到避雷器中。复合外套 ZnO 避雷器除具有氧化锌避雷器的优点外,还具有如下特点[1-4]:

(1) 在很大程度上消除了避雷器内部受潮的隐患。

(2) 从根本上消除避雷器裙套爆炸的危险。

(3) 重量轻,体积小,扩大了避雷器的使用范围,从传统的安装在地面扩展为悬挂式安装。

(4) 耐污性能好。

(5) 散热特性好。

(6) 制造工艺简单。

瓷套避雷器内部在 ZnO 阀片柱和外套之间存在空气间隙,由于密封不良容易造成缺陷,并且由于内部空腔的"呼吸"作用容易受潮,存在发生沿阀片柱的闪络故障、甚至发生爆炸事故的可能。日本等早期开发的线路避雷器本体也采用这种存在内部空气间隙的结构。我国清华大学最先研制的复合外套避雷器本体的内绝缘结构采用室温硫化硅橡胶作为芯棒与阀片以及阀片与外套之间空隙的填充胶[1],阀片与外套的连接也采用一次模压或挤压成型的工艺,使内部不存在空隙,具有全固体绝缘结构,使避雷器内部阀片、芯棒、金具和复合外套成为一个整体,没有任何空腔,因此不会发生由于"呼吸"作用引起潮气进入而降低绝缘故障,也不需要压力释放装置,从而使结构简单,运行更可靠。因此,这种全固体绝缘结构的复合外套避雷器是一种安全型避雷器,消除了内部存在空隙导致爆炸的可能性。

2. 荷电率的选取

在无间隙的电站型氧化锌避雷器的设计中,考虑到最高持续运行电压下阀片的热稳定性能,荷电率设计通常在 0.7~0.8 范围内。如 110kV 无间隙 ZnO 避雷器的最高持续运行电压幅值为 $\sqrt{2} \times 73$kV,直流 1mA 电压为 145kV,荷电率为 0.712。

对于线路防雷用的带有串联间隙的复合外套避雷器,考虑到只在雷电过电压作用后串联间隙尚未熄弧时,系统的持续运行电压才作用于避雷器,作用时间很短暂,通常不超过 1~2 个工频周期,因此文献中认为可以将荷电率提高到接近 1.0[5]。建议 110~500kV 线路复合外套避雷器内阀片的荷电率在 0.85~0.95 范围内选取,一般取 0.9 比较合适。具体数值需综合考虑系统的工频电压倍数、串联间隙切断工频续流能力等因素来确定。

3. ZnO 阀片

对线路防雷用避雷器阀片直径的确定,主要考虑雷电流通过避雷器时阀片的通流能力。对于变电站中的支柱式高压避雷器,110kV 和 220kV 避雷器一般采用 D7 的环形阀片,500kV 避雷器采用 D10 的环形阀片。

D7 和 D10 阀片能通过 2 次 100kA 的雷电放电电流作用而不改变性能。计算分析表明,110~500kV 复合外套避雷器安装在线路上时,即使在 300kA 的雷电流作用下,杆塔接地电阻为 70Ω,其放电电流也只有 30kA 左右,有很大的裕度,因此有可能选择尺寸较小的阀片来降低线路避雷器的造价。如 110kV 和 220kV 线路避雷器采用 D5 的阀片,500kV 线路避雷器采用 D7 的阀片。

4. 线路避雷器本体绝缘外套的泄漏比距

线路避雷器本体的绝缘外套应该保证在潮湿和污秽的条件下,避雷器的外绝缘不发生工频闪络。实验研究表明,由于一般在 1~2 个工频周期内切断工频续流,工频电压作用时间很短,在潮湿和污秽的条件下,避雷器外绝缘的工频闪络电压会有提高。因此,带间隙避雷器的外绝缘的最小泄漏比距可降低到无间隙电站型避雷器的60%[5]。

线路避雷器外绝缘裙套材料为硅橡胶。人工污秽实验结果表明,硅橡胶外绝缘的污闪梯度是电瓷的2～2.5倍[1]。美国推荐硅橡胶的泄漏距离可取瓷绝缘的2/3,即硅橡胶表面1cm的泄漏距离相当于瓷绝缘1.5cm。我国能源部1993年2月下达的"电力系统绝缘子质量全过程管理规定"中规定,复合外套子泄漏比距的配置不应低于同级污秽地区瓷绝缘子的3/4。

清华大学等单位最早研制的110kV和220kV无间隙的复合外套避雷器的泄漏比距为20mm/kV,污秽绝缘水平有充分的裕度[4]。带串联间隙的避雷器的外绝缘泄漏比距可以根据现场运行的要求来设计,如也取20mm/kV。或者根据带串联间隙的避雷器的特点取得小一些,如80%,即取16mm/kV,仍能满足运行要求。对于带一体化间隙的线路避雷器,串联间隙绝缘子的泄漏比距为10mm/kV,则外绝缘的总泄漏比距为26mm/kV[3]。

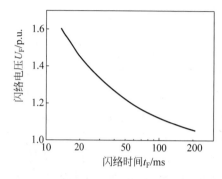

图9.2 污秽情况下工频闪络电压U_F与闪络时间t_F[4]

5. 机械结构

线路避雷器若采用环形阀片,可采用环氧玻璃钢引拔棒穿过阀片内孔的结构。悬挂式复合外套避雷器的机械连接可采用金属端头楔装环氧玻璃钢芯棒的结构,或金具压接在环氧芯棒上的结构。芯棒是避雷器阀片的压装部件和内绝缘部件,也是机械拉力载荷的承载部件。外部机械拉伸负荷也由芯棒传递。金属端头可采用楔装或压接夹紧芯棒,通过弹簧压紧阀片柱。上下金具端头分别与导线和地连接,起悬挂连接和导电的作用。饼状阀片采用环氧玻璃钢筒作为机械拉力荷载的承载部件。线路避雷器悬挂安装时只承受避雷器本身的重量及风载荷和冬天的冰载荷的作用,而不承受导线的重量。

玻璃钢芯棒(引拔棒)是以合成树脂为基体、玻璃纤维增强而制成的复合材料,具有耐腐蚀、拉伸强度高、电绝缘性能好的优点。玻璃钢芯棒本身的拉力破坏强度达800～1000MPa以上,因芯棒和金具的联结采用内楔结构,有应力集中,在合成绝缘子中ϕ24mm芯棒,拉力破坏强度达270kN。

悬挂式复合外套避雷器的机械载荷主要是自重以及覆冰和风载等不大的荷重,不像合成绝缘子要承担几十千牛以至上百千牛的导线重量和张力。110kV复合外套避雷器本身重26kg,风冰负载最多加倍,也仅为50kg,只有0.5kN的重力。避雷器的受力小,可以缩短金具卡装长度,采用铝合金金具减小重量。110kV线路避雷器接头实体的拉断力为137kN,应力为310MPa。因此,复合外套避雷器有足够的机械强度承受运行中各种机械外力的作用。

500kV线路避雷器的自重为180kg,考虑覆冰和风载等荷载,自重为270kg,因此考虑15倍自重对应的额度拉伸负荷为40kN。500kV线路避雷器采用环氧玻璃筒作为机械承重结构,测试得到的玻璃筒与金具粘接处的拉断破坏应力为100kN,因此额度拉伸负荷只有实际拉断破坏应力的40%[3]。

9.1.3 对线路避雷器的基本要求

线路避雷器需要解决避雷器本身的长期运行可靠性问题。一是应考虑到在严酷使用条件下的可靠性及寿命,即使在很大的雷电流作用下应仍能保持电气和机械性能;二是应与线路绝缘子串的绝缘水平配合以防止被保护的绝缘子发生雷击闪络故障;三是安装设计和维护方法等方面的问题。

带串联间隙的线路避雷器的设计,在很多方面不同于电站型避雷器。根据线路防雷的特点,ZnO避雷器带间隙后,由于间隙放电存在一定的分散性,为了保证避雷器工作的可靠性,在设计带间隙避雷器的结构时,应能满足如下技术要求[2-3]:

(1) 串联间隙应能满足长期承受工频电压作用的要求,且在各种外界因素作用下,即在风吹、导线舞动等情况下应能保持其尺寸基本不变。

(2) 应具有足够的通流能力以泄放雷电流和吸收雷电冲击过电压的能量。

(3) 为限制雷电过电压,避雷器的保护水平应与线路绝缘子串有很好的绝缘配合,以保证雷击被保护线路段时,无论被保护线路段内或被保护线路段外的绝缘子串均不应发生闪络。被保护线段外的线路遭受雷击时,被保护线段内的绝缘子串也不应发生闪络。

(4) 避雷器应能可靠地切断工频续流,保证线路正常供电。

(5) 避雷器本体故障时允许线路重合闸,保证线路仍能工作。

(6) 紧凑型的设计:重量轻,体积小,能安装在现有的杆塔上。

(7) 防爆炸:即使在承受高于设计值以上大雷电流的作用下也不发生爆炸,保证人身和设备安全。

(8) 密封性能好,不易受潮,可以减少瓷套避雷器运行中经常因受潮造成的事故,提高运行可靠性。

(9) 采用硅橡胶有机材料作为外绝缘,由于其强憎水性,使避雷器具有更强的防污性能。

(10) 具有一定的机械强度,应能承受所要求的各种机械负荷。

(11) 关于操作过电压有两种观点:一种认为操作过电压作用时,避雷器应动作;另一种认为操作过电压作用时避雷器应不动作。

9.1.4 氧化锌压敏电阻

线路避雷器本体的核心元件为氧化锌压敏电阻或氧化锌非线性电阻(ZnO阀片),其具有优良的非线性和能量吸收能力。本节先介绍ZnO阀片的有关内容[4],然后讨论如何提高氧化锌压敏电阻的电压梯度。

1. 微观结构

氧化锌压敏电阻作为电力避雷器的核心部件,是一种多组分金属氧化物多晶半导体陶瓷,以氧化锌为主要原料并添加多种金属氧化物成分,采用陶瓷工艺烧结而成[6-7]。依据添加剂配方的不同,氧化锌压敏电阻一般可分为 Bi 系(添加 Bi_2O_3、MnO_2、Co_2O_3 等)与 Pr 系(Pr_6O_{11}、Co_2O_3 等)两种[6]。当添加物含量超过 0.1%(摩尔分数)时开始呈现非线性。如图 9.3 所示,氧化锌压敏电阻的典型微观结构可由氧化锌晶粒、晶界层、尖晶石相和气孔等组成：

(1) ZnO 主体：由电阻率为 $0.001\sim0.1\Omega\cdot m$，尺寸为 $10\sim30\mu m$ 的 ZnO 晶粒组成，固溶有微量的 Co、Mn 等元素。

(2) 晶界层：由多种添加物组成，是添加剂的富集区，在低电场区域电阻率大于 $10^8\Omega\cdot m$，晶界层是产生压敏特性的根源。在高电场区，晶界层导通，整个 ZnO 阀片的电阻主要由晶粒的体电阻决定。

(3) 尖晶石晶粒：氧化锌与氧化锑的复合氧化物，此外还含有 Co、Mn、Ni、Cr 等杂质，粒径约为几个微米左右。

(4) 气孔：分布于氧化锌晶粒和晶界层内。

氧化锌压敏电阻的非线性电气性能源自形成于晶界区域的双肖特基势垒[8-15]。

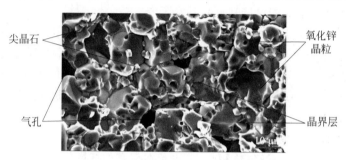

图 9.3 氧化锌压敏电阻的典型微观结构

ZnO 压敏电阻的显微结构可以看成是由 ZnO 晶粒—高阻晶界层—ZnO 晶粒组成的不规则立体网状结构，图 9.4 所示为二维结构图。ZnO 压敏电阻的微观结构可以看成是由 ZnO 晶粒串联、并联组成的网络状结构，图 9.5(a)和(b)所示为其二相和三相理想结构模型。

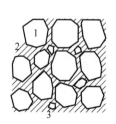

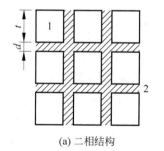

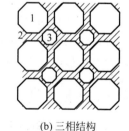

图 9.4 ZnO 压敏电阻的微观结构
1—ZnO 晶粒；2—晶界层；3—尖晶石晶粒

(a) 二相结构　　(b) 三相结构

图 9.5 氧化锌压敏电阻的结构模型
1—ZnO 晶粒；2—晶界层；3—尖晶石晶粒

2. 晶界层

ZnO 压敏电阻作为一种多组分的多晶陶瓷，不同于一般单晶半导体，在 ZnO 晶粒的接触面之间有一层薄薄的晶界层。晶粒与晶界层间所形成的势垒决定了 ZnO 电阻的非线性电压电流特性。

ZnO 压敏电阻是 ZnO 和多种添加物在 $1100\sim1450$℃ 的高温下烧结而成的，主要的添加物有各种不同的金属氧化物，如 Bi_2O_3、Co_2O_3、MnO_2、MnO、MgO、Sb_2O_3 等。所添加的氧化物的晶体结构不同于 ZnO 的晶体结构,其金属阳离子半径和所带的电荷也与 Zn^{2+} 不完全相同。

根据晶体化学观点,一般认为添加的金属氧化物只与 ZnO 形成部分固溶体或几乎不形成固溶体,而不会形成连续的固溶体。金属阳离子半径及电荷与 Zn^{2+} 相差比较小的添加物,如 Mg^{2+}、Co^{2+}、Mn^{2+} 等的金属氧化物,可以与 ZnO 形成部分固溶,结果将导致在 ZnO 晶粒边界上产生偏析;而离子半径及电荷与 Zn^{2+} 相差较大的添加物,如 Bi^{3+}、Sb^{3+}、Si^{4+} 等的氧化物,不会与 ZnO 形成固溶,只是聚集在 ZnO 晶粒界面间产生偏析,形成称为第二相的晶界层。

添加物中 Bi_2O_3、Sb_2O_3 等在结构上与 ZnO 相差比较大,属于低熔点氧化物,熔点低于 900℃。因此,ZnO 压敏电阻的烧结过程是液相烧结过程。在高温下呈液体状的添加物在 ZnO 晶粒间的分布、浸透取决于液体的表面张力、黏度以及与 ZnO 晶粒的接触面积等。反映在制造工艺上就是原料的组成、烧结过程及颗粒的大小等因素。另外,晶界层的形成还取决于冷却过程。这些因素将影响晶界层的性质、晶界相的结构及分布、晶界层的厚度等[16]。

晶界层含有多种组成成分,含有多种不同的 O—M 键,它可以是晶质,也可以是非晶质,一般认为它是无定形的玻璃态物质。

厚度是晶界层的一个重要参数,它决定了在一定电压作用下 ZnO 压敏电阻导电过程中晶界层所承受的电场强度。由于晶界相分布的不均匀性和不连续性,晶界层各处的厚度不尽相同。如果假设 ZnO 晶体为如图 9.5(a)所示的理想二相立体结构,并假设晶界层的相对介电常数为 15,则从电容测量结果可以计算得到晶界层的平均厚度为 $0.1\mu m$;如果考虑晶界层的非均匀性,则采用透射电子显微镜(transmission electron microscopy,TEM)求得的晶界层平均厚度约为 $0.02\mu m$。ZnO 晶粒间的导电主要发生在晶粒间最小厚度处,因为这里所承受的电场强度最大。所以我们感兴趣的主要是晶界层厚度的最小值,而不是平均值。大约只有 10% 的接触面积参与导电过程。如果 ZnO 压敏电阻的电容主要由这个最小厚度决定,则可以得到晶界层最小厚度的平均值约为 $0.01\mu m$,而不是按照以上整个接触面积都参与导电求得的平均厚度 $0.1\mu m$[17]。

采用各种高精度显微镜与通过电容测量结果计算得到的晶界层的平均厚度相差较大。例如,采用俄歇电子能谱法(auger electron spectroscopy,AES)观测表面晶界层的厚度可能小于 $0.005\mu m$[18];采用 TEM 法观测得到的晶界层厚度小于 $0.0025\mu m$[19],甚至小于 $0.001\mu m$[20]。不同学者采用扫描透射电子显微镜(scanning tansmission electron microscopy,STEM)观测得到的晶界层厚度在 $0.001\sim0.005\mu m$ 范围[21-23]。

由多种金属氧化物组成的添加物在能级中分布很宽。添加多种成分组成晶界层的目的是希望得到一个无序并且致密度很高的晶界层。晶界层存在以下四种不同的状况:结晶和结晶中的周期性缺陷、错位和晶格缺陷、存在杂质元素、在晶界层所形成的异相。但是实验结果表明,在 ZnO 压敏电阻的击穿区域,即在呈现强非线性的区域,晶界层的精确成分并不十分重要,电阻的电性能与添加物的具体成分关系不大。因此任何描述击穿区的导电机理,应对晶界层的某些基本参数,如陷阱密度、杂质含量、费米能级的位置等不敏感[21]。

压敏电阻的非线性特性是其晶界层的本征特性。研究者考虑晶界层的结构不同,从而提出了不同的导电机理。有研究者将晶界层看作具有一定厚度的无序高阻层,导电势垒建立在这个无序的高阻层上,从而提出了空间电荷限制电流(space charge limited current,SCLC)模型;有研究者认为非线性是由于厚度约为 $0.01\mu m$ 的高阻层的隧道过程引起的,从而提出了隧道效应模型;根据晶界层非常薄的特点,有研究者提出了双肖特基势垒模型。无论哪种模型,决定非线性特性的导电势垒都是晶界层。

晶界层的特性决定了势垒特性,也在很大程度上决定了压敏电阻的电性能及寿命。要得到性能优良、寿命长、工作可靠的非线性电阻,就要求晶界层具有很高的热稳定性及电稳定性、并要求在结构上尽可能分布均匀。

氧化锌压敏电阻的非线性电压—电流(V-I)特性(也称伏安特性)是它在作为限压元件的实际应用中最为重要的性能。V-I 特性曲线中有一个明显的转折点,即拐点。当作用在阀片上的电压低于拐点电压时,流过的电流密度很小,一般小于 $1\mu A/cm^2$,电压与电流接近线性关系;当电压高于拐点电压时,电流随电压的增加而急剧增大,电压与电流呈强非线性关系,这时虽电压增加较小,但电流可以增加几个数量级。在很多研究 ZnO 非线性电阻导电机理的文献中,一般将拐点电压称为"击穿电压"。这里所谓的"击穿"不同于一般介质的击穿破坏,而是指氧化锌非线性电阻的非线性 V-I 特性曲线中,当电压超过这一电压时电流明显增大,电阻值急剧下降的现象。"击穿电压"一般指电流密度为 $1mA/cm^2$ 时作用在非线性电阻上的电压[18]。这种所谓的"击穿"是可恢复的,去掉作用电压,其非线性性能基本上可以恢复到起始状态。

在其微观结构中,ZnO 晶粒本身的电阻率为 $0.001\sim0.1\Omega\cdot m$,而晶界层的电阻率大于 $10^8\Omega\cdot m$,因此施加的电压较小时,基本上所有电压都作用在晶界层上。氧化锌压敏电阻的拐点电压,一般以达到这个电压时作用在氧化锌压敏电阻能带结构中每个晶界势垒上的电压来代表。分析表明,压敏电阻的拐点电压大致为每晶界层 $3\sim3.5V$。拐点电压对 ZnO 压敏电阻的添加成分、烧结时详细的加温和冷却程序及处理步骤等都非常敏感。在添加物中无 Bi_2O_3 的 ZnO 压敏电阻的击穿电压为每晶界层 $3.5V$[24]。

根据作用在氧化锌压敏电阻上的电场强度的大小,可以将 ZnO 压敏电阻的电流—电压特性分为三个区域:预击穿区、击穿区、翻转区(又称回升区),如图 9.6 所示。这里分别以作用在 ZnO 压敏电阻上的电压梯度 E 和流过的电流密度 J 表示。这三个区域在电工技术和工程应用中相应被称为低电场区、中电场区、高电场区。

在低电场区施加的电压低,在拐点电压以下,为强非线性现象发生前的区域,氧化锌压敏电阻呈现高阻值,该区域的电压与电流的关系接近线性关系,泄漏电流为微安级以下。中电场区域压敏电阻具有很高的非线性指数,其电流密度变化在 $10^{-6}\sim10^2 A/cm^2$,上升 8 个数量级,而电压梯度仅增加一倍左右,表明 ZnO 压敏电阻具有更优良的非线性。低电场区及中电场区的特性是由压敏电阻的晶界特性决定的。在高电场区,压敏电阻非线性逐渐变小,直至最后消失,进入低阻状态,ZnO 晶粒的电阻将起主要作用。

ZnO 压敏电阻的非线性伏安性能,主要采用以下参数进行描述。

(1) 压敏电阻的非线性系数 α:在图 9.6 中表现为曲线段近似直线部分的斜率之倒数;一般情况下都是特指在击穿区对应的数值;该值越大,压敏性能越优。

(2) 压敏电压 U_{nmA}:即伏安特性曲线转折处,特定电流值(通常取 $1mA$)对应的压敏电阻两端的电压,也称参考电压。为了便于性能的比较,往往用压敏电压梯度 E_{nmA} 进行表示。

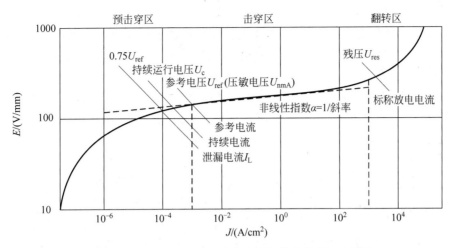

图 9.6 ZnO 压敏电阻的电流与电压特性曲线的三个区域

(3) 荷电率 q：持续运行电压峰值与压敏电压之比，表征压敏电阻在持续运行电压下所承受的电压负荷强度的大小，$q=$（持续运行电压$/U_{nmA}$）$\times 100\%$。

(4) 泄漏电流 I_L：在规定温度和运行电压（小于压敏电压，一般采用 0.75 倍的 U_{1mA} 作为测试条件）等条件下流过压敏电阻的电流。

(5) 残压 U_{NkA}：流过冲击电流时压敏电阻两端出现的冲击电压；残压大小与冲击电流的幅值、波形（波前时间、波尾时间）相关；在高电压应用中，常用操作冲击电流残压、雷电冲击电流残压和陡波冲击电流残压来表示。

(6) 通流容量：在规定条件下（包括 2ms 方波冲击电流和 4/10μs 大冲击电流等）允许通过压敏电阻的最大脉冲电流值。

(7) 冲击过电压寿命：压敏电阻在规定的特性变化范围内所能耐受规定幅值和波形的冲击电流的次数。对于电子线路用压敏电阻，规定 U_{1mA} 变化率不大于 10%；对于高压电气用压敏电阻，规定 8/20μs 冲击电流残压（10kA 或 5kA）变化率不大于 5%。

3. ZnO 压敏电阻的非线性指数

在低电场区域及中电场区域，ZnO 压敏电阻的非线性特性主要受多晶陶瓷材料的晶界特性支配，这是单晶半导体所不具备的重要特性，也是金属氧化物非线性电阻作为压敏元件引人注目的原因。中电场区域的电压—电流特性通常可采用式（9.1）近似表示，用非线性指数 α 的大小作为衡量 ZnO 压敏电阻的非线性程度：

$$J = AE^\alpha \tag{9.1}$$

式中，J 为电流密度；E 为电压梯度；A 为与电阻材料和结构尺寸有关的常数。式（9.1）可以改变形式用下式表示：

$$J = J_N \left(\frac{E}{E_N}\right)^\alpha \tag{9.2}$$

式中，J_N 为标称电流密度（通常为 1mA/cm^2），E_N 为标称电流密度下的电压梯度。

对于整个 V-I 特性，由于各个区域所表现的不同非线性程度，采用式（9.1）所表示的非线性指数 α 并不是一个常数，它随电流变化而变化。

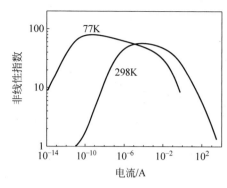

图 9.7 ZnO 非线性电阻的非线性指数 α 与电流的关系曲线[17]

图 9.7 为非线性指数 α 与电流的关系曲线[17]。α 值不仅与电流有关,而且与测量时的环境温度有着密切的关系,特别是在低电场区,α 随温度的变化特别敏感。但在电流密度 J 等于 $1mA/cm^2$ 附近的中电场区域内 α 接近常数,即不大受温度的影响。一般所指的非线性指数 α 大多是在 $J=1mA/cm^2$ 时测量得到的,这时 ZnO 非线性电阻的 α 值可以超过 50,在特殊情况下甚至可能超过 100[24]。

为了更准确地模拟 ZnO 压敏电阻(简称为电阻片或阀片)的整个 V-I 特性,可以采用两项或多项类似于式(9.1)的指数函数之和来表示。在对包括 ZnO 压敏电阻在内的电网络中的过电压进行数值计算时,则往往采用分段非线性或分段线性化的数学模型。

ZnO 压敏电阻在流过 1mA 直流电流时的电压在工程应用中称为直流 1mA 参考电压 U_{1mA}。作用的电压高于该值时,表明压敏电阻处于 α 较大的中电场区域。阀片的拐点电压通常是指电流密度为 $1mA/cm^2$ 时的电压,它与直流电流 1mA 参考电压是有区别的。

在电力系统限制过电压的应用中,由 ZnO 压敏电阻组装成不同电压等级的避雷器。除了采用非线性指数 α 外,也经常采用残压比来表征避雷器的非线性限压特性。残压是指雷电流(如 10kA)流过时避雷器上电压的峰值,残压比是指残压与避雷器的 1mA 参考电压之比。残压比越小说明避雷器的非线性特性和限压性能越好。

ZnO 压敏电阻实际上是由很多个 ZnO 晶粒与晶界层基本单元串并联组成。当施加电压时,非线性金属氧化物总的导电效果可以等效为多条串联的基本单元链并联的导电性能的总体合成。因而每条基本单元链都能反映非线性 V-I 特性。在理论上可以采用前面所述的双肖特基势垒来解释其非线性特性,但对不同的区域有不同的导电机理。

4. 导电机理

自 ZnO 压敏电阻问世以来,国际上诸多研究者先后对其微结构模型及其非线性伏安特性起源等基础理论进行了广泛深入的研究,提出过各种理论观点[25-52],各种观点之间既有密切联系,也有很大差异。

在 ZnO 压敏电阻的所有基础理论研究成果中,Levine 提出的双肖特基势垒模型已成为目前得到公认的 ZnO 压敏电阻晶界微结构模型。后续研究者关于 ZnO 压敏电阻晶界导电机理的各种理论观点,基本上都建立在双肖特基势垒模型基础之上,并可以归纳分为两大类。两类理论观点之间最本质的区别在于是否考虑外加电场作用下势垒晶界层填充电荷的变化机理,并由此导致势垒高度以及相应导电机理呈现不同的特征。

第一类理论观点不考虑外加电场作用对于势垒晶界层填充电荷的影响。相应地,势垒高度不发生内在因素所导致的变化,而双肖特基势垒完整的导电过程则被人为分段,用不同的导电机理进行解释。在预击穿区的导电机理是肖特基发射,即场致热激发;在击穿区的导电过程则主要用场致发射形成电子隧穿的机理予以解释。

第二类理论观点认为外加电场作用下势垒晶界层填充电荷会发生相应的变化,由此导致双肖特基势垒高度逐渐降低,降低幅度可以很大,甚至于势垒高度接近于零。相应地,预击穿区和击穿区的导电机理基本一致,都是势垒高度逐渐降低条件下的肖特基发射或者场致电子隧穿。在击穿区,会出现空穴产生的现象,进一步影响势垒的高度和厚度,从而使得电子更加容易越过势垒,加速势垒击穿的过程。

目前来看,第二类理论观点中 Pike、Blatter 等提出的基于电荷填充表面态导致势垒高度降低的 ZnO 压敏电阻晶界导电机理,能够最大限度地符合各种观测到的实验现象,并且在预击穿区和击穿区的导电机理以及相关计算公式都是完全一致、自然过渡的。该理论已经得到越来越多研究者的认可和支持,逐渐成为解释 ZnO 压敏电阻晶界导电机理的主流理论观点。

大部分研究者均在双肖特基势垒模型的基础上,提出 ZnO 压敏电阻晶界导电机理的各种理论观点。实际上,ZnO 压敏电阻晶界层除了双肖特基势垒部分形成非线性导电的主流通道,还有厚度更大的、始终呈现高阻特性的晶间相部分形成小电流的泄漏通道,对 ZnO 压敏电阻整体的伏安特性产生一定的影响。部分研究者也对此开展了相应的研究和探讨,如 Eda 提出的旁路效应模型[28-29],是对已有晶界导电机理相关理论观点的重要补充。

总的来说,过去一般采用不同的理论来解释与低电场区和中电场区的导电机理[4]。在低电场区域,ZnO 压敏电阻的 V-I 特性受电子的热激活发射效应控制,流过的电流具有饱和的高电阻特性。在外界电压作用下,经过 ZnO 压敏电阻的泄漏电流数值很小,直接取决于施加电压和环境温度,其阻值具有负温度系数特性。这一区域的 V-I 特性可表示为

$$J = J_0 \exp\left(-\frac{\phi_0 - \beta E^{1/2}}{KT}\right) \tag{9.3}$$

外加电压增加到一定数值后,V-I 特性从低电场区进入中电场区。这时热激电流的导电机制已经不起作用,起决定作用的是隧道电流导电机制。当计入 Mahan 的空穴模型后,计算得到的非线性指数 α 值与实测的 ZnO 压敏电阻的非线性指数 α 非常接近。在中电场区域,电流对电压的影响非常敏感,电压稍有增加,电流急剧增加。

而基于 Pike、Blatter 等提出的电荷填充表面态导致势垒高度降低的 ZnO 压敏电阻晶界导电机理理论,可得到的预击穿区和击穿区电流的统一表达式为[19,52]

$$J = A^* T^2 \exp[-(e\phi_B(V) + E_c - \xi)/k_B T][1 - \exp(-eV/k_B T)] \tag{9.4}$$

式中,A^* 为 Richardson 常数;V 为施加的电压;ϕ_B 为晶界势垒高度;T 为温度;E_c 为导带高度;ξ 为晶界层界面的准费米能级。

当流过 ZnO 压敏电阻的电流密度进一步增大时,其 V-I 特性曲线进入高电场区域,即非线性电阻的回升区域。在这一区域,非线性指数 α 急剧降低,接近于 1,即非线性很快消失,其性能相当于一个低阻值的线性电阻。

从导电机理来分析,在进入高电场区以后 ZnO 非线性电阻的所有耗尽层都已消失,晶界层已全部导通,因此基本上由 ZnO 晶粒的电阻决定其特性。由此可见,在高电场区域,金属氧化物电阻的 V-I 特性不再是晶界特性的反映,而是直接由 ZnO 晶粒的体电阻效应所控制。高电场区域的电流密度可表示为

$$J = \frac{E}{\rho} \tag{9.5}$$

式中,E 为电压梯度;ρ 为晶粒的电阻率。

5. 高电压梯度氧化锌压敏电阻

线路避雷器由避雷器本体和间隙串联构成,采用普通 ZnO 压敏电阻组装线路避雷器时,其整体长度会大于与其并联的线路绝缘子串,导致安装困难。由于间隙的长度基本是固定的,因此需要尽量提高避雷器内部核心元件氧化锌压敏电阻的电压梯度来缩短避雷器本体的长度,即降低避雷器本体的高度来实现线路避雷器与绝缘子串的长度配合。

氧化锌压敏电阻的非线性系数、电压梯度、残压比、通流容量及老化系数等和电阻片的微观物理化学结构密切相关,取决于氧化锌压敏电阻的配方和烧成工艺。为了改善其性能,各国学者在这方面开展了很多的研究工作,电阻片制造技术和性能参数不断得到完善和提高。

目前,日本、美国等国家对电压梯度达 300V/mm 的氧化锌压敏电阻的应用已经普遍。普通阀片晶粒尺寸在 10μm 左右,压敏电压梯度为 200V/mm,高电压梯度 ZnO 压敏电阻晶粒尺寸仅为 5μm,压敏电压梯度达到 400V/mm,提高了 2 倍左右。此外,高电压梯度氧化锌压敏电阻的冲击能量吸收密度达 300J/cm^3,与传统产品相比提高了 1.7 倍左右,相同外径 ZnO 阀片的残压比降低了 10% 以上,同时非线性伏安特性和老化性能也相当优良。目前,日立和东芝公司已经将高电压梯度压敏电阻应用于 22~765kV 的瓷套型和 GIS 罐式避雷器[53-56]。

我国自 1985 年从日本日立公司引进氧化锌避雷器生产技术后,在氧化锌压敏电阻配方、生产工艺方面开展了很多研究工作,消化掌握了氧化锌压敏电阻的生产技术,但工业生产中氧化锌压敏电阻的性能没有多大改进,氧化锌压敏电阻技术参数只相当于日本传统产品的水平。

通过适当减小原料颗粒粒径、采用更先进的搅拌球磨设备和高效的分散剂、采用超声波分散处理技术、提高原料混合的均匀性、调整优化造粒机使用参数以提高造粒质量、优化烧结温度提高反应均匀性等措施,可以大大提高电阻片通流容量。综合采用这些措施的新生产工艺,可以将传统电压梯度电阻片 2ms 方波冲击能量吸收能力从 100J/cm^3 提高到 250J/cm^3[57]。

掺杂稀土金属氧化物 R_2O_3 对提高电压梯度作用非常显著。高温烧结时稀土氧化物与铋、锌、锰、锑等生成新的尖晶石,由于尖晶石的钉扎效应,降低了氧化锌晶粒生长速度。随着稀土氧化物添加剂的增加,尖晶石的尺寸减小,但数量急剧增加。R_2O_3 添加量为 2mol% 时,尖晶石变得非常细,看上去氧化锌晶粒周围布满了尖晶石,大大加强了对氧化锌晶粒生长的抑制作用,压敏电阻的氧化锌晶粒尺寸迅速减小,氧化锌晶粒尺寸减小了将近一半(如图 9.8 所示[58-59]),电压梯度升高。但是掺杂稀土金属氧化物会导致压敏电阻非线性系数降低、泄漏电流增大。通过在添加稀土氧化物的基础上添加 Co_2O_3 和 $MnCO_3$ 等,能够大大降低泄漏电流、提高非线性系数。研究表明,Mn 有活化晶界、促使晶粒生长的作用,并且对晶界陷阱和表面态密度有很大影响,能够增加晶界层受主态(电子陷阱)密度,从而提高非线性系数、大大降低泄漏电流。在添加 1.5%(摩尔分数)的稀土氧化物的基础上添加 0.5%(摩尔分数)Co_2O_3 和 $MnCO_3$,在 1250℃ 烧结 2h 的 ZnO 压敏电阻样品的电压梯度从常规的 200V/mm 提高到了 492V/mm,非线性系数达到 76,但泄漏电流小于 1μA[57]。同时,采用新配方制得的压敏电阻电压梯度和冲击能量吸收能力比目前国内生产的电阻片提高了一倍以上。近年来,我国在高梯度压敏电阻方面开展了大量的研究[58-86],实现了高梯度压敏电阻的实用化,工业化产品的电压梯度达到了 400V/mm,能量吸收能力超过了 400J/cm^3。

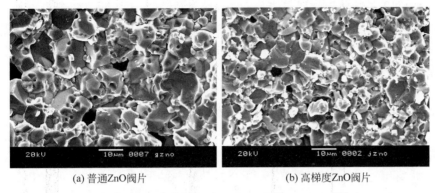

(a) 普通ZnO阀片　　　　(b) 高梯度ZnO阀片

图 9.8　不同梯度的 ZnO 压敏电阻的 SEM 照片[59]

9.2　线路复合外套避雷器的串联间隙设计

串联间隙的设计包括间隙的结构设计和间隙距离的确定。间隙的结构及尺寸直接决定避雷器的保护性能。串联间隙应保证在各种外力作用下避雷器的尺寸基本保持不变,间隙放电的稳定性好,分散性小。

9.2.1　串联间隙的结构型式

串联间隙的结构设计,除了要求结构简单、紧凑以外,主要应考虑避雷器运行中在风偏等外界因素影响下确保间隙距离基本不变。

线路避雷器的串联间隙因不同应用场景具有多种结构型式,目前常见的串联间隙结构有两种类型,即分离式结构和一体化结构。分离式结构特点是,一个电极安装在避雷器本体下端,另一个电极与线路导线相联接。这种结构必须考虑外界因素的影响,如在风的作用下避雷器及导线的摆动会引起间隙距离变化。为保持间隙尺寸基本不变,电极形状一般做成弧形,造型比较复杂,如图 9.9(a)所示。日本研制的 77kV、275kV 和 500kV 的复合外套避

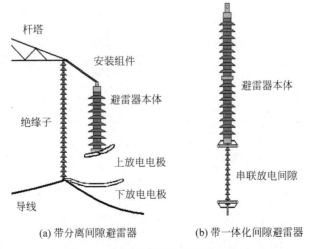

(a) 带分离间隙避雷器　　　(b) 带一体化间隙避雷器

图 9.9　带串联间隙线路避雷器结构

雷器采用这种间隙结构[87-92]。

一体化的间隙结构将避雷器本体和串联间隙做成一个整体,即在避雷器本体下面安装一段复合绝缘子,在绝缘子的两端安装环状电极[1]。这种结构的优点是间隙距离基本上不受外界条件(如风偏等)的影响,因此间隙放电的分散性小,保护的可靠性好。清华大学研制的110kV和220kV带串联间隙复合外套ZnO避雷器采用图9.9(b)所示一体化的间隙结构,随后研制出带分离间隙的线路避雷器。110kV的上、下电极直径分别为25cm、30cm,由ϕ25mm管材制成;220kV的上、下电极直径分别为25cm、30cm,由ϕ25mm、ϕ35mm管材制成。但一体化间隙在运行中暴露的问题是正常工作时,避雷器本体和一体化间隙的分压按照电容分配。以110kV线路避雷器为例,500mm的固定间隙电容为0.4pF,而避雷器采用的D7环状阀片电容约为1040pF,28片阀片串联后的电容为37pF。可以看出避雷器本体电容很大,因此大部分工作电压都施加在一体化间隙的合成绝缘子上。一般110kV线路避雷器的一体化间隙为35kV合成绝缘子,因此35kV的合成绝缘子要长期承受110kV系统的工作电压。

9.2.2 线路避雷器与绝缘子串的雷电冲击绝缘配合

线路避雷器与线路绝缘子串的绝缘配合应考虑两点要求:避雷器整体的雷电冲击50%放电电压应该低于线路绝缘子串的雷电冲击50%放电电压;两者的雷电冲击放电的伏—秒特性曲线不出现交叉,并且尽可能"平行",下面将分别进行介绍[1-2,4]。

1. 雷电冲击50%放电电压

由于避雷器本体伏安特性和自身电容的作用,避雷器整体(包括避雷器本体和串联间隙)的50%雷电冲击放电电压高于单独串联间隙的数值。分析与实测表明,其数值可以这样粗略地估计[5,87],即:避雷器整体的50%雷电冲击放电电压U_{L50}约等于避雷器本体的直流1mA电压U_{1mA}与串联间隙的50%雷电冲击放电电压U_{LG50}之和:

$$U_{L50} = U_{1mA} + U_{LG50} \tag{9.6}$$

表9.2为110、220kV带间隙的ZnO避雷器的实测结果。从表中可以看出,与实测值比较,估计值的相对偏差不超过±10%。因此,在确定间隙距离时,应当由线路绝缘子串与避雷器整体进行绝缘配合。

表9.2 带串联间隙的避雷器整体雷电冲击放电特性实测结果[4]

系统电压等级 /kV_{rms}	串联间隙长度 /mm	A (避雷器整体的 U_{L50})/kV_{peak}	B (避雷器的直流 U_{1mA})/kV	C (串联间隙的 U_{LG50})/kV_{peak}	(B+C)/A
110	650	(+)516	≥123	(+)414	(+)1.041
		(−)548		(−)460	(−)1.046
220	1200	(+)1088	≥246	(+)751	(+)0.916
		(−)1193		(−)901	(−)0.961

在确定避雷器整体的50%雷电冲击放电电压时,应考虑到空气间隙雷电冲击放电特性的分散性,以及对线路绝缘子串的保护作用。空气绝缘雷电冲击放电电压分布的相对标准

偏差取为 $\sigma=0.03$[93]，若取绝缘子串的雷电冲击耐受电压为 U_{LJ50}，则有

$$U_{LJ0.1}=U_{LJ50}(1-3\sigma)=0.91U_{LJ50} \tag{9.7}$$

避雷器整体的 99.9% 雷电冲击放电电压为 $U_{L99.9}$，则有

$$U_{L99.9}=U_{L50}(1+3\sigma)=1.09U_{L50} \tag{9.8}$$

式中，$U_{LJ0.1}$、U_{LJ50} 分别为绝缘子串出现概率为 0.1%、50% 的雷电冲击放电电压值。

根据绝缘配合的要求，必须满足 $U_{LJ0.1}>U_{L99.9}$，由式(9.7)和式(9.8)可以得到线路绝缘子的 50% 雷电冲击放电电压和线路避雷器的 50% 雷电冲击放电电压之间的关系为[3]

$$U_{LJ50}>\frac{1+3\sigma}{1-3\sigma}U_{L50}=\frac{1.09}{0.91}U_{L50}=1.20U_{L50} \tag{9.9}$$

即线路绝缘子的 50% 雷电冲击放电电压应大于 1.2 倍线路避雷器的 50% 雷电冲击放电电压。设计中线路绝缘子与带间隙避雷器的配合系数一般取为 1.25[94]，即线路绝缘子串的 50% 雷电冲击放电电压大于等于有间隙型避雷器整体 50% 雷电冲击放电电压的 1.25 倍，确保在雷电过电压下，串联间隙动作，避雷器泄放能量，而线路绝缘子串不会发生闪络。但在我国线路避雷器国家标准 GB/T 32520—2016 中[95]，只要求在带串联间隙线路避雷器的伏秒特性（放电时间为 1~10μs）应比被保护线路的标准绝缘（包括绝缘子串及空气间隙）的冲击伏秒特性至少低 10%。

表 9.3 所示为 110kV、220kV 带串联间隙的避雷器整体和线路绝缘子串的 50% 放电电压实测结果，并且给出了相应的配合系数。由于实测绝缘子串和避雷器整体的雷电冲击放电电压分布的相对标准偏差 σ 为 1.7%~5.1%，所以配合系数（表 9.3 中 A/B）宜取大于 1.25 为好。如图 9.10 所示为间隙距离与避雷器整体 U_{50} 的关系曲线。根据表 9.3，建议 110kV、220kV 的避雷器串联间隙长度分别不宜超过 650mm 和 1150mm。

表 9.3 避雷器整体和绝缘子串的雷电冲击配合系数[4]

系统电压 /kV$_{rms}$	绝缘子	串联间隙长度/mm	A 绝缘子串		B 避雷器整体		配合系数 A/B
			U_{LJ50}/kV$_{peak}$	σ/%	U_{L50}/kV$_{peak}$	σ/%	
110	8×XP-7	600	(+)694	1.7	(+)516	2.1	(+)1.35
			(−)725	1.7	(−)548	1.9	(−)1.32
		650	(+)694	1.7	(+)516	2.1	(+)1.35
			(−)725	1.7	(−)548	1.9	(−)1.32
		700	(+)694	1.7	(+)542	2.1	(+)1.28
			(−)725	1.7	(−)614	1.6	(−)1.18
220	15×XP-7	1150	(+)1364	3.0	(+)999	4.7	(+)1.37
			(−)1522	4.6	(−)1124	5.1	(−)1.35
		1200	(+)1364	3.0	(+)1088	3.4	(+)1.25
			(−)1522	4.6	(−)1193	3.0	(−)1.28
		1250	(+)1364	3.0	(+)1100	4.5	(+)1.24
			(−)1522	4.6	(−)1224	2.2	(−)1.24
		1400	(+)1364	3.0	(+)1162	4.2	(+)1.18
			(−)1522	4.6	(−)1305	3.8	(−)1.17

续表

系统电压 /kV$_{rms}$	绝缘子	串联间隙长度/mm	A 绝缘子串 U$_{LJ50}$/kV$_{peak}$	A 绝缘子串 σ/%	B 避雷器整体 U$_{L50}$/kV$_{peak}$	B 避雷器整体 σ/%	配合系数 A/B
500	28×XP-16	1800	（＋）2433		（＋）2016		（＋）1.21
			（－）2640		（－）2082		（－）1.27
		2000	（＋）2433		（＋）2076		（＋）1.17
			（－）2640		（－）2107		（－）1.25
	4.03m 长的复合绝缘子	1800	（＋）2726		（＋）2016		（＋）1.35
			（－）2801		（－）2082		（－）1.34
		2000	（＋）2726		（＋）2076		（＋）1.31
			（－）2801		（－）2107		（－）1.333

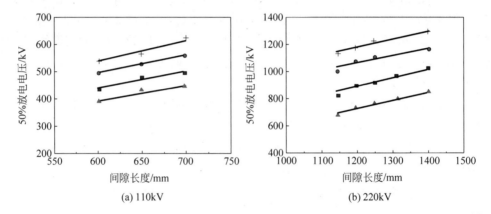

(a) 110kV　　(b) 220kV

图 9.10　间隙距离与避雷器整体及避雷器本体故障时的雷电冲击 50% 放电电压的关系曲线[4]
1—避雷器整体，正极性；2—避雷器整体，负极性；3—避雷器本体故障，正极性；4—避雷器本体故障，负极性

2. 雷电冲击放电伏—秒特性

110kV、220kV、500kV 线路避雷器整体试品与线路绝缘子串的正、负极性雷电冲击放电伏—秒特性曲线实测数据分别如图 9.11、图 9.12、图 9.13 所示，其中串联间隙长度分别为 650mm、1200mm、1800mm。无论正、负极性，两个电压等级的 50% 雷电冲击放电伏—秒特性均未出现交叉现象，且比较"平行"，满足设计要求。如果间隙长度小于此值，显然更能满足要求。

应当说明的是，由于避雷器的串联间隙和线路绝缘子串的放电过程均属于气体介质的击穿过程，因此即使间隙距离有变化，其伏—秒特性曲线的形状类似，仍能较好地配合。

3. 避雷器本体发生短路故障时与绝缘子串的雷电绝缘配合

带串联间隙避雷器的一个重要特点是，即使在特殊情况下避雷器本体发生故障，但避雷器串联间隙仍能耐受雷电过电压，保证系统供电的可靠性。表 9.4 所示为 110kV、220kV 带串联间隙避雷器的避雷器本体发生故障时，串联间隙和线路绝缘子串的 50% 放电电压实测结果，并且给出了相应的配合系数。二者之间的配合系数远大于 1.25。

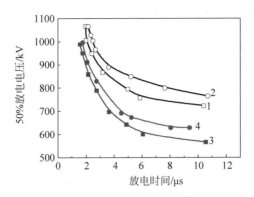

图 9.11 110kV 带串联间隙的避雷器与线路绝缘子串雷电冲击放电伏—秒特性的配合[4]
1—绝缘子串的 50% 正极性放电电压；2—绝缘子串的 50% 负极性放电电压；3—避雷器整体的 50% 正极性放电电压；4—避雷器整体的 50% 负极性放电电压；绝缘子串：8×XP-7；避雷器串联间隙长度为 650mm

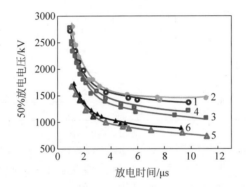

图 9.12 220kV 带串联间隙的避雷器与线路绝缘子串雷电冲击放电伏—秒特性的配合[4]
1—绝缘子串的 50% 正极性放电电压；2—绝缘子串的 50% 负极性放电电压；3—避雷器整体的 50% 正极性放电电压；4—避雷器整体的 50% 负极性放电电压；5—避雷器本体故障时 50% 正极性放电电压；6—避雷器本体故障时 50% 负极性放电电压；绝缘子串：15×XP-7；避雷器串联间隙长度为 1200mm

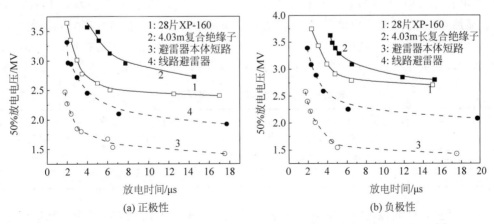

图 9.13 500kV 线路避雷器与线路绝缘子串雷电冲击放电伏—秒特性的配合[3]
串联间隙长度为 1800mm

表 9.4 避雷器的串联间隙和绝缘子串的配合系数[4]

系统电压 /kV$_{rms}$	绝缘子片数 (XP-7)	串联间隙长度/mm	A 绝缘子串		B 避雷器整体		配合系数 A/B
			U_{LJ50}/kV$_{peak}$	σ/%	U_{L50}/kV$_{peak}$	σ/%	
110	8	600	（+）694	1.7	（+）372	4.1	（+）1.87
			（-）725	1.7	（-）410	2.8	（-）1.77
		650	（+）694	1.7	（+）414	3.7	（+）1.67
			（-）725	1.7	（-）460	3.8	（-）1.58
		700	（+）694	1.7	（+）430	3.2	（+）1.61
			（-）725	1.7	（-）476	2.4	（-）1.52
220	15	1150	（+）1364	3.0	（+）685	4.5	（+）1.99
			（-）1522	4.6	（-）816	2.9	（-）1.86
		1200	（+）1364	3.0	（+）751	2.4	（+）1.82
			（-）1522	4.6	（-）901	3.3	（-）1.69
		1250	（+）1364	3.0	（+）771	2.4	（+）1.77
			（-）1522	4.6	（-）913	2.5	（-）1.67
		1320	（+）1364	3.0	（+）811	3.3	（+）1.68
			（-）1522	4.6	（-）970	2.6	（-）1.56
		1400	（+）1364	3.0	（+）865	1.6	（+）1.59
			（-）1522	4.6	（-）1021	2.6	（-）1.29

图 9.12 中列出了 220kV 带间隙避雷器在避雷器本体发生故障时，其串联间隙与线路绝缘子串的正、负极性雷电冲击放电伏—秒特性曲线实测数据，两个电压等级的正、负极性 50% 雷电冲击放电伏—秒特性均未出现交叉现象，且比较"平行"。

9.2.3 带串联间隙的避雷器的工频过电压耐受特性

关于工频过电压，对于 110kV、220kV 中性点直接接地系统，计及单相对地短路、甩负荷以及电容等效应，通常按最高运行相电压的 1.35 倍考虑，即分别为 100kV、200kV（有效值）。显然，与操作过电压相比，工频过电压不是决定的因素。表 9.5 为串联间隙的短时工频耐受电压实测值，两个电压等级的串联间隙工频耐受水平具有一定的裕度。500kV 线路避雷器应该耐受 1.4 倍工频过电压 1min，其值为 444kV[3]。

表 9.5 避雷器整体的工频耐受特性[4]

电压等级 /kV$_{rms}$	避雷器的直流 1mA 参考电压 U_{1mA}/kV	间隙距离/mm	串联间隙工频耐受电压/kV$_{rms}$	避雷器整体工频耐受电压幅值/kV$_{max}$
110	≥123	650	235	≈455.3
220	≥246	1200	410	≈825.7

避雷器的串联间隙应能在工频过电压下，在尽可能短的时间（如 1～2 个工频周期）内切断工频续流。该工频续流可能包括避雷器阀片和污秽情况下外绝缘的泄漏电流。

日本 NGK 实验室对 77kV、275kV、500kV 电压等级的避雷器串联间隙的工频续流的切断能力进行了实验研究。研究结果表明，切断工频续流所要求的串联间隙的临界距离与切断能力的关系基本上呈线性[5]，如图9.14所示。实验中等值盐密取为0.06~0.12mg/cm²。图中有两条斜线，斜线1为棒—棒间隙工频湿耐受水平，切断时间为0.5个工频周期，斜线2是不同工频电压下能够切断工频续流所需间隙距离的临界值，切断时间为3个工频周期。显然，在斜线2的左侧，在相应的工频电压下是不能在3个工频周期内切断工频续流的区域。

如上所述，我国110kV、220kV系统的工频过电压分别为100kV、200kV。由图9.14可以清楚地看到，按斜线1可以得到对应的间隙临界值分别约为313mm、626mm时，即可在0.5个工频周期时间内切断工频续流。这个数值比上述根据雷电冲击特性所确定的间隙距离值小。

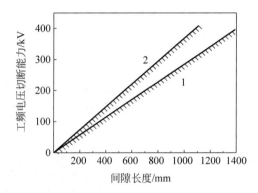

图9.14 切断工频续流所要求的串联间隙的临界距离与切断能力的关系[5]
1—棒—棒间隙工频湿耐受水平，切断时间0.5周；
2—切断工频续流的间隙临界值，切断时间3.0周

9.2.4 带间隙的避雷器的操作冲击耐受性能

关于操作过电压，根据我国的过电压保护设计规程规定[93]，我国110kV、220kV中性点直接接地系统绝缘配合中操作过电压倍数取3.0p.u.，即预期操作过电压幅值分别为308.6kV、617.2kV。若以工频电压幅值代替操作冲击耐受电压水平，则分别相应为373kV、753kV，比系统的最大操作过电压幅值高出20%。我国国家标准中[96]，对110kV、220kV设备的操作冲击耐受水平未作规定，通常以一分钟工频电压耐受水平代替。

图9.15为带串联间隙的ZnO避雷器的操作冲击放电电压[5]。研究表明，与避雷器整体（包括避雷器本体和串联间隙）的50%雷电冲击放电电压有类似的特点，避雷器整体的操作放电电压高于具有相同间隙尺寸的棒—棒间隙的操作放电电压，这时因为避雷器本体的阀片可以等效为放电电压为其直流1mA参考电压的间隙。实验结果表明，操作冲击放电电压也可以这样粗略地估计[5,87]：避雷器整体的操作冲击50%放电电压U_{S50}约等于避雷器本体的直流1mA电压U_{1mA}与串联间隙的操作冲击50%放电电压U_{SG50}之和：

$$U_{S50} = U_{1mA} + U_{SG50} \tag{9.10}$$

根据图9.15中给出的实测串联间隙的操作冲击放电电压数值推算，当间隙距离分别为500mm、1050mm时，其操作冲击50%放电电压为311.6kV、665.0kV。这就是说，即使假定出现避雷器阀片完全短路这样极端严重的情况，也可以基本上保证系统最高操作过电压下避雷器不会动作，仍然可以保证系统正常运行。

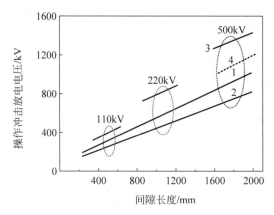

图 9.15 ZnO 避雷器的串联间隙的正极性操作冲击放电电压 U_{SG50}[5]
1—棒—棒间隙；2—棒—板间隙；3—避雷器本体；4—避雷器本体故障

500kV 系统的最大操作过电压为 1.8p.u.。避雷器正常运行时应该耐受概率为 0.13% 的操作冲击电压，其值为 882kV。当避雷器本体短路破坏时，则应耐受概率为 2% 的操作冲击为 808kV。对于间隙长度为 1800mm 的线路避雷器来说，避雷器整体的正、负极性 50% 操作冲击耐受电压分别为 1676kV 和 1750kV，而当避雷器本体短路破坏时，避雷器整体的正、负极性的 50% 操作冲击耐受电压分别为 1104kV 和 1141kV。线路避雷器整体的操作耐受电压为 1397kV，避雷器本体短路破坏时对应的操作耐受电压为 950kV。间隙长度为 1800mm 能满足耐受 1.8p.u. 操作过电压的绝缘配合的要求[3]。

9.2.5 线路避雷器用于限制输电线路操作过电压的探讨

带串联间隙结构的优点是避雷器不承受长期的工作电压的作用。因此，对于同时限制雷电和操作过电压的线路避雷器，若能采用有间隙结构是比较好的。显然，在确定间隙距离时，应当满足的技术要求将与上述线路防雷用避雷器有所不同。其技术要求为：

（1）避雷器整体与线路绝缘子串之间的配合系数适宜。

（2）操作过电压下避雷器动作，泄放操作冲击过电压的能量。

（3）在工频过电压下尽可能短的时间内可靠切断工频续流。

根据以上线路防雷用避雷器的设计与分析，从图 9.14 可知，对于 110kV、220kV 等级的避雷器，为满足在 0.5 周的时间以内切断工频续流的要求所需的串联间隙距离临界值为 313mm 和 626mm。如果在 3 周内切断工频续流，则所需的间隙距离减小为 261mm 和 522mm[4]。

当 110kV 和 220kV 避雷器的串联间隙分别取 313mm 和 626mm 时，其操作冲击 50% 放电电压分别为 170kV 和 330kV[5]。按照"避雷器整体操作冲击 50% 放电电压等于避雷器本体的直流 1mA 电压与串联间隙的操作冲击 50% 放电电压之和"的粗略估计，则避雷器整体操作冲击 50% 放电电压将分别为 293kV 和 576kV，均低于相应系统的最高操作过电压值，但相差不大。如果需要进一步降低线路的操作过电压水平，则可以考虑将所需的工频续流切断时间延长，或进一步提高避雷器本体荷电率及间隙尺寸。前面分析表明，即使将避雷器的荷电率提高到 1.0,避雷器仍能承受雷电冲击的作用。将避雷器本体的荷电率提高后,避雷器的直流 1mA 参考电压将减小,串联间隙的尺寸减小后,其雷电冲击 50% 放电电压也将降低,因此避雷器整体的雷电冲击 50% 放电电压也将降低,因此避雷器整体与绝缘子串的配合系数将提高,二者的配合更好。在表 9.6 中列出了不同续流切断时间及不同荷电率下所对应的间隙及避雷器整体的 50% 放电电压。采用较高荷电率或延长工频续流切断时间,可以得到对应的避雷器串联间隙尺寸,能将操作过电压限制在所要求的水平。避雷器间隙的具体尺寸可根据实际要求进行设计。

表 9.6 不同续流切断时间所要求的串联间隙距离及对应的操作冲击 50% 放电电压[4]

线路电压	续流切断时间/周	所需间隙距离/mm	间隙的操作冲击 50% 放电电压/kV	避雷器整体的操作冲击 50% 放电电压/kV		
				$q=0.837$	$q=0.900$	$q=1.000$
110kV	0.5	313	170	293	285	273
	1.0	302	165	288	280	268
	2.0	281	155	278	270	258
	3.0	261	145	268	260	248
220kV	0.5	626	330	576	560	536
	1.0	605	319	565	549	525
	2.0	564	297	543	527	503
	3.0	522	275	521	505	481

9.2.6 不同间隙结构对雷电冲击绝缘配合的影响

前面的分析是以固定间隙线路避雷器为对象。表 9.7 所示为固定间隙和分离间隙线路避雷器的雷电冲击 50% 放电电压的比较[2]。按照 9.2.2 节介绍的配合原则,对于 8 片绝缘子,110kV 分离间隙和固定间隙避雷器的间隙长度应分别不小于 650mm 和 700mm。而对于 7 片绝缘子,110kV 分离间隙和固定间隙避雷器的间隙长度应分别不小于 570mm 和 650mm。

表 9.7 固定间隙和分离间隙线路避雷器的雷电冲击 50% 放电电压比较[2]

间隙结构	XP-7 绝缘片数	间隙长度/mm	B 绝缘子 U_{LS50}/kV_{peak}	C 整支避雷器 U_{L50}/kV_{peak}	配合系数 $A=B/C$
一体化间隙	8	600	(+)694	(+)477	(+)1.46
			(−)725	(−)517	(−)1.40
		650	(+)694	(+)516	(+)1.35
			(−)725	(−)548	(−)1.32
		700	(+)694	(+)542	(+)1.28
			(−)725	(−)614	(−)1.18
分离间隙	8	600	(+)607	(+)553	(+)1.25
			(−)634	(−)589	(−)1.23
		650	(+)607	(+)604	(+)1.15
			(−)634	(−)628	(−)1.15

续表

间 隙 结 构	XP-7 绝缘片数	间隙长度/mm	B 绝缘子 U_{LS50}/kV_{peak}	C 整支避雷器 U_{L50}/kV_{peak}	配合系数 $A=B/C$
一体化间隙	7	600	(+)607	(+)477	(+)1.27
			(−)634	(−)517	(−)1.23
		650	(+)607	(+)516	(+)1.18
			(−)634	(−)548	(−)1.16
		700	(+)607	(+)542	(+)1.12
			(−)634	(−)614	(−)1.03
分离间隙	7	600	(+)607	(+)553	(+)1.10
			(−)634	(−)589	(−)1.08
		650	(+)607	(+)604	(+)1.005
			(−)634	(−)628	(−)1.010

二者伏一秒特性见表 9.8(一体化间隙长度为 650mm,分离间隙长度为 520mm),二者相差较大。带分离间隙的线路避雷器的放电电压比固定间隙避雷器约高 15%,这是由固定间隙的复合绝缘子的影响造成的。因此,线路避雷器采用分离间隙时,间隙长度可以略微缩短些。

表 9.8　固定间隙和分离间隙线路避雷器的雷电冲击伏一秒特性比较[2]

波前时间/μs	正极性			负极性		
	分离间隙 A(+)	一体化间隙 B(+)	A(+)/B(+)	分离间隙 A(−)	一体化间隙 B(−)	A(−)/B(−)
2	1080	900	1.20	1120	930	1.20
4	830	685	1.21	880	735	1.20
6	708	610	1.16	760	655	1.16
8	650	580	1.12	695	620	1.12

9.2.7　串联间隙尺寸

用于提高线路耐雷水平的避雷器,在确定串联间隙距离时应考虑以下三方面:

(1) 线路绝缘子串与串联间隙的绝缘配合:在雷电冲击过电压作用下,串联间隙可靠动作,以达到通过避雷器压敏电阻吸收雷电流能量的目的,而线路绝缘子串不发生闪络。

(2) 工频续流的切断能力:串联间隙应能保证在尽可能短的时间内(如 1~2 工频周期)可靠地切断工频续流。

(3) 工频和操作过电压耐受特性:应能保证在工频和操作过电压作用下,避雷器串联间隙不击穿,即避雷器不动作。

如图 9.16 所示为满足上述三种不同要求时对应的间隙范围,两条垂直虚线之间的范围即为同时满足上述三方面要求时串联间

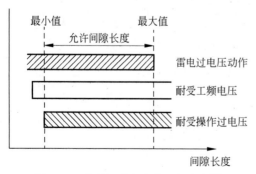

图 9.16　串联间隙长度范围的确定[3]

隙的长度范围[3]。同时需要考虑到安装过程中的设置公差和使用过程中的预期偏差，最终确定串联间隙长度的最小和最大允许限值。最小间隙长度为耐受工频电压和操作过电压所需的间隙距离，由输电线路中承受最大预期操作过电压的间隙距离确定。最大间隙长度由与被保护的绝缘子串的雷电冲击闪络电压的配合来确定。

根据日本的实验结果，110kV、220kV和500kV用于提高输电线路耐雷水平的线路避雷器的串联间隙满足不同要求时所要求的尺寸见表9.9。根据图9.16，则110kV、220kV及500kV线路避雷器的串联间隙尺寸分别在550～650mm、1050～1150mm、1800～2200mm的范围。

表9.9 线路复合外套避雷器串联间隙的尺寸 单位：mm

电压等级	110kV	220kV	500kV
雷电冲击时与绝缘子串的绝缘配合	≤650	≤1150	≤2200
操作冲击耐受	≥500	≥1050	≥1800
工频续流切断能力	≥313	≥626	≥1400

9.3 线路避雷器与绝缘子串并联时的间距要求

9.3.1 线路避雷器和绝缘子之间的"横放电"现象

实际运行中，存在线路避雷器不能有效保护悬挂相的线路绝缘子使其免遭雷击的异常运行情况，也存在部分线路安装线路避雷器后，线路跳闸率并没有降低，也未能完全避免已安装避雷器的绝缘子遭雷击的情况。这里面既存在性能参数选择问题，也有线路避雷器安装不当的问题，还可能与避雷器本身安装位置选点不当或雷电流过大等因素有关。

广东省是我国最早推广应用线路避雷器的省份。安装线路避雷器后，1999年8月12日至10月29日共出现了12次被线路避雷器保护的绝缘子串的雷击闪络。现场勘察和分析表明，这与避雷器本身安装位置有关。上述线路避雷器本身的放电间隙只有500mm，比110kV线路绝缘子的放电间隙1000mm减少了一半，相应增加了雷击放电的概率。分析认为，线路避雷器安装不当是安装避雷器的绝缘子被雷击，即避雷器不能有效保护线路绝缘子的直接原因。如图9.17所示[97]，避雷器与绝缘子相隔1m，从横担斜连接到导线上，避雷器间隙均压环间距离500m，加上本体总长度超过1m。而并联的绝缘子长度为1m。由于避雷器与绝缘子不等长，避雷器斜装，与绝缘子呈一特定角度。安装处横担间距离1m，导线端距离80～100cm，由于避雷器均压环直径20mm，导致避雷器均压环(图9.17中A点)与绝缘子高压端均压环(图9.17中B点)最近的空间净距离仅600mm，不到横担间距离的一半(空间净距离应大于800mm)，与绝缘子接地端均压环(图9.17中C点)的空间净距离不到1m，且曲率半径又较小，电场较强，增加了雷击放电机率，雷击导线时容易引起避雷器均压环对绝缘子串均压环放电。而雷击放电后避雷器本体残压235kV(图9.17的A点电位为235kV)，在放电通道尚未完全去游离情况下，绝缘子均压环B点电位也为235kV，在叠加线路导线工频相电压作用下，导致绝缘子整串沿面闪络，出现A→B→C路径的现象，也就是所谓的"横放电"现象，无法保护绝缘子。

分析表明,所谓的"横放电"现象有如下三种产生机理[97-98]。首先,当避雷器与绝缘子之间的距离较小时,放电将发生在间隙 AB 间,而避雷器的串联间隙没有放电发生,这就是所谓的"横放电"现象。这种情况下,虽然避雷器的串联间隙没有动作,但避雷器本体仍能很好地保护绝缘子串。其次,由于避雷器的上放电环与绝缘子串下放电环的临近效应,避雷器的雷电冲击放电电压降低很多。如果绝缘子污秽严重,在潮湿条件下,绝缘子的雷电冲击闪络电压会很低,当雷击塔顶时,横向放电会发生在间隙 AB 之间,避雷器在大电流下的残压很高。AB 击穿后,绝缘子均压环带有与避雷器放电环 A 一样的高电位,在工频交流电压的叠加下,导致绝缘子串发生闪络,即放电路径为 $A \rightarrow B \rightarrow C$。而发生绕击时,雷击相导线,"横放电"路径将发生在 $B \rightarrow A$,同时绝缘子串也发生闪络,此时放电为 $B \rightarrow A$ 和 $B \rightarrow C$。这意味着即使避雷器单元动作,也不能提供有效保护。最后,当线路避雷器非常靠近绝缘子串时,放电发生在间隙 AB 和间隙 AC。此时,如果雷击塔顶,放电路径为 $B \rightarrow A \rightarrow C$,放电时闪络可能通过绝缘子串的局部表面。这意味着线路避雷器并没有动作。

如图 9.18 所示[97],将线路避雷器沿横担向外延伸水平距离 1.4m(至少 1.2m 以上),即将线路避雷器移至导线外侧,通过在铁塔横担上加设一小横担,安装线路避雷器,放电计数器在原位置不动。整改后,在风偏或导线舞动等情况下均能保证避雷器均压环与绝缘子串有 1.4m 的距离。重新安装整改后,线路避雷器运行和动作正常,未有线路绝缘子防雷保护异常动作的情况。

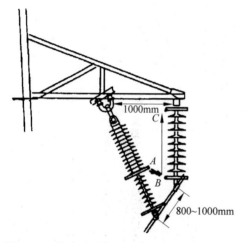

图 9.17 线路避雷器和绝缘子串并联安装时的"横放电"现象[97]

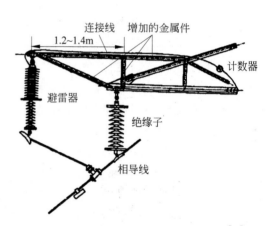

图 9.18 改造后的线路避雷器安装方式[97]

9.3.2 线路避雷器和绝缘子并联时的间距要求

线路避雷器和线路绝缘子一般并联安装,二者之间必须保持合理的距离才能确保避雷器可靠动作。选取较有代表性的输电线路用普通瓷质绝缘子和合成绝缘子试品,进行绝缘子50%雷电冲击放电电压实验。线路避雷器对线路绝缘子防雷保护有效性模拟实验系统如图 9.19 所示。实验时,先将绝缘子串悬挂在实验台架中间位置(距离模拟塔身和模拟横担边缘均为 1.8m)进行实验,然后在实验台模拟线路横担上朝避雷器方向移动线路绝缘子,以调整线路绝缘子与线路避雷器的最小空间净距(线路避雷器间隙均压环外端部与线路绝缘子外侧端部之间的最小空间距离),进行雷电冲击放电实验,以考察整个线路避雷器和线路绝缘子保护系统的放电形态和避雷器雷电放电电压的变化。改变避雷器和绝缘子之间的距离,得到的雷电冲击实验结果见表9.10和表9.11。实验中,XP—7型瓷质绝缘子7片,绝缘子盘直径ϕ250mm,两极间距离为930mm;FXBW3—110/70型合成绝缘子两端均压环直径ϕ250mm,两均压环间距离为1120mm;线路避雷器间隙均压环ϕ245mm,均压环间长度实测为560mm。

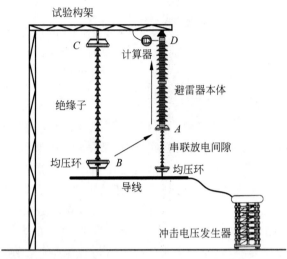

图9.19 实验中线路避雷器对线路绝缘子防雷保护失效情形(横放电)示意图

表9.10 110kV线路避雷器与瓷绝缘子并联时的雷电冲击放电实验结果[97]

避雷器和绝缘子 最小空间净距/m	避雷器50%雷电冲击放电电压		放电形态(横放电概率/%)	
	正极性/kV	负极性/kV	正极性	负极性
无线路绝缘子	+503	-576		
1.74	+519	-568	避雷器间隙放电(横放电概率为0)	
1.54	+523	-566		
1.30	+522	-541		
1.08	+512	-552		
0.88	+518	-564		
0.73	+510	-550	3次横放电,其余为避雷器间隙放电(横放电概率为20%)	1次横放电,其余为避雷器间隙放电(横放电概率为7.1%)
0.65	+503	-560	5次横放电,其余为避雷器间隙放电(横放电概率为33.3%)	7次横放电,其余为避雷器间隙放电(横放电概率为20%)
0.57	+515	-551	全部横放电(横放电概率为100%)	

注:横放电概率为每个点30次冲击实验中,线路避雷器保护失效的次数与实际击穿次数(横放电与避雷器间隙击穿次数之和)之比,下同。

表 9.11　110kV 线路避雷器与合成绝缘子并联时的雷电冲击放电实验结果[97]

避雷器和绝缘子最小空间净距/m	避雷器50%雷电冲击放电电压		放电形态（横放电概率/%）	
	正极性/kV	负极性/kV	正极性	负极性
无线路绝缘子	+503	−576	避雷器间隙放电（横放电概率为0）	
1.77	+532	−588		
1.46	+546	−580		
1.21	+540	−570		
0.90	+526	−562		
0.78	+520	−566	2次横放电,其余为避雷器间隙放电（横放电概率为14.3%）	2次横放电,其余为避雷器间隙放电（横放电概率为14.3%）
0.55	+530	−570	全部横放电（横放电概率为100%）	

无论线路避雷器与瓷绝缘子串还是合成绝缘子并联,当调整绝缘子与线路避雷器的安装距离,进行该保护系统雷电冲击放电特性实验时,都呈现以下规律:

（1）线路避雷器的正、负50%雷电冲击放电电压值随避雷器与绝缘子的空间距离变化而呈现一定范围的波动,有一定的分散性,没有具体的规律。这是因为线路避雷器与线路绝缘子间的距离比较近时,由于受线路绝缘子邻近效应的影响,空间电场发生变化影响了电晕的发展,导致避雷器间隙的雷电冲击电压有所变化。可见,两者的布置对冲击放电电压有影响。在线路避雷器实际安装中,建议尽量避免避雷器与被保护线路绝缘子及接地的杆塔塔身和横担过于靠近,影响线路避雷器本身雷电冲击放电电压和保护特性的稳定性。

（2）当调整线路绝缘子与线路避雷器的最小空间净距减小到某一数值后,可以看到如图 9.11 所示的所谓"横放电"形态。由于此时避雷器与绝缘子最小空间净距比避雷器的间隙均压环间距离小,雷电冲击放电路径是从绝缘子高压端部到避雷器的间隙绝缘子靠避雷器本体的均压环,而不是避雷器间隙击穿。理论上,当线路避雷器与线路绝缘子间的最小空间净距接近或小于避雷器间隙均压环的距离时,由于此时曲率半径较小,电场较强,线路绝缘子与避雷器均压环间的电场比避雷器间隙间的电场更不均匀,增加了雷击放电机率,导致放电形态变得不稳定。在实际运行中,雷击导线时容易引起避雷器均压环对绝缘子串均压环放电（模拟实验中的"横放电"形态）,而雷击放电后避雷器本体残压（图 9.19 的 A 点电位）较高,在放电通道尚未完全去游离情况下,绝缘子均压环 B 点电位也与 A 点相同,在叠加线路导线工频相电压作用下,进而导致绝缘子整串沿面闪络,即演变为 $A \rightarrow B \rightarrow C$ 路径放电。这意味着线路避雷器保护失效,即无法有效保护线路绝缘子。由模拟实验可见,线路避雷器安装位置对其保护特性（50%雷电冲击放电电压和雷电冲击放电形态）有较大的影响。

（3）对于110kV 线路避雷器与普通瓷质绝缘子串保护系统,如表 9.10 所示,当线路绝缘子与线路避雷器的最小空间净距从 0.88m 减小到 0.74m 时,放电形态开始由全部避雷器间隙击穿过渡到出现"横放电"。正极性雷电冲击下,出现 3 次横放电的放电形态,横放电概率为 20%（30 次冲击放电实验中,击穿 15 次,其中横放电 3 次）,负极性雷电冲击下,出现 1 次横放电,概率为 7.1%;最小空间净距减小到 0.57m 时,放电形态全部变为"横放电"。由此推断,就本模拟实验特定的避雷器安装方式,线路避雷器能起到可靠保护作用的最小允许空间净距为 0.73m。对于110kV 线路避雷器与合成绝缘子保护系统,如表 9.11 所示,同普通瓷质绝缘子串规律相仿,最小允许空间净距为 0.78m。从线路避雷器对不同类型线路绝缘子串的绝缘配合有效性模拟实验结果可推导得出,110kV 线路避雷器在线路杆塔上安装时,与线路绝缘子(串)和杆塔的导体部分的最小空间净距离应大于 0.8m。

220kV 线路避雷器实验结果如表 9.12 所示。XP—7 型瓷质绝缘子 13 片,绝缘子盘直径 $\phi 250mm$,两极间距离 1820m;线路避雷器间隙均压环 $\phi 295mm$,均压环间长度实测为 1130mm。实验结果表明,220kV 线路避雷器呈现出与 110kV 线路避雷器与普通瓷质绝缘子串保护系统的放电形态和避雷器雷电放电电压相似的变化规律。当线路绝缘子与线路避雷器的最小空间净距从 1.36m 减小到 1.28m 时,放电形态开始由全部避雷器间隙击穿过渡到负极性雷电冲击下出现"横放电",即负极性雷电冲击下,出现 1 次横放电,概率为 4.4%;最小空间净距减小到 1.12m 时,正极性雷电冲击下开始出现"横放电",即正极性雷电冲击下,出现 8 次横放电,概率为 50%,而负极性雷电冲击下则发展到全部为横放电;最小空间净距再减小到 1.05m 时,正、负极性下的放电形态全部变为"横放电",由此推断,就本模拟实验特定的避雷器安装方式,线路避雷器能起到可靠保护作用的最小允许空间净距为 1.28m。从线路避雷器对瓷质线路绝缘子串的绝缘配合有效性模拟实验结果推导得出,220kV 线路避雷器在线路杆塔上安装时,与线路绝缘子(串)和杆塔的导体部分的最小空间净距离应大于 1.3m。

表 9.12　220kV 线路避雷器与瓷绝缘子并联时的雷电冲击放电实验结果[97]

避雷器和绝缘子最小空间净距/m	避雷器 50%雷电冲击放电电压/kV		放电形态（横放电概率/%）	
	正极性	负极性	正极性	负极性
无线路绝缘子	+821	−950		
1.71	+843	−935	避雷器间隙放电（横放电概率为 0）	
1.48	+858	−961		
1.36	+848	−976		
1.28	+850	−978	避雷器间隙放电（横放电概率为 0）	1 次横放电,其余为避雷器间隙放电（横放电概率为 4.4%）
1.20	+854	−974		6 次横放电,其余为避雷器间隙放电（横放电概率为 40%）
1.12	+840	−972	8 次横放电,其余为避雷器间隙放电（横放电概率为 50%）	全部横放电（横放电概率为 100%）
1.05	+836	−932	全部横放电（横放电概率为 100%）	

9.4　线路避雷器提高线路耐雷水平的机理

9.4.1　安装避雷器后的电磁暂态过程分析

以 110kV 猫头塔为例,分析安装避雷器前后横担电位、导线耦合电压、感应过电压以及绝缘子承受电压的变化,从而分析线路避雷器提高线路耐雷水平的机理。计算条件如下:杆塔呼高 20m，接地电阻 25Ω，挡距 430m，雷电流取 30kA（未闪络），A、C 为边相，B 为中相。

(1) 横担电位。图 9.20 为没有安装避雷器时三相横担对应的电位，图 9.21 为在 A、C 相安装避雷器后三相横担的电位。通过比较可以看出，安装避雷器后，横担电位波形基本没有变化，幅值略有减小。

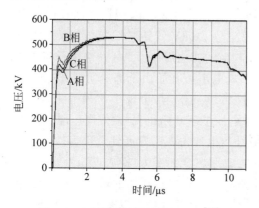

图 9.20　未装避雷器时横担电位[99]
（见文前彩图）

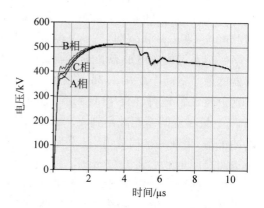

图 9.21　A、C 两相装避雷器后横担电位[99]
（见文前彩图）

(2) 导线耦合电位。图 9.22 为没有安装避雷器时地线电位及各相的耦合电位，图 9.23 为在 A 相安装避雷器后地线电位及各相的耦合电位。对比安装避雷器前后导线、地线耦合电位的变化，可以发现，由于避雷器的钳位，A 相电位升高；由于 A 相的耦合作用，B、C 两相耦合电位升高。图 9.24 为在 A、C 两相装避雷器后地线电位及各相的耦合电位。安装两相避雷器时，地线电位并无变化，边相由于避雷器的钳位而耦合电位升高，B 相耦合电位比只装一相避雷器时略有升高。

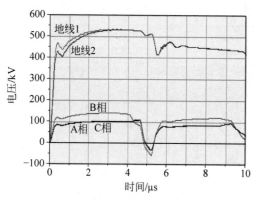

图 9.22　没有安装避雷器时地线电位及各相的耦合电位[99]（见文前彩图）

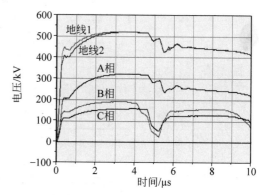

图 9.23　A 相安装避雷器后地线电位及各相的耦合电位[99]（见文前彩图）

(3) 导线感应电压。雷击线路杆塔时，雷电通道会在导线上产生感应电压。文献[100] 在介绍输电线路防雷计算中的感应过电压的产生机理、雷电通道的传输线模型、雷电通道产生的电磁场和输电线路耦合模型的基础上，分析比较了几种感应过电压的计算方法，并提出了推荐的简化计算方法。本节的感应电压的计算结果基于该文献的推荐方法。图 9.25 所示为未装避雷器时三相导线上感应电压。分析表明，在不同的避雷器方式下，包括 A 相安装避雷器,A、C 两相装避雷器,三相安装避雷器,对导线的雷电感应电压都没有影响。

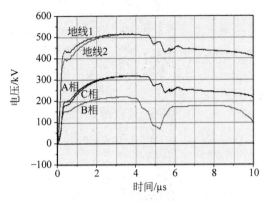

图 9.24 在 A、C 两相装避雷器后地线电位及各相的耦合电位[99]（见文前彩图）

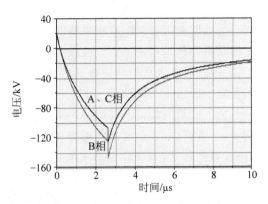

图 9.25 未装避雷器时导线上感应电压[99]（见文前彩图）

（4）绝缘子电位。图 9.26 所示为雷击塔顶时,未装避雷器时三相绝缘子承受的电压。图 9.27 所示为在 A 相装 1 支避雷器时三相绝缘子承受的电压波形。A 相避雷器动作后,一部分雷电流流到 A 相导线,导致 A 相导线电位升高,作用在 A 相上的电压降低。这可以看成是 A 相绝缘子被避雷器钳位,使得 A 相绝缘子串承受的电压比 B、C 低。但 A 相流过的雷电流导致 A 相电压升高,会在 B、C 相上产生耦合作用,使 B、C 相导线的耦合电位升高,从而使 B、C 相绝缘子串承受电压降低。如图 9.28 所示,当 A、C 两相安装避雷器时,避

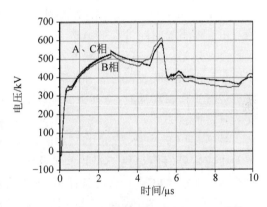

图 9.26 未装避雷器时绝缘子承受电压[99]（见文前彩图）

雷器会分流更多的雷电流,从而导致经杆塔入地的电流减小,横担电位略有降低。A、C 两相流过的雷电流导致 A、C 两相电压升高,B 相导线产生耦合作用,从而导致 B 相的耦合电位升高,故中相绝缘子承受的电压比只装一相避雷器时更低。

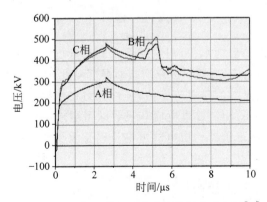

图 9.27 A 相装 1 支避雷器时绝缘子承受电压[99]（见文前彩图）

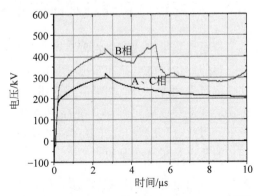

图 9.28 A、C 相装避雷器时绝缘子两端电压[99]

9.4.2 线路避雷器提高线路耐雷水平的机理

当线路避雷器与绝缘子串并联时,一般认为线路避雷器并不能限制线路杆塔电位,其工作的基本原理是雷击避雷线或塔顶时,一部分雷电流通过避雷器流入相导线,导致相导线的电位升高,起到水涨船高而降低绝缘子两端电位差的目的,这样绝缘子串两端的电位降低,不会发生闪络[3]。如果非三相安装线路避雷器时,其降低线路耐雷水平的原理将会不同。

从上文提到的雷击杆塔时的雷电流分流及电磁暂态过程的特征可以得出,安装线路避雷器,一方面,由于避雷器的钳位作用,可以避免安装相的反击。同时,雷击杆塔时塔顶电位升高,避雷器动作,部分雷电流通过安装避雷器的相导线泄放,从而在一定程度上降低塔顶电位、抬升相导线电位。另一方面,随着避雷器动作,安装相导线电压升高,会在相邻相上感应较高电压。两方面因素共同作用使得其他相绝缘子上的电压降低,耐雷水平得到改善[99]。

从提高耐雷水平的机理上看,该方法与增加耦合地线的效果相似,但由于相导线电阻更小,而且与其他导线间的耦合作用更强,因此对耐雷水平的改善效果也更为明显。

对于 110kV 线路,装单支避雷器比无避雷器时耐雷水平提高 10kA 左右;装两支避雷器时比无避雷器时耐雷水平提高 20kA 左右;安装三相避雷器,在避雷器保护范围的线路段不会发生闪络。经过正确配合安装的线路避雷器对导线的保护作用是非常可靠的,易击杆塔和易击段安装避雷器后有效避免了遭受雷击时跳闸的发生,具有明显效果。110kV 线路避雷器价格相对低廉,与其措施相比,性价比高,从技术经济考虑,建议 110kV 在易击段安装避雷器。

对于 220kV 线路,与 110kV 线路类似,安装单相避雷器时明显优于不安装避雷器,安装两相避雷器时明显优于安装单相避雷器,安装三相避雷器时明显优于安装两相避雷器。对双回塔在接地电阻 10Ω 的条件下,不安装避雷器时,反击跳闸率为 2.045;安装下相避雷器时,反击跳闸率为 0.84;安装中下相避雷器,反击跳闸率为 0.59;安装三相避雷器时,反击跳闸率为 0.074。避雷器的具体配置方式应根据线路实际情况进行设计。

一般来说,线路避雷器应该同时安装在三相上效果最佳,安装单相或两相避雷器对线路的耐雷水平改善有限。除非能够证明某杆塔的雷击是由绕击造成的,这时可只在边相安装线路避雷器。

9.5 对线路避雷器通流能力的要求

输电线路采用线路避雷器虽可大大提高线路的耐雷水平,但线路避雷器本身也必须承受一定的冲击放电电流和雷电能量的作用。冲击电流作用时,线路避雷器局部温度升高,温度梯度产生额外应力。如果线路避雷器的雷电放电电流超过一定值,额外应力将使线路避雷器局部击穿或熔化[101],即线路避雷器存在一定的冲击放电电流和吸收的雷电放电能量极限。因此,研究和计算安装在输电线路上的线路避雷器的雷电放电电流以及承受的雷电能量的要求是很有必要的[1,4,102-104]。

9.5.1 雷击杆塔时线路避雷器的雷电放电电流波形

图 9.29 给出了 110kV、220kV、500kV 三种杆塔所装设的线路避雷器在雷击杆塔时典型

的放电电流波形[4]。经计算统计,110kV线路避雷器的放电电流波形的波头时间约为4.0μs,而220kV、500kV系统的波头时间平均为2.6μs。因为110kV线路的档距为300m,雷电波从相邻杆塔反射回雷击杆塔只需2μs,此时雷电流还没有过峰值,雷击杆塔上安装的ZnO避雷器的放电电流幅值将受到相邻杆塔反射波的影响,使放电电流波头时间增加。而220kV、500kV线路的档距为400m,反射波到达雷击杆塔时雷电流已过峰值,在雷击杆塔上安装的线路避雷器的放电电流到达峰值的时间为雷电流到达峰值的时间。110kV、220kV、500kV线路避雷器的放电电流基本上都在10μs左右过零。即110kV线路避雷器的放电电流波形为4.0/10μs,220kV、500kV的为2.6/10μs。

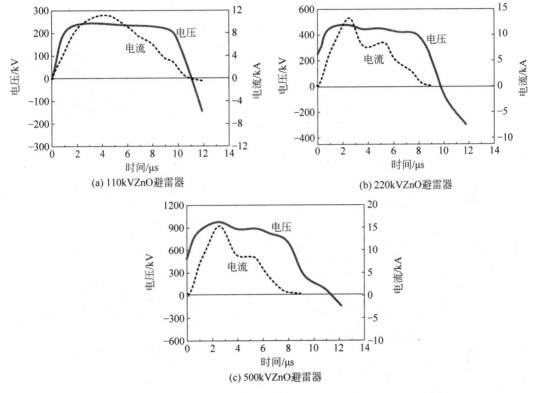

图9.29 雷击杆塔时线路避雷器典型的放电电流和作用电压波形[4]

9.5.2 雷击杆塔时线路避雷器的雷电放电电流幅值

(1) 杆塔冲击接地电阻对线路避雷器放电电流的影响。对于后文图9.43所示的线路杆塔,图9.30为当I_m=100kA和250kA时流经线路避雷器的雷电放电电流幅值I_{ZnO}与雷击杆塔冲击接地电阻R_1的关系曲线[4],计算结果均取三相线路避雷器中的最大值。I_{ZnO}随R_1的增加而增加。R_1越大,流过避雷器的雷电放电电流越大。因为雷击杆塔的冲击接地电阻R_1越大,塔顶电位也就上升得越高,所以流过避雷器的雷电放电电流也就越大。计算表明,雷击杆塔的相邻杆塔的冲击接地电阻R_2与避雷器的雷电放电电流影响不大。当R_2增加时,I_{ZnO}略有增加,其原因是R_2增加,从雷击点经避雷线流到相邻杆塔的雷电流略有减少。

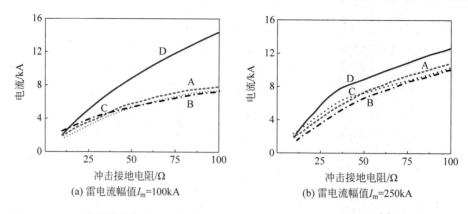

图 9.30 ZnO 避雷器雷电放电电流 I_{ZnO} 与雷击杆塔冲击接地电阻的关系[4]（见文前彩图）

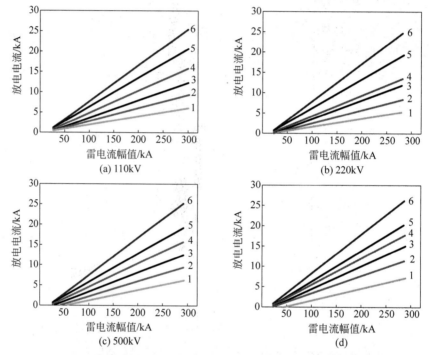

图 9.31 ZnO 避雷器雷电放电电流与雷电流幅值 I_m 的关系曲线[4]

1—$R_1=10\Omega$；2—$R_1=20\Omega$；3—$R_1=30\Omega$；4—$R_1=40\Omega$；5—$R_1=60\Omega$；6—$R_1=100\Omega$

（2）线路避雷器放电电流和雷电流幅值的关系。图 9.31 为雷击杆塔时流经避雷器的雷电放电电流幅值 I_{ZnO} 与雷电流幅值 I_m 的关系曲线[4]。安装在各种线路上的线路避雷器的雷电放电电流基本上随 I_m 增加而呈线性增加。当雷电流峰值为 100kA 时，各种输电线路上 ZnO 避雷器的 I_{ZnO} 不会超过 10kA。当 I_m 达到 300kA，$R_1=100\Omega$ 时，110kV、220kV、500kV 三种线路的 I_{ZnO} 分别为 23.1kA、24.8kA、30.2kA。

图 9.32 为不同杆塔接地电阻时 ZnO 避雷器放电电流的概率曲线[4]，概率 P_a 的单位为次/(100km·a)。计算时采用实际雷电流幅值概率。当 $R_1\leqslant 100\Omega$，取概率为 0.01 次/(100km·a) 时，110kV、220kV 线路上的 ZnO 避雷器不超过 20kA，500kV 系统不超过 30kA；当 $R_1\leqslant 40\Omega$，同样概率下 110kV、220kV 避雷器放电电压不超过 10kA，500kV 避雷

器放电电流不超过 20kA。现行电站型高压 ZnO 避雷器都要求通过 2 次 65kA 的大电流实验,可以认为避雷器能承受雷击杆塔的放电电流。

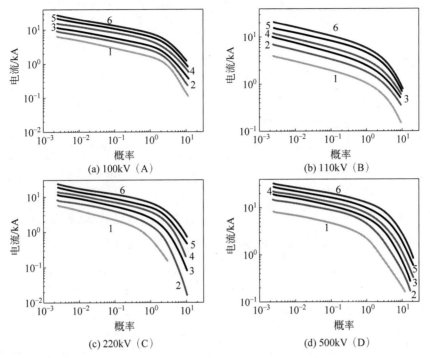

图 9.32 线路避雷器雷电放电电流的概率[4]

1—$R_1=10\Omega$; 2—$R_1=20\Omega$; 3—$R_1=30\Omega$; 4—$R_1=40\Omega$; 5—$R_1=60\Omega$; 6—$R_1=100\Omega$

(3) 避雷器冲击残压对 ZnO 避雷器放电电流的影响。改变避雷器的冲击残压将影响避雷器的放电电流幅值。图 9.33 为 $R_1=40\Omega$ 时 ZnO 避雷器的放电电流幅值与 ZnO 避雷器冲击残压倍数 K 的关系曲线[1]。计算表明,ZnO 避雷器雷电放电电流幅值 I_{ZnO} 随 K 的增加而减小,但减小的幅度较小。因此,以提高 ZnO 避雷器的冲击残压的方式来减小 ZnO 避雷器的雷电放电电流的作用较小,不宜以提高 ZnO 避雷器的冲击残压作为降低 ZnO 避雷器的雷电放电电流措施。

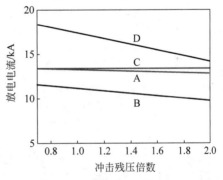

图 9.33 ZnO 避雷器放电电流与 ZnO 避雷器冲击残压倍数的关系[1]

9.5.3 雷击杆塔时线路避雷器吸收的雷电放电能量

输电线路杆塔上安装的线路避雷器靠吸收雷电能量来提高线路的耐雷水平。雷电流流经 ZnO 避雷器时,ZnO 避雷器吸收的能量 W_{ZnO} 为

$$W_{ZnO}=\int_0^\tau i(t)u(t)dt \tag{9.11}$$

式中,$i(t)$、$u(t)$ 为 ZnO 避雷器的雷电放电电流及作用在其上的电压;τ 为雷电流作用时间。

图 9.34 为各种线路上安装的线路避雷器吸收的雷电能量 W_{ZnO} 与杆塔冲击接地电阻 R_1 的关系[4]。W_{ZnO} 基本上与 R_1 呈线性增长。R_1 越大,吸收的能量也越多。

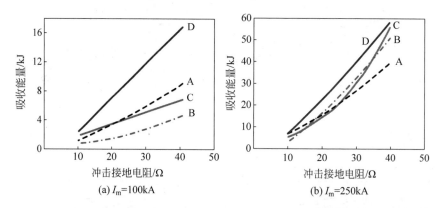

图 9.34 ZnO 避雷器吸收的雷电放电能量 W_{ZnO} 与雷击杆塔冲击接地电阻 R_1 的关系[4]

图 9.35 为在各种线路上安装的线路避雷器吸收的雷电放电能量与雷电流幅值的关系[4]。W_{ZnO} 随 I_m 增加而增加,I_m 越大,R_1 越大,吸收的能量也越多。当 $R_1 = 100\Omega$,$I_m = 300kA$ 时,110kV、220kV、500kV 三种线路吸收的能量分别为 263kJ、398kJ、173kJ,换成每千伏额定电压吸收的能量为 2.63kJ/kV、1.99kJ/kV、0.93kJ/kV。

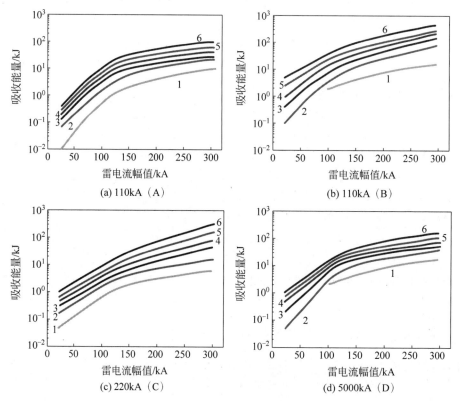

图 9.35 ZnO 避雷器吸收的雷电能量与雷电流幅值 I_m 的关系[4]

1—$R_1=10\Omega$;2—$R_1=20\Omega$;3—$R_1=30\Omega$;4—$R_1=40\Omega$;5—$R_1=60\Omega$;6—$R_1=100\Omega$

我国国产 110kV、220kV 电站型 ZnO 避雷器的能量吸收能力为 3kJ/kV,极限吸收能力为 9.2kJ/kV;500kV ZnO 避雷器的能量吸收能力为 8kJ/kV,极限吸收能力为 15kJ/kV。直径为 40mm 的 ZnO 阀片能量吸收能力达 7kJ/kV[101]。因此采用电站型高压 ZnO 避雷器参数来设计线路避雷器,从雷放电电能量吸收能力方面来说完全可以满足要求。

9.5.4 绕击时线路避雷器的雷电放电电流和吸收的雷电放电能量

在进行绕击时避雷器的雷电放电电流的计算中,先要计算得到导致绕击闪络的最小雷电流 I_{min} 和最大雷电流 I_{max}。然后计算雷电流在 $I_{min} < I_m < I_{max}$ 范围内流经避雷器的电流。因为这时不仅有可能发生绕击,而且还会使绝缘子串发生闪络。在雷电流幅值 $I_m < I_{min}$ 时,虽然不会发生闪络,但仍需考核流经 ZnO 阀片的电流大小,而且较小雷电流绕击导线的次数相对较大。

图 9.36 为 $R_1 = 10\Omega$ 时,采用一组避雷器时流经避雷器的放电电流 I_{ZnO} 与绕击雷电流幅值的关系[4]。从图中可看出,I_{ZnO} 基本上与绕击雷电流呈线性关系增大。

图 9.37 为绕击时合成绝缘避雷器吸收的雷电放电能量与绕击雷电流幅值的关系曲线[4]。雷电放电能量随 I_m 增加呈线性增加,I_m 越大,W_{ZnO} 也越大。根据电气几何模型和数值计算模型得到的不考虑地面倾角的影响时各种线路的最大绕击雷电流作用,各种线路的避雷器的放电电流都不大于 10kA。避雷器的放电电流等于 10kA 时,110kV、220kV、500kV 三种线路上的合成绝缘避雷器吸收的雷电放电能量分别为 1.0kJ/kV、0.5kJ/kV 和 0.2kJ/kV(每 kV 额定电压)。这些值比避雷器的额定吸收能量极值小得多,避雷器应能够承受这些能量。

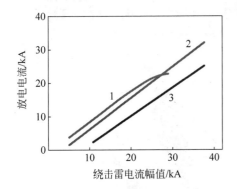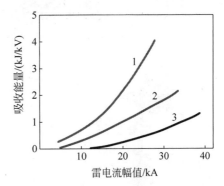

图 9.36 绕击时流经避雷器放电电流与绕击雷电流幅值的关系
1—110kV 线路;2—220kV 线路;3—500kV 线路

图 9.37 绕击时避雷器吸收的雷电放电能量与绕击雷电流幅值的关系[4](见文前彩图)
1—110kV 线路;2—220kV 线路;3—500kV 线路

计算表明,I_{ZnO} 随杆塔冲击接地电阻的增大而减小,但减小的幅度不大。其原因是 R_1 相当于与避雷器串联,R_1 增大,串联电阻增大,流过的电流也就减小;绕击时避雷器吸收的雷电放电能量随杆塔冲击接地电阻 R_1 的增加而减小,但减小的幅度不太大。

9.6 线路避雷器的应用效果

9.6.1 线路避雷器的应用情况

线路避雷器一般安装在输电线路易击段及雷电活动较强的线段,或某些降低接地电阻有困难以及对防雷有特殊要求（如过江塔）的局部线段，以提高线路的防雷性能。理论分析和运行经验都表明，线路避雷器可实现100%防止被保护线段雷击闪络，是最为有效的防雷措施[87,105]。但要消除线路雷击闪络，需要在易击段每个杆塔上安装线路避雷器。

美国AEP和GE公司1980年开始研制线路防雷用复合外套ZnO避雷器，1982年10月有75支避雷器在138kV线路上投入试运行[94,106]。这些避雷器结构上采用环氧玻璃筒包裹ZnO阀片，筒外套上橡胶裙套。试运行选择了5个实验线段，每个线段5基杆塔，这些线段雷击事故高，杆塔接地电阻大，最大的达到194Ω，一般都在100Ω左右。运行表明，在装有避雷器的被保护线段没有出现绝缘子串的闪络。日本在1981—1983年研制出无间隙的77kV复合外套避雷器。1985年开始设计带串联间隙的复合外套避雷器[87-92]。到1996年年底，日本关西电力公司6%的线路杆塔上装有避雷器，每年新增4000~5000支线路避雷器。到1997年，日本中部电力公司已装有21809支线路避雷器，36.83%的77kV线路、10.28%的154kV线路杆塔已装有避雷器[92]。目前，日本已大量采用线路避雷器来提高输电线路耐雷水平，并且取得了很好的运行效果。图9.38所示为日本的线路避雷器应用图。

(a) 与绝缘子并联的500kV带分离间隙避雷器[87]

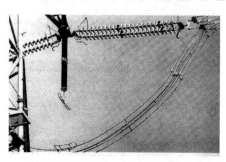

(b) 安装在跳线处的500kV带分离间隙避雷器[87]

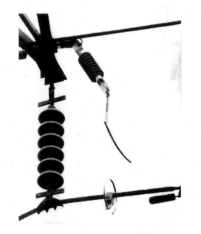

(c) 77kV弧形间隙避雷器[88]

(d) 77kV棒状间隙避雷器[88]

图9.38　日本安装在输电线路上的带间隙的线路避雷器

我国220kV谏泰线跨越长江段，在20世纪80年代初由单回改成双回运行（原有一根备用相），避雷线用作相线，采用瓷套氧化锌避雷器来提高耐雷水平，取得了良好的保护效果。1993年，清华大学和西安电瓷厂、西安电瓷研究所合作研制成了110kV和220kV复合外套无间隙避雷器。110kV无间隙线路避雷器最早安装在承德山区多雷地区的线路上。1995

年5月,清华大学与中能公司合作研制出110~220kV带串联间隙的线路防雷用复合外套避雷器;1999年9月研制出500kV带串联间隙的线路避雷器,并应用于500kV昌房紧凑型输电线路的雷电防护,如图9.39所示[3]。带间隙的110kV和220kV复合外套避雷器已于1997—1998年安装在广东省肇庆的珠西线的27号、28号和38号杆塔上。这几个杆塔过去经常遭受雷击,但安装线路避雷器后未发生雷击跳闸,而处于同一区域、地形和气象条件基本相同的另几条110kV线路均发生多次雷击跳闸,甚至击碎瓷瓶[107-111]。

图9.39 带串联间隙避雷器应用于500kV昌房紧凑型输电线路雷电防护[2]

线路避雷器已大量安装在我国35~1000kV交流线路(如图9.40和图9.41所示),以及±400~±1100kV直流线路上。图9.42所示为安装在±660kV直流输电线路上的带分离间隙的线路避雷器,由武汉南瑞开发。线路避雷器安装前,需要根据实际线路的结构、地质及雷电活动情况来分析确定避雷

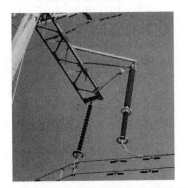 

(a) 与绝缘子并联的带一体化间隙的避雷器　　(b) 水平安装的带一体化间隙的避雷器

图9.40 安装在输电线路上的带一体化间隙的线路避雷器

图9.41 安装在输电线路上的带分离间隙的线路避雷器

图9.42 安装在±660kV直流输电线路上的带分离间隙的线路避雷器

器的配置及其效果。到 2011 年为止,广东电网已在 110kV、220kV、500kV 线路分别安装中间避雷器 9332 相、4537 相和 60 相,分别安装线路 872 回、356 回和 2 回,分别占全部线路规模的 30.8%、38.2%、1.12%;采取绝缘子间隙、空气间隙、无间隙的中间避雷器比例分别为 75.4%、19.7%、4.9%,绝大多数采用绝缘子间隙避雷器。110kV、220kV 线路分别安装终端避雷器 3179 相和 913 相,安装线路 789 回和 230 回;其中带脱离装置、无脱离装置、带间隙的终端避雷器比例分别为 32.3%、54.2%、13.5%。到 2020 年年底,国家电网公司已在 110kV(含 66kV)及以上不同电压等级的交直流线路上安装线路避雷器 24 万台。运行证明,线路避雷器是目前最有效的防雷手段,可有效保护与之并联的绝缘子(串),使其免于雷击闪络。

9.6.2 线路避雷器对线路耐雷水平的影响

对如图 9.43 所示不同电压等级的典型杆塔进行了分析计算,分析线路避雷器对线路耐雷水平的影响[1]。线路的其他基本数据列于表 9.13。

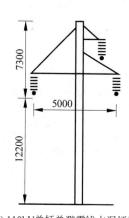

(a) 110kV 单杆单避雷线水泥杆塔

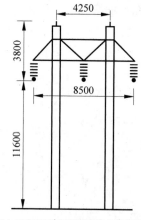

(b) 110kV 双杆双避雷线水泥杆塔

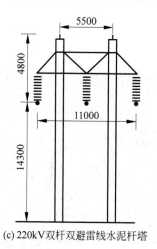

(c) 220kV 双杆双避雷线水泥杆塔

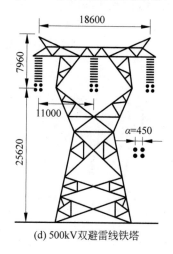

(d) 500kV 双避雷线铁塔

图 9.43 计算用线路杆塔[1]

单位:mm

9.6 线路避雷器的应用效果

表 9.13 线路基本数据

线路类型	档距/m	绝缘子		导线		避雷线	
		片数	$U_{50\%}$/kV	型号	弧垂/m	型号	弧垂/m
A,B	300	7×X-4	700	LGJ-150	5.3	GJ-50	2.8
C	400	13×X-7	1410	LGJQ-400	9.5	GJ-50	5.3
D	400	28×X-16	2450	4×LGJQ-30	12	GJ-70	9.5

杆塔波过程采用分布参数模型,能更好地模拟杆塔的暂态过程[112]。110kV、220kV、500kV 线路杆塔的波阻抗分别为 125Ω、125Ω、150Ω[112-113]。雷击杆塔时,雷电流流经杆塔通过接地装置流散到地中。在雷电流作用下,接地装置的接地电阻呈现暂态电阻的特性,一般用冲击接地电阻来表征。计算时杆塔接地装置的冲击接地电阻一般取 10Ω,而对于山区,特别是岩石地区的杆塔的冲击接地电阻要高得多[87]。为了研究杆塔冲击接地电阻的影响,在计算时冲击接地电阻在 10~100Ω 的较大范围变化。

雷电流波形按规程取为 2.6/50μs 的斜角波[114],雷电通道的波阻抗为 300Ω。雷电流幅值的概率分布采用我国新杭线 1962—1982 年实测结果的拟合公式[115]:

$$\lg P = 0.05 - I_m/74 \tag{9.12}$$

式中,I_m 为雷电流幅值;P 为雷电流幅值超过 I_m 的概率。线路每百公里年的落雷次数 N_L 为[116]

$$N_L = 0.1\gamma T(b + 10h_g) \tag{9.13}$$

式中,T 为雷电日数,计算时取 40 个雷电日;γ 为雷电密度,计算时取 0.015;b 为避雷线间距离;h_g 为杆塔高度。

图 9.44 为雷击杆塔时波过程计算示意图(图中只表示一相,其余两相相同)。对于 110kV 系统考虑到工频工作电压对计算结果影响极小,因此 110kV 系统的计算结果都没有考虑工作电压。但对于 220kV 及 500kV 系统,工频工作电压对结果影响较大,因此所有计算都计及了工作电压的影响。

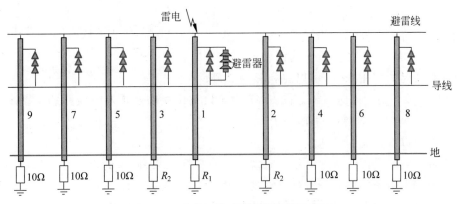

图 9.44 雷击杆塔时波过程计算示意图

线路的耐雷水平是保证绝缘子不发生闪络所能够承受的最大雷电流。线路避雷器安装的目的就是提高线路的耐雷水平。因此,在输电线路上安装线路避雷器必须达到两个目的:

(1) 被保护线段内雷击,保证被保护线段内绝缘子不发生闪络。

(2) 被保护线段外雷击,保证被保护线段内绝缘子也不发生闪络。

如果线路没有安装线路避雷器,当雷击图 9.43 中的 1 号杆塔、雷电流超过某一较小值 I_{W0} 时,1 号杆塔塔顶电位 U_t 与导线上的感应电位 U_{Li} 的差值将超过绝缘子串的 50% 放电电压 U_{50},绝缘子串发生闪络:

$$U_t - U_{Li} > U_{50} \tag{9.14}$$

计及导线工频电压幅值 U_M 的影响,则上式变为

$$U_{Li} - U_L + U_M > U_{50} \tag{9.15}$$

因此,I_{W0} 即为没有安装线路避雷器时线路的耐雷水平。

安装 1 组线路避雷器后,雷击 1 号杆塔时,1 号杆塔不再发生闪络,雷电流一部分经 1 号杆塔入地,另一部分经避雷线流向 2 号、3 号杆塔。当雷电流超过 I_{W1} 时,2 号、3 号杆塔的绝缘子串将发生闪络,I_{W1} 即为装设一组线路避雷器时线路的耐雷水平。为了进一步提高线路耐雷水平,可以装设 3 组线路避雷器,分别装设在杆塔 1 号、2 号、3 号上。此时当雷击 1 号杆塔时,雷电流大部分经 1 号、2 号、3 号杆塔入地,另一部分经避雷线流向 4 号、5 号杆塔,这时线路耐雷水平为 I_{W3}。显然,耐雷水平不仅与绝缘子串的放电电压 U_{50} 有关,而且很大程度上取决于杆塔冲击接地电阻。

1. 杆塔冲击接地电阻对耐雷水平的影响[1,4]

图 9.45 为各种线路没有装设线路避雷器、雷击杆塔时耐雷水平 I_{W0} 与雷击杆塔冲击接地电阻 R_1 的关系曲线[1],计算时 $R_2 = 10\Omega$。从图中可以看出,对于杆塔冲击接地电阻较大的地区,各种杆塔的耐雷水平都比较低。图 9.46 为装设一组线路避雷器后,$R_2 = 10\Omega$ 时线路的耐雷水平 I_{W1} 与 R_1 的关系曲线[1]。装设一组线路避雷器后,当雷击杆塔的冲击接地电阻在 $10 \sim 50\Omega$ 的范围时,110kV、220kV、500kV 三种线路的耐雷水平可以提高到 $2 \sim 3$ 倍。当杆塔冲击接地电阻 R_1 大于 30Ω 时,各种杆塔的耐雷水平仍然比较低。为了进一步提高线路的耐雷水平,可以在相邻的 2 号、3 号杆塔再各装一组线路避雷器。图 9.47 为装设三组线路避雷器时线路的耐雷水平 I_{W3} 与 R_1 的关系曲线[1],计算时设 $R_1 = R_2$。采用三组线路避雷器后,各线路的耐雷水平在各种情况下都可以有很大的提高。

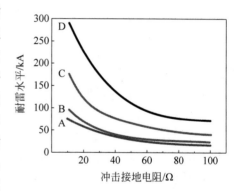

图 9.45 没有装设线路避雷器时各种线路的耐雷水平 I_{W0} 与杆塔冲击接地电阻的关系[1]

分析输电线路采用线路避雷器后耐雷水平的计算结果,归纳为表 9.14。表 9.14 中列出了不同土壤电阻率的情况下所对应的线路耐雷水平,根据具体线路段的实际的雷电活动强度及土壤电阻率对线路耐雷水平的要求,可以确定是不安装避雷器、安装 1 组避雷器还是安装 3 组避雷器。

在土壤电阻率高的地区,如果假设杆塔的冲击接地电阻在 40Ω 以上,不安装避雷器时 110kV、220kV、500kV 线路的耐雷水平分别为 35kA、75kA、140A。对于 500kV 线路,由于

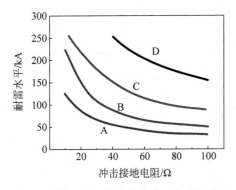

图 9.46 装设 1 组线路避雷器时各种线路的耐雷水平 I_{W1} 与杆塔冲击接地电阻的关系[1]

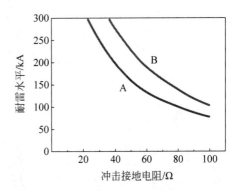

图 9.47 装设三组线路避雷器时各种线路的耐雷水平 I_{W3} 与杆塔冲击接地电阻的关系 $(R_1=R_2)$[1]

表 9.14 采用线路避雷器后线路的耐雷水平[1] 单位：kA

避雷器配置	R_1	R_2	110kV	220kV	500kV
没有装设避雷器	10Ω	10Ω	95	175	295
	40Ω	10Ω	35	75	140
	100Ω	10Ω	25	40	70
安装 1 组避雷器	10Ω	10Ω	260	300	>350
	40Ω	10Ω	100	180	>350
	100Ω	10Ω	60	110	340
安装 3 组避雷器	10Ω	10Ω	>300	>300	>350
	40Ω	40Ω	275	>300	>350
	100Ω	100Ω	105	250	340

线路本身的保护效果较好，如果雷电活动不强，则可以不安装避雷器。

在雷电活动强烈的地区，对于 110kV 输电线路，如图 9.48(a)所示安装 1 组线路避雷器后，如果雷击杆塔的冲击接地电阻 R_1 不大于 40Ω，可以将线路耐雷水平提高到 65kA 以上。为了进一步提高线路耐雷水平，应该在相邻的杆塔再各装 1 组线路避雷器，如图 9.48(b)所示的安装方式。这时即使在冲击接地电阻达到 100Ω 时，110kV 线路能耐受 200kA 以上的雷电流。

对于 220kV 线路，如果杆塔的冲击接地电阻在 40Ω 以下，则在雷电活动强烈区域的杆塔上安装一组避雷器（每相一台），线路都能耐受 180kA 的雷电流的作用而不发生线路闪络。当杆塔冲击接地电阻 R_1 大于 40Ω 时，线路不能耐受 180kA 以上的雷电流。为了进一步提高线路的耐雷水平，可以在相邻的杆塔再各装一组线路避雷器，如图 9.48(b)所示的安装方式。这时在冲击接地电阻大于 40Ω 时，线路也能耐受 300kA 以上的雷电流。

500kV 线路在雷电活动强的地区安装一组线路避雷器，即使杆塔冲击接地电阻达 40Ω，耐雷水平也能达 350kA，即装一组线路避雷器基本上能满足线路防雷要求。

2. 避雷器冲击残压对耐雷水平的影响[1,4]

装设线路避雷器后，雷击杆塔时绝缘子串的电压还远没有达到其闪络电压。这主要是

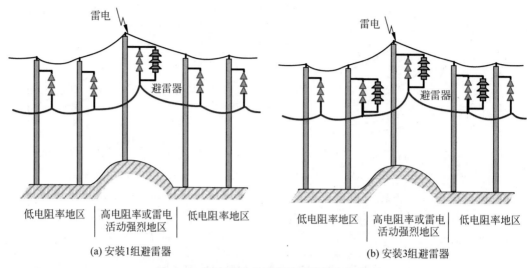

图 9.48　输电线路上线路避雷器的安装方式

由于所用线路避雷器的冲击残压比线路的冲击绝缘水平低得多。因此原则上讲，可以适当提高避雷器的冲击残压，即降低其荷电率，不会太大影响其耐雷水平。

引入表征残压大小的系数 K，表示计算用 10kA 冲击残压与表 9.10 中相同电压等级下 10kA 冲击残压之比，非线性系数仍然保持不变。如图 9.49 所示为冲击残压与线路耐雷水

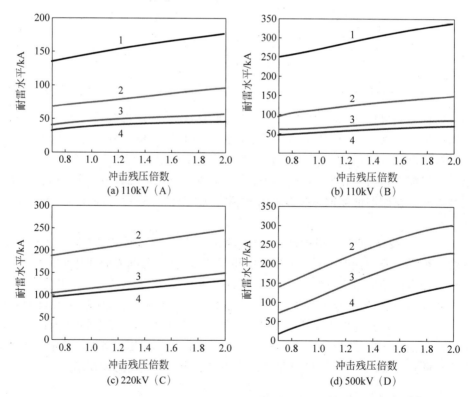

图 9.49　装设一组避雷器时耐雷水平与避雷器冲击残压倍数 K 的关系[1]

1—$R_1=10\Omega$；2—$R_1=30\Omega$；3—$R_1=70\Omega$；4—$R_1=100\Omega$

平的关系曲线[1]。计算表明,提高避雷器的冲击残压,线路耐雷水平提高不大。即使将线路避雷器的冲击残压提高 1 倍,110kV、220kV、500kV 线路的耐雷水平分别提高约 22.3%、22.4%、236%。

如果线路避雷器选择表 9.10 中的参数,则避雷器的荷电率 q 为 0.712,对应的 $K=1$,荷电率 q 与 K 的关系为 $q=0.712/K$。有一点应注意,如果避雷器的冲击残压选择过低,则有可能在相邻的没装避雷器的杆塔上闪络;如果避雷器的冲击残压选择过高,即避雷器的冲击残压高于与它并联的绝缘子串的放电压时,则在雷击杆塔上闪络。如果线路避雷器采取不带串联间隙的结构,为了减轻避雷器的工作条件,延长避雷器的使用寿命,则可以将避雷器的荷电率选择低一些,即高于电站型避雷器的冲击残压,如在 0.712~1.2 的范围,即荷电率在 0.6~0.712 的范围。

如果线路避雷器采取带串联间隙的结构,则避雷器在正常工作时,ZnO 压敏电阻处于"休息"的状态,只在过电压作用时才动作。这时可以适当提高避雷器的荷电率。

9.6.3 线路避雷器改善线路绕击耐雷水平的效果

图 9.50 所示为 110kV、220kV 和 500kV 三种不同电压等级的线路在考虑工作电压和不考虑工作电压时计算得到的每百公里年雷电流幅值大于等于 I_m 的绕击次数 N_C 和雷电流幅值 I_m 的关系[1]。为了简化,交流工作电压取最大值。从图中可以看出,工作电压对绕击次数有一定的影响,电压等级越高,影响也越大。

和电气几何模型的计算结果一样,按第 6 章的数值计算模型计算表明,不同输电线路仍然存在一个最大绕击雷电流。最大绕击雷电流和每百公里年的总绕击次数 N 的

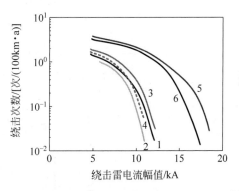

图 9.50 工作电压对雷电流绕击次数 N_C 的影响[1]
1、3、5—考虑最大工作电压;2、4、6—不考虑工作电压
1、2—110kV(B);3、4—220kV(C);5、6—500kV(D)

计算结果列于表 9.15[1]。工作电压对最大绕击雷电流影响不大。随着电压等级增高,最大绕击电流有增加趋势。当先导与地之间间隙的临界击穿场强 E_G 取得较高时,绕击导线的最大雷电流明显增加。以后各节的计算结果都是在 $E_G=750$kV/m 的条件下计算得到的,同时考虑了最大工作电压的影响。

从表 9.15 所列的总绕击次数数据可以看到,随着电压等级的增高,总绕击次数增加较多,工作电压对绕击次数的影响也随之增加。当先导对地临界击穿场强 E_G 取 500kV/m 时,考虑工作电压影响以后,对 110kV、220kV 和 500kV 线路,绕击次数分别增加 14.3%、22.0% 和 46.3%;E_G 取 750kV/m 时,考虑工作电压影响以后分别增加 8.5%、13.1% 和 36.5%。

计算时改变三种线路的保护角,即改变避雷线的水平距离,得出不同保护角和雷电流幅值时绕击次数,计算时考虑了工作电压的影响。如图 9.51 所示为雷电流幅值大于等于 I_m 时每百公里年的绕击次数 N_C 与雷电流幅值 I_m 之间的关系曲线[1],可以看出,保护角增大,相同雷电流时的绕击次数也增大。

表 9.15　不同线路的最大绕击雷电流幅值及总绕击次数[1]

线路	$E_G=500\text{kV/m}$				$E_G=750\text{kV/m}$			
	最大绕击雷电流/kA		绕击次数/[次/(100km·a)]		最大绕击雷电流/kA		绕击次数/[次/(100km·a)]	
	未考虑工作电压	考虑工作电压	未考虑工作电压	考虑工作电压	未考虑工作电压	考虑工作电压	未考虑工作电压	考虑工作电压
110kV	8.3	8.5	1.26	1.44	12.0	12.2	2.24	2.43
220kV	9.2	9.4	1.73	2.11	14.0	14.2	2.89	3.27
500kV	13.0	13.7	2.72	3.98	18.7	19.2	4.03	5.50

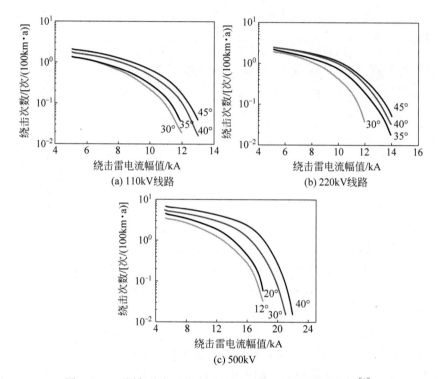

图 9.51　不同保护角时绕击次数 N_C 和雷电流幅值的关系[1]

当雷电流逐渐增加时绕击率和绕击次数越来越小,增加到一定值后,绕击率降到零。因此,存在一个最大绕击雷电流 I_{max},当雷电流 $I_m>I_{max}$,不再发生绕击。具体数值表示在表 9.16 中。采用数值计算模型分析时,若考虑到地形,如杆塔安装在斜坡上,最大绕击雷电流将增大,存在较大的雷电流绕击导线的可能性。

另外,从线路的耐雷水平来说,当绕击导线时雷电流低于一定数值,作用在线路绝缘上的电压低于绝缘子串的闪络电压,即使发生绕击,线路也不会闪络。所以不同线路都存在一个最小绕击闪络电流 I_{min}。

对图 9.52 所示原理图进行分析计算。没有安装避雷器时计算得到三种线路的最小绕击闪络电流 I_{min} 分别为 9.1kA、10.5kA 和 19.0kA,计算时考虑了工作电压的影响。原则上,只有雷电流幅值处在 $I_{min}<I_m<I_{max}$ 范围内时才有可能发生绕击导线,而且导致绝缘

子串闪络。采用线路避雷器后,在杆塔 1 装设一组避雷器,考虑最严重的情况为雷绕击 A 点。这时雷电流一方面流经避雷器通过杆塔入地,另一方面沿导线向两边传播。如果线路的最大绕击雷电流较小,采用一组避雷器后就能消除线路的绕击。如果线路的最大绕击雷电流较大,有可能导致 2 号、3 号杆塔的绝缘子串发生闪络。图 9.53 所示为安装避雷器以后,三种线路的最小绕击闪络雷电流[1]。安装避雷器后,线路的最小绕击闪络雷电流比没有安装避雷器时的增大很多。

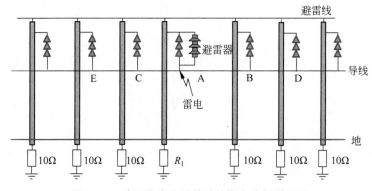

图 9.52　采用线路避雷器后的绕击分析原理图

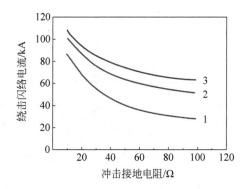

图 9.53　采用一组线路避雷器后各种线路的最小绕击闪络雷电流[1]
1—110kV 线路；2—220kV 线路；3—500kV 线路

计算表明,提高避雷器的冲击残压后,线路所能承受的最小绕击闪络电流反而降低。原因是提高避雷器的冲击残压后,雷绕击线路时,将有更大的电压波流向两边的绝缘子处,更容易引起线路闪络。因此,从提高线路的绕击耐雷水平来说,不宜提高避雷器的冲击残压。

关于线路避雷器的应用效果可进一步参考 CIGRE 技术报告 TB855[117]。

参考文献

[1]　何金良.高压合成套氧化锌避雷器研究[D].北京：清华大学,1994.
[2]　HE J L, CHEN S M, ZENG R, et al. Development of polymeric surge ZnO arresters for 500-kV compact transmission line[J]. IEEE Transactions on Power Delivery, 2006, 21(1)：113-120.
[3]　HE J L, HU J, CHEN S M, et al. Influence of series-gap structures on lightning impulse characteristics of 110-kV line metal-oxide surge arresters[J]. IEEE Transactions on Power Delivery,

2008,23(2):703-709.

[4] 吴维韩,何金良,高玉明. 金属氧化物非线性电阻特性和应用[M]. 北京:清华大学出版社,1998.

[5] FURUKAWA S,USUDA O,ISOZAKI T,et al. Development and applications of lightning arresters for transmission lines[J]. IEEE Transactions on Power Delivery,1989,4(4):2121-2129.

[6] CLARKEL D R. Varistor ceramics[J]. Journal of the American Ceramic Society,1999,82(3):485-502.

[7] GUPTA T K. Application of zinc oxide varistor[J]. Journal of the American Ceramic Society,1990,73(7):1817-1840.

[8] 刘俊. 高电压梯度氧化锌压敏电阻老化特性及机理的研究[D]. 北京:清华大学,2012.

[9] 赵洪峰. 超特高压用高性能大通流容量 ZnO 压敏电阻的研究[D]. 北京:清华大学,2016.

[10] 胡军. 用于特高压避雷器的氧化锌压敏陶瓷的研究[D]. 北京:清华大学,2008.

[11] GREUTER F,BLATTER G. Electrical properties of grain-boundaries in polycyrtsalline compound semiconductors[J]. Semiconductor Science and Technology,1990,5(2):111-137.

[12] BLATTER G,BAERISWYL D. High-field transport phenomenology:Hot-electron generation at semiconductor interfaces[J]. Physical Review B,1987,36(12):6446-6464.

[13] BLATTER G,GREUTER F. Carrier transport through grain-boundaries in semiconductors[J]. Physical Review B,1986,33(6):3952-3966.

[14] BLATTER G,GREUTER F. Electrical breakdown at semiconductor grain-boundaries[J]. Physical Review B,1986,34(12):8555-8572.

[15] PIKE G E. Semiconductor grain boundary admittance:theory[J]. Physical Review,1984,B30:795-820.

[16] MATSUO Y. Grain boundary composition[J]. Bulletin of the Ceramic Society of Japan (in Japanese),1981,16(6):441-450.

[17] PHILIPP H R,LEVINSON L M. Low-temperature electrical studies on metal-oxide varistors-a clue to conduction mechanisms[J]. Journal of Applied Physics,1977;48(4):1621-1627.

[18] MAHAN G D,LEVINSON L M,PHILIPP H R. Single grain junction studies of ZnO varistors-theory and experiment[J]. Applied Physics Letters,1978,33(9):830-832.

[19] SANTHANAM A T,GUPTA T K,CARLSON W G. Microstructural evaluation of multicomponent ZnO ceramics[J]. Journal of Applied Physics,1979,50(2):852-859.

[20] WILLIAMS P,KRIVANEK O L,THOMAS G. Microstructure-property relationships of rare-earth-zinc-oxide varistors[J]. Journal of Applied Physics,1980,51(7):3930-3934.

[21] CLARKE D R. Grain-boundary segregation in a commercial ZnO-based varistor[J]. Journal of Applied Physics,1979,50(11):6829-6832.

[22] KINGERY W D, VANDER SANDE J B, MITAMURA T. A scanning transmission electron microscopy investigation of grain-boundary segregation in a ZnO-Bi_2O_3 varistor[J]. Journal of the American Ceramic Society,1979,62(3-4):221-222.

[23] KANAI H,IMAI H,TAKAHASHI T. A high-resolution transmission electron microscope study of a zinc oxide varistor[J]. Journal of Materials Science,1985,20(11):3957-3966.

[24] MAHAN G D,LEVINSON L M,PHILIPP H R. Theory of conduction in ZnO varistor[J]. Journal of Applied Physics,1979,50(4):2799-2812.

[25] MATSUOKA M. Nonohmic properties of zinc-oxide ceramics[J]. Japanese Journal of Applied Phisics,1971,10(6):736-746.

[26] EDA K. Conduction mechanism of non-ohmic Zinc oxide ceramics[J]. Journal of Applied Phisics,1978,49:2964-2972.

[27] EDA K. Transient conduction phenomena in non-Ohmic zinc oxide ceramics[J]. Journal of Applied

Phisics,1979,50(6):4436-4442.

[28] EDA K. Electrical Properties of ZnO-Bi$_2$O$_3$ Metal Oxide Heterojunction-A clue of a Role of Intergranular Layers in ZnO Varistors[J]. Materials Research Society Symposia Proceedings, Grain Boundaries in Semiconductors,1982,5:381-392.

[29] EDA K. Zinc Oxide Varistors[J]. IEEE Electrical Insulation Magazine,1989,5(6):28-30.

[30] LEVINSON L M,PHILIPP H R. The physics of metal oxide varistors[J]. Journal of Applied Phisics,1975,46(3):1332-1341.

[31] PHILIPP H R,LEVINSON L M. Tunneling of photoexcited carriers in metal oxide varistors[J]. Journal of Applied Phisics,1975,46(7):3206-3207.

[32] PHILIPP H R,LEVINSON L M. Optical method for determining the grain resistivity in ZnO-based ceramic varistors[J]. Journal of Applied Phisics,1976,47(3):1112-1116.

[33] LEVINSON L M,PHILIPP H R. AC properties of metal-oxide varistors[J]. Journal of Applied Phisics,1976,47(3):1117-1122.

[34] MORRIS W G. Physical properties of electrical barriers in varistors[J]. Journal of Vacuum Science and Technology,1976,13(4):926-931.

[35] LEVINSON L M,PHILIPP H R. Zinc oxide varistors—A review[J]. American Ceramic Society Bulletin,1986,65(4):639-646.

[36] LEVINSON L M. Advances in varistor technology[J]. American Ceramic Society Bulletin,1989,68(4):866-868.

[37] EINZINGER R. Metal oxide varistors[J]. Annual Review of Materials Science,1987,17(1):299-321.

[38] EMTAGE P R. The physics of zinc oxide varistors[J]. Journal of Applied Phisics,1977,48(10):4372-4384.

[39] HOWER P L,GUPTA T K. A barrier model for ZnO varistors[J]. Journal of Applied Phisics,1979,50(7):4847-4855.

[40] OLSSON E,DUNLOP G L. Characterization of individual interfacial barriers in a ZnO varistor material[J]. Journal of Applied Physics,1989,66(8):3666-3675.

[41] MUKAE K,TSUDA K,NAGASAWA I. Capacitance-vs-voltage characteristics of ZnO varistors[J]. Journal of Applied Phisics,1979,50(6):4475-4476.

[42] MUKAE K. Electrical properties of grain boundaries in ceramic semiconductors[J]. Key Engineering Materials,1997,125:317-330.

[43] MUKAE K. Electronic characterization of single grain boundary in ZnO:Pr varistors[J]. Ceramics International,2000,26(6):645-650.

[44] LEVINE J D. Theory of varistor electronic properties[J]. Critical Reviews in Solid State and Material Sciences,1975,5(4):597-608.

[45] MAHAN G D. Fluctuations in schottky barrier heights[J]. Journal of Applied Phisics,1984,55(4):980-983.

[46] VANADAMME L K J,BRUGMAN J C. Conduction mechanisms in ZnO varistors[J]. Journal of Applied Phisics,1980,51(8):4240-4244.

[47] CLARKE D R. The microstructural location of the intergranular metal-oxide phase in a zinc oxide varistor[J]. Journal of Applied Physics,1978,49(4):2407-2411.

[48] GUPTA T K,CARLSON W G. A grain-boundary defect model for instability/stability of a ZnO varistor[J]. Journal of Materials Science,1985,20(10):3487-3500.

[49] PIKE G E,SEAGER C H. The DC voltage dependence of semiconductor grain-boundary resistance[J]. Journal of Applied Physics,1979,50(5):3414-3422.

[50] PIKE G E. Electronic properties of ZnO-varistors: a new model[J]. Materials Research Society Symposia Proceedings,Grain Boundaries in Semiconductors,1982,5: 369-379.

[51] PIKE G E,KURTZ S R,GOURLEY P L,et al. Electroluminescence in ZnO varistors: evidence for hole contributions to the breakdown mechanism[J]. Journal of Applied Phisics,1985,57(12): 5512-5518.

[52] ALIM M A,LI S,LIU F,et al. Electrical barriers in the ZnO varistor grain boundaries[J]. Physica Status Solidi (A),2006,203(2): 410-427.

[53] HE J L,HU J,LIN Y H. ZnO varistors with high voltage gradient and low leakage current by doping rare-earth oxide[J]. Science in China,Series E,Technological Sciences,2008,51(6): 693-701.

[54] IMAI T,UDAGAWA T,ANDO H,et al. Development of high gradient zinc-oxide nonlinear resistors and their application to surge arresters[J]. IEEE Transactions on Power Delivery,1998,13(4): 1182-1187.

[55] SHICHIMIYA S,YAMAGUCHI M,FURUSE N,et al. Development of advanced arresters for GIS with new zinc-oxide elements[J]. IEEE Transactions on Power Delivery,1998,13(2): 465-471.

[56] 王兰义. 日本氧化锌避雷器的发展动向[J]. 电瓷避雷器,1999,169(3): 27-32.

[57] 陈青恒. 大通流容量及高电压梯度氧化锌非线性电阻片的研究[D]. 北京:清华大学,2003.

[58] 陈青恒,何金良,谈克雄,等. 晶粒尺寸对氧化锌非线性电阻片中温度和热应力的影响[J]. 中国科学(E辑),2003,32(3): 323-330.

[59] CHEN Q H,HE J L,TAN K X,et al. Influence of grain size on distribution of temperature and thermal stress in ZnO varistor ceramics[J]. Science in China,Series E,Technological Sciences,2002,45(4): 337-347.

[60] ZHAO H F,HE J L,HU J,et al. High nonlinearity and low residual-voltage ZnO varistor ceramics by synchronously doping Ga_2O_3 and Al_2O_3[J]. Materials Letters,2016,64(1): 80-83.

[61] ZHAO H F,HU J,CHEN S M,et al. Tailoring the high impulse current discharge capability of ZnO varistor ceramics by doping Ga_2O_3[J]. Ceramics International,2016,42(4): 5582-5586.

[62] ZHAO H F,HU J,CHEN S M,et al. High nonlinearity and high voltage gradient ZnO varistor ceramics tailored by combining Ga_2O_3,Al_2O_3,and Y_2O_3 dopants[J]. Journal of the American Ceramic Society,2016,99(3): 769-772.

[63] ZHAO H F,HU J,CHEN S M,et al. Improving age stability and energy absorption capabilities of ZnO varistors ceramics[J]. Ceramics International,2016,42(15): 17880-17883.

[64] HE J L,CHENG C L,HU J. Electrical degradation of double-Schottky barrier in ZnO varistors[J]. AIP Advances,2016,6(3): 030701.

[65] MENG P F,HU J,ZHAO H F. High voltage gradient and low residual-voltage ZnO varistor ceramics tailored by doping with In_2O_3 and Al_2O_3[J]. Ceramics International,2016,42(6): 9437-9440.

[66] LUO F C,HE J L,HU J,et al. Electric and dielectric properties of Bi-doped $CaCu_3Ti_4O_{12}$ ceramics [J]. Journal of Applied Physics,2009,105: 076104.

[67] LIU J,HU J,HE J L,et al. Microstructures and characteristics of deep trap levels in ZnO Varistors Doped with Y_2O_3[J]. Science in China,Series E,Technological Sciences,2009,52(12): 3669-3673.

[68] LONG W C,HU J,LIU J,et al. Effects of cobalt doping on the electrical characteristics of Al-doped ZnO varistors[J]. Materials Letters,2010,64(9): 1081-1084.

[69] LONG W C,HU J,HE J L,et al. Time-domain response simulation of ZnO varistors by voronoi network with actual grain boundary model[J]. Journal of the American Ceramic Society,2010,93(6): 1547-1550.

[70] HU J,HE J L,LIU J,et al. Temperature dependences of leakage currents of ZnO varistors doped

with rare-earth oxides[J]. Journal of the American Ceramic Society,2010,93(8): 2155-2157.
[71] LONG W C,HU J,LIU J,et al. The effect of aluminum on electrical properties of ZnO varistor[J]. Journal of the American Ceramic Society,2010,93(9): 2441-2444.
[72] LIU J,HE J L,HU J,et al. Statistical pulse degradation characteristics of grain boundaries in ZnO varistor based on microcontact measurement[J]. Journal of the American Ceramic Society,2010,93(9): 2473-2475.
[73] LIU J,HE J L,HU J,et al. Admittance spectroscopy of Y_2O_3-doped ZnO varistors sintered at different temperature[J]. Key Engineering Materials,2010,434-435: 382-385.
[74] LONG W C,HU J,HE J L,et al. Saturation effect of $Al(NO_3)_3$ dopant on residual voltages of ZnO based varistor ceramics[J]. Advanced Materials Research,2010,105-106: 274-277.
[75] HE J L,LONG W C,HU J,et al. Nickel oxide doping effects on electrical characteristics and microstructural phases of ZnO varistors with low residual voltage ratio[J]. Journal of the Ceramic Society of Japan,2011,119(1): 1-5.
[76] LIU J,HE J L,HU J,et al. Statistics on the AC ageing characteristics of single grain boundaries of ZnO varistor[J]. Materials Chemistry and Physics,2011,125(1-2): 9-11.
[77] LIU J,HE J L,HU J,et al. The dependence of sintering temperature on Schottky barrier and bulk electron traps of ZnO varistors[J]. Science in China,Series E,Technological Sciences,2011,54(2): 375-378.
[78] HE J L,LIU J,HU J. AC ageing characteristics of Y_2O_3-doped ZnO varistors with high voltage gradient[J]. Materials Letters,2011,65(17-18): 2595-2597.
[79] LONG W C,HU J,HE J L,et al. Effects of manganese dioxide additives on the electrical characteristics of Al-doped ZnO varistors[J]. Science in China,Series E,Technological Sciences,2011,54(8): 2204-2208.
[80] MENG P F,GU S Q,Wang J,et al. Improving electrical properties of multiple dopant ZnO varistor by doping with indium and gallium[J]. Ceramics International,2018,44(1): 1168-1171.
[81] MENG P F,WU J B,YANG X,et al. Electrical properties of ZnO varistor ceramics modified by rare earth-yttrium and gallium dopants[J]. Materials Letters,2018,233: 20-23.
[82] MENG P F,Zhao X L,FU Z Y,et al. Novel zinc-oxide varistor with superior performance in voltage gradient and aging stability for surge arrester[J]. Journal of Alloys and Compounds,2019,789: 948-952.
[83] HE J L,HU J,CHEN Q H,et al. Study on composition of ZnO varistors added with rare-earth oxide to improve its electrical performance[J]. Rare Metal Materials and Engineering,2005,34(Supp. 1): 1132-1135.
[84] LIN Y H,LI M,NAN C W,et al. Grain and Grain boundary effects in high-permittivity dielectric NiO-based ceramics[J]. Applied Physics Letters,2006,89(3): 032907.
[85] 孟鹏飞,胡军,邹锦波,等. 氧化锌压敏电阻综合性能的多元掺杂综合调控[J]. 高电压技术,2018,44(1): 241-247.
[86] CAI J N,LIN Y H,LI M,et al. Sintering temperature dependence of grain boundary resistivity in a rare-earth-doped ZnO varistor[J]. Journal of the American Ceramic Society,2007,90(1): 291-294.
[87] ISHIDA K,DOKAI K,TSOZAKI T,et al. Development of a 500kV transmission line arrester and its characteristics[J]. IEEE Transactions on Power Delivery,1992,7(3): 1265-1274.
[88] 白川晋吾. 送电用避雷装置[J]. 日立评论(日文),1990,72(9): 115-122.
[89] 松原广治. 送电用避雷器的适用方法及效果[J]. 电气杂志(日文),1990(9): 79-80.
[90] 白川晋吾,伊藤守夫,饭村纪夫,等. 避雷器应用动向[J]. 日立评论(日文),1991,73(60): 23-30.
[91] OHKI Y,YASUFUKU S. Lightning arresters developed for 500kV transmission lines[J]. IEEE Electrical Insulation Magazine,1994,10(4): 61-62.

[92] Transmission line arresters in Japan[J]. Insulator News and Market Report,1997,5(3):6-16.
[93] SDJ7-79,电力设备过电压保护设计技术规程[S].北京:水利电力出版社,1979.
[94] KOCH R E,TIMOSHENKO J A,ANDERSON J G,et al. Design of zinc oxide transmission line arresters for application on 138kV towers[J]. IEEE Transactions on Power Apparatus and Systems,1985,104(10):2675-2680.
[95] GB/T 32520—2016,交流1kV以上加快输电和配电线路用带外串联间隙金属氧化物避雷器(EGLA)[S].北京:中国标准出版社,2016.
[96] GB 311.1—1983,高压输变电设备的绝缘配合[S].中华人民共和国国家标准,1983.
[97] HE J L,HU J,CHEN Y H,et al. Minimum distance of lightning protection between insulator string and Line surge arrester in parallel[J]. IEEE Transactions on Power Delivery,2009,24(2):656-663.
[98] 陈永华.线路避雷器对输电线路防雷保护有效性研究[D].北京:清华大学,2003.
[99] 李振,余占清,何金良,等.线路避雷器改善同塔多回线路防雷性能的分析[J].高电压技术,2011,37(12):3120-3128.
[100] 侯牧武,曾嵘,何金良.感应过电压对输电线路耐雷水平的影响[J].电网技术,2004,28(12):46-49.
[101] SAKSHAUG E C,BURKE J J,KRESGE J S. Metal oxide arresters on distribution systems fundamental considerations[J]. IEEE Transactions on Power Delivery,1989,4(4):2076-2088.
[102] 吴维韩,华涛.110kV线路ZnO限压器雷电放电电流的计算[J].电力技术,1992,25(1):39-42.
[103] 何金良,吴维韩.氧化锌线路限压器雷电放电电流计算[J].高电压技术,1993,19(1):18-22.
[104] HE J L,WU W H. Adopting line surge arresters to increase lightning-withstand levels of transmission lines[C]//Proceeding of the 1993 IEEE Region 10 International Conference on Computer,Communication and Automation,Beijing China,Oct. 19-22,1993.
[105] 何金良,曾嵘,陈水明.输电线路雷电防护技术研究(三):防护措施[J].高电压技术.2009,35(12):2917-23.
[106] SHIH C H. Application of special arresters on 138kV lines of Appalichian Power Company[J]. IEEE Transactions on Power Apparatus and Systems,1985,104(10):2857-2863.
[107] 何金良,吴维韩.采用110kV线路型金属氧化物避雷器的参数优化[J].高电压技术,1993,19(1):18-22.
[108] 陈水明,何金良,吴维韩,等.采用氧化锌避雷器提高220kV线路耐雷水平的研究[J].高电压技术,1998,24(3):77-79,82.
[109] 何金良,欧阳昌宜.线路ZnO避雷器的发展概况[J].电网技术,1993,13(3):23-26.
[110] 李谦,钟定珠,彭向阳,等.复合绝缘外套线路型ZnO避雷器防雷运行分析[J].高电压技术,2001,27(1):64-66.
[111] 林火华,何金良,周良才,等.110kV珠西线采用氧化锌避雷器提高耐雷水平的研究[J].广东电力,1997,(5):21-25.
[112] ANDERSON J G. Transmission lines reference book-345kV and above (second Edition)[M]. Palo Alto,California:Electrical Power Research Institute,1982.
[113] 解广润.电力系统过电压[M].北京:水利电力出版社,1985.
[114] SDJ-79,电力设备过电压保护设计技术规程[S].北京:水利电力出版社,1979.
[115] 孙萍.220kV新杭线一回路雷电流幅值实测结果的统计分析[J].电与静电,1989,(2):18-25.
[116] IEEE WORKING GROUP. A simplified method for estimating lightning performance of transmission lines[J]. IEEE Transactions on Power Apparatus and Systems,1985,4(4):919-932.
[117] TECHNICAL BROCHURE 855. Effectiveness of line surge arresters for lightning protection of overhead transmission lines[R]. Paris:CIGRE,2021.

第 10 章
同塔多回输电线路的不平衡绝缘

同塔双回或多回输电线路具有节省线路走廊的优点,在土地资源匮乏的国家广为采用。但对于同塔多回线路的雷电防护,特别是防止出现同塔多回雷击同时跳闸是其设计的关键。采用不平衡绝缘是同塔多回输电线路雷电防护的基本措施,通过不同回路的差异化绝缘配置,实现雷击时"牺牲"一回线路、保护其他线路的目的。

传统的不平衡绝缘主要通过在不同回路采用不同的绝缘水平来实现,即采用差异化的绝缘配置。后来,差异化防雷设计被扩展为广义的概念,其基本原理是同塔多回线路采用不一样的绝缘配置或采用不同的防雷措施,以使一回线路先动作而防止其他回路闪络,降低同塔多回线路同时闪络率。其涵盖的范围包括不平衡绝缘、多回线路不同相序排列方式、改变多回线路导线布置方式、不同回路采用不同类型的绝缘子、部分回路安装线路避雷器、部分回路安装引弧角等[1]。

10.1 同塔多回输电线路雷击特性

同塔多回线路双回和多回同时雷击跳闸现象一般都是由雷电反击引起的。雷电绕击的雷击点位于某回导线上,当雷击相闪络时,雷电流都通过杆塔入地,此时过电压情况与反击初始时类似,但绕击雷电流一般而言都比反击雷电流小很多,因此一般不会再造成其他回和其他相导线的闪络。

10.1.1 同塔多回输电线路雷击故障统计

同塔双回或多回线路早已在美、日、德、澳、加等国的各电压等级上采用。日本由于用地困难,为减少线路走廊,尽可能采用多回路同塔架设。日本同塔架设最多回路数为 8 回,110kV 以上多数为 4 回,500kV 以上线路除早期 2 条为单回路外,其余均为双回共塔架设。日本 50%以上电力系统事故是由雷击输电线路引起的,雷击经常引起双回线路同时停电,20%~30%的输电线路故障发生在同塔双回输电线路上。日本在不同时期内对 187~1000kV 同塔双回线路所发生的雷害事故进行了实况调查,结果见表 10.1[2]。

表 10.1　日本不同电压等级同塔双回线路雷害事故率(1980—2000 年)[2]

电压等级	绝缘方式	调查全长 /(km·a)	雷击事故次数/次			雷击事故率/[次/(100km·a)]		
			单回路	双回路	小计	单回路	双回路	小计
1000kV	平衡绝缘	311.83	16	0	16	0.51	0.00	0.51
	不平衡绝缘	0	0	0	0	0	0	0
	合计	311.83	16	0	16	0.51	0.00	0.51
500kV	平衡绝缘	90807.58	340	58	398	0.37	0.06	0.43
	不平衡绝缘	8926.67	98	4	102	1.10	0.04	1.14
	合计	99734.25	438	62	500	0.44	0.06	0.50
275V	平衡绝缘	96921.87	464	173	637	0.48	0.18	0.66
	不平衡绝缘	42575.02	401	46	447	0.94	0.11	1.05
	合计	139496.89	865	219	1084	0.62	0.16	0.78
220kV	平衡绝缘	21591.92	151	84	235	0.70	0.39	1.09
	不平衡绝缘	28960.25	425	41	446	1.47	0.14	1.61
	合计	50552.17	576	125	701	1.14	0.25	1.39
187kV	平衡绝缘	13200.83	31	20	51	0.23	0.15	0.38
	不平衡绝缘	32871.95	735	84	819	2.24	0.26	2.49
	合计	46072.78	766	104	870	1.66	0.23	1.89

日本同塔双回线路发生雷击事故与一般单回线路相比有以下不同特点：

(1) 大部分雷击事故都发生在与避雷线之间的耦合系数较大的上、中相。图 10.1 为日本拍摄到的雷击塔顶时导致上层一相、中层两相线路闪络的照片[3]。单回线路则几乎都发生在耦合系数较小的相。

(2) 两相或多相导线同时闪络的雷击事故所占比例较大，引起双回线路同时闪络跳闸，对安全供电造成极大的威胁。

图 10.1　雷击同塔双回线路塔顶造成上相和中相闪络[3]

(3) 在一般地区,采用平衡绝缘的双回线路雷击跳闸率仅为 0.63 次/(100km·a),其中双回同时跳闸率占总跳闸率的 6.3%。采用不平衡绝缘的双回线路的雷击跳闸率有些增加,为 1.91 次/(100km·a),但双回同时跳闸率的比例有所下降,仅占 4.7%。

(4) 山区线路雷击跳闸率显著增加,达 3.19 次/(100km·a),且双回同时跳闸率占 43%。

截至 2010 年 8 月,广东电网有 220kV 及以上线路 786 回,其中部分段同塔或全部同塔线路 605 回,占 76.9%;500kV 线路 118 回,其中部分段同塔或全部同塔线路 66 回,占 55.9%。同塔线路规模显著增长,同塔线路雷击同时跳闸概率也随之显著增大。表 10.2 为广东电网 2007—2009 年 110kV 及以上同塔线路雷击同时跳闸数据。

表 10.2　110kV 及以上同塔线路雷击同时跳闸比例[4]

年份	雷击跳闸总次数/次	多回同跳次数/次	比例/%
2007	645	101	15.7
2008	650	121	18.6
2009	534	112	21.0

2007 年以来广东电网 110kV 及以上线路雷击跳闸总次数维持在 500 次以上,同塔线路雷击同时跳闸次数维持在 100 次以上。同塔多回线路雷击同时跳闸占总跳闸次数的比例已由 2007 年的 15.7%、2008 年的 18.6%上升到 2009 年的 21.0%,呈逐年上升的趋势。特别是 2010 年电网 220kV 及以上线路雷击跳闸 161 次,其中同塔线路雷击同时跳闸 47 次,占 29.1%。

根据 2003—2008 年广州电网线路雷击跳闸率统计表,选取了几条典型的同塔多回线路进行分析,统计结果见表 10.3。电压等级越低,双回同时跳闸所占总跳闸次数的比例越高,当电压等级达到 500kV 时,双回同时跳闸占的比例已经很小。另外,此处统计结果中雷击跳闸同时包含了绕击和反击的数据,对于高电压等级的输电线路,绕击占雷击跳闸的主要部分,而绕击一般不会引起杆塔双回同时跳闸。因此,同塔多回线路的防雷重点应放在 110kV 和 220kV 电压等级线路的雷电反击过电压防护。表 10.3 中,导致 500kV 线路跳闸的最大雷电流仅有 48.8kA,表明此统计结果中 500kV 线路发生的均为绕击跳闸。

表 10.3　广东地区杆塔总跳闸次数与双回同时跳闸次数统计

电压等级	总跳闸次数/次	双回同时跳闸次数/次	双回同时跳闸占比/%	最大故障雷电流/kA
500kV	8	0	0	48.8
220kV	21	3	14.29	141.5
110kV	6	2	33.33	93.8

为了得到更多的双回路同时跳闸数据,研究也对 2006—2010 年广东地区同塔多回线路雷击同时跳闸次数统计汇总表进行了分析,统计结果见表 10.4。电压等级越高,双回同时跳闸出现的次数越少,但绕击跳闸次数占总跳闸次数的比例随电压等级增加而增加,500kV 达到 100%,220kV 和 110kV 分别为 28.6%和 20.7%,绕击概率随杆塔高度增加而增加。另外,研究发现,也存在较小的雷电流绕击导致双回同时跳闸的情况,这与我们所认为的绕击不会导致双回同时闪络有所出入。其原因可能是较短时间间隔内两次雷击击中同一条线

路的两回导线,导致两回闪络,造成了绕击引起双回同时闪络,但这种现象发生的概率相对很小。

表 10.4 广东地区 2006—2010 年同塔多回线路雷击同时跳闸统计汇总

电压等级	年份	多回同时跳闸次数/次	反击跳闸次数/次	绕击跳闸次数/次	最小故障雷电流/kA	最大故障雷电流/kA
500kV	—	1	0	1	31.8	31.8
220kV	总计	43	34	9	12.4	332.8
	2006	4	3	1	44.5	274.9
	2007	6	4	2	12.4	136.7
	2008	9	7	2	42.4	332.8
	2009	2	1	1	32.6	58.4
	2010	22	19	3	31.8	365.5
110kV	总计	87	69	18	14.1	387.9
	2006	12	11	1	26.4	141
	2007	33	23	10	14.1	128.1
	2008	38	32	6	29.4	387.9
	2009	4	3	1	32.6	154.7
	2010	—	—	—	—	—

注:* 110kV 线路 2010 年无统计结果。

一个值得注意的现象是,除了 2009 年,自 2006 年以来,110kV 和 220kV 线路多回同时跳闸次数在逐年增加(2009 年只有半年的统计数据)这主要是同塔多回的线路逐渐增加引起的。这也说明,随着同塔多回线路的增加,110kV 和 220kV 线路多回同时跳闸的问题将越来越凸显。

广东地区 2006—2009 年同塔多回线路雷击同时跳闸次数逐年统计结果如表 10.5 所示。由于 500kV 线路双回同时跳闸只有 1 次,因此不对其作分年份统计,2009 年统计数据只包含前半年数据。由于 2009 年只有上半年的统计数据,而上半年是雷电活动不是特别频繁的半年,雷电活动主要集中在下半年的 7 月和 8 月,因此 2009 年数据中的双回同时跳闸次数较少。相比之下,500kV 同塔多回线路的双回同时跳闸现象很少发生,考虑到投入与收益问题,不建议采取措施改善 500kV 及以上电压等级的双回同时跳闸率。

表 10.5 广东地区 2006—2009 年同塔多回线路雷击同时跳闸年份分布

	电压等级	2006 年	2007 年	2008 年	2009 年
双回同时跳闸次数/次	110kV	10	29	36	4
3 回同时跳闸次数/次		2	2	1	—
4 回同时跳闸次数/次		—	2	1	—
合计/次		12	33	38	4
双回同时跳闸次数/次	220kV	3	6	7	2
3 回同时跳闸次数/次		1	—	1	—
4 回同时跳闸次数/次		—	—	1	—
合计/次		4	6	9	2

续表

电压等级		2006年	2007年	2008年	2009年
双回同时跳闸次数/次	合计	13	35	43	6
3回同时跳闸次数/次		3	2	2	—
4回同时跳闸次数/次		—	2	2	—
合计/次		16	39	47	6

此外,对广东地区同塔多回线路同时跳闸事件发生杆塔所处地形的统计表明,在2006年1月到2009年6月所记录的108次多回线路同时跳闸事件中,有79次发生在山丘和大山地形的地区,占总跳闸次数的73.1%。这一结论表明,平原地区杆塔较难发生同塔多回线路同时跳闸事故,山丘和大山地区杆塔比较容易发生同塔多回线路同时跳闸事故,其原因是山丘和大山地区的微地形导致线路更容易遭受雷击。

对于同塔多回线路闪络回以及闪络相的统计,各相导线均有发生闪络的情况出现。日本对187kV及以上的同塔双回线路闪络相进行了长期统计(1980—2000年)[2],单回闪络占81%,双回闪络为19%。在单相闪络中,上相、中相、下相分别为38.2%、43.0%、18.8%;在双相闪络中,上—中相闪络占38%,上—下相闪络占32.9%,中—下相闪络占29.1%。总的来说,比较靠近雷击点的上层导线更容易发生闪络。

10.1.2 雷电反击特性

对三种同塔4回输电线路进行了防雷特性分析,包括四回220kV杆塔(绝缘子长度为2.32m)、两回220kV与两回500kV同杆杆塔(绝缘子长度分别为2.94m和5.46m)、四回500kV同杆杆塔(绝缘子长度为5.46m)。220kV线路导线采用2×LGJ-300/25导线,分裂间距为0.4m;500kV线路采用4×LGJ-630/45导线分裂间距为0.45m。三种杆塔的导线排布方式如图10.2所示。

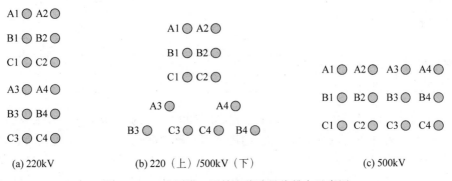

图10.2 三种同塔4回输电线路导线排布示意图

同塔4回线路的反击跳闸率与接地电阻之间的关系见表10.6和表10.7,绝缘子模型采用先导发展模型。从计算结果可以看出,对于220kV同塔4回线路,双回同时跳闸率与单回同时跳闸率的比值达到了73%~90%,其他两种塔型也如此,可见两回及以上的多回线路同时跳闸率非常高。由此可以看出,无差异化的等绝缘配置的同塔多回线路多回同时跳闸率很高。

表 10.6 220kV 四回杆塔反击跳闸率

接地电阻/Ω	5	6	7	8	9	10
单回跳闸率/[次/(100km·a)]	1.212	1.381	1.494	1.703	1.891	2.045
双回同时跳闸率/[次/(100km·a)]	0.840	0.957	1.150	1.345	1.533	1.703
双回与单回同时跳闸率之比/%	69.3	69.3	76.9	79.0	81.1	83.3

表 10.7 220/500kV 同塔 4 回杆塔与 500kV 同塔 4 回反击跳闸率

	杆塔接地电阻/Ω	5	7	10	15
220/500kV 同塔 4 回杆塔反击跳闸率	单回跳闸率/[次/(100km·a)]	0.296	0.486	0.842	1.578
	双回同时跳闸率/[次/(100km·a)]	0.288	0.473	0.820	1.578
	三回同时跳闸率/[次/(100km·a)]	0.095	0.111	0.137	0.182
500kV 同塔 4 回杆塔反击跳闸率	单回跳闸率/[次/(100km·a)]	0.177	0.224	0.307	0.505
	双回同时跳闸率/[次/(100km·a)]	0.037	0.055	0.102	0.324

110/220kV 混合 4 回杆塔的导线排列方式与图 10.2 中 220kV 四回的导线排列方式相同。110kV 绝缘子绝缘距离为 1.46m，220kV 为 2.19m，反击特性随接地电阻的变化见表 10.8。对于这种采用等绝缘配置的同塔多回线路，双回同时跳闸率与单回同时跳闸率的比值达到了 73%~90%，3 回同时跳闸率与单回同时跳闸率的比值也达到了 25%~36%，可见两回及以上的多回线路同时跳闸率非常高，必须从差绝缘配置的角度来降低多回同时跳闸率。

表 10.8 110/220kV 同塔 4 回线路反击耐雷水平及反击跳闸率

杆塔接地电阻/Ω	5	7	10	15	25	40
单回耐雷水平/kA	80	70	60	48	34	26
双回同时跳闸耐雷水平/kA	92	82	70	56	44	30
3 回同时跳闸耐雷水平/kA	124	120	114	106	94	84
单回跳闸率/[次/(100km·a)]	2.365	3.072	3.991	5.463	7.880	9.715
双回同时跳闸率/[次/(100km·a)]	1.728	2.244	3.072	4.431	6.066	8.749
3 回同时跳闸率/[次/(100km·a)]	0.867	0.963	1.127	1.389	1.901	2.470

对垂直排列的同塔 4 回 110kV 和 220kV 输电线路的分析表明[5]，如图 10.3 和图 10.4 所示，随着杆塔接地电阻的增大，同塔多回线路各层绝缘子两端电压均随之增大，相应的各层导线的耐雷水平随之降低。但不同层的变化幅度并不相同，比较接近杆塔接地点的下层导线受接地电阻变化的影响较大，杆塔顶层的第 1、2 层导线耐雷水平随接地电阻的变化则相对平缓。当接地电阻较小时，绝缘子两端电压相对较小，此时由于第 1、2 层导线距离雷击点较近，因此绝缘子两端的电压也较大，耐雷水平较低，在遭受雷击时率先闪络。然而，与想象中越靠近雷击点越容易闪络不同的是，当接地电阻较大时，由于接地电阻对离地面较近的绝缘子两端的电压影响更大，在遭受雷击时，下层几回导线率先闪络。杆塔接地电阻越大，下层导线越先发生闪络。

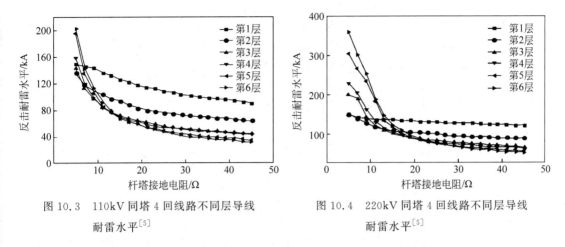

图 10.3　110kV 同塔 4 回线路不同层导线耐雷水平[5]

图 10.4　220kV 同塔 4 回线路不同层导线耐雷水平[5]

当杆塔接地电阻小于 15Ω 时，降低接地电阻对提高下面 4 层导线的耐雷水平效果很好；当接地电阻大于 15Ω 时，耐雷水平随接地电阻的变化则趋于平缓。因此，同塔多回线路杆塔冲击接地电阻应尽量小于 15Ω，这样可以有效地限制同塔多回线路下面几回导线的跳闸率。对于同塔多回线路最上面两层导线的雷电防护，降低接地电阻虽然也是一个行之有效的方法，但效果不是十分明显。

事实上，反击跳闸时的雷电流与雷击时导线的相位有关[6]。一般情况下反击耐雷水平取一个周期内改变相位求得的反击耐雷水平的最低值，从这一耐雷水平直接换算而来的反击跳闸率比真实值略高。如果需要获得比较准确的反击跳闸率，应该在一个周期内求不同相位下的反击跳闸率，再对这些反击跳闸率进行加权平均来得到总反击跳闸率。以 110/220kV 同塔 4 回输电线路为例，杆塔接地电阻取 5Ω，在一个周期内杆塔的耐雷水平和跳闸率如图 10.5 和图 10.6 所示，其中相位指的是从上往下第一层左侧 A1 导线的相位。加权平均获得的单回跳闸率、双回及三回线路同时跳闸率分别为 1.869 次/(100km·a)、1.075 次/(100km·a)、0.483 次/(100km·a)，明显小于表 10.7 中对应的值，加权平均求得的总跳闸率的值会比直接换算而来的跳闸率低。

110kV 同塔 4 回线路雷电反击特性见表 10.9。考虑工频电压的情况下，同塔多回线路反击跳闸相与雷击时工频相位有关。当雷击时的工频相位不同时，同塔多回线路的闪络相

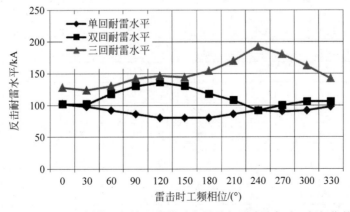

图 10.5　110/220kV 同塔 4 回输电线路反击耐雷水平随雷击时工频相位的变化

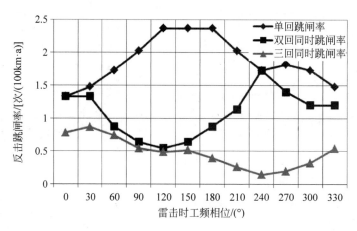

图 10.6 110/220kV 同塔 4 回输电线路反击跳闸率随雷击时工频相位的变化

也会发生变化。由于雷击时导线上的工频电压实际上是叠加在绝缘子两端电压之上的,在负极性雷之下,导线上的电压相位处于 90°附近时绝缘子两端电压差最大,最容易发生闪络,因此同塔多回线路在一个周期内的闪络相是不一样的。一般来说,处于与雷电极性相反的 π/4 相位左右的相最容易闪络。对于加权平均结果而言,最靠近雷击点的最上层导线是最容易闪络的相。同理,在同塔多回线路为相同电压等级及相同绝缘水平时,上层回路由于靠近雷击点,更加容易发生闪络。在两个不同电压等级线路同塔时,由于低电压等级回路绝缘水平较弱,一般是低电压等级回路较容易闪络。

表 10.9 110kV 同塔 4 回线路杆塔雷电反击特性

	相位	反击耐雷水平/kA			反击跳闸率/[次/(100km·a)]		
		单回跳闸	双回同时跳闸	3回同时跳闸	单回跳闸率	双回同时跳闸率	3回同时跳闸率
冲击接地电阻 7Ω	0	102	102	108	0.59	0.59	0.51
	30	100	100	106	0.62	0.62	0.53
	60	102	102	108	0.59	0.59	0.51
	90	106	106	118	0.53	0.53	0.39
	120	100	100	116	0.62	0.62	0.41
	150	98	98	114	0.66	0.66	0.43
	180	100	100	116	0.62	0.62	0.41
	210	106	106	110	0.53	0.53	0.48
	240	102	102	108	0.59	0.59	0.51
	270	100	100	106	0.62	0.62	0.53
	300	102	102	108	0.59	0.59	0.51
	330	108	108	110	0.51	0.51	0.48
	总跳闸率	—	—	—	0.59	0.59	0.47

续表

	相位	反击耐雷水平/kA			反击跳闸率/[次/(100km·a)]		
		单回跳闸	双回同时跳闸	3回同时跳闸	单回跳闸率	双回同时跳闸率	3回同时跳闸率
冲击接地电阻10Ω	0	80	80	84	1.05	1.05	0.95
	30	80	80	82	1.05	1.05	1.00
	60	80	80	84	1.05	1.05	0.95
	90	84	86	86	0.95	0.90	0.90
	120	80	80	84	1.05	1.05	0.95
	150	78	78	82	1.11	1.11	1.00
	180	80	80	84	1.05	1.05	0.95
	210	84	84	86	0.95	0.95	0.90
	240	80	80	94	1.05	1.05	0.73
	270	78	78	92	1.11	1.11	0.77
	300	80	80	94	1.05	1.05	0.73
	330	84	84	90	0.95	0.95	0.81
	总跳闸率	—	—	—	1.03	1.03	0.88
冲击接地电阻15Ω	0	60	60	68	1.77	1.77	1.44
	30	60	60	66	1.77	1.77	1.52
	60	60	60	68	1.77	1.77	1.44
	90	64	64	66	1.60	1.60	1.52
	120	60	60	62	1.77	1.77	1.68
	150	60	60	62	1.77	1.77	1.68
	180	60	60	62	1.77	1.77	1.68
	210	64	64	66	1.60	1.60	1.52
	240	60	60	78	1.77	1.77	1.11
	270	60	60	76	1.77	1.77	1.17
	300	60	60	78	1.77	1.77	1.11
	330	64	64	74	1.60	1.60	1.23
	总跳闸率	—	—	—	1.73	1.73	1.42

各电压等级同塔多回线路在不同的杆塔接地电阻下的反击跳闸率如图10.7所示。反击跳闸率都随接地电阻的增大而明显增高，并且高度越高的杆塔跳闸率越高。这种现象一方面由于线路耐雷水平随着杆塔高度的增高而降低，另一方面由于较高的杆塔引雷面积更大，导致反击概率增高。在同等杆塔高度下，猫头塔的反击跳闸率高于耐张塔，这主要是由于猫头塔避雷线与外侧导线距离较远，耦合系数较小，且绝缘子串较短，因而耐雷水平较低，较易发生反击闪络。此外，同杆双回杆塔由于高度很高，引雷面积大，发生反击的概率较高，因而对杆塔接地电阻应该有更严格的限制。

500kV输电线路对接地电阻最为敏感。当接地电阻从35Ω降到10Ω时，反击跳闸率可

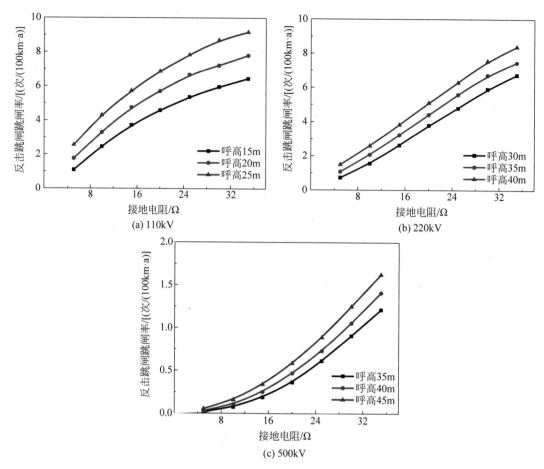

图 10.7 同塔 4 回输电线路杆塔接地电阻对线路反击跳闸率的影响

以降到 0.2 次/(100km·a)。220kV 与 110kV 输电线路对接地电阻的敏感程度不及 500kV 输电线路,但是降低接地电阻也可大幅降低反击跳闸率。随着接地电阻的提高,线路耐雷水平降低,跳闸率升高。因此,降低接地电阻是降低线路跳闸率的最直接有效的措施。随着电压等级的提高,同塔多回线路的多回同时闪络现象逐渐减少,多回同时跳闸率降低。

同塔多回线路多回同时跳闸问题在 110kV 线路上表现得最为明显。随着电压等级的提高,同塔多回线路多回同时跳闸现象减少,500kV 同塔多回线路多回同时跳闸率很低,这一点十分符合运行经验的结果。因此,在同塔多回线路差异化防雷设计中,110kV 线路和 220kV 线路应是研究重点。

10.1.3 同塔多回输电线路雷电绕击特性

对不同电压等级杆塔和线路,可以通过计算得到不同地形条件(地面倾角为 0°、10°、20°、30°、40°)下不同保护角对应的绕击跳闸率,给出符合规程规定的安全保护角范围。以不同电压等级(500kV 4 回、500kV 双回、220kV 4 回、220kV 双回、500/220kV 4 回、110kV 双回和 220/110kV 4 回)典型杆塔为例进行计算,杆塔参数及结构如图 10.8 所示。其中,

500kV 4回线路绝缘子串长为5.46m,500/220kV 4回线路中500kV部分绝缘子串长为5.46m,220kV部分绝缘子串长为2.94m,220kV 4回线路绝缘子串长为2.32m,220kV双回线路绝缘子串长为2.19m,110kV双回线路绝缘子串长为1.46m;500kV、220kV和110kV线路导线分裂数为4、2和1。

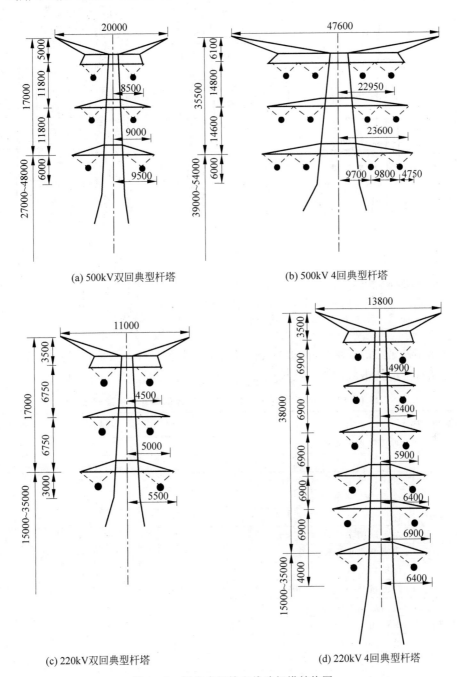

(a) 500kV双回典型杆塔　　　　(b) 500kV 4回典型杆塔

(c) 220kV双回典型杆塔　　　　(d) 220kV 4回典型杆塔

图10.8　同塔多回输电线路杆塔结构图

单位：mm

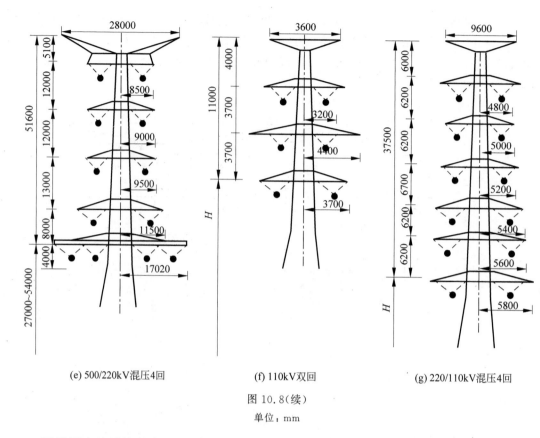

(e) 500/220kV混压4回　　(f) 110kV双回　　(g) 220/110kV混压4回

图10.8(续)

单位：mm

调整图中避雷线的水平坐标，即改变避雷线对最外侧导线的保护角，得到不同保护角和不同地形条件下的绕击跳闸率。结果见表10.10～表10.16。

表10.10　500kV两回典型线路在不同地形条件下的跳闸率

地面倾角		原始值	调整值1	调整值2
0°	避雷线水平坐标/m	10	6	5.7
	保护角/(°)	−8.16	13.45	14.99
	绕击跳闸率/[次/(100km·a)]	0	0.06929	0.081
10°	避雷线水平坐标/m	10	6.5	6.4
	保护角/(°)	−8.16	10.83	11.36
	绕击跳闸率/[次/(100km·a)]	0	0.1654	0.17
20°	避雷线水平坐标/m	10	6	7
	保护角/(°)	−8.16	13.45	8.16
	绕击跳闸率/[次/(100km·a)]	0.0897	0.1556	0.17
30°	避雷线水平坐标/m	10	9	8.5
	保护角/(°)	−8.16	−2.738	0
	绕击跳闸率/[次/(100km·a)]	0.11	0.1246	0.17
40°	避雷线水平坐标/m	10	9	9.2
	保护角/(°)	−8.16	−2.738	−3.83
	绕击跳闸率/[次/(100km·a)]	0.1303	0.1911	0.17

注：保护角指避雷线对最高一层外侧导线的保护角，以下同。

表 10.11　500kV 4 回典型线路在不同地面倾角条件下的绕击跳闸率

地面倾角		原始值	调整值1	调整值2
0°	避雷线水平坐标/m	23.8	18	17.5
	保护角/(°)	−25.86	0.9917	3.467
	绕击跳闸率/[次/(100km·a)]	0	0.0435	0.08
10°	避雷线水平坐标/m	23.8	18	18.7
	保护角/(°)	−25.86	0.9917	−2.478
	绕击跳闸率/[次/(100km·a)]	0.05907	0.1836	0.17
20°	避雷线水平坐标/m	23.8	21	20.7
	保护角/(°)	−25.86	−13.62	−12.21
	绕击跳闸率/[次/(100km·a)]	0.0957	0.120	0.177
30°	避雷线水平坐标/m	23.8	23	22.5
	保护角/(°)	−25.86	−22.56	−20.41
	绕击跳闸率/[次/(100km·a)]	0.1452	0.159	0.17
40°	避雷线水平坐标/m	23.8	24	24.3
	保护角/(°)	−25.86	−26.66	−27.83
	绕击跳闸率/[次/(100km·a)]	0.2476	0.20	0.176

表 10.12　220kV 双回典型杆塔在不同地面倾角条件下的绕击跳闸率

地面倾角		原始值	调整值1	调整值2
0°	避雷线水平坐标/m	5.5	3.8	4
	保护角/(°)	−9.973	7.017	5.024
	绕击跳闸率/[次/(100km·a)]	0	0.28	0.25
10°	避雷线水平坐标/m	5.5	4	4.3
	保护角/(°)	−9.973	5.024	2.014
	绕击跳闸率/[次/(100km·a)]	0.02106	0.549	0.43
20°	避雷线水平坐标/m	5.5	5	4.8
	保护角/(°)	−9.973	−5.0244	−3.0196
	绕击跳闸率/[次/(100km·a)]	0.2603	0.3616	0.43
30°	避雷线水平坐标/m	5.5	6.8	6.9
	保护角/(°)	−9.973	−22.02	−22.88
	绕击跳闸率/[次/(100km·a)]	0.6593	0.4871	0.43
40°	避雷线水平坐标/m	5.5	6.3	7.5
	保护角/(°)	−9.973	−17.56	−27.81
	绕击跳闸率/[次/(100km·a)]	0.6616	0.563	0.43

表 10.13　220kV 4 回典型线路在不同地面倾角条件下的绕击跳闸率

地面倾角		原始值	调整值1	调整值2
0°	避雷线水平坐标/m	6.9	5.4	5.4
	保护角/(°)	−18.975	−4.1	−4.91
	绕击跳闸率/[次/(100km·a)]	0.1056	0.2589	0.2589

续表

地面倾角		原始值	调整值1	调整值2
10°	避雷线水平坐标/m	6.9	7.1	7.1
	保护角/(°)	−18.975	−20.717	−20.717
	绕击跳闸率/[次/(100km·a)]	0.4748	0.43	0.43
20°	避雷线水平坐标/m	6.9	7.8	7.8
	保护角/(°)	−18.975	−26.50	−26.50
	绕击跳闸率/[次/(100km·a)]	0.6822	0.4288	0.4288
30°	避雷线水平坐标/m	6.9	8.7	8.7
	保护角/(°)	−18.975	−33.158	−33.158
	绕击跳闸率/[次/(100km·a)]	1.166	0.4876	0.4876
40°	避雷线水平坐标/m	6.9	8.9	11
	保护角/(°)	−18.975	−34.52	−46.37
	绕击跳闸率/[次/(100km·a)]	1.291	0.6069	0.43

表 10.14　500/220kV 典型线路在不同地面倾角情况下的绕击跳闸率

地面倾角		原始值	调整值1	调整值2
0°	避雷线水平坐标/m	15.5	14.5	14.5
	保护角/(°)	−2.08	−1.03	−1.03
	绕击跳闸率/[次/(100km·a)]	0.065	0.084	0.084
10°	避雷线水平坐标/m	15.5	17.8	17.8
	保护角/(°)	−2.08	−4.489	−4.489
	绕击跳闸率/[次/(100km·a)]	0.231	0.17	0.17
20°	避雷线水平坐标/m	15.5	16.8	19.0
	保护角/(°)	−2.08	−3.44	−5.74
	绕击跳闸率/[次/(100km·a)]	0.3856	0.2522	0.17
30°	避雷线水平坐标/m	15.5	25	24
	保护角/(°)	−2.08	−11.89	−10.88
	绕击跳闸率/[次/(100km·a)]	1.085	0.1534	0.17
40°	避雷线水平坐标/m	15.5	25	25
	保护角/(°)	−2.08	−11.89	−11.89
	绕击跳闸率/[次/(100km·a)]	1.502	0.1757	0.1757

注：此表保护角指避雷线对最下层也是横担最长一层最外侧导线的保护角。

表 10.15　110kV 双回典型线路在不同地面倾角条件下的绕击跳闸率

地面倾角		原始值	调整值1	调整值2
0°	避雷线水平坐标/m	1.8	0.6	0.6
	保护角/(°)	14.389	25.476	25.476
	绕击跳闸率/[次/(100km·a)]	0	0.83	0.83
10°	避雷线水平坐标/m	1.8	0.9	0.9
	保护角/(°)	14.389	22.854	22.854
	绕击跳闸率/[次/(100km·a)]	0	1.18	1.18

续表

地面倾角		原始值	调整值1	调整值2
20°	避雷线水平坐标/m	1.8	2.5	2.3
	保护角/(°)	14.389	7.309	9.365
	绕击跳闸率/[次/(100km·a)]	1.297	1.1378	1.19
30°	避雷线水平坐标/m	1.8	2.5	2.5
	保护角/(°)	14.389	7.309	7.309
	绕击跳闸率/[次/(100km·a)]	1.325	1.19	1.19
40°	避雷线水平坐标/m	1.8	4	3.8
	保护角/(°)	14.389	−8.34	−6.274
	绕击跳闸率/[次/(100km·a)]	1.805	1.262	1.19

注：此表保护角指避雷线对最上层外侧导线的保护角。

表 10.16 220/110kV 4 回典型线路在不同地面倾角条件下的绕击跳闸率

地面倾角		原始值	调整值1	调整值2
0°	避雷线水平坐标/m	4.8	2.8	3
	保护角/(°)	0	13.277	11.99
	绕击跳闸率/[次/(100km·a)]	0	0.302	0.25
10°	避雷线水平坐标/m	4.8	4.3	4.3
	保护角/(°)	0	3.376	3.376
	绕击跳闸率/[次/(100km·a)]	0.2167	0.4415	0.4415
20°	避雷线水平坐标/m	4.8	6.5	6.5
	保护角/(°)	0	−11.34	−11.34
	绕击跳闸率[次/(100km·a)]	0.843	0.43	0.43
30°	避雷线水平坐标/m	4.8	8.2	8.2
	保护角/(°)	0	−21.86	−21.86
	绕击跳闸率/[次/(100km·a)]	1.1765	0.43	0.43
40°	避雷线水平坐标/m	4.8	9.5	9.5
	保护角/(°)	0	−29.01	−29.01
	绕击跳闸率/[次/(100km·a)]	1.8457	0.4577	0.4577

注：此表保护角指避雷线对最上层外侧导线的保护角。

规程给出了不同电压等级典型杆塔的雷击跳闸率的推荐指标(折算为 40 雷电日)：

(1) 平原地形下 500kV 线路推荐最大跳闸率为 0.081 次/(100km·a)，山地地形下 500kV 线路推荐最大跳闸率为 0.17 次/(100km·a)；

(2) 平原地形下 220kV 线路推荐最大跳闸率为 0.25 次/(100km·a)，山地地形下 220kV 线路推荐最大跳闸率为 0.43 次/(100km·a)；

(3) 平原地形下 110kV 线路推荐最大跳闸率为 0.83 次/(100km·a)，山地地形下 110kV 线路推荐跳闸率为 1.18 次/(100km·a)。

通过分析可以给出不同电压等级线路在不同地形情况下对应的安全保护角范围，见表 10.17。

表 10.17　不同电压等级典型线路对应的安全保护角范围　　　　单位：°

电压等级	平原 （地面倾角 0°）	丘陵 （地面倾角 10°）	丘陵 （地面倾角 20°）	山地 （地面倾角 30°）	山地 （地面倾角 40°）
500kV 4 回	<15.0	<11.4	<8.2	<0	<−3.8
500kV 双回	<3.5	<−2.5	<−12.2	<−20.4	<−27.8
220kV 双回	<5.0	<2.0	<−3.0	<−22.9	<−27.8
220kV 4 回	<−4.9	<−20.7	<−26.5	<−33.2	<−46.4
500/220kV 4 回	<−1.0	<−4.5	<−5.7	<−10.9	<−11.9
110kV 双回	<25.5	<22.9	<9.4	<7.3	<−6.3
220/110kV 4 回	<12.0	<3.4	<−11.3	<−21.9	<−29.0

一个有趣的问题是，在同塔多回线路中，究竟哪一回、哪一相更加容易发生绕击闪络呢？这里以如图 10.9 所示两种同塔 4 回杆进行计算讨论。杆塔为左右两侧对称杆塔，共 6 层导线，分别计算不同层绕击跳闸率，这里计算随着地线对最高一层导线保护角的变化绕击跳闸率变化情况。

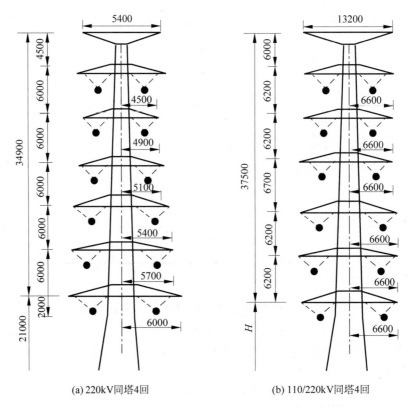

(a) 220kV 同塔4回　　　　　(b) 110/220kV 同塔4回

图 10.9　220kV 及 110/220kV 同塔 4 回输电线路杆塔结构图
单位：mm

图 10.9(a)所示 220kV 同塔 4 回输电线路计算结果如图 10.10 所示。随着保护角增大（避雷线逐渐向内缩），绕击跳闸率急剧增大，将避雷线向外伸出，增大地线保护范围，有效降低绕击跳闸率。若将保护角调整为−10°～−25°，绕击跳闸率降低到 0.1 以下。当保护角

较小时,即地线对导线的防雷保护效果较好时,总跳闸率即为第六层导线的跳闸率,只有第六层导线发生绕击。随着保护角的增大,除第六层导线外,第一层、第三层和第四层也发生绕击,但第二层和第五层导线始终未被绕击。所以对此杆塔来说,在保护角较为合适的条件下,较容易发生绕击的是第四层和第六层导线。

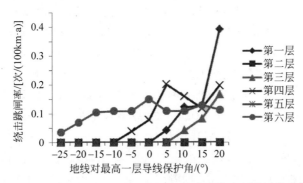

图 10.10　图 10.9(a)所示 220kV 同塔 4 回输电线路杆塔中不同层线路的绕击跳闸率

再以图 10.9(b)所示的 110/220kV 同塔 4 回线路进行研究。当地线对下面第一层外侧导线的保护角改变,也就是避雷线的水平位置改变时,对应的杆塔绕击跳闸率如图 10.11 所示,此时导线相位为 30°,地面倾角为 0°,跨谷深度为 0。任意保护角条件下,只有第一层和第三层发生绕击,其他层导线不会发生闪络。因此,对于图 10.9(b)所示的 110/220kV 同塔 4 回线路,在保护角较为合适的条件下,较容易发生绕击的是第一层和第三层导线。

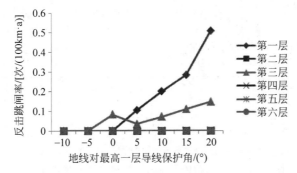

图 10.11　图 10.9(b)所示 110/220kV 同塔 4 回杆塔中不同层线路的绕击跳闸率

由绕击引起的同塔多回线路多回同时跳闸现象很少,理论上只有较短时间内两个雷电击中同一线路的不同回路才会发生,从概率角度分析,这种情况较难发生。另外,对于不同电压等级的同塔多回杆塔,最容易发生绕击闪络的相并不相同,这一点是由塔型以及导线运行电压等一系列因素所共同决定。因此,针对更容易发生绕击的线路进行差异化防雷比较困难。

10.1.4　同塔多回输电线路雷击跳闸故障复原分析

本节介绍如何通过调研、分析线路雷击跳闸故障资料,雷电定位系统监测资料,线路杆塔结构、绝缘配置与接地电阻资料,故障杆塔及大小号侧沿线地形地貌资料,进行防雷分析计算,然后对比计算结果与实际故障情况,查找线路雷击故障具体原因,复原同塔多回线路的雷击跳闸故障情况,为线路防雷改造提供指导[1]。

1. 110kV 同塔双回雷击故障复原

2006年6月18日13:18时,同塔双回110kV鱼立沙线、鱼立北线雷击同时跳闸,重合闸成功。查线发现♯14塔鱼立沙线A相(中相)、B相(顶相)复合绝缘子均压环击穿、金具及导线均有雷击烧蚀痕迹,同时♯14塔鱼立北线A相(底相)、B相(顶相)复合绝缘子均压环击穿、金具及导线均有雷击烧花痕迹。雷电定位系统实测该次雷电流幅值为-141kA。

♯14故障塔型ZY-35,全高50m,大小号侧各三基杆塔(♯11到♯16杆塔)塔型分别为JGU3-18、ZY-40、ZY-40、ZY-35、JGU3-18、ZGU1-21;档距分别为264m、360m、330m、400m、410m、245m;绝缘子型号为FC-70P/146及FXBW4-110/100;线路接地电阻分别为13.2Ω、3.3Ω、2.9Ω、1.3Ω、1.4Ω、1.4Ω、1.5Ω,故障杆塔地形为平地。闪络相为鱼立沙线♯14塔A、B相,鱼立北线♯14塔A、B相。

110kV鱼立沙线、鱼立北线双回反击耐雷水平为136kA,低于实际雷电流幅值-141kA,因此雷击导致双回线路同时跳闸。雷击时各闪络相绝缘子两端过电压波形如图10.12所示[3]。雷击闪络均为同名相,且闪络前鱼立沙线B相和鱼立北线B相两个顶相绝缘子过电压较高,雷击点可能在鱼立北线B相侧,因而过电压最高,鱼立北线A相绝缘子为底相,过电压最低。

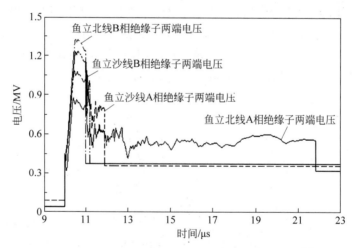

图10.12 ♯14故障塔雷击闪络相绝缘子两端电压[3]

2. 220kV 同塔双回雷击故障复原

2008年6月13日01:44时,同塔双回220kV北景甲、乙线雷击同时跳闸,重合闸成功。查线发现♯15塔北景甲线B相玻璃绝缘子有雷击放电痕迹,♯15塔北景乙线B相玻璃绝缘子有雷击放电痕迹。广东雷电定位系统实测该次雷电流幅值为-225.2kA。

北景甲线♯15故障塔塔型SGU402-17,全高59m,左右侧各一基杆塔塔型为SZ632-42(♯14)和SZ632-30(♯16);档距分别为1071m、439m;绝缘子型号分别为FXBW4-220/100、FC120P/146、FXBW4-220/100;接地电阻分别为8.9Ω、7.6Ω、6.9Ω,地形为山丘;闪络相为北景甲线♯15塔B相(上相)、北景乙线♯15塔B相(上相)。

计算220kV北景甲、乙线同塔双回反击耐雷水平为-218kA,低于雷电定位系统确定的实际雷电流幅值-225.2kA,因此雷击导致两回线路同时跳闸。雷击时各闪络相绝缘子两端过电压波形如图 10.13 所示[6],两个闪络相为同名相,雷击时两个上相绝缘子过电压较高,因而发生闪络跳闸。

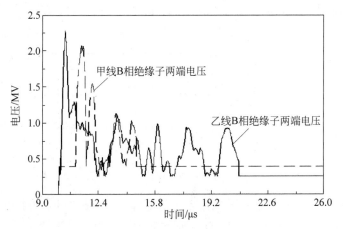

图 10.13 #15 故障塔闪络相绝缘子两端电压[3]

雷击故障电磁暂态复原分析有助于确定同塔线路绝缘子雷击闪络过程和原因。绝缘子闪络跳闸相别除受前述杆塔结构、绝缘配置等关键因素影响外,还与同塔线路相序排列位置密切相关。同塔线路发生雷电反击同时跳闸时,上相绝缘子距雷击点(塔顶或地线)较近,因而过电压较高,较易发生闪络。此外,同塔线路雷击同时跳闸较多发生在同名相。广东电网2010 年 220kV 及以上同塔线路 47 次雷击同时跳闸中,同名相雷击同时跳闸 39 次占82.9%。由此说明,并列运行的同塔线路工频电压对反击耐雷水平影响不容忽视,特别是220kV 及以上线路工频电压影响显著。

10.2 不平衡绝缘技术

所谓不平衡绝缘,就是将同塔多回线路各回路绝缘子的绝缘水平设置成不同,以达到让多回线路遭受雷击时,弱绝缘的导线率先闪络的目的。不平衡低绝缘是指将一回线路的绝缘水平降低。不平衡高绝缘是指将一回线路的绝缘水平维持不变,将其余回路的绝缘增加。平衡高绝缘是指将所有回路的绝缘水平都在标准配置的基础上增加。

日本同塔多回输电线路绝缘配置发展过程如图 10.14 所示,从平衡绝缘到不平衡低绝缘到平衡高绝缘[7]。1962—1973 年,日本在同塔多回输电线路上广泛采用不平衡低绝缘的方式。以 500kV 同塔多回线路为例,绝缘子的标准长度为 3.8m,不平衡低绝缘配置为低绝缘回路绝缘子长度为 2.4m,高绝缘回路为 4.0m,平衡高绝缘配置为 3.8m。日本将其中一回的绝缘水平降为另一回路绝缘水平的 80% 或 72%,有的甚至降到 61.5%。在日本的同塔双回不平衡线路中,低绝缘一回线路的绝缘水平只有高绝缘一回线路的 61%,标准绝缘水平的 75%,其高绝缘一回线路的绝缘水平也只与我国的正常绝缘水平相当。因此,日本的同塔双回线路采用不平衡低绝缘配置后,虽然 2 回线路跳闸率降低了,但总跳闸率增加很多。从 1973 年开始,日本全部 500kV 同塔多回线路都采用平衡高绝缘配置。因此,根据日本的运行经验,不平衡低绝缘方式是不可取的。应当采用不平衡高绝缘,即一回线路维持正常绝缘水平,而其他回路适当增加绝缘水平。传统的平衡绝缘同塔双回线路,单回及双回线路反击跳闸率分别为 1.00 次/(100km·a)和 0.18 次/(100km·a);采用不平衡低绝缘后,单回及双回线路反击跳闸率分别为 0.83 次/(100km·a)和 0.31 次/(100km·a);采用平衡高绝缘后,单回及双回线路反击跳闸率分别为 0.59 次/(100km·a)和 0.25 次/(100km·a)。

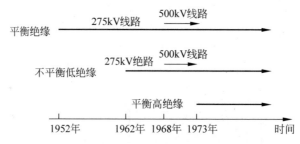

图 10.14　日本同塔多回输电线路绝缘配置发展过程

如何配置不平衡绝缘,将哪些导线设置为低绝缘水平、哪些设置为高绝缘水平成为研究不平衡绝缘的重点。不平衡绝缘设置有两种方案:一是在相间设置不平衡绝缘,二是在回路之间设置不平衡绝缘。同塔多回线路具体采用何种绝缘方式,应当进行全面的技术经济比较来确定。

10.2.1　相间不平衡绝缘

以典型 220kV 同塔 4 回杆塔为例分析,接地电阻均取 5Ω。仿真计算时,每增加一片绝缘子,绝缘长度增加 0.16m,对于不同电压等级绝缘子,增加一片绝缘子时绝缘水平增加的百分比略有不同,见表 10.18(表中第一层表示从上往下数的第一层导线,即图 10.15 中的 A1、A2 导线)。计算结果见表 10.19。杆塔最高层绝缘子上的过电压最高,因此当杆塔的最上层两根导线为两回线路同相位时,最高层绝缘子的耐雷水平最低,此时增加其他相绝缘子的片数不能提高双回耐雷水平。从表中不难发现,在这种相序排列下,增加某一侧某相的绝缘强度并不能提高线路的双回耐雷水平。

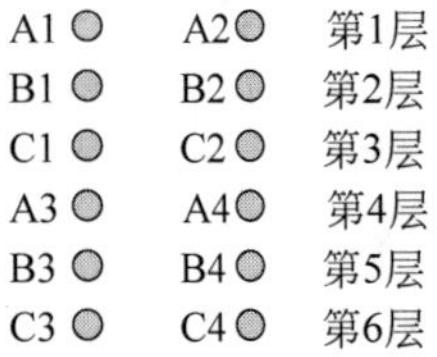

图 10.15　同塔 4 回线路导线排列示意图

表 10.18　每增加一片绝缘子绝缘强度增加百分比

线路形式	110kV 四回	220kV 四回	220+500kV 中 220kV	220+500kV 中 500kV	500kV 四回
绝缘距离/m	1.46	2.32	2.94	5.46	5.46
每增加一片绝缘子绝缘强度增加百分比/%	10.9	6.9	5.44	2.93	2.93

表 10.19　差绝缘措施对 220kV 同塔 4 回耐雷水平的影响

差绝缘措施	无差绝缘	改变雷击侧绝缘水平		
		第二层加一片绝缘子	第一层加一片绝缘子	第二、三层加一片绝缘子
单回耐雷水平/kA	116	116	123	116
双回耐雷水平/kA	130	130	130	130

在非雷击侧增加绝缘水平时,单回耐雷水平和双回耐雷水平均未得到提高。观察仿真过程可以发现,在一个工频周期中,雷击时刻的相位不同,则闪络相也不相同。因此,仅增加某一回线路某一相的绝缘强度并不能有效地提高线路的多回耐雷水平。正确的做法是将一回线路的绝缘水平同时提升,即采用回路间不平衡绝缘的方法。

差绝缘方案应针对不同的杆塔结构、电压等级、落雷密度和地形地貌进行差异化设计。对不同电压等级的杆塔,当同塔多回线路的导线为同一电压等级时,110kV 和 220kV 线路需要采取措施降低多回同时跳闸率,500kV 线路则不是很有必要。同电压等级同塔多回一般上层的两回线路闪络,下层的两回耐雷水平相对较高,使用差绝缘时不需要采用增加下两回线路的绝缘水平。两种不同电压等级的线路同塔时,如 110kV 与 220kV 同塔 4 回线路,在增加 110kV 其中一回的绝缘强度的同时还需要增加 220kV 线路的绝缘强度。

上层回路绝缘子更容易闪络的现象可以理解为绝缘子的等效雷电耐受能力的不同。对于同塔多回线路,由于上下回路之间杆塔压降的作用,上层回路绝缘子的等效雷电冲击耐受能力低于下层回路绝缘子的等效雷电冲击耐受能力,导致雷击塔顶时上层回路更容易闪络。

10.2.2 回路间不平衡绝缘

仍以 220kV 同塔 4 回杆塔作为研究对象,接地电阻取 5Ω,在雷击侧上层 220kV 线路的三相导线的绝缘子分别增加 1 片、2 片、3 片、4 片、5 片(图 10.15 中 A1、B1、C1),线路耐雷水平和跳闸率见表 10.20。

表 10.20 绝缘子增加片数对耐雷水平的影响

差绝缘措施	无差绝缘	改变雷击侧绝缘水平				
		上层三相增加一片绝缘子	上层三相增加两片绝缘子	上层三相增加三片绝缘子	上层三相增加四片绝缘子	上层三相增加五片绝缘子
单回耐雷水平/kA	116	123	123	123	123	123
双回耐雷水平/kA	130	128	144	160	172	172
单回跳闸率/[次/(100km·a)]	1.244	1.036	1.036	1.036	1.036	1.036
双回跳闸率/[次/(100km·a)]	0.862	0.909	0.598	0.393	0.287	0.287

增加一片绝缘子后反而出现了双回闪络率增加的现象。这是因为略微增强一回线路绝缘强度时,单回耐雷水平升高,第一回闪络较晚,导致闪络时的过电压较高,从而导致另一回线路闪络概率增加。第一回闪络时,其他导线的电压会有一个跃变,第一回的闪络从某种意义上讲对其他导线能起到一定的屏蔽保护作用。另外,对这种 220kV 4 回杆塔,雷击侧增加一片绝缘子后仍然是雷击侧上层的一回率先闪络,因此双回跳闸率反而略微升高。在继续增加绝缘强度后,变成非雷击侧上层率先闪络,双回跳闸率下降。

220kV 同塔 4 回线路未采取差绝缘措施时,上层两回线路率先闪络。当上层的一回绝缘强度增强到一定程度之后,绝缘强度得到加强的那一回耐雷水平将高于下层两回,这时继续增加上层绝缘子片数将不再有效。这一点从表 10.20 中的增加四片和增加五片双回耐雷水平和跳闸率没有变化可以看出。

同塔 4 回线路在平衡绝缘的情况下,各回路的耐雷水平分别为 116kA、130kA、171kA、174kA。平衡绝缘情况下双回耐雷水平即为回路 2 的耐雷水平,当采取不平衡绝缘,保持回路 1 的绝缘强度不变,增加回路 2 的绝缘强度时,双回耐雷水平提高。当回路 2 的耐雷水平提高到超过回路 3 和回路 4 时,回路 3 和回路 4 会先于回路 2 闪络,这时双回耐雷水平变成回路 3 和回路 4 的耐雷水平,此时若要进一步提高双回耐雷水平,则应提高回路 3 和回路 4 的耐雷水平。

在同塔多回线路的不平衡绝缘设计中,最为合理有效的方式就是一回线路的绝缘水平不变,其他回线路的绝缘水平增加,并保持耐雷水平基本持平。

10.2.3 不同类型绝缘子混合使用

对于差绝缘措施,除了不同回路的绝缘子片数不同之外,还可以采取不同类型绝缘子混用的方法。由于不同类型绝缘子的电气性能不同,即使长度相同,雷击闪络电压也不同,因此不同类型绝缘子混用同样可以产生差绝缘的效果,在实际应用中可以根据需要灵活选用绝缘子。合成绝缘子、玻璃绝缘子和瓷绝缘子的优缺点见表 10.21。

表 10.21 不同类型绝缘子性能比较

参数	合成绝缘子	瓷绝缘子	玻璃绝缘子
电气性能	电气性能优良,闪络电压比瓷绝缘子高	电气性能为三种绝缘子中最差	击穿强度约为瓷绝缘子的 3.8 倍
机械强度	抗拉强度高,为瓷绝缘子的 3~4 倍	抗压强度高,但抗拉性不好	经钢化处理后抗拉强度为瓷绝缘子的 2 倍
尺寸与重量	极轻,约为瓷绝缘子的 10%	重量较重	相同参数下比瓷绝缘子略轻
电压均匀性	电压极不均匀,需要安装均压环	相比玻璃绝缘子略差	由于介电常数大,第一片承受的电压低于瓷绝缘子
抗老化性能	有机物,抗老化能力较差	抗老化能力较强	抗老化能力最强
污闪性能	表面憎水性,耐污性能优越	容易积污,若不清扫则极易污闪	水浸润后易形成水膜导致污闪
经济性	初始成本高,运行维护简单	初始成本很低,维护费用较高	初始成本低,维护费用较高

以合成绝缘子和玻璃绝缘子的混用为例。合成绝缘子没有玻璃绝缘子的伞裙自爆问题,因而不会降低整串绝缘子的耐雷水平,但其伞裙直径较小。另外,合成绝缘子需要安装均压环,相同结构高度时干弧距离小于瓷绝缘子和玻璃绝缘子,均压环间空气间隙偏小,相当于降低了有效绝缘长度而造成雷击闪络电压降低。110kV 线路合成绝缘子仅下端配置和上下两端均配置均压环后,雷电冲击闪络电压较配置前分别约下降 5% 和 8%。配置均压环后也有一定的优点,间隙偏小可以保护绝缘子,使雷击不在绝缘子表面而在两均压环间气隙放电,防止工频续流电弧烧蚀硅橡胶表面及端部连接金具。

总体来说,雷击闪络时同等长度的合成绝缘子比玻璃绝缘子的放电距离短,放电电压也较低。在仿真计算研究绝缘子混用的差绝缘效果时,可将玻璃绝缘子的放电通道距离设为合成绝缘子的 1.1 倍。以 110kV 和 220kV 混合同塔 4 回杆塔为研究对象,对不同类型绝缘子混用的效果进行仿真计算,得到不同绝缘子混用方案下的单回跳闸率、双回同时以及3回同时跳闸率如图10.16所示。只要能够满足污区分级的绝缘子,不同绝缘子混用能够很好地实现不平衡绝缘效果,并且能够有效降低同塔多回线路的多回同时跳闸率。

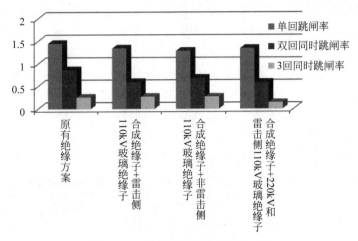

图 10.16　绝缘子混用防雷效果对比

运行经验表明,干弧距离相当的不同材质绝缘子混合应用达不到差异化防雷效果。不同类型绝缘子混用实现差绝缘,需要使用具有不同干弧距离的绝缘子。

10.2.4　不同电压等级不平衡绝缘

由前文可知,不平衡绝缘最为合理有效的方式是一回绝缘水平不变,其他回路绝缘水平增加并保持其他几回耐雷水平基本持平。但绝缘子生产有一定的规格,不可能随意改变绝缘子长度。本节以陶瓷绝缘子为例,改变绝缘强度时以一片绝缘子为单位,计算不同电压等级最佳不平衡绝缘配置方法及实际效果。

(1) 110kV同塔4回输电线路

110kV同塔4回线路的杆塔冲击接地电阻取7Ω,呼高取为21m。该塔型采取不同差绝缘配置方式后的反击跳闸率见表10.22。此种塔型上层右侧和下层均增加两片绝缘子是比较合理、效率较好的措施。在采取不平衡绝缘之前,此塔型的单回、双回和多回跳闸率分别为0.76次/(100km·a)、0.76次/(100km·a)、0.62次/(100km·a),采取不平衡绝缘后降为0.73次/(100km·a)、0.22次/(100km·a)、0.18次/(100km·a),效果显著。

表 10.22　110kV同塔4回线路各不平衡绝缘方式效果对比

采取的措施	采取措施后的跳闸率/[次/(100km·a)]		
	单回跳闸率	双回同时跳闸率	3回同时跳闸率
上层右侧加两片,下层加一片	0.73	0.41	0.38
上层右侧加两片,下层加两片	0.73	0.22	0.18
上层右侧加三片,下层加一片	0.73	0.41	0.38
上层右侧加三片,下层加两片	0.73	0.22	0.17

(2) 110/220kV 混合同塔 4 回线路

110/220kV 混合同塔 4 回线路中，两回 220kV 线路位于杆塔上层，距离雷击点较近，绝缘子两端过电压较大，两回 110kV 线路位于杆塔的下层，距离雷击点较远，绝缘子两端过电压较小。但 110kV 绝缘子长度比 220kV 小很多，因此雷击时仍然是雷击侧的 110kV 率先闪络，在此种杆塔的不平衡绝缘设计中，应该以 110kV 中的一回为弱绝缘回路。

从表 10.23 和图 10.17 所示的计算结果对比情况来看，过多地增加 110kV 绝缘子的绝缘强度对于提高线路的耐雷水平、降低雷击跳闸率起到的作用有限。110kV 线路绝缘水平增加到一定程度之后，上层 220kV 线路成为了较易击穿的线路，此时增加 220kV 线路的绝缘强度将起到较好的效果。对于 110/220kV 混合同塔 4 回线路，最佳的差绝缘方案是将 110kV 线路一回的绝缘子增加 3 片，220kV 线路绝缘子增加 1 片，此时可以将双回和多回跳闸率分别降低到 0.235 次/(100km·a) 和 0.161 次/(100km·a)。

表 10.23　110/220kV 混合同塔 4 回线路不同差绝缘方案防雷效果比较

差绝缘方案	单回跳闸率/[次/(100km·a)]	双回同时跳闸率/[次/(100km·a)]	3 回同时跳闸率/[次/(100km·a)]	总共增加的绝缘子片数/片	双回跳闸率改善效果/%
原有绝缘方案	1.450	0.864	0.251	0	100
雷击侧 110kV 1.1 倍	1.322	0.586	0.262	3	68
雷击侧 110kV 1.2 倍	1.298	0.407	0.243	6	47
雷击侧 110kV 1.3 倍	1.292	0.298	0.232	9	34
雷击侧 110kV 1.5 倍	1.31	0.263	0.208	15	30
非雷击侧 110kV 1.1 倍	1.278	0.678	0.256	3	78
非雷击侧 110kV 1.2 倍	1.192	0.554	0.254	6	64
非雷击侧 110kV 1.3 倍	1.188	0.386	0.253	9	45
220kV 1.05 倍/雷击侧 110kV 1.1 倍	1.313	0.566	0.176	9	66
220kV 1.05 倍/雷击侧 110kV 1.2 倍	1.298	0.353	0.175	12	41
220kV 1.05 倍/雷击侧 110kV 1.3 倍	1.292	0.235	0.161	15	27
220kV 1.05 倍/雷击侧 110kV 1.5 倍	1.31	0.178	0.141	21	21
220kV 1.1 倍/雷击侧 110kV 1.5 倍	1.31	0.121	0.096	27	14

(3) 220kV 同塔 4 回线路

220kV 同塔 4 回线路在不同的不平衡绝缘措施下的防雷效果见表 10.24。上层右侧增加三片绝缘子，下层增加两片绝缘子是效率最高的不平衡绝缘方式。在采取不平衡绝缘之前，此塔型单回、双回和多回跳闸率分别为 0.60 次/(100km·a)、0.555 次/(100km·a)、0.31 次/(100km·a)，采取不平衡绝缘后，分别为 0.60 次/(100km·a)、0.10 次/(100km·a)、0.09 次/(100km·a)，效果十分显著。

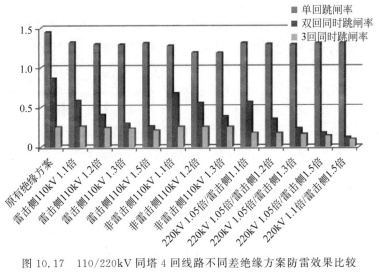

图 10.17 110/220kV 同塔 4 回线路不同差绝缘方案防雷效果比较

表 10.24 220kV 同塔 4 回线路各不平衡绝缘方式效果

采取的措施	采取措施后的跳闸率/[次/(100km·a)]		
	单回跳闸率	双回同时跳闸率	3回同时跳闸率
上层右侧加两片绝缘子	0.60	0.35	0.32
上层右侧加三片绝缘子,下层加一片绝缘子	0.60	0.19	0.18
上层右侧加三片绝缘子,下层加两片绝缘子	0.60	0.10	0.09
上层右侧加四片绝缘子,下层加两片绝缘子	0.60	0.10	0.09
上层右侧和下层均增加三片绝缘子	0.60	0.05	0.05

对于单一电压等级的同塔多回线路,一般雷击侧上层的回路会率先闪络。采取差绝缘措施后则会产生一定的变化。如 220kV 同塔 4 回线路,当增加杆塔上层右侧的绝缘水平后,雷击杆塔右侧地线时变成左侧率先闪络,这就变相地增加了左侧线路的单回跳闸率。该问题在 220kV 及以上同塔多回线路中较为明显,在 110kV 同塔 4 回线路中基本可以忽略。即 220kV 及以上线路采取普通不平衡绝缘时,会提高弱绝缘回路的单回跳闸率。

针对此问题,可以采用高绝缘水平下的不平衡方法,即在不平衡绝缘情况下再将弱绝缘回路的绝缘水平略微增加,以保证弱绝缘回路的跳闸率不会提高。220kV 同塔 4 回线路在普通不平衡绝缘与高绝缘水平下的不平衡绝缘方法的防雷效果见表 10.25。单纯地增加上层右侧和下层绝缘强度会造成上层左侧那一回线路跳闸率升高。为避免这一情况,增加上层右侧和下层绝缘强度的同时,上层左侧线路绝缘强度也需要略微增强。

表 10.25 高绝缘水平下不平衡绝缘与普通不平衡绝缘对比

差绝缘方案	无差绝缘	上层右侧3片,下层2片	上层左侧1片,右侧3片,下层2片
上层左侧跳闸率/[次/(100km·a)]	0.577	0.616	0.412
上层右侧跳闸率/[次/(100km·a)]	0.592	0.05	0.06

(4) 220/500kV 同塔 4 回线路

220/500kV 混合同塔 4 回线路中,两回 220kV 线路位于杆塔上层,两回 500kV 线路位于杆塔下层。这种排列方式下,220kV 导线绝缘子两端过电压较大且绝缘水平较低,因此在遭受雷击时 220kV 线路将率先闪络。两回 500kV 绝缘强度较强,且由于位于杆塔下层,距离雷击点较远,过电压较小,因此耐雷水平也相对较高,在配置不平衡绝缘时只需略加提高即可。此外,与 220kV 同塔 4 回线路类似,在使用一般不平衡绝缘时,弱绝缘回路的跳闸率反而会升高,因此也需要使用高绝缘水平下的不平衡绝缘。220/500kV 混合同塔 4 回线路的最佳不平衡绝缘方式是上层左侧增加一片绝缘子,上层右侧增加三片绝缘子,下层增加一片绝缘子。

(5) 500kV 同塔 4 回线路

500kV 同塔 4 回线路采取的是一侧横担放置两根导线的设计,左右两侧各两回线路,回路间水平排列,每回线路相间垂直排列。

从运行经验和仿真结果来看,500kV 同塔 4 回线路很少会出现多回同时闪络的情况。因此在面对 500kV 同塔 4 回线路的防雷问题时,不再需要特别采取不平衡绝缘措施,改而采用平衡高绝缘措施,具体见 10.6 节。

10.2.5 不平衡绝缘技术的应用

2011 年,广东省在江门 110kV 台湖甲乙线、台塔甲线、台高线同塔 4 回输电线路工程,茂名 110kV 金塘甲、乙线和 110kV 天山甲、乙线同塔 4 回线路工程,肇庆 220kV 玉城至四会同塔双回线路和玉城至旺新同塔双回线路工程等 12 回同塔共架输电线路开展了示范工程。

对江门 110kV 台湖甲乙线、台塔甲线、台高线同塔 4 回输电线路,将转角塔接地电阻降到 10Ω 以下、直线塔接地电阻降到 7Ω 以下,终端塔 A1 上层右侧和下层两回线路的 B 相采用线路终端避雷器,并对其中三回线路直线塔上层右侧和下层悬垂串采用 FXBW4-110/100-D,另外一回线路采用 FXBW4-110/100-B,线路上层右侧和下层耐张塔耐张串每相增加 2×2 片形成差绝缘配置进行防雷。110kV 台湖甲乙线、台塔甲线、台高线同塔 4 回线路采取以上差绝缘措施后,核算表明,线路单回跳闸率从 0.73 次/(100km·a)下降为 0.20 次/(100km·a),同塔双回同时跳闸率从 0.22 次/(100km·a)降为 0.11 次/(100km·a),防雷效果明显。

对茂名 110kV 金塘甲、乙线和 110kV 天山甲、乙线同塔 4 回线路,将 110kV 金塘甲线的合成绝缘子更换为玻璃绝缘子,使甲线为玻璃绝缘子串,乙线为合成绝缘子串,并且使甲、乙两线的绝缘子串的爬电比距相差较大,以形成两线的差绝缘配置。对 110kV 天山甲、乙线,将天山乙线(面向大号右侧一回)的每联悬垂绝缘子串增加 2 片相同型号的玻璃绝缘子,将一般耐张绝缘子串每联增加 1 片相同型号的玻璃绝缘子形成差异化绝缘配置。该 4 回线路实施差绝缘设计后,核算表明,杆塔单回跳闸率可降低 50% 以上,同塔多回同时跳闸率可降低 60%~80%。若在同塔双回杆塔一侧三相安装避雷器(见 10.4 节),同塔单回及双回同时跳闸率均能下降到 0.1 次/(100km·a)。

在肇庆 220kV 玉城至四会同塔双回线路和玉城至旺新同塔双回线路,对 220kV 玉城至四会同塔双回采用线路右侧回路(甲线)悬垂串和耐张串,每串增加 2 片绝缘子,形成差绝缘配置。对220kV玉城至旺新同塔双回线路采用线路右侧回路(甲线)悬垂串和耐张串,每串增加2片绝缘子,形成差绝缘配置。采取以上差绝缘设计方案后,220kV玉城至四会同塔双回线路单回跳闸率较无差异化防雷措施前最多下降40%,同塔双回同时跳闸率下降30%~70%,多回同时跳闸率下降50%~80%。玉城至旺新同塔双回线路单回跳闸率较无差异化防雷措施前下降10%~40%,同塔双回同时跳闸率下降30%~70%。

10.3 优化相序排列及导线排列方式

10.3.1 优化相序排列的防雷效果

2008年深圳局共有3次220kV同塔双回线路同时跳闸,10次110kV同塔双回线路同时跳闸,双回路同时跳闸占跳闸总数的18.42%,2007年发生了14次同塔双回路跳闸。2009年,同塔多回线路同时跳闸有11次,共12基杆塔,占跳闸总数的21.56%。同塔不同回线路同相跳闸有9处,占75%,可见同相跳闸占大多数。

通过优化相序排列,使最高层的两根导线的相位不同,可以使最易击穿的两串绝缘子两端的过电压不同时达到最大,从而增大多回耐雷水平。

同塔4回220kV线路采用绝缘子的先导发展模型的计算结果见表10.26。在优化了相序排布之后,同样地增加一片绝缘子,同层异相序对耐雷水平的提高尤其是双回耐雷水平的提高比原先效果更加显著,双回跳闸率下降30%以上。

表10.26 不同差绝缘方式时不同相序排列的反击耐雷水平

	左右两回相位差	0°	120°	240°
第二层加一片绝缘子	单回耐雷水平/kA	116	116	128
	双回耐雷水平/kA	130	142	142
二、三层均加一片绝缘子	单回耐雷水平/kA	116	116	116
	双回耐雷水平/kA	130	146	146
	双回同时跳闸率/[次/(100km·a)]	0.88	0.59	0.59

改变上层两回线路的相位差是基于两回线路的相序一致,即两者为ABCABC相序。下面计算相序相逆情况下的耐雷水平和跳闸率。不同相序下杆塔反击耐雷水平和跳闸率见表10.27。不同相序排列对于提高杆塔耐雷水平和降低杆塔跳闸率有一定的作用,但也是在左右两回的最接近地线的一层的两导线相位不同的条件下才成立。因此在线路运行时,最好能将左右两回杆塔的相位错开。

表10.27 不同相序下杆塔反击耐雷水平和跳闸率

相序排列	ABCABC	ABCCBA	ABCBAC	ABCACB
单回耐雷水平/kA	116	116	116	116
双回耐雷水平/kA	130	132	136	130
单回跳闸率/[次/(100km·a)]	1.244	1.036	1.036	1.036
双回跳闸率/[次/(100km·a)]	0.862	0.818	0.737	0.393

10.3.2 优化导线布置的防雷效果

上述讨论中,导线均为垂直排列。通过改变和优化导线的布置,有可能起到提高多回线路耐雷水平的效果。下面将分析讨论导线的横向布置情况,即优先将一回线路的导线放到较高层,如图 10.18 所示。除方式一外的四种方式,只改变上层的两回导线的排列方式,下层的两回仍然不变。在这种排布方案下,对第二层和第三层的绝缘子采取差绝缘保护,计算结果如表 10.28 和图 10.19 所示。

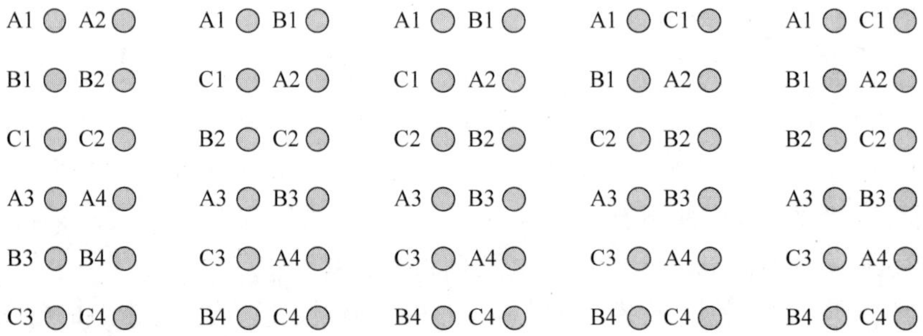

```
A1○ A2○    A1○ B1○    A1○ B1○    A1○ C1○    A1○ C1○
B1○ B2○    C1○ A2○    C1○ A2○    B1○ A2○    B1○ A2○
C1○ C2○    B2○ C2○    C2○ B2○    C2○ B2○    B2○ C2○
A3○ A4○    A3○ B3○    A3○ B3○    A3○ B3○    A3○ B3○
B3○ B4○    C3○ A4○    C3○ A4○    C3○ A4○    C3○ A4○
C3○ C4○    B4○ C4○    B4○ C4○    B4○ C4○    B4○ C4○
  (a)方式一    (b)方式二    (c)方式三    (d)方式四    (e)方式五
```

图 10.18 导线横向排布示意图

表 10.28 优化导线布置对 220kV 同塔 4 回线路防雷性能的影响

导线布置	计算对象	耐雷水平/kA			跳闸率/[次/(100km·a)]		
		0°	120°	240°	0°	120°	240°
方式一	单回线路	116	116	128	1.27	1.27	0.93
	双回线路	130	142	142	0.88	0.64	0.64
方式二	单回线路	116	116	116	1.27	1.27	1.27
	双回线路	154	142	158	0.47	0.64	0.42
方式三	单回线路	116	116	116	1.27	1.27	1.27
	双回线路	160	142	154	0.40	0.64	0.47
方式四	单回线路	116	116	116	1.27	1.27	1.27
	双回线路	154	158	142	0.47	0.42	0.64
方式五	单回线路	116	116	116	1.27	1.27	1.27
	双回线路	160	154	142	0.40	0.47	0.64

导线横向布置相当于将杆塔中最容易被击穿的最高层两根导线归到同一回线路中,通过牺牲某一条线路的方式对其他线路起到保护的作用,以提高多回线路耐雷水平。与纵向排列导线的方案相比,这种排布方式下的双回耐雷水平可以提高 10kA 左右。A1C1B1A2B2C2 和 A1B1C1A2C2B2 两种排布方案下,双回线路相位差为 0 时的双回耐雷水平最高。在实际运行中,除了考虑耐雷水平之外,还需要考虑线路的不平衡电流的问题。因此这两种排布方式能否采用,还需要对不平衡电流进行核算。

对各种不同导线排列方式不平衡电流进行校核。三相电流均可以换算成正序、负序和零序电流的和,完全平衡的线路上运行的电流应为正序电流,所以这里将零序电流和负序电流认为是不平衡电流。将零序电流和负序电流之和除以正序电流作为不平衡度,则纵向导

10.3 优化相序排列及导线排列方式

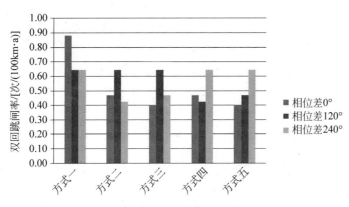

图 10.19 不同导线布置方式下跳闸率对比

线排列方式下线路的不平衡电流校核情况见表 10.29。此处仅对上层两回导线进行校核，下层两回结论与上层两回基本一致。计算时认为 A1 与 A2 相位相同，不平衡电流计算中导线均不换位。由于是以电流比值来衡量不平衡度，因此与线路运行电流绝对大小无关。

表 10.29 导线纵向排列不平衡电流核算

导线排列方式		相电流/A			相位/(°)			序电流/A			不平衡度/%
		A	B	C	A	B	C	正序	负序	零序	
A1○A2○ B1○B2○ C1○C2○	一回	4.22	5.18	5.18	0.13	−120.2	119.9	4.86	0.32	0.32	13.17
	二回	4.22	5.18	5.18	0.13	−120.2	119.9	4.86	0.32	0.32	13.17
A1○B2○ B1○C2○ C1○A2○	一回	4.83	5.15	5.22	0.17	−119.9	120.2	5.07	0.12	0.12	4.76
	二回	4.52	4.82	5.33	0.11	−119.9	120.2	4.89	0.24	0.24	9.61
A1○C2○ B1○A2○ C1○B2○	一回	4.63	5.37	5.34	0.13	−119.9	120.2	5.11	0.24	0.24	9.46
	二回	4.81	5.30	4.99	0.14	−119.9	120.2	5.03	0.14	0.14	5.69
A1○C2○ B1○B2○ C1○A2○	一回	4.88	5.15	5.33	0.14	−119.9	120.2	5.12	0.13	0.13	5.11
	二回	4.40	5.15	5.08	0.14	−119.9	120.2	4.88	0.24	0.24	9.81
A1○B2○ B1○A2○ C1○C2○	一回	4.57	5.24	5.16	0.16	−119.9	120.2	4.99	0.21	0.21	8.47
	二回	4.80	5.08	5.10	0.14	−119.9	120.2	4.99	0.99	0.99	3.88
A1○A2○ B1○C2○ C1○B2○	一回	4.24	5.31	5.25	0.12	−119.9	120.2	4.93	0.35	0.35	14.1
	二回	4.35	5.08	5.32	0.10	−119.9	120.2	4.91	0.29	0.29	11.9

表 10.30 所示计算结果表明，导线纵向排列、双回导线间存在相位差时，线路的不平衡电流更小。因此在线路设计中，推荐杆塔两侧线路相位不一致的排列方式。对导线横向排列的情况同样需要进行不平衡电流的核算。经过核算，导向横向排列时，线路的不平衡电流基本控制在 10% 以内。

为解决不平衡电流现象,并改善同塔多回输电线路雷击同时跳闸情况,在 2010 年对深圳 220kV 安公甲乙线实施了相序调整,将 A、C 相对调,按自上而下 C、B、A 排列。调整后其不平衡度得到大大改善。

表 10.30 导线横向排列时的不平衡电流

导线排列方式		相电流/A			相位/(°)			序电流/A			不平衡度/%
		A	B	C	A	B	C	正序	负序	零序	
A1○B1○ C1○A2○ B2○C2○	一回	4.65	5.23	5.31	0.13	−119.9	120.2	5.06	0.21	0.21	8.30
	二回	4.82	5.19	5.17	0.13	−119.9	120.2	5.06	0.12	0.12	4.74
A1○B1○ C1○A2○ C2○B2○	一回	4.68	5.09	4.68	0.11	−119.9	120.2	4.82	0.14	0.14	5.67
	二回	4.74	5.19	4.60	0.17	−119.9	120.2	4.84	0.18	0.18	7.35
A1○C1○ B1○A2○ B2○C2○	一回	4.61	4.87	4.97	0.14	−119.9	120.2	4.76	0.08	0.08	3.30
	二回	4.97	4.66	5.10	0.10	−119.9	120.2	4.91	0.13	0.13	5.32
A1○C1○ B1○A2○ B2○C2○	一回	4.63	5.32	4.99	0.13	−119.9	120.2	4.98	0.20	0.20	8.00
	二回	4.81	5.24	5.34	0.14	−119.9	120.2	5.13	0.16	0.16	6.34

10.4 同塔多回线路安装避雷器实现差绝缘

在实际工程中,有时为了降低跳闸率、提高耐雷水平,还会在线路上安装线路避雷器,即在绝缘子的两端并联上避雷器,以起到保护绝缘子、降低跳闸率的作用。由于同塔多回线路的相导线多,要在每相绝缘子上并联一支避雷器,费用很高。同塔 4 回线路每个杆塔上有 12 相绝缘子串,如果每相安装 1 支避雷器,则需要安装 12 支避雷器。更为关键的一点是,由于同塔多回线路垂直排列,每相的耐雷水平相差较大,在确保一定的耐雷水平的前提下,从技术经济的角度来说,没有必要所有相都安装避雷器。因此,希望可以根据同塔多回线路的特点,在一回线路上安装线路避雷器而起到较好的防雷效果。如图 10.20 所示,即采用了避雷器而形成的差异化防雷技术。

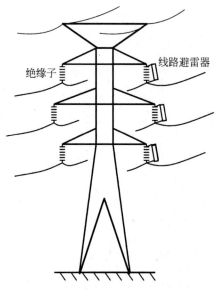

图 10.20 一回线路安装线路避雷器的差异化防雷方式

10.4.1 同塔双回线路安装线路避雷器的效果

220kV 同塔双回线路导线共有 6 相,杆塔两边分别垂直布置一回输电线路。如果不在全部 6 相上都安装避雷器,将会导致线路避雷器安装位置多样。本节主要以220kV同塔双回线路避雷器为例,分析各种安装位置对防雷效果的影响[8]。

1. 安装单相避雷器

表10.31为不同安装方式时,220kV同塔双回线路的耐雷水平与无线路避雷器时耐雷水平之比以及对应的跳闸率。可以看出,只安装一相线路避雷器时,安装在下侧相明显好于安装在上侧相或中间相,并且随着接地电阻的增加,安装在下侧相的优势越来越明显。下面对此结论进行深入分析。

表10.31 不同安装方式时耐雷水平与无线路避雷器时耐雷水平之比及跳闸率之比[8]

接地电阻/Ω	无避雷器时跳闸率[次/(100km·a)]	下侧相		上侧相		中侧相	
		耐雷水平比	跳闸率[次/(100km·a)]	耐雷水平比	跳闸率[次/(100km·a)]	耐雷水平比	跳闸率[次/(100km·a)]
5	0.9828	1.3849	0.4254	1.4392	0.3733	1.4286	0.7370
10	2.0448	1.4356	0.8400	1.3663	1.8416	1.4472	1.4938
15	3.2749	1.5595	1.4552	1.3353	2.7268	1.4425	2.3306
20	4.6017	1.4931	2.0990	1.3356	3.6362	1.4306	3.1903
25	5.8236	1.5238	2.7990	1.3333	4.6017	1.4418	4.0374
30	6.9942	1.5565	3.4508	1.3423	5.3839	1.4554	4.7237
35	7.9718	1.5417	4.1444	1.3141	5.3839	1.4423	4.8489

(1) 塔顶电位。在杆塔的一条避雷线上施加幅值80kA(未闪络)的双指数负雷电流波,如图10.21所示为对应的避雷线(或地线)的电位波形。波形总体上可以认为是双指数波叠加阻尼振荡,曲线在振荡中逐渐衰减,最后趋向于零。波形的双指数成分是由雷电流波形确定的,而振荡是因为雷电流通道波阻抗与杆塔波阻抗不同、杆塔内部波阻抗不同、传输线与杆塔阻抗不同,使电磁暂态波反复折、反射造成的。

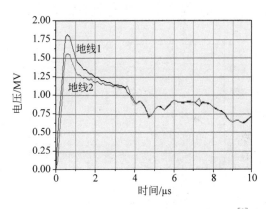

图10.21 雷击一根避雷线时避雷线的电位[8]

可以看出,两避雷线电压波形基本相似,但雷电击中的地线1的电压幅值稍高,峰值点差值为187kV,经过大约3s后,二者趋于一致。从快速升高阶段可以看出,两避雷线电位有一个约为0.16μs的时延,这刚好是电磁暂态波通过避雷线间横担传播的时间。

(2) 横担电位。图10.22所示为雷击单根避雷线时的横担电位波形图。与图10.21相比,横担电位波形和塔顶电位波形相似。横担越低,峰值电压随横担高度减小而减小,而达到峰值的时间则随之提前。在雷电波发展初期,不同高度横担之间电压波有时间延迟,下回路的时间延迟最大。这是由于雷电波在杆塔中传播需要时间,横担越低,传播时间越长。

(3) 导线耦合电位。图10.23是传输线导线耦合电位曲线,避雷线电位与其他相导线电位有所不同,导线电位曲线明显低于避雷线电位。相电位波形随避雷线波形达到最大值并下降,在时间为3.3μs左右时,出现一个明显的转折。这是电压波从遭受雷击杆塔传播到相邻杆塔的反射波返回产生的,杆塔档距为500m,传播速度为光速c,所需时间为$2\times500\text{m}/c$,即3.3μs。反射波在避雷线上耦合的电压使避雷线电位达到了第一个最低点。由于反射电压波在相导线上的反向传播,相导线与避雷线的振荡同步,但是相位相反。

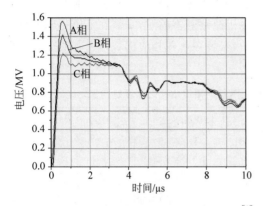 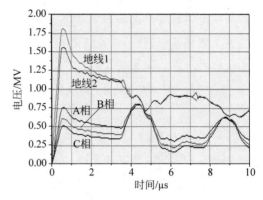

图 10.22　雷击单根避雷线时的三相横担电位[8]　　图 10.23　雷击塔顶时导线耦合电位[8]

（4）导线感应电位。图 10.24 是雷击塔顶时导线感应电位波形,感应电位与导线的高度成正比,故从上至下各相的感应电位降低。

（5）绝缘子承受电压。图 10.25 为雷击塔顶时绝缘子承受的电压波形,绝缘子串电位为横担电位与导线耦合电位、感应电位之差。

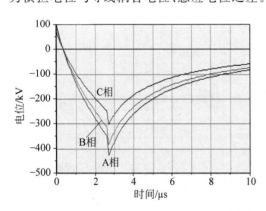 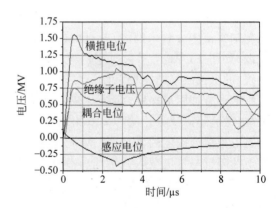

图 10.24　雷击塔顶时导线的感应电位波形[8]　　图 10.25　雷击塔顶时 A 相绝缘子承受的电压波形[8]

图 10.26 为三相导线对应的绝缘子电压波形,同回线路的绝缘子电压波形相似,但是有差异,A 相的电压幅值低于 B、C 相。这是因为同回不同相横担电位和导线电位依次减小,但是横担电位之间的幅值差距要高于导线电位。考虑放电需要时延,绝缘子闪络时间一般大于10μs,而 C 相绝缘子电位在大于5μs 后保持最大,因此 C 相最有可能发生闪络。这验证了计算结论:装单相避雷器时,在下相安装效果最好。

2. 安装两相避雷器

表 10.32 为不同两相避雷器安装位置下的耐雷水平与无线路避雷器时耐雷水平的比值,以及对应的雷击跳闸率。线路避雷器安装在中相和下相时明显优于安装在上、下相或是

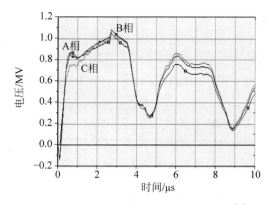

图 10.26　雷击塔顶时同回三相绝缘子承受的电压波形[8]（见文前彩图）

上、中相，并且随着接地电阻的增加优势越来越明显。这是由于下相与避雷线的耦合系数最小，相应的感应过电压相对比较小，防雷效果较好。如果只安装两相线路避雷器，建议安装在下相和中相。

表 10.32　不同避雷器安装位置时与无避雷器时的耐雷水平比值及雷击跳闸率

接地电阻/Ω	无避雷器时跳闸率[次/(100km·a)]	下侧相		上侧相		中侧相	
		耐雷水平比	跳闸率[次/(100km·a)]	耐雷水平比	跳闸率[次/(100km·a)]	耐雷水平比	跳闸率[次/(100km·a)]
5	0.9828	1.7315	0.2521	1.6759	0.1992	1.8942	0.1063
10	2.0448	1.7294	0.5109	1.7739	0.5673	1.7805	0.4724
15	3.2749	1.7202	0.7972	1.8810	1.0912	1.7302	1.0631
20	4.6017	1.7407	1.1499	1.9722	1.6586	1.7106	1.7477
25	5.8236	1.7751	1.5334	2.0582	2.2704	1.7196	2.4558
30	6.9942	1.8214	1.8904	2.1458	2.7990	1.7381	3.1079
35	7.9718	1.8109	2.2118	2.1635	3.3617	1.7083	3.8315

3. 不同安装方式综合分析

图 10.27 为同塔双回线路避雷器安装综合分析比较图。图中 A 为没有避雷器，B 为下相各一支（共 2 支），C 为下相及上相各一支（共 4 支），D 为下相及中相各一支（共 4 支），E 为上相及下相各一支（共 4 支），F 为每相各一支（共 6 支）。根据耐雷水平和跳闸率仿真结果，安装单相避雷器时明显优于不安装避雷器，安装两相避雷器时明显优于安装单相避雷器，安装三相避雷器时明显优于安装两相避雷器。

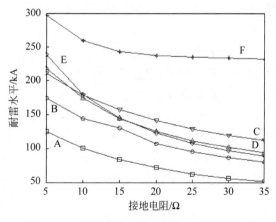

图 10.27　不同避雷器安装数量时同塔双回线路的耐雷水平[8]

即使冲击接地电阻高达 35Ω,在两回线路的下相各安装一支避雷器后,相较于无避雷器的情况,耐雷水平也能提高约 30kA。接地电阻越小,提高的幅度越大。如果适当控制接地电阻,在两回线路的下相各安装一支避雷器时,也能达到较高的耐雷水平。如杆塔的冲击接地电阻控制在 15Ω 时,相当于工频接地电阻大约在 20Ω 左右时,线路的耐雷水平可以达到 140kA 左右。

每回路安装 2 支避雷器,相对于只安装 1 支避雷器的结果,耐雷水平可以进一步提高 20~40kA,与避雷器的安装位置密切相关。如前文所述,如果选择安装两相避雷器,建议安装在中相和下相。

10.4.2 同塔 4 回线路安装线路避雷器的方法

针对 110kV 垂直排列的普通同塔 4 回输电线路分析避雷器安装数量对线路防雷性能的影响。线路避雷器优先安装在上层的一回线路上,这样由于线路避雷器的泄流和保护作用,线路的单回和多回耐雷水平都会得到有效的提高。杆塔冲击接地电阻取 7Ω,杆塔呼高取 18m。

表 10.33 为不同避雷器安装位置时 110kV 同塔 4 回线路的反击跳闸率。安装方式 A 指无避雷器,B 指上层右侧 A 相安装线路避雷器,C 指上层右侧及下层右侧 A 相安装线路避雷器,D 指上层右侧及下层两回 A 相安装线路避雷器。

表 10.33 不同避雷器安装位置时 110kV 同塔 4 回线路的反击跳闸率[8]

安装方式	反击耐雷水平/kA			反击跳闸率/[次/(100km·a)]		
	单回耐雷水平	双回同时跳闸耐雷水平	三回同时跳闸耐雷水平	单回跳闸率	双回同时跳闸率	三回同时跳闸率
A	102	102	108	0.59	0.59	0.51
B	112	112	124	0.45	0.45	0.33
C	132	134	178	0.27	0.26	0.08
D	142	174	188	0.21	0.09	0.06

安装线路避雷器后,在杆塔遭受雷击时,雷电流大部分从避雷器再经杆塔入地,绝缘子两端的过电压大大降低。避雷器并非只降低了安装串两端的电压,对旁边的其他绝缘子串上的电压也有着一定的降低作用。因此,将避雷器分散安装到杆塔上的方案能够最有效地提高线路的耐雷水平,降低反击跳闸率。

最佳的避雷器安装方式为在上层右侧和下层两回线路的上相绝缘子上安装线路避雷器。这一方式使单回跳闸率从 0.60 次/(100km·a)降到了 0.20 次/(100km·a),双回同时跳闸率从 0.60 次/(100km·a)降到了 0.11 次/(100km·a),三回同时跳闸率从 0.48 次/(100km·a)降到了 0.09 次/(100km·a),效果十分明显。若想同时进一步降低单回跳闸率,则可以采用四回导线同时在最上相安装线路避雷器的方案。

表 10.34、表 10.35 计算了安装避雷器对两种杆塔的耐雷水平的影响。增加线路避雷器之后,无论是单回耐雷水平还是多回耐雷水平都有显著的增加。对于 500kV 同塔 4 回线路,在 A1、A4 相安装避雷器后,可将单回耐雷水平提高到 400kA 以上。作为进一步的讨论,计算 220kV 同塔 4 回时,还计算了避雷器和差绝缘同时采用时的效果。可以看出,避雷

器和差绝缘配合能有效提高双回耐雷水平。

表 10.34　线路避雷器对 220kV 同塔 4 回线路耐雷水平的影响

两回相位差		0°	120°	240°
第一层并联两避雷器	单回耐雷水平/kA	170	170	172
	双回耐雷水平/kA	172	180	174
第一层避雷器第二层加一片绝缘子	单回耐雷水平/kA	170	170	172
	双回耐雷水平/kA	172	188	192
第一层避雷器第三层加一片绝缘子	单回耐雷水平/kA	174	178	180
	双回耐雷水平/kA	180	186	188

表 10.35　220/500kV 同塔 4 回避雷器影响计算结果

避雷器安装方案	单回耐雷水平/kA	双回耐雷水平/kA	三回耐雷水平/kA
A1	209	218	377
A2	205	209	284
A1A2	244	—	—
A3	208	223	309
A4	209	221	317
A3A4	234	—	—

注："—"表示耐雷水平很高，大于 500kA，工程中可以认为不闪络。

10.4.3　应用效果

在东莞对 220kV 同塔线路不同线段单侧安装线路避雷器，形成差异化防雷。实施时选取易击线路，根据周围地理环境评估出易击线段，再根据地面、邻近高压线路等对左右回路屏蔽保护效果差异状况，确定对易击回路侧安装线路避雷器。相对左右回路同时安装避雷器的方式，此方式可以降低投资成本和运维成本，同时实现避免雷击同塔线路同时跳闸的效果。该线路自 2009 年年底选取易击线段单侧安装线路避雷器后，至今未发生雷击跳闸事件。图 10.28 所示为东莞 220kV 东黎甲乙线单侧安装避雷器形成的不平衡绝缘。

广东韶关供电局为防止 110kV 翁铁甲乙线线路雷击跳闸，分别于 2009 年 4 月和 2011 年 6 月两次安装了线路避雷器。到 2011 年年底，已在两回线路共安装线路避雷器 199 支，其中，2009 年改造翁铁甲乙线，共安装 26 支；2011 年改造翁铁乙线，共安装避雷器 173 支。2009 年发生跳闸 6

图 10.28　东莞 220kV 东黎甲乙线单侧安装避雷器

次,均为同塔双回同时跳闸,同塔双回跳闸次数占全部跳闸次数的 100%。2010 年线路发生跳闸 26 次,同塔双回同时跳闸共 14 次。2010 部分线路避雷器投运后,同塔跳闸比例减少到 53.8%。2011 年共跳闸 5 次,其中 2 次为同塔双回同时跳闸。到 2011 年 6 月翁铁乙线线路几乎全线安装避雷器后,线路未发生同塔双回跳闸事件,同时跳闸次数明显减少。7 月 26 日 113 号塔翁铁乙线 C 相发生跳闸,该塔上线路避雷器安装于 A 相。

通过翁铁甲乙线安装线路避雷器前后线路同塔双回跳闸情况对比可以发现,线路未安装避雷器前,同塔双回跳闸占总跳闸次数比例很高。部分杆塔安装线路避雷器后,同塔双回跳闸比例明显减少,且发生同塔跳闸的杆塔均未安装线路避雷器,说明线路避雷器对雷电过电压的抑制效果明显。线路大部分杆塔安装避雷器后,经过近一年的运行,未发生同塔双回同时跳闸,且跳闸次数明显减少。

从上文的分析可以看出,线路避雷器能显著减少雷击跳闸率,有效防止同塔线路多回同时跳闸,效果十分明显,是一种行之有效的措施。

10.5 安装绝缘子并联保护间隙

由于避雷器价格相对来说较高,因此实际工程中有时会采用并联保护间隙(引弧角)来保护绝缘子。如第 8 章所述,其原理是在绝缘子的两端并联上一个比绝缘子短的间隙,在有过电压时优先击穿此并联间隙,起到保护绝缘子的效果。

可以通过在同塔多回线路的一回线路上安装并联保护间隙,实现差绝缘配置。假设并联间隙取为绝缘子长度的 0.9 倍。并联保护间隙对 220kV 4 回和 220/500kV 同塔 4 回的耐雷水平的影响见表 10.36 和表 10.37。由于增加引弧角实际上是降低了间隙的绝缘强度,因此在计算 220kV 同塔 4 回时导线采取 A1B1C1A2B2C2 的横向排布方式。另外还计算了并联保护间隙和差绝缘同时使用时耐雷水平的变化。

表 10.36 并联保护间隙对 220kV 同塔 4 回耐雷水平的影响

两回相位差		0°	120°	240°
第一层增加引弧角	单回耐雷水平/kA	100	100	100
	双回耐雷水平/kA	140	130	152
第一层加引弧角,第二层加一片绝缘子	单回耐雷水平/kA	100	100	100
	双回耐雷水平/kA	138	142	154
第一层加引弧角,第二、三层加一片绝缘子	单回耐雷水平/kA	100	100	100
	双回耐雷水平/kA	166	142	170

注:第 n 层为从塔顶向下数,不计地线。

表 10.37 并联保护间隙对 220/500kV 同塔 4 回耐雷水平的影响

引弧角安装方案	220kV 两回相位差	单回耐雷水平/kA	双回耐雷水平/kA	3 回耐雷水平/kA
A3	0°	143	177	217
	120°	143	209	215
	240°	143	205	215

续表

引弧角安装方案	220kV 两回相位差	单回耐雷水平/kA	双回耐雷水平/kA	3 回耐雷水平/kA
A4	0°	142	180	217
	120°	163	189	212
	240°	163	189	212
A3A4	0°	142	143	222
	120°	143	202	217
	240°	143	202	216

增加并联保护间隙之后，单回耐雷水平降低，在单回导线闪络后，其他绝缘子两端的过电压幅值会有所下降，因此降低单回耐雷水平可以起到保护其他线路的目的。这种方法实际上是牺牲一回线路，通过降低一回线路的耐雷水平来提高整体的双回耐雷水平。将其与未安装并联保护间隙的计算结果对比不难发现，增加并联保护间隙后线路的双回耐雷水平得到了显著提高。

2010 年 1—4 月，在东莞 5 回易雷击 110kV 线路上安装绝缘子并联保护间隙，安装线路选择了同塔双回（或 3 回）线路中的一回，共安装线路长度约 44 公里、140 基铁塔。并联保护间隙电极形状主要为羊角形和圆环形，如图 10.29 和图 10.30 所示。绝缘子短接比例为 7%～13%，实现了同塔线路不平衡绝缘。经历两个雷雨季节的运行，这 5 条线路已有 7 次雷击闪络，并且重合闸均成功，线路雷击跳闸次数相对安装前无增加，没有发生同塔双回同跳事件，而安装前的 2008 年和 2009 年分别发生 1 次。雷击闪络工频续流电弧在并联间隙端部燃烧，并联间隙起到了保护绝缘子免遭工频电弧灼烧的作用。

图 10.29 东莞 110kV 信杨乙线耐张串并联间隙

图 10.30 东莞 110kV 信杨乙线悬垂串并联间隙

10.6 平衡高绝缘方案

除使用差异化绝缘外，某些线路会选择平衡高绝缘来增强整个线路的耐雷水平来解决同塔多回线路的防雷问题，如 500kV 同塔 4 回线路。增加绝缘子片数可以有效提高线路耐雷水平，并且接地电阻越低，改善效果越明显。即使接地条件较恶劣时（接地电阻大于 20Ω），对 110kV 线路,每片绝缘子可使线路耐雷水平提高 8kA 左右,对 220kV 线路,每片绝缘子可使耐雷水平提高 10kA 左右,对 500kV 线路,每片绝缘子可使耐雷水平提高 15kA 左右。

从图 10.31 可以看出,当接地电阻较低时,由于线路本身耐雷水平较高,增加绝缘子对反击率的改善效果并不明显。在接地电阻较高的情况下,增加绝缘子片数可以有效降低线路的反击跳闸率。当接地电阻为 30Ω 时,对 110kV 线路,每片绝缘子可使反击跳闸率降低 2 次/(100km·a)左右,对 220kV 线路,每片绝缘子可使反击跳闸率降低 1.2 次/(100km·a)左右,对 500kV 线路,每片绝缘子可使反击跳闸率降低 0.4 次/(100km·a)左右。

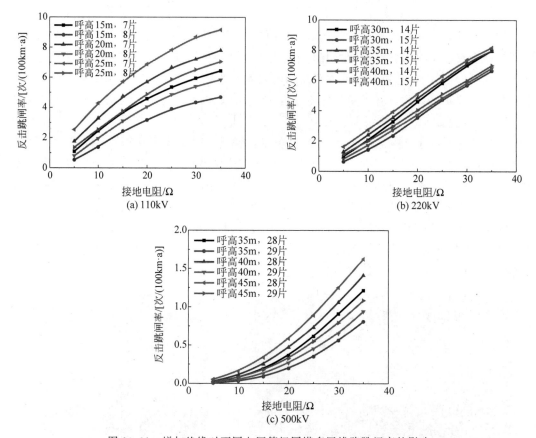

图 10.31 增加绝缘对不同电压等级同塔多回线路跳闸率的影响

从 1973 年开始,日本国家标准规定全部 500kV 同塔多回线路都采用平衡高绝缘配置[7],绝缘子的绝缘距离从 3.2m 提高到 3.8m,如图 10.12 所示。总反击跳闸率从 0.83 次/(100km·a)降低到 0.59 次/(100km·a),双回线路同时跳闸率从 0.31 次/(100km·a)降低到 0.25 次/(100km·a),都下降了很多。

10.7 差异化防雷技术措施

通过总结国内外在同塔多回线路防雷技术方面的研究成果,可以归纳出同塔多回输电线路差异化防雷技术。对新建线路、运行线路应根据实际情况采用不同差异化防雷措施[9]。

10.7.1 世界各国采取的同塔多回输电线路防雷措施

日本的雷电灾害十分严重,对同塔多回线路的防雷研究比较充分,主要采取的措施有:

(1) 在导线上方外侧设置架空地线,而且要尽可能采用负保护角。一般架空地线悬挂在导线外侧上方 2.5m 处(根据日本线路走廊宽度在边导线外侧 3m 以内为拆房范围而定),保护角约为 $-5°$,地线在塔头部与导线距离约为 10m。

(2) 降低塔脚接地电阻。一般小于 10Ω,并考虑塔脚混凝土基础的接地效果。当接地电阻大于 20Ω 时,需采取其他降低杆塔接地电阻的措施。

(3) 采用高平衡绝缘设计。一般 500kV 线路为 35 片,1000kV 线路为 40~52 片。为了降低双回同时跳闸率,日本一度采用不平衡绝缘,力图利用弱绝缘回路导线先闪络后,加强另一回路的屏蔽作用,从而达到减少双回同时跳闸的目的。但运行结果显示总的跳闸率增加太多,降低双回跳闸率的效果并不明显。因此,日本东京电力公司经研究认为,采用高平衡绝缘设计,不仅总跳闸率大大减少,而且跳闸率也明显降低。

(4) 绝缘子安装保护间隙。由于日本雷害较多,为了保护绝缘子免受雷击闪络烧伤,在绝缘子串上安装保护间隙。保护间隙间距与绝缘子串绝缘间隙比值一般小于 0.75,V 形串和耐张跳线跨接线的比值小于 0.7。这样当雷击时保护间隙首先击穿,自动重合闸成功,恢复供电,绝缘子得到有效保护。

(5) 所有 500kV 以上双回共塔线路两回导线都采用逆相排列。

德国政府规定凡新建线路必须同塔架设 2 回以上。线路最多为同塔 6 回,同塔 4 回为常规线路。即使是多回路的几条线路,一般也走在一个走廊内。德国电网呈网状结构,因此同塔多回线路采用平衡高绝缘水平,而不考虑双回同时跳闸,耐雷水平也仅考虑采用降低接地电阻处理。一般线路采用 $5\sim10\Omega$ 的接地电阻,若接地电阻达不到要求,则采用化学降阻剂处理。德国的 110~380kV 线路一般采用单根避雷线,也有光纤复合架空地线(optical ground wire,OPGW),防雷保护角较大,为 $35°$。所有的绝缘子串上下都装有保护间隙,若是几根棒式瓷绝缘子串联组成,则中间连接处也装有放电间隙,以防止雷击时损坏绝缘子。一般 1 年考虑 1~2 次雷击,这与我国规程规定的防雷保护措施差别很大。

俄罗斯通过降低接地电阻和安装耦合地线改善导线屏蔽效果的方法来降低雷击杆塔和雷击地线时的雷击闪络率。俄罗斯的研究认为,单回和双回的单避雷线高杆塔架空线路,雷击跳闸率最大。悬挂双避雷线,随着接地电阻改善,可大大降低雷击跳闸率。对于弱绝缘杆塔以及易击杆塔,俄罗斯采取的措施是安装避雷器。

法国主要采用降低接地电阻和安装线路避雷器来提高同塔多回线路的耐雷水平。对接地电阻限制到 10Ω 以内,如果土壤电阻率太高,通过采用降阻剂或铺设水平接地带来改善;如果接地电阻过大并且不可改善(或建设费用太高),采用线路避雷器。

10.7.2 新建同塔多回线路差异化防雷设计措施

降低接地电阻和提高绝缘子绝缘强度是降低线路跳闸率的最直接有效的方式。

在考虑成本的情况下尽可能地降低接地电阻。各种杆塔的反击跳闸率都随接地电阻的增大而明显增高,并且高度越高的杆塔跳闸率越高。降低杆塔接地电阻能够有效降低反击跳闸率。可以将工频接地电阻要求值定为 10Ω,这样当考虑 0.7 的冲击系数后,冲击接地电阻维持在 7Ω,对应的耐雷水平较高。对于施工降阻比较困难的地区,则将工频接地电阻定为 15Ω,这样当考虑到 0.7 的冲击系数后,冲击接地电阻维持在 10Ω 左右,仍能维持较高的耐雷水平。而对于山区,施工难度巨大的地区,则将工频接地电阻定为 20Ω,这样当考虑到 0.7 的冲击系数后,冲击接地电阻维持在 14Ω 左右,也能维持较高的耐雷水平。对于 500kV 输电线路,当接地电阻降到 5Ω 时,反击跳闸率可以降到 0.1 次/(100km·a)以下;对于 220kV 以及 110kV,当接地电阻降到 10Ω 时,反击跳闸率可以分别降到 2 次/(100km·a)以下与 3 次/(100km·a)以下。

按照对多回同时跳闸率的要求采用差异化绝缘措施。可增加绝缘子片数,也可以不同类型绝缘子混用,具体方法可以灵活选择。在采取差绝缘防护措施时,也需要比较增加不同绝缘子片数的方法的效果,选择最佳的差绝缘方案。一般情况下,可采用如下原则进行差绝缘配置:

(1) 同电压等级线路,差绝缘方案应在靠近地线(上层)的回路上应用。
(2) 不同电压等级并架线路,差绝缘方案应在电压等级较低的回路上应用。
(3) 某一回路采用差绝缘时,应在最上层横担采用一层增加绝缘的方法。
(4) 根据实际杆塔计算结果,增加 10% 的绝缘水平可获得明显的防雷效果。因此,对于易击线段,可以采用 1.1 倍差绝缘设计;在极易发生雷击的地区,可采用 1.2 倍差绝缘设计。
(5) 随着差绝缘水平的增大,防雷效果的改善情况逐渐趋于不明显,1.3 倍及以上差绝缘会造成非易击相,需考虑同时提高其他回线绝缘水平。
(6) 根据实际杆塔计算结果,1.1 倍差绝缘可使双回跳闸率下降至原配置方案的 50% 以下,同步提高所有线路绝缘水平,同时采用差绝缘可使双回跳闸率下降至 20% 以下。

分析比较差绝缘措施和安装避雷器的成本,采用性价比更高的方案。安装避雷器的方法对线路跳闸率的降低效果十分明显,但成本远高于差绝缘措施。因此应根据不同线路的要求进行选择。

在不平衡电流允许的范围内采用合理的相序排列和导线布置。异相序和逆相序耐雷性能优于同相序。因此,在易击段可考虑采用异相序和逆相序。最上层横担下方安装相同回线两相导线比垂直安装耐雷性能更好。采用图 10.18(b)所示的布置方案跳闸率可下降 60% 左右。

重要线路采用安装线路避雷器的方法更加保险。同塔多回线路较为合理的安装避雷器方式是为线路的一回线路三相安装避雷器。如 110~220kV 同塔 4 回线路为一回 110kV 线路安装三相避雷器;对于同等电压等级的杆塔,则在上层一回三相安装避雷器。

对于雷击事故多的线段,可在同塔线路横担中央安装耦合地线。一般应在上层中央装一根耦合地线,其他层是否布置通过分析确定。

10.7.3 运行线路差异化防雷改造措施

对于运行线路来说,其防雷改造比新建线路的防雷设计困难得多,因为受制于杆塔结构及相间、相对地的绝缘距离已经固定。

降低接地电阻不受塔型对导线对地距离的影响。可以将工频接地电阻要求值定为 10Ω,这样当考虑到 0.7 的冲击系数后,冲击接地电阻维持在 7Ω。对于施工降阻比较困难的地区，则将工频接地电阻定为 15Ω，这样当考虑到 0.7 的冲击系数后，冲击接地电阻维持在 10Ω 左右。而对于山区，施工难度巨大的地区，则将工频接地电阻定为 20Ω，这样当考虑到 0.7 的冲击系数后，冲击接地电阻维持在 14Ω 左右。

当增加绝缘子片数较为方便时，可以通过增加绝缘子片数使用差异化绝缘的方法降低多回同时跳闸率，也可使用不同类型的绝缘子形成不平衡绝缘。在采取差绝缘防护措施时，也需要比较增加不同绝缘子片数的方法的效果，选择最佳的差绝缘方案。对于复合绝缘子，可更换长度更长的绝缘子。相比新建线路，已建线路的差绝缘方案还要考虑导线与塔窗间隙距离，绝缘强度由绝缘子和塔窗间隙共同决定。只有在塔窗间隙绝缘强度明显强于绝缘子的情况下，才方便采用差绝缘方案。有时增加绝缘子片数反而会使得导线与下层杆塔横担之间的绝缘距离变得较容易击穿，此时增加绝缘子片数的方法将受到限制。如上层导线对其下相邻横担的雷电波绝缘水平为绝缘子的 1.2 倍时，可考虑将绝缘子雷电波绝缘水平增加至 1.1 倍，形成 1.1 倍不平衡高差绝缘。

加强线路绝缘水平，限制线路反击跳闸率和绕击跳闸率都有一定作用。在接地电阻较高的情况下，增加绝缘子片数可以有效降低线路的反击跳闸率。对于 110kV 输电线路，当接地电阻为 20Ω 时，增加一片绝缘子可使反击跳闸率降低约 1.4 次/(100km·a)；对于 220kV 输电线路，当接地电阻为 15Ω 时，增加一片绝缘子可使反击跳闸率降低约 0.9 次/(100km·a)；对于 500kV 输电线路，当接地电阻为 10Ω 时，增加一片绝缘子可使反击跳闸率降低约 0.03 次/(100km·a)。增加绝缘对降低输电线路的绕击跳闸率也有一定作用。对于 110kV 输电线路，这种作用不明显，且存在一定的饱和趋势；对于 220kV 输电线路，增加绝缘有一定效果。但考虑实际情况，增加绝缘子片数很少的情况下，增加绝缘对改善绕击跳闸率影响很小。因此，增加绝缘对改善反击跳闸率作用明显，但对改善绕击跳闸率的作用不大。

加强线路绝缘水平应用于实际线路，首先，要考虑加强绝缘后线路的绝缘配合问题。因为增加绝缘子片数，使绝缘子串长度增加，因此需要对空气间隙重新校核；其次，施工中线路需要停电，导线需要避免表面划伤，因此施工费用较高。从技术经济角度考虑，110kV 线路停电可能性最大，在现场施工条件允许的前提下，可以考虑增加线路绝缘；220kV 不建议增加绝缘；500kV 最好不要增加线路绝缘。

当增加绝缘子片数较难实现时，如塔窗高度不够等情况，可以通过使用电气强度更好的绝缘子来增加绝缘强度，在结构高度不变的情况下增加干弧距离。

在不平衡电流允许的范围内采用合理的相序排列和导线布置。一般较易跳闸的两回导线之间采取不同的相位时，多回同时跳闸率较低。

对于已建线路防雷改造最简便的方法就是安装线路避雷器，但成本较高。安装线路避雷器对防止反击和绕击都有明显的作用。安装线路避雷器一方面可以避免安装相的反击，而且雷击杆塔时，避雷器动作，部分雷电流通过安装避雷器的相导线泄放，从而在一定程度上降低塔顶电位；另一方面随着避雷器动作，安装相导线电压升高，增大相邻相上耦合电压。两方面因素共同作用使得其他相绝缘子上的电压降低，耐雷水平得到改善。

对于十分重要的线路，为了保险起见，建议采用安装线路避雷器和耦合地线的防护措施。

值得说明的是，广东电网采取加装线路避雷器、增加绝缘子片数等平衡绝缘配置的防雷措施对 110kV、220kV 同塔多回线路进行防雷改造，降低雷击多回同时跳闸。2013 年、2014

年、2015 年的雷击多回同跳率逐年降低,分别为 18.18%、14.46%、5.83%[10]。这表明采取差异化防雷措施可有效降低同塔线路雷击跳闸和雷击同跳故障。

参考文献

[1] 清华大学,广东电网公司电力科学研究院.广东电网同塔多回输电线路雷击特性及差异化防护技术研究与应用[R].北京:清华大学,2012.

[2] TECHNICAL REPORT T72:Guide to lightning protection design for transmission lines[R]. Yokosuka:Central Research Institute of Electric Power Industry (CRIEPI),2003.

[3] YOKOYAMA S. Lightning protection of high-voltage transmission lines[C]//Proceedings of CSG Transmission Line Lightning Protection Seminar,Guangzhou,China,2009.

[4] 彭向阳,詹清华,周华敏.广东电网同塔多回线路雷击跳闸影响因素及故障分析[J].电网技术,2021,313(3):81-87.

[5] 彭向阳,李振,李志峰,等.杆塔接地电阻对同塔多回线路防雷性能的影响[J].高电压技术,2011,37(11):3111-3119.

[6] LI Z,YU Z Q,WANG X,et al. A design of unbalanced insulation to improve the lightning performance of multi-circuit transmission lines[C]//Proceedings of the 31st International Conference on Lightning Protection,Vienna,Australia,2012.

[7] 土居聡.関西電力における架空送電線の耐雷設計について[C]//南方电网防雷技术研讨会,广州,2009.

[8] 李振,余占清,何金良,等.线路避雷器改善同塔多回线路防雷性能的分析[J].高电压技术,2011,37(12):3120-3128.

[9] 彭向阳,王锐,周华敏,等.基于不平衡绝缘的同塔多回输电线路差异化防雷技术及应用[J].广东电力,2016,29(6):109-116.

[10] 彭向阳,金亮,王锐,等.220kV 同塔线路雷击同跳故障分析及防治措施[J].电瓷避雷器,2018(4):65-71.

第 11 章
输电线路雷击故障监测及辨识

输电线路雷击故障的分类较为复杂。当雷电击中输电线路附近的物体或大地时,其产生的强电磁场可能引发输电线路的感应过电压与故障;当雷电直接击中输电线路的杆塔、地线或导线时,该雷电被称为直击雷,并可能引发反击故障或绕击故障。此外,雷击故障还需要与其他原因所导致的输电线路故障(如输电线路短路故障)进行区分。通过实时监测与辨识,能及时获得雷击故障点位置及雷击故障类型,实现输电线路精准运维。

对雷击故障的辨识与定位通常基于监测得到的电压或电流波形,常用的方法包括行波法与时频分析方法等。由于雷电波持续时间短、含有较丰富的频域信息,因此需要监测装置具有较宽的频带以及较高的测量精度。小波变换、S 变换等能够自适应地对信号进行多尺度细化分析的方法也成为了雷击故障辨识的主流方法。在本章中,首先介绍可用于输电线路监测的电流及电压传感器,然后介绍时频信号处理与数据分析的基本原理与方法。

11.1 传感器

作用在输电线路的雷电流可达百千安级,产生的雷电过电压可达 MV 级,雷电流对应的时间尺度为 μs 级,对应的频率达数十兆赫兹。输电线路雷击故障会产生沿线路传播的电流波和电压波,因此可以在输电线路沿线及两端变电站安装电流传感器或电压传感器来对其进行测量,根据监测波形来确定雷击故障类型和雷击故障位置。目前电网中最常用的电流和电压测量设备是电流互感器(current transformer,CT)和电压互感器(potential transformer,PT)。互感器用于线路监测存在较大的局限性:一是体积较大,需要接入系统回路中,难以安装到空间有限的输、配电线路上;二是制备成本较高,耗费大量金属资源,大规模使用不够经济;三是功能单一,仅适用于工频交流信号,且对于直流、暂态以及高次谐波等信号均难以准确量测;四是必须防止大电流下铁芯饱和。另外,传统侵入式测量会导致传感器因高压绝缘而尺寸巨大、价格昂贵。因此,线路沿线分布式监测从经济、安全的角度来说,需要采用非接触式测量的传感器,也需要传感器微型化和智能化,实现分布式安装和监测。线路监测雷击故障的传感器可简单地分为电流传感器和电压传感器,通过测量磁场和电场来反演获得对应的电流和电压。

11.1.1 电流/磁场传感器

电流测量技术根据原理分为四大类[1]:

(1) 根据欧姆定律,通过在电路中串联一个小的采样电阻,测量电阻上的电压,反推出电流。

(2) 根据电磁感应定律,通过电磁感应耦合测量二次侧的电流大小,从而反推出被测电流,如绕组式电流互感器和罗戈夫斯基线圈。

(3) 根据安培环路定律,利用磁传感器测量电流产生的磁场,反推出电流。

(4) 根据焦耳定律,利用电流产生的热效应,通过温度传感器,反推出电流[2-4]。

取样电阻法或同轴分流器法通过在电路中串联采样电阻,测量电阻上的电压,从而反推出电流。为了提高测量精确度,通常选择高精密、低温度系数的电阻。该类测量技术可以测量交直流电流,同时精度很高[5]。但采样电阻必须接入电路,测量大电流时由于热效应误差增大,小电流测量时必须加大采样电阻,会对电路造成影响[6]。另外,由于趋肤效应和采样电阻的寄生参数,该方法无法用于高频测量[7]。取样电阻法主要应用于直流电流、交流电流和冲击电流测量等领域,但难以用于输电线路的监测。

电流监测的传统方法为罗戈夫斯基线圈(罗氏线圈)。随着半导体技术的发展,霍尔效应(Hall effect)传感器作为一类新型传感器在电力系统电流测量中已得到越来越广泛的应用。光纤的出现和技术的发展,使得光纤式电流传感器(optical fiber current transformer, OFCT)成为电流传感器发展的另一大趋势。近年来,随着磁电子器件的快速发展,基于巨磁电阻效应(giant magnetoresistance, GMR)或隧穿磁电阻效应(tunnelling magnetoresistance, TMR)的磁场传感器则为智能电网在线电流监测提供了一种新的选择。

1. 罗氏线圈

罗戈夫斯基线圈由空心线圈和积分器组成,利用被测电流产生的磁场在线圈内产生的电压来测量电流。被测电流穿过空心线圈,当电流变化时,线圈两端感应出电动势,通过积分电路输出的电压信号与被测电流呈线性关系。罗戈夫斯基线圈结构简单,成本低,温漂小,性能可靠,非接触式测量,甚至可在印刷电路板上集成[8];由于没有铁芯,不会饱和,且频率响应快[9-10]。但最大的缺点是不能测量直流电流,带宽存在频率下限和频率上限。其主要应用于高频暂态、大电流场合。罗氏线圈一般采用空心线圈,可以避免采用铁心时带来的损耗及非线性问题,但后来也发展了带铁氧体磁芯的罗氏线圈。

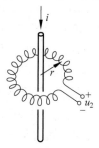

图 11.1 罗氏线圈测量电流的原理

罗氏线圈是一种空心环形的线圈,有柔性和硬性两种,可以直接套在被测量的导体上来测量交流电流,其基本原理如图 11.1 所示。罗氏线圈测量电流的理论依据是法拉第电磁感应定律和安培环路定律,当被测电流 $i(t)$ 沿轴线通过罗氏线圈中心时,可得到在罗氏线圈输出端的感应电压为

$$u_2(t) = -N\frac{d\Phi}{dt} = -\frac{NA\mu_0}{2\pi r}\frac{di(t)}{dt} \quad (11.1)$$

式中,N 为线圈匝数;Φ 为通过线圈的磁通;A 为线圈的截面积;μ_0 为真空磁导率;r 为载流导体与罗氏线圈的几何中心的距离。

由此可见,线圈一定时,线圈的输出电压与 $\mathrm{d}i/\mathrm{d}t$ 成正比。也就是说,罗氏线圈的输出电压与被测电流的微分成正比,只要将其输出经过积分器,即可得到与一次电流成正比的输出电压。罗氏线圈的积分法分为 LR 积分式和 RC 积分式。通过积分器的输出电压为

$$u(t)=-\frac{NA\mu_0 ki(t)}{2\pi r}+u(0) \tag{11.2}$$

式中,k 为积分常数。可以看出,电压 $u(t)$ 的绝对值与被测电流成正比。由于初始状态 $t=0$ 时的 $u(0)$ 未知,导致罗氏线圈不能重构直流电流,因此罗氏线圈只能测量交流而不能测量直流。提高线圈截面积 A 或者增加线圈匝数 N 都可以提高罗氏线圈的灵敏度,但增加线圈匝数 N 会加大线圈的分布电容,影响罗氏线圈的带宽,设计时需要综合考虑这些因素。

2. 霍尔效应磁场传感器

霍尔效应于 1879 年由物理学家霍尔发现。当带电粒子在磁场中运动时,会受到洛伦兹力的作用,使带电粒子发生偏转,积聚在导体表面,从而产生一个垂直于其运动方向的电动势。当该电动势产生的电动力与洛伦兹力平衡时,电子即平行穿过导体,该电动势即霍尔电势。如图 11.2 所示,若在半导体薄片两端通以控制电流 I,并在薄片的垂直方向施加磁感应强度为 B 的均匀磁场,则在电流 I 和磁场 B 的垂直方向上将会产生电势差 U_h,我们将其称为霍尔电压:

$$U_{\mathrm{h}}=\frac{kIB}{d} \tag{11.3}$$

式中,k 为霍尔系数,与半导体的大小及材料等因素有关;d 为半导体薄片的厚度。

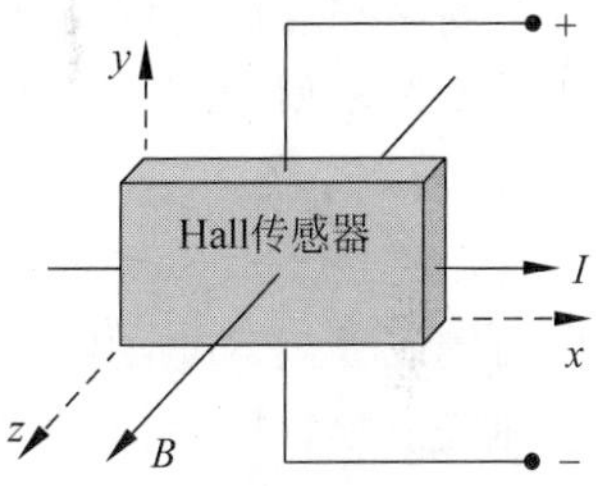

图 11.2 霍尔传感器原理图

金属中霍尔效应非常小,灵敏度不够,而硅基半导体中的霍尔效应非常显著[11],通过大规模集成工艺和半导体工艺,可以将其研制成三轴磁传感器[12]。通过优化磁路设计,集成微磁通聚集器[13],能提高霍尔器件的灵敏度。由于霍尔器件具有低成本、易集成的优势,相继开发出霍尔线性器件(Hall-effect)、磁敏二极管(magneto-diode)、磁敏晶体管(magneto-transistor)等,广泛应用于电流测量、角度测量、位置测量等领域。霍尔器件的测量范围为 $10^{-7}\sim 10\mathrm{T}$,频率范围为 $0\sim 10^5\mathrm{Hz}$。

3. 磁光效应磁传感器

磁光效应磁传感器主要分为两类:基于法拉第磁光效应(Faraday effect)或克尔效应(Kerr effect)的磁光偏振传感器(magneto-optic magnetometer)、基于光纤磁致伸缩效应的光纤干涉传感器(fiber-optic magnetometer),其原理如图 11.3 所示。法拉第磁光效应于 1845 年由 M. 法拉第发现。当一束偏振光穿过法拉第晶体时,若在平行于光的传播方向上加一强磁场,则光振动方向将发生偏转,通过测量光的偏转角度即可计算出磁场大小[14-15]。偏转角度 φ 与磁感应强度 B 和光穿越介质的长度 l 的乘积成正比:

$$\varphi=vBl \tag{11.4}$$

式中,v 为费尔德(Verdet)常数,与介质性质及光波频率有关。偏转方向取决于介质性质和磁场方向。

如图 11.3(b)所示,光纤干涉传感器利用一束光通过两根等长的光纤,一根为参考光纤,不受磁场影响。另一根为感应光纤,在磁场下由于磁致伸缩发生微小形变,两束光在探测端通过干涉即可测量出光纤的微小形变,从而计算出磁场[16]。

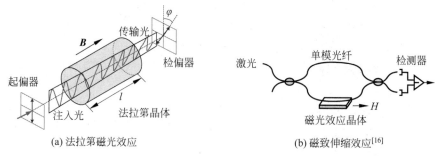

(a) 法拉第磁光效应　　　　　　　　(b) 磁致伸缩效应[16]

图 11.3　法拉第磁光效应和磁致伸缩光纤干涉原理图

光纤传感器按调制方式分共有 5 类。就目前情况而言,光学电流传感器有强度调制型、相位调制型和偏振态调制型 3 种[17]。

强度调制型光纤电流传感器一般用多模光纤制成。在多模光纤上被覆一层导电金属(厚度由被测电流决定),把该镀层金属光纤绕在纵向开槽的固定圆筒上,将该探头圆筒置于恒定直流磁场或永久磁铁的磁场中,并在镀层中通以被测电流。根据法拉第左手定则,光纤会向内侧或外侧运动,出现微弯。通过光源所激励的光纤中的各个波导模式,光纤的微弯使导模向辐射模转换,引起导模能量衰减。通过检测光纤末端出射能量的变化就可以反映被测电流大小。

相位调制型光纤电流传感器包括两种原理:产生光波相位变化的物理机理与光的干涉技术。主要的调制手段有 Mach-Zchnder 干涉仪、Fabry-Perot 干涉仪与 Sagnac 干涉仪。其中基于 Sagnac 干涉的光纤电流传感器较为常用。法拉第磁光效应使两束圆偏振光的光矢量方向发生旋转,再次经过一个 $\lambda/4$ 波片还原成线偏振光,最后在光路输出端让两束线偏振光在 Y 波导起偏器部分发生干涉。通过接收端的 PIN 检测某一时刻的干涉光强度,间接求出相位差,进而可以推导计算出此时的电流大小。这种光纤电流检测方式的相位差为两倍的法拉第相移,因此在采用相同匝数的光纤传感线圈时,Sagnac 干涉仪型结构的灵敏度更高。

偏振态调制型光纤电流传感器是目前研究较多的一类。偏振态调制主要依靠 Faraday 磁光旋转效应来实现电流的测量。其基本原理是:一束线偏振光在磁场作用下通过磁光材料时,它的偏振面将发生旋转,旋转角 θ 正比于磁场强度 H 沿着偏振光通过材料路径的线积分。基于 Wallaston 棱镜的全光纤电流传感器属于偏振态调制型电流传感器。由于光的偏振态旋转角变化不易测量,因此光纤电流传感器在实际应用中通常将光的偏振态旋转角的测量转换为光强测量。从耦合透镜返回的光在经过 Wallaston 棱镜作用后分解成两束矢量方向互相垂直的线偏振光,通过光探测器(phtodetector,PD)检测两束线偏振光的相对强度,同时结合后续信号处理单元的计算方法,可间接获得法拉第旋转角的大小,进而测得电流大小,结构如图 11.4 所示[18]。

光纤电流传感器已在电力系统投入运行。美国的电力公司在 1986—1988 年先后成功研制出 161kV 独立式与组合光纤电流传感器,且成功挂网运行,日立公司研制的光纤电流

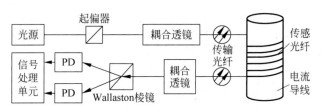

图 11.4 基于 Wallaston 棱镜的全光纤电流传感器[18]

传感器也投入运行；2000 年，加拿大的 Nxtphase 公司成功研制了电压等级为 230kV 的全光纤电流传感器，其线性度在 0.1%～150%的额定电流范围内可达到±0.2%。2010 年我国研发成功了 500kV 全光纤电流传感器，达到了行业应用对于传感器产品的最高要求。

4. 磁电阻传感器

磁电阻传感器（magnetoresistive sensor）基于磁电阻效应。铁、钴、镍等铁磁金属、金属合金和半导体在磁场作用下电阻会发生变化，利用这些材料在磁场下的变化即可制作成磁传感器。磁电阻效应包括各向异性磁电阻效应（anisotropic magnetoresistance，AMR）、巨磁电阻效应、巨磁阻抗传感器（giant magneto impedance，GMI）、隧穿磁电阻效应、氧化物庞磁电阻效应（colossal magnetoresistance，CMR）等。

电子具有两个基本特性：电荷特性和自旋特性。传统上，磁学主要研究具有交换作用的电子自旋系统的磁行为，电子学主要研究带有电荷的载流子系统的电行为。磁电子学则在介观尺度范围内研究自旋极化电子的输运特性（自旋极化、自旋相关散射、自旋弛豫等）[19]。磁电阻效应指的是一些铁、钴、镍等铁磁金属和金属合金在外界磁场作用下其电阻发生变化的现象。1857 年，W. Thomson 首次发现了铁磁多晶体的各向异性磁电阻效应。在磁场作用下，铁在磁化方向的电阻升高，垂直方向的电阻降低[20]。目前用于磁场传感的磁电阻效应主要有如下三类[1]。

(1) 各向异性磁电阻效应

在铁磁性材料中的各向异性磁电阻效应是与电流和磁场方向的夹角有关的磁电阻效应，是由磁性材料中的自旋轨道耦合和低对称性的势散射中心引起的[21]。NiFe 是目前普遍采用的具有 AMR 效应的铁磁性合金，一般情况下其室温 AMR 的比值为 3%左右。AMR 材料以低廉的成本和简单的设计，在磁敏传感器中被广泛应用。

(2) 巨磁电阻效应

1988 年，德国科学家 Peter Grunberg[22] 和法国科学家 Albert Fert[23] 分别独立发现了 Fe/Cr 纳米多层膜中的巨磁电阻效应。由于其磁电阻比值较之前的各向异性磁电阻大很多倍，因此被称为巨磁电阻效应。GMR 组成结构主要包括磁性参考层、磁性自由层（如 Co、CoFe、CoFeSi、CoFeMnSi 等），以及夹在中间的非磁金属层（如 Cu、Cr、Ag、Ru 等）。在室温下 Fe/Cr 多层膜的电阻变化率可达 42%[24]，与高磁致伸缩材料晶体 $Fe_{50}Co_{50}$ 或非晶 $(Fe_{90}Co_{10})_{78}Si_{12}B_6$ 结合获得了性能优良的 GMR 传感器[25]。依据电流与传感器表面的关系，其结构又可以分为电流平行于膜面（current-in-plane，CIP）和电流垂直于膜面（current perpendicular plane，CPP）的结构，相较于 CIP-GMR，CPP-GMR 结构具有体积小、结电阻低及信噪比高等优势[26]。随后，科学家又相继改进发现了自旋阀巨磁阻效应（spin-valve magnetoresistance)、隧穿磁电阻效应、颗粒膜巨磁电阻效应,以及在掺杂稀土锰氧化物中发现的庞磁电阻效应,大大推动了磁电子学的发展,同时给信息存储带来了深刻的变革,Fert 和 Grunberg 也因此获得 2007 年的诺贝尔物理学奖[27]。

(3) 隧穿磁电阻效应

该效应是用极薄的绝缘势垒层代替非磁金属层,使导电电子可以从一个导电电极量子隧穿通过绝缘势垒到达另一个铁磁电极,其中隧穿概率取决于两磁性层的磁矩相对取向。其组成结构主要包括磁性参考层、磁性自由层,以及中间的绝缘势垒层(AlOx 或 MgO),如 $Co_{40}Fe_{40}B_{20}/MgO/Co_{40}Fe_{40}B_{20}$。目前 MgO 磁性隧道结的电阻率变化 $\Delta R/R$ 室温下最高可达 604%(两个磁性层反向平行的高阻状态与同向平行的低阻状态相比)。

铁磁过渡金属的 sp-d 轨道杂化,3d 能带发生交换劈裂,电子间的交换作用使得自旋向上的电子比自旋向下的电子能量低。为了降低总能量,d 带中两种自旋的电子不相等,导致了铁磁金属的自发磁化。根据该能带劈裂理论,1936 年,Mott 提出了关于铁磁金属导电的唯象模型,即二流体模型[28]。在金属中,电子的散射与自旋相关,即电子在散射过程中,自旋状态基本保持不变。因此金属导电基本上可描述为两个相互独立的分别由自旋向上和自旋向下的电子形成的并联自旋导电通道,如图 11.5 所示。在铁磁材料中,电子散射与其自旋方向直接相关,自旋平行于磁场的电子比自旋反平行于磁场的电子受到的散射弱很多。在铁磁层/非磁层多层膜结构中,自旋相关的散射不仅存在于铁磁材料中,而且还存在于铁磁层/非磁层界面。当相邻铁磁层的磁矩反铁磁耦合时,在一个铁磁层中受散射较弱的电子进入另一铁磁层时,肯定会受到较强的散射。这样,两类自旋的电子都一定会在某个铁磁层中受到较强的散射,导致电阻率高。而当相邻铁磁层的磁矩在磁场的作用下趋向于平行时,平行于磁场的电子在所有铁磁层中均受到较弱的散射,导致电阻率低[29]。

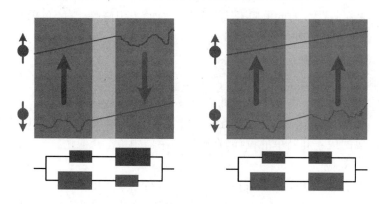

图 11.5 铁磁金属的二流体模型和电阻示意图[1]

根据 Drude 的金属导电模型,可近似认为金属自旋相关导电率 $\sigma_{\uparrow,\downarrow}$ 为

$$\sigma_{\uparrow,\downarrow} = \frac{N_{\uparrow,\downarrow} e^2 \tau_{\uparrow,\downarrow}}{m_e} \tag{11.5}$$

式中,$N_{\uparrow,\downarrow}$ 为铁磁金属中费米面附近自旋平行磁场和自旋反平行磁场的电子态密度;e 为电子电荷;m_e 为电子质量;$\tau_{\uparrow,\downarrow}$ 为自旋平行于磁场和自旋反平行于磁场的电子的弛豫时间,与电子散射密切相关。

自旋平行和反平行于磁场时材料的电阻 R_P 和 R_{AP} 分别为

$$R_P = \frac{2R_\uparrow R_\downarrow}{R_\uparrow + R_\downarrow}, R_{AP} = \frac{R_\uparrow + R_\downarrow}{2} \tag{11.6}$$

式中，$R_\uparrow$ 和 $R_\downarrow$ 分别为自旋向上和自旋向下的电子通道电阻。

磁电阻变化率可定义为

$$\frac{\Delta R}{R} = \frac{R_{AP} - R_P}{R_P} = \frac{(R_\downarrow - R_\uparrow)^2}{4R_\uparrow R_\downarrow} = \frac{(N_\uparrow \tau_\uparrow - N_\downarrow \tau_\downarrow)^2}{4N_\uparrow \tau_\uparrow N_\downarrow \tau_\downarrow} \tag{11.7}$$

定义自旋向上和自旋向下的电子所占百分数为 α 和 $1-\alpha$，自旋极化率为 P，有

$$\alpha = \frac{N_\uparrow}{N_\uparrow + N_\downarrow}, \quad P = \frac{N_\uparrow - N_\downarrow}{N_\uparrow + N_\downarrow} = 2\alpha - 1 \tag{11.8}$$

从上式可知，磁电阻率与铁磁金属材料的自旋极化率、自旋相关散射密切相关。上述理论可较好地解释多层膜、自旋阀巨磁电阻效应。

(4) 隧穿磁阻芯片传感原理[30-37]

11.1 节中介绍了磁电阻效应，隧穿磁阻的部分结构如图 11.6(a)所示[1]，图中 M_{SF}、M_{SR} 分别为自由层和参考层的磁化方向，H 为外加磁场，R 为隧穿磁电阻。一般情况下，为了减小磁滞，通常在退火过程中诱导参考层的磁化方向沿其难轴方向，同时利用高形状各向异性、永磁偏置或反铁磁弱钉扎等使得自由层的磁化方向沿易轴方向。当外加磁场沿难轴方向时，隧穿磁电阻的传感曲线如图 11.6(b)所示，图中虚线箭头和实线箭头分别表示自由层和参考层的磁化方向。当外加磁场沿难轴负方向时，自由层和参考层磁化方向趋向相同，此时电阻最小；当外加磁场为零时，自由层和参考层磁化方向正交，此时电阻为中间值；当外加磁场沿难轴正方向时，自由层和参考层磁化方向趋向相反，此时电阻最大。在外加磁场为零附近时可获得较大的线性范围。实际情况下，由于自由层存在内部偏置场，中间点位置会相应偏移。

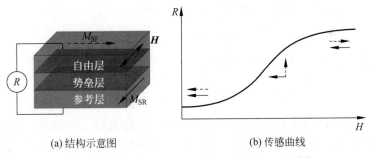

(a) 结构示意图　　　　　(b) 传感曲线

图 11.6　隧穿磁阻芯片结构示意图和传感曲线[1]

为了测量方便，一般将芯片配置成电桥形式，如图 11.7 所示。图中 R_1、R_2 表示隧穿磁电阻，其参考层磁化方向(M_{SR})相反；V_{SP}、V_{SN}、V_{OP}、V_{ON} 分别为电桥芯片的正负电源和正负输出；H 为外加磁场，沿难轴方向。图 11.7(a)、(b)分别为单电桥和惠斯通电桥结构，其中惠斯通电桥输出取其差分输出，可抑制共模偏置和干扰。图中结构均为全电桥结构，即芯片中所有电阻均能感应外加磁场。还有一种半电桥结构，即图中的 R_2 通过附一层软磁材料屏蔽外界磁场，或直接替换成普通电阻。在该种结构下，R_2 不随外界磁场变化，灵敏度较全电桥结构减小一半。

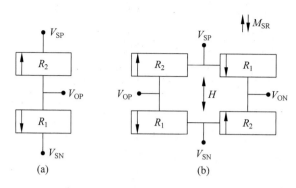

图 11.7 隧穿磁阻电桥芯片单电桥和惠斯通电桥结构[1]

隧穿磁阻器件的微加工采用典型的半导体工艺,以硅片为基底,通过磁控溅射将隧穿磁阻结的各层按顺序一次性溅射到硅片上,然后根据掩膜刻蚀出对应的形状。在强磁场下进行退火处理后,隧穿磁阻的参考层磁化方向稳定在难轴方向。

隧穿磁阻芯片的非线性误差分析如图 11.8[1],虚线为电桥芯片的传感曲线,实线为其测量范围内近似的线性特性。

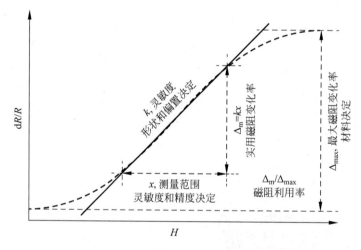

图 11.8 隧穿磁阻芯片的非线性误差分析[1]

电桥芯片的传感曲线最大变化率(Δ_{max})由隧穿磁阻材料结构决定,灵敏度(k)和隧穿磁阻的形状、内部偏置场相关,测量范围(x)由灵敏度和非线性误差要求决定。通常非线性误差要求越小,测量范围越小,非线性误差要求越大,测量范围越大。在某一非线性误差要求下,传感器能输出的最大变化率定义为实用磁阻变化率(Δ_m),其与最大磁阻变化率的比值定义为磁阻利用率(Δ_m/Δ_{max})。

通过调节隧穿磁阻的内部偏置以及磁阻结尺寸可以优化其传感曲线,调控线性度,使得传感曲线中间的线性区最大,其磁阻利用率越大,越接近于最大磁阻变化率。调控芯片磁电阻及杂散电容,可以改变芯片的频率范围,如图 11.9 所示,最高响应频率达 439MHz。

(5) 基于隧穿磁阻芯片的电流传感器

流过输电线路导线的电流会在导线周围产生磁场,此时将隧穿磁阻芯片置于导线附近,

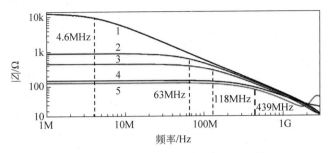

图 11.9 隧穿磁阻磁电阻频率特性调控

通过芯片感知电流产生的磁场即可推算出电流大小。隧穿磁阻芯片测量电流的原理如图 11.10 所示。

由于隧穿磁阻传感芯片的灵敏度高、响应快、磁滞小，通过上述原理可知，基于隧穿磁阻的电流传感器适用于电网从直流到高频冲击电流的各种电流，包括：发电站、变电站、交流线路和用户侧的正常运行工频电流，直流换流站和直流输电线路的

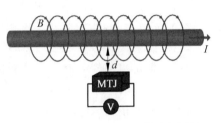

图 11.10 隧穿磁阻电流传感器测量原理示意图[1]

直流电流，绝缘子和避雷器上的漏电流，电力系统的雷击电流和短路电流，以及交流系统与直流换流站中的基波电流和各高次谐波电流等。根据不同的应用场合，可以选择不同参数的隧穿磁阻电流传感器。

隧穿磁阻电流传感器组成结构如图 11.11 所示[1]。被测电流导线穿过磁环，隧穿磁阻芯片置于磁环气隙中央，其输出信号经过信号处理模块处理，处理方式主要包括差分放大、滤波和温度补偿等。处理过的信号经过数字处理模块将模拟信号转换成数字信号，同时可通过单片机、DSP 等对数据进行数字调理、滤波等复杂处理分析，最后将数字信号传输到系统的远程终端等数据收集单元。在高压系统中，传感器可能布置在系统高压端，必须进行高低电压的隔离，可使用光纤或无线等方式进行数据传输。供电电源为整个传感器系统供电，在高压系统中常由取能与电池模块组合而成。

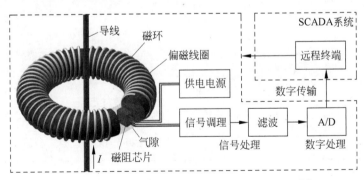

图 11.11 隧穿磁阻电流传感器组成结构示意图[1]

线性隧穿磁阻芯片一般包括四个传感单元形成电桥结构，其灵敏轴方向与磁场方向一致。由于隧穿磁阻芯片对磁场方向敏感，而磁环结构能保证气隙处的磁场基本不随外界导

线偏移变化,能大大简化测量过程。磁环上的偏磁线圈可为传感器提供零漂偏置补偿,或在闭环传感器中提供二次补偿电流。

5. 常见传感器的性能比较

几种常见传感器的性能比较见表11.1[38],其中传统的电流传感器有CT、罗氏线圈、Hall传感器等,新型的传感器有光纤和GMR传感器。对于电网的分布式测量而言,GMR电流传感器具有广阔的应用前景。与传统电磁式电流互感器相比,GMR具有能够测量直流到高频(MHz量级)的电流信号、测量范围宽、灵敏度高和体积小等优点,尤其是能够测量直流电流,这对于直流输电系统中换流站中直流的监测极为有利。与Hall元件相比,GMR体积较小,灵敏度高,且具有更好的温度稳定性,能够适应电网环境温度的剧烈变化。与新型光纤电流传感器相比,GMR结构简单、制造简便且造价低廉,便于大规模推广使用。目前,清华大学研制的TMR电流传感器频率测量范围达DC~100kA级,电流范围为$100\mu A$~100kA级。GMR电流传感器的以上优点,适合于智能电网的分布式测量和数据采集,可以分布监测全电网正常工作和事故状态下的电流,借助先进的通信手段,实现智能电网的分布式实时监测。

表11.1 几种常见的电流/磁场传感器

性能	CT和罗氏线圈电流传感器	Hall电流传感器	OFCT电流传感器	GMR电流传感器
测量原理	电磁感应	Hall效应	Faraday磁光效应	巨磁电阻效应
体积	CT体积大,罗氏线圈体积小	小	小	小
频率范围	CT:<100kHz,罗氏线圈:<1MHz;CT和罗氏线圈均不能测量直流	DC~150kHz	DC~300MHz	DC~1MHz
价格	高	低	高	低
绝缘	复杂	复杂	简单	复杂
有源无源	无	有	无	有
灵敏度	低	低,0.05%/Oe	高	高,0.01%~2%/Oe
非线性度	0.05%	0.1%~1%	0.2%	0.001%~0.05%
电压温度系数	—	$-0.3\%/℃$	$-0.4\%/℃$	-0.4%~$-0.1\%/℃$
测量电流范围	—	10mA~35kA	0A~3kA	1mA~10kA
耐压	高,超高压	低压(1kV)	高,超高压	高,超高压
缺点	体积大,频带窄,金属资源消耗大	性能易受温度和工艺影响	结构复杂,价格昂贵	位置敏感

11.1.2 电压/电场传感器

目前电力系统电压测量的主要设备是电压互感器[39-40]。基于分压原理,可以利用串入参考电阻的电流值计算待测电压。基于该原理的电压互感器能精确提供工频电压信息,但无法实现精确测量暂态电压以及直流电压。在高压实验中,一般采用分压器来进行高电压的测量,包括电容分压器和阻容分压器;在电站监测中,广泛采用的是电子式电压互感器。这些设备体积巨大,无法满足目前智能电网所需要的分布式安装以及实时监测的要求。因此,在电子式互感器取代传统分压互感器并广泛应用的同时,新型的电压传感器以非接触式电场测量为目的,研发了多种基于电场响应的材料、结构及原理,同时极大地缩小了体积。

微型电场传感器根据其测量原理可分为基于电光效应的微型电场传感器、基于电荷感应的微型电场传感器、基于逆压电效应的微型电场传感器、基于静电力的微型电场传感器等。

1. 基于电光效应的微型电场传感器

电光效应是指某些各向同性的透明材料在电场作用下显示出光学各向异性,导致折射率变化的现象。基于电光效应的微型电场传感器利用电光晶体的电光效应将电场信息转化为光学信号,再将光学信号转化为电压信号等可测信号,从而实现电场的测量。

常用的电光晶体包括钛酸锂($LiTaO_3$)、铌酸锂($LiNbO_3$)等。电光晶体折射率的变化主要是由晶体在电场作用下极化强度的变化引起的[41],电光晶体折射率与外加电场的关系为

$$n(E) = n_0 + \left(-\frac{1}{2}\gamma n_0^3 E\right) + (-K\lambda E^2) + \cdots \quad (11.9)$$

式中,n_0 为没有外电场时材料的折射率;$n(E)$ 为材料在外电场作用下的折射率;E 为电场强度。在式(11.9)中,$-1/2\gamma n_0^3 E$ 是晶体折射率关于电场强度的线性项,称为 Pockels 效应[42],γ 称为线性电光系数。Pockels 效应仅存在于非中心对称晶体中,如 $LiNbO_3$、$LiTaO_3$ 和 GaAs。$-K\lambda E^2$ 是晶体折射率关于电场强度的二次项,为 Kerr 效应[43],K 称为电光克尔常数,λ 是入射光的真空波长。由于 Pockels 效应比 Kerr 效应更为显著,同时线性电光效应可以保证传感器的线性度,因此在电场传感器的设计中更多地使用 Pockels 效应。

Mach-Zehnder 干涉仪是基于电光效应的电场传感器的常用结构[44-48]。图 11.12 为基于 Mach-Zehnder 干涉仪的电场传感器结构示意图。

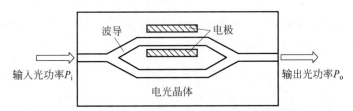

图 11.12 基于 Mach-Zehnder 干涉仪的电场传感器结构[45]

传感器以电光晶体为基底进行制备。在工作时,输入的线偏振光首先被第一个 Y 型分叉分成具有相等功率的两部分。两束光分别在电光晶体基底上的两条平行光波导中传输。其中一束光穿过电光晶体位于电场中的部分,另一束光作为参考。根据 Pockels 效应,两束光由于折射率不同而产生相位差,两束光的相位差由下式给出:

$$\Delta\varphi = \frac{\pi \Gamma n_e^3 \gamma_{33} L}{\lambda_0} E \quad (11.10)$$

式中,Γ 是电场与晶体中光波的重叠因子;n_e 是电光晶体的本征折射率;γ_{33} 是晶体的线性

电光系数；L 是晶体的有效长度；λ_0 是光的波长；E 是外加电场的强度。当 $\Delta\varphi$ 变化 π 时，施加的电场称为半波电场 E_π。具有相位差的两束光在第二个 Y 型分叉处叠加。输出偏振光振幅与两束光的相位差有关，光功率调制器的输出功率为

$$P_\text{o} = \frac{P_\text{i}}{2}[1+\cos(\varphi_0+\Delta\varphi)] \tag{11.11}$$

式中，P_i 是输入激光功率；P_o 是输出激光功率。因此，可以通过光接收器测量输出的光功率信号来检测电场强度。这种光学电场传感器的分辨率可达 1V/m，带宽达到了 300MHz。

通过改进传感器结构可以提升传感器的分辨率和频率响应特性。例如，通过在波导上设计天线可使传感器达到 1mV/m 的电场分辨率和 3GHz 的带宽[49-52]。通过设计带有电阻天线的电场传感器，可以使传感器的最小可测电场达到 22mV/m，带宽达到 10GHz 以上[53-55]。

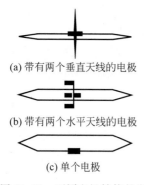

图 11.13 不同电极结构的光学电场传感器[58]

尽管上述传感器具有极高的分辨率与带宽，但由于结构和原理的限制，只能用于低电场的测量中。对于高电场测量场景，光学电场传感器测量系统必须由分立的光学元件组成，通过光纤进行光信号的传输。为了实现电光效应电场传感器在高电压/电场领域的应用，需要优化电极和天线的结构，对电场传感器进行针对性设计与研究[56-57]。用于高电压/电场测量的光学电场传感器电极及天线结构如图 11.13 所示[58]，包括带有两个垂直天线的电极（图 11.13(a)），带有两个水平天线的电极（图 11.13(b)）和单个电极（图 11.13(c)）。通过使用不同的电极和天线设计，光学电场传感器可以达到 $10\sim100\text{kV/m}$ 的半波电场和超过 100MHz 的带宽[59]。带有单屏蔽电极的光学电场传感器半波电场可达 $2\sim8\text{MV/m}$[60]。

基于其他光路结构的光学电场传感器也可以在高电压/电场的测量场景进行应用。例如，基于耦合干涉的光学电场传感器，电场测量范围达到了 1000kV/m[61]；基于共路干涉的电场传感器，可以实现 100MV/m 半波电场的测量[62-63]。

电场传感测量系统结构如图 11.14 所示，传感器探头放置于电场中，激光源和激光接收器分别通过保偏光纤和单模光纤连接到传感探头，以保证光学设备与高压侧保持安全距离。这类光学电场传感器已应用于变电站母线等关键节点的过电压测量中[64]。

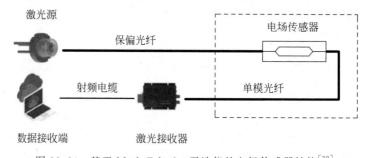

图 11.14 基于 Mach-Zehnder 干涉仪的电场传感器结构[39]

基于电光效应的电场传感器是目前研究较为成熟、测量性能较好的电场传感器，具有传输无损、分辨率高、测量频带宽、动态响应快等优点，在电场的高分辨率实时测量中具有良好

性能,适用于电力系统中关键节点的高精度电场测量。然而,尽管光学电场传感器本身尺寸较小,但光学测量系统需要高质量偏振光源以及光接收器,这类测量系统往往整体体积较大、结构复杂、单套测量系统成本高,难以实现大规模分布式安装。

2. 基于电荷感应的微型电场传感器

场磨式电场测量仪是一种传统的电场测量装置,由屏蔽片、感应片、光电码盘以及电机组成[65]。随着屏蔽片的旋转,感应片暴露在电场中的面积呈周期性变化,感应片上的感应电荷随之变化,产生感应电流。通过信号处理单元对感应电流进行分析处理,即可实现交直流电场的测量。但场磨式电场测量仪尺寸大、测量精度低,无法进行灵活大范围布置。

基于场磨式电场测量仪的原理,可以通过微机电系统(micro-electro-mechanical system,MEMS)技术将场磨微型化,实现基于电荷感应的 MEMS 微型电场传感器[66]。基于电荷感应的 MEMS 电场传感器基本结构如图 11.15 所示[67]。传感器包括可以振动的遮蔽电极、固定的感应电极和后端的信号处理电路。在激励源的驱动下,接地

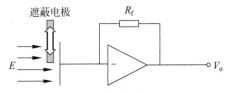

图 11.15 基于微机械振动的 MEMS 电场传感器[67]

的遮蔽电极周期性地上下振动。当对传感器施加电场时,由于感应电荷的周期性变化,固定电极上产生感应电流。通过后端电路对感应电流进行处理与测量,即可实现电场的测量。

压电效应驱动的 MEMS 电场传感器中,遮蔽电极与压电陶瓷相连接[68]。在高频电源作用下,遮蔽电极在压电陶瓷驱动下振动,实现正负电极的交替屏蔽。正负极在电场作用下感应出差分信号,经过放大环节与信号处理环节进行测量。实验结果表明,这类电场传感器的分辨率约为 250V/m,测量电场可达 2500V/m。

热驱动的电场传感器主要包括遮蔽电极、感应电极和热驱动结构[69-71]。使用热驱动可以有效减少机械结构的磨损,同时降低工作电压和功耗。热驱动电场传感器功耗为 70μW,遮蔽电极的工作频率约为 4.2kHz[69]。一种具有鱼骨热驱动结构的电场传感器结构如图 11.16 所示[71],这种热驱动的 MEMS 电场传感器使用杠杆结构来放大位移,以获取更高的分辨率。该电场传感器的谐振频率为 3892.2Hz,电场测量范围为 0~5kV/m,分辨率可达 42V/m。

图 11.16 热驱动 MEMS 电场传感器[71]

通过对传感器测量系统进行针对性设计,可以将传感器应用于高电压或高电场的场景[72-73]。例如,采用双电位独立差分的 MEMS 电场传感器,可以消除高压直流线路附近离子流引起的电场测量误差。

与光学电场传感器相比,基于感应电荷的 MEMS 电场传感器具有尺寸小、单个器件成本低、适合大批量生产、易于集成等优点。这使得这类传感器适用于传感器大范围布置的应用场景。但由于传感面积的限制,这类传感器难以提升其分辨率。同时,如何保证机械结构的使用寿命,降低驱动功耗也是此类传感器面临的挑战。

3. 基于逆压电效应的微型电场传感器

当对压电材料施加电场时,材料内部晶格的位移会引起材料的机械变形,这被称为逆压电效应。因此,电场可以通过测量压电材料的机械变形来进行测量。测量压电材料形变的方法包括电容测量、压阻测量及光学测量等。

利用电容测量,可以对压电材料在电场下的形变进行测量[74]。将两层极化方向相反的压电聚合物薄膜黏合在一起形成电容上电极,将固定金属电极设置为电容下电极。当施加电场时,两层压电薄膜沿相反方向形变,导致电容上电极弯折,进而导致电容值发生变化。通过测量器件的电容变化,即可实现电场的测量。除了空气电容外,也可以使用类似结构测量材料电容,实现对电场的测量[75]。基于微加工工艺,可以将电容式的压电电场传感器微型化[76-77],其分辨率可以达到515V/m,电场测量范围超过1.5MV/m。将压电薄膜与硅薄膜设计为悬臂结构可以使薄膜获得更大的位移,进而提升电场传感器响应,如图11.17所示。在电场作用下,压电层作为有源层在水平方向上拉伸或收缩,带动悬臂结构上下弯折,进而改变结构电容。经过结构改进,电容式电场传感器的分辨率可以达到45V/m。

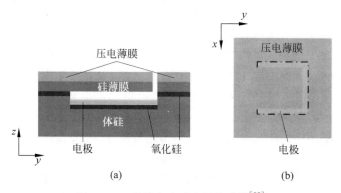

图 11.17 悬臂电容式电场传感器[77]

除了电容结构的电场传感器外,还可以通过压阻效应测量压电材料在电场下的形变[78],传感器结构如图11.18(a)所示。传感器由压电晶体、半导体薄膜、玻璃和基底组成。在半导体薄膜上通过离子掺杂形成压阻掺杂区,压阻掺杂区通过金属电极相连形成惠斯通桥结构,如图11.18(b)所示。当施加电场时,压电晶体由于逆压电效应发生形变,导致半导体薄膜产生应变,从而改变压阻掺杂区的电阻。惠斯通桥结构可以将电阻变化转换为输出

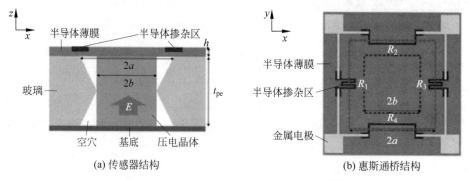

图 11.18 压电压阻耦合微型电场传感器[78]

的差分电压信号。实验结果表明,这种电场传感器的分辨率达到 12.7V/m,传感器的测量频带宽度为 DC～100kHz,最高测量幅值可达 1.57MV/m。

基于逆压电效应的电场传感器具有许多优点。由于微加工工艺,这些传感器往往体积小、成本低,因此适用于大规模传感器布置。同时,压电材料具有频率特性好、温度稳定性高等优点。然而,目前对于这种传感器的研究还不成熟。如何提升传感器的分辨率以及如何将压电材料与微加工工艺结合是这类传感器目前面临的挑战。

4. 基于静电力耦合的微型电场传感器

在电场作用下,导体中自由移动的载流子会沿电场方向定向移动至材料表面,以保证导体内部电场为 0。在导体表面聚集的电荷称为感应电荷。感应电荷会受到来自电场的静电力的作用。当静电力不平衡时,受力部分在静电力作用下会发生形变或位移。基于静电力的微型电场传感器可以利用传感结构在静电力作用下的形变及位移对电场进行测量。

一种利用压电效应测量传感结构在静电力下形变的新型电场传感器结构如图 11.19 所示[79-80]。该传感器的结构包括聚四氟乙烯驻极体、末端带有质量块的硅悬臂和两端涂有金属电极的压电层。当施加电场时,硅悬臂受到悬臂与驻极体之间的静电力而发生弯折,使得压电层发生变形并在两端金属电极处产生电荷。因此,电场可以通过测量压电层产生的电信号来进行测量。同时,带电荷的驻极体能够提供静电场偏置,实现静态工作点的调节和分辨率的提升。该电场传感器可以达到 15.8kV/m 的灵敏度以及约 20V/m 的分辨率。

利用光学方法也可以对传感器位移进行测量。基于感应电荷的电场传感器需要驱动源对遮蔽电极进行驱动,这就造成了功耗较高的问题。利用静电力进行驱动,可以对 MEMS 电场传感器进行改进[81],如图 11.20 所示。该电场传感器由 MEMS 部分和光学部分组成。带有孔阵列的可移动硅块通过硅弹簧连接到固定区域,玻璃层上附着与可移动硅块的孔相匹配的遮光金属。当在水平方向施加电场 E_0 时,由于静电力 F_{es} 的作用,可移动硅块在水平方向移动 Δx。可移动硅块上的孔与遮光金属的相对位移会改变 LED 光的通过率,进而影响光电二极管测量的光强。因此,电场可以通过光电二极管的输出电流变化进行测量。该传感器的分辨率约为 $100V/m/Hz^{-1/2}$,测量范围可以达到几十千伏每米。不过,光学模块增加了传感器结构的尺寸与复杂度、制备的难度以及传感器静态功耗。

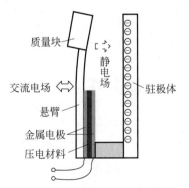

图 11.19 基于静电力的电场传感器[79]

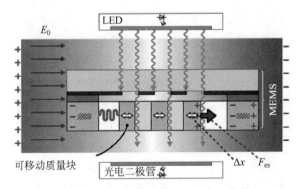

图 11.20 光学静电力电场传感器[81]

此外,利用压阻效应也可以测量在静电力作用下薄膜的位移,如图 11.21 所示[82]。传感器薄膜由硅层与接地金属层组成。薄膜通过硅弹簧与周围固定区域相连接。硅弹簧上设置通过离子掺杂制备的压阻掺杂区。压阻掺杂区通过金属电极连接形成惠斯通桥结构。在电场作用下,金属层受到静电力的作用上下振动,带动硅弹簧产生应力。在应力作用下,压阻掺杂区电阻发生变化,由惠斯通桥转化为差分信号。根据测试结果,该传感器分辨率能够达到 $172 \mathrm{V/m/Hz^{1/2}}$,能够测量 $312\mathrm{V/m} \sim 700\mathrm{kV/m}$ 的电场。由于薄膜在电场作用下的频率为电场频率的 2 倍,而电力系统中的谐波为奇次谐波,因此,传感器输出信号能够方便地与电场耦合噪声分离,达到较高的信噪比。

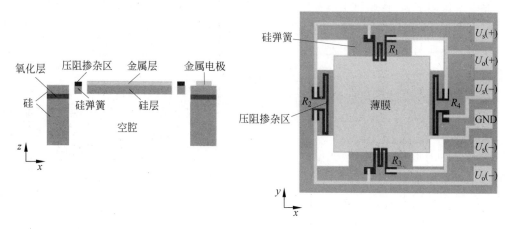

图 11.21 静电力—压阻效应耦合的电场传感器[82]

基于静电力的微型电场传感器利用待测电场作为驱动源,无须额外源对传感器机械结构进行驱动,因此降低了传感器的静态功耗。同时,基于微加工的制备工艺使这类传感器具有小尺寸、低成本以及批量生产的优点。另外,由于静电力驱动的二倍频特性,传感器的输出电压能够与电场耦合噪声分离,提升了传感器的信噪比,但这类传感器的截止频率往往受到传感器机械结构谐振频率的限制。

5. 不同微型电场传感器性能比较

除了上述研究较多的原理外,电场测量的研究还有很多新原理的尝试,如电致发光效应、电热效应及真空导向电子等。这些基于新原理的电场传感器的研究刚刚起步,传感器的原理和性能尚待完善。但多种原理的电场传感器设计也证明了电场传感器开发的广泛可能性。

不同原理的电场传感器典型性能及适用范围列举在表 11.2 中,不同原理的微型电场传感器也各有优缺点。基于电光效应的电场传感器具有传输无损、测量频带宽、动态响应快等优点,是目前唯一能满足线路雷电过电压监测需求的传感器。然而,这类传感器往往成本高,系统复杂,且温度稳定性较低,难以满足输电线路沿线分布式安装,一般安装在变电站线路入口处监测线路的雷电侵入波及短路故障。基于电荷感应的 MEMS 电场传感器体积小、成本低,但同时也存在功耗相对较高、频带窄、分辨率难以提升的缺点。

表 11.2 不同原理传感器典型性能[40]

原理	幅值范围	截止频率	分辨率	功耗	成本
电光效应(低场)	>22mV/m	10GHz	0.02V/m	较高	高
电光效应(高场)	<1MV/m	100MHz	500V/m	较高	高
电荷感应 MEMS	<5kV/m	3.9kHz	42V/m	较高	低
逆压电效应	<1.57MV/m	100kHz	12.7V/m	较低	低
静电力耦合	<1MV/m	700Hz	17V/m	较低	低

11.2 雷电与雷击故障的监测

11.2.1 基于雷电定位系统的输电线路雷击监测

雷电定位系统除了能够实现大量雷电数据的收集,帮助对地区内的雷电参数进行估计,进而为防雷措施与电力设备和线路的防雷设计提供重要的参考外,还能实时定位输电线路的雷击点位置,为线路雷击故障监测,特别是偏远山区线路的监测提供基础信息。德国慕尼黑大学开发的雷电监测网络 LINET 实现了欧洲范围内的广域雷电监测,其系统也在南美洲、大洋洲、非洲等地区安装[83]。中国在 2006 年实现了覆盖全国电网的全国雷电地闪监测网络,并不断在系统定位精度、测量参数范围、数据应用等方面取得了较大的提升[84]。

11.2.2 分布式雷击故障监测

由于雷击线路产生的瞬态行波在传输过程中会发生衰减与畸变,在变电站对雷击故障进行监测存在一定不足。因此,可通过分布式雷击故障监测技术对线路上各处的瞬态特征进行捕捉,进而更为清晰地对故障进行辨识[84]。图 11.22(a)所示为清华大学开发的用于输电线路监测的智能金具。该智能金具做成子间隔棒的结构,便于线路安装,其上固定有温度传感器、湿度传感器、TMR 电流传感器以及运动传感器,用于监测线路导线的运动轨迹,实现对电流、风偏、舞动、覆冰等的监测,中间部分为数据采集和处理单元,具有信息处理等边缘智能,同时能够从导线取能。图 11.22(b)所示为采用罗氏线圈的电流传感器。

(a) 含电流传感器的智能监测金具　　(b) 基于罗氏线圈的电流监测装置

图 11.22 用于线路分布式监测的电流传感器

图 11.23 所示为智慧输电线路的示意图。其功能节点为图 11.22 所示的智能金具,边缘节点为其他线路监测传感器,如线路绝缘子泄漏电流监测传感器,功能节点能收集边缘节点信息并进行处理。功能节点的监测信息可以通过特定的通信规约以"接力"的形式传送到线路两端变电站的汇集节点,传入主站进行信息处理,也可以通过 5G 网络传送信息。相邻功能节点通信,能快速定位二者之间发生的雷击等故障的位置和故障类型。图 11.24 给出了各种雷击故障的典型波形。

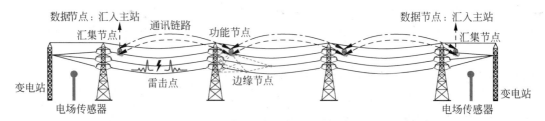

图 11.23 沿线分布式安装传感器的雷击故障监测系统示意图

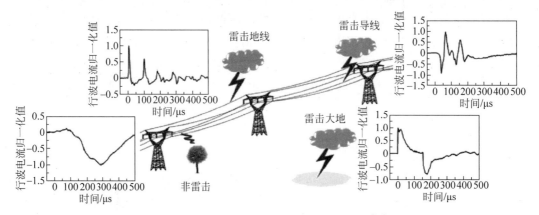

图 11.24 分布式雷击故障监测系统示意图[84]

图 11.25 所示为安装在变电站线路入口下的光学电场传感器,用于监测线路上传播而来的雷电过电压波形,可以实现对变电站附近的线路雷击等故障的定位。

图 11.25 在变电站进线处安装的光学电场传感器

11.2.3 光学观测技术

光学观测技术能够监测雷击地闪从云到地面的下行先导和地面始发的上行先导,是广域雷电地闪监测系统的有效补充。普通监控摄像机采集雷电图像的采样频率可达每秒60至100余帧[84-85],高速摄像机的采样频率可达数十万帧每秒[86]。图11.26所示为在湖北500kV道吉二回线上安装的雷电光学观测装置,检测到亮度突变时,在线监测装置通过高速快门连续拍照,利用照片记录雷电发展形态及位置。图11.27中展示了500kV输电线路上由监测装置拍摄到的雷击过程[83]。该系统能够智能感知雷击过程,并在图像采集后发送给远端服务器。

图 11.26 线路杆塔上安装的雷电光学观测装置

图 11.27 雷击光学路径监测装置拍摄到的雷击输电线路图片[83]

11.2.4 电流和电压反演

要实现线路雷击故障辨识和定位,首先需要获得雷击时在线路上产生的电流和电压信息,即需要基于传感器获取的输电线路的空间电场、磁场测量结果进行电压、电流的反演。如图11.11所示,用于线路电流监测的电流传感器一般做成带磁芯的结构,安装时套在导线上,这样能根据监测得到的磁场由安培环路定理计算得到电流。这种结构的另一优点是不论导线是否在磁环中心,都不会对电流反演带来误差。

对于单点安装的传感器,尽管目前在电气领域很多应用场景中已经开展了电磁反演技术的应用探索,但是针对输电线路产生的电场和磁场来进行电流波和电压波的反演重建仍没有较系统的研究。不过随着基于传感网络的电网监测技术的发展,反演问题将会取得快速突破。下面只以长直线电流反演为例进行简单介绍[87-92]。

首先对长直线电流产生的空间磁场进行正向计算。如图11.28中的长直线电流模型,其方向向量表示为

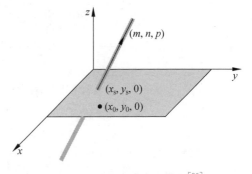

图 11.28 长直线电流模型[90]

$$\mathrm{d}\boldsymbol{l} = \mathrm{d}l \cdot (m, n, p), \quad \mathrm{s.t.} \ |m^2 + n^2 + p^2| = 1 \tag{11.12}$$

假设测量点均在 $z=0$ 的平面上,当长直线电流穿过 $z=0$ 平面时,与平面相交的坐标为 $(x_s, y_s, 0)$,测量点的坐标为 $(x_0, y_0, 0)$,电流的单位方向向量为 (m, n, p)。根据几何关系,测量点到长直线电流的距离为

$$r = \sqrt{(x_0-x_s)^2 + (y_0-y_s)^2} \sqrt{1-(m^2\cos^2\alpha + n^2\sin^2\alpha + 2mn\sin\alpha\cos\alpha)} \tag{11.13}$$

式中,$\alpha = \arctan\left(\dfrac{y_0-y_s}{x_0-x_s}\right)$。

在计算磁场强度时采用安培环路定律,通过 $\mathrm{d}\boldsymbol{l} \times \boldsymbol{r}$ 计算磁场方向,最终得到长直线电流在测量点 $(x_0, y_0, 0)$ 处的磁场矢量值为

$$\boldsymbol{H} = \dfrac{I \cdot \begin{bmatrix} -p(y_0-y_s) \\ p(x_0-x_s) \\ m(y_0-y_s)-n(x_0-x_s) \end{bmatrix}^{\mathrm{T}}}{2\pi r} \tag{11.14}$$

式中,r 采用式(11.13)计算。

长直线电流的未知参数包括两个位置参数($z=0$ 平面上的 x_s, y_s)、两个方向参数(存在约束条件的 m, n, p)及一个电流幅值参数(I)。关于长直线电流的反演问题即为:在已知磁场矢量分布的基础上,通过数值或解析方法得到上式中长直线电流的未知参数,并可以根据参数求解结果计算得到更大范围内的磁场分布。

当线电流方向与测量平面垂直时,以上模型化为我们经常处理的一维无限长线电流下的安培环路定律模型,对应电流的单位方向向量为 $(m, n, p) = (0, 0, 1)$,式(11.14)即简化为如下形式:

$$\boldsymbol{H} = \dfrac{I}{2\pi[(x_0-x_s)^2+(y_0-y_s)^2]} \begin{bmatrix} -(y_0-y_s) \\ (x_0-x_s) \\ 0 \end{bmatrix}^{\mathrm{T}} \tag{11.15}$$

此时的反演问题求解涉及长直线电流的位置参数 (x_0, y_0) 及幅值参数 (I)。长直线电流的参数分为方向参数、位置参数及幅值参数三类,三类参数在式(11.14)中的形式不同,对磁场矢量的影响不同,因此在已知空间三维磁场强度进行单根长直线电流的反演时,三类参数可以根据不同的数据处理方式得到,具体求解过程如图 11.29[90]。

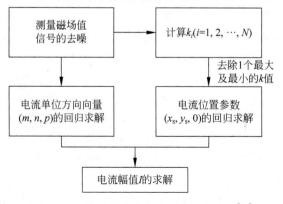

图 11.29 单根长直线电流反演算法流程[90]

在方向向量参数的求解中,磁场矢量 $\boldsymbol{H}$ 与电流方向向量 $\mathrm{d}\boldsymbol{l}$ 在空间中相互垂直。假设测量点的数目为 N,在各测量点处磁场矢量已知的情况下,求解式(11.16)得到电流的单位方向向量,其中"·"代表向量间的点乘计算:

$$(m,n,p) = \mathrm{regression}\begin{cases} (m,n,p) \cdot (H_{1x}, H_{1y}, H_{1z}) = 0 \\ \vdots \\ (m,n,p) \cdot (H_{Nx}, H_{Ny}, H_{Nz}) = 0 \end{cases} \quad (11.16)$$

式中,(H_{ix}, H_{iy}, H_{iz}) 表示第 i 个($i=1,2,\cdots,N$)测量点处的磁场矢量值,单位方向向量 (m,n,p) 满足 $|m^2+n^2+p^2|=1$。

在位置参数的求解中,当测量点均在 $z=0$ 平面上时,由式(11.16)可知,第 i 个测量点处 x 和 y 方向上磁场强度之比的相反数即为测量点与电流源点连线在 $z=0$ 平面上的正切值:

$$-\frac{H_{ix}}{H_{iy}} = \frac{y_{i0} - y_s}{x_{i0} - x_s} = k_i \quad (11.17)$$

从而根据如下线性回归求得长直线电流与 $z=0$ 平面的交点 $(x_s, y_s, 0)$:

$$(x_s, y_s) = \mathrm{regression}\begin{cases} y_{10} - y_s = k_1(x_{10} - x_s) \\ \vdots \\ y_{N0} - y_s = k_N(x_{N0} - x_s) \end{cases} \quad (11.18)$$

在得到电流的方向参数及位置参数后,根据各磁场强度值及式(11.14)可以求得式中的线性系数,从而得到电流幅值 I。

11.3 雷电故障暂态信号的时频分析方法

用于雷电暂态信号的时频分析方法主要包括短时傅里叶变换[91-92]、小波变换[93-95]、S变换[96-97]与主成分分析[98]等。1994年 Stockwell 等提出的 S 变换是另一种常见的信号时频分析方法,其可看作连续小波变换的一种拓展[97],也被用于雷电暂态信号分析来识别线路雷击故障类型[99]。限于篇幅,本节只介绍广为采用的小波变换。

11.3.1 小波变换

1. 连续小波变换

小波分析方法的提出可以追溯到1910年 Haar 提出的第一个规范正交小波基。小波变换真正得到广泛的研究与应用是从1984年 Morlet 和 Grossman 提出连续小波变换的概念,以及1986年 Meyer 创造性地构造出具有一定衰减性的光滑函数,即正交小波函数开始的[100]。1987年,Mallat 提出了多分辨分析,奠定了统一构造小波函数的基础,同时给出了小波分解和重构的 Mallat 算法[101],使小波变换的工程应用更加容易。1988年,Daubechies 构造了具有有限支撑集的正交小波基,小波分析的系统理论得到初步建立[22]。1990年,崔锦泰和王建中构造了基于样条的半正交小波函数[102],小波分析理论进一步完善。目前,小波变换在医学成像与诊断、地震监测、机械振动分析、行波信号分析等领域已具有较为广泛的应用。除上述介绍的阶段性文献外,可进一步阅读小波理论中有影响的教科书[103]和有影响的文献[104-106]。

所谓母小波或基小波、小波基函数就是函数 $\psi(t)$ 在整个实数域上既属于可测、平方可积的希尔伯特空间,又满足其傅里叶变换在 $\omega=0$ 时,其值为 0:

$$\begin{cases} \psi(t) \in L^2(\mathbf{R}) \\ \hat{\psi}(0) = 0 \end{cases} \tag{11.19}$$

其物理意义是具有振荡特征且快速衰减。

对母小波进行伸缩和平移可得到一组小波函数族 $\{\psi_{a,b} | a \in \mathbf{R}_+, b \in \mathbf{R}\}$,其表达式为

$$\psi_{a,b}(t) = \frac{1}{\sqrt{a}} \psi\left(\frac{t-b}{a}\right) \tag{11.20}$$

式中,ψ 为母小波,a 为尺度因子,b 为平移因子。

对于复数小波 $\psi_{a,b}(t)$,其连续小波变换定义为

$$W_x(a,b) = \langle x, \psi_{a,b} \rangle = \int_{-\infty}^{\infty} x(t) \psi_{a,b}^*(t) dt \tag{11.21}$$

式中,$\psi_{a,b}^*(t)$ 是 $\psi_{a,b}(t)$ 的复共轭,当 $\psi_{a,b}(t)$ 为实函数时两者相等。从式(11.21)可看出,一个一维的信号 $x(t)$ 通过尺度因子为 a、平移因子为 b 的小波变换转换为一个新的二维函数。平移因子 b 的作用是确定对 $x(t)$ 分析的时间位置。尺度因子 a 的作用是把母小波 $\psi(t)$ 作伸缩。具体而言,a 越大则 $\psi(t/a)$ 的时域宽度变得越大,a 越小则 $\psi(t/a)$ 的时域宽度变得越窄,如图 11.30 所示[107]。所以,a、b 二者结合,确定了对 $x(t)$ 分析的中心位置及分析的时间宽度。

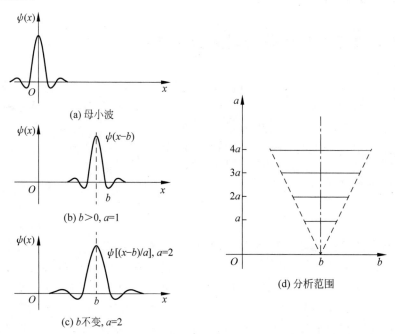

图 11.30 母小波的伸缩及参数 a 和 b 对分析范围的控制[107]

在特定的尺度因子 a、平移因子 b 下,小波变换系数 $W_x(a,b)$ 表示了原始信号 $x(t)$ 与该特定小波的相关程度。所以整个系数族就是原始信号 $x(t)$ 在母小波 $\psi(t)$ 下的小波表示。

小波变换的频域表达式为

$$W_x(a,b) = \sqrt{a}\int_{-\infty}^{+\infty} X(\xi)\hat{\psi}^*(a\xi) e^{j2\pi\xi b} d\xi \quad (11.22)$$

式中,$X(\omega)$为$x(t)$的傅里叶变换,$\hat{\psi}(\xi)$为$\psi(t)$的傅里叶变换。

信号$x(t)$由它的小波变换重构的公式为[108]

$$x(t) = \frac{1}{C_\psi}\int_{-\infty}^{+\infty}\int_{-\infty}^{+\infty} W_x(a,b)\psi_{a,b}(t)\frac{1}{a^2} da\, db \quad (11.23)$$

式中,$C_\psi = \int_{-\infty}^{+\infty} |\xi|^{-1}|\hat{\psi}(\xi)|^2 d\xi$。

2. 小波变换的恒Q性质

傅里叶变换、短时傅里叶变换和小波变换的时频分辨率特点如图11.31所示。从短时傅里叶变换与小波变换的对比中可见,尽管短时傅里叶变换通过加时间窗的方式实现了一定的时间分辨率,但其时间分辨率与频率分辨率不随频率变化。小波变换在高频段具有更高的时间分辨率,在低频段具有更高的频率分辨率,这符合信号时频分析的一般要求。

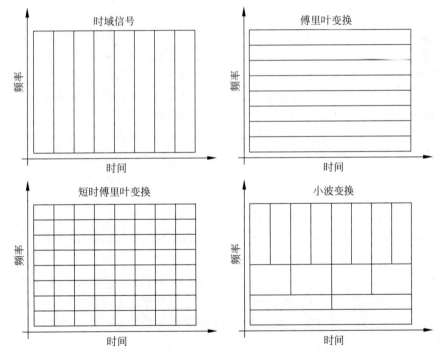

图 11.31 不同时频分析方法的时频分辨率特点

进一步地,与傅立叶变换与短时傅里叶变换相比,小波变换具有良好的时频局部化性能。为了说明小波变换的时频局部化性能,首先给出窗函数的定义。如果函数$w(t)$满足$w(t)\in L^2(\mathbf{R})$且$tw(t)\in L^2(\mathbf{R})$,则称$w(t)$为一个窗函数。表征窗函数的两个参数是窗函数中心与半径。若窗函数$w(t)$同时也是偶函数,即$w(t)=w(-t)$,则称其为双窗函数。因为小波基函数$\psi(t)$具有紧支集且快速衰减,所以认为$\psi(t)$和它的傅里叶变换$\hat{\psi}(\omega)$都可作窗函数。设 $\psi(t)$ 的中心为 t^*，半径为 $\Delta\psi$（宽度为 $2\Delta\psi$），则 $\psi_{a,b}(t)$ 的中心为 $b+at^*$，而半径为 $a\Delta\psi$，于是函数 $\psi_{a,b}(t)$ 定义了一个时间窗：

$$[b+at^* - a\Delta\psi, b+at^* + a\Delta\psi] \tag{11.24}$$

又设 $\hat{\psi}(\omega)$ 的中心为 ω^*，半径为 $\Delta\hat{\psi}$，则因为 $\hat{\psi}_{ab}(\omega)=a|a^{-1/2}|\mathrm{e}^{-\mathrm{j}b\omega}\hat{\psi}(a\omega)$，显然 $\hat{\psi}_{ab}$ 的中心为 ω^*/a，而半径为 $\Delta\hat{\psi}/a$，也同样定义了一个频率窗：

$$\left[\frac{\omega^*}{a}-\frac{\Delta\hat{\psi}}{a}, \frac{\omega^*}{a}+\frac{\Delta\hat{\psi}}{a}\right] \tag{11.25}$$

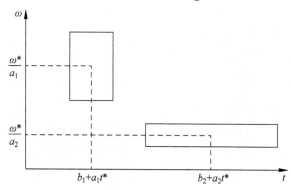

图 11.32 时间频率同一平面上的时频窗函数[109]

如果把上面定义的两个窗函数，时间窗和频率窗，绘制在时间—频率平面上，将获得一个矩形的时间频率窗，如图 11.32 所示。其中时间窗的宽度为 $2a\Delta\psi$，频率窗的宽度为 $2\Delta\hat{\psi}/a$，整个时频窗的面积为 $4\Delta\psi\,\Delta\hat{\psi}$，并且不随伸缩系数 a 和平移系数 b 的变化而变化。当伸缩系数 a 变大时，矩形窗变宽（时间窗变宽），高度变窄（频率窗变小），适于检测比较大范围的低频信号变化；当伸缩系数 a 变小时，矩形窗变窄（时间窗变小），高度变宽（频率窗变大），适于检测比较小范围的高频信号变化。另外，窗的中心向 ω 增大的方向移动，即提供了一个时、频平面上可调的自适应分析窗口。

以上特点即是小波变换恒 Q 性质的具体体现。Q 为母小波 $\psi(t)$ 的品质因数。定义：
$$Q = 带宽（频率窗宽度）/ 中心频率$$

对 $\psi(t/a)$，其为

$$Q = \frac{2\Delta\psi/a}{t^*/a} = \frac{2\Delta\psi}{t^*} \tag{11.26}$$

信号时域中的快变成分，如陡峭的前沿、后沿、尖脉冲等属于高频成分，故时频分析窗应该处于高频的位置。对于这类信号分析时要求时域分辨率好，以适应快变成分时间间隔短的需要，对频域的分辨率则可以放宽。与此相反，低频信号往往是信号中的慢变成分，对这类信号分析时一般希望频率的分辨率好，而时间的分辨率可以放宽，同时分析的中心频率也应移到低频处。显然，小波变换的特点可以自动满足这些客观实际的需要。这一特性决定了它在突变信号的处理上的特殊地位，也是它区别于其他类型的变换且被广泛应用的一个重要原因。

3. 常用小波函数

(1) Haar 小波。Haar 小波源自数学家 Haar 于 1910 年提出的 Haar 正交函数集，是最简单的小波，定义为

$$\psi(t)=\begin{cases}1, & 0\leqslant t\leqslant 1/2\\ -1, & 1/2\leqslant t<1\\ 0, & 其他\end{cases} \tag{11.27}$$

Haar 小波的波形如图 11.33 所示。它是目前唯一具有对称性及有限支撑的正交小波，但其具有不连续性，在实际的信号分析与处理中受到了一定的限制。

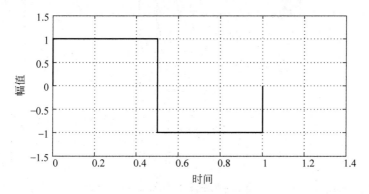

图 11.33 Haar 小波的波形[109]

（2）莫莱特（Morlet）小波。莫莱特小波是单频复正弦调制高斯波，定义为

$$\psi(t) = e^{-t^2/2} e^{j\omega t} \tag{11.28}$$

通常 $\omega \geqslant 5$，$\omega = 5$ 最为常见。Morlet 小波的波形如图 11.34 所示。Morlet 小波是复小波，其波形对称、快速衰减、非紧支撑、不具有尺度函数。Morlet 小波的时、频域局部性良好，用于连续小波变换，常用于复信号时频分析，应用较为广泛。

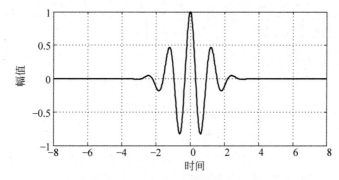

图 11.34 Morlet 小波的波形[109]

（3）墨西哥草帽（Mexican hat）小波。该小波由于形状像墨西哥草帽，也称作墨西哥草帽小波。墨西哥草帽小波是高斯函数的二阶导数，在视觉信息加工和边缘检测方面应用广泛，定义为

$$\psi(t) = c(1 - t^2) e^{-t^2/2} \tag{11.29}$$

式中，$c = 2\pi^{1/4}/\sqrt{3}$，其波形如图 11.35 所示[109]。墨西哥草帽小波的时、频域局部性良好，接近人眼视觉的空间响应特征，可用于计算机视觉中的图像边缘检测[110]。

（4）Daubechies 小波。Daubechies 小波简称 db 小波，由法国学者 Daubechies Ingrid 于 20 世纪 90 年代初提出。Daubechies 对小波变换的理论做出了突出的贡献，特别是在尺度 a 取 2 的整数次幂时的小波理论及正交小波的构造方面进行了深入的研究。有限紧支正交小波在信号的小波分解和数据压缩中有着重要作用，在实施中不需要对小波进行人为截断，具有计算速度快、精度高等特点。db$N$ 中的 N 表示 db 小波的阶次，当 $N=1$ 时，db1 即是

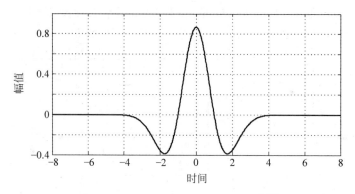

图 11.35 Mexican Hat 小波的波形[109]

Haar 小波。db 小波是非对称的。db4 的波形如图 11.36 所示。db4 小波在电力系统暂态分析中时常用到。这种分解可获得很好的频域分辨率，相对均匀滤波器组和短时傅里叶变换有着诸多突出的优点，因此获得了广泛应用。

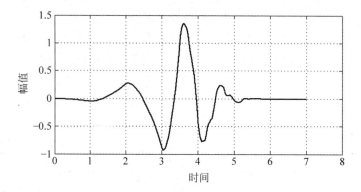

图 11.36 db4 小波的波形[109]

但这种分解仅是将 V_j 逐级往下分解，而对 W_j 不再作分解。比较 W_1 和 W_2，显然 W_1 对应最好的时间分辨率，但频率分辨率最差。这在既想得到好的时间分辨率又想得到好的频率分辨率的场合不能满足需要。当然，在任何情况下，时间和频率分辨率之间都要受到不定原理的制约，但是可根据工作的需要在二者之间取得最好的折中。例如，在多分辨率分解的基础上，可将 W_j 空间再作分解，如图 11.37 所示。

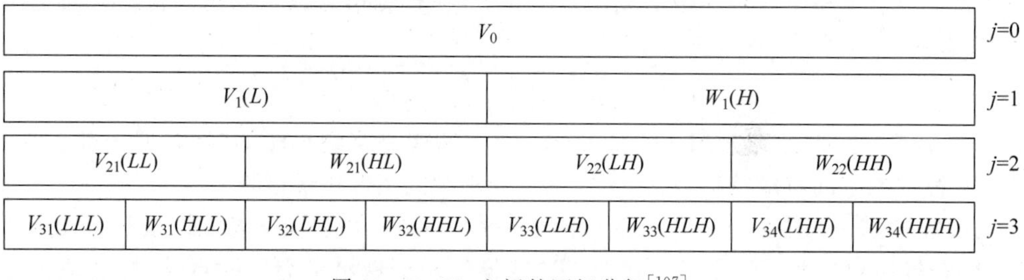

V_0								$j=0$
$V_1(L)$				$W_1(H)$				$j=1$
$V_{21}(LL)$		$W_{21}(HL)$		$V_{22}(LH)$		$W_{22}(HH)$		$j=2$
$V_{31}(LLL)$	$W_{31}(HLL)$	$V_{32}(LHL)$	$W_{32}(HHL)$	$V_{33}(LLH)$	$W_{33}(HLH)$	$V_{34}(LHH)$	$W_{34}(HHH)$	$j=3$

图 11.37 V_0 空间的逐级分解[107]

在图 11.37 的分解中，任取一组空间进行组合，如果这一组空间能将空间 V_0 覆盖并且相互之间不重合，则称这一组空间中的正交归一基的集合构造了一个小波包（wavelet packet)。显然,小波包的选择不是唯一的,即对信号分解的方式不是唯一的。如在图11.36中,可选择① "$V_{31}, W_{31}, V_{32}, W_{32}, V_{33}, W_{33}, V_{34}, W_{34}$"、② "$V_{31}, W_{31}, W_{21}, V_{22}, W_{22}$"、③ "$V_1, V_{22}, W_{22}$"等不同空间来组合,它们都可覆盖$V_0$,相互之间又不重合。如何决定最佳的空间组合及寻找这些空间中的正交归一基是小波包的重要研究内容。

4. 小波变换模极大值

所谓小波变换的模极大值,就是假设$W_x(a,b)$是信号$x(t)$的小波变换,在尺度a下,在b_0的某一邻域δ,对一切b有

$$|W_x(a,b)| \leqslant |W_x(a,b_0)| \tag{11.30}$$

则称b_0为小波变换的模极大值点,$W_x(a,b_0)$为小波变换的模极大值。

从前面的叙述中,小波变换天生具有多分辨特性。在某一确定的分辨率下,其物理特性相当于一个滤波器,如三次样条函数的傅立叶变换就是一个低通滤波器。所谓模极大值点就是在该点,原始信号与该尺度下的小波最相关。也就是说,在该点,原始信号中的对应频段分量最大。所以,对电力系统暂态信号分析而言,小波变换的模极大值能直观、简单地表示暂态信号的突变点,而且突变信号与噪声的物理特性不同。对电力系统电磁暂态突变信号而言,其主要原因是电容上的电压不能突变和电感上的电流不能突变,所以其频率范围广,甚至可以说在突变点,其信号全频分布,但由于线路损耗的影响,在测试点可能不是全频的。而噪声则是随机的,也可以说频率范围狭窄。这样就可以根据小波变换多分辨性特性,通过小波变换的模极大值直观地提取出信号,排除噪声对分析的影响。

5. 小波能量谱

根据帕塞瓦尔原理(Parseval theorem),小波基为一组正交基时,信号经小波变换后得到不同尺度下频率分量的总能量和等于原信号的能量,因此通过小波多尺度分解后可以得到不同尺度所占的能量,并通过不同尺度所占能量的比例来对信号进行分析。j尺度下的能量公式为

$$E_j = \sum_{k=1}^{N} |d_j(k)|^2 \tag{11.31}$$

式中,$d_j(k)$为j尺度下高频分量系数;N为j尺度下高频分量系数个数,其与信号长度相关。

11.3.2 雷电故障暂态信号的小波变换特征

如图11.38所示[109],雷击输电线路,观测点位于母线M与雷击线路相交处。测量电流为雷击线路上的电流,采样频率为1MHz,雷击发生时刻为1ms,仿真时间为4ms。雷击点到线路测点的波传播时间为0.1ms,线路长为30km,同塔双回线上波传播时间为0.2ms,线路长为60km。雷电流为2.6/50μs的标准双指数波,幅值为5kA,未发生闪络。

仿真计算得到的电流暂态波形如图11.39所示[109]。小波变换模极大值特征结果如图11.40。雷击在1ms时刻发生后,经过0.1ms的时间延迟

图11.38 雷击故障电路模型[109]

后,传播到测点,测点得到的行波在此时刻发生突变,对应于小波变换的一个模极大值,时刻为 1.1ms。同时行波在此处发生折反射,反射回雷击点的波在经过 0.2ms 的延迟后,又到达测点,极性与初始波相反。与此同时,雷击点的二次反射波到达测点,极性与初始行波相同,依次类推,因线路损耗小且电流无入地点,波的折反射将一直进行下去。

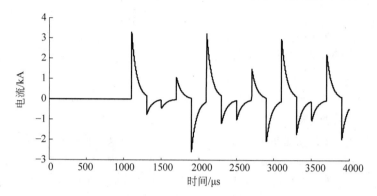

图 11.39 雷击暂态电流波形[109]

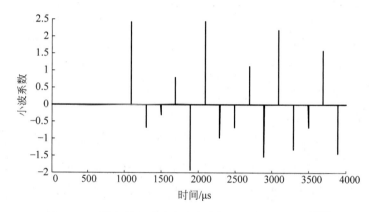

图 11.40 雷击暂态电流小波变换模极大值(第 3 层)[109]

以上对单相线路进行了分析,对三相的电力系统也可以用同样的方法进行分析。三相系统存在的耦合问题可以通过相模变换解耦,转化为在模量上进行分析。从以上的分析中可以看出,小波变换及其模极大值分析是电力系统电磁暂态及故障定位的有效分析工具,能更简单直观表现电力系统暂态行为。

11.3.3 雷击时暂态电流的小波能量谱特征

如图 11.41 所示[109],对象为 110kV 单回输电线路,杆塔为混凝土单杆,仿真步长 0.1μs,绘图输出步长为 1μs,即相当于采样频率达到了 1MHz,母线杂散电容 1μF。距离故障点不同距离均设置观测点,设置故障为绕击故障、反击故障、短路故障。雷电流采用 2.6/50μs 的标准双指数雷电流波。

以绕击为例,绕击 B 相,造成 B 相雷击闪络,

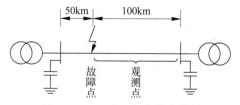

图 11.41 110kV 输电线路模型

雷电流为10kA,故障初始角为90°,距离绕击点2km处得到的三相电流波形如图11.42所示。

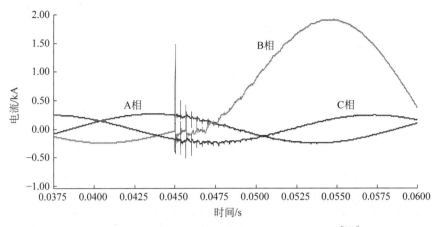

图 11.42　距离绕击点 2km 处得到的三相电流波形[109]

根据小波变换的多分辨率分析,将电流信号进行多尺度分解,设置分解尺度为 9,小波基选取 db4,计算 $d_1(n) \sim d_9(n)$ 的高频细节分量以及 $a_9(n)$ 低频分量,再将各高频及低频分量重构,重构结果包含了不同频带所包含的信息,可以得到 B 相绕击暂态电流多分辨率分解波形如图 11.43 所示。由于雷电波含有丰富的高频分量,所以故障电流波形在各个频带都有一定的输出。d_1 对应的最高频分量仅在前 1000 个点中存在,之后就迅速衰减消失,说明最高频分量仅在故障刚发生的初始时间段内存在。从趋势上来看,由于雷电流叠加在工频电流之上,除了基频以外,所有的其他频率分量都在衰减,越高频的分量衰减得越快。

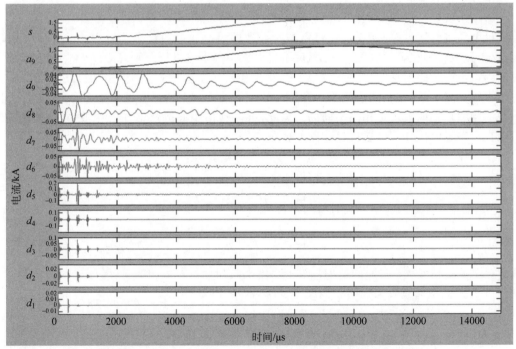

图 11.43　绕击 B 相时 B 相故障电流及其多分辨率分解波形[109]
$$s = a_9 + d_9 + d_8 + d_7 + d_6 + d_5 + d_4 + d_3 + d_2 + d_1$$

进一步分析故障电流波形,求出故障相电流每一尺度的信号总能量,将总能量合起来构造成特征向量。由于所有的故障电流都含有基频分量,因此舍去含有基频分量的 a_9 频段信号能量,得到特征向量 $\boldsymbol{E} = [E_1, E_2, \cdots, E_9]$。通过式 $\boldsymbol{E}' = \boldsymbol{E}\Big/\sqrt{\sum_{j=1}^{9}|\boldsymbol{E}_j|^2}$ 归一化,可得到图 11.44(a)。同理对于反击故障、短路故障也可以得到图 11.44(b)、图 11.44(c) 的结果。

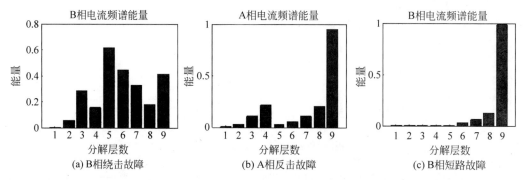

图 11.44 故障相暂态电流小波能量谱(距故障点 2km)[109]

由图 11.44 可以发现,由于雷电流含有丰富的高频分量,绕击故障时雷电流直接流入输电线路,故绕击故障暂态电流含有最明显的高频分量。反击故障时雷电流从杆塔经绝缘子流入输电线路,一部分雷电流经杆塔分流入地,且由于过电压后截波现象的存在,所以仅有一定量的高频成分,尺度 3、尺度 4 频段都有一定的含量,相比绕击少了很多。而短路故障与雷击故障相比,高频分量所占成分极低,相当于在故障点叠加一个反向的工频电源,因此其频率分量仅有低频分量。

通过小波变换对雷击电压波形进行分析,能够通过简单的特征对直击雷过电压和雷电感应过电压进行区分。文献[111]将雷击所导致的过电压简单地分为三类:雷电感应过电压、反击过电压和绕击过电压。其中,反击过电压与绕击过电压分别对应反击故障与绕击故障。当雷击在线路附近的物体或大地上引发雷电感应过电压时,尽管电压波形的形状、幅值等因素较为复杂,但三相波形一般具有较高的相似性。与雷电感应过电压不同,直击雷过电压在三相波形上的表现是相当不同的。据此,可以利用小波能量谱在三相波形上的相似性实现直击雷过电压和雷电感应过电压的区分。

为了体现波形的时变特性,定义时变小波能量谱矩阵:

$$\boldsymbol{E} = \begin{bmatrix} E_1^1 & E_1^2 & \cdots & E_1^I \\ E_2^1 & E_2^2 & \cdots & E_2^I \\ \vdots & \vdots & \ddots & \vdots \\ E_J^1 & E_J^2 & \cdots & E_J^I \end{bmatrix} \tag{11.32}$$

式中,E_j^i 表示信号第 i 个时间段内尺度 j 尺度下高频分量系数的能量,时间段共有 I 段,尺度共有 J 个。由此可定义相间相似度,并以 A、B 两相为例:

$$S_{AB} = \frac{\sum_{j=1}^{J}\sum_{i=1}^{I}\boldsymbol{E}_A(j,i)\boldsymbol{E}_B(j,i)}{\sqrt{\sum_{j=1}^{J}\sum_{i=1}^{I}\boldsymbol{E}_A^2(j,i) \cdot \sum_{j=1}^{J}\sum_{i=1}^{I}\boldsymbol{E}_B^2(j,i)}} \tag{11.33}$$

式中，E_A 与 E_B 分别为 A 相与 B 相的时变小波能量谱矩阵。

图 11.45 所示为不同类型的雷击电压波形[112]。在小波能量谱矩阵的具体计算中，将频谱分为 16 段，分别为 1.25～2.5MHz、0.625～1.25MHz、312～625kHz、156～312kHz、78～156kHz、39～78kHz、19～39kHz、9.7～19kHz、4.8～9.76kHz、2.44～4.8kHz、1.22～2.44kHz、0.61～1.22kHz、305～610Hz、152～305Hz、76～152Hz、0～76Hz；信号在时间上划分为 10 个时间段，每个时间段对应 0.002s，信号总时长为 0.02s。图 11.46、图 11.47 与图 11.48 中分别展示了雷电感应电过电压、反击过电压、绕击过电压等情况的时变小波能量谱，图中 E 为小波能量，f 为频率，t 为时间。

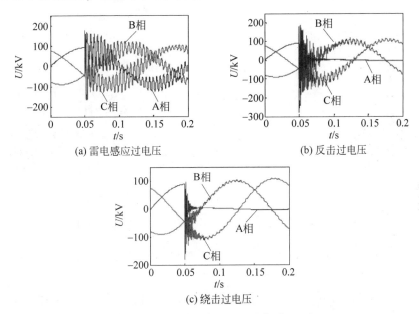

图 11.45 不同类型雷击电压波形示例[112]（见文前彩图）

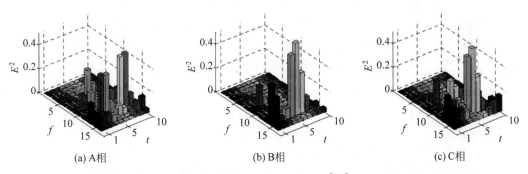

图 11.46 雷电感应过电压时变小波能量谱[112]（见文前彩图）

通过式(11.33)计算得到 S_{AB}、S_{BC} 与 S_{AC} 后，可进一步计算其平均相似度：

$$S = \frac{1}{3}(S_{AB} + S_{BC} + S_{AC}) \tag{11.34}$$

在该案例中，设定区分的阈值为 0.6，因此当 $S > 0.6$ 时，判断为雷电感应过电压，否则为直击雷过电压。具体而言，图 11.46、图 11.47 和图 11.48 中的小波能量谱所对应的平均

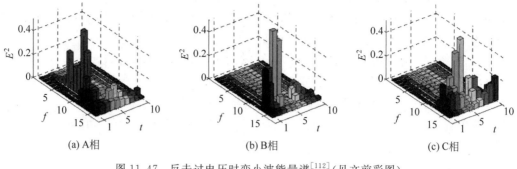

图 11.47 反击过电压时变小波能量谱[112]（见文前彩图）

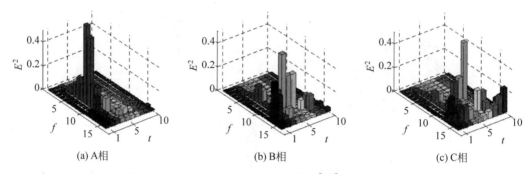

图 11.48 绕击过电压时变小波能量谱[112]（见文前彩图）

相似度分别为 0.7113、0.3588 和 0.4696，因此可对其属于雷电感应过电压或直击雷过电压做出正确的判断。

综合以上几例可以看到，电力系统暂态信号经小波变换后可以提取各种特征量，获得隐藏在故障波形中的各种信息，模极大值提取的特征量有助于确定行波波头、实现故障定位，小波能量谱提取的特征量则有助于识别故障的种类。当然，小波特征提取方法多种多样，其他方法如与神经网络结合分析法、小波系数统计与聚类分析法、小波熵提取法等。

11.4 人工智能技术在输电线路故障识别中的应用

11.4.1 诊断方法概述

基于数据驱动的人工智能技术已在输电线路故障识别中得到了应用[113-117]。输电线路故障诊断方法的基本框架总结如图 11.49 所示。传统的故障诊断方法一般对应图 11.49(a)，即利用专家经验人工设计一定的特征，再基于一定的规则或机器学习方法实现诊断模型。传统的基于人工设计特征的故障分类方法不能全面地获取信号波形中的信息，因此欠缺鲁棒性。智能故障诊断方法主要采用图 11.49(b)与(c)中所描述的框架[113]。其中，图 11.49(b)中将人工设计的特征提取方法替换为数据驱动的特征提取方法，而图 11.49(c)中则用深度神经网络同时实现特征提取以及基于特征的机器学习模型构建两个步骤。传统的机器学习模型用于电力系统故障诊断，可以在特定的数据集上取得较好的故障诊断效果，但这些模型的

11.4 人工智能技术在输电线路故障识别中的应用

泛化能力和鲁棒性还有待深入研究。基于 CNN 的输电线路故障分类模型能够全面把握信号中与故障有关的信息,对噪声与数据错误等因素具有较高的鲁棒性,同时模型的可解释性能够帮助验证其鲁棒性的来源[113]。

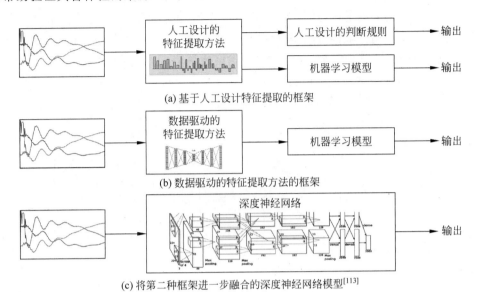

图 11.49 不同的故障诊断方法框架

本节主要讨论输电线路短路故障的分类问题,因此主要使用的数据为输电线路短路故障波形数据。如图 11.50 所示,在第一种方法中,除了使用短路故障数据,还使用其他电力系统暂态波形数据,包括电容器投切过电压与雷电过电压两类。这两类波形数据与短路故

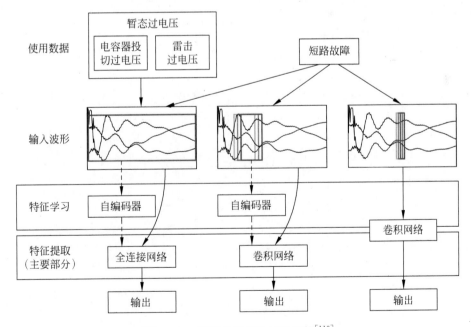

图 11.50 不同分析方法过程比较[113]

障共同组成数据集,并用于训练可区分不同类型暂态波形的模型。第二种方法与第三种方法仅使用短路故障波形数据,其任务为输电线路短路故障分类。

在图 11.51 和图 11.52 中分别给出了一个 138kV 变电站电容器投切过电压和雷电侵入波过电压波形的若干例子作为图 11.50 的输入波形[113]。方法一使用的短路故障电压波形数据从数据集一种随机采样得到,其中单相接地故障样本为有标记数据,并作为暂态波形分类任务的一个类别。其他类型的故障(非单相接地故障)的样本为无标记数据,这些数据用于训练自编码算法(stacked autoencoder,SAE)并获得特征。部分单相接地故障波形数据如图 11.53 所示,而部分非单相接地故障波形数据如图 11.54 所示[113]。

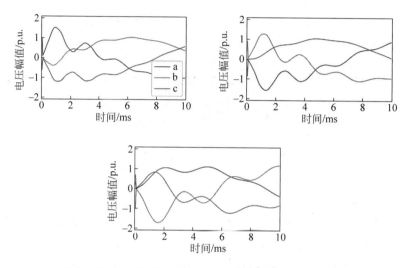

图 11.51　电容器投切过电压波形举例[113](见文前彩图)

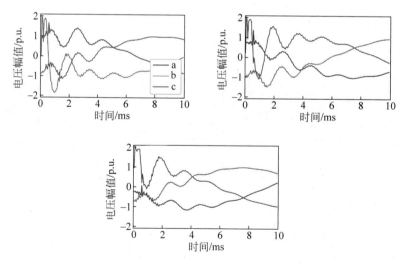

图 11.52　雷电过电压波形举例[113](见文前彩图)

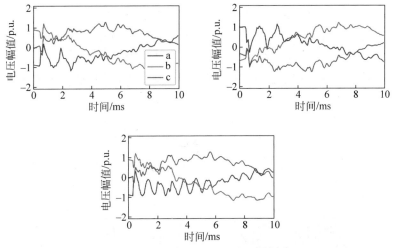

图 11.53 单相接地输电线短路故障波形举例[113]（见文前彩图）

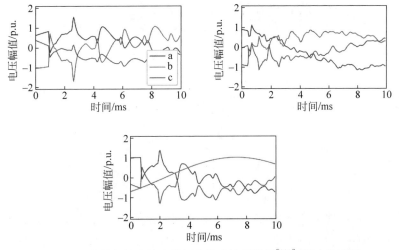

图 11.54 非单相接地输电线短路故障波形举例[113]（见文前彩图）

11.4.2 通过稀疏自编码器实现暂态波形分类

自编码算法是一种无监督算法，可以自动从无标注数据中学习特征，给出比原始数据更好的特征描述。自编码器是一种人工神经网络（artificial neural network，ANN）结构，其训练时使用的完整结构分为编码器（encoder）与解码器（decoder）两个部分，其中编码器对输入数据编码并得到隐含特征表示，而解码器则对特征表示进行解码，尽可能地恢复输入数据[118]。训练后的编码器即可用于提取数据的特征表示。SAE 对编码器得到的特征表示的稀疏性有一定要求，迫使模型提取更关键的特征。

图 11.55 中给出了利用 SAE 实现暂态波形分类的框架[116]。图中的特征提取器由两层堆叠 SAE 组成。隐含层的实际数量取决于待处理的数据集的性质和复杂程度。从输入波形中提取的特征表示（单层 SAE 或堆叠 SAE 的输出）可直接作为 Softmax 分类器的输入，并由 Softmax 分类器给出最终的分类结果。整个框架的实现可分为以下几个步骤：

(1) 训练步骤一：利用无标记训练数据训练 SAE（即从数据中无监督地提取特征）。

(2) 训练步骤二：将有标记训练数据输入训练好的 SAE，并获得这些数据的特征表示。

(3) 训练步骤三：将上一步中获得的特征表示作为 Softmax 分类器的训练数据，训练 Softmax 分类器。

(4) 测试步骤：将测试数据输入 SAE 获得特征表示，并将特征表示输入 Softmax 分类器，得到测试数据的故障分类结果。

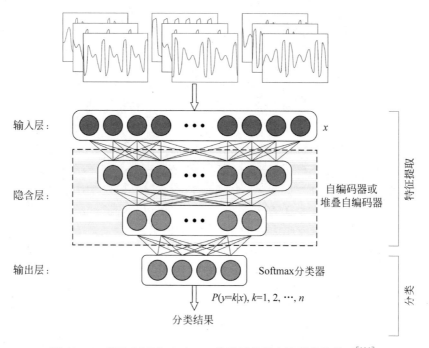

图 11.55　基于 SAE 与 Softmax 分类器的暂态波形分类模型[116]

可以通过 SAE 实现无监督特征学习。SAE 的输入为用于提取特征的原始波形数据，利用大量原始数据构成的训练集对 SAE 进行迭代训练可实现输入数据特征的提取[117]。以 SAE 提取出的特征为基础，可提高分类准确率。具体而言，SAE 具有一个输入层（也称可见层）、一个隐含层以及一个输出层（也称重建层）。SAE 的目标是输入样本 $x \in \mathbf{R}^n$ 经过隐含层后在输出层得到的输出 $h(x)$ 与 x 尽可能地相似。对于具有上述两层结构的稀疏编码器，$h(x)$ 可表达为

$$h(\boldsymbol{x}) = \boldsymbol{W}_2 f(\boldsymbol{W}_1 \boldsymbol{x} + \boldsymbol{b}_1) + \boldsymbol{b}_2 \tag{11.35}$$

式中，f 为非线性激活函数，在本节中选择为 sigmoid 函数 $f(z) = 1/(1 + \exp(z))$；$\boldsymbol{W}_1 \in \mathbf{R}^{n_h \times n}$ 为输入层各节点与隐含层各节点之间的连接权值矩阵（n_h 为隐含层节点数）；$\boldsymbol{b}_1$ 为隐含层各节点的偏置值；$\boldsymbol{W}_2 \in \mathbf{R}^{n \times n_h}$ 为隐含层各节点与输出层各节点之间的连接权值矩阵；$\boldsymbol{b}_2$ 为输出层各节点的偏置值。SAE 的稀疏性体现在对于每一个隐含层节点，其关于所有输入数据的激活程度 $f(\boldsymbol{W}_1 \boldsymbol{x} + \boldsymbol{b}_1)$ 的平均值 $\tilde{\rho}$ 需要接近一较小的值 ρ。这种稀疏性正则化方法能够迫使模型学习输入数据中最关键的特征，并将其用于输入样本的重建。在训练 SAE 时，对于含有 m 个样本的训练数据集，定义损失函数[117]：

$$J = \frac{1}{2m} \sum_{i=1}^{m} \| h(\boldsymbol{x}^{(i)}) - \boldsymbol{x}^{(i)} \|^2 + \frac{\lambda}{2} \sum_{i=1}^{2} \| \boldsymbol{W}_i \|^2 + \beta \sum_{j=1}^{n} KL(\rho \| \tilde{\rho}_j) \tag{11.36}$$

式中,第一项为平方误差项,第二项为权值衰减项,第三项为稀疏性惩罚项;$\boldsymbol{x}^{(i)}$ 为第 i 个训练样本;m 为训练集中样本数量;λ 与 β 分别为权值衰减项与稀疏性惩罚项的系数;$\mathrm{KL}(\rho\|\tilde{\rho}_j)$ 为 Kullback-Leibler 散度,用于描述 $\tilde{\rho}$ 与 ρ 之间的相似程度,且当 $\tilde{\rho}$ 与 ρ 相等时取得最小值,其计算方法为 $\rho\log(\rho/\tilde{\rho}_j)+(1-\rho)\log((1-\rho)/(1-\tilde{\rho}_j))$[119]。使用反向传播算法优化整体损失函数,即可获得 SAE 的最优权值矩阵与最优偏置向量[120]。

当需要提取更加复杂的特征时,可将多个单层 SAE 堆叠起来形成堆叠 SAE。一般而言,通过多个 SAE 层进行多次抽象,最后一层的特征表示能更好地概括原始数据中的信息[121]。堆叠 SAE 中每一层的训练过程与单层 SAE 的训练过程相同,当前一层训练完成之后再训练下一层,直到每一层都训练完毕。

框架的第二部分为带有 Softmax 激活函数的全连接层,也可将其视为 Softmax 分类器。该模型是逻辑回归模型的拓展,可用于多分类问题[122]。对于 Softmax 分类器,设数据集第 i 个样本在特征提取器最后一层的特征表示为 $\boldsymbol{r}^{(i)}$,则该特征表示属于第 j 类暂态的概率 $P(Y=j|\boldsymbol{r}^{(i)})$ 的计算方式为

$$P(Y=j\mid \boldsymbol{r}^{(i)})=\frac{\mathrm{e}^{\boldsymbol{\theta}_j^\mathrm{T}\boldsymbol{r}^{(i)}}}{\sum_{l=1}^{K}\mathrm{e}^{\boldsymbol{\theta}_l^\mathrm{T}\boldsymbol{r}^{(i)}}} \tag{11.37}$$

式中,$\boldsymbol{r}^{(i)}$ 为所属类别的随机变量;$\boldsymbol{\theta}_j$ 是 Softmax 分类器全连接层中对应第 j 类的权值向量,类别共有 K 个。在 Softmax 函数得到输出后,将概率最高的类别作为当前信号段的故障类别,即

$$\tilde{y}^{(i)}=\mathop{\mathrm{argmax}}_{j}P(Y=j\mid \boldsymbol{r}^{(i)}) \tag{11.38}$$

式中,$\tilde{y}^{(i)}$ 为模型给出的第 i 个样本的类别。Softmax 分类器的训练通过优化下面的损失函数实现:

$$J_S(\boldsymbol{\theta})=-\left[\sum_{i=1}^{m}\sum_{j=1}^{K}1\{y^{(i)}=j\}\log\frac{\mathrm{e}^{\boldsymbol{\theta}_j^\mathrm{T}\boldsymbol{r}^{(i)}}}{\sum_{l=1}^{K}\mathrm{e}^{\boldsymbol{\theta}_l^\mathrm{T}\boldsymbol{r}^{(i)}}}\right]+\lambda_S\sum_{i=1}^{K}\|\boldsymbol{\theta}_i\|^2 \tag{11.39}$$

式中,$y^{(i)}$ 是 $\boldsymbol{r}^{(i)}$ 的正确故障类别,且指示函数 $1\{y^{(i)}=j\}$ 的定义为

$$1\{y^{(i)}=j\}=\begin{cases}1, & y^{(i)}=j\\ 0, & 其他\end{cases} \tag{11.40}$$

在式(11.39)中还加入了权值衰减项对较大的权值进行惩罚,并通过参数 $\lambda_S\in\boldsymbol{R}^+$ 调控其影响。方法一在训练阶段的优化方法采用有限内存 BFGS(L-BFGS)法[119]。

举例说明上述方法的应用[113]。将每种暂态类型的 60 个电压波形数据样本用作训练数据,120 个波形数据样本用作测试数据。每个波形数据样本在 20kHz 的采样频率下包含 600 个采样点(每相包含 200 个采样点,覆盖半个工频周期)。对于未标记数据,从数据集随机取出 2500 个不同故障类型的波形数据样本(故障类型不包括单相接地)。这些未标记的波形数据被用于训练 SAE,有标记的数据则用于训练 Softmax 分类器。Softmax 分类器能够较为准确地对 3 种类型的暂态波形进行分类,其准确率为 98.9%,两个全连接神经网络(fully-connected neural network,FCNN)模型的准确率仅为 72.5% 和 70.7%,支持向量机(support vector machine,SVM)模型的准确率为 82.8%。通过在未标记数据上进行无监督学习提取的特征能够用于获取暂态波形数据的特征表示,而通过使用标记数据微调 Softmax 分类器中的参数能够实现准确率较高的分类模型。

11.4.3 利用卷积神经网络实现输电线路故障分类

利用 SAE 对多通道信号进行无监督特征学习的示意图如图 11.56 所示[117]。由于信号具有多个通道，需要首先将各个通道的信号连接为一个向量后再用作模型的输入。为便于观察三相电压与电流信号之间的关系，此处将三相电压与电流信号绘制为灰度图，灰度图中亮度最高的位置对应信号中的正最大值（波峰），亮度最低的位置对应信号中的负最大值（波谷）。首先，从训练数据集中随机截取出大量样本块，样本块的尺寸即为 SAE 将学到的特征的尺寸。在将这些样本块输入 SAE 之前，需对其进行零相分量分析（zero-phase component analysis，ZCA）白化处理。具体而言，对于包含 m 个 d 维样本的样本块矩阵 $\boldsymbol{X} \in \boldsymbol{R}^{d \times m}$，通过 $\boldsymbol{U} = (\boldsymbol{X}\boldsymbol{X}^{\mathrm{T}})^{-1/2} = \boldsymbol{P}\boldsymbol{D}^{-1/2}\boldsymbol{P}^{\mathrm{T}}$ 对 $\boldsymbol{X}$ 进行变换（其中 $\boldsymbol{P}$ 为正交矩阵，$\boldsymbol{D}$ 为对角矩阵），并得到 $\boldsymbol{X}_Z = \boldsymbol{U}\boldsymbol{X}$。通过 ZCA 白化处理可去除数据样本中各维度的相关性，并且使各维度的方差均为 1[123-124]。

由于本节中同时从三相电压与电流信号中提取特征，每个样本块的尺寸可表示为 $6 \times l_{\mathrm{P}}$（l_{P} 为样本块的时间步数）。因此，图 11.56 中 $\boldsymbol{x}$ 与 $h(\boldsymbol{x})$ 均为长度 $n = 6l_{\mathrm{P}}$ 的向量。具体而言，当采样率为 20kHz 且 l_{P} 设为 30 时，样本块对应的时间长度为 1.5ms。从信号中获得样本块并进行预处理后，即可使用这些样本块训练 SAE，并从输入层与隐含层的连接权值中获得故障信号的特征。这些特征能够对故障信号中的局部暂态进行刻画。具体而言，矩阵 $\boldsymbol{W}_1$ 的每一行即对应一个特征，其尺寸与输入 $\boldsymbol{x}$ 相同，均为 $n = 6l_{\mathrm{P}}$。在实际使用时，$\boldsymbol{W}_1$ 的第 r 行通过变形得到 CNN 所用的卷积核 $\boldsymbol{F}_r \in \boldsymbol{R}^{6 \times l_{\mathrm{P}}}$。

图 11.57 中展示了若十个由包含 100 个隐含层节点的 SAE 从 250000 个样本块中提取的特征，特征的尺寸为 6×30[117]。各个特征的六个通道从上至下分别为三相电压与三相电流信号。在这些特征中，可以观察到一些波形快速上下波动的局部信号段，同时也能观察到一些变化较为平缓的信号段。

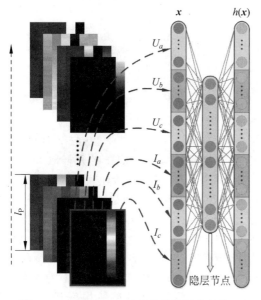

图 11.56 通过 SAE 对多通道特征进行学习的示意图[117]

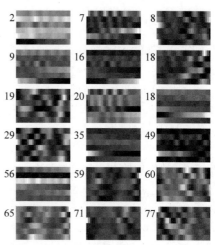

图 11.57 SAE 提取的尺寸为 6×30 的特征举例[117]

故障分类可以采用卷积神经网络(convolutional neural networks,CNN)模型。为了表现数据驱动的特征自动提取的有效性,SAE 学习获得的特征直接用作 CNN 的卷积核,在 CNN 分类器的训练过程中不再更新。分类器在无故障发生时的输出为"无故障",有故障发生时则输出故障类别。本节采用的 CNN 分类器的结构如图 11.58 所示[117]。模型具有一个卷积层、一个池化层和一个全连接层,全连接层的输出由 Softmax 激活函数给出,并从中获得故障类型。卷积层和池化层不参与分类器的训练,因此也可将卷积层和池化层看作输入信号段的特征提取器,并将带有 Softmax 激活函数的全连接层看作分类器。

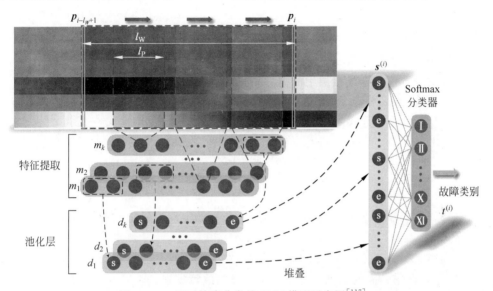

图 11.58 用于故障分类的 CNN 模型示意图[117]

对于测量得到的多通道信号,使用尺寸为 $6 \times l_W$ 的窗口在信号上滑动,将窗口每次滑动得到的信号段输入 CNN 模型,并得到该信号段对应的故障分类结果。随着窗口的滑动,设某一窗口对应的信号段的第一列和最后一列分别为 p_{i-l_W+1} 与 p_i,且其对应的输出为 $t^{(i)}$。此后,该窗口继续向前移动,p_{i-l_W+1} 从窗口对应的信号段中去除,并在信号段末尾添加 p_{i+1}。对于在线监测情况,上述流程可不间断地进行。

对于每个窗口对应的尺寸为 $6 \times l_W$ 的信号段,首先在卷积层利用 SAE 学习到的卷积核与信号段进行卷积运算,并得到卷积特征表示。如上文所述,每个卷积核 $F_r(r=1,2,\cdots,k)$ 是一个尺寸为 $6 \times l_P$ 的矩阵,当进行卷积操作时,卷积核沿着时间维度向前移动,和与其重合的信号块进行点积运算,并得到该时步对应的特征表示。当严格限制卷积核的移动范围在当前信号段内时,每个卷积核通过卷积操作得到的特征表示的长度为 $l_W - l_P + 1$。需要注意的是,由于训练 SAE 时的输入样本块进行了 ZCA 白化操作,因此此处与卷积核发生点积运算的信号块也需要进行该操作,且操作时使用相同的 U。当模型具有 k 个卷积核时,每个信号段可以得到 k 个特征表示向量,将其命名为 $m_1 \sim m_k$。尽管每个信号段对应的卷积操作需要计算得到 k 个长度为 $l_W - l_P + 1$ 的特征表示向量,但实际运算量在窗口滑动计算的情况下可以大为减少。具体而言,当窗口向前滑动一个时间步时,在上一个时间步计算得到的结果可用于当前时间步的特征表示向量的前 $l_W - l_P$ 个值,仅需将最后一个值计算后加入即可。因此,对于在线监测场景,该模型在卷积操作上的运算量是很低的,可以极大地节省运算时间。

在卷积层之后,每个卷积特征表示独立地通过池化层,并得到缩短的卷积特征表示。池化层能够减少模型过拟合的风险,并使模型具有更高的平移不变性[125]。在本节中,池化层采用平均值池化,即每个池化层中的节点的值为前一层 s_P 个相邻节点的平均值。实际操作时,若卷积特征表示的长度不能整除 s_P,则将特征表示后端多出的若干个值舍去。具体而言,k 个卷积特征表示在通过池化层后的特征表示记为 $d_1 \sim d_k$,且每个特征表示的长度 n_P 的计算方式为

$$n_P = \left\lfloor \frac{l_W - l_P + 1}{s_P} \right\rfloor \tag{11.41}$$

该式的含义为将 $(l_W - l_P + 1)/s_P$ 的值向下取整。接下来可将各个池化后的卷积特征表示连接成一个完整特征表示 $s^{(i)}$,并将其作为全连接层的输入。$s^{(i)}$ 的长度为 $n_S = kn_P + 1$,其中增加的一个值为全连接层中的偏置项,其取值恒为 1。

对于 Softmax 分类器,数据集中的第 i 个样本对应的 $s^{(i)}$ 属于第 j 类故障的概率 $P(Y=j \mid s^{(i)})$ 的计算方式为

$$P(Y=j \mid s^{(i)}) = \frac{e^{\boldsymbol{\theta}_j^T s^{(i)}}}{\sum_{l=1}^{K} e^{\boldsymbol{\theta}_l^T s^{(i)}}} \tag{11.42}$$

式中,Y 为 $s^{(i)}$ 对应输出类别的随机变量;$\boldsymbol{\theta}_j \in \boldsymbol{R}^{n_S}$ 是全连接层中对应第 j 类的权值向量,类别共有 K 个。

具体而言,Softmax 激活函数的输出为 N 维向量(N 为故障类别数),对应 N 个类别的概率。最后,将概率最高的类别作为当前信号段的故障类别,即

$$t^{(i)} = \underset{j}{\mathrm{argmax}} P(Y=j \mid s^{(i)}) \tag{11.43}$$

Softmax 分类器的训练过程与 11.4.2 节所述的相同。在已有研究中,用于学习特征和训练分类器的波形信号段通常对应相同的时间范围(如信号段都以故障发生时间点作为起点)。但是,本节提出的模型仅用 Softmax 分类器的输出来区分故障的类型而不显式地检测故障是否发生,因此使用相同时间范围对应的训练数据不足以得到鲁棒的模型。鉴于此,本节使用不同时间范围内的数据形成训练数据集。此外,由于故障波形在信号窗口中会逐渐地出现,因此在故障发生早期模型无法获得足够的信息用于判断故障类别。于是,在本节中将故障相关的暂态出现在信号窗口后半部分的数据以"无故障"的标签放入训练数据集中,使模型能够有意地忽略这些数据中的故障信息,直到故障相关暂态出现在信号的前半部分。

模型实现细节如下:

(1) 从多通道信号中截取出对应 11 个不同时间范围的信号段形成训练数据集和测试数据集。各个信号段的采样频率为 20kHz,时间窗口长度为 200(半个工频周期)。

(2) SAE:从训练数据集中各个 6×200 信号段中随机裁切出 250000 个尺寸为 6×30 的波形块用于 SAE 的训练。SAE 的隐藏层具有 100 个隐层节点(训练得到 100 个用作 CNN 卷积核的特征),其稀疏性参数 ρ、权重衰减系数 λ 和稀疏性惩罚系数 β 分别为 0.1、0.003 和 5。

(3) CNN:信号段窗口长度 l_W 和波形块长度 l_P 分别设置为 200 和 30,因此每个卷积特征表示向量的长度为 171。将平均值池化层的池化尺寸 s_P 设置为 5,池化后卷积特征表示的长度变为 34。

（4）Softmax 分类器：由于 CNN 具有 100 个卷积核，且每个池化后的卷积特征表示的长度为 34，因此 Softmax 分类器的输入大小为 3400。权重衰减参数 λ_S 为 0.0001。考虑到用于实验的计算机的计算能力较为有限，因此从训练数据集中的 194199 个信号段中随机取出 45000 个信号段作为训练样本。

整体而言，CNN 检测到故障的平均用时为 6~7ms。模型的分类准确率为 99.74%，所有故障类型的分类准确率均高于 99.29%。该结果表明，本节中的 CNN 模型具有较高的故障分类能力。

11.5 基于电流行波的雷击故障定位

电磁暂态分析技术最成功的应用在电力系统故障测距及行波保护领域。目前已有的输电线故障测距装置按其工作原理可以分为行波法、阻抗测距算法、故障分析法三大类。阻抗法是利用故障时测量得到的电流和电压量计算出故障回路的阻抗，由于线路长度与阻抗成正比，通过求解一组或几组电压平衡方程便可求出装置装设处到故障点的位置。故障分析法是利用故障时记录下来的电压和电流波对故障进行分析计算，实时求出故障点到测量点的距离。但这两种方法是建立在工频量的基础上的，受暂态过程的影响较大。在高压输电线路上发生故障时测量得到的电流和电压信号中，除工频分量外，还有大量的谐波和衰减的非周期分量，这将对测量结果产生影响。建立在波过程基础上的行波法在故障测距中得到了广泛的应用，特别是结合小波变换，进一步促进了其发展。

11.5.1 暂态信号行波特征

输电线路的故障类型很多。雷击故障有反击与绕击两种，而非雷击故障包括单相接地短路、两相短路、两相接地短路、三相短路故障等。对于故障电流行波，如果要对雷击造成的故障进行辨识，则需要建立不同类型故障的指纹特征，从而实现故障的快速辨识。

故障行波极性具有下述特点：
（1）来自故障点的反射电压、电流行波和初始行波同极性。
（2）线路两端的初始电压或者电流行波同极性。
（3）对应来自母线方向的正向方向行波和来自故障线路方向的反向方向行波，它们的初始行波和反射行波具有相同的极性。

一般可以从极性、幅值、半峰值时间等因素入手进行故障类别的分析[126]。分析表明，对于反击情况，其三相感应电压的极性相同，电流行波的极性也相同。而对于绕击情况，被绕击相的电流行波极性与其他两相相反。一般而言，绕击闪络时的电流幅值大于单相接地故障电流幅值。以 500kV 输电线路为例，其计算得到的绕击闪络故障电流约为单相短路接地故障电流的 2.5 倍以上。定义电流行波的特征系数为

$$\eta = |\max(i_s(t))|/t_h \tag{11.44}$$

式中，$i_s(t)$ 为故障相的线模电流；t_h 为首个行波的半波长。

η 越大，行波由绕击导致的可能性越大；反之，行波由单相接地短路导致的可能性越大。通过输电线路和测量装置的实际情况设定相应的参数以及特征系数的阈值（如 80A/μs），即可区分单相接地短路故障与绕击故障。

11.5.2 故障定位的行波法

当输电线路发生故障时,在故障点会产生高频暂态行波沿输电线路传播,行波的传播速度接近于光速且固定。行波法是建立在行波在输电线路上固有的传播速度的基础上,通过测量由于故障扰动而产生的行波在故障线路上的传播时间实现测距的方法。

行波法是根据行波理论实现的测距方法。A 型测距原理是利用故障点产生的行波到达母线端后反射到故障点,再由故障点反射后到达母线的时间差和行波波速来确定故障点距离。输电线上发生故障后的行波传播如图 11.59 所示[109]。

设线路全长为 l,故障点距装置安装点的距离为 x_F,波速为 v,两个波头时间差为 Δt,则故障点距离为

$$x_F = \frac{v\Delta t}{2} = \frac{v(T_{S1} - T_{S2})}{2} \tag{11.45}$$

A 型行波测距原理早已被提出。由于要求记录行波波形,当时的技术难以实现。此外,这种测距方法需解决对故障点的反射波和对侧母线端反射波在故障点的透射波加以区分的问题。随着现代微电子技术的发展和对行波传播规律以及获取方法的进一步掌握,A 型故障测距原理已显示出其优越性。

B 型测距装置是利用记录故障点产生的行波到达线路两端的时间,借助于通信联系实现测距。如图 11.60 所示,设故障在时刻 T 发生,线路全长为 l,行波波头到达线路两侧的时间分别为 T_S 和和 T_K,则故障距离可由式(11.46)求出:

$$x_S = \frac{(T_S - T_K)v + l}{2}, \quad x_K = \frac{(T_K - T_S)v + l}{2} \tag{11.46}$$

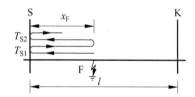 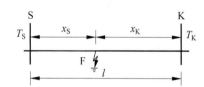

图 11.59 行波传播示意图[109]   图 11.60 F 点故障时行波向两端母线传播示意图[109]

由于这种测距装置只利用故障后到达母线端的第一次行波的信息,因此不存在识别故障点的反射波和对端母线反射波在故障点的透射波的问题。它要求在线路两端有通讯联系,而且两端时标要一致。

传统的行波测距是在变电站两端变电站母线采集电流电压信号,一般取自一次侧的电流互感器 CT 和电压互感器 PT,经过二次小 PT、CT 变成小信号(±5V),然后进入 AD 采集卡将模拟量变数字量,最后由 PC 机进行处理计算。利用 GPS(全球卫星定位系统)提供的全球统一的标准时间,两侧数据的采集在 GPS 同步脉冲触发下进行,每个采样数据被贴上全球统一的时间标签用以对两侧数据进行同步标识。故障定位装置采集两侧母线的电压电流信号并进行实时处理,当检测到故障发生后进行录波,然后启动通讯程序将发送端数据传送到接收端进行定位计算。

11.5.3 分布式传感器对应的故障定位行波法

由于雷电富含高频分量,如果输电线路很长,其高频分量传播一定距离后会衰减,因此

导致从变电站监测得到的雷电电磁暂态信息丢失,难以准确定位。而基于沿线分布式安装的电流传感器,雷击时,雷击点左右两侧的智能传感器很容易根据监测得到的信息,采用上面的原理来定位故障点。而行波到达的时间则可以根据测量得到的电流波进行小波变换,从而得到各项行波模极大值出现的时间作为各项行波到达传感器的时间。

图 11.61 为测量区域内雷击故障定位方法示意图[111],雷击点两侧的传感器分别为 i 和 j。以传感器 j 为例,对于首个电流行波波头后续的波头,若其极性与首个波头相同,则其为闪络处的反射波;若其极性与首个波头相反,则其为线路右端的反射波。设波速为 v,雷击点 C 到变电站 A 的距离 L 为

$$\begin{cases} L = \dfrac{1}{2}(L_j + L_i) - L_i \dfrac{t_{j1} - t_{i1}}{t_{i2} - t_{i1}}, & t_{i1} \leqslant t_{j1} \\ L = \dfrac{1}{2}(L_j + L_i) + L_i \dfrac{t_{j1} - t_{i1}}{t_{i2} - t_{i1}}, & t_{i1} > t_{j1} \end{cases} \tag{11.47}$$

式中,t_{i1} 为雷电流从 C 点传播至传感器 i 的时间,t_{i2} 为雷电流从 C 点出发后经变电站 A 反射至传感器 i 的时间,t_{j1} 为雷电流从 C 点传播至 j 的时间,t_{j2} 为雷电流从 C 点出发后经变电站 B 反射至传感器 j 的时间;L_i 是传感器 i 与变电站 A 之间的距离,L_j 是传感器 j 与变电站 A 之间的距离。

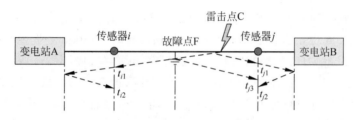

图 11.61 测量区域内故障示意图[111]

对于发生闪络的情况,当闪络点位于故障点左侧时,传感器 j 可测量到闪络点处的反射波,其用时为 t_{j3};当闪络点位于故障点右侧时,传感器 i 可测量到闪络点处的反射波,其用时为 t_{i3}。闪络点与变电站 A 之间的距离 L_F 可根据已知量计算得到:

$$\begin{cases} L_F = L - L_i \dfrac{t_{j3} - t_{j1}}{t_{i2} - t_{i1}}, & L_F < L \\ L_F = L + L_i \dfrac{t_{i3} - t_{i1}}{t_{i2} - t_{i1}}, & L_F > L \end{cases} \tag{11.48}$$

获取各个行波波头对应时间后,即可利用式(11.47)与式(11.48)计算出 L 与 L_F 的实际数值。

图 11.62 为测量区域外雷击故障定位方法示意图[111]。不失一般性,假设雷击点右侧的两个测量点为 i 和 j。设波速为 v,雷击故障点 C 到变电站 A 的距离 L 为

$$L = \dfrac{1}{2}(L_j - L_i) \dfrac{t_{i2} - t_{i1}}{t_{j1} - t_{i1}} \tag{11.49}$$

式中,t_{i1} 为雷电流从 C 点传播至传感器 i 的时间,t_{i2} 为雷电流从 C 点出发后经变电站 A 反射至传感器 i 的时间,t_{j1} 为雷电流从 C 点传播至 j 的时间,t_{j2} 为雷电流从 C 点出发后经变电站 A 反射至传感器 j 的时间;L_i 是传感器 i 与变电站 A 之间的距离,L_j 是传感器 j 与变电站 A 之间的距离。

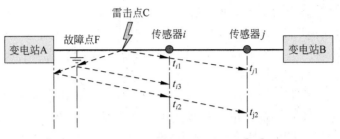

图 11.62 测量区域外故障示意图[111]

对于发生闪络的情况,闪络点位于故障点左侧时,闪络所导致的反射波先于变电站 A 处产生的反射波到达传感器 i,因此 $t_{i3} < t_{i1}$;闪络点位于故障点右侧时,闪络所导致的反射波需先传播至变电站 A 再反射并传播至传感器 i,因此 $t_{i2} > t_{i1}$。闪络点与变电站 A 之间的距离 L_F:[111]

$$\begin{cases} L_F = L\left(1 - \dfrac{t_{i3} - t_{i1}}{t_{i2} - t_{i1}}\right), & L_F < L \\ L_F = L\left(1 + \dfrac{t_{i3} - t_{i2}}{t_{i2} - t_{i1}}\right), & L_F > L \end{cases} \tag{11.50}$$

获取各个行波波头对应时间后,即可利用式(11.49)与式(11.50)计算出 L 与 L_F 的实际数值。

假设线路总长度 60km,在 10km、20km、30km、40km 与 50km 处设置有测量点,各个测量点的采样频率为 10MHz。当绕击故障点位于与变电站 A 相距为 27.4km 处时,闪络点距变电站 A 的距离为 25.6km,因此可利用测量点 2 与测量点 3 的结果计算故障位置。通过小波包变换对线模分量中频带为 5~6.25MHz 的信号分量进行提取,其对测量点 2 与测量点 3 所得电流线模分量的提取结果如图 11.63、图 11.64 所示[111]。通过模极大值计算,可得到测量点 2 处的 $t_{11} = 25.3\mu s$、$t_{12} = 158.9\mu s$,测量点 3 处的 $t_{21} = 8.9\mu s$、$t_{23} = 21.1\mu s$ 计算得到 $L = 27.455$km、$L_F = 25.629$km,与实际位置的误差分别为 0.201% 和 0.113%。

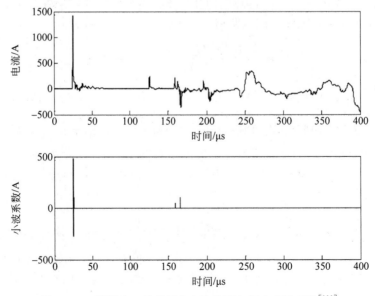

图 11.63 测量点 2 处的雷击电流波形与相应小波系数[111]

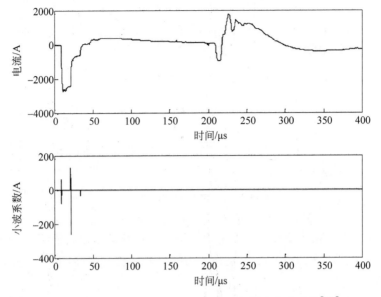

图 11.64 测量点 3 处的雷击电流波形与相应小波系数[111]

11.6 基于时域电磁反演的线路雷击故障定位方法

时域反演(time reversal, TR)方法由贝尔实验室于 1957 年提出[127],后广泛应用于雷达通信、生物医学、成像、地震监测等领域。由于其抗噪声性能良好、物理意义清晰、简单易实现,越来越多的领域尝试应用时域反演分析方法。近年来,时域反演方法开始被应用于电力系统传输线故障定位[128-133]和雷电定位[134-136],展现出了良好的应用前景。雷击闪络在很多情况下会产生短路故障,本节主要介绍电磁时域反演分析方法及其在电力系统线路短路故障定位中的应用。

11.6.1 电磁时域反演的基本原理

时域反演操作指改变时间流向,反映到数学表达,即改变时间的正负号:

$$t \mapsto -t \tag{11.51}$$

若某公式在进行时域反演操作后仍然成立,则称此公式满足"时域反演不变"性。研究表明,许多自然定律都满足"时域反演不变"性,当时间向后而不是向前流动时,定律依然成立[137]。例如,真空下的麦克斯韦方程组:

$$\begin{cases} \nabla \cdot (\varepsilon(\boldsymbol{r})\boldsymbol{E}(\boldsymbol{r},t)) = \rho(\boldsymbol{r},t) \\ \nabla \cdot (\mu(\boldsymbol{r})\boldsymbol{H}(\boldsymbol{r},t)) = 0 \\ \nabla \times \boldsymbol{E}(\boldsymbol{r},t) = -\mu(\boldsymbol{r})\dfrac{\partial \boldsymbol{H}(\boldsymbol{r},t)}{\partial t} \\ \nabla \times \boldsymbol{H}(\boldsymbol{r},t) = \varepsilon(\boldsymbol{r})\dfrac{\partial \boldsymbol{E}(\boldsymbol{r},t)}{\partial t} + \boldsymbol{J}(\boldsymbol{r},t) \end{cases} \tag{11.52}$$

式中,$\boldsymbol{E}(\boldsymbol{r},t)$ 和 $\boldsymbol{H}(\boldsymbol{r},t)$ 分别为电场强度和磁场强度;$\rho(\boldsymbol{r},t)$ 为电荷密度;$\boldsymbol{J}(\boldsymbol{r},t)$ 为电流密度;$\varepsilon(\boldsymbol{r})$ 和 $\mu(\boldsymbol{r})$ 分别为电导率和磁导率。

将时域反演操作应用于以上方程,得到方程组如下:

$$\begin{cases} \nabla \cdot (\varepsilon(r)E(r,-t)) = \rho(r,-t) \\ \nabla \cdot (\mu(r)(-H(r,-t))) = 0 \\ \nabla \times E(r,-t) = -\mu(r)\dfrac{\partial(-H(r,-t))}{\partial(-t)} \\ \nabla \times (-H(r,-t)) = \varepsilon(r)\dfrac{\partial E(r,-t)}{\partial(-t)} + (-J(r,-t)) \end{cases} \quad (11.53)$$

可以看到,这两组方程的差别只在于磁场强度和电流密度的符号。为使时域反演不变,应当对磁场强度和电流密度作如下变换:

$$H(r,t) \mapsto -H(r,-t) \quad (11.54)$$

$$J(r,t) \mapsto -J(r,-t) \quad (11.55)$$

从物理上看,这也是合理的:当时间方向反转时,电荷的速度改变符号,因此,电流密度也应改变符号;电流密度的符号变化导致磁场的符号变化。因此,麦克斯韦方程在时域反演下是不变的。

对电力系统中的电磁信号而言,考虑多导体无损传输线的电压波动方程:

$$\dfrac{\partial^2}{\partial x^2}U(x,t) - LC\dfrac{\partial^2}{\partial t^2}U(x,t) = 0 \quad (11.56)$$

式中,$U(x,t)$ 是电压;L 和 C 分别是线路的单位长度电感和电容矩阵。对此式进行时域反演操作:

$$\dfrac{\partial^2}{\partial x^2}U(x,t) - LC\dfrac{\partial^2}{\partial t^2}U(x,-t) = 0 \quad (11.57)$$

因此,如果 $U(x,t)$ 是电压波动方程的解,那么 $U(x,-t)$ 也是一个解,在不考虑损耗时,传输线波动方程同样满足"时域反演不变"性。

在时域电磁反演(electromagnetic time reversal,EMTR)类方法实际应用时,信号往往需要在 $t=0$ 到 $t=T$ 有限时间段内测量,其中 T 是信号的持续时间。为了使时域反演后的时间仍为正,可以另外添加时间延迟 T,即

$$s(x,t) \mapsto s(x,T-t) \quad (11.58)$$

电磁信号时域反演是在时域中定义的,也可以在频域中使用以下等价变换,变换如下式:

$$f(\vec{r},-t) \leftrightarrow F^*(\vec{r},w) \quad (11.59)$$

满足"时域反演不变"性的系统,考虑主动源发出信号后,再将信号经过时域反演操作重新注入系统中,则信号会在主动源的位置聚焦,因此会出现信号能量的极大值点,从而实现对主动源的定位。

11.6.2 基于 EMTR 的线路短路故障定位方法

2012 年,Mahmoudimanesh 等提出了基于 EMTR 的传输线故障定位新方法[128],考虑了单条传输线的完全短路故障。该方法将传输线故障定位分为两个过程:正向故障信号采集和反向时域反演信号重新注入网络(下文分别简称为正向过程与反向过程)。正向过程中,在传输线两侧采集故障产生的暂态信号;反向过程中,分别在沿线的不同位置设置猜测

短路支路,将经过时域反演的暂态信号经诺顿等效后,重新注入传输线中,考察短路支路的电流能量值,能量最大的位置即为真实故障位置。EMTR 故障定位方法仅需单个信号测量点即可实现较复杂的 T 型网络的短路故障准确定位[129]。

下面以单导体架空无损传输线为例,介绍 EMTR 在线路故障定位中的应用。电力系统中的短路故障事件往往可以等效为故障导致的负阶跃信号注入网络,阶跃信号从故障点开始沿着线路传播,并在线路末端发生反射,反射系数取决于线路的特征阻抗和连接在线路末端的等效阻抗。线路采用典型的架空传输线参数;传输线两端连接电力变压器,等效为高输入阻抗[132,138],可以假定线路端部的电压反射系数近似为 1;我们在其中一侧或两侧采集故障暂态信号。由于线路模型没有考虑损耗,暂态信号的衰减仅由故障阻抗和终端高阻抗导致。由于分析的故障瞬变过程仅持续几毫秒,可以假设线路故障前整条线路上具有恒定的电压值。当前基于 EMTR 的短路故障定位方法根据反演过程是否含短路支路,主要可以分为两类:含短路支路的经典 EMTR 故障定位方法,不含短路支路的电压镜像能量最小法。

11.6.3 反演过程包含短路支路的 EMTR 方法

反演过程包含短路支路的 EMTR 方法可以分为两个过程:正向过程在单个信号测量点采集故障导致的瞬态信号,反向过程则需要在传输线沿线各个位置分别设置猜测短路支路。然后分别将正向过程采集到的瞬态信号经时域反演后注入网络中,计算并比较各个猜测短路支路的电流能量大小,能量值最大的位置即为真实故障位置[139]。

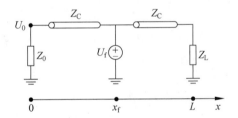

图 11.65 单导体架空线物理模型

其中短路故障以等效理想电压源 U_f 表示[140]

以图 11.65 所示架空线模型为例,假设发生故障的位置为 x_f,故障类型为完全短路,将短路故障等效为理想电压源 U_f,终端以高阻抗电阻 Z_0 和 Z_L 等效电力变压器。

传输线两侧的电压反射系数分别为 $\rho_0=(Z_0-Z_C)/(Z_0+Z_C)$、$\rho_L=(Z_L-Z_C)/(Z_L+Z_C)$。采用理想电压源表示故障,故障点的电压反射系数 $\rho=-1$。假设线路是无损传输线,因此传播常数 γ 为纯虚数,即 $\gamma=j\beta$,其中 $\beta=2\pi f/c$,c 为光速。

假设线路左端观测点采集到的电压信号 $U_0(\omega)$,由于故障源位置的反射系数为 -1,因此只需要考虑故障源信号 $U_f(\omega)$ 向传输线左端传播的分量。可以得到:

$$U_0(\omega) = \frac{(1+\rho_0)e^{-\gamma x_f}}{1+\rho_0 e^{-2\gamma x_f}} U_f(\omega) \tag{11.60}$$

导线和接地损耗的影响可以表示为附加的频率相关的纵向阻抗[141]。除了存在分布式激励源(如附近的雷击所产生的激励源)的情况外,对典型的架空输电线路,可以忽略大地损耗和传输线损耗[114]。

在反向过程中,首先对采集到的信号进行时域反演处理,即在频域内取复共轭:

$$U_0(\omega) \mapsto U_0^*(\omega) \tag{11.61}$$

考虑诺顿等效:

$$I_0^*(\omega) = \frac{U_0^*(\omega)}{Z_0} \tag{11.62}$$

将上述信号以电流源形式在线路左端重新注入网络,如图 11.66 所示,x_f' 处为猜测的短路点位置,当短路阻抗很小时,可近似为完全短路,电压反射系数为 -1。

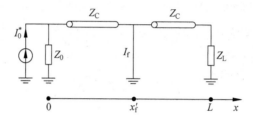

图 11.66　含反演支路的 EMTR 故障定位方法(EMTR-Ⅰ)示意图[140]

当猜测的短路支路设置在 x_f' 时,短路电流信号为

$$\begin{aligned}
I_f'(x_f', \omega) &= \frac{(1+\rho_0)\mathrm{e}^{-\gamma x_f'}}{1+\rho_0 \mathrm{e}^{-2\gamma x_f'}} I_0^*(\omega) \\
&= \frac{(1+\rho_0)\mathrm{e}^{-\gamma x_f'}}{1+\rho_0 \mathrm{e}^{-2\gamma x_f'}} \frac{U_0^*(\omega)}{Z_0} \\
&= \frac{(1+\rho_0)^2 \cdot \mathrm{e}^{-\gamma(x_f'-x_f)}}{Z_0 \cdot (1+\rho_0 \mathrm{e}^{-2\gamma x_f'}) \cdot (1+\rho_0 \mathrm{e}^{2\gamma x_f'})} U_f^*(\omega)
\end{aligned} \tag{11.63}$$

利用 Parseval 定理可以计算短路电流信号的能量值,使得短路电流能量最大的位置即为真实故障点位置。

举例说明 EMTR-Ⅰ方法的故障定位能力[139]。考虑一条 20km 长的电力传输线,线路假设为无损传输线,线路的单位电容和单位电感分别为 $C = 10.54 \times 10^{-12}$ F/m 和 $L = 1.60 \times 10^{-6}$ H/m。线路两端的等效阻抗为 $Z_0 = Z_L = 100$kΩ,用阶跃信号模拟传输线故障信号 $U_f(\omega)$,即

$$U_f(\omega) = \frac{1}{\mathrm{j}\omega} \tag{11.64}$$

式中,$U_f(\omega)$ 单位为 V/(rad/s)。

考虑的频谱范围为 1MHz 以内。首先假设真实故障位置为 $x_f = 6$km,在沿线不同位置设置猜测的短路支路,比较短路电流能量大小,得到结果如图 11.67 所示。

11.6 基于时域电磁反演的线路雷击故障定位方法

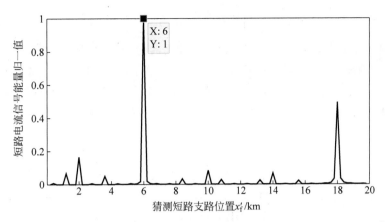

图 11.67 真实故障位置为 6km 时,不同猜测短路支路的短路电流能量归一值[139]

可以看到,短路支路设置在真实故障点位置时,短路电流能量达到最大,初步验证了 EMTR 故障定位方法的正确性。尽管上述推导过程在频域内完成,但在实际应用时,我们无须将时域信号转换到频域中,而是可以直接在时域内采集信号,计算信号能量值。总体而言,EMTR-Ⅰ方法的流程如图 11.68 所示[129]。

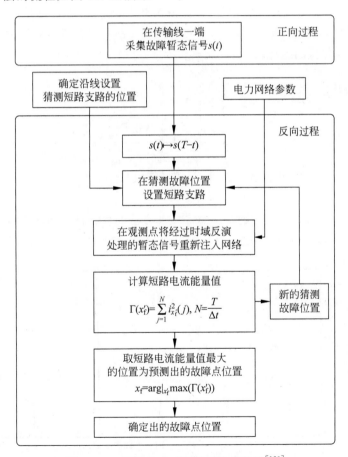

图 11.68 EMTR-Ⅰ方法的工作流程图[129]

11.6.4 反演过程不含短路支路的 EMTR 方法(EMTR-Ⅱ)

反演过程不含短路支路的方法也分为正向和反向两个过程,其中正向过程与 EMTR-Ⅰ 相同,也是在传输线一侧采集故障引起的暂态信号。不同的是,反向过程中不再需要设置猜测的短路支路,而是直接将经过时域反演处理的信号注入不含短路支路的网络中,计算传输线沿线的电压信号能量值,能量值最小处的相对线路中点的镜像位置即为真实故障点的位置,如图 11.69 所示[140]。

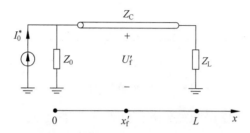

图 11.69 不含短路支路的 EMTR 故障定位方法(EMTR-Ⅱ)示意图[140]

同样可以推导 EMTR-Ⅱ 方法反演过程中沿线的电压信号频域表达式。EMTR-Ⅱ 方法与 EMTR-Ⅰ 方法的正向过程一致,采集到的故障暂态信号 $U_0(\omega)$ 也相同,如式(11.60)所示。在反演过程中,不设置短路支路,直接将经时域反演和诺顿等效处理后的信号注入网络中,得到的沿线 x'_f 位置的电压信号 $U'_f(x'_f, \omega)$ 为

$$U'_f(x'_f, \omega) = (1-\rho_0) \frac{\mathrm{e}^{-\gamma x'_f} + \rho_L \mathrm{e}^{-\gamma(2L-x'_f)}}{2 \cdot (1-\rho_0 \rho_L \mathrm{e}^{-2\gamma L})} U_0^*(\omega)$$
$$= \frac{(1-\rho_0^2) \cdot (\mathrm{e}^{-\gamma x'_f} + \rho_L \mathrm{e}^{-\gamma(2L-x'_f)}) \cdot \mathrm{e}^{\gamma x_f}}{2 \cdot (1-\rho_0 \rho_L \mathrm{e}^{-2\gamma L}) \cdot (1+\rho_0 \mathrm{e}^{2\gamma x_f})} U_f^*(\omega)$$
(11.65)

计算沿线不同位置的电压信号能量,若信号能量最小的位置为 $x'_{f,\min}$,则真实故障点位置为 $L - x'_{f,\min}$。

采用 11.6.3 节中的线路参数验证 EMTR-Ⅱ 方法的可行性。当真实故障点位置设置为 $x_f = 6\mathrm{km}$ 时,计算传输线沿线的电压信号能量值,结果如图 11.70 所示。可以看到,在真实

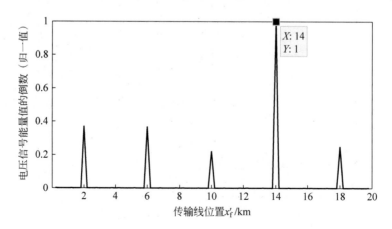

图 11.70 真实故障位置为 6km 时,传输线不同位置的电压信号能量值的倒数归一值[139]

故障点相对线路中点位置的镜像处,电压信号的能量值最小。

EMTR-Ⅱ方法的流程如图 11.71 所示[139]。相较于 EMTR-Ⅰ方法,EMTR-Ⅱ 的反向过程仅需要一次计算即可完成,可以大大减少计算量。

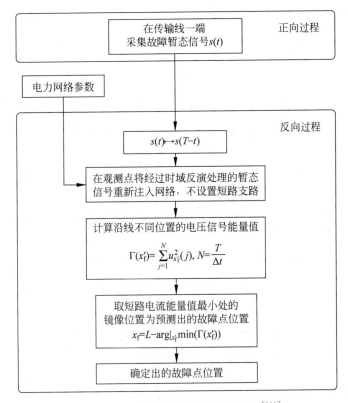

图 11.71 EMTR-Ⅱ方法的工作流程[139]

11.6.5 考虑故障阻抗的 EMTR 故障定位模型

当线路经具有高电阻的表面(如树木、干燥的地面、高电阻率的土壤或柏油路等)发生短路时,称为高阻抗短路故障。此类故障产生的故障电流较小,现有 EMTR 方法已经无法实现准确的故障定位。

上述两种 EMTR 模型推导中的一个基本假设是正向过程中的故障阻抗较小,故障支路近似完全短路,因此假设故障阻抗为 0。实现高故障阻抗下的 EMTR 故障定位方法时,需要进一步研究考虑故障阻抗时的 EMTR 模型。

当考虑故障阻抗 Z_f 时,传输线故障模型如图 11.72 所示,其中短路支路由理想电压源 U_{fs} 和故障阻抗 Z_f 等效。

可以通过戴维南等效来简化图 11.73 所示电路,以便计算端部暂态电压信号 $U_0(\omega)$。首先,如图 11.73(a),传输线故障点右侧可以等效为输入阻抗 Z_{in2}:

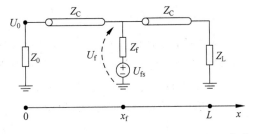

图 11.72 考虑故障阻抗时的传输线故障模型[140]

$$Z_{\text{in2}} = Z_{\text{C}} \frac{1 + \rho_{\text{L}} e^{-2\gamma(L-x_{\text{f}})}}{1 - \rho_{\text{L}} e^{-2\gamma(L-x_{\text{f}})}} \tag{11.66}$$

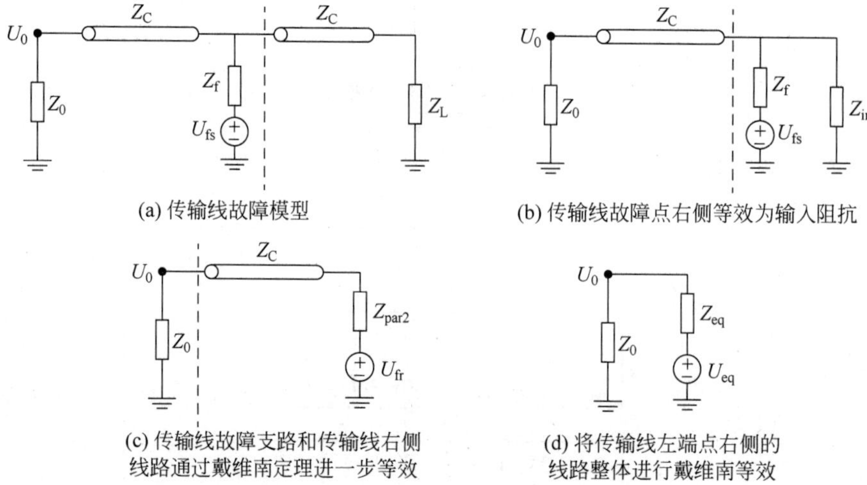

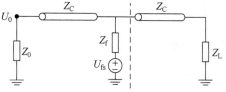
(a) 传输线故障模型

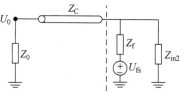
(b) 传输线故障点右侧等效为输入阻抗

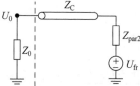
(c) 传输线故障支路和传输线右侧
线路通过戴维南定理进一步等效

(d) 将传输线左端点右侧的
线路整体进行戴维南等效

图 11.73 通过戴维南等效简化电路计算端部暂态电压信号 $U_0(\omega)$[140]

将传输线故障支路和传输线右侧线路通过戴维南定理进一步等效如图 11.73(c)所示，其中，

$$Z_{\text{par2}} = \frac{Z_{\text{f}} Z_{\text{in2}}}{Z_{\text{f}} + Z_{\text{in2}}} \tag{11.67}$$

$$U_{\text{fr}} = \frac{Z_{\text{in2}}}{Z_{\text{in2}} + Z_{\text{f}}} U_{\text{fs}} \tag{11.68}$$

可以进一步将传输线左端点右侧的线路整体进行戴维南等效，如图 11.73(d)所示，得到：

$$Z_{\text{eq}} = Z_{\text{C}} \frac{1 + \rho_{\text{f}} e^{-2\gamma x_{\text{f}}}}{1 - \rho_{\text{f}} e^{-2\gamma x_{\text{f}}}} \tag{11.69}$$

$$U_{\text{eq}} = \frac{e^{-\gamma x_{\text{f}}}(1 - \rho_{\text{f}})}{1 - \rho_{\text{f}} e^{-2\gamma x_{\text{f}}}} U_{\text{fr}} \tag{11.70}$$

其中 ρ_{f} 为图 11.73(c)中故障点处的电压反射系数：

$$\rho_{\text{f}} = \frac{Z_{\text{par2}} - Z_{\text{C}}}{Z_{\text{par2}} + Z_{\text{C}}} \tag{11.71}$$

最终得到等效电路如图 11.73(d)所示，可以得到端部暂态电压信号 U_0 为

$$U_0 = \frac{Z_0}{Z_0 + Z_{\text{eq}}} U_{\text{eq}} \tag{11.72}$$

需要说明的是，Orlandi 等[142]也曾对考虑故障阻抗时的暂态电压信号进行推导，但是其给出的结果与本节结果有所不同。下面简单说明其推导过程中存在的问题。

Orlandi 等首先考虑了故障阻抗和故障点两侧传输线对故障源信号 U_{fs} 的分压，得到如图 11.72 所示的传输线故障点处电压信号 U_{f} 为

$$U_{\text{f}} = \frac{Z_{\text{par}}}{Z_{\text{f}} + Z_{\text{par}}} U_{\text{fs}} \tag{11.73}$$

式中，Z_{par} 为故障点两侧传输线输入阻抗 Z_{in1} 和 Z_{in2} 的并联阻抗：

$$Z_{par} = \frac{Z_{in1} Z_{in2}}{Z_{in1} + Z_{in2}} \tag{11.74}$$

Z_{in1} 和 Z_{in2} 分别如下式和式(11.66)所示：

$$Z_{in1} = Z_C \frac{1 + \rho_0 e^{-2\gamma x_f}}{1 - \rho_0 e^{-2\gamma x_f}} \tag{11.75}$$

然后将故障支路和故障点右侧传输线进行等效，考虑 U_f 信号在 $[0, x_f]$ 之间的多次反射，可以得到 U_0 为

$$U_0 = \frac{(1 + \rho_0) e^{-\gamma x_f}}{1 - \rho_f \rho_0 e^{-2\gamma x_f}} U_f \tag{11.76}$$

式中，ρ_f 如式(11.71)所示。

需要注意的是，以上推导过程，在考虑故障源信号的分压时引入了传输线输入阻抗的等效，因此此处其实已经考虑了信号在故障点两侧的传输线上的多次反射，而式(11.75)又考虑了分压后的信号在故障点左侧传输线上的多次反射，因此这两处造成了一部分计算上的重复，导致计算结果出现问题。

为了克服以上公式存在的问题，在考虑传输线和故障阻抗对故障源信号的分压时，对于传输线左端的等效应当使用特征阻抗，而非输入阻抗，即将式(11.73)改为[139]

$$U_f = \frac{Z_{parL}}{Z_f + Z_{parL}} U_{fs} \tag{11.77}$$

其中，

$$Z_{parL} = \frac{Z_C Z_{in2}}{Z_C + Z_{in2}} \tag{11.78}$$

然后以式(11.76)计算最终的 U_0 即可。

本节的解析推导式(11.76)和修正前后的 Orlandi 等的推导结果比较如图 11.74 所示[140]。计算采用一条20km的架空线，故障位置在7km处，故障阻抗为100Ω，线路参数与11.6.2节中一致，故障源信号 U_{fs} 假定为冲激函数。可以看到，本节的解析推导结果、修正Orlandi 等的推导结果以及 ATP/EMTP 数值计算结果完全一致；而 Orlandi 等的推导结果与其他结果不一致，是错误的。

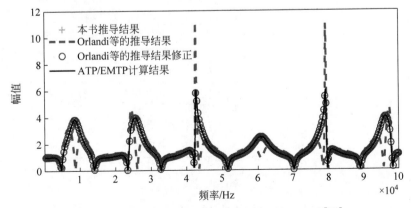

图 11.74 传输线端部电压信号 U_0 计算结果校验[140]

在得到正向过程传输线的端部电压信号 U_0 后，EMTR 模型反向过程与 11.6.2 节中完全一致，此处不再赘述。注意，在实际应用时，U_0 是由电压传感器采集得到的，推导此式是为了能够给出考虑故障阻抗时反向过程中 EMTR 判据信号的频域表达式，以便后续研究。

11.6.6　针对高阻抗故障的 EMTR 定位方法（EMTR-Ⅲ）

对于超过 100Ω 的高阻抗故障，传统 EMTR 方法无法实现准确有效的故障定位。本节将提出能有效定位高阻抗故障的 EMTR 故障定位方法。故障阻抗较小时，主要的故障信号分量在 $[0, x_f]$ 之间来回反射，而这部分信号分量包含了有效的故障位置信息，将其称为"有效信号"。但是当故障阻抗逐渐增大时，越来越多的信号分量开始从故障点透射到传输线的另一侧，在整条传输线路之间来回反射，使得正向过程中采集到的信号分量中，包含故障位置信息的"有效信号"分量越来越少，而对故障定位无帮助的"噪声信号"增加，因此使得 EMTR 方法的定位效果变差，甚至无法正确定位故障位置。

如果希望提高高阻抗故障下的 EMTR 定位效果，就需要增强"有效信号"，减弱"噪声信号"。一个直接的想法是，既然"噪声信号"是在整条线路之间来回反射，那么可以通过引入传输线双端信号，在反向过程中将经过时域反演处理且其中一端信号取为相反数的双端信号同时注入网络中，这样可以抵消很大一部分"噪声信号"，从而使得"有效信号"分量增强，提高高阻抗故障的 EMTR 定位效果。注意，由于需要使双端信号相互作用，因此在反演过程采用 EMTR-Ⅱ 方法类似的思路，即不设置短路支路，通过测量沿线的电压信号能量值来判断故障点位置。

总结以上思路，可以得出适用于高阻抗故障的 EMTR-Ⅲ 故障定位方法，如图 11.75 所示[139]。正向过程中，采集传输线两端的暂态电压信号 U_0 和 U_L。将 U_0 和 U_L 都进行时域反演处理和诺顿等效，并将其中一端信号（图中为 U_L）取相反数，然后将处理后的信号分别在原位置同时注入网络。测量沿线各位置的电压信号，信号能量值最小的位置相对于线路中点的镜像，即为真实故障位置。

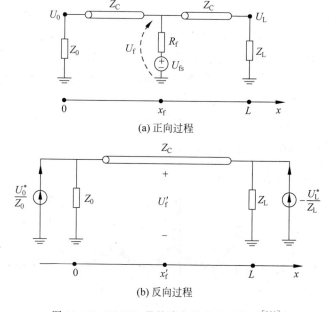

图 11.75　EMTR-Ⅲ 故障定位方法示意图[139]

结合 EMTR-Ⅱ 方法的推导过程,最终得到的沿线 x'_f 位置的电压信号频域表达式为[139]

$$U_\text{f}(x'_\text{f},\omega) = \frac{(1-\rho_0) \cdot (e^{-\gamma x'_\text{f}} + \rho_\text{L} e^{-\gamma(2L-x'_\text{f})})}{2 \cdot (1-\rho_0\rho_\text{L} e^{-2\gamma L})} U_0^* - \frac{(1-\rho_\text{L}) \cdot (e^{-\gamma(L-x'_\text{f})} + \rho_0 e^{-\gamma(L+x'_\text{f})})}{2 \cdot (1-\rho_0\rho_\text{L} e^{-2\gamma L})} U_\text{L}^* \tag{11.79}$$

其中,U_0 的表达式见式(11.76),U_L 的推导过程类似,此处不再赘述。

值得指出的是,利用本节的思想,应用至 EMTR-Ⅰ 中也可以得到类似的高阻抗故障定位方法。

采用 ATP/EMTP 软件进行仿真验证,不同故障阻抗下三种 EMTR 故障定位方法的定位精度比较见表 11.3、表 11.4,同时也与目前广泛应用的基于小波变换的双端行波法(wavelet transform,WT)进行了对比。采用与 11.6.2 节中相同的线路参数,线路长度为 100km,故障阻抗分别设置为 50Ω 和 300Ω,信号采样率为 1MS/s,设置信号信噪比为 30dB。[139]

表 11.3 故障阻抗为 50Ω 时各故障定位方法的定位误差[139]

故障定位方法	故障定位误差/m			
	$x_\text{f}=20$km	$x_\text{f}=40$km	$x_\text{f}=60$km	$x_\text{f}=80$km
EMTR-Ⅰ	20	40	80	40
EMTR-Ⅱ	90	60	100	60
EMTR-Ⅲ	20	20	30	20
WT	90	90	70	70

表 11.4 故障阻抗为 300Ω 时各故障定位方法的定位误差[139]

故障定位方法	故障定位误差/m			
	$x_\text{f}=20$km	$x_\text{f}=40$km	$x_\text{f}=60$km	$x_\text{f}=80$km
EMTR-Ⅰ	—	—	—	—
EMTR-Ⅱ	—	600	400	400
EMTR-Ⅲ	40	80	80	50
WT	130	110	100	110

可以看到,当故障阻抗为 50Ω 时,四种故障定位方法的定位误差都在 100m 以内,其中本节提出的 EMTR-Ⅲ 方法定位误差最小,对于不同位置的故障定位误差都在 50m 以内。当故障阻抗为 300Ω 时,EMTR-Ⅰ 和 EMTR-Ⅱ 方法已经无法准确定位故障位置,而 EMTR-Ⅲ 方法和 WT 方法都还可以实现故障点的准确定位,其中 EMTR-Ⅲ 方法的定位精度更高。

需要说明的是,对于高阻抗故障而言,如表 11.4 所示[140],EMTR-Ⅱ 方法虽然能够定位不同位置的故障,但是对于某些位置是无法定位的,其定位效果是不可靠的。为说明此问题,选取线路长度为 100km,真实故障点位置在 75km 处,故障阻抗为 300Ω,得到各 EMTR

方法的定位结果如图 11.76 所示。可以看到，EMTR-Ⅱ方法确实无法实现该故障位置下的故障定位。因此，总体来讲，EMTR-Ⅰ和 EMTR-Ⅱ方法无法实现高阻抗故障准确定位，而 EMTR-Ⅲ则有较好的高阻抗故障定位能力。

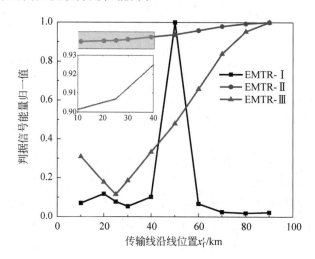

图 11.76　高阻抗故障时现有的 EMTR 方法沿线的判据信号能量[140]

参考文献

[1] 欧阳勇. 基于隧穿磁阻效应的磁场及电流传感器研究[D]. 北京：清华大学，2016.

[2] XIAO C,ZHAO L,ASADA T, et al. An overview of integratable current sensor technologies[C]// Proceedings of the 38th IAS Annual Meeting on the Industry Applications Conference, Salt Lake City, UT, USA, Oct. 12-16, 2003.

[3] RIPKA P. Electric current sensors: a review[J]. Measurement Science and Technology, 2010, 21(11): 112001.

[4] ZIEGLER S, WOODWARD R C, IU H C, et al. Current sensing techniques: a review[J]. IEEE Sensors Journal, 2009, 9(4): 354-376.

[5] VOLJC B, LINDIC M, LAPUH R. Direct measurement of AC current by measuring the voltage drop on the coaxial current shunt[J]. IEEE Transactions on Instrumentation and Measurement, 2009, 58(4): 863-867.

[6] FILIPSKI P S, BOECKER M. AC-DC current shunts and system for extended current and frequency ranges[J]. IEEE Transactions on Instrumentation and Measurement, 2006, 55(4): 1222-1227.

[7] LIND K, SORSDAL T, SLINDE H. Design, modeling, and verification of high-performance AC-DC current shunts from inexpensive components[J]. IEEE Transactions on Instrumentation and Measurement, 2008, 57(1): 176-181.

[8] CHEN Q, LI H, ZHANG M, et al. Design and characteristics of two Rogowski coils based on printed circuit board[J]. IEEE Transactions on Instrumentation and Measurement, 2006, 55(3): 939-943.

[9] STYGAR W, GERDIN G. High frequency Rogowski coil response characteristics[J]. IEEE Transactions on Plasma Science, 1982, 10(1): 40-44.

[10] PELLINEN D G, DI CAPUA M S, Sampayan S E, et al. Rogowski coil for measuring fast, high-level pulsed currents[J]. Review of Scientific Instruments, 1980, 51(11): 1535-1540.

[11] SCHOTT C, WASER J M, POPOVIC R S. Single-chip 3-D silicon Hall sensor[J]. Sensors and

Actuators A: Physical,2000,82(1-3): 167-173.

[12] SILEO L,TODARO M T,TASCO V,et al. Fully integrated three-axis Hall magnetic sensor based on micromachined structures[J]. Microelectronic engineering,2010,87(5-8): 1217-1219.

[13] LEROY P,COILLOT C,MOSSER V,et al. An ac/dc magnetometer for space missions: Improvement of a Hall sensor by the magnetic flux concentration of the magnetic core of a searchcoil[J]. Sensors and Actuators A: Physical,2008,142(2): 503-510.

[14] TABOR W J,CHEN F S. Electromagnetic propagation through materials possessing both Faraday rotation and birefringence: experiments with ytterbium orthoferrite[J]. Journal of Applied Physics,1969,40(7): 2760-2765.

[15] KIMBALL D F,ROCHESTER S M,YASHCHUK V V,et al. Sensitive magnetometry based on nonlinear magneto-optical rotation[J]. Physical Review A,2000,62(4): 43403.

[16] BUCHOLTZ F, DAGENAIS D M, KOO K P, et al. Recent developments in fiber optic magnetostrictive sensors[J]. Proceedings of SPIE,1991,1367: 226-235.

[17] 刘晔,苏彦民,王采堂. 光纤(光学)电流传感器的现状及发展[J]. 应用光学,1998,19(5): 21-25.

[18] 胡明耀,王达达,王洪亮,等. 光纤电流传感器在智能电网中检测原理的研究[J]. 光通信研究,2014,(6): 62-65.

[19] 蔡建旺,赵见高,詹文山,等. 磁电子学中的若干问题[J]. 物理学进展: 1997,17(2): 119-140.

[20] THOMSON W. On the electro-dynamic qualities of metals: effects of magnetization on the electric conductivity of nickel and of iron[J]. Proceedings of the Royal Society of London,1856,8: 546-550.

[21] THOMPSON D,ROMANKIW L,MAYADAS A. Thin film magnetoresistors in memory,storage, and related applications[J]. IEEE transactions on Magnetics,1975,11(4): 1039-1050.

[22] BINASCH G, GRUNBERG P, SAURENBAC F, et al. Enhanced magnetoresistance in layered magnetic structures with antiferromagnetic interlayer exchange[J]. Physical Review B,1989,39(7): 4828-4830.

[23] BAIBICH M N,BROTO J M,FERT A,et al. Giant magnetoresistance of (001)Fe/(001)Cr magnetic superlattices[J]. Physical Review Letters,1988,61(21): 2472-2475.

[24] SCHAD R,POTTER C D,BELIEN P,et al. Giant magnetoresistance in Fe/Cr superlattices with very thin Fe layers[J]. Applied physics letters,1994,64(25): 3500-3502.

[25] LÖHNDORF M,DUENAS T,TEWES M,et al. Highly sensitive strain sensors based on magnetic tunneling junctions[J]. Applied physics letters,2002,81(2): 313-315.

[26] PRATT JR W P,LEE S F,SLAUGHTER J M,et al. Perpendicular giant magnetoresistances of Ag/Co multilayers[J]. Physical Review Letters,1991,66(23): 3060.

[27] THOMPSON S M. The discovery, development and future of GMR: The Nobel Prize 2007[J]. Journal of Physics D: Applied Physics,2008,41(9): 093001.

[28] MOTT N F. The resistance and thermoelectric properties of the transition metals[J]. Proceedings of the Royal Society of London: Series A-Mathematical and Physical Sciences, 1936, 156 (888): 368-382.

[29] WHITE R L. Giant magnetoresistance: a[J]. IEEE transactions on Magnetics, 1992, 28 (5): 2482-2487.

[30] OUYANG Y,HE J L,HU J,et al. A current sensor based on the giant magnetoresistance effect: Design and potential smart grid applications[J]. Sensors,2012,12(11): 15520-15541.

[31] OUYANG Y,HU J,HE J L,et al. Modeling the frequency dependence of packaged linear magnetoresisitive sensors based on MTJ[J]. IEEE Transactions on Magnetics,2014,50(11): 6971483.

[32] OUYANG Y,HE J L,HU J,et al. Prediction and optimization of linearity of MTJ magnetic sensors based on single-domain model[J]. IEEE Transactions on Magnetics,2015,51(11): 4004204.

[33] OUYANG Y,HE J L,HU J,et al. Contactless current sensors based on magnetic tunnel junction for smart Grid Applications[J]. IEEE Transactions on Magnetics,2015,51(11):4004904.

[34] ZHAO G,HU J,OUYANG Y,et al. Tunneling magnetoresistive sensors for high-frequency corona discharge location[J]. IEEE Transactions on Magnetics,2016,52(7):4001804.

[35] ZHAO G,HU J,OUYANG Y,et al. Novel method for magnetic field vector measurement based on dual-axial tunneling magnetoresistive sensors [J]. IEEE Transactions on Magnetics,2017,53(8):4400306.

[36] OUYANG Y,WANG Z,ZHAO G,et al. Current sensors based on GMR effect for smart grid applications[J]. Sensors and Actuators A:Physical,2019,294:8-16.

[37] WANG Z,HU J,OUYANG Y,et al. A self-sustained current sensor for smart grid application[J]. IEEE Transactions on Industrial Electronics,2021,68(12):12810-12820.

[38] 何金良,嵇士杰,刘俊,等. 基于巨磁电阻效应的电流传感器技术及在智能电网中的应用前景[J]. 电网技术,2011,35(4):8-14.

[39] HAN Z,XUE F,HU J,et al. Micro electric-field sensors:principles and applications[J]. IEEE Industrial Electronics Magazine,2021,15(4):35-42.

[40] 韩志飞,刘新霆,胡军,等. 面向新型电力系统的微型电场传感技术[J]. 中国电机工程学报,2022.

[41] LOCKWOOD D J,PAVESI L. Silicon fundamentals for photonics applications[J]. Silicon Photonics,2004:1-50.

[42] CHMIELAK B,WALDOW M,MATHEISEN C,et al. Pockels effect based fully integrated,strained silicon electro-optic modulator[J]. Optics Express,2011,19(18):17212-17219.

[43] QIU Z Q,BADER S D. Surface magneto-optic Kerr effect[J]. Review of Scientific Instruments,2000,71(3):1243-1255.

[44] BULMER C H,MOELLER R P,BURNS W K. Linear interferometric waveguide modulator for electromagnetic-field detection[J]. Optics Letters,1980,5(5):176-178.

[45] SKEATH P,BULMER C H,HISER S C,et al. Novel electrostatic mechanism in the thermal instability of z-cut LiNbO$_3$ interferometers[J]. Applied physics letters,1986,49(19):1221-1223.

[46] BULMER C H,BURNS W K,HISER S C. Pyroelectric effects in LiNbO$_3$ channel-waveguide devices[J]. Applied physics letters,1986,48(16):1036-1038.

[47] HOWERTON M M,BULMER C H,BURNS W K. Effect of intrinsic phase mismatch on linear modulator performance of the 12 directional coupler and Mach-Zehnder interferometer[J]. Journal of lightwave technology,1990,8(8):1177-1186.

[48] BULMER C H,BURNS W K,GREENBLATT A S. Phase tuning by laser ablation of LiNbO$_3$ Interferometric Modulators to Optimum Linearity[J]. IEEE Photonics Technology Letters,1991,3(6):510-512.

[49] MEIER T,KOSTRZCEWA K,SCHUPPER B,et al. Electro-optical E-field sensor with optimised electrode structure[J]. Electronics Letters,1992,28(14):1327-1329.

[50] MEIER T,KOSTRZEWA C,PETERMANN K,et al. Integrated optical E-field probes with segmented modulator electrodes[J]. Journal of Lightwave Technology,1994,12(8):1497-1503.

[51] SCHWERDT M,BERGER J,SCHUPPERT B,et al. Integrated optical E-field sensors with a balanced detection scheme[J]. IEEE transactions on electromagnetic compatibility,1997,39(4):386-390.

[52] BERGER J,POUHE D,MONICH G,et al. Calibration cell for E-field sensors in water environment[J]. Electronics Letters,1999,35(16):1317-1318.

[53] TAJIMA K,KOBAYASHI R,KUWABARA N,et al. Frequency bandwidth improvement of electric field sensor using optical modulator by resistively loaded element[J]. Electrical Engineering in Japan,

1998,123(4):25-33.

[54] KOBAYASHI R,TAJIMA K,KUWABARA N,et al. Improvement of frequency characteristics of electric field sensor using Mach-Zehnder interferometer[J]. Electronics and Communications in Japan (Part I: Communications),2000,83(11):76-84.

[55] TAJIMA K,KOBAYASHI R,KUWABARA N,et al. Development of optical isotropic E-field sensor operating more than 10 GHz using Mach-Zehnder interferometers[J]. IEICE transactions on electronics,2002,85(4):961-968.

[56] 曾嵘,俞俊杰,牛犇,等. 用于宽频带时域电场测量的光电集成电场传感器[J]. 中国电机工程学报,2014,34(29):5234-5243.

[57] 李婵娓,曾嵘,沈晓丽,等. 光电集成电场传感器介入测量影响研究[J]. 中国电机工程学报,2014,34(36):6562-6567.

[58] ZENG R,CHEN W,HE J L,et al. The development of integrated electro-optic sensor for intensive electric field measurement[C]//Proceedings of the 2007 IEEE International Symposium on Electromagnetic Compatibility,Saint-Petersburg,Russia,June 26-29,2007:1-5.

[59] ZENG R,WANG B,YU Z,et al. Design and application of an integrated electro-optic sensor for intensive electric field measurement[J]. IEEE Transactions on Dielectrics and Electrical Insulation,2011,18(1):312-319.

[60] ZENG R,YU J,WANG B,et al. Study of an integrated optical sensor with mono-shielding electrode for intense transient E-field measurement[J]. Measurement,2014,50:356-362.

[61] ZENG R,WANG B,YU Z,et al. Integrated optical E-field sensor based on balanced Mach-Zehnder interferometer[J]. Optical Engineering,2011,50(11):828-832.

[62] TAKAHASHI T,HIDAKA K,KOUNO T. New optical-waveguide pockels sensor for measuring electric Fields[J]. Japanese Journal of Applied Physics,1996,35(2R):767-771.

[63] TAKAHASHI T. Electric field measurement just beneath a surface discharge by optical-waveguide pockels sensors[J]. Electrical Engineering in Japan,2003,145(2):28-34.

[64] 谢施君,汪海,曾嵘,等. 基于集成光学电场传感器的过电压测量技术[J]. 高电压技术,2016,42(9):2929-2935.

[65] 崔勇,漆旭平,吴桂芳,等. 基于悬空场磨的空间直流合成电场测量研究[J]. 中国电机工程学报,2020,40(S01):343-352.

[66] 侯杰,吴桂芳,崔勇,等. 硅基微型静电谐振式直流电场传感器建模与仿真分析[J]. 中国电机工程学报,2021,41(1):374-382.

[67] RIEHL P S,SCOTT K L,MULLER R S,et al. Electrostatic charge and field sensors based on micromechanical resonators[J]. Journal of Microelectromechanical Systems,2003,12(5):577-589.

[68] GONG G,TAO H,PENG C,et al. A novel miniature interlacing vibrating electric field sensor[C] Proceedings of the 2015 IEEE Sensors,Irvine,California,USA,Oct. 31-Nov. 3,2005.

[69] WIJEWEERA G,BAHREYNI B,SHAFAI C,et al. Micromachined electric-field sensor to measure AC and DC fields in power systems[J]. IEEE Transactions on Power Delivery,2009,24(3):988-995.

[70] CHEN X,PENG C,YE C,et al. Thernally driven miniature electric field sensor[C]//Proceedings of the 1st IEEE International Conference on Nano/Micro Engineered and Molecular Systems,Zhuhai,China,Jan. 19-21,2006:258-261.

[71] BAHREYNI B,WIJEWEERA G,SHAFAI C,et al. Analysis and design of a micromachined electric-field sensor[J]. Journal of Microelectromechanical Systems,2008,17(1):31-36.

[72] MA Q,HUANG K,YU Z,et al. A MEMS-based electric field sensor for measurement of high-voltage DC synthetic fields in air[J]. IEEE Sensors Journal,2017,17(23):7866-7876.

[73] MOU Y, YU Z, HUANG K, et al. Research on a novel MEMS sensor for spatial DC electric field measurements in an ion flows field[J]. Sensors, 2018, 18(6): 1740.

[74] XUE F, HU J, WANG S X, et al. Electric field sensor based on piezoelectric bending effect for wide range measurement[J]. IEEE Transactions on Industrial Electronics, 2015, 62(9): 5730-5737.

[75] CHENG M, WU J, MAO Q, et al. A high-resolution electric field sensor based on piezoelectric bimorph composite[J]. Smart Materials and Structures, 2021, 31(2): 025008.

[76] HAN Z, XUE F, YANG J, et al. Micro Piezoelectric-capacitive Sensors for Highsensitivity Measurement of Space Electric Fields[C]//Proceedings of the 2019 IEEE Sensors, Montreal, Canada, Oct. 27-29, 2019.

[77] HAN Z, XUE F, YANG G, et al. Micro-Cantilever Capacitive Sensor for High-Resolution Measurement of Electric Fields[J]. IEEE Sensors Journal, 2020, 21(4): 4317-4324.

[78] XUE F, HU J, GUO Y, et al. Piezoelectric-piezoresistive coupling MEMS sensors for measurement of electric fields of broad bandwidth and large dynamic range[J]. IEEE Transactions on Industrial Electronics, 2019, 67(1): 551-559.

[79] WU X, WANG X, YAN X, et al. A novel high-sensitivity electrostatic biased electric field sensor[J]. Journal of Micromechanics and Microengineering, 2015, 25(9): 095008.

[80] Wu X. A sensitivity-enhanced electric field sensor with electrostatic field bias[C]//Proceedings of the 2017 IEEE Sensors, 1-3.

[81] KAINZ A, STEINER H, SCHALKO J, et al. Distortion-free measurement of electric field strength with a MEMS sensor[J]. Nature electronics, 2018, 1(1): 68-73.

[82] HAN Z, XUE F, HU J, et al. Trampoline-shaped Micro Electric-field Sensor for AC/DC High Electric Field Measurement[J]. IEEE Transactions on Industrial Electronics, 2021.

[83] BETZ II D, SCHMIDT K, LAROCHE P, et al. LINET—An international lightning detection network in Europe[J]. Atmospheric Research. 2008, 91(2-4): 564-73.

[84] 陈家宏, 赵淳, 谷山强, 等. 我国电网雷电监测与防护技术现状及发展趋势[J]. 高电压技术. 2016, 42(11): 3361-3375.

[85] PAUL C, HEIDLER F H, SCHULZ W. Optical lightning measurement system and first results[C]//Proceedings of the 34th International Conference on Lightning Protection (ICLP), Rzeszow, Poland, Sept. 2-7, 2018.

[86] GUO H, SU L, YANG Y, et al. Comparison of lightning optical observation of Shenzhen Tower on the Guangdong-Hong Kong-Macao lightning location system[C]//Proceedings of the 11th Asia-Pacific International Conference on Lightning (APL), Hong Kong, China, June 12-14, 2019.

[87] ZHAO G, HU J, ZHAO S, et al. Current reconstruction of bundle conductors based on tunneling Magnetoresistive Sensors[J]. IEEE Transactions on Magnetics, 2017, 53(11): 4004005.

[88] ZHAO G, HU J, HE J L, et al. A Novel current reconstruction method based on elastic net regularization[J]. IEEE Transactions on Instrumentation and Measurement, 2020, 6(10): 7484-7493.

[89] ZHAO G, HU J, MA H, et al. Parametric reconstruction of multiplelLine currents based on magnetic sensor array[J]. IEEE Transactions on Magnetics, 2020, 56(7): 4000908.

[90] 赵根. 复杂电磁环境中磁场源的参数反演理论及应用[D]. 北京: 清华大学, 2018.

[91] PORTNOFF M. Time-frequency representation of digital signals and systems based on short-time Fourier analysis[J]. IEEE Transactions on Acoustics, Speech, and Signal Processing, 1980, 28(1): 55-69.

[92] KARNAS G, MASŁOWSKI G, BARANSKI P. Power spectrum density analysis of intra-cloud lightning discharge components from electric field recordings in Poland[C]//Proceedings of the 33rd

[93] KAISER G. A friendly guide to wavelets[M]. Berlin: Springer Science & Business Media, 2010.
[94] MALLAT S. A wavelet tour of signal processing[M]. Beijing: China Machine Press, 2010.
[95] VETTERLI M, HERLEY C. Wavelets and filter banks: Theory and design[J]. IEEE transactions on Signal Processing, 1992, 40: 2207-2232.
[96] STOCKWELL R G. A basis for efficient representation of the S-transform[J]. Digital Signal Processing, 2007, 17(1): 371-393.
[97] STOCKWELL R G, MANSINHA L, LOWE R. Localization of the complex spectrum: the S transform[J]. IEEE Transactions on Signal Processing, 1996, 44(4): 998-1001.
[98] WOLD S, ESBENSEN K, GELADI P, et al. Principal component analysis[J]. Chemometrics and intelligent laboratory systems, 1987, 2(1-3): 37-52.
[99] LONG Y, YAO C, MI Y, et al. Identification of direct lightning strike faults based on mahalanobis distance and S-transform[J]. IEEE Transactions on Dielectrics Electrical Insulation, 2015, 22(4): 2019-2030.
[100] DAUBECHIES I, GROSSMANN A, MEYER Y. Painless nonorthogonal expansions[J]. Journal of Mathematical Physics, 1986, 27(5): 1271-1283.
[101] MALLAT S G. A theory for multiresolution signal decomposition: the wavelet representation[J]. IEEE transactions on Pattern Analysis and Machine Intelligence, 1989, 11(7): 674-693.
[102] CHUI C K, WANG J Z. A cardinal spline approach to wavelets[J]. Proceedings of the American Mathematical Society, 1991, 113(3): 785-793.
[103] MALLAT S. A wavelet tour of signal processing[M]. Beijing: China Machine Press, 2010.
[104] PINSKY M A. Introduction to Fourier analysis and wavelets[J]. American Mathematical Society, 2008.
[105] SHENSA M J. The discrete wavelet transform: wedding the A Trous and Mallat algorithms[J]. IEEE transactions on Signal Processing, 1992, 40(10): 2464-2482.
[106] DAUBECHIES I, LAGARIAS J C. Two-scale difference equations II. Local regularity, infinite products of matrices and fractals[J]. SIAM Journal on Mathematical Analysis, 1992, 23(4): 1031-1079.
[107] 胡广书. 现代信号处理教程[M]. 北京: 清华大学出版社, 2004.
[108] KAISER G. A friendly guide to wavelets[M]. Berlin: Springer Science & Business Media, 2010.
[109] 何金良. 时频电磁暂态分析理论与方法[M]. 北京: 清华大学出版社, 2015.
[110] JAYANT N, JOHNSTON J, SAFRANEK R. Signal compression based on models of human perception[J]. Proceedings of the IEEE, 1993, 81(10): 1385-422.
[111] YAO C, WU H, LONG Y, et al. A novel method to locate a fault of transmission lines by shielding failure[J]. IEEE Transactions on Dielectrics Electrical Insulation, 2014, 21(4): 1573-1583.
[112] SIMA W, XIE B, YANG Q, et al. Identification of induced lightning and direct striking based on wavelet transform[C]//Proceedings of the 2010 Asia-Pacific International Symposium on Electromagnetic Compatibility, Beijing, China: 1566-1569.
[113] 陈坤金. 数据驱动的输配电线路故障智能诊断方法[D]. 北京: 清华大学, 2020.
[114] CHEN K, HUANG C, HE J L. Fault detection, classification and location for transmission lines and distribution systems: a review on the methods[J]. High Voltage, 2016, 1(1): 25-33.
[115] CHEN K, HE Z Y, WANG S X, et al. Learning-based data analytics: Moving towards transparent power grids[J]. CSEE Journal of Power and Energy Systems, 2018, 4(1): 67-82.
[116] CHEN K, HU J, HE J L. A framework for automatically extracting overvoltage features based on sparse autoencoder[J]. IEEE Transactions on Smart Grid, 2018, 9(2): 594-604.

[117] CHEN K, HU J, HE J L. Detection and classification of transmission line faults based on unsupervised feature learning and convolutional sparse autoencoder[J]. IEEE Transactions on Smart Grid, 2018, 9(3): 1748-1758.

[118] NG A. Sparse autoencoder[M]//CS294A Lecture Notes 72, Stanford: Stanford University, 2011: 1-19.

[119] NGIAM J, COATES A, LAHIRI A, et al. On optimization methods for deep learning[C]// Proceedings of the 28th International Conference on Machine Learning (ICML-11), 2011.

[120] RUMELHART D E, HINTON G E, WILLIAMS R J. Learning Representations by Back-Propagating Errors[J]. Nature, 1986, 323(6088): 533-536.

[121] LEE H, GROSSE R, RANGANATH R, et al. Convolutional deep belief networks for scalable unsupervised learning of hierarchical representations[C]//Proceedings of the 26th Annual International Conference on Machine Learning, 2009.

[122] DO C, NG A Y. Transfer learning for text classification[C]//Proceedings of the NIPS, 2005.

[123] BELL A J, SEJNOWSKI T J. The "independent components" of natural scenes are edge filters[J]. Vision Research, 1997, 37(23): 3327-3338.

[124] KRIZHEVSKY A, HINTON G. Learning multiple layers of features from tiny images[J]. Handbook of Systemic Autoimmune Diseases, 2009.

[125] LAWRENCE S, GILES C L, TSOI A C, et al. Face recognition: A convolutional neural-network approach[J]. IEEE Transactions on Neural Networks, 1997, 8(1): 98-113.

[126] LIU Y, SHENG G, HU Y, et al. Identification of lightning strike on 500-kV transmission line based on the time-domain parameters of a traveling wave[J]. IEEE Access, 2016, 4: 7241-7250.

[127] MAHMOUDIMANESH H, LUGRIN G, RAZZAGHI R, et al. A new method to locate faults in power networks based on electromagnetic time reversal[C]//Proceedings of the 13th IEEE Signal Processing Advances in Wireless Communications (SPAWC), 2012: 469-474.

[128] RACHIDI F, RUBINSEIN M. Time reversal of electromagnetic fields and its application to lightning location[C]//Proceedings of the 2013 International Symposium on Lightning Protection (XII SIPDA), 2013: 378-383.

[129] RAZZAGHI R, SCATENA M, SHESHYEKANI K, et al. Locating lightning strikes and flashovers along overhead power transmission lines using electromagnetic time reversal[J]. Electric Power Systems Research, 2018, 160: 282-291.

[130] KAWADY T, STENZEL J. A practical fault location approach for double circuit transmission lines using single end data[J]. IEEE Transactions on Power Delivery, 2003, 18(4): 1166-1173.

[131] LIAO Y. Fault location for single-circuit line based on bus-impedance matrix utilizing voltage measurements[J]. IEEE Transactions on Power Delivery, 2008, 23(2): 609-617.

[132] SALIM R, SALIM K, BRETAS A. Further improvements on impedance-based fault location for power distribution systems[J]. IET Generation, Transmission & Distribution, 2011, 5(4): 467-478.

[133] GALE P, CROSSLEY P, BINGYIN X, et al. Fault location based on travelling waves[C]// Proceedings of the 1993 5th International Conference on Developments in Power System Protection, 1993: 54-59.

[134] MAGNAGO F H, ABUR A. Fault location using wavelets[J]. IEEE Transactions on Power Delivery, 1998, 13(4): 1475-1480.

[135] HAMIDI R J, LIVANI H. Traveling-wave-based fault-location algorithm for hybrid multiterminal circuits[J]. IEEE Transactions on Power Delivery, 2016, 32(1): 135-144.

[136] GAYATHRI K, KUMARAPPAN N. Accurate fault location on EHV lines using both RBF based support vector machine and SCALCG based neural network[J]. Expert Systems with Applications,

2010,37(12):8822-8830.

[137] AZIZI S,SANAYE-PASAND M,ABEDINIM,et al. A traveling-wave-based methodology for wide-area fault location in multiterminal DC systems[J]. IEEE Transactions on Power Delivery,2014, 29(6):2552-2560.

[138] MORA N,RACHIDI F,RUBINSTEIN M. Application of the time reversal of electromagnetic fields to locate lightning discharges[J]. Atmospheric Research,2012,117:78-85.

[139] 安建伟.电磁时域反演方法及其在电力系统中的应用[D].北京:清华大学,2020.

[140] AN J,ZHUANG C,RACHIDI F,et al. An effective EMTR-based high-impedance fault location method for transmission lines[J]. IEEE Transactions on Electromagnetic Compatibility,2020, 63(1):268-276.

[141] SANTOSO S,POWERS E J,GRADY W M,et al. Power quality assessment via wavelet transform analysis[J]. IEEE Transactions on Power Delivery,1996,11(2):924-930.

[142] ORLANDI A. Electromagnetic time reversal approach to locate multiple soft faults[J]. IEEE Transactions on Electromagnetic Compatibility,2018,60(4):1010-1013.